Veterinary Anatomy of Domestic Animals

Textbook and Colour Atlas

Seventh Edition

兽医家畜解剖学

教程与彩色图谱

第 7 版

Horst Erich König
Hans-Georg Liebich 主编

陈耀星 曹 静
董玉兰 李 健 主译

本书为第 7 次更新和拓展版，
包含 1147 幅图片

中国农业大学出版社
· 北京 ·

图书在版编目(CIP)数据

兽医家畜解剖学教程与彩色图谱:第7版/(奥)霍斯特·埃里希·柯尼希,(德)汉斯-乔治·利比奇主编;陈耀星等主译.--北京:中国农业大学出版社,2025.4

书名原文:Veterinary Anatomy of Domestic Animals Textbook and Colour Atlas, Seventh Edition

ISBN 978-7-5655-3200-9

Ⅰ.①兽… Ⅱ.①霍…②汉…③陈… Ⅲ.①家畜—动物解剖学 Ⅳ.①S852.1

中国国家版本馆CIP数据核字(2024)第065745号

书　　名 兽医家畜解剖学教程与彩色图谱(第7版)
Shouyi Jiachu Jiepouxue Jiaocheng yu Caise Tupu(Di-qi Ban)

作　　者 Horst Erich König　Hans-Georg Liebich 主编　陈耀星　曹　静　董玉兰　李　健 主译

策划编辑 魏　巍　宋俊果　　**责任编辑** 赵　艳　潘博闻　蔡恩嘉

封面设计 李尘工作室

出版发行 中国农业大学出版社

社　　址 北京市海淀区圆明园西路2号　　**邮政编码** 100193

电　　话 发行部 010-62733489,1190　　读者服务部 010-62732336

编辑部 010-62732617,2618　　出　版　部 010-62733440

网　　址 http://www.caupress.cn　　**E-mail** cbsszs@cau.edu.cn

经　　销 新华书店

印　　刷 涿州市星河印刷有限公司

版　　次 2025年4月第1版　2025年4月第1次印刷

规　　格 210 mm×285 mm　16开本　52.5印张　2004千字

定　　价 498.00元

兽医家畜解剖学教程与彩色图谱(第 7 版)
霍斯特·埃里希·柯尼希 / 汉斯-乔治·利比奇　主编

Veterinary Anatomy of Domestic Animals, 7/e
by Horst Erich König / Hans-Georg Liebich

本书插图系原文插图。

著作权合同登记图字:01-2024-5625

作　者

主　编

Horst Erich König

Hans-Georg Liebich

编　者

Christine Aurich, Hermann Bragulla, Klaus-Dieter Budras, Gerhard Forstenpointner, Jenny Hagen, Sibylle Kneissl, Horst Erich König, Rafael Latorre, Hans-Georg Liebich, Eberhard Ludewig, Johann Maierl, Christoph Mülling, Peter Paulsen, Christian Peham, William Pérez, Sven Reese, Jesús Ruberte, Hanna Schöpper, Johannes Seeger, Mircea-Constantin Sora, Péter Sótonyi, Gerald Weissengruber, Kirsti Witter

英文译者

Renate Weller, D.V.M., The Royal Veterinary College, London, England

Mark Bowen, D.V.M., The Royal Veterinary College, London, England

Mark Dickomeit, D.V.M., Nottingham, England

Kerida Shook, Frankfurt/Main, Germany

Judith McAlister, Ronnenberg, Germany

Elinor Switzer, D.V.M., Stuttgart, Germany

Corinna Klupiec, BVSc PhD Grad Cert Ed Stud (Higher Ed), Sydney, Australia

中文版翻译人员

主　译

陈耀星　曹　静　董玉兰　李　健

副主译

王子旭　李　剑　蒋　南

参　译（按姓氏笔画排序）

马梓毓　王　伟　王　璐　石彦丰　田佳宁　任文姬
关青云　许瑞平　孙涵琦　李佳玥　李怡霖　宋　超
张　雪　张昊轩　张雅倩　陈　淼　陈汝佳　赵　旭
胡珂瑀　徐嘉璐　高　婷　郭梓豫　唐菀琪　陶新磊
曹鹤馨　崔　安　董　艳　潘　登　霍天琢

主　审

刘为民

Bibliographical data of the German National Library (Deutsche Nationalbibliothek)
The German National Library (Deutsche Nationalbibliothek) lists this Publication in the German National Bibliography; detailed bibliographic information can be found on the Internet at http://dnb.d-nb.de.

Your opinion is important to us! Please write to us at:
www.thieme.de/service/feedback.html

Licensed editions of this book appear in
Chinese,
Croatian,
Czech/Slowak,
German,
Greek,
Italian,
Japanese,
Macedonian/Albanian,
Polish,
Portuguese,
Spanish and
Turkish.

The first to sixth edition (2004, 2007, 2009, 2014) was published under the title "Veterinary Anatomy of Domestic Mammals", Schattauer GmbH, Stuttgart.

Important notice: Veterinary medicine is an ever-changing science undergoing continual development. Research and clinical experience are continually expanding our knowledge, in particular our knowledge of proper treatment and drug therapy. Insofar as this book mentions any dosage or application, readers may rest assured that the authors, editors, and publishers have made every effort to ensure that such references are in accordance with **the state of knowledge at the time of production of the book.**

Nevertheless, this does not involve, imply, or express any guarantee or responsibility on the part of the publishers in respect to any dosage instructions and forms of applications stated in the book. **Every user is requested to examine carefully** the manufacturers' leaflets accompanying each drug and to check, if necessary in consultation with a physician or specialist, whether the dosage schedules mentioned therein or the contraindications stated by the manufacturers differ from the statements made in the present book. Such examination is particularly important with drugs that are either rarely used or have been newly released on the market. **Every dosage schedule or every form of application used is entirely at the user's own risk and responsibility.** The authors and publishers request every user to report to the publishers any discrepancies or inaccuracies noticed.

Prior to any use in food-producing animals the differing approvals and restrictions on the use that are in effect in the individual countries must be taken into account.

Georg Thieme Verlag KG
Rüdigerstr. 14
70469 Stuttgart
Germany
www.thieme.de

Printed in Germany

Cover design: Thieme Group
Illustrations: Diplomtierärztin Magister Dr. Eva Polsterer, Enzersdorf/Fischa, Austria
Digital colouring and photo-editing: Christel Schura, Munich, Germany
Cover illustrations: Diplomtierärztin Magister Dr. Eva Polsterer, Enzersdorf/Fischa, Austria
Copyediting: Eva Wallstein, Stuttgart (copyediting of the German edition: Dr. rer. nat. Wilhelm Kuhn, Tübingen)
Translations of the 7th edition: Corinna Klupiec, BVSc PhD Grad Cert Ed Stud (Higher Ed), Sydney, Australia
Typesetting: Ziegler und Müller, text form files, Kirchentellinsfurt, Germany
Printing: Aprinta Druck GmbH, Wemding, Germany

DOI 10.1055/b-007-167437

ISBN 978-3-13-242933-8 1 2 3 4 5 6

Also available as e-book:
eISBN (PDF) 978-3-13-242934-5
eISBN (epub) 978-3-13-242935-2

译者的话

本书是奥地利维也纳兽医大学（Veterinary University of Vinna in Austria）Horst Erich König 教授和德国慕尼黑路德维希-马克西米利安大学（Ludwig-Maximilians-University in Munich，Cermany）Hans-Georg Liebich 教授主编的 *Veterinary Anatomy of Domestic Mammals*（第 7 版，2020 年英文版）的中文译本。全书共 22 章，内有 1 143 幅图片和 46 张表格，配有详细的参考文献、名词术语表和索引，详细叙述了畜禽有机体的解剖学结构。作为一本集教科书与彩色图谱于一体的综合性兽医解剖学书籍，原著在兽医解剖学领域口碑甚好，已成为被世界许多国家广泛采用的、最流行的权威兽医解剖学专著之一，是深受广大读者欢迎的必备参考书和学习用书。

本书第 3 版曾于 2009 年被译为中文版出版发行，中文版于 2010 年获得了第二届中国出版政府奖图书奖，这是我国图书出版领域的最高奖项。时隔 15 年，*Veterinary Anatomy of Domestic Mammals*（Seventh Edition）经校译，再次与读者见面。与第 3 版相比，第 7 版图书具有以下特色：第一，精选和更新了动物系统解剖学、局部解剖学和临床解剖学的图片和临床知识，补充了家禽解剖学内容，结构清晰，呈现生动，图像高清；第二，新增了断层解剖学内容，并附有影像学采集的数据、彩色示意图、诊断图像和切片塑化标本等，为提高学生理解动物各组织器官的空间毗邻关系提供基础；第三，新增了大量临床解剖学和应用解剖学图片，以及临床应用案例，如马的内窥镜检查、关节穿刺术、乳房检查、直肠检查和剖腹术等，为临床兽医从业者提供参考。因此，本书为搭建起基础兽医学与临床兽医学之间的桥梁做出了其应有的贡献，是目前为止最适合动物医学和动物科学专业学生学习及临床兽医工作者使用的畜禽解剖学参考书。

参加本书翻译工作的有中国农业大学陈耀星教授、王子旭教授、曹静教授、董玉兰教授和高婷副教授，浙江大学李剑副教授，青岛农业大学蒋南副教授，阜阳师范大学李健副教授，以及中国农业大学动物解剖学实验室的博士和硕士研究生：石彦丰、霍天琢、陈森、曹鹤馨、崔安、徐嘉璐、陶新磊、王璐、唐莞琪、王伟、任文姬、潘登、胡珂瑀、张雅倩、董艳、宋超、李怡霖、关青云、李佳玥、许瑞平、张昊轩、郭梓豫、马梓毓、张雪、田佳宁、孙涵琦、陈汝佳和赵旭，以及参与本书校对付出辛苦劳动的本科生：孟鑫婷、张钰翎、马明玥、张芷衔、林倩如、周越、陆诗瑜、马昕宜、代小丫、黄紫云、杨锶琪和蒲思佳。

佛山大学刘为民教授认真校勘译稿，并提出宝贵的修改意见。最后由中国农业大学陈耀星教授和曹静教授统稿。在付梓之际，感谢上述为本书翻译、审译付出努力的每一位同事和学生。感谢中国农业大学出版社各位编辑的精心编校，使书稿符合出版要求，感谢他们与我们之间默契的合作。

《兽医家畜解剖学教程与彩色图谱（第 7 版）》中文版的出版将推动我国动物解剖学、临床解剖学、医学影像学、家禽生理学等相关领域的教学和科研工作，可作为兽医学、畜牧学、家禽学、生理学等多个专业的本科生和研究生的教学参考书，也可为兽医临床从业者提供参考。由于翻译的工作量巨大，内容广泛，本书在翻译中努力做到尊重原著，但鉴于译校者的水平有限，加之时间仓促，书中错译、误译之处在所难免，敬请广大读者不吝批评指正。

译 者

2024 年 4 月 27 日

Univ.-Prof. Dr. Johann **Maierl**
Lehrstuhl für Anatomie, Histologie und Embryologie
Ludwig-Maximilians-Universität München
Veterinärstraße 13
80539 München
Germany

Univ.-Prof. Dr. Christoph **Mülling**
Veterinär-Anatomisches Institut
Veterinärmedizinische Fakultät
Universität Leipzig
An den Tierkliniken 43
04103 Leipzig
Germany

a.o. Univ.-Prof. Dr. Peter **Paulsen**
Institut für Fleischhygiene
Veterinärmedizinische Universität Wien
Veterinärplatz 1
1210 Wien
Austria

a.o. Univ.-Prof. Dr. Christian **Peham**
Klinische Abteilung für Pferdechirurgie
Veterinärmedizinische Universität Wien
Veterinärplatz 1
1210 Wien
Austria

Prof. Dr. William **Pérez**
Encargado del Área de Anatomía
Facultad de Veterinaria
Universidad de la República
Lasplaces 1620
PC 11600 Montevideo
Uruguay

Priv.-Doz. Dr. Sven **Reese**
Lehrstuhl für Anatomie, Histologie und Embryologie
Ludwig-Maximilians-Universität München
Veterinärstraße 13
80539 München
Germany

Univ.-Prof. Dr. Jesús **Ruberte**
Departament de Sanitat I d'Anatomina Animals
Facultad de Veterinaria
Universidad Autonoma de Barcelona
Edifici V, Travessera dels Turons
08193 BellaterraBarcelona
Spain

Hanna **Schöpper**, Ph.D.
Institut für Topographische Anatomie
Veterinärmedizinische Universität Wien
Veterinärplatz 1
1210 Wien
Austria

Univ.-Prof. Dr. Johannes **Seeger**
Veterinär-Anatomisches Institut
Veterinärmedizinische Fakultät
Universität Leipzig
An den Tierkliniken 43
04103 Leipzig
Germany

Univ.-Prof. Dr. Dr. h.c. Mircea-Constantin **Sora**
Sigmund Freud PrivatUniversität Wien
Campus Prater
Freudplatz 1
1020 Wien
Austria

Prof. Dr. Dr. Dr. h.c. mult. Péter **Sótonyi**
Department of Anatomy and Histology
University of Veterinary Medicine
István u. 2
1078 Budapest
Hungary

a.o. Univ.-Prof. Dr. Gerald **Weissengruber**
Institut für Topographische Anatomie
Veterinärmedizinische Universität Wien
Veterinärplatz 1
1210 Wien
Austria

Priv.-Doz. Dr. Kirsti **Witter**
Institut für Topographische Anatomie
Veterinärmedizinische Universität Wien
Veterinärplatz 1
1210 Wien
Austria

主编简介

Em. O. Univ.-Prof. Dr. Dr. habil. Dr. h.c. mult. Horst Erich König

- 1987—1989 年智利康塞普西翁大学客座教授
- 1992—2008 年奥地利维也纳兽医大学解剖学研究所所长，智利康塞普西翁大学客座教授
- 2009—2010 年德国莱比锡大学 W3 临时教授
- 2013 年加拿大萨斯卡彻温大学客座教授
- 在著名学术期刊上发表了大量论文
- 编辑出版兽医标准教材，并被翻译成多国语言
- 主要研究方向：神经解剖学、雌性家畜生殖学、马蹄

Univ.-Prof. Dr. Dr. h.c. mult. Hans-Georg Liebich

- 德国慕尼黑路德维希-马克西米利安大学兽医解剖学前主席
- 在国内外学术期刊上发表了多篇论文
- 编辑出版重要的兽医标准教材，并被翻译成多国语言
- 主要研究方向：胃肠免疫学、眼和关节的功能形态学

目　录

9 呼吸系统(apparatus respiratorius) …… 353

H. E. König 和 H.-G. Liebich

10 泌尿系统(organa urinaria) …… 373

H. E. König, J. Maierl 和 H.-G. Liebich

11 雄性生殖器官(organa genitalia masculina) …… 387

H. E. König 和 H.-G. Liebich

19 被皮(integumentum commune) ······ 575

S. Reese, K.-D. Budras, Chr. Mülling, H. Bragulla, J. Hagen, K. Witter 和 H. E. König

20 局部-临床解剖学 ······ 625

H. E. König, P. Sótonyi, J. Maierl, Chr. Aurich, Chr. Mülling, J. Hagen, R. Latorre 和 H.-G. Liebich

一本供人医学生使用的解剖教学工具书。当时和现在都普遍认同这样一个观点：比起其他动物，猪和人有着最大的相似性。这一观点在很大程度上源于人和猪有相似饮食习惯的认识，以及猪是当时可得到的实验动物。

从文艺复兴时期起，对人体尸体的解剖研究已不再是禁忌。**安德烈亚斯·维萨利乌斯**（Andreas Vesalius）在人体解剖学方面的不朽著作（*Dehumani corporis fabrica*，1543）标志着对人体解剖学革命性新态度犹豫的开端。早期的解剖学家一直把自己视为自然主义者，通过对动物的持续解剖研究，取得了许多形态学的基本发现。维萨利乌斯是第一个意识到硬膜外异网是反刍动物特有结构的人。**约翰·康拉德·派尔**（Johann Conrad Peyer）在1685年出版了《反刍动物消化学》（*Merycolgia sive de ruminantibus et ruminatione commentarius*）（图1-1），推动了反刍动物消化理论的研究。他在肠黏膜中发现淋巴组织（Lymphonoduli aggregati），该淋巴组织因此得名Peyer's结。即使动物学研究已远离形态学领域，但人体解剖学研究机构最初的主要研究内容仍是比较解剖学。

在20世纪的最后几十年，实验动物的使用引领了治疗方法的优化。实验概念的实施只有通过必要的基本动物形态学的应用才有可能，而这在很大程度上是由医师提供的。有趣的是，时至今日，人们仍然选择动物作为实验模型，不是因为它们在形态上与人有相似性，而是因为它们的可获得性。

兽医解剖学作为兽医实践的重要基础，直到最近几个世纪才发展成为一门独立的教学和研究学科。从古代和中世纪的动物饲养手册中可以看出，解剖学知识，特别是马的解剖学知识，或多或少是精确的（图1-2）。然而，其缺乏对

JOH. CONRADI PEYERI
Med. Doct. & Acad. Nat. Cur. Collegæ
cognomento Pythagoræ
MERYCO-
LOGIA
SIVE DE
RVMINANTIBVS
ET
RVMINATIONE
COMMENTARIVS,
Quo primùm exponuntur
RVMINANTIVM SPECIES ET DIFFE-
rentiæ, per omnia animalium genera; deinde organorum
ruminationi inservientium admiranda structura detegitur, & iconibus
æri incisis ante oculos ponitur: denique de ruminatione ipsa
ejusque causis ac utilitate disseritur.
BASILEÆ
Apud JOH. LUDOVICVM KOENIG
& JOH. BRANDMYLLERVM.
M DC LXXXV.

图1-1　著作 *Merycologia* 的封面（Johann Conrad Peyer，巴塞尔，1685）

形态学关联性基础的系统性描述。

基于中世纪晚期至近代早期的Jordanus Ruffus传说而创作的骑士手册并没有被系统地整理。其中确实包含了马的解剖学知识，但插图常常无参考价值。在1598年，C.鲁伊尼（Carlo Ruini）出版了在当时的杰出著作《马的解剖学》

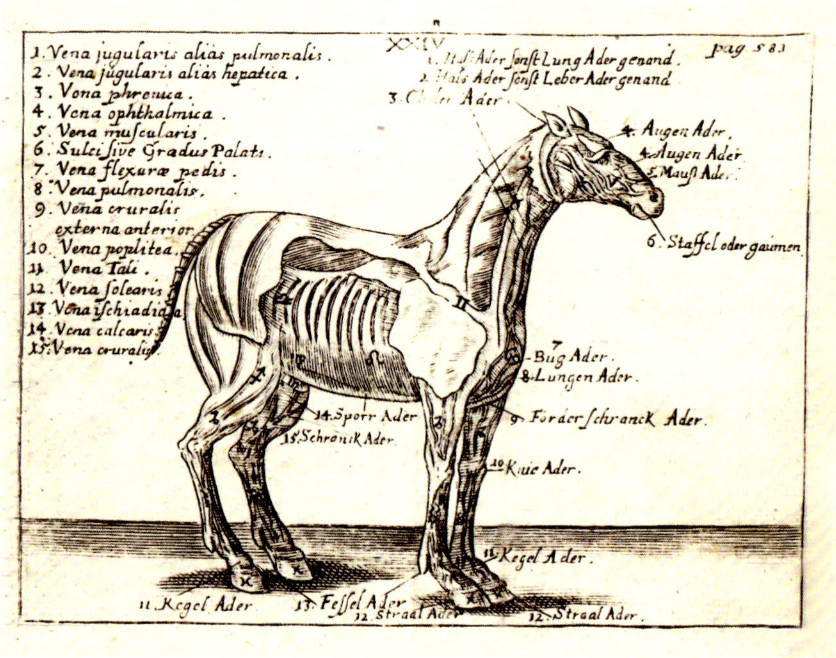

图1-2　早期的马血管图解（Seifert von Tennecker，笔名：Valentin Trichter，1757）

（*Dell' Anatomia e dell' Infirmita del Cavallo*）（图 1-3）。这部史无前例的教材无疑是受到维萨利乌斯（Vesalius）的启发。

鲁伊尼（Ruini）出生于意大利博洛尼亚的一个富裕家庭，他既没有当过骑士，也没有上过大学。通过优秀的家庭教师，他对自然科学产生了浓厚的兴趣，同时他也是一名狂热的马术运动员。他的开创性工作尽管不完整，有时也有缺陷，但仍然是第一部全面而系统描述马解剖学的著作。这本书的后半部分是关于马的疾病，其中很大部分是对许多较早文献的复述。瑞尼这本教材的精彩之处在于它的插图，可以和**达·芬奇**或**维萨利乌斯**的书相媲美，所以该书也被多次重印、盗版和翻译（图 1-5）。

在 17 世纪初，兽医解剖学逐渐开始复兴。然而，直到大约 150 年后，兽医学院才创立，且鲁伊尼的教材被用作兽医的教材。

被认为是兽医解剖学之父的 **P. E. 拉佛斯**（Philippe Etienne Lafosse）于 1767 年自费在巴黎开办了一所私立兽医学校。这一努力最终失败，学校于 1770 年关闭了。两年后，他出版了他最成功的著作 *Cours d'Hippiatrique*（一门兽医学课程或完整的马兽医论文）。这部著作是以器官系统的逻辑进行编写，与现代解剖教材的形式非常相似。很快，与临床相关的局部解剖学方法也被整合到解剖学的教学中。

最早有关马的局部解剖图解之一（图 1-4）见于**路德维希·斯科蒂**（Ludwig Scotti）的讲课笔记，并发表于 1770 年。

图 1-3 马的肌肉图解（引自 *Dell' Anatomia e dell' Infirmita del Cavallo*，C. 鲁伊尼，威尼斯，1598）

图 1-4 马体分区的原稿（引自 Ludwig Scotti 的讲义，马匹治疗和手术学校，维也纳，1770）

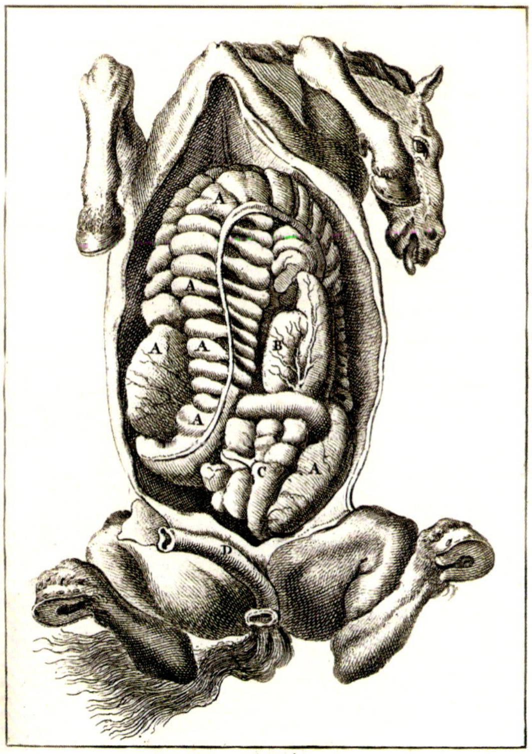

图 1-5 马腹部的局部解剖（William Gibson，伦敦，1754）

他是维也纳马匹治疗和手术学校的首任负责人。在欧洲新成立的兽医学校中,作为一门独立学科,解剖学的发展充其量只是探索性的。因此,直到 1822 年,第一本综合性解剖学教材才出版。第一部德文版综合性兽医解剖学参考书是**康拉德·路德维希·施瓦布**(Konrad Ludwig Schwab)于 1821 年所著的《家畜解剖学教程》(图 1-6),紧随其后的是**恩斯特·弗里德里希·古尔特**(Ernst Friedrich Gurlt)于 1822 年所著的《家畜比较解剖学手册》(图 1-7)。这些著作代表了德国悠久的兽医解剖学研究传统的开始,它们很快获得了国际认可,并一直持续到 20 世纪。古尔特的著作共出版了 18 版,每个新版本都经过了修订和改进,直到 1943 年出版了最后一版。**威廉·艾伦伯格**(Wilhelm Ellenberger)和**赫尔曼·鲍姆**(Hermann Baum)负责修订第 9～17 版,形成了该著作的风格并一直延续至本书(图 1-8 和图 1-9)。在 19 世纪中后期,来自德国、瑞士和奥地利的兽医解剖学出版物的数量惊人。这反映了当时兽医解剖学领域的重要性和人们对该领域的高度重视。

国际兽医解剖学命名委员会的成立,是现代兽医解剖

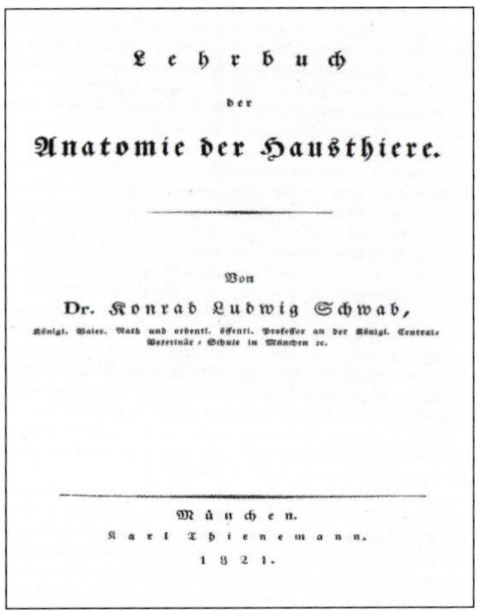
Lehrbuch
der
Anatomie der Hausthiere.

Von
Dr. Konrad Ludwig Schwab,
Königl. Baier. Rath und ordentl. öffentl. Professor an der Königl. Central-Veterinär-Schule in München etc.

München.
Karl Thienemann.
1821.

图 1-6　首部德文版《家畜解剖学教程》扉页(Konrad Ludwig Schwab,慕尼黑,1821)

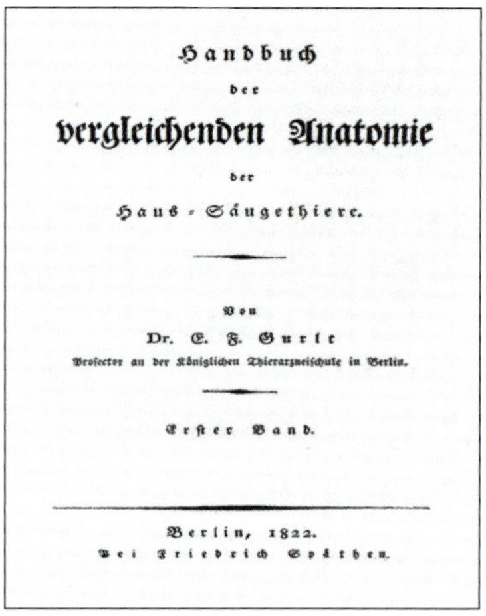
Handbuch
der
vergleichenden Anatomie
der
Haus-Säugethiere.

Von
Dr. E. F. Gurlt
Prosector an der Königlichen Thierarzneischule in Berlin.

Erster Band.

Berlin, 1822.
Bei Friedrich Späthen.

图 1-7 《家畜比较解剖学手册》第 1 版扉页(Ernst Friedrich Gurlt,柏林,1822)

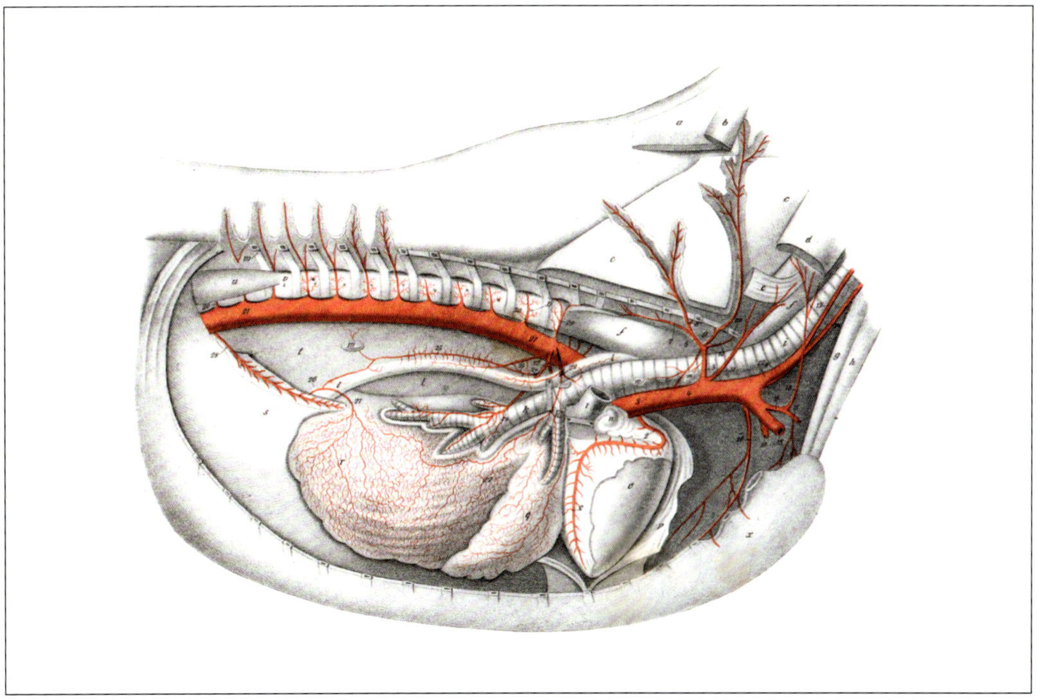

图 1-8　马胸部的彩色插图(引自《家畜比较解剖学手册》,Ernst Friedrich Gurlt,柏林,1860)

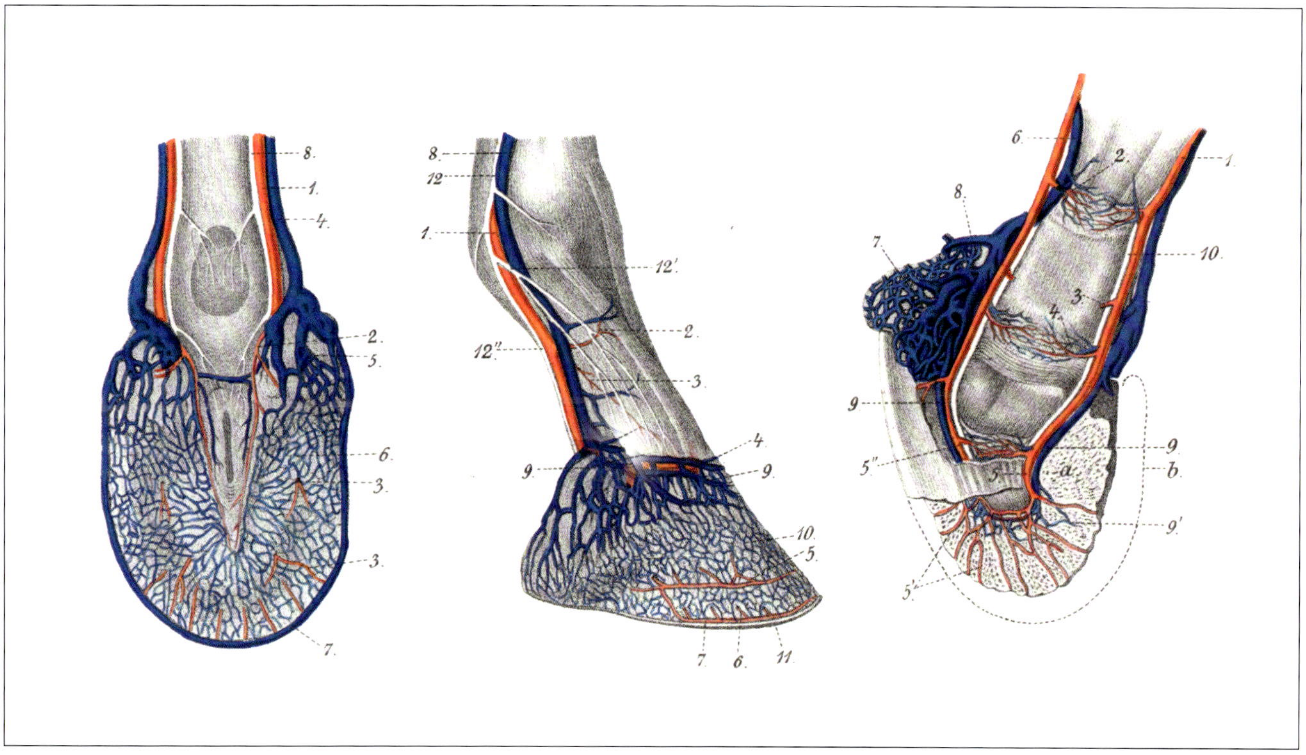

图 1-9 马的蹄部血管分布(引自《Leisering's 马和其他家畜解剖学图谱》,Wilhelm Ellenberger 和 Hermann Baum 合著,莱比锡,1899)

学发展的一个里程碑。仿效人医出版物——《解剖学名词》,1968 年出版了第 1 版《兽医解剖学名词》。这项工作在世界范围内标准化了兽医解剖学术语,也奠定了解剖学在稳步发展的医学领域中的重要地位。

解剖学是**形态学的分支**,是研究动物体组织和器官的形态、结构、局部关系和功能联系的科学。对动物尸体进行解剖,是研究和理解解剖学的最重要和最有效的方法。随着经典解剖学的发展,**组织学**(包括**显微解剖学**和**胚胎学**)发展成为独立的学科。虽然解剖学与组织学是一个不可分割的整体,但这种学科划分为获取解剖学知识提供了更大方便。

系统解剖学与“系统”有关,即与执行共同功能的结构和器官有关。例如,呼吸系统负责气体交换,而神经系统是负责接收、转换、传导刺激信号并做出反应。物种之间存在差异,因此从解剖学的角度来看,“**系统解剖学**”的教学也包含了**比较解剖学**,尤其局限于家畜和家禽。

对于学生来说,掌握扎实的系统解剖学知识是极为重要的,他们由此可了解动物体结构和功能的整体联系。**系统解剖学**知识是**局部解剖学**的基础,局部解剖学描述的是动物体各区域器官/结构之间的相对位置和功能联系,因此,掌握系统解剖学是基础。系统解剖学和局部解剖学都是临床实践的基础。

现代医学技术,如 X 射线、超声波、计算机断层扫描以及磁共振成像,都要求临床医生掌握扎实的局部解剖学知识,这些技能需要通过研究动物体剖面图而获得。**断层解剖学**也是兽医解剖学教学和研究的新方向。一本现代的教材如果缺少了这部分内容,那就不能称为完整的解剖学教材。

1.2 动物体的方位术语和切面

H.-G. Liebich 和 H. E. König

方位术语是为了精确地描述动物体各部位的位置或方向。最重要的解剖学术语见图 1-10,表 1-1 中列出了重要的方位术语及其简要说明。

从外观上可以把动物体分为头部(caput)、颈部(collum)、躯干部(truncus)、尾部(cauda)和四肢部(membra)。每个部位还能被划分为更小的区域,这些分区详见第 20 章“局部-临床解剖学”(625 页)。

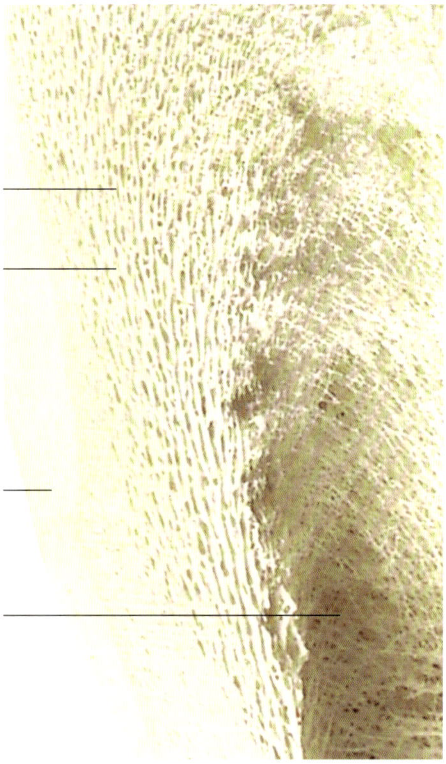

图 1-13 长骨板的构造，示骨密质和骨小梁

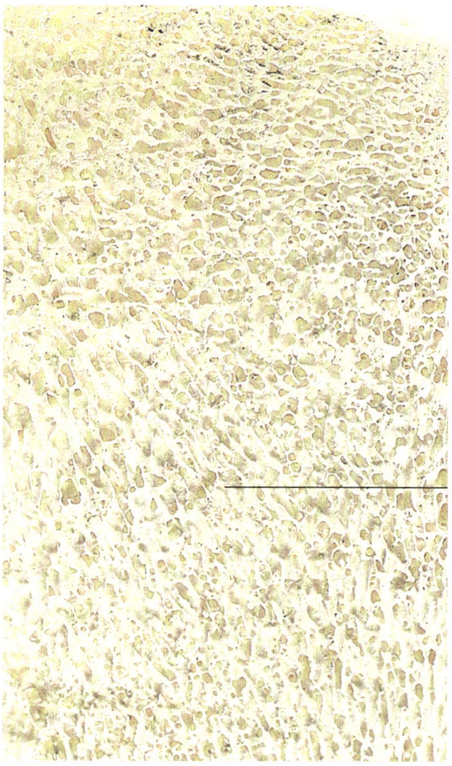

图 1-14 骨板的横断面

骨松质（板障）或空腔（窦）。如肩胛骨、髂骨或肋骨都属于扁骨。一些头骨也是扁骨，其中有**含气空腔**（含气骨，ossa pneumatica）。这些骨经骨质重吸收而形成空腔，内衬黏膜，如上颌骨和筛骨。

不规则骨，如颅骨中的楔形骨——蝶骨、前蝶骨和底蝶骨。**籽骨**（ossa sesamoidea）位于关节附近（如趾关节），或位于腱的下方或嵌入其内（如膝盖骨）（图 1-33）。

骨突是骨的突起，由一个独立的骨化中心发育而来的骨表面突起。这些结构供肌肉和韧带附着，如椎骨的棘突或股骨大转子。**内脏骨**与运动系统无关，内脏骨见于公猫、公犬的阴茎和牛的心脏内。

图 1-25 至图 1-29 展示了本书中所述家畜（猫、犬、猪、牛和马）的骨骼。这些插图提供了骨骼形态的总体概况，便于读者进行种间比较。在随后的章节中将对各骨进行详细描述。

骨的构造

骨的高稳定性是通过骨组织来实现的。全身骨组织的结构并不是统一的，每枚骨都有独特结构，这些结构包括以下方面：

- **骨密质**（substantia compacta）的结构
- **骨松质**（substantia spongiosa）的排列
- **中央髓腔**（cavum medullare）的形状
- **张力和压力**的作用
- **应力轨迹**的形成
- 骨骼整体的**弯曲度**（剪应力）

骨表面由**致密的薄板**构成，后者是骨密质的结构基础。骨密质包绕着骨松质，后者是一种由骨小梁和骨板组成的网状结构。骨小梁和骨板的排列方向与应力线一致，应力线是在外部机械因素（作用在骨骼上的最大拉伸力和压缩力）的作用下形成的。应力线为拉伸轨迹或压缩轨迹。拉伸轨迹的曲线相互平行，压缩轨迹亦然。这两种应力曲线之间通常以直角相交（应力轨迹构建 trajectorial construction）。应力轨迹构建可通过下列结构看到：

- 骨小管（substantia tubulosa）
- 骨小梁（substantia trabeculosa）
- 骨板（substantia lamellosa）（图 1-13 和图 1-14）

在长骨骨干上**施加压力**不会影响骨的稳固性，但会使骨的凸侧产生拉力，骨的凹侧产生压缩力。在中心区，这两种力互相抵消，合力可以忽略不计。因此，骨的中心不需要有受力点：最理想的骨形状是长而中空的管状骨，周围有坚固的外壁，如骨干。

骨干包围着**髓腔**（cavum medullare），与之不同，骨骺内则为骨松质。骨干处增厚的骨板层使骨密质进一步加固（图 1-12）。骨髓腔内充满**红骨髓**，后者可产生血细胞（**造血**，hematopoiesis），因此可将骨髓归为**造血器官**。

骨的功能特点要求以最少的材料和重量，实现最大的强度和稳定性。骨的结构创造了符合这些要求的最佳条件：中空管产生了强大的抗应力能力，骨松质节省了材料并减轻了重量。骨干的厚度能够适应施加在骨上的最大外力。四肢骨的骨干内壁承受更大的负荷，因此比外侧壁厚。例如扁骨中的肩胛骨，其边缘部致密，中心区的密度低。无机物约占骨的干重的 2/3，剩下的 1/3 是骨的有机物，主要为胶原蛋白和脂质（5%～10%）。用酸对骨进行脱钙处理，能去除骨中的无机物，使骨柔软。对骨进行燃烧处理，能破坏骨中的有机物，燃烧后剩下的为无机物。

骨内膜与骨外膜

骨的内外表面都有结缔组织膜包裹，分别称为**骨内膜**和**骨外膜**。骨内膜衬于骨髓腔表面并覆盖骨松质，介于骨质与骨髓之间，或骨松质与骨髓之间（图 1-17）。骨外膜覆于骨的外表面，但在关节面、肌腱和韧带附着处没有骨外膜。在关节一端，骨外膜从骨外表面分离，并与**关节囊**融合。在关节另一端，骨外膜离开关节囊再次覆于相邻骨的外表面。在骨或软骨接合处，例如肋骨，骨外膜继续覆于软骨表面，成为软骨膜。

骨外膜不仅是骨骼供血、生长、再生和骨折修复所必需的，还是肌肉力量传递到骨骼所必需的。骨外膜由两层组成：

- **内层，为细胞层或成骨层**（stratum osteogenicum, previously stratum cambium）
- **外层，为保护性纤维层**（stratum fibrosum）

成骨层（图 1-16 和图 1-17）位于骨表面并能**生成骨组织**（成骨）。大量感觉神经纤维、血管网和淋巴管网都位于成骨层。成骨层还包含**祖细胞——前成骨细胞**，它能分化为成骨细胞，生成骨组织。成骨层终生具有生成骨组织的能力，这对于生理性骨重塑和骨折愈合非常重要。成骨层可形成**软骨骨痂**和**骨痂**，骨外膜长期受到机械性刺激会引起骨质增生或**骨刺**（exostoses, splints）。

纤维层是由致密结缔组织与弹性纤维交织构成的骨膜外层（图 1-16 和图 1-17），该层坚韧且耐张力拉伸。起源于该层的胶原纤维束（**穿孔纤维**）穿入骨基质表层骨板（Sharpey 纤维）。这些纤维将骨外膜牢牢地固定在骨表面。**纤维层**还负责将肌肉、肌腱和韧带附着于骨上。在附着点，来自肌腱和韧带的纤维分支进入纤维层，并延续为 Sharpey 纤维与骨牢固相连。

骨内膜（图 1-17）由一层扁平、无活性的骨祖细胞（骨内膜细胞）组成。它们既可分化为骨形成细胞（**成骨细胞**，osteoblasts），也可分化为骨吸收细胞（**破骨细胞**，osteoclasts）。骨内膜与骨髓的毛细血管网相邻，与骨外膜类似，骨内膜**也能生成骨组织**（成骨的潜力，osteogenic potential）。

骨再生

骨外膜和骨内膜中的**骨祖细胞**负责骨组织的再生过

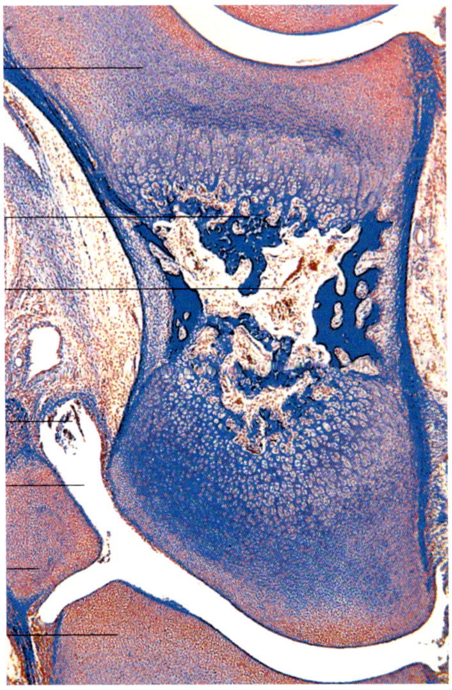

图 1-15 马胚胎的中指（趾）节骨（组织学切片，Azan 染色）

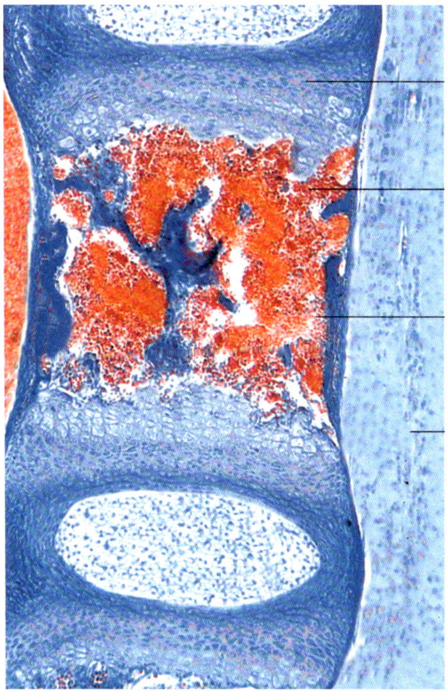

图 1-16 胚胎期的椎骨（组织学切片，Azan 染色）

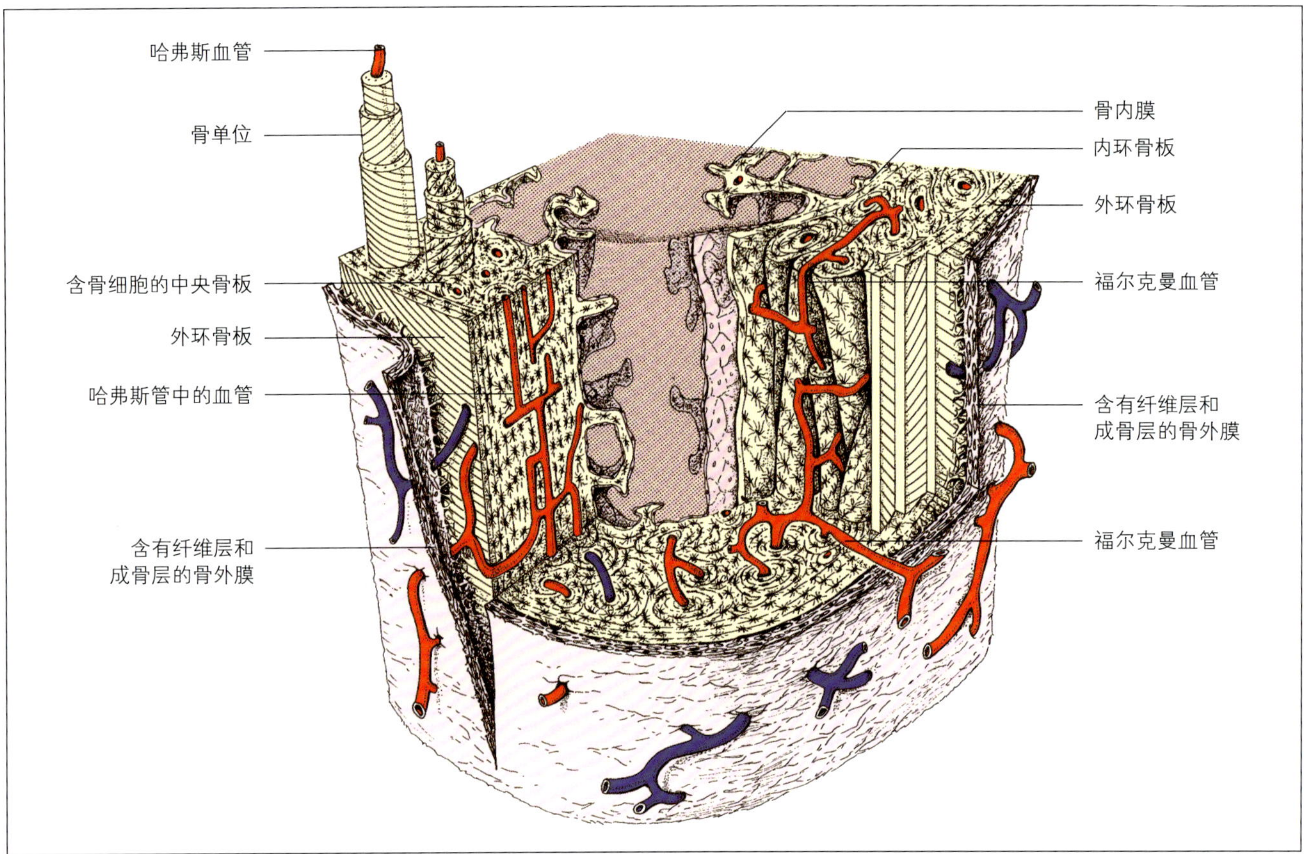

图 1-17 骨干骨密质的断面(示意图)

程。只有在两种情况下才能再生:①存在**间充质细胞**;②**前成骨细胞**可以增殖。新生组织填充骨折造成的缺口。

初级骨折愈合发生在骨折的两个断端无明显错位,且断端之间的间隙很小时。骨折断端间直接形成板层骨,使两断端相接。当两骨折断端之间的间隙较大时,则执行**次级骨折愈合**。纤维结缔组织先连接两个断端,形成软骨痂,并通过矿化作用发生骨化,经过一段长时间的重组过程,最终形成骨密质。

骨的血管供应和神经分布

骨是一种高度血管化的组织,这表明骨是代谢旺盛的器官。密集的血管网不仅为骨组织提供营养,还为骨髓、骨外膜和骨内膜提供营养。骨外伤或骨折会使血液供应中断,在极端情况下会导致骨组织坏死(骨坏死,bone necrosis)。

骨的血管化是通过独特的血管分布方式来实现的。**滋养动脉**(aa. nutriciae)从较大的肢体动脉发出分支,经骨干的**滋养孔**(foramina nutricia)进入长骨。这些血管经过骨致密层后到达髓腔,在髓腔中分成若干升支和降支来为远骺、近骺及干骺端提供营养(图 1-23)。在骨骺,血管形成**环状终末动脉**,穿过骺的软骨下骨给关节软骨的钙化区提供营养。来自髓腔的血管通过福尔克曼管(Volkmann's canals)为骨密质提供营养(见下文)。骨松质内没有血管,通过骨髓的营养成分扩散获取营养。骨内的静脉回流通过骨髓的轴向系统实现。

骨组织内不含淋巴管。密集的淋巴管只存在于骨外膜中。骨组织本身没有痛觉。在哈弗斯管(Haversian canals)中,与血管伴行的只有植物性神经纤维。

骨器官

骨作为一个器官,由以下成分组成:

- 骨质成分
- 关节软骨(如果存在)
- 骨外膜和骨内膜
- 骨髓
- 神经束

骨的结构及其细胞外基质(有机物和无机物)为被动系统的运动、稳定和支撑等提供了稳固成分。Ⅰ型胶原纤维的排列方式、矿化的胶原纤维间基质和骨组织的结构等,都在维持骨的稳固性中发挥重要作用。

骨可承受机械应力、体重、肌肉力量或加速度作用。这些力以压缩、牵引、负荷、扭矩和剪切的形式起作用。当这些力的大小在一定限度内时,不会导致骨折。与间断性施

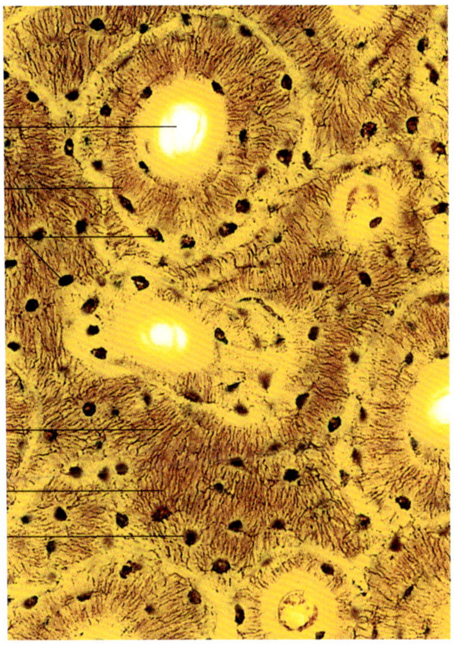

图 1-18 长骨的骨密质(组织横断面,Schmorl 染色)

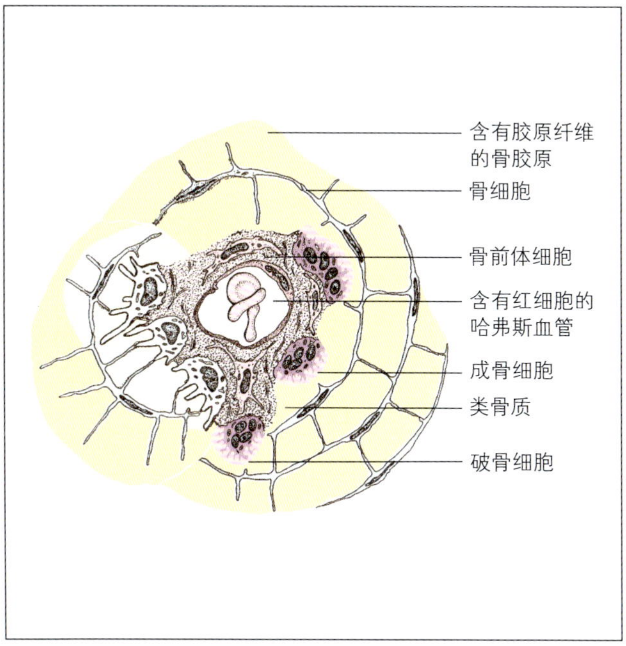

图 1-19 一个发育中骨单位的横断面(示意图)

加外力不同,持续性承受负荷会导致骨的萎缩。相反,如果骨受到持续性拉力,则会导致骨的肥大。

骨组织的结构是由其功能需求决定的。骨密质和骨松质的结构不断地适应生物力学的变化。在生理性骨生成与重吸收过程中,骨内膜负责诱导这些结构的改变,详见"成骨作用"一节(13 页)。

成骨作用

在胎儿发育时期,形成了**软骨性的前体骨骼**,为成长中的胎儿提供形态支撑(**原始骨骼**)。在骨化前,该原始骨骼经历了快速的有丝分裂,最终决定了整个生物体的生长和形态。在大多数情况下,每枚原始骨都为骨组织预留了生长空间,骨组织最终将取代软骨。骨组织的生成受**诱导介质**(如骨形态发生蛋白、有丝分裂因子)影响。在特定发育阶段,原始骨骼的软骨逐渐被重塑。软骨逐渐被吸收,最终**被骨取代**,这个过程被称为**软骨骨化**或**间接骨化**。新生儿或胎儿的骨小梁呈随机蜂窝状,因此称之为**不成熟骨**或**编织骨**。最终,被重吸收的骨和编织骨被**成熟的板层骨**取代。成年动物的大部分骨(如椎骨和四肢骨)都是通过**软骨骨化**而形成的。

骨组织替代软骨的过程发生在胚胎发育中期,且发生在**初级骨化中心**的位置。有些骨的替代过程只有在动物体达到生理成熟时才完成。幼年动物的 X 线片常常可以看到未骨化的软骨,如果忽视年龄差异则容易导致误诊。

骨化

骨也可以在没有软骨前体的情况下直接由间充质组织形成。这个过程叫作膜内骨化或直接骨化。颅骨的真皮骨、长骨的骨膜领和骨折愈合都是通过这个过程形成的。骨化有两种形式:

- **膜内骨化或直接骨化**
- **软骨骨化或间接骨化**,软骨骨化可再分为:
  - **软骨膜骨化**
  - **软骨内骨化**

膜内骨化

通过膜内骨化形成的骨被称为"**膜骨**"。真皮骨是由皮肤间充质组织发育而来的膜骨(如大多数的颅骨)。当**间充质细胞**分化为负责造骨的细胞时,膜骨开始发育。这些成骨细胞种类繁多,且有多种形态(图 1-20 和图 1-21)。未分化的间充质细胞分化成**前成骨细胞**,后者进一步发育为**成骨细胞**。在骨化过程中,成骨细胞产生一种有机物—**不含矿物质的基质**,即为**类骨质**,类骨质将细胞完全包在其中。类骨质主要由**Ⅰ型胶原纤维**(95%)组成,其余 5% 包括糖胺聚糖、蛋白聚糖、4-硫酸软骨素、6-硫酸软骨素、硫酸角蛋白和两个骨蛋白(骨连接素和骨钙素)。类骨质的生成需要维生素 C。在随后的矿化作用中,胶原纤维成为**无机钙盐和磷酸盐化合物**沉积的支架。

在 8～10 d 内,类骨质通过矿化作用转化为一种骨基质,称为**骨胶原**。该转化受生长激素和维生素 D 代谢产物的控制。骨的**无机成分**,如磷酸钙(85%～95%)、碳酸钙(8%～10%)、磷酸镁(1.5%)和氟化钙(0.3%)等由循环系统的血管运输并沉积在类骨质中。通过这个过程,未钙化的

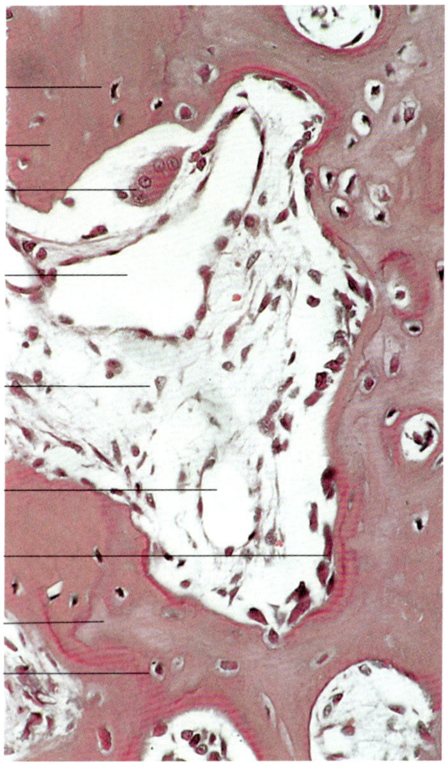

图 1-20　含有成骨细胞和骨细胞的疏松结缔组织中伴有中央毛细血管的膜内骨化（组织学切片，HE 染色）

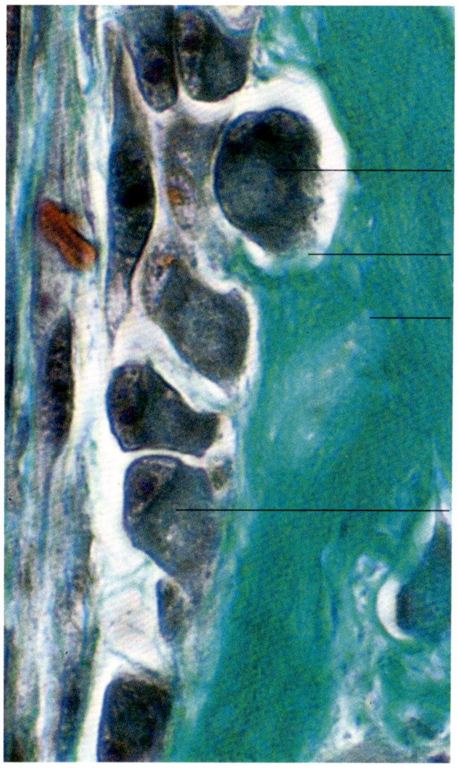

图 1-21　含有成骨细胞、类骨质和骨胶原的膜内骨化（组织学切片，Goldner 染色）

类骨质转化为**钙化的骨胶原**(图 1-20 和图 1-21)。随着矿化作用的进行,成骨细胞在钙化骨组织的生长区中分离出来,并分化为骨细胞。

当不同的功能需求开始影响骨骼时,将会发生骨组织的吸收以及新骨的重塑,尽管此时的矿化作用还在继续。分解骨的细胞被称为**破骨细胞**(图 1-20 和图 1-21)。

软骨骨化

软骨骨化涉及**透明软骨**,透明软骨作为空间载体,为骨的纵向生长提供基础。原始骨骼由透明软骨组成,软骨骨化是通过软骨的逐渐吸收和永久骨(**替代骨**)来开始的。椎骨、肋骨、胸骨、四肢骨和基底颅骨均以这种骨化方式形成。这种由透明软骨前体形成新骨的过程称为**软骨骨化**。这一过程可分为软骨膜骨化和软骨内骨化的差异(图 1-15 和图 1-24)。

软骨膜骨化

软骨膜骨化与膜内骨化非常相似,都是形成类骨质并逐渐矿化。能生成新骨潜能的**骨祖细胞**位于**软骨膜的软骨形成层**,可分化为**成骨细胞**(**初级骨化作用**)。这种从软组织到骨组织的转化作用始于骨干中部,并形成骨鞘——**骨膜领**。软骨膜骨化作用一直延续到各骨的末端——**骨骺**。因此,软骨膜就成了**骨外膜**。软骨膜骨化导致了长骨骨外膜的发育。

骨外膜的形成机械性地抑制了透明软骨的代谢,迫使**软骨基质发生钙化**。同时,血管通过骨膜领,进入钙化软骨。**破软骨细胞**能够清除软骨细胞,通过增生的血管进入软骨基质钙化区,吸收剩余的软骨细胞。破软骨细胞清除软骨细胞后留下的空隙,很快就被结缔组织和毛细血管填充。这些毛细血管不仅提供营养物质,还提供构建新骨组织所必需的物质。**成骨细胞**也通过这些血管进入髓腔,并从内部开始构建骨组织(**软骨内成骨**)。骨不断被吸收,骨基质不断被替代,形成了初级髓腔。这个髓腔内充满了类似骨松质的网格状结构(**骨松质的发育**)。

当初级髓腔内的结缔组织分化为有**造血**功能的血-网状组织时,就形成了多室的**次级髓腔**(细胞髓腔,图 1-16)。这发生在胎儿发育的后期,新形成的血-网状组织即为**红骨髓**(medulla ossium rubra)。

骨髓(medulla ossium)位于两端骨骺的髓腔和骨松质小梁之间,骨松质小梁之间的骨髓终生具有造血能力(图 1-12)。在成年动物中,骨干中的红骨髓逐渐被**脂肪**取代(黄骨髓,medulla ossium flava);在老年动物中,黄骨髓再次转化为**胶质骨髓**(medulla ossium gelatinosa),患病动物则提前发生这一转化。

软骨内骨化

在长骨的骨干和每一骨骺之间的软骨钙化区,称为**近**

干骺端和**远干骺端**。两个干骺端的边缘处,有明显的软骨内骨化区域,称为**骺生长板**(骺软骨)(图1-12)。骺板非常重要,它们负责**骨的纵向生长**。

骨膜领环绕着骨,在**干骺端**区域,骨膜领抑制软骨的径向生长。软骨细胞通过有丝分裂和肥大而增殖,软骨细胞的柱状排列是其**增殖**过程的反映(图1-22和图1-24)。这种排列方式是**软骨纵向生长**的基础,也是骨骼生长所必需的。

干骺端软骨的软骨内骨化发生在**多个区域**(图1-22和图1-24)。与骺板并列的软骨细胞不分裂,弥漫分布于透明软骨中(**静息软骨细胞区**)(图1-22)。在髓腔方向,与静息软骨细胞区相邻的是一个宽的**增殖区**,该区的软骨细胞分裂活跃。骨膜领的机械作用迫使之后的**成熟软骨细胞区**的软骨细胞排成明显的柱状。之后,软骨细胞开始退化,该区域(**肥大软骨细胞区**)由于吸收水分和细胞间物质的钙化而体积增大。

随着钙化作用的进行,破软骨细胞会酶性侵蚀剩下的钙化软骨(**破坏区**)(图1-22和图1-24)。破软骨细胞从髓腔通过毛细血管和结缔组织进入破坏区,直至钙化区。在破坏区和钙化区的分界处,软骨被完全再吸收。在最后一个区域,细胞间基质被矿物质填满,骨化完成(**钙化区**)。

侵入的血管同样允许次级成骨细胞进入破坏区。这些细胞通过膜内骨化产生新的**基质**(类骨质)。最终,不成熟的编织骨被成熟的板层骨取代(见下文)。

骨组织的类型

骨组织有两种类型:**编织骨**(os membranaceum reticulofibrosum)和**板层骨**(os membranaceum lamellosum)。从进化的角度来看,编织骨(纤维性的不成熟的骨)被认为是最早发生的骨,所以也是最古老形式的骨,它常常被划分为骨质化的结缔组织。在胎儿发育过程中,每枚骨最初都由编织骨组成,在出生后逐渐被更复杂的板层骨所取代。然而,有些编织骨终生存在,如耳的骨迷路、外耳道以及长骨上的肌肉附着点都是编织骨。

板层骨(**成熟骨**)的特征是具有严格平行或同心排列的胶原纤维,称为骨板。成年动物的大多数骨都由板层骨组成,板层骨参与构成长骨、短骨和扁骨。板层骨的结构单位是**骨单位**(**哈弗斯系统**)。

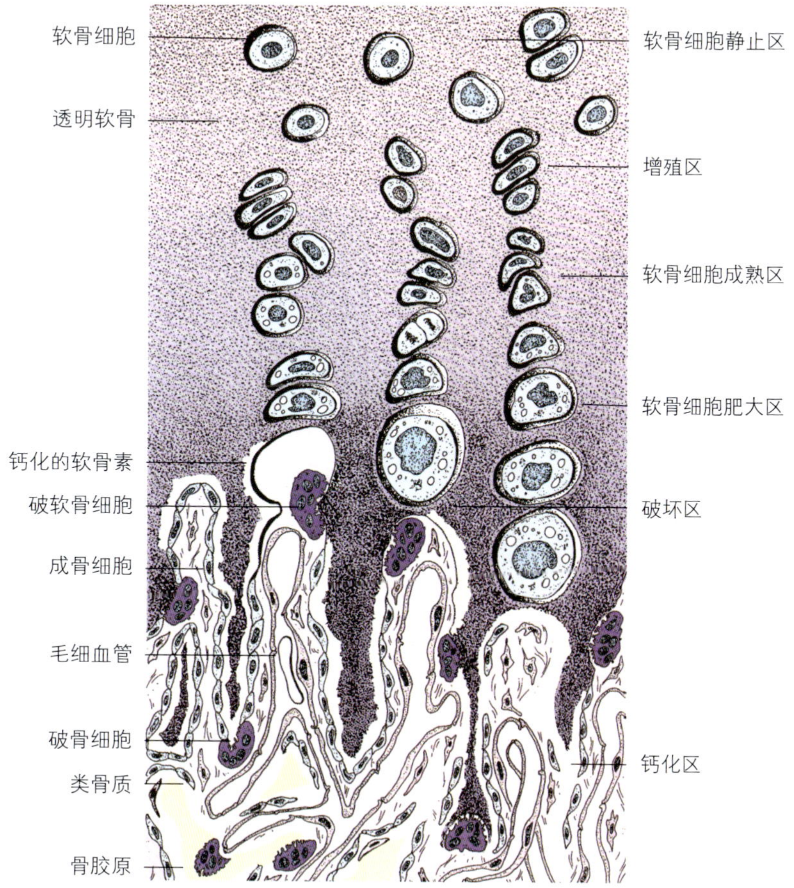

图1-22　长骨软骨骨化过程中的结构重塑(示意图)

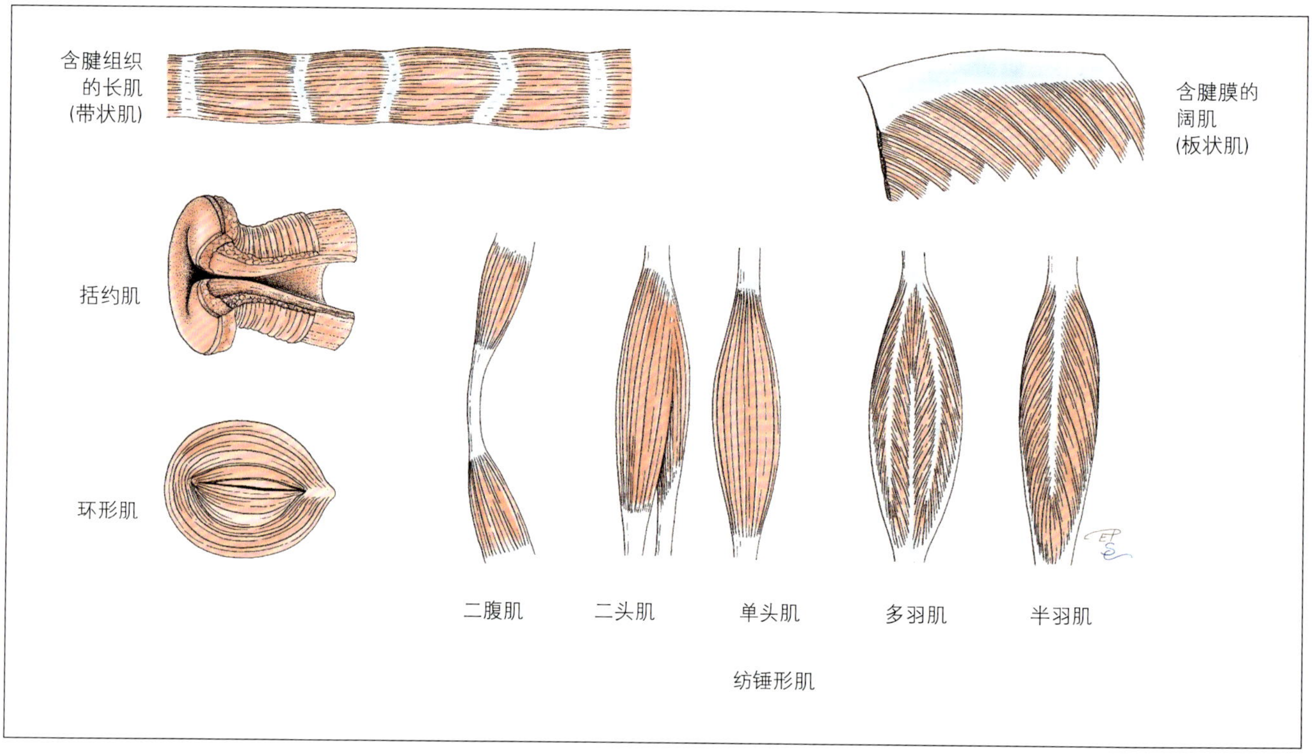

图 1-38 根据肌纤维的排列方式对骨骼肌进行分类(示意图)。仿 Putz 和 Pabst(1993)

- 纺锤形肌(m. fusiformis)
- 板状肌(m. planus,有腱膜)
- 二头肌(m. biceps)
- 三头肌(m. triceps)
- 四头肌(m. quadriceps)
- 二腹肌(m. diventer 或 m. digastricus)
- 环状肌(m. orbicularis)
- 括约肌(m. sphincter)

运动

运动需要有许多肌肉同时工作或轮换工作。当两块肌肉共同发挥作用时,称为**协同作用**;当两肌肉的作用效果相反时,称为**拮抗作用**。在运动中,可分为**固定点**(punctum fixum)和**可动点**(punctum mobile)。固定点是指肌肉附着于躯干上的不可动部分。可动点比固定点更小更轻。肌肉的作用,一方面取决于它的起点、位置和止点,另一方面取决于它的**旋转点**(hypomochlion)。

几乎所有运动,如呼吸、行走、小跑或奔跑,都是通过拮抗肌群有节奏地收缩和舒张而实现。即使在舒张过程中,每块肌肉都承受一定程度的最小张力,即**肌紧张**。这个状态是由起源于肌梭的反射和持续兴奋性刺激所引起的。麻醉药可引起**张力减退**,使肌紧张度降低。许多肌肉负责维持身体姿势,因此需要持续的轻度肌紧张。这些肌肉有时受到肌腹中的腱样组织的被动支撑。

为了启动运动,肌肉必须克服拮抗肌的肌紧张和重力。根据主动肌在运动时的长度变化,肌肉收缩可分为两类。肌肉的内在张力持续增加,而肌纤维长度不变,为**等长收缩**;肌肉张力固定,而肌纤维逐渐收缩变短,引起肌肉运动,为**等张收缩**。

肌肉遵循杠杆原理对关节施加作用力。根据涉及的**关节数量**,可将肌肉分为:

- 单关节肌
- 双关节肌
- 多关节肌

从这个分类法可明显看出,当一块肌肉收缩时,一些关节总是同时运动(专性连锁关节)。其他关节只有在特殊情况下才会同时运动(兼性连锁关节群)。

根据对关节的**作用效果**,也可将肌肉分为:

- 伸肌(m. extensor)
- 屈肌(m. flexor)
- 内收肌(m. adductor)
- 外展肌(m. abductor)
- 括约肌(m. sphincter)
- 开大肌(m. dilatator)
- 提肌(m. levator)

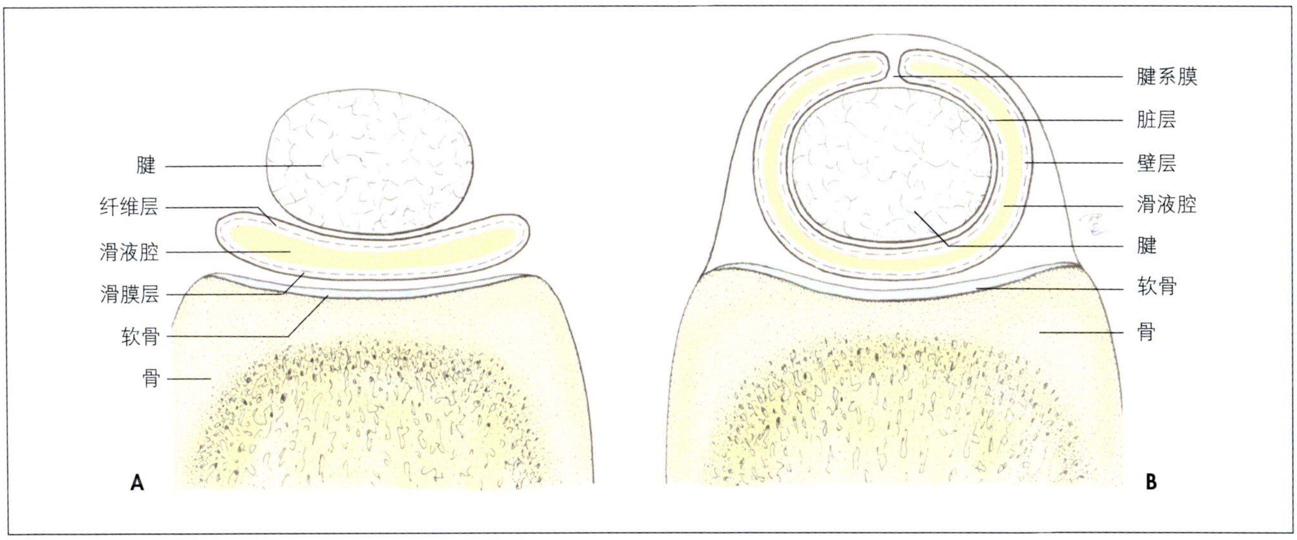

图 1-39 肌肉的辅助结构:(A)滑膜囊和(B)腱鞘(示意图)

- 降肌(m. depressor)
- 回旋肌(m. rotator)
  - 旋后肌(m. supinator)
  - 旋前肌(m. pronator)

图 1-40 至图 1-44 展示了家畜的浅层肌肉,对肌学作了一个总体介绍。后面的章节还将详细介绍单一肌肉的局部解剖、形状和功能。

肌肉的辅助结构

肌肉的多种功能通过其被动结构来维持,这些结构有:

- 筋膜
- 黏液囊(bursae synovialis)
- 腱鞘(vaginae synovialis tendinum)

筋膜包裹着肌肉。筋膜是宽而薄的网状膜,主要由胶原纤维构成,也有弹性纤维参与。这些纤维的走向与肌肉拉力和应力方向一致。纤维形成的网状结构,使筋膜能在功能上适应肌肉收缩引起的肌肉厚度变化。筋膜通常作为肌肉的起点或附着部位。筋膜通过包裹肌肉,为相邻肌肉之间的运动提供一个无摩擦表面。

肌间隔是筋膜的一种特殊形式,是位于肌肉之间并附着于骨外膜上的独立筋膜。筋膜还在伸关节表面或屈关节表面形成环状结缔组织结构,从而加强关节本身(腱系带,retinacula tendineum)。

筋膜遍布全身,可分为薄的**浅筋膜**(fascia superficialis)和坚韧的**深筋膜**(fascia profunda)。浅筋膜包裹着全身大部分区域的**皮肌**(musculi cutanei)。尤其是马,深筋膜因富含弹性纤维而使其得到加强,也使其呈现黄色光泽(腹壁的腹黄膜)。

滑膜囊被包裹在结缔组织囊里(图 1-39)。它们的大小不同,通常有多个腔室,且充满滑液。它们可被看作位于肌腱下方的小凝胶垫,分散来自肌腱的压力。囊壁的结构与关节囊相似,壁可分两层:内为**滑膜层**,外为**纤维层**。

滑膜囊分布于身体各处,是肌肉、肌腱或韧带在骨表面滑动的结构。时常受机械压力的部位,在皮下可出现滑膜囊。滑膜囊可根据**位置不同**而分为:

- 腱下囊(bursae synoviales subtendinosae)
- 肌下囊(bursae synoviales submusculares)
- 韧带下囊(bursae synoviales subligamentosae)
- 皮下囊(bursae synoviales subcutaneae)

腱鞘和滑膜囊相似(图 1-39),不同的是,腱鞘像一根管子把肌腱完全包裹,它能保护深层组织免受来自肌腱的压力,减少运动时的摩擦。腱鞘常常在关节滑膜形成隐窝(recessus)时生成,其包绕在肌腱表面。

与滑膜囊相似,腱鞘也有**腔**(滑膜腔),腔内也充满滑液。滑膜层可分为两层:**脏层和壁层**。朝向肌腱的腱鞘内表面是脏层。在某些部位,脏层折转形成外层或壁层。脏层和壁层由一层薄的双层膜——**腱系膜**连接,这为血管和神经提供了通道。在某些部位,腱系膜不完整(**腱纽** vincula tendinum)。

滑膜的功能

液体过滤、营养物质扩散以及活性大分子物质运输都通过滑膜实现。褶皱和绒毛上的滑膜细胞之间有微小的孔隙,物质可通过这些小孔扩散。物质在滑膜腔和周围结缔组织之间的扩散过程受静水压和渗透压调节。在周围结缔组织内有大量血管和淋巴管,它们对腱鞘的功能有很大影响。当进入滑膜腔的液体量与腔内重吸收的液体量相同时,即达到生理性平衡。

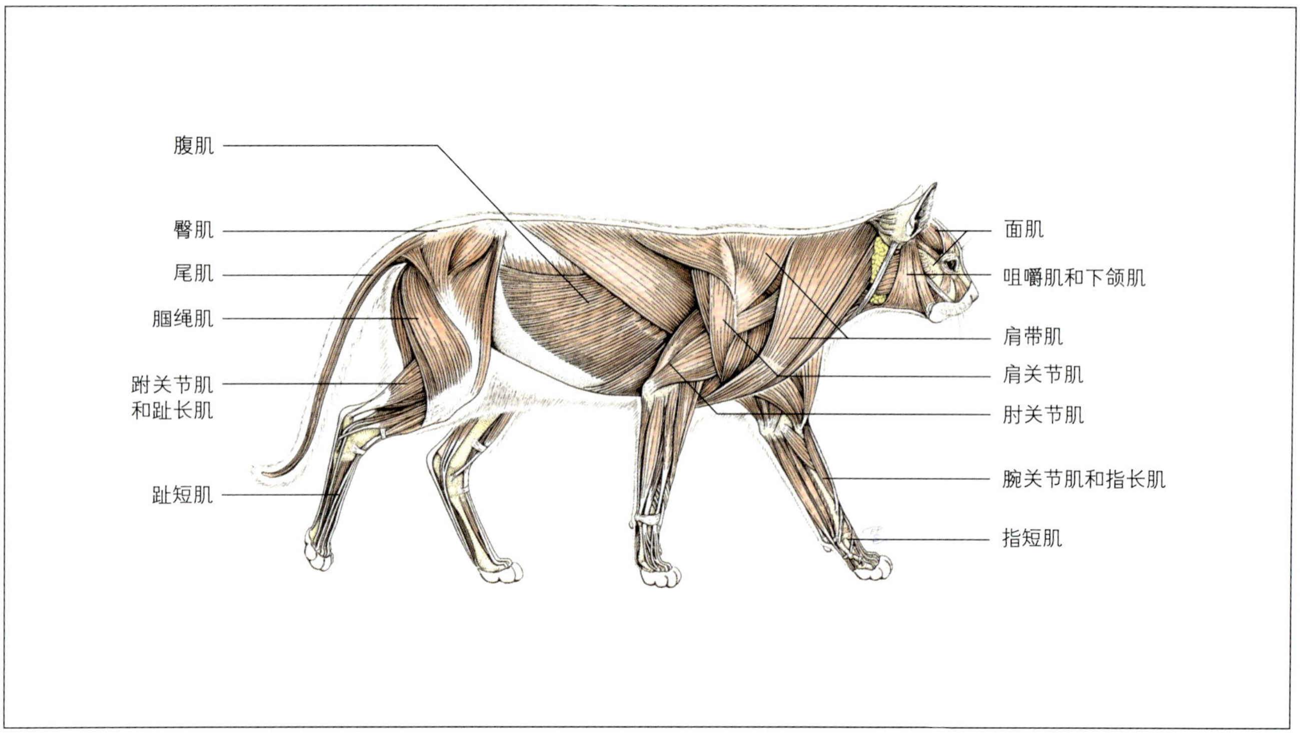

图 1-40　猫的浅层肌肉（示意图）

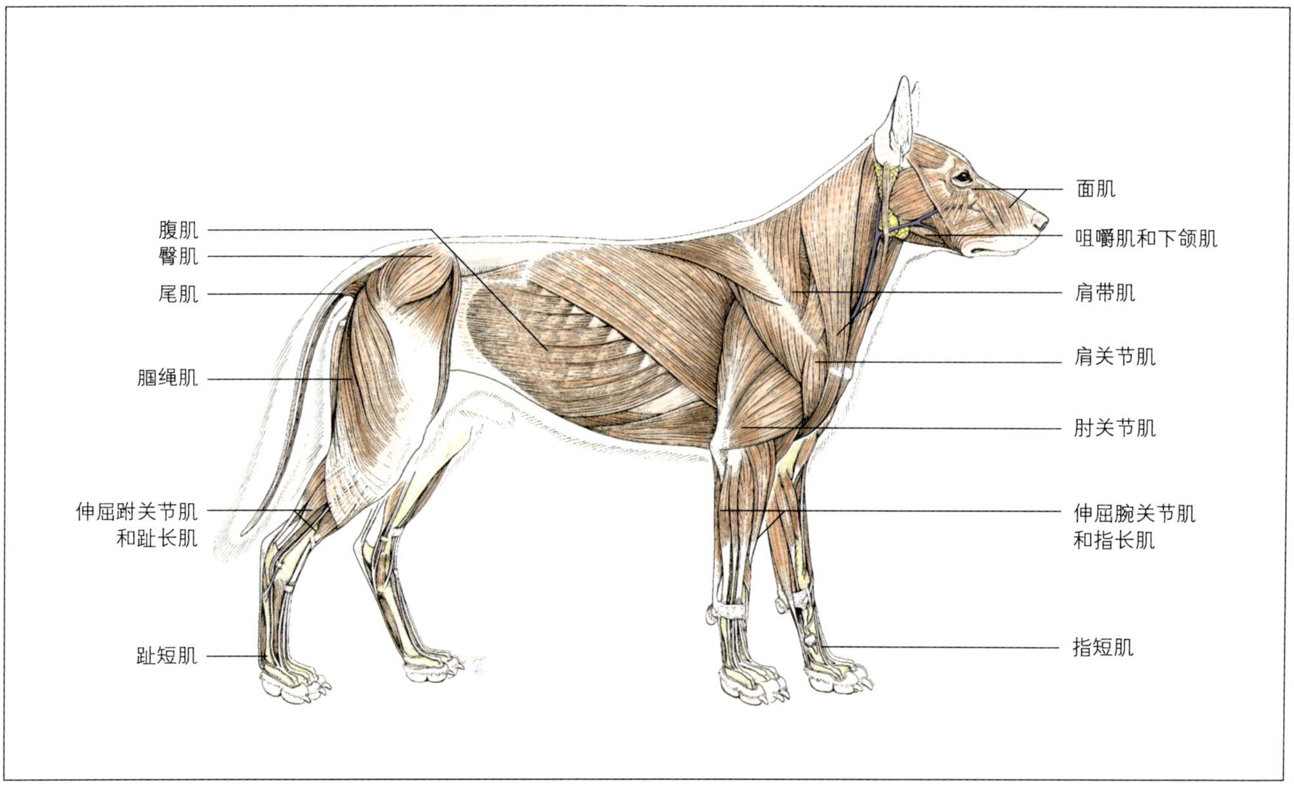

图 1-41　犬的浅层肌肉（示意图）

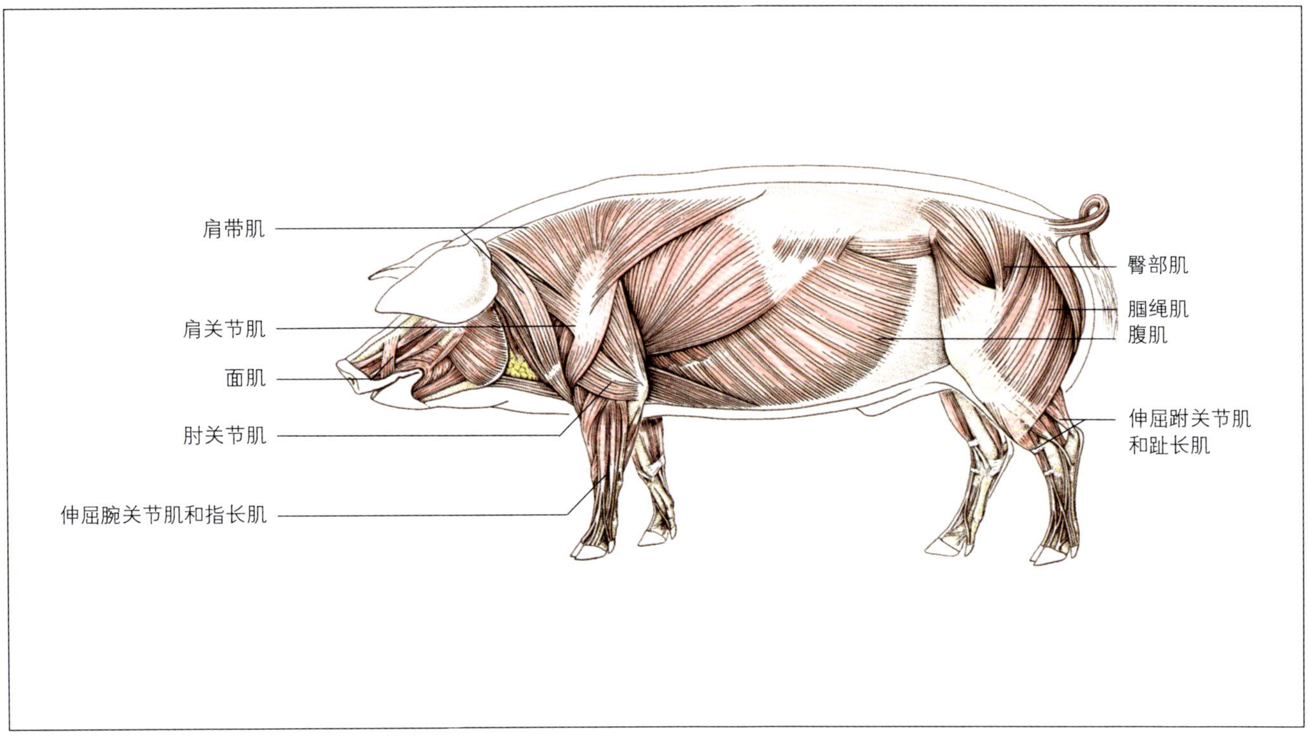

图 1-42 猪的浅层肌肉(示意图)

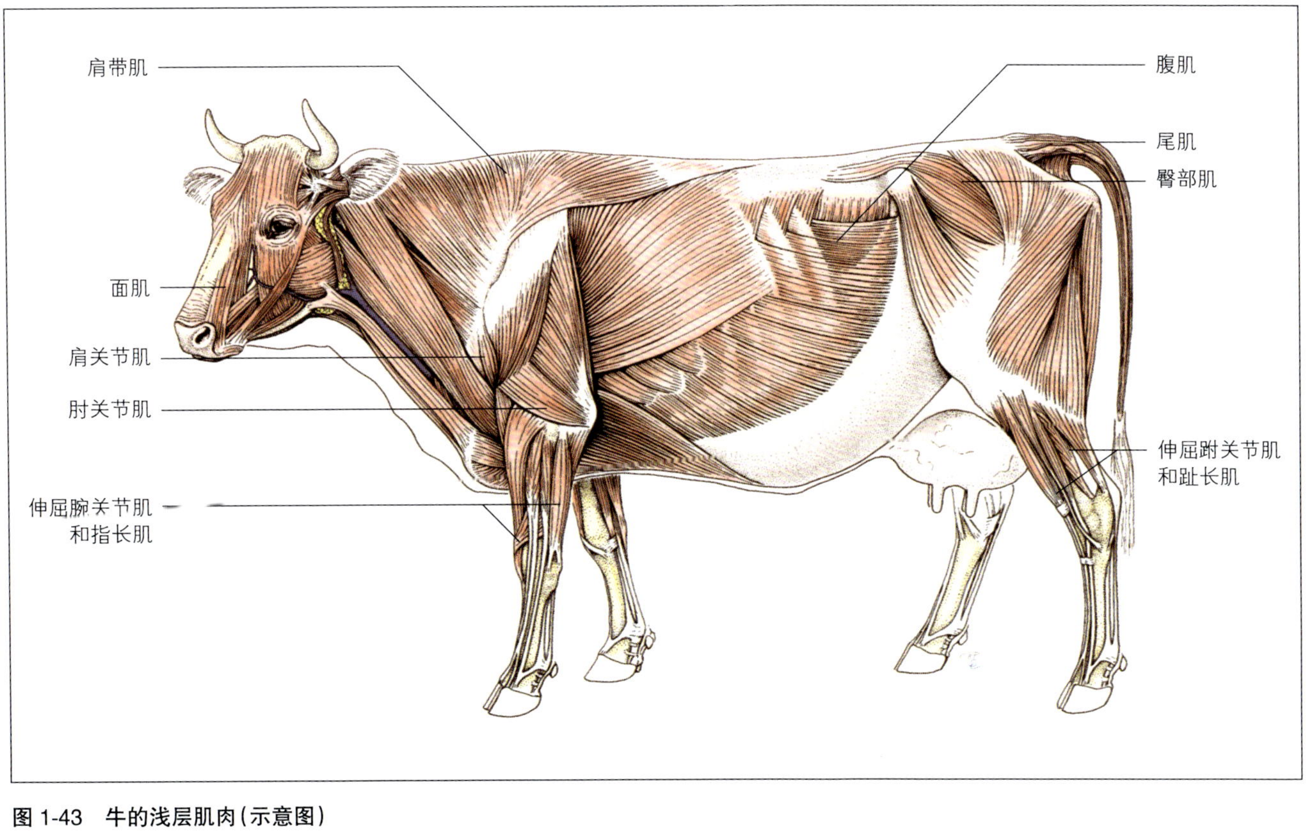

图 1-43 牛的浅层肌肉(示意图)

距离短得多，但两个心室泵的血量相同。

肺循环或**小循环**始于**右心房**，静脉血从右心房流入**右心室**。在心室收缩过程中，血液被泵入肺动脉干（truncus pulmonalis）及其动脉分支，直至**肺部毛细血管床**。在这里静脉血转变为含氧量高、富含营养物质的动脉血，之后经**肺静脉**（venae pulmonales）回流至**左心房**。

体循环或**大循环**始于**左心房**。动脉血从**左心房**流入**左心室**。当心室收缩时，血液被泵入主动脉，并系统地分配到全身。血液首先通过动脉，然后通过小动脉，最后到达组织和器官的**毛细血管床**。后肢与后躯的静脉血经**后腔静脉**（v. cava caudalis）回流，头部、前肢和前躯的静脉血经**前腔静脉**（v. cava cranialis）回流。前腔静脉和后腔静脉都注入**右心房**。

门脉循环

门静脉和它的支流形成一个旁路系统，这个系统的起点和止点都是毛细血管床。**门静脉**（v. portae）收集来自腹腔内胃肠道和其他不成对器官（脾和胰）毛细血管的静脉血。这些腹腔内脏的毛细血管汇合，最后形成门静脉。门静脉的管壁由肌纤维构成，肌纤维有节奏地收缩，增加了门静脉压力，推动血液进入肝脏。

在肝脏内，门静脉反复分支，**第二次形成毛细血管床**。当血液穿过肝脏到达肝脏前部时，被静脉收集并输送到后腔静脉。在此处，从肝脏流出的血液与来自身体其他部位的血液汇合，最后流入右心房。

机体的另一个门脉系统位于**垂体**（下丘脑-垂体轴）。

外周循环

外周循环系统中的不同血管壁结构反映其功能适应性。通常，器官和组织都由血管-神经束供应，其中的动脉、静脉（伴行静脉）、淋巴管和神经通过结缔组织互相缠绕伴行。为了避免损伤，供应四肢的主要血管和神经干总是位于关节的屈侧。

侧副动脉、终末动脉和异网

借助反复不断地分支，侧副动脉从动脉主干分支出来，并继续与动脉主干伴行，最终到达同一器官。大部分侧副动脉与邻近血管连接，形成**外周吻合**（见下文），并汇入一共同的**血管网**（动脉网）。当缺少这样的双动脉供应时，单动脉就称为**终末动脉**。

终末动脉阻塞导致组织局部缺血和死亡（**坏死**）。终末动脉常见于脑、心、肺、肝、肾、视网膜和脾脏。当这些器官的终末动脉不能再为其所分布区域的组织供血时，会导致中风（脑部）或肺栓塞（肺）。

异网是一种特化的动脉结构。当动脉分出一系列平行血管，经一定距离后又合并为一条动脉时，即为动脉异网。这些动脉结构主要分布在颅底部和肾小球。

上述结构的功能，目前尚未研究透彻。由于它们与相应的静脉紧密相连，很可能在促进静脉回流中发挥作用（**动静脉连接**）。有人提出假设，认为它们略微降低了流向脑部的血液温度，也可能减少了脑内的动脉搏动。

吻合、屏障动脉和静脉括约肌

在血管进入毛细血管床之前，从小动脉发出的血管分支形成**动静脉吻合**。该血管分支直接与小静脉连接，从而使部分血液完全绕过毛细血管床。**毛细血管前括约肌**位于小动脉与毛细血管床的交界处，该结构调节进入毛细血管床的血流，进而控制器官（如皮肤、肠道、鼻黏膜等）的血液供应。动静脉吻合是各种器官调节温度的主要方式。**屏障动脉**收缩，能暂时阻断流向毛细血管床的血液，从而导致流向邻近毛细血管床的血流增大。静脉也有**括约肌**（静脉括约肌，sphincter veins），能调节流经毛细血管床的血流量。这些结构大多存在于生殖器官的静脉中。

1.5.2 血管（vasa）

要全面理解**脉管学**（angiologia，来自希腊语“angion”，意为血管），必须先了解不同血管的结构、功能以及临床重要性。对于学生和临床医生来说，对血管及其分支分布的总体理解，比掌握每条血管及其最小分支（rami）的比较和详细局部解剖学知识更加重要。对每条血管的精确局部解剖学细节只是科研人员的兴趣所在，且在许多解剖学教材中都有全面的描述。这本教材为学生和临床医生提供了在临床应用中的重要血管及其分布，详见第 13 章“心血管系统”（424 页）。

血管（vasa sanguinea）的结构

血管构成了具有**大量分支的闭合管道系统**。在人类，如果将所有血管拉成一条直线，长度将超过 40 000 km。血管的结构都很相似（图 1-46 至图 1-51）。根据局部功能需求的差异，不同部位的血管结构存在很大差别。一般情况下，根据血流方向存在以下几种类型的血管：

- **动脉**，将血液输出心脏的大血管，与周围的组织不进行物质交换
- **小动脉（微动脉）**，较小的动脉（直径为 20～100 μm）
- **毛细血管**，管壁非常薄，有利于与周围组织进行物质交换
- **微静脉**，小静脉
- **静脉**，将血液输送回心脏的大血管

大血管的管腔内表面衬有**内膜**。内膜由单层**内皮细胞**（血管内皮）、**内皮下层**（由结缔组织构成）以及**基底膜**构成。内膜负责与周围组织进行物质交换，血细胞经内膜离开血管腔，内膜可加快血液或淋巴的流速。血管中层为**中膜**，主要由平滑肌细胞和弹性纤维网构成。中膜可使管壁

收缩，决定了血流动力学。血管外层是**外膜**，主要由疏松结缔组织构成，可将血管固定在周围组织上。支配血管的**植物性神经**以及为大血管提供营养的血管——**血管滋养管**，也分布在外膜（有关血管结构的更多信息请参阅组织学教材）。

动脉（arteriae）

动脉和小动脉将**血液**从心脏运送到外周器官。动脉有两种类型：**弹性动脉**和**肌性动脉**（图 1-46 至图 1-48）。在**主动脉和心脏附近动脉**的中膜主要含有**弹性纤维**。这些弹性纤维执行**收缩期**的**血管扩张**。动脉可通过收缩肌层来控制

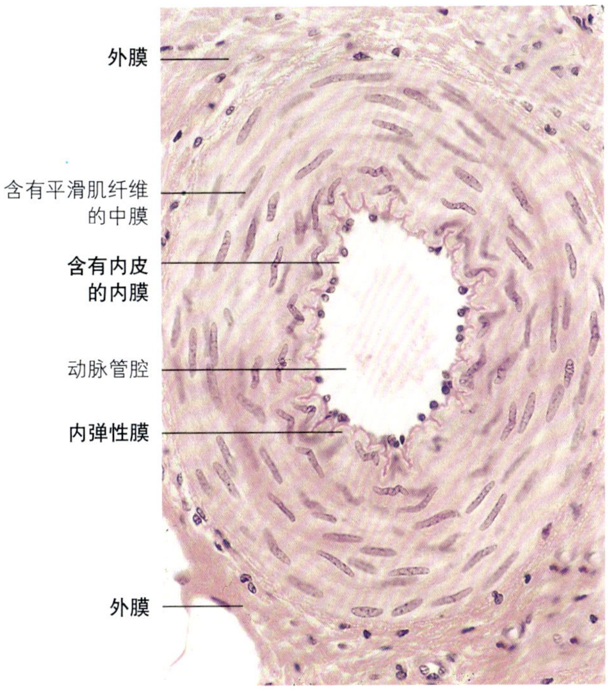

图 1-46 动脉（组织学切片，HE 染色）

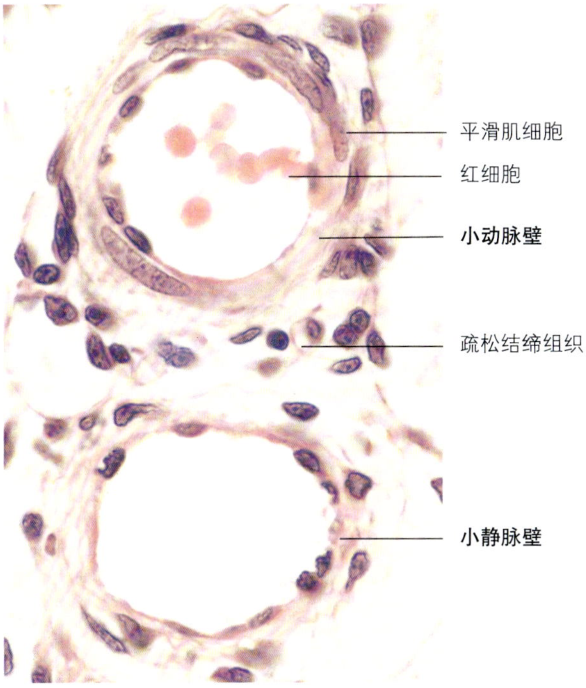

图 1-47 小动脉和小静脉（组织学切片，HE 染色）

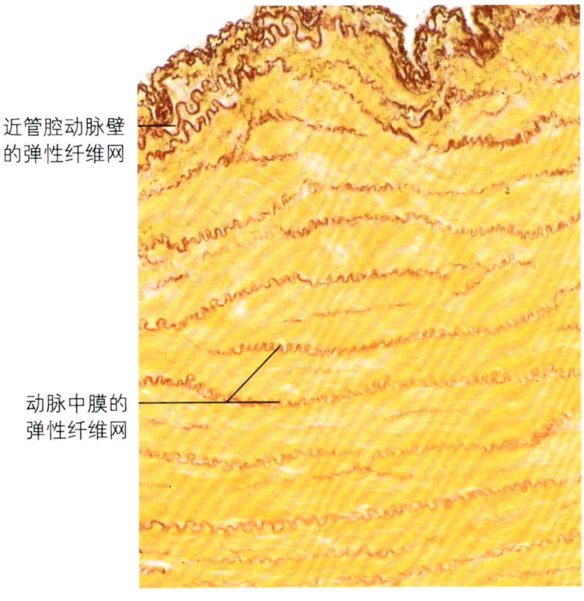

图 1-48 含有弹性纤维的动脉管壁（组织学切片，弹性膜染色）

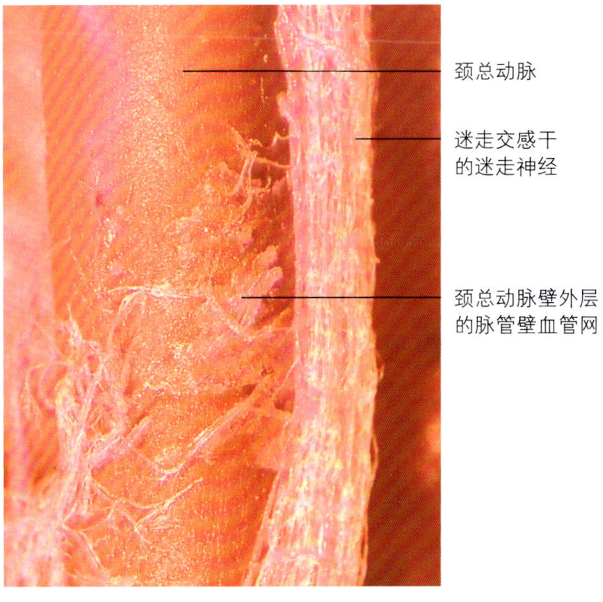

图 1-49 颈总动脉的血管滋养管和神经网络（腐蚀铸型）

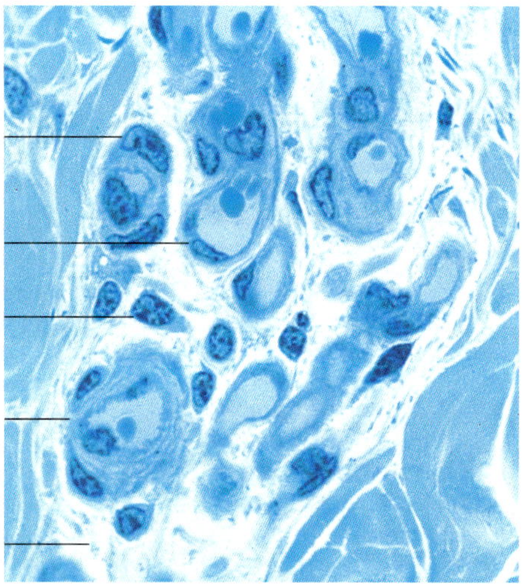

图 1-50　毛细血管床及周围结缔组织（组织学切片，亚甲蓝染色）

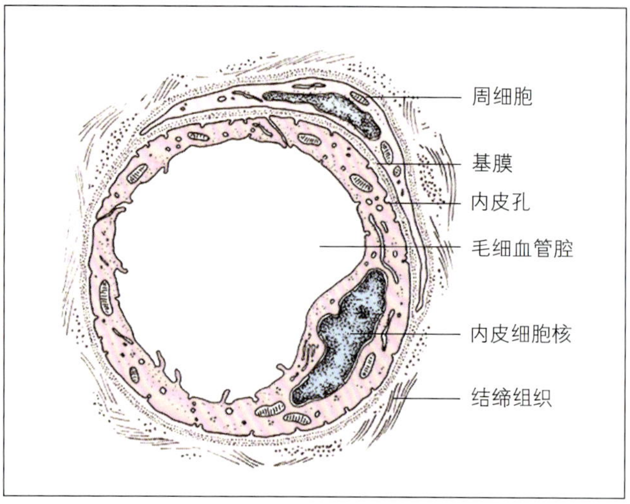

图 1-51　毛细血管超微结构（示意图）。仿 Liebich（2004）

其管径，从而将血液输送到外周。左心室收缩（**心缩期**），将血流泵入主动脉和心脏附近的动脉。由于动脉壁的弹性，主动脉和动脉通过扩张而容纳血液，也因此吸收了血流中的动能。当左心室舒张（**心舒期**），主动脉和心脏附近的动脉被动回缩到原来的直径，从而推动血液向前流动。之前血管壁吸收的动能重新转移到血液中。在功能上，有弹性的主动脉和动脉将心脏的**不连续泵血**转换为流向全身的**持续血流**。上述例子中的弹性动脉包括主动脉、主动脉弓、臂头动脉干和肺动脉。

离心脏较远的动脉，其中膜含有**平滑肌纤维**，属于**肌性动脉**（图 1-48）。这些外周动脉和小动脉，可改变其管径，从而调节血压和血流。**中膜**被平滑肌纤维加强，有时也被弹性纤维加强。动脉**外膜**，由结缔组织和弹性纤维构成，可将血管固定在周围组织上。

供给血管的血液和神经

血管壁的部分营养由管腔内血液通过扩散方式供应（跨内皮）。由于大血管的中膜较厚，阻碍了营养物质的扩散。因此，大血管还需小血管（**脉管壁血管，血管滋养管**，vasa vasorum）单独为其提供血液供应，从而在血管壁形成了毛细血管床。

血管壁上有丰富的**植物性神经网络**分布。这些神经控制平滑肌的收缩（**血管收缩，肾上腺素能神经**）和扩张（**血管扩张，胆碱能神经**）。在特定的血管上还有**压力感受器**，这是一种独特的神经结构，它可感受血管壁的压力并作用于血管壁（如颈动脉窦），具有**调节血压的作用**。

猫的血压可在上臂测量。犬的血压可在前臂或小腿测量，也可在尾根处测量。

小动脉（微动脉）

小动脉不但能调节**动脉血压**，还能调节**外周血流速度**。与动脉相比，小动脉的肌层更薄，管径更小。毛细血管前括约肌和**后微动脉**在调节血压上十分重要（图 1-47）。通过环形肌的收缩，小动脉的管腔可完全闭合。括约肌通常位于**小动脉和毛细血管床之间的过渡区**，从而减少进入毛细血管床的血流量。**动静脉吻合**存在于毛细血管前的区域，限制血液进入毛细血管，以避免代谢产物的分解。

毛细血管（vasa capillaria）

毛细血管负责血液和组织之间的**气体**和**分子交换**。为完成物质交换，**血流速度**会从主动脉的 400～900 mm/s 下降到毛细血管的大约 0.3 mm/s。毛细血管中的**血压**也大幅度下降。毛细血管的平均直径为 5～15 μm。毛细血管是**小动脉反复分支**并过渡到小静脉之前形成的三维网络结构。机体中有一些结构没有毛细血管，如角膜、晶状体、软骨和齿质。

毛细血管壁仅由两层组成，即管腔内表面的**内皮层**和外层的**基底膜**（图 1-50 和图 1-51）。内皮通常是连续的，然而，一些毛细血管的内皮细胞之间有孔隙。同样，在基底膜上有时也能发现孔隙。

肝、红骨髓和脾中均有**窦状毛细血管**（vasa capillaria sinusoidea）。这些毛细血管的特点是管径大（约 40 μm），细胞间有小孔，基底膜不连续。腔壁细胞具有吞噬功能。根据其所支配器官的不同，毛细血管具有不同结构特征。各器官和组织可能在毛细血管的数量、血管化程度或血流速率方面有所不同。如心肌和脑组织非常依赖氧气，所以血管化程度高。相反，大多数软骨和角膜中则没有血管（慢养组织）。

毛细血管的生物学功能包括运输和屏障，如肺、肾和脑（血-脑屏障）的毛细血管。毛细血管也在滤过和重吸收中发挥作用，还能形成血凝-血抑层。由动脉吻合供血的组织，不受单侧动脉阻塞威胁。由单一**终末动脉**供血的组织，一旦发生动脉阻塞则会发生组织坏死，称为**梗死**。一些器官的毛细血管密度很高，如心肌、中枢神经系统的灰质和内分泌腺。在其他器官，毛细血管的密度取决于器官的活跃程度，如在卵巢中，毛细血管床在功能期发育，在静止期退化。

小静脉（微静脉）

小静脉是最小的静脉，与静脉的区别在于：小静脉的管腔更小、管壁更薄、没有弹性纤维（图 1-47）。小静脉连接静脉与毛细血管床，小静脉可分为 3 类。**毛细血管后微静脉**，与毛细血管相似，其管壁上有孔隙，这些孔隙允许血细胞扩散到组织（**血细胞渗出**）。在毛细血管后微静脉之后，依次是集合小静脉和肌性小静脉。其中，肌性小静脉的特征是有厚达 100 μm 的肌层。**静脉窦**（sinus venosus）是分布于部分器官（如肾）的**后毛细血管**。

静脉（venae）

血液离开毛细血管床后，依次经毛细血管后微静脉、小静脉和静脉（希腊语“phleb”，拉丁语“vena”）回流到心脏。当血液通过毛细血管后，静脉中的血压大约降为毛细血管前动脉的 1/8。血压的急剧下降是由于毛细血管最大限度地增加了血管的总横截面积，以及特殊**静脉结构**的存在。这些特殊结构（静脉窦）主要位于肝和脾，其储存的血液比整个动脉系统的血量多 3 倍以上。静脉和动脉的结构差异反映其对血压的适应性：与动脉相比，静脉的管径更大，管壁更薄。

静脉结构

静脉的结构与动脉相似，只是静脉的中膜更薄，这是由于**静脉系统的血压较低**。通常情况下，血管的外膜最厚。位于静脉壁的胶原纤维网将静脉固定在周围组织上，并加强管壁，防止静脉塌缩。在四肢，每条动脉都位于结缔组织的褶皱中，通常有两条静脉伴行。动脉搏动与肌肉收缩，有助于将静脉血泵回心脏（见下文）。四肢远端静脉的中膜更厚，这与静水压有关。

静脉的血液回流

静脉血经长距离回流到心脏，需要有独特的“泵”机制。

静脉瓣

静脉内膜形成**瓣膜**，防止血液在循环停滞时逆流回毛细血管床。当血液流向心脏时，这些瓣膜顺着血流方向平铺在管壁上；当血液逆流时，瓣膜向管腔翻转以闭合血管。瓣膜是内膜的延伸，通常 2 个或 3 个为一组，确保血液不发生逆流。

头部和椎管内的静脉**没有瓣膜**。血液流入双层的硬脑膜（**静脉窦**），静脉窦不是独立的血管，而是由内皮细胞构成的空隙。

肌肉泵

虽然静脉壁含有很少的肌纤维，但是因为静脉系统的血压很低，所以静脉需要来自周围组织的压力来协助其将血液输送回心脏，即静脉缺失的压力由周围肌肉的收缩来补充。“**肌肉泵**”这个术语概括了骨骼肌的作用及其对静脉血流的影响。在肌肉收缩时，肌肉内部及其周围的静脉被压扁；当肌肉松弛时，静脉再次开放，形成真空，同时，瓣膜防止血流逆流，最终使周围的血液向心脏方向流动。身体的每个运动都影响着静脉血向心脏的回流。每迈出一步，脚趾的终末静脉都要经过这样的过程。四肢动脉也会通过脉搏压迫邻近的静脉。心脏自身也是一个**压力泵**。

静脉血的成分

静脉血的成分与**静脉的来源**有关。来自肠道的静脉血携带有富含能量的分子，来自脾脏的静脉血富含白细胞，来自内分泌腺的静脉血富含激素，来自肾脏的静脉血液几乎没有代谢产物。静脉为组织输送激素，如前列腺素（在雌性动物中由子宫产生）。在牛，前列腺素通过子宫静脉和卵巢动脉（a. ovarica）之间的动静脉吻合输送到卵巢。因此，前列腺素可通过最短且最快的路径到达卵巢，进而引起黄体溶解。肌肉和肝脏的静脉血液温度较高，有助于维持体温恒定。

静脉命名法

静脉通常以其伴行的动脉命名。**逆行命名法**（与血流方向相反）出现在较早的文献中，但容易让人产生误导性。静脉逐级汇合形成大静脉，最终开口于**右心房**。静脉的逆行描述使人们无法正确理解血流与动静脉吻合的功能、瓣膜的方向以及静脉注射的效果。

除肝和垂体外，其他器官不仅由动脉供血，也由静脉供血。因此，与动脉相似，静脉也**为机体提供营养**。很多教材没有提到这个事实。

1.5.3 淋巴系统（systema lymphaticum）

淋巴系统是动物体的第二个管道系统，输送的是淋巴而非血液。这些**淋巴管道**将机体各部整合为一个整体，它在**非特异性**和**特异性免疫系统**中发挥作用，详见第 14 章“免疫系统和淋巴器官”（451 页）。

淋巴器官

淋巴器官具有很多功能，这些功能大部分由淋巴系统的细胞执行。淋巴系统内有两类细胞：特异性免疫细胞和非特异性免疫细胞。

淋巴细胞（**T 细胞和 B 细胞**）是最重要的功能性细胞。它们产生于骨髓和淋巴器官内，在淋巴管中和淋巴一起流动，最后进入血液。淋巴细胞有表面受体，使其能识别体内的外来物质（抗原），通过激活特异的**连锁反应**而引起**免疫反应**。巨噬细胞支持这种免疫反应，但其功能是非特异性的。巨噬细胞具有吞噬、分解抗原的功能（组织相容性反应）以及展示抗原（抗原提呈）的功能（更多详情参见生理学和免疫学教材）。

非特异性免疫细胞属于广义的单核吞噬细胞系统（MPS），以前称为网状内皮系统（RES）。这个系统包括组织的巨噬细胞、肝脏的内皮细胞、脾脏和骨髓的窦状隙、肺泡巨噬细胞、皮肤的朗格汉斯细胞以及小胶质细胞。动物体的淋巴组织包括：

- 单细胞（弥散淋巴组织、淋巴小结）
- 细胞聚集体（扁桃体）
- 器官（胸腺、淋巴结和脾脏）

淋巴小结（非淋巴结）的集合，分布于肠壁称为肠相关淋巴组织（GALT）；分布于肺称为反应中心（BALT，支气管相关淋巴组织）；分布于黏膜，称为黏膜相关淋巴组织（MALT）。

胸腺由细胞免疫发育所必需的初级淋巴组织组成。胸腺参与主动免疫，也参与次级淋巴器官（淋巴结、扁桃体）的生长发育。

淋巴系统的功能

淋巴系统将物质运送到局部淋巴结，使这些物质经过滤后再进入血液循环。这些物质中有微粒，尤其是尘埃（肺部）和细菌（皮肤、肠道系统、呼吸系统）。淋巴也负责运输肠道吸收的脂肪。在各种情况下，淋巴都发挥载体功能。

淋巴主要由**蛋白质**组成，其成分与血浆相似。淋巴中也含有源自淋巴结的**淋巴细胞**。来自肠道的淋巴因脂肪含量高而呈乳白色（**肠淋巴或乳糜**）。淋巴的一个重要生理意义在于：一些不能由血管运输的体液可由淋巴管道的引流系统运输。淋巴引流系统具有高度适应性，其转运体液的能力可快速升至10倍以上。淋巴引流系统的阻塞会造成淋巴水肿。

淋巴管（vasa lymphatica）的结构

淋巴管是起源于外周组织的盲端系统，类似毛细血管样的管道。最后开口于静脉循环的静脉角。

淋巴管道可分为：

- 毛细淋巴管（vasa lymphocapillaria）
- 淋巴管
- 运输管
- 中央淋巴干
- 淋巴导管

毛细淋巴管与毛细血管的结构很相似。然而，毛细淋巴管的壁更薄，且没有瓣膜。在毛细血管附近，毛细淋巴管形成网（**毛细淋巴管网**，retia lymphocapillaria）。毛细淋巴管汇合成**淋巴管**，收集来自淋巴网丛的淋巴。淋巴管有瓣膜（valvulae lymphaticae），壁薄，它们可形成丛（淋巴丛，plexus lymphaticus）。

运输管的中间层为肌层，可收缩。收缩发生在瓣膜之间的淋巴管道上，向近端方向输送淋巴。运输管与静脉平行，并把淋巴带到最近的**引流（区域）淋巴结**，因此被称为输入淋巴管（vas afferens）（图1-52）。淋巴通过输入淋巴管

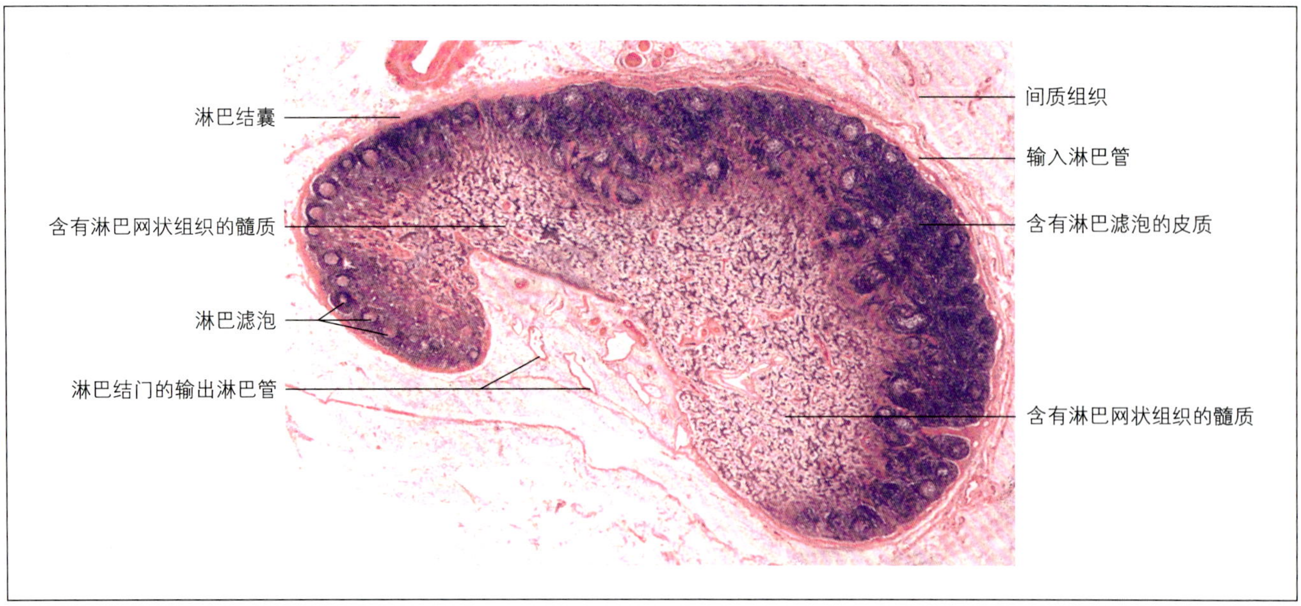

图1-52 绵羊淋巴结（纵切面）

进入淋巴结皮质，流经淋巴结，在淋巴结门通过输出淋巴管(vas efferens)流出。但有一例外，猪的淋巴流向却是相反的，输入淋巴管从淋巴结门进入，输出淋巴管从皮质离开。通常，在第一个淋巴结之后还有第二个淋巴结，以提供进一步过滤并收集来自众多淋巴管的淋巴。对同一区域淋巴进行过滤的多个淋巴结形成**淋巴中心**。**中央淋巴管**收集来自腹部和胸部淋巴中心的淋巴。来自腹部的淋巴最初流经**乳糜池**(cisterna chyli)，最终进入**胸导管**(ductus thoracicus)并被进一步输送。

胸导管伴随主动脉穿过膈，并继续在背侧穿过胸腔，在左侧静脉角进入静脉系统。静脉角由颈内静脉和左锁骨下静脉汇合形成。**气管淋巴干**的两个分支引流头部和咽喉部的淋巴，最终联合并流入静脉角。上皮组织、中枢神经系统、齿髓、骨、软骨以及胎盘中均无淋巴管。

1.6 神经系统(systema nervosum)解剖学概论

H.-G. Liebich 和 H. E. König

神经系统，连同内分泌系统、免疫系统以及感觉器官，接收各种刺激并协调机体的反应。神经系统接收可影响身体表面和/或内部的刺激。刺激引起的冲动以被动或主动反应的形式被接收、传递、处理和应答。因此，神经系统使身体能与外界环境相互作用，适应外界环境并做出反应。

在简单的生物体中，这种功能完全由单个感觉细胞实现。这些细胞受到环境的刺激，将产生冲动并通过细胞突起传到肌肉或腺细胞。在家畜中也存在负责传导冲动的具有突起的感觉细胞，如嗅上皮。在身体其他部分，**神经元**及其**神经胶质结构**(神经胶质细胞，glia cells，gliocytes)将冲动从**感觉细胞(受体细胞)**传导到**效应器官**(如肌细胞和腺细胞)，有时需要经过很长的距离。

神经网将身体所有器官相连。该网络由神经组织组成，可根据功能或形态进行分类。这种分类纯粹是为了教学使用。事实上，神经系统是**一个功能单位**。

形态学分类法将神经系统按位置分为**中枢神经系统**(systema nervosum centrale)和**周围神经系统**(systema nervosum periphericum)。**中枢神经系统**(CNS)包括脑(encephalon)和脊髓(medulla spinalis)。脊髓将中枢神经系统与机体的其他部分或**周围神经系统**(PNS)相连。

根据功能可将神经系统分为**躯体(脑脊)神经系统**和**自主(植物性)神经系统**。躯体神经系统可受意识支配(如运动系统)。自主神经系统功能上是自发的，不受机体的意识支配。自主神经系统支配内脏器官、血管和腺体，控制并调节内脏器官的活动，详见第15章“神经系统”(465页)。

1.6.1 神经系统的功能

神经系统的功能可分为：

感觉功能：

- **外部感觉**(外感受器接收来自环境的刺激，如听觉、视觉、味觉、冷、热、压力、疼痛等)
- **本体感觉**(本体感受器接收来自姿势以及肌肉和关节位置的感觉)
- **内部感受器**对中空管状器官的拉伸刺激、血压(压力感受器)或血液pH(化学感受器)做出反应
- **植物性(内脏)感觉**

运动功能：

- **躯体运动**
- **内脏运动**

神经系统的**感觉功能**是接收各种刺激并做出反应。感受器监测外部和内部的环境变化。**外部感觉**是由皮肤、黏膜、感觉器官接收的来自周围环境的刺激。**本体感觉**是关于身体姿态和位置的信息，接收和传递本体感觉的器官为位于肌腱和肌肉中的感受器。这种情况下，感受器也是效应器，如肌梭的拉伸机制。来自血管或内脏器官的刺激传到植物性中枢，即为**植物性(内脏)感觉**。

神经系统的**运动功能**负责运动的协调。**躯体运动**为所有受意识支配的横纹肌运动，这些运动通常是环境刺激的结果。相反，**内脏运动**为所有**自主控制**(非意识支配)的平滑肌运动。

神经系统的这些功能有着错综复杂的联系。例如，来自环境的刺激(外部感受性刺激)被**感觉感受器**转换为神经冲动。这种冲动由传入(感觉)神经传到中枢神经系统(CNS)，并在中枢核团内整合。这些刺激经处理后以神经冲动的形式做出应答——通过**传出(运动)神经**传到肌组织。肌肉在应答的同时也受到调控——感觉神经将反馈(**本体感受性刺激**)以神经冲动的形式传到中枢神经系统。

个体不仅能对环境做出反应，而且能与环境自主相互作用。自主运动源于中枢神经系统中的一个想法，通过传出神经发出神经冲动，并被感觉器官接受。感觉器官向中枢神经系统发出“运动是否成功执行”的反馈信号。如果运动已完成，中枢神经系统会发出抑制脉冲以停止动作。如果运动尚未完成，中枢神经系统会发出信号以加强运动。在体内，无数兴奋性回路构成了神经系统的基础。

1.6.2 神经系统的形态和结构

如果不了解一些基本术语，就很难理解神经系统的结构。关于神经系统的更详细内容可查阅组织学、神经生理学或神经解剖学教材。

根据功能和结构，可将神经系统的一般结构分为不同部分：

- 信号接收（感觉感受器）
- 信号传导（传入神经纤维）
- 信号的中枢处理
- 对刺激的反应（传出神经纤维）
- 效应器的应答（肌肉、腺体）

感觉感受器是受体细胞表面的大分子。机械刺激、化学刺激、热刺激、光刺激或电化学刺激（**电位感受器**）可使感觉感受器兴奋。感觉感受器可分为**机械感受器**、**化学感受器**和**光感受器**。刺激以无数的形式和性质出现，并被广泛的**感觉细胞**接收。感觉细胞有两种类型：

- **初级感觉细胞**：感受器位于神经细胞的表面
- **次级感觉细胞**：感受器位于特定的上皮细胞中（如内耳的毛细胞和味蕾的感觉细胞）

初级感觉细胞作为游离神经末梢，分布于嗅觉上皮细胞以及视网膜的杆状细胞和锥状细胞中。此外，被包裹的神经末梢——感觉突末梢，被特殊结构包裹，也是初级感觉细胞。如迈斯纳（Meissner）小体是位于皮肤真皮层、被中胚层细胞包裹的神经末梢，感受触觉。位于真皮层的被包裹感受器还有：感受温觉的鲁菲尼（Rurfini）小体，感受冷觉的克劳斯（Krause）末梢球。帕西尼（Pacinian）小体（Vater-Pacini小体）位于皮肤、关节及身体的深层组织，感受压力。

深感觉感受器位于肌腱、肌肉、韧带以及内脏器官，通常都是**初级感觉细胞**。感受器细胞或感觉细胞与其他感觉细胞构成**器官**，即**感觉器官**（如眼、耳、负责平衡的前庭器、味觉器官和嗅觉器官）。

1.6.3 神经组织（textus nervosus）

神经组织是构成上述神经系统各部分的基本元素，它起源于**神经外胚层**。构成神经组织的细胞有：

- **神经细胞**（**神经元**，ganglion cells，neurocytes，neurons），如感觉细胞或感受器细胞
- **神经胶质细胞**（gliocytes），为神经细胞提供保护和营养

神经元

神经元在功能和结构方面差别很大，可分为：

- **多极神经元**，将冲动传给非神经元的效应细胞（**肌细胞**或**腺细胞**），以及引起运动（**传出/运动神经元**）
- **假单极神经元**，接受冲动并将其传导至更高级中枢（**传入/感觉神经元**）
- **双极神经元**，形成网络以联络短距离和长距离的神经元（**中间神经元**）

神经元是神经系统的最小功能单位。在结构上，神经元包含一个**细胞体**（神经浆、胞体、核周体）以及**数量不等的突起**（树突和轴突），其长度与分支程度各异。树突向胞体传导神经冲动（传入性传导），**轴突**向外周传导神经冲动（传出性传导）（图1-53和图1-54）。在中枢神经系统的整个神经组织中，**中间神经元**占有很大比例。脑由多种类型的神经细胞组成，如小脑的**浦肯野细胞**。由于神经元网络错综复杂，脑内神经元之间的距离比周围神经元之间的距离更大。**神经毡**是含树突和轴突的神经元的核周体之间的区域。

神经元很少单独存在，它们通常形成多细胞聚束网络。**神经节**就是这种位于周围神经系统中的神经元网络。每个神经节负责支配外周的一特定区域，并联络更高级的神经中枢。在物种进化上，脊椎动物发育出**复杂的神经节集合**，进而形成中枢神经系统并成为身体的传导和协调系统。

神经胶质细胞（glioctyes，neuroglia）

神经元需要其他细胞的滋养、支持和绝缘。所有类型的**胶质细胞**或**神经胶质**将神经组织连接在一起，但不同胶质细胞通常有其特定功能。神经胶质细胞不传导冲动，而是在中枢神经系统中为神经元提供营养。它们位于毛细血管和神经元之间，参与构成血-脑屏障。

在脑中，**大胶质细胞**（**星形胶质细胞**，astrocytes）（图1-55）通过在毛细血管和神经元之间交换代谢物质来滋养神经元。这些细胞还在神经元周围建立绝缘层，以协助神经冲动的传导。其他胶质细胞，如小胶质细胞，能吞噬外源物质，从而提供了一个非特异性的细胞免疫防御机制来保护神经元。脊髓中的特殊**小胶质细胞**，即**少突胶质细胞**，组成髓鞘，为神经元提供绝缘层。**室管膜细胞**位于脑室和脊髓的中央管（canalis centralis）中。

在周围神经系统中，**施万**（Schwann）**细胞**的功能类似于少突胶质细胞。周围神经纤维由施万细胞提供营养以及结缔组织鞘。

1.6.4 中枢神经系统（systema nervosum centrale，CNS）

中枢神经系统主要是协调器官的自主和非自主功能，使动物体适应周围环境。中枢神经系统包括**脊髓**（medulla spinalis）和**脑**（encephalon），二者都起源于胚胎神经管，详见第15章“神经系统”（465页）。

在神经管头侧内，脑的3个胚胎区分化为**前脑**、**中脑**和**菱脑**。

上述脑区发育为成年动物脑部的3个区域：前脑、中脑和后脑。随着胚胎的进一步发育，**前脑**分化形成吻侧的

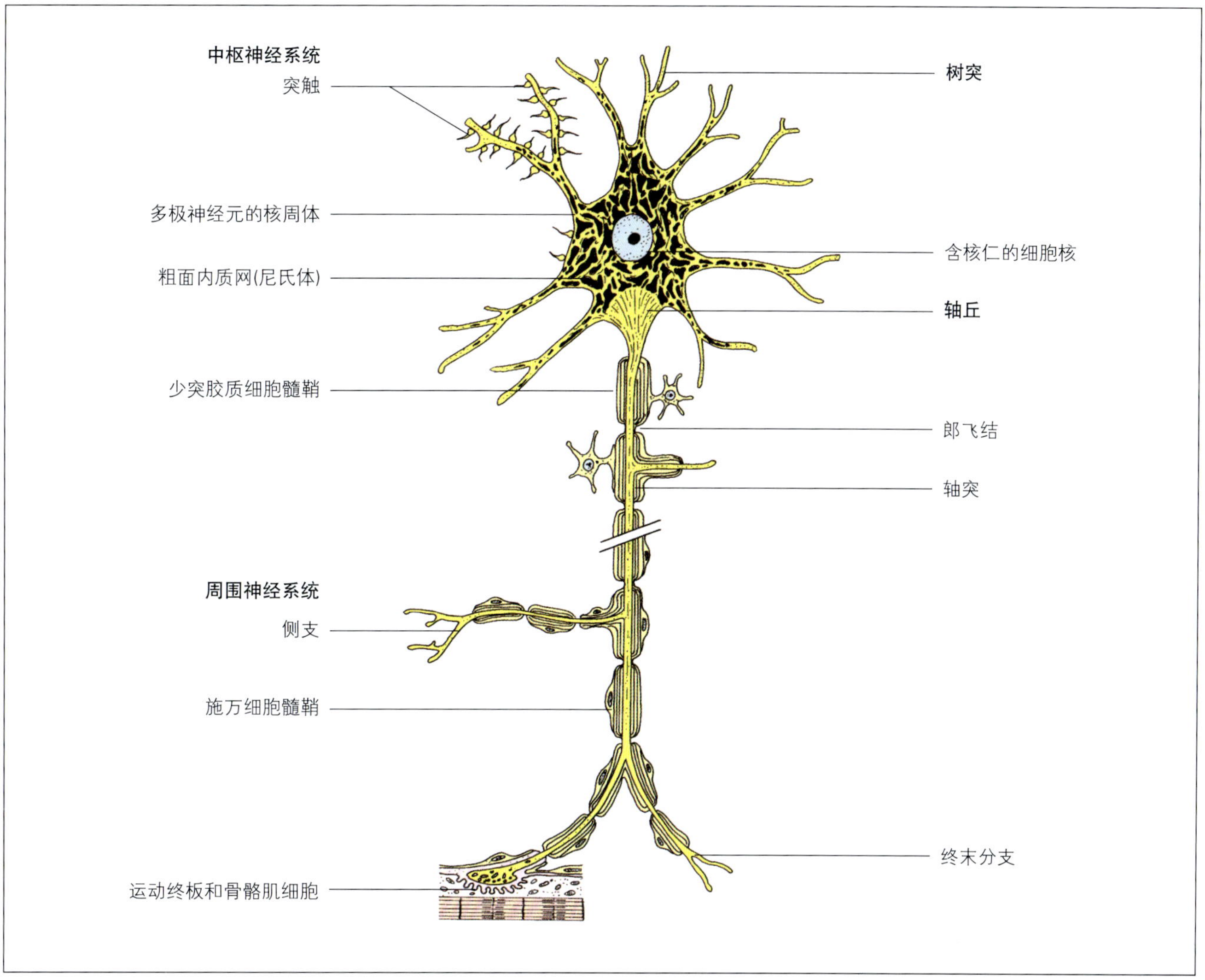

图 1-53 运动神经元(Nissl 染色),可见中央核周体、周围神经纤维和在一个肌细胞上的运动终板(示意图)

端脑(telencephalon)和尾侧的间脑,其中,端脑具有两个侧脑室。**菱脑**分化为**延脑**(延髓 medulla oblongata)和**后脑**,后者包含小脑。脑呈双侧对称结构,由颅骨和椎骨提供骨性保护。

脑内含有一个连通的腔室系统,其由**四个脑室**和**一个中央管**组成。这些腔室内充满了脑脊液(liquor cerebrospinalis)。

在中枢神经系统中,大约有 1 000 亿个神经元,包括中间神经元和来自脑脊(躯体)神经系统的运动神经元核周体。这些神经元在结构和功能上高度特化,**没有分裂能力**。新的神经元由前体细胞——成神经细胞,分化而来。神经元一旦丧失功能,没有新细胞可替代。由小损伤造成的神经元功能丧失,可通过高强度训练使神经元网络再生,使得部分功能得以恢复。

中间神经元的一部分与核周体(胞体)形成突触,另一部分与树突形成突触。据估计,两个神经元之间可有多达 10 000 个中间神经元进行联系。中间神经元形成网,几乎连接了大脑的所有区域。鉴于神经元的极端互联性,已修正了"脑的每一部分(神经核)只执行单一功能"的假设。这些神经核也受高级功能回路控制。

中枢神经系统由**多种神经组织**构成:

- 所有**中间神经元**
- 脑脊髓的**运动神经元**,随意神经系统
- **感觉神经元轴突**的中枢部
- 植物性(自主)神经系统的**节前运动神经元**

具有相似功能的核周体聚集在一起,称为**神经核**。核周体通过大量突触与传入树突联系。在新鲜的脑和脊髓的横断面上,可见胞体聚集处呈灰-玫瑰色,故称之为**灰质**(substantia grisea)。在中枢神经系统,这些神经核之间发生联系的轴突表面有**髓鞘**(有髓神经)。因髓鞘呈现出白色,这类神经组织被称为**白质**(substantia alba)。

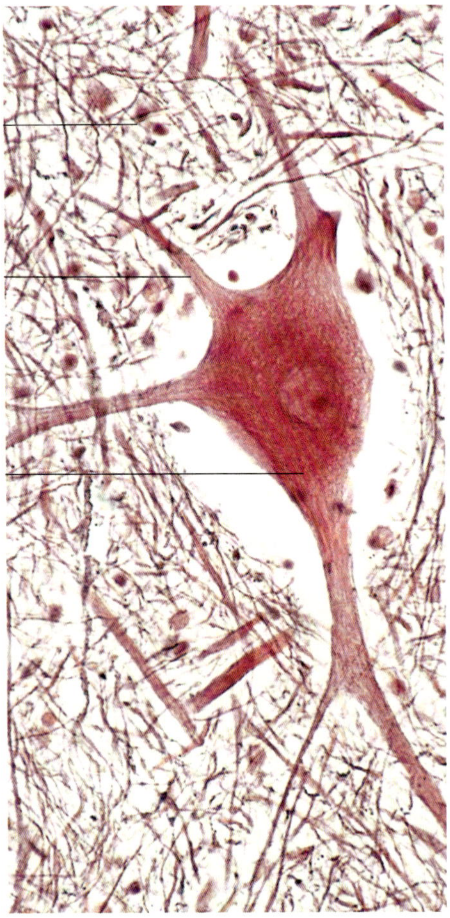

图 1-54 脊髓内的多极神经元，含有神经纤维包涵物（组织学切片，Bodian 染色）

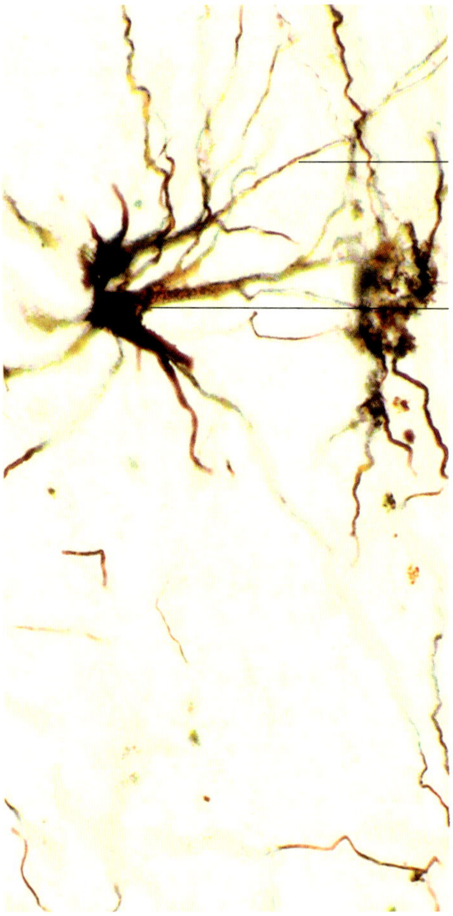

图 1-55 脊髓的小胶质细胞（组织学切片，银染）

灰质（substantia grisea）

在脑部，灰质形成神经核以及大脑和小脑的皮质，并通过室管膜细胞层与脑室相连。灰质也位于脊髓中央，在脊髓横断面上呈蝴蝶形或“H”形。灰质中的神经核可根据以下标准进行分类：

- **神经元的形态**（如多极锥体细胞或小脑的颗粒细胞与浦肯野细胞）
- **内在神经元**（短，神经核内的无髓鞘轴突）
- **投射神经元**（长，白质神经束内的有髓鞘轴突）
- **神经冲动类型**（兴奋性神经元或抑制性神经元）
- **神经递质或神经调质类型**（如胆碱能神经元、去甲肾上腺素能神经元）

神经核（功能相似的神经元胞体集合）这个术语可被其他术语取代，如**质**（如黑质）、**结构**（如网状结构）和**体**（如乳头体）等。在中枢神经系统的组成中，神经胶质细胞远多于神经元。据估计，神经胶质细胞的数量是神经元的 10 倍，使其成为中枢神经系统中最常见的细胞类型。神经胶质细胞终生具有分裂能力，使其成为最有可能形成肿瘤的细胞类型。

原浆性星形胶质细胞因具有许多丝状分支突起呈星形外观而得名。它们构成神经元与毛细血管之间的胞质连接，将代谢底物运输到神经元。此外，星形胶质细胞还可储存递质前体，并控制外渗离子的浓度。星形胶质细胞也参与构成皮质的外层（神经胶质界膜）。

白质（substantia alba）

白质内有神经束，神经束不仅将中枢神经系统内的神经核连接起来，还将部分中枢神经系统与外周相连。神经束主要由中间神经元的轴突组成，但也有感觉神经。白质的**白色外观**是因为神经突起周围有由**少突胶质细胞**形成的**髓鞘**。在白质内还有**纤维性星形胶质细胞**，它不仅在中枢神经系统内形成支持组织，而且还通过其大量几乎不分支的突起将神经元与毛细血管相连。各种中枢神经纤维的形式如下：

- **神经纤维束**，有明确起点和终点的中枢神经纤维（皮质脊髓束）
- **丘系**，呈螺旋式延伸的神经纤维束
- **交叉**，交换到身体另一侧的神经纤维束
- **辐射**，呈放射状延伸的神经纤维束
- **索**，紧密的神经纤维束
- **束**，狭窄的神经纤维束
- **联合**，连接左、右侧中枢神经系统的神经纤维束

在脊髓中，白质位于灰质周围，由来自脑部以及到达脑部的神经束组成。

1.6.5 周围神经系统（systema nervosum periphericum，PNS）

周围神经系统连接中枢神经系统与身体器官，它包括成对的**脑神经**和**脊神经**。脊神经循序从脊髓发出，并根据其与脊柱区段（颈、胸、腰、荐）的联系来命名。周围神经系统由神经元和神经节组成。与中枢神经系统的神经核相似，神经节是核周体的集合。**周围神经系统的神经束**就是**神经**。

神经（nervi，neurons）

神经是神经元的突起或纤维，这些神经元的核周体（胞体）位于中枢神经系统（脑或脊髓）或脊神经节，详见第15章“神经系统”（465页）。不同神经纤维的直径、髓鞘的厚度以及郎飞结的间距各不相同。神经纤维束被包裹在结缔组织鞘（神经内膜、神经束膜和神经外膜）内，结缔组织鞘内也有滋养血管（神经滋养管，vasa nervorum）（图1-56）。

每根神经纤维就是一个神经元的突起。通过神经突起，一个神经元的长度可达2 m（如马的左喉返神经）。神经将器官和中枢神经系统相连。周围神经包括：

- 传出神经（轴突，运动）
- 传入神经（树突，感觉）
- 周围胶质细胞（施万细胞），形成髓鞘

神经纤维总是**单向**传导冲动。**传出神经**（拉丁语意：带走）将神经冲动从中枢神经系统传导到周围神经系统（传向外周）。这些神经元也被称为**运动神经元**，因为它们将冲动传导给效应器官——肌肉。周围神经的运动神经元胞核位于脊髓灰质腹侧角（脊神经）和脑干灰质（脑神经）。每根肌纤维（细胞）受单一运动神经元支配。

传入神经（拉丁语意：带来）将神经冲动从周围神经系统的神经末梢或感觉细胞传导到中枢神经系统（传向中枢）。在中枢神经系统，传入的冲动被转换为有意识的感觉，传入神经元也被归为**感觉神经元**。

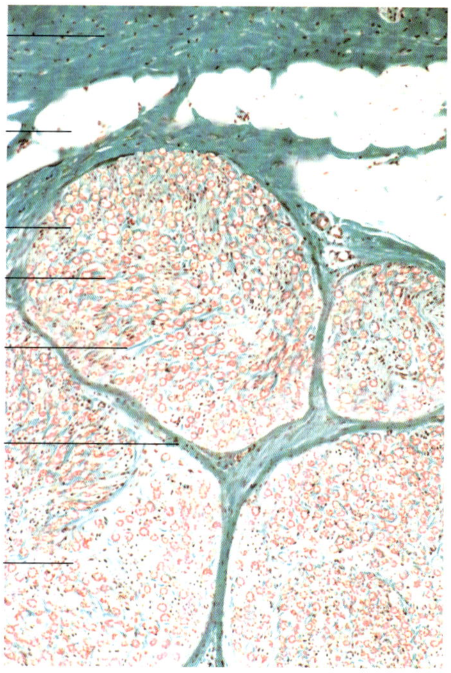

图1-56 由结缔组织鞘（神经外膜、神经束膜、神经内膜）包裹的混合神经纤维束（组织学切片，Goldner染色）

大部分神经是**混合神经**，因为它们不仅包括运动神经纤维和感觉神经纤维，而且还包括植物性（自主）神经纤维——交感神经和副交感神经。

运动根和感觉根

运动传出根是传出神经纤维，后者经脊髓灰质腹侧根离开脊髓，支配骨骼肌。相反，来自体表或器官的感觉传入，通过脊神经的背根进入中枢神经系统。这些神经束总是经过背侧根神经节（脊神经节），并作为感觉根进入中枢神经系统。

在一个反射弧中，冲动直接从感觉神经元传至运动神经元，而不需要先到达脑。反射弧以单突触或多突触环路的形式存在。

神经节（ganglia）

神经节（图1-57）是存在于中枢神经系统外的、功能相似的神经元胞体集合。神经节有两种类型：

- **感觉性神经节**，包含感觉神经的核周体
- **植物性神经节**，包含植物性神经系统的节后运动神经元

所有**脊神经节**只包含**感觉神经元**，其位于**感觉背侧根**（radices dorsales）上的一个膨大处。这些感觉神经节位于脊髓两侧，靠近椎间孔。部分脑神经（第Ⅴ和第Ⅶ～Ⅹ对脑神经）也含有相当于脊神经节的感觉神经节。大部分神经元为假单极神经元，被施万细胞构成的髓鞘包裹。

植物性神经节是自主神经系统的一部分，含节后运动

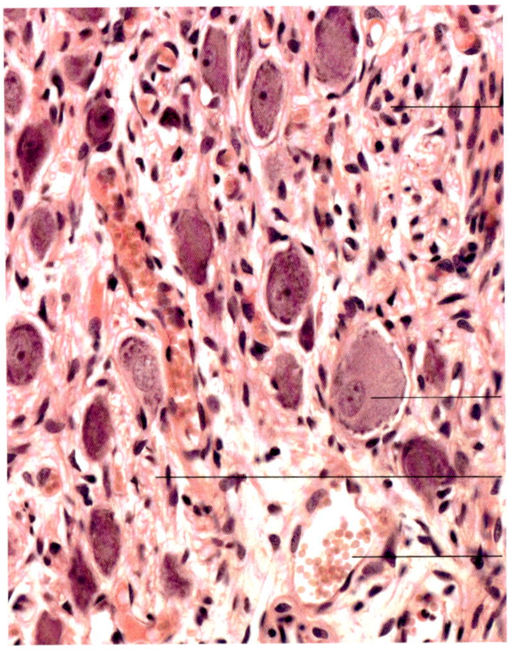

图 1-57 植物性神经节（组织学切片，HE 染色）

神经元。可分为：

- **交感干神经节**（交感神经干）
- **椎下神经节**（支配腹腔器官的交感节后神经元）
- 头部的**副交感神经节**
- 消化道壁内的**壁内神经节**（黏膜下神经丛、肌间神经丛）

植物性神经节是一神经网络，其多极神经元与运动神经元、传入纤维的侧支束或内脏器官形成突触联系。植物性神经节的运动神经元支配器官、血管和器官特异性腺体的平滑肌细胞。

躯体（随意）神经系统

躯体神经系统也称为随意神经系统或动物性神经系统。该系统通过感觉神经元将神经冲动从体表或运动系统传递到中枢神经系统。机体对不同刺激有不同反应，包括：

- 先天反射
- 后天反射

反射是神经系统中最简单的调控方式。引发**先天反射**的神经冲动被刺激信号（如肌肉或肌腱的拉伸）触发，并由传入（感觉）神经纤维传导。机体对这种刺激的反应通过一个简单的反射弧（拉伸反射或腱反射）实现，作用于传出（运动）神经元。这种反射是一种无意识的、快速发生的**单突触反射**，且每次反应都相同（如膝反射、跟腱反射）。当对刺激的反应有多于两个神经元参与时，就会形成**多突触反射弧**，这意味着冲动传导所经过的突触多于两个。**后天反射**是指经过训练产生的习得性反射，如巴甫洛夫的犬流涎反射。

植物性（自主）神经系统

植物性神经系统调节机体的内环境，支配内脏器官的活动，如呼吸、消化、血液循环和性功能。此外，压力或温度的变化以及血液中氧含量的变化都由内脏感觉神经节（颈动脉球、主动脉血管球）来感受，详见第 15 章“神经系统”（465 页）。植物性神经系统可分为：

- 交感神经系统（pars sympathica，sympathicas）
- 副交感神经系统（pars parasympathica，parasympathicas）
- 肠神经系统

交感神经和副交感神经是两个控制内脏活动的**互抗系统**。

交感神经的神经核仅位于**脊髓**的胸腰段。交感神经的轴突与运动神经一起离开脊髓腹侧角，进入交感神经链（truncus sympathicus）。**交感神经链**（交感神经干，成对的椎旁交感神经节链）由一系列位于**胸腰段脊柱**两侧的交感神经节相连而成。从这里，交感神经纤维束通过不成对的神经节到达器官。

交感神经激活生命机能（分解代谢功能）：

- 提高血压
- 提高心率和呼吸率
- 收缩血管
- 葡萄糖动员（糖酵解）
- 增加排汗、竖毛、散大瞳孔
- 抑制消化道运动

交感神经被认为是肾上腺素能神经，因其释放的神经递质是去甲肾上腺素和神经肽 Y。在药理学上，交感神经可被拟交感神经药激活，被交感神经阻滞药抑制。β-受体阻断剂通过扩张血管而降低心率和血压。

副交感神经拮抗交感神经的功能，使身体恢复到安静状态。副交感神经的神经核位于两处：**脑干**的前神经核（颅部副交感神经）和**荐段脊髓**的后神经核（骨盆部副交感神经）。**第 X 对脑神经**（迷走神经）内含有大量副交感神经纤维。

副交感神经的节后神经元位于头部的副交感神经节，以及效应器官所相对应的椎下神经节和肠神经节。**副交感神经**通过以下途径抑制身体耗能（**滋养功能**）：

- 降低心率和呼吸率至其基础值
- 收缩支气管
- 收缩瞳孔
- 促进消化道
- 增强代谢

副交感神经被认为是胆碱能神经，因其释放的主要神经递质是乙酰胆碱。此外，还有共递质——血管活性肠肽(VIP)。阿托品是最常见的副交感神经抑制剂。阿托品应用于眼局部，会导致瞳孔散大。**肠神经系统**是位于消化道壁的独立神经系统，但可受交感神经和副交感神经调控，肠神经系统包含两个神经网络：

- 黏膜下神经丛(plexus nervorum submucosus，迈斯纳丛)，位于黏膜下组织
- 肌间神经丛[plexus nervorum myentericus，奥厄巴赫(Auerbach)丛]，位于肌层

在这些神经网络中，多极神经元相互联系并混合，形成神经突起的交织斑，称为神经丛(肠丛，plexus entericus)。迈斯纳丛与交感神经和副交感神经一起控制消化道壁的吸收和分泌。奥尔巴克丛调节肠道运动。无髓鞘的神经纤维与多达 10^7 或 10^8 个中间神经元形成突触联系。肠神经系统的神经递质是去甲肾上腺素、5-羟色胺和乙酰胆碱。

1.6.6 神经信息的传导

突触

神经元的复杂系统依赖于能在神经元、肌细胞和腺细胞之间传导神经冲动的连接。这些位于不同神经细胞之间，参与神经信号传导的间隙称为**突触**，在冲动传导中发挥重要作用。一个神经元可形成几百个或上千个突触。突触将神经元网络分成若干个负责信息处理的功能单位。如果没有突触，神经冲动将会在整个相互连接的神经元网络中传导，不可避免地导致信息或信号过载。相邻神经元通过突触进行信息交换，突触发挥抑制信号或增强信号的作用(抑制型突触/兴奋型突触)。

在神经系统中，信息传导以电信号和化学信号的形式进行。电信号通过降低神经元的膜电位而传导(电突触)。化学信号通过突触内神经递质的释放而传导(如乙酰胆碱、去甲肾上腺素、多巴胺、5-羟色胺)。突触由以下结构组成：

- **突触前神经元**(含突触小泡)，有突触前膜
- **突触间隙**
- **突触后神经元**，有突触后膜

突触小泡因其所在组织类型的不同而不同：

- 感觉神经突触(如耳和舌的感觉神经)
- 神经腺细胞突触(如内分泌和外分泌器官)
- 神经元间突触，由神经元的核周体、树突或轴突构成
- 神经肌肉突触(运动终板)

神经腺细胞突触也被称为神经上皮突触，其与激素共同促进或抑制腺体的分泌。例如，副交感神经纤维促进唾液分泌，而交感神经纤维抑制唾液分泌。

神经肌肉突触负责将神经冲动传导至骨骼肌。乙酰胆碱作为神经递质，与突触后受体结合，引起细胞膜的去极化(**兴奋性突触**)。运动神经元的轴突分出许多小的侧支，在其末端形成突触小泡。神经递质储存在位于突触前神经元末端的囊泡中。当神经冲动到达时，神经递质以胞吐方式释放到突触中，并作用于肌细胞的突触后膜，这个反应高度依赖钙离子的存在。有些毒素可抑制这种作用(如破伤风毒素和肉毒杆菌毒素)。

最重要的**神经递质**有**乙酰胆碱**(**胆碱能受体**)和**去甲肾上腺素**(**肾上腺素受体**)。**胆碱能受体**位于运动终板、所有副交感神经的突触、汗腺的节后神经突触、动静脉吻合以及中枢神经系统。胆碱能受体阻断剂(如箭毒)会引起骨骼肌的完全松弛，这种机制在麻醉药中得到了应用。

肾上腺素受体分为α-受体和β-受体。激活 α_1-受体可引起血管收缩，激活 α_2-受体可引起血管扩张，激活 β_1-受体可增加心率并加强肠蠕动，激活 β_2-受体可抑制支气管和平滑肌。因此，可利用某种物质(受体阻断剂)阻断肾上腺素受体，从而使神经递质失效。所谓的β-受体阻断剂，通过抑制心脏 β_1-受体的功能，用于治疗高血压。

神经调质(共递质，如P物质、内啡肽、神经肽Y和生长抑素)可在较长时间内影响神经的兴奋性。突触激活后，神经递质必须尽快失活，以防止突触后神经元不受控制地发生永久性去极化。否则，神经递质将在突触蓄积，如发生在运动终板，则会导致肌肉麻痹。突触兴奋的消除通过以下3种机制实现：酶(如乙酰胆碱酯酶)可分解突触间隙的神经递质；转运小泡再循环；邻近的神经胶质细胞分解递质或使递质失活。

1.6.7 神经系统的屏障

神经系统中存在生物屏障，以控制血液成分进入神经组织。神经组织只能在一个独立于外周环境的特定微环境中执行功能。然而，为了维持神经功能，营养物质的选择性交换以及解毒是必不可少的。神经系统的屏障包括：

- 血-脑屏障
- 血-脑脊液屏障
- 血-神经屏障

维持脑内特殊环境的机制统称为**血-脑屏障**。血-脑屏障利用物理屏障(紧密连接)和代谢屏障(酶类)严格限制进入脑内的物质。血-脑屏障由毛细血管的内皮细胞组成，仅允许特定物质(如可溶性脂肪)进入。其他物质则通过受体介导的主动转运过程通过该屏障(如葡萄糖或氨基酸)。

血-脑脊液屏障由脑室(plexus choroideus)内脉络膜丛(plexus choroideus)的上皮细胞构成,与血-脑屏障的功能相似。室管膜细胞分布在脑室表面,在脉络膜丛周围形成一连续的薄层结构。室管膜细胞折叠形成双层蛛网膜,这两层之间为蛛网膜下腔,参与液体的排出。

周围神经系统中的屏障被称为**血-神经屏障**。它是神经内膜与神经滋养血管之间的半透性扩散屏障,神经滋养血管的内皮细胞形成紧密连接,构成屏障。在神经根、背侧根神经节和自主神经节内,这种屏障的效果相对较弱。

1.7 内脏解剖学概论

H.-G. Liebich 和 H. E. König

内脏是指胸腔、腹腔和盆腔内部的器官,以及位于头、颈部的消化和呼吸器官。内脏可分为头部、颈部、胸部、腹部和骨盆部的器官。**内脏学**(splanchnologia)是研究内脏器官的科学,通常以器官系统为主线进行教学。相比之下,局部解剖学关注的是身体某个区域以及该区域内各器官的功能及其相互作用。这是临床解剖学的基础知识,详见第20章"局部-临床解剖学"(625页)。

消化、呼吸和泌尿生殖器官基本上是管道系统,在体内被称为道(如消化道)。这些器官通过口、鼻、肛门、阴道或尿道开口于身体表面。这些开口使对内脏进行非侵入性检查(内窥镜)成为可能。各器官的位置和结构各不相同,并执行多种不同功能。尽管存在这些差异,各内脏的结构和功能仍具有相似性(图1-58)。常用的**基本解剖学术语**如下:

- 内脏黏膜(黏膜,tunica mucosa)
- 内脏结缔组织(间质,interstitium)
- 内脏运动(肌层,tunica muscularis)
- 体腔及其浆膜层(浆膜,tunica serosa)

1.7.1 内脏黏膜

大多数中空器官的管腔都以各种方式与外部环境相通。这些器官的内表面为黏膜(tunica mucosa),通常能分泌黏液(mucus)。但循环系统和神经系统的内表面例外,它们不产生黏液。黏膜由两层组织构成:

- 位于器官内表面的上皮层(**上皮**,epithelium;黏膜上皮,epithelium mucosae)
- 位于器官内表面下的**疏松结缔组织**(黏膜固有层,lamina propria mucosae,拉丁文"lamina" = 薄层,"proprius" = 自己的)

某些器官的黏膜还有第3层组织:薄的**黏膜肌层**,位于在黏膜固有层之下,如消化道。

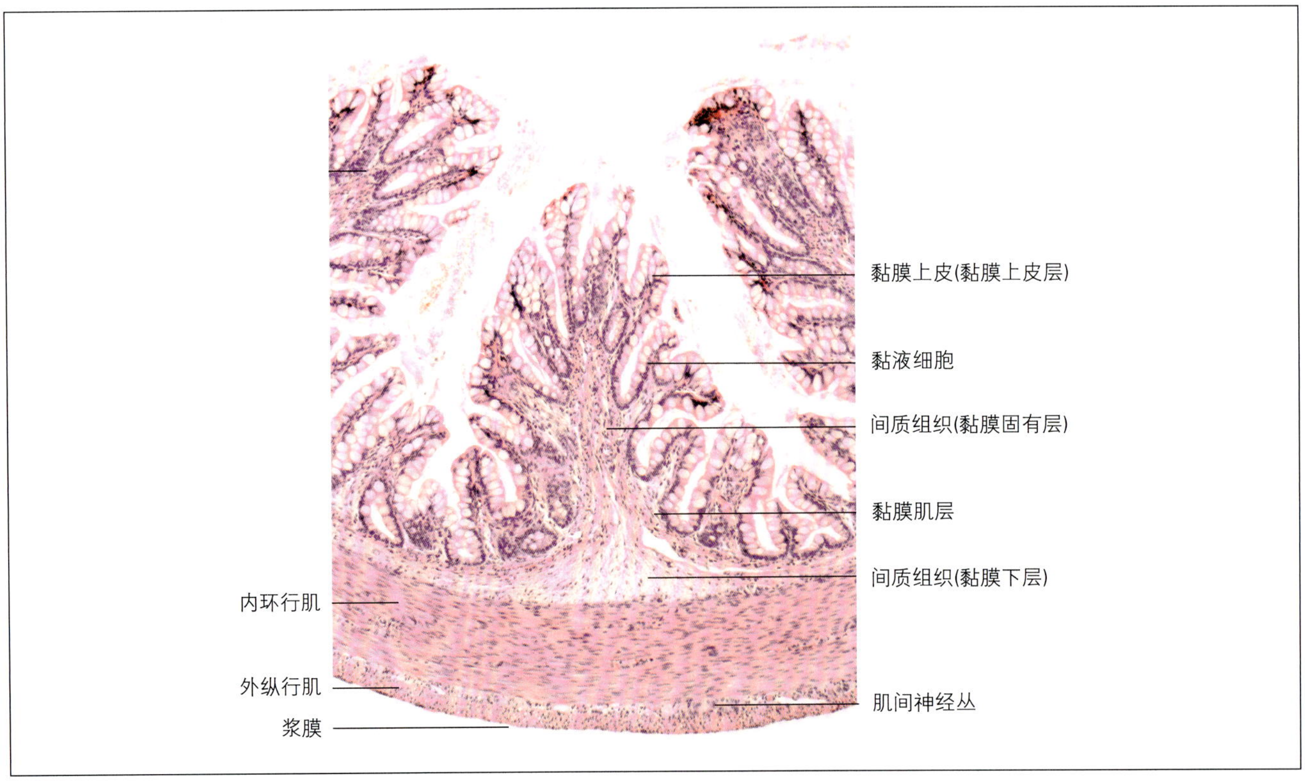

图1-58 猪结肠的组织学切片

上皮

黏膜上皮的功能是保护以及物质的吸收、重吸收和分泌。**保护功能**包括：

- 抵抗机械性、化学性、热或渗透压的影响（如在消化系统或泌尿系统）
- 抵抗吸入的灰尘颗粒或空气中悬浮颗粒
- 抵御传染性病原体（如病毒、细菌、寄生虫）和免疫防御

黏膜负责物质的**吸收**。为增大吸收面积，黏膜形成绒毛、隐窝、褶皱或嵴（如肠黏膜的纵向和横向褶皱、肠绒毛、瘤胃乳头、网胃嵴）。除了这些结构外，朝向管腔游离面的细胞顶端还含有微小的指状突起，即微绒毛（如在小肠和胆囊中）。微绒毛负责水、小分子和离子的吸收。

黏膜上皮也可分泌物质。黏膜上皮具有合成、储存和分泌物质的功能。如胃肠道黏膜可分泌黏液和消化酶进入管腔。在一定程度上，上皮细胞是高度特化的细胞，具有器官特异性的高度分化的结构：杯状细胞、胃腺以及肠腺。多细胞腺体（颊腺、唇腺、咽腺、鼻腺或气管腺）在需要时（如口腔的预消化时）可产生大量黏液。这些腺体通常位于上皮细胞层以外的结缔组织中（上皮外），并通过单一或分支状的分泌管与管腔相通。

外分泌是将**物质释放**到器官管腔内或身体表面。如果物质分泌到毛细血管网或局部性进入周围的结缔组织，则为**内分泌**，分泌物是激素。

腺体可根据其结构、分泌方式以及**分泌物成分**来分类。根据结构差异可分为（图 1-60）：

- **管状腺**
  - 单管状腺（如肠腺）
  - 卷曲的单管状腺（如汗腺）
  - 具有分泌管的单分支腺体（如胃腺）
  - 具有分泌管的复管状腺（如小肠腺）
- **腺泡状腺**（葡萄状腺体，含有小腔）
  - 单分支腺泡状腺（如皮脂腺）
  - 复腺泡状腺（如胰腺、腮腺、唾液腺）
- **泡状腺**（圆形腺体，腔较宽）
  - 复管泡状腺（如乳腺、副性腺）

腺体也可根据分泌物成分进行分类：

- **黏液腺**，产生黏液物质（如颊腺）
- **浆液腺**，产生水样物质（如腮腺、泪腺）
- **混合腺**，含有浆液性和黏液性分泌单位（如舌下腺）

分泌物的运输可通过静水压、可收缩的肌上皮细胞（basket）、毗邻的平滑肌细胞以及骨骼肌的机械力（如咀嚼肌协助唾液运输）而实现。

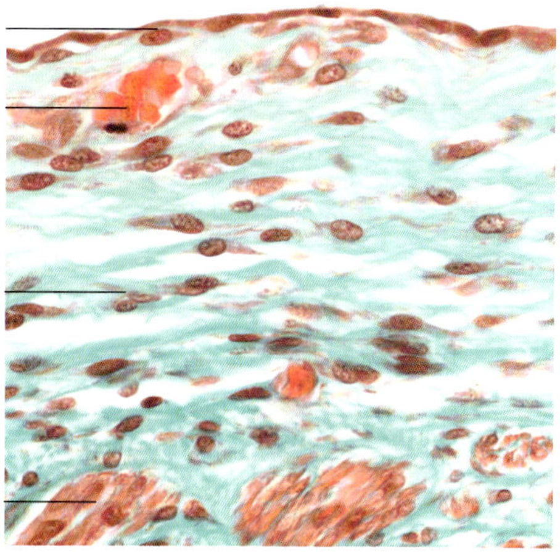

图 1-59　单层上皮（浆膜上皮层）和间质组织（浆膜固有层）

上皮的结缔组织层

所有腺上皮都附着于一层结缔组织——**黏膜固有层**，它有 3 个主要功能：

- 物质运输
- 机械保护
- 特异性和非特异性免疫防御

黏膜固有层含有供应黏膜的脉管（血管和淋巴管），以及支配黏膜的神经束（感觉神经和植物性神经）。黏膜固有层由疏松结缔组织组成，其中含有具弹性的纤细胶原纤维。纤维之间的空隙充满了无形的细胞间质。上皮没有血管分布（部分内耳壁除外），其代谢供应由黏膜固有层内的毛细血管提供。毛细血管也转运肠道吸收的物质（氨基酸、碳水化合物）。毛细淋巴管转运肠道吸收的长链脂肪酸。感觉神经感受器位于黏膜固有层，负责触觉和味觉的感受。黏膜固有层将上皮固定在特定结构上，如上颚或舌。

黏膜固有层还含有免疫细胞（淋巴细胞、巨噬细胞），在非特异性和特异性免疫防御机制中发挥重要作用（黏膜相关淋巴组织，MALT）。免疫细胞可以是散在的单细胞，也可以作为细胞集合并形成孤立淋巴小结。这些免疫细胞在咽部聚集形成扁桃体，在肠道聚集形成派尔集合淋巴结（Peyer's 结）。

上皮的肌层

部分器官（如消化道）管壁的上皮（黏膜上皮和黏膜固有层）还包含第三层结构——**黏膜肌层**，由平滑肌细胞组成，负责上皮的运动。

1.7.2　内脏结缔组织

内脏的结缔组织具有广泛功能。它形成一个包裹器官的外囊，稳定器官的形态，并为血管和神经提供结缔组织

通道。结缔组织提供的高度灵活性，使器官能适应其内容物含量的变化，也为器官之间的运动提供一个无摩擦表面。内脏中存在大量结缔组织，凸显其在内脏中的功能性和结构性作用。通常，只有当结缔组织的功能由于虚弱或疾病而降低时，其重要性才会得到重视。器官中存在两类结缔组织：

- **非特异性结缔组织**，也称为**间质**（器官间质，organ stroma）或**间质结缔组织**（间质，interstitium）
- **器官特异性组织**，称为**实质组织**（器官实质，organ parenchyme），它决定了一个器官的功能（肝实质，肾实质）。这种器官也被称为**实质性器官**

间质围绕着器官的实质部分（单细胞、细胞簇、上皮束或索、细胞群、细胞小梁或细胞板等），也包裹着血管和神经。在上皮，间质形成黏膜固有层；在器官外部，间质形成外膜或**器官囊**（肾囊、睾丸囊、肝囊和脾囊）。囊是一种紧绷的结构，通常含有弹性纤维。从器官囊发出的结缔组织纤维伸入器官实质（脾小梁、睾丸的结缔组织隔）。

血管和神经束在一特定区域（门）共同进入器官。在此处，器官的间质转变为**系膜**，为血管和神经的延续提供支持。

内脏运动

内脏的运动负责转运各器官的内容物。因此，它可随时控制器官内的内容物含量。利用收缩和扩张机制，食糜可通过肠道、胆囊可分泌胆汁、尿液可被排出、精液可被转运、子宫壁可在分娩时收缩。

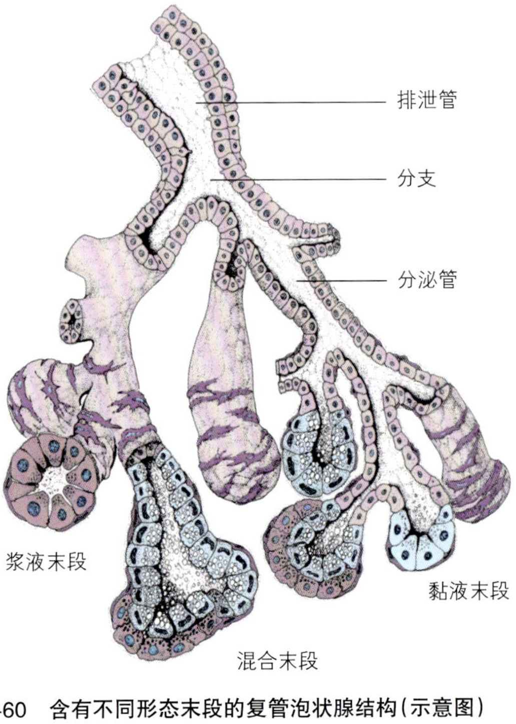

图 1-60 含有不同形态末段的复管泡状腺结构（示意图）

内脏运动也与括约肌关闭有关，如胃的出口（幽门）或膀胱。心脏的舒张和收缩可认为是循环系统的运动。

内脏的肌肉通常是平滑肌组织（内脏肌）（图 1-58）。这种肌组织受交感神经和副交感神经（植物性 / 自主神经）支配。内脏器官的蠕动运动，受植物性（自主）神经支配。这些神经冲动对内脏运动有刺激或抑制作用。心肌和舌是两个例外，它们都由横纹肌组成。中空内脏器官的平滑肌有其独特的排列方式。

肌层包括：

- 内层，环形肌（环层）
- 外层，纵行肌（纵层）

1.7.3 内脏的功能

大多数内脏（viscera）位于体腔内，其中的自由空间非常少。柔软的系膜以及器官之间充满液体的空间将摩擦减小到最低程度，从而使器官可自由地相互滑动（如在呼吸或消化过程中）。系膜确保了体腔的完整性、限定了器官的活动空间、隔离运动相反的器官。内脏器官运动的自由性对其功能至关重要。

1.7.4 体腔与浆膜

体腔为躯干内部的空间，与脊椎类似，可分为 3 个不同的区域：

- 胸腔
- 腹腔
- 骨盆腔

在早期胚胎阶段，膈由垂直的**横隔**和邻近的、倾斜的**间充质肌**发育而来。膈将原始的单一体腔分为：

- **胸腔**（cavum pectoris）
- **腹腔**（cavum abdominis）
- **骨盆腔**（cavum pelvis），与腹腔相通

胸腔和腹腔之间通过**三个开口**相通，分别是**腔静脉孔**（foramen venae cavae）、**食道裂孔**（hiatus oesophagus）——供食道、迷走神经干和食道血管通过，以及**主动脉裂孔**（hiatus aorticus）——供主动脉、胸导管、奇静脉和半奇静脉通过。在膈脚背侧缘和腰大肌之间，有一区域仍然充满结缔组织，即**腰肋弓**（arcus lumbocostalis），其两侧供交感神经干和内脏神经通过。这个区域是胸 - 腹腔之间的薄弱点。

骨盆腔（cavum pelvis）是腹腔向尾侧的延续。腹腔与骨盆腔的分界是骨盆终线（linea terminalis）——起于荐骨岬，向两侧沿着髂骨弓状线延伸，汇合于耻骨前缘。

虽然不同区域的体腔内壁有所差异，但其结构是相似

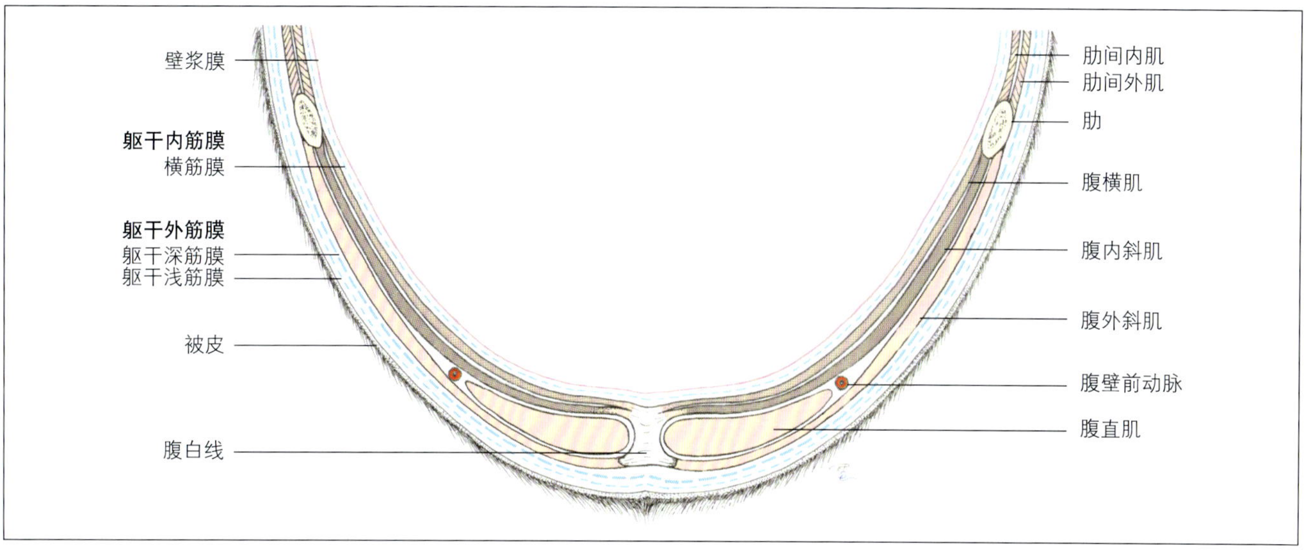

图 1-61 腹壁各层的横断面(示意图)

的。体壁从外向内依次是：

- 躯干浅筋膜(fascia trunci externa)
- 骨骼肌
- 躯干内筋膜(fascia trunci interna)
- 浆膜(含浆膜下组织)

浆膜几乎衬于所有体腔或浆膜腔。机体有4个浆膜腔：

- **左、右胸膜腔**(cavum pleurae sinistrum etdextrum)
- **腹膜腔**(cavum peritonei)
- **心包腔**(cavum pericardii),有心包膜

浆膜(tunica serosa)由单层扁平上皮(间皮,lamina epithelialis serosae)和上皮下结缔组织层即浆膜固有层构成(图1-59)。浆膜能**分泌**和**吸收水性浆液**,也能**吸收空气**或**气态物质**(如腹腔镜检查后的二氧化碳)。浆膜覆盖在器官外表面以及体腔内表面(图1-61)。在生理状态下,浆膜为**透明**、**湿润**、**光滑**和**有光泽**的结构。

浆液中不仅含有生理缓冲系统,还含有间皮细胞和可吞噬外源性颗粒的非特异性免疫细胞(胸膜或腹膜的巨噬细胞)。浆液与体腔内壁的间皮细胞一起发挥屏障功能。这一功能在临床上极为重要。

浆膜下组织是一层疏松结缔组织,其中含有脂肪、血液和淋巴管。分布于上皮下层(serosa parietalis)的神经丛网络,对浆膜表面的触觉、机械性刺激、热刺激和化学刺激敏感。

在浆膜和体腔壁之间,是由浆膜下组织构成的狭窄裂缝状间隙。在腹壁背侧和盆腔底壁,**浆膜后间隙**扩大为**腹膜后间隙**,肾和两个输尿管位于其中(图1-61)。**腹膜后**(behind the peritoneum)描述了位于器官的位置——腹膜后间隙,因此,这些器官仅一侧被腹膜覆盖。对这些器官进行手术,可无须打开腹膜腔。**腹膜器官**是位于腹腔内,完全被浆膜覆盖的器官。**胸膜内器官**是位于胸腔内,完全被浆膜覆盖的脏器。

浆膜腔的壁(图1-61和图1-62)可分为**3部分**：

- **壁浆膜**(serosa or lamina parietalis),即体壁的浆膜
- **连接浆膜**(serosa or lamina intermedia),即系膜,中间浆膜
- **脏浆膜**(serosa or lamina visceralis),即内脏器官浆膜

壁浆膜是分布于体腔内壁的浆膜部分。覆盖器官的浆膜部分以前缀"peri"和该器官的希腊名称命名,如心包(pericardium)或睾丸鞘膜(periorchium)。与其他浆膜不同,壁浆膜对疼痛极为敏感。进行外科手术时,必须对体壁进行局部麻醉,以使浆膜对疼痛不敏感。根据位置,壁浆膜可分为：

- 壁胸膜,位于胸部
- 壁腹膜,位于腹部和骨盆部

壁浆膜紧密衬于**躯干内筋膜**(fascia trunci interna)(图1-62至图1-64)。供壁浆膜附着的躯干内筋膜,在胸壁称为**胸内筋膜**(fascia endothoracic);在腹壁两侧和腹侧称为**腹横筋膜**(fascia transversalis,图1-61);在鞘突壁称为**精索内筋膜**(fasciaspermatica interna)。

中间浆膜(serosa intermedia)是形成系膜的**浆膜**(图1-62)。中间浆膜是左、右侧体腔的壁浆膜的延续。两侧浆膜汇合并形成源自腔壁的双层浆膜。这一结构出现在体腔的顶部和底部,形成背侧系膜和腹侧系膜。在某些情况下,系膜也被称为**韧带**或**皱襞**。某个具体系膜以前缀"meso-"和它所在器官的希腊名称命名,如胃系膜(mesogastrium,图1-63)。胃系膜是通向胃并将胃悬吊在腹腔内的系膜。

初级系膜还为动脉、静脉、神经和淋巴管提供到达其供

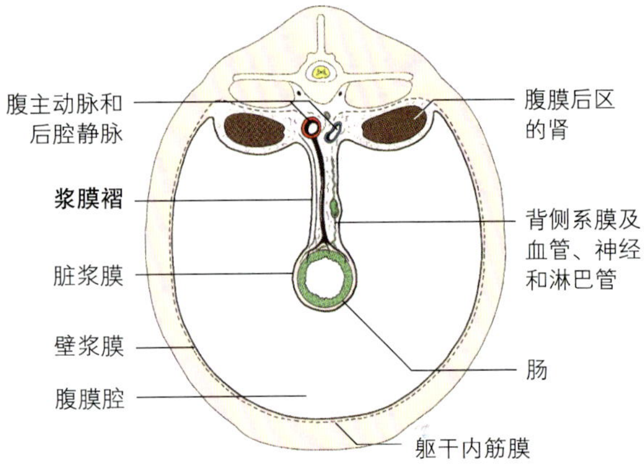

图 1-62　会阴部腔内的浆膜示意图

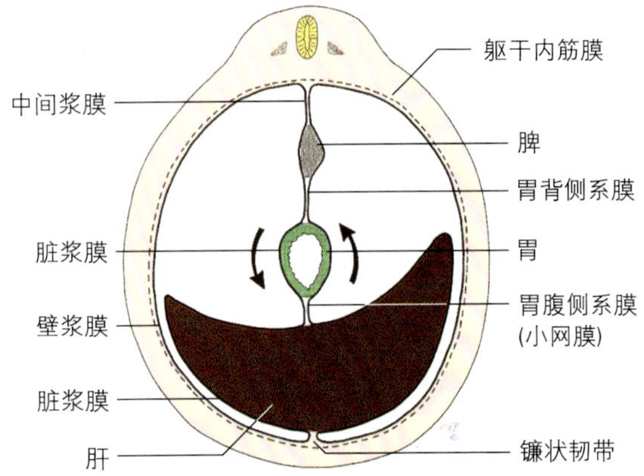

图 1-63　胚胎发育早期的背侧 / 腹侧系膜示意图

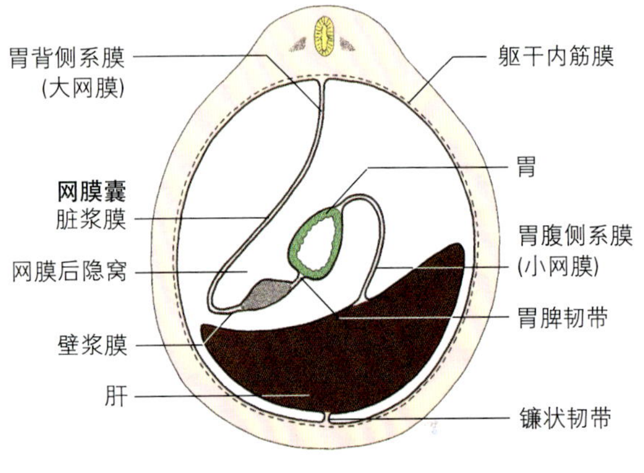

图 1-64　早期胚胎的胃背侧 / 腹侧系膜示意图，其发育为大网膜和小网膜

给器官的通道。淋巴结通常位于器官的系膜内。次级系膜支持并稳定**器官的位置**(如十二指肠结肠皱襞、三角韧带)。系膜由结缔组织和脂肪沉积物组成。猫的系膜还含有**机械感受器**，最常见的为感受压力的 Vater-Pacini 小体。

系膜以双层鞘起于背侧，并向腹侧延伸，之后，该鞘的双层浆膜分离并包绕胸腔、腹腔或骨盆腔中的特定器官。覆盖器官的系膜部分称为脏浆膜。以前缀“epi-”与该器官的希腊名称对其进行命名，如心外膜(epicardium)或睾丸外膜(epiorchium)。

脏浆膜一旦到达器官的另一侧，再次联合形成双层鞘，并附着于胸壁的腹侧或腹壁的前腹侧。由于胚胎发育过程，肠的中部和尾部**没有腹侧系膜**。

胃与十二指肠前部的背侧和腹侧系膜形成一独特结构，以适应肝脏的存在(图 1-63 和图 1-64)。**大网膜**(omentum majus)由**胃的背侧系膜**(mesogastrium dorsale)发育而来，延伸并折转，形成袋状**网膜囊**(bursa omentalis)。网膜囊的深层的内脏部与浅层的壁部形成一**隐窝**，即网膜囊上隐窝。

在食肉动物和反刍动物中，**大网膜**起自腹壁背侧，向尾侧延伸至骨盆入口，并反转方向继续向头侧延伸，直到附着于胃大弯。大网膜的延伸褶皱与其他器官结合，限制了它们的活动性，但也形成了凹陷以容纳移位的器官，如马的肾脾间隙，详见第 8 章“消化系统”(288 页)。

胃腹侧系膜(图 1-63)被消化腺——**肝**分为两部分。腹侧胃系膜的近端，即**肝胃韧带**，延伸于胃小弯和门脉裂之间。在肝的壁面，腹侧胃系膜延续为**镰状韧带**，最终附着于腹壁的腹白线。**肝胃韧带**和**肝十二指肠韧带**(唯一的腹侧肠系膜)，共同形成**小网膜**，详见第 8 章“消化系统”(288 页)。

靠近体腔背壁的器官仅有一侧被浆膜覆盖。这个位置通常被描述为“**浆膜后**”。在腹腔，器官可位于“**腹膜后**”(如肾脏和输尿管的位置)；在胸腔，器官可位于“**胸膜后**”(如交感神经干的位置)；在盆腔尾侧，器官位于“**腹膜外**”。

临床小知识

体腔的浆膜具有吸收性，因此，能在**腹腔内给药**。经腹膜壁层吸收的物质不经过肝脏就能到达靶器官。

腹膜炎症(**腹膜炎**)可导致细菌毒素的吸收，从而造成严重疾病。由于心功能不全或肝脏疾病，静脉系统压力增加，可能导致腹腔内的**腹膜液**蓄积(**腹水**)。可采用腹腔穿刺术(abdominal paracentesis)排出多余的腹膜液。

为诊断的需要，可在**脐区**(regio umbilicalis)进行腹腔穿刺术。排出胸膜液所采用的方法为**胸腔穿刺术**，在肋软骨处进行。

体腔内的手术可导致胸膜或腹膜**粘连**。粘连可引起疼痛，并可能限制器官的活动性和运动性。

在腹膜，这种粘连现象也被用于预防性目的。例如，在胃扭转的手术矫正后，采用胃固定术使胃壁与腹膜壁层融合，从而降低再次胃移位的风险。

2 中轴骨骼 (skeleton axiale)

H.-G. Liebich 和 H. E. König

中轴骨骼的组成：

- **头部骨骼**
  - 头骨
  - 脑颅（cranium, neurocranium）
  - 面颅（facies, viscerocranium）
  - 下颌骨
  - 舌器
  - 中耳听小骨
- **脊柱**
- **胸廓骨骼**

2.1 头骨概述

头骨是由多枚骨组成的坚固结构，且多为成对骨，构成脑和感觉器官（包括视觉器官、嗅觉器官、位听器官和味觉器官等）的保护壁。同时，头骨还是上呼吸道与消化道的起始处。头骨表面的突起供面部肌和咀嚼肌附着。

头部诸骨通过**骨缝**（suturae）连结成坚固的整体，而**下颌骨**（mandible）和**舌器**（apparatus hyoideus）则通过关节与头骨相连（图 2-1、图 2-2 和图 2-23）。

在胚胎发生过程中，头骨很少起源于**中轴骨**，而主要由**真皮骨**骨化形成。起源于真皮的骨以膜内成骨的方式形成构成颅腔背侧和两侧的颅骨；起源于中轴骨的骨则以软骨内成骨的方式形成构成颅腔底壁的颅骨和部分面骨。

单枚骨由**彼此独立的骨化中心**发育而来。在幼龄动物中，这些单骨被纤维带或软骨组织分开，以适应颅骨的出生后生长。新生动物的面骨相对较小，这是由于其咀嚼器官、鼻腔与鼻旁窦相对较小。在出生后的发育过程中，头骨的比例不断发生变化。

颅顶与单枚骨的发育存在种属差异。作为一个整体，头骨的扩大在很大程度上受牙齿生长、鼻旁窦形成和颅底延长的影响。头骨形态的形成是一个长期的过程，因为一些头骨的结构终生都在变化。

2.2 脊柱或脊椎概述

椎骨的椎体起源于中轴骨的生骨节的软骨膜间充质。**椎间盘**（disci intervertebrales）是这些起源组织的遗迹。椎体的胚胎前体形成背侧的椎弓，与椎体形成**椎孔**（foramen vertebrae），容纳脊髓。

椎骨之间通过关节与韧带相连。脊柱由一系列椎骨组成，前接颅骨，向后延伸至尾部。每枚椎骨形成的椎孔前后相连形成**椎管**（canalis vertebralis），前接**枕骨大孔**，向后终止于**荐管**（canalis sacralis），容纳脊髓（medulla spinalis）、脊膜、脊神经（nervi spinales）、血管和结缔组织。相邻椎骨之间并非紧密相连，其间有椎间孔（spatia intervertebralia）供脊神经通过。

脊柱沿长轴形成 3 个弯曲：

- 头、颈之间的背凸弯曲
- 颈、胸椎之间的背凹弯曲
- 胸、腰椎之间的背凸弯曲

脊柱是前、后肢之间发生联系的桥梁，起到支撑身体的作用，在运动系统中发挥核心作用。前部胸椎通过肌肉和肌腱与肋骨相连，这有利于脊柱的稳定性和灵活性。在骨盆部，**荐骨翼**与**髂骨**形成关节，使脊柱与后肢牢固相连。这样，后肢肌肉与髋关节产生的推进力可直接传送到身体的其他部位。

脊柱可执行多种功能。相邻椎骨间的运动有限，有利于姿势的维持。然而，正是相邻椎骨之间的活动性形成了动态功能的基础，包括行走、奔跑和跳跃过程的动力传递与震动缓冲。相邻椎骨间的椎间盘、关节、韧带和肌肉形成了最小的功能单位。这些功能单位中的微小解剖学结构变化，也会导致运动系统的严重紊乱。脊柱不同节段的活动性差异很大，例如荐椎之间高度骨化，而尾椎的运动却非常灵活。

胸腰段脊柱可完成 3 个方向的运动。椎骨之间的微小运动可引起整个脊柱的背向、腹向和侧向运动。当然，颈部也可进行侧向、背向和腹向运动。

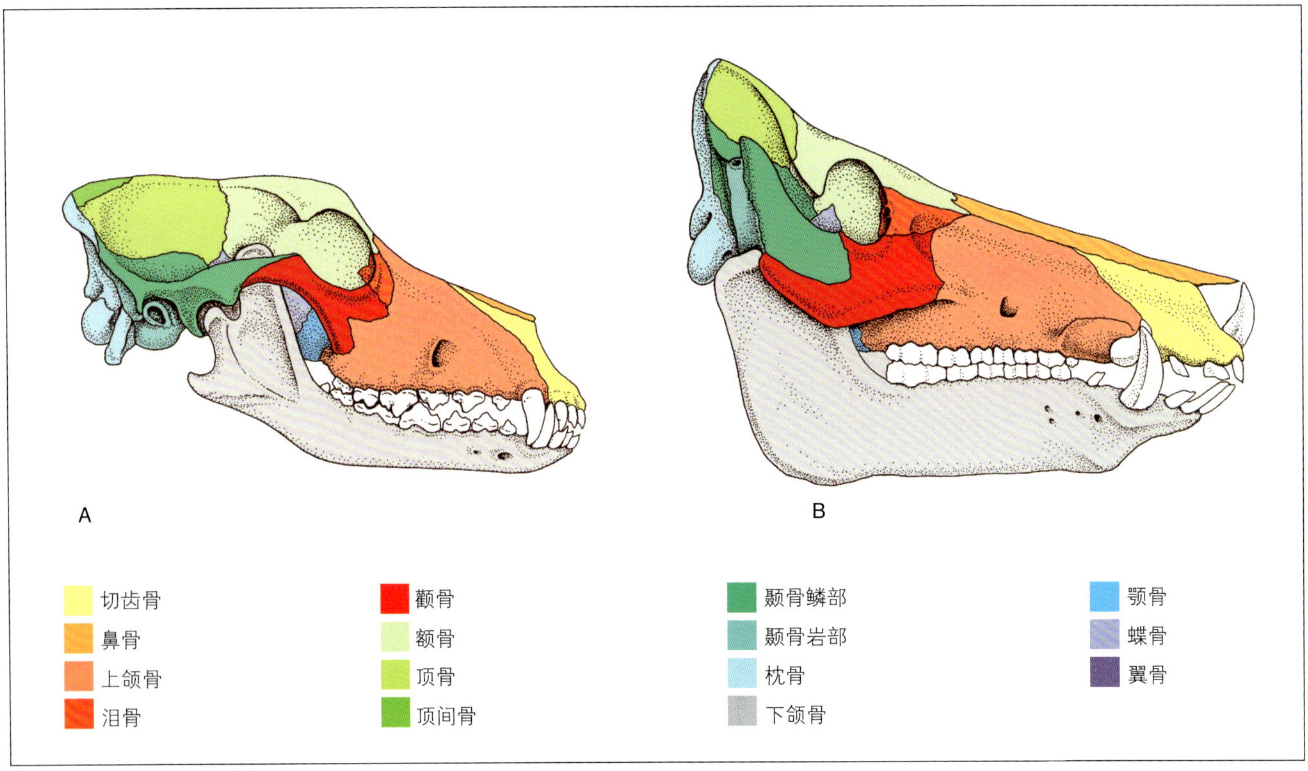

图 2-1　犬(A)和猪(B)的头骨和下颌骨(示意图,侧面观)。仿 Ellenberger 和 Baum(1943)

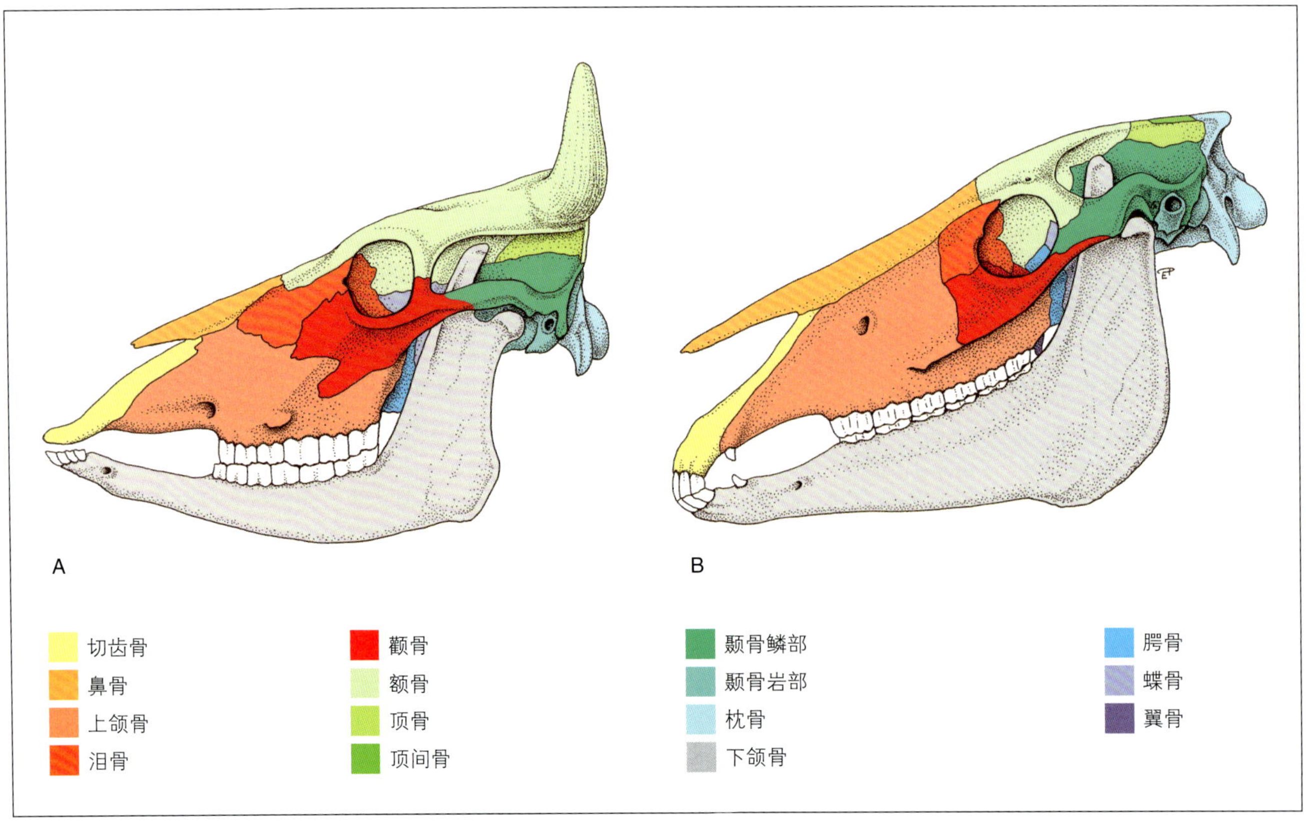

图 2-2　牛(A)和马(B)的头骨和下颌骨(示意图,侧面观)。仿 Ellenberger 和 Baum(1943)

2.3 胸廓概述

胸廓由背侧的**胸椎**(vertebrae thoracicae)、两侧的**肋**(costae)和腹侧的**胸骨**组成,成为胸壁的骨性支架,并通过一系列韧带、软骨连结和关节相连。胸廓内部形成**胸腔**(cavum thoracis),通过周围的肌肉保持紧张状态。家畜胸廓为侧向压扁、截顶的锥形,锥顶向前,锥底向后,有**胸廓前口和后口**(apertura thoracis cranialis et caudalis)。

2.4 头部骨骼

2.4.1 颅骨与脑颅(cranium,neurocranium)

颅骨构成**颅腔**(cavum cranii),容纳脑、脑膜和血管等。颅骨包括多枚骨,它们以具有种属特异性的方式结合在一起。不同物种、品系之间的颅骨差异很大,即使相同品系、年龄、性别的不同个体之间,颅骨也可能有很大差异。本节主要描述颅骨的基本解剖结构,并对种属差异进行描述。各种家畜颅骨的组成相同:

- **颅腔底壁的组成:**
  - 不成对的枕骨基底部(pars basilaris ossis occipitalis)
  - 不成对的底蝶骨(os basisphenoidale)和前蝶骨(os presphenoidale)
- **颅腔项壁的组成:**
  - 不成对的枕骨鳞部(squamous part,squama occipitalis)
  - 枕骨侧部(lateral parts,partes laterales)
- **颅腔侧壁的组成:**
  - 成对的颞骨(os temporale)
- **颅腔顶壁的组成:**
  - 成对的额骨(os frontale)
  - 成对的顶骨(os parietale)
  - 不成对的顶间骨(os interparietale)
- **颅腔鼻侧壁的组成**
  - 不成对的筛骨(os ethmoidale)

枕骨(os occipitale)

枕骨构成颅腔的项壁,可分为**基底部**、**鳞部**和**侧部**(图2-1至图2-4)。这3部分围成圆形的**枕骨大孔**,供脊髓通过。

基底部(pars basilaris,basioccipital bone)构成颅底的后部,凸向枕骨大孔,其前以软骨性骨缝与底蝶骨相连(图2-4),其腹侧面有成对的**肌结节**(tubercula muscularia)供头/颈屈肌附着。基底部背侧凹陷,形成**颅后窝**(fossa cranii caudalis)(图2-5),后者可分为吻侧、尾侧两部分。颅后窝吻侧部凹陷,容纳脑桥(脑桥压迹);颅后窝尾侧部凹陷,容纳延髓(延髓压迹)。

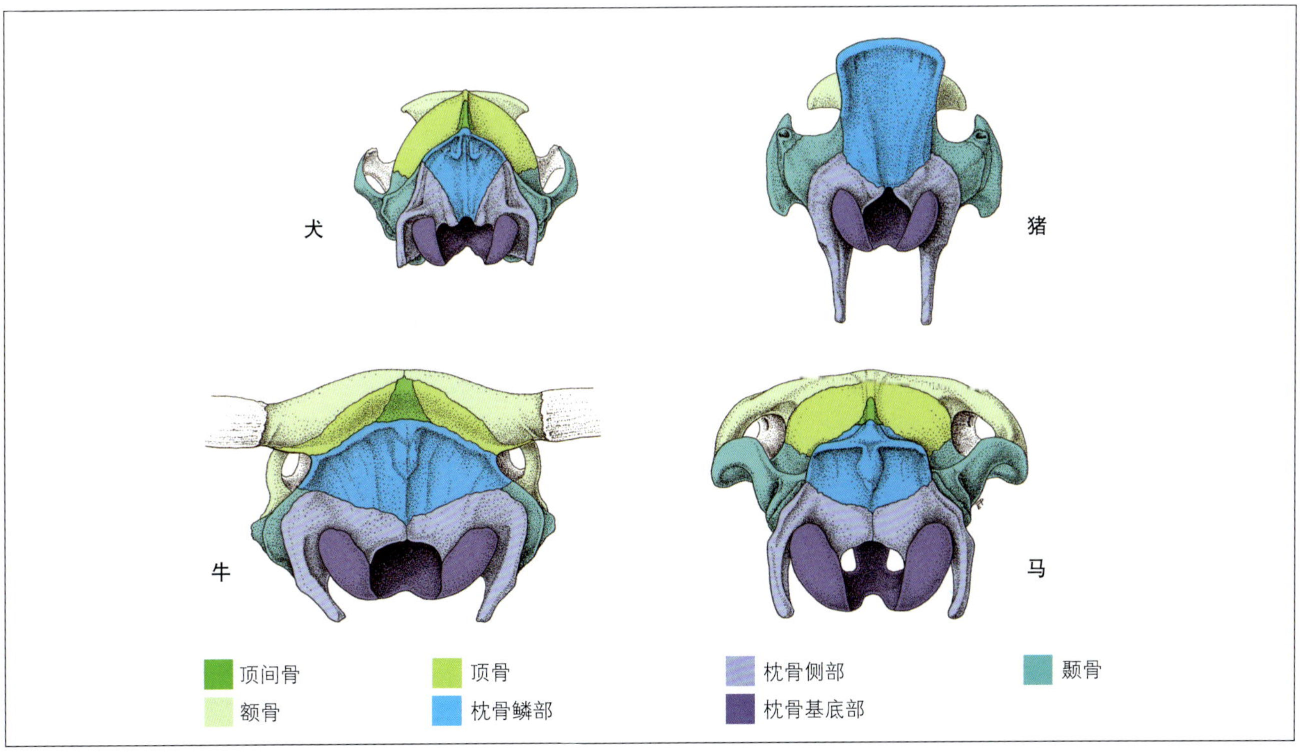

图2-3 犬、猪、牛和马的头骨项面观(示意图)。仿 Ellenberger 和 Baum(1943)

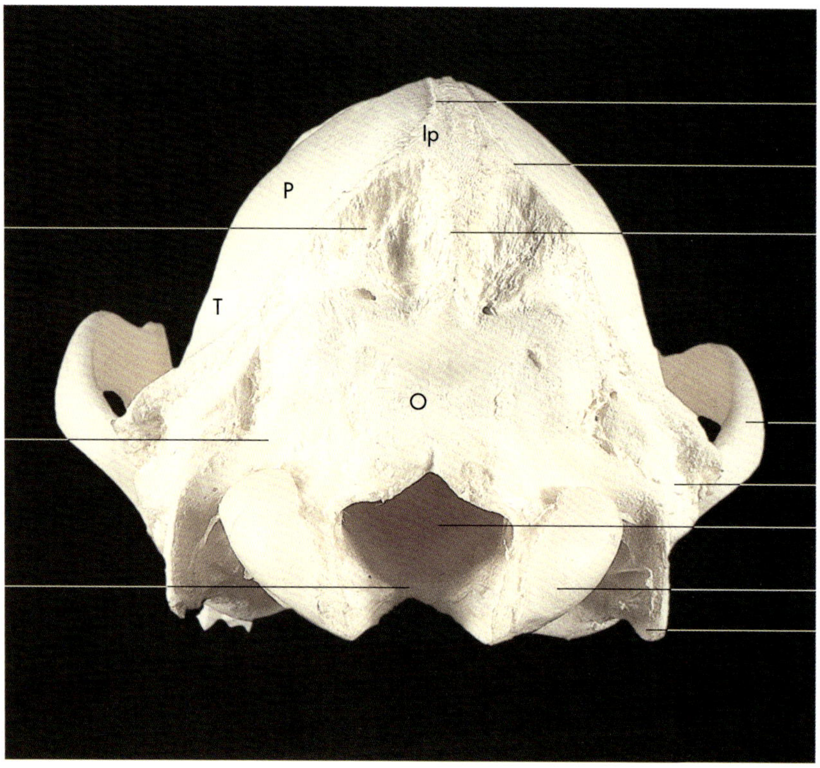

图 2-4　犬头骨的项面观

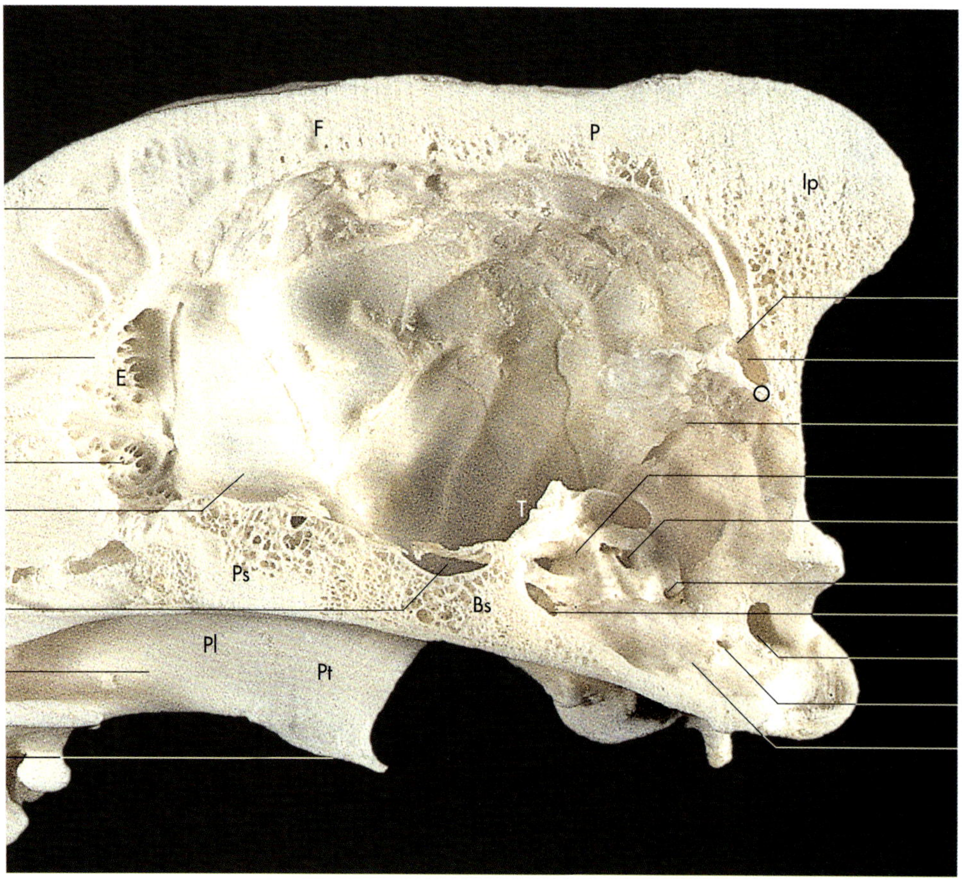

图 2-5　犬头骨的颅骨部（正中矢状面）

颈静脉孔（foramen jugulare）位于枕骨基底部两侧，邻近鼓泡。在猪和马，薄而锐的基底部侧缘与颞骨岩部（pars petrosa）形成**岩枕裂**（fissura petro-occipitalis），颞骨岩部参与形成破裂孔（图 2-40 和图 2-41）。

鳞部（squamous part，supraoccipital bone）位于**枕骨侧部**（partes laterales ossis occipitalis）和**枕髁**（condyli occipitales）的背侧，构成枕骨大孔的背侧部（图 2-3 和图 2-4）。**外侧面**（lamina externa）以边缘锐利的**项嵴**（crista nuchae）为界（图 2-4、图 2-9 和图 2-11）。反刍动物的项嵴不发达，称为**项线**（linea nuchae）。项嵴容易触及，可与寰椎翼共同作为采集脑脊液的骨性定位标志。

在食肉动物和马，起始于项嵴的正中嵴发达，称为**外矢状嵴**（crista sagittalis externa）（图 2-4、图 2-9 和图 2-11）。**枕外隆凸**（protuberantia occipitalis externa）（图 2-13，图 2-92）是正中面上的三角形隆突，其基部指向颅腔底壁，供**项韧带**（ligamentum nuchae）附着。食肉动物有不明显的枕外嵴，由枕外隆凸向枕骨大孔相延续（图 2-4）。

颅腔内表面（lamina interna）有许多浅沟，与小脑表面（蚓压迹，impressiones vermiales）和基底血管（横窦沟，sulci sinus transversi）相对应。枕骨内表面形成**枕内隆凸**（protuberantia occipitalis interna）。食肉动物和马有特殊突起，称为幕突（processus tentoricus）。幕突与顶骨和顶间骨的同名突起一同形成骨小脑幕（图 2-5 和图 2-10）。

枕骨侧部（partes laterals，exoccipital bones）形成枕骨大孔的侧缘，枕骨大孔两侧形成**枕髁**（condyli occipitales），枕髁与寰椎构成寰枕关节（图 2-4、图 2-6）。枕髁的两侧是**髁旁突**（processus paracondylares），供头部特定肌肉附着（如第 2 章所描述的）。

猪的髁旁突发达，反刍动物和马的较短，食肉动物的呈球形（图 2-4、图 2-6、图 2-7 和图 2-9），它们被认为是类似于颈椎横突的雏形。**髁腹侧窝**（fossa condylaris ventralis）（图 2-6、图 2-12）位于髁旁突和枕髁之间，内有**舌下神经管**（canalis nervi hypoglossi），供舌下神经通过。髁腹侧窝与**髁背侧窝**（fossa condylaris dorsalis）相延续。

蝶骨（os sphenoidale）

蝶骨构成颅腔底壁的前部，由相似的两部分组成，即前部的**前蝶骨**（os praesphenoidale）和后部的**底蝶骨**（os basisphenoidale）（图 2-2、图 2-5 和图 2-6）。

每部分蝶骨都由中间的**蝶骨体**（corpus ossis sphenoidale）和两侧的**蝶骨翼**（alae ossis sphenoidalis）组成。在人类，蝶骨各部愈合较早，而青年家畜的各部分蝶骨仍被软骨性

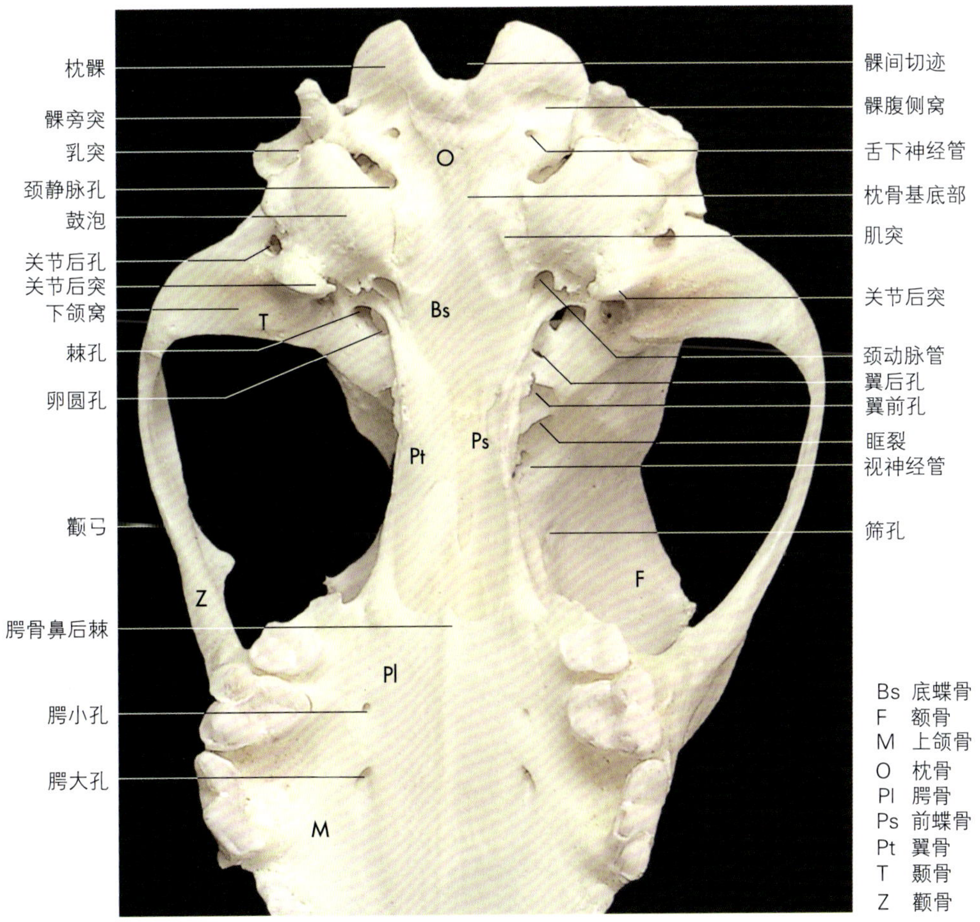

图 2-6 犬头骨的颅骨部（腹侧面）

骨缝分开，成年后骨化。因此，兽医解剖学将其认为是独立的骨。

前蝶骨（os praesphenoidale）

前蝶骨的蝶骨体和蝶骨翼是构成**颅前窝**（fossa cranii rostralis）的骨质结构，与后部的**底蝶骨**相接（图 2-7）。前蝶骨的骨体中空，内有成对的**蝶窦**（sinus sphenoidales），二者由不完整的隔膜分开（图 2-10）。自蝶骨体向前伸出**喙突状蝶嘴**（rostrum sphenoidale）指向筛骨，其后部有横向的压迹（交叉沟）容纳**视交叉**（chiasma opticum）。骨性**视神经管**（canalis opticus）由该压迹两端向外延伸跨越前蝶骨翼，内有视神经通过（图 2-7）。

前蝶骨翼（alae ossis praesphenoidales）的外表面参与形成眼眶和视神经管，而内表面参与形成颅腔。

底蝶骨（os basisphenoidale）

底蝶骨的蝶骨体和蝶骨翼（corpus et alae ossis praesphenoidalis）形成**颅中窝**（fossa cranii mediavis）的骨质结构，包括吻侧的**蝶鞍**（sella turcica）、中部的**垂体窝**（fossa hypophysialis）和尾侧的**蝶鞍背**（dorsum sellae turcicae，马的例外）（图 2-7）。**底蝶骨翼**（alae ossis basisphenoidalis）的表面与脑（facies cerebralis）、颞骨（facies temporalis）、上颌骨（facies maxillaris）和眼眶（facies orbitalis）相对。犁状窝位于视神经沟的外侧，容纳脑的**犁状叶**（lobi piriformes）。每侧蝶骨翼参与形成的供血管和神经通过的孔和切迹具有种属差异。

在马，每侧蝶骨翼的后缘形成**破裂孔**的前缘，有 3 个切迹，分别是**颈动脉切迹**（incisura carotica），供颈内动脉通过；**卵圆切迹**（incisura ovalis），供下颌神经通过；**棘切迹**（incisura spinosa），供脑膜中动脉通过（图 2-41）。食肉动物和反刍动物的破裂孔缺失。在食肉动物中，其功能被**卵圆孔**、**棘孔**和**颈动脉孔**替代，而反刍动物仅有卵圆孔（图 2-6）。

翼突（processus pterygoidei）由底蝶骨的吻侧伸出（图 2-5），指向前腹侧，与腭骨和翼骨共同形成鼻后孔的边界。其基部有**翼管**（canalis alaris），供上颌动脉通过。翼管的两端分别为**翼后孔**（foramen alare caudale）和**翼前孔**（foramen alare rostrale）。

颞骨（os temporale）

新生动物的颞骨由以下 3 部分组成（图 2-1 和图 2-2），后期愈合。

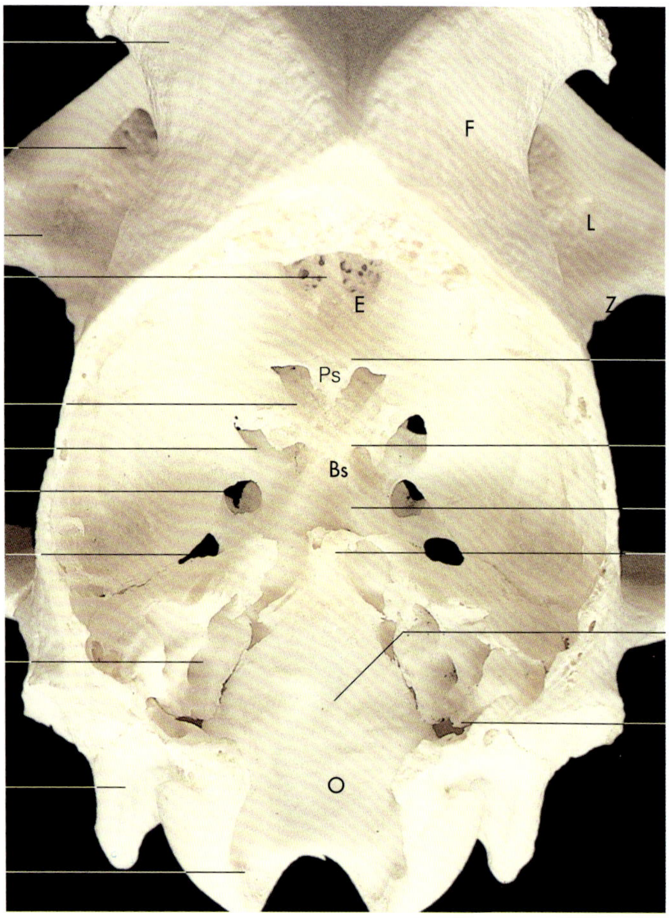

图 2-7 去掉颅盖的犬颅腔（背后侧观）

- 鳞部(pars squamosa, squama temporalis)
- 岩部(pars petrosa, petrosum)及其乳突(processus mastoideus)
- 鼓室部(pars tympanica)

岩部和鼓室部有时合称锥部。在食肉动物和牛中,锥部与鳞部紧密愈合,其他家畜的仍保持分离。

鳞部(pars squamosa, squama temporalis, squamosum)的**脑面**(facies cerebralis)构成颅腔侧壁,与额骨、顶骨和蝶骨以骨缝相连。

长的**颞骨颧突**(processus zygomaticus)由鳞部颞面(facies temporalis)发出,向前外伸出,与颧骨的颞突组成**颧弓**(arcus zygomaticus)(图 2-4 和图 2-6)。颞骨颧突基部有关节面参与构成**颞下颌关节**(articulatio temporomandibularis),关节面的吻部为横向延伸的**关节结节**(tuberculum articulare),尾部为**下颌窝**(fossa mandibularis)(图 2-12)。

下颌窝的尾侧为**关节后突**(processus retroarticularis)(图 2-6)。食肉动物关节结节缺失,代之为发达的**关节后突**(图 2-6)。

鳞部的后部形成**枕突**(processus occipitalis);腹侧面形成**鼓泡后突**(processus retrotympanicus),向后包绕在**外耳道**(meatus acusticus externus)周围。关节后突上有**关节后孔**(foramen retroarticulare),是**颞管**(meatus temporalis)(图 2-11)的开口。猫和猪的颞管不发育。

岩部(pars petrosa, petrosum)位于颞骨的后腹侧,与鳞部和鼓部相接。岩部内有**内耳的耳蜗**、**前庭**(vestibulum)和**半规管**(canales semicirculares)。内侧面(facies medialis)有**内耳道**(meatus acusticus internus)的开口(内耳门, porus acusticus internus)(图 2-5 和图 2-10),内有**面神经**(n. facialis)和**前庭蜗神经**(n. vestibulocochlearis)通过。在食肉动物和马,岩部吻侧和内侧表面被薄锐的**岩嵴**(crista partis petrosae)分隔。

岩部的尾侧向腹外侧突出形成**乳突**(processus mastoideus)。马的乳突为一粗大的球形突起,其他家畜的乳突较小。在马和反刍动物,岩部外耳道孔的前腹侧有圆柱状**茎突**(processus styloideus),供**舌器**(apparatus hyoideus)附着(图 2-12 和图 2-14)。食肉动物和猪的茎突缺失,故食肉动物的舌器连于岩部的乳突(图 2-6),猪的舌器连于髁旁突基部附近的鳞部项突(processus nuchalis)。面神经通过面神经管穿出,其外口为**茎乳突孔**(foramen stylomastoideum)。在反刍动物、猪和马,**茎乳突孔**位于茎突和乳突之间,食肉动物的茎乳突孔位于颞骨乳突和鼓室部之间(图 2-38 和图 2-40)。

鼓室部(pars tympanica, tympanicum)是颞骨的腹侧部分,呈球形膨大,**鼓泡**(bulla tympanica)内为**中耳鼓室**(cavum tympani)(图 2-6、图 2-13 和图 2-14)。猫的鼓室被分隔成两个部分,内侧壁由独立的内鼓室的软骨前体构成。

外耳道(meatus acusticus externus)开口于背外侧的**外耳门**(porus acusticus externus)(图 2-9 和 2-14),与鼓室之间有膜质隔膜,即**鼓膜或耳膜**(membrana tympani)。鼓膜附着于**鼓环**(anulus tympanicus)上。鼓室的背侧有 3 枚听小骨(ossicula auditus),分别为镫骨、锤骨和砧骨。鼓泡的前内侧壁伸出**肌突**(processus muscularis),马和反刍动物的肌突特别发达。沟样的听小管(咽鼓管半管, semicanalis tubae auditivae)位于肌突的内侧面,邻近肌咽鼓管(canalis musculotubarius)的腭帆张肌半管(semicanalis musculi tensoris veli palatini),连通鼓室与咽。

额骨(os frontale)

成对的额骨位于颅部与面部之间(图 2-1 和图 2-2),左、右额骨以**额间缝**(sutura interfrontalis)相连。在不同动物中,额骨内含有一个或多个含气空腔,称为额窦(sinus frontales)(图 2-10)。根据位置不同,额骨可分为 4 部分:

- 额鳞(squama frontalis)
- 眶部(pars orbitalis)
- 颞面(facies temporalis)
- 鼻部(pars nasalis)

在大动物中,**额鳞**以鼻骨和泪骨为界;在食肉动物中,额鳞仅构成眼眶壁。额鳞两侧伸出**颧突**(processus zygomaticus)(图 2-8、图 2-9 和图 2-11),形成眼眶背侧缘的一部分,即**眶上缘**(margo supraorbitalis)。额骨颧突的连接方式具有种属差异。在反刍动物,额骨颧突与颧骨额突(processus frontalis ossis zygomatici)愈合;在马,额骨颧突与颞骨颧突(processus zygomaticus ossis temporalis)愈合(图 2-11 和图 2-18)。食肉动物眼眶的背侧缘由**眶韧带**(ligamentum orbitale)构成。猫的眶韧带常骨化,骨性眼眶内陷(**泪腺窝**, fossa glandulae lacrimalis),容纳泪腺,泪腺位于额骨颧突或眶韧带的下方。

颞线(linea temporalis)将额鳞与颞面分开,颞线向后延伸为**外矢状嵴**(crista sagittalis externa)(图 1-11 和图 1-12)。犬、牛和马的外矢状嵴发达,而其他家畜的不明显。在有角反刍动物中,其额鳞后界为成对的**角突**(processus cornuales)。

额骨**鼻部**(pars nasalis)是额骨向吻侧的延伸,其吻侧为鼻骨,两侧为泪骨。额骨**眶部**(pars orbitalis)是眼眶内侧面的主体,腹侧有**筛孔**(foramen ethmoidale)(图 2-6 和图 2-14)。马的筛孔开口于额骨和蝶骨之间(图 2-38)。额骨颧突基部内侧内陷成浅沟,供眼球的背斜肌附着。

额骨眶部的尾端是小而凹的颞面(facies temporalis),作为颞窝(fossa temporalis)的前部,供颞肌附着(图 2-11)。

顶骨(os parietale)

顶骨为成对骨,构成颅腔背外侧壁的大部,后接枕骨,前接额骨(图 2-1 和图 2-2)。外表面(facies externa)分为构成颅腔背侧壁的**顶面**(planum parietale)和构成颅腔侧壁的**颞面**(planum temporale)。牛的顶骨还有一个额外的项面

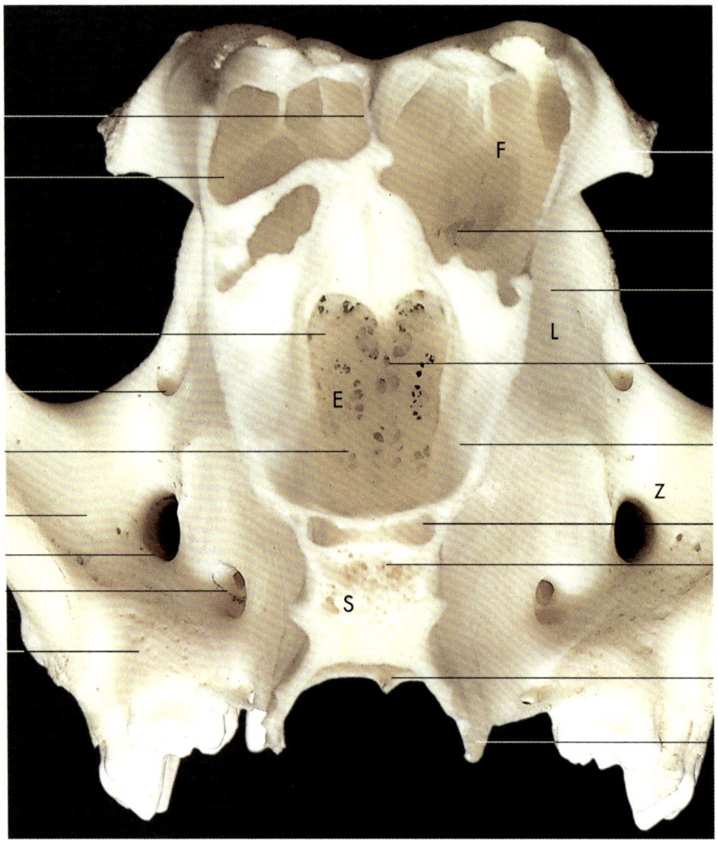

图 2-8 在额骨颧突后方的犬颅腔横断面

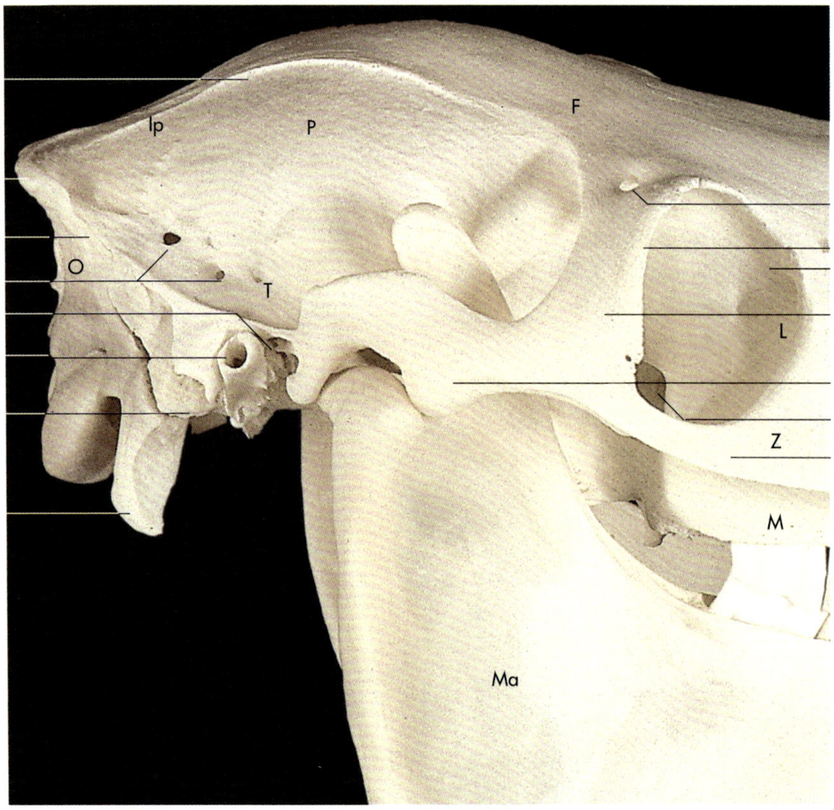

图 2-9 马头骨的颅骨部（侧面观）

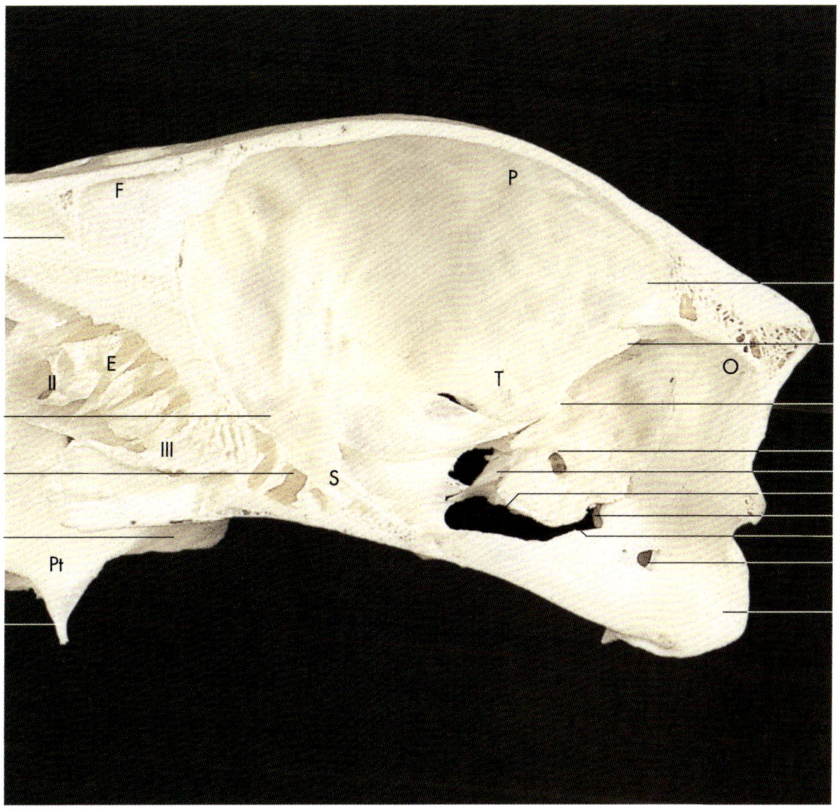

图 2-10 马头骨的颅骨部（正中矢状面）

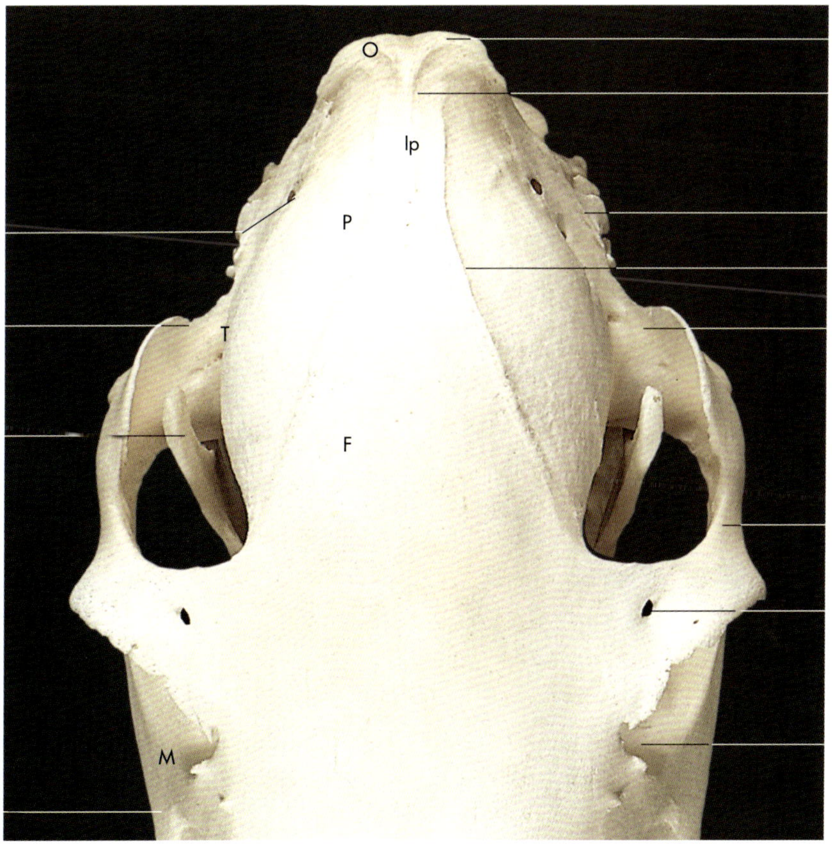

图 2-11 马头骨的颅骨部（背侧面）

(planum nuchale),参与构成颅腔的项面。

顶骨内表面(facies interna)有许多血管沟、凹陷和嵴,与脑沟和脑回相对。马和猪的内表面有明显的正中**内矢状嵴**(crista sagittalis interna),与脑背矢状窦(sulcus sinus sagittalis dorsalis)的沟相对。在马和食肉动物中,顶骨内表面后部有向内侧发出的幕突(processus tentoricus),形成**骨小脑幕**(tentorium cerebelli osseum)的一部分(图 2-5、图 2-10 和图 2-20)。

顶间骨(os interparietale)

顶间骨位于枕骨和左右顶骨之间,成年后相互愈合。但猫例外,成年后仍可见明显骨缝(图 2-1 和图 2-2)。

大脑表面的顶间骨幕突与顶骨和枕骨的幕突融合,形成**骨小脑幕**(tentorium cerebelli osseum)(图 2-5、图 2-10 和图 2-20)。

筛骨(os ethmoidale)

筛骨位于眼眶壁的深层,参与构成颅骨前壁和面部(图 2-1 和图 2-2)。每侧管状筛骨的**外板**(lamina externa)由吻侧的**顶板**(lamina tectoria)、腹侧的**基板**(lamina basalis)和极薄的成对的**眶板**(laminae orbitales)组成。**筛板**(lamina cribrosa)将筛骨与颅腔分开,正中的**垂直板**(lamina perpendicularis)将筛骨分成左、右两个管状结构。成对的**筛骨迷路**(labyrinthus ethmoidalis)从管壁的背侧和两侧伸入管内。筛骨迷路形成骨性卷曲的**筛鼻甲**(ethmoturbinalia),其间是**充满空气**的**筛鼻道**(meatus ethmoidales)(图 2-17)。

筛骨的**筛板**(lamina cribrosa)是颅腔和鼻腔之间的筛孔样骨板(图 2-5、图 2-7 和图 2-8),其上有大量供**嗅神经**束通过的孔。嗅神经由脑的嗅皮质发出,到达嗅球。大脑表面被正中嵴——鸡冠,分成两部分,**鸡冠**是筛骨垂直板在颅内的延续(图 2-7)。每一部分凹陷形成**筛骨窝**(fossae ethmoidales),容纳嗅球(图 2-17)。

筛鼻甲(ethmoturbinalia)由筛骨的背侧壁和两侧壁发出,每侧形成 2 个卷曲。但马例外,有 3 个卷曲(图 2-17)。每个筛鼻甲有一基叶连于筛骨壁或垂直板和一个螺旋叶突入鼻腔。大部分筛鼻甲有单一向腹侧的卷曲,但有些形成背侧卷曲和腹侧卷曲。各种家畜均可见螺旋状卷曲,尤其是犬。

筛鼻甲可分为长而深、伸入鼻腔的**内鼻甲**(endoturbinalia)和短而浅的**外鼻甲**(ectoturbinalia)。外鼻甲通常为单一卷曲,

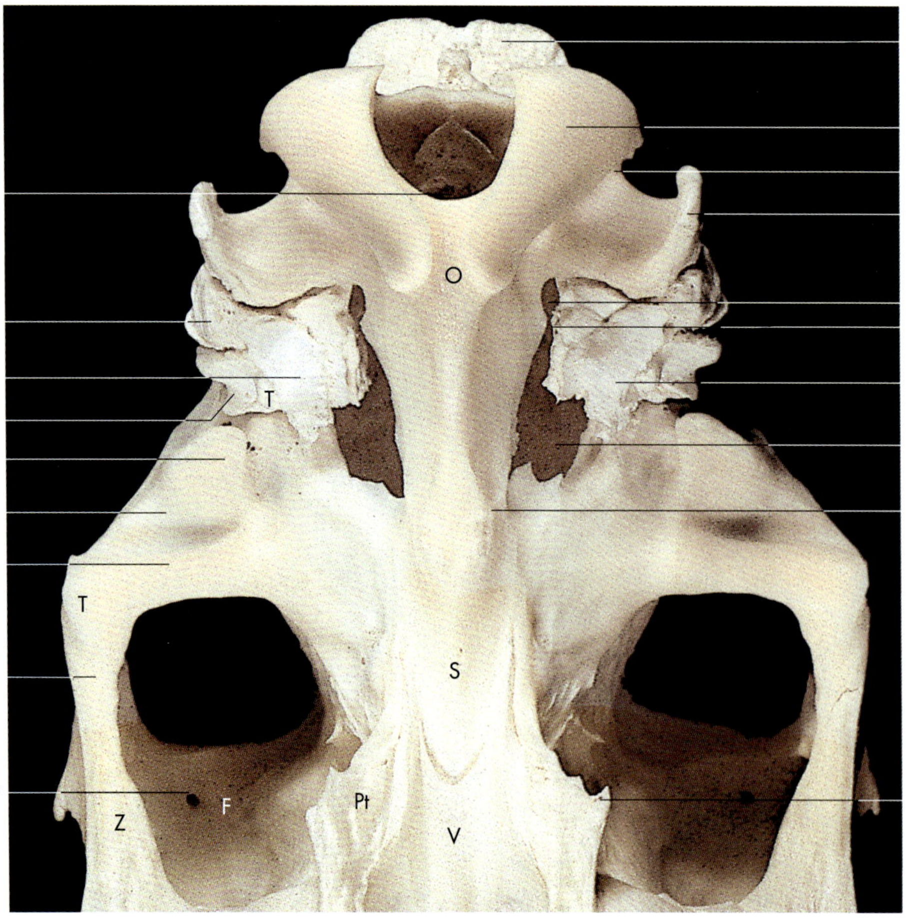

图 2-12 马头骨的颅骨部(腹侧面)

但马例外，常形成双卷曲。每侧筛鼻甲的数目存在种属差异，犬有4个内鼻甲和6个外鼻甲，猪有7个内鼻甲和20个外鼻甲，反刍动物有4个内鼻甲和18个外鼻甲，马有6个内鼻甲和25个外鼻甲。

第1内鼻甲（endoturbinale Ⅰ）最长，多数为背侧卷曲，延伸到鼻腔，是形成**上鼻甲**（concha nasalis dorsalis）的骨质基础，附着于鼻骨的筛嵴（图2-15至图2-17）。

第2内鼻甲（endoturbinale Ⅱ）是邻近第1内鼻甲的卷曲，是形成**中鼻甲**（concha nasalis media）的骨质基础（图2-17）。除犬外，其他动物的卷曲变小。犬的第2～4内鼻甲发达。上鼻甲和中鼻甲由内鼻甲形成，而**下鼻甲**（concha nasalis ventralis）则是**上颌骨**（maxilla）的一部分，即上颌鼻甲（maxilloturbinate）。

鼻甲骨（ossa conchae）的骨性结构归纳如下：

- **第1内鼻甲**形成上鼻甲（concha nasalis dorsalis）
- **第2内鼻甲**形成中鼻甲（concha nasalis media）
- **上颌骨**参与形成**下鼻甲**（concha nasalis ventralis），即上颌鼻甲（maxilloturbinate）

内鼻甲突入鼻腔，形成部分鼻道。有3个鼻道，分别为：

- **上鼻道**：位于鼻腔顶壁与上鼻甲之间
- **中鼻道**：位于上、下鼻甲之间
- **下鼻道**：位于下鼻甲和鼻腔底壁之间

2.4.2 面骨与面颅（facies，viscerocranium）

头骨的面部骨骼，即**面骨**（ossa faciei）形成鼻腔壁、鼻腔底壁和口腔的骨质顶壁。口腔的底和两侧壁则由**下颌骨**（mandible）围成，腹侧有**舌骨**（os hyoideum）附着。各种家畜的面骨均由以下部分组成：

- **鼻腔侧壁**由以下骨组成：
  - 成对的泪骨（os lacrimale）
  - 成对的颧骨（os zygomaticum）
  - 成对的上颌骨（maxilla）
  - 成对的切齿骨（os incisivum）
- **鼻腔底壁／口腔顶壁**由以下骨组成：
  - 成对的腭骨（os palatinum）

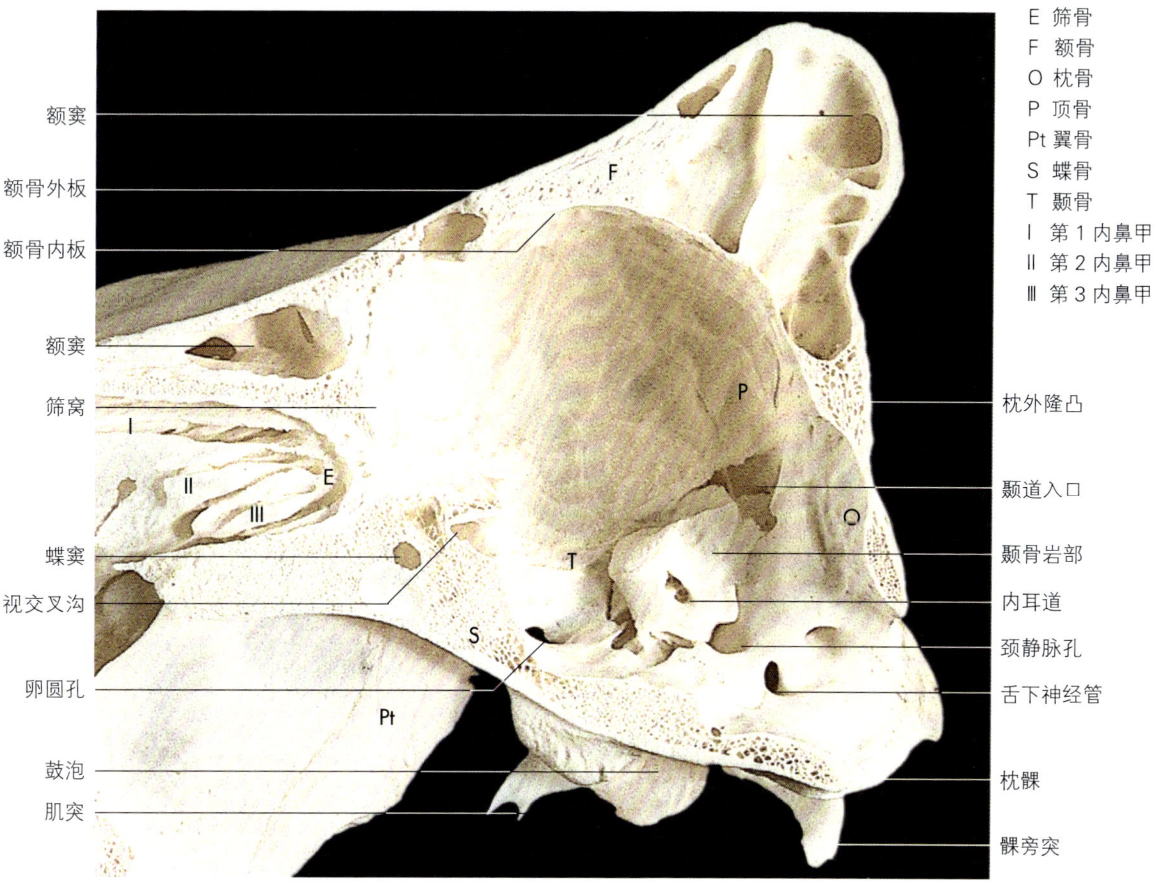

图2-13 牛头骨的颅骨部（正中矢状面）

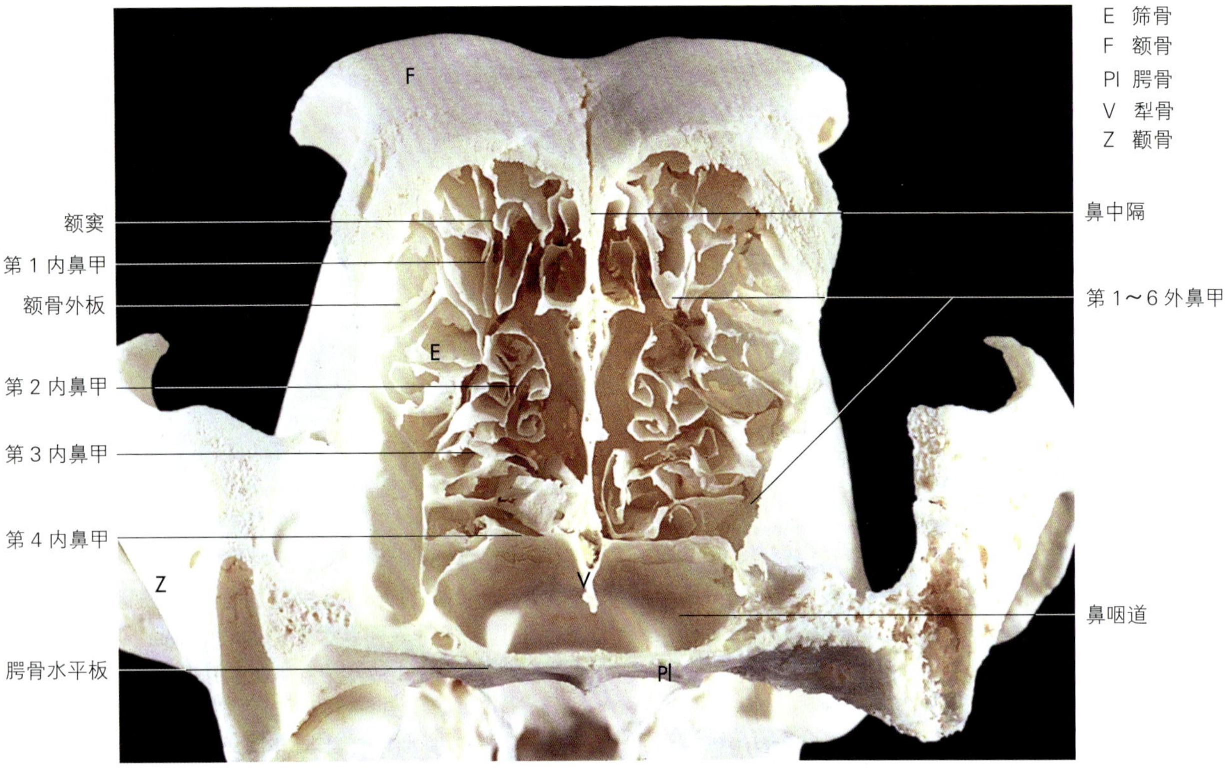

图 2-16 犬鼻腔横断面(含内鼻甲和外鼻甲)

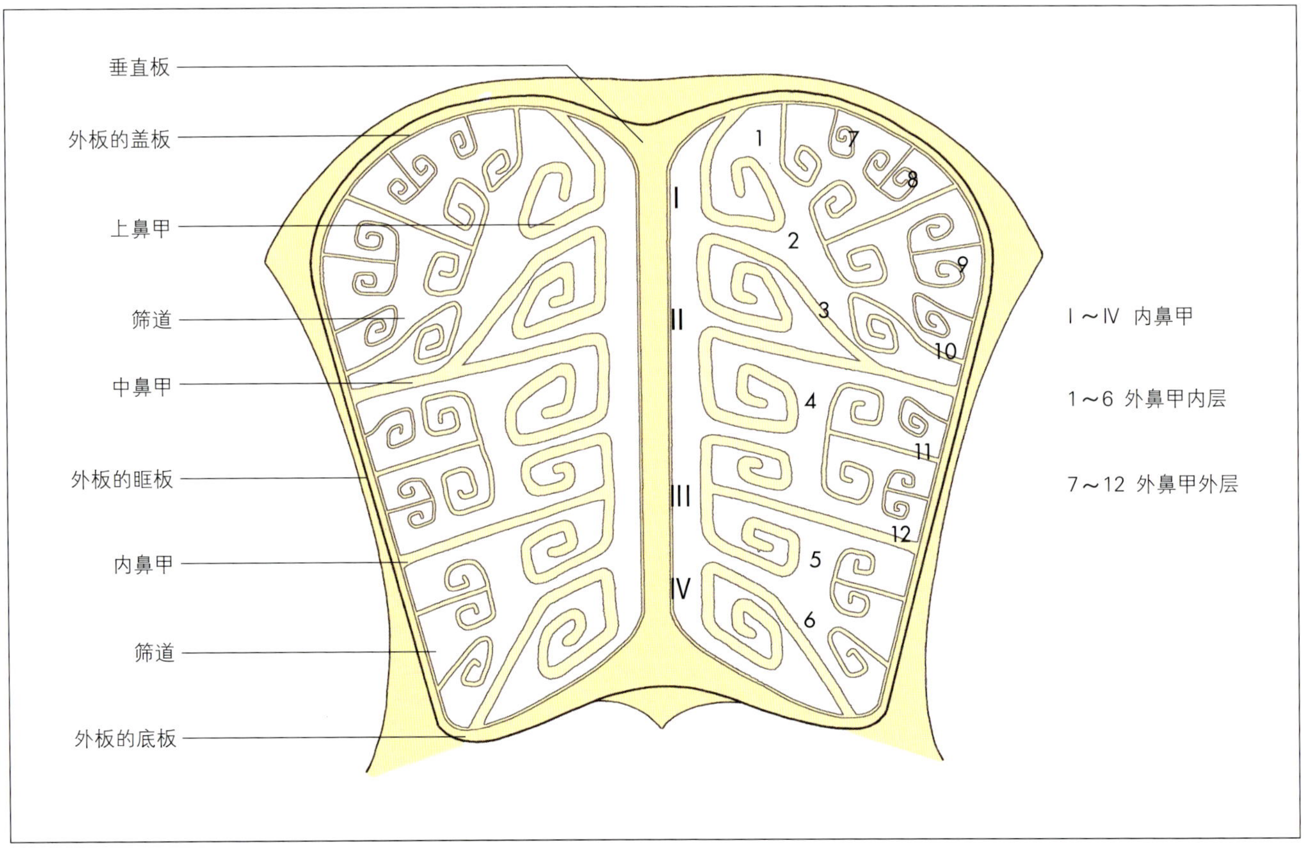

图 2-17 马筛鼻甲横断面(示意图)。仿 Nickel、Schummer 和 Seiferle(1992)

前背侧(图 2-18、图 2-22 和图 2-37),是**眶下管**(canalis infraorbitalis)的外口。眶下管的内口为位于眼眶腹侧**翼腭窝**(fossa pterygopalatina)内的**上颌孔**(foramen maxillare)。眶下管供眶下动、静脉和神经(面神经的分支)穿过。

眶下孔可用作眶下神经局部麻醉的骨性标志。马的眶下孔位于由鼻切齿切迹与面嵴吻端的连线上,可在体表触及;牛的眶下孔位于第 1 上臼齿背侧 3 cm 处;犬的眶下孔位于第 3 上臼齿背侧 1 cm。此外,眶下管还分出一个副管,即齿槽管(canalis alveolaris),供分布于切齿的血管和神经分支通过。

鼻腔内表面有明显的嵴,称**鼻甲嵴**(crista conchalis),供**下鼻甲(上颌鼻甲)**(concha nasalis ventralis)附着(图 2-20、图 2-36 和图 2-45)。在马,下鼻甲的卷曲部向背侧转向中鼻道,后部与管状的**鼻旁窦**(下鼻甲窦,sinus conchae nasalis ventralis)相通,后者与**上颌窦**(sinus maxillaris rostralis)前部相通,继而通向鼻腔(图 2-42 和图 2-43)。其他家畜的下鼻甲可分为背侧螺旋叶(朝向中鼻道)和腹侧螺旋叶(朝向下鼻道)。**鼻泪管**(canalis lacrimalis)的骨质部开口于上颌骨鼻腔面的**泪孔**(foramen lacrimale)。马的泪孔位于面嵴背侧,其他家畜的泪孔则位于面嵴腹侧。

翼腭面(facies pterygopalatina)形成上颌骨的后部,并延伸为**上颌结节**(tuber maxillae)(图 2-37),内侧面有翼腭窝,其上有**上颌孔**(foramen maxillare)、**蝶腭孔**(foramen sphenopalatinum)和**腭后孔**(foramen palatinum caudale)的开口(图 2-8)。

齿槽突(processus alveolaris)含有容纳各齿的腔,即**齿槽**(alveoli dentales)。齿槽的游离缘为**齿槽缘**(margo alveolaris)。齿槽被横向的**齿槽间隔**(septa interalveolaris)分开,在犬齿和第 1 臼齿之间有**齿槽间缘**(margo interalveolaris)(图 2-22 和图 2-27)。上颌骨颊面下部由于存在齿根而呈平滑隆凸(**齿槽轭**,juga alveolaria)(图 2-44)。

腭突(processus palatinus)是齿槽突发出的横内骨板,与对侧腭突以**正中腭缝**(sutura palatina mediana)相连(图 2-19)。腭突与其后部的腭骨共同构成硬腭的骨质基础,前部与部分切齿骨相接并形成骨性**腭裂**(fissura palatina)(图 2-19 和图 2-44)。成对的水平腭突与切齿骨共同形成鼻腔底壁和口腔顶壁。腭突的鼻腔面形成**鼻嵴**(crista nasalis),供犁骨附着(图 2-19、图 2-20 和图 2-33)。腭突的口腔面有**腭大孔**(foramen palatinum majus)的开口,其位置存在种属差异(图 2-6)。腭突内含有部分**腭窦**(sinus palatinus)。

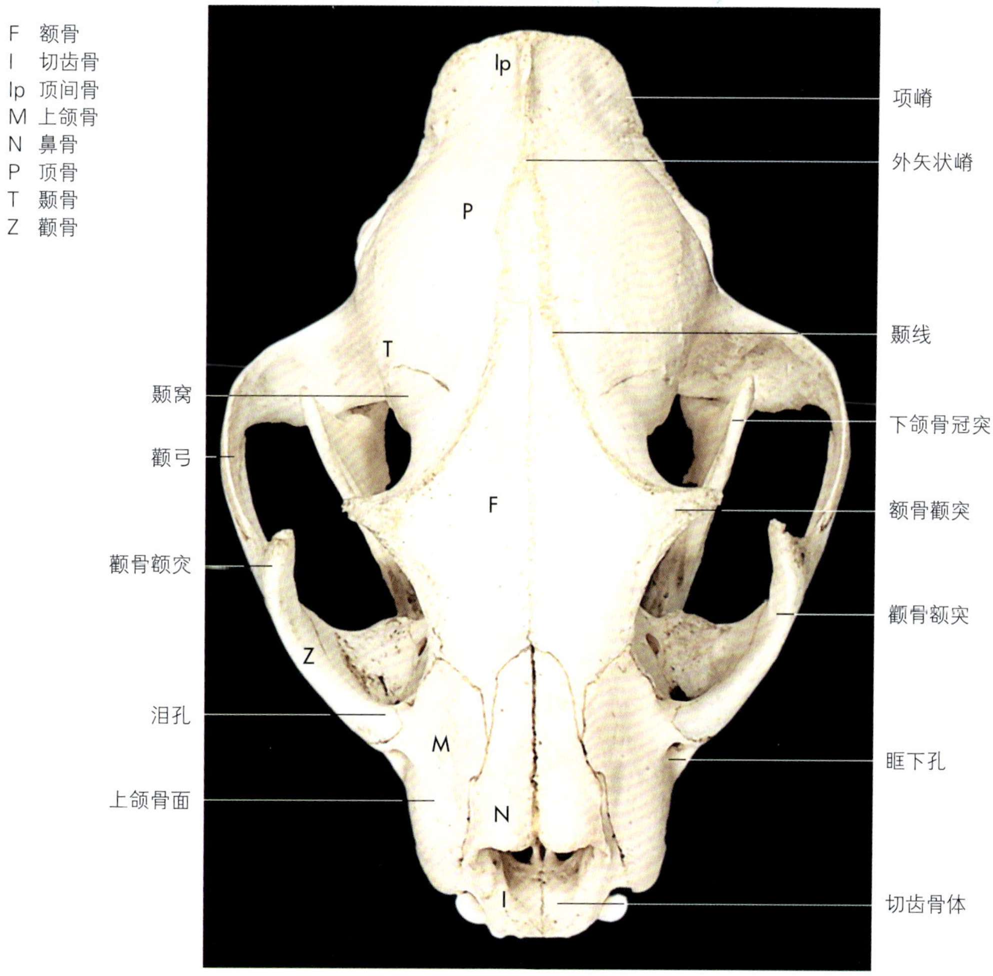

图 2-18 美洲狮头骨(背侧观)

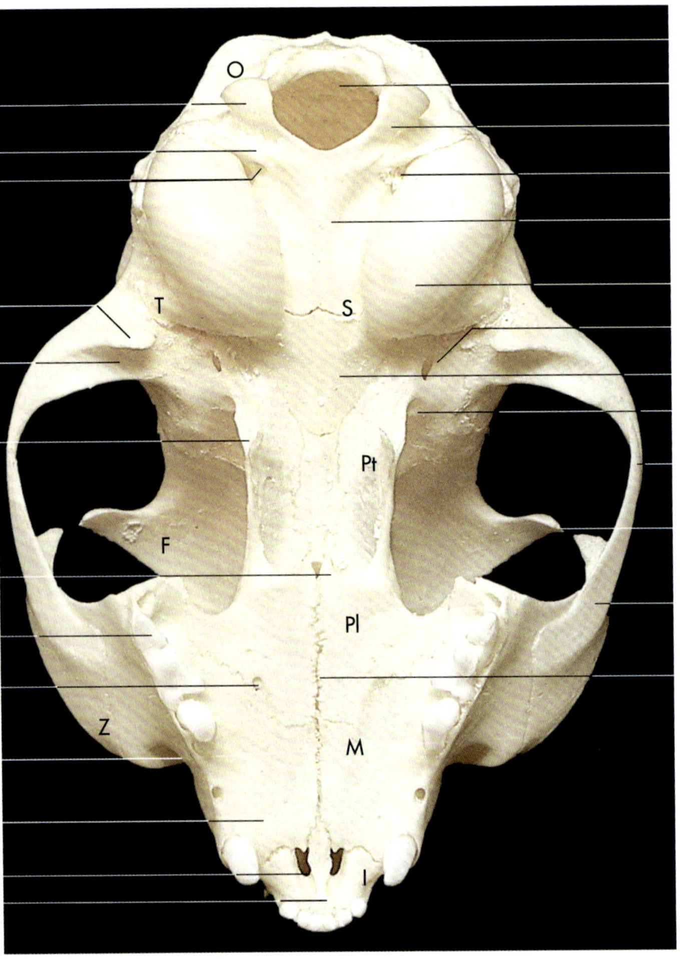

图 2-19 猫头骨(腹侧观)

切齿骨(os incisivum)

切齿骨为成对骨,包括**骨体**(corpus ossis incisivi)(图 2-1、图 2-2 和 图 2-18)、**鼻 突**(processus nasalis)、**腭 突**(processus palatinus)和**齿槽突**(processus alveolaris)。切齿骨构成面骨的前部,形成鼻腔开口和硬腭顶壁的一部分。

切齿骨体有 2 个面,即凹陷的**腭面**(facies palatina)和隆凸的**唇面**(facies labialis)。切齿骨体向前延伸形成**齿槽突**,后者含有锥形齿槽,每侧有 3 个切齿齿槽。因反刍动物无上切齿和上犬齿,其切齿骨也无相应齿槽。切齿骨齿槽突与其后部的上颌骨之间为**齿槽间缘**。马的齿槽间缘相对较长,猪和食肉动物的则较短。左、右切齿骨的腭突在正中线相连,或以切齿间缝牢固融合(食肉动物和猪),或留下狭窄的切齿间裂(猪和反刍动物)。

在人类,切齿骨(或称为 Goethe 氏骨)在 4 岁前保持独立,之后与上颌骨愈合。

腭骨(os palatinum)

成对的**腭骨**位于上颌骨、蝶骨和翼骨之间(图 2-1、图 2-2、图 2-19 至图 2-21),分为构成硬腭的**水平板**(lamina horizontalis)(图 2-16)和构成**鼻咽道**(meatus nasopharyngeus)与鼻后孔背侧壁和两侧壁的**垂直板**(lamina perpendicularis)。鼻后孔连通于鼻腔与鼻咽道(图 2-19 和图 2-20)。

腭骨水平部的**后缘**游离,指向鼻咽道,构成硬腭后部,其上有软腭附着。在水平部的鼻腔面,邻近腭中缝处有**鼻嵴**(crista nasalis),鼻嵴向后止于大部分不成对的**后鼻棘**(spina nasalis caudalis)(图 2-44)。水平板内有部分**腭窦**(sinus palatinus),牛的腭窦伸入上颌骨腭突。**腭管**(canalis palatinus)贯穿水平板,供腭大动脉、静脉和神经穿过。**垂直板**与水平板垂直相连,向后与蝶骨和翼骨相接,向前与眼眶壁相接。垂直板向正中延伸与筛骨基部和犁骨相连,形成**蝶筛板**(lamina sphenoethmoidalis)。垂直板的游离缘构成鼻后孔的侧缘。马的垂直板含有腭窦。

犁骨

犁骨不成对,由鼻后孔向前延伸进入鼻腔,连于鼻腔底壁的正中鼻嵴(crista nasalis)(图 2-16)。食肉动物犁骨基部延伸到腭骨水平板的鼻嵴,而反刍动物的犁骨基部则延伸到上颌骨的腭突。犁骨两侧板自每侧基部向背侧延伸,

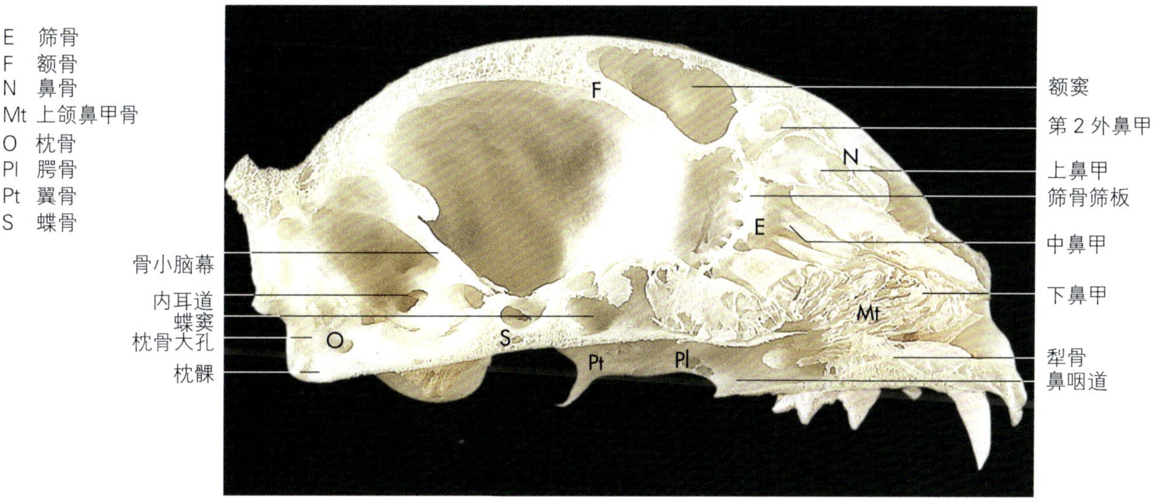

图 2-20 猫头骨(正中矢状面)

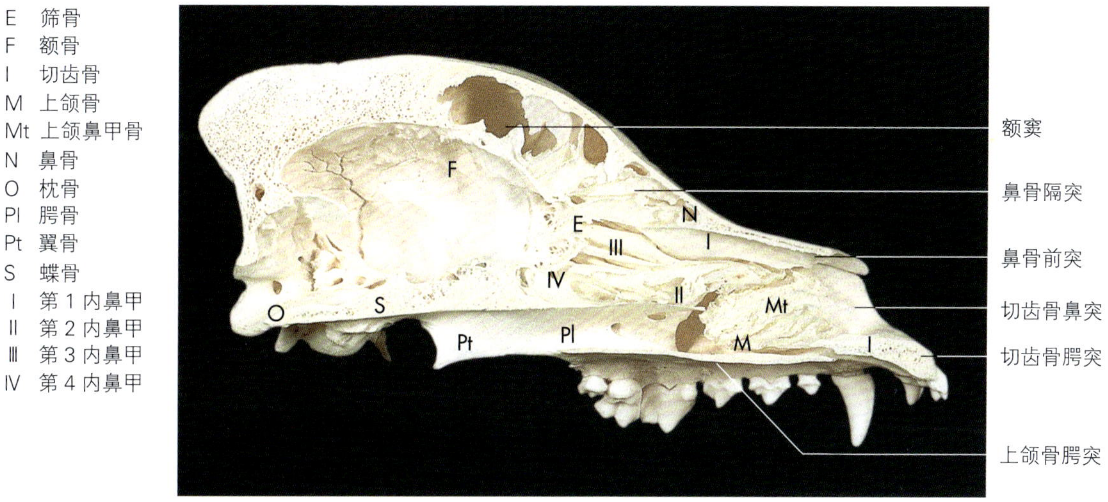

图 2-21 犬头骨(正中矢状面)

形成窄沟,即**中隔沟**(sulcus septalis),围绕着鼻中隔。

翼骨(os pterygoideum)

翼骨为成对的薄骨板,与蝶骨和腭骨水平板相接,参与构成鼻咽腔的部分背侧壁和两侧壁。翼骨的游离缘形成小的钩状突,即**翼突钩**(hamulus pterygoideus),伸出于鼻后孔缘,马的翼骨钩突发达(图 2-1、图 2-2 和图 2-45)。

下颌骨(mandibula)

两侧**下颌骨**由第一鳃弓的中胚层头侧发育而来,在**颏角**(angulus mentalis)处牢固接合,在吻端形成**下颌骨软骨联合**(synchondrosis intermandibularis)。在猪和马,这种纤维连结在出生一年内完成,也有可能更晚;在食肉动物和反刍动物中,两侧的下颌骨保持分离。每一侧下颌骨包括(图 2-1、图 2-2、图 2-23 和图 2-24):

- **下颌骨体**(corpus mandibulae),支撑齿
- **下颌骨支**(ramus mandibulae)

在软骨连结处,两侧下颌骨之间形成**下颌间隙**(spatium mandibulae)。

每侧下颌骨体可再分为**吻部**(切齿部,供切齿附着)和**尾部**(臼齿部,供臼齿附着)。切齿部包含一个水平板,其具有一个朝向唇的凸面(唇面)和一个朝向舌的凹面(舌面),两面汇聚于**齿槽缘**(arcus alveolaris)。齿槽缘上有 6 个圆锥形切齿槽。在食肉动物和反刍动物,马和猪除外,犬齿齿槽紧邻切齿齿槽。臼齿部的外侧是**颊面**(facies buccalis),内侧为舌面(facies lingualis),二者被**腹侧缘**(margo ventralis)分开。**背侧缘**(齿槽缘)后部形成臼齿齿槽。猫有 3 个臼齿,犬和猪有 7 个,反刍动物有 6 个,马有 6~7 个。

犬齿与第 1 臼齿之间,背缘吻部没有齿槽的部分是

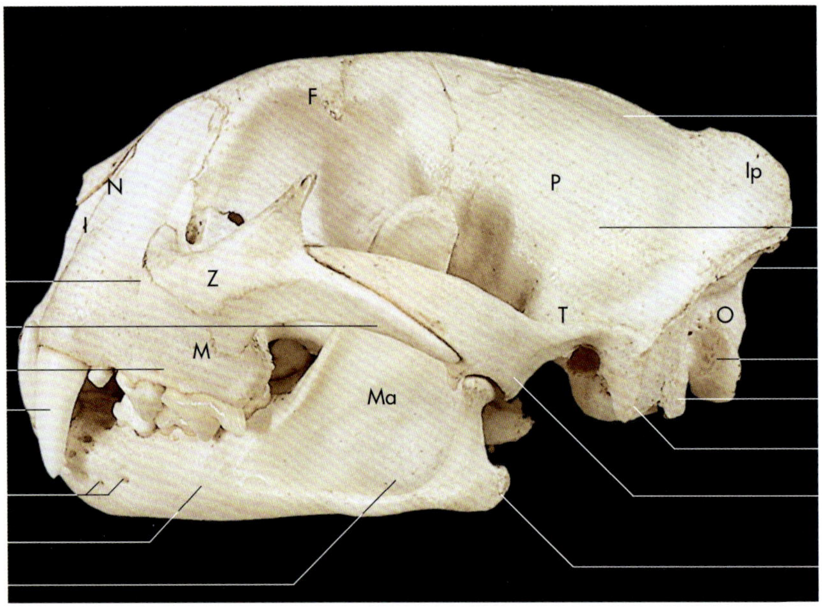

图 2-22 美洲狮头骨(外侧面)

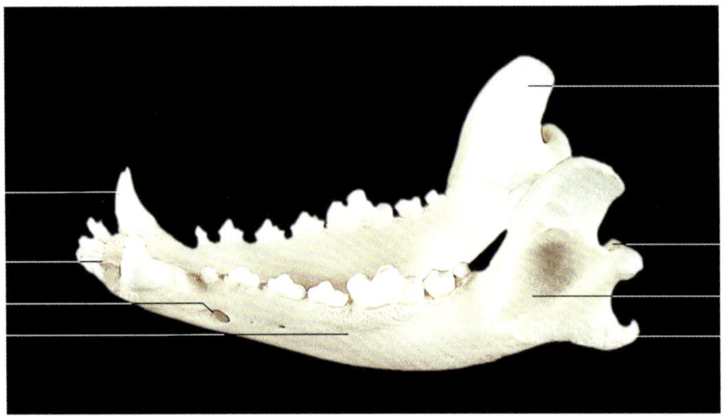

图 2-23 犬下颌骨(外侧面)

图 2-24 成年公马下颌骨(外侧面)

齿槽间缘（margo interalveolaris）或**齿隙**，马和反刍动物的齿槽间缘很长（图 2-24 和图 2-27）。下颌骨体内含下颌管（canalis mandibularis），供下颌动脉、静脉和下颌齿槽神经（n.alveolaris mandibularis）通过。下颌管的后口为位于下颌骨支内侧的下颌孔（foramen mandibulae），向前延伸于齿槽腹侧，最后开口于下颌骨体齿槽间缘（margo interalveolaris）的**颏孔**（foramen mentale）（图 2-24 和图 2-27）。反刍动物和马的颏孔有 1 个，食肉动物的有 2～3 个，猪的多达 5 个。下颌管向前延伸到切齿和犬齿的齿槽，即齿槽管（canalis alveolaris）。下颌骨体腹侧缘有一平滑切迹，即为**面切迹**（incisuravasorum facialium），供面部血管和腮腺管绕过。在马，通常可在此触及脉搏（图 2-24）。

临床小知识

颏孔和下颌孔是**围神经麻醉的重要标志**（图 2-26 至图 2-29）。

- **下颌孔**（foramen mandibulae）
  - **马和牛**：下颌孔位于面切迹（incisura vasorum facialium）和髁突连线中点的内侧面
  - **犬**：下颌孔位于最后臼齿后方 2 cm 处的内侧面
- **颏孔**（foramen mentale）
  - **马**：颏孔位于齿槽间缘外侧面，距离背侧缘下方 1 cm 处的下颌间隙吻端
  - **牛**：颏孔位于犬齿腹后外侧 1 cm 处外侧面
  - **犬**：颏孔位于第 1 臼齿腹外侧面的中部

下颌骨支（ramus mandibulae）是由下颌骨体向颧弓延伸形成的垂直骨板（图 2-23 和图 2-24），其外侧面为**咬肌窝**（fossa masseterica），供咬肌（m.masseter）附着；内侧面是**翼肌窝**（fossa pterygoidea），供翼内肌（m.pterygoideus medialis）附着。食肉动物下颌骨支的腹后部为**下颌角**（angulus mandibulae），伸出钩状突起，称为**角突**（processus angularis）。

下颌骨支的游离末端有**髁突**（processus condylaris）和横向延伸的**下颌骨头**（caput mandibulac），两侧的下颌骨头参与构成颞下颌关节。在髁突前方，下颌骨支延伸为长的**冠突**（processus coronoideus），供颞肌（m.temporalis）附着。髁突和冠突由**下颌切迹**（incisura mandibulae）分开（图 2-23 和图 2-24）。

舌骨与舌器（os hyoideum，apparatus hyoideus）

舌骨由第二和第三鳃弓的部分发育而来。舌骨独立的软骨组成部分在生命早期已骨化，各部分舌骨之间形成牢固的软骨连结。舌骨位于下颌支之间的舌根部，发挥舌喉连动作用。舌骨可以划分为两部分：第一部分是连接舌与喉的部分，称舌器，与人的相似；第二部分是朝向背侧连于颞骨的部分，称附着器。

家畜舌骨主体与人的相似，包括 3 部分（图 2-25 和图 2-26）：

- 底舌骨或舌骨体（corpus osis hyoidei，basihyoideum）
- 甲状舌骨（thyrohyoideum）
- 角舌骨（ceratohyoideum）

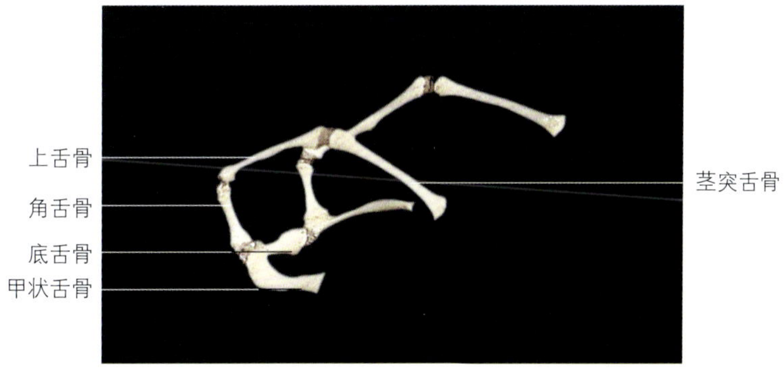

图 2-25 猫的舌骨（后外侧）

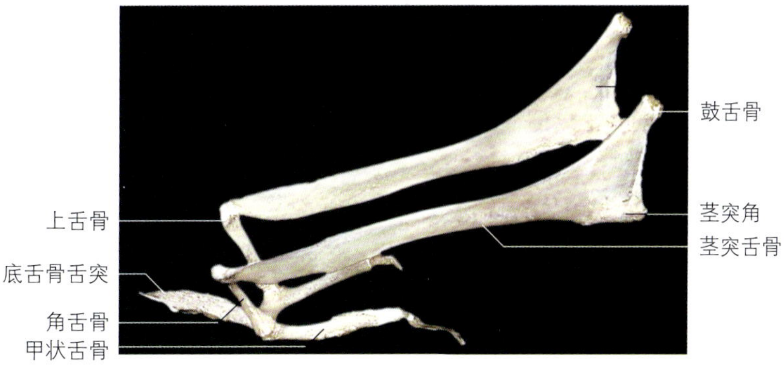

图 2-26 马的舌骨（后外侧）

底舌骨是短的横向的不成对的骨，位于舌根部肌肉。底舌骨吻侧缘正中有**舌突**(processus lingualis)。马的舌突长，反刍动物的舌突短。

甲状舌骨由底舌骨向后突出，马和反刍动物的底舌骨通过甲状舌骨与喉的甲状软骨牢固相连，并形成可动关节。

角舌骨向后与底舌骨、甲状舌骨相连，并与近端的上舌骨相连，从而将舌骨与附着器相连。

附着器将舌骨连于颅骨的方式存在种属差异。反刍动物和马的舌骨连于颞骨鼓室部的**茎突**(processus styloideus)，食肉动物的舌骨连于颞骨岩部的**乳突**(processus mastoideus)，猪的舌骨连于颞骨鳞部的**项突**(processus nuchalis)。

附着器由 3 个部分组成：

- 近侧部或鼓舌骨(tympanohyoideum)
- 中间部或茎突舌骨(stylohyoideum)
- 远侧部或上舌骨(epihyoideum)

多数动物的**鼓舌骨**是短的软骨棒，食肉动物的由纤维组织构成。鼓舌骨是茎突舌骨向近端的延续，并与颞骨融合。反刍动物和马的**茎突舌骨**为两侧扁平的圆柱状；猪和食肉动物的茎突舌骨远端仍是软骨。**上舌骨**位于茎突舌骨和角舌骨之间，食肉动物的上舌骨呈圆柱状，马的上舌骨与茎突舌骨愈合，猪的上舌骨被**上舌骨韧带**(ligamentum epihyoideum)替代。

鼻旁窦(sinus paranasales)

鼻旁窦是头骨内外骨板之间的含气腔，与鼻腔相通(图 2-8、图 2-13、图 2-20、图 2-21、图 2-36、图 2-42 和图 2-43)。由于不同家畜的鼻旁窦差异很大，以下分别进行描述。

家畜成对的鼻旁窦包括：

- 上颌窦(sinus maxillaris)
- 额窦(sinus fronatalis)
- 腭窦(sinus palatinus)
- 蝶窦(sinus sphenoidalis)
- 泪窦(sinus lacrimalis)，见于猪和反刍动物
- 上鼻甲窦(sinus conchae dorsalis)
- 下鼻甲窦(sinus conchae ventralis)，见于猪、反刍动物和马
- 筛窦，见于猪和反刍动物

2.5 头骨整体观

2.5.1 食肉动物的头骨

食肉动物的不同品种，甚至不同品系之间，其头骨的外形存在很大差异，尤其是犬(图 2-30 至图 2-32、图 2-34、图 2-35)。根据头骨的形状，犬的品种可分为**长头型**(长、窄头型)、**短头型**(短、宽头型)和**中等头型**(中等大小)3 类。

长头型犬的面骨长，颅部窄，**外矢状嵴**(criata sagittalis externa)明显，供颞肌附着(图 2-36)。额部和鼻部扁平凹陷，颧弓向两侧突出程度较其他两个品种更不明显。该类犬的代表是：边境牧羊犬(Border Collie)、爱尔兰猎狼犬(Irish Wolfhound)和灵缇(Greyhounds)。

短头型犬的颅部较面部相对更大，面部短而宽，外矢状嵴变短或消失。有些种的囟门终生开放，如京巴犬(Pekingeses)、巴哥犬(Pugs)、博美犬(Pomeranian)和部分西班牙猎犬(Spanicels)。有些短头型犬的下颌骨向前突向上颌，出现**下颌前突**。

中等头型犬，如比格犬(Beagles)或腊肠犬(Dachshounds)，面部和颅骨的比例协调，从而形成了介于其他两个品种之间的匀称型。尽管头骨形态存在品种差异，并且还受年龄与性别影响，但犬头骨的基本结构是相同的。一般认为，犬头骨相对较大，这与捕食性动物的生存密切相关，因为头骨容纳了感觉器官(如视觉、听觉和嗅觉)和脑。

因此，中等头型犬的头骨以面骨发育良好、不完全闭合的纤维性眼眶、颞窝明显、鼓泡发达为特征。与中等头型犬的头骨相比，猫的面部短，眼眶大，位置更靠近前中部，从而扩大了双眼视野。食肉动物头骨的项面由枕骨鳞部和侧部构成，犬的头骨项面还有颞骨岩部的狭窄后部参与。**枕外隆凸**(protuberantia occipitalis externa)和**项嵴**(crista nuchae)可作为项面与颅腔顶面的分界，枕外隆凸和项嵴供头颈部的肌肉附着。**乳突上嵴**(crista supramastoidea)可作为项面两侧的边界；项面的下界为枕骨大孔，供脊髓及其相关结构进入颅腔。

枕骨大孔的两侧是**枕髁**(condyli occipitales)，与第一颈椎形成**寰枕关节**(articulatio atlanto-occipitalis)。犬的**髁旁突**(processus paracondylares)和**项结节**(tubercula nuchalia)发达，供头颈部肌肉附着。

头骨顶部可分为颅部和面部。颅腔前部的背侧面由成对的枕骨鳞部的窄顶部外侧板、顶间骨、顶骨和成对额骨组成。明显的外矢状嵴仅见于猫和长头型犬，外矢状嵴沿顶骨颞线(linea temparalis)向前延伸，在眼眶背侧达最宽。在此，**眶韧带**(ligamentum supraorbitale)形成眼眶壁的眶上缘(margo supraorbitalis)，并连接于额骨颧突(processus zygomaticus)。

面骨背侧面存在明显种属差异。它由成对的鼻骨、上颌骨吻侧部和切齿骨鼻突组成。成对鼻骨的顶点构成了鼻背侧吻端的凹陷。

不同品种犬的头骨外侧面也有很大不同，突出的特点在于颧弓、颞窝、鼓泡、眼眶和翼腭窝。

短头型犬和猫的**颧弓**(arcus zygomaticus)向两侧突出明显，而长头型犬的颧弓突出不明显。颧弓是眼眶下方向面骨延伸的隆起。颧弓由**颧骨与颞骨鳞部的颧突**构成，二者之间以交错骨缝相连。

颞骨颧突基部的横向关节面参与构成**颞下颌关节**，该关节面包括两部分：下颌窝和关节后突。

由颞骨、顶骨和底蝶骨翼板形成的**颞窝**（fossa temporalis）供颞肌附着。颧骨额突并未伸达额骨颧突，这使得眼眶背缘开放，由眶韧带封闭。

颞骨外侧面构成**外耳器**。**外耳道**是短的骨性管道，外接外耳，内由鼓膜封闭，由**鼓膜**将外耳与中耳的鼓室分开。但猫缺乏这一构造。外耳道的腹内侧是鼓泡，其中的腔为中耳鼓室。其后部有**耳道**，供面神经、茎乳突神经和茎乳突动脉通过，出口为**茎乳突孔**。**耳切迹**（incisura otica）不明显。

骨质**眼眶**是头骨背侧和两侧最突出的结构，其位于颅部和面部之间。犬的两眼眶更偏向两侧（眶轴与正中面之间的角度为 79°），猫的眼眶更偏向正中（眶轴与正中面之间的角度为 49°）。

骨质眼眶的背侧缘（眶上缘）被**眶韧带**（ligamentum orbitale）封闭，多数猫的眶韧带发生骨化，骨质眼眶的眶下缘由部分颧弓构成。眼眶的前内侧壁由泪骨构成，泪骨内含**泪窝**，泪窝容纳泪囊。**鼻泪管**开口于泪窝。眼眶的背内侧壁形成明显的**滑车窝**（fovea trochlearis）。眼眶的内侧壁有 3 个开口：**视神经孔**（canalis opticus）、**眶裂**（issura orbitalis）和**翼前孔**（foramen alare rostrale）。

视神经孔是视神经的入口。眼外静脉和眼神经、动眼神经、滑车神经、外展神经等支配眼球肌肉的神经经眶裂穿行。从颅腔来的上颌神经和动脉穿行于圆孔（表 2-1），经蝶

表 2-1 头骨中的孔道及通过的结构

孔道	骨	通过结构	附注
舌下神经管	枕骨	舌下神经 (XII)，髁动、静脉	牛常为 2 个，马的为孔
视神经管	前蝶骨	视神经 (II)	位于蝶窦上方
眶裂	前蝶骨	眼神经 (V_1)，III、IV、VI 脑神经	食肉动物和马
圆孔	前蝶骨	上颌神经 (V_2)	反刍动物和猪的称眶圆孔
翼后孔	底蝶骨	上颌动脉	犬和马
翼前孔	底蝶骨	上颌动脉	犬还包括上颌神经 (V_2)
翼小孔	底蝶骨	颞深动脉	仅见于马
破裂孔	枕骨基底部，颞骨，底蝶骨	颈内动脉，下颌神经 (V_3)，脑膜中动脉	马和犬
颈静脉孔	枕骨基底部，颞骨	IX、X、XI 脑神经；犬：颈内动脉	破裂孔后部
卵圆孔	底蝶骨	下颌神经 (V_3)	马的为卵圆切迹，位于破裂孔
颈动脉管	底蝶骨	颈内动脉（犬除外），颈内神经	马的为动脉切迹和破裂孔
棘孔	底蝶骨	滑车神经（IV），脑膜中动脉	马的为破裂孔的棘切迹
眶上孔	额骨	额神经 (V_1)，额动、静脉	食肉动物缺失
筛孔	额骨	筛神经 (V_1)，筛静脉和外侧筛动脉	—
岩枕裂	颞骨 / 枕骨	岩大神经 (VII)，鼓索神经 (VII)	—
关节后孔	颞骨鳞部	颞窦静脉导管	—
面区	岩部	面神经 (VII)	内耳道
耳蜗区	颞骨	耳蜗神经 (VIII)	内耳道
前庭背侧区	颞骨	前庭神经 (VIII)	内耳道
前庭腹侧区	颞骨	前庭神经 (VIII)	内耳道
茎乳突孔	岩部 / 鼓室部	面神经 (VII)	—
上颌孔	上颌骨	眶下神经 (V_2)，眶下动、静脉	翼腭窝
腭后孔	上颌骨	腭大神经 (V_2) 和动、静脉	翼腭窝
蝶腭孔	上颌骨	鼻后神经 (V_2)，蝶腭动、静脉	翼腭窝
眶下孔	上颌骨	眶下神经 (V_2) 和动、静脉	—
切齿管	切齿骨	腭大动脉	—
下颌孔	下颌骨	下颌神经 (V_3) 和动、静脉	—
颏孔	下颌骨	颏神经 (V_3) 和动、静脉	—
腭大孔	腭骨	腭大神经 (V_2) 和动脉	腭大静脉仅见于小型反刍动物

图 2-27　犬的头骨及下颌骨(外侧面)

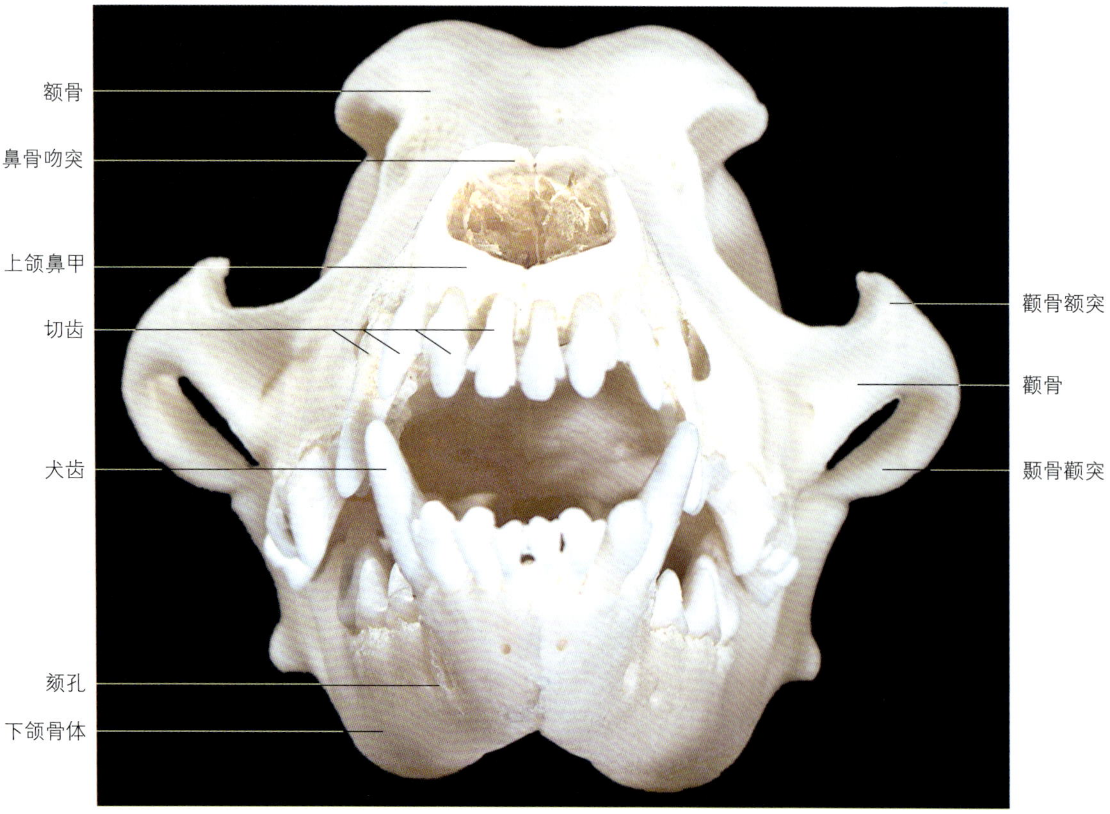

图 2-28　犬头骨(前面)

骨的翼前孔穿行于翼管。之后，动脉和神经再穿过位于眼眶腹侧的**翼腭窝**(fossa pterygopalatina)，翼腭窝内有眶下管的后口(上颌孔)(图 2-9)。

蝶腭孔位于翼腭窝的后腹侧。翼腭窝与鼻腔和腭后孔相联系，腭后孔是腭管的开口。

面骨的外侧面由上颌骨和切齿骨构成，犬的还有部分颧骨和泪骨。外侧面最突出的特点是**眶下孔**，眶下神经出眶下孔离开眶下管。猫的眶下管相对较短。活犬的眶下孔容易触及，位于第 3 臼齿背侧 1 cm 处。猫的眶下管不易触及，位于颧弓和上颌骨形成的夹角内。

头骨的腹侧可分为 3 个主要区域：**颅底**、**硬腭**以及鼻腔与咽之间的**鼻后孔区**。

颅底(basis cranii externa)由成对的枕髁、枕骨基底部、蝶骨体、翼骨的翼部和突起组成。这些骨排成水平板，而髁旁突延伸到颅骨腹侧基部，犬的比猫的更靠近腹侧。颅底的前部平坦，供头部中央屈肌附着。颅底有许多开口供脑神经和血管通过。**舌下神经管**(canalis nervi hypoglossi)开口于枕髁之前，供舌下神经(Ⅻ)通过。**颈静脉孔**(foramen jugulare)位于枕骨和鼓泡之间，供舌咽神经(Ⅸ)、迷走神经(Ⅹ)、副神经(Ⅺ)与颈内动脉穿行。**卵圆孔**(foramen ovale)位于枕骨和底蝶骨交界处，供**下颌神经**(nervus mandibularis)穿行。

硬腭(palatum osseum)呈前窄后宽，其边缘为上颌骨和切齿骨齿槽突上的齿槽。硬腭大部分由腭骨水平部构成，切齿骨水平部也参与构成硬腭。成对的**腭大管**位于腭骨

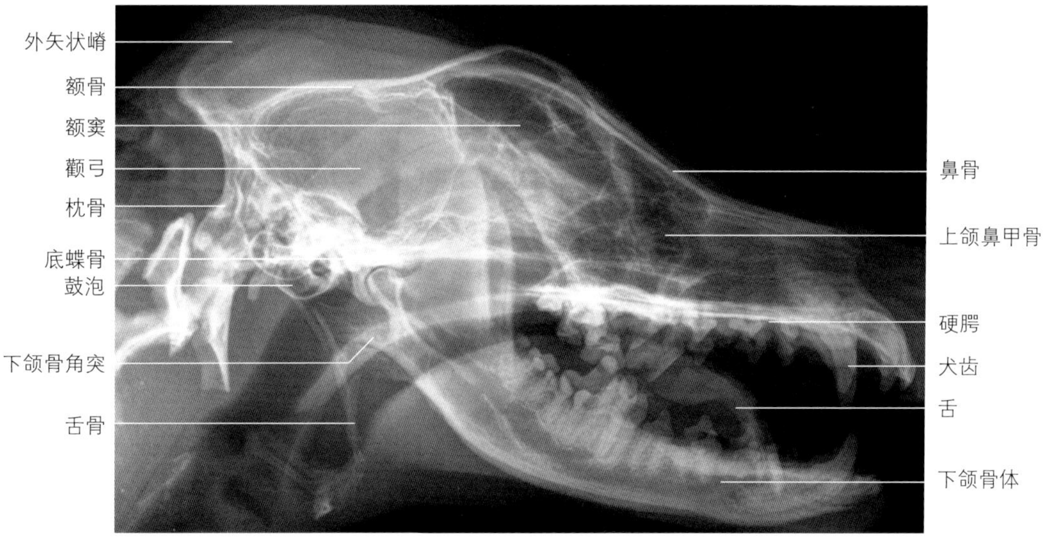

图 2-29 犬头骨 X 线片(外外侧投影)(慕尼黑 Ulrike Matis 博士、教授提供)

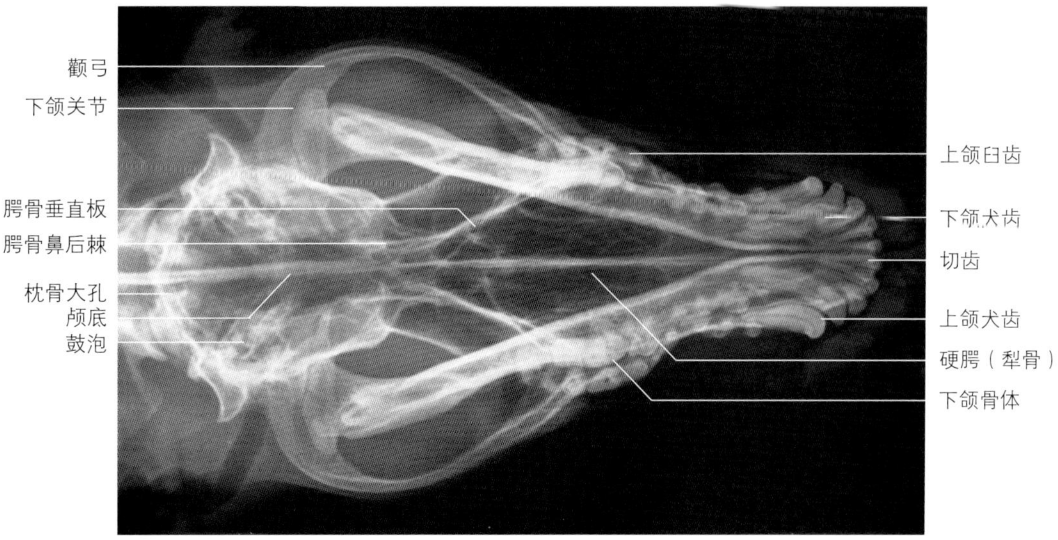

图 2-30 犬头骨 X 线片(背腹侧投影)(慕尼黑 Ulrike Matis 博士、教授提供)

和上颌骨连接处，供腭大动脉、腭大神经通过，经**腭大孔**穿出。**鼻后孔**连通鼻腔和咽，长头型犬的鼻后孔窄而长。鼻后孔以腭骨垂直部和两侧的翼骨为界，背侧的蝶骨和犁骨构成鼻后孔的顶壁。硬腭水平板的后缘形成小突起，称腭后棘(spina nasalis caudalis)。翼骨向前伸出钩形的**翼突钩**(hamulus pterygoideus)。

下颌骨为成对骨，其前部由纤维组织紧密结合形成**下颌骨间连结**(articulatio intermandibularis)。每侧下颌骨体向后突出形成角突，腹侧缘隆凸。与其他家畜不同，食肉动物的下颌骨体不形成**面切迹**(incisuravasorum facialium)。下颌骨体的齿槽缘包括臼齿齿槽(犬7个，猫3个)、犬齿齿槽(1个)和切齿齿槽(3个)。**齿槽间缘**(diastema)相对较短。

下颌骨支的外侧面凹陷形成**咬肌窝**，后者的前后界分别是下颌前嵴(crista mandibularis rostralis)与下颌后嵴(crista mandibularis caudalis)。短的髁突具有一横向延伸为**下颌骨头**(caput mandibulae)，与颞骨形成**颞下颌关节**；冠突向背侧延伸并超过髁突，供颞肌附着。

下颌骨支有**下颌管**穿过，供下颌齿槽神经通过。下颌管后部起始于下颌支内侧面的下颌孔，向前延伸至位于齿槽间缘腹外侧的颏孔穿出。食肉动物的颏孔有2～3个开口。下颌管向前延伸到切齿和犬齿的齿槽，称为齿槽管。犬的颏孔位于第1臼齿腹外侧面中部，下颌孔位于最后下臼齿之后2 cm处。

舌骨(os hyoideum)

舌骨包括横向的不成对的**底舌骨**(basihyoideum)，在底舌骨两端的前背侧，其与成对的**角舌骨**连结，进一步连结附着器以及与后侧成对的**甲状舌骨**相连。甲状舌骨向后背侧延伸到喉的甲状软骨。舌的附着器由骨性的上舌骨、茎突舌骨和软骨性的鼓舌骨借软骨组织相连。鼓舌骨借关节与位于外耳道后部的**颞骨岩部的乳突相连**，构成一将舌骨器与颅骨相连的韧带连结。舌器是通过软骨在舌根、颅骨和喉之间建立的灵活悬吊装置。在出生2～3个月后(待舌器主要部分完成骨化)，利用X射线可观察到舌器的各种组成。

2.5.2 食肉动物头骨的腔

颅腔(cavum cranii)

颅腔分为大的前腔(容纳大脑)和小的后腔(容纳小脑)，这两部分以背侧的小脑幕、两侧的岩嵴和腹侧的蝶鞍背为

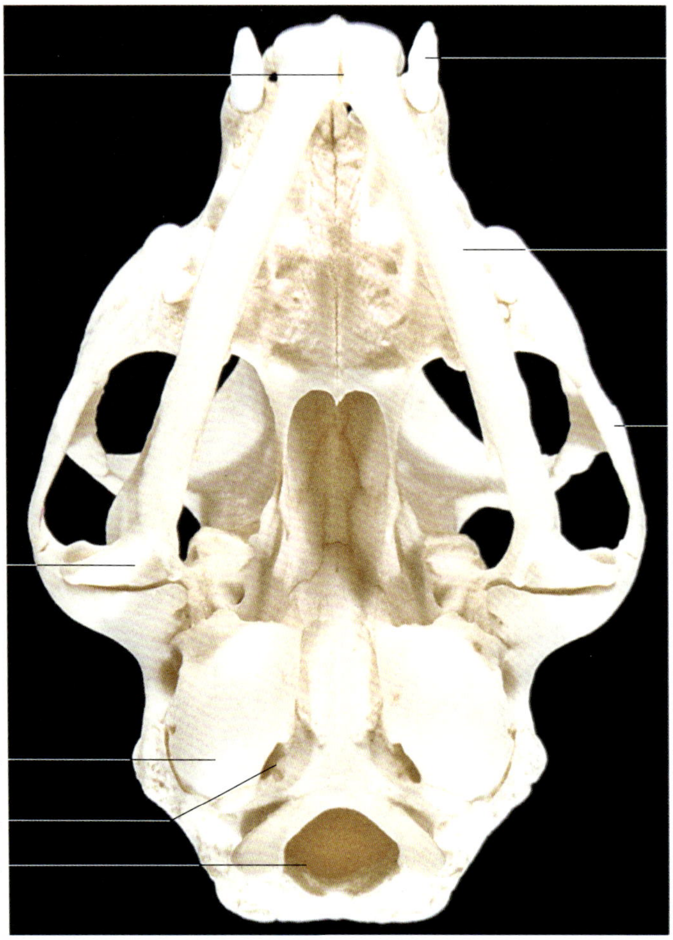

图2-31 猫头骨及下颌骨(腹侧面)

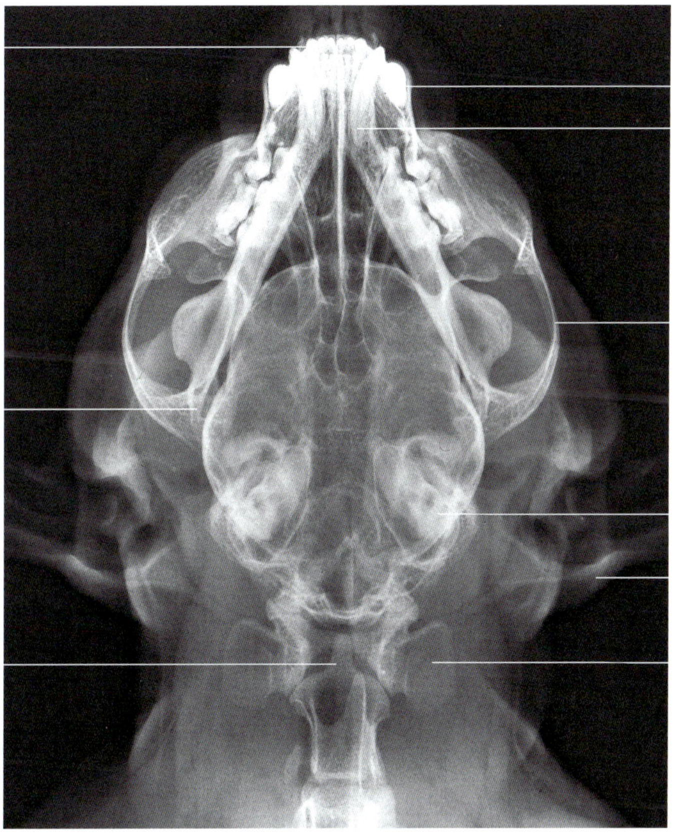

图 2-32 猫头骨 X 线片（背-腹侧投影）（慕尼黑 Ulrike Matis 博士、教授提供）

界。颅顶，即**颅盖**，由外层骨板和内层骨板组成，在颅顶的前 2/3 部有额窦存在（图 2-21）。颅腔的内表面有**光滑的压迹**（指压迹，impressiones digitatae）和**不规则的隆起**（大脑轭，juga cerebralia），分别对应于脑的沟与回。

正中内矢状嵴低而平滑，供大脑镰附着。内正中矢状嵴两侧的沟容纳背侧矢状窦（sulcus sinus sagittalis dorsalis）。血窦进入骨小脑幕（矢状窦孔，foramen sinus sagittalis）并穿过横窦管（canalis sinus transersi），经由颞管到外耳道附近的关节后孔。猫的颞管缺失。

颅腔的前壁由筛骨的横向筛板和额骨的部分内侧板组成。中央鸡冠仅出现于筛板背侧部，从而在腹侧留下一个筛窝，供嗅神经束和血管通过。筛孔位于筛板的两侧，供筛

E 筛骨
F 额骨
I 切齿骨
Mt 上颌鼻甲骨
N 鼻骨
O 枕骨
Pl 腭骨
Pt 翼骨
S 蝶骨

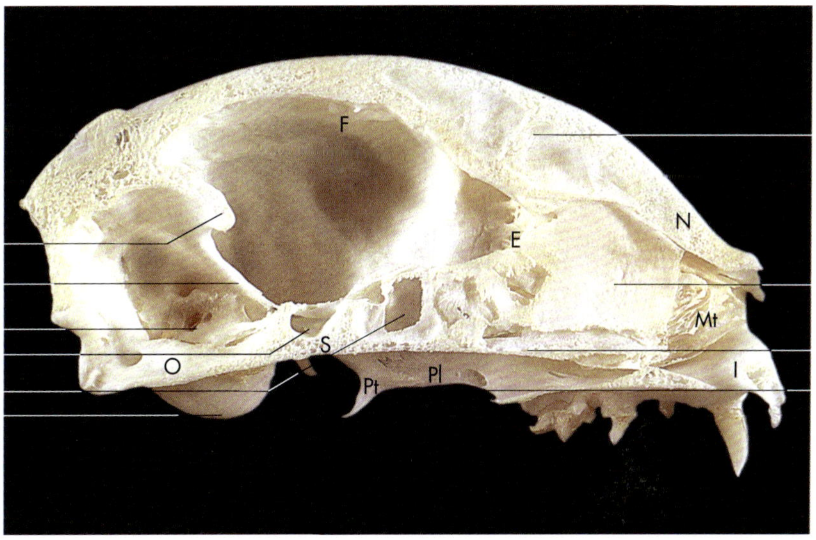

图 2-33 猫头骨（正中矢状面）

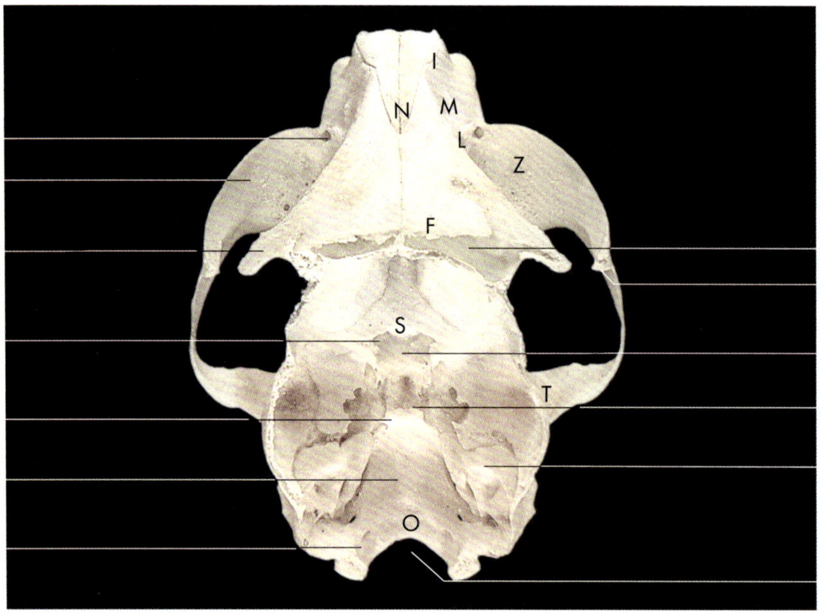

图 2-34 去除颅盖的猫头骨(背侧面)

神经和筛外动、静脉穿出颅腔。犬的筛孔为成对孔,猫仅有单一筛孔。

颅底(basis cranii interna)内表面有 3 个明显的窝(图 2-7)。较长的**颅前窝**(fossa cranii rostralis)主要由前蝶骨构成,从筛板延伸到眶蝶嵴(crista orbitosphenoidalis),形成视神经交叉的**交叉沟**(sulcus chiasmatis)和成对的视神经管,供视神经通过。

蝶鞍背将**颅中窝**(fossa cranii medialis)与**颅后窝**(fossa cranii caudalis)分开。垂体窝,即垂体所在处,位于蝶鞍背的吻侧。两侧的深窝容纳大脑的梨状叶(lobi piriformes)。颅中窝有不同形状的孔,供血管和神经通过(图 2-7)。这些孔道从吻侧至尾侧分别是:

- **眶裂**(fissura orbitalis),供动眼神经、滑车神经、外展神经和颈内动脉的吻合支通过;
- **圆孔**(foramen rotundum),供上颌神经通过
- **卵圆孔**(foramen ovale),供下颌神经和脑膜中动脉通过

颅后窝(fossa cranii caudalis)的骨质结构由枕骨基底部构成,两侧是颞骨岩部,并向后延伸至枕骨大孔(图 2-7)。内表面有 2 个压迹(脑桥压迹和延髓压迹)。**颈静脉孔**

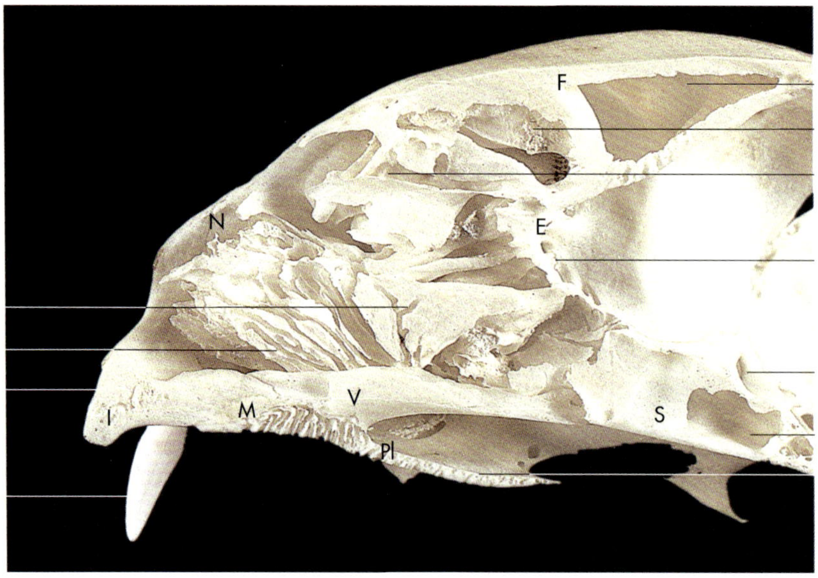

图 2-35 猫头骨(正中矢状面)

(foramen jugulare)位于岩枕裂的附近,供舌咽神经、迷走神经、副神经通过,此外,犬的颈内动脉也穿行于颈静脉孔。

鼻腔(cavum nasi)

鼻腔是呼吸道在面部的部分,由骨质**鼻孔**(apertura nasi ossea)向后**延伸到筛骨的筛板**。鼻腔由鼻中隔纵向分成左、右对称的两部分。鼻中隔向后延续为筛骨垂直板;向前延续为软骨组织,成为鼻中隔的可动部位(pars mobilis septi nasi)。

在每侧鼻腔内,前侧有**鼻甲**(conchae nasales),后侧有**筛鼻甲**(ethmoturbinalia)。鼻腔向后侧止于鼻咽部。

上鼻甲(concha nasalis dorsalis)由第 1 内鼻甲的单基叶组成;**中鼻甲**(concha nasalis media)由第 2 内鼻甲的两个螺旋叶组成,**下鼻甲**(concha nasalis ventralis)由上颌鼻甲组成。

内鼻甲附着于鼻腔的背侧和外侧壁以及筛骨的筛板。犬常有 4 个大的内鼻甲和 6 个小的外鼻甲,**第 1 内鼻甲**位于最背侧,构成上鼻甲的骨质结构,由筛骨垂直板发出,连于鼻骨的筛嵴(crista ethmoidalis),延伸到鼻腔。长的第 2 内鼻甲的背侧和腹侧旋状叶形成中鼻甲。**第 3、第 4 内鼻甲**非常发达,且第 3 内鼻甲比第 4 内鼻甲长。

下鼻甲起自第 3 臼齿处的上颌骨内表面,并延伸到切齿骨的鼻突。下鼻甲基叶可分为腹侧螺旋叶和背侧螺旋叶,每一部分又分出二级小叶,形成非常复杂的筛窦系统。

伸出的鼻甲将鼻腔分成位于上鼻甲与鼻腔顶壁之间的**上鼻道**(meatus nasi dorsalis)、位于中鼻甲与下鼻甲之间的**中鼻道**(meatus nasi medius)以及位于下鼻甲与鼻腔底壁之间的**下鼻道**(meatus nasi ventralis)。**总鼻道**(meatus nasi communis)为位于鼻甲和鼻中隔之间的狭窄空间。

鼻旁窦(sinus paranasales)

食肉动物的上颌窦称为**上颌隐窝**(recessus maxillaris)更恰当,是中鼻甲水平处鼻腔的大憩室,而不像其他家畜是内外骨板之间含气空腔。犬的上颌隐窝以上颌骨、泪骨、腭骨和筛骨为界。宽大的**鼻上颌口**(aditus nasomaxillaris)使中鼻道通向上颌窦。

犬的**额窦**(sinus frontalis)位于额骨吻侧 2/3 处,分前室、侧室和内室,经第 2 和第 3 外鼻甲与鼻腔相通。猫的额窦和腭窦未分开。

2.5.3 马的头骨

马头骨的外形(图 2-37)取决于年龄、性别和品种。马驹的颅顶呈半球形,与脑的轮廓对应,面骨短而浅。成年马的颅骨外形随着齿的生长和鼻旁窦的扩大,变得长而深。扩大的额窦对鼻背侧轮廓的影响很大,呈现品种特异性:**凸型轮廓**(ram's head)是某些挽马和温血马的典型特征;**凹型轮廓**(dished head)是阿拉伯马以及阿拉伯混血马的典型特征。老年马的品种与性别特征更明显。

马颅腔的项面由枕骨鳞部和侧部组成,其与背侧面的分界为**项嵴**(crista nuchae)和**枕外隆凸**(protuberantia occipitalis externa)。项嵴与枕外隆凸均是头颈部肌肉的附着点。枕外隆凸向两侧延伸为乳突上嵴(crista supramastoidea),作为项面的边缘。

枕骨大孔位于两枕髁之间,供脊髓通过。马颅腔的背侧表面可被分为颅部和面部。颅部由枕骨鳞部、顶骨和顶间骨构成,三者之间牢固结合。额骨位于这三者之前,并以骨缝与之牢固结合。不成对的外矢状嵴位于背表面内侧,向吻侧分叉,然后延续为颞线,形成眼眶壁的一部分。

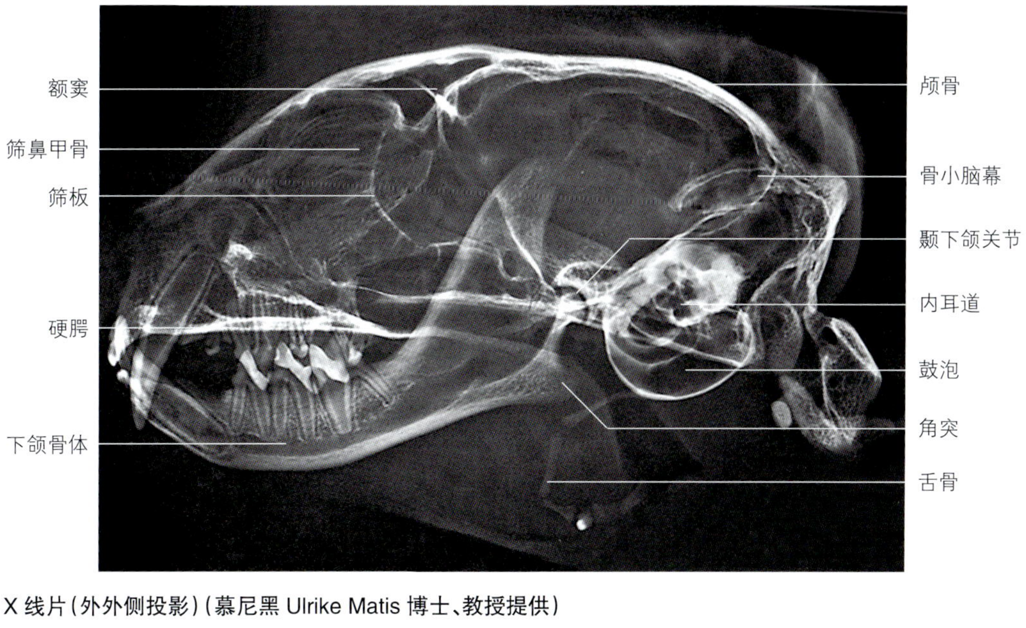

图 2-36 猫头骨 X 线片(外外侧投影)(慕尼黑 Ulrike Matis 博士、教授提供)

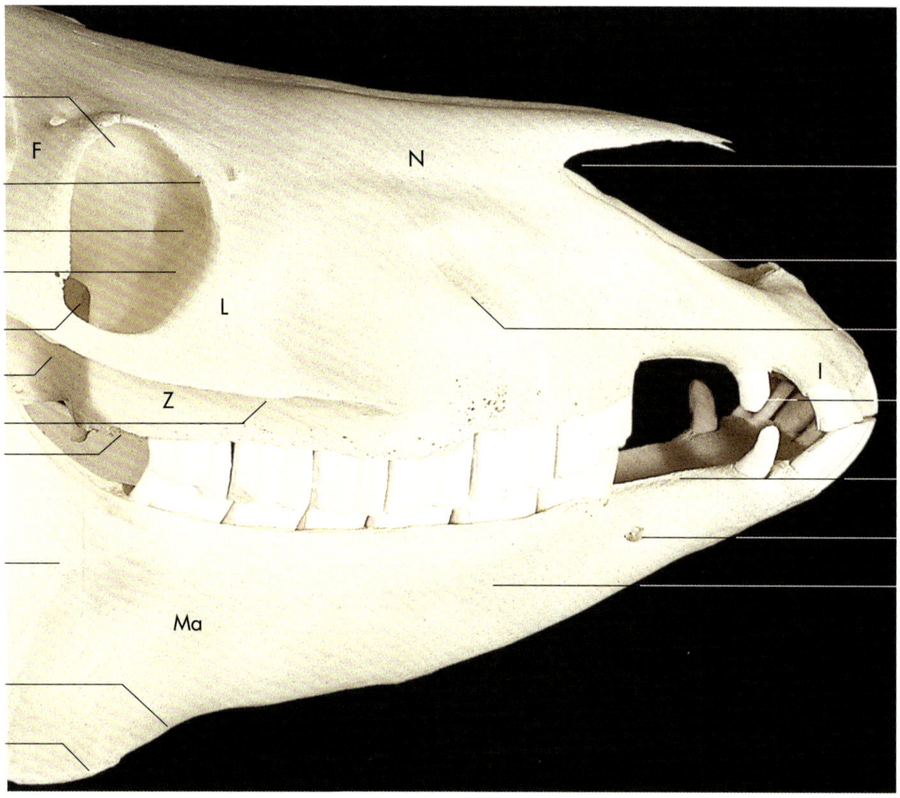

图 2-37　马的面骨（外侧面）

位于额骨颧突基部眶上孔处的颅顶最宽，额骨颧突与颧骨额突共同构成骨质眼眶的上缘。

面骨的主体是成对的鼻骨，还有两侧的上颌骨和切齿骨的鼻突。鼻背侧的前端有一对鼻骨的尖端（前突）。与背侧面一样，颅侧面也分颅部和面部。颅侧面颅部的特征如下：

- 颧弓（arcus zygomaticus）
- 颞窝（fossa temporalis）
- 眶（orbita）
- 翼腭窝（fossa pterygopalatina）

颧弓（图 2-38）发达，呈轻微的侧向弓形，覆盖颞窝和眼眶腹侧部的外侧面，由颧骨颞突和颞骨颧突形成。颞骨颧突腹侧的横向关节面与下颌骨形成**颞下颌关节**（articulatio temporomandibularis）。该关节面由吻侧的关节结节（tuberculum articulare）、中间的下颌窝（fossa mandibularis）和尾侧的**关节后突**（processus retroarticularis）组成（图 2-43）。

在马，颞骨岩部与颞骨其他部分分离，表现出有限的活动性。这对颞骨与舌骨器之间形成活动关节具有生物力学方面的意义。

颞窝（图 2-39）呈半环形，从吻侧到外侧基部，再到尾侧，颞窝分别毗邻颧弓、乳突上嵴和项嵴，供颞肌附着。外表面的尾侧以**外耳**（auris）为特征性结构（图 2-38 和图 2-39）。在颞下颌关节的尾侧，管状外耳道以其宽大开口（外耳孔）形成**切迹**。**关节后孔**正好开口于外耳压迹的吻侧，形成**颞管**（meatus temporalis）的开口。**茎突**（processus styloideus）位于关节后孔的腹侧，供舌骨附着。茎乳突孔是面神经管的开口，位于茎突的后侧；茎乳突动脉、静脉和面神经穿过茎乳突孔进入中耳。

眼眶壁（图 2-37）由额骨、泪骨、颧骨、底蝶骨和颞骨颧突组成。眼眶多为横向，致使眼眶轴与正中面形成 115°的角。骨性眶上缘有一锐缘，并延伸到前、后泪突。在内眼角处，眼眶壁受到泪囊窝和眼球下斜肌窝的挤压。滑车中央凹和泪腺窝位于眼眶壁的尾内侧，在额骨颧骨突的基部附近。在眼眶内侧壁，从吻侧至翼嵴之间有一些进出颅腔的孔（表 2-1，图 2-38）。这些孔有：

- **筛孔**（foramen ethmoidale），靠近额骨和蝶骨翼之间的骨缝，供筛神经和筛外血管通过
- **视神经管**（canalis opticus），供视神经通过
- **眶裂**（issura orbitalis），供支配眼球肌的眼神经、滑车神经、动眼神经、外展神经和眼外静脉通过
- **圆孔**（foramen rotundum），供上颌神经通过
- **翼前孔**（foramen alare rostrale），翼管内的上颌动脉经此离开并进入翼腭窝
- **翼后孔**（foramen alare caudale），供上颌动脉进入

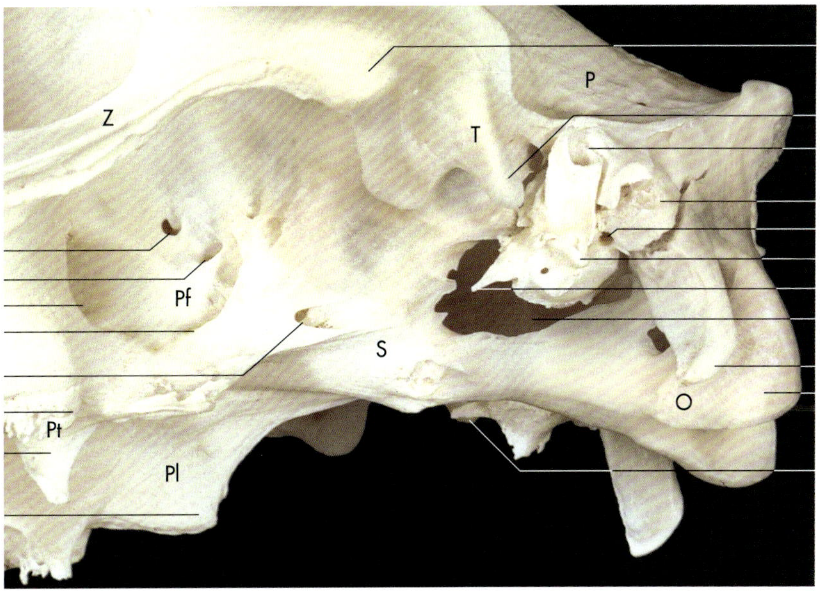

图 2-38　马颅底（腹外侧面）

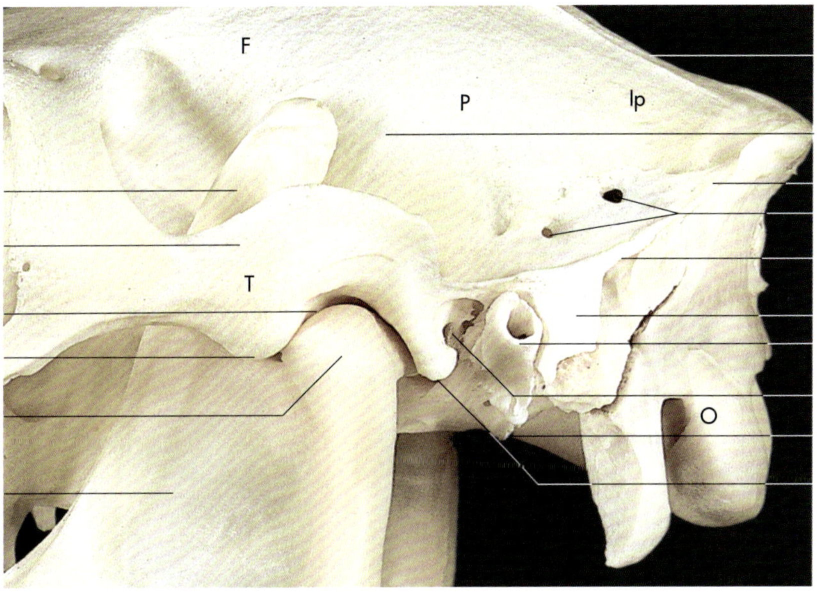

图 2-39　马头骨后部（外侧面）

眶窝腹侧有**翼腭窝**（fossa pterygopalatina）（图 2-41），其前壁有**上颌孔**（foramen maxillare），上颌动脉、上颌神经由此进入眶下管；其背内侧是通向鼻腔的**蝶腭孔**（foramen sphenopalatinum）和作为腭管开口的**腭后孔**（foramen palatinum caudale）。腭后孔和蝶腭孔包绕上颌动、静脉和神经的分支。**翼腭窝**由外侧的上颌结节和内侧的腭骨垂直部围成。

面骨的外侧表面由上颌骨、切齿骨、鼻骨、颧骨和泪骨组成，**眶下孔**（foramen infraorbitale）和**面嵴**（crista facialis）（图 2-37）是面骨最突出的特征。供眶下神经和血管经眶下孔离开眶下管。在活体动物体表，面嵴背侧 3 cm 和距吻端 2 cm 处，可经皮肤、上唇提肌（m. levator labi superficialis）和鼻唇提肌（m. levator nasolabialis）触及眶下孔。面嵴是上颌骨表面的骨质嵴，向后与颧弓相延续。

颅腔的基底面分颅区、鼻后孔区和腭区，依次排列在一个水平面上。

颅底的外表面后界是枕髁，后者被**髁间切迹**（incisura intercondylaris）分开。在枕髁前外侧，呈钩状、侧向压扁的结构是髁旁突，枕髁与髁旁突之间的深窝为腹侧髁窝。腹侧髁窝的内侧壁有舌下神经管，供舌下神经通过。枕骨基

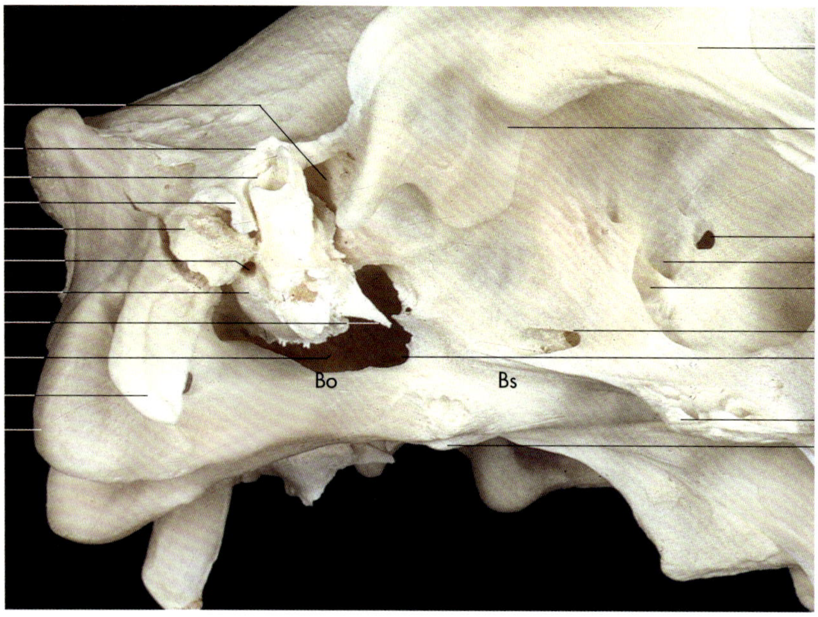

图 2-40 马头骨后部(腹外侧面)

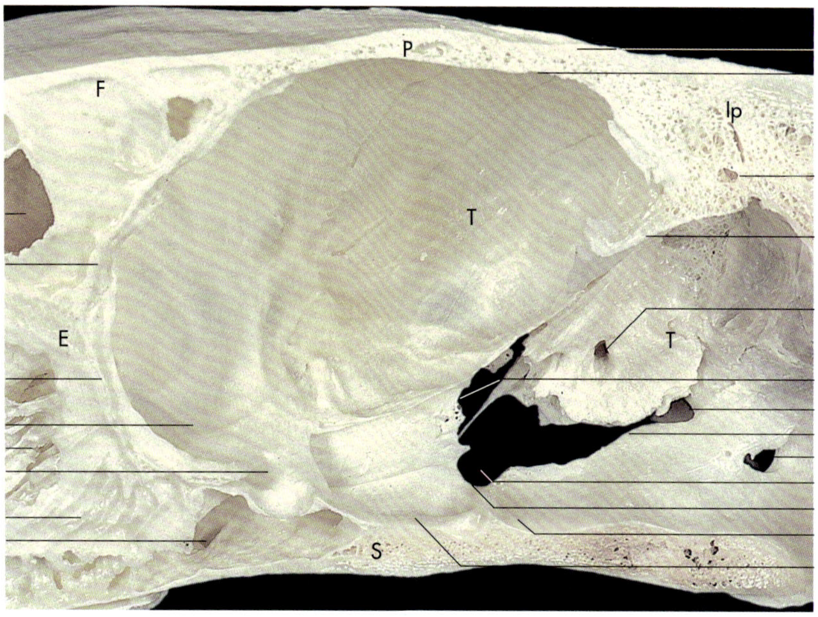

图 2-41 马的颅腔(内侧面)

底部和底蝶骨之间的正中肌结节,供头颈部肌肉的附着。

颅腔底部有一些供脑神经和血管通过的孔。**颈静脉孔**开口于枕骨基底部和鼓泡之间,岩枕裂的尾侧。**破裂孔**位于颈静脉孔吻侧,供舌咽神经(Ⅸ)、迷走神经(Ⅹ)和副神经(Ⅺ)通过(图 2-41)。破裂孔的吻侧部边缘是底蝶骨翼,可进一步分为若干切迹(颈动脉切迹、卵圆切迹和棘切迹),供颈内动脉、下颌神经(V_3)和脑膜中动脉通过(图 2-44)。

硬腭(Palatum osseum)长而窄,其边缘以 6 或 7 个上臼齿的齿槽为界,该处是上颌骨齿槽突和切齿骨齿槽突的一部分。齿槽间缘有犬齿齿槽,其前方为切齿齿槽。硬腭的一小部分由腭骨水平板构成,其余部分由切齿骨和上颌骨的水平部构成。腭管开口于成对的腭大孔,狭窄的腭骨在此与上颌骨相连,供腭大神经和血管穿行。

鼻后孔是鼻腔向后通向鼻咽部的开口。鼻后孔区的两侧是腭骨和翼骨的垂直板,背侧是部分蝶骨和犁骨。从翼骨伸出明显的**翼突钩**。鼻后棘为腭骨水平板在鼻后孔缘的延伸。

两侧下颌骨(图 2-24)在**颏角**(angulus mentalis)愈

合，在2岁以后可观察到下颌骨联合。下颌骨体至下颌角后背侧之间的外侧面粗糙（胸下颌肌结节，tuberositas sternomandibularis），供胸下颌肌附着。下颌骨齿槽缘有6个臼齿齿槽，齿槽间缘有犬齿齿槽以及3个切齿齿槽。下颌骨腹侧缘有明显的血管切迹，即**面切迹**（incisura vasorum facialium），供血管绕到面部外侧面。横向的下颌骨头位于髁突末端，冠突伸入颞窝。下颌管的入口是位于下颌骨支内表面的下颌孔，其位于髁突至面切迹前缘的连线上（图2-37）。下颌神经通过颏孔离开下颌管，并成为颏神经。在口角处的牙槽间缘腹侧1 cm的外侧表面可触及颏孔。颏神经有颏血管伴随。

舌骨（os hyoideum）

一个正中**舌突**（processus lingualis）从横向的底舌骨伸入舌根（图2-33）。甲状舌骨位于底舌骨两端，向后延伸并与喉的甲状软骨相接。成对的角舌骨与上舌骨相连。在成年马中，上舌骨与骨性的茎突舌骨和软骨性的鼓舌骨愈合，之后，与颞骨鼓部的茎突形成韧带连结，从而将舌的附着器与头部相连。

2.5.4 马头骨的腔

颅腔（cavum cranii）

马的颅腔前部大，容纳大脑；后部小，容纳小脑。在两个腔室之间，背侧有凸出的骨质小脑幕，两侧有成对的颞骨岩嵴。**颅盖**（calvaria）（图2-44）的吻侧1/3的内外骨板之间有额窦。内表面有许多**凹陷**（指压迹，impressiones digitatae、大脑轭，juga cerebralia），与脑的沟和回相对应。这些沟槽通向横窦管，横窦管止于颞道，最后开口于靠近外耳道的关节后孔。颅腔的前壁由筛骨的筛板和额骨的部分内骨板组成。发达的正中嵴——鸡冠，将**筛板**分成2个深的**筛骨窝**。筛孔供嗅神经束穿行，也供筛神经、筛骨外动脉和静脉穿行。

颅底（basis cranii interna）内表面可分为3个区（图2-44）。颅前窝（fossa cranialis rostralis）位于颅中窝背侧，从筛板延伸到眶蝶嵴，在**视交叉**（chiasma opticum）处形成覆盖视神经管的骨性结构。颅中窝（fossa cranialis media）和颅后窝（fossa cranialis caudalis）之间的界线不清。颅中窝凹陷，形成容纳垂体的垂体窝和容纳梨状叶的梨状窝。颅中窝两侧各有一个延伸至眶裂的凹槽，供眼神经、动眼神经和外展神经通过。颅底的内表面有以下孔道，供神经和血管通过：

- **眶裂**（fissura orbitalis），位于内侧，供眼神经、动眼神经和外展神经通过
- **圆孔**（foramen rotundum），位于外侧，供上颌神经通过
- **滑车神经孔**（foramen trochleare），供滑车神经通过

枕骨的基底部和颞骨岩部构成颅后窝（fossa cranii caudalis）（图2-44）。颅后窝延伸至枕骨大孔，其内表面有几个浅窝、其基底外侧壁有破裂孔、其后部有颈静脉孔。破裂孔吻侧有3个切迹，即颈动脉切迹（供颈内动脉通过）、卵圆切迹（供下颌神经通过，V_3）和棘切迹（供脑膜中动脉通过）。颈静脉孔供舌咽神经（Ⅸ）、迷走神经（Ⅹ）和副神经（Ⅺ）穿行，其基部有舌下神经的入口。

鼻腔（cavum nasi）

马的鼻甲与其他家畜差别很大（图2-18和图2-47）。第1内鼻甲的螺旋叶形成2个室，即吻侧部腹向卷曲形成的上鼻甲隐窝和尾侧部的上鼻甲窦。该窦与额窦相延续，合称为**鼻甲额窦**（sinus conchofrontalis）。鼻甲额窦与鼻腔并不直接相通，但二者可通过上颌后窦间接相通。

上颌骨是**下鼻甲**（os conchae nasalis ventralis）的骨质界线。下鼻甲向背侧卷曲时形成吻侧的下鼻甲隐窝和尾侧的下鼻甲窦，后者与上颌前窦相通。马的整个筛骨迷路含有**6个内鼻甲**和**25个外鼻甲**。与其他位于其腹侧的鼻甲相比，第1内鼻甲向吻侧延伸得更多。第2内鼻甲很短，内有中鼻窦，且与上颌后窦相通。外鼻甲可分成两排，外侧较小，内侧较大。

鼻旁窦（sinus paranasales）

成年马具有以下**鼻旁窦**：

- **上颌后窦**（sinus maxillaris caudalis）
- **上颌前窦**（sinus maxillaris rostralis）
- **鼻甲额窦**（sinus conchofrontalis），又可分为
  - 上鼻甲窦（sinus conchae dorsalis）
  - 额窦（sinus frontalis）
- **蝶腭窦**（sinus sphenopalatinus）
- **下鼻甲窦**（sinus conchae ventralis）

上颌后窦（sinus maxillaris caudalis）较大，位于上颌骨尾侧、泪骨和颧骨内。**上颌前窦**（sinus maxillaris rostralis）较小，完全位于上颌骨吻部。两个上颌窦被骨质中隔分开。该**中隔**（中隔上颌窦）通常位于距离面嵴吻端4～6 cm。上颌窦底部有最后3个臼齿齿槽嵌入（图2-41至图2-45）。

上颌窦内侧有一矢状方向的骨板，其游离缘形成眶下管。骨板伸入上颌窦并将其分为内侧腔室和外侧腔室。上颌窦的两个腔室共用一个朝向中鼻道的狭缝状开口，即**鼻上颌孔**（apertura nasomaxillaris），位于成年马第5臼齿处（图2-45）。上颌后窦直接或间接与其他所有的鼻旁窦相通。

鼻旁窦的解剖学特点使得感染易在鼻旁窦间蔓延。上颌后窦与鼻甲额窦经**额上颌孔**（apertura frontomaxillaris）相通，该孔位于泪管处。鼻甲额窦包括上鼻甲窦和额窦。腭窦和蝶窦联合形成蝶腭窦。上颌前窦与下鼻甲窦经鼻上颌孔（apertura conchomaxillaris）相通，鼻上颌孔也与眶下管相通。

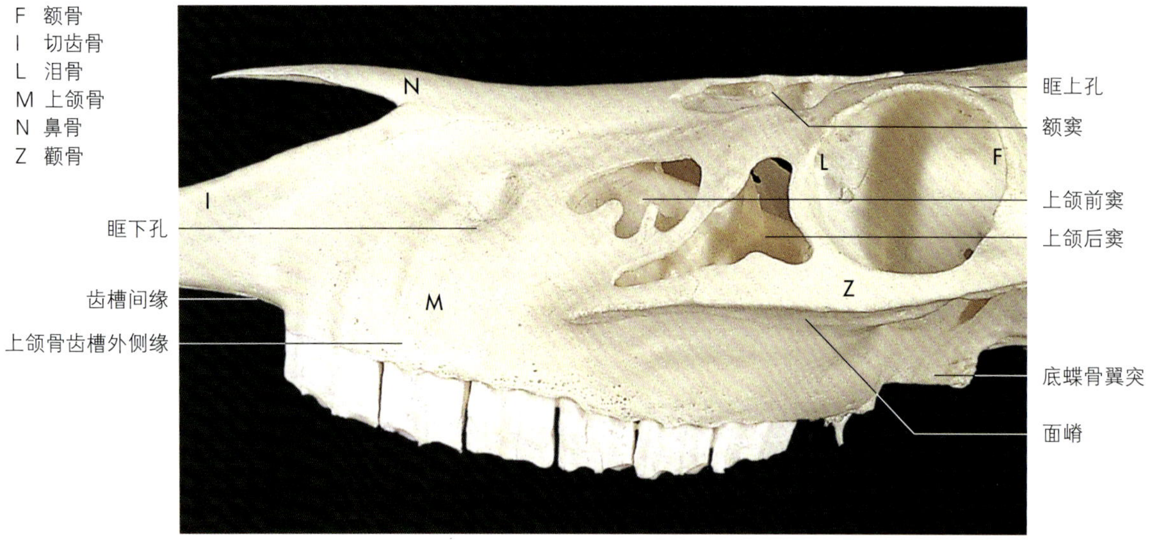

图 2-42　马的额窦与上颌窦（外侧面）

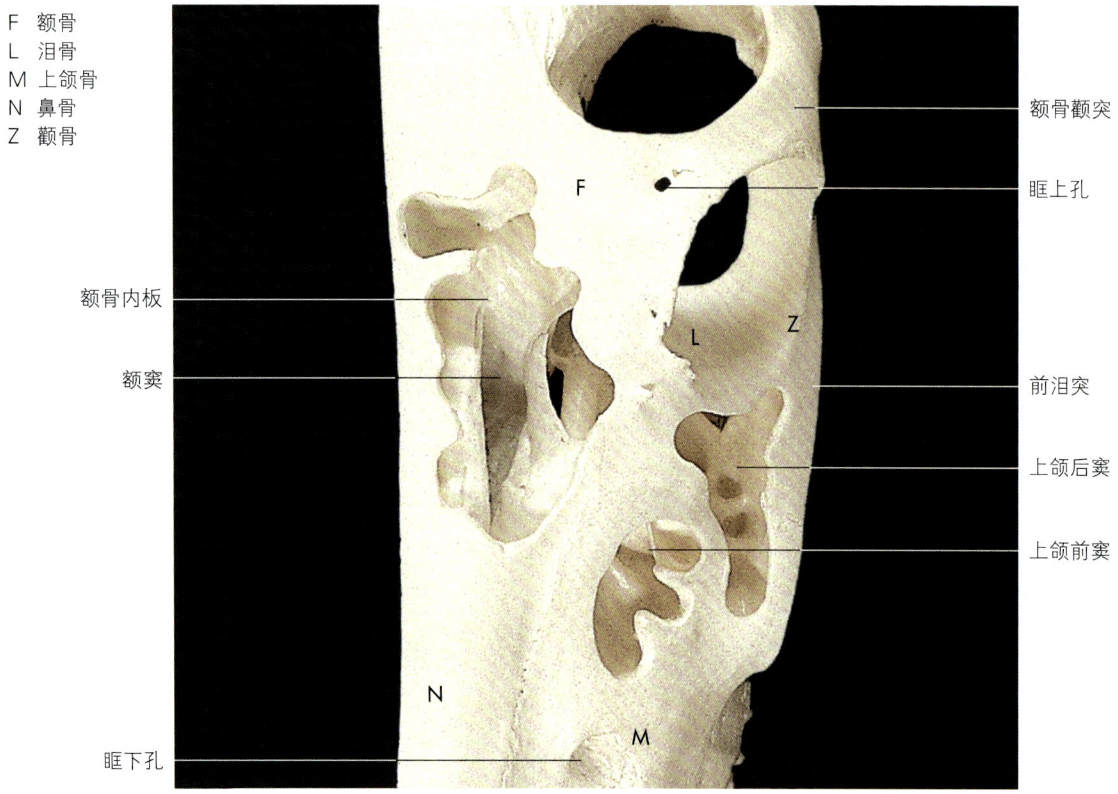

图 2-43　马的额窦和上颌窦（背侧面）

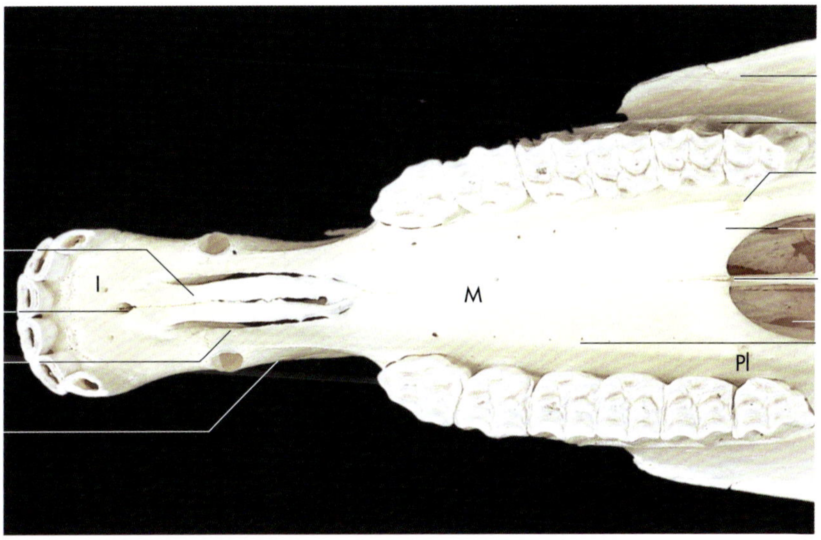

图 2-44　马硬腭部的骨质结构（腹侧面）

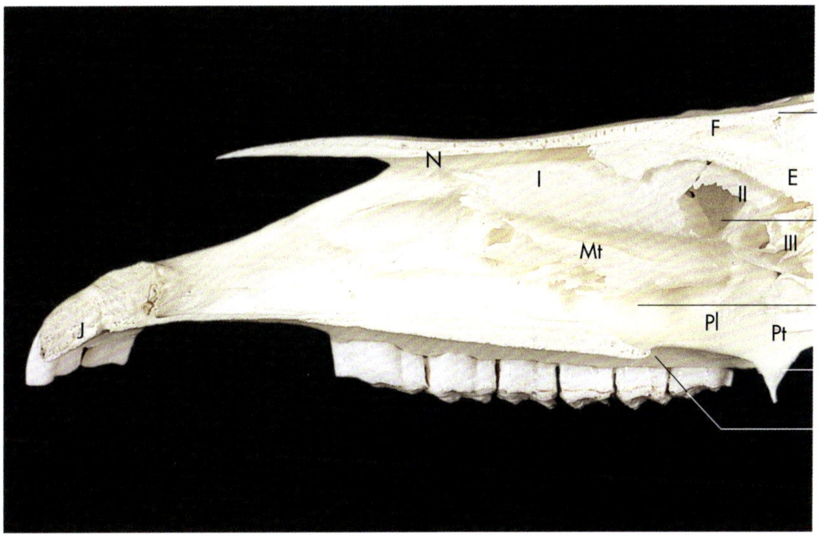

图 2-45　马面骨（旁正中内侧面）

2.6　脊柱或脊椎（columna vertebralis）

脊柱由一系列不成对的椎骨组成，椎骨的数量存在种属差异。不同部位椎骨（颈椎、胸椎、腰椎、荐椎和尾椎）的基本结构相同，但因功能不同而各有特点（图 2-46）。椎骨为**短骨**（ossa brevia），中央为骨松质（substantia spongiosa），周围为骨密质（substantia compacta）。椎骨的组成如下：

- 椎体（corpus vertebrae）
- 椎弓（arcus vertebrae）
- 突起（processus vertebrae）

椎体为椎骨的腹侧部，呈菱形或圆柱形。每一椎体有凸的**椎头**（前端）和凹的**椎窝**（后端），两端均被覆一层透明软骨，形成椎体骨骺的非骨化部分（图 2-46）。

相邻椎骨间有**椎间纤维软骨盘**（**椎间盘**，disci intervertebrales）。椎体的背侧有明显的纵沟、滋养孔以及供韧带附着的正中嵴。腹侧有**腹嵴**（crista ventralis），其大小

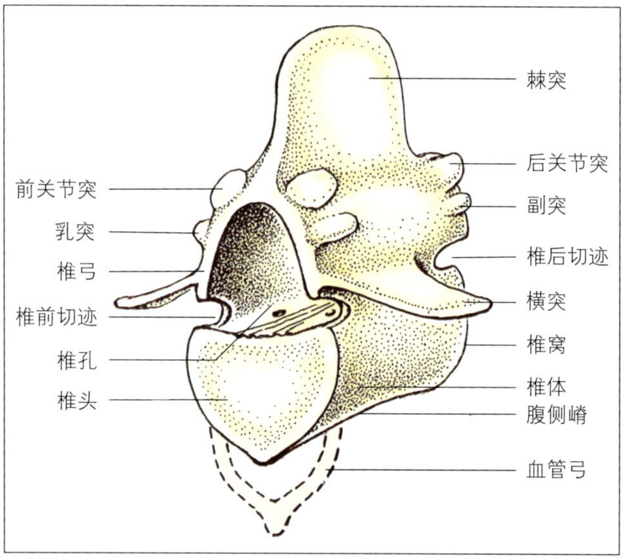

图 2-46 椎骨的基本结构(示意图,前面观)

在脊柱的不同部位有所不同。

椎弓(或神经弓)位于椎体的背侧,与椎体共同围成**椎孔**(foramen vertabrale)(图 2-46)。每个椎弓由 2 个侧根(**椎弓根**,pediculus arcus vertebrae)和 1 个背板(**椎弓板**,lamina arcus vertebrae)组成。相邻椎骨的椎孔依次相连形成**椎管**(canalis vertebralis),容纳脊髓、脊膜、脊神经、血管、韧带、脂肪以及结缔组织。

椎管直径在第 1、第 2 颈椎处为最大,之后,颈椎椎管的宽度从前往后逐渐减小。胸椎前段的椎管直径增大,胸椎后段再次变窄,腰椎椎管直径再次增大,到第 1 尾椎处又逐渐变窄。

在猫、犬和反刍动物的尾椎上可见**椎弓**遗迹(图 2-46、2-75 和图 2-76)。在椎弓根的基部有切迹(椎前切迹 incisura vertebralis cranialis 和椎后切迹 incisura vertebralis caudalis),相邻椎弓的切迹组成椎间孔(foramina intervertebralia),供脊神经穿过(图 2-47 和图 2-48)。大部分椎弓在背侧连接紧密,但有 3 个部位的相邻椎弓间形成**椎弓间隙**(spatium interarcuale)(图 2-49)。这具有重要临床意义,可作为椎管注射或获取脑脊液的途径:

- **寰枕间隙**(spatium atlanto-occipatale),位于枕骨和第 1 颈椎(寰椎)之间
- **寰枢间隙**(spatium atlantoaxiale),位于第 1 颈椎(寰椎)和第 2 颈椎(枢椎)之间
- **腰荐间隙**(spatium lumbosacrale),位于最后腰椎和荐椎之间

每一椎骨有许多**突起**(processus vertebrae),供肌肉和韧带附着,并与相邻椎骨形成关节。椎骨有以下突起(图 2-46):

- 1 个**背突或棘突**(processus spinosus),位于椎弓背侧的中线上
- 4 个**关节突**(前关节突 processus articulares craniales,后关节突 processus articulares caudales),位于棘突基部的前缘和后缘
- 2 个**横突**(processus transversi),从椎弓基部向外侧伸出
- 2 个**乳突**(processus mamillares),位于胸椎和腰椎的横突与前关节突之间

部分物种中还可见其他突起:

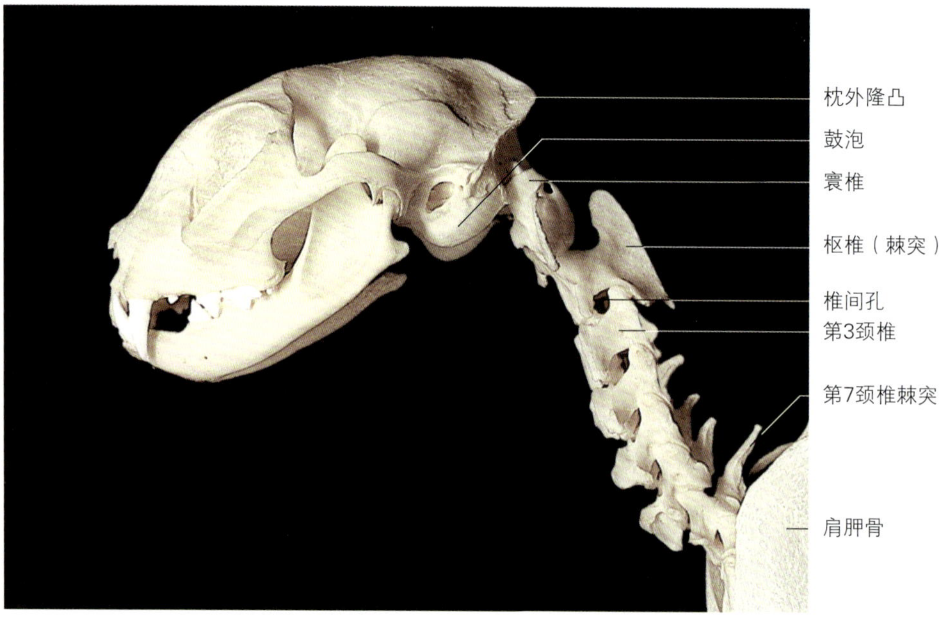

图 2-47 猫的头骨和颈椎(外侧观)

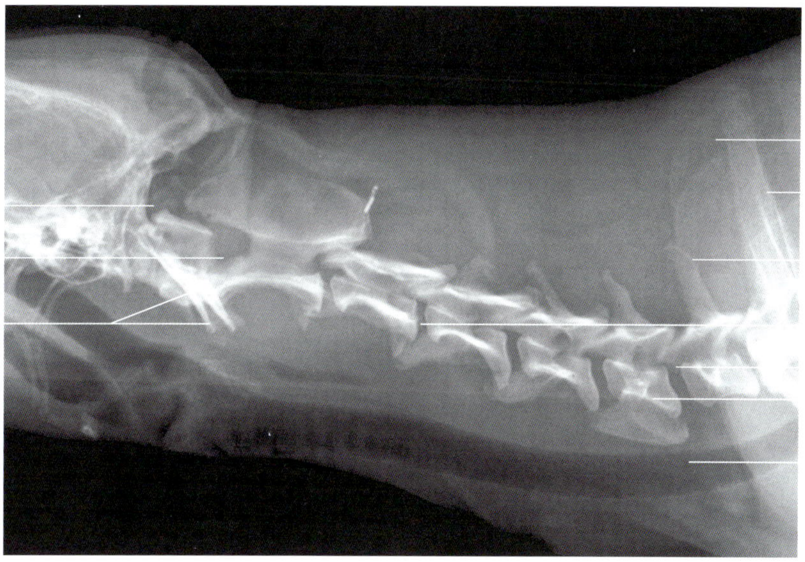

图 2-48　犬的颈椎 X 线片(侧位投影)(慕尼黑 Ulrike Matis 博士、教授提供)

图 2-49　犬的颈椎(背侧面)

- 2 个**副突**(processus acessrii),位于最后胸椎(食肉动物和猪)和腰椎(食肉动物)的横突和后关节突之间

不同动物的各段椎骨的数量具有种属差异(表 2-2)。

2.6.1 颈椎(vertebrae cervicals)

第 1 颈椎(**寰椎**,atlas)和第 2 颈椎(**枢椎**,axis)形态特殊,以适应头骨的自由活动(图 2-47 至图 2-55)。寰椎无明显椎体,由 2 个侧块(massae laterales)与背侧弓(arcus dorsalis)和腹侧弓(arcus ventralis)连结,形成骨翼。**背侧结节**(tuberculum dorsale)位于背侧弓的前端,**腹侧结节**(tuberculum ventrale)位于腹侧弓的后端。宽大的**横突**(processus transversus)从各侧块(massa lateralis)向外侧伸出,呈翼状突起,称为**寰椎翼**(alae lateralis)(图 2-49、图 2-51 和图 2-53)。

寰椎翼的**腹侧面**凹陷称为**寰椎窝**(fossa atlantis),其基

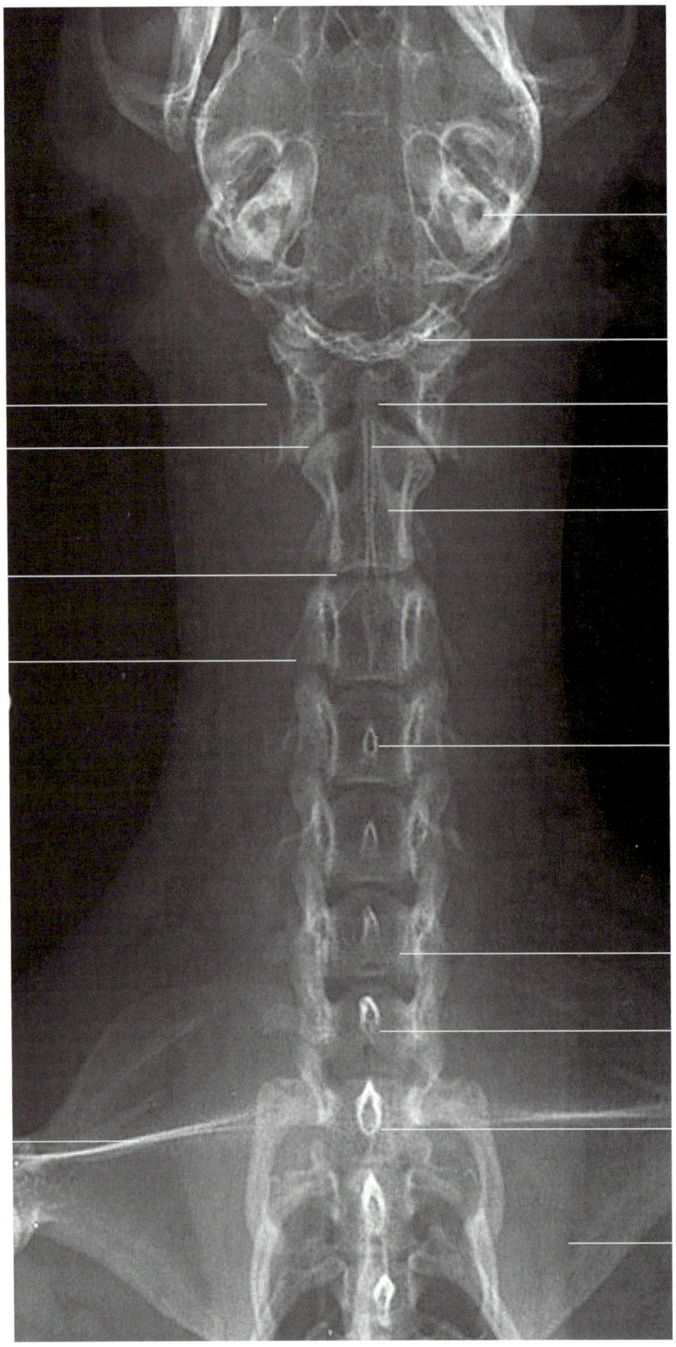

图 2-50　猫的颈椎(背腹侧位透视)(慕尼黑 Ulrike Matis 博士、教授提供)

表 2-2 家畜的椎骨数量

椎骨	食肉动物	猪	牛	小型反刍动物	马
颈椎	7	7	7	7	7
胸椎	12～14	13～16	13	13	18
腰椎	(6)7	5～7	6	6	5～7
荐椎	3	4	5	(3)4～5	5
尾椎	20～23	20～23	18～20	13～14	15～21

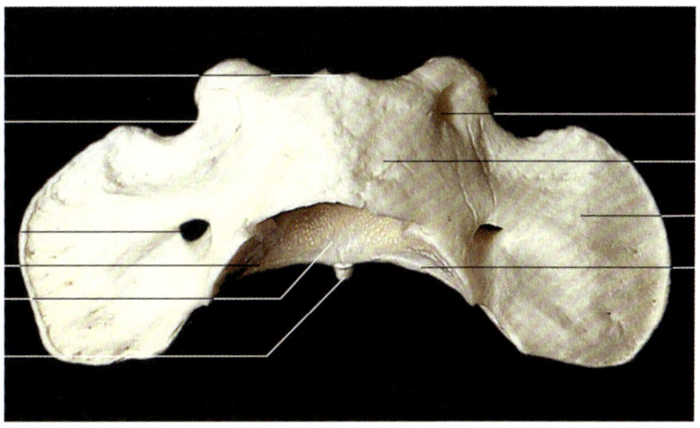

图 2-51 犬的第 1 颈椎(寰椎)(背侧面)

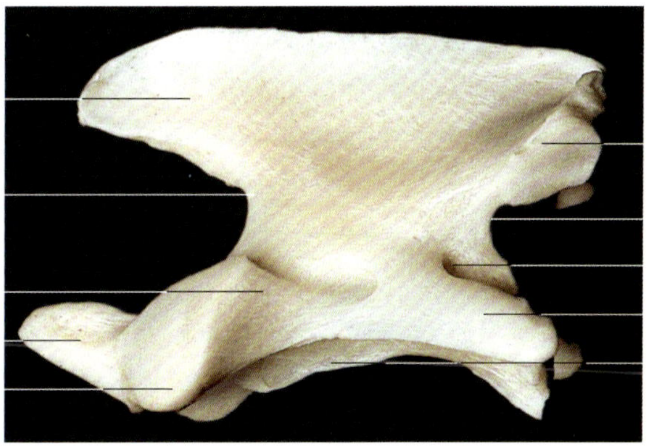

图 2-52 犬的第 2 颈椎(枢椎)(外侧面)

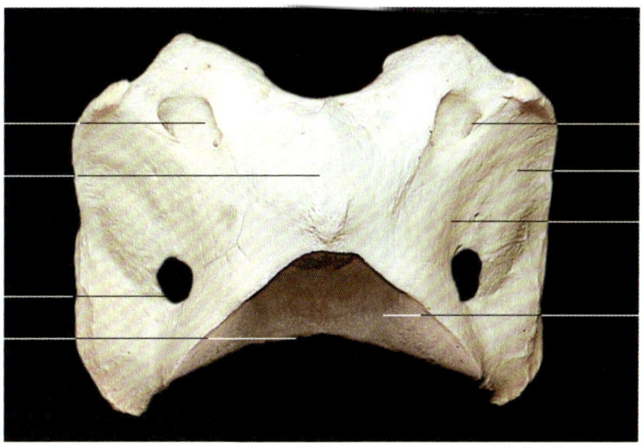

图 2-53 马的第 1 颈椎(寰椎)(背侧面)

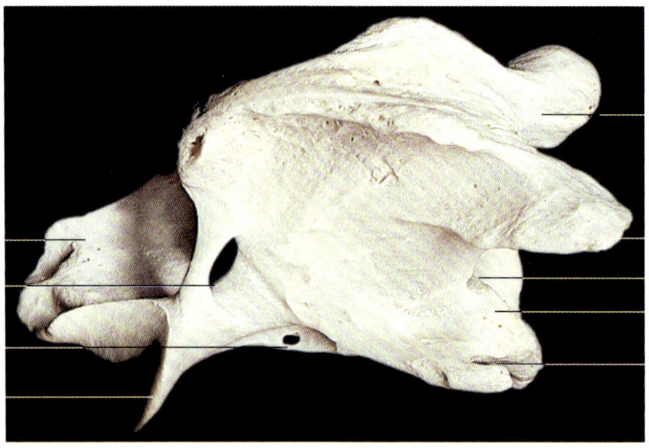

图 2-54 马的第 2 颈椎（枢椎）（外侧面）

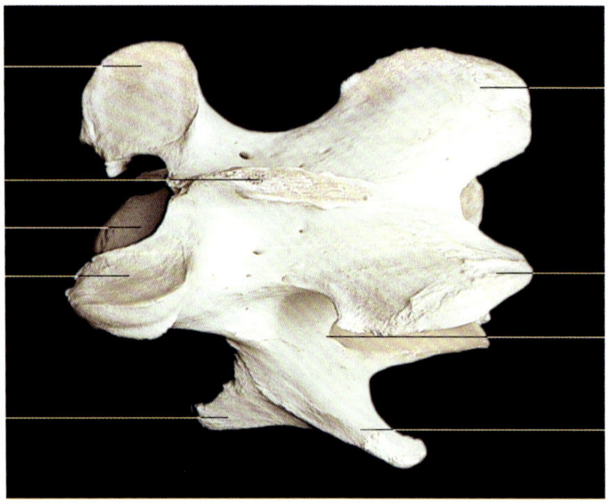

图 2-55 马的第 3 颈椎（背外侧面）

部有**翼孔**（foramen alare），但食肉动物的为**翼切迹**（incisura alaris）。**椎外侧孔**（foramen vertebrale laterale）位于椎弓的前背侧部。**横突孔**（foramen transversarium）是唯一短管开口，通向寰椎翼后部（图 2-51），反刍动物没有横突孔。

寰椎腹侧弓前面凹陷（**前关节凹**，fovea articularis cranialis），与枕骨的枕髁（condyli occipitalis）形成关节。腹侧弓的背侧表面后端有一横向的关节面，即**齿突凹**（fovea dentis），与枢椎的**齿状突**相连。齿突凹与侧块后表面的浅关节区（**后关节凹**，foveae articulares caudales）相连，与枢椎的前关节突形成关节（图 2-51）。

为了适应其功能，寰椎呈现特殊形态和结构。伸展的横突，即**寰椎翼**（alae atlantis），供背侧和腹侧的肌肉附着，使得头部能上下运动，同时也构成脊柱和枕骨项面之间的肌肉连接。寰椎的后关节面与枢椎形成关节。寰椎翼的外侧游离缘供头颈肌肉附着，其主要负责头部的旋转活动。寰枕关节和寰枢关节的椎弓间隙较宽，以适应相对自由的垂直和旋转运动。

第 2 颈椎（枢椎，axis）构成寰椎的枢轴，使头能够旋转运动（图 2-47 至图 2-50、图 2-52）。枢椎的**椎体**（corpus vertebrae）呈圆柱状，有一发达的**腹嵴**（crista ventralis）。椎体前端的特征是位于中央的**齿状突**，齿状突被认为是在进化过程中移位的寰椎椎体。食肉动物的齿状突呈杆状，其他物种的呈嘴状，与寰椎的齿突凹相对应。马和牛的**齿状突腹侧关节面**（facies articularis ventralia dentis）与**前关节面**（facies articularis cranialis）融合，但在其他家畜中则是分开的。**后关节面**（facies articularis caudalis）是一光滑的凹陷，朝向椎间盘。

枢椎的**椎弓**上有细长宽大的**棘突**（processus spinosus）。食肉动物的棘突覆盖了椎体的前端和后端，猪的棘突仅覆盖了后端。反刍动物的棘突为呈矩形的骨板，马的棘突后端分叉。椎后切迹（incisura vertebralis caudalis）很大，与棘突相对。食肉动物和马的棘突与后关节突汇合，反刍动物和猪的则是保持独立。

成对的**横突**（processus transversi）基部有**横突孔**（foramen transversarium）穿过。食肉动物有**椎前切迹**（incisura vertebralis cranialis），其他家畜则由**椎外侧孔**（foramen vertebrale laterale）

代替，形成狭窄的骨质联合。与寰椎一样，枢椎有其特殊结构和形态，以适应其功能。枢椎齿状突与寰椎的关节凹相对应，寰椎和头部可围绕这一关节可进行旋转。棘突两侧的关节面供韧带（特别是项韧带）和肌肉附着。

其他颈椎的椎体由前向后逐渐变短。第3～5颈椎的腹侧面有粗大的腹嵴，第6和第7颈椎的腹嵴不明显或缺失。除食肉动物和猪外，颈椎前端凸出，后端凹陷。

大多数家畜的颈椎**棘突**（processus spinosi）很短，但其长度在向胸椎过渡过程中逐渐增加。在马，仅第7颈椎有明显的棘突。

所有颈椎的横突和关节突都很发达。第3～6颈椎的横突有**横突孔**（foramen transversarium）。每侧颈椎的横突孔汇合形成**横突管**（canalis transversarius），供椎神经、动脉和静脉通过。每个横突的游离端分支，形成一个向后的**背侧结节**（tuberculum dorsale）和一个向前的**腹侧结节**（tuberculum ventrale），这被认为是已退化的肋骨和残存的胸椎横突。第6颈椎的腹侧结节增大，形成一个特征性的**板状延伸**（**腹侧板**，lamina ventralis）。

关节突（processus articulares）很大，呈水平走向，有一平的关节面。椎弓的前端和后端都形成深的切迹（**椎前和椎后切迹**，incisura vertebrales craniales et caudales）。因此，相邻椎骨间形成了大的椎间孔（foramina intervertebralia）。第7颈椎很容易与其他颈椎区分，其特点是棘突高，横突小，没有腹嵴（犬除外）以及横突孔。椎体后端有成对的**关节凹**（**后肋凹**，fovea costalis caudalis），与第一胸椎的前肋凹形成共同关节面，与第一肋骨的肋骨头成关节。

2.6.2 胸椎（vertebrae thoracicae）

胸段脊柱由一连串胸椎组成，它们部分重叠，形成向背侧隆突的背弓，其特点是灵活性有限。为与其功能相适应，胸椎具有独特的解剖学特征：猪和食草动物具有长的棘突，供头部和颈部肌肉附着。前段胸椎还具有另一功能，即将体重传递到前肢，并与肋骨一起供肋间、胸部和肩部的肌肉附着。

胸椎与相同序号的肋骨构成关节。不同物种和品种间存在微小差异，通常由腰椎数量的变化进行补偿。所有胸椎的共同特征如下（图2-56、图2-59、图2-63和图2-64）：

- **椎体**短，**椎头**（extremitates）扁平
- **关节突**（processus articulares）短
- **椎弓**（arcus vertebrae）间紧密结合
- **棘突**（processus spinosi）很长
- **肋骨关节面**位于肋骨头（foveae costales）和**横突**的肋骨结节

胸椎椎体呈现前段短后段长的特点，并出现腹嵴。后段胸椎的椎头与椎窝扁平，与椎间盘一致，导致相邻椎骨间的活动范围受限。前段胸椎的**关节突**呈卵圆形平面。**前关节面**（**前关节凹**，foveae articulares craniales）位于棘突基部的前背侧，沿椎弓切线走向。**后关节面**（**后关节凹**，foveae articulares caudales）位于棘突基部的后面，朝椎弓呈矢状走向。这种关节面结构有助于前段胸椎相对自由地旋转运动，而胸椎后段和腰椎的背腹侧运动则受限。

椎前切迹（incisura vertebrales craniales）浅，而**椎后切迹**（incisura vertebrales caudales）深。**椎间孔**相对较大，供脊神经和血管通过。反刍动物的椎间孔常被骨桥分为2部分。**棘突**（processus spinosi）从椎弓的背侧表面伸出，很发达（图2-56、图2-57、图2-61和图2-62）。食肉动物胸椎棘突的长度在由前向后逐渐变短。猪和反刍动物的前3枚胸椎的高度逐渐增加，猪的直到第11胸椎才逐渐变短，反刍动物的第12或第13胸椎逐渐变短，其余的胸椎保持相同长度。马的前4枚胸椎的棘突逐渐增高，之后逐渐变短直至第13或第14胸椎。前3或4枚胸椎的发达棘突构成了鬐甲的骨性基础。

前段胸椎的**棘突**朝向后背侧，而后段胸椎和腰椎则向前方倾斜。棘突几乎垂直于椎体长轴的胸椎被称为**横膈胸椎**或**直棘胸椎**（vertebra anticlinalis），在犬的为第10胸椎（图2-58），在猪和山羊的为第12胸椎，在牛的为第13胸椎，在马的为第16胸椎。**乳突**（processus mamillares）仅见于胸椎和腰椎。直棘胸椎前方胸椎的乳突位于其横突前方，直棘胸椎后方胸椎的乳突与关节突汇合形成**关节乳突**（processus mamilloarticulares）。每一胸椎椎体，在椎弓基部外侧处有**前肋凹**（fovea costalia cranialis）和**后肋凹**（fovea costalia caudalis）。相邻胸椎间形成椎间盘，并形成肋窝，连结肋骨小头。胸椎的**横突**（processus transversi）粗短，有一关节面（**横突肋凹**，foveae costalis and caudalis）与肋骨结节形成关节。在前段胸椎，两肋凹较深，相距较远，随后逐渐变浅并互相靠近，这使得前段肋骨的稳定性更高，而后段肋骨的活动性更强。

2.6.3 腰椎（vertebrae lumbales）

腰椎与胸椎的不同之处在于腰椎更长，椎体形态更为统一（图2-65至图2-71）。腰椎无肋凹，棘突较短，朝向前背侧，横突长而扁平，向外侧伸出。椎体的前端（extremitates craniales）和后端（extremitates caudales）有平的关节面。椎弓与椎体形成宽大的椎管，以容纳腰段膨大的脊髓，即**腰膨大**（intumescentia lumbalis）。

棘突的高度基本一致，并向前方倾斜。食肉动物前4或5腰椎的棘突逐渐增高。牛的棘突向后倾斜，小型反刍动物的棘突则与椎骨长轴垂直。

腰椎的典型特征是**横突**发达，它们被认为是退化的肋骨，因此被称为**肋突**（processus costales）。食肉动物和猪的横突朝前腹侧倾斜，反刍动物和马的横突呈水平走向（图2-67至图2-69和图2-71）。

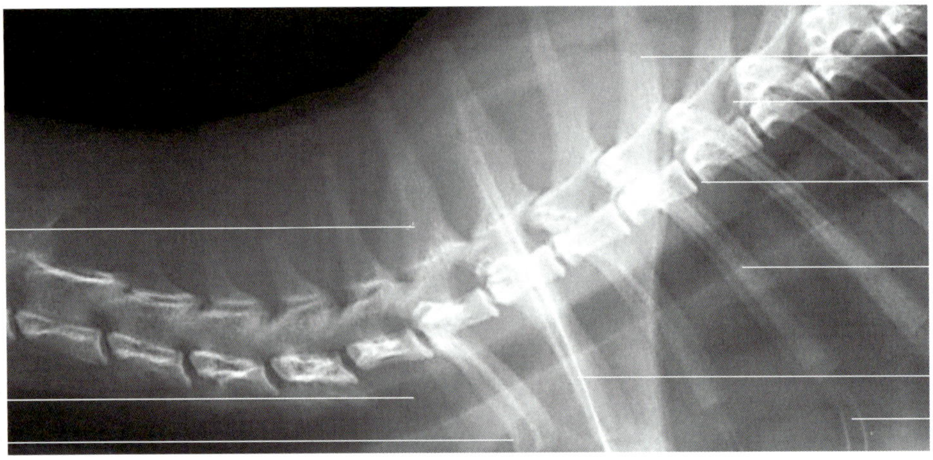

图 2-56　猫后段颈椎和前段胸椎的 X 线片（侧位投影）（慕尼黑 Ulrike Matis 博士、教授提供）

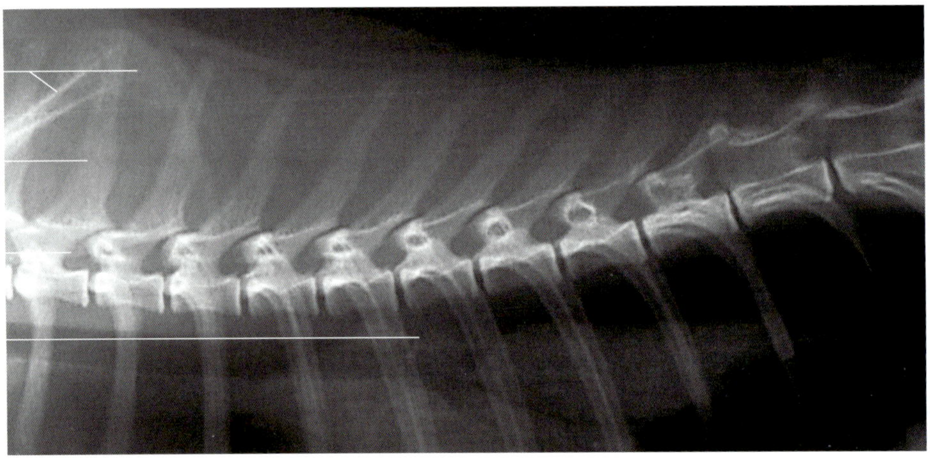

图 2-57　猫胸腔背侧的 X 线片（侧位投影）（慕尼黑 Ulrike Matis 博士、教授提供）

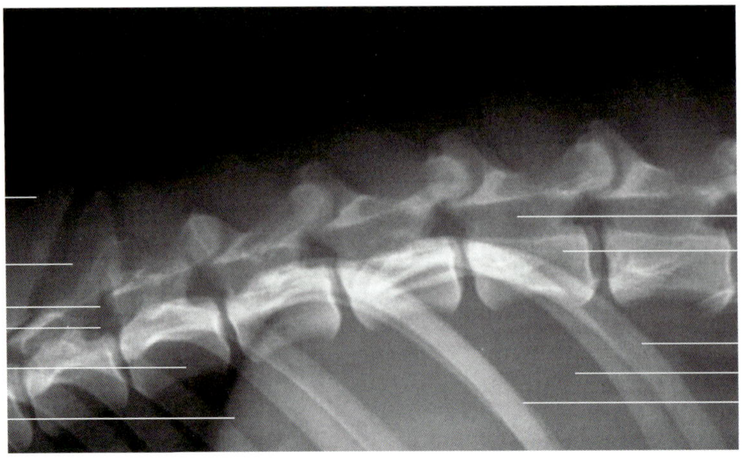

图 2-58　犬的胸椎 - 腰椎 X 线片（侧位投影）（慕尼黑 Ulrike Matis 博士、教授提供）

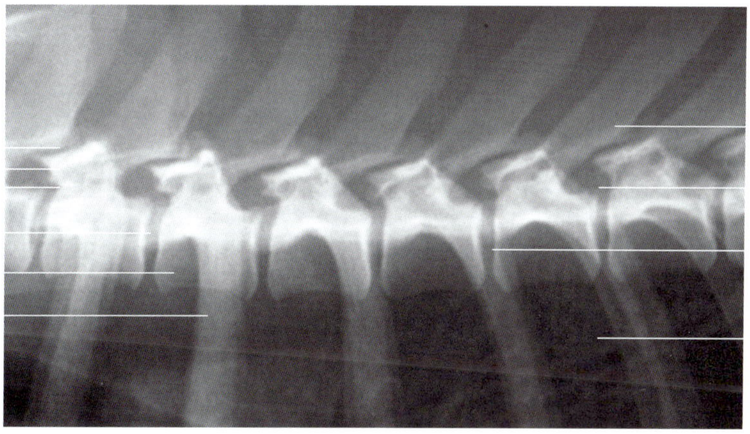

图 2-59 犬的胸椎 X 线片(侧位投影)(慕尼黑 Ulrike Matis 博士、教授提供)

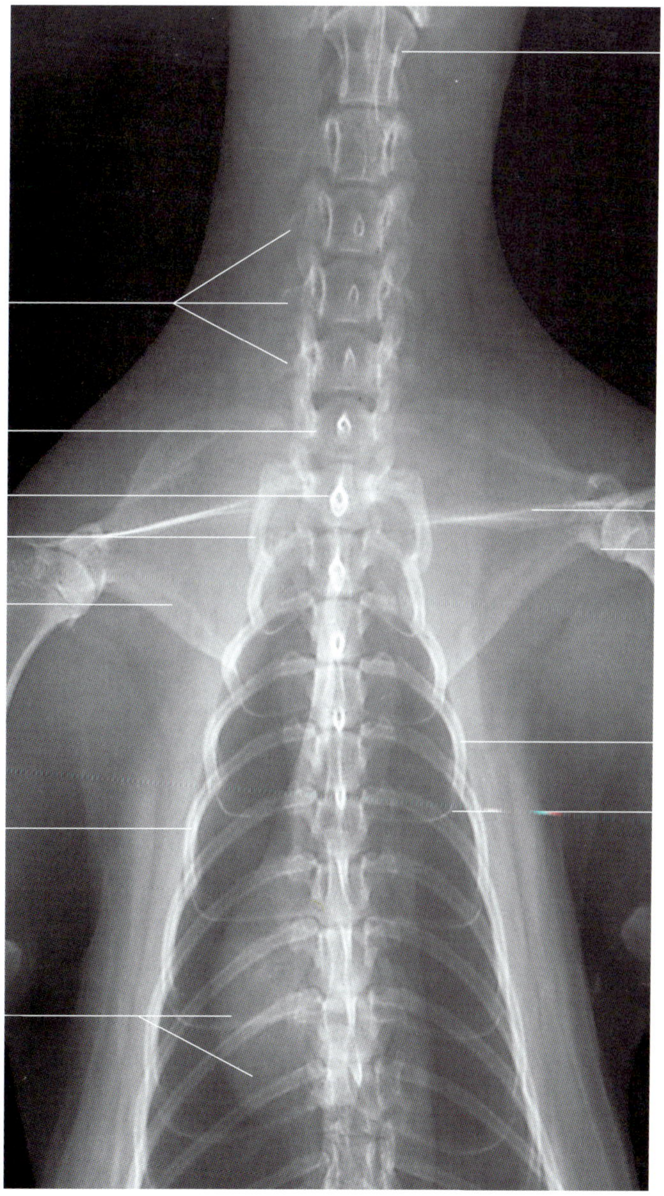

图 2-60 猫的颈部和胸部的 X 线片(腹背位投影)(慕尼黑 Ulrike Matis 博士、教授提供)

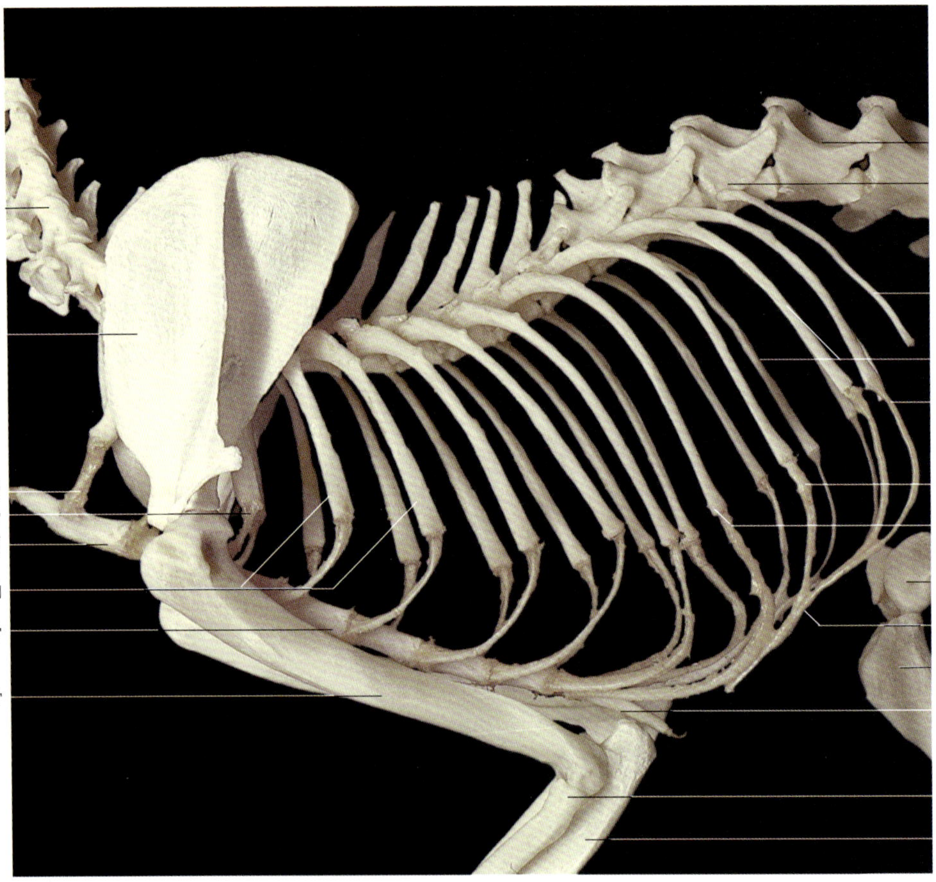

图 2-61　猫的胸部骨骼(外侧面)

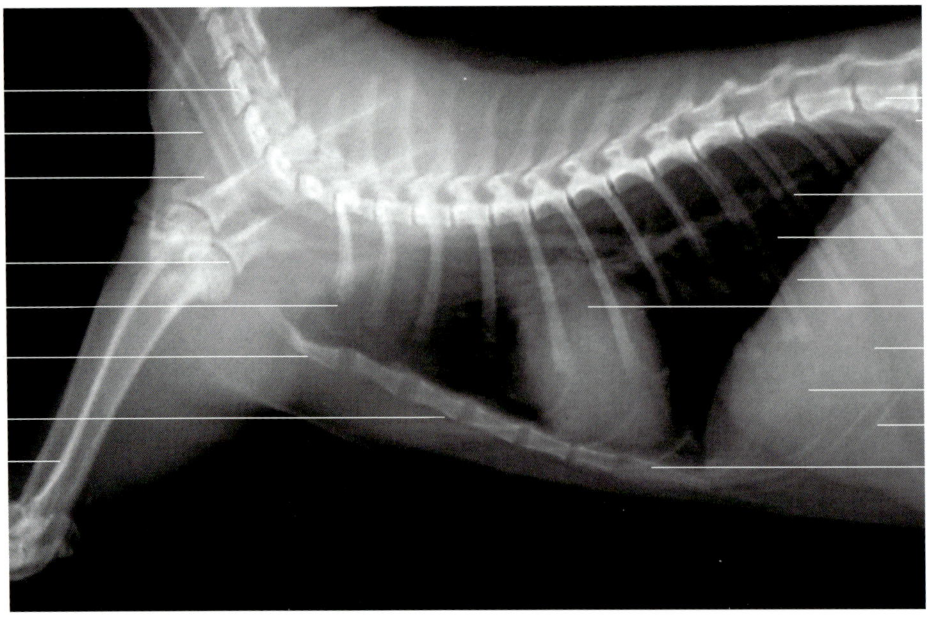

图 2-62　猫的胸部 X 线片(侧位投影)(慕尼黑 Ulrike Matis 博士、教授提供)

图 2-63 犬的第 13 胸椎(外侧观)

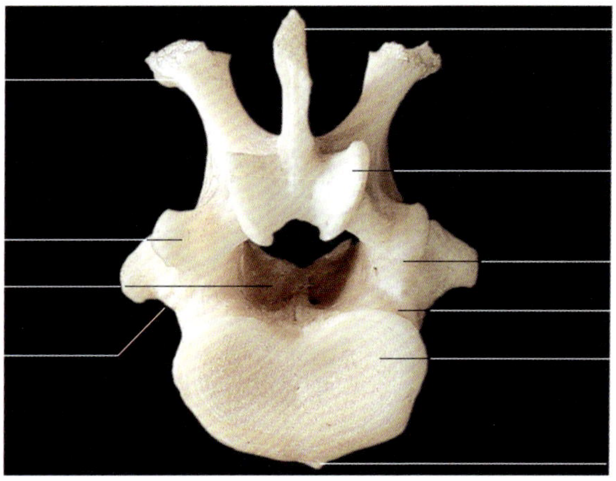

图 2-64 犬的第 13 胸椎(后面观)

第 1 腰椎的横突最短。大多数家畜的第 3 或第 4 腰椎的横突最长;食肉动物例外,其第5或第6腰椎的横突最长。马的最后两腰椎的横突之间以及最后腰椎和第 1 荐椎的横突之间相互成关节,这样椎间孔就分为背侧孔和腹侧孔。**横突**、**棘突**以及明显的腹嵴组成宽大的肌面,供腰内肌和腹部、轴侧与骨盆的肌肉附着。

关节突的矢状走向使其活动仅限于背腹侧运动,几乎不可能做侧向运动。关节突和乳突融合形成棒状的**关节乳突**。

腰部的**椎弓间隙**(spatia interarcualia)狭窄,但在最后腰椎和第 1 荐椎之间的间隙变宽,形成**腰荐部椎弓间隙**(spatium interarcuale lumbosacrale),可作为进入椎管的通道。猫的最后两腰椎之间的椎弓间隙宽,可进行椎管注射。

2.6.4 荐椎(vertebrae sacrales)

所有家畜的**荐椎**及其骨化的椎间盘愈合形成一个整体,即**荐骨**(os sacrum)(图 2-65、图 2-66、图 2-69、图 2-70、图 2-72 至图 2-74)。食肉动物和猪的荐椎一般在 1.5 岁完成愈合,反刍动物的在 3～4 岁完成愈合,马的在 4～5 岁完成愈合。椎关节骨化使荐椎失去灵活性,也增加了后肢推动力向脊柱传导的有效性。

第 1 荐椎宽大的荐骨翼与骨盆带形成关节,后肢的推动力通过这一关节传导到躯干。荐骨后部不直接参与构成关节,但它是构成骨盆腔顶的主要部分。荐骨的骨化导致其功能的单一化。

食肉动物的**荐骨**(os sacrum)呈四边形,而其他家畜的则呈三角形(图 2-69、图 2-70、2-72 和 2-74)。荐骨包括一宽大的**荐骨底**(basis ossis sacri)、两个**侧部**(partes laterales)、宽大的**荐骨翼**(alae ossis sacri)和后部的**荐骨尖**(apex ossis sacri)。荐骨**背侧表面**(facies dorsalis)有棘突和多种嵴,在某些物种中棘突可能只视作残存物的存在。荐骨的腹侧面朝向**盆腔**(**盆面**,facies pelvina),以**横线**(lineae transversae)为前界。

荐骨背侧面供臀部、尾部和腿部肌肉附着，供**腰荐神经丛**(plexus lumbosacralis)的背侧脊神经通过。荐骨腹侧面光滑、略凹，供脊神经腹侧支通过。荐骨的椎管(**荐管**，canalis sacralis)比腰椎的更窄，荐骨尖的椎管直径甚至缩小至原来的一半。荐骨吻端与最后腰椎形成关节，并形成**椎前切迹**(incisura vertebralis cranialis)。荐骨腹侧缘向前腹侧发出一突起，即**荐骨岬**(promontorium)(图 2-72)，荐骨背侧有前关节突。

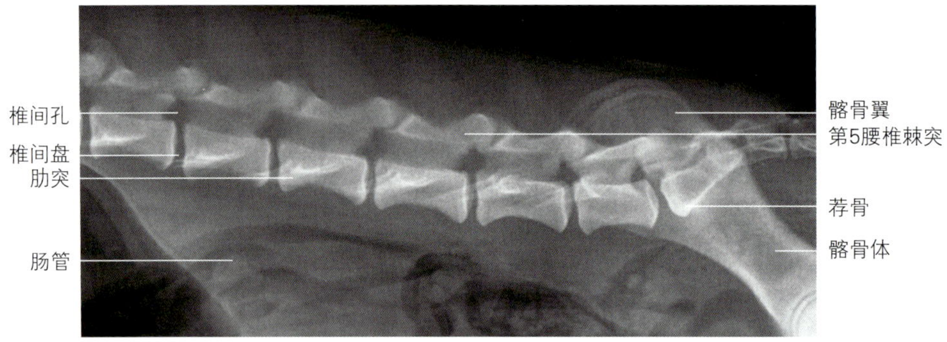

图 2-65 犬的腰椎 X 线片(侧位投影)(慕尼黑 Ulrike Matis 博士、教授提供)

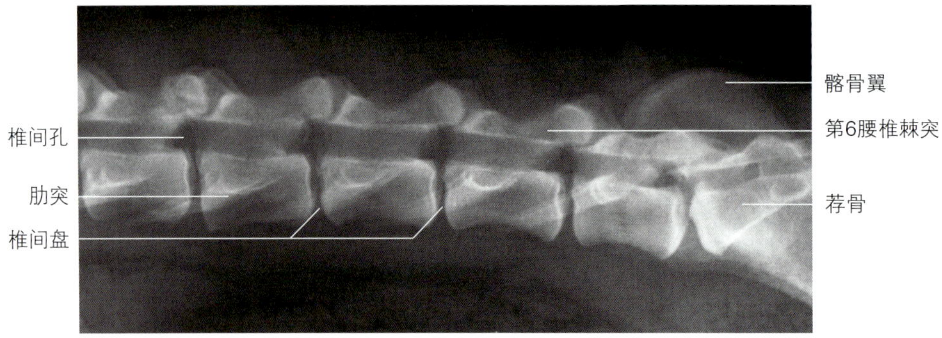

图 2-66 犬的腰椎 X 线片(侧位投影)(慕尼黑 Ulrike Matis 博士、教授提供)

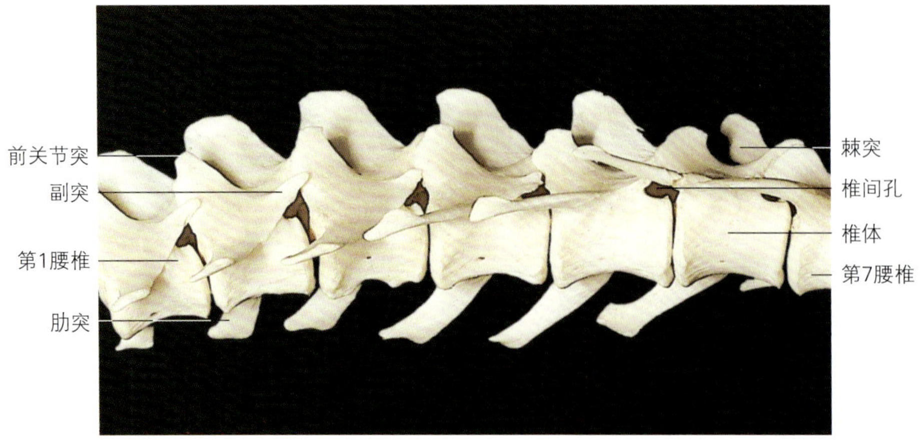

图 2-67 犬的腰椎(腹外侧观)

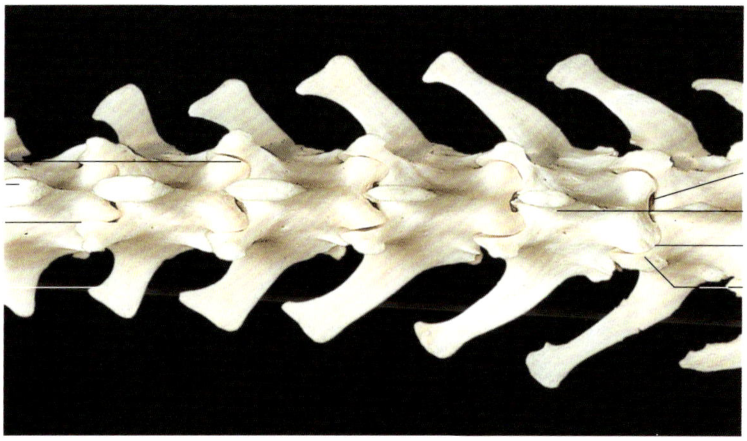

图 2-68 犬的腰椎(背侧观)

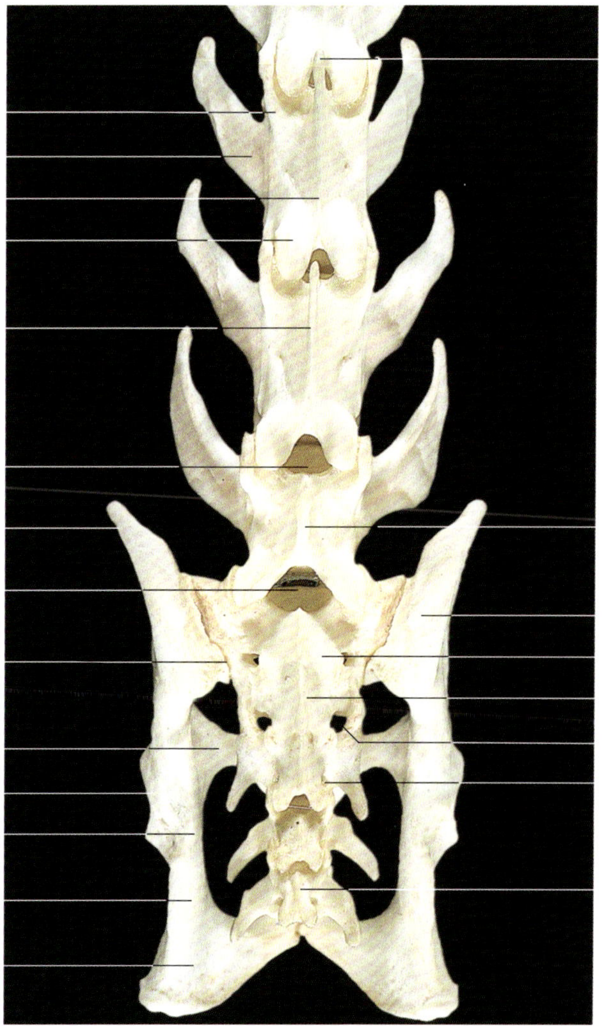

图 2-69 猫的最后腰椎、荐骨和骨盆(背侧观)

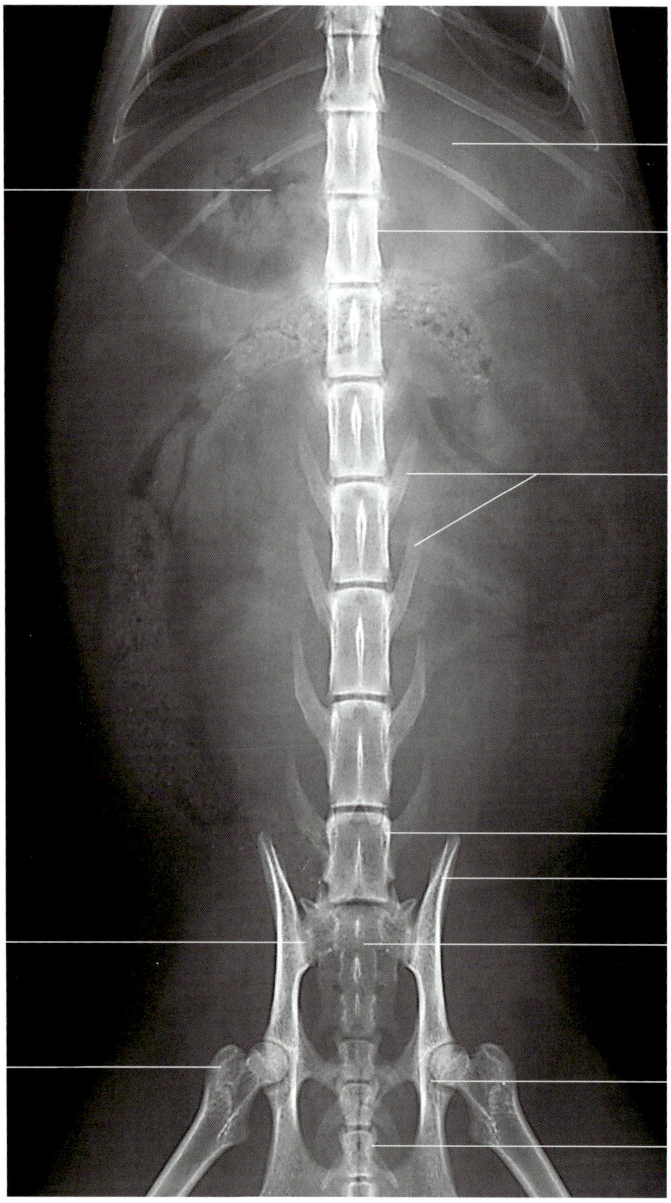

图 2-70 猫的腰椎、荐骨和骨盆的 X 线片(腹背位投影)(慕尼黑 Ulrike Matis 博士、教授提供)

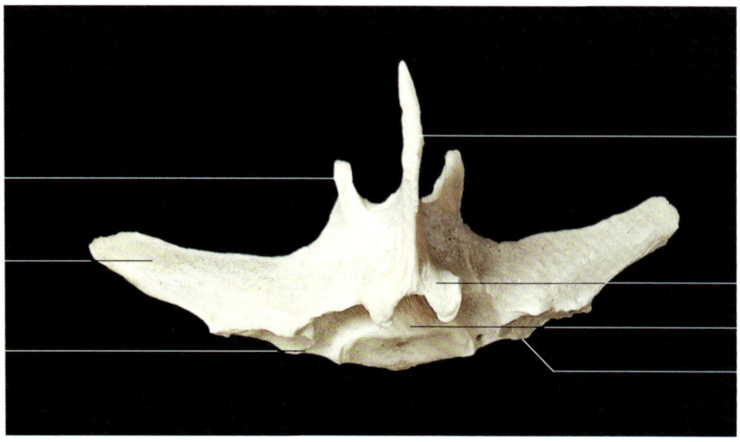

图 2-71 马的第 5 腰椎(背侧观)

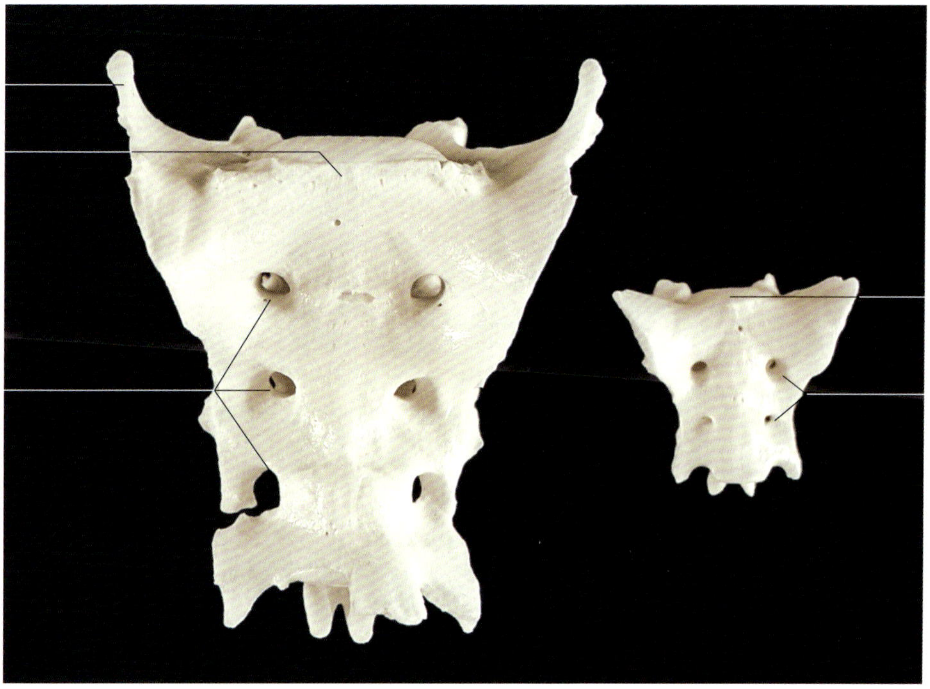

图 2-72 犬（左）和猫（右）的荐骨（腹侧观）

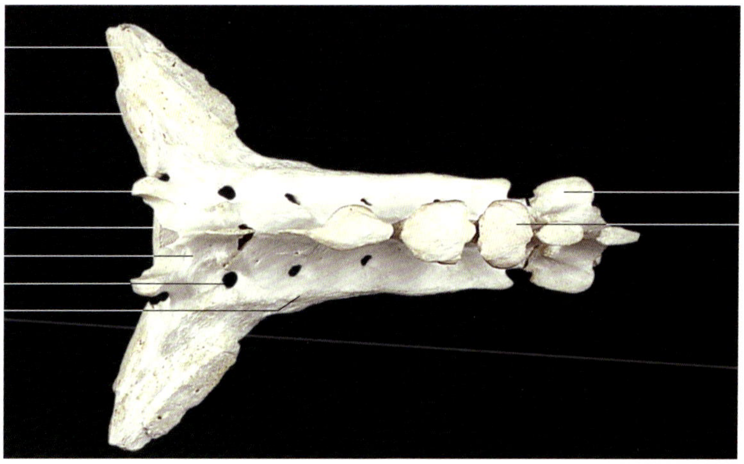

图 2-73 马的荐骨（背侧观）

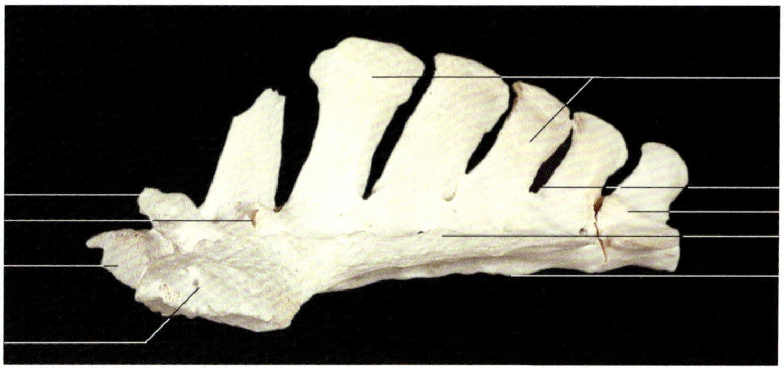

图 2-74 马的荐骨（侧面观）

荐骨**侧部**由荐椎横突融合而成，并形成宽大的荐骨翼，荐骨翼起源于第1荐椎（图2-69、图2-72至图2-74）。食肉动物、猪和小型反刍动物的第2荐椎参与形成荐骨翼。每一荐骨翼的背侧面有一椭圆形区域（耳状面，facies auriculris），其上覆有软骨，与髂骨翼连结形成不动关节。荐骨翼的背侧缘粗糙，供荐髂韧带附着（**荐骨粗隆**，tuberositas sacralis）。

荐骨背侧表面有向尾侧倾斜的**棘突**，且存在较大种属差异（图2-69、图2-73和图2-74）。在食肉动物和马，棘突的游离端分开，而基部则互相愈合。反刍动物的棘突融合形成**荐骨正中嵴**（crista sacralis mediana）。猪的棘突被一不明显的嵴代替。猪和马的荐骨**横突**参与形成**荐骨外侧嵴**（crista sacralis lateralis），该结构在其他家畜中不明显。在反刍动物，关节突的愈合会形成**荐骨中间嵴**（crista sacralis intermedia）。在其他家畜，荐骨中间嵴由一些小的结节所取代。腰荐神经丛经荐背侧孔和荐盆侧孔（foramina sacralia ventralia et doralia）穿出椎管。

2.6.5 尾椎（vertebrae caudales）

尾椎从前到后逐渐减小，且结构逐渐趋于简单，失去了椎骨的一般特征，如椎弓和棘突缺失。最后尾椎呈圆柱状，体积减小。

前段尾椎具有椎骨的典型结构特征，但后段尾椎逐渐退化为简单的圆柱状结构，失去了特征性的结构，尤其是突起。马第2尾椎的棘突分叉，第3尾椎的椎弓不完整，故椎管的背侧开放。横突逐渐退化，从第7尾椎开始，所有突起都消失了，原有突起的位置仅剩小的骨嵴。

为了保护**尾椎**（coccygeal）血管，一些尾椎的腹侧面（反刍动物第1～8尾椎，食肉动物第5～15尾椎）出现**血管突**（processus hemales）。血管突在某些尾椎（牛的第2和第3尾椎，食肉动物第3～8尾椎）上形成**腹侧弓**（**血管弓**，arcus hemalis）（图2-75、图2-76）。荐骨和第1尾椎之间，以及前几枚尾椎之间的椎弓间隙较宽，是进入椎管的入口。

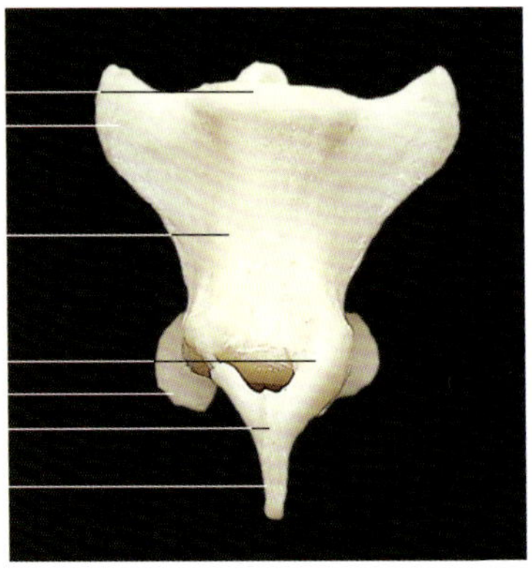

图2-75　犬的第4尾椎（腹侧观）

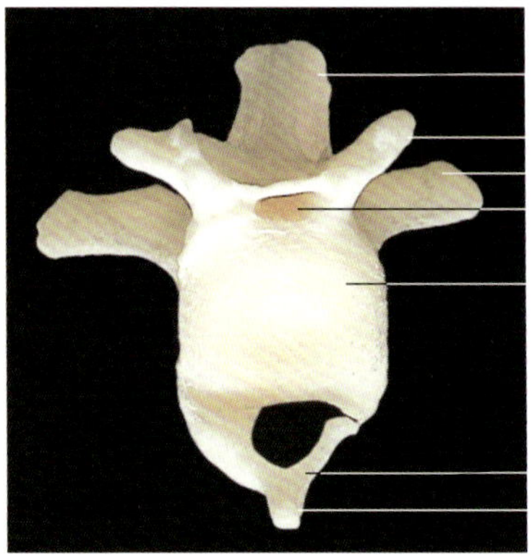

图2-76　犬的第5尾椎（前面观）

2.7 胸廓（skeleton thoracis）

胸廓由**胸椎**（vertebrae thoracicae）、**肋**（costae）和**胸骨**构成（图2-60至图2-62和图2-77）。胸廓包围着**胸腔**（cavum thoracis），其入口为第一对肋骨之间的胸前口（apertura thoracis cranialis）。胸后口（apertuera thoracis caudalis）由两侧的肋弓构成。胸壁由**肋弓**（arcus costalis）、**肋间隙**（spatia intercoatalia）以及左右肋弓的夹角（angulus arcuum coatalium）组成。在食草动物，胸廓前部呈两侧压扁状，后部变宽；但在食肉动物中，胸廓的腹侧宽且深。

2.7.1 肋（costae）

肋构成胸外侧壁的骨性支架，它们成对排列，且有肋间隙。每一肋包括背侧的**骨部**（**肋骨**，os costale）（图2-77）和腹侧的**软骨部**（**肋软骨**，cartilago costalis）（图2-83），二者间

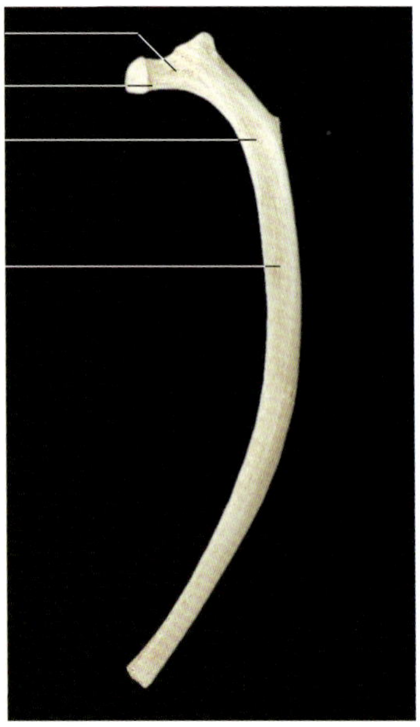

图2-77　犬的肋骨（后面观）

形成**肋骨软骨连结**。

所有肋的背侧部都与胸椎形成关节，而肋软骨与胸骨形成关节的方式有所不同（图 2-81 至图 2-83）。前 7～9 肋直接与胸骨相连，因此被称为**胸骨肋**（costae sternales）**或“真肋”**（costae verae）。其余肋与前方肋软骨结合形成肋弓，间接与胸骨相连。这些肋被称为**非胸肋**（costae asternales）**或“假肋”**（costae spuriae）。最后几对肋的肋软骨末端游离，不附着于相邻的软骨上，称为**“浮肋”**（costae fluctuantes）。犬和猫的最后几对肋常为浮肋。

肋为成对骨，且数量与胸椎一致。食肉动物有 12～14 对肋，猪有 13～16 对，反刍动物有 13 对，马有 18 对。食肉动物的真肋与假肋的比例为 9∶4，猪的为 7∶7(8)，反刍动物的为 8∶5，马的为 8∶10，但这一比例会随着胸椎数量的变化而变化。

所有肋都具有以下基本结构（图 2-77 至图 2-80）：

- 肋骨头（caput costae），具有关节面（肋骨头关节面，facies articulares capitis costae）
- 肋骨颈（collum costae）
- 肋骨结节（tuberculum costae），具有关节面（肋骨结节关节面，facies articulares tuberculi costae）
- 肋骨体或肋骨干（corpus costae）
- 胸骨端

肋骨的椎骨端有一圆形**肋骨头**（caput costae），具有前、后关节面（肋骨头关节面，facies articulares capitis costae），与两相邻椎体的前后肋凹形成关节。两个关节面由沟分开，沟内有肋骨头的关节内韧带附着。肋骨头与肋骨体之间有明显的**肋骨颈**（collum costae），在与肋骨体的连接处有**肋骨结节**（tuberculum costae）。肋骨结节有一关节面（**肋骨结节关节面**，facies articulares tuberculi costae）与相应椎骨的横突形成关节。由于肋骨颈由前向后逐渐缩短（牛除外），因此肋骨头关节面与肋骨结节逐渐靠近，直至汇合，这使最后几对肋的活动性增强。**肋骨体**或**肋骨干**（corpus castae）距肋骨结节较远。肋骨体弯曲程度最大的区域称为肋骨角。肋骨角的面和边缘供躯干肌尤其是呼吸肌附着，肋骨角后缘形成**肋骨沟**（sulci costae），以保护肋间血管和脊神经。

肋骨体的形态和大小存在较大种属差异（图 2-77 至图 2-80）。犬肋骨的弯曲程度大于其他家畜。前 10 对肋的长度逐渐增加，之后逐渐变短。前段肋较平，后段肋较圆。猪的第 2～4 肋骨体明显宽而扁平，之后变细。第 1 对肋的

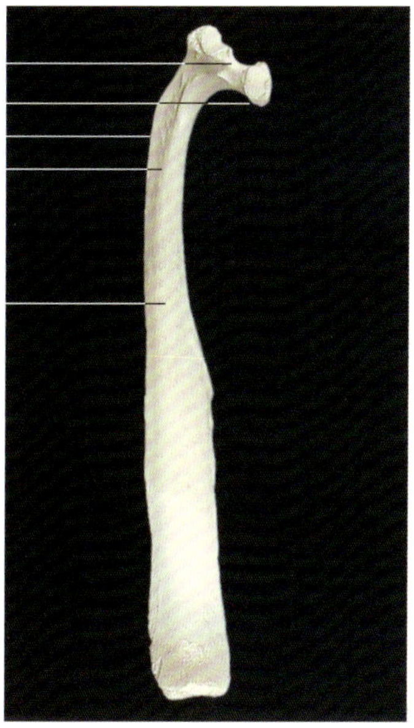

图 2-79　牛的肋骨（后面观）

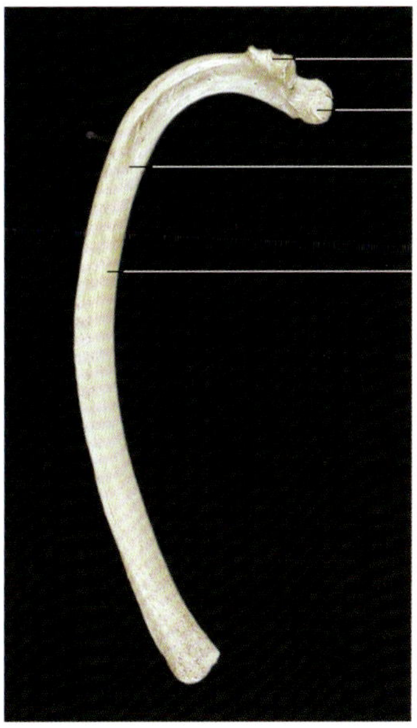

图 2-78　猪的肋骨（后面观）

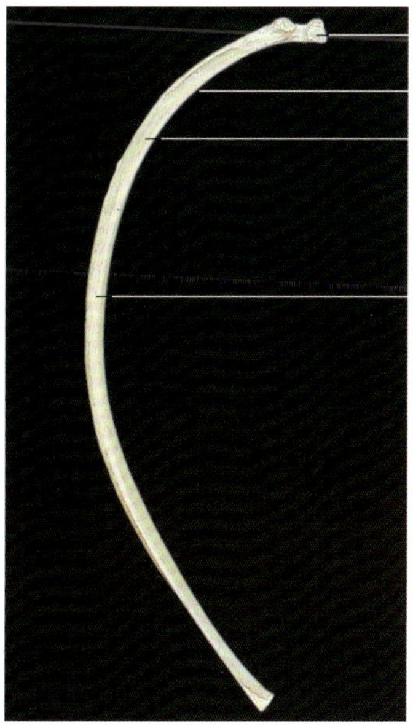

图 2-80　马的肋骨（后面观）

肋软骨很短，与对侧相应的肋软骨相连，形成一个共同关节面，朝向胸骨。反刍动物的肋骨扁平，肋骨缘明显，靠近胸骨处变宽。前 6 或 8 对肋骨最宽，第 7～10 对肋最长。马，前 11 对肋的肋骨弯曲度逐渐增加，其后的弯曲度逐渐减小，但成角逐渐增加。肋骨的宽度从前至后逐渐减小，但厚度逐渐增加。

肋骨体的远端与**肋软骨**（cartilago costalis）连结，形成**肋骨软骨连结**（关节）。在肋骨软骨连结处，肋骨与胸骨形成钝角(图 2-81 至图 2-83)。在食肉动物，该角度仅由肋软骨构成。真肋的肋软骨末端呈圆柱状，与胸骨构成关节。除第 1 对肋与第 1 胸骨节（**胸骨柄**，manubrium sterni）成关节外，每对肋都在相邻胸骨节之间与胸骨相连。假肋的肋软骨通过结缔组织与前方肋软骨相连，形成肋弓。两侧的肋弓相接形成一个角，**剑突软骨**伸入其中。

2.7.2 胸骨

胸骨由一系列不成对的**胸骨节**（sternebrae）借胸骨间软骨（**胸骨软骨联合**，synchondroses sternales）连接而成。在老年动物，胸骨节间借骨化的胸骨间软骨融合为一个整体（图 2-61、图 2-62、图 2-81 至图 2-83）。胸骨可分为 3 部分：

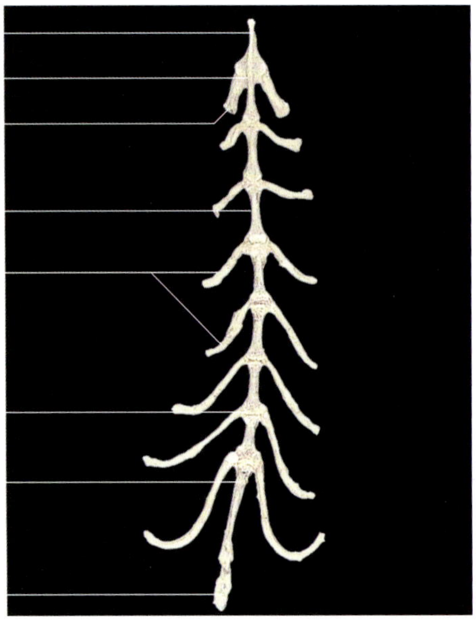

图 2-81　猫的胸骨（背侧观）

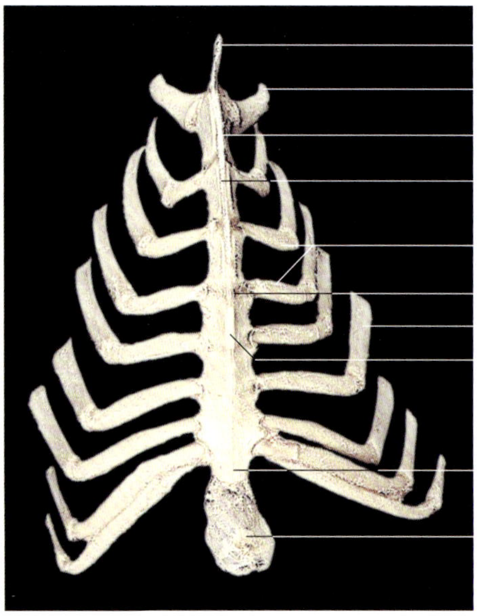

图 2-82　马的胸骨（腹侧观）

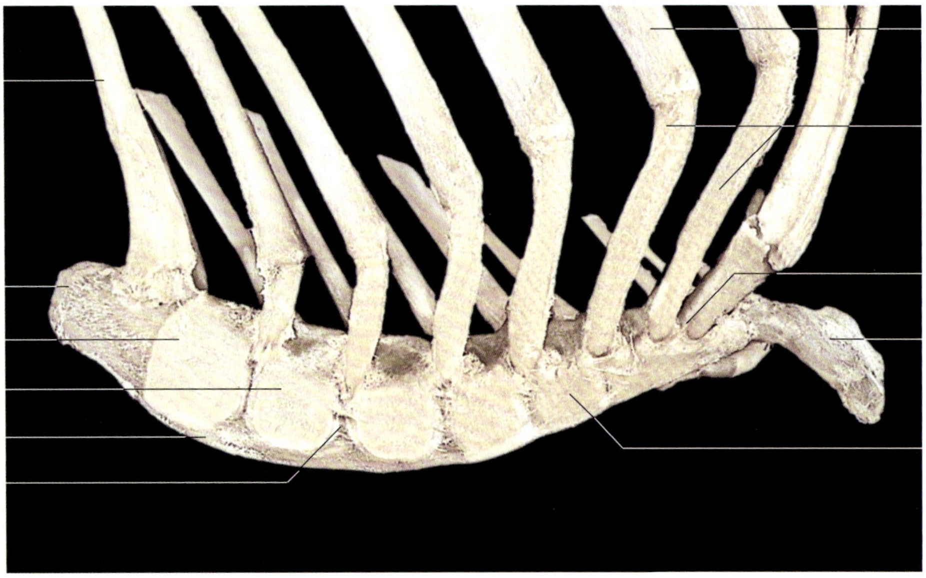

图 2-83　马的胸骨（外侧观）

- 胸骨柄(manubrium sterni)
- 胸骨体(corpus sterni)
- 剑突(processus xiphoideus)

胸骨柄为胸骨的最前端。由于所有家畜的**锁骨**均已退化,所以所有这些动物的胸骨柄都不发达。胸骨柄有第1对肋的关节面。在有些动物的颈根部可触及。胸骨柄的吻端有延长的软骨(**柄软骨**,cartilago manubrii),食肉动物的柄软骨呈短而钝的圆柱体,而马的则为长的、背凸且侧向压扁的形状。反刍动物的柄软骨仅有一薄层软骨,或完全缺失。

食肉动物的**胸骨体**(corpus sterni)呈圆柱体。反刍动物的胸骨体宽而扁,马的胸骨体有一腹侧龙骨(**胸骨嵴**,crista sterni)(图2-81至图2-83)。胸骨体的组成具有种属差异,一般由4~6个胸骨节组成(犬为8~9节,反刍动物和马为7或8节,猪为6节)。猫的胸骨体为圆柱体,犬的呈长方形,且高大于宽。反刍动物和猪的胸骨呈背腹侧压扁状,马的则呈两侧压扁并向腹侧延伸。胸骨体背外侧缘有一系列切迹(**肋切迹**,incisurae costales),可与真肋的肋软骨形成关节。位于尾侧的肋切迹彼此更为靠近,可同时与多个肋软骨形成关节。

最后胸骨是**剑突**(processus xiphoideus),向后延伸为**剑状软骨**(cartilago xiphoidea)。剑状软骨位于两侧肋弓间的腹侧部(剑状软骨区,regio xiphoidea)。反刍动物和马的剑突软骨较为宽大,其他家畜的剑状软骨薄而窄。剑突软骨支持着腹壁的腹前部,供腹白线附着。

2.8 头骨和躯干骨的连结(头骨连结、脊柱连结和胸廓连结)

2.8.1 头骨连结(synchondroses cranii)

幼年动物的头骨借**软骨连结**(synchondroses)相连,随着年龄的增长而骨化为**头骨缝**(suturae capitis)。头骨底部的一些关节仍是软骨,因此,在X射线下终生可见,并以参与形成的头骨名称来命名(如蝶枕软骨连结、蝶岩软骨连结、蝶骨间软骨连结、岩枕软骨连结)。大部分软骨连结均发生骨化,形成不动连结。部分犬种的额骨、顶骨和枕骨是独立的,形成永久性囟门。除了上述的骨缝外,头骨还有**3个连结**:

- 下颌间关节(articulatio intermandibularis)
- 颞舌骨关节(articulatio temporohyoidea)
- 颞下颌关节(articulatio temporomandibularis)

下颌间关节是左、右下颌骨体连结形成的中间骨性连结(**下颌间缝**,sutura intermandibularis),在猪和马形成骨缝。小部分关节区尚未骨化,形成软骨联合。

颞舌骨关节参与构成舌骨附着器的悬吊部分。舌骨附着器由上舌骨、茎突舌骨和鼓舌骨组成,连于颅底。在反刍动物和马,鼓舌骨与茎突相连;在食肉动物,鼓舌骨与乳突相连;在猪,鼓舌骨与颞骨项突相连,分别形成韧带连接或软骨联合。舌骨器的各个部位间形成的关节在前面章节中已叙述。

颞下颌关节是下颌支与颞骨鳞部之间的滑膜关节。颞下颌关节是一种髁状关节,其关节面之间不完全对应。为补偿这种不协调,在关节面之间存在纤维软骨盘(**关节盘**,discus articularis)。猫和犬的颞下颌关节构成基本一致。

颞下颌关节由**下颌骨髁突头**(caput mandibulae)和**颞骨关节面**构成。颞骨关节面包括吻侧的**关节结节**、中部具有横向关节面的**下颌窝**(fossa mandibulais)和尾侧的**关节后突**(processus retroartcularis)。关节囊从关节面的游离缘伸出,并附着于关节盘边缘。因此,关节囊的内滑膜层(membrana synovialis)将关节腔完全分为较大的背侧腔和较小的腹侧腔。关节囊的外纤维层(membrana fibrosa)由致密的**侧韧带**(ligamentum lalerale)和**后韧带**(ligamentum caudale)加固,这些韧带在关节后突和冠突基部之间延伸。食肉动物和猪的颞下颌关节没有后韧带。颞下颌关节的主要活动是上下运动,开张和关闭口裂。下颌骨也可进行有限的侧磨和前后活动。咀嚼方式存在较大种属差异,并受咀嚼肌的影响。

2.8.2 脊柱、胸廓和头骨的连结(articulationes columnae vertebralis, thoracis et cranii)

脊柱、胸部和头骨之间的关节可分为:

- **脊柱和头骨之间的关节**
  - 寰枕关节(articulatio atlanto-occipitalis):头骨和寰椎之间的关节
  - 寰枢关节(articulatio atlantoaxialis):寰椎和枢椎之间的关节
- **相邻椎骨之间的关节**(椎间连结,symphysis intervertebralis)
- **胸椎和肋之间的关节**(肋椎关节,articulationes costovertebralis)
  - 肋骨头与相应椎骨之间的关节(肋骨头关节)
  - 肋骨结节与相应椎骨之间的关节(肋横突关节)

- **胸廓的关节**(articulationes thoracis)
  - 胸骨与肋软骨之间的关节(肋胸关节,articulationes sternocostales)
  - 肋骨与肋软骨之间的关节(肋软骨关节,articulationes costochondrales)
  - 肋软骨之间的关节(软骨内关节,articulationes intrachondrales)
  - 各胸骨之间的关节(胸骨软骨连结,synchondroses sternales)

头骨和脊柱之间的关节负责头部的活动,包括枕骨和寰椎之间的**寰枕关节**以及寰椎和枢椎之间的**寰枢关节**(图2-86)。这两个关节的活动是统一整体,因为二者组成了头骨和脊柱间的一个功能单位。

寰枕关节由2个**椭圆关节**(articulationes ellipsoideac)组成,其由**枕髁**(condyli occipitales)和寰椎相应的关节面(**前关节凹**,foveae articulares craniales)构成(图2-84和图2-85)。每个关节均有独立的关节囊(capsula articularis),附着在关节面周围。这两个关节腔的背侧是分开的,但食肉动物、反刍动物以及老龄猪和马的这两个关节腔从腹侧汇合。食肉

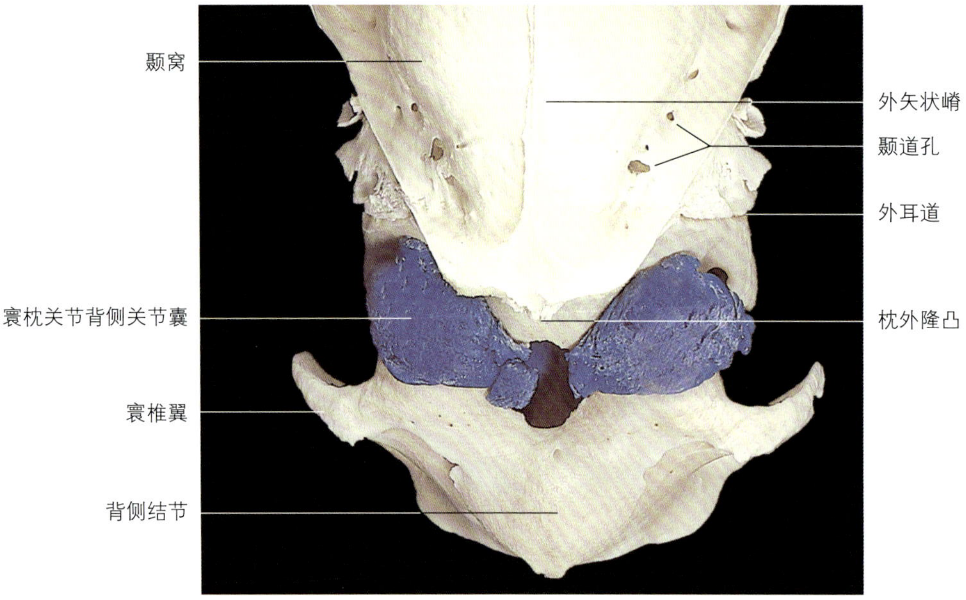

图2-84 马头骨寰枕关节丙烯酸铸型(背侧观)

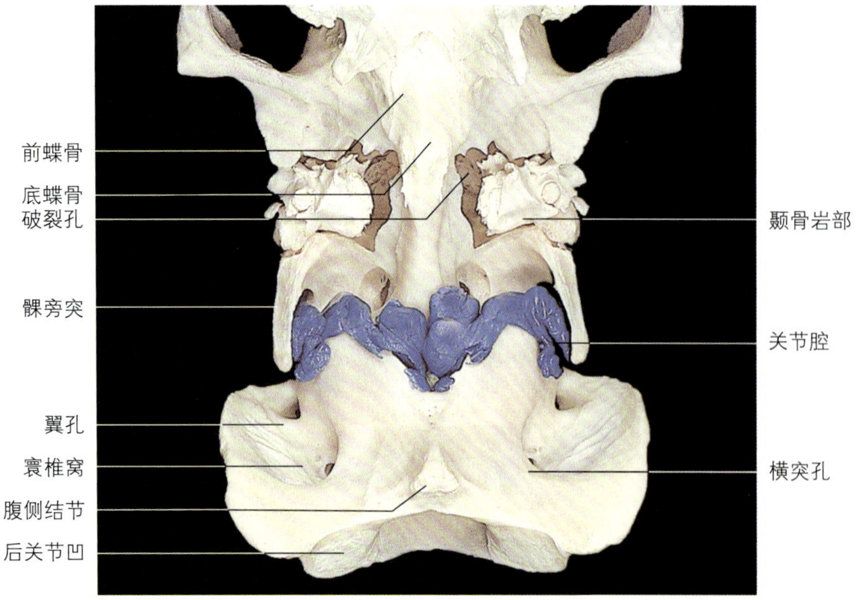

图2-85 马头骨寰枕关节丙烯酸铸型(腹侧观)

动物的寰枕关节与寰枢关节共用一个关节腔。

寰枕关节的功能由若干关节韧带(ligamenta articularia)维持,包括连结枕髁旁突内侧面与**寰椎翼**(alae atlantis)根部的**外侧韧带**。关节囊的背侧和腹侧由独立的、宽大纤维组织,即寰枕背侧膜(membranae atlanto-occipitalis dorsalis)和腹侧膜(membranae atlanto-occipitalis ventralis)加固。它们覆盖枕骨和寰椎之间的关节间隙(**寰枕间隙**,spatium atlanto-occipitale)。

关节面的形状决定了寰椎和头骨间的活动仅限在矢状面上进行屈伸。

寰枢关节是一个**枢关节**(articulatio trochoidea),由枢椎齿状突和寰椎相应的腔(**齿突凹**,fovea dentis)构成(图 2-86)。关节面由**寰椎的后关节面**(foveae articulares caudales)和**枢椎的前关节面**(foveae articulares eraniales)构成。所有关节成分都位于一个共同的关节囊内,从而形成一个单独的滑膜腔。关节面的这一特殊解剖学结构决定了关节可沿齿状突纵轴进行旋转活动。韧带连结的方式具有种属特异性。

关节囊外侧由延伸于寰椎和枢椎椎弓之间的**寰枢背侧膜**(membrana atlantoaxialis dorsalis)加固。在寰椎背侧结节和枢椎棘突之间,有富有弹性的**寰枢背侧韧带**。枢椎齿状突由其他韧带(**翼韧带**,ligamenta alaria)加固,这些韧带起于齿状突,在反刍动物和马附着于寰椎腹侧弓内表面,在食肉动物则附着于髁突内侧面,在猪则附着于枕骨大孔边缘。

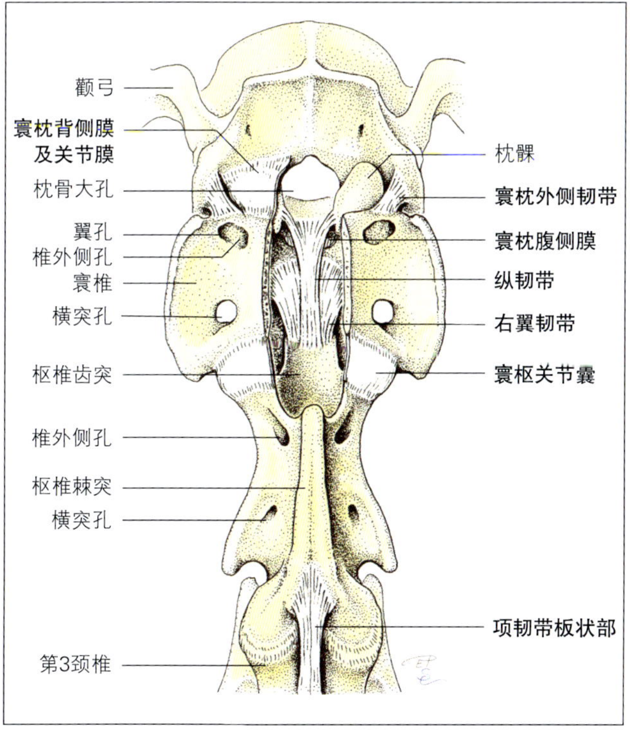

图 2-86 马寰枕关节和寰枢关节的韧带和关节囊(示意图、背侧面)。仿 Ellenberger 和 Baum(1943)

反刍动物和马的关节囊由**寰枢腹侧韧带**(ligamentum atlantoaxiale ventrale)加固,后者延伸于寰椎腹侧结节和枢椎腹侧棘之间。反刍动物和马的椎管内有纵韧带,从齿状突的背侧面呈扇形发出,止于枕骨基底部和枕髁。

在猪和食肉动物,**寰椎横韧带**(ligamenlum transversum atlantis)将齿状突固定于寰椎,这可防止齿状突相对于椎管的过度运动,同时也保护延髓免受致命的机械损伤。

2.8.3 椎间连结(articulationes columnae vertebralis)

脊柱包含软组织、软骨及骨性组织等多种成分,分别执行不同的功能。两相邻椎骨间有软骨盘,它们之间的连结和韧带形成一个**功能单位**,可将四肢运动时的推力传到躯体。此外,经椎间孔离开椎管的神经和血管以及颈部、胸部、腰部和荐部的肌肉也参与构成**功能单位**。**椎间连结**(articulationes columnae vertebralis)包括椎体间连结(symphyses intervertebrales)和关节突与关节面之间的滑膜连结(articulationes proccssuum articularium)。两相邻椎骨的**椎头**和**椎窝**之间通过**椎间盘**(disci intervertebrales)相连(图 2-87 和图 2-88)。椎骨的前后关节突之间的关节为**平面关节**(articulationes planae)。每个椎骨通过长韧带、短韧带、连续的项韧带(除猫和犬外)以及棘上韧带(所有物种)连结而成。这些韧带将在后面章节详述。

椎间盘的形态和长度对整个脊柱的结构和形状有显著影响。椎间盘的厚度从胸椎到腰椎逐渐减小,至腰椎达到最小厚度。在颈椎,椎间盘的背侧比腹侧薄。

每一椎间盘由**髓核**(nucleus pulposus)和**纤维环**(anulus fibrosus)两部分组成。纤维环被纤维组织覆盖(图 2-87 和图 2-88)。在幼年动物,椎间盘由血管提供能量;在老年动物,给椎间盘供能的血管发生退化,转由邻近组织为其供能。纤维环的环状纤维束从一个椎骨斜向另一椎体,与覆盖在椎体端的软骨融合。

纤维围绕着椎骨的纵轴排列为几个螺旋层(椎板,laminae),并在连续的螺旋层之间改变方向。这种解剖学结构维持了椎间盘的稳定性,减少相邻椎骨间的活动性。

马胸椎椎间盘的平均厚度为 2～3 mm,除第 1 和第 2 胸椎的椎间盘外,其椎间盘厚度为邻近椎间盘厚度的 2 倍。髓核位于脊柱轴的功能中心,处于受压状态,并将所承受的压力分散到其他椎骨。这将使周围纤维环以及腹侧和背侧韧带处于紧张状态。

椎间盘的厚度在很大程度上决定了脊柱的灵活性。然而,随着年龄的增长,椎间盘往往会出现退行性变化。最常见的情况是,髓核在持续压力的作用下挤压脆弱的纤维环,引起纤维环向椎管突出或形成疝(图 2-89)。若纤维环断裂,髓核就会脱垂进入椎管,在椎管内可能撞击脊髓或压迫神经和血管。

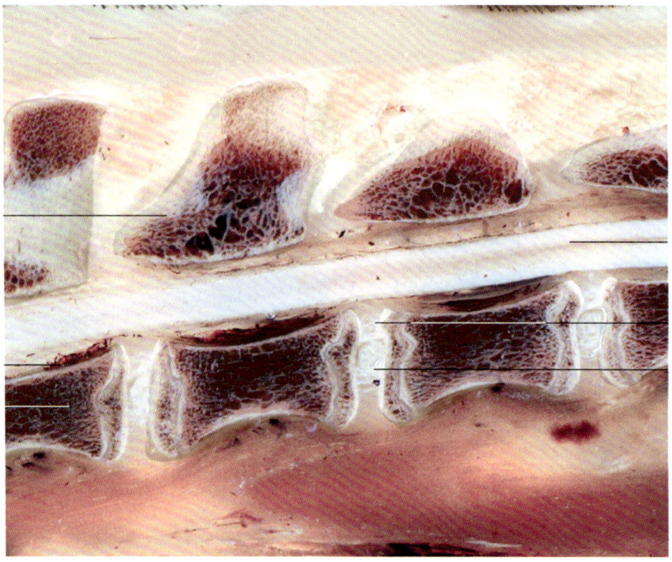

图 2-87 犬腰椎椎间盘(正中矢状面)

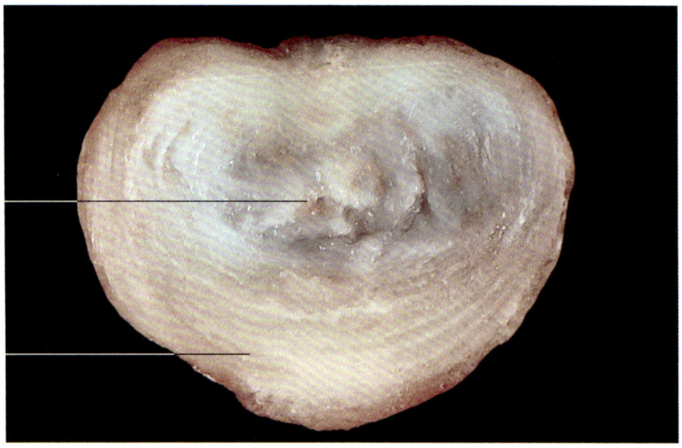

图 2-88 犬腰椎椎间盘

脊柱韧带

脊柱韧带可分为短韧带(连接相邻椎骨)和长韧带(跨越多个椎骨,形成功能单位)(图 2-90 至图 2-95)。

当头部高举时,**项韧带**可支撑头部的大部分重量,从而减轻头部和颈部肌肉的负荷。强大的项韧带和发达的颈部肌肉,导致供其附着的胸椎棘突更加发达。犬的项韧带起于枢椎,反刍动物和马的项韧带起于枕骨,向后延续为**棘上韧带**(ligamentum supraspinale)(图 2-92 和图 2-93)。猫和猪没有项韧带,但都有棘上韧带。

项韧带(ligamentum nuchae)可细分为:

短韧带:

- **椎弓间韧带**(黄韧带,ligamenta flava),是填充于椎弓间隙的弹性韧带。有助于支持躯干和臀部肌的重量,辅助背部肌运动
- **横突间韧带**(ligamenta intertransversaria),延伸于腰椎横突之间。在横向屈曲和旋转时被拉紧
- **棘间韧带**(ligamenta interspinalia),延伸于椎骨棘突之间。马脊柱前部和牛脊柱后部的棘突间韧带富有弹性,但食肉动物胸椎和腰椎的棘间韧带则是肌性韧带。可防止椎骨向背侧移动,同时限制脊柱向腹侧屈曲

长韧带:

- **背侧纵韧带**(ligamentum longitudinale dorsale),沿椎管底部从枢椎齿状突延伸到荐骨,并与每一椎间盘相连
- **腹侧纵韧带**(ligamentum longitudinale ventrale),延伸于第 8 胸椎至荐骨的腹侧,并与每一椎间盘相连

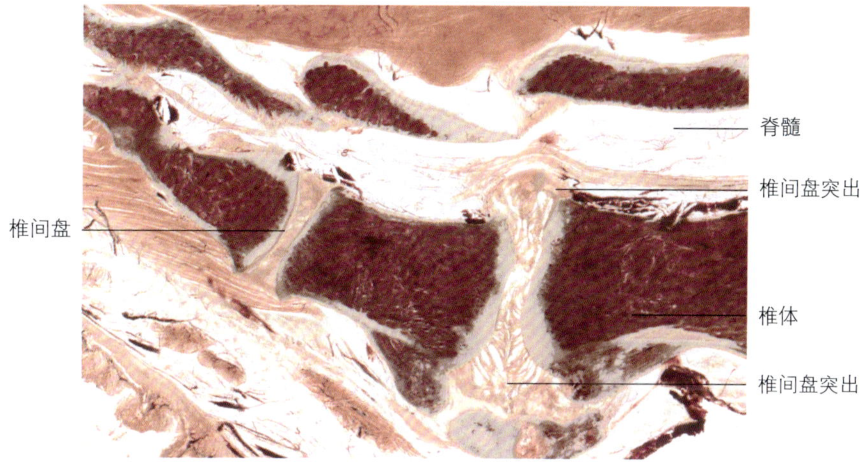

图 2-89 犬的腰椎间盘(正中面,E-12 塑化切片)(西班牙穆尔西亚 R. Latorre 教授博士提供)

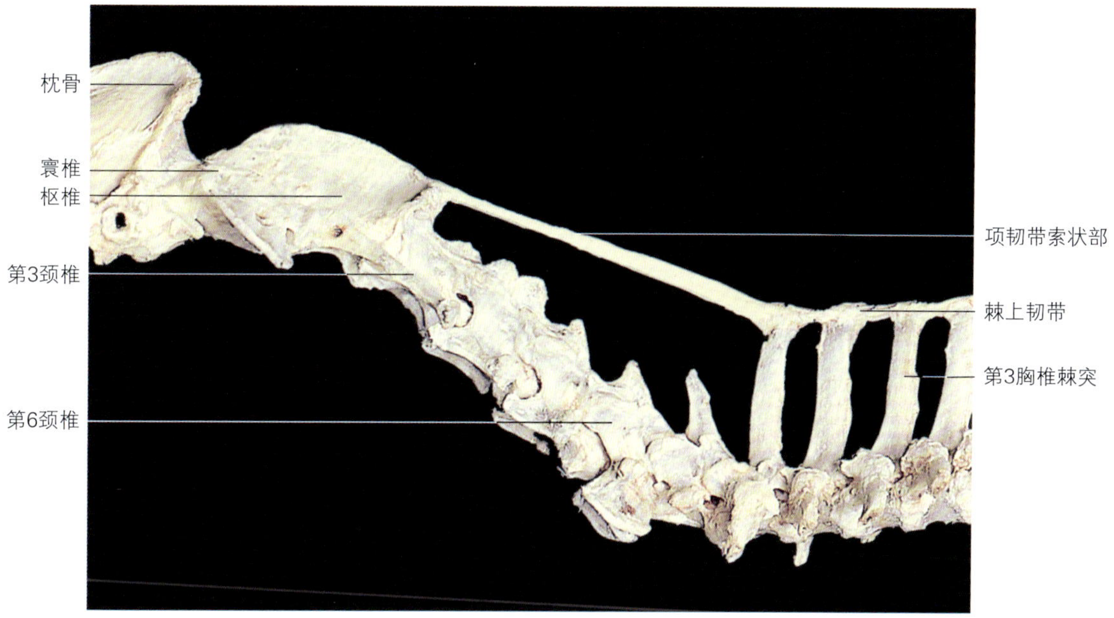

图 2-90 犬的项韧带和棘上韧带(外侧面)

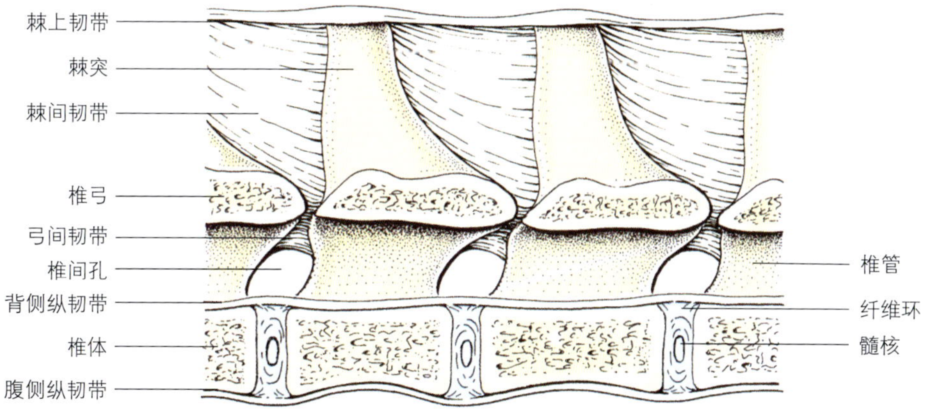

图 2-91 腰椎的长韧带和短韧带(示意图,旁正中面)。仿 Ghetie(1954)

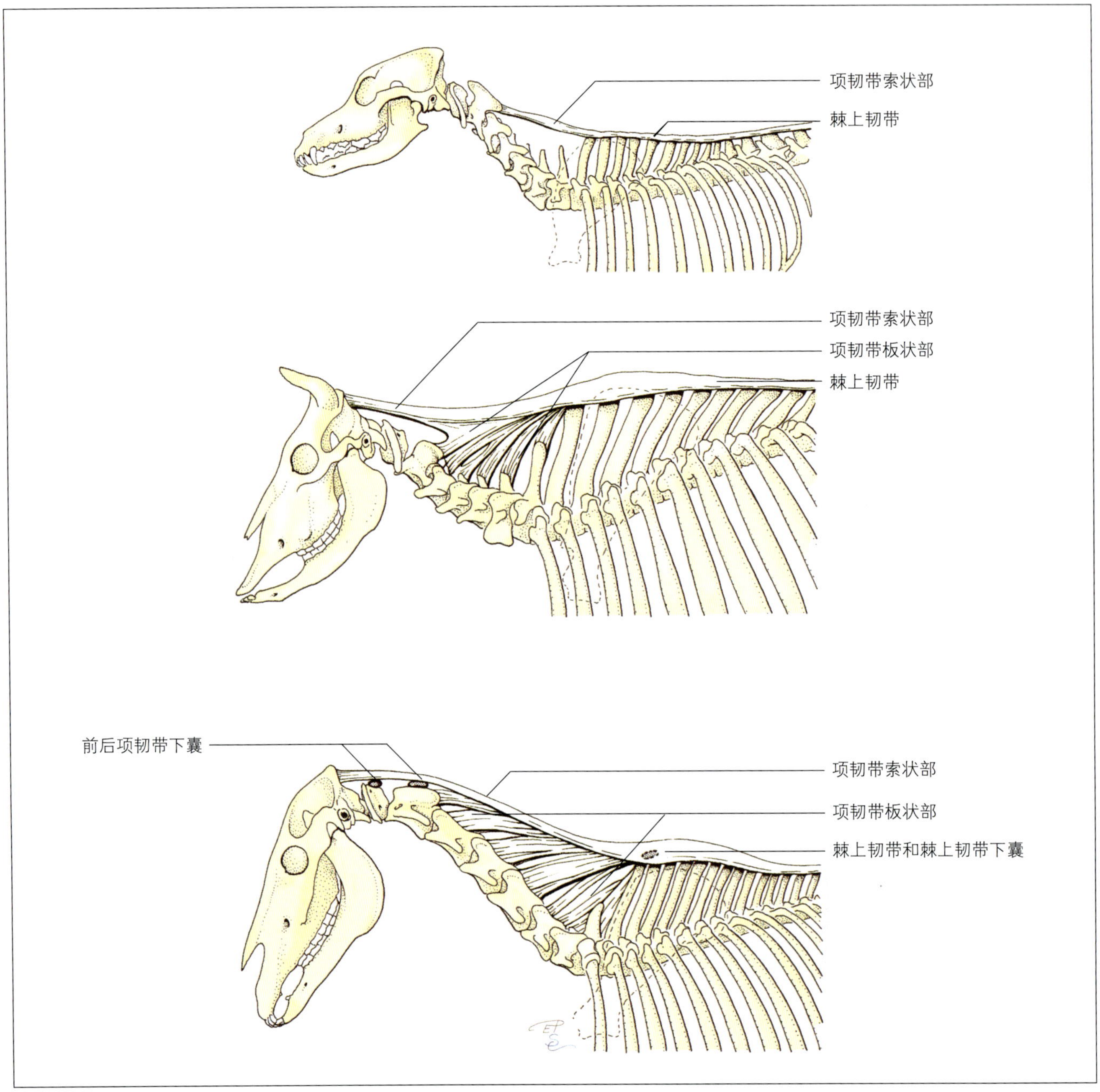

图 2-92　犬、牛、马的项韧带和棘上韧带（示意图、外侧面）。仿 Ellenberger 和 Baum（1943）

- **项韧带索状部**（funiculus nuchae）
- **项韧带板状部**（lamina nuechae）
- **棘上韧带**（ligamentum supraspinale）

犬的项韧带由成对的**项韧带索状部**构成，后者始于枢椎棘突的后面并止于第 1 胸椎的棘突，然后继续向后延续为棘上韧带。棘上韧带附于第 3 荐椎之前的椎骨棘突游离端。

反刍动物的项韧带由**项韧带索状部**和**项韧带板状部**构成。成对的索状部起于枕外隆凸，向尾侧呈扇形到达枢椎并形成成对的板状部，附着于前段胸椎棘突的两侧，形成鬐甲的基础。其继续向尾侧延续，成为棘上韧带。成对的项韧带板状部前段起于第 2～4 颈椎的棘突，并向腹侧融入项韧带索状部。项韧带板状部后段不成对，位于索状部的腹侧，从第 5～7 颈椎棘突延伸至第 1 胸椎的棘突。

马的项韧带由成对的**项韧带索状部**和**板状部**构成。索状部起自枕外隆突（图 2-92、图 2-94 和图 2-95）。在第 3 颈椎处与板状部相连，并止于第 4 胸椎棘突。索状部在鬐甲处变宽，继续向后延续为棘上韧带，直至荐骨。

项韧带板状部起自枢椎棘突，逐次连接颈椎的背侧结

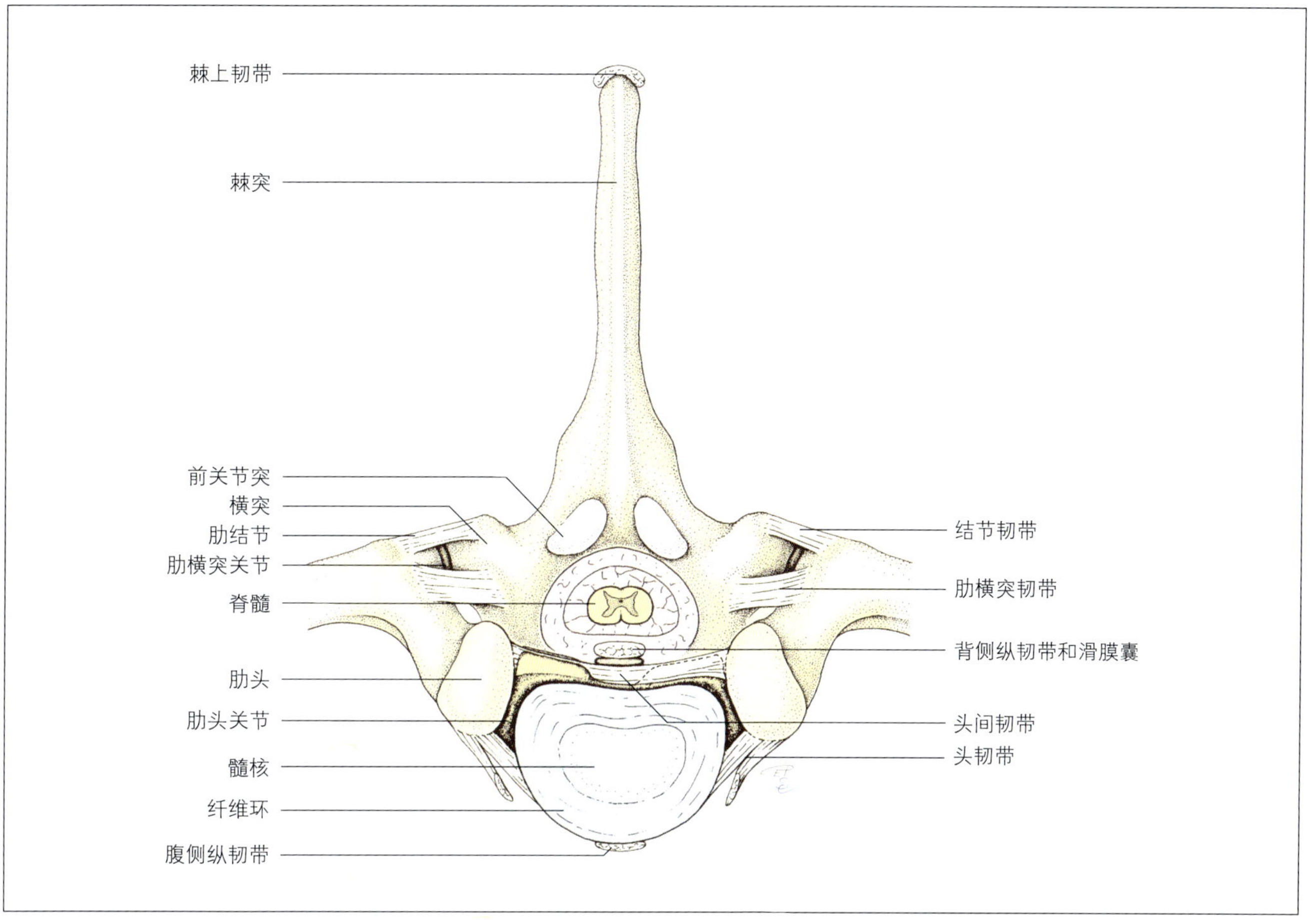

图 2-93　马的肋椎关节韧带(示意图,前面观)(维也纳 Sabine Breit 博士、教授和 W. Künzel 博士、教授提供)

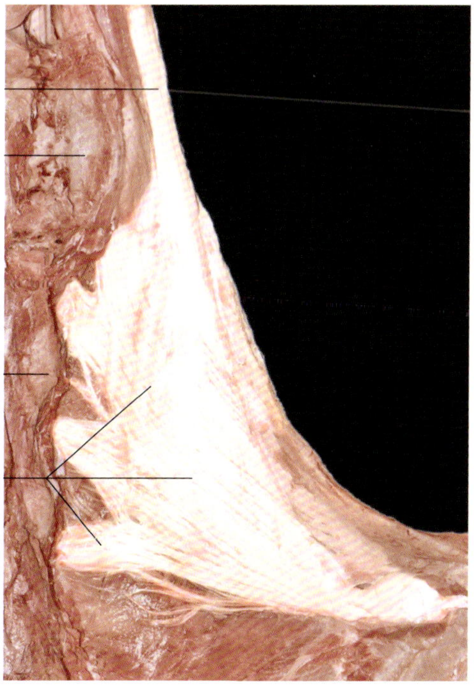

图 2-94　马项韧带的矢状面(外侧观)(乌拉圭 W. Pérez 博士、教授提供)

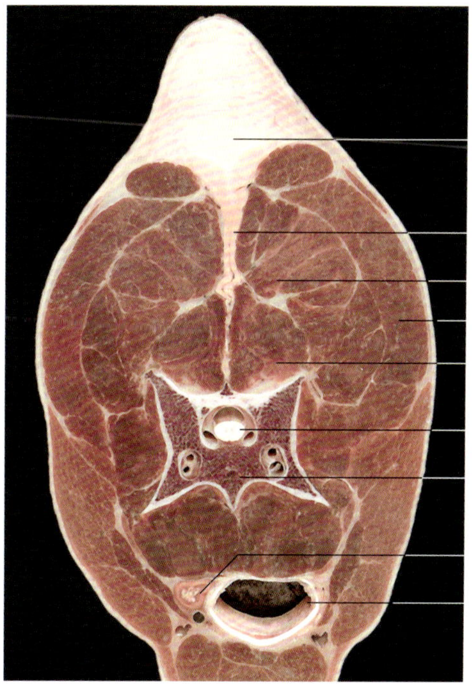

图 2-95　马的颈部及项韧带的横断面(后面观)

节以及最后颈椎的棘突，向尾侧呈扇形融入索状部，最后止于第 1 胸椎的棘突。

在项韧带和第 2 或第 3 胸椎间有一囊状结构，即**棘上囊**（bursa subligamentosa supraspinalis）。棘上囊位于活体动物肩胛棘结节上方的垂直线上，在某些马的项韧带和寰椎或枢椎之间可能有其他滑囊（前项韧带下滑囊，或后项韧带下滑囊）（图 2-92）。

2.8.4 肋椎关节（articulationes costovertebrales）

大部分肋骨与相对应的椎骨形成 2 个关节，二者为铰链关节，有助于扩大和缩小胸腔。这些关节越近，其活动性越大，后段肋骨具有最大的活动性。

肋骨头关节（articulatio capitis costae）为球形关节，肋骨头的两个关节面与相邻两个胸椎的肋窝构成关节（第 1 肋骨的肋窝由最后颈椎与第 1 胸椎形成）（图 2-93）。椎间盘与肋骨头的关节间沟相连。每个关节都有独立的关节囊，由**韧带纤维**（肋骨头辐状韧带，ligamentum capitis costae radiatum）加固，形成两个独立的关节腔（图 2-93）。**肋骨头间韧带**（ligamentum intercapitale）起自肋骨头，在背侧纵韧带下方越过椎间盘背部，止于对侧的肋骨头。肋骨头间韧带被认为在椎间盘突出的发病机理中起重要作用。联系大部分后段肋骨的韧带小于其他韧带，在软骨营养障碍性动物中发育不良，这是此类动物椎间盘疾病高发的原因。韧带通过滑膜与椎间盘联系。肋骨头间韧带与其背侧的背侧纵韧带之间有一个囊。

肋横突关节是由肋骨结节的关节面和相应胸椎横突组成的可动关节。

2.8.5 胸壁关节（articulationes thoracis）

肋软骨关节（articulationes costochondrales）是肋骨与肋软骨之间形成的关节。在食肉动物和马，该关节形成软骨联合；但在猪和反刍动物，这一关节形成牢固的关节。前段肋软骨直接与胸骨相连，形成**肋胸关节**（articulationes sternocostales）；假肋的肋软骨借弹性软组织连到一起，形成**肋弓**（arcus costalis）。

肋胸关节（articulationes sternocoatales）为髁状关节，功能上为屈戌关节。由真肋软骨的髁状胸骨端和相对应的胸骨关节窝组成。在猪和马，第 1 对肋在胸骨剑柄上形成一共同关节腔，而其他真肋的关节面则位于胸骨节片的两侧，其外有关节囊。

在年轻动物，各胸骨间借**胸骨间软骨**（synchondroses sternales）相连，随年龄增长逐渐骨化。胸骨软骨连结包括胸骨间软骨连结、柄胸软骨连结和剑状软骨连结。反刍动物和猪的胸骨柄借滑膜关节与胸骨体相连（**柄胸滑膜关节**，articulatio synovialis manubriosternalis）。**胸骨韧带**（ligamentum sterni）位于胸骨的背侧表面，在反刍动物和猪中，它起源于第 1 对肋骨的尾侧，向后延续，逐渐增宽并止于剑状软骨。马的胸骨韧带分为 3 个分支，止于最后真肋和剑状软骨中。有些食肉动物没有胸骨韧带。

2.9 脊柱小结

脊柱的活动性随部位而异。颈椎的活动性最大，其关节面大，且呈水平方向，关节囊疏松，可大幅度地进行侧向、腹向、背向和旋转运动。在胸椎和腰椎，其活动性由前向后逐渐减小。前段胸椎可以进行旋转运动，后段胸椎受限于进行背腹侧屈曲运动。在马，腰椎的横突间关节使其能够进行有限的侧向运动。

腰荐关节（articulation lumbosacralis）由最后腰椎和荐骨组成，有椎间盘和髂腰韧带。

单个荐椎的突起减少，其椎体和椎间盘愈合为一个整体，即荐骨。荐骨可将来自后肢的推力更有效地传递到臀部。尾椎具有较大活动性，各椎体通过椎间盘相连。

3 头、颈和躯干部的筋膜和肌肉

H.-G. Liebich, J. Maierl 和 H. E. König

3.1 筋膜

头部和躯干表面均被广泛分布的结缔组织膜所包裹。这些结缔组织筋膜结构或位于躯体深层结构与皮肤之间，或覆盖于肌肉表面，或延伸于肌肉之间。它们常作为肌肉的附着点，并为肌肉运动创造有利条件。躯体的某些深层结构，如食管、气管或唾液腺表面也覆有筋膜。筋膜也包裹于皮肌（mm. cutanei）表面，并为血管、神经和淋巴管的通过提供通道。

通常，筋膜系统包括浅层和深层。依据其位置可进一步分为：

- **头、颈和躯干部的浅筋膜：**
  - 头部浅筋膜（fascia capitis superficials）
  - 颈部浅筋膜（fascia cervocalis superficials）
  - 躯干部浅筋膜（fascia trunci superficials）
- **头、颈和躯干部的深筋膜：**
  - 头部深筋膜（fascia capitis profunda）
  - 颈部深筋膜（fascia cervicalis profunda）
  - 躯干部深筋膜（fascia trunci profunda）
  - 胸腰部筋膜（fascia thoracolumbalis）
  - 棘横筋膜（fascia spinocostotransversalis）
- **尾部深筋膜**（fascia saudae profunda）

3.1.1 头、颈和躯干部的浅筋膜

头部浅筋膜呈面具样覆盖于头部表面，并呈圆筒状向颈部延伸。头部浅筋膜位于皮肤之下。食肉动物的头部浅筋膜可与皮肤分开，而反刍动物和马的头部浅筋膜附着于面骨，并与鼻骨和额骨处的皮肤融合。头部浅筋膜覆盖于腮腺、咬肌（m. masseter）和颞肌（m. temporalis）表面，并包裹头部皮肌和部分耳廓肌。头部浅筋膜向吻侧延伸，与颊部和鼻部肌肉融合；头部浅筋膜向腹侧延伸，覆盖于下颌区和喉区表面。

颈部浅筋膜分2层。**浅层**覆盖于颈部浅层肌肉(颈皮肌、臂头肌、斜方肌)的表面，**深层**包裹在胸腹侧锯肌、夹肌及**颈总动脉**（a. carotis communis）表面。该处筋膜向背侧汇入项韧带，并作为肩部和躯干筋膜向尾部延续。

躯干部浅筋膜分布相当广泛，包含躯干皮肌（m. cutaneus trunci）。胸部和腰部的浅筋膜呈辐射状排列，形成胸腰筋膜。在反刍动物和马，躯干筋膜附着于椎骨背侧棘突；在食肉动物，两侧的躯干筋膜在背侧汇合。对于营养条件良好的动物，在筋膜下可见大量脂肪沉积。躯干部筋膜向腹侧延伸，与胸部肌肉和腹白线融合，并继续向远端延伸为四肢筋膜。

3.1.2 头、颈和躯干部的深筋膜

头部深筋膜分布于大部分下颌骨表面，部分与浅筋膜融合形成**颊咽筋膜**（fascia buccopharyngealis）。颊咽筋膜的深层附着于颊壁，其浅层在咬肌下方的面部肌群表面穿过，止于面嵴。有些头部肌肉被深筋膜单独包裹，如颊肌（m. buccinator）和犬齿肌（m. caninus）。颊咽筋膜向尾侧延续为**颞筋膜**（fascia temporalis），覆盖于颞肌表面并附着于眼眶、颧弓和**咽颅底筋膜**（fascia pharyngobasilaris）。咽基底筋膜在翼状肌、下颌骨背侧缘和舌骨器之间延伸。在鼻背区域，头部的深筋膜和浅筋膜融合。在食肉动物，深筋膜与顶骨外表面的骨膜融合。头部深筋膜通常位于大的浅表血管下方。

颈部深筋膜分为两层。浅层附着于寰椎翼、头长肌（m. longus capitis）和斜角肌（m. scalenus）表面。深筋膜浅层向腹侧延伸，包裹于食管、喉返神经、迷走交感神经干和颈总动脉表面；向头侧延伸，附着于舌骨器和咽颅底筋膜；向尾侧延伸，附着于第一肋和胸骨。深筋膜深层起于横突间肌，包裹于颈长肌表面。马的深筋膜深层还构成咽鼓管囊的纵隔。

躯干部深筋膜相对较强韧，且大部分富含腱组织。许多躯干肌肉以腱膜起源于深筋膜。覆于胸、腰部的躯干部深筋膜称为**胸腰筋膜**。胸腰筋膜还附着于胸椎、腰椎和荐椎的棘突、棘上韧带、荐结节、髂嵴和髋结节。部分

胸腰筋膜的强韧部分形成背阔肌(m. latissimus dorsi)和后背侧锯肌(m. serratus dorsalis caudalis)的腱膜。胸腰筋膜向前腹侧延伸为**腋窝筋膜**(fascia axillaris);向尾侧延伸为**臀筋膜**(fascia glutea);向腹侧延伸为**腹黄膜**(tunica flava abdominis),大型食草动物的腹黄膜主要由弹性纤维构成。在腹股沟区,胸腰筋膜的几个纤维分支形成**阴茎悬韧带**(ligamentum suspensorium)和**乳房悬韧带**(apparatus suspensorius mammarius)。

肩胛区的躯干部深筋膜称为**棘横筋膜**(fascia spinocostotransversalis)。马的棘横筋膜有3层。棘横筋膜分别起源于前5枚胸椎棘突(脊柱部分),以及前8对肋与相应胸椎横突(肋横部分)。**棘横筋膜浅层**附着于腹侧锯肌,并参与对两前肢的固定;**棘横筋膜中间层**包围并分离背部外侧肌肉(最长肌、髂肋肌);**棘横筋膜深层**构成内侧肌群(半棘肌)的附着点。

躯干部深筋膜也形成了**躯干内筋膜**。这些筋膜位于体壁肌肉的深面,并与体腔的浆膜相融合。位于胸腔的称为**胸内筋膜**(fascia endothoracica),位于腹腔的称为**腹横筋膜**(fascia transversalis),位于盆腔的称为**盆腔筋膜**(fascia pelvica)。**髂筋膜**(fascia iliaca)覆盖腰部深层肌肉的表面。

尾部深筋膜起源于臀部筋膜,其远端与浅筋膜融合。尾部深筋膜延伸于尾部肌肉之间,并附着于尾椎骨。

3.2 皮肌(musculi cutanei)

皮肌是一薄层肌,与筋膜紧密相连。皮肌与筋膜共同构成覆盖躯体大部的弹性筋膜鞘。皮肌的主要功能是紧张和抖动皮肤。在食肉动物中,它还能引发嘴唇、鼻和耳的细微运动。皮肌可分为头皮肌、颈皮肌和躯干皮肌。

3.2.1 头皮肌(musculi cutanei capitis)

头皮肌位于头部的浅筋膜内,构成面部浅层肌肉组织的一部分。头皮肌(图3-1至图3-3)受面神经支配。头皮肌包括:

- 颈浅括约肌(m. sphincter colli superficialis)
- 面皮肌(m. cutaneus faciei)
- 颈深括约肌(m. sphincter colli profundus)
- 额肌(m. frontails)

颈浅括约肌是一条薄的横向肌带,在食肉动物中,它在头颈交界处沿着喉部的腹侧延伸,收缩时可紧张该区域筋膜。**面皮肌**分布广泛,位于咬肌表面,收缩时可紧张头部皮肤,并向后牵拉口角。**颈深括约肌**位于头与颈部侧面的颈阔肌和面皮肌的深层,收缩时可紧张喉部浅筋膜。**额肌**(m. frontalis)见于食肉动物、反刍动物和猪,与前额皮肤运动有关。

3.2.2 颈皮肌(musculi cutanei colli)

颈皮肌受面神经颈支(ramus colli)支配。根据其所处位置和功能,颈皮肌(图3-1至图3-3)可分为:

- 颈浅括约肌(m. sphincter colli superficialis)
- 颈阔肌(platysma)
- 颈深括约肌(m. sphincter colli profundus)
- 颈皮肌(m. cutaneus colli)

颈浅括约肌仅见于食肉动物,是头部颈浅括约肌的延续,覆于头至胸部的颈腹侧表面。食肉动物和猪的**颈阔肌**非常发达,最终汇入面皮肌。颈阔肌负责牵拉颈背侧和外侧的皮肤。**颈皮肌**位于颈腹侧,起于胸骨柄,覆于颈静脉沟的表面,食肉动物无此肌肉。

3.2.3 躯干皮肌(musculi cutanei trunci)

躯干皮肌(图3-1至图3-3)包括:

- 腹部皮肌(m. cutaneus trunci)
- 肩臂皮肌(m. cutaneus omobrachialis)
- 包皮肌(mm. praeputiales)
- 乳房上肌(mm. supramammarii)

腹部皮肌分布广泛,覆盖胸、腹壁的外侧、腹侧和背侧。食肉动物的两侧腹部皮肌在背侧汇合。腹部皮肌覆盖背阔肌前部,与之形成肌腋弓。两侧腹部皮肌的肌纤维在胸骨柄的腹部汇合。公犬腹部皮肌形成纤维状分支,覆于包皮上,称为包皮肌。母犬腹部皮肌覆于乳腺,称为乳房上肌。在大型动物中,腹部皮肌局限于躯干腹侧,不超出腹肋褶。在躯干浅表筋膜辅助下,腹部皮肌的收缩能紧张和抖动皮肤。

肩臂皮肌是腹部皮肌在前肢的延伸,覆于反刍动物和马的肩、臂部的外侧面,并紧张该区域的皮肤。

包皮肌见于食肉动物、猪和反刍动物,公牛的包皮肌十分发达。它们可分为前、后两部,可向前和向后牵拉包皮。

乳房上肌是雌性食肉动物的一对肌肉,从剑突延伸到耻骨区,覆于乳房表面,并能紧张该区域的皮肤。

3.3 头部肌(musculi capitis)

头部肌可以根据其胚胎起源、神经支配或功能进行命名。本书使用的肌肉命名系统是基于肌肉的胚胎起源(来自

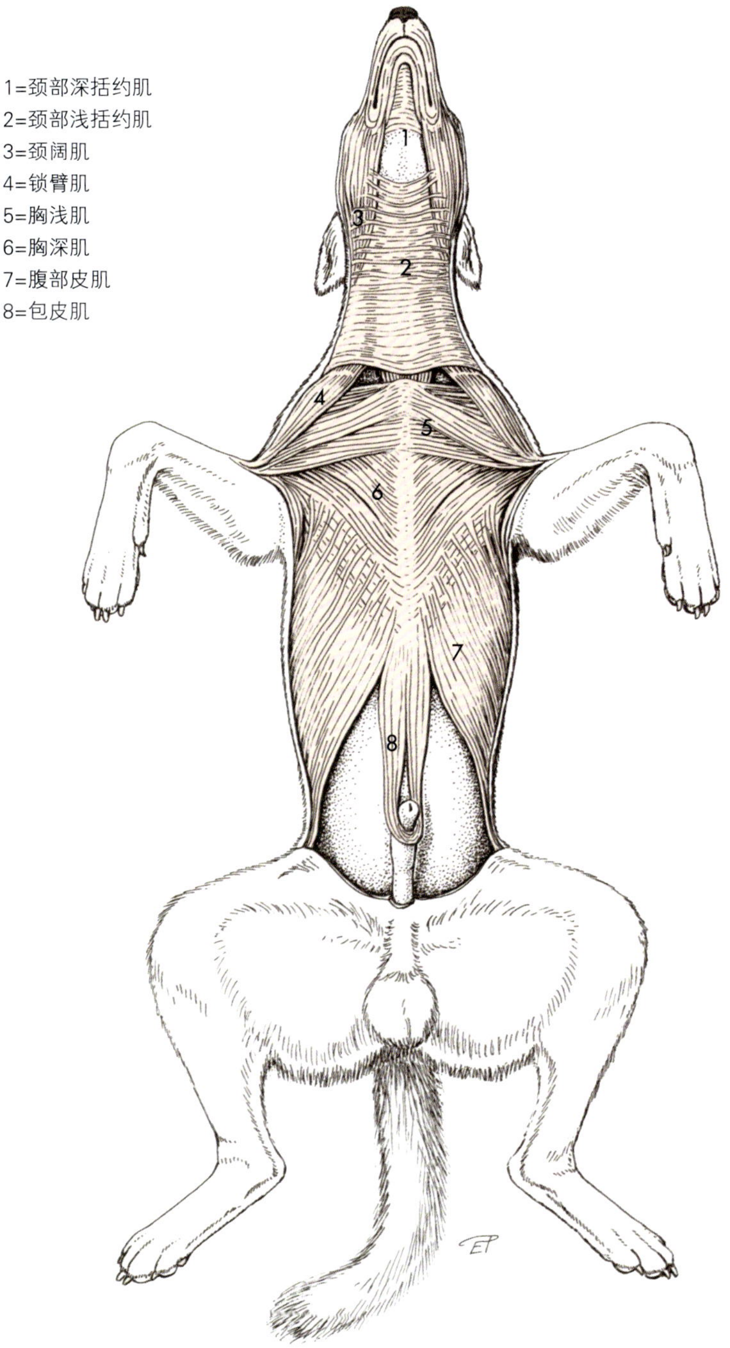

图 3-1 犬的头、颈和背部皮肌(腹侧观)

不同鳃弓)以及所受支配的鳃弓神经。面部肌和咀嚼肌来源于第一和第二鳃弓;喉、咽的外、腹侧壁及其器官来源于第三和第四鳃弓,这些肌肉受支配的神经为与之伴行的鳃弓神经(即第Ⅴ、Ⅶ、Ⅸ和Ⅹ对脑神经)。在下面的描述中,将按面部肌、咀嚼肌和咽部肌等肌群进行描述,而特定器官的肌肉,如喉部肌肉和眼部肌肉将与其相关器官一起介绍。

3.3.1 面部肌(musculi faciales)

面部肌可分为**浅层肌**和**深层肌**,均受面神经支配(图 3-4、图 3-5、表 3-1)。浅层肌包括头皮肌、颈皮肌以及一群负责协调唇、鼻孔、颊、外耳和眼睑运动的小肌肉。因这些

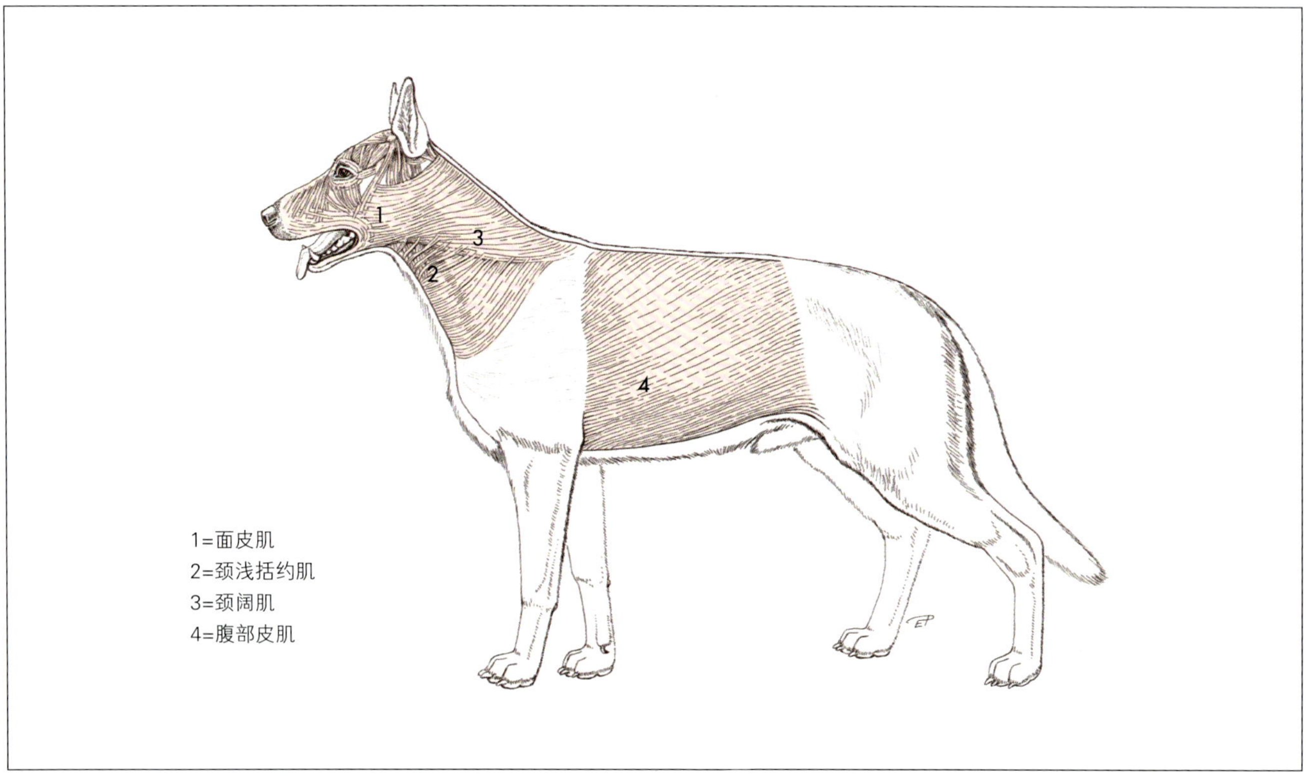

图 3-2 犬的头、颈和背部皮肌(侧面观)

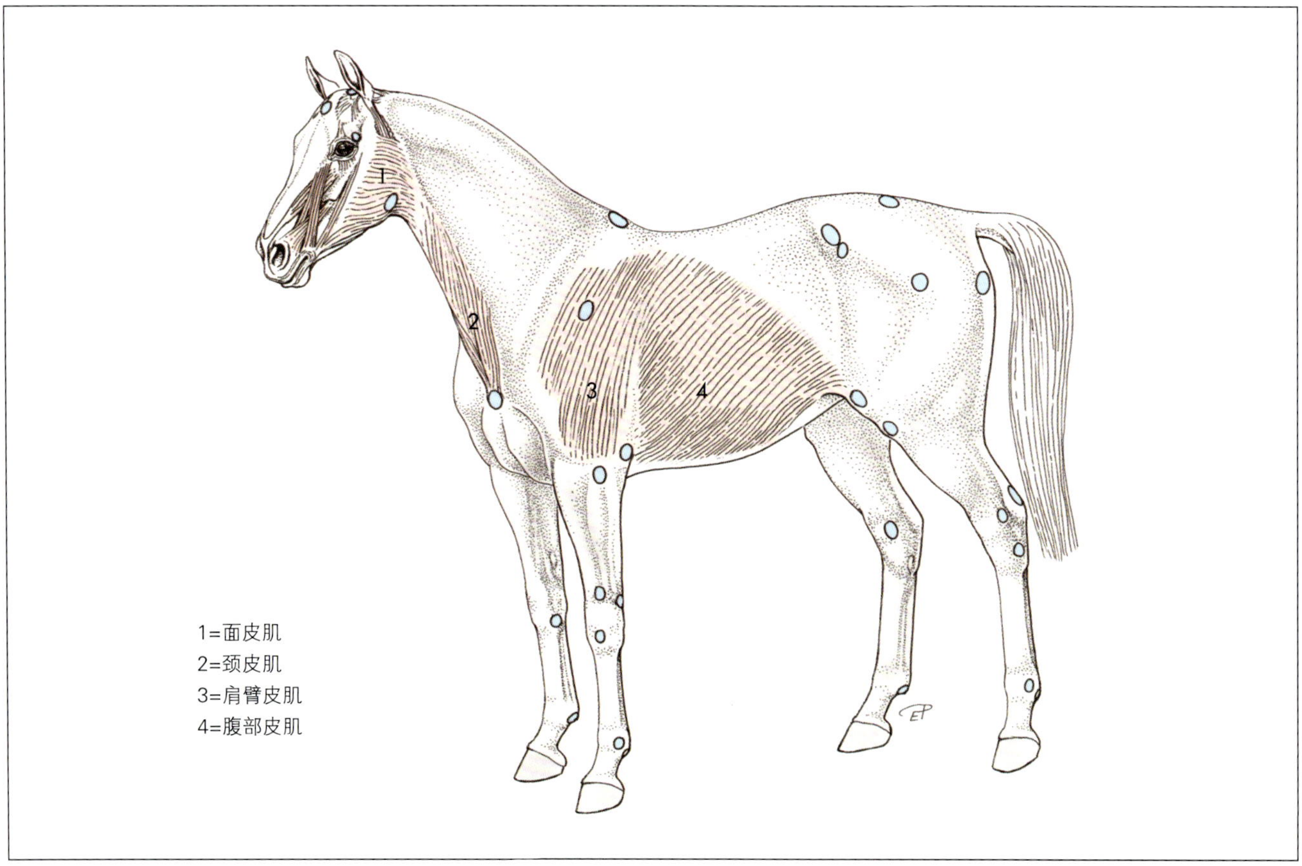

图 3-3 马的头、颈和背部皮肌以及滑膜腔的位置(侧面观)

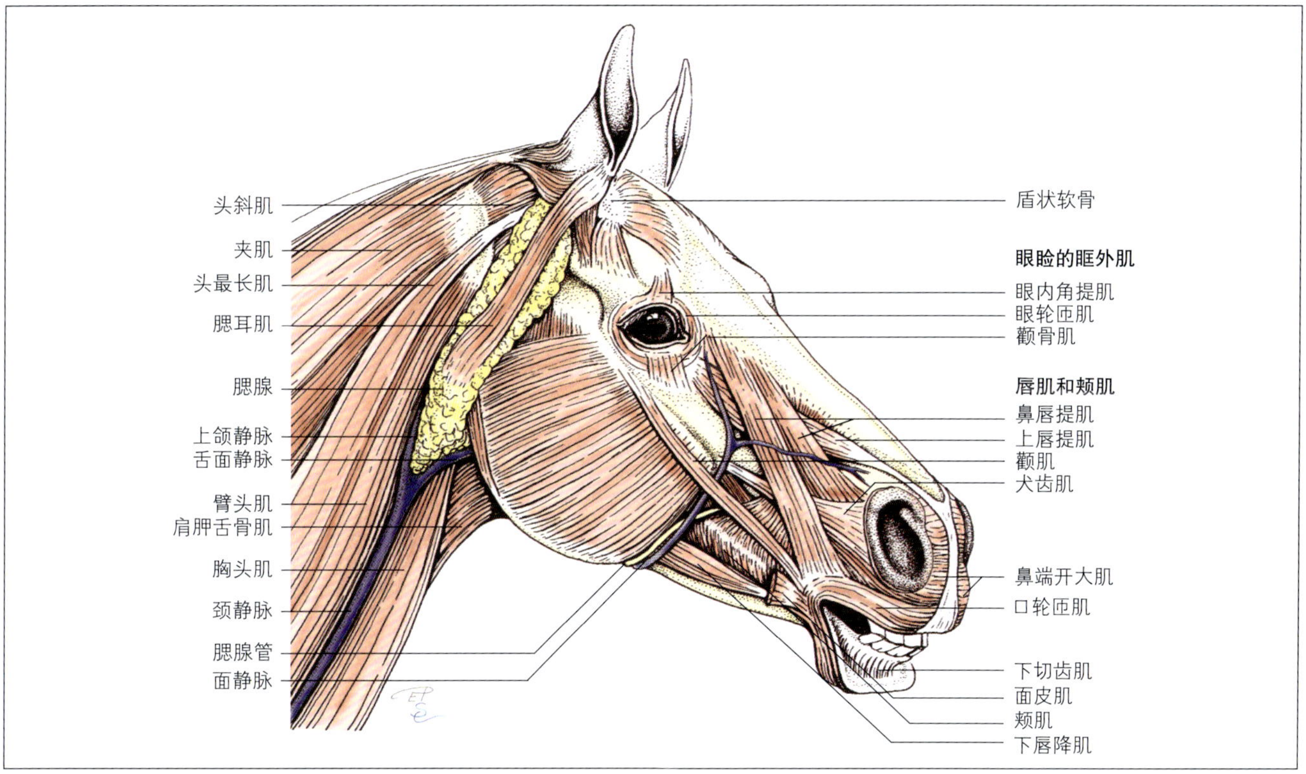

图 3-4　马头部的浅层肌肉（示意图，侧面观）。仿 Ghetie（1954）

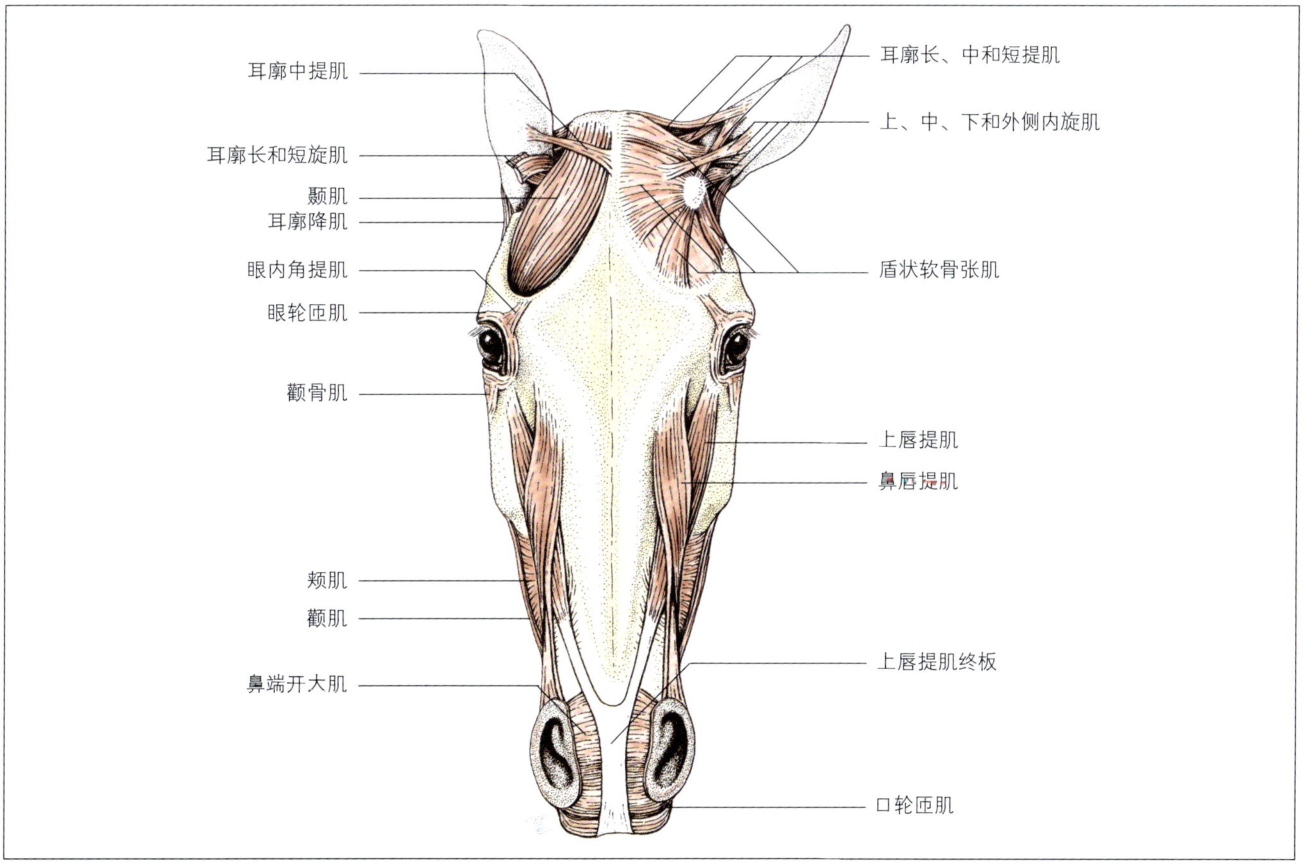

图 3-5　马头部的浅层肌肉（示意图，额面）。仿 Ghetie（1971）

表 3-1 唇肌和颊肌

名称 神经支配	起点	止点	作用
口轮匝肌 面神经颊唇支	环形肌	—	闭口
切齿肌 面神经颊唇支			
• 上切齿肌	齿弓	口轮匝肌	提上唇
• 下切齿肌	齿弓	口轮匝肌	降下唇
鼻唇提肌 面神经颧支	前额、鼻骨外侧和上颌骨	鼻孔处的口轮匝肌	提上唇、扩大鼻孔
上唇提肌 面神经颊唇支	上颌骨	上唇	提举、向后牵引上唇和鼻
犬齿肌 面神经颊唇支	面嵴和面结节的前缘	靠近上唇的鼻孔处	扩大鼻孔、向后牵引上唇
上唇降肌（马除外） 面神经颊唇支	面结节	上唇	降上唇
下唇降肌 面神经颊唇支	上颌结节	上唇	降下唇
颏提肌 面神经颊唇支	下颌齿槽缘外侧面	颏	颏的运动
颧肌 面神经颧支	颧骨	口轮匝肌	向背侧牵拉口角
颊肌 面神经颊唇支	上、下颌	中间腱	收缩颊囊

肌肉与面部表情有关，故称为**表情肌**。**深层肌**包括附着于舌骨的肌肉、部分二腹肌或延伸到中耳的镫骨肌。它们受面神经深支支配。面部肌可分为：

- **唇肌和颊肌**
  - 口轮匝肌（m. orbicularis oris）
  - 切齿肌（mm. incisivi）
  - 鼻唇提肌（m. levator nasolabialis）
  - 上唇提肌（m. levator labii superiorid）
  - 犬齿肌（m. caninus）
  - 上唇降肌（m. depressor labii superiors）
  - 下唇降肌（m. depreor labii inferioris）
  - 颏肌（m. mentalis）
  - 颧肌（m. zygomaticus）
  - 颊肌（m. buccinator）
- **鼻肌**
  - 鼻端开大肌（m. dilatator naris apicalis）
  - 鼻孔内侧开张肌（m. dilatator naris medialis）
  - 鼻外侧肌（m. lateralis nasi）
  - 鼻横肌（m. transversus nasi）
- **眼睑眶外肌**
  - 眼轮匝肌（m. orbicularis oculi）
  - 眼内侧角提肌（m. levator anguli oculi medialis）
  - 眼外侧角提肌（m. levator anguli oculi lateralis）
  - 颧骨肌（m. malaris）
- **外耳肌**
  - 盾肌（m. scutularis）
  - 腮耳肌（m. parotidoauricularis）
  - 耳后肌（mm. auriculares caudales）
  - 耳背侧肌（mm. auriculares dorsales）
  - 耳前肌（mm. auriculares rostrales）
  - 耳深肌（mm. auriculares profundi）
  - 茎耳肌（m. styloauricularis）

3.3.2 唇肌和颊肌(musculi labiorum et buccarum)

口轮匝肌是口腔的括约肌。它环绕着口裂,是唇的主要组成结构(图 3-4)。口轮匝肌由多个肌束组成,这些肌束与皮肤和黏膜或黏膜下层紧密相连。唇和颊的其他肌肉纤维伸入口轮匝肌。

犬口轮匝肌的上唇部比下唇部更发达,口轮匝肌下唇部中段不连续。反刍动物口轮匝肌上唇部也不连续,所以限制了上唇的活动能力。触毛根部嵌入口轮匝肌的肌肉组织中。

切齿肌位于唇的黏膜下层之下,以小的肌板起于切齿骨和下颌骨的齿槽缘,并伸入口轮匝肌(图 3-4)。切齿肌可提升上唇以及向下牵拉下唇。

鼻唇提肌起源于鼻额筋膜(图 3-4)。在所有家畜中,鼻唇提肌均扩散形成扁平的带状肌肉。在反刍动物和马,鼻唇提肌可分为两个分支,其间有犬齿肌通过。鼻唇提肌伸入口轮匝肌上部和鼻孔外侧壁,其收缩可提升上唇和扩张鼻孔。

上唇提肌是面部肌群中最发达的肌肉,起源于内眼角,但不同家畜的确切起源有所不同(图 3-4)。上唇提肌伴随一些小的肌腱,共同伸入鼻孔侧壁和上唇(食肉动物、猪、反刍动物)。在马,两侧上唇提肌形成一条总肌腱,止于上唇中部。在食肉动物,上唇提肌很小,起于上颌骨表面,位于眶下孔的后腹侧,并与纤细的肌腱一起辐射到鼻孔的侧壁和上唇。猪的上唇提肌位于犬齿窝(fossa canina),止于吻骨的吻端。

反刍动物上唇提肌末端形成若干条纤细的肌腱,并插入鼻孔背外侧壁和上唇。在马,上唇提肌的肌腹长而扁平,覆于上颌骨和部分泪骨和颧骨。

在大多数家畜,**犬齿肌**位于上唇提肌深层。在食肉动物中,犬齿肌在犬齿处分散伸入上唇。在反刍动物,犬齿肌起于上唇提肌腹侧的面结节,在鼻唇提肌深层穿过,伸入鼻孔侧壁和上唇附近。

马的犬齿肌是一薄肌,它延伸到面嵴吻端和鼻孔侧壁之间(图 3-4)。

上唇降肌仅见于反刍动物和猪,起自面结节吻侧和犬齿肌的腹部。在猪,上唇降肌形成一长肌腱,与对侧上唇降肌的肌腱相连,共同止于吻骨的吻端。在反刍动物,上唇降肌分为若干条细的分支,在上唇和口裂处形成纤维网。

除食肉动物外,所有家畜都存在**下唇降肌**。在反刍动物中,下唇降肌是颊肌臼齿部的一个小而薄的分支,辐射伸入位于下颌骨外侧的下唇。在马,下唇降肌起自上颌结节和颊肌,在面唇皮肌深层向吻侧延伸,在下颌骨臼齿部外表面止于下唇(图 3-4)。

颏肌为一薄肌,其间填充有脂肪和结缔组织。在外观上,颏肌像是颊肌的分支。马的颏肌发育良好,其他家畜的则不明显。

颧肌是一薄板状肌,马的颧肌起自面嵴吻侧,反刍动物的颧肌起自咬肌表面的深筋膜(图 3-4)。颧肌与口轮匝肌在口角处汇合。在食肉动物,颧肌以带状起自盾状软骨,向吻侧辐射伸入口角以及颈腹侧筋膜。

颊肌是一扁平的板状肌,构成口腔的肌壁。颊肌延伸于上颌骨和下颌骨的齿槽突之间(图 3-4)。颊肌收缩时,可压缩口腔前庭,将食物推向牙齿的咀嚼面。在反刍动物和马,颊肌可分为前方的**颊部**(pars buccalis)和后方深层的**臼齿部**(pars molaris)。在食肉动物,颊肌被分为上颌部和下颌部(图 3-4)。

在食肉动物,**颊肌**是一薄的板状肌,其上颌部和下颌部起自上、下颌骨的最后臼齿齿槽缘。**颊肌上颌部**较发达,沿咬肌吻侧缘延伸,向前背侧折转汇入颊肌下颌部浅层,止于上颌骨眶下孔的吻侧。**颊肌下颌部**不发达,其肌纤维指向相反的方向,它们从下唇和前 3 枚前臼齿的齿槽缘向后背侧延伸,止于上颌骨。

在反刍动物和马,颊肌的**颊部**和**臼齿部**很容易区分。颊肌颊部构成脸颊的浅层,呈不完全羽状,有一纵向中缝,大部分肌纤维汇合于此。颊肌颊部的背侧发达,腹侧不发达。**颊肌臼齿部**起自后臼齿齿槽缘和下颌骨冠突,汇入口轮匝肌,同时,也与口腔黏膜和颊腺紧密相连。

3.3.3 鼻肌(musculi nasi)

食肉动物和猪的鼻肌不发达,但反刍动物和马的鼻肌十分发达,其主要功能是扩张鼻孔(图 3-4、图 3-5)。马的鼻肌包括:

- 鼻端开大肌(m. dilatator naris apicalis)
- 鼻外侧肌(m. lateralis nasi)
- 鼻孔内侧张肌(m. dilatator naris medialis)

3.3.4 眼睑的眶外肌(musculi extraorbitales)

眼轮匝肌是眼裂周围的括约肌(图 3-4、图 3-5、表 3-2)。眼轮匝肌的深部(pars orbitails)较发达,位于眼眶壁上;浅部(pars palpebralis)不发达,止于眼睑。眼轮匝肌收缩可关闭眼裂。

所有家畜的**眼内角提肌**是一薄而小的板状肌,而食肉动物的则为一发达的带状肌。眼内角提肌起自额筋膜,并向背内侧延伸到上眼睑(图 3-5),有提举上眼睑内侧部的功能。

眼外角提肌仅见于食肉动物。它从颞筋膜延伸到外眼角,可向尾侧牵拉外眼角。

表 3-2 眼睑的眶外肌

名称 神经支配	起点	止点	作用
眼轮匝肌 面神经颧支	眼的环形肌		闭合眼睑
眼内角提肌 面神经颧支	鼻额筋膜	眼睑内侧	提眼睑内侧部
眼外角退缩肌 面神经颧支	颞筋膜	外眼角	牵拉眼睑外侧角
颧骨肌 面神经颊唇支	面筋膜	下眼睑	向下牵拉下眼睑

除反刍动物外，所有家畜的**颧骨肌**都较小。它被认为是颈深括约肌的眼睑分支（图 3-5）。在犬，它由一些孤立的肌束组成，部分被颈阔肌覆盖。颈阔肌自下颌骨呈背腹向延伸到口轮匝肌和上颌骨。在反刍动物，颧骨肌的纤维与颧肌的纤维成直角，并呈扇形附着于泪骨。马的颧骨肌很小，起自面嵴区的面部深筋膜，与眼匝肌的眼睑部结合。

3.3.5 外耳肌（musculi auriculares）

家畜的外耳的运动由大量小肌肉共同完成，这些肌肉或起自盾状软骨，或直接起自颅骨。它们的肌纤维从各方向汇于耳廓（图 3-6）。根据位置和功能，可将这些肌肉分为不同肌群：将耳向不同方向牵拉的肌肉、紧张盾状软骨的肌肉以及旋转外耳的肌肉。除下面描述的肌肉外，还有一些直接位于盾状软骨的小肌束，其收缩可开张或缩小耳孔。

盾肌是一薄的板状肌，起自盾状软骨，止于颅骨，其收缩可改变耳廓方向。根据所在位置（图 3-6），盾肌可分为额盾肌、盾间肌和颈盾肌。

腮耳肌是一长带状肌肉，从头颈和腮腺区一直延伸

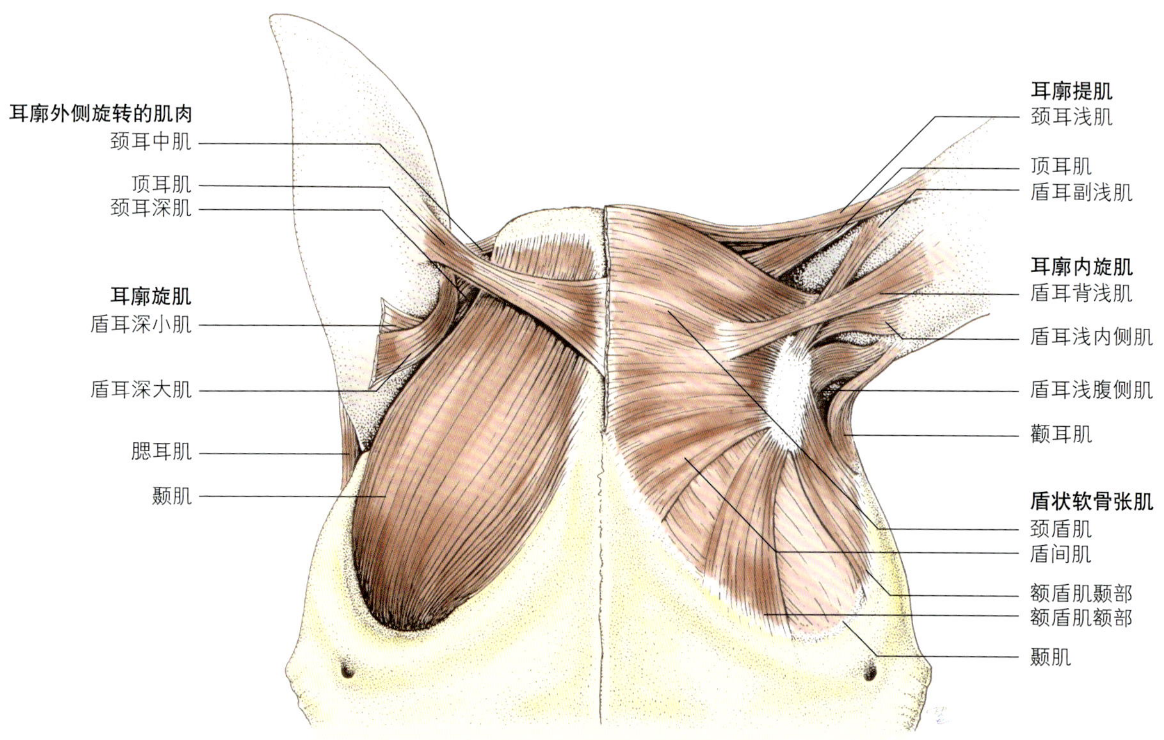

图 3-6 马的外耳肌（示意图，额面）。仿 Ghetie（1971）

到盾状软骨的腹侧角。腮耳肌收缩可向腹后侧牵拉耳廓(图 3-4 和图 3-6)。

耳后肌由长部(颈耳中肌,m. cervicoauricularis medius)和短部(颈耳深肌,m. cervicoauricularis profundus)组成。这两部分都起自颈前部,止于盾状软骨的外侧,其收缩可将外耳向后外侧牵拉。

耳背肌由 3 块独立的肌肉组成,它们止于外耳的背侧。颈耳浅肌(m. cervicoauricularis superficialis)起自颈前部;顶耳肌(m. parietoauricularis)起自颞骨的顶骨侧;颈耳浅副肌(m. cervicoauricularis accessorius)起自盾状软骨。耳背肌收缩可提举外耳,并向后或向前牵拉外耳。

耳前肌群包括 4 块小肌肉。根据位置可分为以下肌肉(图 3-6):

- 盾耳浅背侧肌
- 盾耳浅中间肌
- 盾耳浅腹侧肌
- 颧耳肌

耳前肌群均止于外耳的前内侧面,其收缩可提举外耳。颧耳肌也能前旋外耳的基部。

耳深肌在盾状软骨的腹侧和外耳基部之间延伸(图 3-6)。耳深肌包括长部(盾耳深大肌,m. scutuloauricularis profundus major)和短部(盾耳深小肌,m. scutuloauricularis profundus minor),其收缩可旋转外耳。

茎突耳肌是一条狭窄的带状肌,延伸到盾状软骨的内侧,其收缩可缩短耳道(图 3-6)。

外耳肌受面神经的两个分支支配。这两个分支(耳睑神经和耳后神经)在穿过茎乳突孔后与神经主干分离,分别延伸到外耳吻侧缘的背侧和盾状软骨。

3.3.6　下颌肌

下颌肌由咀嚼肌和下颌间隙的浅层肌组成。它们接受下颌神经(三叉神经的第 3 个主要分支)支配。下颌肌群负责下颌骨的运动,这与咀嚼密切相关。下颌肌还覆于下颌间隙和舌器的腹侧。

下颌肌包括:

- **咀嚼肌:**
  - 咬肌(m. masseter)
  - 翼内肌和翼外肌(mm. pterygoidei medialis lateralis)
  - 颞肌(m. temporalis)
- **下颌间隙浅表肌:**
  - 二腹肌(m. digastricus)
  - 下颌舌骨肌(m. mylohyoideus)

咀嚼肌

咀嚼肌是负责咀嚼的肌肉,一般都很发达。由于咀嚼器解剖结构(包括骨骼组成、齿以及颞下颌关节)具有种属差异,咀嚼肌也具有明显的种属差异(图 3-7 至图 3-10;表 3-3)。

咬肌是一宽的复羽状肌,具多个腱划。咬肌起自颧弓腹侧缘和面嵴,止于下颌骨外侧,从面切迹延伸到颞下颌关节。

食肉动物的咬肌被腱板分为 3 层(浅层、中间层、深层)(图 3-7)。**咬肌浅层**最发达,起自颧弓吻部,向后腹侧越过下颌骨支,部分止于下颌骨腹外侧面,该肌的其余部分穿过下颌骨腹侧缘和角突,止于下颌骨的腹内侧缘,覆于二腹肌表面。**咬肌中间层**是咬肌中最薄弱的部分,起自颧弓腹侧缘,位于咬肌浅层的内侧,并止于下颌骨的外侧面。由于**咬肌深层**的起点与颞肌融合,无法区分其起点;咬肌深层的尾侧起自颧弓内侧面。

猪咬肌的三层结构紧密融合,难以区分。牛咬肌的腱划明显,形成了 5 个相对独立的部分。各层咬肌的肌纤维具有不同方向,这增加了咬肌的咀嚼力。咬肌浅层起自面结节,延伸到下颌骨后缘;咬肌深层起自面嵴和颧弓,向后腹侧延伸,止于下颌骨支的外侧面。

马咬肌有 15 条腱划,呈矢状排列,并将肌肉分成多层。浅层起自面嵴,向后腹侧延伸,止于下颌骨腹侧后缘。深层起自颧弓,以水平方向穿过下颌骨支,并与浅层融合,止于

表 3-3　咀嚼肌

名称 神经支配	起点	止点	作用
咬肌 下颌神经的咬肌神经	面嵴和颧弓	下颌骨外侧面及下颌间隙	提举、牵引下颌
翼外肌 下颌神经的翼外侧支	蝶骨翼突	下颌骨内侧面及髁突	提举、牵引下颌
翼内肌 下颌神经的翼内侧支	蝶骨翼突、翼骨和垂直板	下颌骨内侧	提举下颌
颞肌 下颌神经的颞深支	颞窝	下颌骨冠突	提举下颌、闭口

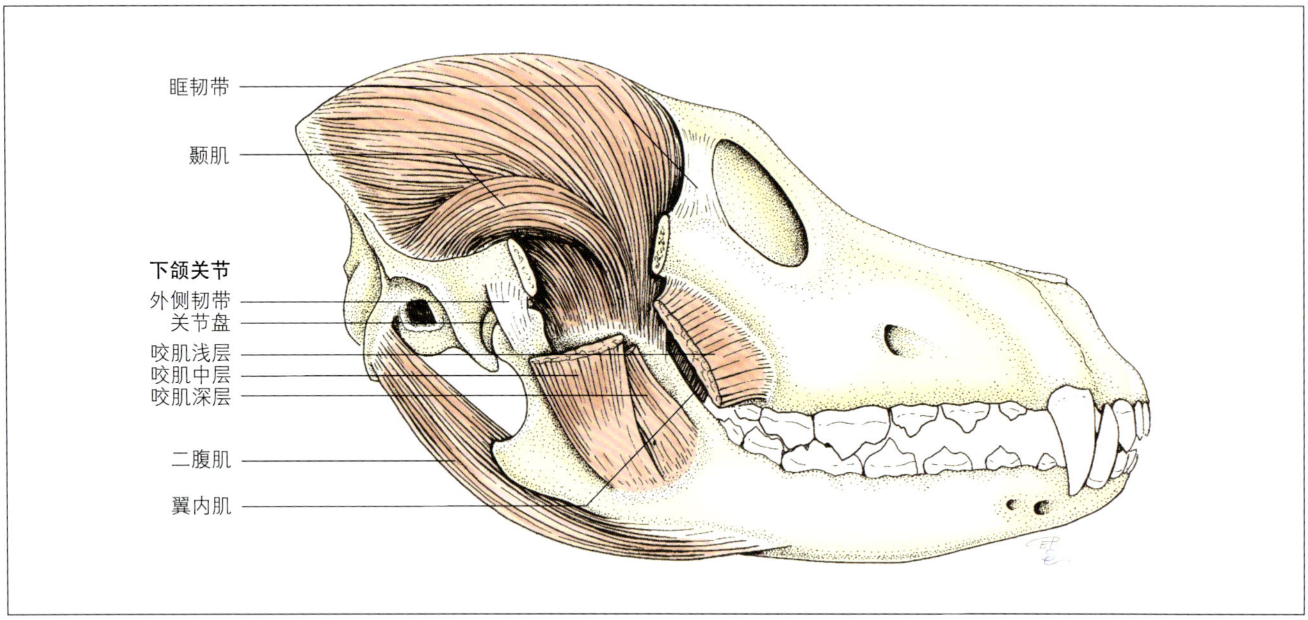

图 3-7 犬的下颌肌（示意图，侧面观，摘除颧弓）

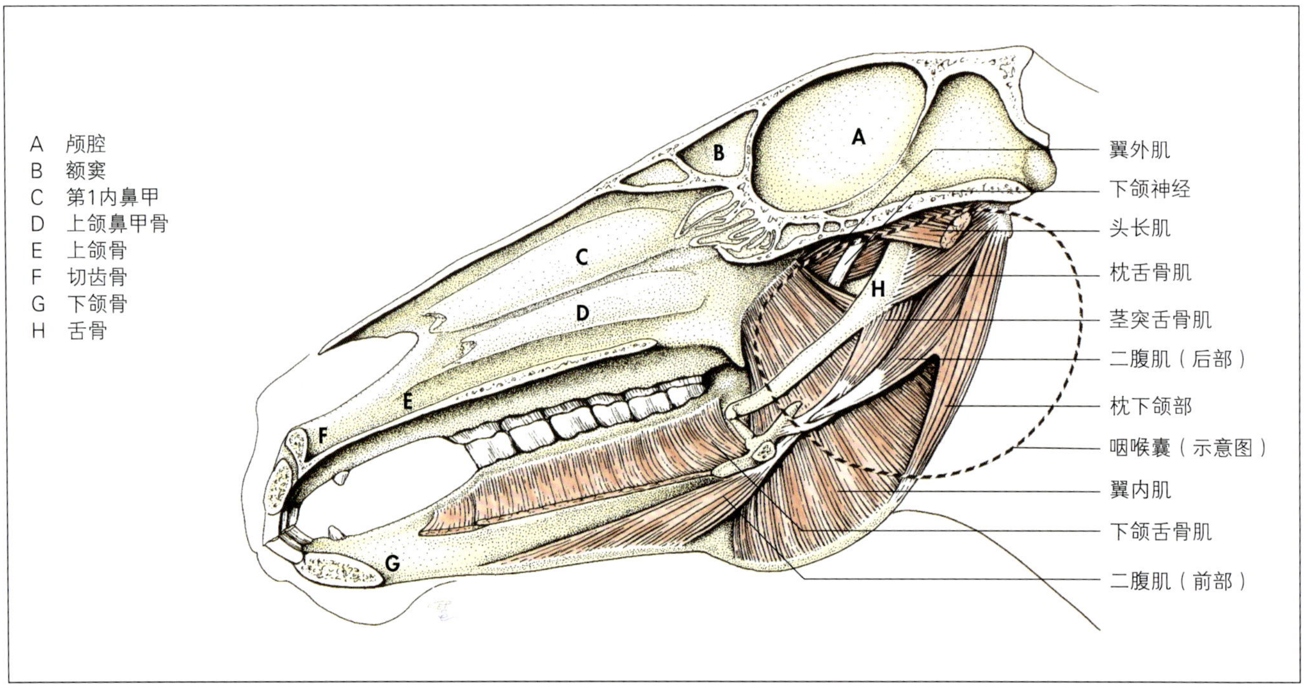

图 3-8 马的下颌肌（示意图，内侧观）。仿 Ellenberger 和 Baum（1943）

下颌骨支外侧面。如果两侧咬肌同时收缩，会引起上、下颌咬合；如果单侧咬肌收缩，会牵拉下颌骨移动到收缩肌肉的一侧，这对食草动物的研磨过程至关重要。

翼肌起自腭骨、翼骨和蝶骨，止于下颌骨内侧面（图 3-8）。**翼外肌**（m. pterygoideus lateralis）较小，起自底蝶骨的翼状突，向后腹侧延伸，于髁突附近止于下颌骨支内侧面。**翼内肌**（m. pterygoideus medialis）较大，位于下颌骨内侧面，与咬肌的位置相对，起自底蝶骨和腭骨，止于下颌骨的腹侧缘和下颌骨分支内侧面。

在食肉动物中，翼外肌和翼内肌在起点处融合。它们共同起自翼骨、蝶骨和腭骨的外侧面，止于下颌孔腹侧以及纤维缝（该肌与咬肌之间）处的下颌骨内侧面。

马的翼内肌被翼外肌覆盖（图 3-8）。下颌神经越过翼内肌的外侧面，从而将两块翼肌分开。翼内肌较大，起自翼骨、蝶骨和腭骨，并向外呈扇形延伸，止于下颌骨支内侧面。翼肌可协助咬肌完成咀嚼动作。两侧翼肌同时收缩，可提升下颌骨；如果单侧收缩，会牵拉下颌骨移动到收缩肌肉的一侧。翼外肌也能向前牵拉下颌骨，尤其是张口时。

颞肌位于颞窝，其大小取决于颞窝的大小，存在较大种属差异(图 3-5 和图 3-6)。颞肌起自颞嵴(形成颞窝的边缘)和颞筋膜，之后在外耳肌深层向腹侧延伸，止于下颌骨冠突。在食肉动物，颞肌是头部最强壮的肌肉。颞肌的起点包括颞线、项嵴、颞嵴、颞骨颧突以及颞窝内侧面(图 3-7)。之后，宽大的肌束在颧弓和眶韧带深层向前腹侧折转，止于下颌骨冠突。其中，一腱支与咬肌的深层融合。在头长型犬，颞肌在中线与对侧的颞肌汇合，形成中线沟；在短头型犬，两侧的颞肌不汇合，因此不形成沟；但某些品种犬的顶骨间有一小凹痕。

反刍动物的颞肌轮廓不清晰，马的颞肌轮廓清晰可见。然而，即使在马，与其他咀嚼肌相比，颞肌也不发达。其颞肌完全占据了颞窝，起点包括颞窝缘、颞线、外矢状嵴、颈冠和翼嵴；止于下颌骨冠突，且部分与咬肌融合。颞肌可与其他咀嚼肌一起发挥提升下颌的作用。

下颌间隙的浅层肌

下颌间隙的浅层肌协助咀嚼肌发挥功能，覆于位于下颌间隙的舌肌腹侧(图 3-7 至图 3-10、表 3-4)。

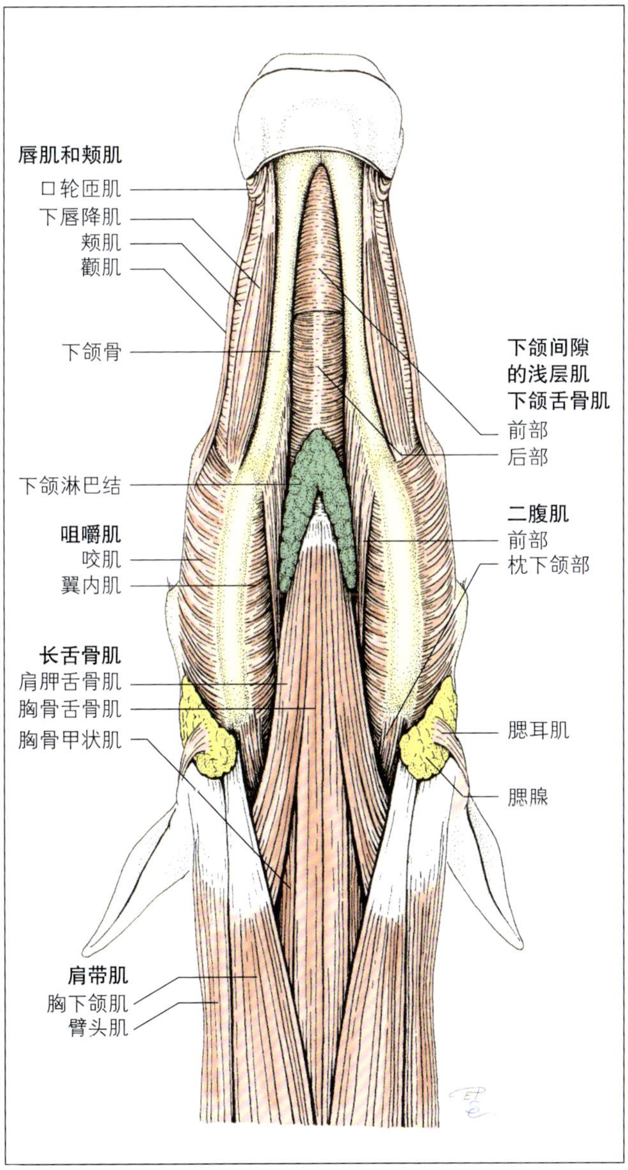

图 3-9 马的头部和颈前部浅层肌肉(示意图，腹侧观)。仿 Popesko (1979)

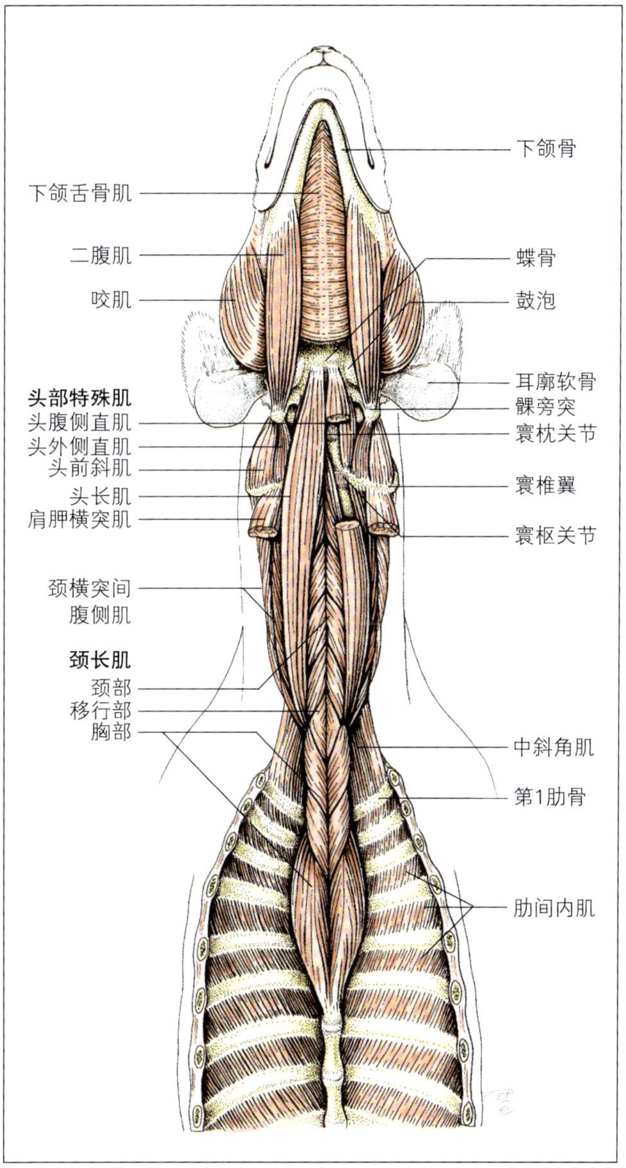

图 3-10 犬的头部浅层肌肉和颈部深层肌肉(示意图，腹侧观)

表 3-4 下颌间隙的浅层肌

名称 神经支配	起点	止点	作用
二腹肌 • 前部：下颌神经的下颌舌骨肌支 • 后部：面神经二腹肌支	髁旁突	下颌骨体内侧	降下颌、开口
枕下颌部（马） 面神经二腹肌支	髁旁突	下颌角	开口
下颌舌骨肌 下颌神经的下颌舌骨肌支	下颌线	中缝	支撑和提舌

二腹肌在家畜中为单一肌腹，只有马的二腹肌可以分为前、后两个肌腹。在其他家畜中，它的双肌腹结构由腱划区分。

二腹肌的前部受下颌神经分支，即下颌舌骨肌神经(n. mylohyoideus)支配，后部受面神经(Ⅶ脑神经)的二腹肌分支支配。二腹肌位于枕髁旁突和下颌骨内侧面之间(图 3-7)。

在食肉动物，二腹肌是一发达的单腹肌，有纤细的腱束将前部与后部分开。与其他家畜不同，食肉动物的二腹肌止于犬齿处的下颌骨腹侧缘内侧面。在反刍动物，二腹肌两个肌腹之间的肌腱不明显，它起自枕骨的髁旁突，止于下颌骨内侧面。两侧的二腹肌之间有横向连接的肌带。

马的二腹肌，其后部肌腹分支形成止于下颌角的外侧部(枕下颌部)(图 3-8)；后部肌腹的其余部分从翼内肌内侧面的前腹侧穿过，继而延续为圆形的中间腱穿过茎突舌骨肌的止腱。

经过底舌骨后，二腹肌形成前部肌腹，后者附着于下颌骨体腹侧缘的内侧面。二腹肌收缩可降下颌骨，开张口裂。

下颌舌骨肌在两侧下颌骨体内侧面之间形成一悬吊装置。因受下颌舌骨肌神经(下颌神经的一个分支)支配，下颌舌骨肌被划分为下颌肌群。根据其功能，下颌舌骨肌也被划分为舌肌。其肌纤维起自位于下颌体内侧面的下颌舌骨肌线，并在下颌间隙中线处与对侧下颌舌骨肌汇合，形成中央纤维缝。下颌舌骨肌具有支撑舌和提升舌的作用(图 3-8 和图 3-9)。

3.3.7 头部特殊肌

头部特殊肌是颈部肌肉在头部的功能性延续。因此，在严格意义上，头部特殊肌属于躯干肌(图 3-10 和图 3-12；表 3-5)。由于它们的主要功能是协调头部运动，特别是寰枕关节和寰枢关节的运动，因此，它们被划分为一个独立肌群。这些肌肉负责摇晃、倾斜、弯曲和转动头部。猪和反刍动物的该肌群特别发达，因其参与猪的掘地觅食，以及反刍动物的用角打斗。根据其位置，除头长肌外，它们受第 1 和第 2 颈神经的背侧支和腹侧支的支配，而头长肌受第 1～6 颈神经支配。

头背侧大直肌(m. rectus capitis dorsalis major)延伸于枢椎棘突和枕骨鳞部之间。所有家畜的头背侧大直肌均可以分为深层和浅层两部分。在食肉动物和猪，两侧头背侧大直肌在中线处汇合；在反刍动物和马，头背侧大直肌位于项韧带外侧(图 3-15)；在食肉动物，位于寰椎到项嵴处的头背侧大直肌被头半棘肌覆盖。

头背侧小直肌(m. rectus capitis dorsalis minor)正好位于寰枕膜背侧，位于头长肌深层，并延伸于枕骨和寰椎之间。在食肉动物和马，头背侧小直肌附着于寰椎的背侧弓，越过枕骨大孔到达枕骨。

头背侧大直肌和头背侧小直肌均为寰枕关节的伸肌，具有抬头的功能。

头外侧直肌(m. rectus capitis laterslis)是一位于寰椎翼窝的小的带状肌，从寰椎腹侧弓延伸到枕骨的髁旁突(图 3-10)，具有屈寰枕关节和倾斜头部的作用。

头腹侧直肌(m. rectus capitis ventralis)位于寰椎腹侧弓和枕骨基底部之间，止于枕骨基底部肌结节和鼓泡之间(图 3-10)，具有屈寰枕关节的作用。

头前斜肌(m. obliquus capitis cranialis)是一跨越寰枕关节，并向前外侧斜向延伸的短肌肉，其表面覆有夹肌和部分臂头肌(图 3-10 和图 3-15)。在食肉动物，头前斜肌被分为两部分，其主要部分起源于寰椎翼的外侧和腹侧，止于颞骨乳突和项嵴。头前斜肌具有伸寰枕关节的作用，单侧收缩时可使头部向收缩侧弯曲。

头后斜肌(m. obliquus capitis caudalis)覆于寰椎和枢椎背侧。头后斜肌起自枢椎棘突，斜向前外侧，止于寰椎翼(图 3-12 和图 3-15)。单侧收缩可旋转寰椎，使头部沿枢椎齿状突轴旋转；两侧收缩可稳定头部。

头长肌(m. longus capitis)是颈长肌在头部的延伸，该肌可屈寰枕关节，可侧向牵拉头部以及腹向牵拉颈部(图 3-10)。头长肌发达，位于第 2～6 颈椎的外侧和腹侧，其起自颈椎横突后侧支，止于枕骨基底部的肌结节。马的头长

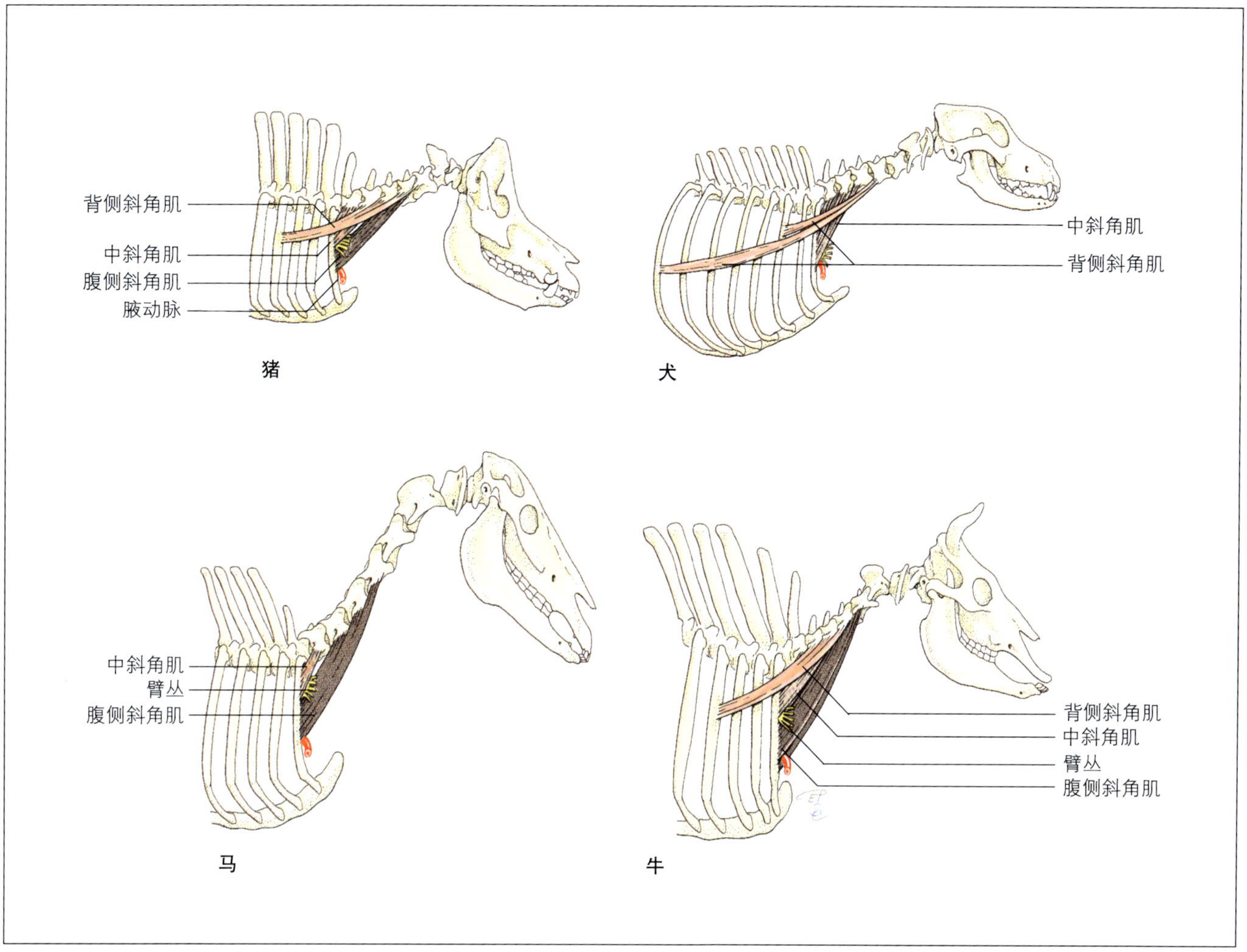

图 3-11 家畜的斜角肌（示意图）。仿 Ellenberger 和 Baum（1943）

表 3-5 头部特殊肌

名称 神经支配	起点	止点	作用
头背侧大直肌 第 1 颈神经背侧支	枢椎棘突	项嵴	伸寰枕关节
头背侧小直肌 第 1 颈神经背侧支	寰椎背侧	枕骨大孔背侧	伸寰枕关节
头外侧直肌 第 1 颈神经腹侧支	寰椎腹侧	髁旁突	屈寰枕关节
头腹侧直肌 第 1 颈神经腹侧支	寰椎腹侧	颅骨基部	屈寰枕关节
头前斜肌 第 1 颈神经背侧支	寰椎翼	项嵴	伸头和偏头
头后斜肌 第 2 颈神经背侧支	枢椎棘突	寰椎翼	旋转头及固定寰枕关节
头长肌 颈神经腹侧支	第 2～6 颈椎横突	颅骨基部	偏头与弯曲颈前部

肌比食肉动物略短，其起自第 2～4 颈椎；在止点前，两侧头长肌在咽鼓管囊处的中线汇合。马的头长肌受第 1～4 颈神经腹侧支的支配，其他家畜的头长肌则受第 1～6 颈神经腹侧支的支配。

3.4 躯干肌（musculi trunci）

动物的躯干包括颈部、胸部、腹部、臀部和尾部。躯干的前部为头部，两侧为四肢。躯干肌延伸到头部和四肢，从而将其与躯干相连。此外，这些肌肉在动物站立和运动过程中发挥重要作用。

根据位置和形态，躯干肌可分为：

- 颈部肌（mm. colli）
- 背部肌（mm. dorsi）
- 胸部肌（mm. thoracis）
- 腹部肌（mm. abdominis）
- 尾部肌（mm. caudae）

3.4.1 颈部肌（musculi colli）

颈部肌位于颈椎的背侧和外侧（表 3-6），其中一些肌肉与舌器相连。颈部肌群中最重要的肌肉是**臂头肌**和**胸头肌**。由于它们在前肢的运动中发挥重要作用，将在第 3 章“头、颈和躯干部的筋膜和肌肉”（107 页）中的肩带部肌部分对其进行描述。此外，颈部肌群还包括以下肌肉：

- **夹肌**（mm. splenius）
  - 颈夹肌（m. splenius cervicis）
  - 头夹肌（m. splenius capitis）
- **颈长肌**（m. longus colli）
- **斜角肌**（mm. scaleni）
  - 腹侧斜角肌（m. scalenus ventralis）
  - 中斜角肌（m. scalenus medius）
  - 背侧斜角肌（m. scalenus dorsalis）
- **舌骨肌**（mm. hyoidei）
  - 舌器特殊肌
  - 舌器长肌
    - 胸骨舌骨肌（m. sternohyoideus）
    - 胸骨甲状肌（m. sternothyroideus）
    - 肩胛舌骨肌（m. omohyoideus）

夹肌是位于颈部背外侧的一块发达而细长的肌肉，延伸于鬐甲至枕骨之间（图 3-12）。夹肌位于颈部浅层肌之下，覆于头最长肌、头半棘肌和部分脊柱背侧肌表面。夹肌起自棘横筋膜和项韧带，反刍动物的夹肌还起自前 4 枚胸椎的棘突。夹肌可分为**头部**和**颈部**（m. splenius capitis et cervicis），但食肉动物的夹肌颈部缺失。颈夹肌止于第 3～5 颈椎横突，头夹肌止于枕骨项嵴，马的头夹肌止于颞骨乳突。马的夹肌十分发达，在体表容易辨认。夹肌收缩可伸、抬头颈，单侧收缩可侧向牵拉头颈。另外，夹肌对维持奔跑时躯体平衡具有重要作用。

颈长肌和**斜角肌**同属一个肌群，二者均具有下降和屈颈的作用，肩带肌群中的部分肌肉也具有同样功能。将一并在第 3 章“头、颈和躯干部的筋膜和肌肉”（107 页）中进行描述。

颈长肌位于颈椎和前几枚胸椎的腹侧，其延伸于第 1 胸椎至寰椎之间，并延伸进入头长肌。颈长肌胸段附着于最后两枚颈椎至第六胸椎的椎体上。颈长肌颈段有独立的肌束，起自第 3～7 颈椎横突，向前内侧延伸，并在中线附近止于前方颈椎椎体。颈长肌收缩可腹向牵拉颈部。

斜角肌由 2～3 块独立的肌肉组成，具有种属差异性。猪和反刍动物都由背侧斜角肌、腹侧斜角肌和中斜角肌三部分组成；马无背侧斜角肌；食肉动物无腹侧斜角肌。这三块肌肉的起点位于第 3～7 颈椎的横突，止点分别位于第 1 肋骨以及第 3～8 肋骨的外侧面，具有种属差异性（图 3-11）。

腹侧斜角肌和**中斜角肌**起自第 1 肋骨，二者被臂神经丛分开。因食肉动物的臂神经丛更靠腹侧，所以腹侧斜角肌和中斜角肌之间并未被臂神经丛分开。

猪的**背侧斜角肌**起自第 3 肋骨；反刍动物的起自第 4 或第 5 肋骨；食肉动物的背侧斜角肌分为两个头，分别起自第 3～5 肋骨和第 8～9 肋骨。各家畜的背侧斜角肌均止于第 3～6 颈椎，马除外。马的背侧斜角肌缺失。

舌骨肌包括所有与舌骨器相连的肌肉，包括底舌骨的**茎突舌骨肌**（m. stylohyoideus）、**下颌舌骨肌**（m. mylohyoideus）——详见本章前述的下颌肌群的**颏舌骨肌**（m. geniohyoideus），后者延伸于下颌骨和舌骨之间，以及其他一些肌肉，如**甲状舌骨肌**（m. thyrohtoideys）、**枕舌骨肌**（m. occipitohyoideus）、**角舌骨肌**（m. ceratohyoideus）和**舌骨横肌**（m. hyoideus transversus）。

上述肌肉将在第 8 章“舌骨肌”（311 页）中详细介绍。

舌骨长肌位于气管的腹外侧，因此被划分为颈部肌群。但因其止于底舌骨和喉部，在功能上，舌骨长肌被划分为舌的辅助肌肉。舌骨长肌起自胸骨柄，大部分被臂头肌和胸头肌覆盖。舌骨长肌可牵拉舌骨而使舌向尾侧运动。

胸骨舌骨肌是一发达的带状肌，起自胸骨柄和第 1 肋骨（食肉动物），止于底舌骨（图 3-9）。在颈部中线，两侧的胸骨舌骨肌汇合并向头侧延伸，覆于气管腹侧面。胸骨舌骨肌的尾侧部与胸骨甲状肌融合。

在颈中部，**胸骨甲状肌**从胸骨舌骨肌分出，止于喉的甲状软骨（图 3-9）。

马的**肩胛舌骨肌**十分发达，而食肉动物的肩胛舌骨肌缺失（图 3-9）。马的**肩胛舌骨肌**起自靠近肩关节处的肩胛下筋膜；反刍动物的肩胛舌骨肌起自颈部深筋膜，并止于底

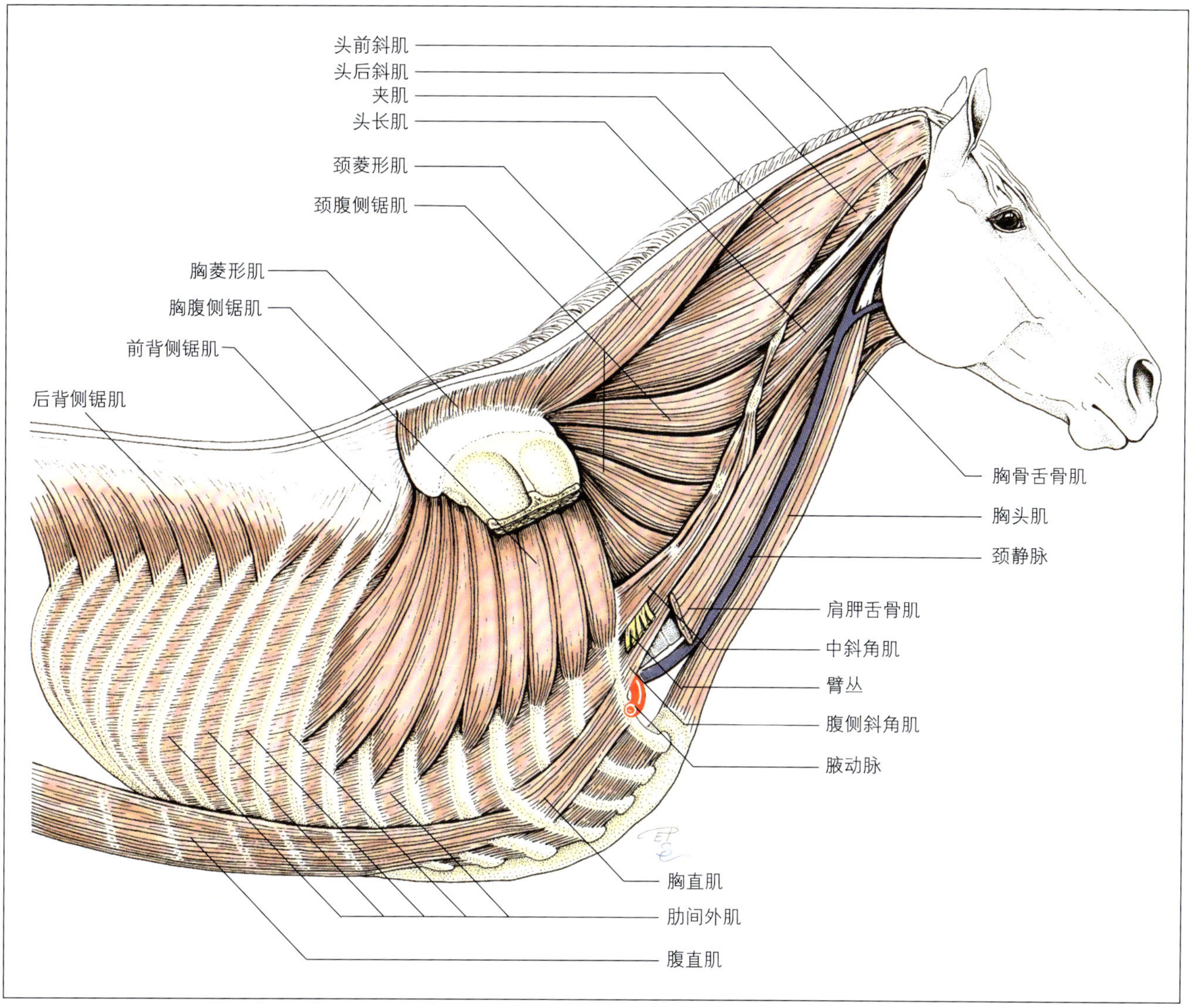

图 3-12 马的躯干浅层肌肉(示意图)。仿 Ghetie(1954)

表 3-6 颈部浅层肌

名称 神经支配	起点	止点	作用
夹肌 颈和胸神经的背侧支	棘横筋膜，项韧带和胸椎棘突		伸和侧偏头颈
• **颈部**		第 3～5 颈椎横突	
• **头部**		枕骨、颞骨乳突	
颈长肌 颈神经腹侧支	第 5～6 胸椎	第 1 颈椎	屈颈
斜角肌 第 5～8 颈神经和第 1～2 胸神经腹侧支			
• **中斜角肌**	第 1 肋骨	第 3～7 颈椎横突	固定颈部，向下或单侧牵拉颈部，辅助呼吸
• **腹侧斜角肌**（食肉动物除外）	第 1 肋骨	第 7 颈椎	固定颈部，向下牵拉颈部，辅助呼吸
• **背侧斜角肌**（马除外）	第 3～8 肋骨	第 3～6 颈椎横突	固定颈部，向下牵拉颈部，辅助呼吸

舌骨。在马，两侧肩胛舌骨肌在颈中部汇合，并与胸骨舌骨肌共同止于舌骨的舌突。在颈部的前半部，肩胛舌骨肌位于颈外静脉和颈总动脉之间，因此在静脉注射时为颈总动脉提供一定保护。

临床小知识

咬槽，是马的一种异常行为，表现为把上切齿撑在坚硬的物体表面(如料槽)，同时，伴随颈腹侧肌肉的异常收缩。咬槽的手术疗法包括对肩胛舌骨肌、胸骨舌骨肌和胸骨甲状肌进行部分切除，也可切断副神经(XI脑神经)的腹侧支。

3.4.2 背部肌(musculi dorsi)

背部肌(图 3-13)包括所有位于颈椎、胸椎、腰椎的肌肉。这些肌肉起自椎体或椎骨突起或筋膜。从位置来看，背部肌可分为两层；在功能上，这些肌肉相互加强。

背部肌浅层位于臀部外侧，由脊神经腹侧支支配。该层肌肉还包括部分前肢肩带肌：

- **斜方肌**(m. trapezius)
- **胸锁乳突肌**(m. sternocleidomastoideus)
  - **胸头肌**(m. sternocephalicus)
  - **臂头肌**(m. brachiocephalicus)
- **肩胛横突肌**(m. omotransversarius)
- **背阔肌**(m. latissimus dorsi)
- **胸浅肌**(m. pectoralis superficialis)

这些肌肉从臀部、肋骨以及局部筋膜延伸到肩带骨，第3章“头、颈和躯干部的筋膜和肌肉”(107页)中将详细介绍。

根据胚胎发生和脊神经腹侧支的支配情况，胸壁的某些肌肉(背侧锯肌)也划归为背部肌群，但由于其主要参与呼吸运动，这些肌肉将在本章后面的呼吸肌部分进行描述(图 3-12)。

背部肌深层位于椎体横突的背侧，受脊神经背侧支的支配。该肌群中有一些细长肌肉(**背部长肌**)，沿脊柱延伸；另一些则是短而小的肌肉(**背部短肌**)，从一个节段性肌肉延伸到下一个节段性肌肉。在功能上，深层背部肌可抬高、旋转、背向、腹向以及侧向弯曲脊柱。深层背部肌吻侧部的

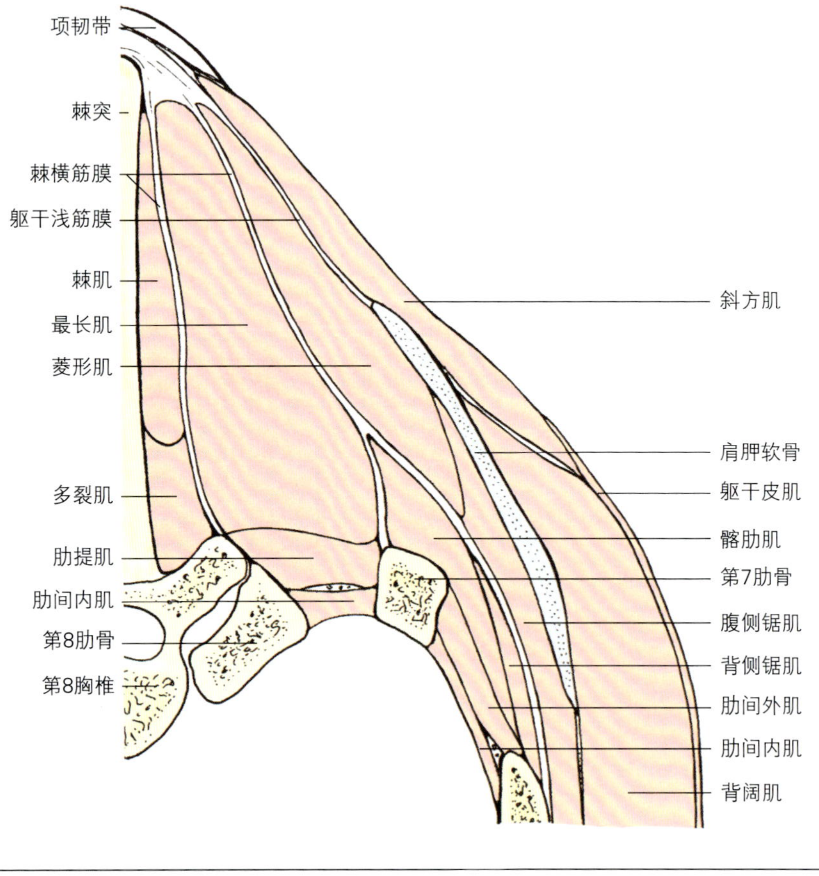

图 3-13 马第 8 胸椎处横断面的背部肌肉(示意图)。仿 Ellenberger 和 Baum(1943)

肌束非常精细，这增加了头颈部的灵活性，尤其是在食肉动物。而腰部区域的深层背部肌非常发达，保障了这部分脊椎的稳定性。

背部肌深层可进一步分为**外侧组**和**内侧组**。这两组肌群形成两个强大的肌肉柱，位于颈椎、胸椎和腰椎的棘突与横突之间。这些肌群的大部分被划分为竖脊肌（mm. erectores spinae）。因反刍动物和马的脊柱僵化程度高，竖脊肌这一术语更适用于猫和犬。由于竖脊肌在位置和功能上的变化很大，很难对其进行系统性划分。

除此之外，该肌群还包括**横突棘肌**（mm. transversospinales）、**棘间肌**（mm. interspinales）和**横突间肌**（mm. interransversarii），均为背部短肌。

颈部和背部的长肌

外侧肌群主要为纵行肌，这些肌群跨越多个连续的椎骨，其细长的肌腹是颈部和背部多个初始节段性肌肉融合的结果。原始节段的模式仍存在，表现为不同节段接受相应节段脊神经背侧支的支配。外侧肌群以肌腱或小的指状肌的方式起自荐骨和髂骨，止于肋骨或头部（**荐棘系统**）。

在颈部，外侧肌群从鬐甲一直延伸到枕骨，并被浅层颈部肌覆盖。以下躯干肌被划分为**外侧肌群**（图 3-14、表 3-7）：

- **髂肋肌**（m. iliocostalis）
  - 腰髂肋肌（m. iliocostalis lumborum）
  - 胸髂肋肌（m. iliocostalis thoracis）
  - 颈髂肋肌（m. iliocostalis cervicis）
- **最长肌**（m. longissimus）
  - 腰最长肌（m. longissimus lumborum）
  - 胸最长肌（m. longissimus thoracis）
  - 颈最长肌（m. longissimus cervicis）
  - 寰最长肌（m. longissimus atlantis）
  - 头最长肌（m. longissimus capitis）

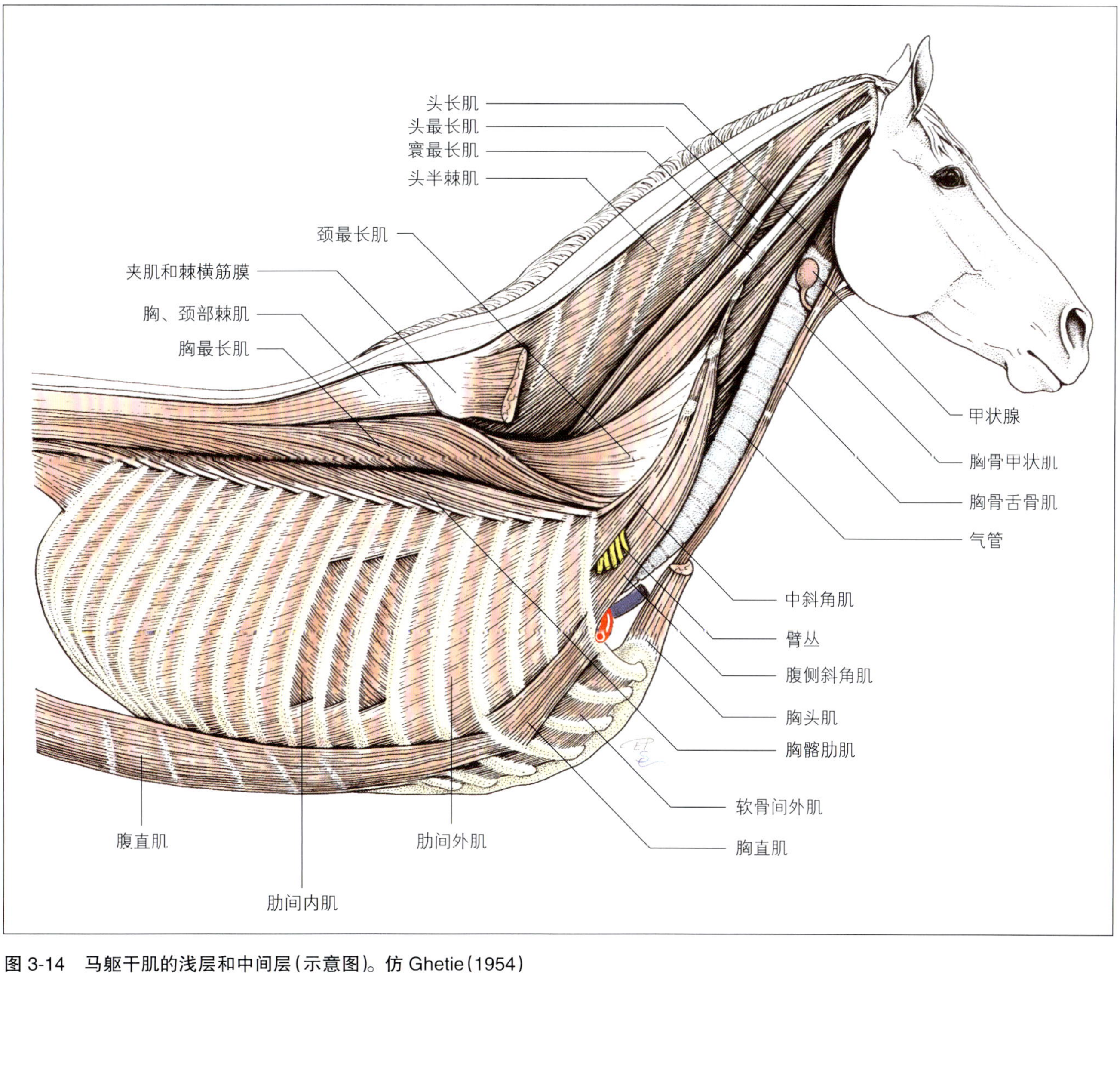

图 3-14 马躯干肌的浅层和中间层（示意图）。仿 Ghetie（1954）

表 3-7 颈部和背部的长肌(外侧组)

名称 神经支配	起点	止点	作用
髂肋肌 胸和腰神经背侧支			
• 腰部	髂骨嵴和腰椎横突	最后肋骨后缘	固定髂骨和肋骨
• 胸部	肋骨前缘上端	肋骨后缘和最后颈椎横突	向单侧屈脊柱
• 颈部	前段胸椎的横突	第 7 颈椎横突	向单侧屈脊柱
最长肌 颈、胸和腰神经背侧支			
• 胸腰部	荐、腰和胸椎的棘突以及髂骨	胸椎的关节突、乳突及横突和肋骨近端	固定或伸脊柱，提升躯体前部
• 颈部	前 5～8 胸椎横突	第 3～7 颈椎横突	提高和侧向屈颈
• 头寰部	第 1 胸椎和最后颈椎的横突	寰椎翼和颞骨乳突	抬高、屈或旋转头部

髂肋肌是一细长肌肉,由一系列重叠的肌束组成(图 3-14)。髂肋肌的肌纤维向前腹侧方向延伸,跨越多个椎骨。髂肋肌起自髂骨嵴,腰椎横突和筋膜板(“Bogorozky 肌腱”),该筋膜板将髂肋肌和最长肌分开。髂肋肌向前延伸至颈椎,位于肋骨角背侧的背阔肌附近,并以一总腱止于最后颈椎。在形态上,髂肋肌可划分为**腰部**和**胸部**。

仅食肉动物的**腰髂肋肌**为一独立肌肉,猪和马的腰髂肋肌与背阔肌腰部融合。在食肉动物,腰髂肋肌附着于腰椎横突的末端,并以锯齿状止于第 11～13 肋骨。在反刍动物,腰髂肋肌的止腱仅附着于最后肋骨。在马,腰髂肋肌很短,止于中段腰椎的横突。

胸髂肋肌位于背阔肌外侧(图 3-14),为腰髂肋肌向头侧的延伸。其单个肌束以具有金属光泽的肌腱起自腰髂肋肌,并向前外侧延伸,每个肌束跨越 2～4 个肋间隙。

在形成一个共同肌腹后,髂肋肌的末端以锯齿状止于第 1～12 肋的尾侧缘,食肉动物的还止于第 7 颈椎横突。马的髂肋肌止于第 1～15 肋的尾侧面,或以内侧的深腱止于第 4～18 肋的吻侧面,食肉动物的还止于第 7 颈椎横突。

髂肋肌可稳定腰、胸段脊柱。在食肉动物,髂肋肌可在动物奔跑时协助向前推进躯干。同时,还可通过向尾侧牵拉肋骨以协助呼气。

最长肌是躯干轴旁肌群的主要组成部分(图 3-14),其从骨盆部延伸至头部,覆盖整个背部和颈部,成为动物体最长的肌肉。其原始的节段性排列表现为大量独立的节段肌束起点。最长肌彼此重叠的肌束起自荐骨、髂骨以及胸椎和腰椎的乳突和棘突,并向前腹侧和外侧延伸,与大量肌腱共同止于乳突、棘突和肋骨的最长肌粗隆(tuberositates musculi longissimi)。

腰段的最长肌十分发达,其表面被覆胸腰筋膜。部分腰最长肌还起自胸腰筋膜。胸段的最长肌逐渐变窄。

根据位置和起止点,可将最长肌分为几部分。**腰最长肌**(m. longisssimus lumborum)和**胸最长肌**(m. longissimus thoracis)从骨盆延伸至第 7 颈椎,位于棘突、横突以及肋骨背端之间,其外侧被覆髂肋肌。胸最长肌向前延伸为颈最长肌。颈最长肌呈扇形分布于前 5～8 胸椎和最后颈椎的横突之间。寰最长肌和头最长肌起自第 2 和第 3 胸椎以及最后 4～5 枚颈椎的横突,向前延伸至颈部深层,止于寰椎翼和枕骨乳突。

最长肌具有伸展和稳定脊柱的作用。在后肢摆动时,最长肌达到最大伸展状态,并将后肢的推力传送到背部。当后肢站立时(直立),最长肌可抬升躯体前部;当前肢站立时(后踢),最长肌可抬升躯体后侧并向腹侧屈背。单侧收缩可使脊柱侧向弯曲并旋转头部。

对于经过训练的肌肉发达的马,两侧最长肌可超越棘突的背端,从而形成一明显的肌沟。

最长肌内侧肌群构成颈部和背部的深层肌肉(表 3-8)。该肌群仍具有胚胎发育过程中的节段式排列模式,由大量肌束构成,延伸于两相邻椎骨之间。这些肌肉位于棘突、椎弓和横突之间的骨表面。内侧肌群的肌束或延伸于**棘突(棘肌系统)**之间,或从棘突延伸到相邻椎骨的横突(横突棘肌系统)。内侧肌群的肌纤维呈矢状分布,或呈后-腹-外侧至前-背-内侧方向分布,肌纤维方向与外侧肌群恰好相反。

内侧肌群接受脊神经背侧支的支配。

该肌群的一些肌肉延伸至头部肌群,称为“头部特殊肌”。这一名称是基于其功能的描述,而非基于胚胎起源。这些肌肉在本章前面已作描述。

虽然家畜内侧肌群之间的分化不如人类明显,但也存在种属差异。根据位置和功能,可将内侧肌群划分为以下肌肉:

- **棘肌**(m. spinalis):
  - 胸棘肌(m. spinalis thoracis)
  - 颈棘肌(m. spinalis cervicis)

- **横突棘肌**(mm. transversospinales)
  - 胸、颈半棘肌(m. semispinalis thoracis et cervicis)
  - 头半棘肌(m. semispinalis capitis)
  - 颈二腹肌(m. biventer cervicis)
  - 复肌(m. complexus)
- **多裂肌**(mm. multifidi)
- **回旋肌**(mm. rotatores)

这些肌肉形成 3 条肌带,其中多裂肌和回旋肌位于最深层,最长肌位于最浅层,棘肌位于两者之间。

棘肌跨越相邻椎骨的棘突。在猪和马,棘肌形成一共同肌腹,连接多个节段,称为**胸棘肌**和**颈棘肌**,起自前 6 枚腰椎和后 6 枚胸椎的棘突,呈水平方向向前延伸,止于前几枚胸椎和第 3～7 颈椎的棘突(图 3-15)。

在反刍动物和食肉动物,胸棘肌和颈棘肌还接受某些起于椎骨乳突和横突的肌束(横突棘肌)。

因此,有时又将其合称为**胸、颈棘肌和半棘肌**。该肌由大量位于腰椎、胸椎和颈椎区域的独立肌束组成。胸棘肌、腰棘肌和半棘肌同时收缩,可稳定背部并抬升颈部。单侧收缩,可向一侧屈背和颈。

头半棘肌为这些肌肉向头部的延续。这一强大的板状肌位于枕骨、颈椎和项韧带之间,其外侧被覆最长肌和夹肌。头半棘肌可分为位于背内侧的**颈二腹肌**和腹外侧的**腹肌**。

头半棘肌双侧收缩时可抬头,单侧收缩时可侧偏头颈。

多裂肌为颈部和背部长肌内侧肌群的最深层(图 3-16),它由大量独立又彼此重叠的肌束组成。这些肌束起自关节突和乳突,在胸段还起自横突,延伸到前一椎骨的棘突。多

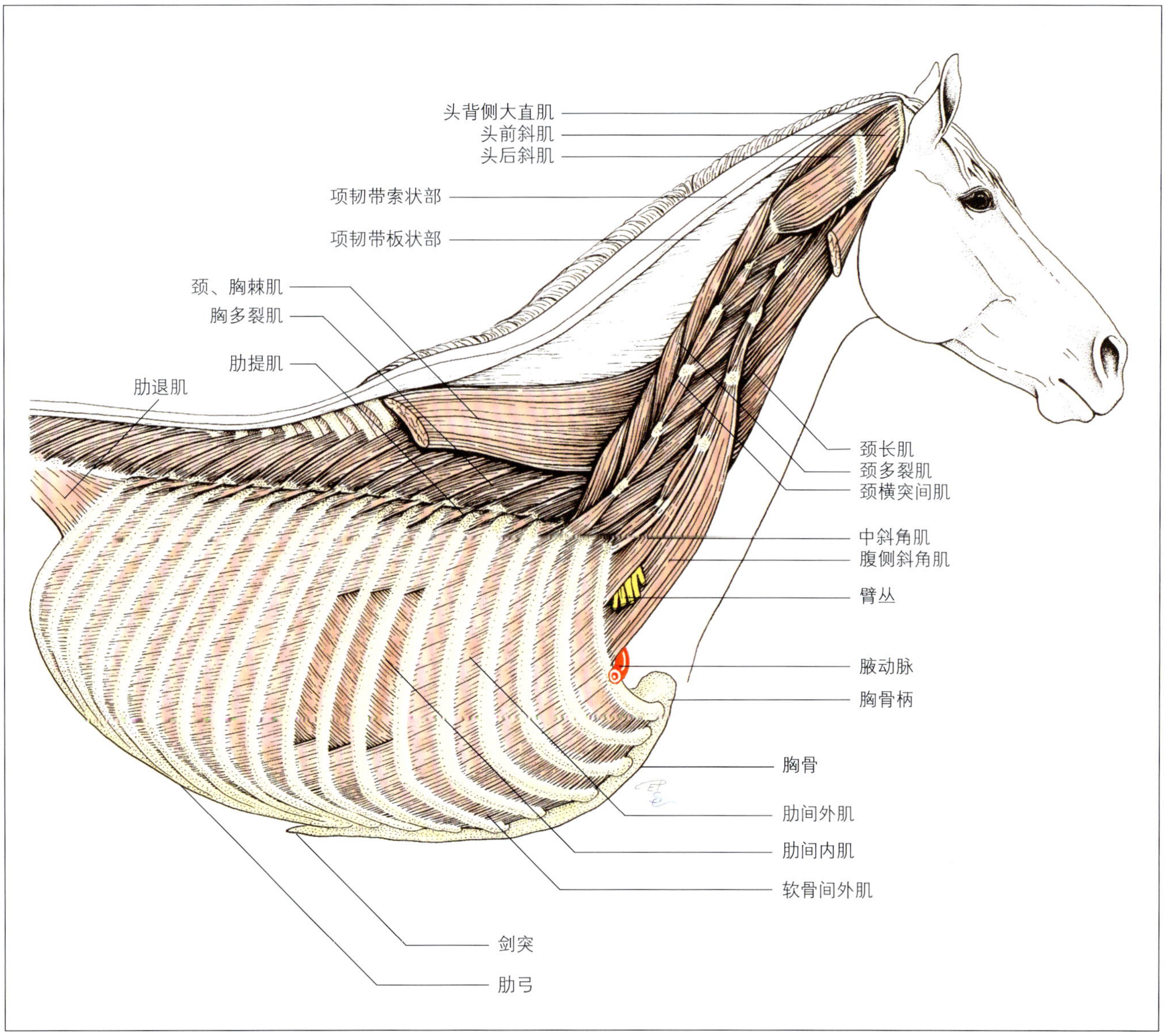

图 3-15 马的深层躯干肌(示意图)。仿 Ellenberger 和 Baum(1943)

裂肌从腰椎延伸到颈椎，其中，胸段包括多达5个节段。在头侧，多裂肌与头斜肌相连；在尾侧，其与尾骨肌相连。多裂肌具有协调颈部和背部长肌运动的功能。

回旋肌仅分布于胸椎（食肉动物和猪为第1～10胸椎，反刍动物为第1～12胸椎，马为第1～16胸椎），这些肌肉使椎骨的旋转运动成为可能。回旋肌包括短肌束和长肌束，短肌束（见于食肉动物）连于横突与相邻椎体的棘突之间，长肌束（见于所有家畜）跨越两个椎骨（图3-16）。

颈部和背部的短肌

颈部和背部长肌的外侧肌群和内侧肌群还有短的肌束补充，即为颈部和背部短肌。它们被分为两个肌群：

- **棘间肌**（mm. interspinales）
- **横突间肌**（mm. intertransversarii）

横突间肌为延伸于横突之间的肌肉，**棘间肌**为延伸于棘突之间的肌肉（表3-9）。

棘间肌由位于颈椎后段、胸椎和前几枚腰椎的相邻棘突之间的短肌束（见于食肉动物）或腱质束（见于有蹄类动物）/棘间韧带组成，可使躯干向腹侧屈脊柱。

横突间肌延伸于横突之间，或横突与关节突之间，或乳突和副乳突之间。在犬和马，横突间肌被分为位于腰椎组（腰横突间肌）、胸椎组（胸横突间肌）和颈椎组（颈横突间背侧、腹侧肌）。其中，腰椎组与胸椎组的肌纤维延伸于腰椎与胸椎的乳突和横突之间，颈椎组的肌纤维延伸于颈椎横突之间（图3-16）。横突间肌可协调脊柱运动，也可稳定和侧偏脊柱。

3.4.3 胸壁肌（musculi thoracis）

胸壁肌肉包括两组：肩带肌与呼吸肌的**深层**和**浅层**。其中，属于肩带肌的有胸浅肌（m. pectoralis supf.）和胸深肌（m. pectoralis prof.）、锁骨下肌（m. subclavius）和胸腹侧锯肌（m. serratus ventralis），它们覆于胸侧壁躯干肌的浅层。在功能上，这些肌肉属于肩带肌，因此，这部分肌肉将在第4章“前肢或胸肢”（136页）中进行详细介绍。

呼吸肌

所有呼吸肌都附着于胸部骨骼：肋骨或肋软骨。呼吸肌包括位于肋骨之间的肌肉（肋间肌）和位于肋骨外侧面的小肌肉（表3-10）。**膈**（diaphragma）是最重要的呼吸肌，它将胸腔和腹腔分开。

在功能上，呼吸肌可分为**吸气肌**和**呼气肌**。吸气肌可扩大胸腔，引起空气进入肺部；呼气肌可缩小胸腔，将肺和气道内的空气排出。吸气肌可向前外侧牵拉肋骨，而呼气肌则向后内侧牵拉肋骨。与背部肌相似，**肋间肌**仍表现出胚胎学上的节段性排列，表现为接受来自不同节段肋间神经的支配。呼吸肌由以下肌肉组成：

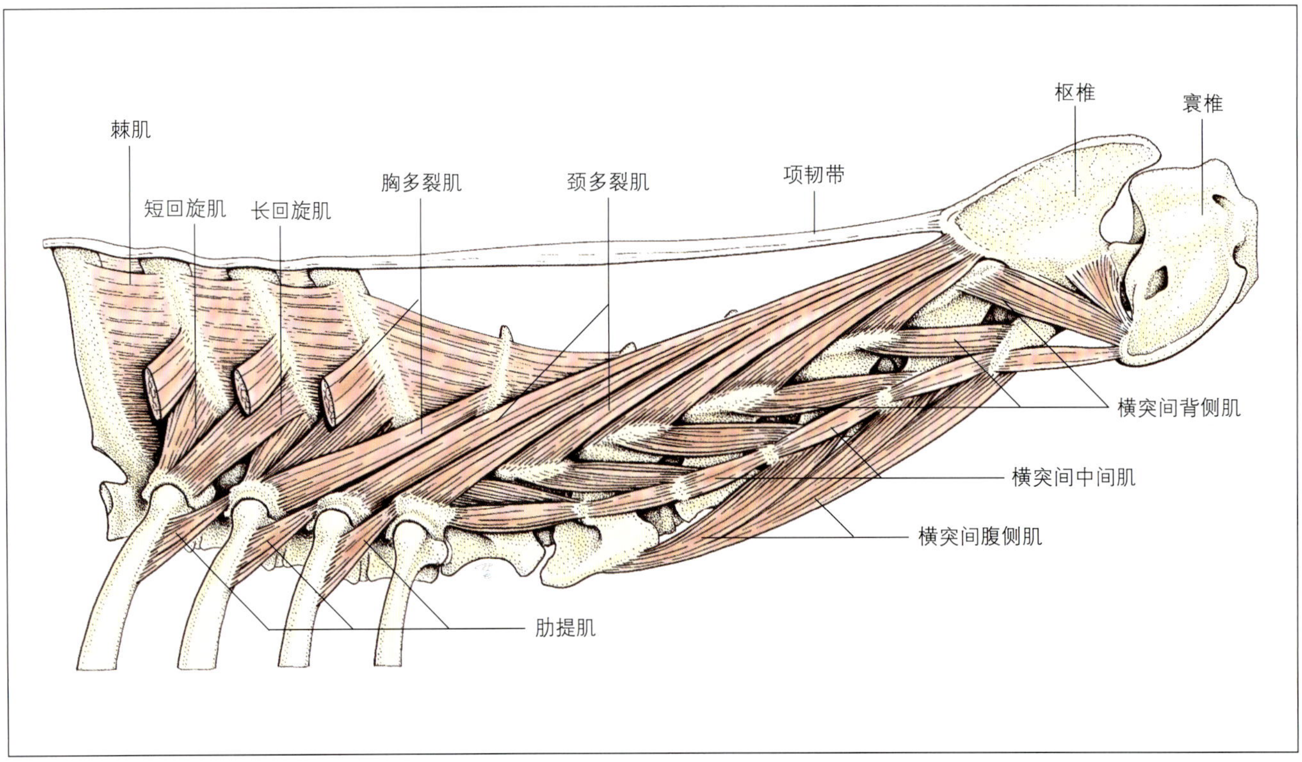

图3-16 犬的颈部深层肌肉（示意图）

- **背侧锯肌**(mm. serrati dorsales)
  - 前背侧锯肌(m. serratus dorsalis cranialis)
  - 后背侧锯肌(m. serratus dorsalis caudalia)
- **肋间肌**(mm. intercostales)
  - 肋间外肌(mm. intercostales externi)
  - 肋间内肌(mm. intercostales interni)
  - 肋下肌(mm. subcostales)
  - 肋退肌(m. retractor costae)
- **肋提肌**(mm. levatores costarum)
- **胸横肌**(m. transversus thoracis)
- **胸直肌**(m. rectus thoracis)
- **膈**(diaphragma)
  - 腰部(pars lumbalis)
  - 肋部(pars costalis)
  - 胸骨部(pars sternalis)
  - 中心腱(centrum tendineum)

背侧锯肌以腱膜起自棘横筋膜、棘上筋膜和尾侧的胸腰筋膜。背侧锯肌以一系列独立的锯齿状突附着于髂肋肌外侧的肋骨。根据纤维方向,背侧锯肌可分为**前部**和**后部**(图 3-12)。

前背侧锯肌收缩可向外旋转肋骨,发挥吸气肌功能。在食肉动物,前背侧锯肌起自前 6～8 枚胸椎和胸腰筋膜,并呈锯齿状止于第 3～10 肋骨的前外侧,马的前背侧锯肌止于第 3～12 肋骨。

后背侧锯肌的肌纤维向前腹侧延伸,与前背侧锯肌的肌纤维方向相反。后背侧锯肌收缩向后内侧旋转肋骨,从而协助呼气。

犬和猫的后背侧锯肌起自胸腰筋膜。除马的后背侧锯肌止于第 12～18 肋骨尾侧外,其他家畜的后背侧锯肌均止于第 9～13 肋骨。

肋间肌位于肋骨之间,至少由 2 层肌肉构成:深层为**肋间内肌**,浅层为**肋间外肌**(图 3-15)。肋间内肌的肌纤维从肋骨前缘呈前腹侧走向延伸到前一肋骨后缘,位于肋间神经的外侧,协助呼气运动。肋间外肌的肌纤维垂直于肋间内肌的肌纤维,呈后腹侧走向延伸于两肋之间,发挥吸气肌功能。肋间外肌位于从脊柱到肋软骨连结处之间的肋间隙,但不延伸到胸骨。

软骨间肌是肋间肌在软骨间隙内的延续。

肋下肌位于肋间内肌的深层,以及最后肋骨椎骨端处的肋间神经内侧。食肉动物的肋下肌由 2～3 条独立肌束构成。肋下肌和肋退肌均为呼气肌,肋退肌从前段腰椎横突和胸腰筋膜延伸到最后肋骨。

肋提肌由一系列小肌束构成,与肋间外肌难以区分(图 3-16)。肋提肌起自胸椎(除最后胸椎外)的横突和乳突,并向后腹侧延伸到邻近肋骨的肋骨角,止于第 2 肋骨至最后肋骨的前缘。肋提肌外覆髂肋肌和最长肌,并接受胸神经背侧支的支配。该肌为吸气肌。

胸横肌为一三角形薄板状肌肉,位于胸骨和胸骨肋软骨的内侧。胸横肌起自胸骨韧带,止于第 2～8 肋骨的肋软骨连结处。胸横肌收缩可向内牵拉肋骨,协助呼气。

胸直肌为一扁平的矩形肌肉,覆于前 3～4 肋骨的外侧(图 3-14)。该肌起自第 1 肋骨,向后腹侧延伸,末端以一宽腱与直腹肌的腱膜混合。胸直肌为吸气肌。

膈为一个圆顶状的肌性腱板,位于所有哺乳动物的胸腔与腹腔之间(图 3-17)。其前部突入胸腔,使腹腔形成一个大的**胸廓部**。膈向前最突出的点为**膈顶**。

在胸腔侧,膈被**胸内筋膜**(fascia endothoracica)和**胸膜**覆盖;在腹腔侧,膈被腹横筋膜(fascia transversalis)和腹膜覆盖。在胸腔内表面与心、肺之间有双层浆膜。膈的腹腔面与肝脏之间以韧带紧密相连。膈的肌肉部向背侧延伸至腰椎。

膈上有 3 个裂孔。在脊柱腹侧、接近中线处有一孔,供主动脉(aorta)、奇静脉(v. azygos)和胸导管(ductus thoracicus)穿行,称为**主动脉裂孔**。在该孔腹侧偏左的是**食管裂孔**(hiatus oesophageus),供食道和双侧迷走神经穿行。第 3 个孔为**腔静脉裂孔**(foramen venae cavae),位于中心腱正中线偏右,供后腔静脉穿行。膈接受膈神经支配,膈神经来自后段颈神经的腹侧支(图 3-17)。

膈由**中心腱**(centrum tendineum)和环绕其周围的**肉质部**构成。肉质部的肌纤维起自胸壁内侧面,呈放射状止于中心腱。

膈的肉质部可细分为:

- **腰部**(pars lumbalis)
- **肋部**(pars costalis)
- **胸骨部**(pars sternalis)

膈的**腰部**由左膈脚(curs sinister)和右膈脚(crus dexter)构成(图 3-17)。二者均起自第 3 或第 4 腰椎的腹侧,并向前腹侧延伸。在主动脉裂孔处,左、右膈脚包围着主动脉、奇静脉和胸导管。食肉动物膈的腰部特别发达。

右膈脚(crus dexter)比左膈脚大,呈扇形延伸,并分为一个外侧部和两个腹侧部。外侧部从膈的右侧延伸到中心腱。腹侧部为发达肌束,向前腹侧呈辐射状延伸并止于中心腱。右膈脚两腹侧部之间形成一食管裂孔(hiatus oesophageus),供食管和迷走神经通过。在食肉动物,右膈脚的划分更复杂,包括背侧、外侧、腹侧和中间部分。

所有家畜的**左膈脚**(crus sinister)都不细分,食肉动物除外。食肉动物的左膈脚由一个外侧支和一个中间支组成。左膈脚从膈的左背侧缘延伸到中心腱。

在腰大肌腹侧的膈背外侧缘,膈的腰部直接连于腹膜和胸膜,这个区域被称为**腰肋弓**(arcus lumbocostalis)。

肋部(pars costalis)由一系列肌束构成,起自胸廓两侧最后 3 或 4 根肋骨的内表面,并沿肋软骨连结处向腹侧折转至第 8 肋和剑状软骨,呈放射状止于中心腱。

表 3-8　颈部和背部的长肌（内侧组）

名称 神经支配	起点	止点	作用
颈和胸棘肌（猪 / 马） 颈、胸和腰神经背侧支	一个或多个椎骨的棘突	一个或多个椎骨的棘突	固定背部和颈部
颈、胸棘肌和半棘肌（食肉动物 / 反刍动物） 颈、胸和腰神经背侧支	第 1 腰椎和最后胸椎的棘突、乳突及横突	第 1～6 胸椎和第 6 或第 7 颈椎的棘突	固定及伸背，提颈，单侧：向脊侧和颈侧弯曲
头半棘肌 颈神经背侧支	棘横筋膜、前 5～8 胸椎横突、第 2～7 颈椎关节突	枕骨鳞部	抬头和向单侧屈头
多裂肌 颈、胸和腰神经背侧支	荐骨至第 3 颈椎的关节突和乳突	前段椎骨的棘突、背侧弓、胸椎横突	固定和旋转脊柱，提颈
回旋肌 胸神经背侧支	横突	棘突	固定和旋转脊柱

表 3-9　颈、背部短肌

肌肉名称 神经支配	起点	止点	作用
棘间肌 胸和腰神经背侧支	棘突	棘突	固定和屈胸、腰段脊柱
横突间肌 颈、胸和腰神经背侧支	横突、乳突	横突、关节突	固定和侧屈颈、腰段脊柱

表 3-10　胸壁肌

名称 神经支配	起点	止点	作用
前背侧锯肌 肋间神经	棘横筋膜	第 2～4 肋骨	向前牵拉肋骨，扩张胸腔
后背侧锯肌 肋间神经	胸腰筋膜	第 9～12 肋骨	向后牵拉肋骨，收缩胸腔
肋间外肌 肋间神经	肋骨后缘	后一肋骨的前缘	向前牵拉肋骨，扩张胸腔
肋间内肌 肋间神经	肋骨前缘	前一肋骨的后缘	向后牵拉肋骨，收缩胸腔
肋提肌 胸神经背侧支	第 1 至倒数第二胸椎的横突和乳突	后一肋骨近端的前缘	向前牵拉肋骨，扩张胸腔
肋下肌 肋间神经	肋骨近端之间的薄肌束	肋骨近端之间的薄肌束	辅助肋间内肌活动
肋退肌 肋腹神经和髂腹下神经	胸腰筋膜	最后肋骨	向后牵拉肋骨
胸直肌 肋间神经	第 1 肋骨	第 2～4 肋软骨	向前牵拉前 3 枚肋骨，扩张胸腔
胸横肌 肋间神经	胸骨韧带	肋软骨关节	收缩胸腔

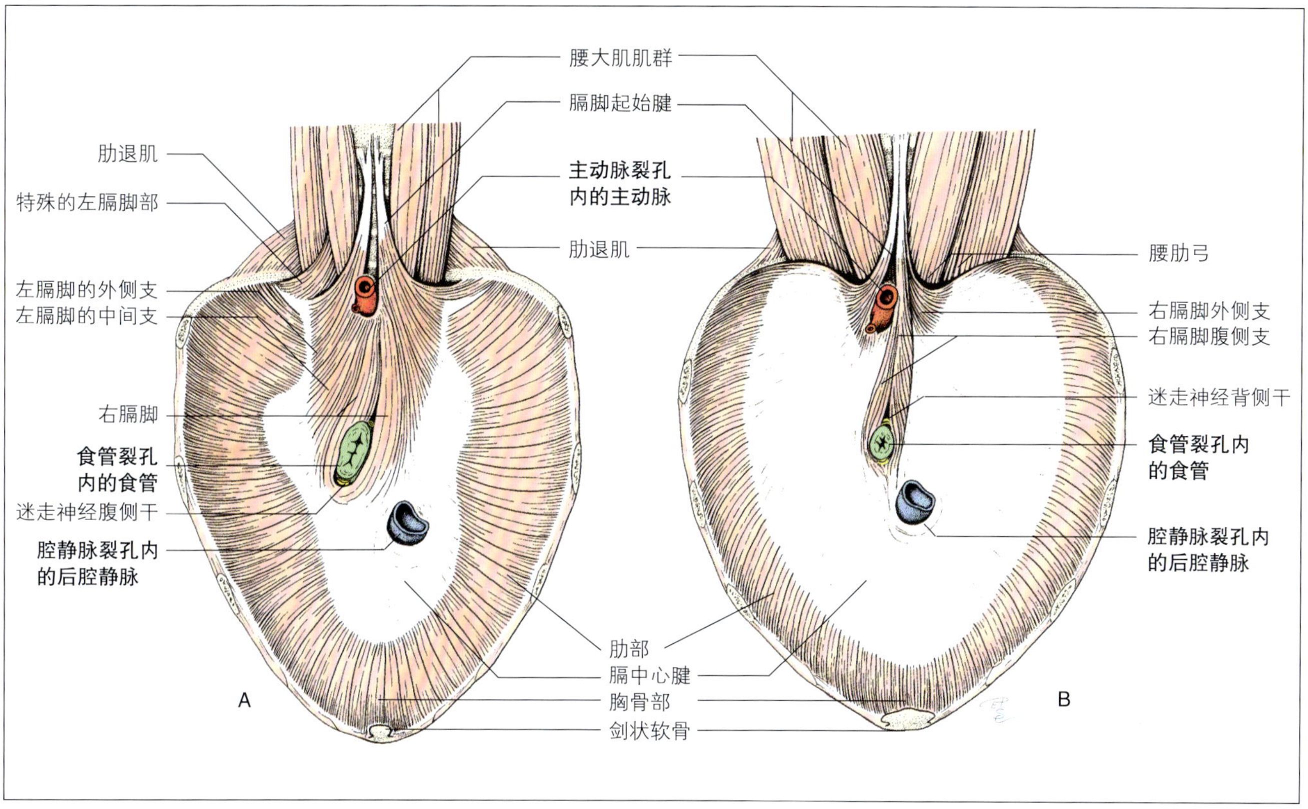

图 3-17 犬(A)和马(B)的膈(示意图,后面观)

胸骨部(pars sternalis)的肌纤维起自剑突软骨,向背侧延伸至中心腱(图 3-17)。中心腱向前突出的部分,形成膈的顶部,又称**膈顶**(cupula diaphragmatis)。

中心腱由双层肌腱纤维构成,它们起自膈的肉质部。腹腔侧的肌腱纤维呈放射状排列,而胸腔侧的肌腱纤维呈圆形排列,形成网状结构。两层之间由无序的腱组织相连。在食肉动物,中心腱因向两侧延伸而呈"Y"字形;在有蹄类动物,中心腱形似马的蹄底,可分为一个腹侧体和两个延伸部。在有蹄类动物,延伸部向背侧以与左、右膈脚平行的方向延伸,到达膈的背侧缘,并将肉质部的胸骨部与腰部分开。在食肉动物,肉质部的胸骨部与腰部不完全分开,二者仍相连。

腔静脉裂孔构成膈顶,该裂孔与后腔静脉紧密融合。因此,腔静脉裂孔的位置相对固定。在完全吸气和完全呼气的"中间状态",膈顶可伸入胸腔并抵达第 6 肋骨(犬的为第6肋间隙),即接近于动物站立时鹰嘴处的假想横断面。吸气时,膈向后腹侧移动一个肋间的距离;呼气时,膈向前背侧移动一个肋间的距离。因此,反刍动物和猪的膈顶保持在第 7 肋间隙处,食肉动物和马的膈顶保持在第 7 和第 8 肋间隙处。

马的膈略倾斜,其他家畜的膈更趋于垂直。膈呈液滴状向前突入胸腔,并呈扁弓状向背外侧延伸,止于胸壁和脊柱。在吸气时,膈周围肉质部收缩引起中心腱被拉紧,而使胸廓更接近圆锥形;同时,腹侧壁向外移动,腹腔脏器向后移动。最终导致胸腔扩大,肺被动扩张。

在呼气时,膈松弛,腹腔脏器在腹壁肌的推动下前移。胸腔缩小,肺收缩。

临床小知识

膈可能会发生破裂,尤其是在遭受外部创伤时(如车祸)。膈破裂后可导致腹腔器官进入胸腔,损伤肺功能;肠道可能嵌入膈的破裂处,导致肠道的血液供应受阻。

膈疝是指腹腔脏器通过膈的薄弱区域进入胸腔。此时,腹膜也可能进入胸腔。如果没有形成疝囊,这种器官移位被称为**脱垂**。在多数情况下,这些异常情况仅在尸检或解剖过程中偶然发现。

3.4.4 腹壁肌(musculi abdomeinis)

腹壁肌为分布广泛、相对较薄的肌肉。这些肌肉及其腱膜一起构成腹壁的肌肉与腱质基础。腹壁肌群由 3 层相互重叠,但肌纤维方向相反的独立肌肉组成。腹壁肌起自骨盆前缘、腰区和胸腔后部,构成躯体的侧壁和腹壁。

这些宽大的板状肌以腱膜形成终止腱,如中线处的**腹**

白线和**耻前腱**(tendo prepubicus)以及尾侧的**腹股沟韧带**(ligamentum inguinale)(图 3-18 和图 3-19)。这些肌肉接受胸神经和腰神经腹侧支的支配。

腹白线为一延伸于剑状软骨和骨盆前缘之间的腱索,止于耻前腱(图 3-19)。腹白线两侧的腹底壁为发达的呈矢状分布的腹直肌,具有腱划。

腹股沟韧带从髂耻隆起延伸至髋结节,加强了位于耻前腱两侧的髂筋膜(图 3-18 和图 3-19)。在腹股沟韧带、髂筋膜和耻骨前缘之间有一开口(肌腔隙),供腰大肌、髂肌和非食肉动物的缝匠肌通过。其腹内侧形成一通道(血管腔隙),供髂外动脉和静脉、股深动脉和静脉、隐神经和淋巴管通过。

腹白线为腹侧正中缝,在发育过程中,侧中胚层的两侧部在此汇合(图 3-19)。在腹白线,有一个供胎儿脐尿管和脐血管通过的**脐孔**(脐环),其在出生后形成瘢痕状的脐。腹白线和躯干部深筋膜共同加强腹底壁,并在中线汇合。在大型动物,躯干部深筋膜的腹侧部与一弹性纤维层相互交织,因外观呈黄色,又称**腹黄膜**。

腹壁肌有多种**功能**,它们是躯干动-静态结构的重要组成部分,支撑腹腔脏器。同时,腹壁肌还通过前推内脏来协助呼气运动,尤其是在呼吸困难时。

腹壁肌收缩("紧张"),将导致腹内压升高,也加强了内脏肌肉的收缩以利于排便、排尿和分娩。

腹壁肌在运动过程中发挥重要作用。在反刍动物和马,腹壁肌可在运动时协助支撑脊柱。两侧腹壁肌同时收缩可辅助弓背,这是动物跳跃障碍物时的重要动作。在食肉动物,腹壁肌协助运动的作用尤为明显,其腹壁肌的肌质成分多于腱质成分。

根据位置和结构,腹壁肌包括 4 块(图 3-18、图 3-19;表 3-11):

- **腹外斜肌**(m. obliquus externus abdominis)
- **腹内斜肌**(m. obliquus intemus abdominis)
- **腹横肌**(m. transversus abdominis)
- **腹直肌**(m. rectus abdominis)

腹外斜肌是最浅层腹壁肌,仅被覆躯干深、浅筋膜和腹部皮肌(图 3-18 和图 3-19)。腹外斜肌呈锯齿状起自第 4 或第 5 肋骨的外侧面,其头侧的锯齿状与腹侧锯肌相间排

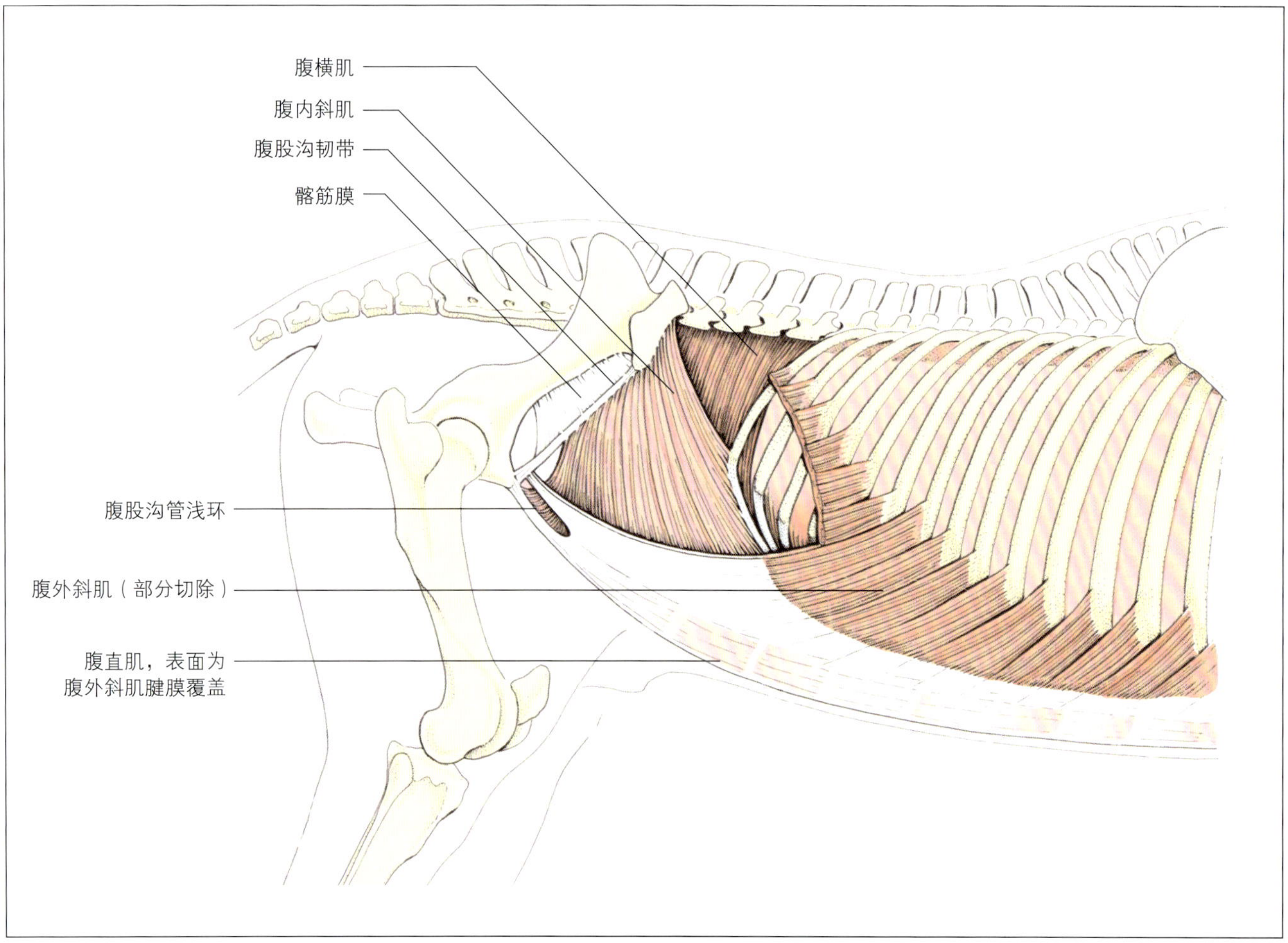

图 3-18　马的腹壁肌(示意图,侧面观)

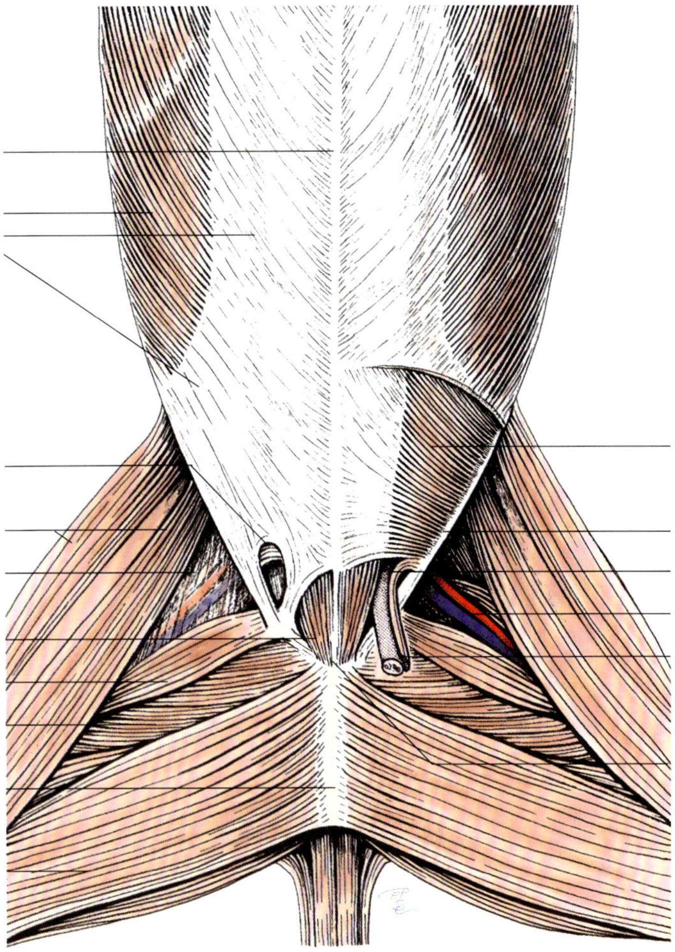

图 3-19 腹壁肌及股内侧肌（示意图，腹面观）

表 3-11 腹壁肌

名称 神经支配	起点	止点	作用
腹外斜肌 胸和腰神经的腹侧支	第 8～10 肋骨外侧及胸腰筋膜	腹白线和腹股沟韧带	增加腹压，辅助呼气，挤压腹腔内脏
腹内斜肌 胸和腰神经的腹侧支	髋结节、腰椎横突和胸腰筋膜	腹白线、最后肋骨和肋弓	增加腹压，辅助呼气，挤压腹腔内脏
腹横肌 胸和腰神经的腹侧支	腰椎横突、肋软骨	腹白线	增加腹压，辅助呼气，挤压腹腔内脏
腹直肌 胸和腰神经的腹侧支	胸骨、第 4 肋骨的胸肋软骨	耻前腱和耻骨梳	增加腹压，辅助呼气，挤压腹腔内脏

列。腹外斜肌的起点向后背侧延伸，直至最后肋骨的末端并与胸腰筋膜融合。

根据位置和肌纤维走向，腹外斜肌可分为胸部和腰部。其中，腹外斜肌胸部起自胸廓外侧面，腰部起自最后肋骨和胸腰筋膜。马的腹外斜肌还起自髋结节。

腹外斜肌的肌纤维呈扇形向后腹侧延伸，但背侧束呈水平。在腹壁腹侧 1/4 处（食肉动物）或第 5 肋软骨结节与髋结节的连线处（马），腹外斜肌的肌质部延续为宽大的腱膜。这一宽大的腱膜与腹内斜肌的腱膜在腹侧汇合，形成**腹直肌鞘**（rectus sheath，vagina m. recti abdominis）的外层。腹外斜肌的止点腱与腹部肌腱一起止于腹白线与耻前腱，与骨盆腱一起止于腹股沟韧带。

在腹股沟区，腹外斜肌的腱膜分为 2 个主要部分，二者形成一个裂隙状开口，即腹股沟管浅环（anulis inguinalis superficialis）（图 3-18 和图 3-19）。

腹部腱形成腹股沟管浅环的后内侧壁（也称为内侧脚）、骨盆腱以及后外侧壁（也称为外侧脚）。与肌纤维走向相对应，腹股沟管浅环的长轴从前外侧指向后内侧。腹股沟管浅环是**腹股沟管外口**。在出生前或出生后不久，睾丸由此下降进入阴囊。

在成年雄性动物，**鞘突**（processus vaginalis）（图 3-19）表面被覆睾提肌，内含精索、血管和神经，穿过腹股沟管。内侧脚将**股板**（lamina femoralis）分开，股板在大腿内侧与股内侧筋膜融合。

在食肉动物，腹部腱在外侧与躯干部深筋膜融合，在内侧与腹内斜肌腱膜融合，并构成腹直肌鞘的外层。同时，腹直肌鞘与**腹直肌腱划**（intersectiones tendineae）融合。骨盆腱的外侧脚在腹股沟管浅环尾角（angulus caudalis）处与内侧脚相连。

在马，发达的**腹部腱**被躯干部深筋膜腹侧部（腹黄膜）进一步加强，止于腹白线，还以腹股沟管浅环内侧脚止于耻前腱。腹股沟管浅环轮廓清晰，长 10～15 cm。它位于腹白线外侧约 2 cm 以及耻前腱 2 cm 处。较小的骨盆腱形成腹股沟韧带（ligamentum inguinale），连于髋结节、髂耻隆起以及耻前腱之间（图 3-19）。

腹内斜肌位于腹外斜肌深层，起自腹股沟韧带近端的髋结节，除马外，腹内斜肌还起自腰椎横突和胸腰筋膜（图 3-18 和图 3-19）。腹内斜肌的肌纤维呈扇形向前腹侧方向延伸，几乎垂直于腹外斜肌的肌纤维方向。腹内斜肌的肌质部在腹直肌外侧缘延续为宽大的腱膜，与腹外斜肌腱膜融合，形成腹直肌鞘的外层。两侧腹直肌鞘在腹白线处汇合。

腹内斜肌在近端分出**肋髋脚**（crus costocoxale），附着于最后肋骨及肋骨角。腹内斜肌的后部形成腹股沟管深环（anulus inguinalis profundus）的前壁。腹股沟管深环的后壁由腹股沟韧带构成。腹股沟管深环是腹股沟管内口，其长轴呈横向排布。

在雄性动物，腹内斜肌在后侧分出一条狭窄的肌带，即睾提肌，覆于鞘突表面，并与鞘突一起通过腹股沟管。

腹横肌是四块腹壁肌中最小的一块，位于腹壁最深层（图 3-18）。它是由平行肌纤维组成的板状肌，其头侧的起点在马为最后 12 根肋骨的肋软骨、在犬为第 12 和第 13 肋骨的肋软骨内侧面；其尾侧的起点为腰椎横突。腹横肌后缘达到髋结节。在腹直肌外缘，腹横肌的肌质部延续为腱膜，并参与形成**腹直肌鞘内层**。由于腹横肌后缘不超过髋结节，骨盆区的腹直肌鞘缺少内层。腹横肌腱膜并未参与构成腹股沟管。对于营养良好的马，其腹横筋膜与横腹肌之间有大量脂肪沉积（内脂膜）。在食肉动物，腹横肌腱膜发出一分支，在脐孔尾侧汇入到腹直肌鞘外层。

腹直肌位于腹壁的腹侧，不像其他腹壁肌那样形成腱膜（图 3-18 和图 3-19）。整个肌肉位于腹直肌鞘内，该鞘由其他腹壁肌的腱膜构成，腹直肌鞘的构成方式具有种属差异性。腹直肌起自"真肋"肋软骨以及胸骨附近，止于耻前腱。肌纤维纵向延伸于腹白线两侧。在腹直肌上，横向分布的腱性纤维组织为腱划。在马，腹直肌的止点腱分出股骨头副韧带，连于髋关节，与股骨头韧带一起止于股骨头。

腹直肌鞘（vagina m. recti abdominis）

腹直肌完全被腱性组织包围，腱性组织由其他三块腹壁肌的腱膜和躯干部深筋膜组成（图 3-20）。如果忽略种属差异，腹直肌鞘的构造为：腹外斜肌和腹内斜肌的腱膜形成鞘的**外层**（lamina externa），覆于腹直肌的腹侧；腹横肌的腱膜形成的鞘的**内层**（lamina interna），覆于腹直肌的背侧。在反刍动物和马，腹直肌鞘的外层与内层在腹白线处汇合；在猪和食肉动物，两层仅在脐部汇合。

在食肉动物的脐前区，腹内斜肌腱膜分开，形成腹直肌鞘内层；在脐后区，腹横肌腱膜逐渐向外侧延伸，并与腹内、外斜肌腱膜和腹横筋膜汇合，形成腹直肌鞘的外层。因此，腹直肌在骨盆区缺少内层腱膜，仅被腹横筋膜和腹膜包裹。

腹股沟管（canalis inguinalis）

在雄性与雌性动物，腹股沟管是腹壁肌及其腱膜之间的裂隙。在雄性动物出生前或出生后不久，腹股沟管是鞘突通过以及睾丸下降的通道。

腹股沟管外口称为**腹股沟管浅环**（anulus inguinalis superficialis）。马的腹股沟管浅环位于腹白线外侧 4～5 cm，骨盆前缘两指处（图 3-18、图 3-19）。

对于中等大小的马，腹股沟管浅环为一轮廓清晰的裂缝状开口，长 10～12 cm，其长轴从前外侧到后内侧。腹股沟浅环的腹内侧壁由腹外斜肌腹壁腱的内侧脚构成，背外侧壁由耻前腱外侧脚构成。可通过腹壁与股部之间的皮肤触及腹股沟管浅环的腹内侧壁，但由于股板覆盖，不能触及其背外侧壁。

腹股沟管的内口，即**腹股沟管深环**（anulus inguinalis

peofundus),其长轴横向指向躯干长轴(图 3-19)。腹股沟管深环的前内侧部由腹内斜肌后缘和腹直肌外缘围成,其后外侧部由腹股沟韧带构成。腹股沟韧带是腹外斜肌骨盆腱尾端的增厚部分,与腹横筋膜紧密连,延伸于髂耻隆起和耻前腱之间。

在成年雄性动物,腹股沟管内有鞘突通过,鞘突内含精索,外覆睾提肌(m. cremaster)。在马,可通过皮肤与鞘膜突的壁触及精索。

腹股沟管浅环的后内侧角留有空间,供血管(阴部外动脉、静脉)、淋巴管(腹股沟浅淋巴结的输出淋巴管)以及生殖股神经穿行腹股沟管。雌性家畜的腹股沟管非常狭窄,供与穿行雄性动物腹股沟管同名的血管和神经通过。仅母犬具有鞘膜突,其中含有子宫圆韧带。

在临床实践中,去势、腹股沟疝和隐睾均与腹股沟区的结构有关。

3.4.5 尾肌(musculi caudae)

因家畜的尾巴有多种功能,故尾巴与躯干的连接方式就显得尤为重要。尾肌可对躯体运动产生很大影响。尾巴也可表达丰富的情感,并作为一种交流方式,尤其是食肉动物。尾肌呈环状排列于尾椎骨周围。尾肌是起于脊柱或骨盆的肌肉的直接延伸。

根据位置和功能,可将尾部肌分为:

- **尾提肌**
  - 荐尾背内侧肌(m. scarococcygeus dorsalis medialis)
  - 荐尾背外侧肌(m. scarococcygeus dorsalis lateralis)
- **尾降肌**
  - 荐尾腹内侧肌(m. scarococcygeus ventralis medialis)
  - 荐尾腹外侧肌(m. scarococcygeus ventralis lateralis)
- **尾外侧屈肌**
  - 尾横突间肌(mm. intertransversarii caudae)
- **骨盆和尾骨肌**
  - 尾骨肌(m. coccygeus)
  - 髂尾肌(m. iliocaudalis)
  - 耻尾肌(m. pubocaudalis)

尾肌起自脊椎,分布于椎骨的外侧、腹侧和背侧,覆于单个椎骨和椎间盘的表面(图 3-21、表 3-12)。尾提肌位于尾椎骨的背侧,从荐骨(食肉动物的起自最后腰椎)延伸到中段尾椎或最后尾椎。

荐尾背内侧肌,又称尾短提肌,由短的独立肌节组成,延伸于棘突和乳突之间(图 3-18)。在食肉动物,荐尾背内侧肌位于第 6 或第 7 腰椎至最后尾椎之间的背侧正中面两侧。它有短的深肌部和长的浅肌部,深肌部起自棘突,跨越椎间隙,止于后一椎体的乳突;浅肌部跨越 4～5 个尾椎。越接近尾尖,肌节越小。

荐尾背外侧肌,又称尾长提肌,被认为是背最长肌向尾部的直接延续。在犬,荐尾背外侧肌起自背最长肌的腱膜,肌腱起自第 2～7 腰椎的乳突、荐骨的关节突以及前八尾椎的乳突残迹。该肌由独立的肌节组成,从第 2 荐椎延伸到第 14 尾椎。这些肌节延续为 16 条纤细的肌腱止于尾部深筋膜,并向尾尖过渡过程中逐渐变细。在反刍动物和马,该肌还起自荐外侧的附属腱。

荐尾腹内侧肌,又称尾短降肌。覆于脊柱腹侧,从最后荐骨发出,贯穿尾椎全长(图 3-21)。它呈条索状,双侧荐尾腹内侧肌之间形成深沟,供尾部血管通过。其止腱与尾长降肌的肌腱相连。

荐尾腹外侧肌,又称尾长降肌,由大量独立的肌节组成。这些独立肌节于尾短降肌腹侧和外侧起自最后腰椎与荐骨;对于食肉动物,该肌还起自前 11 枚尾椎横突的腹侧和基部。该肌止于第 6 尾椎前端的腹外侧结节。在有蹄类动物,该肌为一发达的索状肌,起自第 2、第 3 或最后荐椎,以及第 1 尾椎的横突。

尾横突间肌可侧向屈伸尾部。它们位于尾椎外侧、尾椎横突之间以及尾长提肌和尾短提肌之间(图 3-21)。在反刍动物和马,尾横突间肌较发达;食肉动物的尾横突间肌形成腹侧束和背侧束。

尾横突间肌的**背侧部**起自荐髂背侧韧带(ligamentum sacroiliacum dorsale)以及荐骨后部。这些相对独立的肌束形成一个大的圆形肌腹,止于第 5 尾椎横突。同时,尾横突间肌背侧部还接受来自前几枚尾椎横突的肌纤维。

尾横突间肌的**腹侧部**延伸于第 3 尾椎至最后尾椎之间。

骨盆与尾部肌为独立的肌肉,从骨盆延伸到第 1 尾椎的横突或血管突,止于尾提肌和尾降肌之间。

髂尾肌和**耻尾肌**仅见于食肉动物中,是肛提肌的一部分。髂尾肌构成肛提肌的髂骨部,起自**髂骨体**内侧。耻尾肌构成肛提肌的耻骨部,在骨盆联合处起自骨盆底。闭孔神经(n. obturatotius)在这两部分之间通过。这两部分的纤维呈放射状止于尾筋膜,或第 1～3 尾椎(猫)的血管突,或第 4～7 尾椎(犬)的血管突。

在反刍动物、猪和马,**尾骨肌**起自荐结节阔韧带的内侧。在食肉动物,尾骨肌起自闭孔内肌后方的坐骨棘,在尾横突间肌背侧部与腹侧部之间止于第 1 尾椎横突。双侧尾骨肌收缩时,将尾拉向肛门和外阴部,并将尾巴拉向两后肢之间。单侧收缩时,可将尾巴侧向弯曲。

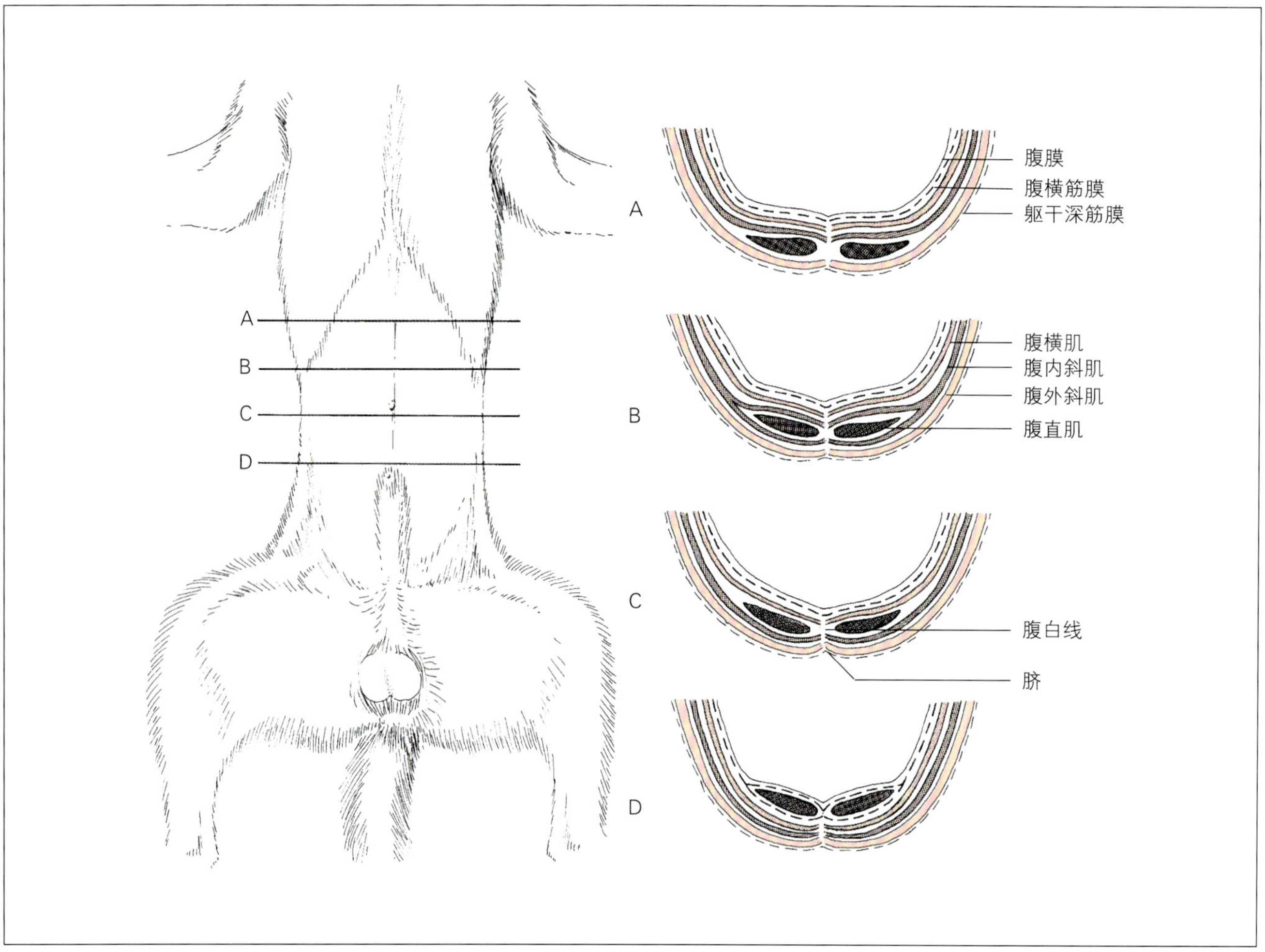

图 3-20　犬的腹直肌鞘，4 个不同横断面（示意图）。仿 Budras（1996）

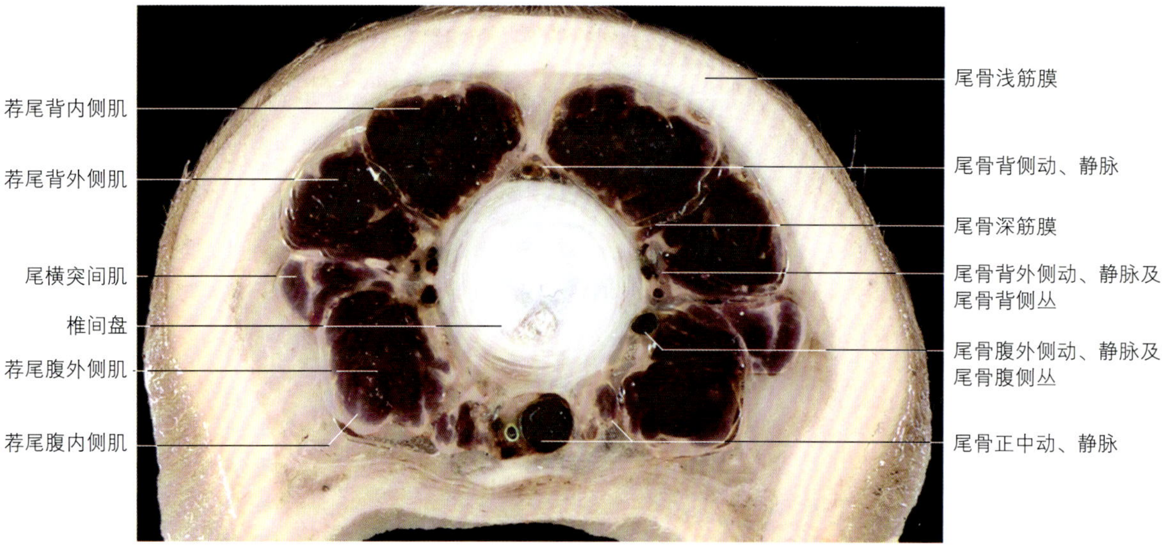

图 3-21　犬的尾肌，横截面（维也纳 L. Hnilitza 提供）

表 3-12　尾肌

名称 神经支配	起点	止点	作用
荐尾背外侧肌 荐神经和尾神经	荐骨	尾椎中、后段	举尾
荐尾背内侧肌 荐神经和尾神经	荐骨	尾椎中、后段	举尾
荐尾腹外侧肌 荐神经和尾神经	荐骨腹侧	尾椎中、后段	降尾
荐尾腹内侧肌 荐神经和尾神经	荐骨腹侧	尾椎中、后段	降尾
尾横突间肌 荐神经和尾神经	尾椎横突	尾椎中、后段	侧偏尾
尾骨肌 荐神经和尾神经	坐骨棘和荐结节韧带	第 1 尾椎横突	侧偏尾
髂尾肌（仅见于食肉动物） 荐神经和尾神经	髂骨体中间部	第 1 尾椎血管突	降尾
耻尾肌（仅见于食肉动物） 荐神经和尾神经	骨盆联合	第 1 尾椎血管突	降尾

4 前肢或胸肢 (membra thoracica)

H.-G. Liebich，J. Maierl 和 H. E. König

4.1 前肢骨骼（ossa membri thoracici）

4.1.1 前肢带（cingulum membri thoracici）

胸带或肩带由**乌喙骨**、**锁骨**（clavicle，clavicula）和**肩胛骨**（scapula）组成，将前肢与躯干相连。

在家养哺乳动物中，**乌喙骨**变成一个圆柱状的突起（coracoid process，processus coracoideus），终止于肩胛骨的内侧。**锁骨**退化消失或仅剩小骨块深埋于臂头肌内，这与人类发达的功能性骨骼形成了鲜明对比。在猫中（图 4-1），锁骨形成一个扁平的、略微弯曲的骨头，长度为 2～5 cm。而犬的锁骨只有 1 cm 长，且不与其他骨骼相连。通过 X 线片能够看到它们。在有蹄类动物中，它进一步缩小为头臂肌肉中的纤维交叉点。

肩胛骨（scapula）

肩胛骨为呈三角形的扁骨，以背腹方向位于胸壁前外侧。肩胛骨通过肌肉（**肌肉连接**，synsarcosis）与躯干相连，与躯干之间没有形成真正的关节。它的**背侧缘**（margo dorsalis）指向脊柱并延伸出新月形的**肩胛软骨**（cartilago scapulae）。肩胛软骨扩大了肩胛骨与肌肉的接触面积，并且有缓冲作用。随着年龄的增长，软骨逐渐钙化变脆。马的肩胛软骨超过了肩胛骨后角，延伸到鬐甲水平。食肉动物的肩胛软骨很小，呈带状。

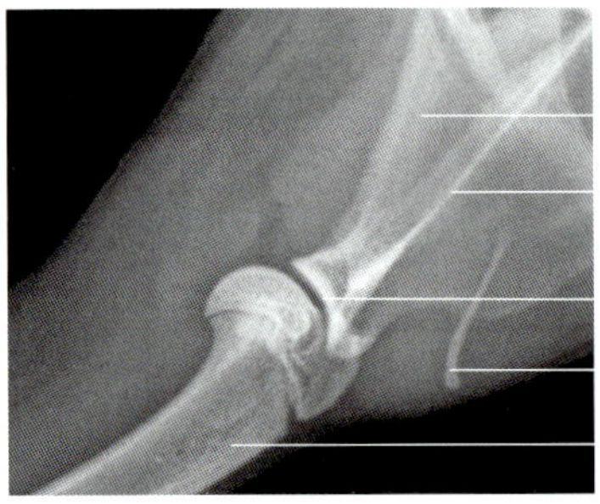

图 4-1 猫的带有锁骨的肩关节（X 线片）（慕尼黑 Ulrike Matis 博士、教授提供）

肩胛骨的**外侧面**（facies lateralis）有显著的骨突起，而**内侧面**或**肋面**则有一个供肌肉附着的浅窝（**肩胛下窝**，fossa subscapularis）。外侧面被明显的**肩胛冈**（spinas capulae）分为较小的**前冈上窝**（fossa supraspinata）和较大的**后冈下窝**（fossa infraspinata）（图 4-4、图 4-6 至图 4-8）。同名肌肉的肌腹位于这些窝内。肩胛冈从背侧缘延伸到腹侧角，其高度（与肩胛骨的距离）逐渐增加。

在食肉动物和反刍动物，肩胛冈末端接近腹侧角处明显突起（称**肩峰**，acromion），但在马和猪，肩胛冈的远端逐渐变小以至消失。犬和猫的肩峰形成显著的突起，分别被称为钩突（processus hamatus）（犬）和钩上突（processus suprahamatus）（猫）。除食肉动物外，所有家畜肩胛冈的背部到中部均有**肩胛冈结节**（tuber spinae scapulae）。

肩胛骨肋面或内侧面（facies costalis seu medialis）有一浅的**肩胛下窝**（fossa subscapularis），供肩胛下肌附着（图 4-8）。肩胛骨内侧的近边缘处的粗糙面是锯肌面（facies serrata），供腹侧锯肌附着，此区域为骨质边缘。**肩胛骨的外形特点按逆时针的方向描述如下：**

- 前角（angulus cranialis）
- 前缘（margo cranialis）
- 腹侧角（angulus ventralis）
- 后缘（margo caudalis）
- 后角（angulus caudalis）
- 背侧缘（margo dorsalis）

前角以一定的角度与薄而微凹的**前缘**（margo cranialis）连接。前缘在**肩胛颈**（collum scapulae）处形成**肩胛切迹**（incisura scapulae），肩胛骨上神经位于此处。**腹侧角**（angulus ventralis）有浅的**关节盂**（肩臼，cavitas glenoidalis），与肱骨形成肩关节（articulatio humeri）。

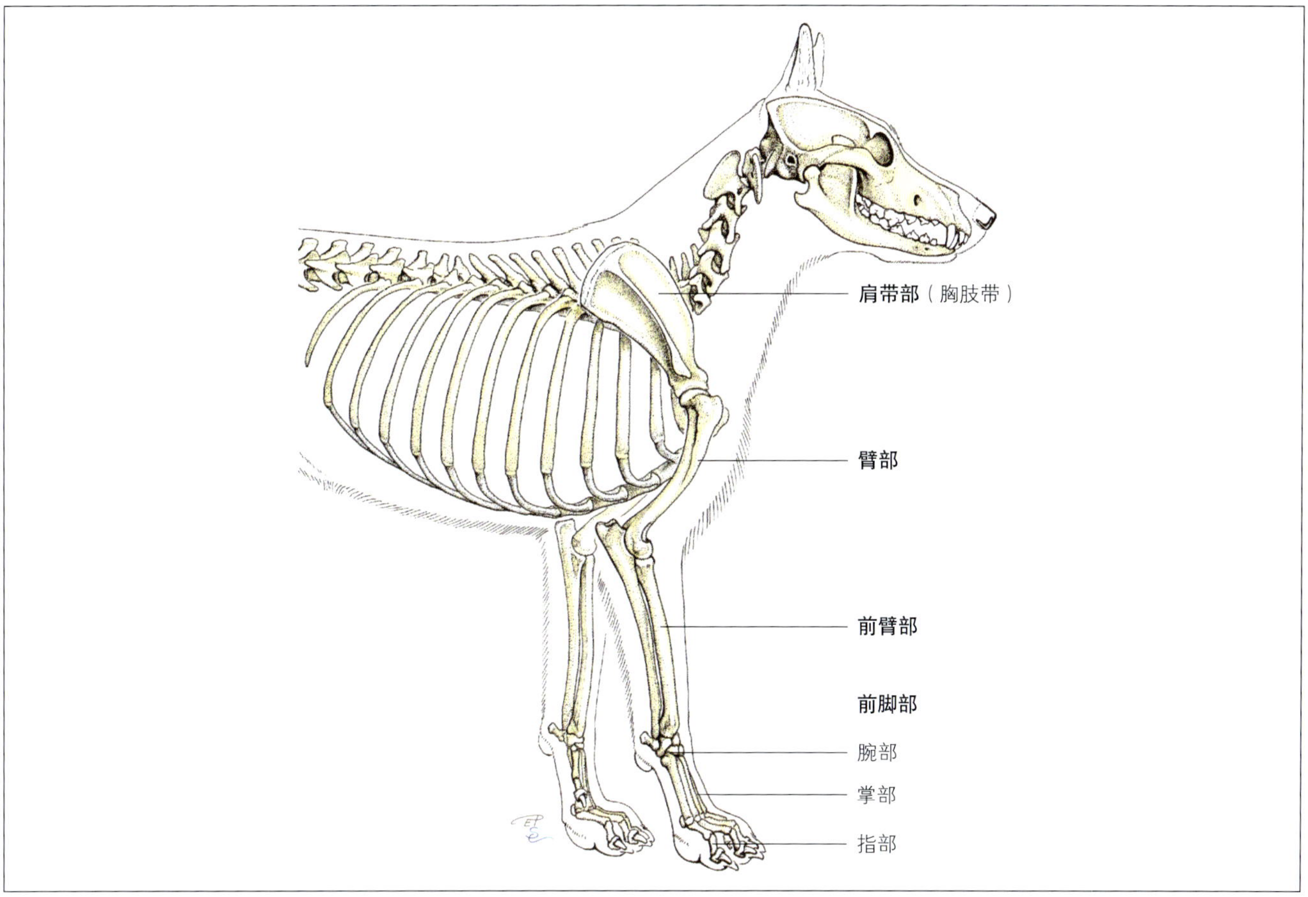

图 4-2 犬的前肢骨骼（示意图）

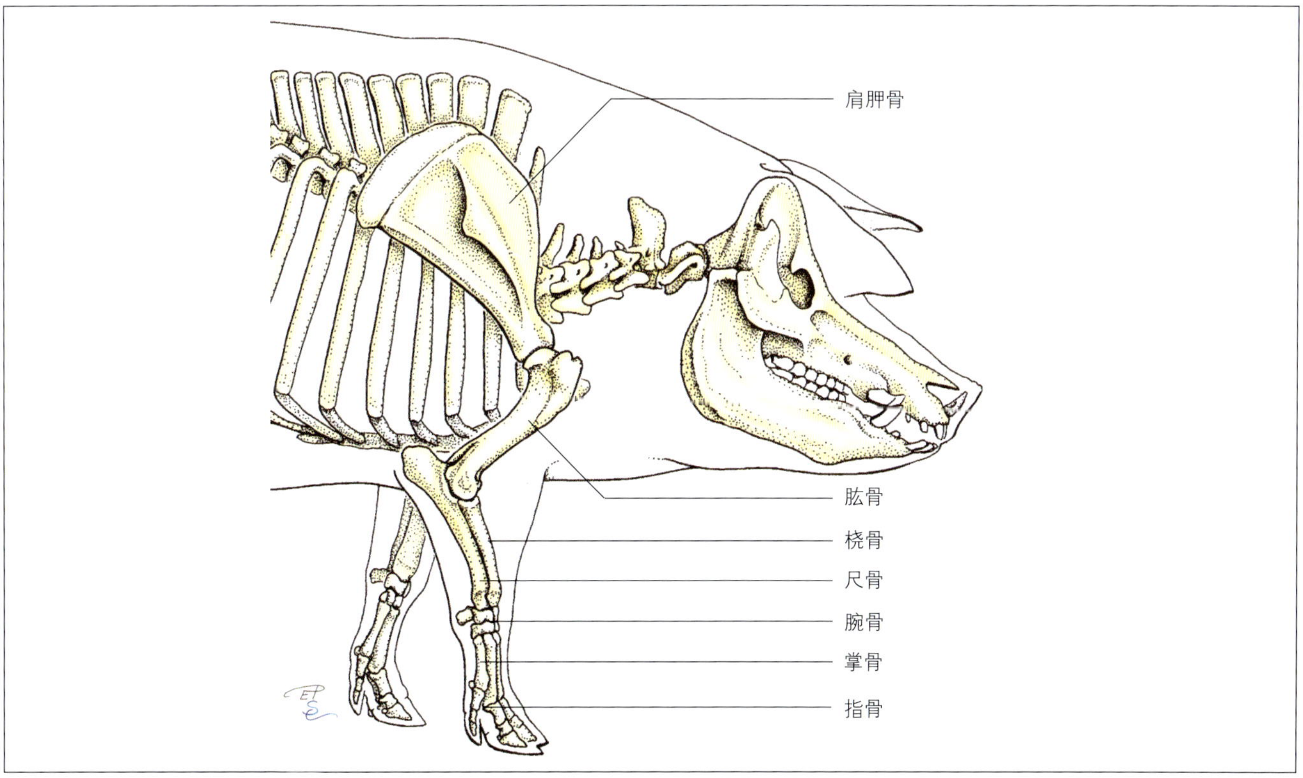

图 4-3 猪的前肢骨骼（示意图）

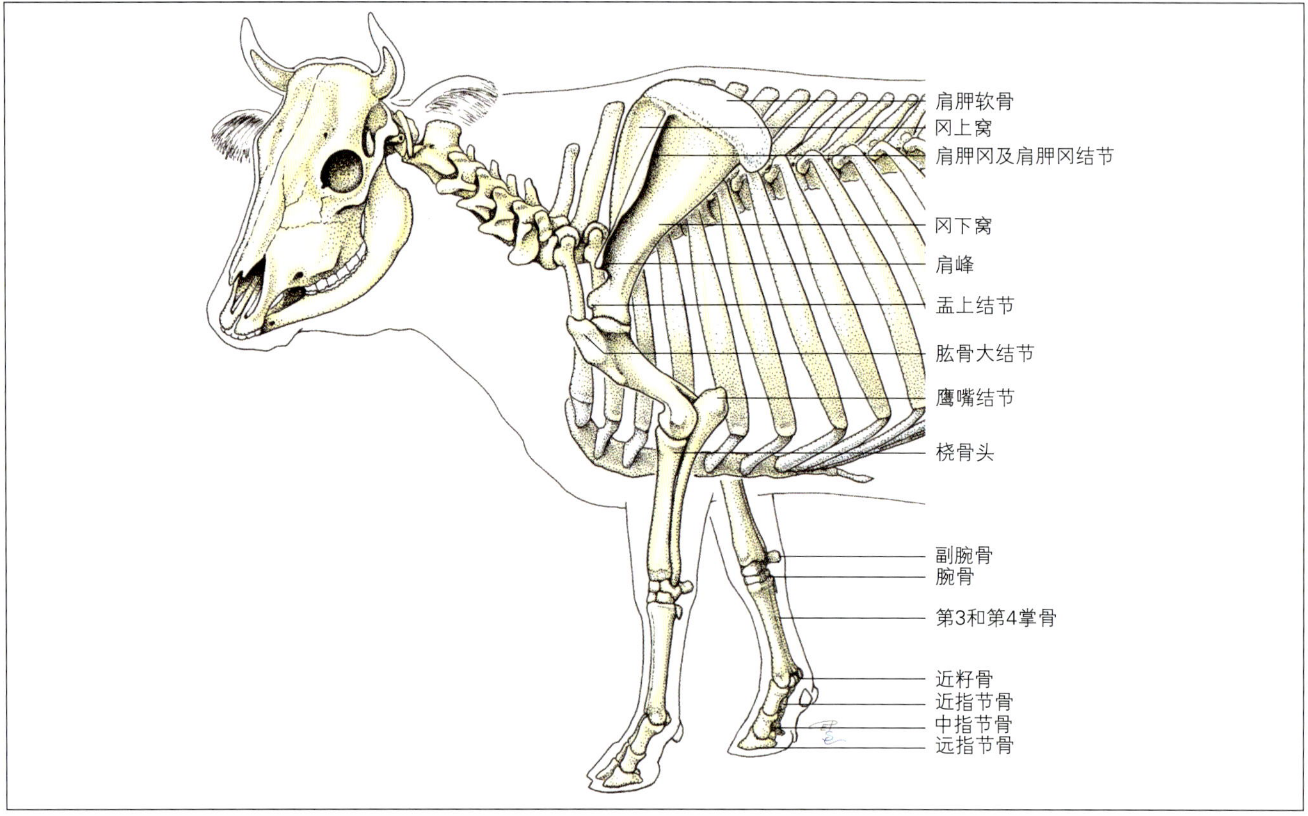

图 4-4 牛的前肢骨骼(示意图)

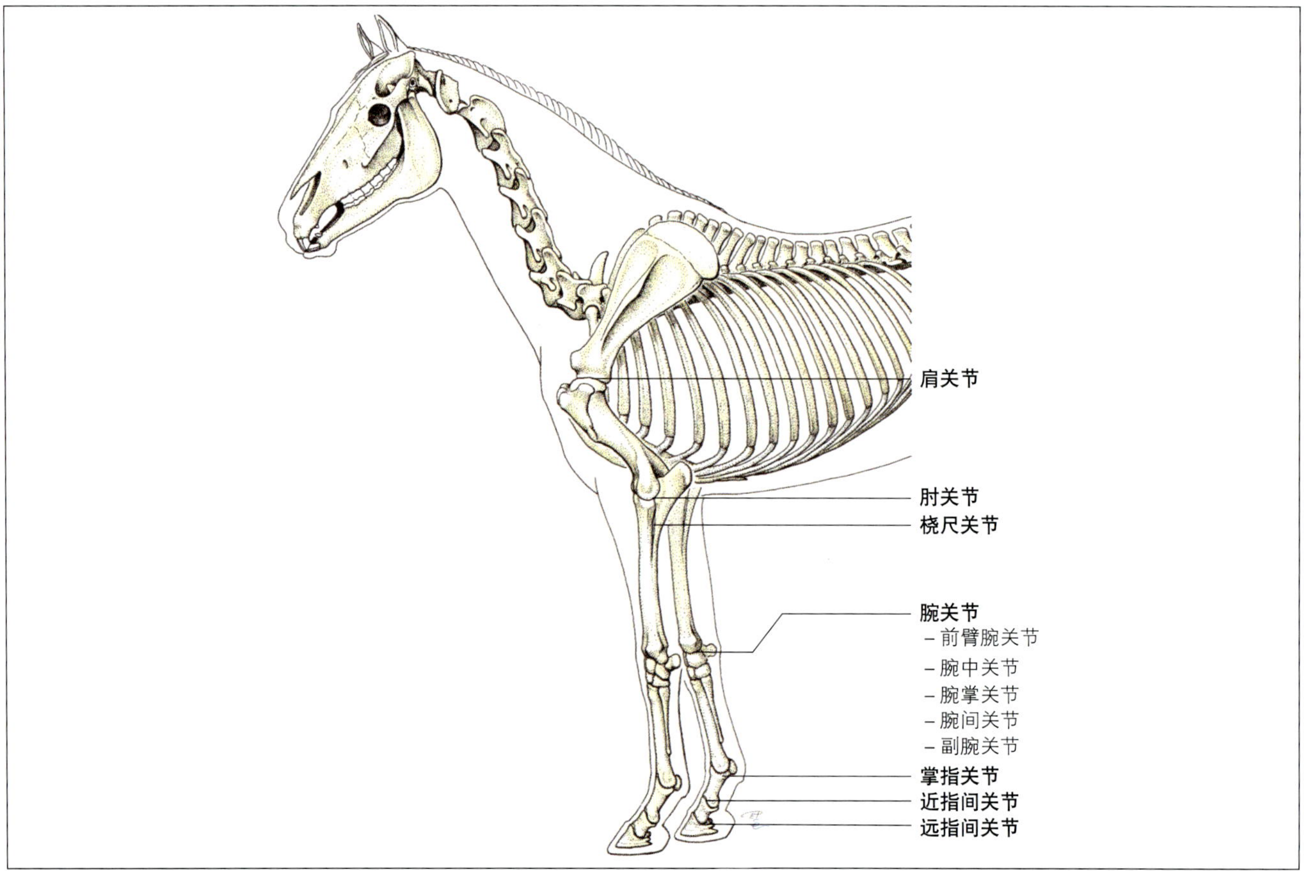

图 4-5 马的前肢骨骼(示意图)

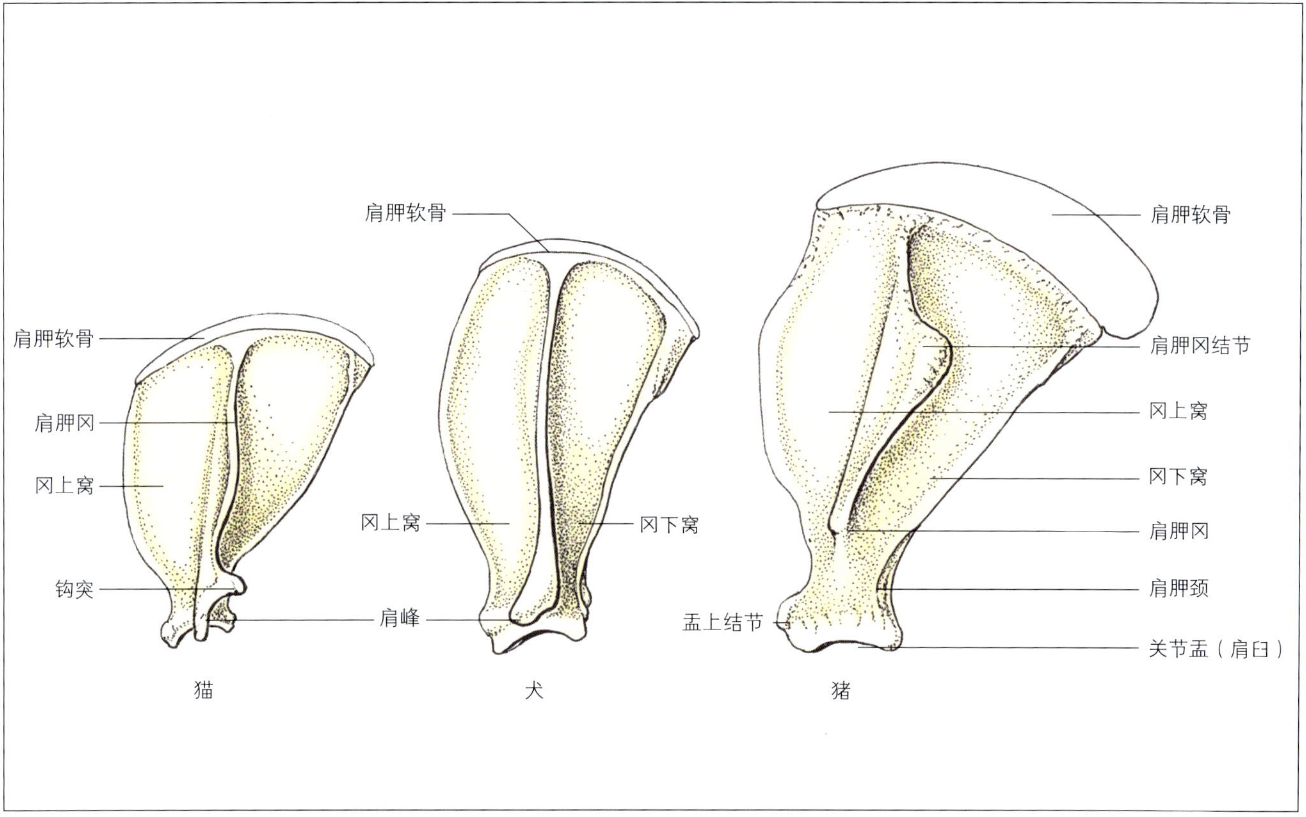

图 4-6 猫、犬和猪的左侧肩胛骨（示意图，外侧面）

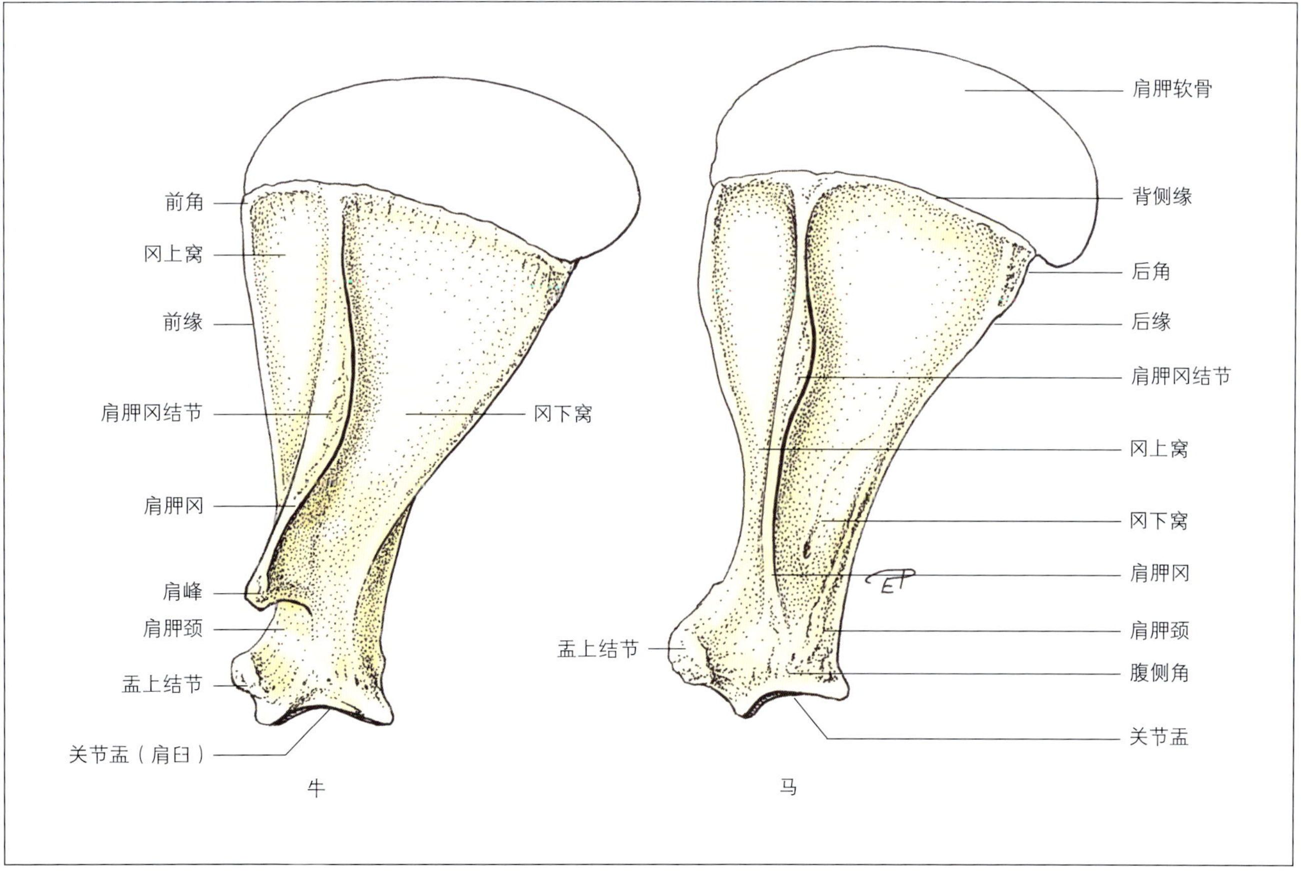

图 4-7 牛和马的左侧肩胛骨（示意图，外侧面）

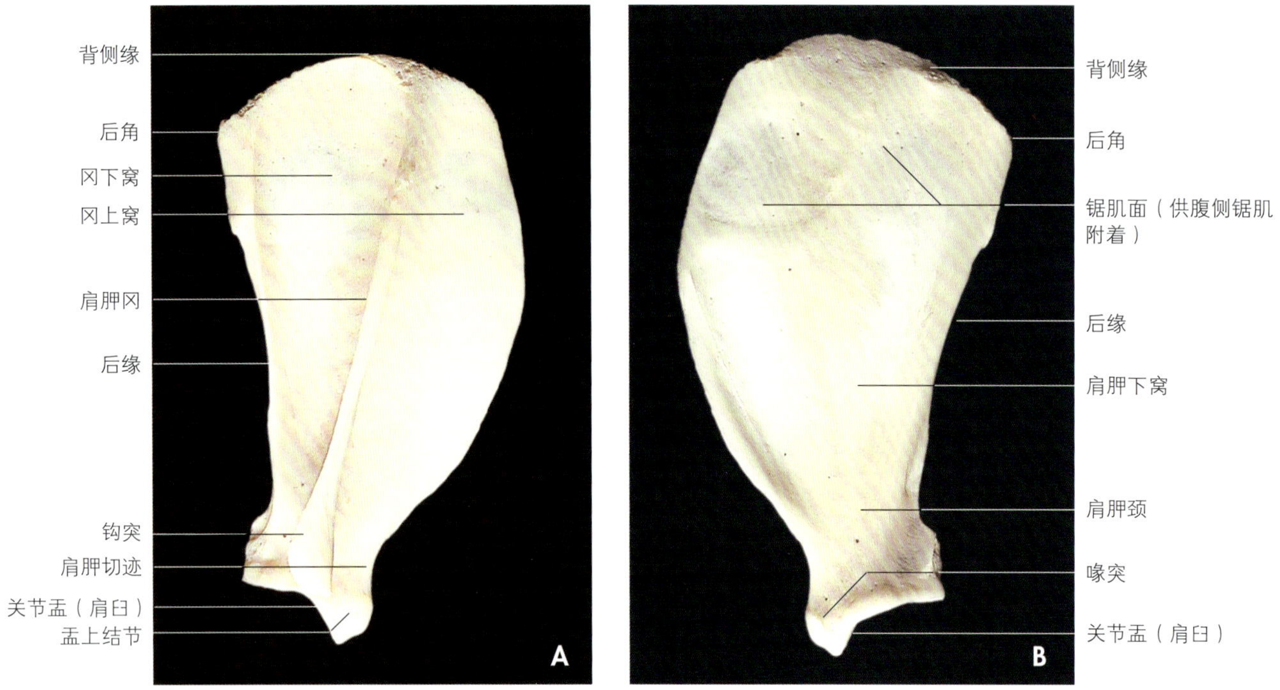

图 4-8　犬右侧肩胛骨:(A)外侧面，(B)内侧面

关节盂(肩臼)的前上方有一大的突起，为**盂(肩臼)上结节**(tuberculum supraglenoidale)，是臂二头肌的起点。**喙突**(processus coracoideus)位于盂(肩臼)上结节的内侧(图 4-8)。

后缘较厚，有一些嵴状肌线，供臂三头肌附着。**后角**粗厚，隔着皮肤也能触摸到。

4.1.2　臂部骨骼(brachium)

前肢游离部的近端部(肢柱，stylopodium)(图 4-2)骨骼仅由一块骨构成，即**肱骨**(图 4-3)。在前肢中，肱骨是前肢的运动功能中心。由于有强大的肌肉和肌腱附着于肱骨的表面，肱骨表面出现显著的骨结节和沟。尽管肱骨因种属不同而有所差别，但它还是能被划分为 3 个基本的部分(图 4-9 至图 4-12):

- 近端有肱骨头(caput humeri)和大、小结节(tuberculum majus and minus)
- 肱骨体(corpus humeri)有三角肌粗隆(tuberositas-deltoidea)
- 远端有肱骨髁

肱骨近端(extremitas seu epiphysis proximalis)后部为**肱骨头**，其表面形成凸起的球状关节面，与相对较小的肩胛骨关节盂(肩臼)构成关节(图 4-9 和图 4-10)。

肱骨头(caput humeri)与肱骨体之间有明显的**肱骨颈**(collum humeri)，这在犬和猫最为明显。**大结节**(tuberculum majus)位于肱骨头的前外侧，**小结节**(tuberculum minus)位于肱骨头的前内侧。两个结节之间为**臂二头肌沟**(结节间沟，sulcus intertubercularis)，沟内有臂二头肌的起始肌腱通过。在反刍动物的臂二头肌沟内有一个扁平突起将沟分开，而马的臂二头肌沟内有一个明显的中间结节(tuberculum intermedium)。

除猫以外，所有哺乳动物的大结节都包括前部和后部两部分。在反刍动物和马，小结节也被分为两部分。

大结节和小结节为起自于肩胛骨的肌肉(冈下肌和冈上肌)提供附着点，对肩关节起到固定和支持作用(图 4-5 和图 4-12)。

肱骨体是肱骨的**中间部分**(骨干，diaphysis)。在肱骨体外侧有由后上方向外下方呈螺旋状的宽阔的臂肌沟(sulcus musculi brachialis)，供臂肌附着和桡神经通过，呈现出一种独特的造型(图 4-9 至图 4-11)。

三角肌粗隆(tuberositas deltoidea)位于肱骨体中部的外侧，向远端延伸为**肱骨嵴**(crista humeri)。三角肌粗隆形成三角肌的止点。三头肌线(linea musculi tricipitis)是从三角肌粗隆近端到**小圆肌的止点**(小圆肌粗隆，tuberositas teres minor)远端之间的曲线，供三头肌附着。反刍动物和马的**大圆肌粗隆**(tuberositas teres major)位于肱骨体近中部的内侧，而食肉动物的大圆肌粗隆被**小结节嵴**(crista tuberculi minoris)代替。

肱骨远端(extremitas seu epiphysis distalis)为**肱骨髁**(condylus humeri)，肱骨髁与肱骨体轴成直角(图 4-9 至图 4-11)。

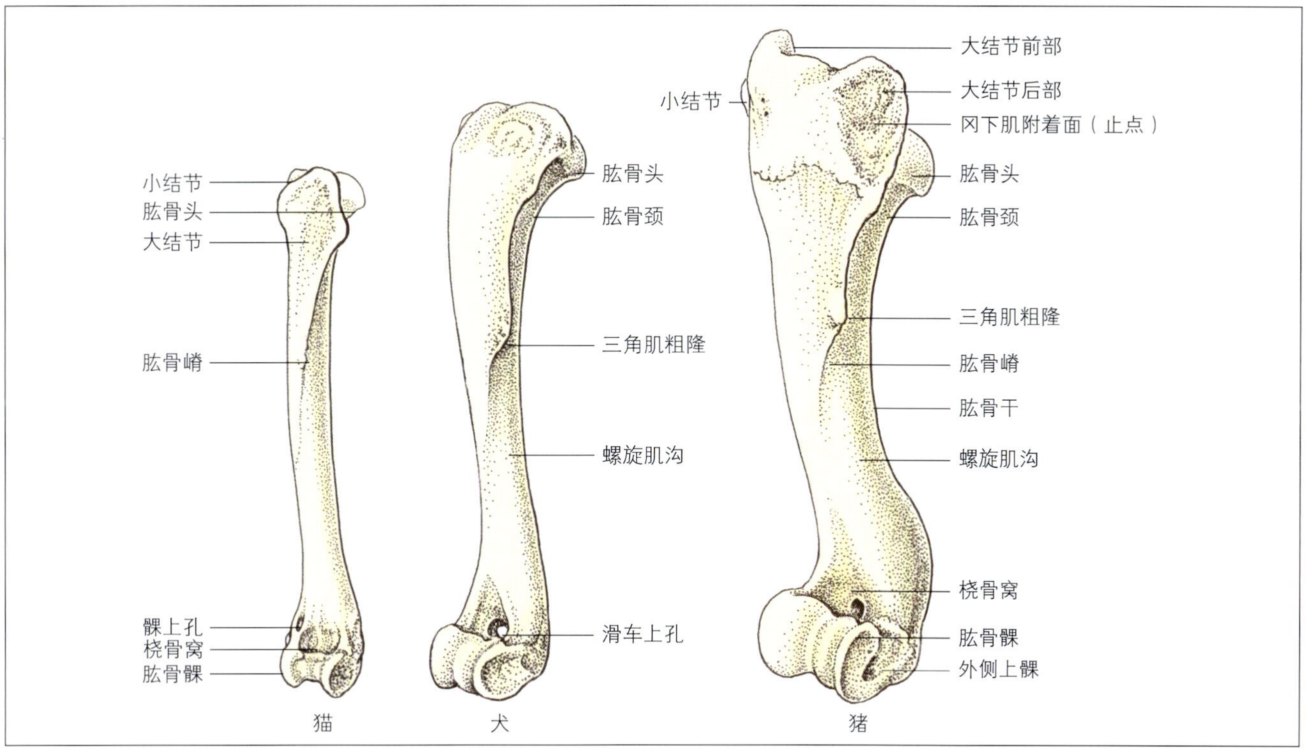

图 4-9　猫、犬和猪的左侧肱骨（示意图，外侧面）

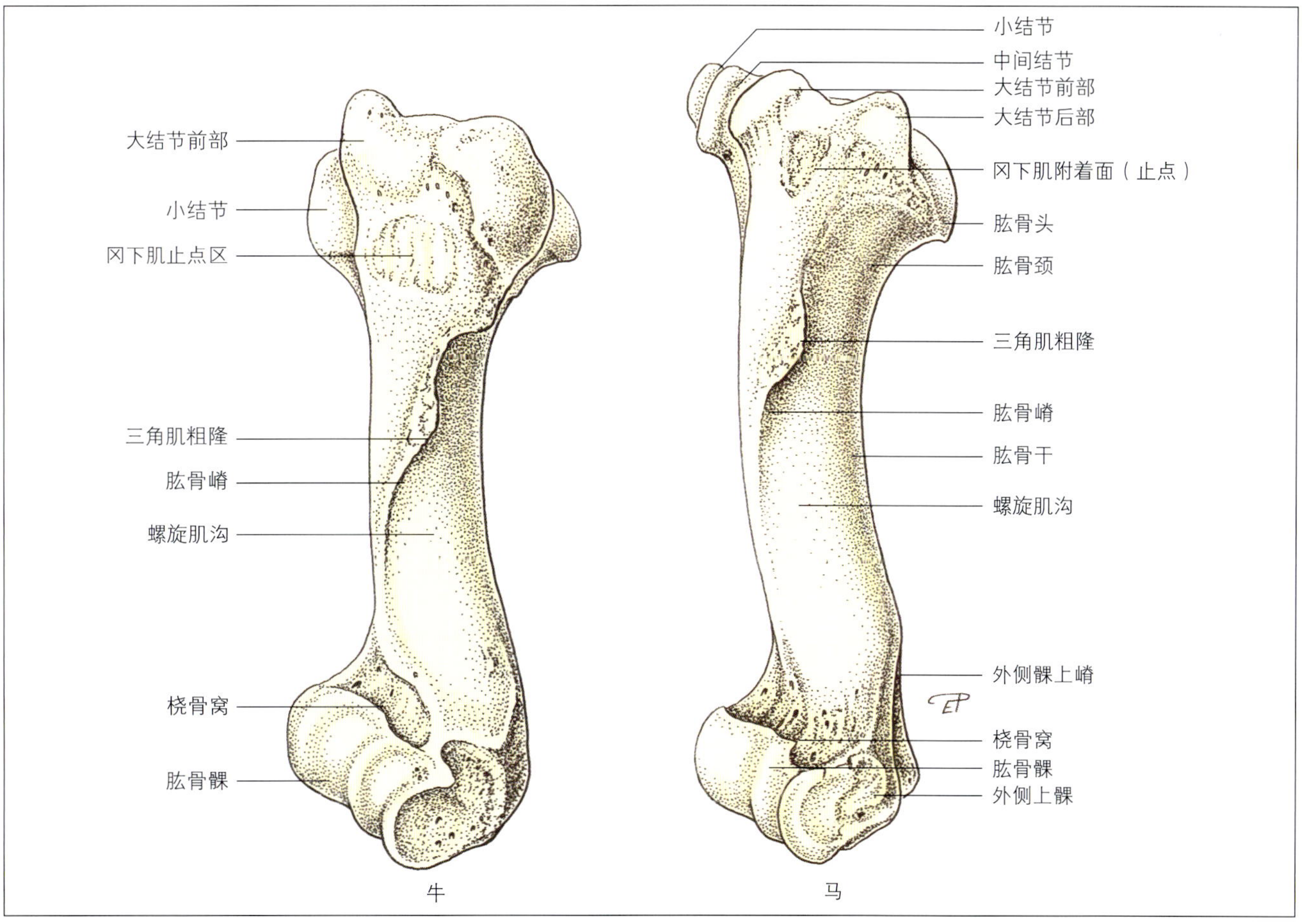

图 4-10　牛和马的左侧肱骨（示意图，前外侧面）

桡骨体前后稍扁，向前微弯。它的前表面(facies cranialis)平滑，后表面(facies caudalis)或粗糙(犬和猪)或与尺骨融合。桡骨内侧面无肌肉覆盖，隔着皮肤易被触及。桡骨体远端的前面有供伸肌腱通过的沟，远端的后面供屈肌通过。

在桡骨**远端**沿长轴的方向形成一定角度的**滑车**(图4-14)，滑车形成**腕关节面**(facies articularis carpea)。在桡骨的腕骨关节面形成一个**横嵴**(crista transversa)。桡骨远端内侧形成**桡骨茎突**(processus styloideus radii)，供韧带附着。犬和猪的桡骨远端外侧有一个**尺骨切迹**(桡骨尺切迹，incisura ulnarisradii)。牛的尺骨远端与桡骨完全融合，马的尺骨远端与桡骨合并形成**外侧茎突**(尺骨茎突，processus styloideus ulnae)。

尺骨

尺骨主要由 3 **部分**组成：

- 近端的鹰嘴(olecranon)
- 尺骨体(corpus ulnae)
- 远端的尺骨头(caput ulnae)

鹰嘴和**鹰嘴结节**(tuber olecrani)使尺骨延伸超出肱骨远端(图 4-13 至图 4-16)，形成肘突，并为强大的臂三头肌提供附着点。

鹰嘴的基部有**滑车切迹**(incisura trochlearis)，与肱骨形成关节。在滑车切迹前背侧有喙状的肘突(processus anconeus)，

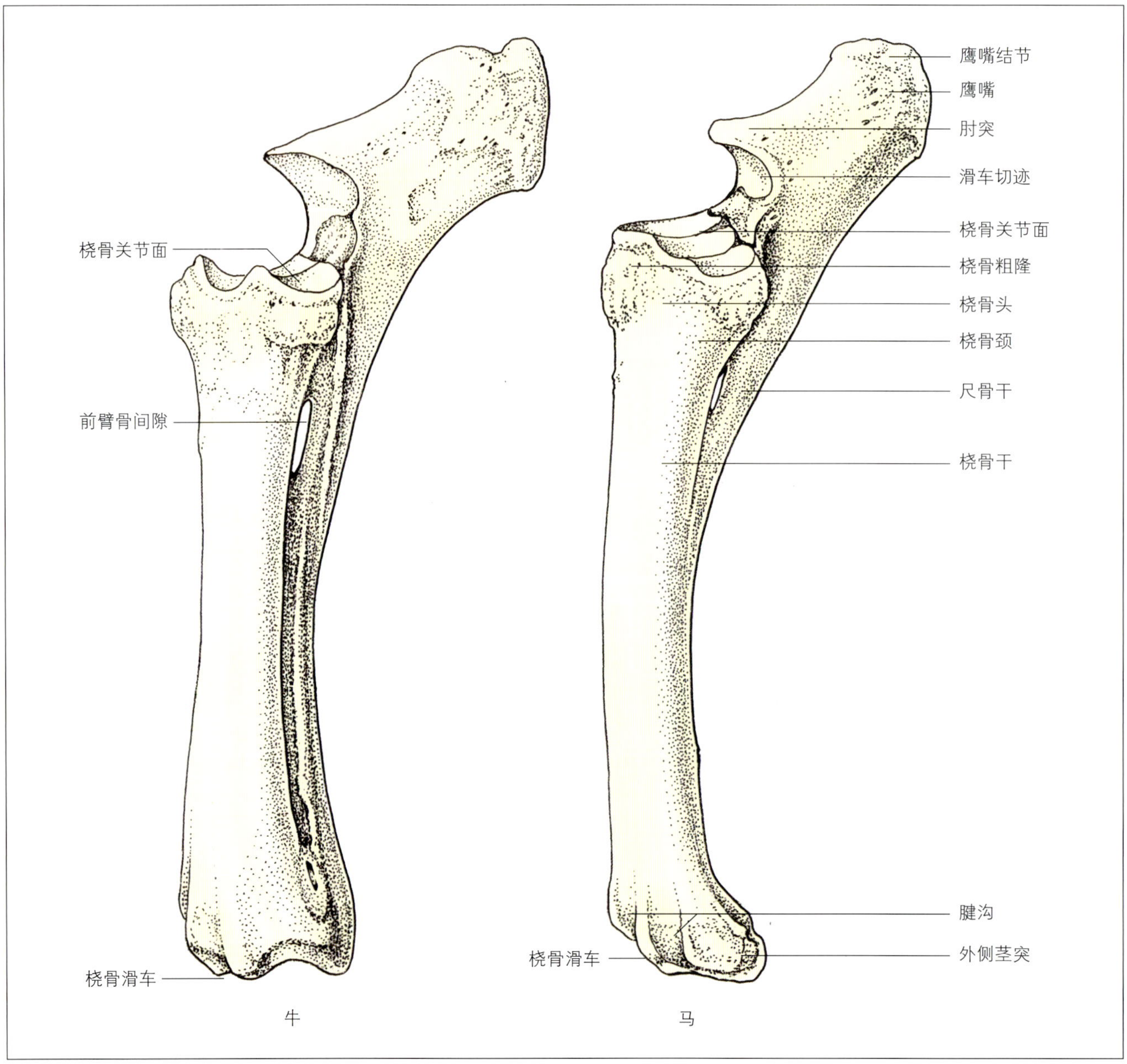

图 4-14 牛和马的左侧前臂骨(桡骨和尺骨)(示意图，前外侧面)

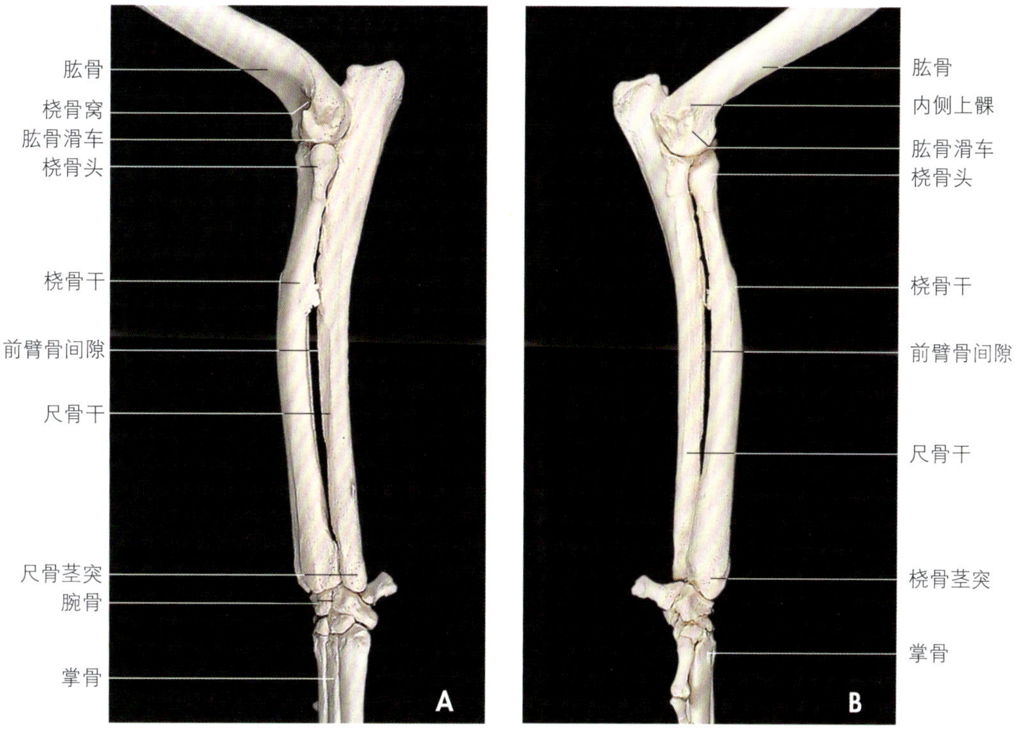

图 4-15　犬的左侧前臂骨（桡骨和尺骨）:（A）外侧，（B）内侧

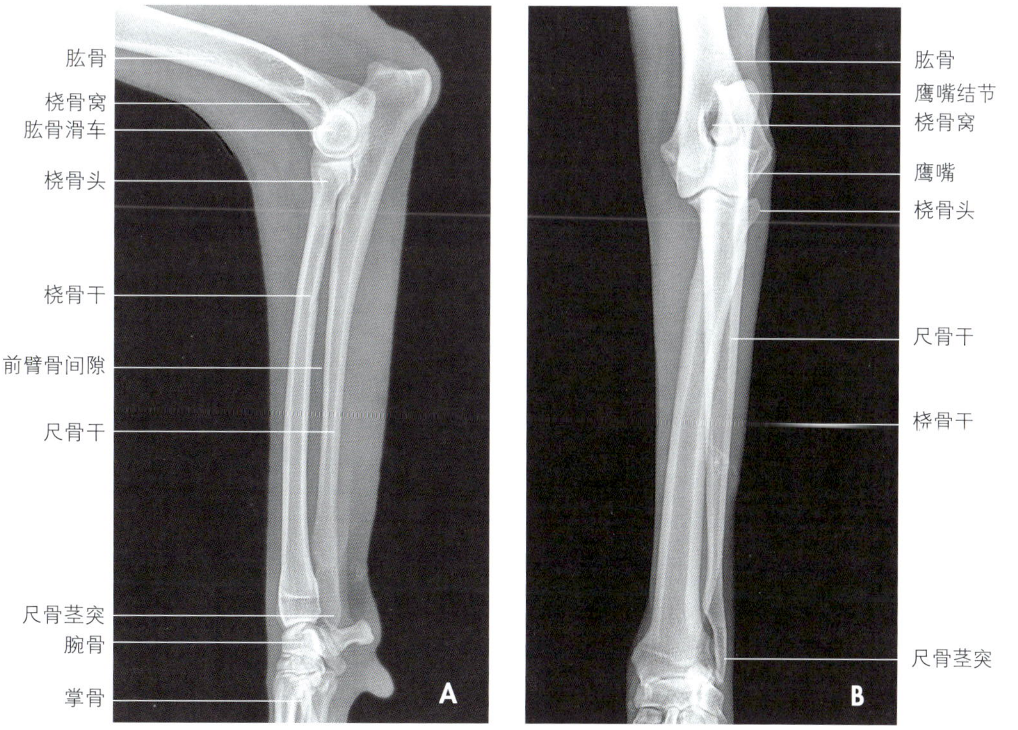

图 4-16　带有肘关节和腕关节的犬左侧前臂 X 线片:（A）外外侧投影，（B）前后侧投影（慕尼黑 Ulrike Matis 博士、教授提供）

伸入肱骨的**鹰嘴窝**(fossa olecrani)内。在肘突两侧有被**尺骨桡切迹**(incisura radialis ulnae)分开的**外侧和内侧冠突**(processus coronoidei),而该切迹与**桡骨环状关节面**(circumferentia articularis radii)形成关节。

尺骨体比桡骨体小,有3个面。它走向桡骨后面,并以软组织与桡骨相连或形成骨融合。在桡骨体和尺骨体中间有一到多个**前臂骨间隙**(spatia interossea antebrachii)。在马,两骨几乎完全融合,因而骨间隙很小。

尺骨远端(尺骨头,caput ulnae)延续为**外侧茎突**(processus styloideus lateralis),与近列的腕骨形成关节。在肉食类动物和猪,尺骨远端有环状关节面,与桡骨形成关节。在马,尺骨远端与桡骨融合,形成外侧茎突。

4.1.4 前脚骨骼(skeleton manus)

前脚骨骼构成了前肢**肢体**(前脚部)的骨质部分。前脚骨骼由近到远可分为3个部分:

- **肢底**:腕骨(ossa carpi)
- **肢梢**:掌骨(ossa metacarpi)
- **肢端**:指骨(ossa digitorum manus)

从肢干系统发生方面的变化能够发现肢干在前脚种属特异性变异上的延续(图4-2)。这种特异性变化包括形成了从跖行姿态的人类到趾行姿态的食肉类再到蹄行姿态的猪、牛和马。由于骨的数量减少,保留下来的骨的坚固性就增强了。在家畜中,只有食肉动物表现出原始的5指形态,5指形态是人类的典型形态。猪的指减少到4指(第2～5指),牛为2指(第3指和第4指),马只有第3指保留下来(图4-17)。

腕骨(ossa carpi)

家畜的腕骨排成两列:**近列**和**远列**。典型的腕骨每列含4枚(图4-17)。近列与桡骨和尺骨形成**前臂腕关节**(articulatio antebrachiocarpea),远列与掌骨形成**腕掌关节**(articulatio carpometacarpea)(图4-5)。原始典型腕骨包括

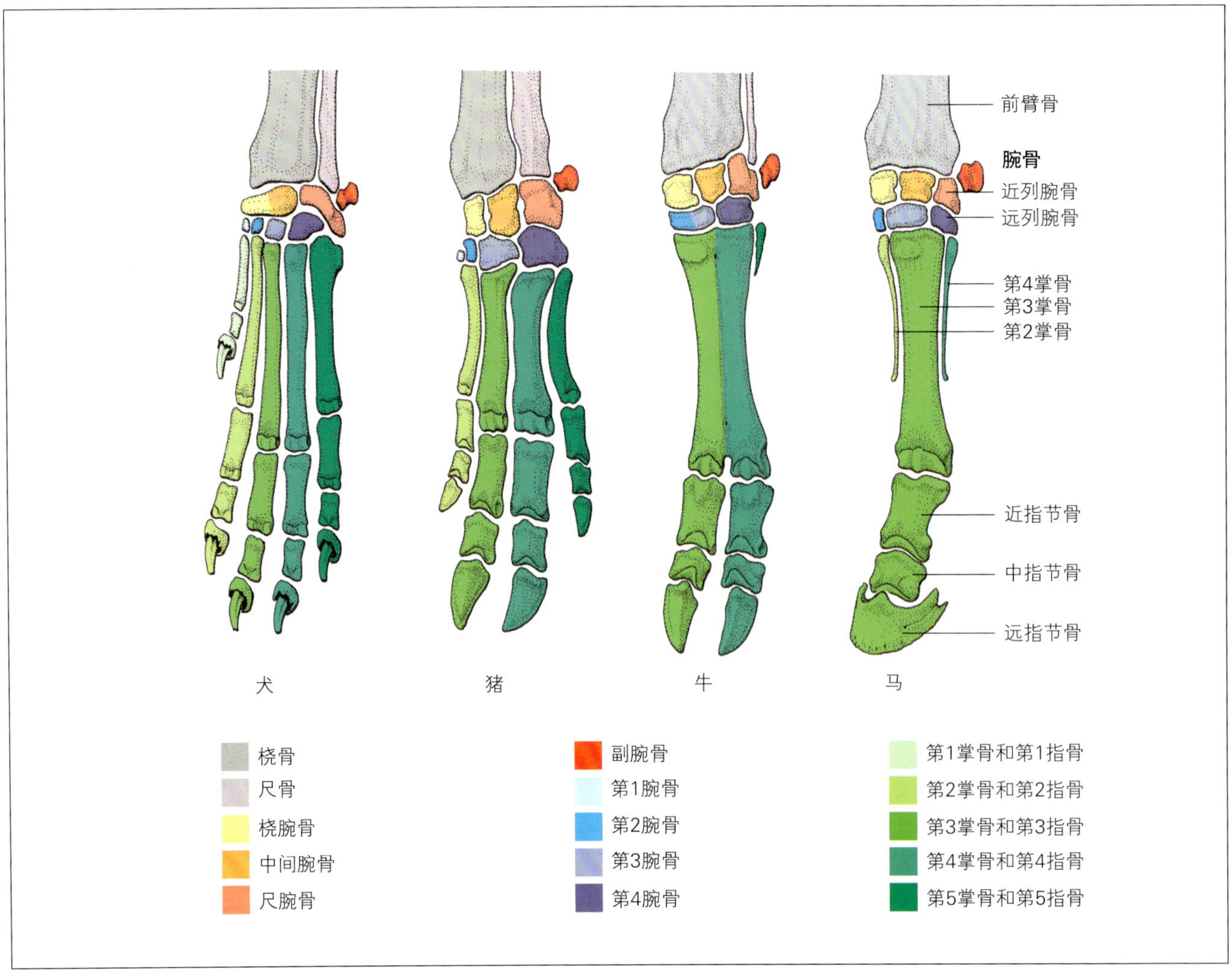

图4-17 家畜的前脚部骨骼(示意图)。仿 Ellenberger 和 Baum(1943)

以下各骨(图 4-17 至图 4-19):

- **近(前臂)列**(由内向外顺序)
  - 桡腕骨(os carpi radiale)
  - 中间腕骨(os carpi intermedium)
  - 尺腕骨(os carpi ulnare)
  - 副腕骨(os carpi accessorium)
- **远(掌)列**(由内向外顺序)
  - 第 1 腕骨(os carpale primum, Ⅰ)
  - 第 2 腕骨(os carpale secundum, Ⅱ)
  - 第 3 腕骨(os carpale tertium, Ⅲ)
  - 第 4 腕骨(os carpale quartum, Ⅳ)

图 4-17 列举了不同种属动物的腕骨。**人类和猪**保留着原始的 **8 枚腕骨**;**马有 7 枚或 8 枚腕骨**,这取决于第 1 腕骨是否缺失。**食肉动物**的桡腕骨和中间腕骨融合,因此,腕骨的总数减少为 **7 枚**,尽管它还有 1 枚或 2 枚籽骨。**反刍动物有 6 枚腕骨**,第 1 腕骨缺失,第 2 和第 3 腕骨融合。

掌骨(ossa metacarpalia)

原始的掌骨为 5 枚独立的掌骨。典型的掌骨由 5 枚长骨构成,按照由内到外的顺序分别命名为第 1 掌骨至第 5 掌骨(图 4-17)。所有掌骨都由以下部分组成:

- **近端**(底,basis),与远列腕骨形成关节的关节面
- 一个长而具有种属特异性的**骨体**(corpus)
- **远端**(头,caput),与近指节骨形成关节的滑车,且表面粗糙,以供肌腱附着

在系统发生上,掌骨坚固性的增加弥补了掌骨数量的减少。例如马,只有第 3 掌骨,它的轴与肢的轴相重合,支撑马(奇蹄类)的体重。马的第 2 和第 4 掌骨高度退化而不负重,这两块掌骨通常被称为**小掌骨**,位于第 3 掌骨(砲骨,cannon bone)的两侧。

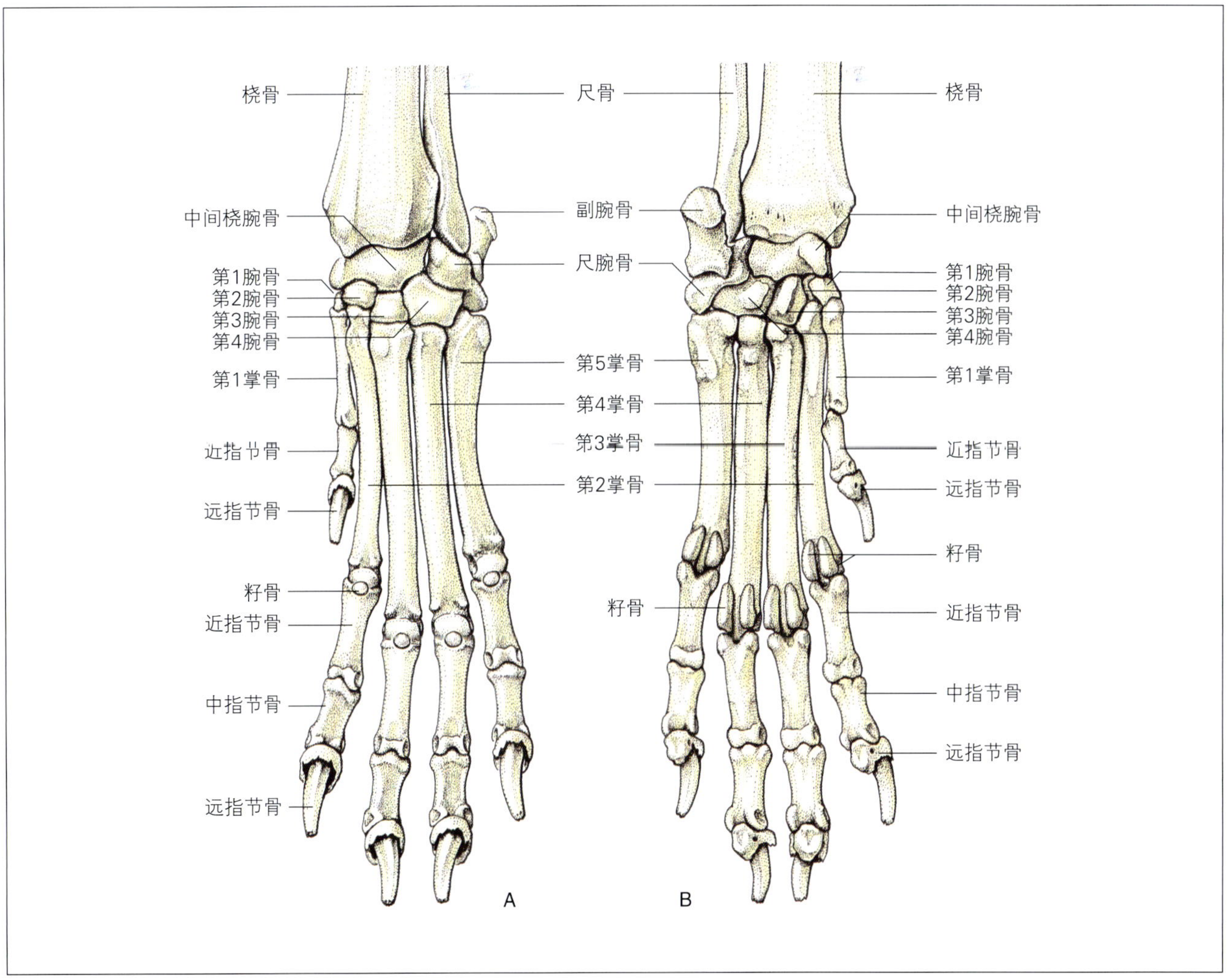

图 4-18 犬的左侧前脚部骨骼(示意图):(A)背侧面,(B)掌侧面

犬靠指支撑体重,5个指都很发达。第3和第4掌骨最长、最坚固,但第1掌骨为没有功能的上爪(悬蹄)。掌骨之间连接紧密,在近端彼此之间形成小而平的关节面。第3和第4掌骨的横断面呈四边形,第2和第5掌骨则呈三角形。

不同家畜的掌骨形态各异:

- **食肉动物**的第3和第4掌骨最长,第2和第5掌骨较短,第1掌骨最短(图4-17至图4-19)
- **猪**的第3和第4掌骨发育良好(偶蹄类),第2和第5掌骨则变小,第1掌骨缺失
- **反刍动物**的第3和第4掌骨的近端和中部联合形成大掌骨,远端分离,与近端指节骨形成关节;第5掌骨变小,称为小掌骨;第1和第2掌骨缺失
- **马**只有第3掌骨完全发育,形成单指(奇蹄类);第2和第4掌骨退化为小掌骨,第1和第5掌骨缺失

指骨(ossa digitorum manus)

动物的原始指由5个指(digiti manus)组成。在进化过程中,所有家畜的指都发生了一定程度的变化。按由内向外的顺序分别命名为第1、第2、第3、第4和第5指。食肉动物还保留着5指,猪有4指(第2～5指),反刍动物有2指(第3和第4指)和其他两个非功能性的指,马只保留有第3指。

完全发育的指骨包括:

- **近指节骨(第1指骨)**,由近端(底)、指骨体(体)和远端(头)组成,两端均有关节面供韧带附着
- **中指节骨(第2指骨)**,较短,与近指节骨很相似
- **远指节骨(第3指骨)**,该骨变化为与蹄或爪的形态一致,有关节面(facies articularis)、壁面(facies parietalis)和底面(facies solaris)

在掌指关节和远指节间关节的掌侧面组织内有一定数量的籽骨(ossa sesamoidea)。

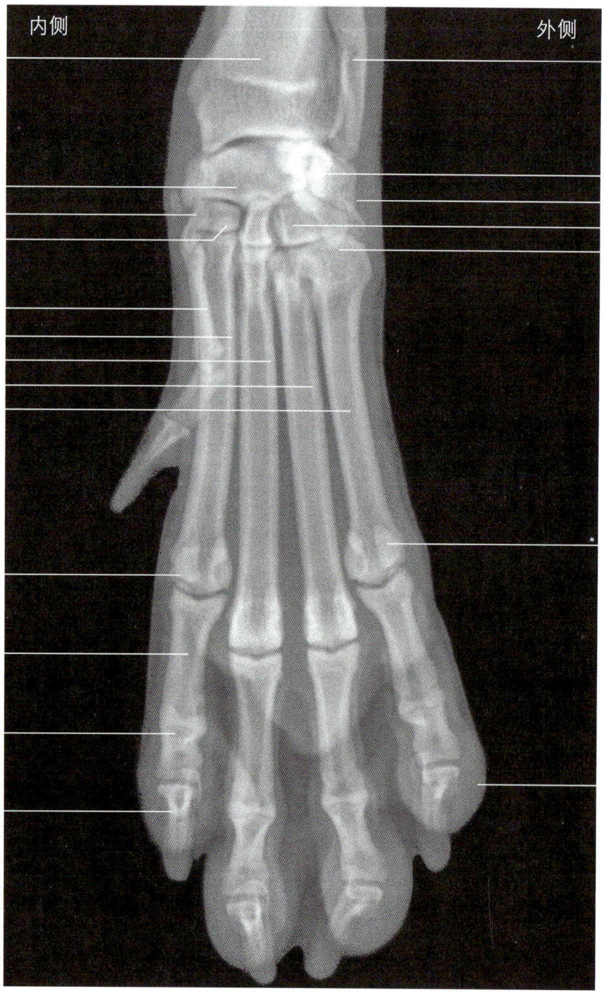

图4-19 犬的左侧前爪的X线片(背掌侧投影)(慕尼黑 Ulrike Matis 博士、教授提供)

4.1.5 食肉动物的前脚(爪)部(forepaw)骨骼

腕骨(ossa carpi)

腕骨排列成近列和远列。近列包括由桡腕骨和中间腕骨融合成的中间桡腕骨(os carpi intermedioradiale)以及尺腕骨和副腕骨。中间桡腕骨与桡骨远端形成关节(图 4-17 至图 4-19),且有 3 个不同的骨化中心,在出生后 3～4 个月融合。尺腕骨(os carpi ulnare)由于有大的突起凸出于远端而呈现不规则的外形。掌背侧透视的 X 线片显示它与副腕骨重叠(图 4-15)。副腕骨位于腕部掌侧,与桡骨、尺骨、尺腕骨形成关节。副腕骨骨骺在 4～5 月龄时愈合。

远列由 4 块腕骨组成,它们从内向外逐渐增大,相邻腕骨之间以及近端和远端之间均形成关节。通过 X 线片可见一枚籽骨被走向第 1 腕骨的拇长展肌腱包裹。另两枚籽骨可见于近列腕骨和远列腕骨之间的掌侧面。

掌骨(ossa metacarpalia)

掌部包括 5 枚掌骨,每枚掌骨都连接指骨(图 4-17 至图 4-19)。

第 1 掌骨最短(os metacarpale Ⅰ),但猫的第 1 掌骨比犬发达。第 3 和第 4 掌骨最长,猫的为圆柱形,犬的为四面体形。第 2 和第 3 掌骨底部有突起供外侧韧带附着,所有掌骨的远端两侧都有这样的突起。掌骨远端有滑车,滑车的掌侧有尖的矢状嵴,与籽骨形成关节。

指骨(ossa digitorum manus)

食肉动物有 5 个指,第 3 和第 4 指最长,第 1 指最短(图 4-17 至图 4-19)。除第 1 指只有近指节骨和远指节骨外,其他四指均由 3 枚指节骨组成。

远指节骨外形像钩子,两侧压扁向远端拉长成尖端,被角质的爪覆盖(图 4-20)。它有一个**壁面**(facies parietalis),可被分为掌外侧面和**底面**(facies solearis)。**屈肌结节**(tuberculum flexorium)突出于掌外侧面。背侧面有**爪嵴**(crista unguicularis),远端为**爪沟**(sulcus unguicularis)。

在远端指骨**屈肌结节**两侧有小孔(底轴侧孔及底远轴侧孔,foramen soleare axiale et abaxiale)。除第 1 指外,每个指在掌指关节的掌侧面有 2 枚籽骨,并保留软骨质。

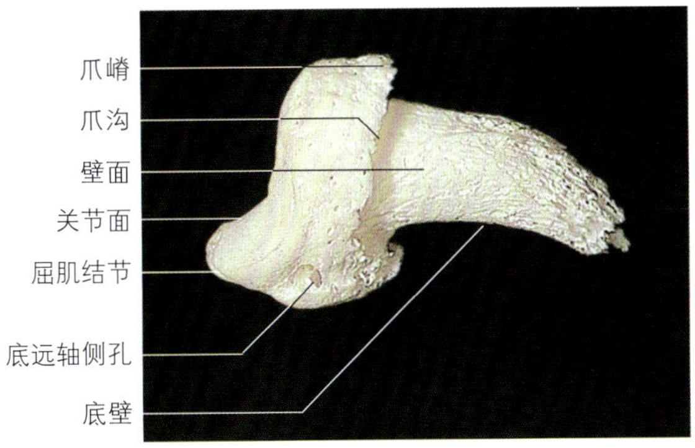

图 4-20 犬的远指节骨(外侧面)

4.1.6 马的前脚部骨骼

腕骨(ossa carpi)

马保留了原始的 4 枚近列腕骨,其中内侧的桡腕骨(os carpi radiale)最大(图 4-17、图 4-21 至图 4-23)。相邻腕骨之间的连接方式很复杂。远列腕骨不完整,因为大多数马的第 1 腕骨(os carpale primum)缺失。如果第 1 腕骨存在,它通常与其他骨骼相隔离,包埋于连接第 2 腕骨(os carpale secundum)的腕掌韧带里。第 3 腕骨(os carpale tertium)有一个大的关节面朝向第 3 掌骨(os metacarpale tertium),它沿着前肢的长轴负重。第 2 和第 4 腕骨(os carpale secundum,os carpale quartum)与小掌骨近端成关节。

掌骨(ossa metacarpalia)

马的掌部由完全发育的第 3 掌骨(os metacarpale tertium)以及第 2 和第 4 掌骨(os metacarpale secundum,osmetacarpale quartum)组成。第 3 掌骨(砲骨或大掌骨,cannon bone)是唯一连接有指骨的掌骨,第 2 和第 4 掌骨(小掌骨)非常小,第 1 和第 5 掌骨缺失(图 4-17 和图 4-24)。

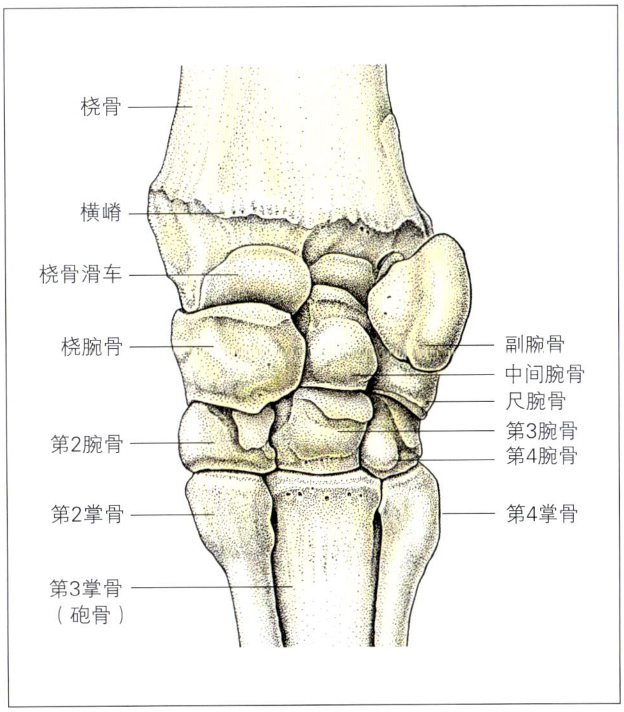

图 4-21 马的右侧腕骨(示意图,后面)

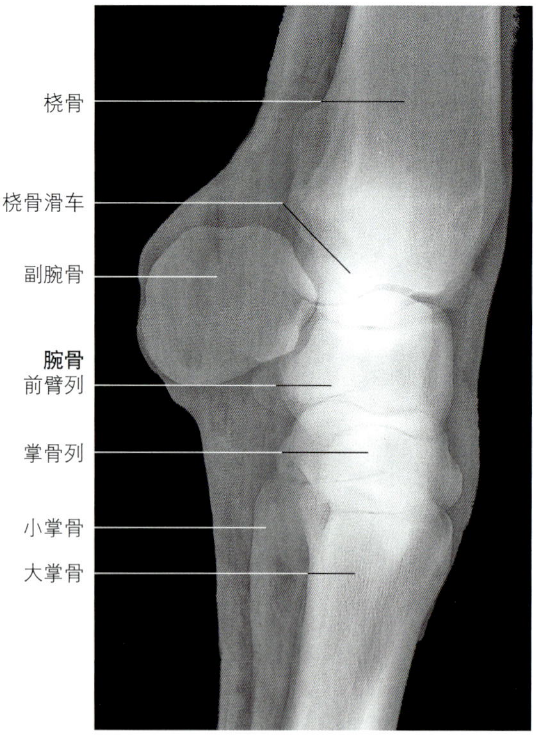

图 4-22 马左侧腕部的 X 线片（内外侧投影）（维也纳 W. Künzel 博士、教授提供）

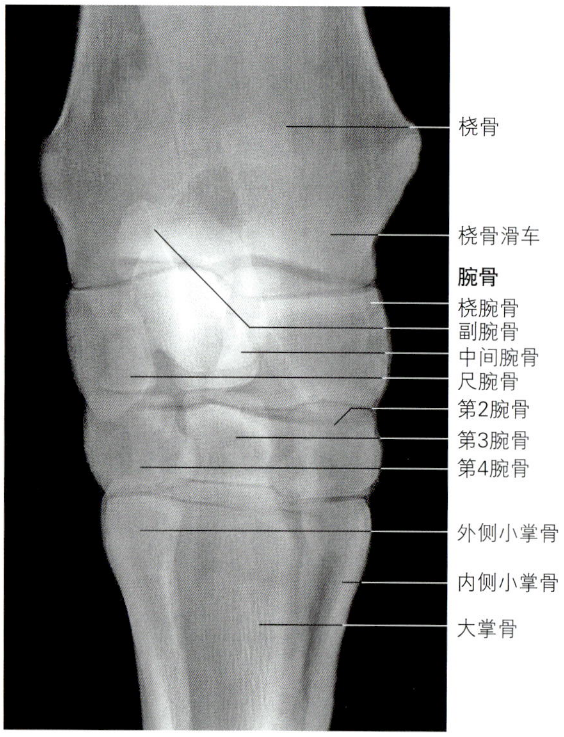

图 4-23 马侧左腕部的 X 线片（掌背侧投影）（维也纳 W. Künzel 博士、教授提供）

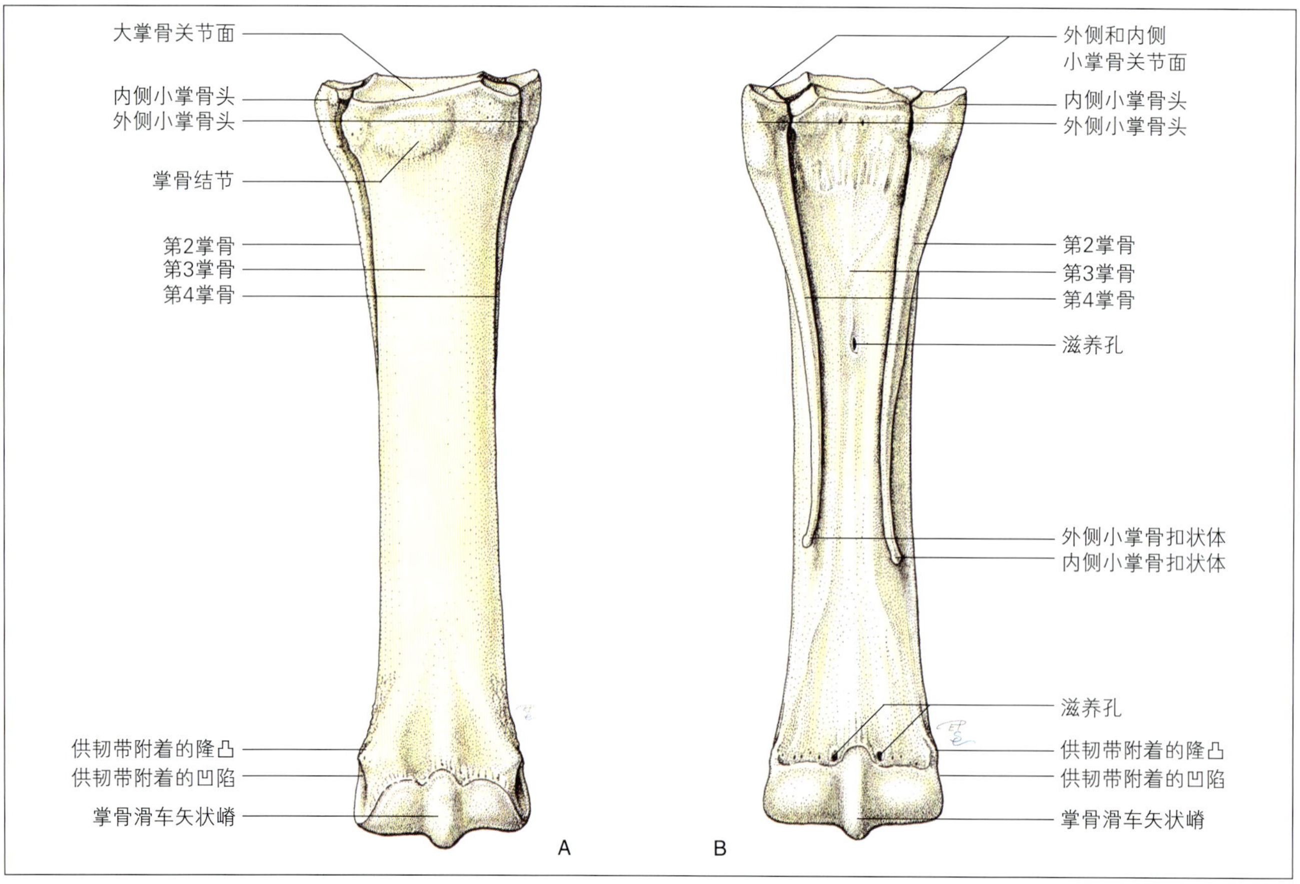

图 4-24 马的左侧掌骨（示意图）：（A）背侧面，（B）掌侧面

第 3 掌骨(os metacarpale tertium)是唯一承受重量的掌骨,骨体的内侧面和背面更为坚实,其横断面从背侧到掌侧呈椭圆形,而后肢的跖骨的横断面呈圆形。

掌骨近端有一个关节面与远列腕骨成关节(腕关节面,facies articularis carpea)。这种关节大多数是在中部与第 3 腕骨构成,少数与第 2 和第 4 腕骨相连接。在第 3 掌骨两侧有 2 个关节面,可与小掌骨近端成关节。**掌骨粗隆**(tuberositas ossis metacarpalis)位于第 3 掌骨近端的背内侧,为腕桡侧伸肌的止点。**掌骨远端**具有滑车,通过矢状嵴将滑车分成稍大的内侧髁和较小的外侧髁。

小掌骨(ossa metacarpalia secundum and quartum)延伸至第 3 掌骨远部,近端扩大并与远列腕骨和第 3 掌骨成关节。小掌骨的骨体呈锥形,其远端如纽扣状,通过体表容易被触及(图 4-24)。

指骨(ossa digitorum manus)

马的指骨仅有**一列——第 3 指**(图 4-25),由 3 个指节骨和籽骨组成:

- 近(第 1)指节骨(系骨)(oscompedale, phalanx proximalis)
- 中(第 2)指节骨(冠骨)(os coronale, phalanx media)
- 远(第 3)指节骨(蹄骨)(os ungulare, phalanx distalis)
- 近端和远端籽骨(ossa sesamoidea proximalis et distalis)

近指节骨形成背掌侧方向紧压的圆柱状,其近端(底)比远端(头)要宽(图 4-25 至图 4-27)。掌侧面有粗糙的三角区(近指节骨三角),周围被骨嵴围着。

近指节骨的近端有关节面(关节凹),被矢状沟分成一个较大的内侧窝和一个较小的外侧窝。远端的滑车与中指节骨近端的关节面相适应。

中指节骨结构与近指节骨非常相似(图 4-25 至图 4-27)。背侧关节腔被矢状嵴分为两个关节窝,用来与近指节骨远端的滑车相对应。它的背侧缘升高形成伸肌突(processus extensorius),掌侧缘变厚成为一个横向突出的屈肌粗隆(tuberositas flexoria)。

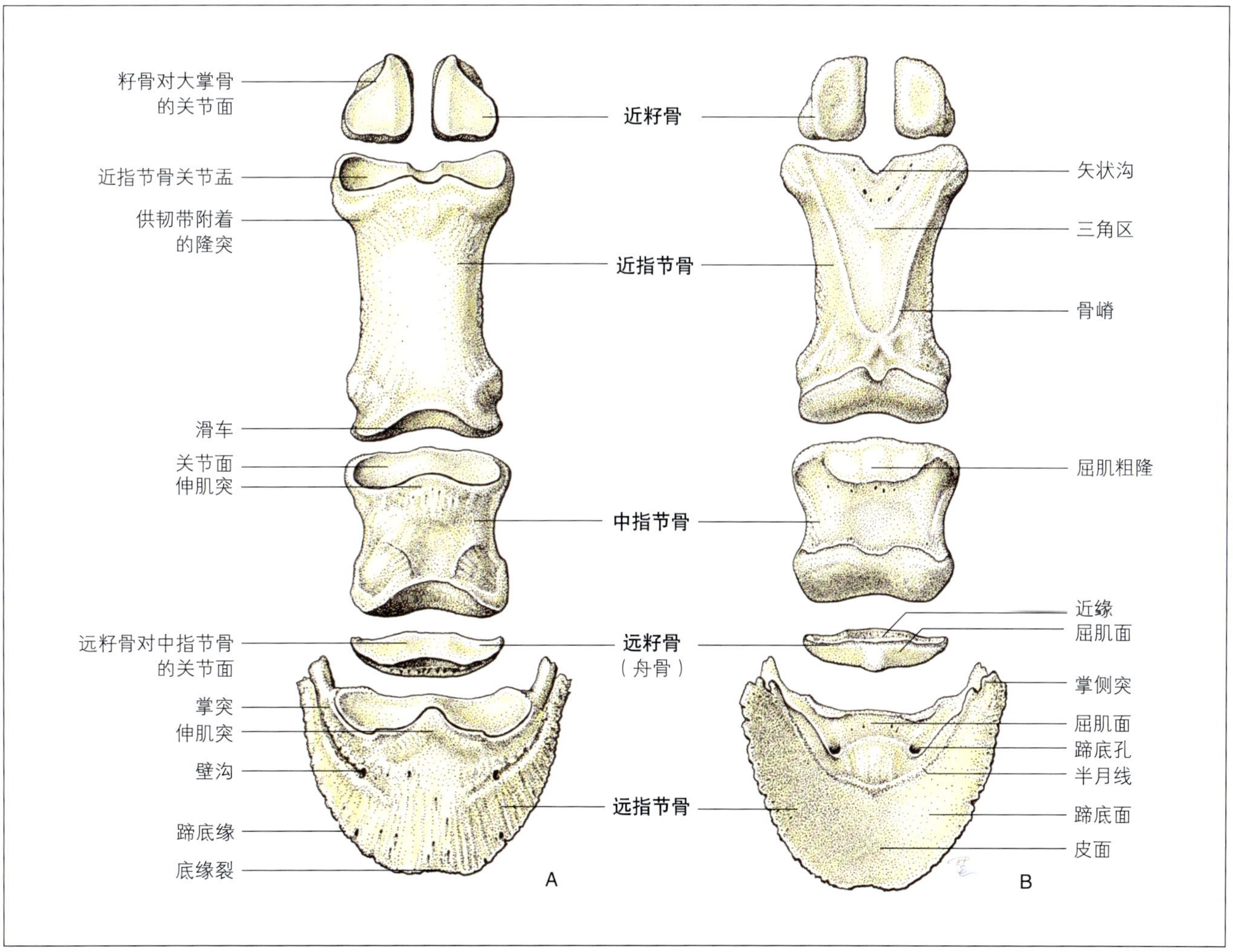

图 4-25 马的左侧指骨(示意图):(A)背侧面,(B)掌侧面

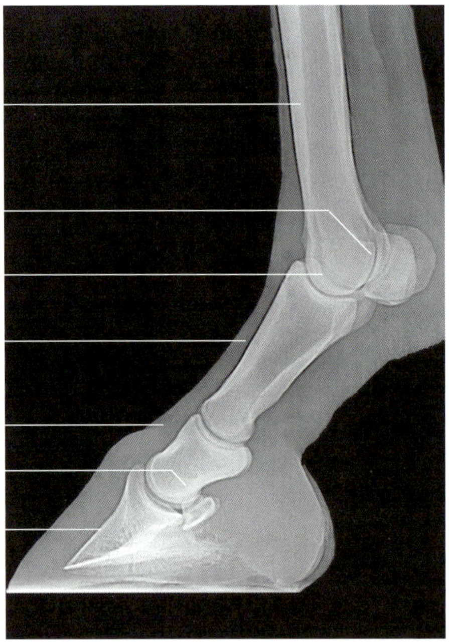

图 4-26 马的左指 X 线片（内外侧投影）（维也纳 C. Stanek 博士、教授提供）

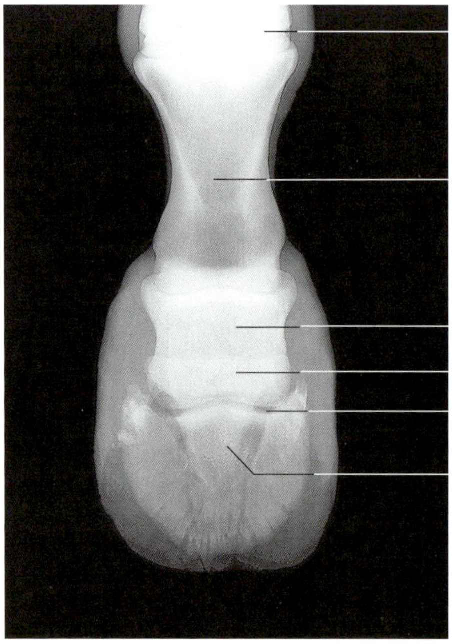

图 4-27 马的左指 X 线片（掌背侧投影）（维也纳 Sabine Brei 博士、教授提供）

远指节骨由**内侧蹄软骨**和**外侧蹄软骨**（cartilago ungularis medialis et lateralis）附在两边，**远籽骨**（os sesamoideum distale）位于中指节骨和远指节骨之间的掌侧面（图 4-25）。

远指节骨有 3 个面和 2 个缘。底缘（margo solearis）是**壁面（背侧）**和**底面（掌侧）**的分界，而**冠缘**（margo coronalis）是关节面和壁面的分界。冠缘形成中间突起，称为**伸肌突**（processus extensorius）（图 4-28 和图 4-29）。在底缘背侧有一切迹（底缘裂，crena marginis solearis）。

远指节骨的掌侧面存在**掌内侧突**和**掌外侧突**（processus palmaris medialis et lateralis），使其向两边扩展。每一侧突起被掌侧突切迹（incisura processus palmaris）或孔分成近角和远角。远指节骨的壁面从一边到另一边呈隆凸状，在壁面有许多供血管和神经通过的孔和沟。

外侧壁沟和**内侧壁沟**（sulcus parietalis lateralis et medialis）环绕有血管。远指节骨的底面被一条粗糙的**半月状线**（linea semilunaris）分为背侧部（皮平面，planum cutaneum）和掌侧的**屈肌面**（facies flexoria），屈肌面供指深屈肌腱附着（图 4-25）。在屈肌面的每一边都有一个底沟（底内、外侧沟），

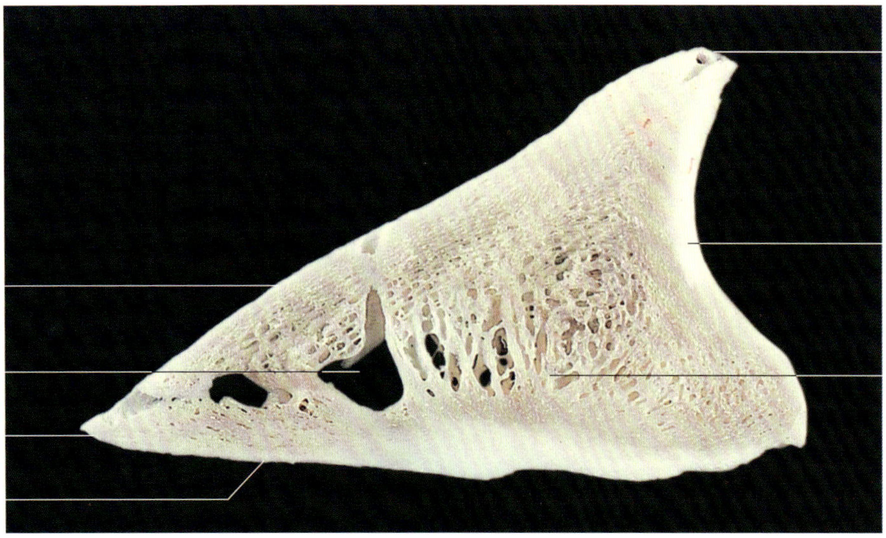

图 4-28 马的远指节骨矢状面

形成**底管**(canalis solearis)。远指节骨的**关节面**(facies articularis)与中指节骨的远端和掌侧远籽骨成关节。两块**近籽骨**(ossa sesamoidea proximalia)位于掌指关节(球节关节)掌侧近端,外形呈三面锥状,顶点指向近端。籽骨间通过韧带紧密相连,同时也通过强大的韧带与近指节骨相连(图4-25)。籽骨的背侧面凹,与掌骨远端成关节。远轴侧面供悬韧带(骨间中肌,m.interosseus medius)附着,掌侧面覆盖有一层纤维软骨(近纤维软骨板),表面有光滑的沟,供屈肌腱通过。

远籽骨(舟骨,navicular bone)呈舟状,它有一平直的**近缘**(margo proximalis)和一隆凸的**远缘**(margo distalis)(图4-25和图4-30)。远缘通过一条强大的韧带与远指节骨相连。远籽骨背侧舟状关节面的掌部与远指节骨的远侧面互补。远籽骨的掌侧面覆盖有纤维软骨(远纤维软骨板),有利于指深屈肌腱从其表面通过。

远指节骨的内侧蹄软骨和外侧蹄软骨(cartilago ungulae medialis et lateralis)是纤维软骨板,它们延伸了两侧的掌内侧突和掌外侧突(图4-31)。远轴面凸起,轴面则凹陷。远侧近半部被包在蹄中,但近缘延伸达中指节骨中部。

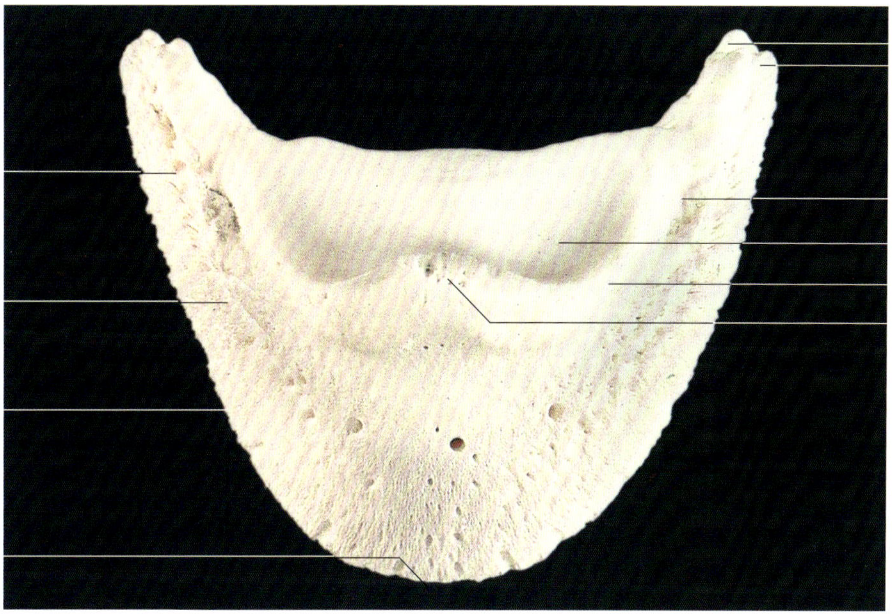

图4-29 马的远指节骨(近背侧面)

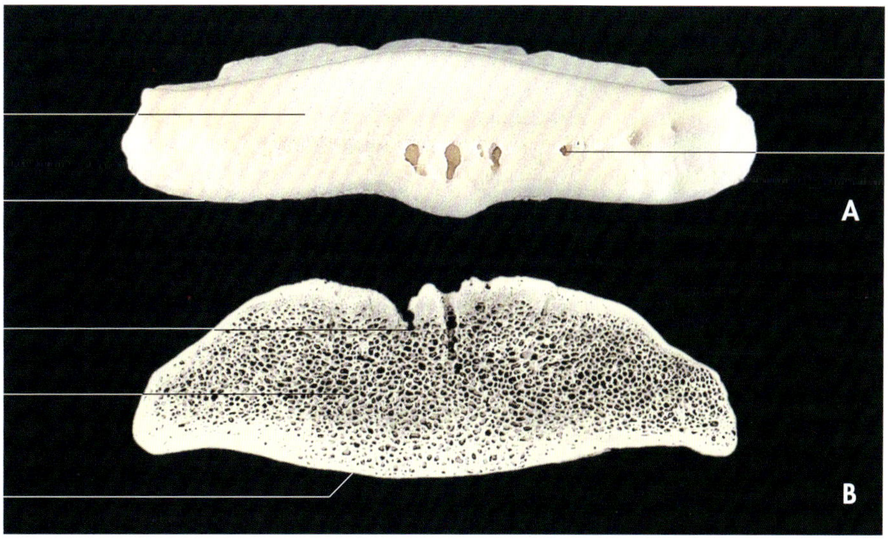

图4-30 马的远籽骨:(A)远侧面,(B)水平面

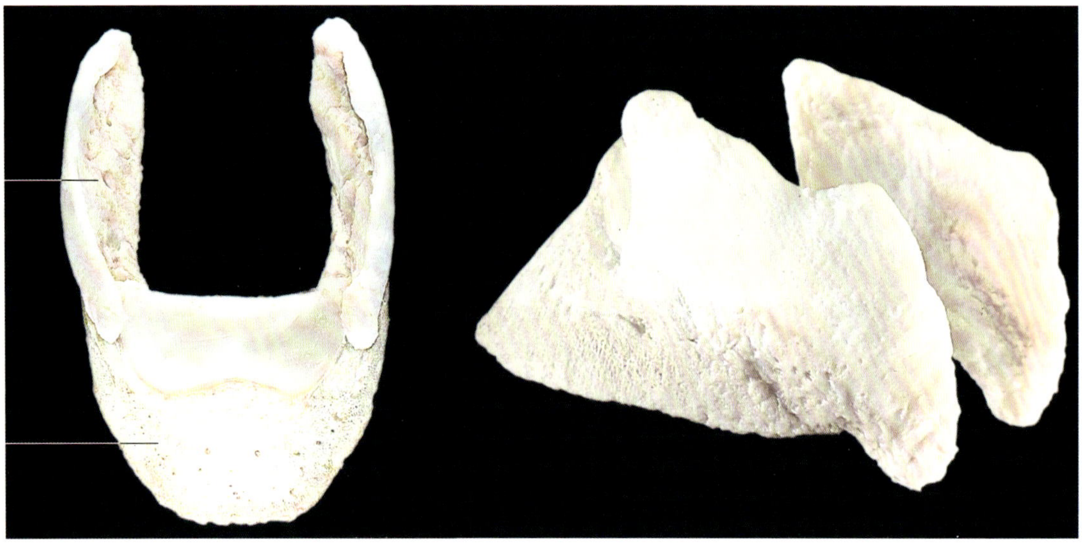

图 4-31　马的远（第 3）指节骨和软骨（左为近背侧面，右为掌外侧面）

4.2 前肢骨的连结（articulationes membri thoracici）

4.2.1 前肢与躯干的连结

前肢与中轴骨之间通过一定的肌肉、肌腱和筋膜（**肌肉连接**，synsarcosis）相连结，而不形成常规的骨连结。

4.2.2 肩关节（articulatio humeri）

肩关节由较小的肩胛骨**关节盂**（肩臼，cavitas glenoidalis）与较大的**肱骨头**（caput humeri）相连结构成（图 4-32 至图 4-36、图 4-66 至图 4-70），通过关节盂周缘的纤维软骨的延伸使浅的**关节唇**（肩关节盂唇，labrum glenoidale）变深。

肩关节是一个典型的**球窝关节**（articulatio spheroidea），

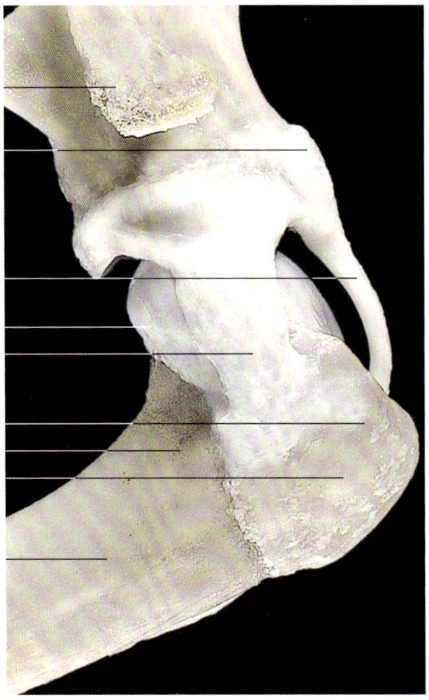

图 4-32　犬的右侧肩关节（外侧面）（维也纳 R. Macher 博士提供）

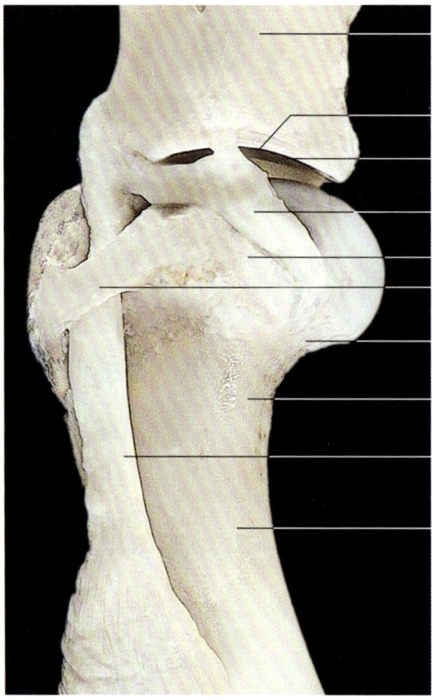

图 4-33　犬的右侧肩关节（内侧面）（维也纳 R. Macher 博士提供）

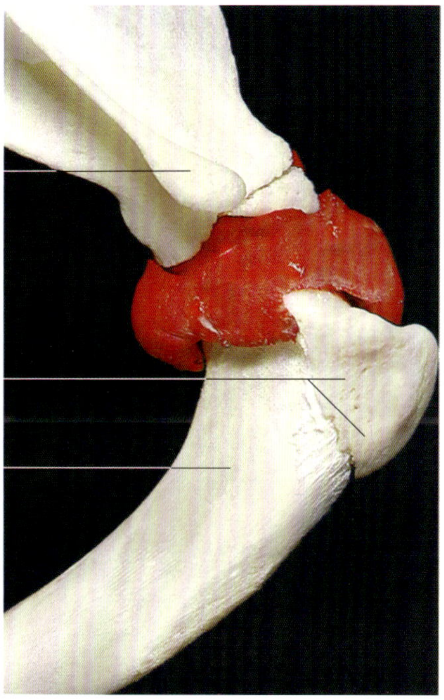

图 4-34 犬右侧肩关节的丙烯酸铸型(外侧面)(维也纳 K. Ganzberger 博士提供)

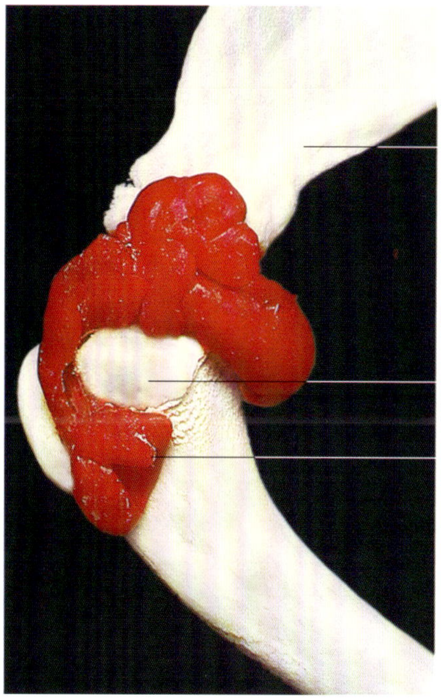

图 4-35 犬右侧肩关节的丙烯酸铸型(内侧面)(维也纳 K. Ganzberger 博士提供)

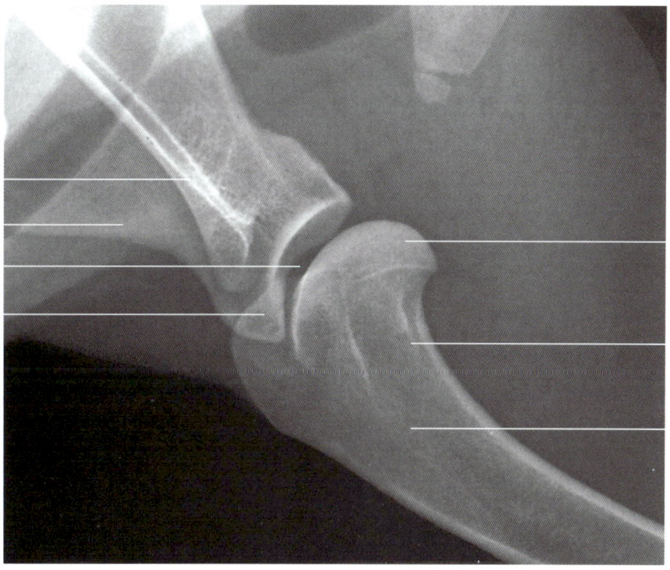

图 4-36 犬的肩关节 X 线片(外内侧投影)(慕尼黑 Ulrike Matis 教授、博士提供)

理论上应该有相当的运动多向性,但实际上它受周围肌肉的限制,运动范围有限。因此,它的功能就像**屈戌关节**一样,主要进行屈伸运动,旋转、内收和外展都受到限制。但在食肉动物,它能外展 60°、内旋 35°和外旋 45°。马的肱骨头是圆柱状,这使马几乎不可能进行外侧和内侧运动。由于肩胛侧副韧带缺失,肌腱和肌肉行使韧带的作用来支撑肩关节。肩胛下肌腱发挥内侧副韧带的作用,冈下肌腱发挥外侧副韧带的作用。

关节囊(capsula articularis)松大而复杂,在某些区域,周围有肌腱包绕,尤其是肩胛下肌。牛和马的肩关节囊由 3 个前囊和 2 个后外侧囊组成;而食肉动物的则由 2 个前囊和 1 个后外侧囊组成。

关节囊通过纤维和胶原纤维带,如**内侧和外侧盂肱韧带**(ligamenta glenohumerale lateralis et medialis)增加强度(图 4-29)。有蹄类动物有一个附加带——**喙肱韧带**(ligamentum coracohumerale),在盂上结节和大结节之间并入关节囊。食肉动物的肱骨横韧带（ligamentum transversum humeri）横跨臂二头肌沟，起固定臂二头肌腱的作用（图4-30）。在食肉动物、猪和羊，部分关节囊围绕在结节间沟内的臂二头肌腱周围，形成结节间滑膜鞘（vagina synovialis intertubercularis）。

在马和牛，腱鞘被**结节间囊**（bursa intertubercularis）取代，它不与肩关节腔相通。

临床小知识

注射部位

- **猫**：侧卧，关节微屈。针直接插入后侧和近大结节处，向内后侧方向的水平面进针。
- **犬**：侧卧，关节微屈。针直接插入后侧和近大结节处，向内后侧方向的水平面进针。
- **猪**：侧卧，关节微屈。针直接插入大结节水平的冈下肌腱的前缘，向后内侧及稍远方向进针。
- **马和牛**：用 10 cm 的针插入肱骨大结节的前部和后部隆起之间可触及的凹陷处，向后侧和稍内侧的额面方向进针。

4.2.3 肘关节（articulatio cubiti）

肘关节（肱尺关节，肱桡关节）是**复关节**（图 4-37 至图 4-44、图 4-71），由肱骨髁（condylus humeri）与尺骨滑车切迹（incisura trochlearis ulnae）和桡骨头（caput radialis）组成。

肘关节是典型的**铰链关节**或**屈戌关节**，它在矢状面上的屈伸运动范围受到限制。滑车表面突起的嵴和沟与伸入肱骨鹰嘴窝的鹰嘴突阻碍了关节的侧向或旋转运动。猫的肘关节在矢状面上的运动范围被限制为 140°以内；犬为 100° ～140°，其范围大小取决于品种；马的运动范围比食肉动物稍小些；牛的肘关节起**铰链关节**的作用，运动范围更小，这是由侧副韧带将关节牢固连结，与关节的运动轴不一致造成的。

肱尺关节、肱桡关节和桡尺近关节（articulatio radioulnaris proximalis）享有一个共同的**关节囊**（capsula articularis）（图 4-39 和图 4-40）。在后面，关节囊沿着鹰嘴窝近缘附着；在前面，一个囊向内延伸于臂二头肌之下，另一个囊向外侧延伸于指总伸肌之下。

临床小知识

注射部位

- **猫和犬**：侧卧，关节弯曲 90°。针插入外侧上髁和鹰嘴之间，向前内侧方向进针。
- **猪**：针头插入外侧上保后部可触及的凹陷处，向前内侧方向进针。
- **牛**：用 6 cm 的针插入外侧副韧带和腕尺侧伸肌的起始腱之间，并向水平方向进针。
- **马**：用 4 cm 的针从外侧前部或后部插向外侧副韧带，伸至外侧肱骨上髁和桡骨近端的外侧粗隆之间，并向近内侧方向水平面进针。

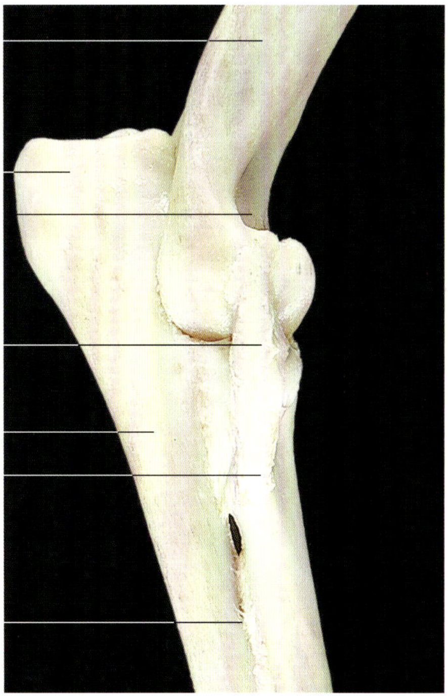

图 4-37　犬的右侧肘关节（外侧面）（维也纳 R. Macher 博士提供）

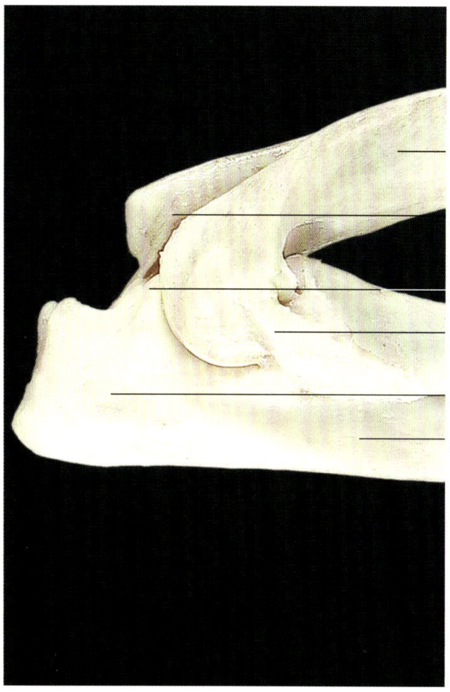

图 4-38　犬的右侧肘关节，最大弯曲度（外侧面）（维也纳 R. Macher 博士提供）

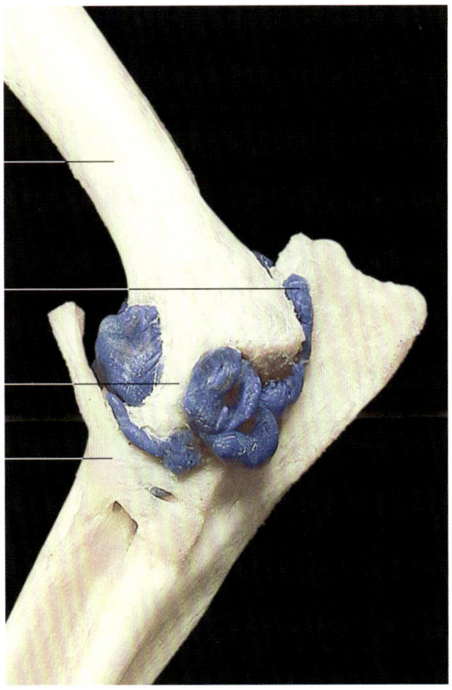

图 4-39 犬右侧肘关节的丙烯酸铸型（内侧面）（维也纳 R. Macher 博士提供）

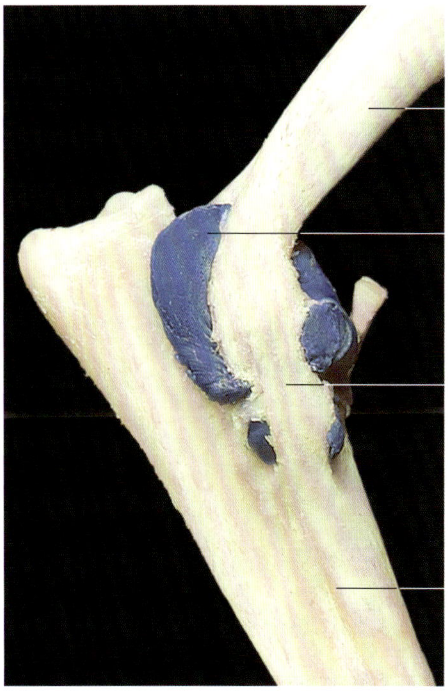

图 4-40 犬右侧肘关节的丙烯酸铸型（外侧面）（维也纳 R. Macher 博士提供）

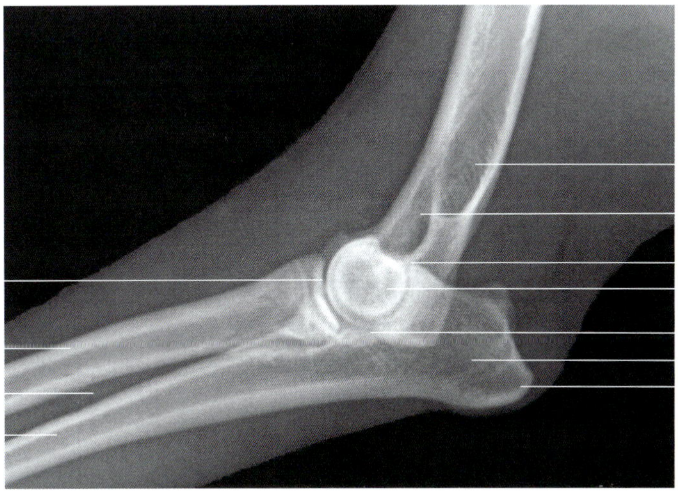

图 4-41 犬肘关节的 X 线片（外内侧投影）（慕尼黑 Ulrike Matis 博士、教授提供）

强大的侧副韧带从外侧肱骨上髁和内侧肱骨上髁延伸至桡骨和尺骨（图 4-37、图 4-38 和图 4-44）：

- **外侧（桡）侧副韧带**（ligamentum collaterale cubiti laterale）附着于肱骨外侧上髁的近端，可分为两部分：较粗的前部，附着于桡骨；较细的后部，附着于尺骨。马无后部
- **内侧（尺）侧副韧带**（ligamentum collaterale cubiti mediale）附着于肱骨内侧上髁的近端，可分为两部分，分别附着于尺骨和桡骨。马和牛的内侧副韧带的前部为旋前圆肌的遗迹
- **鹰嘴韧带**（ligamentum olecrani）可延伸于肱骨内侧上髁与肘突之间。在猫和犬，它能加强屈肌面的关节囊（图 4-38）

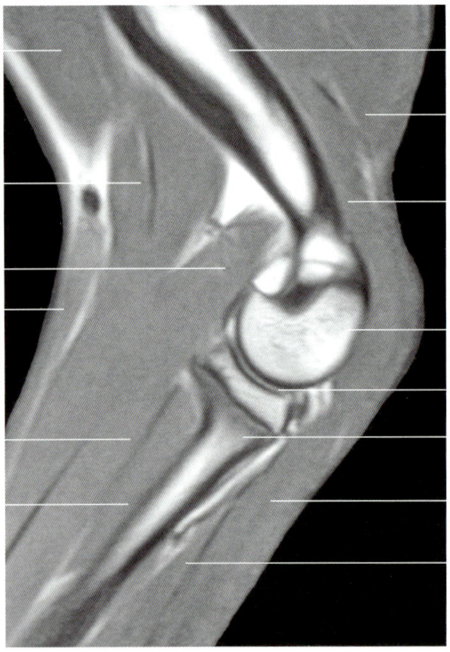

图 4-42 犬的肘关节(磁共振成像,T1 加权,1. 矢状面)(雷根斯堡 Isa Foltin 博士提供)

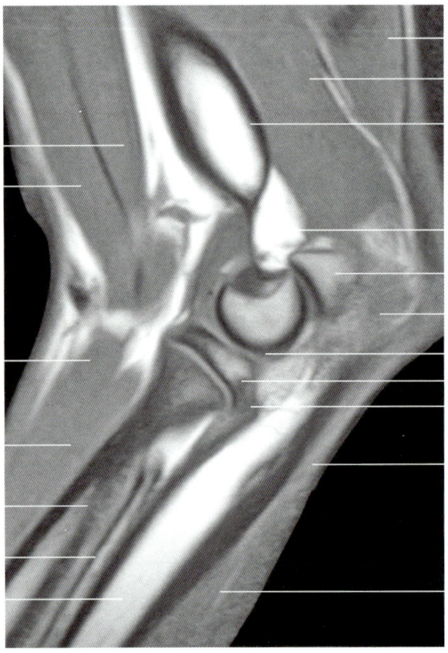

图 4-43 犬的肘关节(磁共振成像,T1 加权,2. 矢状面)(雷根斯堡 Isa Foltin 博士提供)

桡尺关节(桡尺近关节 articulatio radioulnaris proximalis 和桡尺远关节 articulatio radioulnaris distalis)

两个前臂骨的转动能力在大多数动物中已经丧失,在食肉动物中减弱,其原因是这些动物的尺骨退化变小。猫能做 100°的外旋转动,而犬仅能做 50°的外旋转动。马和牛桡骨和尺骨的近端部分被富含弹性纤维组织的骨间韧带连接起来,并随年龄的增长逐步骨化为骨性结合(软骨联合)。猪的桡骨和尺骨在近端和远端结成牢固的关节(微动关节)。食肉动物有**两个含独立滑膜的桡尺骨关节**:

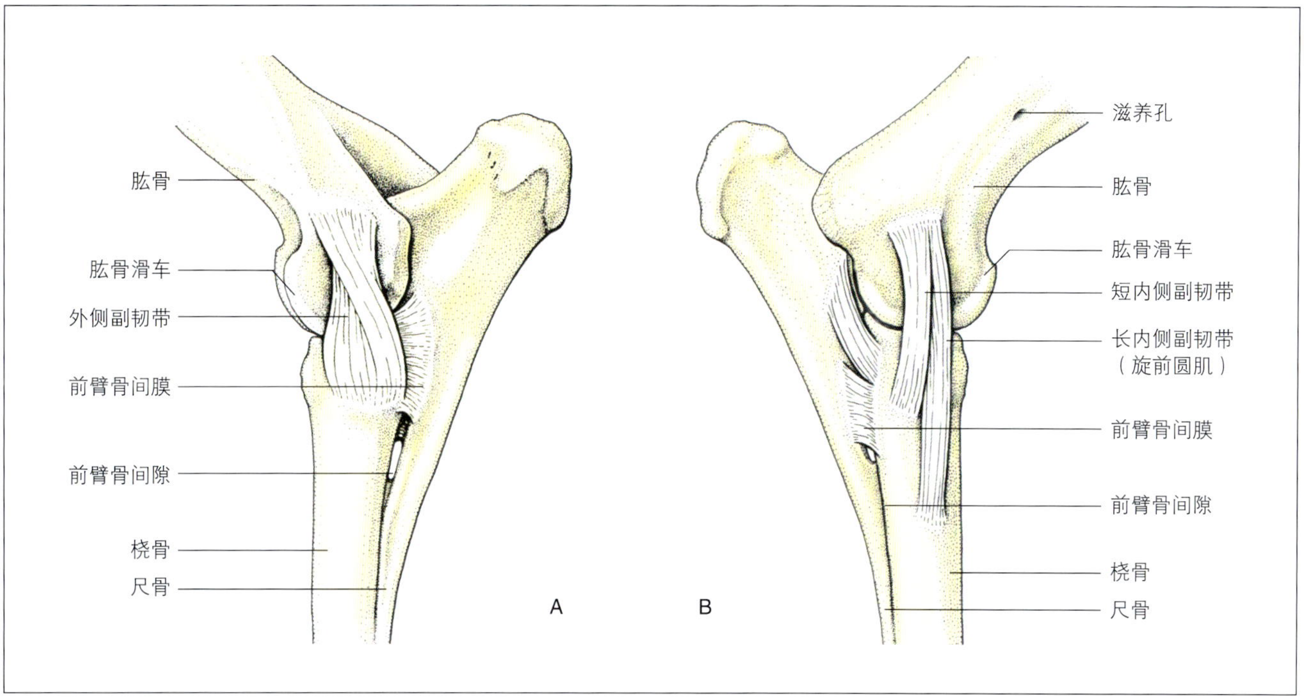

图 4-44 马的左肘关节（示意图）:（A）外侧面，（B）内侧面

- **桡尺近关节**（articulatio radioulnaris proximalis），由桡骨的关节周缘（circumferentia articularis proximalis radii）和尺骨桡切迹（incisura radialis ulnae）构成
- **桡尺远关节**（articulatio radioulnaris distalis），由尺骨的关节周缘（circumferentia articularis ulnae）和桡骨尺切迹（incisura ulnaris radii）构成

支持桡尺近关节的有数条**韧带**：

- **桡骨环状韧带**（ligamentum anulare radii），在肘关节的屈肌面，桡骨环状韧带环绕在桡骨头上，位于侧副韧带之下，远侧附着于尺骨桡切迹
- **前臂骨间韧带**（ligamentum interosseum antebrachii），在犬的前臂近端到前臂中部，前臂骨间韧带连接着骨间隙，并强化外侧骨间膜
- **前臂骨间膜**（membrana interossea antebrachii），是一种柔软的组织膜。在食肉动物和未成年大动物的前臂骨间膜将桡骨与尺骨连接起来，成年有蹄动物的骨间膜将骨化

桡尺韧带（ligamentum radioulnare）是桡尺远关节的单一韧带，它延伸于桡骨滑车和尺骨茎突之间。犬的桡尺韧带明显；而在猫，桡尺韧带的纤维包埋于关节囊内。桡尺近关节与肘关节自由相通；食肉动物和猪的桡尺远关节是前臂腕关节近端的延伸。

4.2.4 前脚关节（articulationes manus）

腕关节（articulationes carpeae）

腕骨为**复关节**，它包括以下结构（图 4-45 至图 4-50）：

- **尺腕关节和桡腕关节**（前臂腕关节，articulationes antebrachiocarpeae），位于桡骨、尺骨和近列腕骨之间
- **腕中关节**（articulationes mediocarpeae），位于近列腕骨和远列腕骨之间
- **腕间关节**（articulationes intercarpeae），位于每一列单个的腕骨之间
- **腕掌关节**（articulationes carpometacarpeae），位于远列腕骨和掌骨之间

虽然这 3 层关节享有共同的纤维囊，但除了腕中关节和腕掌关节相通外，其他各滑膜层之间是相互独立的。关节囊在关节近端水平上比较宽松，到远端则变窄。

腕骨作为一个整体担当**屈戌关节**的角色，而单个关节面可以作不同程度的运动。近端关节活动性最大，中部关节能进行相当程度的运动，而远端关节几乎不能活动。

前臂腕关节由**桡腕关节**（articulatio radiocarpea）和**尺腕关节**（articulatio ulnocarpea）组成。对于马来说，这个关节可以看作屈戌关节，在反刍动物中可以看作蜗状关节，而在

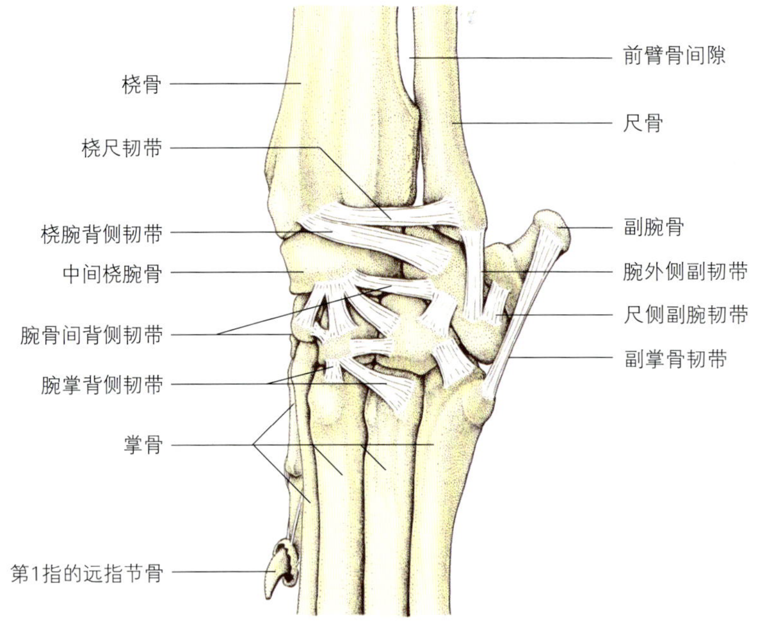

图 4-45　犬的左腕骨韧带(示意图,外侧面)。仿 Ghetie(1954)

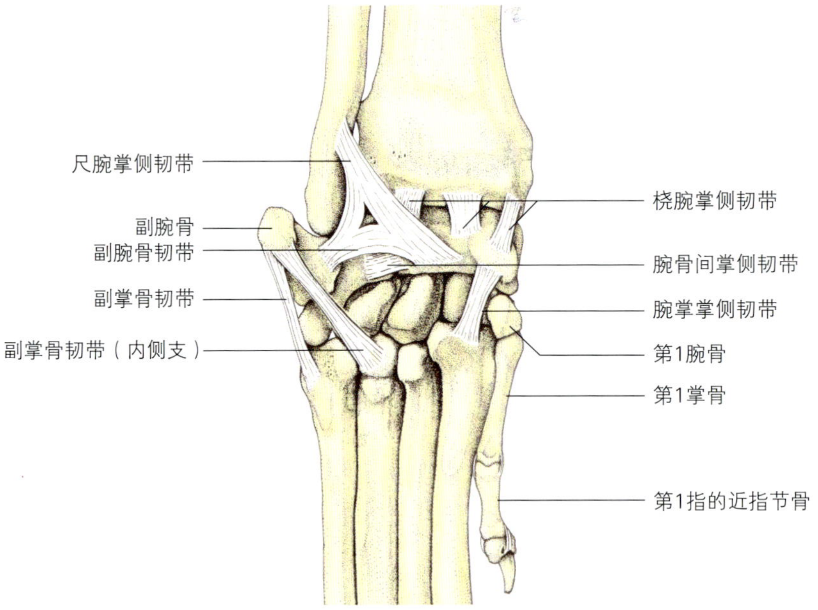

图 4-46　犬的左腕骨韧带(示意图,掌侧面)。仿 Ghetie(1954)

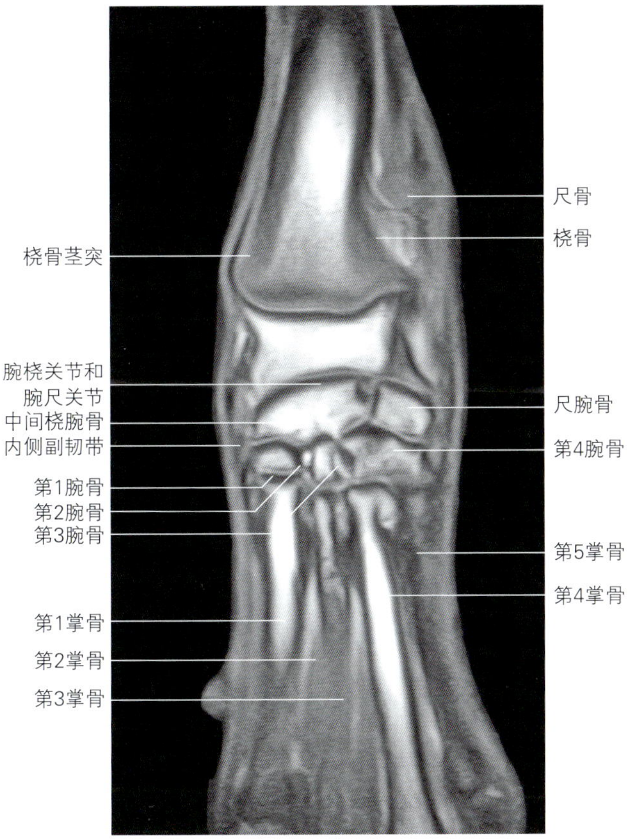

图 4-47 犬的腕关节(磁共振成像,T1 加权,冠状面)(雷根斯堡 Isa Foltin 博士提供)

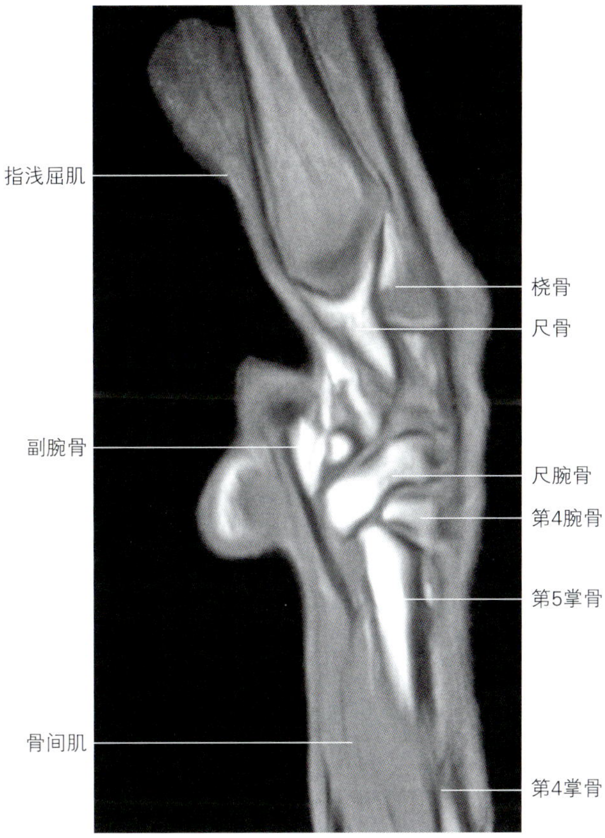

图 4-48 犬的腕关节(磁共振成像,T1 加权,矢状面)(雷根斯堡 Isa Foltin 博士提供)

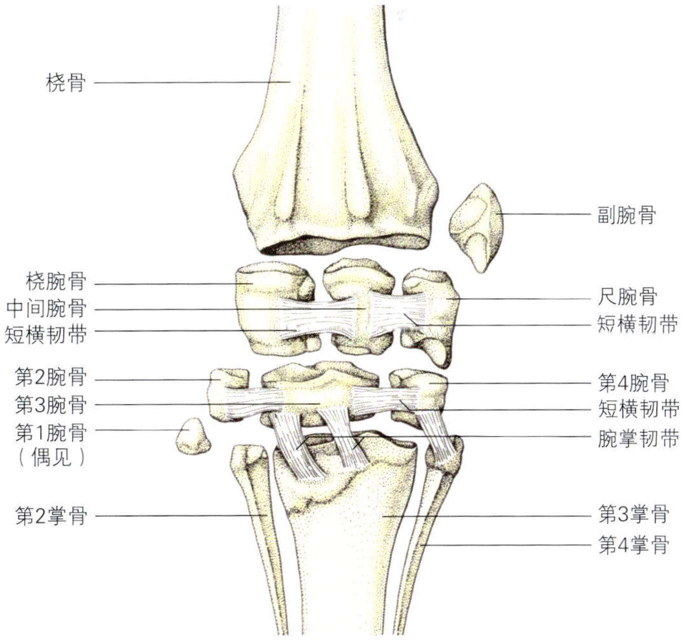

图 4-49 马左侧腕骨的短韧带(示意图,背侧面)。仿维也纳 S. Wagner 博士(1996)

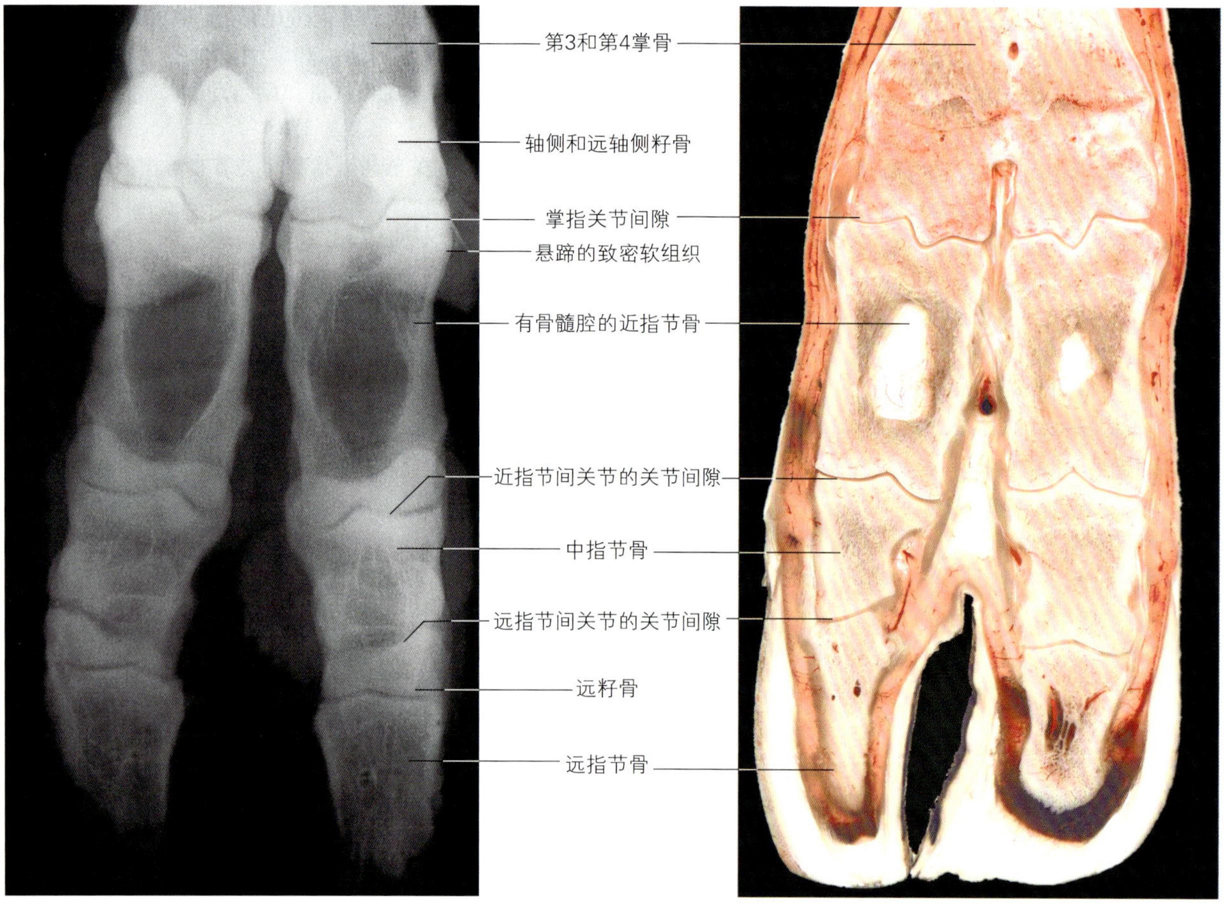

图 4-51　牛蹄的 X 线片（掌背侧投影）（左）和 E-12 塑化切片（右）（左图由维也纳 Sabine Breit 教授提供，右图由慕尼黑 H. Obermayer 教授提供）

延伸到远指节骨的伸肌突。这个解剖位置允许远指节间关节的屈曲，因此，爪部的突出是通过同时进行指深屈肌腱的收缩和弹性背侧韧带的松弛来完成的。

与犬不同，猫能完全地将它的爪缩回到爪皮内，而爪收缩呈爪形，因为爪能最大限度地向背侧屈曲并和相应的掌骨接触。

指间韧带

环状韧带（掌环状韧带，ligamenta anularia palmaria）在第 2～5 指的掌指关节近籽骨水平面上，支撑固定指浅屈肌腱和指深屈肌腱。这些掌环状韧带为指间深韧带提供附着点，将各指联系在一起，并支持腕枕和指枕。

浅指间韧带从第 2 掌骨的远端掌面横向延伸到第 5 掌骨的远端掌面。

反刍动物的指关节

掌指关节或系关节

两个掌指关节均为由滑车形成的**屈戌关节**，关节由完全分离的第 3 和第 4 掌骨远端、近指节骨近端关节面及掌侧面的 2 个近籽骨一起构成（图 4-42 和图 4-43）。每个关节都有各自的有背侧隐窝和掌侧隐窝的关节囊。

背侧隐窝（recessus dorsalis）位于掌骨与指总伸肌腱及指外侧伸肌腱之间的近端。背侧关节囊由纤维软骨加厚，滑膜鞘和腱下滑膜囊包围每个肌腱，有利于肌腱通过背侧隐窝。

掌侧隐窝（recessus palmaris）位于掌骨与骨间肌，以及指深、指浅屈肌腱之间的近端。在此处，两屈肌腱共享一个滑膜鞘。

关节囊的轴侧部分已融合，掌侧隐窝与骨间肌的指间分支近端互相连通。

临床小知识

注射部位

注射一次，均可以同时到达两个**球节关节**。在内侧或外侧伸肌腱的边缘，将针插入背侧隐窝，水平方向进针。

球节关节韧带（图 4-52 至图 4-54）可以分为：

- **指间近韧带**(ligamentum interdigitale proximale),连接负重指的近指节骨和相应的轴侧籽骨
- **轴侧和远轴侧副韧带**,连接每个球节关节
- **近籽骨韧带、中籽骨韧带、远籽骨韧带**

骨间中肌腱(m. interosseus medius)或悬韧带向上支持掌指关节。

它起自远列腕骨,向下延伸至掌骨掌侧面,在第 3 掌骨远侧分为 4 个分支:

- **中间部**,进一步分成两个分支,一支为近籽骨轴侧支,另一支为每个指的指间支。在第 3 指,指间支连接指总伸肌腱的内侧腱;在第 4 指,指间支连接指外侧伸肌腱
- **外侧和内侧分支**,附着于近籽骨远轴侧的一个深支和延伸于伸肌腱的一个浅支
- **粗支**,分为内侧支和外侧支,两支在远端与指浅屈肌腱联合,进而形成包围指深屈肌腱的腱鞘

球节关节的中韧带(图 4-53 和图 4-54)包括:

- **掌内侧韧带和掌外侧韧带**(ligamenta palmaria mediale et laterale),连接第 3 指和第 4 指的近籽骨
- **指间籽骨间韧带**,位于两轴侧籽骨之间
- **籽骨侧副韧带**(ligamenta sesamoidea collateralia),连接远轴侧近籽骨和近指节骨

球节关节远侧韧带组成如下(图 4-52 至图 4-54):

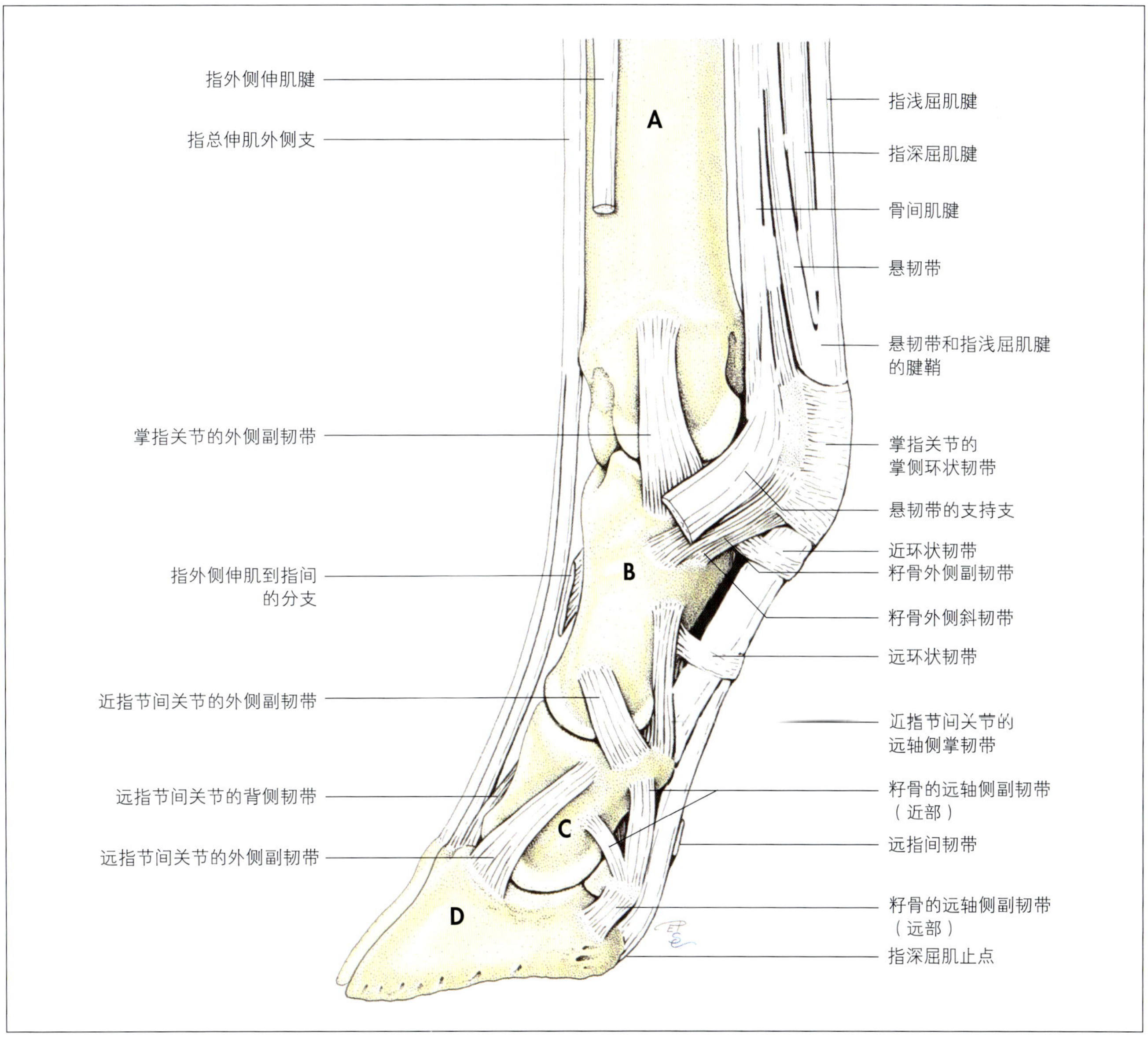

图 4-52 牛左前脚内侧的韧带和肌腱(示意图,轴侧面):(A)掌骨,(B)近指节骨,(C)中指节骨,(D)远指节骨。仿 Ellenberger 和 Baum(1943)

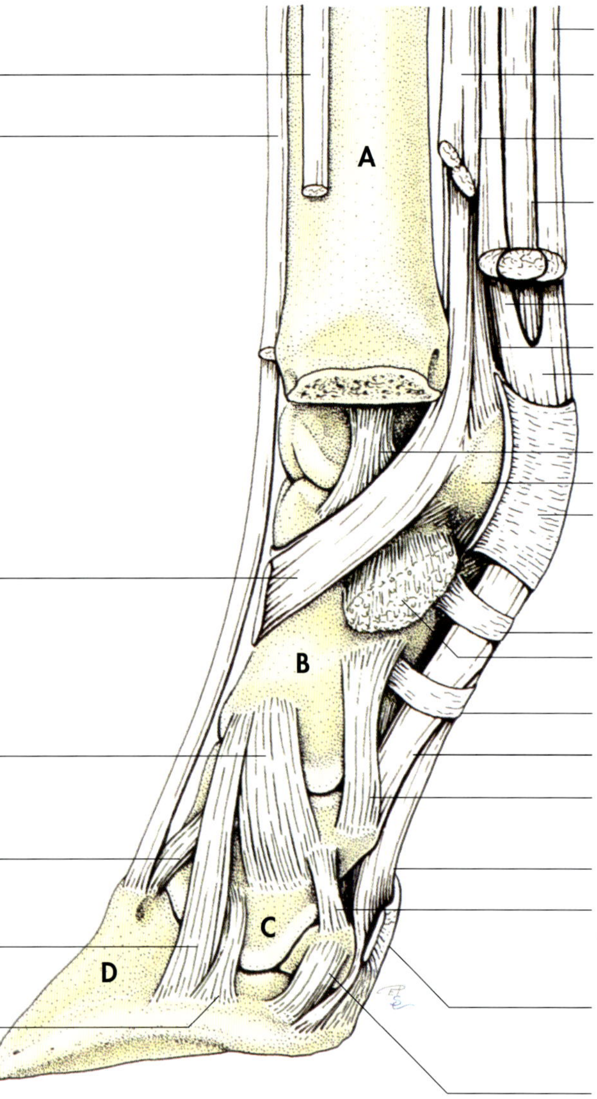

图 4-53　牛左前脚内侧的韧带和肌腱(示意图，轴侧面)：(A)掌骨，(B)近指节骨，(C)中指节骨，(D)远指节骨。仿 Ellenberger 和 Baum(1943)

- **籽骨交叉韧带**(ligamenta sesamoidea cruciata)，延伸于每枚近籽骨的底部至相对的近指节骨侧面
- **籽骨斜韧带**(ligamenta sesamoidea obliqua)，连接于远轴侧近籽骨和近指节骨
- **指间指节骨籽骨韧带**(ligamenta phalangosesamoidea interdigitales)，连接于轴侧近籽骨和相对的近指节骨近端

近指节间关节或冠关节

近指节间关节(冠关节)是**鞍状关节**，由近指节骨的远端滑车和中指节骨的近端关节面组成。每个关节都有各自的关节囊，每个关节囊有背侧隐窝和掌侧隐窝(recessus dorsales et palmares)。

背侧隐窝(recessus dorsalis)由于伸肌腱而形成凹陷，在轴侧和远轴侧的近端向远端延伸。

掌侧隐窝(recessus palmaris)较小，被屈肌腱覆盖。

每个关节都有轴侧和远轴侧副韧带支持，轴侧韧带还在背侧连接近指节间关节和远指节间关节。每个近指节间关节由中间、轴侧和远轴侧3条**掌侧韧带**提供进一步的支持(图4-54)，另外还有起源于指筋膜附着于近指节骨的韧带。下面这些韧带在掌侧面支持屈肌腱(图4-52至图4-54)：

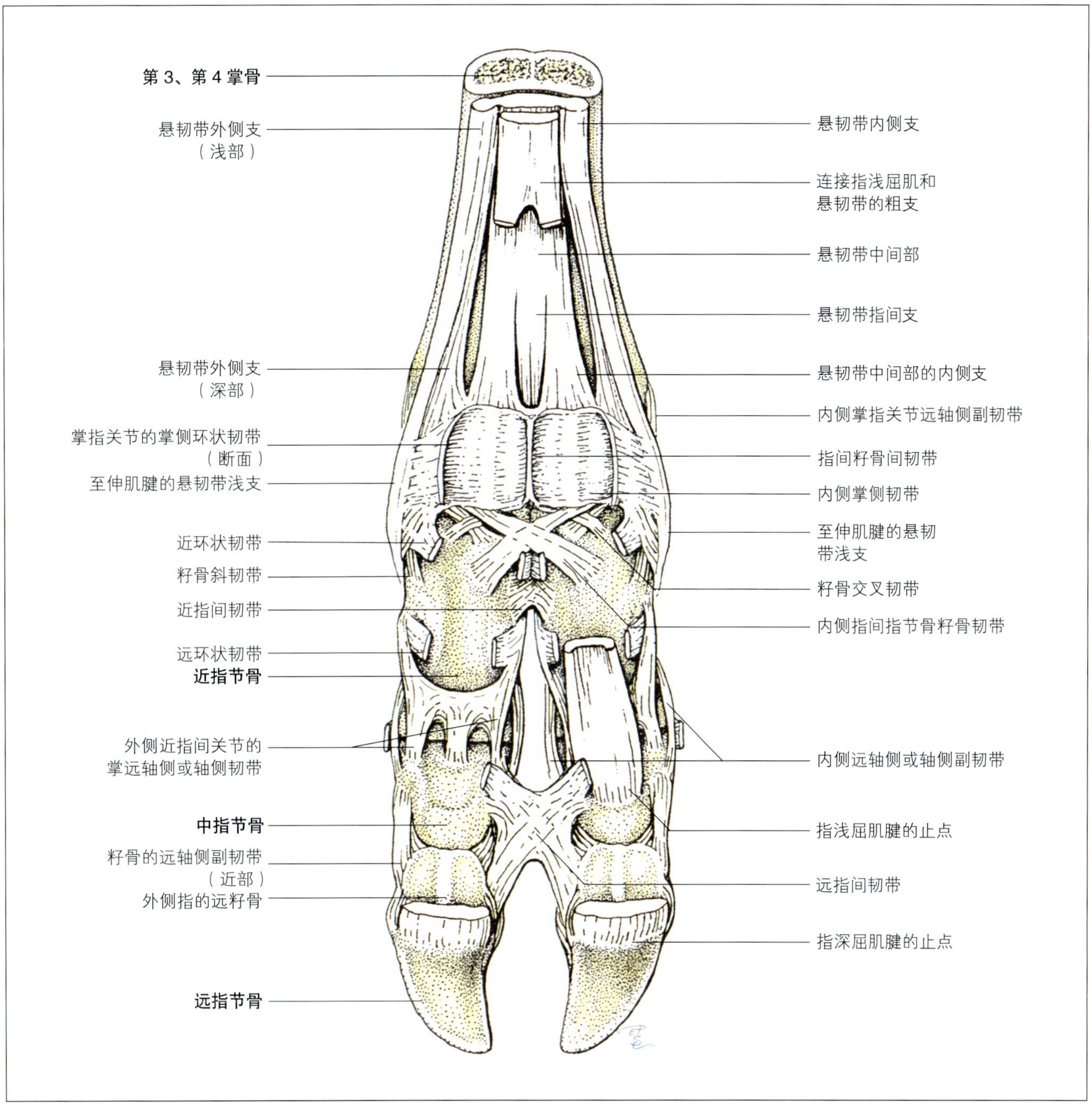

图 4-54 牛左侧前脚的韧带和肌腱（示意图，掌侧面）。仿 Ellenberger 和 Baum（1943）

- 掌环状韧带（ligamentum anulare palmare）
- 近指和远指环状韧带（ligamentum anulare digiti）
- 指间远韧带（ligamentum interdigitale distale）

远指节间关节或蹄关节

远指节间关节（蹄关节）是**鞍状关节**，由中指节骨的远端滑车、远指节骨的关节面及远籽骨（或舟骨）掌侧面一起构成。

关节囊完全分开，并有背侧隐窝和掌侧隐窝（recessus dorsales et palmares）：

- **背侧隐窝**（recessus dorsales）在伸肌腱下蹄冠外延伸约 1 cm
- **掌侧隐窝**（recessus palmares）近端至中指节骨中部，且被指深屈肌腱覆盖

每个关节由以下韧带支持（图 4-52 和图 4-54）：

- **指间远韧带**(ligamentum interdigitale distale),位于主指之间,是一对交叉韧带
- **蹄关节的背侧韧带**(ligamentum dorsale),是弹性韧带,从中指节骨远端轴侧延伸至远指节骨伸肌突
- **轴侧和远轴侧副韧带**(ligamenta collateralia)
- **远籽骨韧带**,可分为连接远籽骨和中指节骨的有弹性的轴侧和远轴侧韧带,以及连接远籽骨和远指节骨的侧副韧带

悬蹄的韧带

第 2 指和第 5 指近端与大掌骨成关节,远端通过筋膜连于主指。筋膜形成远侧带、近侧带和横带。

马的指关节

掌指关节或球节关节

掌指关节是**复关节**,由大掌骨(腕骨)滑车、近指节骨的近端关节面和近籽骨一起构成(图 4-55 和图 4-56)。掌指关节属于屈戌关节,除屈曲和伸展的主要作用外,只能进行有限的侧向运动。站立时该关节处于部分屈曲状态。

关节囊有 1 个背侧隐窝和 1 个掌侧隐窝:

- **背侧隐窝**(recessus dorsalis),位于大掌骨与伸肌腱之间,向近侧延伸约 2 cm;在关节囊与伸肌腱之间有一滑膜囊
- **掌侧隐窝**(recessus palmaris),位于大掌骨和悬韧带之间(图 4-59 和图 4-60)

掌指关节的韧带包括:

- **侧副韧带**(ligamenta collateralia),起自大掌骨远端两侧,附着于近指节骨的近端隆突两侧
- 近籽骨的**近、中、远侧韧带**(图 4-57 和图 4-58)

腱质的骨间肌或悬韧带为**近籽骨提供近端支持**(图 4-57 和图 4-58)。悬韧带附着于远列腕骨的近端和大掌骨近端,在内、外侧小掌骨之间大掌骨掌面的掌侧沟处穿过,在掌指关节上方分为两支,止于近籽骨。**掌籽骨间韧带**

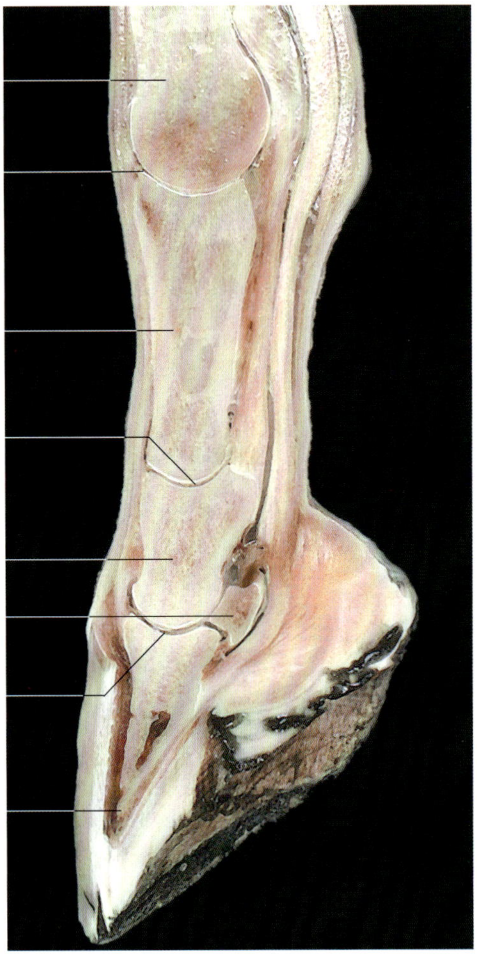

图 4-55 马的指骨矢状面(S10 塑化标本)(维也纳 L. Hnilitza 提供)

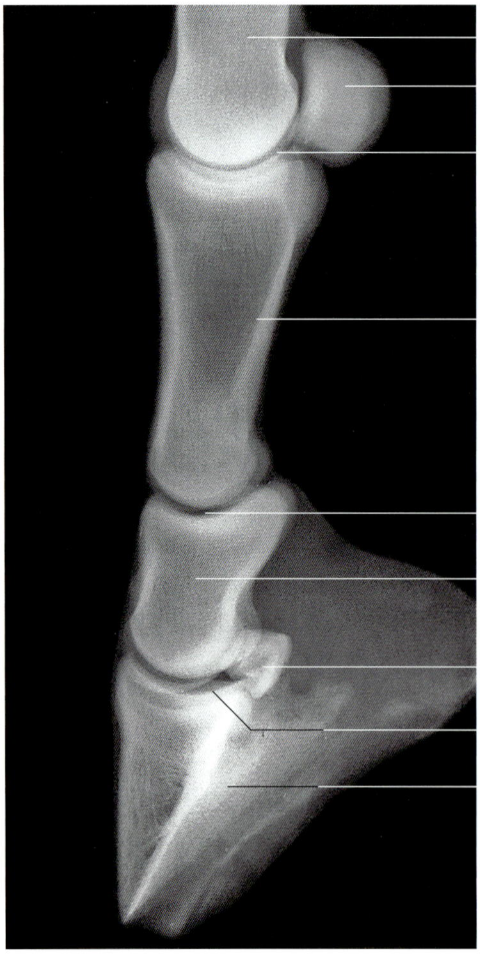

图 4-56 马的指骨 X 线片(内外侧投影)(维也纳 Sabine Breit 博士、教授提供)

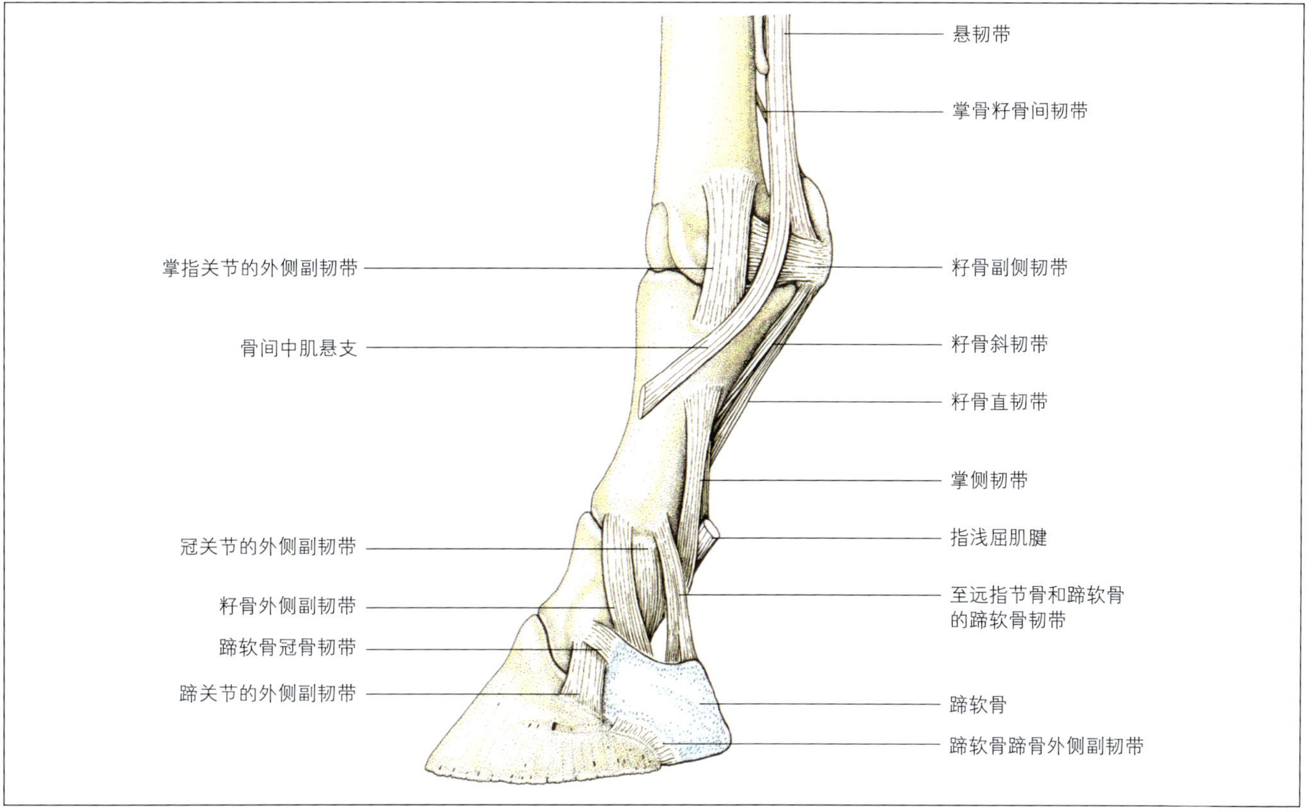

图 4-57 马左侧指骨的指关节(示意图,外侧面)。仿 Ghetie(1954)

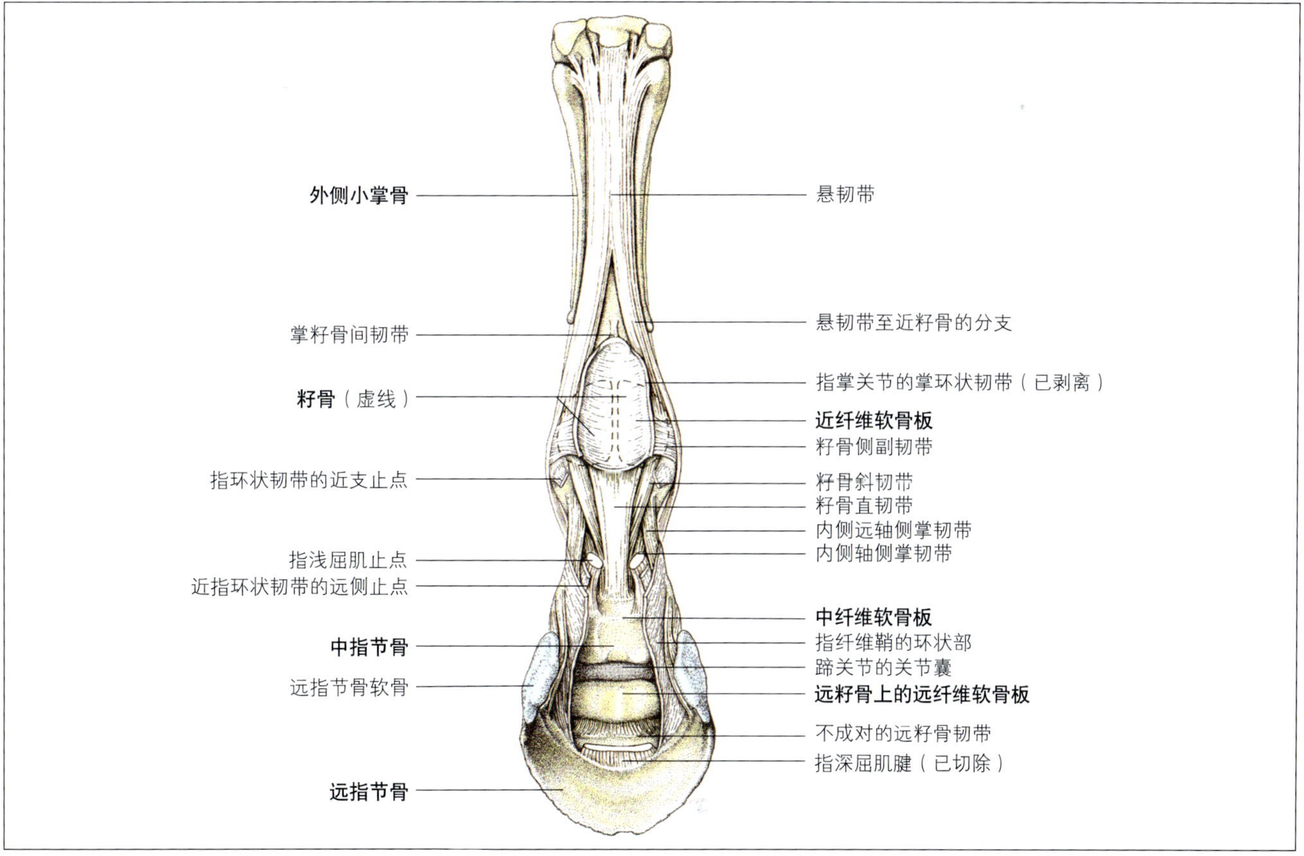

图 4-58 马的指关节韧带(示意图,掌侧面)。仿 Ellenberger 和 Baum(1943)

(ligamentum metacarpointersesamoideum)起自掌骨远端，止于掌侧韧带，在掌侧面为掌指关节提供辅助支持。

近籽骨中间韧带包括：

- **掌侧韧带**(ligamentum palmare)，一条宽的纤维软骨性韧带，连结两近籽骨，与籽骨一起减小屈肌腱在掌指关节上运动产生的摩擦(近纤维软骨板)
- **内侧和外侧副韧带**(ligamenta colateralia)，连接近籽骨与掌骨近端和近指节骨远端(图 4-57 和图 4-58)

籽骨远侧韧带包括(图 4-57 和图 4-58)：

- **籽骨直韧带**(ligamentum sesamoideum rectum)，近端起自籽骨基部，分出两个分支，粗支止于中指节骨，细支止于近指节骨
- **籽骨斜韧带**(ligamenta sesamoidea obliqua)，在两侧分别与籽骨直韧带粗支伴行，延伸至近指节骨掌侧面
- **籽骨交叉韧带**(ligamenta sesamoidea cruciata)，深部伸达其他的远籽骨韧带，起自籽骨基部，交叉并入相对的近指节骨
- **籽骨短韧带**(ligamenta sesamoidea brevia)，从籽骨基部延伸至近指节骨掌缘
- **悬韧带**，在背侧远端分出内侧支和外侧支，并入指总伸肌腱，这些分支对籽骨起支持作用。悬韧带、籽骨掌侧韧带、籽骨斜韧带和籽骨直韧带与籽骨一起构成掌指关节的**支持装置**

临床小知识

注射部位

马呈站立状态。在**掌指关节**近端背侧隐窝可触摸到的关节腔处，用 2 cm 的针插入指总伸肌腱内侧，向远内侧方向进针。

近指节间关节或冠关节

近指节间关节由近指节骨滑车和中指节骨近端连结形成，是只能在有限范围内运动的**鞍状关节**，有两条侧副韧带和几条掌侧韧带(图 4-57 和图 4-58)：

- **侧副韧带**(ligamenta collateralia)位于近指节骨和远指节骨之间
- **掌侧韧带**(ligamenta palmaria)由一对中间韧带、一条轴侧韧带和一条远轴侧韧带构成，三者与籽骨直韧带、外掌侧韧带和内掌侧韧带平行延伸

侧副韧带和掌侧韧带与籽骨直韧带及中指节骨一起形成供指深屈肌腱通过的**中纤维软骨板**。**掌外侧韧带**位于中指节骨和远指节骨之间。近指节间**关节囊**在背侧与指总伸肌腱结合，在内、外侧与侧副韧带结合，在掌侧与籽骨直韧带结合，关节囊近端有一小的背侧隐窝。

远指节间关节或蹄关节

远指节间关节为**复关节**，由中指节骨远端滑车、远指节骨和**远籽骨(舟骨)**组成，也是一**鞍状关节**，主要进行屈伸运动和很有限的侧向及旋转运动。关节囊延伸出一小的背侧隐窝和一腔较大的掌侧隐窝(图 4-61)：

- **背侧隐窝**(recessus dorsalis)，在指总伸肌腱近端约 1 cm 下延伸至蹄冠
- **掌侧隐窝**(recessus palmaris)，从指深屈肌腱下延伸至中指节骨中部

临床小知识

注射部位

- **远指节间关节**：马呈站立状态。用 2 cm 的针插入近冠状带 1 cm 处和中线内侧或外侧 1 cm 处的关节囊背近侧隐窝。向远侧中线进针。

舟骨的掌侧面被覆一层软骨(远纤维软骨板)，有利于指深屈肌腱通过。

在舟骨(远籽骨)和指深屈肌腱之间有一**滑膜囊**(舟骨滑膜囊，bursa podotrochlearis)(图 4-63 至图 4-65)。

蹄关节的韧带可分为：

- **内侧和外侧副韧带**(ligamenta collateralia)，位于中指节骨和远指节骨之间，并入关节囊的外侧部和内侧部，并发出纤维至蹄软骨和中指节骨与蹄软骨间的韧带处

远籽骨韧带可分为：

- **远籽骨奇韧带**(ligamentum sesamoideum distale impar)，起自舟骨远缘，止于蹄骨关节面的掌侧缘(图 4-58 和图 4-107)
- **籽骨侧副韧带**(ligamenta collateralia sesamoidea)，为弹性韧带，附着于近指节骨远端两侧凹陷处的近侧，并走向掌侧远端，止于蹄骨、蹄软骨和舟骨

远指节的软骨韧带

这些软骨韧带(图 4-57)可分为：

- **蹄软骨蹄骨系骨韧带**(ligamenta chondroungulo compedalia)，延伸于近指节骨远端与蹄骨近端掌侧面和蹄软骨之间

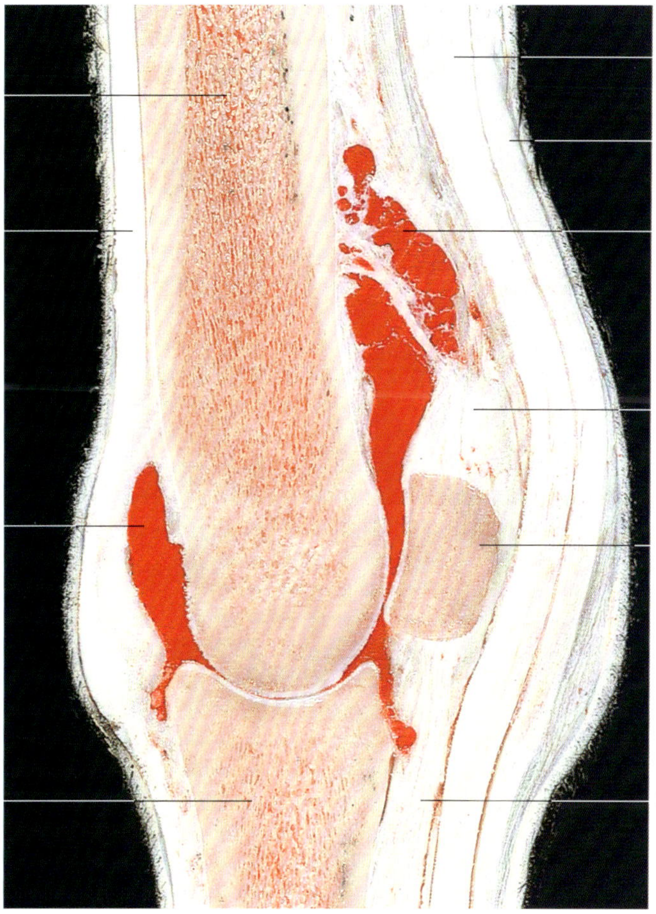

图 4-59　马掌指关节的丙烯酸铸型（旁正中面）（维也纳 Astrid Stiglhuber 博士提供）

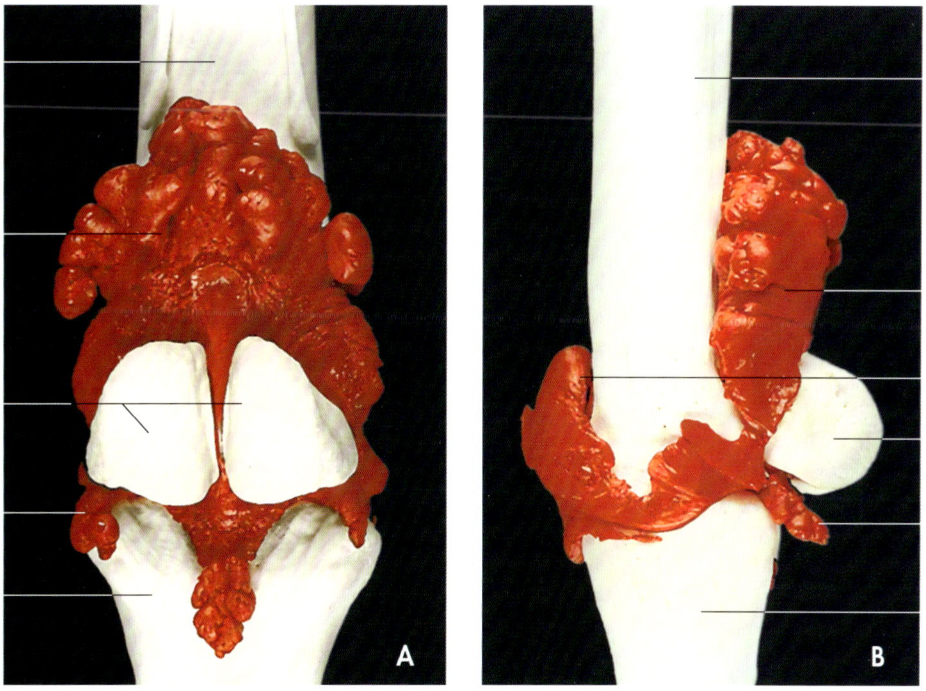

图 4-60　马掌指关节的丙烯酸铸型：（A）掌侧面，（B）外侧面。（维也纳 Astrid Stiglhuber 博士提供）

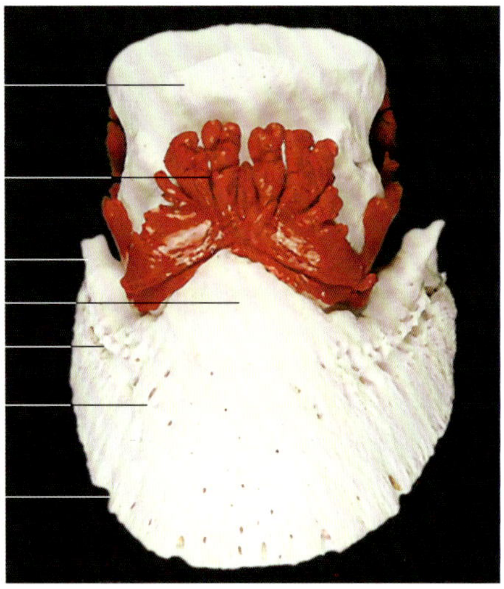

图 4-61　马蹄关节的丙烯酸铸型（背侧面）（维也纳 Sabine Breit 博士、教授提供）

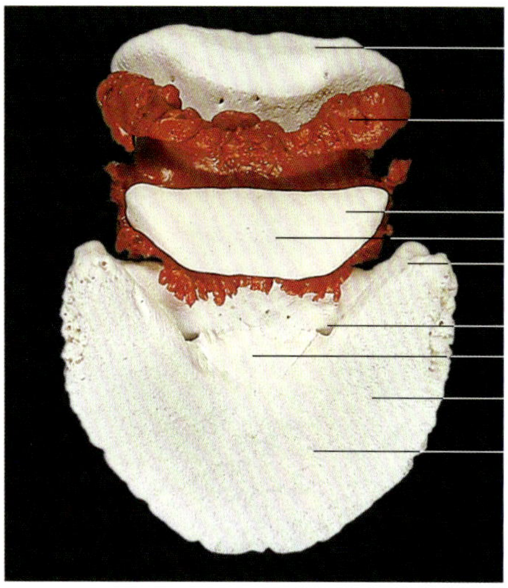

图 4-62　马蹄关节的丙烯酸铸型（掌侧面）（维也纳 Sabine Breit 博士、教授提供）

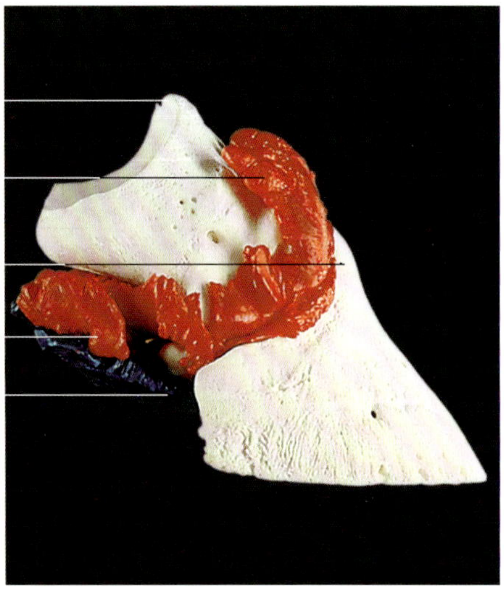

图 4-63　马的蹄关节(红)和舟骨囊(蓝)的丙烯酸铸型(外侧面)(维也纳 Sabine Breit 博士、教授提供)

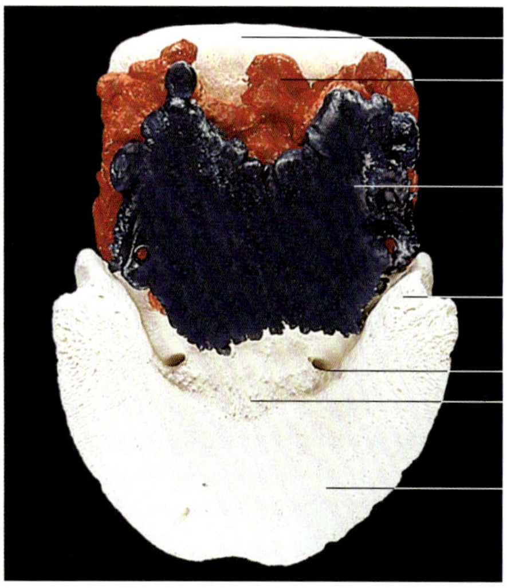

图 4-64　马的蹄关节(红)和舟骨囊(蓝)的丙烯酸铸型(掌侧面)(维也纳 Sabine Breit 博士、教授提供)

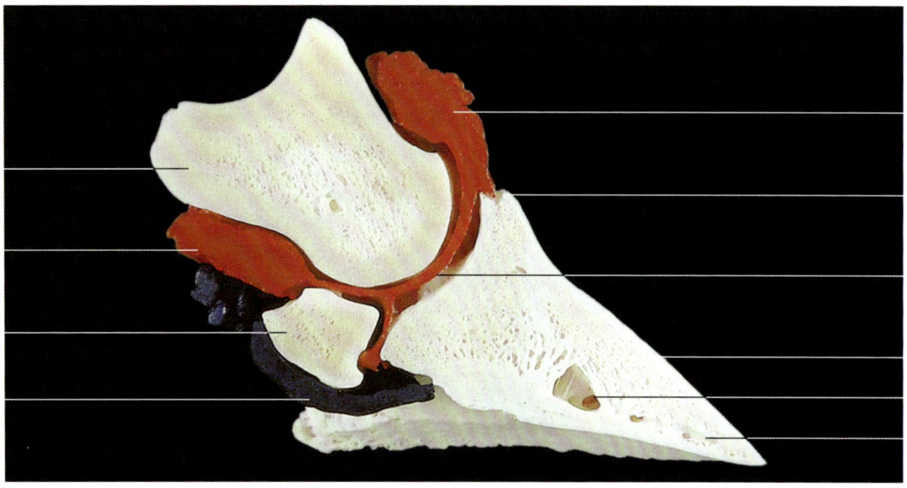

图 4-65　马的蹄关节（红）和舟骨囊（蓝）的丙烯酸铸型（旁正中面）（维也纳 Sabine Breit 博士、教授提供）

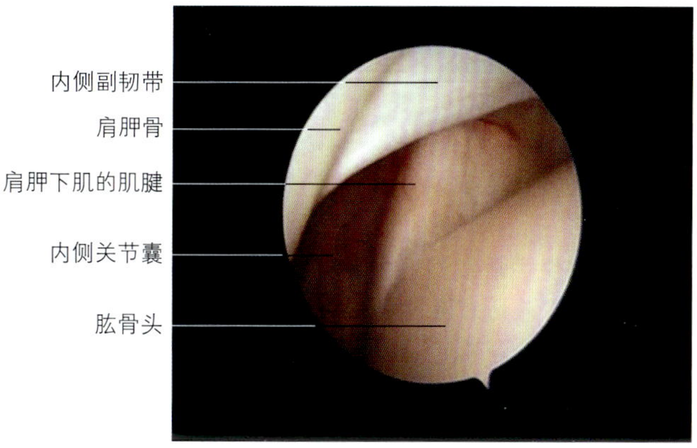

图 4-66　犬的左侧肩关节(关节镜视图)(施特凡斯基兴 Friedrich Diethelm Hartmann 博士提供)

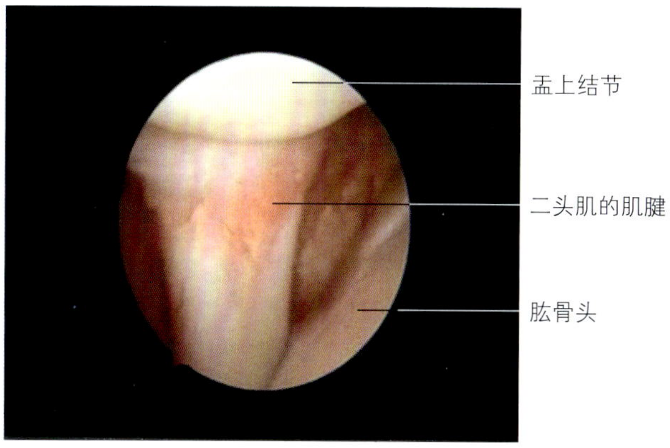

图 4-67　犬的左侧肩关节(关节镜视图)(施特凡斯基兴 Friedrich Diethelm Hartmann 博士提供)

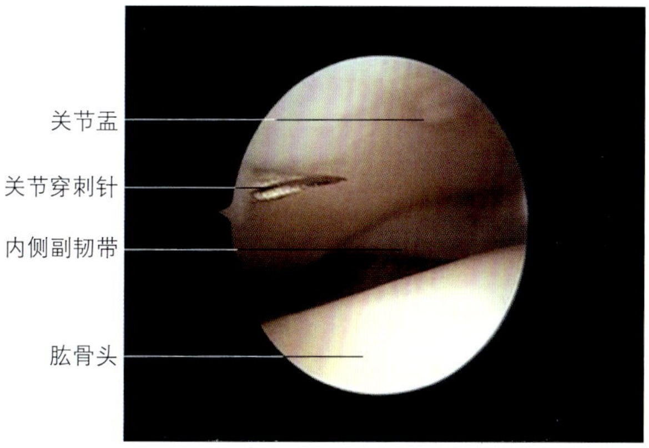

图 4-68　犬的左侧肩关节(关节镜视图)(施特凡斯基兴 Friedrich Diethelm Hartmann 博士提供)

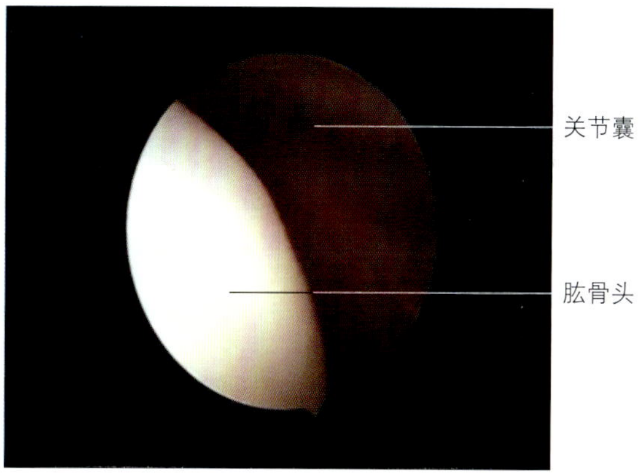

图 4-69　犬的左侧肩关节(关节镜视图)(施特凡斯基兴 Friedrich Diethelm Hartmann 博士提供)

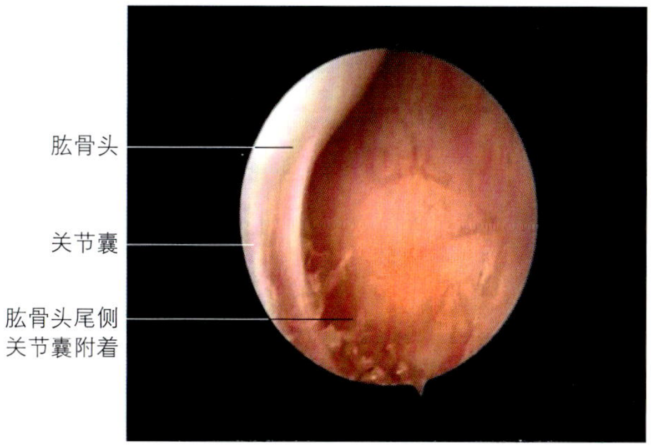

图 4-70　犬的左侧肩关节(关节镜视图)(施特凡斯基兴 Friedrich Diethelm Hartmann 博士提供)

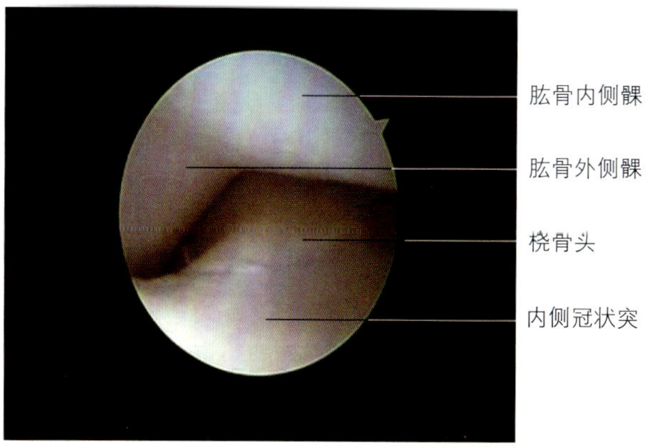

图 4-71　犬的左侧肩关节(关节镜视图)(施特凡斯基兴 Friedrich Diethelm Hartmann 博士提供)

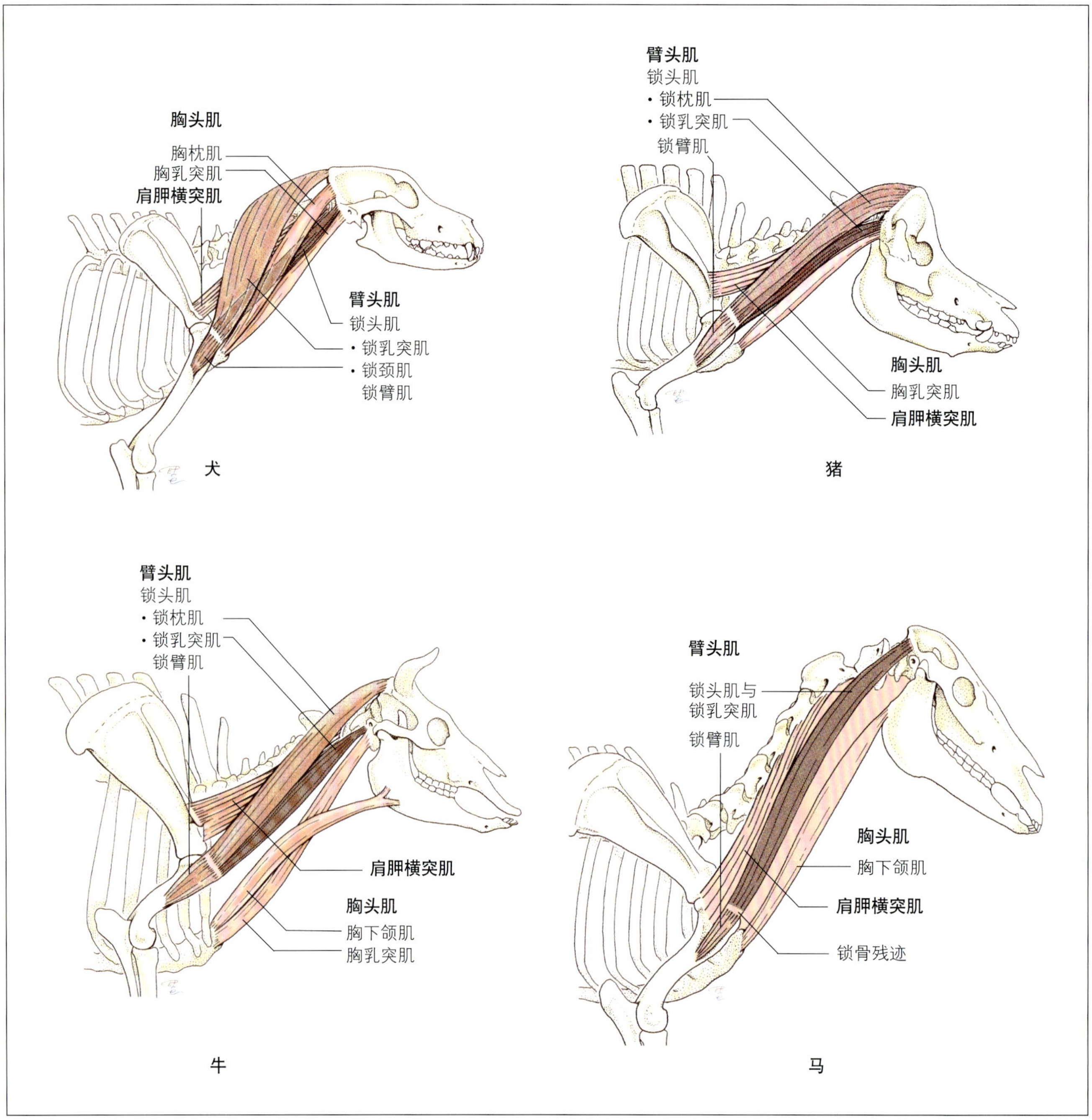

图 4-72　家畜的胸锁乳突肌(示意图)。仿 Ellenberger 和 Baum(1943)

臂头肌又可进一步划分为远侧的锁臂肌和近侧的锁头肌。**锁臂肌**位于锁骨残迹和肱骨之间,**锁头肌**位于锁骨腱划和头之间。这两部分的肌肉在不同动物之间有不同的抵止点,其命名也相应而异。

食肉动物的胸头肌由**胸乳突肌**(m. sternomastoideus)和胸枕肌(m. sterno-occipitalis)两部分组成。这两部分都是从胸骨柄与对侧同名肌共同发出,分别止于题骨乳突和枕骨项嵴(图 4-72)。

牛羊的胸头肌也由**胸乳突肌**(m. sternomastoideus)和**胸下颌肌**(m. sternomandibularis)两部分组成。其中胸乳突肌的走向与食肉动物的相同。胸下颌肌从胸骨柄和第 1 肋骨发出,向前延伸至颈静脉沟的腹侧,以腱膜的形式附着于下颌骨上。

猪的胸头肌为单一的**胸枕肌**(m. sterno-occipitalis),其走向与食肉动物的相同。

马的**胸下颌肌**(m. sternomandibularis)从胸骨柄发出,向腹外侧邻接于气管和颈静脉沟,以一薄的肌腱止于下颌骨(图 4-72)。

臂头肌的近端部分,即**锁头肌**,通过锁骨腱划向前附

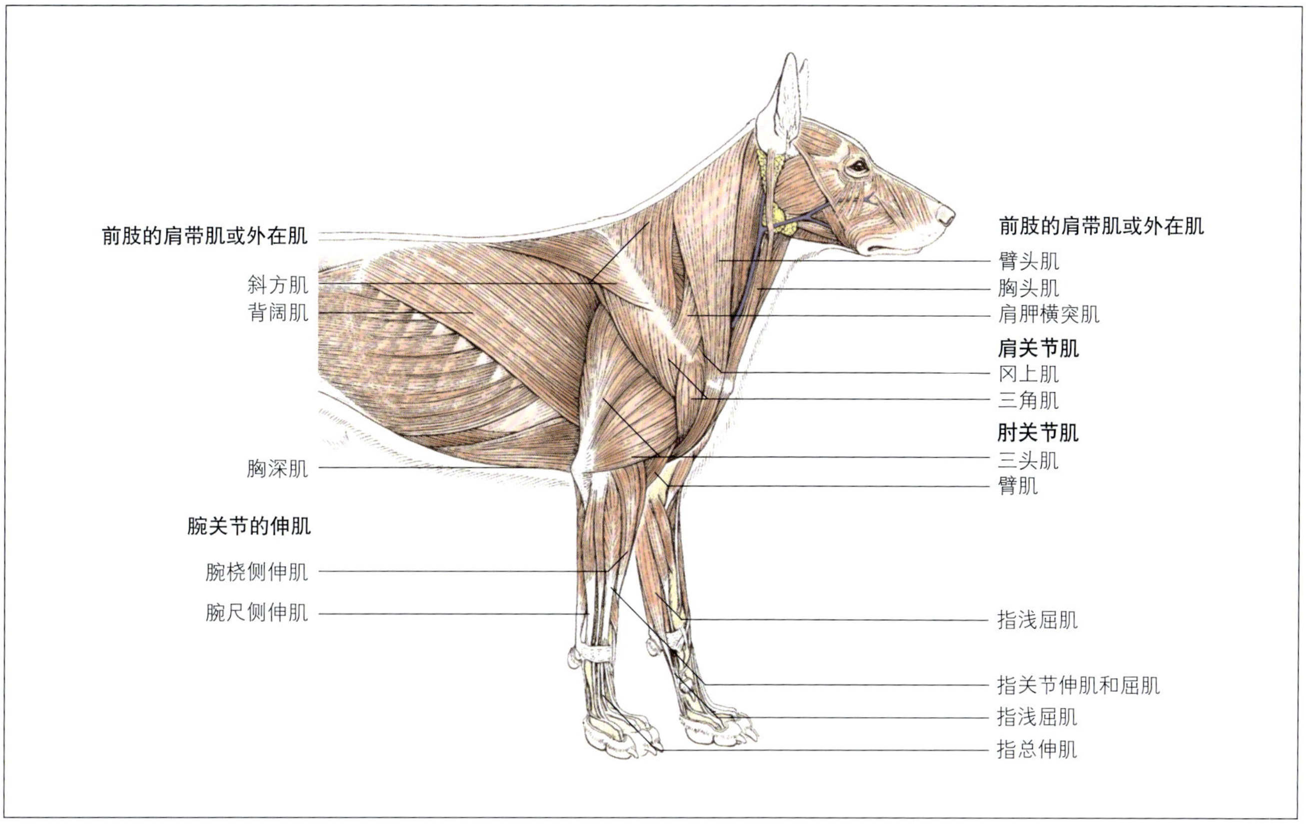

图 4-73 犬前肢外在肌和固有肌的浅层（示意图）

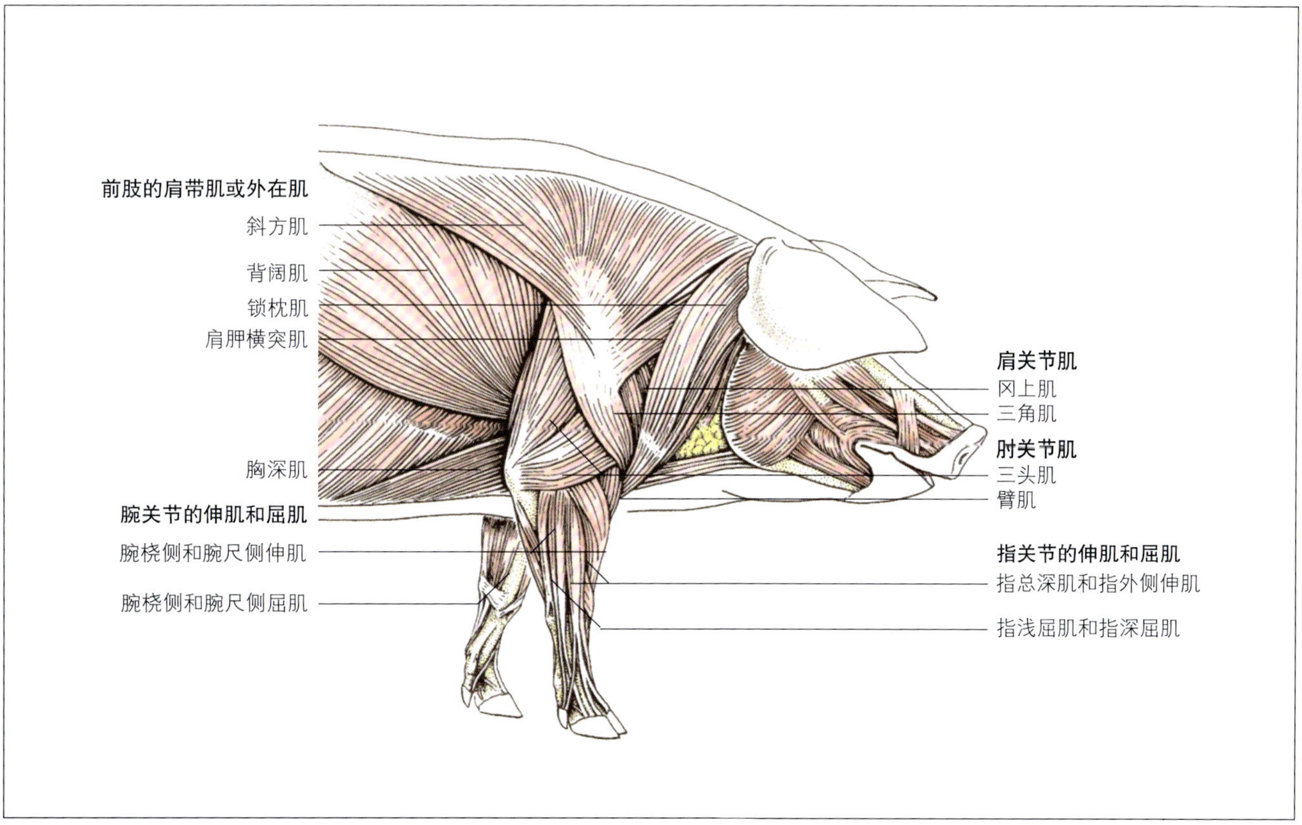

图 4-74 猪前肢外在肌和固有肌的浅层（示意图）

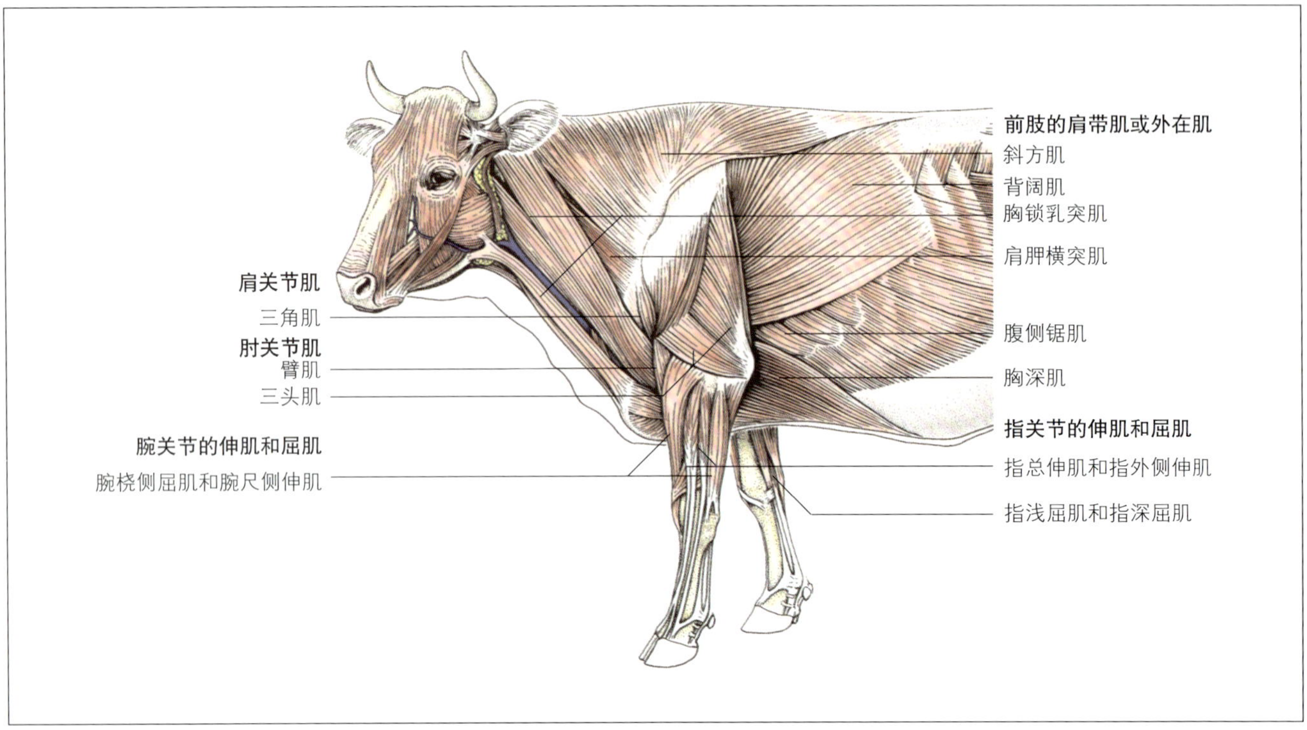

图 4-75 牛前肢外在肌和固有肌的浅层（示意图）

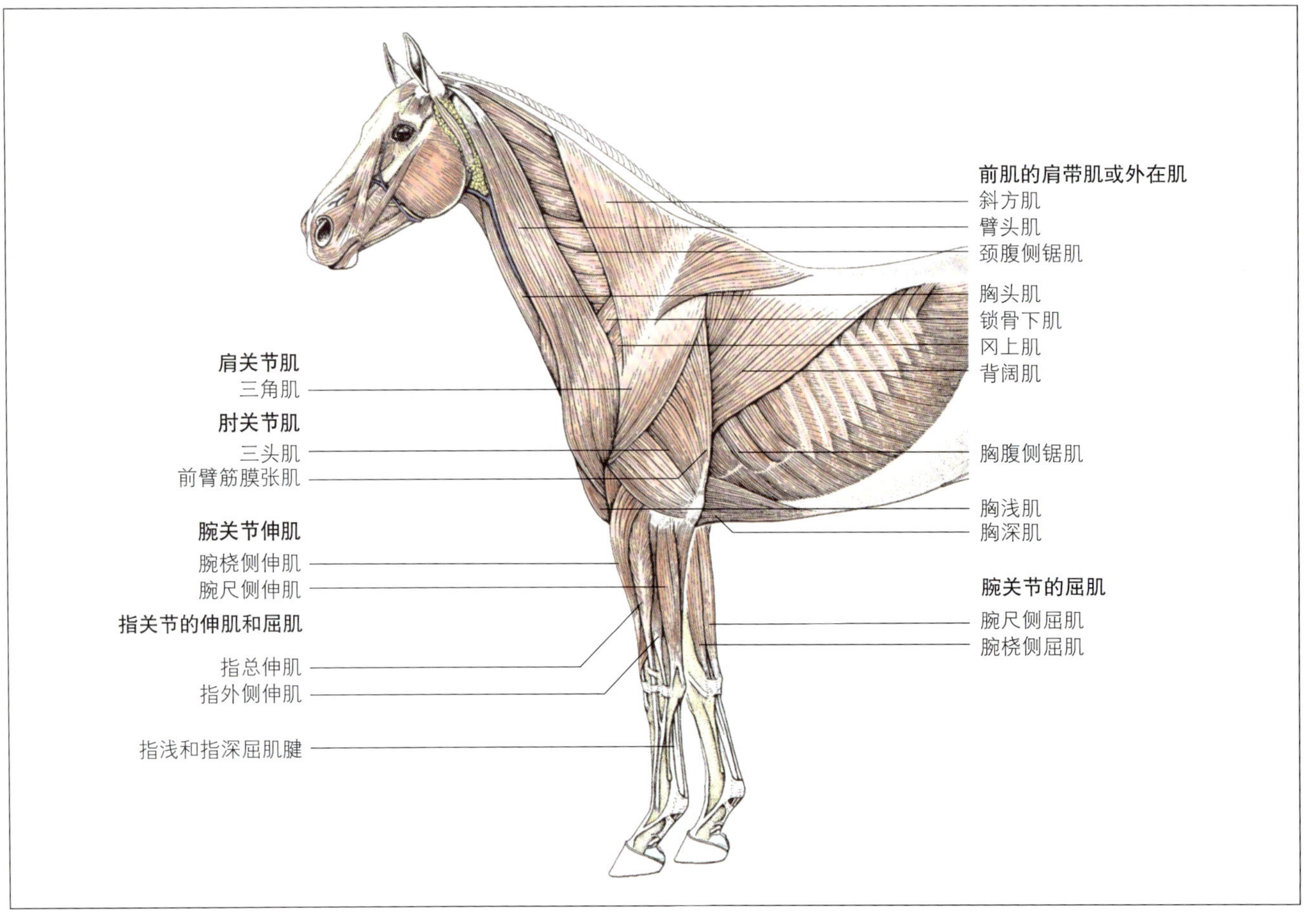

图 4-76 马前肢外在肌和固有肌的浅层（示意图）

表 4-3 前肢带肌或外在肌

名称 神经支配	起点	止点	作用
浅层肩带肌			
斜方肌 副神经背侧支	项韧带、棘上韧带	肩胛冈	固定肩部；提升、外展和牵引前肢
肩胛横突肌 副神经	寰椎翼或第 2 颈椎横突	肩胛冈远端	向下和一侧牵引颈部；向前牵引肩胛骨
背阔肌 胸背神经	胸腰筋膜	肱骨大结节	向后牵引前肢；拮抗臂头肌
胸浅肌			
-胸浅横肌 胸前神经和胸后神经	第 1～6 肋软骨间的胸骨	前臂筋膜	向前和向后牵引前肢；一侧牵引躯干
-胸浅降肌 胸前神经和胸后神经	胸骨柄	肱骨嵴	向前和向后牵引前肢；一侧牵引躯干
深层肩带肌			
胸深肌 胸前神经和胸后神经	第 4 肋软骨的胸骨	肱骨小结节	向后牵引前肢，支撑躯干，前移躯干超出前肢；伸展肩关节
锁骨下肌 胸前神经	第 1～4 肋软骨	冈上肌的肌外膜	固定肩胛部
菱形肌 颈神经和胸神经的背、腹侧支	第 2～6 颈椎到第 7 胸椎间的项韧带	肩胛骨和肩胛软骨基底内表面	向前牵引前肢和固定肩胛部；提前肢和颈部
腹侧锯肌 颈神经背侧和腹侧支，胸长神经	第 1～7 肋骨和颈椎横突	锯肌面	支撑躯干；向前和向后牵拉肩胛和躯干

着于头和颈部。所有家畜都有锁乳突肌，而食肉动物还有**锁颈肌**（m. cleidocervicalis），反刍动物和猪还有锁枕肌（m. cleido-occipitalis）。

锁颈肌为浅层肌，从颈中线发起，与锁臂肌连接（图 4-78）。马的**胸乳突肌**延伸于颞骨且与锁臂肌连接，并汇合入夹肌、头长肌和肩胛横突肌。它构成颈静脉沟的背侧缘，覆盖于肩关节的前外侧面。

锁臂肌（m. cleidobrachialis）延伸于锁骨遗迹和肱骨峰间，与肩关节连接（图 4-80）。

肩胛横突肌为一强的索状肌，连于寰椎翼、枢椎横突和覆盖在肩关节和肩胛冈外侧面的筋膜之间（图 4-72）。其腹缘与颈斜方肌相连，在马还与锁乳突肌相连（图 4-72）。

宽而扁的**背阔肌**始于胸腰筋膜，位于肩胛骨后方的胸和躯干外侧面（图 4-73）。其肌纤维向前下方止于肱骨大圆肌粗隆。

食肉动物的背阔肌还附着于最后胸椎、腰椎和肋骨之上。其前腹侧肌纤维位于臂三头肌下，末端并入大圆肌腱，组成腱膜止于大圆肌粗隆。此外，背阔肌还分出伸向胸深肌的分支，因而还附着于大结节嵴上。

马的背阔肌非常发达，起于胸椎和腰椎的棘上韧带及胸腰筋膜。其前缘覆盖于肩胛骨后角和肩胛软骨上。在肱骨近端内侧面，背阔肌腱并入前臂筋膜张肌和大圆肌。

胸浅肌连于胸壁腹侧和前肢近端部之间，构成腋窝腹侧部（图 4-77 至图 4-80）。胸浅肌由**胸降肌**（m. pectoralis descendens）和**胸横肌**（m. pectoralis transversus）组成。胸降肌起于胸骨柄，止于肱骨大结节嵴。胸横肌位于胸降肌的后面，起于胸骨腹侧面，并入前臂筋膜。

在食肉动物，窄条状的胸降肌很难与稍宽厚的胸横肌分开。两者都覆于臂二头肌，末端均止于肱骨大结节嵴。

马的胸降肌在胸骨前方形成一明显的凸起，可从活体的皮下触摸到，延伸于胸骨柄和肱骨嵴之间。**胸横肌**始于前 6 个肋软骨和胸骨，在肘内侧处并入前臂筋膜。

前肢肩带部深层肌

肩带深层肌在两前肢间为胸部提供了肌性悬挂装置，对颈和前肢的运动起重要作用。它由以下肌肉组成：

- 胸深肌（m. pectoralis profundus）
- 锁骨下肌（m. subclavius）
- 菱形肌（m. rhomboideus）
- 腹侧锯肌（m. serratus ventralis）

胸深肌非常发达，起于胸骨，剑状软骨和肋软骨，止于不同物种的近肱骨内侧或外侧（图 4-77）。

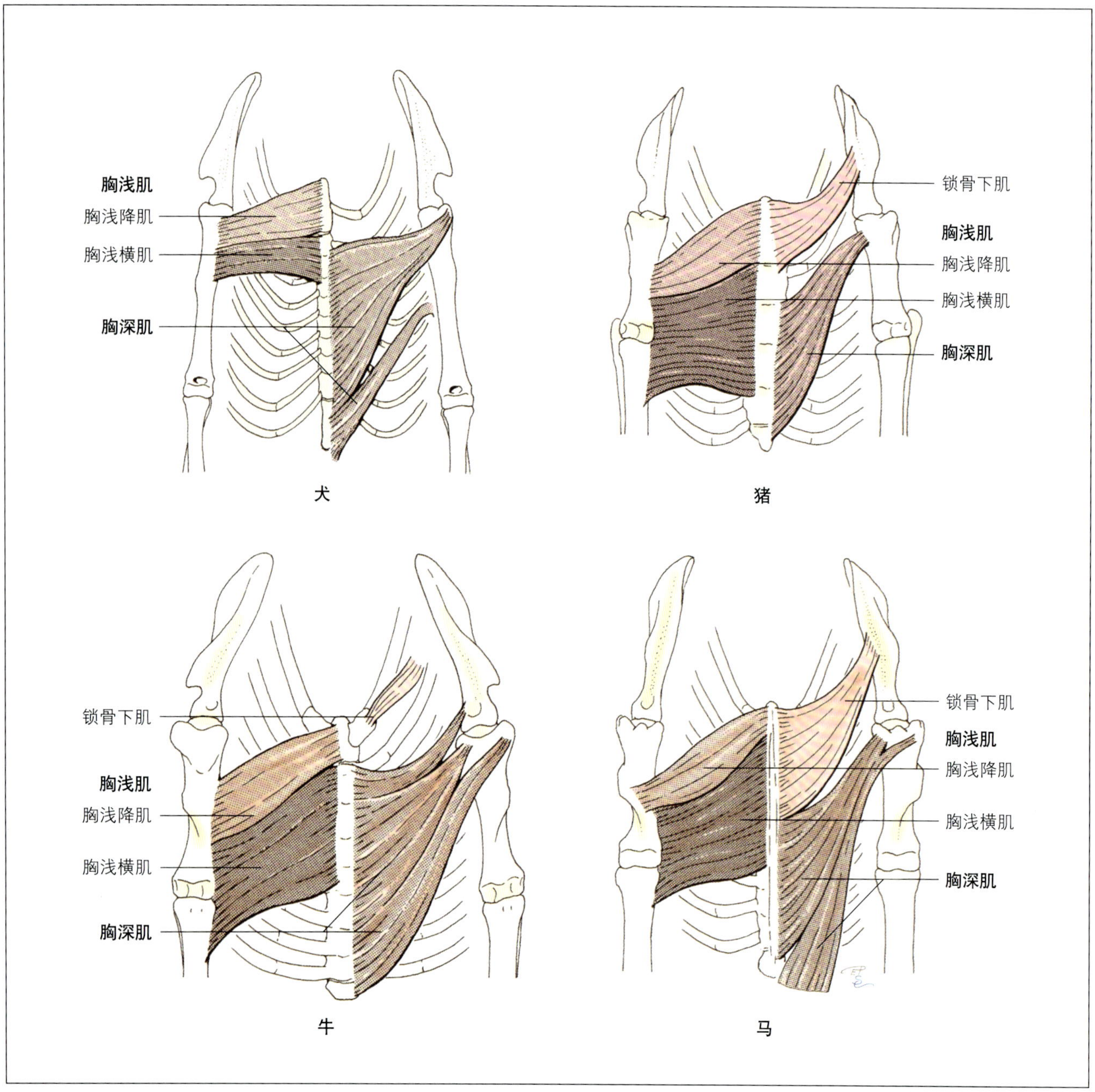

图 4-77 家畜的胸肌(示意图)。仿 Ellenberger 和 Baum(1943)

食肉动物的胸深肌又分为大的深部和小的浅部，这两部分都起于胸骨和躯干部深筋膜。其肌纤维伸向前外侧，止于肱骨内侧小结节的胸横肌深处。有一外侧分支与臂二头肌腱膜连接，止于大结节。浅部辐射至前臂内侧筋膜。

马的胸深肌是最大的胸肌，起于腹黄膜、胸骨外侧部、肋软骨和肋骨。其两个分支分别止于肱骨大、小结节和肩胛骨盂上结节。

反刍动物的**锁骨下肌**为一窄条状肌，起于第 1 肋软骨，并入**臂头肌腱**。猪和马的锁骨下肌起始于第 2～4 肋软骨，穿过肩关节，止于冈上肌腱膜。食肉动物没有锁骨下肌。

菱形肌位于斜方肌的深层，止于肩胛骨背侧部的内侧面。菱形肌分为两部分，**颈菱形肌**(m. rhomboideus cervicis)起于颈椎棘突，**胸菱形肌**(m. rhomboideus thoracis)起于前胸椎棘突。

食肉动物还有第 3 部分，即头菱形肌(m. rhomboideus capitis)，起于颈部的腱质中缝。马的颈菱形肌起于枢椎处的项韧带，并和斜方肌一起止于肩胛软骨内侧面(图 3-12)。菱形肌构成了动物的鬐甲部。

腹侧锯肌是构成支撑两前肢间肌肉的最重要组成

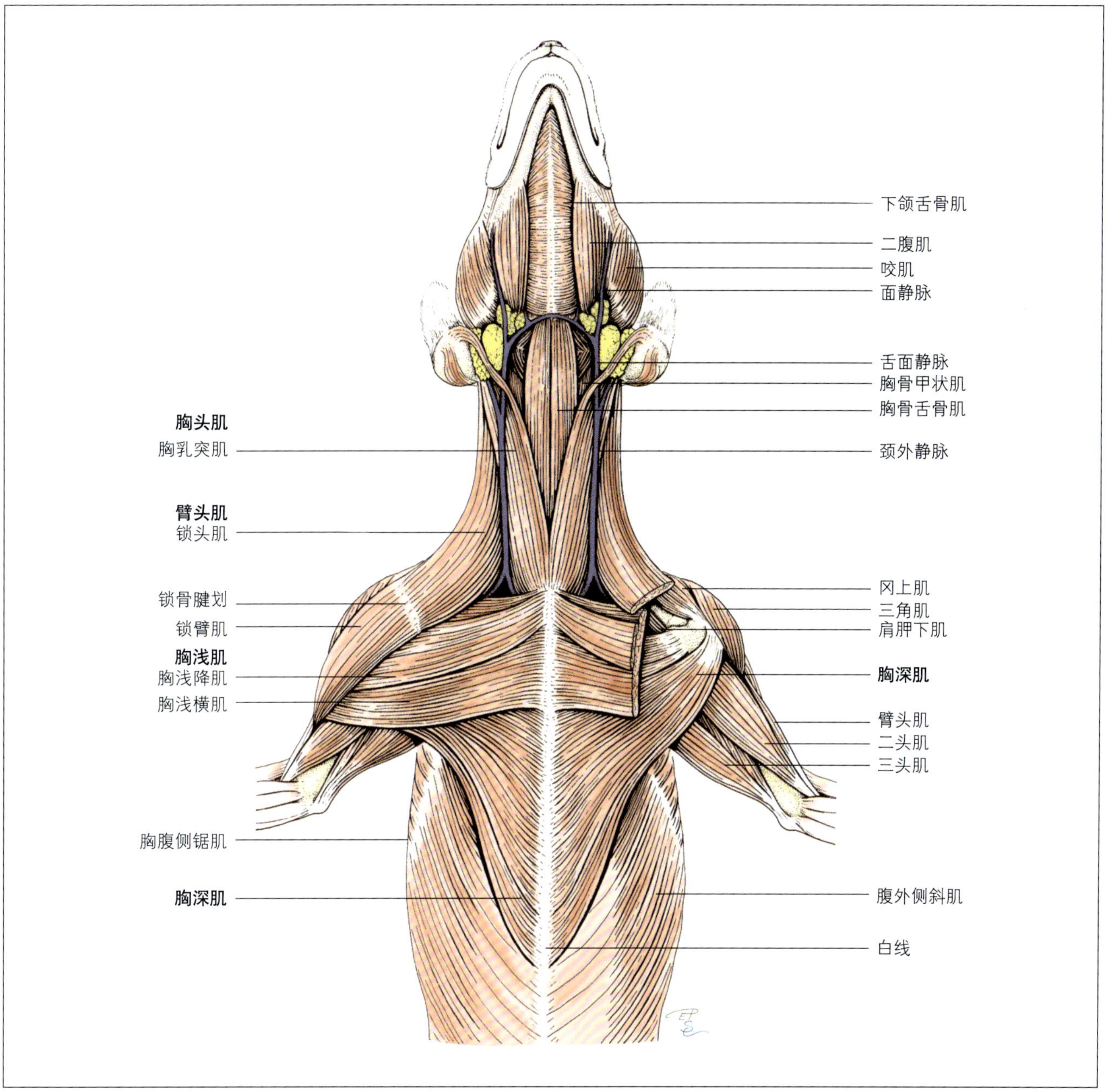

图 4-78　犬的胸肌和颈腹侧肌(示意图,腹侧面)。仿 Anderson 和 Anderson(1994)

部分。它为一大的扇形肌,分为前部的**颈腹侧锯肌**(m. serratus ventralis cervicis)和后部的**胸腹侧锯肌**(m. serratus ventralis thoracis)。颈腹侧锯肌起于颈椎横突,胸腹侧锯肌起于前 7 根肋骨。肌腹很强大,有大量腱划。肌纤维的汇合止于肩胛骨内侧锯齿状面(facies serrata)和肩胛软骨(图 3-12)。

4.3.3　前肢固有肌

前肢固有肌和关节、韧带一起控制前肢各部分的运动。它们的主要作用是控制关节的伸屈,同时依据其影响的关节的结构也可控制外展、内收和转动。该肌可分为以下部分:

- 肩关节肌
- 肘关节肌
- 桡尺关节肌
- 腕关节肌
- 指关节肌

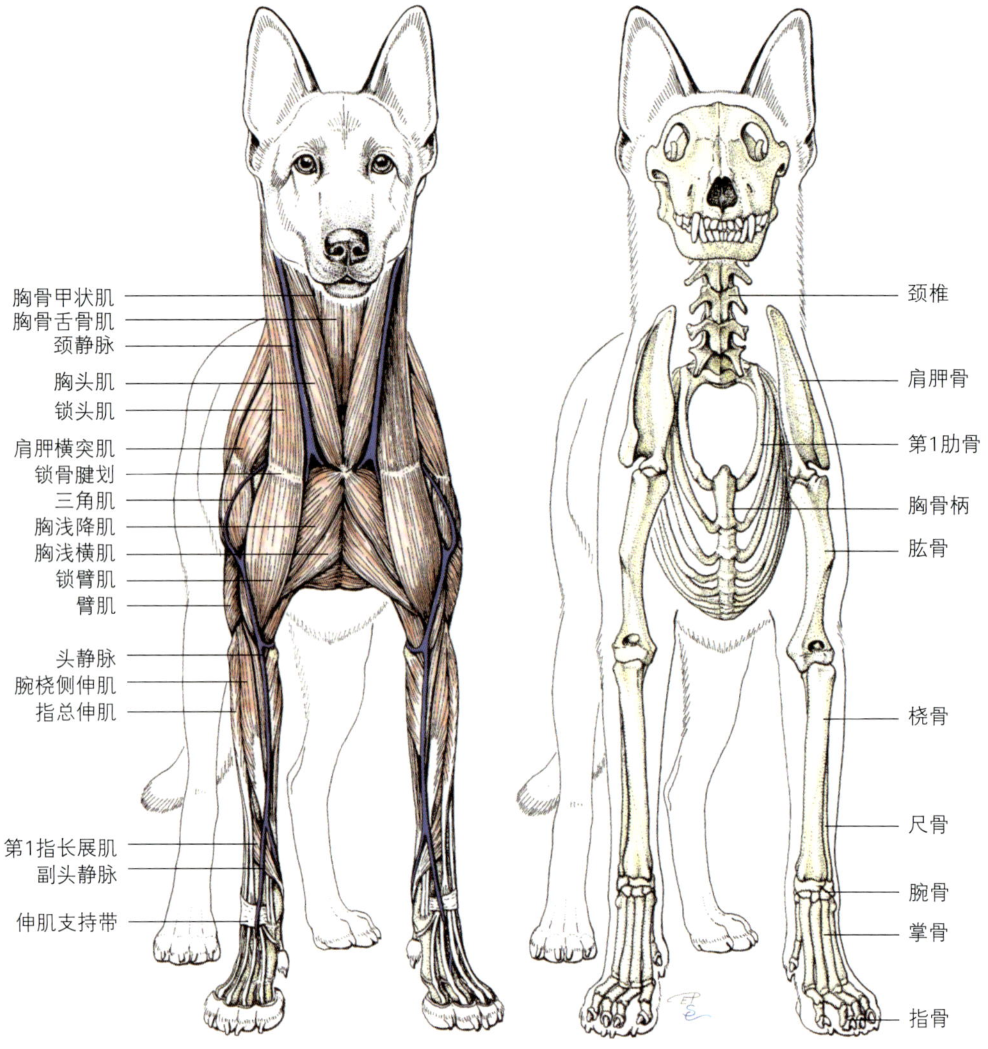

图 4-79 犬的颈部、胸部浅层肌和前肢固有肌及骨骼(示意图,前面)

肩关节肌群

肩关节肌起于肩胛骨,止于肱骨,具有伸屈或像韧带一样支持这一屈成关节的作用(表 4-4)。这些肌肉可根据其所在位置分组。

肩部外侧肌

可以分为以下肩部外侧肌:

- 冈上肌(m. supraspinatus)
- 冈下肌(m. infraspinatus)
- 三角肌(m. deltoideus)
- 小圆肌(m. teres minor)

冈上肌起于并填充冈上窝,向前延伸(图 4-81、图 4-86和图 4-88)。其远侧部弯曲越过肩关节伸侧,以一强腱终止于食肉动物的肱骨大结节,或以两肌腱止于其他家畜的肱骨大、小结节。臂二头肌起始腱位于该两肌腱间的结节间沟。这些肌肉与肩关节囊部分融合。冈上肌有伸拉和固定肩关节的作用。

冈下肌位于冈下窝并向前延伸。它起始于冈下窝和肩胛冈,经过肩关节外侧,在此处变为一强肌腱(图 4-81 和图 4-86)。食肉动物的冈下肌以一肌腱终止于大结节,在此处的肌腱止点和肱骨之间有一**滑膜囊**(冈下肌腱下囊,bursa subtendinea musculi infraspinati)。反刍动物和马的下肌腱分为两部分,深部止于肱骨大结节,强大的浅部止于肱骨大结节外侧面的远端。反刍动物两肌腱都经过同一个滑膜囊的

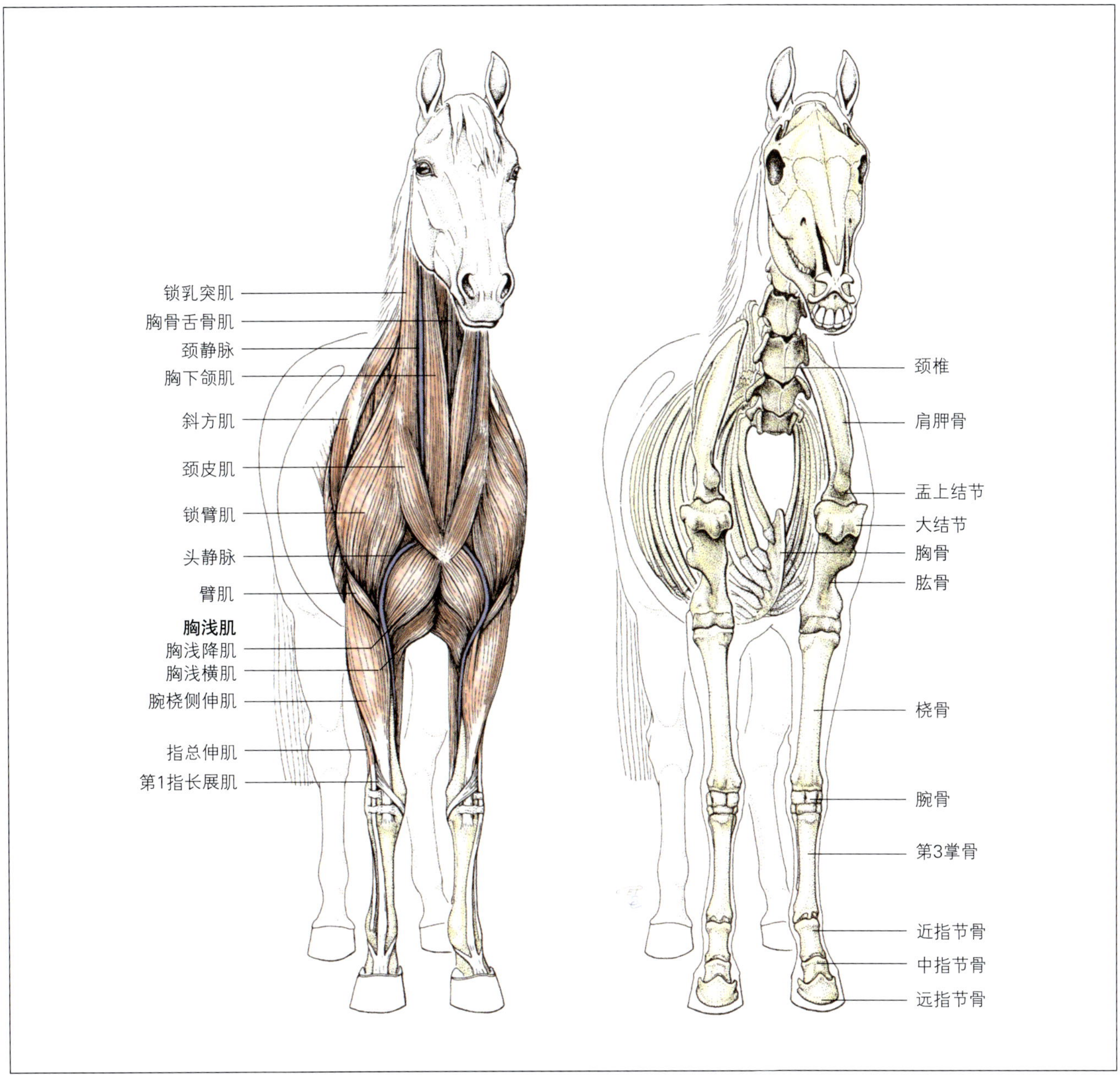

图 4-80 马的颈部、胸部浅层肌和前肢固有肌及骨骼(示意图,前侧图)

表面,而马的只有浅层肌腱下有一滑膜束。马的冈下肌是三角肌腱膜覆盖下的一发达肌肉,滑膜束位于浅层肌腱和肱骨之间,可在该肌腱前缘进行穿刺。

冈下肌的作用类似于肩关节的外侧副韧带,依据关节的位置来伸或屈肩关节。此外,该肌还具有旋转和外展肩关节的作用,尤其是食肉动物。

三角肌为一扁平肌,直接位于皮肤下(图 4-81 和图 4-86),延伸于肩胛骨和肱骨三角肌粗隆之间。

马和猪的三角肌有一个起点,以腱膜始于肩胛冈。反刍动物和食肉动物有两个起点,分别以一腱膜(肩胛部,pars scapularis)起于肩胛冈和肩峰(肩峰部,pars acromialis)。两者都经肩关节后外侧止于肱骨三角肌粗隆。

马的三角肌的腱膜与冈下肌部分连接。三角肌是肩关节的一屈肌,支持肩关节外展和转动,尤其是食肉动物。

食肉动物的**小圆肌**呈圆形,其他家畜的为三角形。该肌位于肩胛骨后外侧的三角肌深处(图 4-81 和图 4-83),起于肩胛骨后缘的远端 1/3,越过肩关节屈侧,止于小圆肌结节。猫的小圆肌位于冈下肌和臂三头肌下,起于肩胛后缘和盂下结节。小圆肌有屈肩关节的作用。

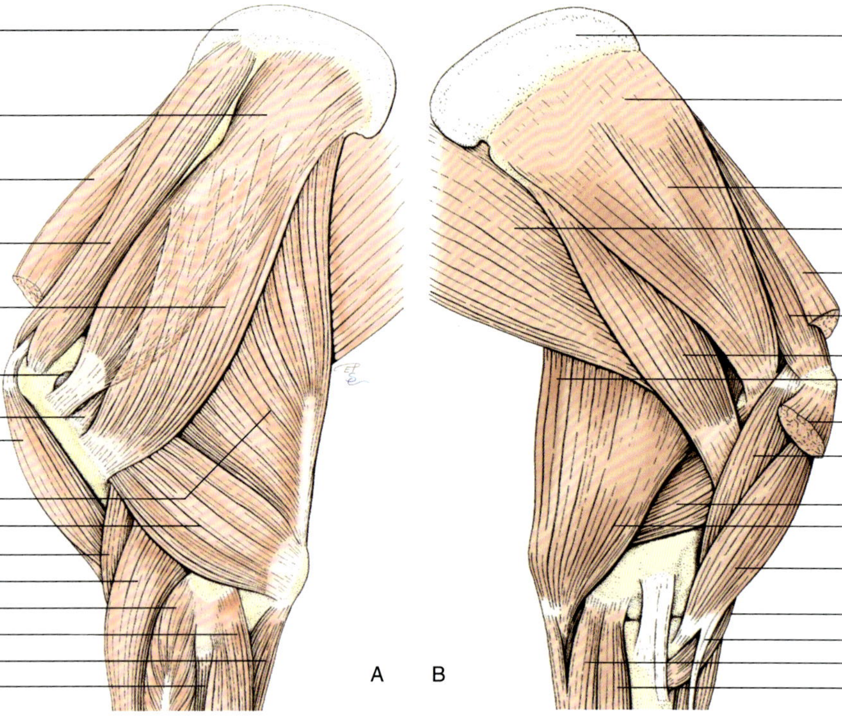

图 4-81　马左侧肩关节和肘关节的肌肉（示意图）：（A）外侧面，（B）内侧面

表 4-4　肩关节肌群

名称 神经分布	起点	止点	作用
肩部外侧肌			
冈上肌 肩胛上神经	冈上窝	大结节和小结节	伸肩关节
冈下肌 肩胛上神经	冈下窝	肱骨近端	屈肩关节；其肌腱可具有外侧副韧带的功能
三角肌 腋神经	肩胛冈和肩胛骨后缘	三角肌粗隆	屈肩关节；外展前臂
小圆肌 腋神经	肩胛骨后缘	小圆肌粗隆	屈肩关节
肩部内侧肌			
大圆肌 腋神经	肩胛骨后缘	大圆肌粗隆	屈肩关节
肩关节肌 腋神经	关节盂边缘	肱骨颈	作为肩关节的关节囊的腱
肩胛下肌 肩胛下神经	肩胛下窝	小结节	伸或屈肩关节；其肌腱有内侧副韧带的功能
喙臂肌 肌皮神经	肩胛骨喙突	肱骨内侧面	向内、向外拉伸前臂

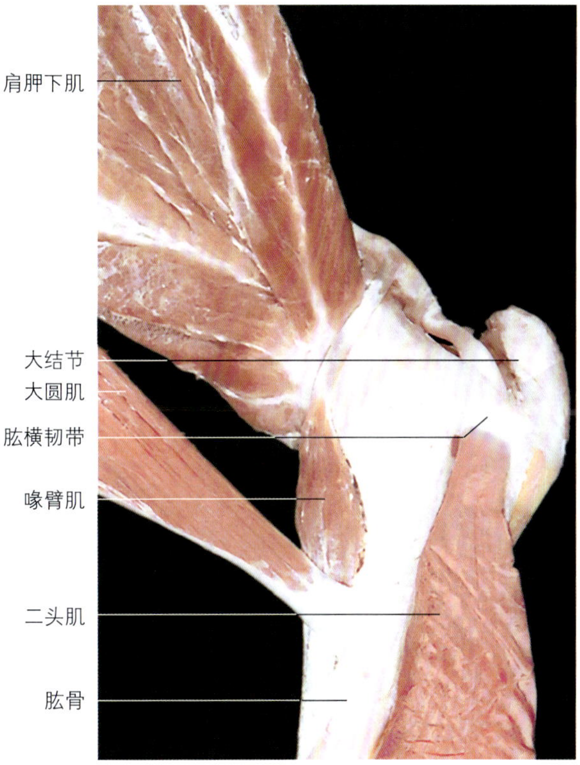

图 4-82 犬的左侧肩关节肌肉（内侧面）

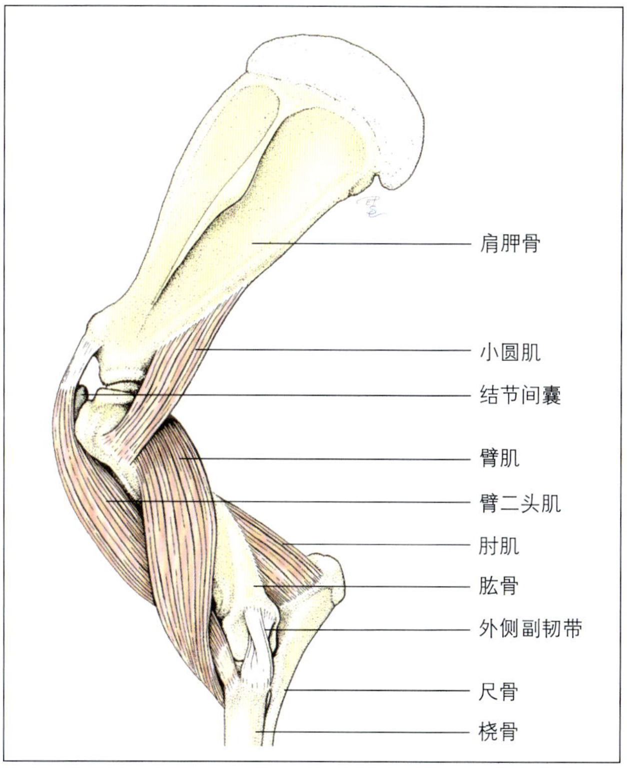

图 4-83 马的肩关节和肘关节的深层肌肉（示意图，左外侧面）。仿 Ellenberger 和 Baum（1943）

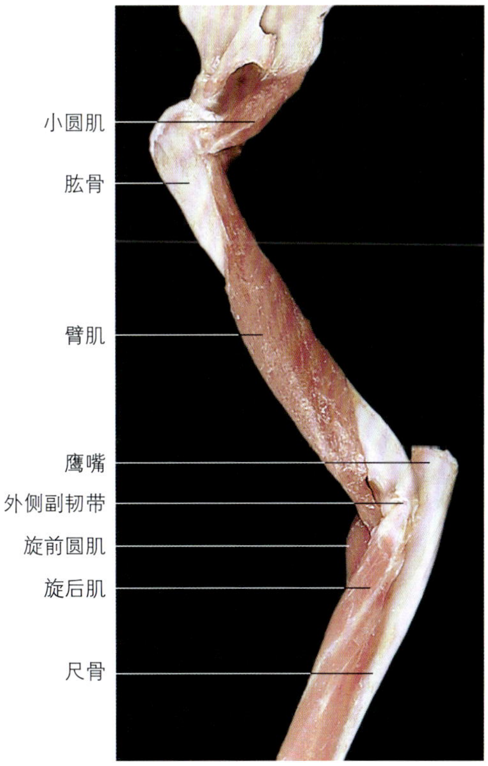

图 4-84 猫的肩关节和肘关节肌肉（深层，外侧面）（维也纳 R. Macher 博士提供）

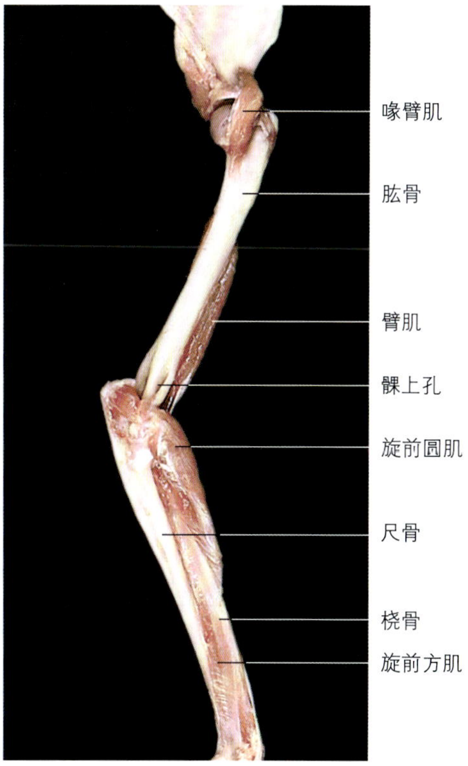

图 4-85 猫的肩关节和肘关节肌肉（深层，内侧面）（维也纳 R. Macher 博士提供）

肩部内侧肌

可以分为以下肩部内侧肌(图 4-86 和图 4-88):

- 大圆肌(m. teres major)
- 肩关节肌(m. articularis humeri)
- 肩胛下肌(m. subscapularis)
- 喙臂肌(m. coracobrachialis)

大圆肌为一长而扁平肌,起于肩胛后角和后缘,经肩关节屈面,止于大圆肌结节(图 4-81、图 4-82 和图 4-88)。由于猫的大圆肌与背阔肌的终止腱汇合,比犬的发达。大圆肌具有屈肩关节和内收前肢的作用。

肩关节肌是一小块肌肉,见于马,猪偶见,而其他家畜缺失。位于肩关节屈肌面,与关节囊毗邻,延伸于肩胛骨远端和肱骨近端之间。肩关节肌有拉紧关节囊的作用。

肩胛下肌为一长而扁平肌,位于肩胛下窝并向前后延伸(图 4-81 和 4-88)。该肌起于肩胛下窝,经过肩关节内侧面,位于喙臂肌深层,止于肱骨小结节。肩胛下肌被腱束分为几个部分,其作用类似于肩关节的内侧副韧带,伸肩关节。

喙臂肌为一扁平肌,起于肩胛骨喙突(图 4-81 和图 4-82)。喙臂肌的起点腱位于冈上肌和肩胛下肌之间,并在此受到滑液囊的保护。延伸于肩关节内侧面的远后侧,止于肱骨大圆肌结节和肱骨干内侧的远端。喙臂肌有内收和外旋肩关节的作用。

肘关节肌群

该肌群起于肩胛骨或肱骨,止于桡骨或尺骨的近端。肌群跨越肩肘关节或肘关节。

它们具有伸或屈肘关节的作用,也可在运动站立时固定前肢。肘关节肌(表 4-5)由以下肌肉组成:

- 臂肌(m. brachialis)
- 臂二头肌(m. biceps brachii)
- 臂三头肌(m. triceps brachii)
- 肘肌(m. anconeus)
- 前臂筋膜张肌(m. tensor fasciae antebrachii)

臂肌起始于肱骨近端后面,肱骨颈的远端,绕过肱骨的螺旋形肌沟外侧面,最终到达内侧,止于桡骨和尺骨粗隆(图 4-81)。马的臂肌以桡骨内侧的一个腱作为终点,于臂二头肌远侧和内侧副韧带下面的一个分支附着在肘关节骨间膜。臂肌的作用是屈肘关节。

臂二头肌是一个强大的跨越肩关节与肘关节的双关节肌肉。与人类的臂二头肌不同,家畜臂二头肌仅有一个起点腱,并起自肩胛骨盂上结节(图 4-81)。它越过肩关节伸面,穿过结节间沟并沿肱骨前内侧行至远端。

在肘关节水平处,臂二头肌分为两部分,其中较粗大的部分止于桡骨粗隆,另一部分止于尺骨近端。有些纤维(纤维带)呈放射状向桡骨远侧延伸到腕桡侧伸肌和前臂筋膜(图 4-81、图 4-98 和图 4-99)。

食肉动物臂二头肌内陷于肩关节囊,进而在结节间沟处形成一个滑液鞘。**肱横韧带**(ligamentum transversum humeri)位于肱骨小结节和大结节之间,并将肌肉固定在此处(图 4-33 和图 4-82)。对于犬来说,臂二头肌的一个腱止于尺骨内侧冠状突,另一个较细的腱则止于桡骨粗隆。

在反刍动物,**结节间(滑液)囊**(bursa intertubercularis)被嵌在二头肌腱的起点和结节间沟之间。臂二头肌的两个终止腱止于桡骨粗隆、内侧副韧带和桡骨近端的前面。

马的臂二头肌非常发达,具有数个腱划。它在大的**二头肌囊**(结节间囊,bursa intertubercularis)的辅助下穿过结

表 4-5 肘关节肌群

名称 神经分布	起点	止点	作用
臂肌 肌皮神经、桡神经	肱骨颈的后部	桡骨和尺骨的内侧	屈肘关节
臂二头肌 肌皮神经	盂上结节	桡骨粗隆	屈肘关节肌;伸肩关节;固定肩关节和腕关节
臂三头肌 桡神经			固定肘关节;提前肢时伸肩关节肌
–长头	肩胛骨后缘	鹰嘴	伸肘关节和屈肩关节
–外侧头	肱骨外侧	鹰嘴	伸肘关节
–内侧头	肱骨内侧	鹰嘴	伸肘关节
肘肌 桡神经	肱骨远端,鹰嘴窝	鹰嘴外侧	伸肘关节
前臂筋膜张肌 桡神经	肩胛骨后缘	前臂筋膜	伸前臂筋膜,伸肘关节

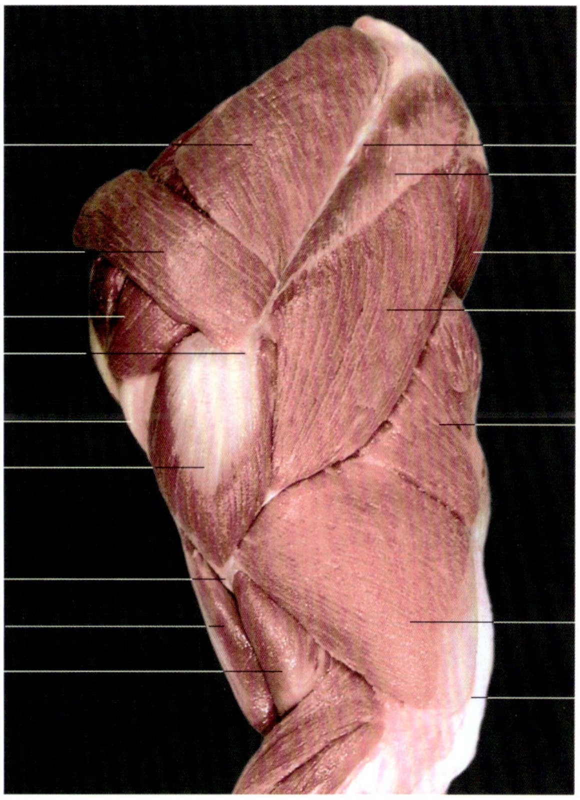

图 4-86　前臂的肌肉（外侧部，近端）（慕尼黑 Andrea Köllensperger 提供）

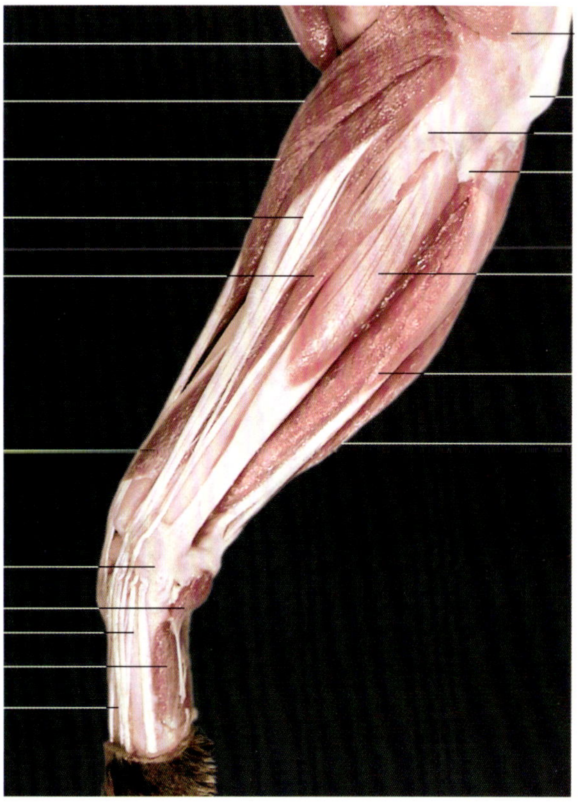

图 4-87　前臂的肌肉（外侧部，远端）（慕尼黑 Andrea Köllensperger 提供）

节间沟。该囊约长 10 cm，并延伸到二头肌边缘之外，夹于冈上肌和胸深肌之间。在邻近二头肌腱边缘的三角肌粗隆水平可作滑膜囊穿刺。

臂二头肌分为外侧部和内侧部。内侧部终止于桡骨粗隆；外侧部止于桡骨和尺骨近端。该肌肉也分出纤维（**纤维带，**lacertus fibrosus）至前臂筋膜和腕桡侧伸肌（图 4-98 和图 4-99）。滑液囊位于桡骨近端，止点于外侧腱下。臂二头肌有屈肘关节和伸肩关节的作用。该肌在运动站立或开始起步运动时，有固定肩关节的作用，这在马中尤为重要。

臂三头肌位于由肩胛骨后缘、肱骨和鹰嘴构成的三角区内（图 4-81、图 4-86 和图 4-88）。其后缘（三头肌缘，margo tricipitalis）自鹰嘴向鬐甲方向延伸，在活体动物皮下可清楚看到。

臂三头肌分为 3 个头，即长头、外侧头和内侧头、犬还有另外的副头。**长头**（caput longum）起自肩胛骨后缘，**外侧头**（caput laterale）起自肱骨体外侧，**内侧头**（caput mediale）起自肱骨体内侧。犬的**副头**（caput accessorius）起自肱骨颈的后部再并入长头和外侧头。三头肌非常发达，其中长头最大、最长，内侧头最小。外侧头是粗大的四方肌，起自肱骨三角肌粗隆、前臂筋膜和连于三角肌粗隆与肱骨颈之间的三头肌线，最后并入长头并止于鹰嘴外侧面。内侧头起自圆肌粗隆，止于鹰嘴内侧面。犬臂三头肌的所有头都以一个总腱止于鹰嘴。在止点腱与鹰嘴之间被嵌入**滑液囊**（臂三头肌腱下囊，bursa subtendinea m. tricipitis brachii）。

臂三头肌有屈肘关节和固定肘关节的作用。由于臂三头肌长头跨越两个关节，它在摆动期时可屈肩关节和伸肘关节。

肘肌是短而粗的肌肉，位于肱骨远端后面的臂三头肌深部（图 4-83）。它起自肱骨远端表面和肱骨上髁，汇入鹰嘴窝，止于鹰嘴外侧面。马和牛的肘肌汇入臂三头肌外侧头，而在其他家畜中仍保持分离状态。肘肌有伸肘关节的作用。

前臂筋膜张肌是一个扁平肌，位于臂三头肌的内侧面（图 4-76）。它以一宽大的腱膜起于背阔肌（食肉动物）或肩胛骨后缘（反刍动物和马），并呈放射状止于前臂筋膜。它是前臂筋膜主要的张肌，有伸肘关节的作用。

桡尺关节肌群

桡尺关节肌肉的主要作用是旋后和旋前。该肌群仅在食肉动物中发育和发挥作用。其他家畜由于前臂骨旋前和旋后功能的缺失或减弱，导致桡尺关节肌退化乃至消失（图 4-84 和图 4-85）。在食肉动物中它们可分为：

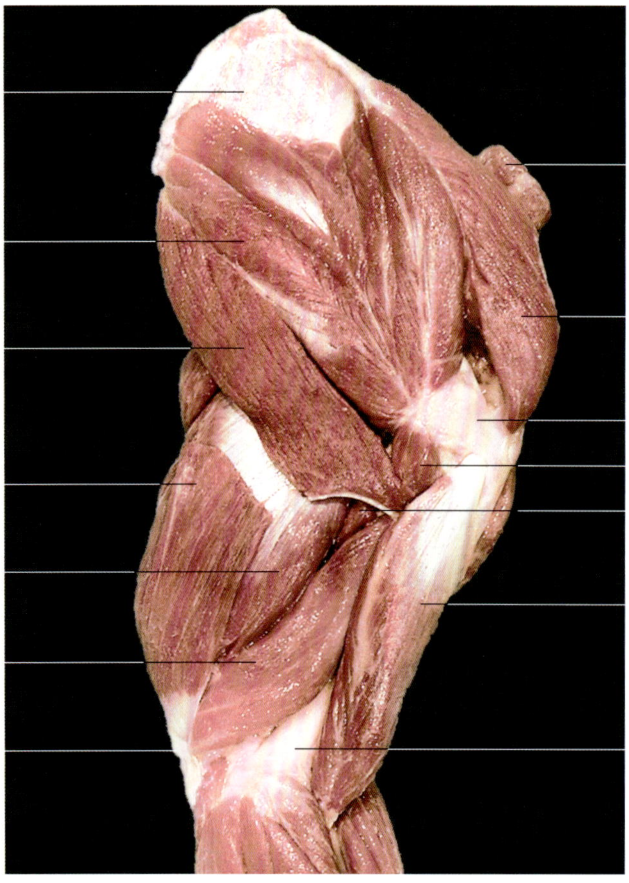

图 4-88　前臂的肌肉（内侧部，近端）（慕尼黑 Andrea Köllensperger 提供）

前臂的旋后肌：

- 臂桡肌（m. brachioradialis）
- 旋后肌（m. supinator）

前臂的旋前肌：

- 旋前圆肌（m. pronator teres）
- 旋前方肌（m. pronator quadratus）

臂桡肌是一薄层扁平肌肉，从外侧髁上嵴越过肘关节的屈面，在腕桡侧伸肌的浅层延伸至桡骨茎突（图 4-90 和图 4-91）。

旋后肌（图 4-84）见于食肉动物和猪。它是一扁平肌，位于肘关节屈面的肘关节囊表面，被腕桡侧伸肌和指总伸肌所覆盖。旋后肌起于肱骨外侧上髁，向内下方迂回并止于桡骨内侧面。

旋前圆肌为食肉动物恒有（图 4-84、图 4-85 和图 4-92），但有时也见于反刍动物和猪。在马，旋前圆肌退化为一个小肌束。旋前圆肌延伸于肱骨内侧上髁和桡骨的前内侧之间。

旋前方肌仅见于食肉动物。它延伸于前臂骨间隙的内侧面。肌纤维起自桡骨骨干的后内侧，止于尺骨的内侧面（图 4-85）。

腕关节肌群

腕关节的肌肉具有长肌腹并覆盖前臂骨骼。它们是双关节肌，起始于肘关节近端的肱骨，越过腕关节，延伸到腕骨或掌骨。由于腕关节活动范围的限制，家畜的腕关节肌肉主要是作为伸肌或屈肌。

腕关节和指的伸肌位于前（背）外侧，而**屈肌**则位于后（掌）侧（图 4-90）。它们被前臂筋膜所覆盖。腕和指的伸肌起自肱骨外侧上髁，而屈肌起自内侧上髁。

腕关节肌肉的组成如下（图 4-87 和图 4-89；表 4-6）：

- 腕桡侧伸肌（m. extensor carpi radialis）
- 腕尺侧伸肌（m. extensor carpi ulnaris）
- 腕桡侧屈肌（m. flexor carpi radialis）
- 腕尺侧屈肌（m. flexor carpi ulnaris）

腕桡侧伸肌是腕关节伸肌群中最大的肌肉。它位于桡骨皮下缘的正前方，起自肱骨外侧上髁和外侧上髁嵴，止于第 2 和第 3 掌骨的近端。

猫的腕桡侧伸肌具有两个肌腹，分为长肌和短肌，并在桡骨中部形成两个扁平腱。长肌（腕桡侧长伸肌，m. extensor

图 4-89 前臂的肌肉（内侧部，远端）（慕尼黑 Andrea Köllensperger 提供）

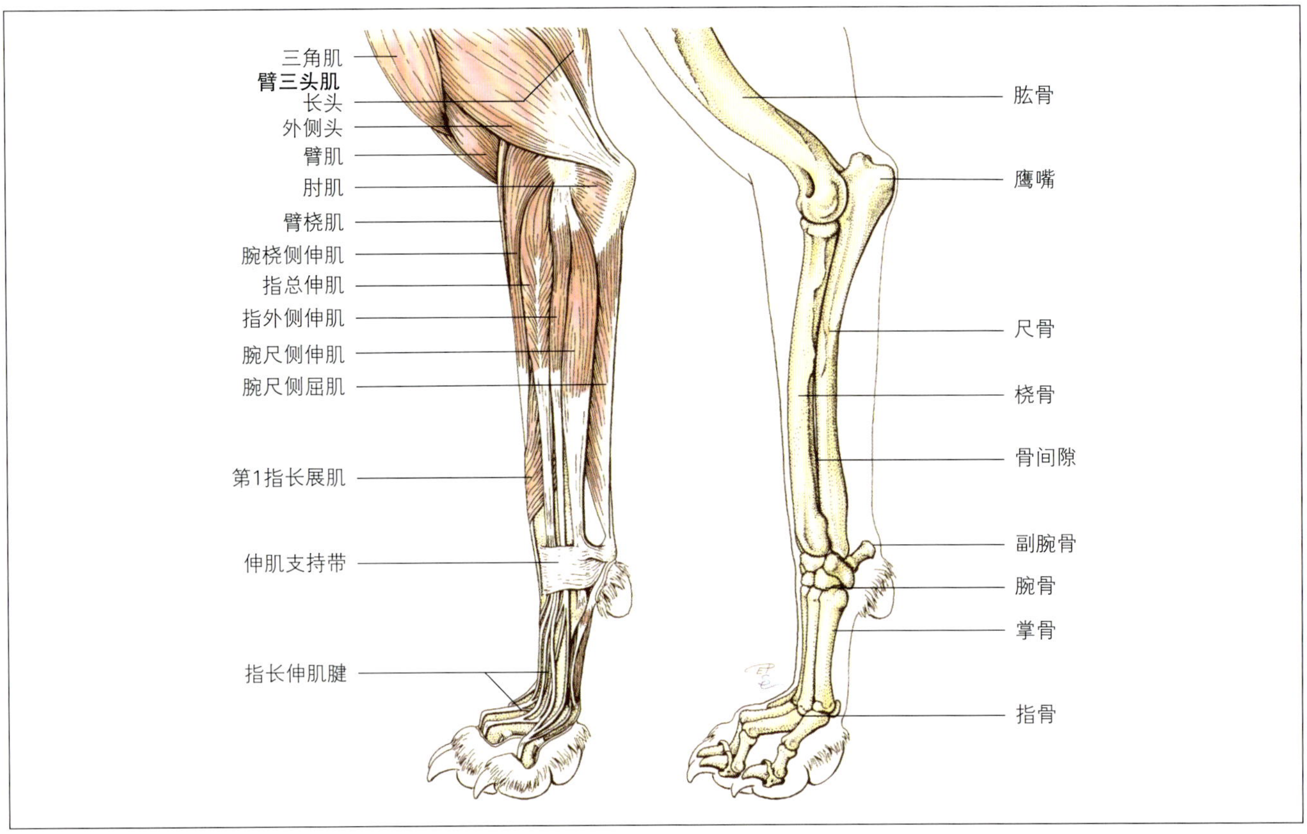

图 4-91　犬腕部和指部的肌肉与骨骼(示意图,外侧面)

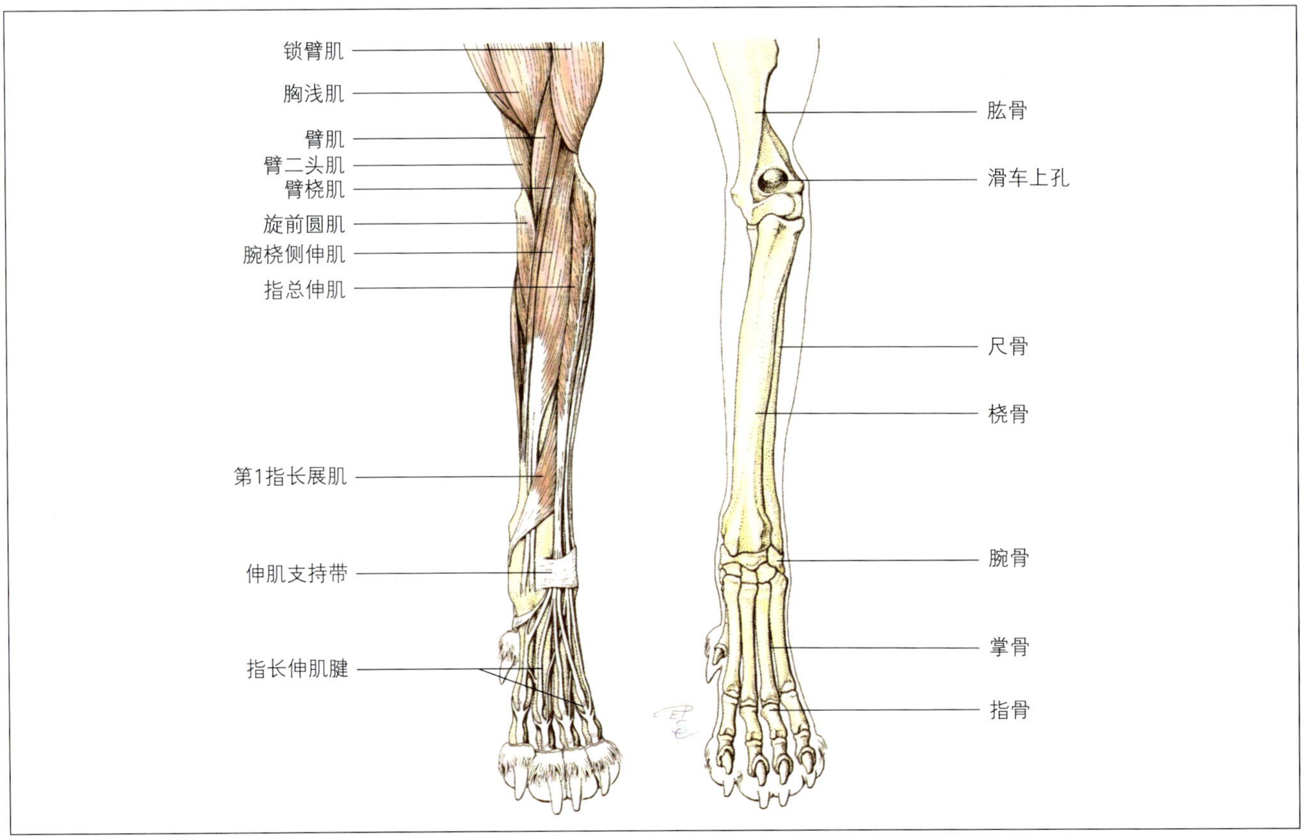

图 4-92　犬腕部和指部的肌肉与骨骼(示意图,背侧面)

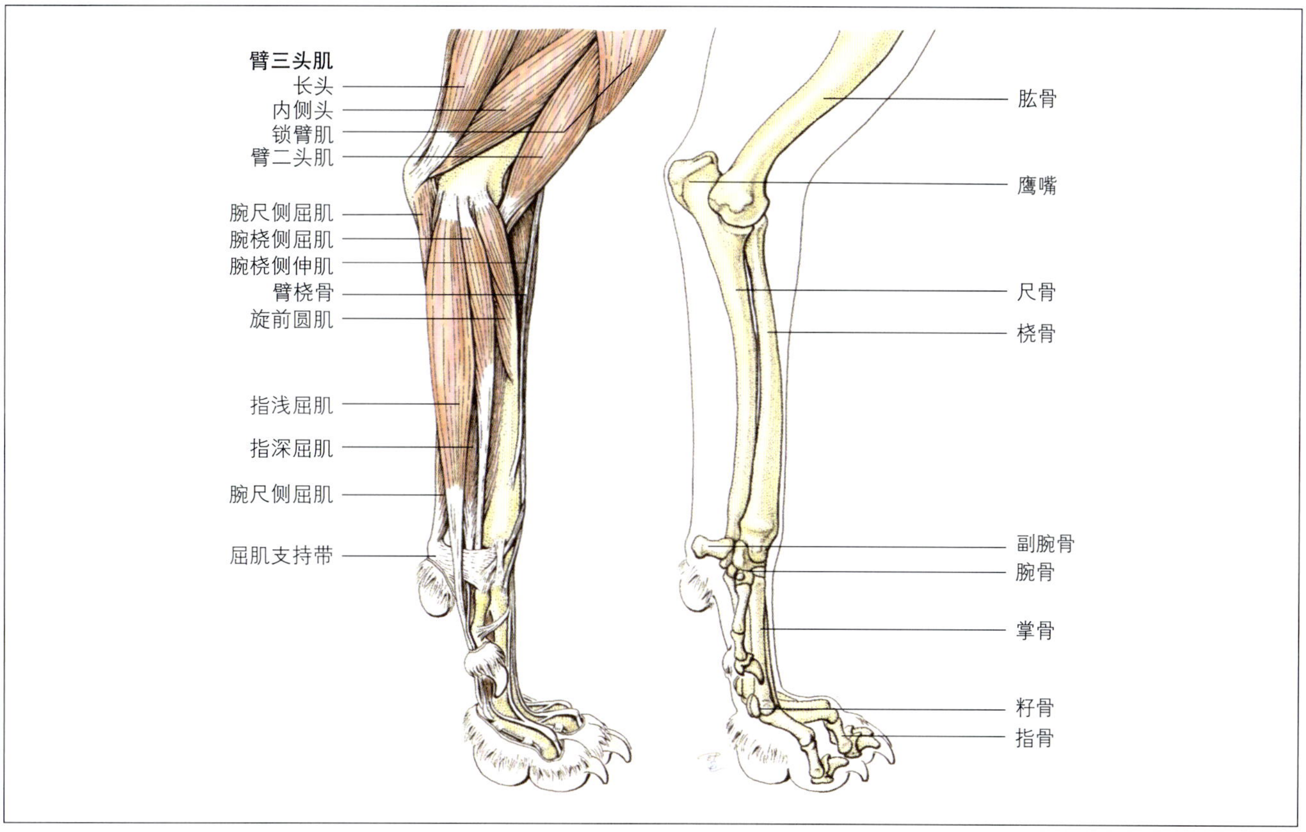

图 4-93 犬腕部和指部的肌肉与骨骼(示意图,内侧面)

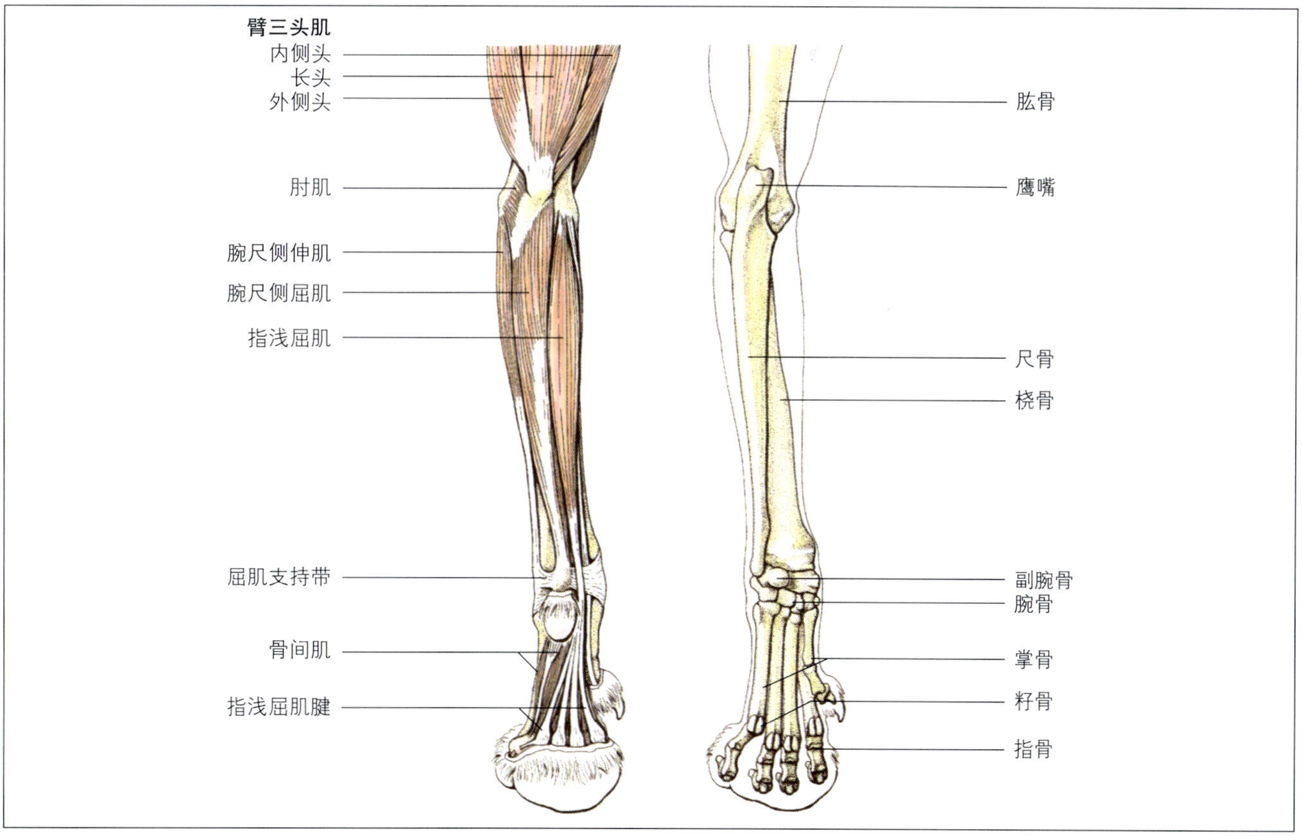

图 4-94 犬腕部和指部的肌肉与骨骼(示意图,掌侧面)

表 4-7 指部肌

名称 神经支配	起点	止点	作用
指总伸肌 桡神经	肱骨外侧上髁	远指节骨伸肌突	伸腕关节；伸指关节
指外侧伸肌 桡神经	肱骨外侧上髁	中指节骨	伸指关节
第 1 指和第 2 指长伸肌 桡神经	尺骨中部 1/3	第 1、第 2 指	伸第 1、第 2 指（食肉动物）
第 1 指长展肌 桡神经	桡骨外侧	食肉动物第 1 掌骨，马 / 猪第 2 掌骨，反刍动物第 3 掌骨	伸腕关节；外展第 1 指（食肉动物）
指浅屈肌 尺神经、正中神经	肱骨内侧上髁	中指节骨近端	屈主指；屈前脚；固定球节关节
指深屈肌 尺神经、正中神经	肱骨内侧上髁，桡骨，尺骨	远指节骨屈肌面	屈前脚
近端和远端屈肌间肌 尺神经、正中神经	前臂远端	与指浅屈肌腱合并	屈指关节

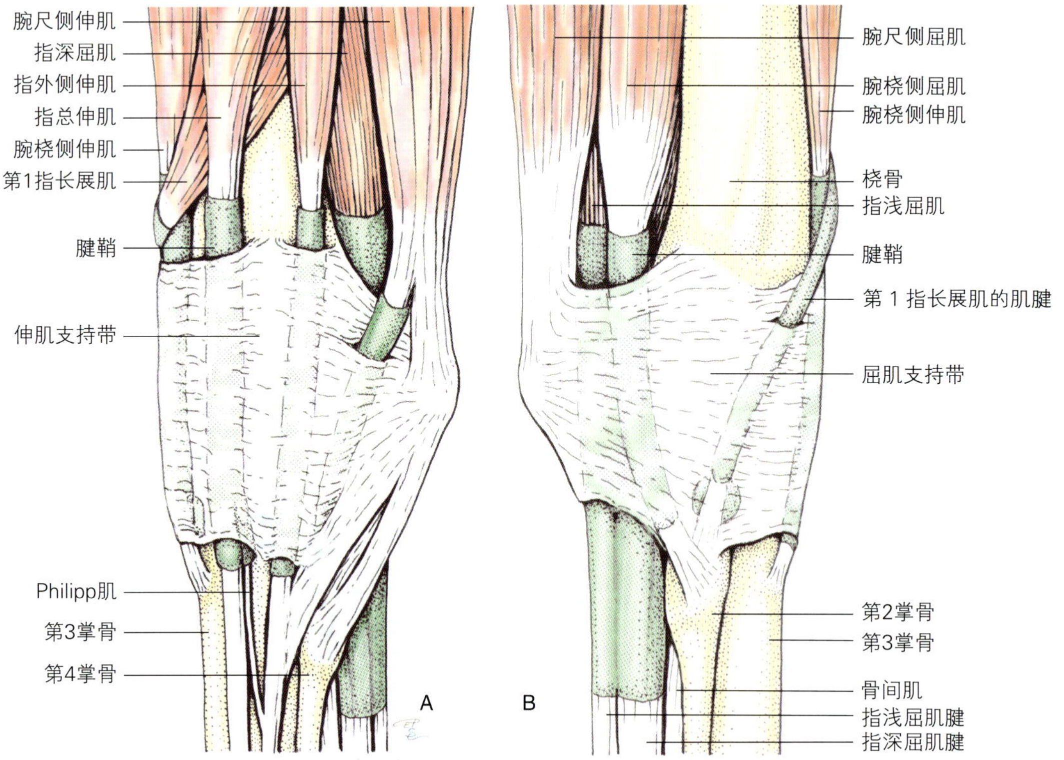

图 4-95 马左侧腕部的腱及其滑膜鞘（示意图）:（A）背外侧面，（B）内侧面。仿 Ellenberger 和 Baum（1943）

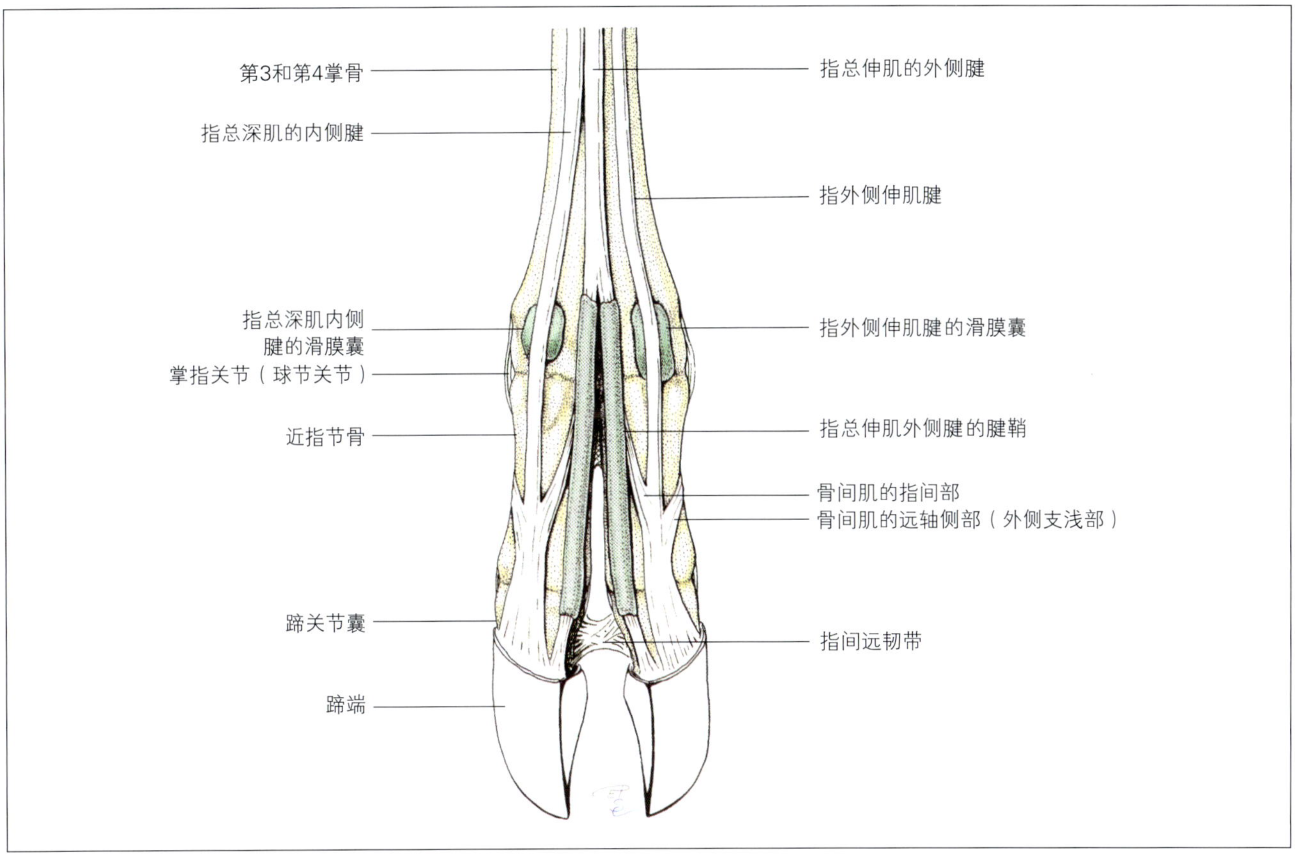

图 4-96　牛左侧指部腱和滑膜结构(示意图,背侧面)

指外侧伸肌位于前臂外侧面,指总伸肌后方(图 4-90,图 4-91 和图 4-97)。它起于肘关节外侧副韧带、桡骨近端的外侧粗隆和尺骨的外侧面。猫的指外侧伸肌有 3 个肌腹,犬和猪的有 2 个,而马和反刍动物仅有 1 个。止点腱的数目与不同种属动物功能指的数目相对应。

猫的指外侧伸肌起自肱骨外侧髁上嵴,有 3 个肌腹,向远端发出 3 条或 4 条腱。这些腱于近指节骨处合并入指总伸肌。

犬的指外侧伸肌起自桡骨近端的外侧副韧带和外侧粗隆(图 4-90 和图 4-91),分为外侧腱和内侧腱。它们被从腕骨延伸到掌骨近 1/3 部的总滑液鞘所包绕。较强韧的外侧腱并入指总伸肌相应的腱,终止于第 5 指的近、中和远指节骨。较纤弱的内侧腱分为两支,与指总伸肌相应的腱结合,终止于第 3、第 4 指的远指节骨。

猪的指外侧伸肌分为明显的两部分。其中较大的肌腹起于肱骨外侧上髁以及肘的外侧副韧带,在接受骨间肌的一个分支后,止于第 4 指的中指节骨和远指节骨。较小的肌腹在尺骨和第 5 指的中指节骨和远指节骨间延伸。

反刍动物的指外侧伸肌由单一肌腹组成。该肌起于指总外伸肌外侧越过腕部外侧,在此被滑膜鞘包裹并被来自骨间肌的轴侧及远轴侧分支加强,止于第 4 指中指节骨的背外侧面(图 4-96)。

马的指外侧伸肌起于肱骨外侧上髁、肘的外侧副韧带以及桡骨和尺骨近端的外侧粗隆。该肌经过桡骨外侧茎突的沟被深筋膜所包裹,越过腕关节外侧面,附以腱鞘(图 4-95)。其止点腱被来自深筋膜的纤维所加强,在掌骨水平处接受 Philipp 肌肌腱,最后止于近指节骨的背外侧面。

食肉动物和猪的指外侧伸肌延伸于腕关节和外侧指的指关节,反刍动物的指外侧伸肌延伸于腕关节和第 4 指的球节关节与冠关节,马的延伸于腕关节和球节关节。

食肉动物的**第 1 指和第 2 指长伸肌**仅为一独立的肌肉(图 4-90)。其他家畜的第 1 指和第 2 指长伸肌腱与指总伸肌腱合并;马的 Thierness 肌被认为是第 1 指和第 2 指长伸肌腱的遗迹。

猫的第 1 指和第 2 指长伸肌起于尺骨的前外侧缘,在远侧被指外侧伸肌腱所覆盖。它具有 3 个肌腱,在指总伸肌腱的深侧走向内侧,止于第 1 指和第 2 指。

犬的第 1 指和第 2 指长伸肌起于尺骨的前外侧缘,被腕和指的伸肌所覆盖。在指总伸肌腱深面越过腕关节,转到内侧。它具有 2 个止点腱,其中内侧的肌腱止于第 1 掌骨;外侧的肌腱与指总伸肌腱合并,止于第 2 指。

第 1 指和第 2 指长伸肌具有伸第 1 指和第 2 指及内收第 1 指的作用。

第 1 指长展肌起于桡骨及尺骨的中 1/3 部的外侧缘,

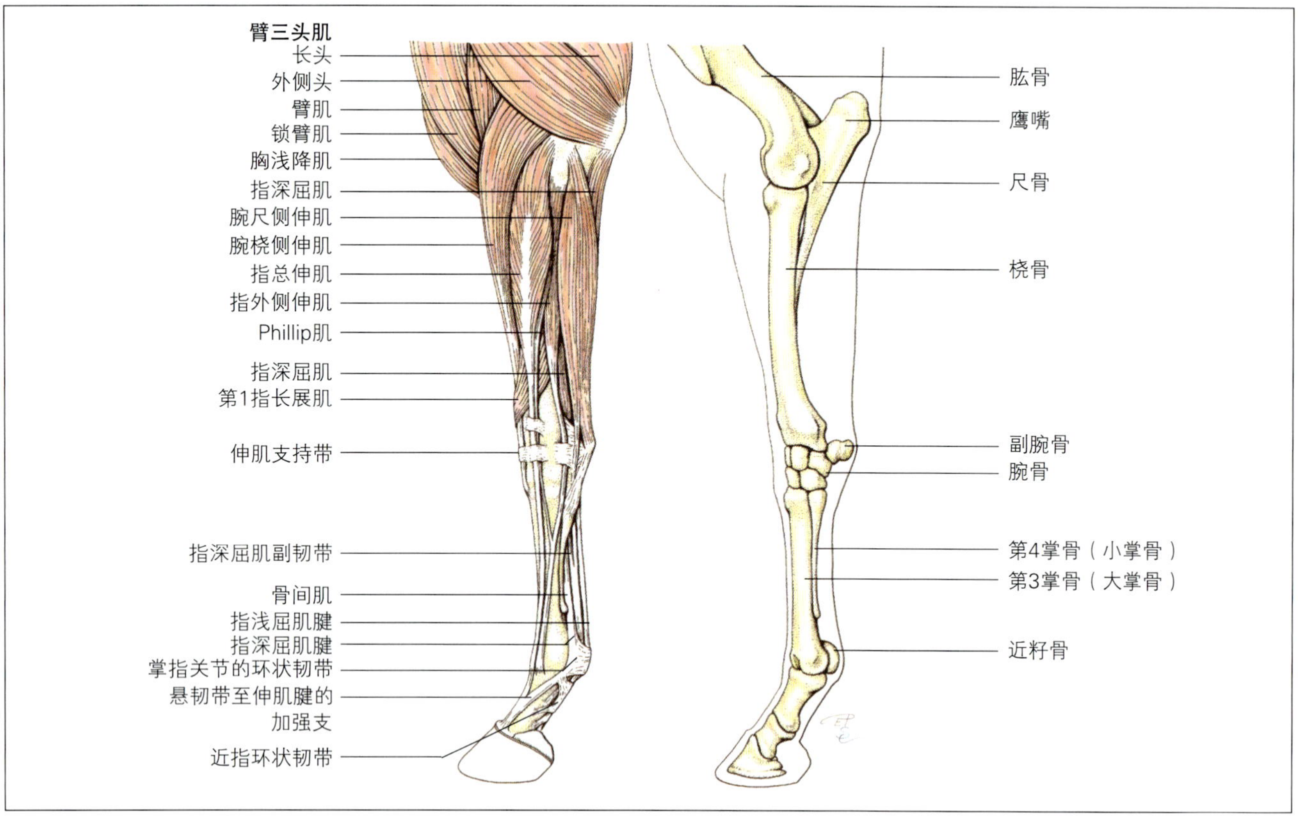

图 4-97　马腕部和指部的肌肉与骨骼（示意图，外侧面）

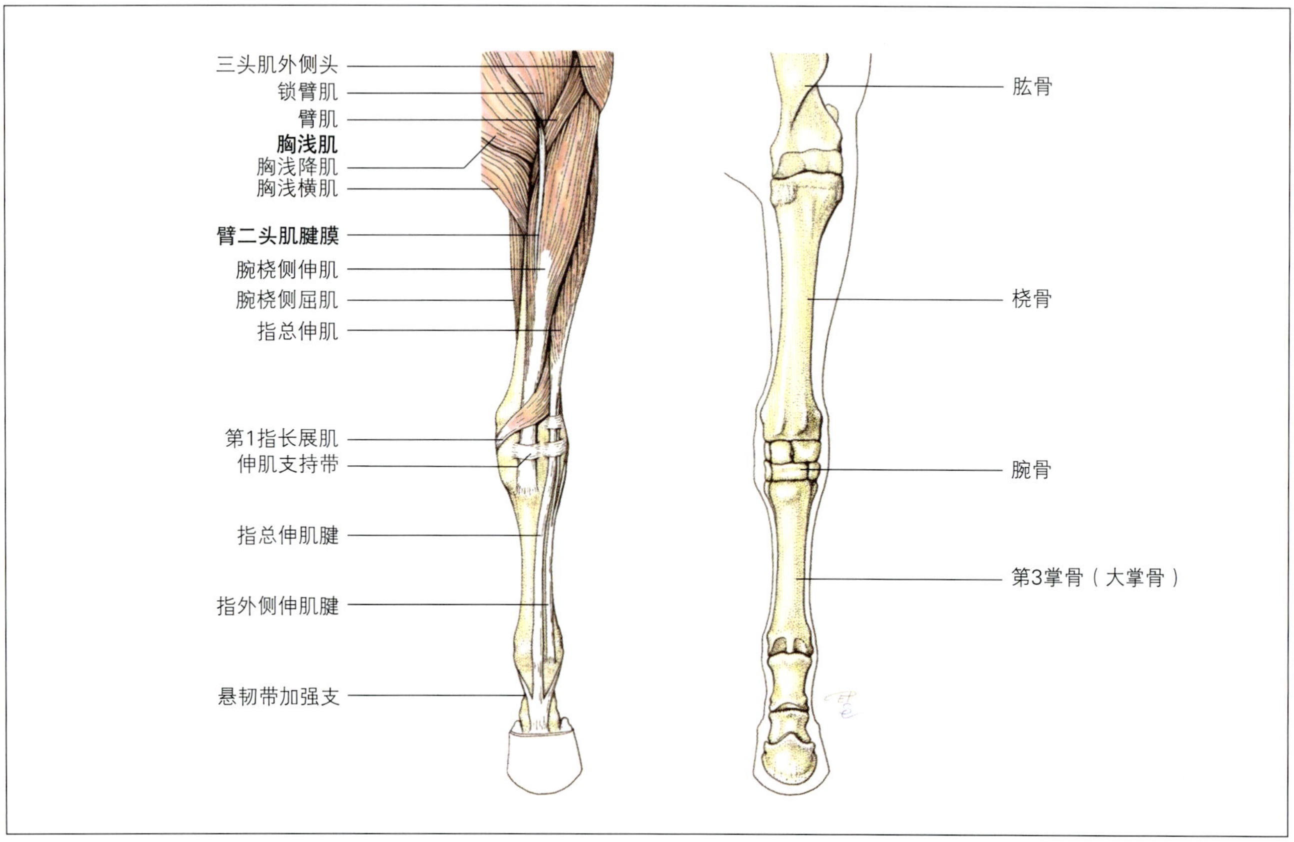

图 4-98　马腕部和指部的肌肉与骨骼（示意图，前面）

覆盖于前臂的前外侧面。其肌腱在指伸肌腱深面延伸到腕部内侧。食肉动物的第 1 指长展肌腱止于第 1 掌骨，猪和马的止于第 2 掌骨，反刍动物的止于第 3 掌骨(图 4-95 和图 4-98)。在食肉动物的止点腱中发现有小籽骨。

第 1 指长展肌有伸腕和指的作用，在食肉动物还有外展第 1 指的作用。

屈肌：

- 指浅屈肌(m. flexor digitorum superficialis)
- 指深屈肌(m. flexor digitorum profundus)
- 屈肌间肌(mm. interflexorii)

指浅屈肌起于肱骨内侧上髁，其腱分支到各功能指的中指节骨处。在抵止各指之前，每支分两侧下行，其分支止于指深屈肌腱的两侧(图 4-100、图 4-102 和图 4-103)。

食肉动物的指浅屈肌为一个扁形肌，位于前臂后内侧的皮肤之下(图 4-90、图 4-93 和图 4-94)。该肌起于指深屈肌肱头和腕尺屈肌之间的肱骨内侧上髁。肌腹在腕部水平处变成肌腱，该腱在副腕骨内侧面上越过腕关节屈侧，此处包有滑膜囊。在掌部近 1/3 处，猫的腱分为 5 部分，犬的腱分为 4 部分。猫的分支止于第 1～5 指的中指节骨的近缘，犬的分支止于第 2～5 指的中指节骨的近缘。

指浅屈肌腱的每一分支形成一个套筒样的结构(**屈肌腱筒**，manica flexoria)，环绕掌指关节近端的指深屈肌腱的相应分支。在近籽骨远端，指浅屈肌腱因深腱的通过而分开。在掌指关节和近指间关节处，屈肌腱的分支与近、中和远端横韧带相连接。

猪的指浅屈肌起于肱骨内侧上髁，由两部分组成。小的浅头腱越过屈肌支持带浅层，在掌指关节处环绕指深屈肌腱形成一个管，以两个分支终止于第 4 指的中指节骨。大的深头腱在屈肌支持带的束缚下向远侧穿行，由指深屈肌腱穿过，终止于第 3 指的中指节骨。

反刍动物的指浅屈肌的近端与猪的相似，分为浅和深两部分。浅部越过屈肌支持带表面，深部在屈肌支持带之下。这两个腱在掌中部联合，形成一个总腱，在稍远侧分叉为内侧支和外侧支，每支与一个来自骨间肌的带结合，在靠近掌指关节处形成一个与指深屈肌腱各分支相应的环(图 4-102)。大的内侧支止于中指节骨屈肌面，小的外侧支止于中指节骨掌侧面附近的关节面。其腱被掌指关节处的总指鞘所包附，并由球节**环状韧带**固定(图 4-101 和图 4-102)。

马的指浅屈肌起于肱骨内侧上髁，覆盖指深屈肌，并与指深屈肌部分合并(图 4-99 和图 4-100)。它的多条肌腹在腕部形成一个强韧的腱，在此与一条强韧的纤维带合并，即**副韧带**(也命名为桡韧带或上翼状韧带)。该韧带起自桡骨后部。腱在远侧穿过腕管到达掌骨的掌侧面，与指深屈肌

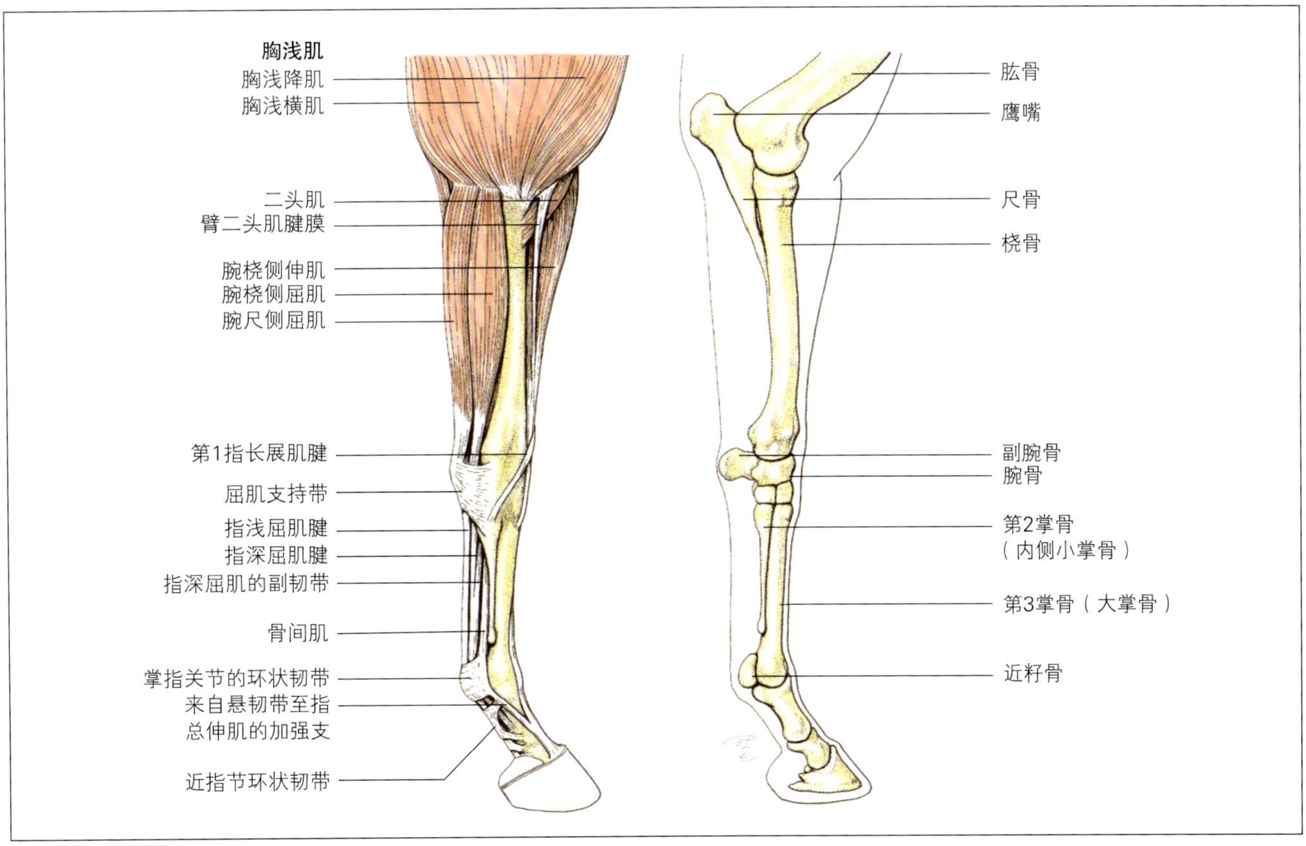

图 4-99　马腕部和指部的肌肉与骨骼(示意图，内侧面)

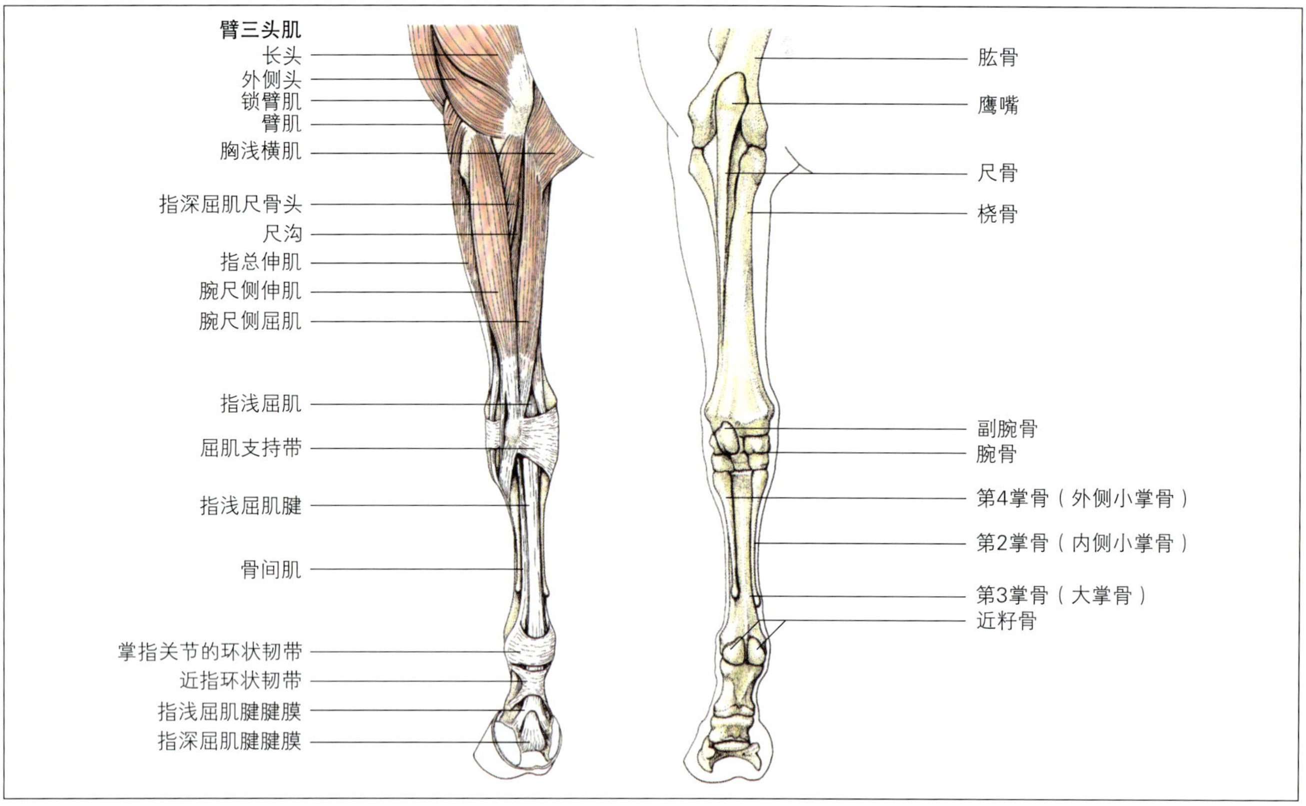

图 4-100　马腕部和指部的肌肉与骨骼(示意图,后面)

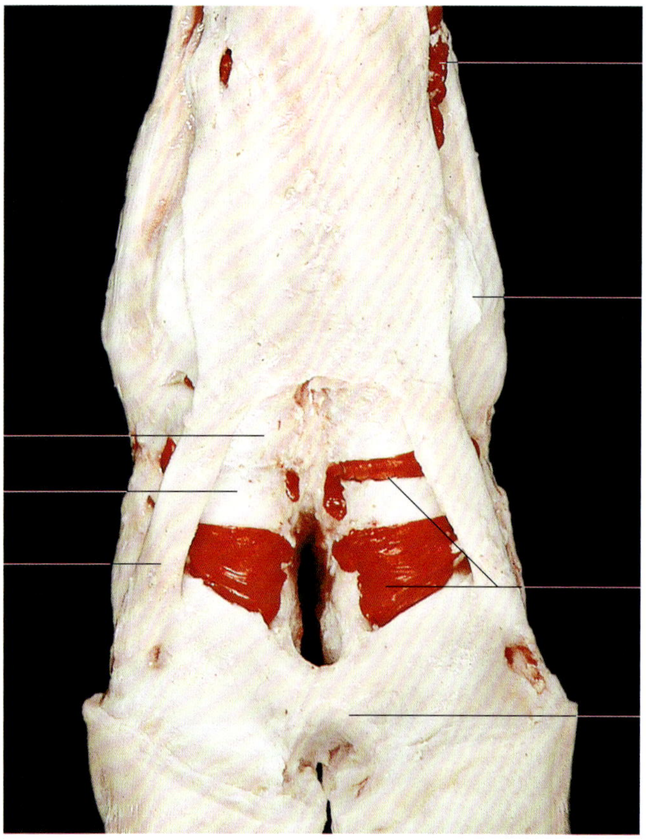

图 4-101　牛指的滑膜鞘的丙烯酸铸型(掌侧面)

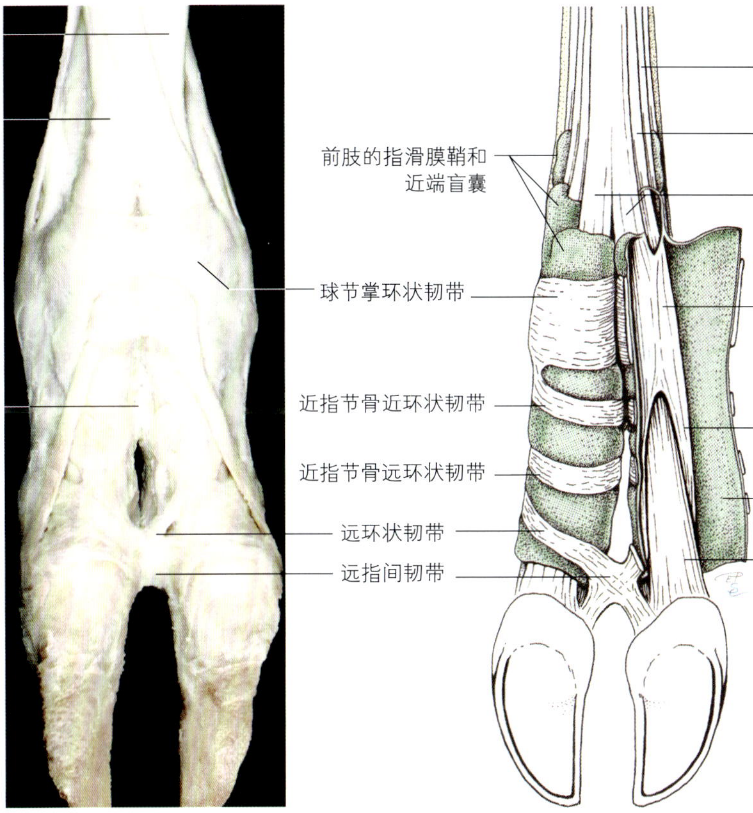

图 4-102 牛的指部滑膜鞘(示意图,掌侧面)

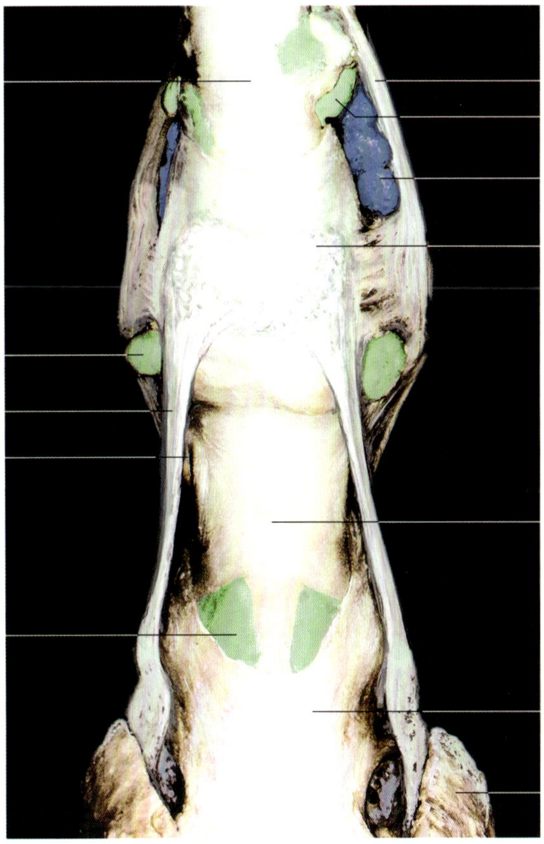

图 4-103 马的指部滑膜鞘的丙烯酸铸型(掌侧面)(维也纳 H. Dier 提供)

腱共同被腕滑膜鞘所包裹。滑膜鞘从腕部上方 10 cm 处向下延伸到掌中部(图 4-95)。

指浅屈肌腱形成一个管状结构包裹在掌指关节近侧的指深屈肌腱周围(**屈肌腱筒**,manica flexoria)。另一个附加的滑膜鞘,即指滑膜鞘,部分包裹掌骨远侧到中指节骨中部的区域。在近指节骨远端,指浅屈肌腱分为两支并与指深屈肌腱共同伸向远侧(图 4-97、图 4-99 和图 4-100)。两分支在中指节骨近端止于外侧隆起和内侧隆起,并发出纤维,到近指节骨的外侧面。

指浅屈肌腱有屈主指的近指节关节和中指节关节的功能,因而能屈整个指部。该腱还有稳定球节关节的作用。

指深屈肌在前臂后方,于指浅屈肌和腕关节屈肌的深面下行(图 4-97、图 4-102 和图 4-107)。指深屈肌起于 3 个头,即**肱头**(caput humeralis)、**桡头**(caput radiale)和**尺头**(caput ulnare)。肱头起于肱骨内侧上髁,包括 3 个肌腹。

在前臂远端,指深屈肌的 5 个肌腹合成**指深屈肌腱**。该腱沿副腕骨内缘越过腕管,并在掌部分支到每一个功能指。因而在食肉动物中形成 5 条腱,猪形成 4 条腱,反刍动物形成 2 条腱,马形成 1 条腱。每一条止点腱在近指节骨处通过相应指浅屈肌腱的分支,共同止于远指节骨的掌侧面。

食肉动物的指深屈肌的 3 个头是完全分离的。猫的肱骨头包括 3 个独立的肌腹,但犬的肌腹难以分开。肱骨头起于肱骨内侧上髁,在腕桡侧屈肌的深面(图 4-90),具有多重腱鞘,位于前臂后内侧,其内侧有桡头,外侧有尺头相伴行。桡头起于桡骨近端后内侧,尺头起自尺骨后缘,从鹰嘴延伸至远侧 1/3 部。这些腱在腕关节近侧聚合形成指深屈肌腱,经腕管穿过腕关节屈侧,被屈肌支持带覆盖。

在掌骨近端,桡头于内侧分出支止于第 1 指,到掌骨又分成 4 支,分别止于第 2～5 指。在近籽骨,这些肌腱通过指浅屈肌腱的分支所形成的管状鞘(屈肌腱筒),终止于第 2～5 指的远侧指骨屈肌粗隆。指深屈肌腱和指浅屈肌腱的分支被如下 **3 个横韧带**所固定:

- 掌环状韧带(ligamentum anulare palmare)
- 近指环状韧带(ligamentum anulare digitale proximale)
- 远指环状韧带(ligamentum anulare digitale distale)

近侧韧带位于掌指关节,中间韧带位于近指节骨中部,远侧韧带位于近指节间关节的远侧。

远支止于第 1 指,有自身的腱鞘,从掌骨延伸至它的抵

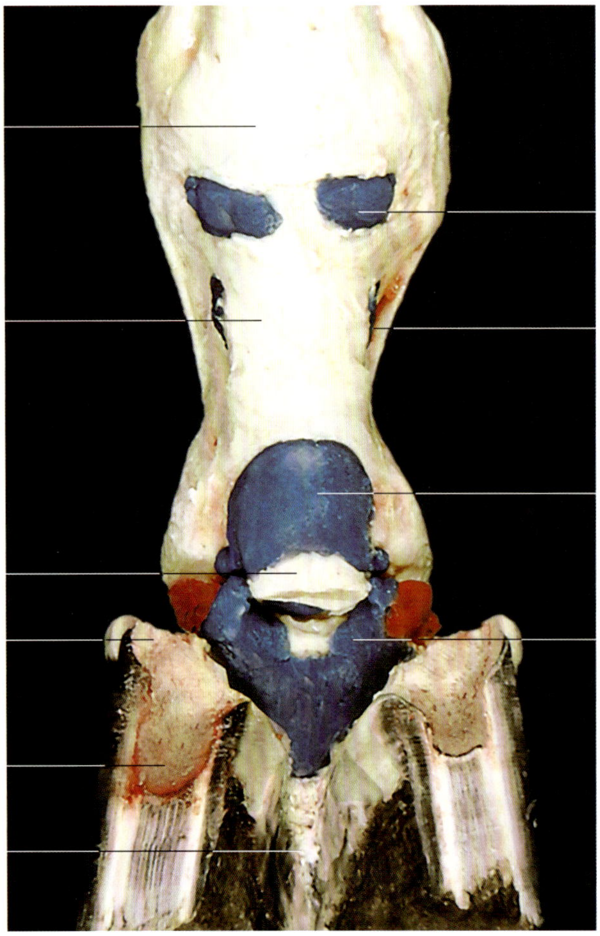

图 4-104　马的指部滑膜鞘和舟骨囊的丙烯酸模型(掌侧面)(维也纳 Sabine Breit 博士、教授提供)

止处。主指的分支与指浅屈肌腱的相应分支共用腱鞘。

反刍动物的肱头有数个腱划，可以分成3部分，均起于肱骨内侧上髁。肱头联合桡头和尺头形成指深屈肌腱。在穿过腕关节屈侧后，指深屈肌腱在掌骨远端分成两个腱。在掌指关节水平处，指深屈肌腱夹于指浅屈肌腱和骨间肌之间。各肌腱经过远侧籽骨，黏液囊的存在而使它们较容易通过，止于第3和第4指远指节骨的屈肌结节。每一指深屈肌腱向下与近侧和远侧的环状韧带以及远侧指间韧带联合。

滑膜鞘（前肢指腱滑膜鞘，vagina synovialis tendineum digitorum manus）环绕第3和第4指的两个屈肌腱，从掌骨远1/3处到抵止点（图4-101和图4-102）。该指鞘延伸为近侧囊和远侧囊。近侧囊在骨间肌分支和掌骨远1/3间延伸。内侧鞘和外侧支通过它们的近侧延伸相连。有若干的囊从环状韧带和两支远侧指韧带延伸到远指节骨。该腱鞘可从外面于屈肌背缘处进行穿刺，距悬蹄上方大约2 cm。穿刺针沿水平面由外向内刺入。

马指深屈肌腱肱骨头的特征是具有腱划，具有3个肌腹，均起于肱骨内侧上髁，于桡骨后侧继续向下延伸，随后在腕关节近侧合并形成一个总腱。较小的桡头起于桡骨后面中部，在腕部汇入总腱。尺头起于鹰嘴后面，其作为一个较小的腱从腕的屈肌和腕尺侧伸肌之间下行到腕部，在该处与其他腱合并（图4-100）。总腱穿过腕管到达腕屈面，与指浅屈肌腱一起包附于指滑膜鞘中。在掌骨中部，肌腱被强纤维带即腕关节掌侧韧带的分支所形成的**副韧带**或**下翼状韧带**（ligamentum accessorium）所加强。在球节处，肌腱穿过由指浅屈肌腱所形成的环状体（**屈肌腱筒**，manica flexoria），并越过籽骨沟（scutum proximale）. 在近指节骨中部，指深屈肌腱于指浅屈肌腱的两个分支间穿过，经过远籽骨屈肌面止于远指节骨屈肌面。

舟骨囊（bursa podotrochlearis）位于腱和远侧籽骨之间，延伸至籽骨近侧、远侧和外侧缘（图4-63至图4-65、图4-107）。

在马中，指深屈肌腱和中指节骨的掌面之间存在**结缔组织桥**。这种柔性结构将屈肌腱鞘的远端囊与足滑车囊（bursa podotrochlearis）和远端指间关节分开。尽管它在结构上与肌腱或韧带没有相似之处，但结缔组织桥有时在临床上被误称为“**T韧带**”。

结缔组织桥（图4-108）的两个表面均有滑膜覆盖，并与籽骨侧副韧带（ligamenta sesamoidea collateralia）的近端边缘连接。

指关节屈肌腱的远侧部分为环状韧带所固定，该韧带是深筋膜增厚的部分（图4-103、图4-104和图4-106）。它可分为：

- **掌环状韧带**，长约3 cm，起于近籽骨远轴侧边缘，附着于浅屈肌腱。掌环状韧带的一些窄带延伸到近指节骨远端内侧、外侧且加入指近环状韧带的近侧延伸面
- **近指环状韧带**，呈交叉状，以两个近支起于近指节骨的内侧、外侧，以两个远支终止于近指节骨远端的内侧和外侧面。中间部分与指浅屈肌紧紧地融合在一起
- **远指环状韧带**，覆盖于指深屈肌腱的止点腱，与指近环状韧带的两个分支贴附在一起。远指环状韧带的浅面被指垫大面积地覆盖，深面与指深屈肌腱贴附，因而远指环状韧带将指垫与指深屈肌腱分离开来

指屈肌腱由两个滑膜鞘保护：

- **腕近滑膜鞘**（屈肌总滑膜鞘，vagina synovialis communis musculorum flexorum）
- **指远滑膜鞘**（指腱滑膜鞘，vagina synovialis tendineum digitorum manus）

腕滑膜鞘始于腕关节近端10～12 cm处，延伸至掌骨中部。此处副韧带连接到指深屈肌腱。滑膜鞘穿刺可以在掌近1/3处的外侧进行。

指滑膜鞘起始于掌骨远端，从球节关节上方5～8 cm处延伸到中指节骨中部水平。在其膨大部的内部仅包绕指深屈肌腱、指浅屈肌腱和深筋膜构成滑膜鞘的掌侧壁。在掌环韧带水平，指滑液膜束的掌侧束包绕着指深屈肌（图4-103至图4-105）。

掌侧壁沿大掌骨（砲骨）近端掌侧面下行，经过籽骨和远侧籽骨韧带，在中指节骨掌侧继续下行。虽然指滑膜、鞘与掌指关节、远指间关节和舟状囊毗邻，但是这些腔并不相沟通。

指滑膜鞘延伸至3对近侧囊和1个远侧囊，在此处其不被环状韧带所覆盖（图4-96、图4-98和图4-100），其中的一对近侧囊位于掌环状韧带的近侧和骨间肌的掌侧支之间，第二对位于掌环状韧带和近指环状韧带之间，第三对位于近指环状韧带近侧支和远侧支之间。远侧囊位于指环状韧带远侧支和指远侧环状韧带近侧缘之间。当发生炎症时，这些囊异常肿大。可在指滑膜鞘近籽骨上方大约3 cm处的骨间肌和指深屈肌腱之间进行穿刺。

指深屈肌腱有屈主指的远指节骨的作用，因此可以屈整个前脚。

屈肌间肌由一些位于指深屈肌和指浅屈肌间的小肌肉或肌腱组成，它们有辅助这两个肌肉的作用。反刍动物和猪具有近侧和远侧屈肌间肌，食肉动物仅有远侧屈肌间肌，但马缺失。

食肉动物的远侧屈肌间肌起于前臂远侧1/4处的指深屈肌肱头。远侧屈肌间肌以1条（犬）或2～3条（猫）肌腱从指深屈肌和指浅屈肌腱间越过腕关节屈侧，在掌部，该腱进一步分为3个分支，与指浅屈肌腱的相应分支共同抵止于第2～4指。

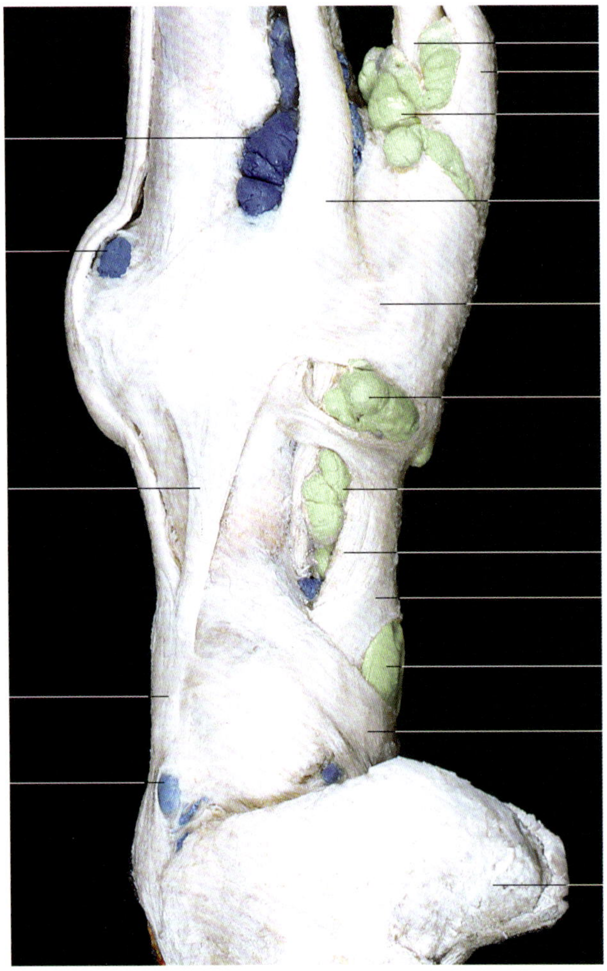

图 4-105 马的屈肌腱滑膜鞘隐窝（背外侧面）（维也纳 H. Dier 提供）

猪屈肌间肌有 2 个或 3 个肌腹，联合指深屈肌和指浅屈肌腱伸向远侧。

反刍动物中，屈肌间肌的肌腹于指深屈肌和指浅屈肌间下行，分散进入指浅屈肌的止点腱。

指短肌

指短肌的数量、结构和功能具有显著的种属差异。食肉动物和猪的指短肌协调单个指运动，但大动物的指短肌是被动性静力装置很重要的一部分。指短肌包括：

- 骨间肌（mm. interossei）
- 蚓状肌（mm. lumbricales）
- 指短屈肌（m. flexor digitorum brevis）

骨间肌位于掌骨掌侧，起于掌骨近端和腕关节囊，止于近侧籽骨。食肉动物和猪的骨间肌主要由肌肉组成，成年反刍动物和马的骨间肌主要由肌腱组成。

食肉动物有 4 簇骨间肌，起于第 2～5 腕骨近端，覆盖这些骨的整个掌面。每一簇骨间肌可分成 2 个分支，止于近籽骨。每一条骨间肌腱有一部分并入指总伸肌的相应分支相。反刍动物骨间肌只有单一的起点，但于掌远侧处分成 5 个分支。远轴侧支止于主指的近籽骨，而中间支通过掌骨远端处的滑车间切迹，然后分支与相应伸肌腱合并。

马有 3 簇骨间肌，内侧和外侧骨间肌是非常小的肌肉，而且没有重要功能性作用。**骨间中肌**也称为**悬韧带**，为一强韧的肌腱带，起于大掌骨（砲骨）近端和远列腕骨。骨间中肌位于小掌骨间的掌骨沟内，在屈肌腱深面分成 2 个散发的分支，止于近籽骨。每个分支均延伸为一内侧支和一外侧支，伸向指总伸肌腱。悬韧带的主要功能是为球节提供向上的支持。其在近籽骨远侧的功能延续由籽骨交叉、籽骨斜韧带和籽骨直韧带所提供。

这些**支持装置**可防止球节的过度背曲。借助于向指总伸肌的分支，它们还限制了关节的掌侧屈曲，同时也减小了震动。

蚓状肌是小肌肉，位于指屈肌间的掌骨掌侧面。反刍动物无蚓状肌。食肉动物有 3 簇蚓状肌，起于指深屈肌腱

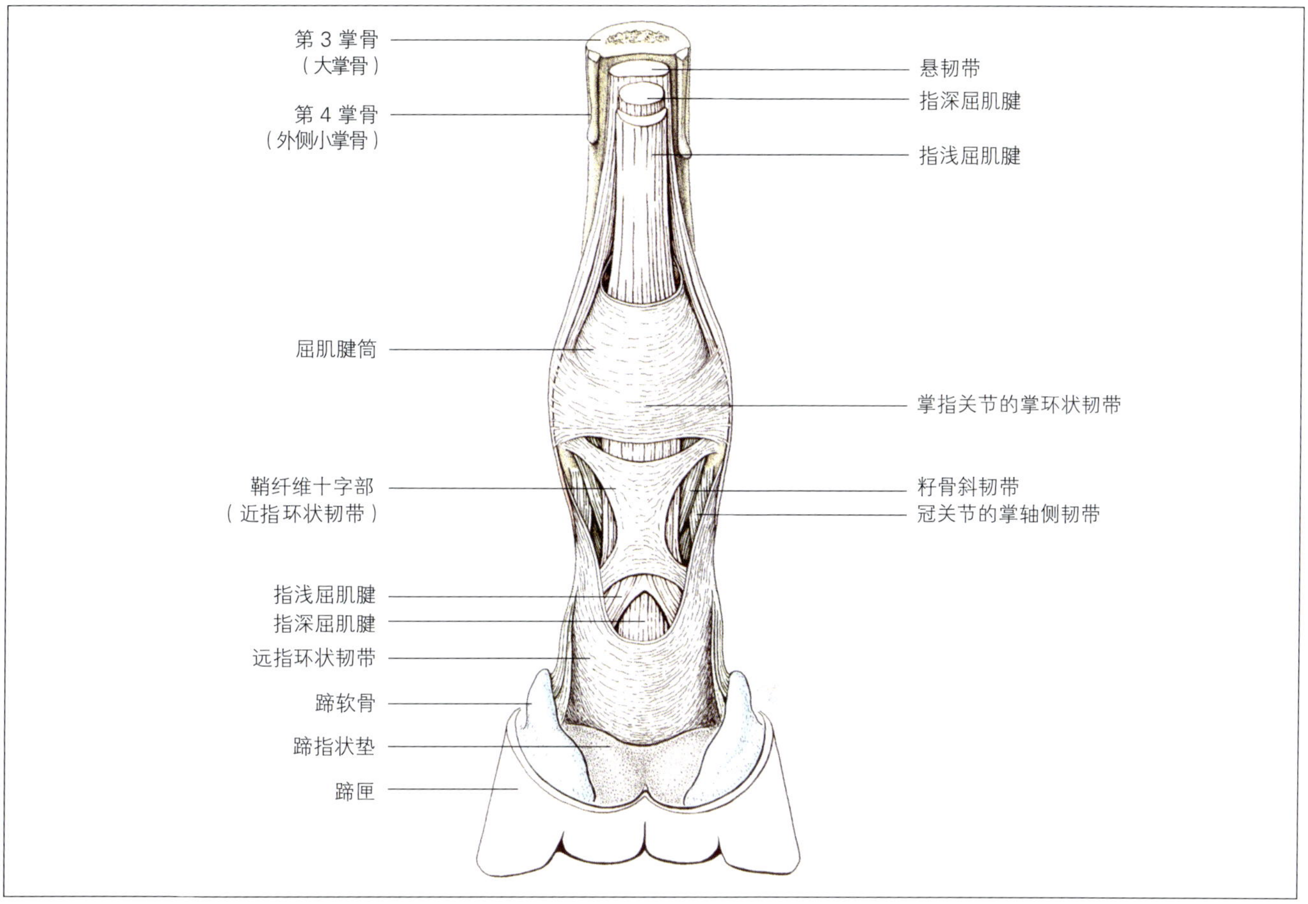

图 4-106　马前肢远端的筋膜（示意图，掌侧面）

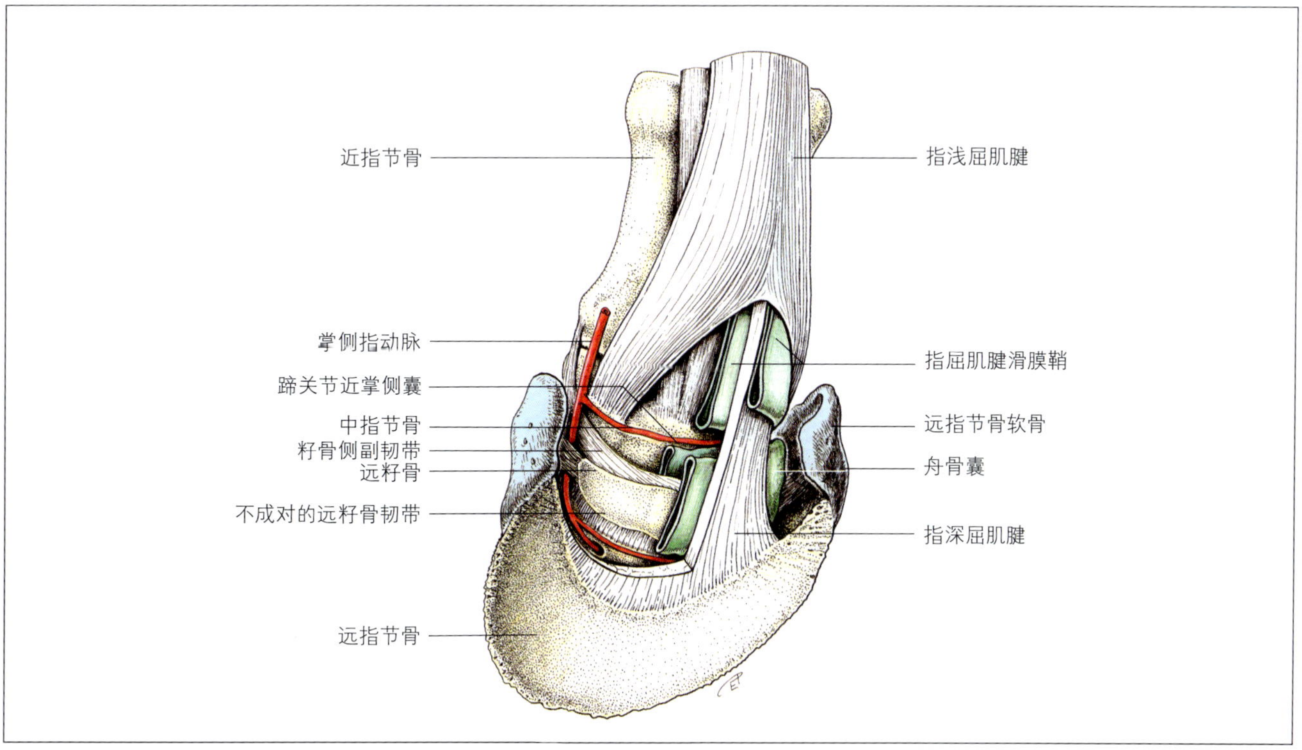

图 4-107　马前肢远端滑膜结构的立体图（示意图，掌侧面）

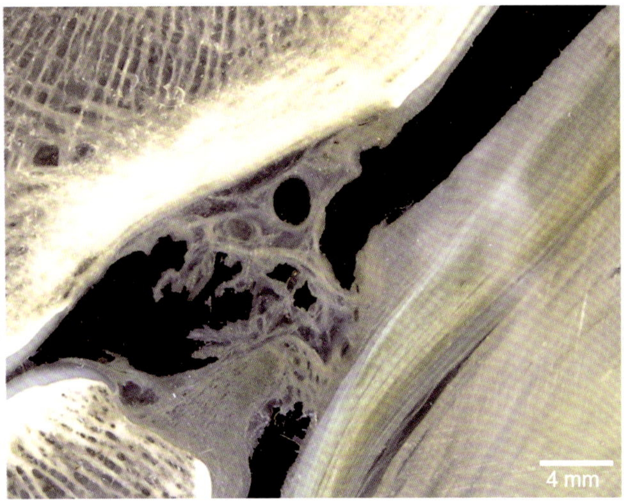

图 4-108　结缔组织——弹性桥

的分支，止于第 2～5 指的近指节骨。马的蚓状肌为一些细长肌肉，位于球节近侧指屈肌腱两侧，起于指深屈肌腱，并呈散发状止于支撑距（ergot）的组织，可协助指屈肌腱和支持距。

指短屈肌仅存在于食肉动物。该肌为一纤细的肌肉，起于腕部指浅屈肌腱，止于第 5 指掌指关节横韧带。

食肉动物指部特殊肌肉

食肉动物中有很多小的指肌，可协助指的伸展、屈曲、外展、内收和转动。猫的这些指肌非常发达，对爪的运动协调性非常重要。对于食肉动物的指特殊肌肉，本书不作过多描述。

5 后肢或盆肢 (membra pelvina)

H.-G. Liebich，H. E. König 和 J. Maierl

5.1 后肢骨骼（ossa membri pelvini）

5.1.1 后肢带（cingulum membri pelvini）

后肢[盆肢]带骨由2块对称的**髋骨**（ossa coxae）组成。髋骨在腹侧形成**骨盆联合**（symphysis pelvina），在背侧与荐骨构成牢固的关节。髋骨与**荐骨**和**第1尾椎**一起形成骨质的**骨盆**，围成骨盆腔（图5-1）。骨盆完成几种不同的功能，需要动态解剖学结构。它包围和保护盆腔内脏器官，包括生殖器官，后者又在妊娠和分娩期间产生生理学影响。骨盆在维持姿势和运动方面也具有重要的作用，因为它能够确保将来自后肢的力量有效地传递给躯干。

每一**髋骨**由具有独立的骨化中心的3块骨组成。在幼年动物，每一块骨由软骨缘分开，软骨缘可使骨生长。在成年动物，3块骨完全愈合，其边缘形成的关节腔（髋臼）与股骨成关节。髋骨的组成如下：

- 髂骨（os ilium）
- 耻骨（os pubis）
- 坐骨（os ischii）

每一髋骨的耻骨和坐骨在腹侧以软骨性的**骨盆联合**（symphysis pelvina）连接。骨盆联合是一个牢固但不僵硬的关节，准备分娩时在激素的影响下，骨盆的每一半分开以增大生殖管道。骨盆联合可分为前方的**耻骨部**（耻骨联合，symphysis pubica）和后方的**坐骨部**（坐骨联合，symphysis ischiadica）。

为了叙述方便，髋骨的3个部分将分别进行介绍。

髂骨（os ilium）

髂骨构成髋骨的前背侧部，从髋臼斜向伸至荐骨（图5-1和图5-5）。髂骨可分为前方扩大的**髂骨翼**（ala ossis ischii）和后方柱状的**髂骨体**（corpus ossis ilii）。髂骨体、耻骨体和坐骨体共同参与构成**髋臼**。**髂骨翼**的形态具有动物种间特异性，极大地影响骨盆的形状，马和牛的为垂直定向，小型反刍动物的旋转向背外侧，猪和食肉动物的几乎呈矢状位。各种显著的隆起、嵴和切迹使髂骨翼具有特征性的外观。

所有家畜的髋骨外侧角的一个重要标志是**髋结节**（tuber coxae）（图5-7至图5-10、图5-13和图5-14），这在马和牛中形成一个可见的突出点，在犬也可以触摸到。食肉动物的髋结节有2个隆起，即**髂腹侧前棘**（spina iliacae ventrales craniales）和**髂腹侧后棘**（spina iliacae ventrales caudales）。髂骨翼的内背侧角增厚形成**荐结节**（tuber sacrale）（图5-7至图5-9）。食肉动物和牛的荐结节也有2个隆起，即髂背侧前棘（spinae iliacae dorsales craniales）和髂背侧后棘（spinae iliacae dorsales caudales）。**髂嵴**（crista iliaca）连接髋结节和荐结节，食肉动物和猪的凸而厚，而大动物的则凹而薄（图5-15和图5-16）。

髂骨有2个面，即**外侧面**（背外侧面，dorsolateral）或**臀肌面**（facies glutea）和**内侧面**（**腹内侧面，medioventral**）或**荐盆面**（facies sacropelvina）。外侧面凹，在食肉动物有3条**臀肌线**（lineae gluteae），在其他家畜有1条臀肌线，供臀肌起始。

内侧面分为2部分。内侧面的**腹外侧部**（髂面，facies iliaca）供数块盆肌终止；内侧面的背内侧部由粗糙的**耳状面**（facies auricularis）和**髂骨粗隆**（tuberositas iliaca）组成。髂骨粗隆与荐骨形成**牢固的荐髂关节**。

髂骨翼的背内侧缘深凹，在与坐骨体连接处形成**坐骨大切迹**（incisura ischiadica major），有坐骨神经通过。髂骨体的腹侧缘有**弓状线**（linea arcuata），具有供腰小肌附着的腰肌结节。

耻骨（os pubis）

耻骨呈L形，由**耻骨体**（corpus ossis pubis）、横向的**髋臼支**（耻骨前支，ramus cranialis ossis pubis）和矢状的**联合支**（耻

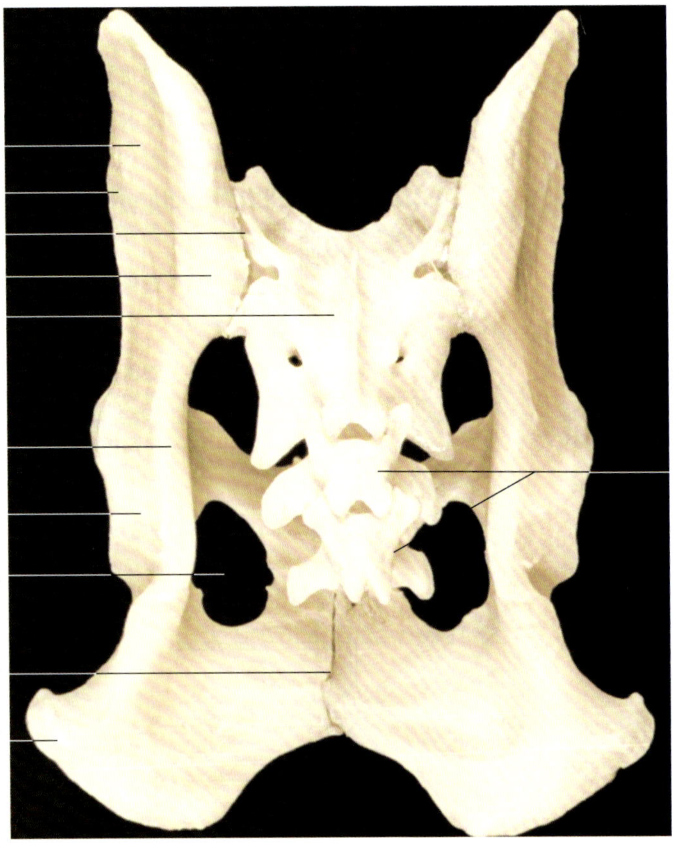

图 5-5 犬的髋骨（后背侧面）

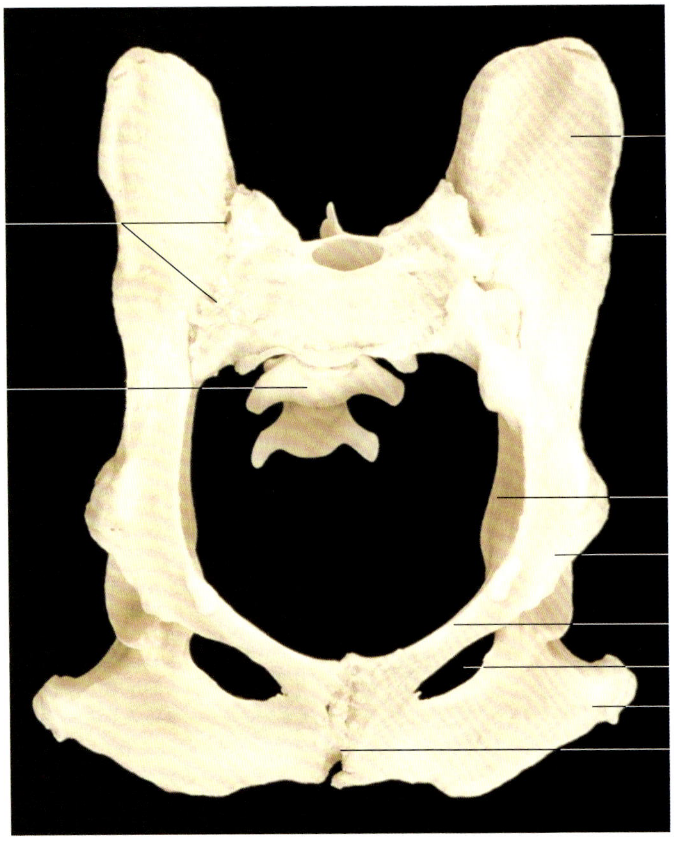

图 5-6 犬的髋骨（前腹侧面）

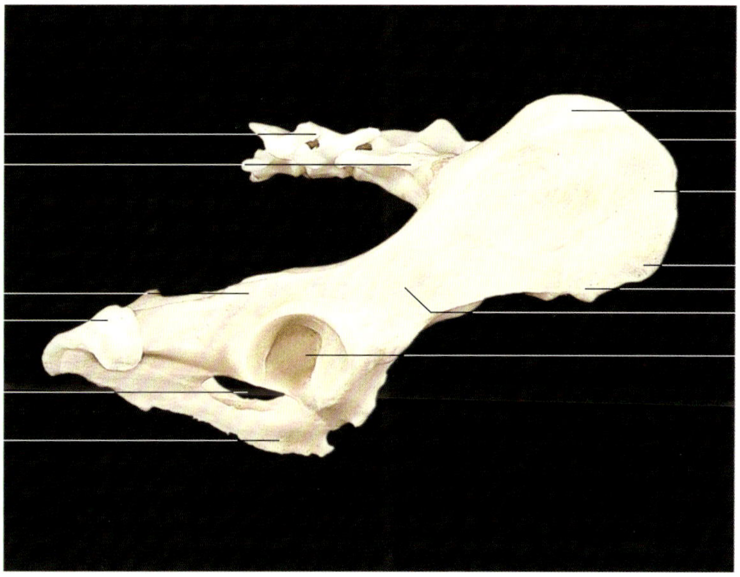

图 5-7 犬的髋骨、荐骨和尾椎（右外侧面）

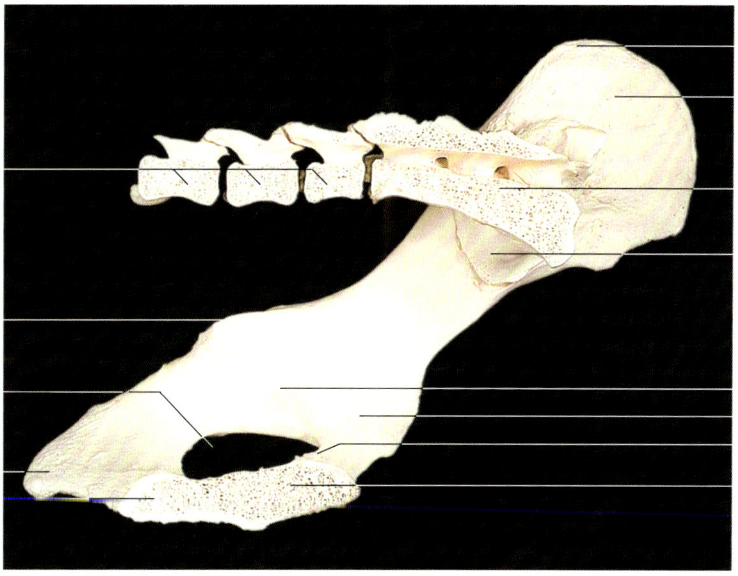

图 5-8 犬的髋骨、荐骨和尾椎，左髋骨旁正中面（内侧面）

坐骨（os ischii）

坐骨分为**坐骨体**（corpus ossis ischii）、**后板**（坐骨板，tabula ossis ischii）和**内侧支**（坐骨支，ramus ossis ischii）（图 5-5）。后板伸向前方成为 2 支，即联合支和髋臼支，形成闭孔的后界。坐骨的内侧支形成骨盆联合的后部（坐骨联合，symphysis ischiadica）。**坐骨体**（corpus ossis ischii）构成髋臼的一部分（图 5-5 和图 5-9），其背侧缘与髂骨的背侧缘相连形成**坐骨棘**（spina ischiadica）。坐骨棘朝向**坐骨小切迹**（incisura ischiadica minor）并逐渐减小。坐骨小切迹为**坐骨结节**（tuber ischiadicum）和髋臼后缘之间的凹缘。

坐骨后板的后外侧部增厚形成**坐骨结节**（tuber ischiadicum），在犬和马为一线状增厚，在牛和猪为三角形隆起。坐骨结节是大多数家畜可见的标志。

两侧坐骨板的后缘汇合成凹的**坐骨弓**（arcus ischiadicus）。此切迹通常阔而深，但马的例外，浅且不规则。

髋臼

髋臼为一深杯状腔，由组成髋骨的 3 块骨参与形成（图 5-5、图 5-9、图 5-11 和图 5-12）。腔的中央有一附加的第 4 块骨，为小的**髋臼骨**（os acetabuli），见于食肉动物。髋臼由前外侧的髂骨体、后外侧的坐骨体和内侧的耻骨体组成。它与股骨头形成球状关节（髋关节）。髋臼腔由外周的**月形关节面**（月形面，facies lunata）和中央非关节的髋臼窝（fossa acetabuli）组成。月形面呈新月形，内侧有深的髋臼切迹（incisura acetabuli）形成的凹痕。关节面由纤维软骨性的**关节唇**（labrum articularis）覆盖。**股骨头囊内韧带**（股骨头韧带，ligamentum capitis ossis femoris）经髋臼切迹连接股骨头至髋臼窝。马有一第 2 韧带（副韧带），止于髋臼窝。

牛的半月形面被一前腹侧切迹分为较大的前背侧部（大部，pars major）和较小的后腹侧部（小部，pars minor）。

骨盆

骨质骨盆为盆腔周围宽阔的骨环（图 5-5、图 5-6、图 5-13、图 5-14、图 5-17 和图 5-18），其形态结构反映了骨盆的多种功能。骨盆一般形态的种间特征性差异非常明显。骨盆供多数肌肉、腱和韧带附着，其表面形态与此相适应。

骨盆的顶由荐骨和前几枚尾椎构成，骨盆底（solum pelvis osseum）由耻骨和坐骨组成，外侧壁由髂骨和坐骨形成。在除食肉动物以外的所有家畜中，荐结节阔韧带封闭骨盆外侧壁的骨质缺口。**骨盆前口或入口**（apertura pelvis cranialis）由终线（linea terminalis）围成。终线沿背侧的荐骨岬、外侧的髂骨翼走行，止于腹侧的耻骨梳。母畜的几乎呈环形，而公畜的更似蛋形，尖朝向腹侧。

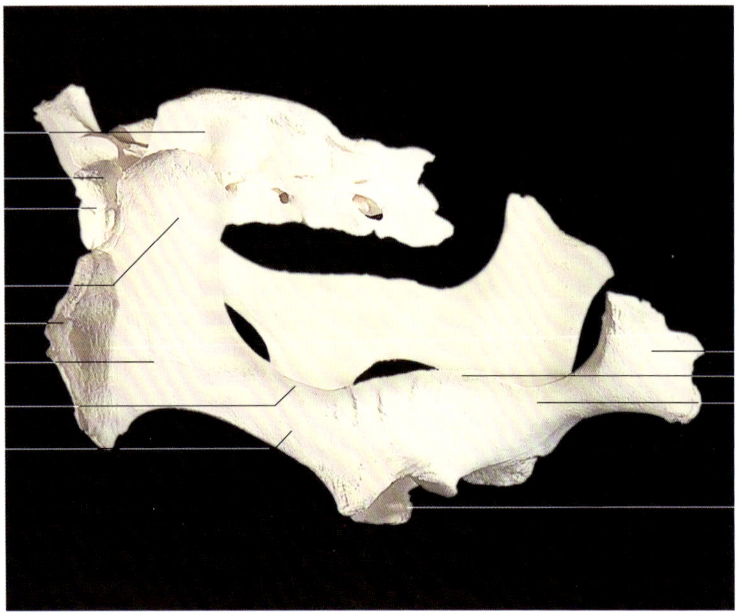

图 5-9　牛的髋骨和荐骨（左外侧面）

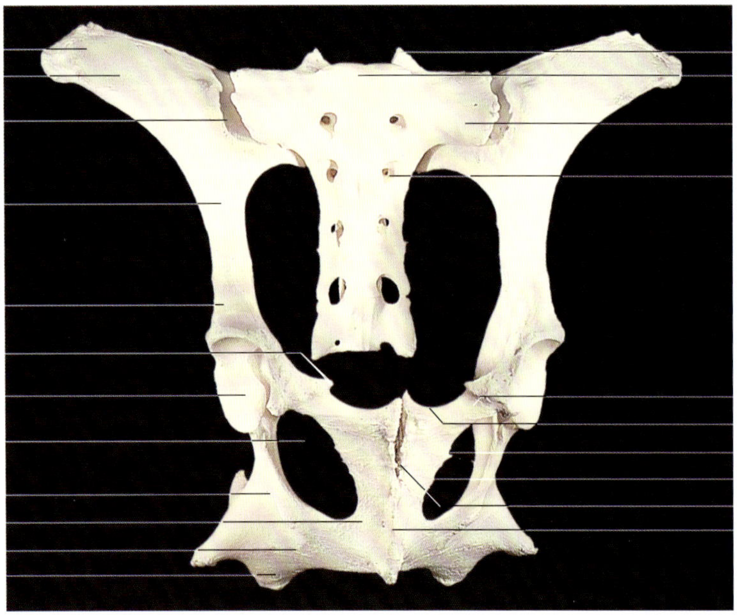

图 5-10　牛的髋骨和荐骨（前腹侧面）

骨盆后口或出口(apertura pelvis caudalis)由背侧的前3～4枚尾椎、腹侧的坐骨弓和坐骨结节及外侧的荐结节阔韧带组成。犬的荐结节韧带呈线状，猫的缺失。

骨盆底(solum pelvis osseum)在产科学上具有重要的意义。反刍动物的骨盆底深凹，特别是在横向，且在后部斜向背侧；食肉动物的骨盆底也是凹的，但较浅；马的骨盆底平坦、垂直。骨盆腔的几个直径定义为伸展于骨盆骨质标志之间的直径。在产科学上进行如下骨盆腔测量：

- **骨盆轴**(axis pelvis)：由前向后的、经过荐骨和骨盆联合之间所有连线中点的假设线
- **骨盆直径**(轭合径，diameter conjugata)：从荐骨岬到骨盆联合前缘的距离，反映骨盆入口的大小
- **骨盆对角径**(conjugata diagonalis)：从荐骨岬到骨盆联合后缘的距离
- **垂直径**(diameter verticalis)：荐骨或尾椎与骨盆联合前缘之间的直径，与骨盆联合成直角

骨盆腔直径为背腹向直径，具有重要的临床实践意义。

在反刍动物、马和成年猪，垂直径伸展于荐骨和骨盆联合之间，它使骨盆不可能扩展。在食肉动物，荐骨很短，垂直径伸展于尾椎和骨盆联合之间。

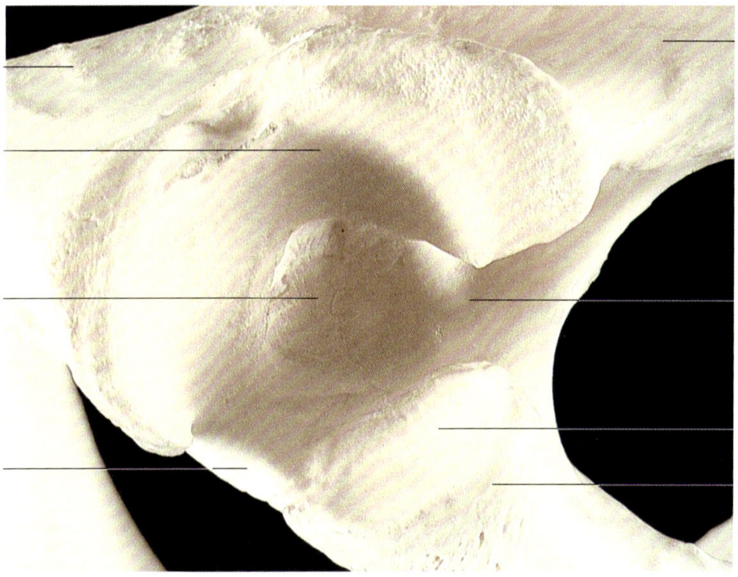

图 5-11 牛的左侧髋臼(外侧面)

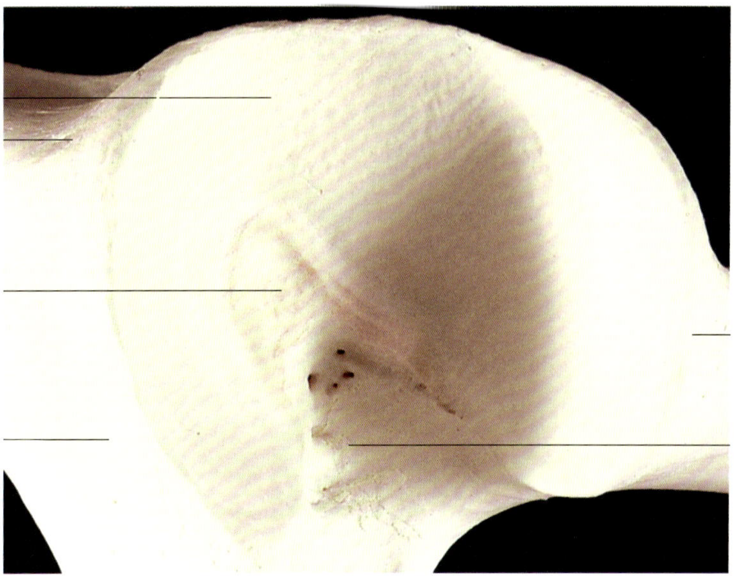

图 5-12 马的左侧髋臼(外侧面)

在这些动物和仔猪中，荐椎还没有愈合，生殖管道在某种程度上扩大是有可能的。垂直径和轭合径之间的角度反映**骨盆倾斜度**(inclinatio pelvis)。**横径**(diameter transversa)定义为界线最大的横向尺寸。横向的测量还有**两侧坐骨棘**中点之间的直径(横棘径，diameter spina transversa)和**坐骨结节**之间的距离(坐骨结节间径，diameter transversa tuber ischiadici)。

5.1.2 骨盆腔

骨盆腔形态的种间特征性差异非常明显，骨盆腔的尺寸在产科学上具有重要意义。

犬的骨盆腔入口处的荐骨或耻骨梳平面非常倾斜。两侧髂骨体不平行，骨盆腔入口在其中部最宽，在背侧最狭窄。骨盆腔出口相当宽，还可通过尾上举而增大。骨盆腔整体上直而短，所以犬在分娩期间很少出现问题。

猪的荐骨稍微弯曲，骨盆底平坦，后方向腹侧倾斜。骨盆腔入口非常倾斜，几乎在背平面，致使骨盆直径很长。坐骨棘之间的直径因其向内而变窄。因此，骨质产道在各个方向上测量为 8～9 cm。尽管脂肪和肌层厚，髋结节和坐骨结节仍然可以触及。坐骨结节与其他骨骼保持分离，这在临床上易引发问题。

牛的骨盆顶从前到后变狭窄(图 5-9 和图 5-10)。荐骨

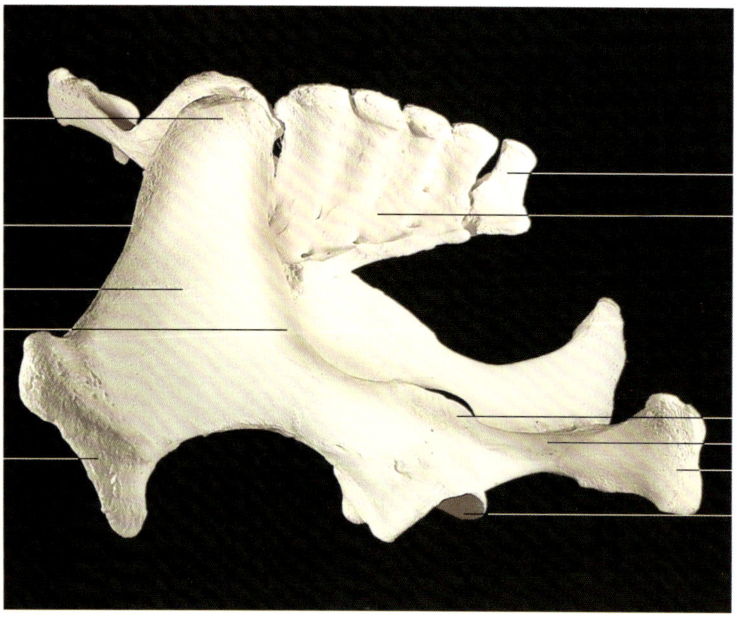

图 5-13 马的髋骨和荐骨(左外侧面)

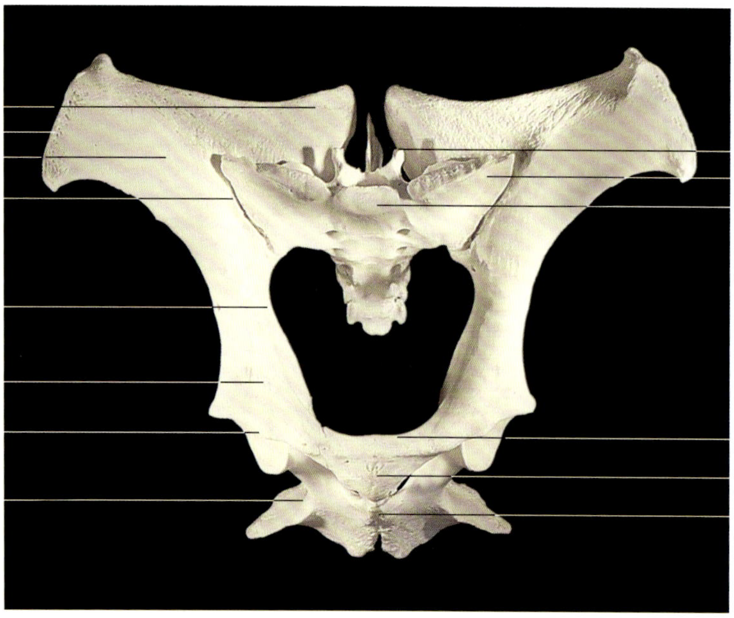

图 5-14 马的髋骨和荐骨(前腹侧面)

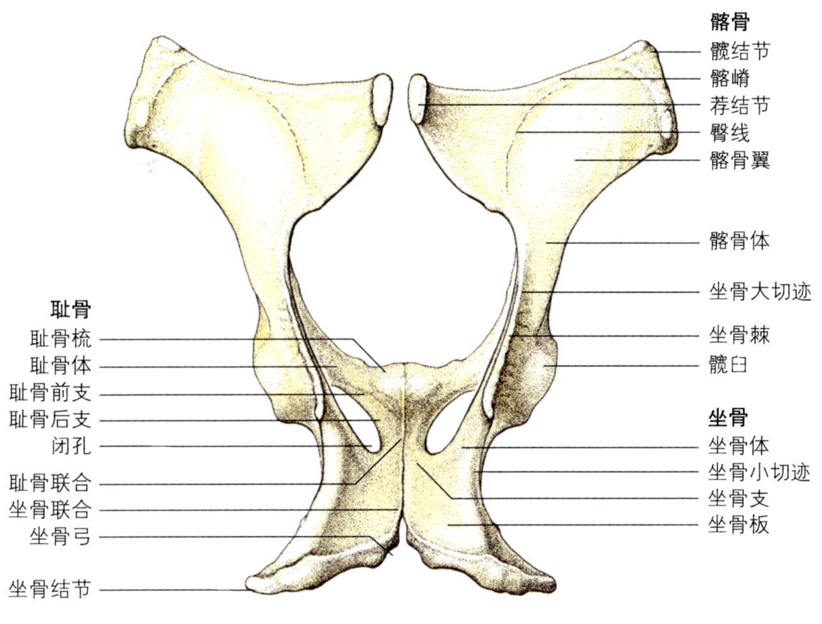

图 5-15 马的髋骨（示意图，背侧面）

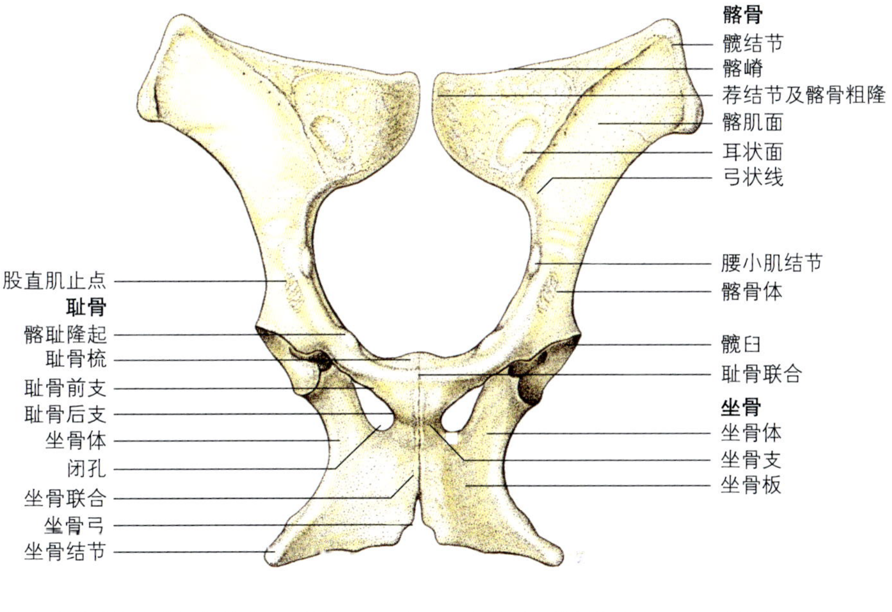

图 5-16 马的髋骨（示意图，腹侧面）

形成骨盆顶的大部分，其全长凹。骨盆侧壁由前方的髂骨翼和后方突出的坐骨棘构成。骨盆入口的倾斜使耻骨梳置于第 2 荐椎间关节下方，这使骨盆入口比较狭窄。荐骨的坚硬使骨盆垂直直径不可能扩大。骨盆的出口比入口狭窄。坐骨棘和坐骨结节向内偏斜，减小了产道的直径，坐骨结节从骨盆底突向背侧。分娩期间影响胎儿娩出的另一个复杂因素是产道疾病。

马的骨盆顶由荐骨和前 2 枚尾椎构成，略向后腹侧倾斜。与猪和牛相比较，马的坐骨棘和坐骨结节不显著，因此，荐坐韧带形成骨盆腔侧壁的大部分(图 5-13 至图 5-16)。骨盆底垂直、平坦。青年马在耻骨正中有一隆突，但这在成年母马中消失。终线落在母马的第 3 或第 4 荐椎和公马的第 2 荐椎平面的耻骨梳上。母马的骨盆入口宽而圆，公马的则多角形，尤其在腹侧。母马的骨盆腔比牛的更适合于产仔。骨盆入口宽，出口不因骨质的突起而减小，骨盆轴直，骨盆腔整体上更宽敞。

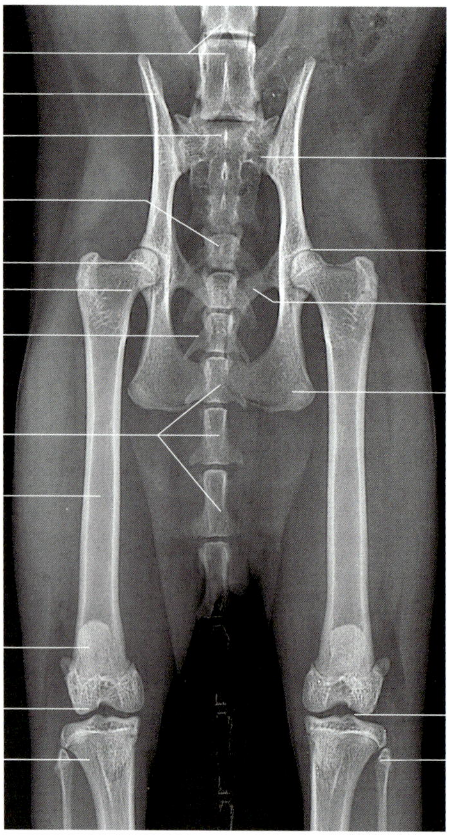

图 5-17　猫的骨盆部、髋关节、股骨和膝关节 X 线片（背腹侧投影）（慕尼黑 Ulrike Matis 博士、教授提供）

5.1.3　股部骨骼（skeleton femoris）

后肢游离部近端（肢柱，stylopodium）的骨骼由单独的股骨组成（图 5-1、图 5-19 至图 5-25）。**股骨**（os femoris）是长骨中最强大的一个。有 **4 个籽骨**位于股部的软组织内。最大的籽骨是**膝盖骨**（**髌骨**），它包埋于股四头肌止点腱内。食肉动物有 2 个籽骨包埋于腓肠肌头内，1 个包埋于腘肌头内。

股骨是姿势和运动的功能中心。其表面呈现特征性的结构，与肱骨相类似，有供强大的肌肉及其腱附着的起点，明显的骨质隆突和沟（图 5-19）。尽管存在种间特征性的形态，仍可将股骨分为 **3 个基本的部分**：

- 具有股骨头的近端（caput ossis femoris）
- 股骨体（corpus ossis femoris）
- 具有股骨内、外侧髁（condylus lateralis et medialis）

股骨近端弯向内侧，具有显著的**股骨头**，后者偏离股骨的长轴。股骨头具有半球形的关节面，与髋臼成关节；头上有一切迹称**股骨头凹**（fovea capitis），供股骨头囊内韧带（股骨头韧带，ligamentum capitis ossis femoris）附着。此切迹呈圆形，犬的位于股骨头的中央；马的呈楔形，在内侧向外周开口。在食肉动物和猪，股骨头借明显的**股骨颈**（collum ossis femoris）与股骨体分开。股骨头的外侧有一大的突起，称**大转子**（trochanter major）。大动物的大转子的高度超过股骨头的背侧面，但小动物和猪的大转子和股骨头在同一水平。大转子供臀肌附着，对髋关节的伸肌起一个杠杆的作用。

股骨大转子和股骨颈被**转子窝**（fossa trochanterica）分开，臀部的深层肌终止于窝内。马的大转子分为前部和后部（pars cranialis et caudalis）。较小的突起称为**小转子**（trochanter minor），位于内侧面，供髂腰肌附着。马还有一个突起称**第 3 转子**（trochanter tertius），位于股骨体近侧 1/3 处的外侧面，供浅臀肌附着（图 5-22）。

骨干由**股骨体**构成。其近端后面的标志是有一粗糙面（facies aspera），其边界为**内、外侧唇**（labium mediale et poplitea），内、外侧唇延续至远端围绕**腘肌面**（facies poplitea）。马的后远侧面为**髁上窝**（fossa supracondylaris），它增加了趾浅屈肌的起始区域。外、内侧髁上粗隆位于股骨体远侧 1/3 处，供腓肠肌起始（图 5-20）。

股骨**远端**后方具有**内、外侧髁**（condylus lateralisetmedialis），前方有滑车（图 5-19、图 5-20 和图 5-23）。内、外侧髁与胫骨的近端和半月板形成**股胫关节**（articulatio femorotibialis）。内、外侧髁之间为深的**髁间窝**（fossa intercondylaris），借水平的**髁间线**（linea intercondylaris）与**腘肌面**（facies poplitea）分开。两个髁的远轴侧面粗糙，供膝关节的侧副韧带附着。外侧髁有 2 个凹窝；前方的凹窝

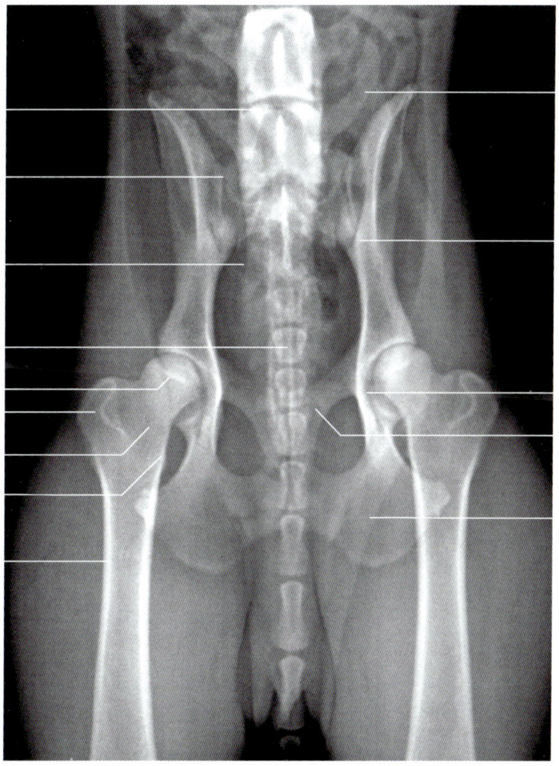

图 5-18 犬骨盆部 X 线片（背腹侧投影）（慕尼黑 Ulrike Matis 博士、教授提供）

为**伸肌窝**（fossa extensoria）（图 5-20 和图 5-25），供趾长伸肌和第 3 肋骨肌起始；后方的凹窝为腘肌窝（fossa musculi poplitei），供腘肌起始（图 5-25）。在每一髁的后面有小面与**腓肠豆**（腓肠肌籽骨，ossa sesamoidea musculi gastrocnemii）成关节，2 个籽骨包埋于腓肠肌起始腱内（图 5-24 和图 5-27）。

股骨滑车（trochlea ossis femoris）（图 5-19、图 5-20、图 5-26、图 5-28 和图 5-30）由 2 个嵴组成，被一沟分开，与膝

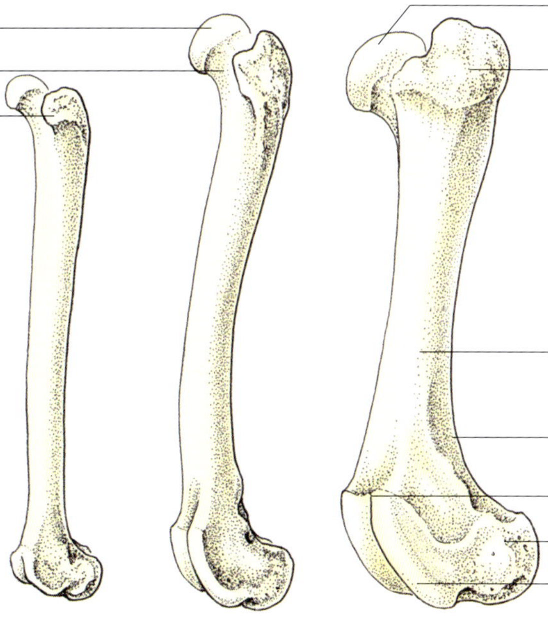

图 5-19 猫、犬和猪的股骨（示意图，前外侧面）

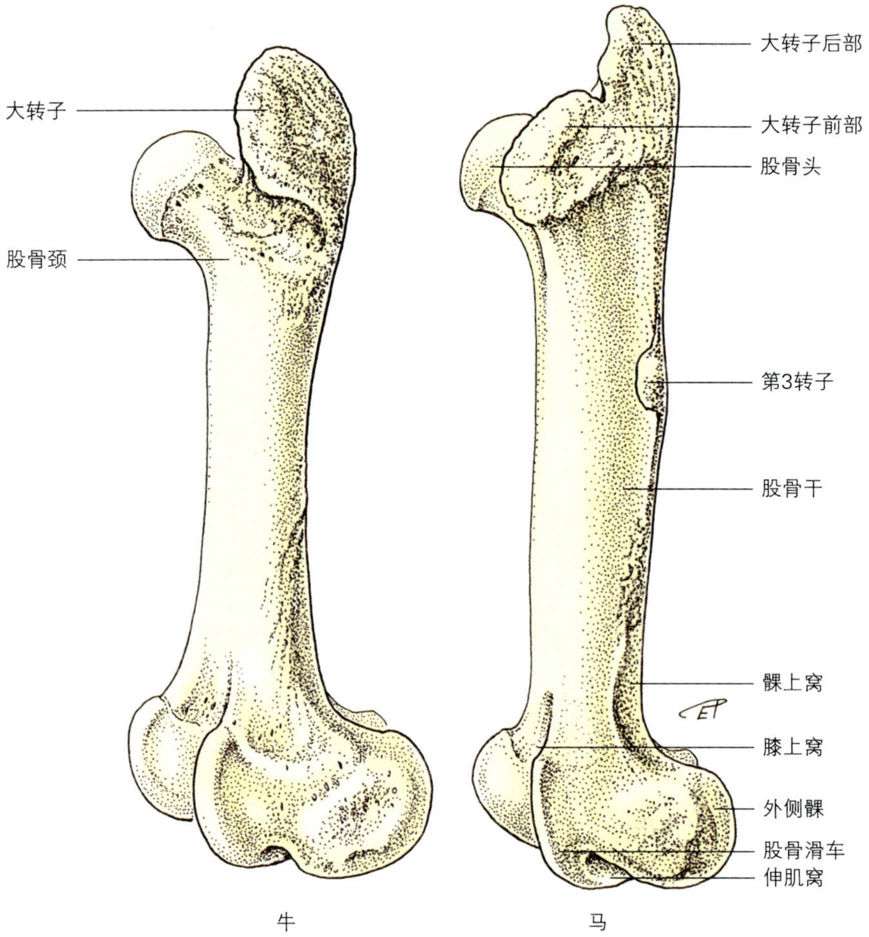

图 5-20　牛和马的股骨(示意图,前外侧面)

盖骨形成**股膝关节**(articulatio femoropatellaris)。大动物的这些嵴极不对称,内侧滑车嵴较大。马的内侧嵴有一隆突(股骨滑车结节,tuberculum trochlea ossis femoris),突向近侧。

5.1.4　膝盖骨(patella)

膝盖骨是一大块**籽骨**,位于股四头肌止点腱内。其**关节面**(facies articularis)向后方朝向股骨;游离面(前面,facies cranialis)朝向前方,在皮下可触及。膝盖骨底朝向近侧,粗糙,供肌肉附着;膝盖骨头朝向远侧(图 5-33)。马和牛的膝盖骨借**膝盖纤维软骨**(内侧膝旁纤维软骨,fibrocartilago parapatellaris medialis)向内侧扩展(图 5-26、图 5-28 和图 5-30)。

5.1.5　小腿骨骼(skeleton cruris)

后肢游离部远侧部(肢杆,zeugopodium)的骨骼由**胫骨**和**腓骨** 2 块骨组成(图 5-1、图 5-26 和图 5-35)。这些骨的力量极不相同,与前肢相应的成分一样,内侧的胫骨非常强大。腓骨沿胫骨的外侧缘延伸,在近端不与股骨构成关节。因此,只有胫骨支撑动物的重量,这反映在胫骨坚固性的增加上。腓骨的退化比前肢的尺骨进展得早。牛的腓骨几乎完全退化;马腓骨的近侧部仍为独立的骨,但其远侧部与胫骨合并。食肉动物的腓骨直径减小,但长度未减小。

胫骨

胫骨参与构成膝关节的大部分(图 5-26 和图 5-35),这反映在胫骨扩大的近侧端。

胫骨的近侧端(图 5-29、图 5-35 和图 5-36)有关节面与相应的股骨髁和半月板成关节,且有不同的粗糙面供韧带附着。胫骨可分为 **3 部分**:

- 近端,具有关节面(facies articularis),参与构成股胫关节
- 胫骨体(corpus tibiae)
- 远端,具有胫骨滑车(cochlea tibiae),与距骨成关节

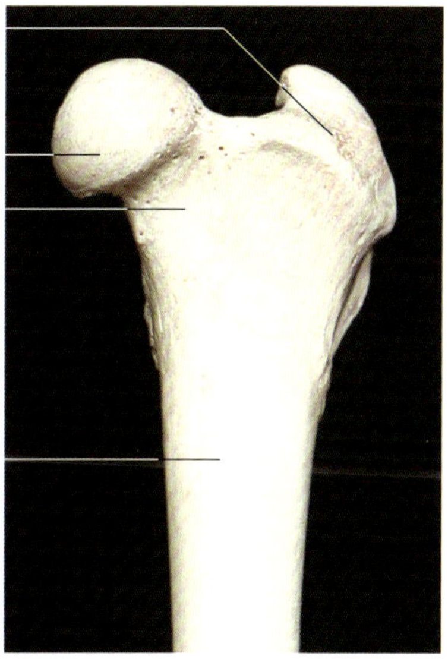

图 5-21　犬的左侧股骨近端(前面)

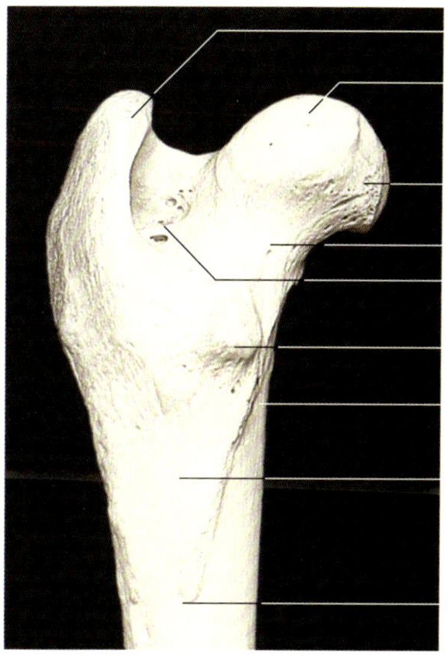

图 5-22　犬的左侧股骨近端(后面)

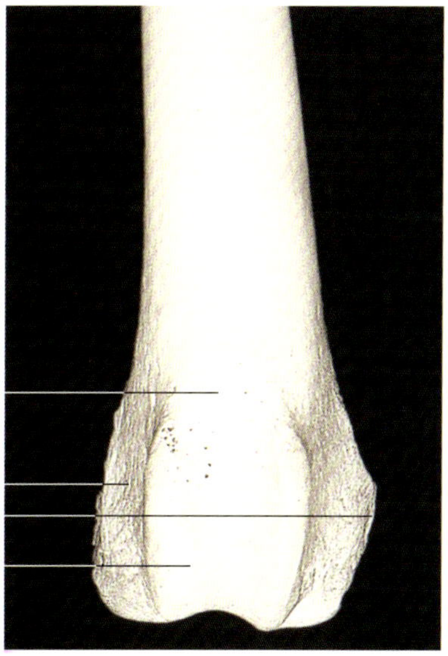

图 5-23　犬的左侧股骨远端(前面)

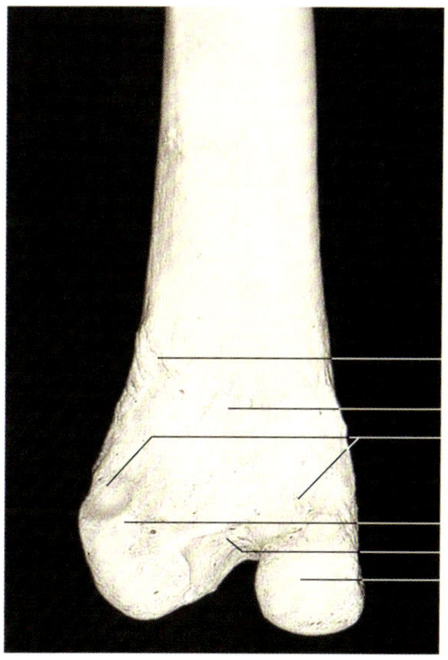

图 5-24　犬的左侧股骨远端(后面)

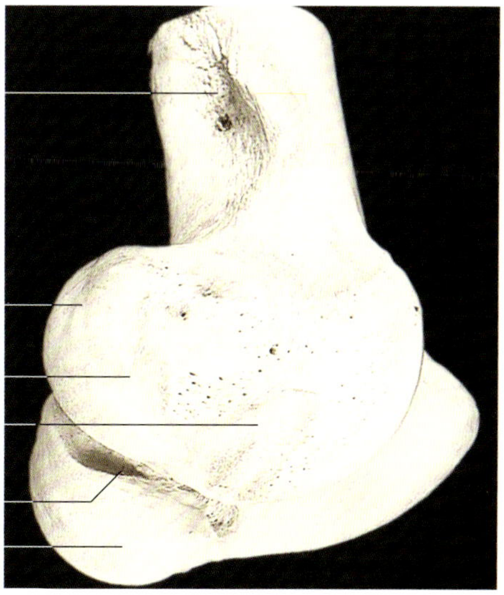

图 5-25　马的右侧股骨远端(远外侧面)

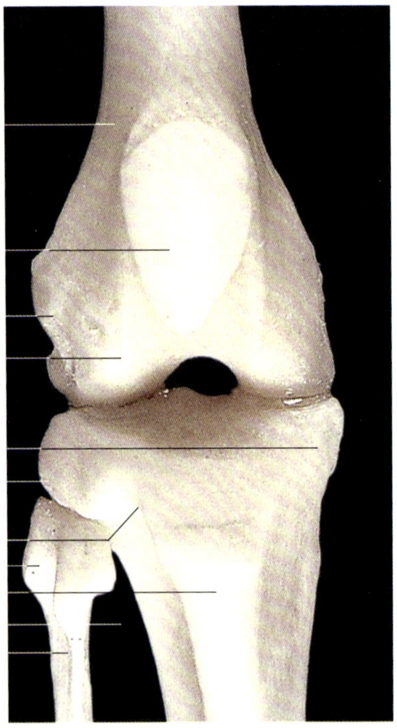

图 5-26 犬的右侧膝关节的骨骼（前面）

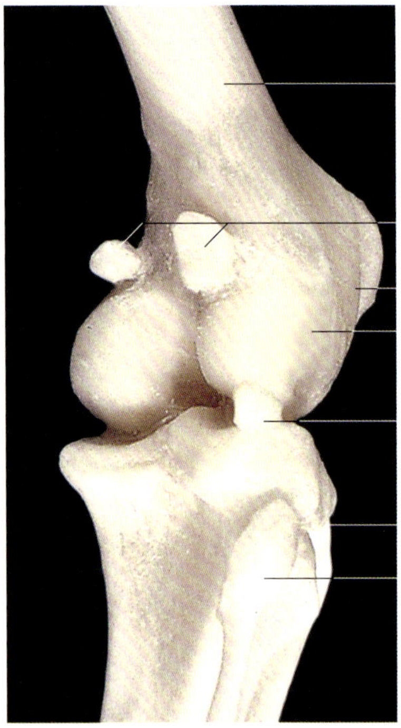

图 5-27 犬的右侧膝关节的骨骼（后外侧面）

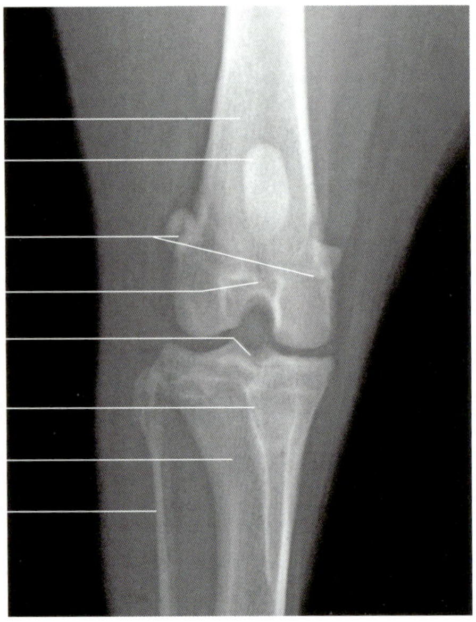

图 5-28 犬的右侧膝关节 X 线片（前后投影）（慕尼黑 Ulrike Matis 博士、教授提供）

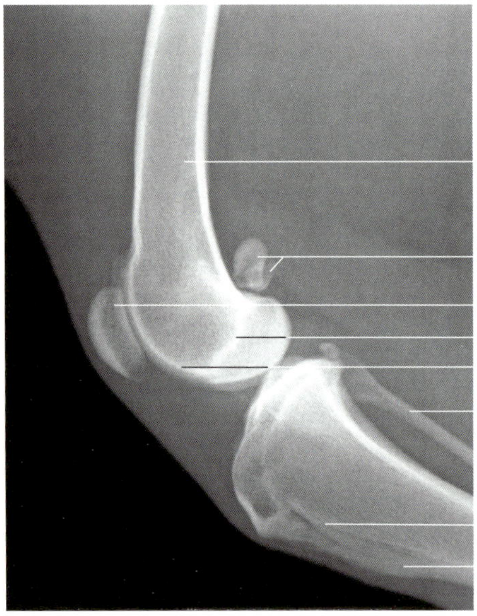

图 5-29 幼犬的右侧膝关节 X 线片（内外侧投影）（慕尼黑 Ulrike Matis 博士、教授提供）

胫骨的近端(extremitas proximalis)为三面体，具有 2 个髁（外侧髁和内侧髁，condylus lateralis et medialis)，两髁在后方被**腘肌切迹**(incisura poplitea)分开，在此处可见同名肌。每一个髁有关节面与相应的股骨髁或半月板的远侧纤维软骨面成关节（图 5-35）。两髁的关节面之间有突出的**髁间隆起**(eminentia intercondylaris)（图 5-31)，后者被**髁间中央区**(area intercondylari centralis)分为较高的内侧部（髁间内侧结节，tuberculum intercondylare mediale)和较低的外侧部（髁间外侧结节，tuberculum intercondylare lateral)。髁间隆起的前方和后方为韧带附着的凹窝（髁间前区和髁间后区，areae intercondylares craniales et caudales)。髁的外侧面有**关节面**（腓骨关节面，facies articularis fibularis)与腓骨的近端成关节。反刍动物残存的腓骨与此关节面愈合。前外侧面有一深切迹，称**伸肌沟**(sulcus extensorius)，供趾长伸肌通过。

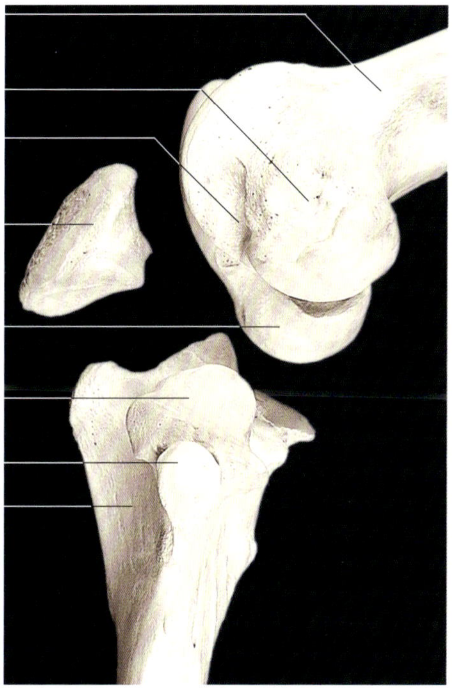

图 5-30 马的左侧股骨、膝盖骨的远端和胫骨的近端(外侧面)

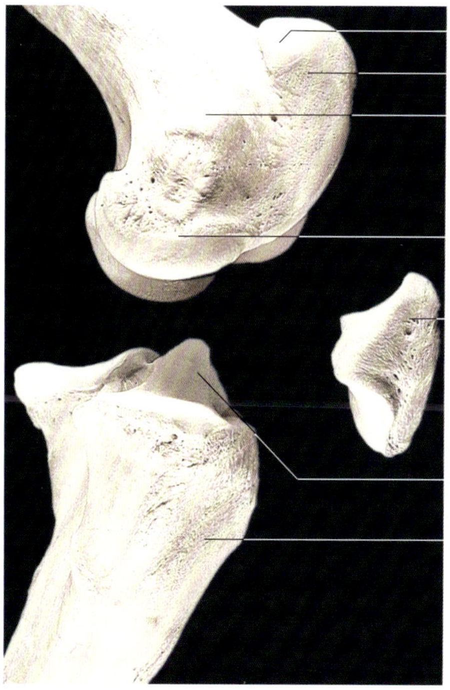

图 5-31 马的左侧股骨、膝盖骨的远端和胫骨的近端(内侧面)

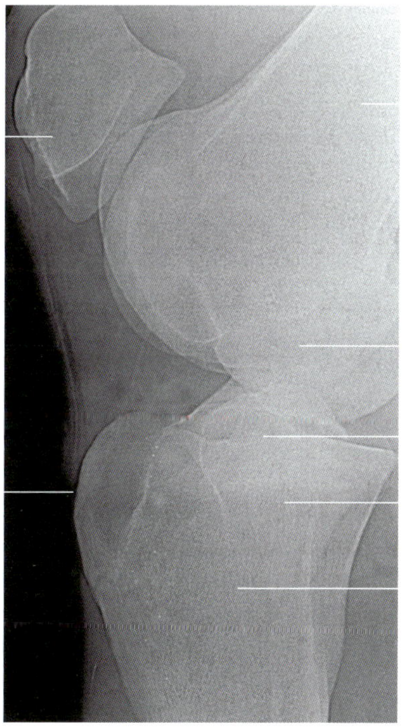

图 5-32 马的膝关节 X 线片(维也纳 Chr. Stanek 博士、教授提供)

胫骨体前后压扁,有 2 个显著的骨质结构。**胫骨粗隆**(tuberositas tibiae)为一大的突起,从胫骨体近侧部的前面突出,为一重要的标志。从胫骨粗隆向远侧伸展的是**胫骨前缘**(margo cranialis)。胫骨前缘在活体可触及,将胫骨体表面分为被覆盖肌肉的外侧部和位于皮下的内侧部。马胫骨体的后面具有几条沟供腘肌(腘肌线,lineae musculi poplitei)和趾的屈肌(肌线,lineae musculares)附着。

胫骨的远端(extremitas distalis)具有**滑车**,由中间嵴和 2 个侧翼沟组成。大多数家畜的中央嵴呈矢状方向,但马的呈前外侧方向。滑车与距骨的滑车嵴成关节(图 5-41 和图 5-42)。

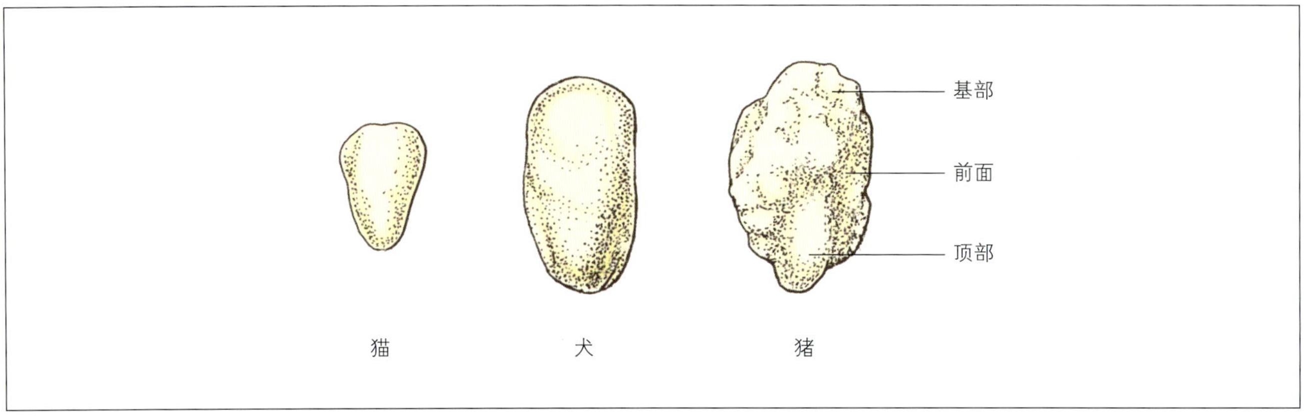

图 5-33　猫、犬和猪的膝盖骨（示意图）

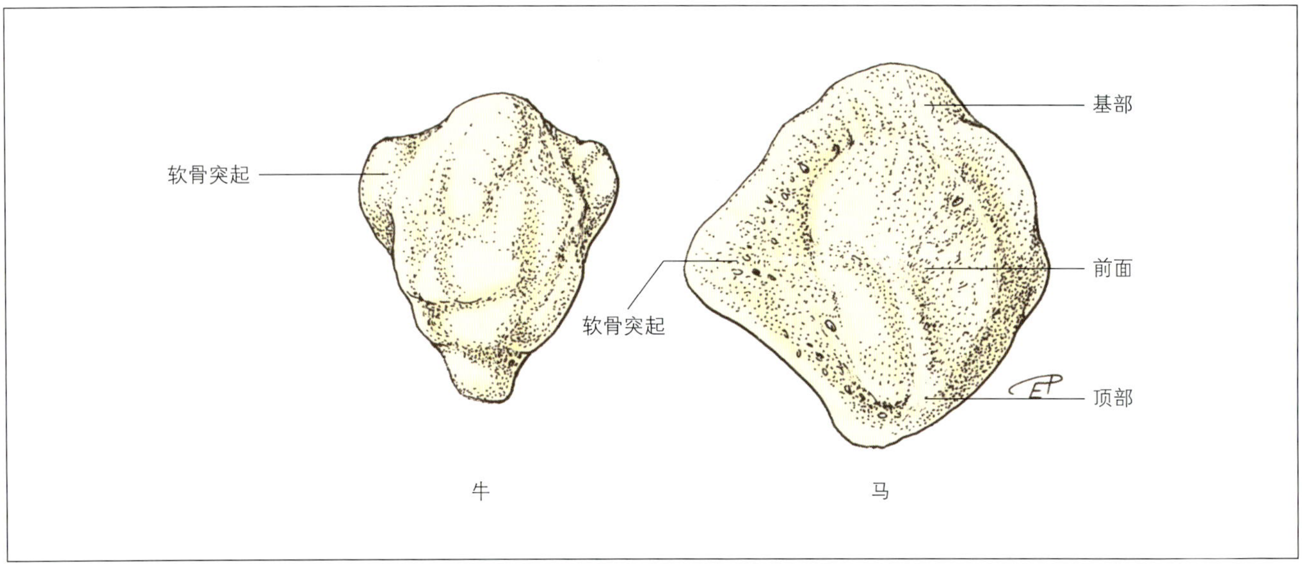

图 5-34　牛和马的膝盖骨（示意图）

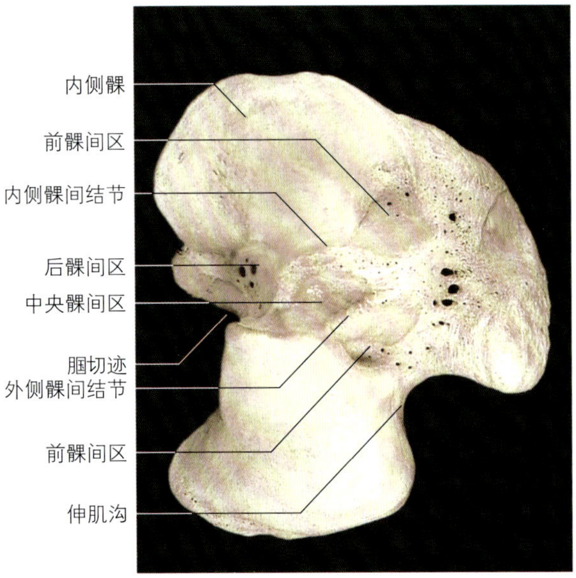

图 5-35　马的右侧胫骨近端（俯视）

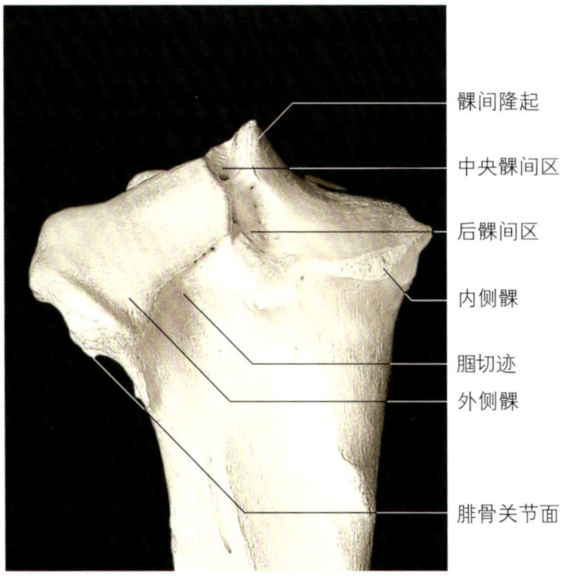

图 5-36　马的左侧胫骨近端（后面）

滑车的内侧面因有骨质的隆起，即**内侧髁**(malleolus medialis)(图 5-38)而增大。滑车的外侧面呈现种间特异性变化。在食肉动物和猪，滑车外侧有切迹(腓骨切迹，incisure fibularis)与腓骨的远端成关节。在牛，滑车的外侧面有关节小面与残存的腓骨远端即独立的**踝骨**(os malleolare)成关节。马的外侧髁由腓骨的远端与胫骨愈合而成。

腓骨

腓骨可分为近侧的**腓骨头**(caput fibulae)、**腓骨颈**(collum fibulae)、**腓骨体**(corpus fibulae)和远端或**外侧髁**(malleolus lateralis)(图 5-37 至图 5-42)。腓骨在进化期间经历了显著的退化，退化的程度因物种而异。猪和食肉动物的腓骨保持其整个长度，但其力量和功能减小。腓骨借长的**骨间隙**(小腿骨间隙，spatium interosseum cruris)与胫骨分开，骨间隙由软组织连接。虽然猪的骨间隙伸展于整个小腿的长度，但食肉动物的骨间隙仅限于小腿的近侧部。腓骨位于胫骨的外侧，将小腿的肌肉分为前、后两群。瘦犬腓骨的全长均可触及，但肌肉发达的犬仅腓骨的近侧端可触及。腓骨头与胫骨外侧髁成关节。

反刍动物的腓骨体完全退化，其近端愈合于胫骨，远端保留为独立的踝骨(os malleolare)，与胫骨的远端成关节。在马，仅腓骨的近端保持独立存在(图 5-34)。

腓骨头与胫骨成关节，胫骨体朝向小腿中部而逐渐消失。远端完全与胫骨愈合，形成外侧髁，后者具有独立的骨化中心，在幼马的 X 线片上可以见到。

5.1.6 后脚骨骼(skeleton pedis)

后脚骨骼形成后脚肢体的骨部，由近端向远端 3 个部分组成(图 5-1 至图 5-3)：

- 肢底：跗骨(ossa tarsi)
- 肢梢：跖骨(ossa metatarsalia)
- 肢端：趾骨(ossa digitorum pedis)

跗骨(ossa tarsi)

在家畜，跗骨排成 3 列，即**近列或小腿列**、**中列或跗骨间列**以及**远列或跖列**(图 5-37 至图 5-45)。近列与胫骨形成**跗小腿关节**(articulatio tarsocruralis)，远列与跖骨形成跗

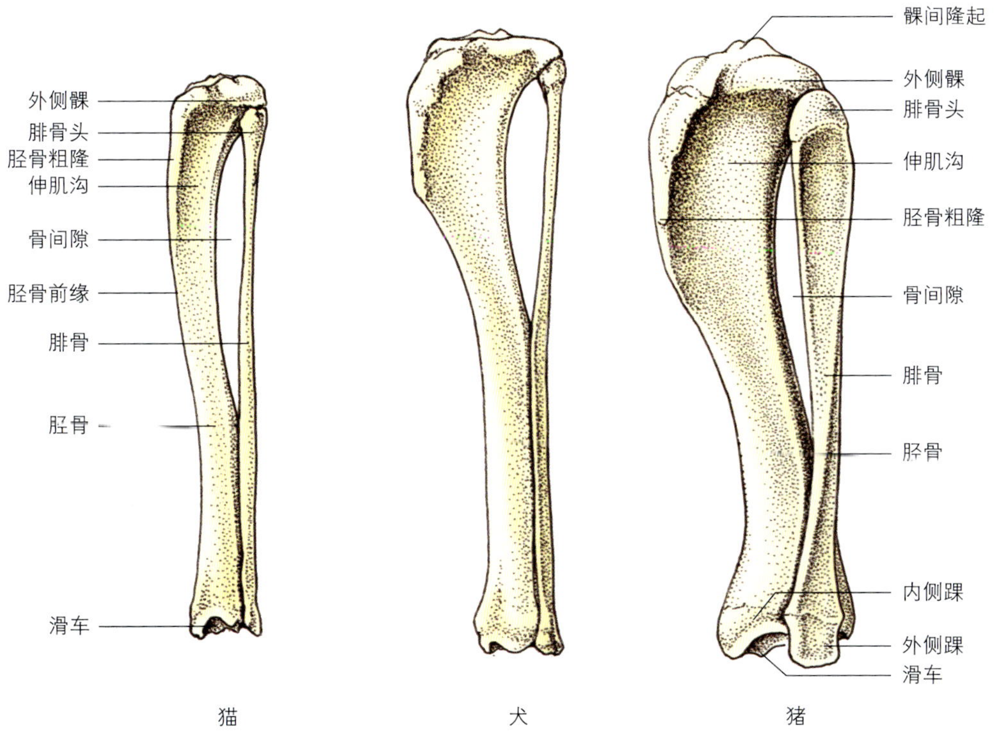

图 5-37 猫、犬和猪的左侧胫骨和腓骨(示意图，前外侧面)

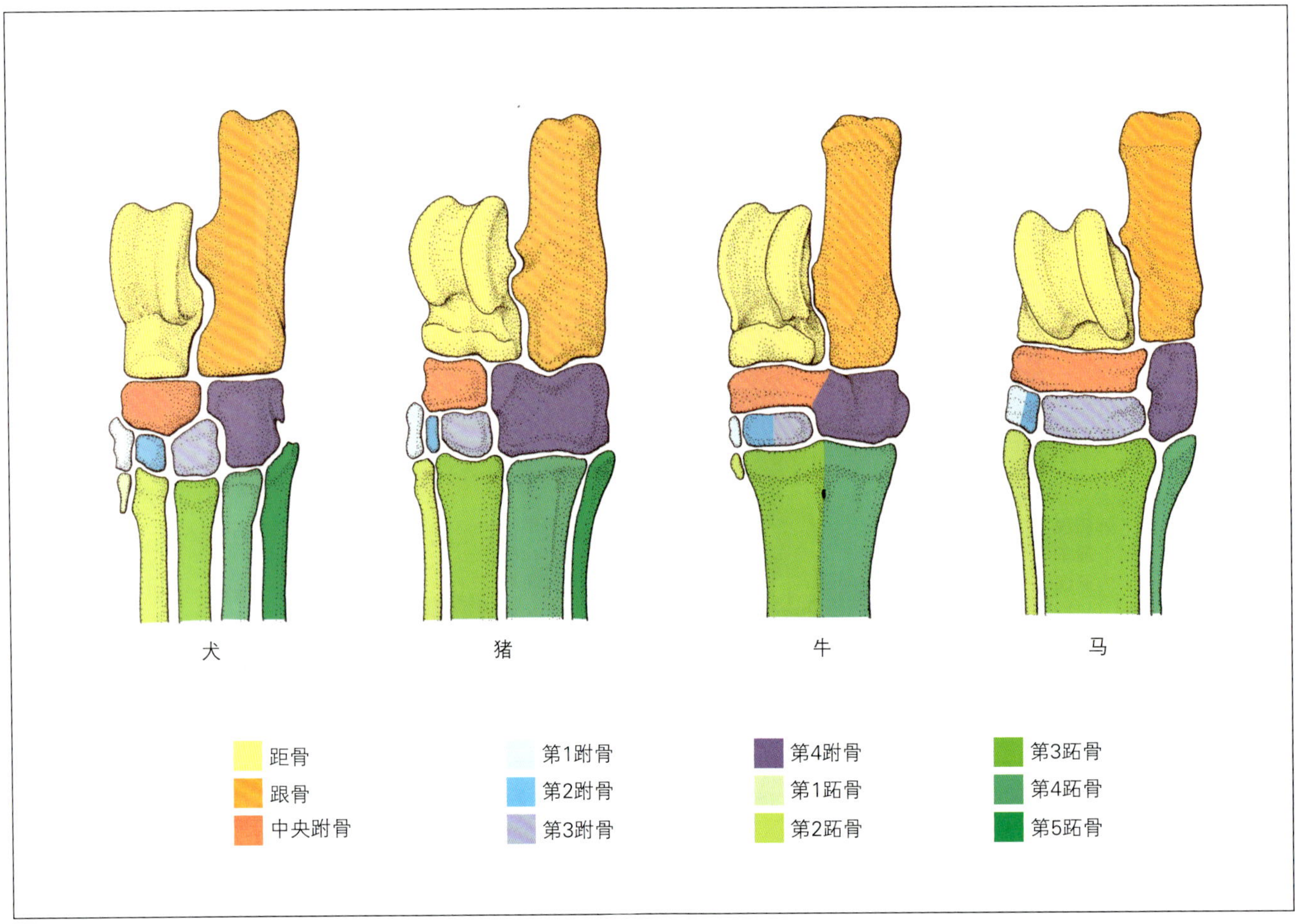

图 5-43 家畜的跗骨(示意图)。仿 Ellenberger 和 Baum(1943)

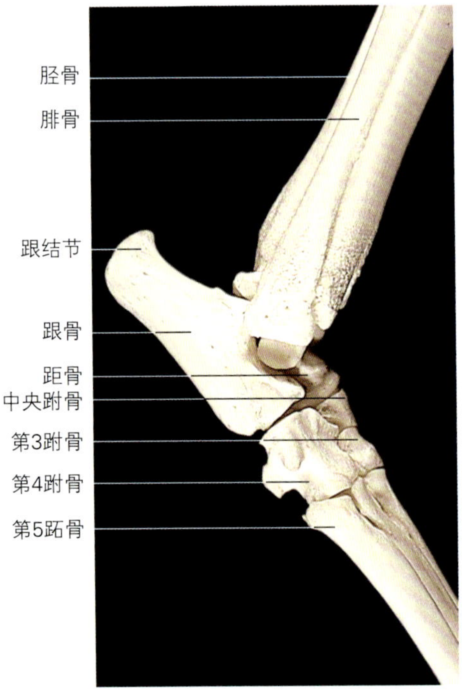

图 5-44 犬的右侧跗骨(外侧面)

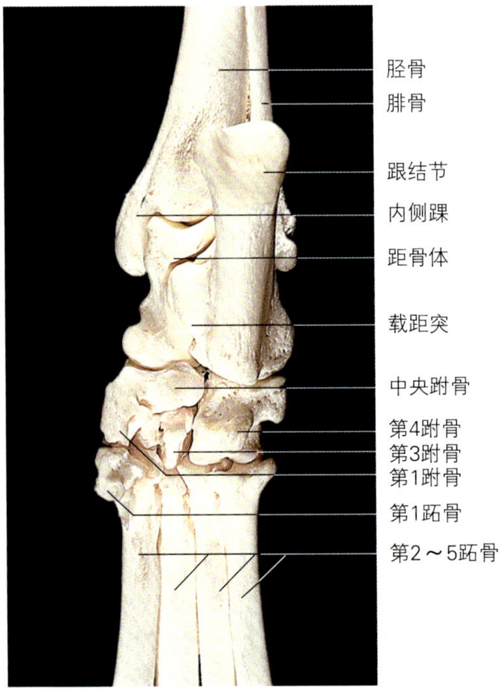

图 5-45 犬的右侧跗骨(跖侧面)

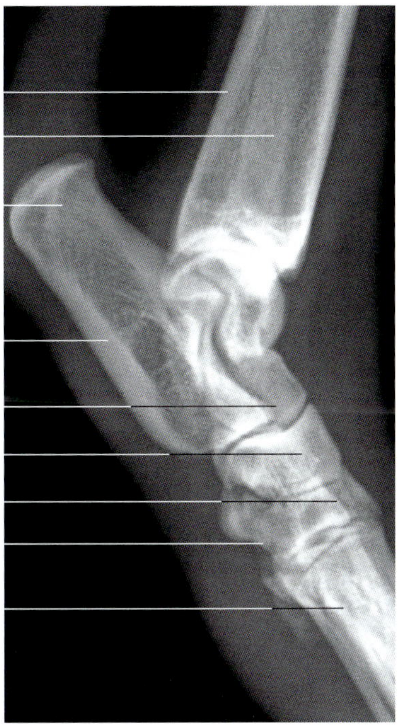

图 5-46 犬的右侧跗骨 X 线片（外侧面）（慕尼黑 Ulrike Matis 博士、教授提供）

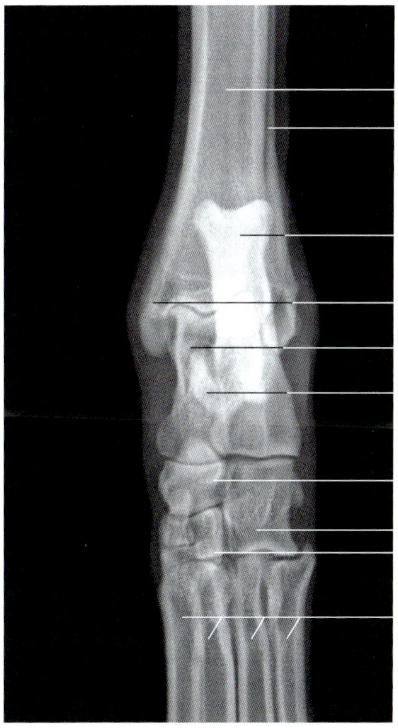

图 5-47 犬的右侧跗骨 X 线片（跖侧面）（慕尼黑 Ulrike Matis 博士、教授提供）

跖骨（ossa metatarsalia）和趾骨（ossa digitorum pedis）

跖部和趾部的骨骼与前肢的掌部和指部的骨骼非常相似。跖骨比前肢的掌骨长而细，骨质较强大。马后肢的**大跖骨**（第 3 跖骨，third metatarsal bone）横断面为圆形，而前肢的**大掌骨**（第 3 掌骨，third metacarpal bone）为卵圆形。牛恰巧在第 3 跖骨的近侧具有附加的籽骨。后肢的趾骨和籽骨几乎同前肢的相同。后肢的蹄比前肢的狭窄，趾较长，蹄壁的角度较陡峭。

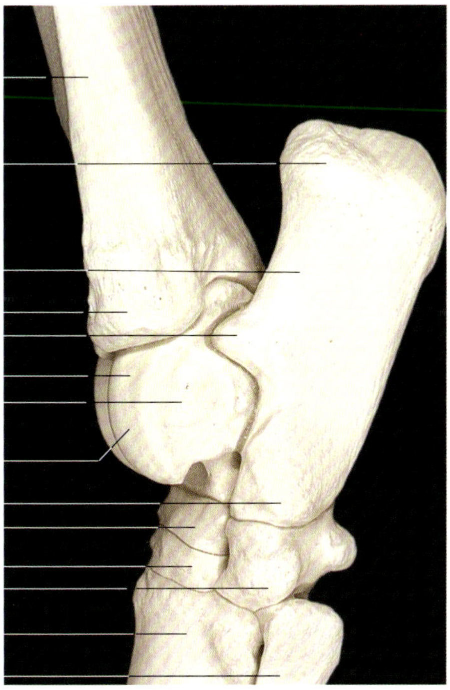

图 5-48 马的左侧跗骨（外侧面）

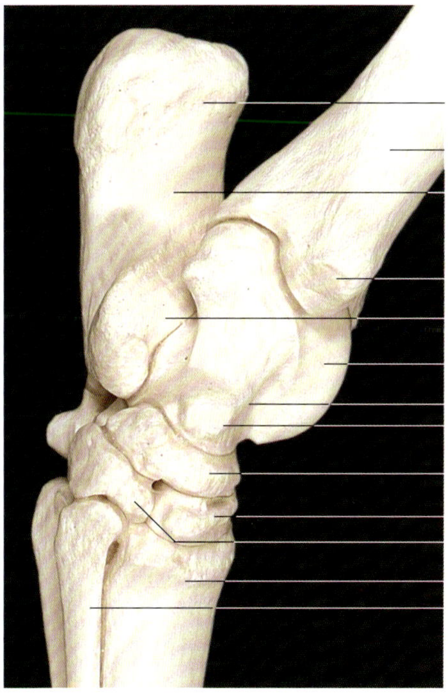

图 5-49 马的左侧跗骨（内侧面）

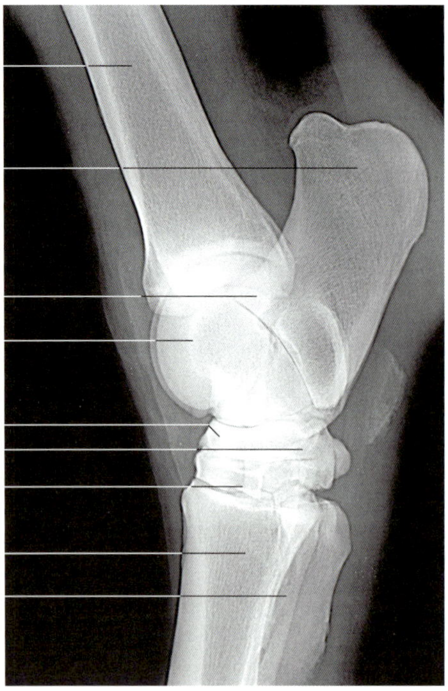

图5-50 马的左侧跗骨X线片(内外侧投影)(维也纳C. Stanek博士、教授提供)

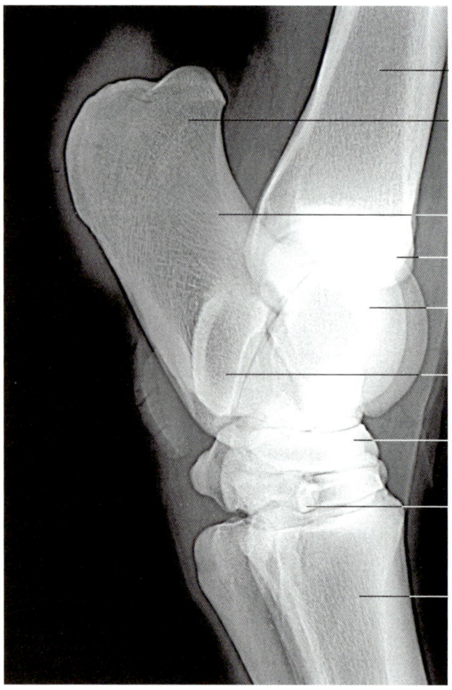

图5-51 马的右侧跗骨X线片(外内侧投影)(维也纳C. Stanek博士、教授提供)

5.2 后肢骨的连结(articulationes membri pelvini)

后肢借**盆带骨**(cingulum membri pelvini)与躯干连接,盆带骨由结合的髂骨、坐骨和耻骨构成(图5-4)。**髋骨**(ossa coxae)在腹侧中线借纤维软骨连接形成**骨盆联合**(symphysis pelvina)。前部的耻骨联合随年龄增长而骨化,但大多数动物的后部坐骨联合不发生骨化。髂骨在背侧与荐骨形成荐髂关节。两块髋骨、荐骨和第1尾椎构成骨质的骨盆。耻前韧带(ligamentum pubicum craniale)连接耻骨的游离缘。**闭孔膜**(membrana obturatoria)为一层薄的纤维组织,覆盖闭孔。

5.2.1 荐髂关节(articulatio sacroiliaca)

荐髂关节为紧密连接的**滑膜关节**,由髂骨翼的耳状面(facies auriculares)和荐骨翼的耳状面构成。耳状面被覆软骨。关节囊紧密,并被**荐髂腹侧韧带**(ligamenta sacroiliaca ventralia)加强。其他的**荐髂韧带**(ligamenta sacroiliaca)(图5-54至图5-56)包括:

- **荐髂骨间韧带**(ligamenta sacroiliaca interossea):伸展于髂骨翼的髂骨粗隆与荐骨翼的背侧面之间
- **荐髂背侧韧带**(ligamenta sacroiliaca dorsalia):分为2支,**短支**(pars breve)伸展于荐结节与荐骨的乳突(食肉动物和猪)或棘突(反刍动物和马)之间,**长支**(pars longa)伸展于荐结节和荐骨的外侧部之间

荐结节韧带(ligamentum sacrotuberale)是犬的另一条纤维带,伸展于最后荐椎的横突与坐骨结节之间(图5-54)。猫缺失荐结节韧带。在有蹄类动物中,它扩大成宽阔的薄板,伸展于牛的荐骨外侧部或马和猪的第1尾椎横突与髂骨和坐骨的背侧缘之间(图5-55和图5-56),称为**荐结节阔韧带**(ligamentum sacrotuberale latum)。

坐骨小孔和坐骨大孔(foramen ischiadicus majus et minus)保持开放,供血管、神经和腱通过。荐结节阔韧带的后缘在牛的皮下可以触及,但马和猪的被肌肉覆盖。

临床小知识

除了在骨盆和脊椎之间建立稳定的连接外,马的荐髂关节还提供一定程度的减震作用,既可以承受从躯干传递到后肢的负重,也可以承受从四肢传递到躯干的推力。尽管荐髂关节相当稳定,但也可能由于重击或跌倒发生脱位。外在表现为两侧**荐结节**(tuber sacrale)的不对称。

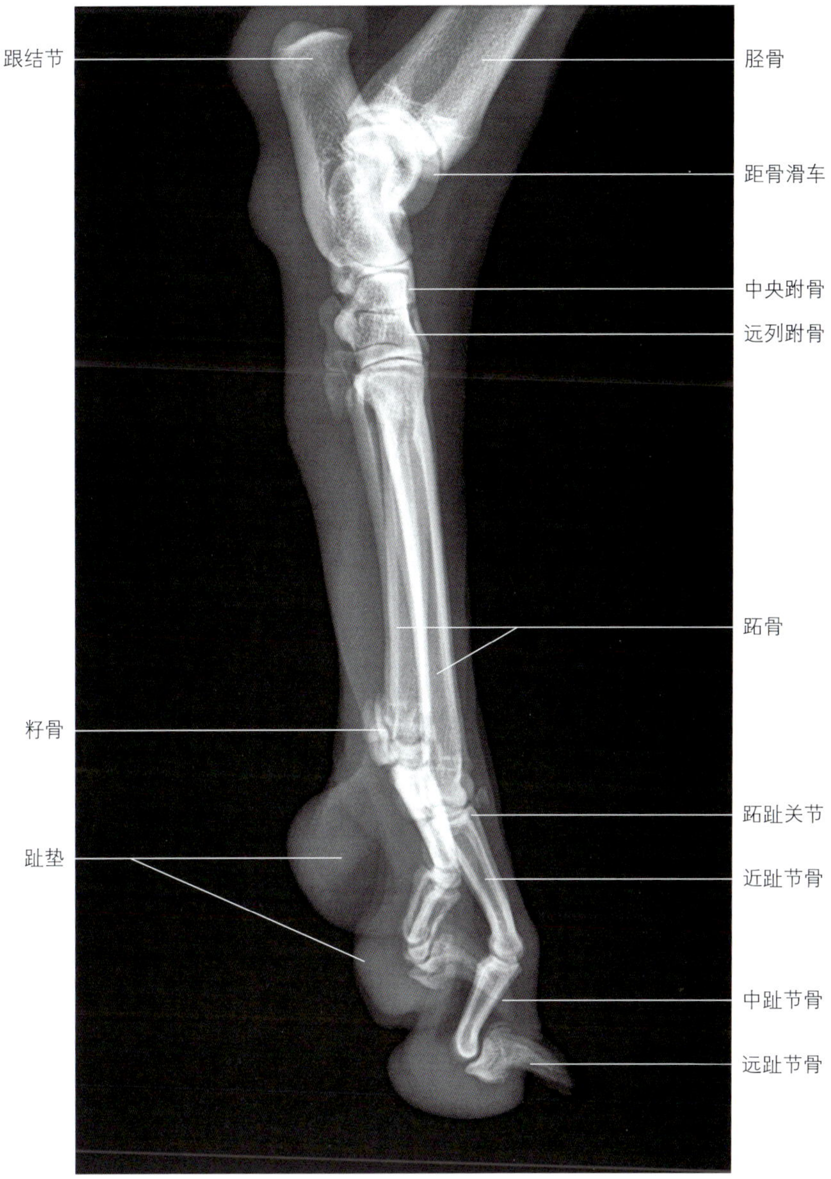

图 5-52 犬的跗骨关节、跖骨和趾骨关节的 X 线片(外内侧投影)(德国 Ulrike Matis 博士、教授提供)

5.2.2 髋股关节或髋关节(articulatio coxae)

髋关节为**球窝关节**,由股骨头与髋臼构成。髋臼被一纤维软骨带加深,该软骨称为**髋臼唇**(labrum acetabulare),位于髋臼的边缘。

关节囊宽大,附着于髋臼唇,其上有**股骨头韧带**(ligamentum capitis ossis femoris)形成的凹痕。在有蹄类,髋关节运动的范围主要为屈曲和伸展,而旋转、内收和外展的能力则极为有限。球状的髋关节运动受限与股骨头的形状、关节内韧带以及股部发达的肌肉有关。与其他动物相比较,这些结构允许犬和猫做出更大范围的运动。

髋关节的韧带(图 5-57)有:

- **股骨头韧带**(ligamentum capitis ossis femoris):从股骨头凹伸至髋臼窝,多为囊内韧带,被滑膜覆盖
- **股骨副韧带**(ligamentum accessorium ossis femoris):仅见于马。从腹直肌分出,起始于耻前韧带。通过髋臼切迹,紧靠股骨头韧带止于股骨头凹
- **髋臼横韧带**(ligamentum transversum acetabuli):跨越髋臼切迹,固定其他 2 条韧带的位置

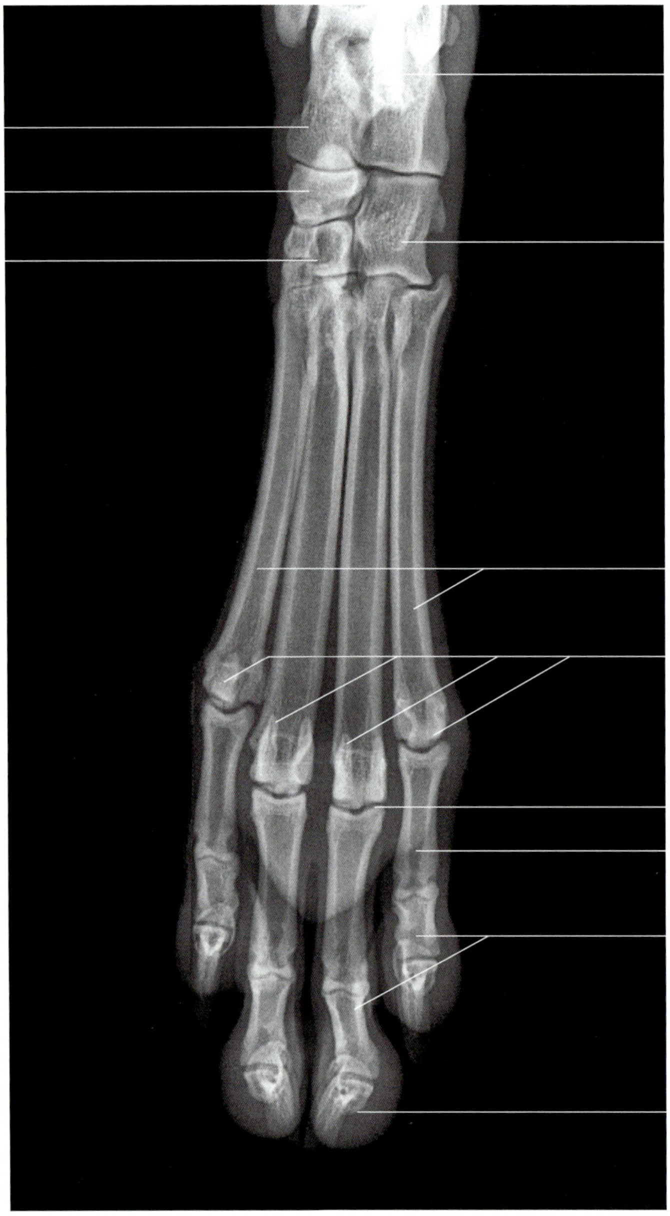

图 5-53 犬的跗关节、跖骨和趾关节的 X 线片(跖背侧投影)(德国 Ulrike Matis 博士、教授提供)

临床小知识

犬的**骨折、脱位和髋关节发育不良(HD)**是最具临床意义的髋关节异常。

股骨头(caput ossis femoris)脱位通常伴有股骨头韧带和关节囊断裂。在幼年动物中,创伤极大可能导致股骨头骨骺板处分离。在大多数脱位的病例中,股骨头背侧移位,使得在异常的背侧位能够触诊到大转子(trochanter major)。四肢也看起来变短了。

髋关节发育不良导致髋臼变浅。相应的承重面积减少导致关节软骨承受的压力增加。髋关节发育不良在大型和中型犬种中最常见,有一定遗传因素。对饲养繁育的幼畜可提前进行 X 射线摄影检查。

临床小知识

注射部位

- **犬**:侧卧,股骨应与脊柱成 90°,从大转子的前背侧缘插入针,针尖指向后方,平行股骨颈进针。
- **牛**:牛站立不动。紧邻大转子的前侧插入 20 cm 的针,略向后腹侧进针。
- **马**:马站立不动,并保定。触摸大转子,紧邻其后侧将 15 cm 的针插入转子切迹,在水平面使针朝向前内侧,与马体长轴成 45°。

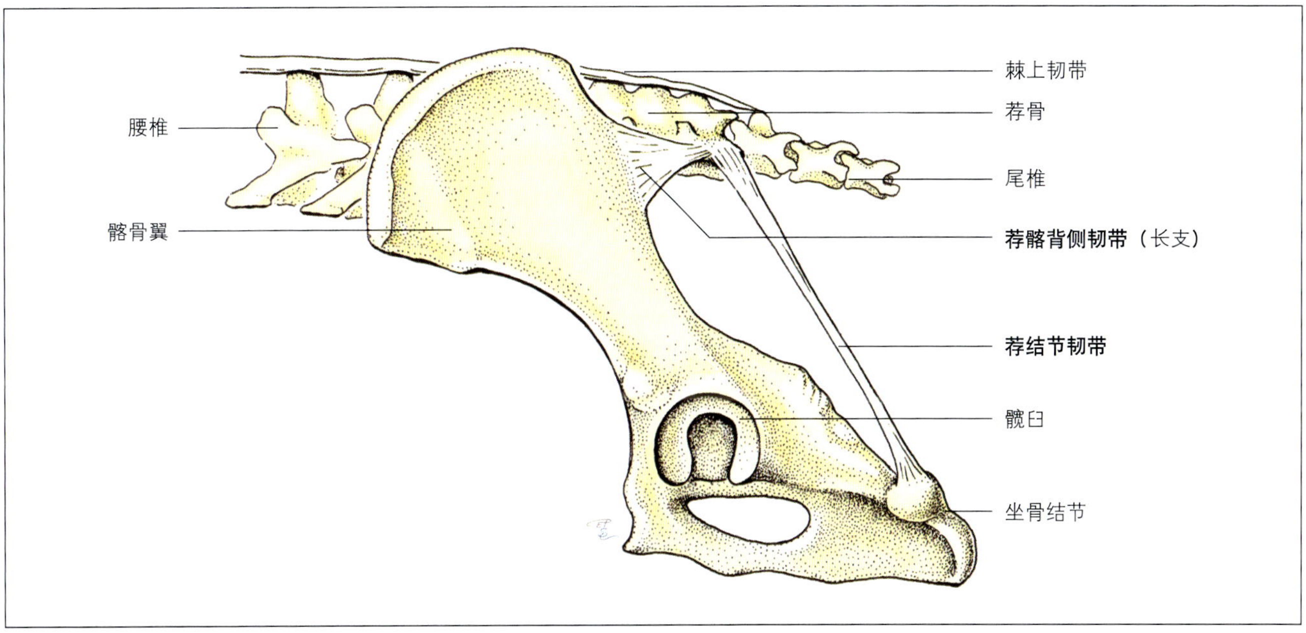

图 5-54 犬的荐结节韧带(示意图)

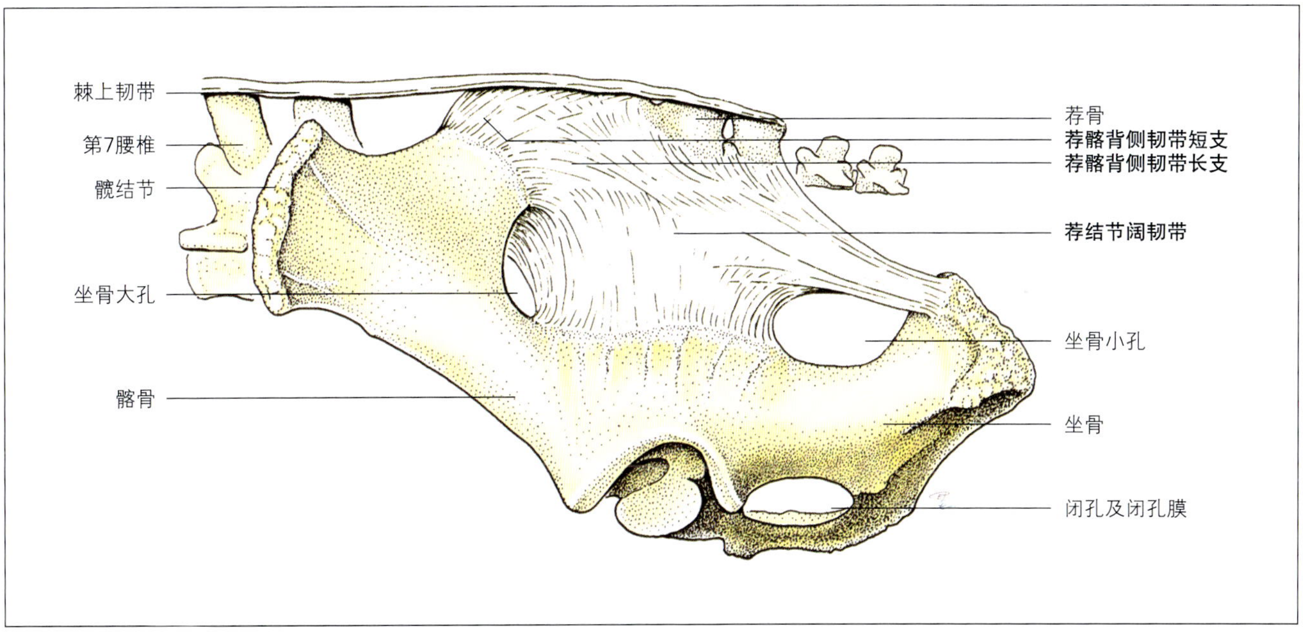

图 5-55 牛的骨盆韧带(示意图)。仿 Červeny(1980)

5.2.3 膝关节(articulatio genus)

膝关节为**复关节和不交合的屈戌关节**(图 5-32、图 5-58、图 5-61 和图 5-64),包括:

- **股胫关节**(articulatio femorotibialis):由股骨和胫骨组成
- **股膝关节**(articulatio femoropatellaris):由股骨和膝盖骨组成

股胫关节(articulatio femorotibialis)

股胫关节由股骨髁和胫骨的近端构成。

为了弥补**不交合的关节面**,在每侧的股骨髁和胫骨之间插入关节**半月板**(meniscus articularis)。半月板为半月形纤维软骨,外周边缘厚而凸,中央边缘薄而凹。其近侧面凹,朝向股骨髁;远侧面平坦,朝向胫骨(图 5-62、图 5-66 和图 5-70)。

尽管**髁状关节**的主要运动为**屈曲**和**伸展**,但半月板的运动可使膝关节做有限的旋转运动。股骨髁的螺旋形外形

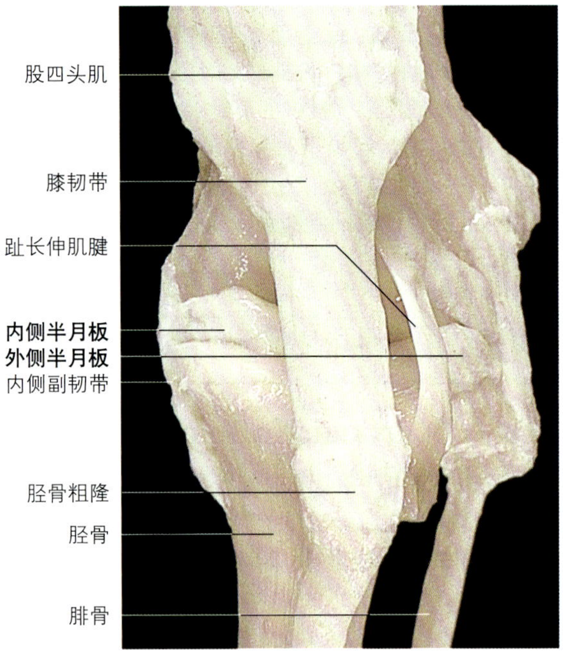

图5-60 犬的左侧膝关节韧带(前面)(维也纳R. Macher博士提供)

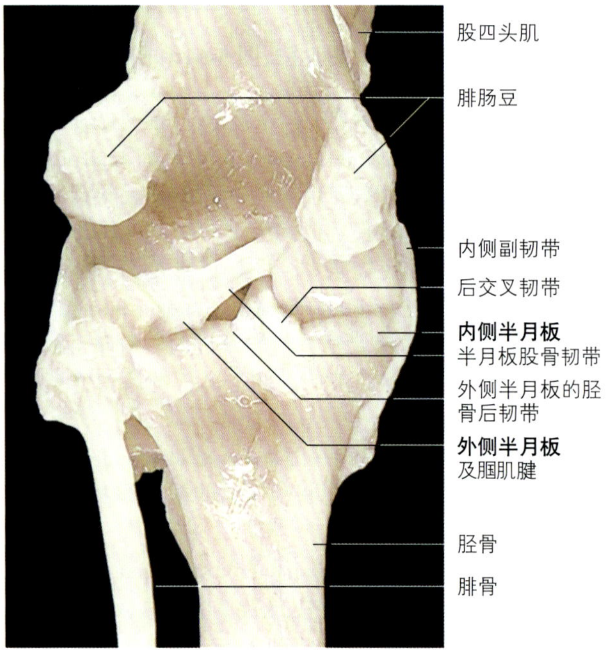

图5-61 犬的左侧膝关节韧带(后面)(维也纳R. Macher博士提供)

食肉动物、猪和小反刍动物的膝盖骨借单一的膝韧带与胫骨粗隆连接,而牛和马借3条膝韧带与胫骨粗隆相连。食肉动物、猪和小反刍动物的**单一膝韧带**(图5-60)等同于其他动物的**膝中间韧带**(ligamentum patellae intermedium),由股四头肌止点腱的远侧部形成。膝韧带借大量的脂肪,即**膝下止体**(corpus adiposum infrapatellare)与关节囊分开。一个小的滑膜囊常位于韧带的远侧部与胫骨粗隆之间(膝盖骨下囊,bursa infrapatellaris)。

牛和马的**膝外、内侧韧带**(ligamentum patellae mediale et laterale)为纤维支持带的韧带性增厚。膝外侧韧带从膝盖骨前面的外侧部伸至胫骨粗隆的外侧部,并有股二头肌的强腱加入。膝内侧韧带在近侧附着于膝旁纤维软骨,止于胫骨粗隆的内侧面。膝中间韧带从膝盖骨尖的前部伸至胫骨粗隆。

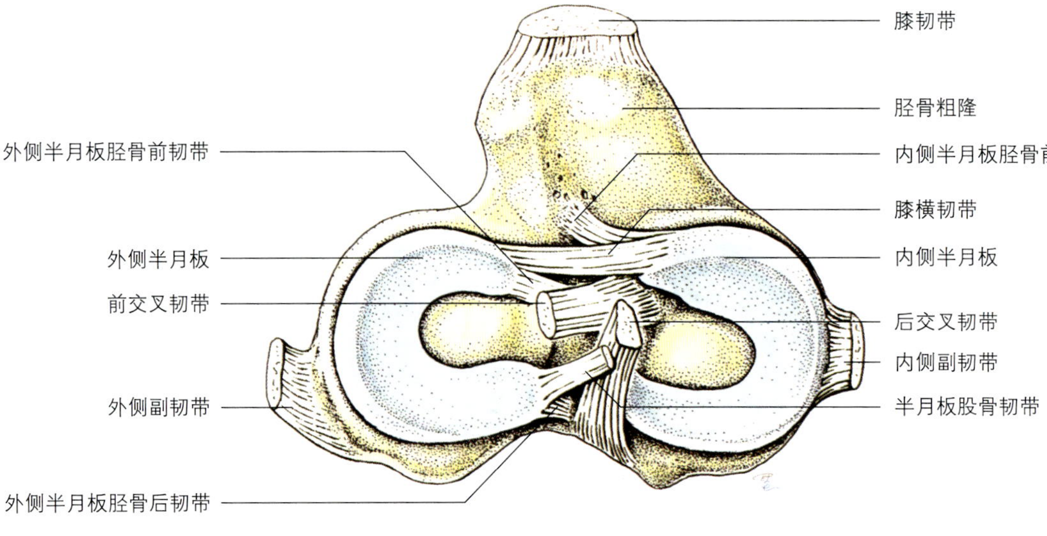

图5-62 犬的左侧胫骨近端及半月板(示意图)。仿Červeny(1980)

有一**滑膜囊**位于韧带与胫骨粗隆表面的沟之间(膝盖骨下远囊,bursa infrapatellaris distalis)。一较小的滑膜囊位于马的韧带近侧部与膝盖骨尖之间(膝盖骨下近囊,bursa infrapatellaris proximalis)。膝中间韧带可从胫骨粗隆的近侧触及。

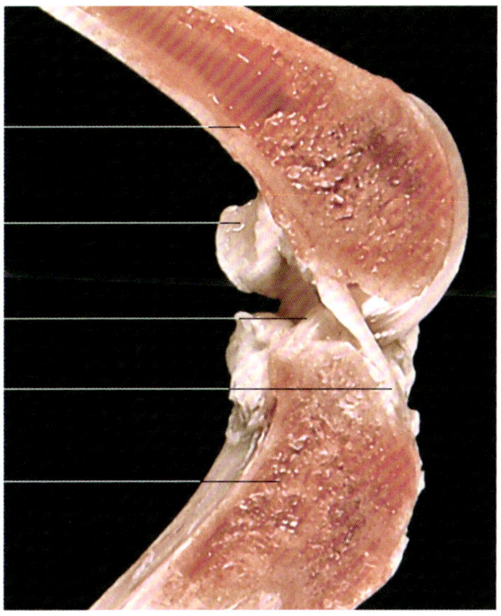

图 5-63 猫的交叉韧带(旁正中面)(维也纳 Sabine Langer 博士提供)

马的膝关节的结构提供了**锁定机制**,它是被动支持装置的重要部分。通过它,当一个后肢休息时,另一个后肢可支持体重的大部分。膝盖骨及膝中间和内侧韧带形成一个约束环(图 5-66 和图 5-69)。因此,膝盖骨在休息姿势时通过股四头肌的收缩被扣紧在股骨滑车上。

关节囊非常宽大,在近侧股四头肌止点腱的下方有盲囊,在远端它与股胫关节腔相通。股膝关节和股胫关节具有总关节囊和 3 个小囊,其中 1 个为股膝关节囊,1 个为内侧股胫关节囊,1 个为外侧股胫关节囊。在食肉动物和猪,所有 3 个囊相通。反刍动物的 2 个股胫关节囊相通,内侧股胫关节囊与股膝关节囊相通。

然而在马,股膝关节腔通常与内侧股胫关节囊相通,但有时与外侧股胫关节相通,而且 2 个股胫关节之间互不相通。

在食肉动物,股胫关节腔也包含腓肠肌起始腱内的**籽骨**,即**腓肠豆**。外侧股胫关节囊伸出一盲囊形成近侧胫腓关节囊。

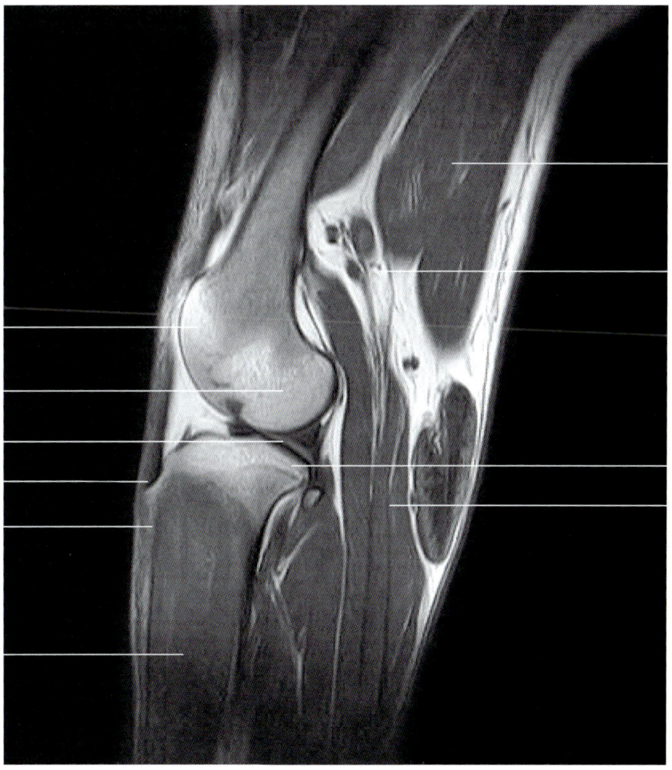

图 5-64 犬的膝关节(磁共振成像,T1 加权,矢状面)(雷根斯堡 Isa Foltin 博士提供)

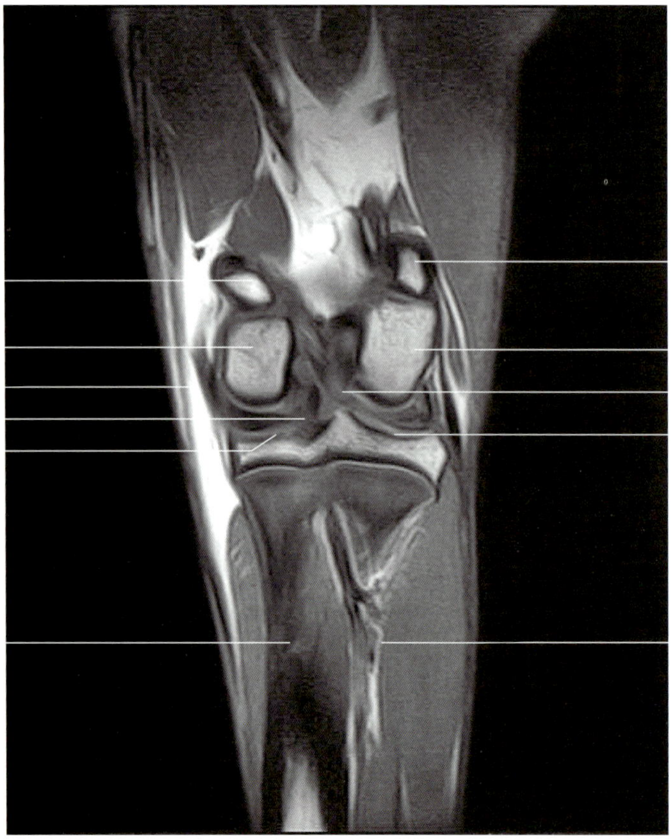

图 5-65 犬的膝关节(磁共振成像,T1 加权,冠状面)(雷根斯堡 Isa Foltin 博士提供)

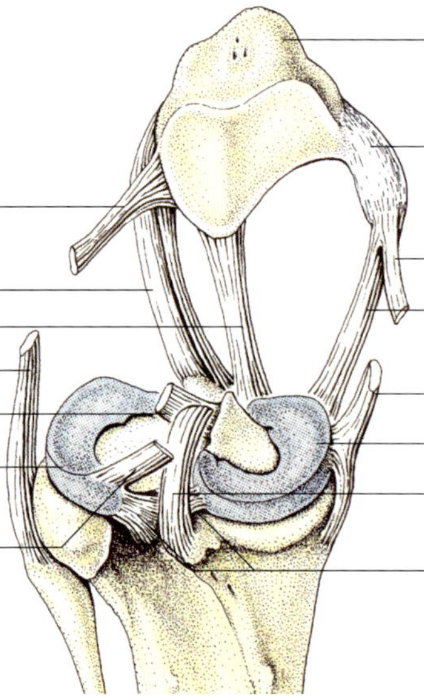

图 5-66 马的左侧膝关节韧带,已移除股骨远端(示意图,后面)。仿 Ghetie(1967)

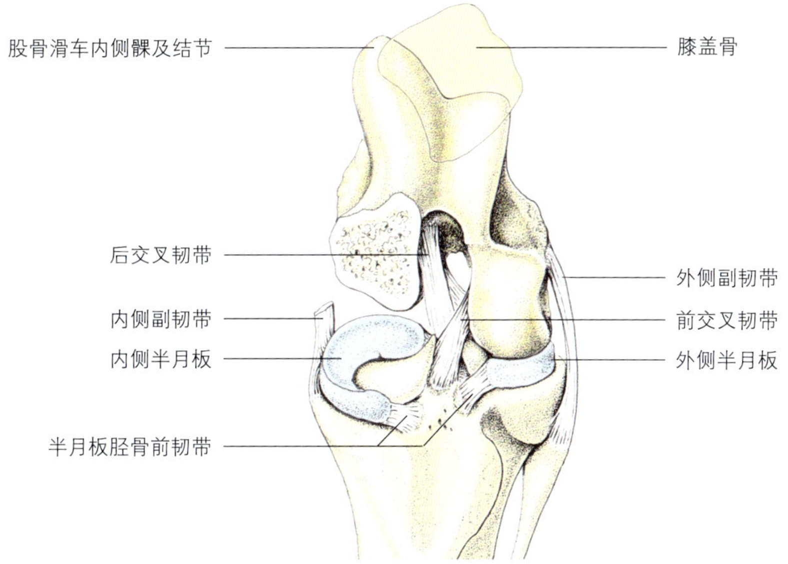

图 5-67　马的左侧膝关节韧带，已移除股骨内侧髁（示意图，前面）。仿 Červeny（1980）

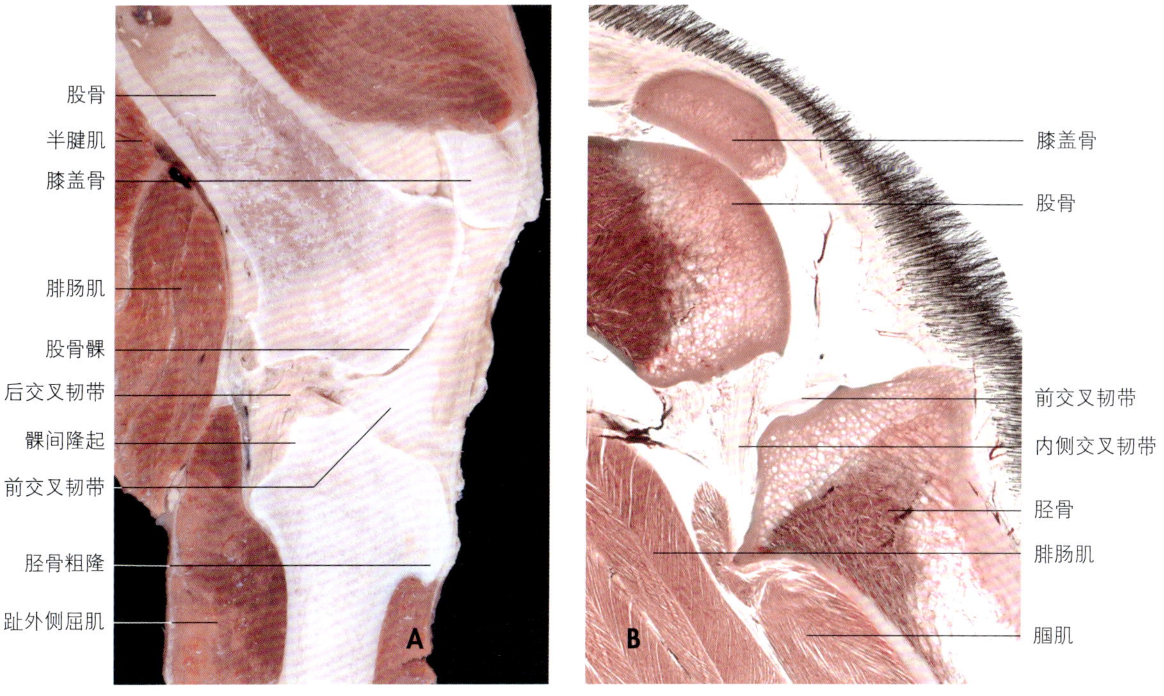

图 5-68　（A）马的左侧膝关节（旁正中面）（维也纳 L. Hnilitza 提供）；（B）犬的左侧膝关节（旁正中面，E-12 塑化切片）（西班牙穆尔西亚 R. Latorre 博士、教授提供）

临床小知识

注射部位

- **犬**：侧卧位，使关节以略屈曲的姿势靠近工作台。在膝韧带的内侧缘，膝盖骨与胫骨粗隆之间中点插入针，向近侧后方进针。
- **猪**：侧卧位。在膝盖骨的远侧、膝韧带的外侧缘插入针，在水平面向后内侧进针。
- **牛**：**股膝关节**，在膝内侧和中间韧带之间、胫骨粗隆近侧 3 cm 处插入 12 cm 长的针，向近侧进针。**股胫关节**，在胫骨粗隆和外侧髁之间趾长伸肌的前缘或后缘将 6 cm 长的针插入外侧盲囊，向近侧进针。
- **马**：确保麻醉所有 **3 个关节腔**，每个关节应单独注射。**股膝关节**，对负重马，用 3 cm 长的针，在膝盖骨尖的远侧、膝中间韧带和膝内侧韧带之间注射，在水平面前后进针。**内侧股胫关节**，对负重马，用 3 cm 长的针，在胫骨内侧髁近侧 2 cm 处、膝内侧韧带和内侧副韧带之间注射，在水平面向外侧进针。**外侧股胫关节**，对负重马，用 8 cm 长的针，在胫骨粗隆近侧、趾长伸肌腱的前方或后方注射，向内近侧进针。

临床小知识

犬的交叉韧带断裂十分常见。通常前交叉韧带受到影响，使胫骨相对于股骨（os femoris）发生移位。前交叉韧带断裂常伴有内侧半月板撕裂。少数情况下，**后交叉韧带**受损，当大腿站立时，胫骨可能会向后侧移位。为了诊断交叉韧带损伤，胫骨相对于股骨的手动移位被称为**“抽屉征”**。交叉韧带断裂的处理需要手术干预。髌骨的脱位（通常是内侧）带有明显跛行在小型犬中是很常见的。这也需要手术矫正。与犬相比，猫的交叉韧带断裂要**少见得多**。

5.2.4 胫腓关节

由于腓骨缺失在不同动物种间存在差异，胫腓关节也相应的因物种而异。食肉动物的腓骨在每一端借小而紧的滑膜关节，即**胫腓近、远关节**（articulatio tibiofibularis proximalis et distalis）与胫骨构成关节，在两骨体之间形成**韧带联合**（小腿骨间膜，membrana interossea cruris）。除马外的所有家畜，近侧关节腔与外侧股胫关节相同；远侧关节腔与跗小腿关节相通。在反刍动物中，腓骨头与胫骨外侧踝愈合，不存在近胫腓关节。**远胫腓关节**由腓骨的远端和外侧踝组成。

马仅存在**近胫腓关节**，因为腓骨的远端与胫骨愈合形成外侧踝。

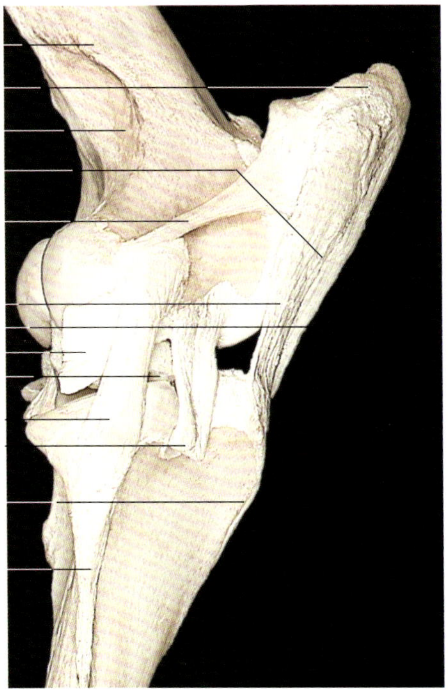

图 5-69 马的右侧膝关节（外侧面）（维也纳 F. Teufel 博士提供）

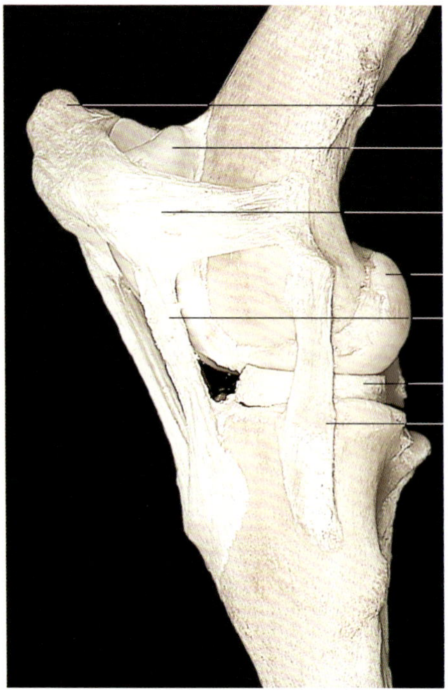

图 5-70 马的右侧膝关节（内侧面）（维也纳 F. Teufel 博士提供）

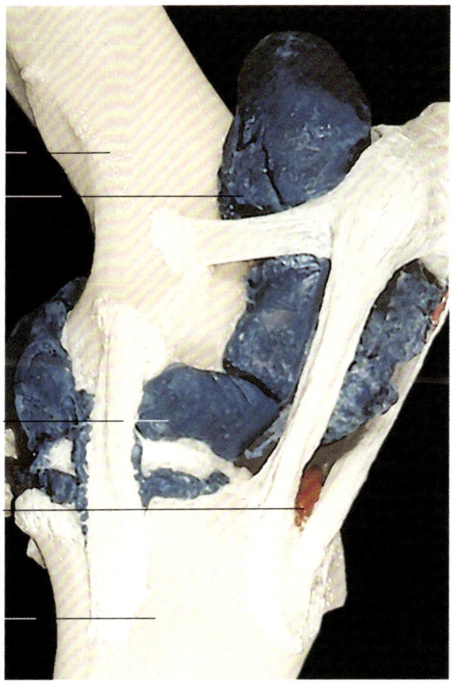

图 5-71 马的左侧膝关节丙烯酸铸型(内侧面)(维也纳 F. Teufel 博士提供)

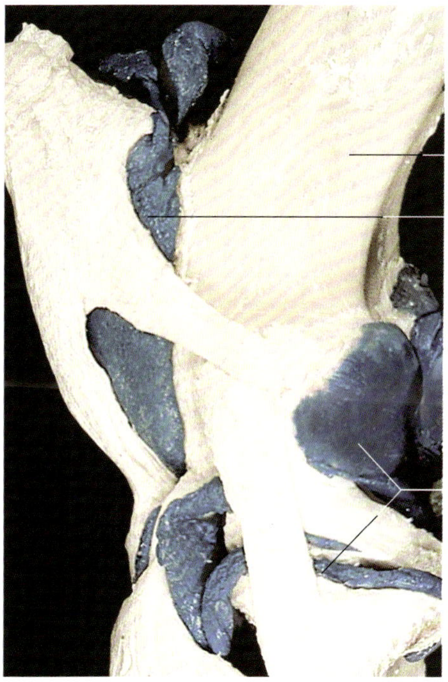

图 5-72 马的左侧膝关节丙烯酸铸型(外侧面)(维也纳 F. Teufel 博士提供)

5.2.5 后脚关节(articulationes pedis)

跗关节或飞节(articulatio tarsi)

跗关节是由胫骨、腓骨、跗骨和跖骨组成的**复合关节**，由 4 个关节组成(图 5-73)。

关节囊的**纤维层**(membrana fibrosa)从小腿远端延伸到跖骨近端，覆盖整个跗骨。

滑膜层(membrana synovialis)在 4 个关节水平之间形成 4 个滑膜囊。

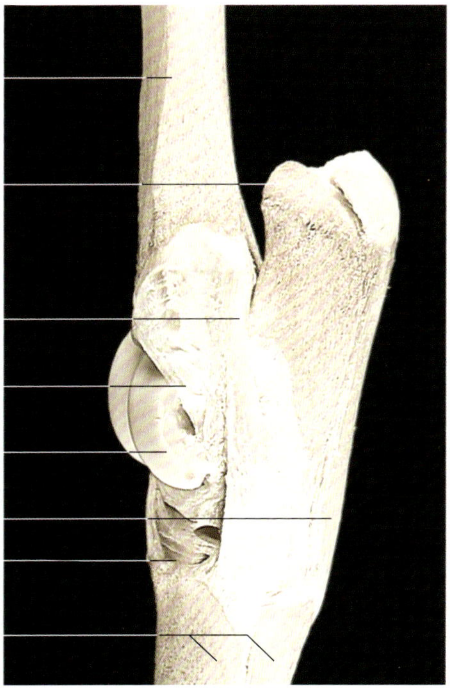

图 5-73 马的左侧跗骨韧带(外侧面)(维也纳 R. Macher 博士提供)

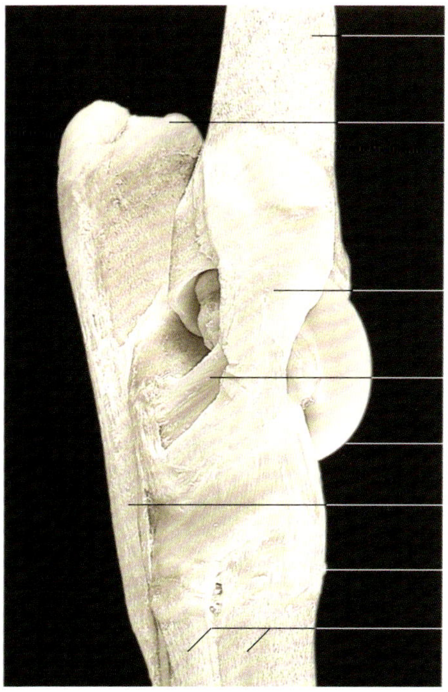

图 5-74 马的左侧跗骨韧带(内侧面)(维也纳 R. Macher 博士提供)

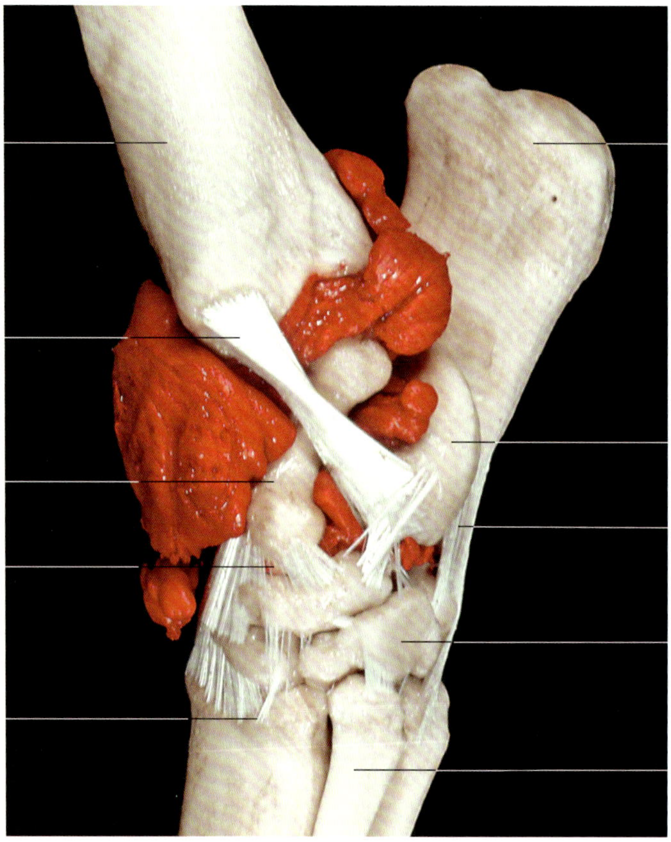

图 5-80 马跗关节的关节间隙(内侧观,丙烯酸铸型)(维也纳 H. Dier 提供)

密闭合不能活动。跗骨远端和跖骨相连形成坚固的**跗跖关节**(articulationes tarsometatarseae)。**跗骨的韧带**包括侧副韧带、跗骨远端韧带、跗骨近端韧带和筋膜(图 5-73、图 5-74、图 5-76 至图 5-78)。

侧副韧带(ligamenta collateralia)可根据其长度和位置进一步细分为:

- **跗长外侧副韧带**(ligamentum collaterale tarsi laterale longum):延伸于外侧踝至外侧趾骨基部,沿途也附着于外侧跗骨
- **跗短外侧副韧带**(ligamentum collaterale tarsi laterale breve):沿外侧副韧带的深面延伸,起始于外侧踝,一支附着于跟骨,另一支附着于距骨
- **跗长内侧副韧带**(ligamentum collaterale tarsi mediale longum):延伸于内踝和内侧跖骨的基部之间,沿途也附着于内侧跖骨
- **跗短内侧副韧带**(ligamentum collaterale tarsi mediale breve):起始于内踝,深至长内侧副韧带,也分为两个分支,一支附于距骨,另一支附着于跟骨;但在食肉动物和反刍动物中有一个额外的分支延伸到跖骨内侧

- **其他韧带**:在飞节(跗关节)的背侧和跖侧面沿垂直、水平或倾斜的方向连接于关节间隙

较主要韧带有:

- **跗背侧韧带**(ligamentum tarsi dorsale)或距中央远跗骨趾骨韧带(ligamentum talocentrodistometatarseum):为一个三角形的鞘,围绕在距骨内侧与中央和第3跖骨以及第3和第4跖骨之间延伸
- **跖侧长韧带**(ligamentum plantare longum):为飞节跖侧面上的一条非常结实的扁平带,在食肉动物的跟骨远端或其他家畜的跟骨结节与中央和第4跖骨以及第3、第4跗骨的近端之间延伸
- **各种短韧带**:可以连通同平面或相邻平面的各骨骼之间的关节间隙(跗骨间韧带,ligamentatarsi interossea)
- 数条强大的**筋膜**(支持带,retinacula):在跗部固定肌腱的位置,几条血管和神经嵌在这些筋膜内。它们中部分与关节囊融合

临床小知识

注射部位

- **犬**:侧卧,使跗关节伸展。在腓骨远端和腓骨长肌的肌腱背侧之间插入针,针头向远跖侧进针。
- **猪**:跗关节注射的方法是在外侧踝的背侧缘插入针,在水平面上向内侧方向进针。
- **牛**:在外侧副韧带与胫骨前肌止点肌腱之间插入针6 cm,水平进针。
- **马**:对于负重马的**跗间关节**和**近跗间关节**注射,多采用3 cm长的针从内侧面插入。将针插入内踝远侧可触及的凹陷内,向外侧水平进针。注意不要刺穿内侧隐静脉的前支。对负重马的**远跗间关节**注射,可用3 cm长的针从内侧面注射。在楔形腱远端平面,沿距骨远侧结节与第2、第3跖骨之间的假想线上,可以触及一小凹陷,将针水平插入,略微向后进针。对于负重马的**跗跖关节**注射,可用2 cm长的针从外侧面注射。将针沿背侧和稍向内侧方向插入第4跖骨头近侧1 cm处。

临床小知识

跗骨骨折在犬中相对少见。从最常见到最不常见的骨折部位分别是跟骨、距骨、中央跗骨(os tarsi centrale)和其余的跗骨。跗骨骨折通常伴有侧副韧带断裂。外踝骨折可能与剥脱性骨软骨病相关。以上这些情况都需要手术治疗。

跗骨微动关节的**骨关节炎(飞节内肿,"bone spavin")在马中很常见**。骨刺首先出现在中央跗骨的内侧关节面,然后出现在骨干和骨板上。体格检查常发现**胫骨前肌**(m. tibialis cranialis)止端肌腱的内侧(有时被临床医生称为楔形肌腱或飞节内肿腱(spavin 肌腱)下方的关节囊扩大。

跖关节和趾关节

跖关节和趾关节与前肢的相应关节类似。

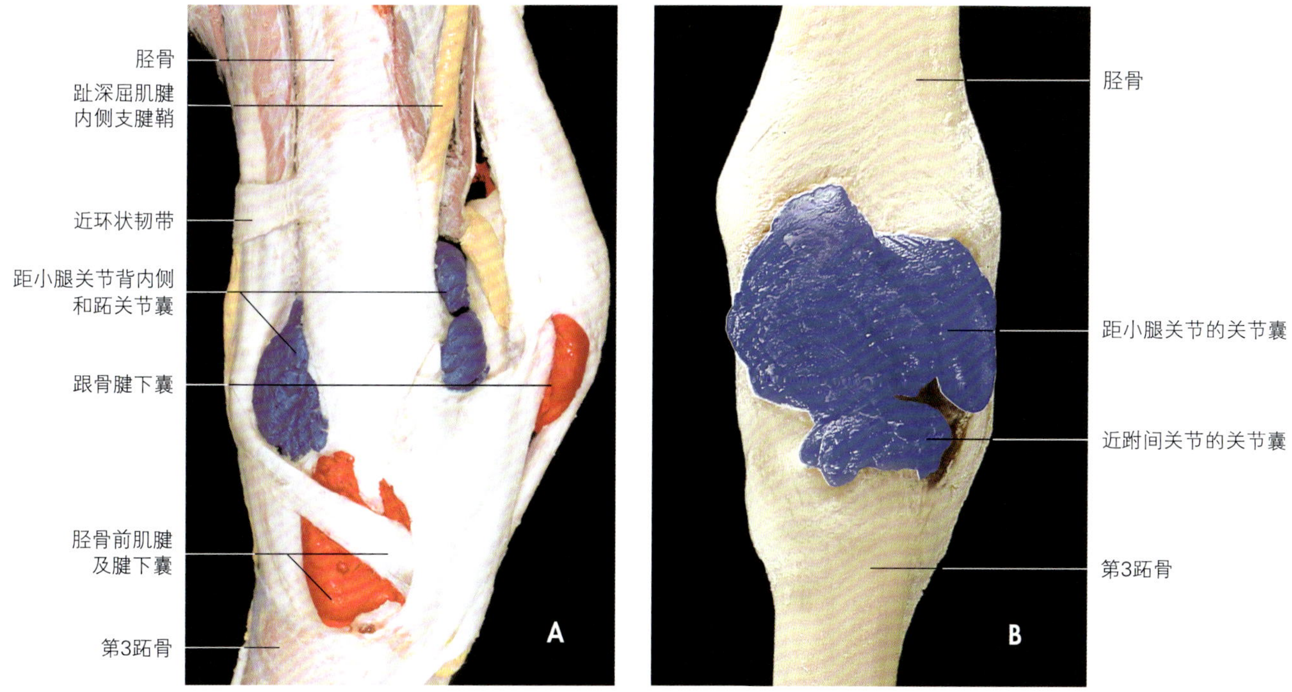

图 5-81 马的右侧跗骨丙烯酸铸型:(A)内侧面,(B)背侧面(维也纳 Margit Teufel 博士提供)

5.3 后肢肌(musculi membri pelvini)

后肢肌系包括筋膜、盆带肌系和后肢固有肌系。

5.3.1 骨盆和后肢的筋膜

躯干的内部筋膜在腹部被称为**横筋膜**(fascia transversalis),与骨盆的**髂筋膜**(fascia iliaca)相连。髂筋膜是**肌缝隙**(lacuna musculorum)的主要部分,可供髂腰肌通过，并在其前内侧构成股动、静脉和隐神经通过的**血管腔隙**(lacuna vasorum)，后侧则与腹股沟韧带和**盆膈筋膜**(fascia diaphragmatis pelvis)相连。后肢肌肉表面被覆数层广阔的筋膜。这些筋膜在肌肉之间延伸形成多个肌间隔。在臀部的筋膜称为**臀筋膜**(fascia glutaea)，股内侧的筋膜称为**股筋膜**(fascia femoralis)，股外侧面的筋膜称为**阔筋膜**。这些筋膜在远端延续为**膝关节筋膜**(膝筋膜，fascia genus)和**小腿筋膜**(fascia cruris)。这些筋膜分为浅层和深层，从而形成加强膝关节的支持带。跗部的小腿筋膜在肌腱通过这些关节时可固定肌腱。

5.3.2 后肢的盆带肌或外在肌系

后肢带肌起始于腰椎的腹侧，止于骨盆或股骨。后肢带肌系也称为腰下肌，包括：

- 腰小肌(m. psoas minor)
- 髂腰肌(m. iliopsoas)
- 腰方肌(m. quadratus lumborum)

这些肌肉控制脊柱的背屈和腹屈，并在行进中稳定脊柱和骨盆。由于荐髂关节的活动性受限制，这些肌肉比前肢对应的肌肉弱小(图 5-82 和图 5-83，表 5-1)。

腰小肌起始于倒数第 2 或第 3 胸椎和前第 4 或第 5 腰椎的腹侧，借一强腱止于股骨体的腰肌结节(图 5-83)。食肉动物中的腰小肌和其他腰下肌一样，是肉质丰满的肌肉，

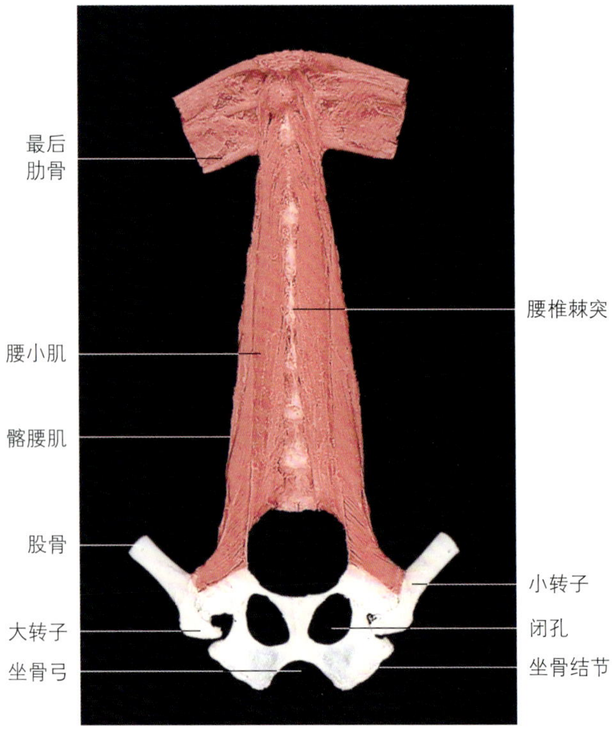

图 5-82 犬后肢的盆带肌系(腹侧面)

每一侧的肌腹都和起始于膈脚的肌腱相邻，扁平的止点肌腱与髂筋膜融合，终止于髂骨弓形线上。反刍动物和马的腰小肌以多条腱划为特征。

腰小肌在脊柱固定时可使骨盆变陡峭，在运动的站立阶段可弯曲脊柱。

髂腰肌是最强大的盆带肌。除食肉动物外，所有家养哺乳动物均可将其分为腰部和髂部两部分，这两部分牢固融合：

- 腰部的腰大肌(m. psoas major)
- 髂部的髂肌(m.iliacus)

腰大肌起始于腰椎的椎体和横突以及最后 2 个胸椎和肋骨，在腰小肌的外侧(图 5-83)。它位于腰方肌的腹侧和腰小肌的背侧，与髂肌合并后止于股骨小转子。

髂肌起始于髂骨翼和髂骨体，穿过**肌缝隙**(lacuna musculorum)，通过髂腰肌的共同肌腱止于股骨小转子。该肌缝隙在腹壁后方，由后外侧的髋骨、内侧的腹直肌和前方的髂筋膜形成。

反刍动物和马的髂肌是为肉质丰厚的肌肉，其横截面在前方处呈扁平，在后方处则较圆。它有 2 个起始头，较大的外侧头起始于髂骨翼，较小的内侧头则起于髂骨体。这 2 部分包围着腰大肌，并与之结合形成总腱，止于股骨小转子。

髂腰肌通过屈髋关节和外旋转膝关节来推动后肢前进。当肢体固定，或处于运动的站立姿势时，髂腰肌可使脊椎弯曲；当肢体伸展时，髂腰肌可向后牵引躯干。

腰方肌起始于腰椎横突腹侧面和肋骨近侧端，止于荐骨翼和髂骨翼的腹侧面(图 5-83)。

食肉动物的腰方肌比其他家畜更强大，可分为胸部和腰部。胸部有数个起点，起始于最后 3 个胸椎椎体，止于前部腰椎的横突上。腰部延伸至并止于荐骨和髂骨翼的腹侧缘。

反刍动物和马的方腰肌为较薄的腱质肌，起始于最后肋骨的近端和前部腰椎的横突，止于后部腰椎的横突和荐骨翼。

腰方肌可以稳定腰椎。对能够腹屈和背屈的动物，如食肉动物和猪，腰方肌也可使荐髂关节向腹侧屈曲。

5.3.3 后肢的固有肌系

后肢的固有肌系为躯体向前运动提供动力。这些肌肉产生的力量，通过由后肢肌肉支撑的髋关节和荐髂关节传递给躯干。

因此，后肢的固有肌系很发达，比前肢相应的肌系具有更复杂的结构。近端肌肉的肌腹很大，形成了臀部和股部的轮廓。远端肢体的长腱肌类似于前肢，可引起跗关节和趾关节的屈伸(图 5-84 和图 5-85)。

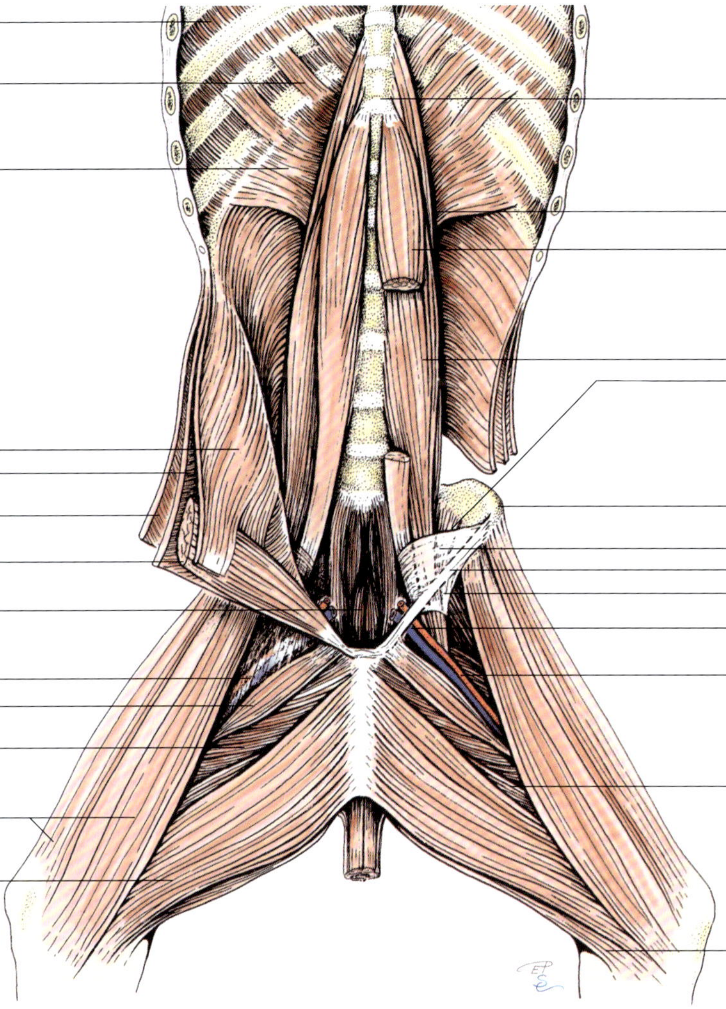

图 5-83　犬后肢的盆带肌和股内侧肌以及腹部肌(示意图,腹侧面)。仿 Ellenberger 和 Baum(1943)

固有肌系包括:

- 髋部肌
- 膝部肌
- 跗部肌
- 趾部肌

马的髋部肌肉特别大,以独特的方式构成臀部圆形的轮廓。

它们的主要功能是伸展髋关节,有些肌肉还充当膝关节和跗关节的伸肌。这些肌肉可根据其位置进行分组。

髋部肌肉包括:

- 臀部肌群
- 股后肌群
- 股内肌群
- 盆内肌群

臀部肌群

臀部肌群位于骨盆壁的外侧和后部,伸展于髂骨和股部之间,排列成数层(图 5-84、图 5-88、图 5-89 和图 5-97、表 5-2)。该肌群包括:

- 臀浅肌(m.gleus surfacialis)
- 臀股肌(m. gluteofemoralis)
- 臀中肌(m.gleus medius)
- 梨状肌(m.piriformis)
- 臀深肌(m. gluteus profundus)
- 阔筋膜张肌(m. tensor fasciae latae)

臀浅肌具有种间特异性。该肌仅在食肉动物中以独立的肌肉形式存在,而其他家畜的该肌与邻近的肌肉融合(图 5-88)。

表 5-1 后肢盆带肌系

名称 神经支配	起点	止点	作用
腰小肌 犬：第 4～5 腰神经的腹侧支 马：肋间神经，腰神经腹侧支，生殖股神经，股神经	最后 3 个胸椎，第 1～4 腰椎	髂骨的弓状线	固定和屈腰部脊柱
髂腰肌	最后胸椎，腰椎	股骨小转子	屈髋关节，牵引后肢向前
●**腰大肌** 犬：第 4～5 腰神经的腹侧支 马：肋间神经，股神经			
●**髂肌** 腰神经，生殖股神经，股神经	髂筋膜，髂骨翼	股骨小转子	
腰方肌 犬：第 4～5 腰神经的腹侧支 马：肋间神经，腰神经腹侧支，生殖股神经，股神经	腰椎横突腹侧	腰椎横突，荐骨翼，髂骨翼	固定腰部脊柱

表 5-2 臀部肌群

名称 神经支配	起点	止点	作用
臀浅肌 臀后神经	臀筋膜和荐骨	大转子和第 3 转子	伸和屈髋关节
臀股肌 臀后神经	第 2～4 尾椎	阔筋膜，膝盖骨	向外向后牵引后肢，向一侧牵引尾
臀中肌 臀前神经	髂骨翼，荐骨和第 1 腰椎	大转子	伸髋关节，牵引后肢向外向后
梨状肌 臀前神经	最后荐椎和荐结节韧带	大转子	伸髋关节，牵引后肢向外向后
臀深肌 臀前神经	坐骨棘	大转子	牵引后肢向外向后
阔筋膜张肌 臀前神经	髋结节	阔筋膜	牵引后肢向前，阔筋膜张肌

食肉动物的臀浅肌是一块矩形的板状肌肉，从近端的荐骨、第 1 尾椎、髂骨延伸至远侧的大转子。该肌起始于臀筋膜、荐骨的外侧部、髂骨的荐结节、第 1 尾椎和荐结节韧带，其肌纤维汇聚形成肌腱，在大转子表面伸向远后方，止于股骨大转子远侧。

猪的臀浅肌有 2 部分，浅部较小，深部较大。浅部进一步分为前部和后部，前部起始于臀筋膜，并与阔筋膜张肌融合；后部起始于股二头肌前方，并辐射至阔筋膜。深部起始于荐骨和第 1 尾椎，与股二头肌相连形成臀股二头肌。小型反刍动物的臀浅肌与股二头肌部分融合，而牛的则完全融合，因此被称为**臀股二头肌**（图 5-75）。

马的臀浅肌起始于臀筋膜，覆盖于臀中肌上，在髋部远侧与阔筋膜张肌合并。经过股骨大转子表面后，它们共同的止点腱附着在第 3 转子上，并辐射入股筋膜中（图 5-89）。在其止点腱和第 3 转子之间有一滑膜囊。臀浅肌有伸髋关节和内收外展后肢的作用。

猫只有**臀股肌**。它为一狭窄的肌肉带，位于臀浅肌和股二头肌之间，起始于第 2～4 尾椎，借腱膜止于膝盖骨的外侧面和阔筋膜。其作用是缩回和外展后肢以及伸展髋关节。当后肢处于固定位置时，它还负责尾的侧向运动。

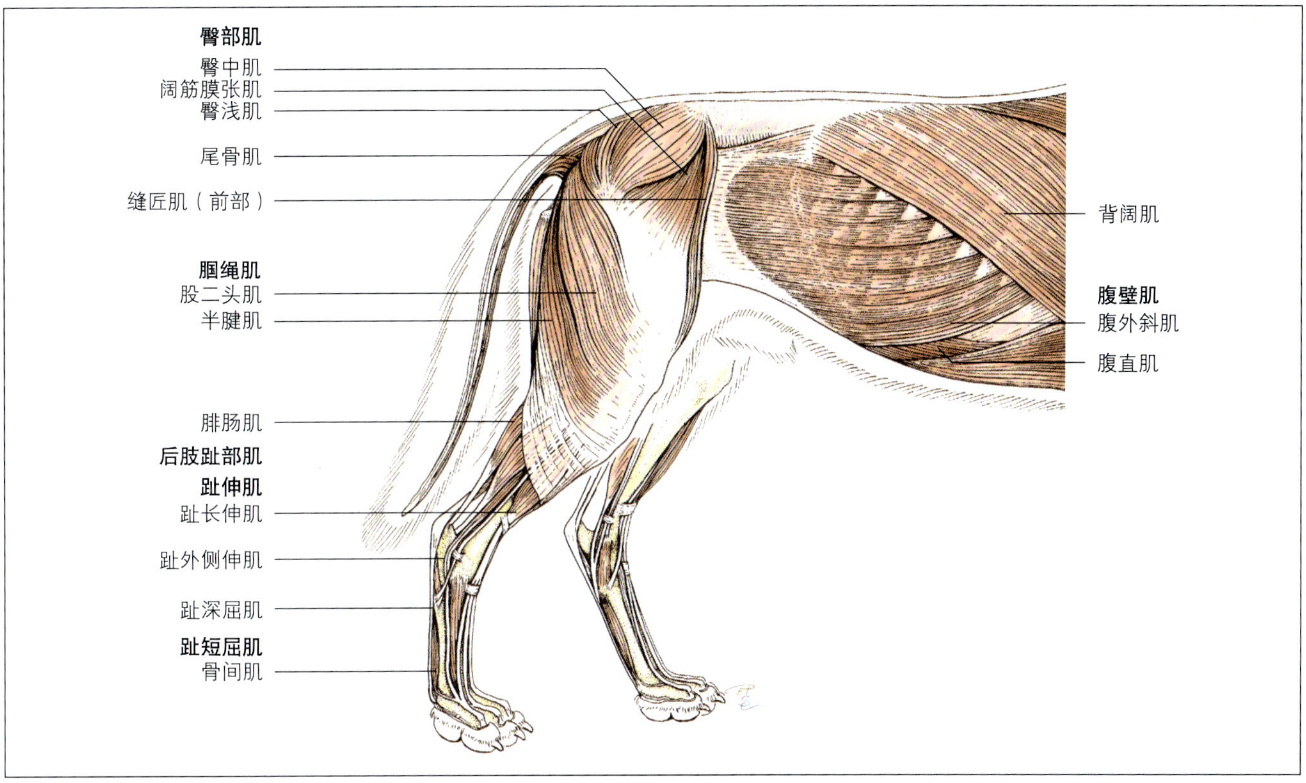

图 5-84 犬的腹壁肌和后肢浅层肌（示意图）

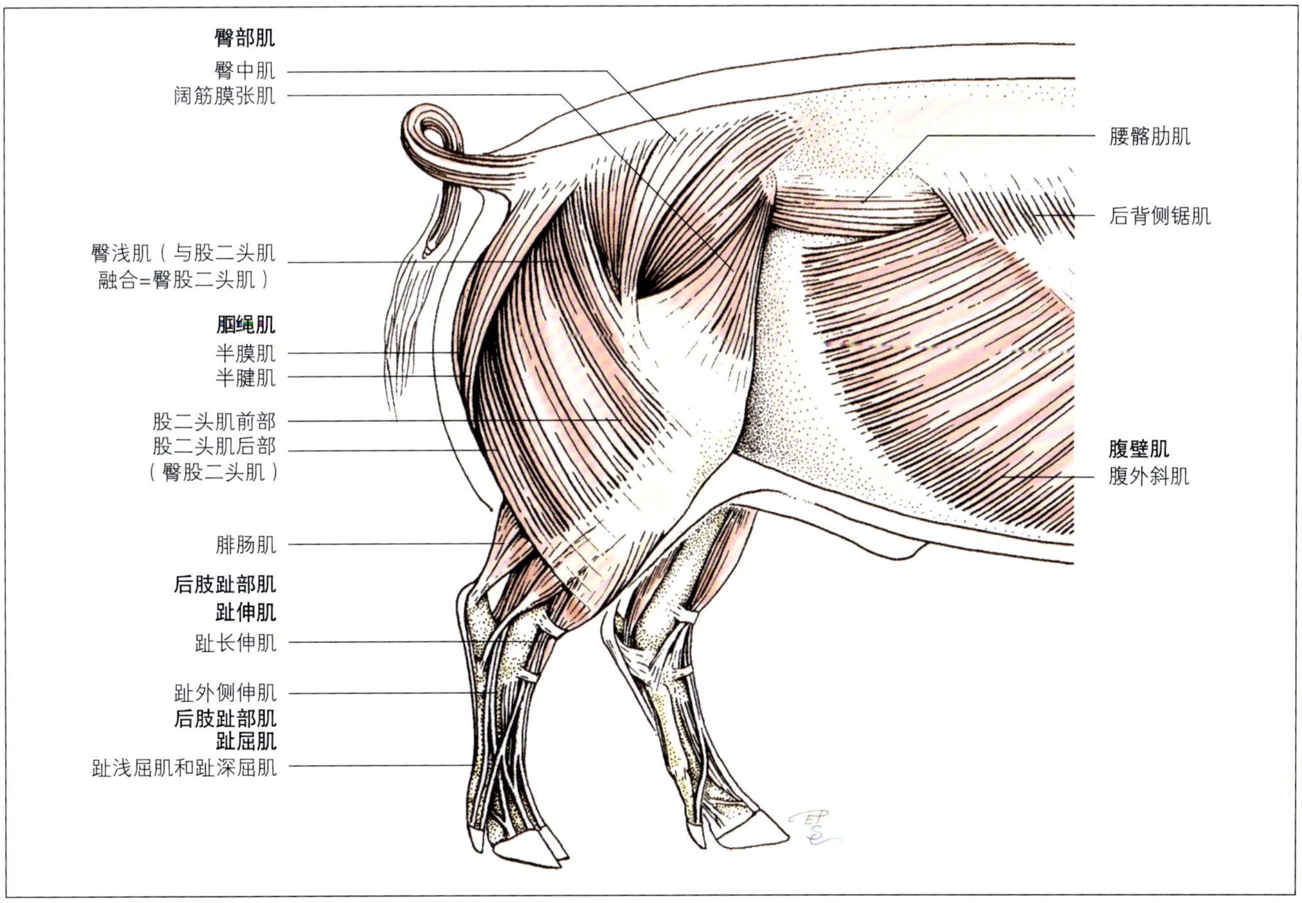

图 5-85 猪的腹壁肌和后肢浅层肌（示意图）

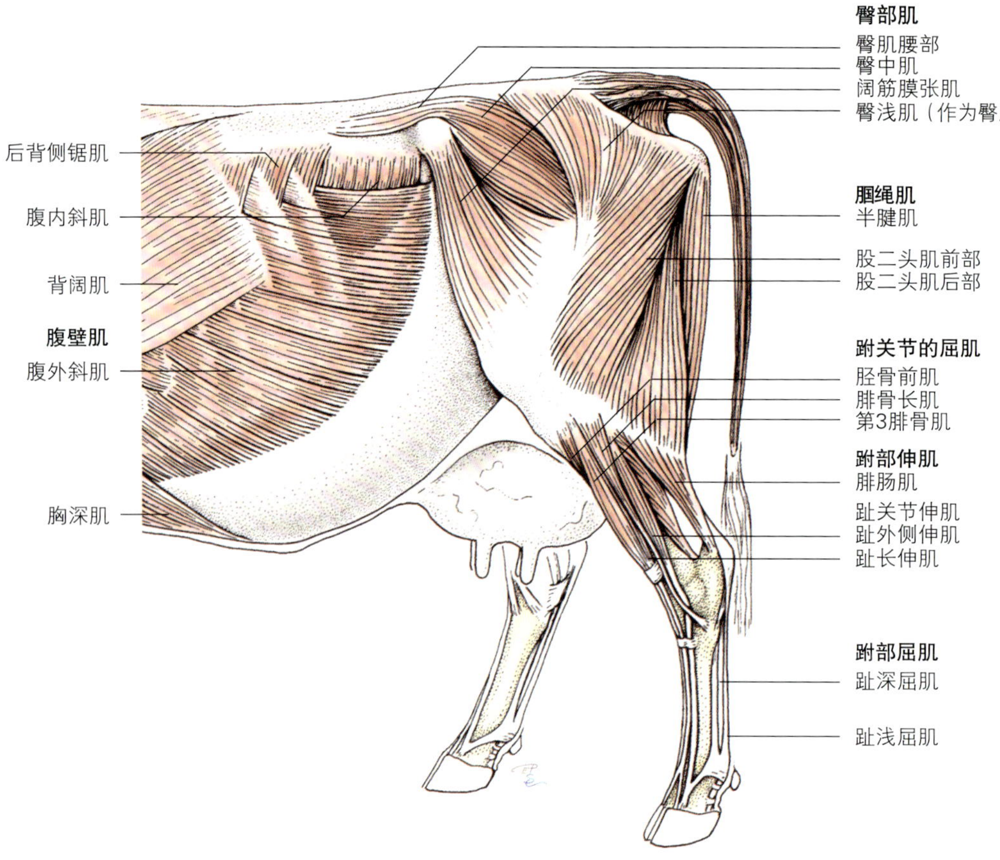

图 5-86　牛的腹壁肌和后肢浅层肌（示意图）

除了牛，**臀中肌**是臀部肌群中最大的一块扁平肌肉，构成了臀部轮廓（图 5-88）。它位于髂骨外侧面，被臀浅肌、臀筋膜覆盖，部分被胸腰筋膜覆盖。

犬的臀中肌起始于髂骨嵴和臀线之间的髂骨臀肌面。马和猪的臀中肌也起始于第 1 腰椎、腰部最长肌的腱膜、荐骨和荐结节阔韧带。牛的臀中肌在起始处扁平，因此可以触及髂嵴。有蹄类动物的臀中肌与梨状肌在末端融合。

臀中肌被腱膜分成深部和浅部。浅部以短腱止于大转子；深部以一腱止于大转子，另一腱在股外侧肌下方进一步向外延伸，在牛止于大转子远端和内侧，在马止于转子间嵴，两个肌腱在其止点处都有滑膜囊保护。深部称为**副臀肌**。臀中肌是髋关节最有力的伸肌，可以控制后肢的内收和外展。在马，强壮的腰部直接将后肢的力量传递到躯干，因此臀中肌在马站立时起着重要作用。

除食肉动物外，所有家畜的**梨状肌**都与臀中肌融合。食肉动物的梨状肌位于臀中肌的后方和内侧，被臀浅肌覆盖。它起始于最后荐椎和荐结节阔韧带，穿过大转子，止于股骨外侧面的远端。马的梨状肌近端与臀中肌融合，通过单独的肌腱越过大转子，止于股骨的后面。梨状肌具有伸髋关节和外展后肢的作用。

臀深肌短而强大，以多个腱划为特征。它是臀部肌群中最深层的肌肉，位于髋关节上方（图 5-97 和图 5-101）。臀深肌起始于髂骨体外侧面的髂棘附近，反刍动物的臀深肌还起始于荐结节阔韧带。它以一根短而结实的肌腱终止于大转子，反刍动物的肌腱则终止于股骨前外侧大转子的远端。臀深肌具有支撑臀中肌和外展后肢的作用。

阔筋膜张肌位于臀部肌群的最前方，填充了髂骨外侧角和膝关节之间的三角形，并形成股部前缘。食肉动物的阔筋膜张肌起始于髂棘的腹侧部和臀中肌的腱膜，呈扇形展开，分成 3 部分辐射入阔筋膜与阔筋膜一起向远侧延伸至膝盖骨（图 5-88）。阔筋膜张肌的前方邻近缝匠肌，背侧靠近臀中肌。

反刍动物和马的阔筋膜张肌起始于髋结节，在股四头肌的前缘向远侧延伸。该肌与阔筋膜结合，间接止于膝盖骨、膝外侧韧带和胫骨前缘。其后背侧分支加入臀浅肌，依次附着于股骨大转子（图 5-89）。阔筋膜张肌可拉紧阔筋膜，从而屈髋关节和伸膝关节，在运动的悬空期可使后肢前进。

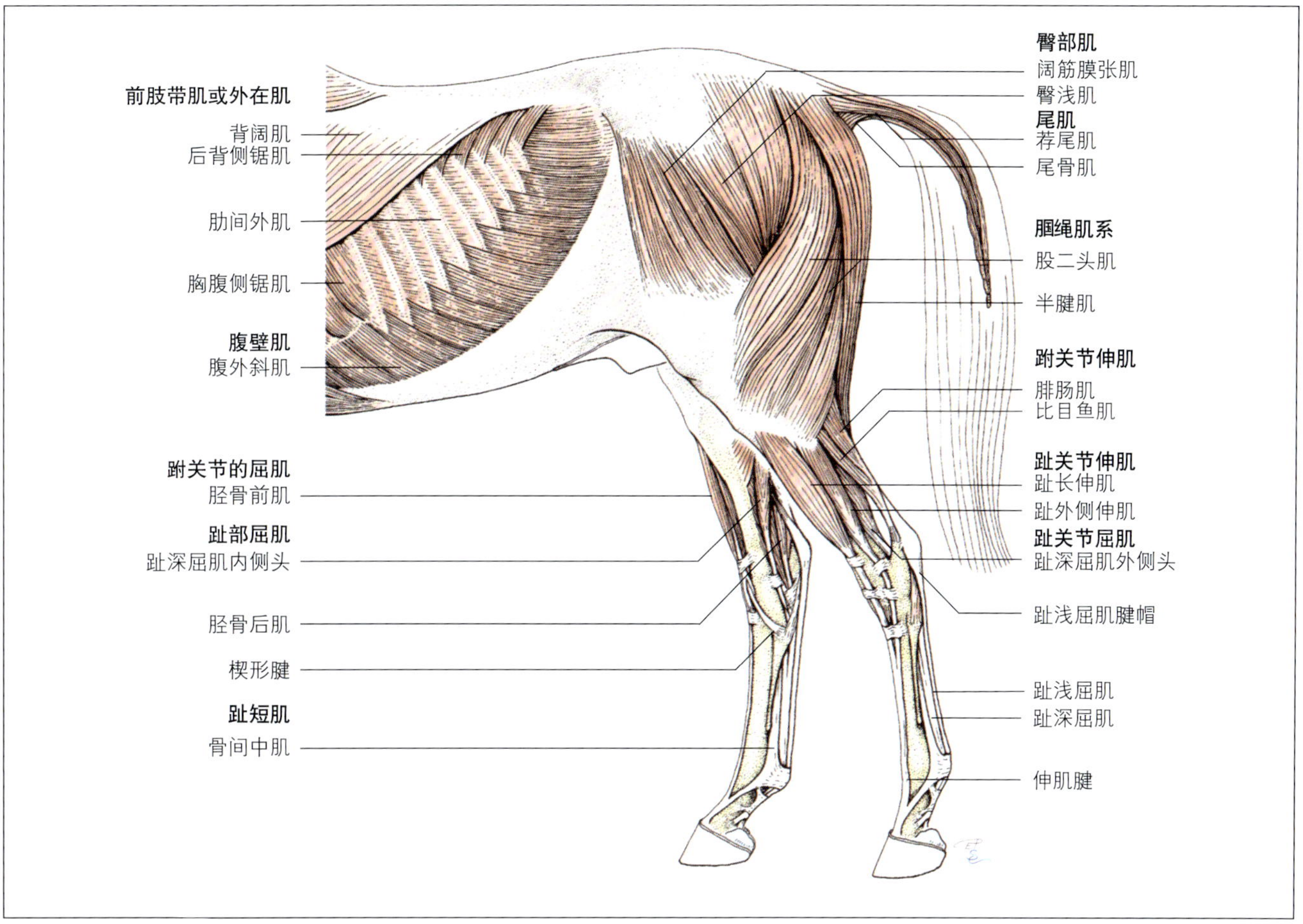

图 5-87 马的腹壁肌和后肢浅层肌(示意图)

股后肌群

股后肌群即腘绳肌群(腘窝肌群)覆盖于大腿后侧。股后肌从坐骨延伸至胫骨,其腱部作为**跟总腱**(tendo calcaneus communis)的一部分延伸至跟骨(图 5-90、图 5-91 和图 5-97;表 5-3)。这些肌肉作用于多个关节,包括髋关节和膝关节及部分跗关节。有蹄类动物的一些腘绳肌具有椎骨头,除了起始于骨盆的头以外,还起始于荐椎和尾椎。马腘绳肌的椎骨头发育最好,形成其物种特有的圆形臀部外观。股后肌群包括:

- 股二头肌(m. biceps femoris)
- 股外展肌(小腿后展肌,m. abductor cruris caudalis)
- 半腱肌(m. semitendinosus)
- 半膜肌(m. semimembranosus)

股二头肌是股后肌群中最大和最外侧的肌肉,位于浅表,只被筋膜和皮肤覆盖。该肌分为前部和后部,前部较大,起始于荐骨和荐结节韧带(**椎骨头,vertebral head**);后部较小,起始于坐骨(**骨盆头,pelvic head**)。反刍动物和猪的椎骨头与臀浅肌牢固结合,形成**臀二头肌**(图 5-86)。

食肉动物、猪和反刍动物的联合肌腹分裂成 2 条止点肌腱,马的则分裂成 3 条止点肌腱。这些肌腱辐射入阔筋膜、膝关节筋膜和小腿筋膜,并与其一道附着于膝盖骨、膝关节韧带和胫骨上。此外,还分出一个**跗肌腱**止于跟骨。

犬的股二头肌以一个前浅头起始于荐结节韧带,以一个较小的后头起始于坐骨结节外侧角(图 5-90)。浅头部形成肌肉的前部,较小的深部出现在臀部的后侧。

两个肌腹均在远端变宽,借腱膜与小腿筋膜和膝关节筋膜融合。它们通过筋膜止于膝盖骨、膝韧带和胫骨粗隆。主肌腹有一个明显的远端肌腱从股部的外展肌下方穿过,沿腓肠肌向远端延伸。它在跟腱的主要部分前弯曲,与来自半腱肌的类似肌腱结合后,止于跟骨结节。

反刍动物和猪的股二头肌的两个头部不如其他家畜的明显。其椎骨头起始于后部荐椎、荐结节阔韧带和坐骨结节,与臀浅肌融合形成**臀股二头肌**(图 5-86)。后部的骨盆头起始于从坐骨结节至闭孔的坐骨腹外侧。在胫骨中部,它分为两个止点,前止点通过阔筋膜和小腿筋膜附着于膝盖骨、膝外侧韧带和胫骨粗隆。后止点形成跗骨腱,止于跟结节。在跗骨腱和股骨外侧髁之间夹有一滑膜囊,炎症发生时具有临床意义。

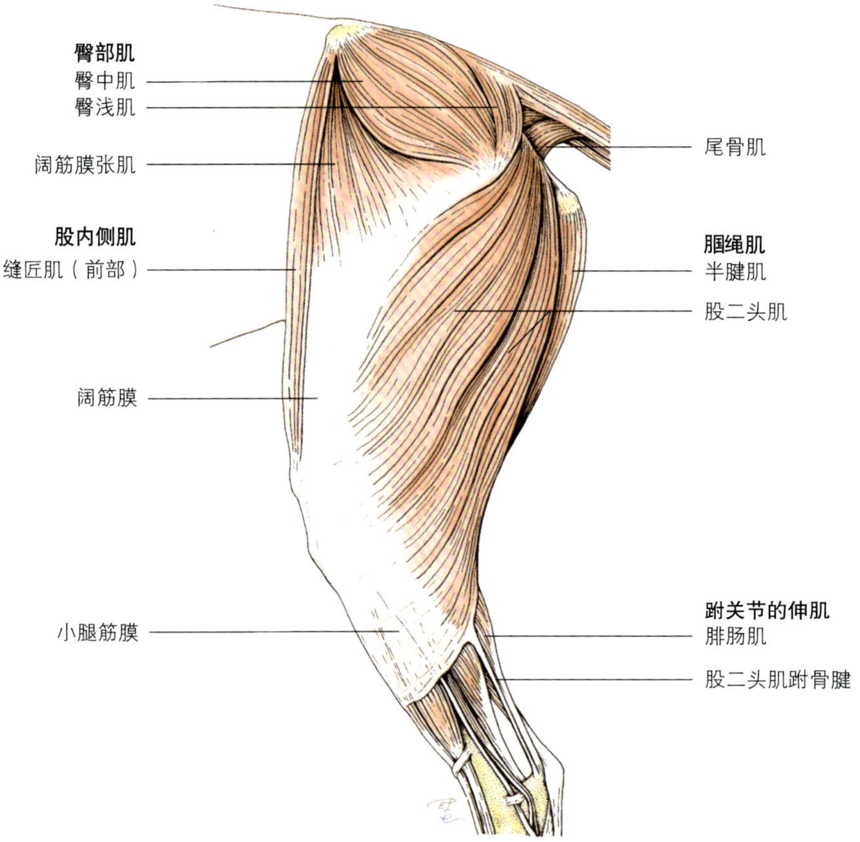

图 5-88 犬后肢的浅层肌(示意图,外侧面)。仿 Schaller(1992)

马股二头肌的两个头界线清晰(图 5-91)。椎骨头起始于 3 个荐骨的棘突和横突、荐结节阔韧带后缘和坐骨结节。骨盆头较小,起始于坐骨的腹侧面和后缘。它们联合后在远端再次分成 3 部分,即前支、中支和后支,并形成宽阔的腱膜。前支止于第 3 转子稍远侧的股骨后面、膝盖骨和膝外侧韧带。中支附着于小腿筋膜、膝外侧韧带和胫骨的前面。后支辐射入小腿筋膜中,形成强大的跗骨腱,后者在跟总腱下方伸向远端,与来自半腱肌的类似分支联合后止于跟骨。

由于股二头肌由多个部分组成,且有多个止点,所以其功能比较复杂。其一般的作用是伸和外展后肢。前方的椎骨头可以伸髋关节和膝关节,而后方的骨盆头也可伸髋关节,屈膝关节。通过跗骨腱的连接,也有助于伸跗关节。

呈带状的**股外展肌**只存在于食肉动物中。它起始于荐结节阔韧带,在股二头肌后缘下方向远侧延伸,止于小腿筋膜,可协助股二头肌外展后肢。

半腱肌是一块大的多肉质肌肉,形成股后侧轮廓的大部分(图 5-90 和图 5-91)。它起始于坐骨结节的腹侧表面(**骨盆头,pelvic head**),与股薄肌和缝匠肌腱一起止于胫骨前缘,并以独立的肌腱止于跟结节。马和猪还有一个额外的**椎骨头**,起始于荐骨的棘突和横突、第 1 尾椎和荐结节阔韧带。

食肉动物的半腱肌在股二头肌的骨盆头和半膜肌之间,起始于坐骨结节的后部和腹外侧部。它沿着股二头肌的后缘向远侧延伸,在腘窝处与股二头肌分开至小腿内侧面(图 5-93)。半腱肌分出一强韧肌腱,沿腓肠肌内侧面延伸至跟腱。它与股二头肌的跗骨腱和小腿筋膜一起形成一个联合的副止点腱,止于跟结节。

反刍动物的半腱肌为一扁平的肌肉,只有单一的肌头,起始于坐骨结节的后腹侧面(图 5-86)。它在股二头肌的骨盆部和半膜肌之间向远端延伸至腘窝。半腱肌借一扁平肌腱穿过腓肠肌的内侧头,止于胫骨近端的前缘、小腿筋膜和股薄肌的止点腱,另一肌腱止于跟结节。

马和猪的半腱肌有 2 个起点。除了起始于坐骨结节腹侧面的骨盆头外,它还有起始于荐骨、第 1 尾椎和荐结节阔韧带的椎骨头。这两个肌头结合在一起成为一个扁平的肌腱一直延伸到小腿的内侧面,之后肌腱部分辐射入小腿筋膜,部分止于胫骨前缘(图 5-87 至图 5-89 和图 5-91),其余部分加入股二头肌的跗骨腱,共同止于跟结节。

当后肢站于地面时,半腱肌伸髋关节、膝关节和跗关节,从而推动躯干前进;而在肢体非负重时,半腱肌可以屈膝关节,外旋小腿使其向后运动。

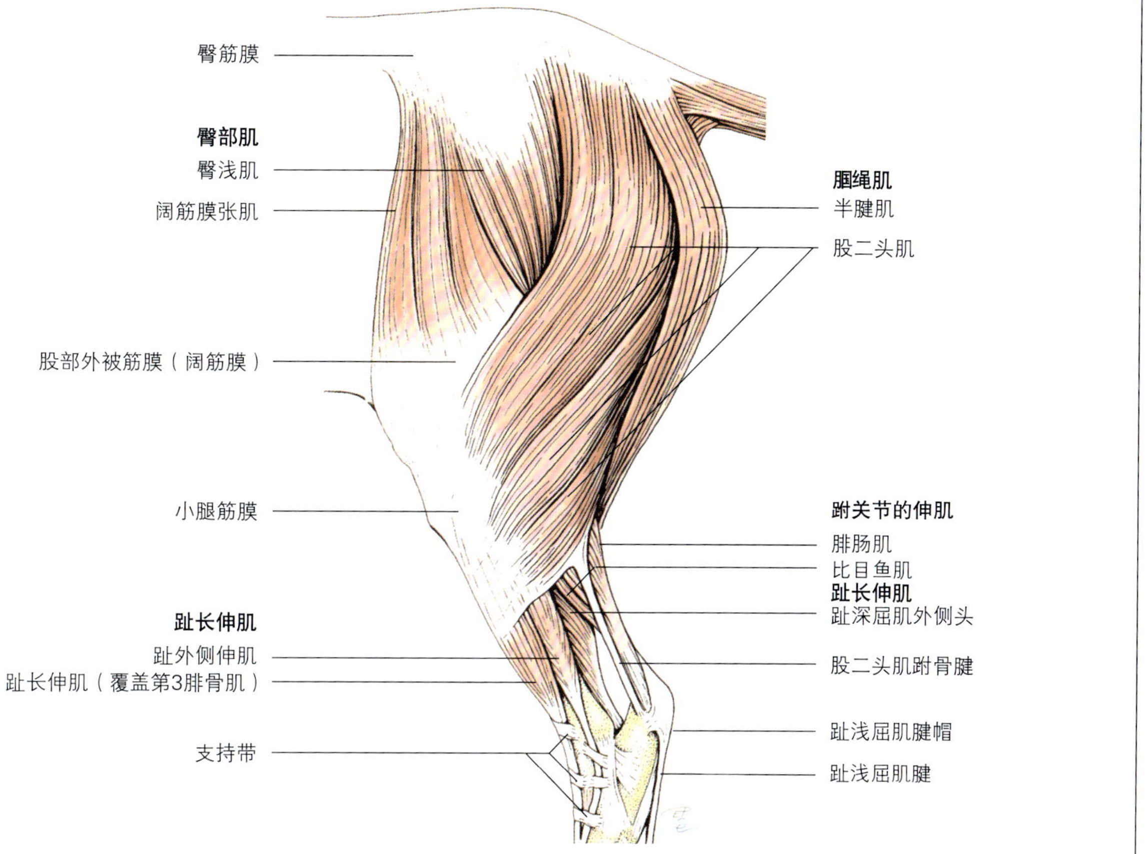

图 5-89　马后肢的浅层肌（示意图，外侧面）。仿 Ghetie（1995）

半膜肌是腘绳肌群最内侧的肌肉，与人类不同，它完全是肉质的（图 5-91）。马的半膜肌以椎骨头和骨盆头 2 个肌头为起始，而其他家畜仅以一个骨盆头为起始。骨盆头起始于坐骨腹侧面。肌腹向远端分成 2 部分，其中一部分以短腱止于股骨内侧髁，另一部分以较长腱止于胫骨内侧髁。食肉动物的半膜肌的前肌腹沿大收肌后缘延伸，大部分被股薄肌覆盖，以短腱止于腓肠肌的腱膜，也止于股骨内侧髁（图 5-92 和图 5-93）。

马的半膜肌是一块非常大的肌肉，与半腱肌一起，形成臀股部后部的轮廓（图 5-94）。它有 2 个起点。椎骨头起始于荐结节阔韧带和第 1 尾椎，更大的骨盆头起始于坐骨结节的腹侧面。它们共同的肌腹向远端延伸，部分被股薄肌覆盖。它以短腱止于股骨内侧髁和股胫关节的内侧副韧带，并通过腱膜止于胫骨内侧髁。

半膜肌可以在负重姿势时伸髋关节和膝关节，从而支持躯干的推进，在非负重姿势时则内收和缩回后肢。

股内侧肌群

该肌群主要负责内收后肢，这一功能也包括防止不必要的外展。它们位于股内侧面，在骨盆底和股骨之间延伸。该肌群（图 5-92 至图 5-94 和图 5-99；表 5-4）包括：

- 缝匠肌（m. sartorius）
- 股薄肌（m. gracilis）
- 耻骨肌（m. pectineus）
- （内）收肌（mm. adductores）

缝匠肌为一狭窄的带状肌肉，位于股部前内侧的浅层（图 5-92）。

犬的缝匠肌由 2 部分组成。前部起始于髂嵴，在阔筋膜张肌前方伸向远端，转向股内侧面，在此处与股筋膜和膝关节筋膜相连。

后部起始于髂腹侧棘，与前部肌腹平行并在其内侧向远方延伸。它与股薄肌的腱膜融合，止于胫骨前缘。食肉动物的缝匠肌不覆盖股骨三角，因此这里是探查脉搏的理想部位。

反刍动物的缝匠肌在其起始部因股血管通过而分成 2 个肌头。马的缝匠肌只有单一肌头，借髂筋膜和腰小肌肌腱起始（图 5-94）。它与髂腰肌一起穿过肌缝隙，在股骨内侧靠近股薄肌和股内侧肌继续向远端延伸，并与膝内侧韧带和小腿筋膜结合，最终止于胫骨粗隆。

缝匠肌可屈髋关节，使后肢向前和内收。它还通过与

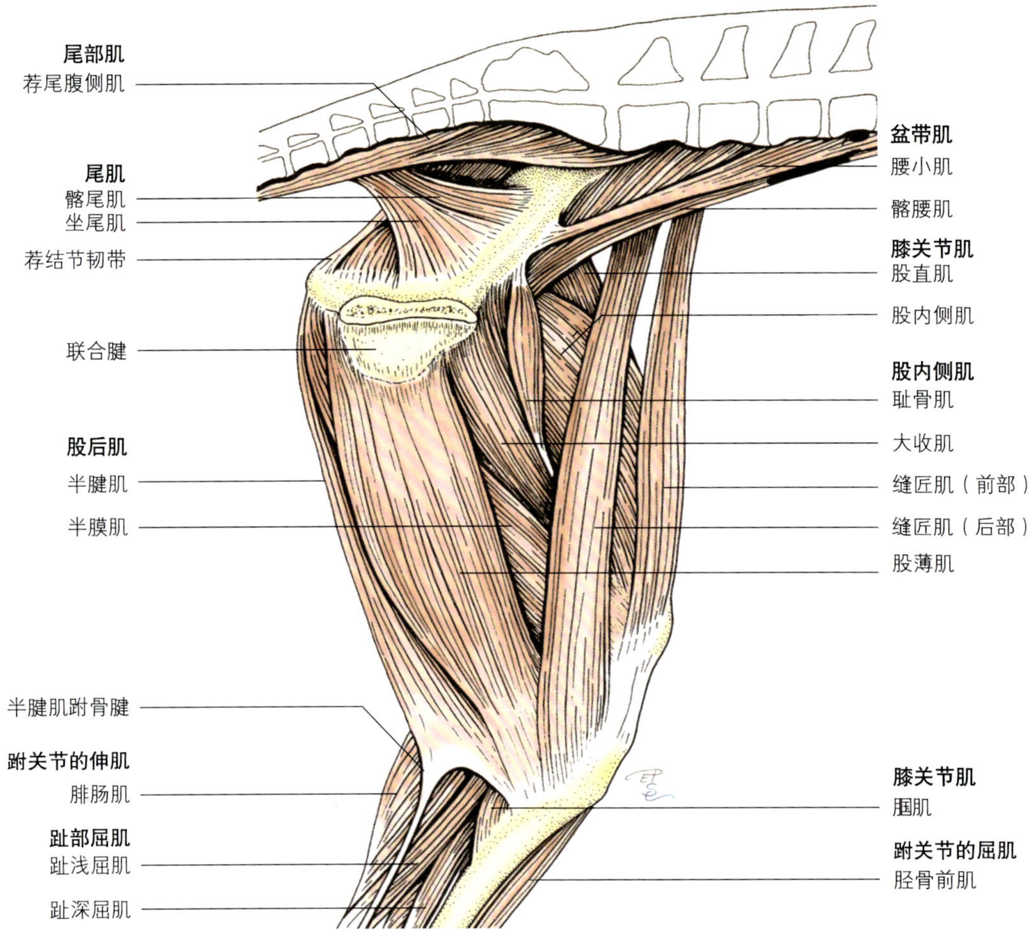

图 5-92 犬后肢的盆带肌和固有肌(示意图,内侧面)。仿 Ellenberger 和 Baum(1943)

- 孖肌(mm. gemelli)
- 股方肌(m. quadratus femoris)
- 髋关节的关节肌(m. articularis coxae)

闭孔内肌存在于食肉动物和马中(图 5-96、图 5-97 和图 5-101)。食肉动物的闭孔内肌起始于坐骨、耻骨和坐骨弓,其内部覆盖闭孔。它越过坐骨小切迹,形成一个强大的肌腱,并在孖肌和股方肌之间向远端延伸,止于转子窝。马的闭内孔肌以一小腱质耻骨头起始于骨盆闭孔的前缘和内侧缘、骨盆联合和坐骨,以及以一大肉质肌头起始于髂骨体的骨盆面。其肌腱穿过坐骨小切迹,与孖肌一起止于转子窝。该肌肉向外旋转股骨,有助于伸展髋关节。

闭孔外肌是一锥形肌,靠近闭孔起始于骨盆腹侧面,止于转子窝(图 5-96、图 5-97 和图 5-101)。反刍动物和猪的闭孔外肌有一个额外的盆内部,起始于髂骨体、耻骨和坐骨。闭孔外肌具有后旋股骨和内收后肢的作用。

孖肌为 2 个小肌束,从坐骨棘延伸至转子窝。在猫中它们保持分离,在其他家畜中,它们合并成单块肌肉,且部分与闭孔内肌合并。孖肌协助向外旋转后肢(图 5-96、图 5-97 和图 5-101)。

股方肌为一狭窄的小肌肉,从骨盆腹侧延伸至股骨蹄的后面,靠近转子窝(图 5-96 和图 5-101)。它有助于伸展髋关节和缩回后肢。

在食肉动物和马中,**髋关节的关节肌**是一薄肌,位于髋关节前外侧面(图 5-101)。它能够拉紧关节囊,从而防止对髋关节周围结构造成损伤。

膝部肌群

大多数髋部肌肉,尤其是腘绳肌群,均作用于膝关节。这是由它们止于膝关节或位于膝关节远端的结构所决定的。仅有 2 块肌肉主要作用于膝关节:

- 股四头肌(m. quadriceps femoris)
- 腘肌(m. popliteus)

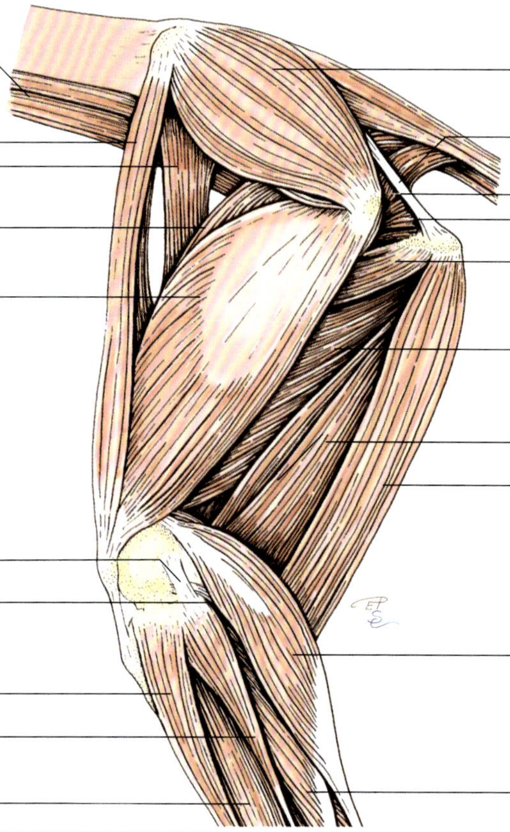

图 5-93 犬后肢的深层肌(示意图,外侧面)。仿 Anderson 和 Anderson(1994)

表 5-3 股后肌

名称 神经支配	起点	止点	作用
股二头肌			
●椎骨头 臀后神经	荐骨和骨盆	膝盖骨，小腿深筋膜	屈膝关节，伸跗关节
●骨盆头 胫神经	坐骨	跟总腱	外展后肢
股外展肌 腓神经	荐结节韧带	小腿深筋膜	向外牵拉后肢
半腱肌 臀后神经，胫神经	椎骨头和骨盆头	胫骨前缘，跟总腱	屈膝关节，伸髋关节
半膜肌 臀后神经，胫神经	椎骨头，骨盆头（仅马有）	股骨内侧髁和胫骨	伸膝关节，向内牵拉后肢

表 5-4 股内侧肌

名称 神经支配	起点	止点	作用
缝匠肌 股神经	髋结节，髂骨体或腰小肌腱	小腿深筋膜	内收和向前牵拉后肢
股薄肌 闭孔神经	骨盆联合腱膜	小腿深筋膜	内收后肢
耻骨肌 闭孔神经和股神经	髂耻隆起	股骨内侧缘	内收后肢
收肌 闭孔神经	骨盆腹侧面和股薄肌腱	股骨内侧缘	内收后肢

股四头肌构成了股骨前面的大块肌肉(图 5-92 至图 5-95、图 5-97;表 5-6),被阔筋膜张肌、缝匠肌、阔筋膜及股内侧筋膜覆盖。它由 4 部分组成,在起点处彼此分开,但汇聚成一个共同的肌腱,包裹着作为**籽骨的膝盖骨**,并以膝直韧带止于胫骨粗隆。**4 个肌头**的起点在所有家畜中都是一样的,股直肌起始于髂骨体,而其他 3 个肌头起始于股骨。犬的这 4 个部分的划分均不如其他物种的明显。**股四头肌**可进一步细分为:

- 股外侧肌(m. vastus lateralis)
- 股内侧肌(m. vastus medialis)
- 股中间肌(m. vastus intermedius)
- 股直肌(m. rectus femoris)

股外侧肌位于股骨的前外侧面,起始于股骨近端的外侧面。

股内侧肌与股外侧肌相似,位于股骨前内侧面(图 5-92 和图 5-94)。

股中间肌是股四头肌最薄弱的部分,位于股骨前面,完全被股四头肌的其他肌头覆盖。

股直肌起源于髂骨体,恰好在髋臼的前方。它在股骨的前面走向远侧,内侧面是股内侧肌,外侧面是股外侧肌(图 5-92、图 5-94 和图 5-95)。

马的股直肌是股四头肌中最大的部分,覆盖于股骨的前面和外侧面。它以 2 条强肌腱起始于髋臼的前缘,穿过股外侧肌和股内侧肌之间走向远端,覆盖股中间肌。它的表面覆盖着一层强韧的腱层。其肌纤维与膝关节和该肌肉远端筋膜一起汇聚形成强大的止点肌腱,并与股四头肌其他部分的肌腱合并,作为膝中间韧带附着在胫骨粗隆上。此韧带和胫骨粗隆之间有一**滑膜囊**。股四头肌是膝关节最强壮的伸肌,它能够推动臀部,稳定膝关节。股直肌有助于屈髋关节。

表 5-5 盆内肌

名称 神经支配	起点	止点	作用
闭孔内肌 坐骨神经	闭孔内表面	转子窝	向外牵拉后肢
闭孔外肌 闭孔神经	闭孔外表面	转子窝	向外牵拉后肢
孖肌 坐骨神经	坐骨	转子窝	向外牵拉后肢
股方肌 坐骨神经	坐骨	转子窝	向外牵拉后肢
髋关节的关节肌 坐骨神经	髋关节囊	髋关节囊	关节囊的腱

表 5-6 膝部肌

名称 神经支配	起点	止点	作用
股四头肌 股神经			
●股直肌	髂骨体	膝盖骨,胫骨粗隆	伸膝关节,屈髋关节
●股外侧肌	股骨外侧面	膝盖骨,胫骨粗隆	伸膝关节
●股内侧肌	股骨内侧面	膝盖骨,胫骨粗隆	伸膝关节
●股中间肌	股骨前表面	膝盖骨,胫骨粗隆	伸膝关节
腘肌 胫神经	股骨外侧髁	胫骨内侧缘	屈膝关节,向内牵拉后肢

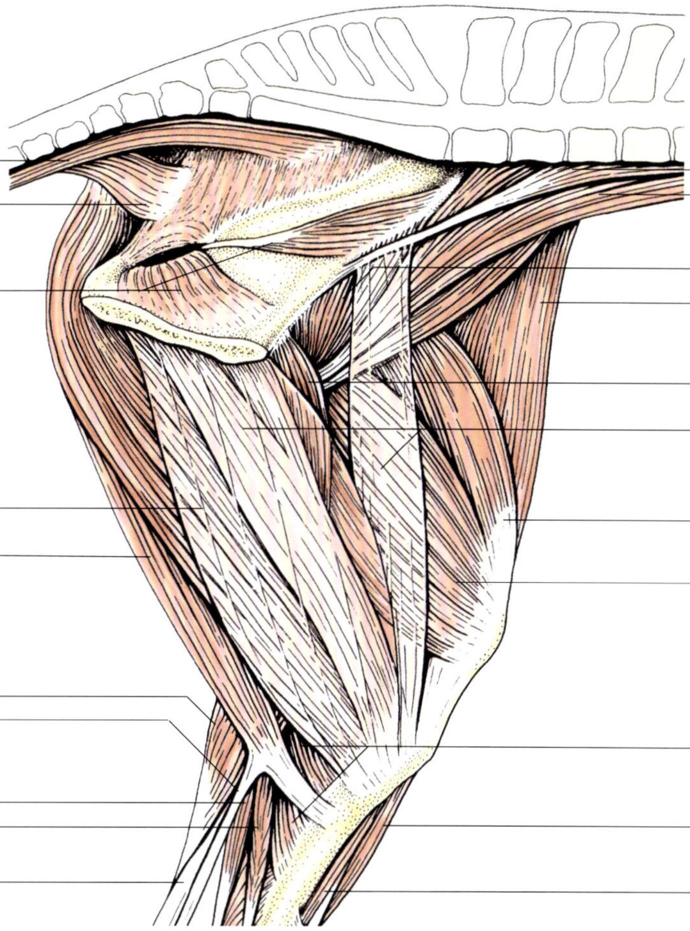

图 5-94　马后肢的盆带肌和固有肌（示意图，内侧面）。仿 Ellenberger 和 Baum（1943）

腘肌较小，直接位于膝关节后方（图 5-102）。它有一个腱质的起点，起始于股骨外侧髁，穿过外侧副韧带下方，并在该韧带和膝关节外侧半月板之间延伸，以一阔腱止于胫骨近端后面和内侧面。食肉动物的起点腱含有籽骨。马的腘肌是一块扁平的三角形肌肉，被腓肠肌和趾浅屈肌腱覆盖。它的起始肌腱被股胫关节囊滑膜反折包裹，该滑膜起腱鞘的作用。腘肌的作用是屈膝关节和旋前小腿。

5.3.4　小腿及后脚部肌

小腿及后脚部肌肉包括**跗关节的伸肌和屈肌以及趾关节的伸肌与屈肌**。根据其位置，小腿及后脚部肌可分为两大群，一群位于胫骨的前外侧面，另一群位于胫骨的后面，而胫骨的内侧面（皮面，planum cutaneum）没有肌腹。与前肢的腕关节不同，跗关节的关节角度与趾关节的角度相反。跗关节的屈面是背侧，而趾关节的屈面是跖侧。小腿和后脚前外侧肌肉是跗关节的屈肌和趾关节的伸肌，而后侧肌肉则为趾关节的屈肌以及跗关节的伸肌。

小腿及后脚部背外侧肌群

小腿及后脚部背外侧肌具有长而伸展的肉质肌腹，起始于股骨远端或胫骨或腓骨近端（图 5-98、图 5-100 和图 5-103）。其止点肌腱跨越多个关节，对每个功能趾分出一支，止于跖骨或趾骨。它们都受腓神经（n. fibularis）支配。

该群肌肉（表 5-7）可分为：

跗关节的屈肌：

- 胫骨前肌（m. tibialis cranialis）
- 腓骨长肌（m. fibularis longus）
- 腓骨短肌（m. fibularis brevis）
- 第 3 腓骨肌（m. fibularis tertius）

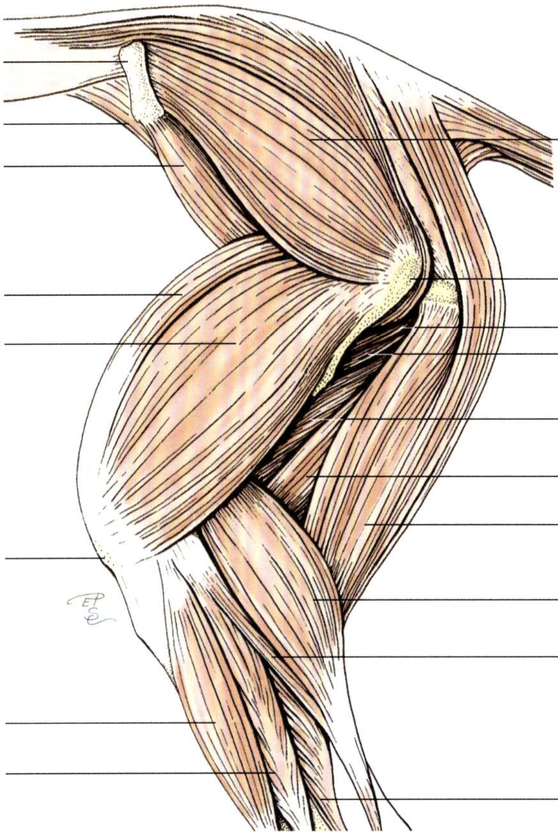

图 5-95　马后肢的深层肌（示意图，外侧面）。仿 Ellenberger 和 Baum（1943）

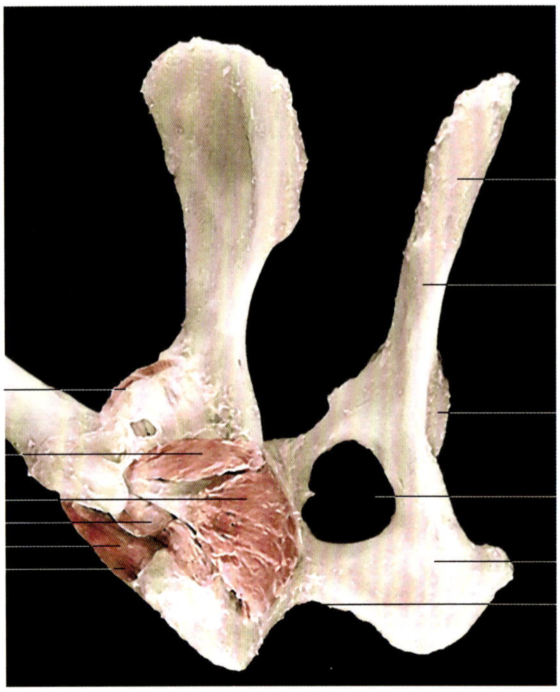

图 5-96　犬的盆内肌（背外侧面）

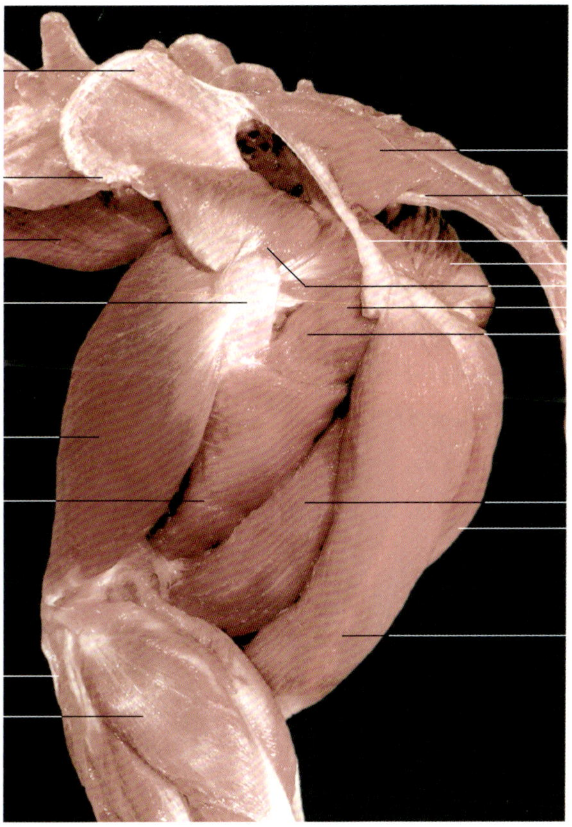

图 5-97　犬的左后肢肌(近侧部,外侧面)(慕尼黑 Christine Bretscher 提供)

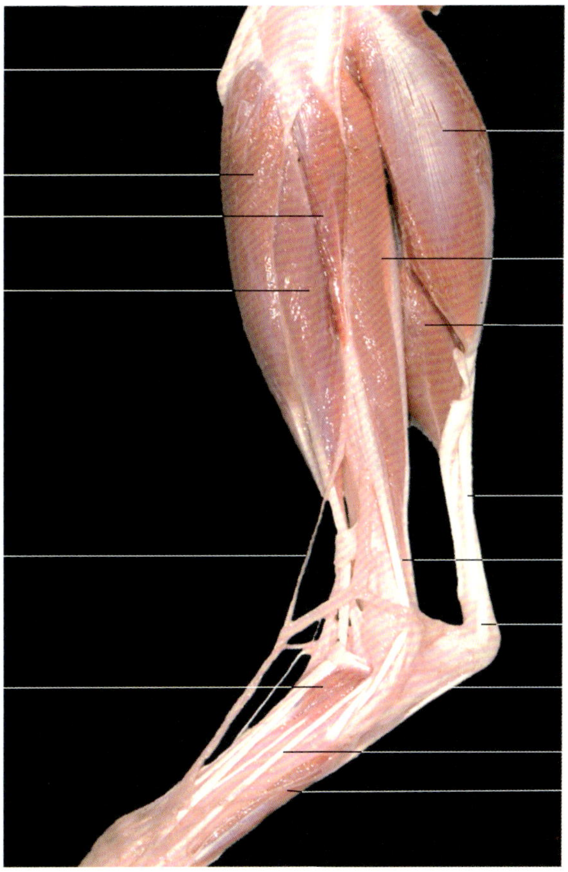

图 5-98　犬的左后肢肌(远侧部,外侧面)(慕尼黑 Insa Biedermann 和 M. Heiden 提供)

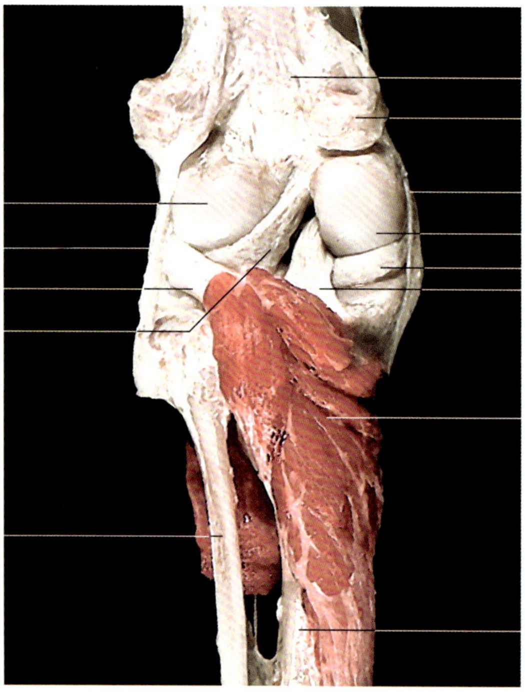

图 5-102　犬的左侧膝关节和腘肌（后侧面）（维也纳 R. Macher 博士提供）

趾长伸肌与第 3 腓骨肌一起从股骨外侧髁的伸肌窝发出，止于跗关节屈面（图 5-98、图 5-103 至图 5-105、图 5-111 和图 5-112）。止点肌腱对每个功能性趾分出一个分支，向远延伸并终止于远趾节的伸肌突。

食肉动物趾长伸肌的肌腹通常位于胫骨前肌和腓骨长肌之间的浅层（图 5-103 和图 5-106）。股胫关节囊的外突在其起点处的胫骨和跖长伸肌腱之间延伸。它在跗骨关节水平分为 4 个止点肌腱，在此处它们被 2 个横向纤维带，即近端和远端伸肌支持带固定，并被共同的滑膜鞘包裹。止点肌腱沿着跖骨和趾骨的背侧面向远处延伸，在接受骨间肌的分支后，附着在第 2～5 趾的远趾节骨上。

反刍动物的趾长伸肌（图 5-103）与覆盖它的胫骨前肌有共同的起始腱。它有 2 个肌腹，在远端延续为外侧和内侧止点肌腱。内侧肌腱与来自骨间肌的分支融合后，止于内侧趾的中趾节骨。外侧肌腱在球关节水平处分叉为两支，止于 2 个主趾的远趾节骨。这些肌腱被滑膜鞘包裹。

马的趾长伸肌与第 3 腓骨肌有一个共同的起点肌腱，在该肌腱下，股胫关节囊的外突向远端延伸 12～15 cm（图 5-103、图 5-111 和图 5-112）。止点的长肌腱在跗骨关节水平面上被近端、中间和远端横韧带固定，并从跗骨中部至跗关节远端 3～4 cm 处被滑膜鞘围绕。在第 3 跖骨中部有趾外侧伸肌腱加入，在接受骨间肌的 2 个分支之后止于远趾节骨的伸肌突。

趾长伸肌的作用是伸趾和协助屈跗关节。

趾外侧伸肌起始于腓骨近端和膝关节外侧副韧带（图 5-103 和图 5-111）。食肉动物的趾外侧伸肌位于腓骨长肌的深处，但其他家养哺乳动物的趾外侧伸肌则位于浅层。

食肉动物趾外侧伸肌的肌腹小，向远侧延伸成一条细肌腱，跨过外侧踝，在外侧副韧带深处经过跗关节外侧面，并向远侧穿过跖骨和趾骨的背外侧，与趾长伸肌的肌腱合并，一同止于第 5 趾的远趾节骨。猪的趾外侧伸肌肌腱分成 2 支，每个主趾一个（图 5-103）。

反刍动物的趾外侧伸肌起始于膝关节外侧副韧带和胫骨外侧髁。其强韧肌腱从腓骨长肌下方穿过到达跗关节外侧面，在跖骨背外侧面向远侧延伸，并在接受骨间肌的一个分支后，终止于第 4 趾中趾节骨（图 5-103）。

马趾外侧伸肌位于浅层，在趾长伸肌和第 1 趾长屈肌之间。其圆形肌腱越过外侧踝到达飞节的外侧面，在此处被近端和远端支持带固定，并有滑膜鞘保护。该肌借趾长伸肌的肌腱终止（图 5-103、图 5-111 和图 5-112）。

趾外侧伸肌伸趾和协助屈跗关节。

第 1 趾长伸肌在食肉动物、绵羊和猪中形成一块独立的小肌肉，而在山羊、牛和马中则与胫骨前肌融合。食肉动物的第 1 趾长伸肌位于胫骨上方，被腓骨长肌覆盖。它起始于腓骨近端和骨间膜。其细肌腱偶尔会变宽成腱膜，越过跗关节的背面及第 2 跖骨至第 2 趾和第 1 趾（如果存在的话）的跖趾关节。第 1 趾长伸肌可伸展第 2 或第 1 趾（如果附着在上面的话），并协助屈跗关节（图 5-103）。

小腿及后脚部跖侧肌群

跗关节的伸肌和趾关节的屈肌位于小腿及后脚部的后面。它们起始于股骨远端和（或）胫骨和腓骨近端。跗关节的伸肌止于跟骨，趾关节的屈肌继续延伸至中趾节骨和远趾节骨。所有肌肉均由胫神经支配。

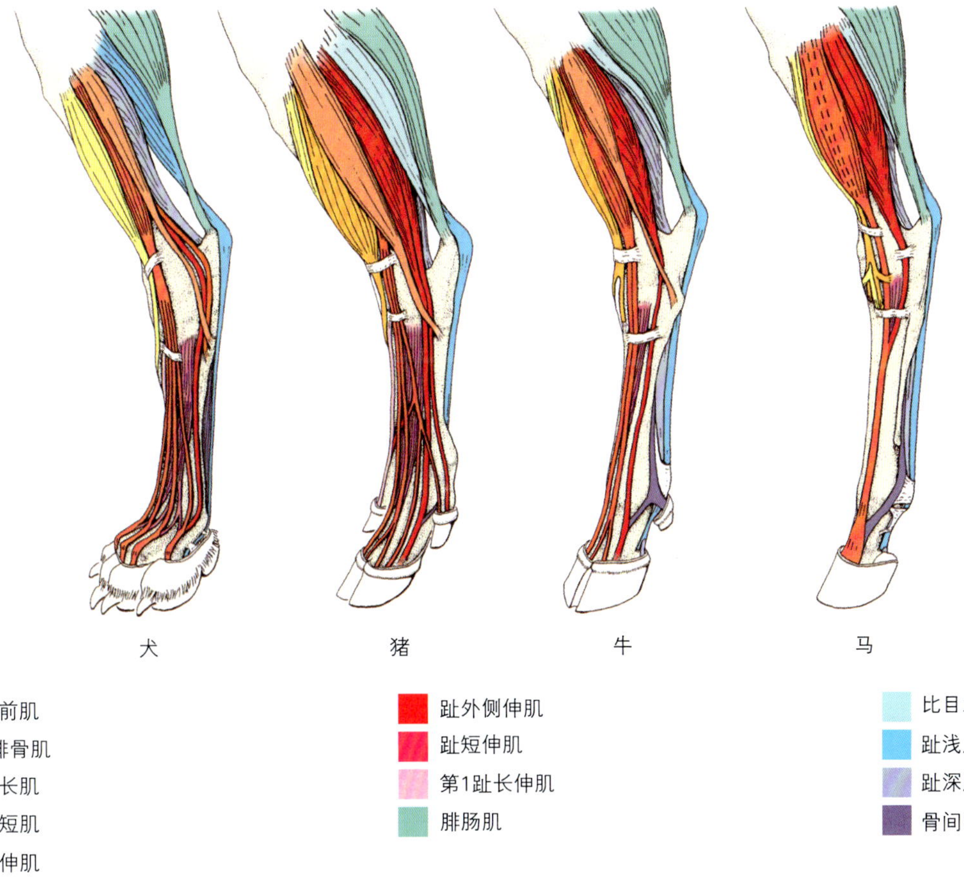

图 5-103 小腿部肌(示意图,外侧面)。仿 Ellenberger 和 Baum(1943)

该肌群(表 5-8)包括:

跗关节伸肌:

- 腓肠肌(m. gastrocnemius)
- 比目鱼肌(m. soleus)

趾关节屈肌:

- 趾浅屈肌(m. flexor digitorum superficialis)
- 趾深屈肌(m. flexor digitorum profundus),趾深屈肌可进一步细分为 **3 个头:**
  - 胫骨后肌(m. tibialis caudalis)
  - 趾外侧屈肌(m. flexor digitorum lateralis,曾称拇长屈肌,m. flexor hallucis longus)
  - 趾内侧屈肌(m. flexor digitorum medialis,曾称趾长屈肌,m. flexor digitorum longus)

腓肠肌是一强壮的肌肉,它的 2 个肌头起始于股骨近端髁的后外侧和后内侧面,终止于**共同肌腱**——腓肠肌腱(tendo gastrocnemius),该肌腱构成**跟总腱**(tendo calcaneus communis)的主要部分,并附着于跟骨(图 5-104、图 5-107、图 5-109、图 5-111 和图 5-113)。

食肉动物腓肠肌的**内侧头**起始于股骨远端的内侧唇,**外侧头**起始于外侧唇。猫的腓肠肌起始于膝盖骨和阔筋膜。每个肌头包围一个突出的籽骨,即腓肠肌的内、外侧籽骨,也称为腓肠豆。2 个头向远侧延伸,与趾浅屈肌紧密相连,借强大的肌腱板在远方连接成共同肌腱,穿过趾浅屈肌腱下方后止于跟骨。在止点腱和跟骨之间有一**滑膜囊**。

马的腓肠肌由 2 个强大的梭形头起始,其中包含多个腱划。在腘绳肌群覆盖下,它们起始于股骨髁上窝的外侧面和内侧面。2 个肌头几乎完全包围了趾浅屈肌,并在远端结合为一个单独的强韧肌腱延伸至跟骨,在此止于趾浅屈肌腱的深层。

腓肠肌伸展跗关节和协助屈膝关节。

比目鱼肌是一薄肌带,在犬中不存在。在反刍动物和马中,它起始于腓骨退化的近端,呈扇形向远后方扩展并与腓肠肌的外侧头融合,成为腓肠肌腱的一部分(图 5-103 和图 5-111)。

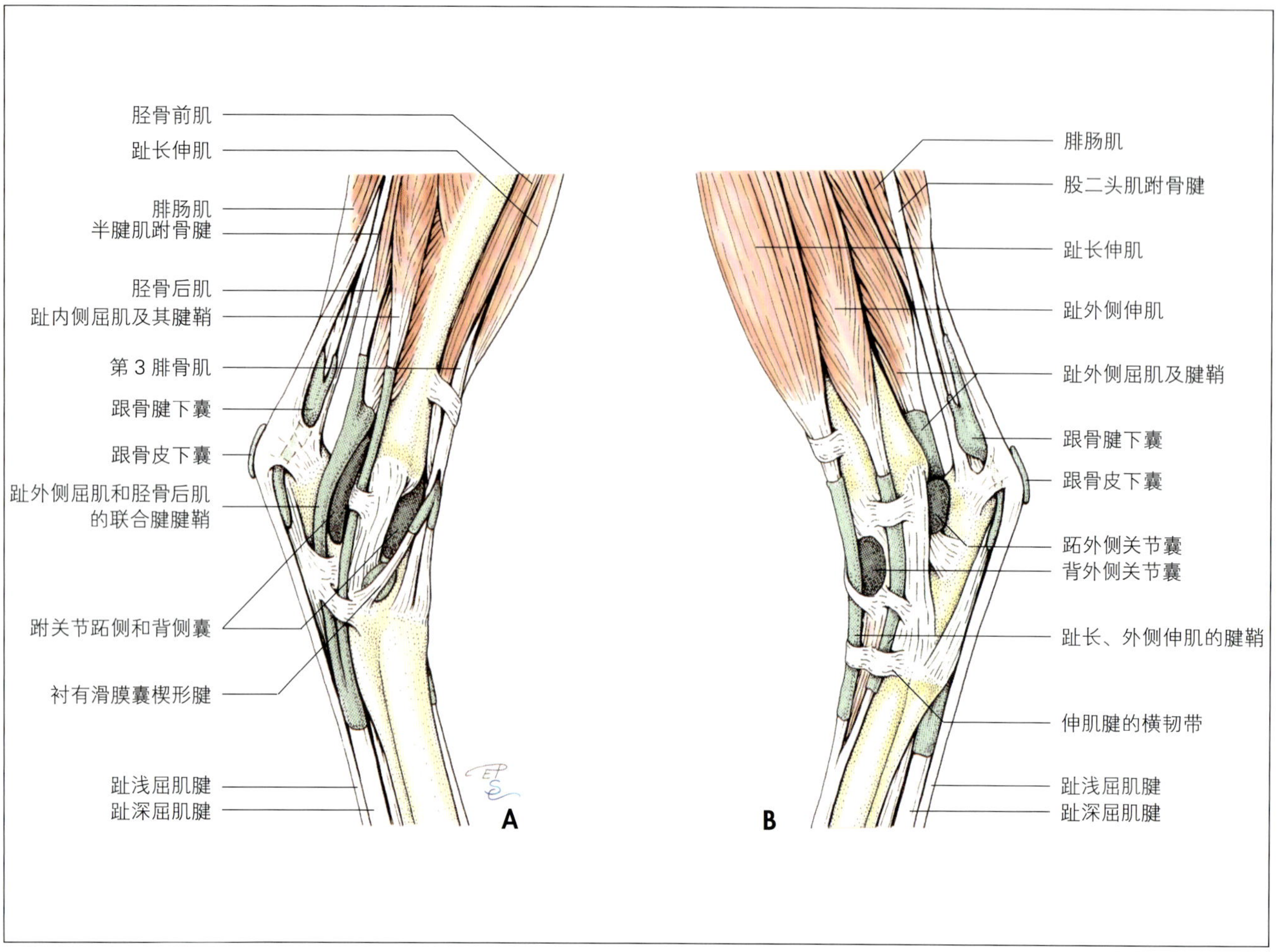

图 5-104　马的左侧跗骨腱鞘和滑膜囊（示意图）：（A）内侧面，（B）外侧面。仿 Ellenberger 和 Baum（1943）

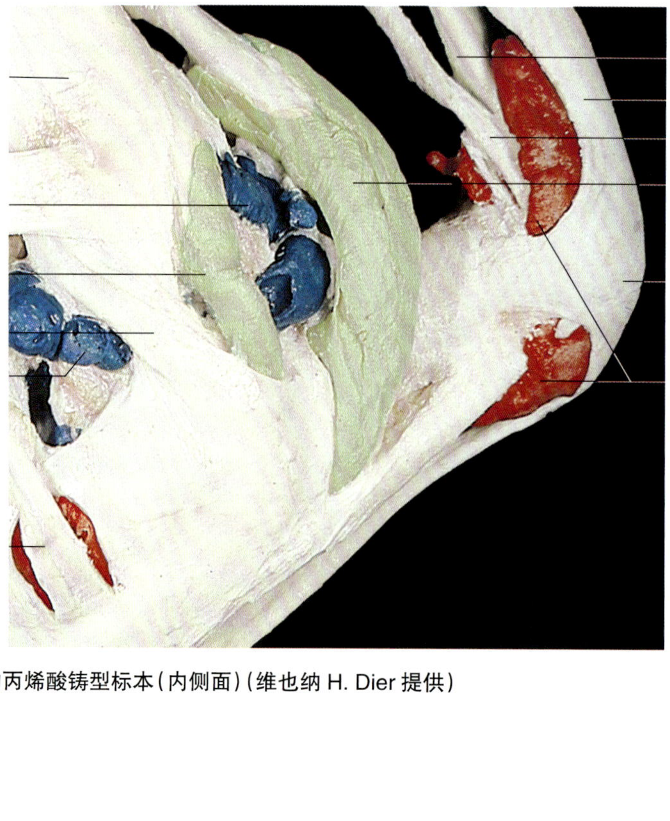

图 5-105　马跗骨滑膜囊结构的丙烯酸铸型标本（内侧面）（维也纳 H. Dier 提供）

趾浅屈肌在股骨后面起始于髁上窝。它先走向深层被腓肠肌的 2 个肌头包围(图 5-103),在小腿的中部向内绕至后面浅层。之后在跟骨处,趾浅屈肌腱变宽形成一**腱帽**,被内、外侧支持带固定。在**腱帽**和跟骨结节之间有一滑膜囊(跟骨腱下囊,bursa subtendinea calcanei)。**趾浅屈肌**腱继续下行,在跗关节远侧为每个功能趾分出一支,该分支止于中趾节骨。在跖趾关节的水平面上,止点肌腱同前肢一样形成腱筒(**屈肌腱筒,manica flexoria**),包绕着趾深屈肌腱的相应分支。趾深屈肌腱的远侧部基本上与前肢的相似。

食肉动物的趾浅屈肌与腓肠肌外侧头紧密结合,起于股骨外侧髁上粗隆(图 5-90、图 5-92 和图 5-98)。在胫骨中部,肉质肌腹的腱纤维汇聚成一个强大肌腱,该肌腱从腓肠肌腱的内侧穿过,到达跗关节尖后面形成一个宽的腱帽。之后在飞节的跖侧面继续延伸,在远列跗骨处 2 次分支。由此产生的 4 个分支在第 2～5 跖骨表面延伸,止于这些趾的中趾节骨。

反刍动物和猪的止点肌腱止于主趾的中趾节骨。

马的趾浅屈肌几乎完全是腱质,构成跟总腱(tendo calcaneus communis)的主要组成部分(足底腱或跖侧腱,tendo plantaris)和**联动装置**的后部。**趾浅屈肌**起始于股骨髁上窝,与腓肠肌外侧头紧密相连。在胫骨的远端 1/3 处绕过腓肠肌腱的内侧面至其后面。趾浅屈肌腱在飞节处变宽,于跟骨结节上形成腱帽并在两侧分离,在每一侧分出一腱带。在跟结节和趾浅屈肌腱之间有一个大的滑膜囊(跟骨腱下囊,bursa subtendinea calcanei),可从跟骨背侧约 3 cm 处,从内侧面向内进行滑膜囊注射。再向远侧,趾浅屈肌腱的分布类似前肢,附着于中趾节骨。

趾浅屈肌可以屈其所附着的趾,也有助于伸展飞节和屈膝关节。马趾浅屈肌是联动装置后部的主要成分(图 5-92、图 5-100 和图 5-101)。

趾深屈肌(图 5-103 至图 5-105、图 5-107、图 5-109 至图 5-111、图 5-113 和图 5-114)由 **3 个独立的肌头**组成:

- 胫骨后肌(m. tibialis caudalis)
- 趾外侧屈肌(m. flexor digitorum lateralis)
- 趾内侧屈肌(m. flexor digitorum medialis)

这 3 个肌头位于胫骨和腓骨的后面,起始于腓骨后侧。它们在不同动物物种的小腿中部或跗骨远侧结合成一个强大的肌腱,即**趾深屈肌腱**。总腱在跖骨的跖侧面向远端延伸,并为每个功能性趾分出一个分支,止于远趾节骨的屈面上。因此,食肉动物和猪有 4 条止点腱,反刍动物有 2 条,马有 1 条。每个分支在跗关节处包有腱鞘。

食肉动物的趾外侧屈肌位于小腿的后外侧,其强韧的肌腱与跗骨跖侧面的趾内侧屈肌较弱的肌腱融合,形成趾深屈肌肌腱。它在跖骨中部分为 4 个分支,止于第 2～5 趾。这些止点腱与前肢指深屈肌肌腱的分支相似。

趾内侧屈肌位于趾外侧屈肌的内侧,起始于腓骨头和胫骨的腘肌线。其细腱沿着胫骨后肌腱向远侧延伸至跗关节,在此与趾外侧屈肌的腱结合。胫骨后肌是一个小薄肌,直接位于胫骨的后内侧面。在食肉动物中,其纤细的肌腱辐射入跗关节的内侧韧带,但与其他动物不同,不参与趾深屈肌肌腱的形成。

有蹄类动物的趾外侧屈肌起始于胫骨外侧髁和胫骨后

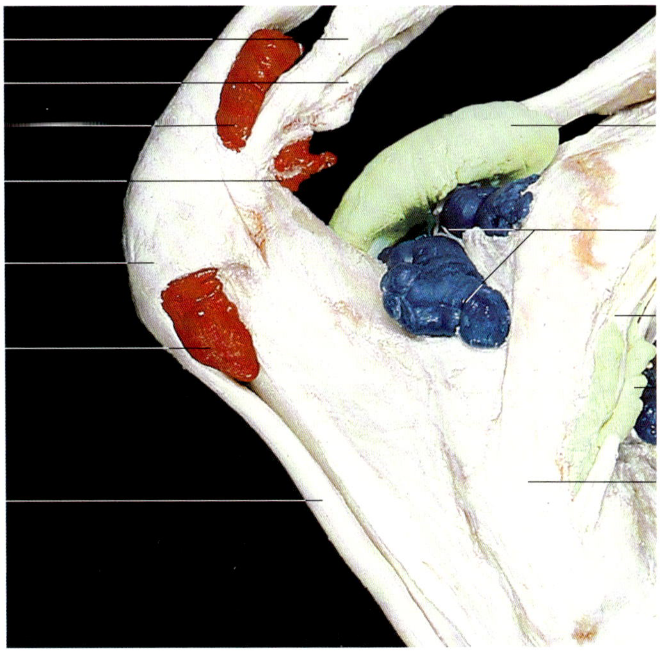

图 5-106 马跗骨滑膜囊结构的丙烯酸铸型标本(外侧面)(维也纳 H. Dier 提供)

面，在近端被胫骨后肌覆盖。其强韧肌腱与小腿远端 1/3 处的胫骨后肌肌腱结合，穿过载距突。在跖骨近端的趾内侧屈肌肌腱处并入总腱。

趾内侧屈肌沿着趾外侧屈肌的内侧表面延伸，并以圆形肌腱穿过跗关节内侧面到达跖骨，在此与趾深屈肌肌腱连接。趾深屈肌肌腱与前肢同名肌腱以相同方式终止。马的趾深屈肌肌腱越过远侧籽骨，此处的**舟骨囊**(bursa podotrochlearis)使其易于通过进而止于远趾节骨。趾深屈肌屈趾关节和协助伸跗关节。

5.3.5 趾短肌

趾短肌类似于前肢中的同名肌肉。一般来说，这些肌肉在食肉动物中发达，但在其他家畜中发育不全或缺失，骨间肌除外。趾短肌包括：

- 趾指伸肌(m. extensor digitorum brevis)
- 趾短屈肌(m. flexor digitorum brevis)
- 屈肌间肌(mm. interflexorii)
- 骨间肌(mm. interossei)
- 蚓状肌(mm. lumbricales)
- 跖方肌(m. quadratus plantae)

趾短伸肌位于跖骨的背侧和趾长伸肌腱的外侧。反刍动物和马的趾短伸肌为薄肌肉带，但猪和食肉动物的较为发达。在食肉动物中，它分成几个分支，与来自骨间肌的分支结合后，这些分支与总伸肌腱的相应肌腱一起终止。

犬的**趾短屈肌**由一些肌纤维组成，但猫的趾浅屈肌腱内有一块更广泛的肌肉板。犬的**屈肌间肌**有 2 个肌束，猫有 3 个肌束，位于趾深屈肌和趾浅屈肌之间，从跗关节中部延伸至跖趾关节。

骨间肌和**蚓状肌**与前肢的同名肌肉相似。

猫的**跖方肌**比犬的发达。它起始于跟骨的外侧面，向内侧延伸至趾深屈肌腱，并辐射入趾内侧屈肌肌腱。

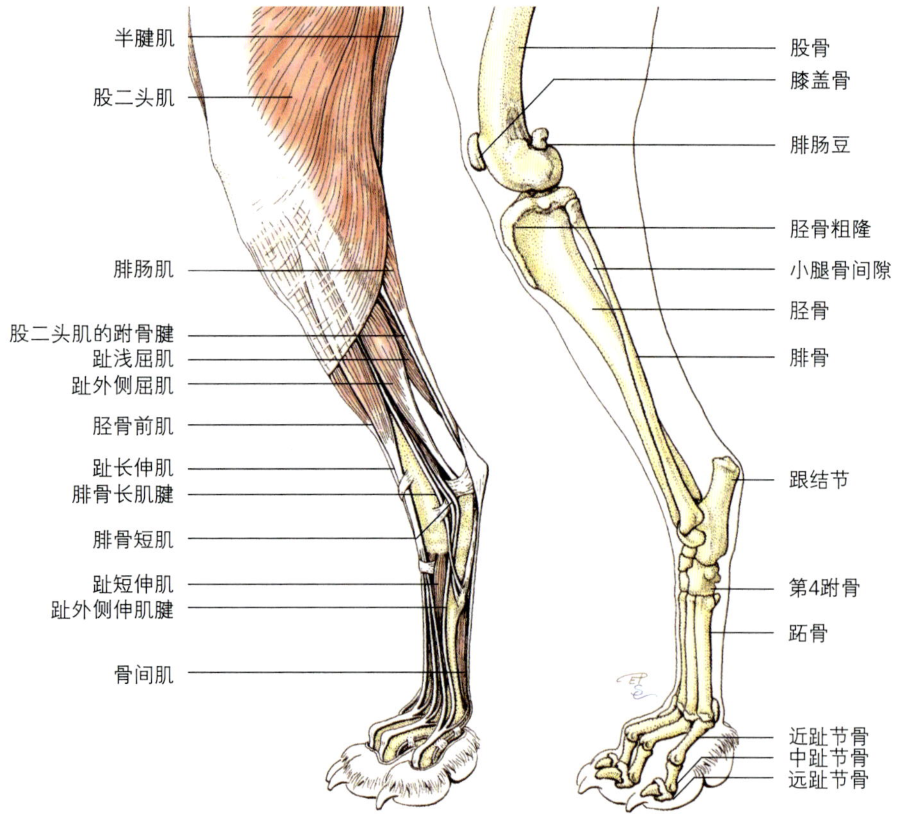

图 5-107 犬的后肢肌和骨骼(示意图，外侧面)

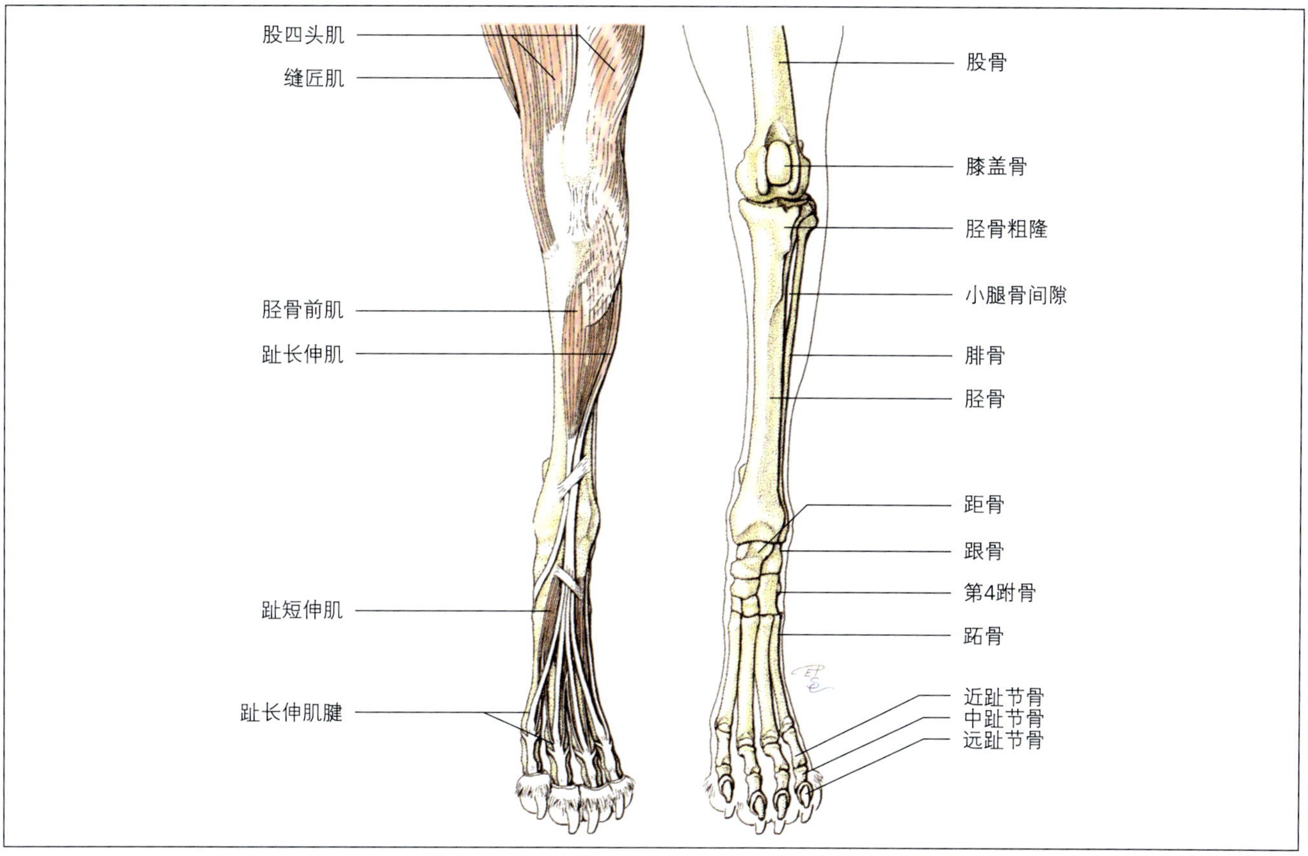

图 5-108　犬的后肢肌和骨骼(示意图,前面)

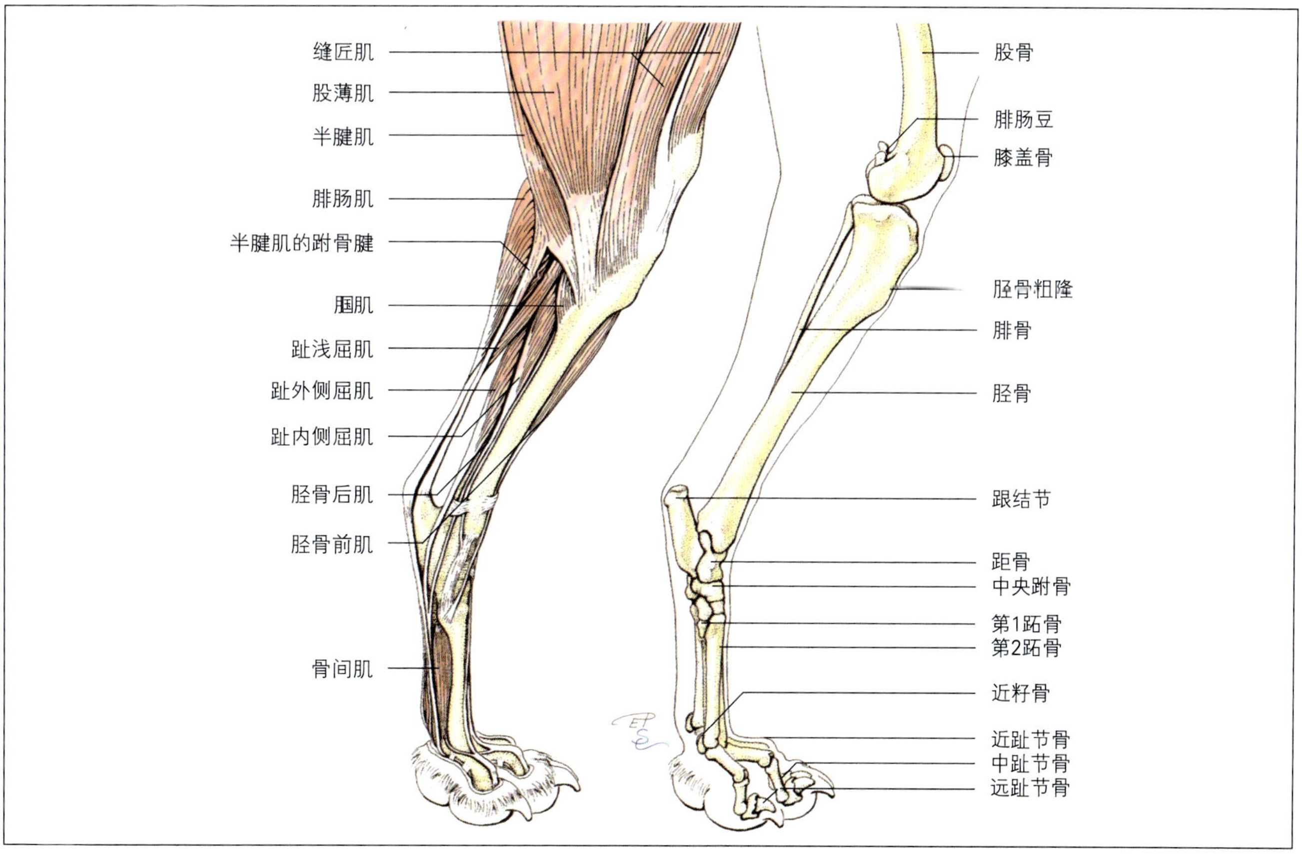

图 5-109　犬的后肢肌和骨骼(示意图,内侧面)

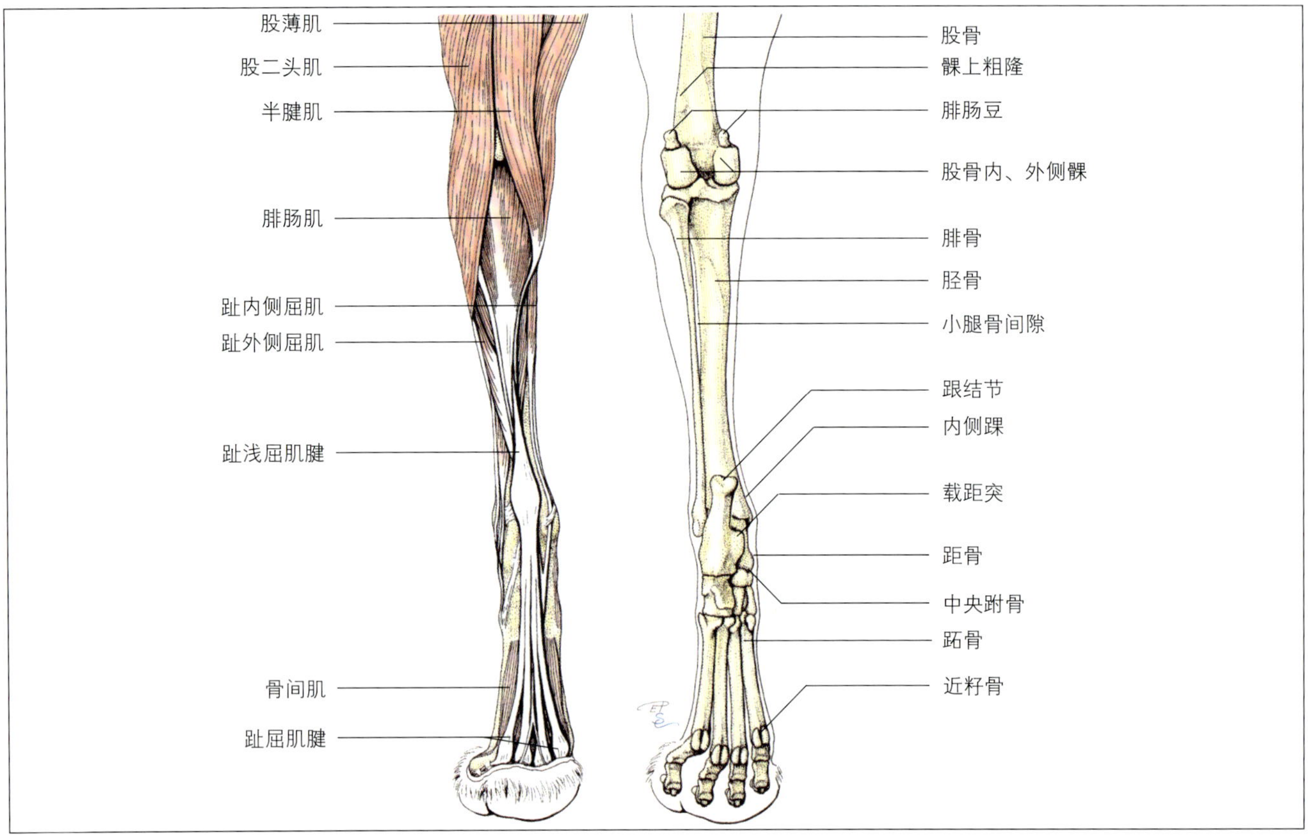

图 5-110 犬的后肢肌和骨骼（示意图，后面）

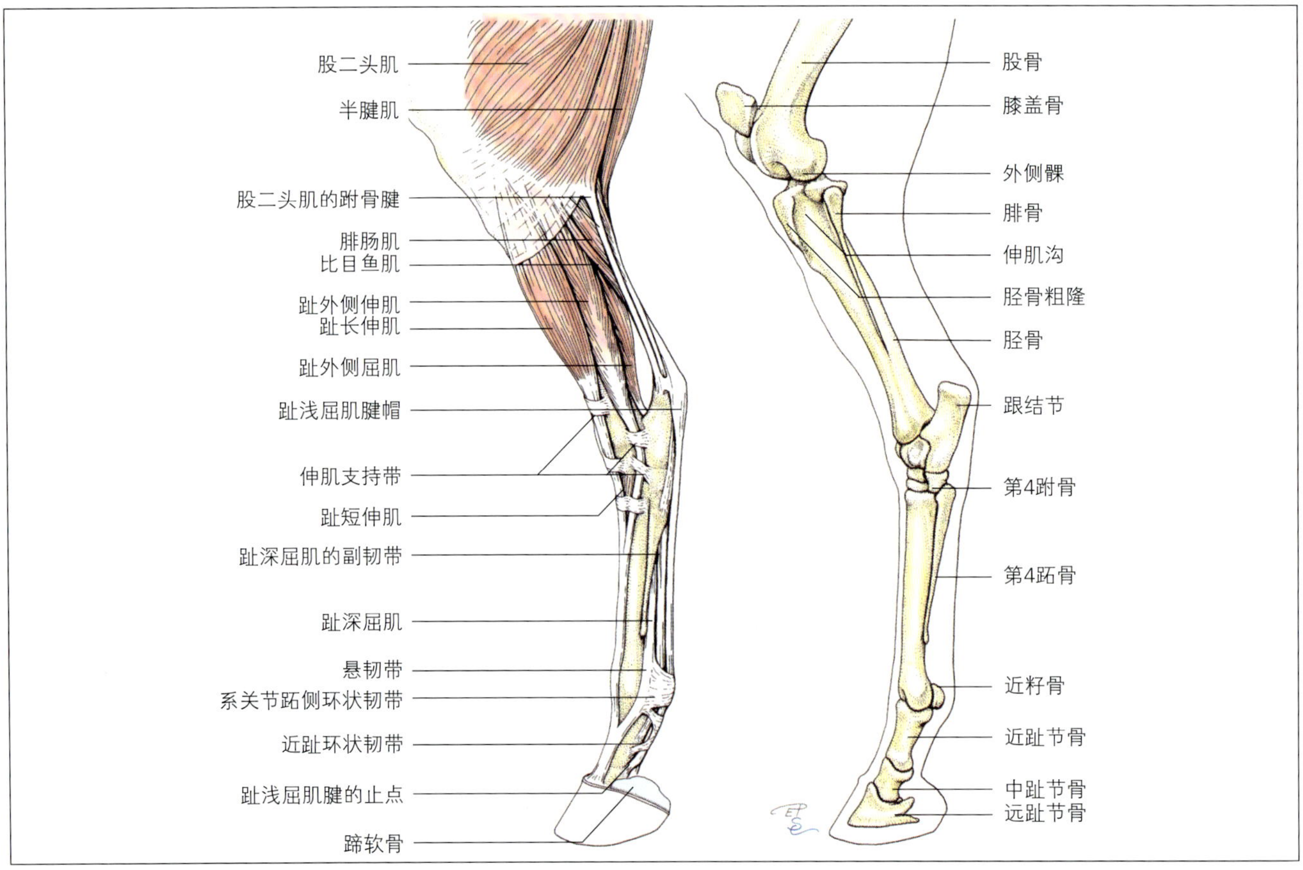

图 5-111 马的后肢肌和骨骼（示意图，外侧面）

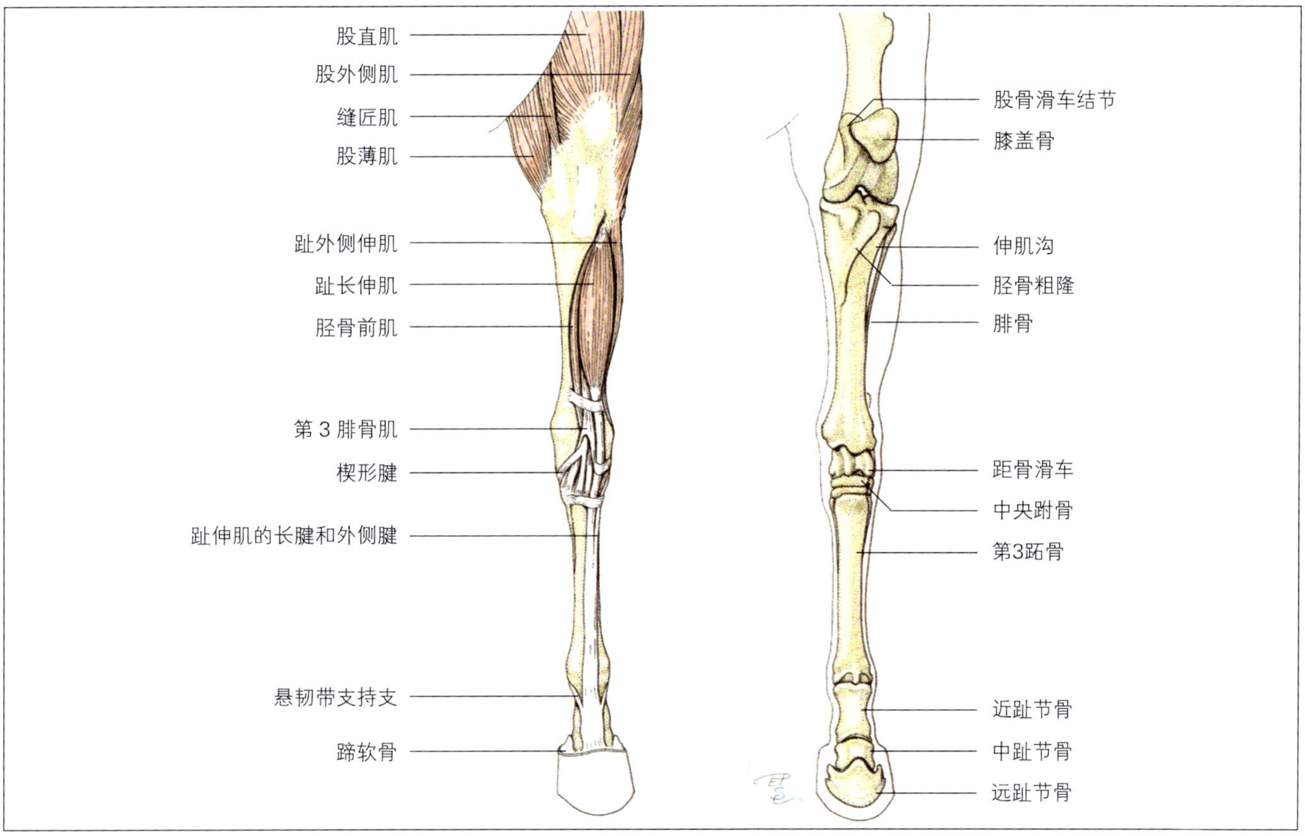

图 5-112 马的后肢肌和骨骼(示意图,前面)

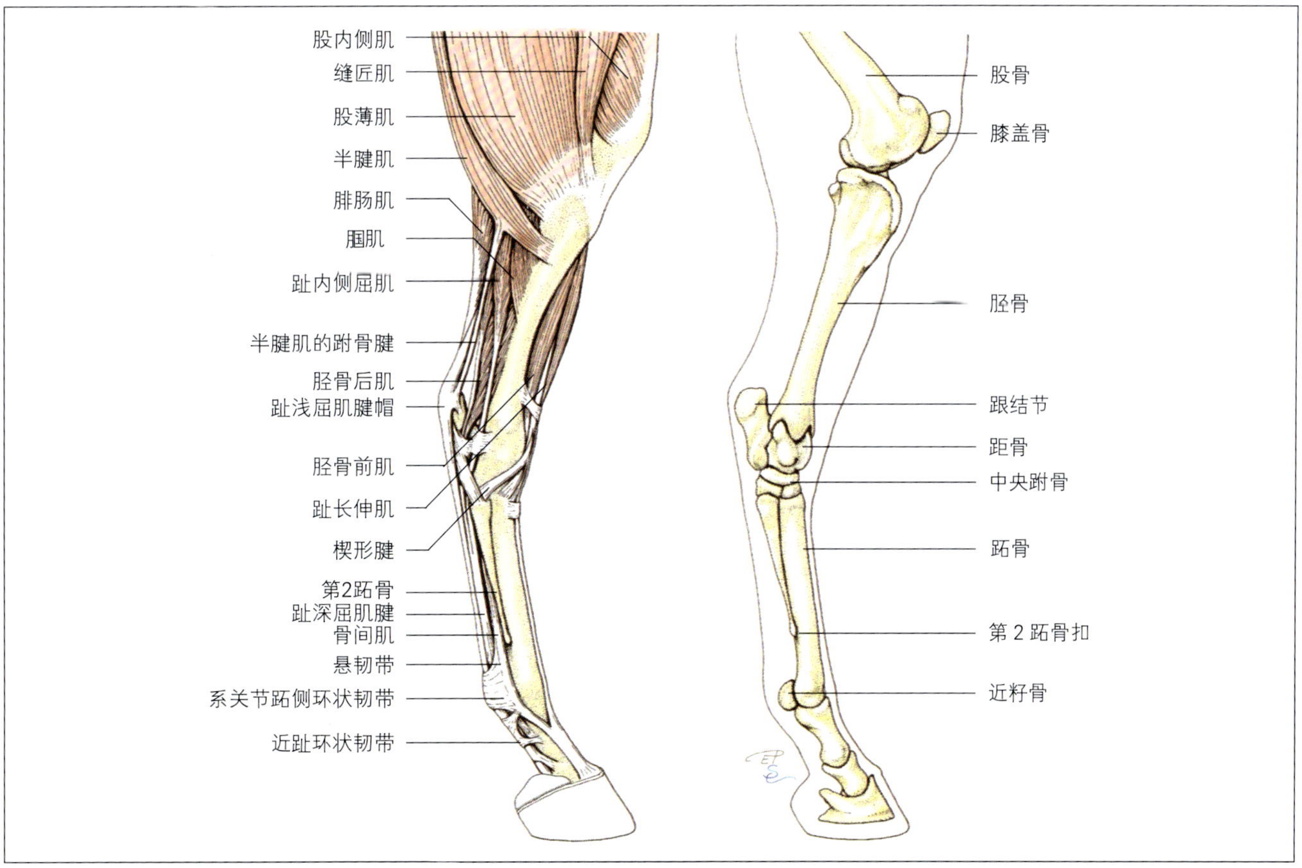

图 5-113 马的后肢肌和骨骼(示意图,内侧面)

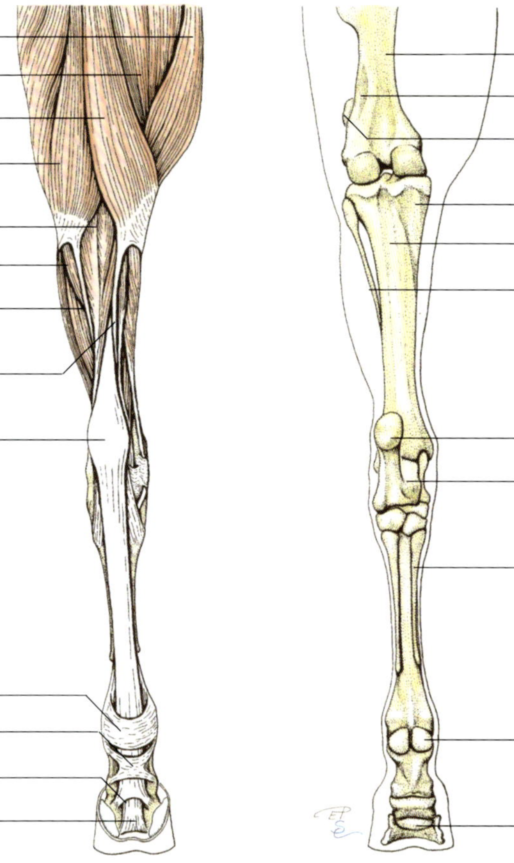

图 5-114 马的后肢肌和骨骼(示意图,后面)

表 5-7 跗骨的屈肌和趾骨的伸肌

名称 神经支配	起点	止点	作用
胫骨前肌 腓神经	胫骨外侧髁	跗骨和跖骨	屈跗关节
腓骨长肌 腓神经	腓骨和胫骨外侧髁	跗骨（T1）或跖骨（Mt 1）	屈跗关节，向内牵拉后肢
腓骨短肌 腓神经	腓骨	跖骨（Mt 5）	屈跗关节
第 3 腓骨肌 腓神经	股骨伸肌窝	跗骨和跖骨	屈跗关节，伸膝关节
趾长伸肌 腓神经	股骨伸肌窝	远趾节骨伸肌突	伸趾关节，伸膝关节
趾外侧伸肌 腓神经	腓骨和胫骨外侧髁	第 5 或第 4 趾的中趾节骨；马的远趾节骨	趾关节伸肌
第 1 趾长伸肌 腓神经	腓骨	第 2 趾	伸第 2 趾

表 5-8 跗骨的伸肌和趾骨的屈肌

名称 神经支配	起点	止点	作用
腓肠肌 胫神经	股骨远端	跟结节（跟腱）	伸跗关节，屈膝关节
比目鱼肌 胫神经	腓骨	跟腱	伸跗关节
趾浅屈肌 胫神经	髁上窝，外侧髁上粗隆	近趾节骨和中趾节骨	屈膝关节，屈趾关节，伸跗关节
趾深屈肌 胫神经			
一胫骨后肌	腓骨和胫骨	趾深屈肌腱，远趾节骨	屈趾关节
一趾内侧屈肌	胫骨	趾深屈肌腱，远趾节骨	屈趾关节
一趾外侧屈肌	腓骨和胫骨	趾深屈肌腱，远趾节骨	屈趾关节

发生。其原因有两种:动物在正常站立时,球节向背侧弯曲,指浅屈肌和指深屈肌张力增加,从而增强了肌肉非弹性成分的被动张力,使肘关节沿肱骨头伸展;另一个造成肩/肘关节制动的关键原因是臂三头肌的等长收缩(图 6-2 和图 6-3)。

由于桡骨和胫骨的长轴几乎处于同一条直线,所以腕部可以轻松地承受重量。腱膜是起源于臂二头肌起始腱的非弹性带,可以防止腕关节前屈。该腱膜在肘关节附近移行于肌腹内,然后与臂二头肌分离,并与前臂筋膜和腕桡侧伸肌融合。该腱膜止于胫骨,起到稳定腕关节的作用。臂二头肌的张力通过该腱膜传递,从而协助腕部的伸展(图 6-2 和图 6-3)。腕掌侧韧带、副腕骨韧带和翼状韧带(指浅、指深屈肌腱副韧带)可防止腕部的过度伸展。若掌指关节过度伸展到“中间”位置,会导致双侧翼状韧带长期处于拉伸状态。

第三掌骨/跖骨的掌侧和跖侧的悬韧带是静力装置最基本的解剖学特征。它是球节的主要支撑,在运动过程中防止球节过度伸展,同时减弱对球节的冲击。悬韧带分支沿指骨/趾骨的内侧和外侧向指骨/趾骨的远端延伸,止于远指骨/趾骨伸肌突,防止骹和蹄关节过度前屈。指/趾浅、深屈肌腱是悬韧带在功能上的补充。副韧带将指/趾浅屈肌腱(近翼状韧带)固定于桡骨远端,将指/趾深屈肌腱(远翼状韧带)固定于掌、跖骨。悬韧带和两个指/趾屈肌腱分出一系列小分支。当球节因负重而伸展时,悬韧带、指/趾浅屈肌腱和指/趾深屈肌腱依次紧张。

行进时,关节因屈肌收缩而弯曲,同时肩带肌肉收缩使前肢离地。臂头肌收缩使弯曲的肢体前伸,这一动作由斜方肌和肩胛横突肌辅助完成。它们使肩胛骨远端向前背侧旋转,后角向后腹侧旋转,从而在运动过程中完成摆动相。在摆动末期,臂三头肌、腕桡侧伸肌和指伸肌的收缩使关节再次伸展。这使得肢体伸直,并由站立点向前伸展,从而过渡到站立相。即肢体伸长,落在站立点前方的位置。在过渡至站立相的阶段,身体的重量逐渐传递到伸展的肢体上。背阔肌、菱形肌和胸深肌使肩胛骨向相反方向旋转。臂三头肌伸展肘关节,而臂二头肌通过腕侧腱膜伸展肩关节,球节向掌侧弯曲。肢体再次离地前的瞬间,指浅屈肌腱和悬韧带放松,蹄关节最大程度伸展,指深屈肌腱和翼状韧带因此拉紧,使指关节在蹄离地的瞬间弯曲。

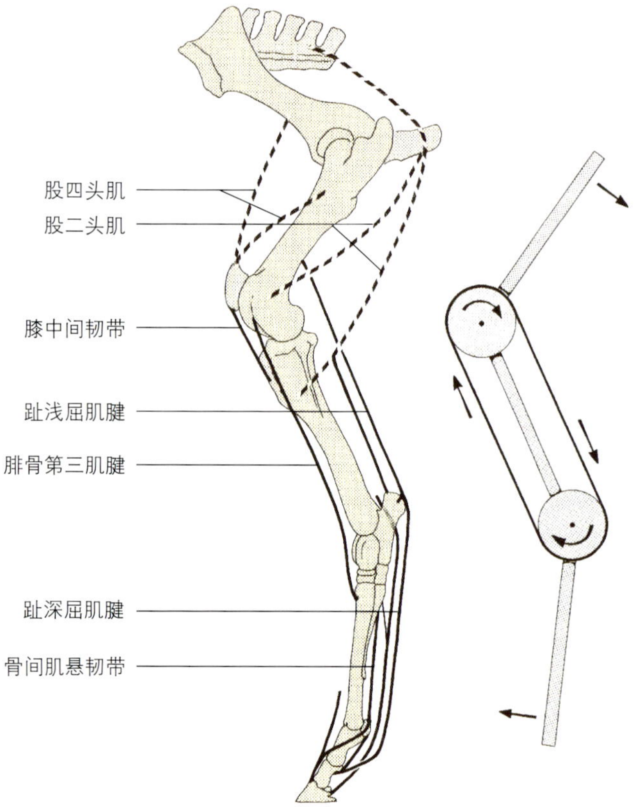

图 6-4　马后肢联动装置(示意图)

6.3 后肢

荐骨和骨盆经荐髂关节牢固连接，荐骨悬挂在髂骨翼的内表面，这确保了后肢的推力有效地传递到躯干。由于后肢负责传递前进的动力，所以后肢肌肉比前肢肌肉发育得更好。马后肢发生了许多适应性变化，包括形成肌源性**胶原带**和**骨骼适应性**改变，以减缓负重和跗、膝关节连接运动（包括膝关节制动装置和联动装置）引发的肌肉张力增加（图 6-4）。前者阐述了导致膝关节及跗关节锁定及制动的膝韧带和膝盖骨的排布方式。膝关节正常屈伸时，膝盖骨在滑车沟内滑动。伸展超过滑车沟近端时，加之膝盖骨的内旋，导致股骨内侧缘突入膝内侧韧带和中间韧带之间。

膝盖骨旁软骨陷入滑车沟，从而将膝关节锁定在伸展位置。这一机制使马能以最小的肌肉力量将重量放在单侧后肢上。根据近期研究，这种锁定机制不是完全被动的。股内侧肌主动保持在由膝内侧韧带、膝盖骨及膝盖骨旁软骨组成的正中沟内。该机制解除时，体重转移到对侧肢，股四头肌向前牵引膝盖骨。通过轻微的外转，膝盖骨回到滑车沟。若膝盖骨不能行动，或在行进过程中发生锁定，膝关节和跗关节将保持伸展，而球节和蹄关节弯曲，马呈拖趾运动。

马后肢呈线形构造，Shetland 矮马膝盖骨常表现出上移。马后肢的另一独特改变被称为交互构造，它保证膝关节和跗关节的运动（图 6-3）。它由前侧的第三腓骨肌、对侧的腓肠肌和后侧的趾浅屈肌组成。第三腓骨肌的附着决定了正常动物膝关节的屈曲必定伴随着跗关节的屈曲，而后侧肌肉保证了膝关节伸展时跗关节也伸展。

与腕关节不同，跗关节总是保持一定的角度。因此，浅屈肌腱需要强韧的肌腱以稳定跗关节在其正确的位置。该任务由趾浅屈肌腱在跟骨结节处形成的腱帽及其韧带共同完成。

球节和趾骨关节的固定和稳定与前肢相似。

在运动过程中，后肢肌肉收缩的规律与前肢相似。在摆腿前期，通过阔筋膜张肌、臀浅肌、缝匠肌和髂腰肌的收缩，各关节屈曲，肢体向前移动。髂腰肌的外展作用被股内侧肌（缝匠肌、耻骨肌、股薄肌）抵消。

摆腿末期，关节再次伸展。股四头肌非常重要，起稳定膝关节的作用。在站立阶段，通过髋（臀中肌）、膝（股四头肌）和跗关节（腓肠肌）的伸肌收缩，身体向前推进，位于膝关节后方的跟腱肌肉辅助上述动作完成。

动物机体的运动是身体各部分协调运动的结果。包括前行、侧行、后退或者原地运动，如坐、躺、翻滚、起立、站立等。马进化出了多种防御机制，例如站立和踢腿，均涉及移动重心，使单肢或双肢离开地面。在运动过程中，由于肌肉功能群的循环激活，四肢得以重复地、有规则地顺序运动。每一步幅均可分为蹄踏地的站立阶段和蹄离地的摆动阶段。

6.4 步态

自然步态包括慢步、快步、袭步（图 6-5 至图 6-7）。有些动物还演化出踱步、缓步或小跑的步态。马的每一步态均可分为寻常步、缩短步和伸长步。跑步是缩短袭步。

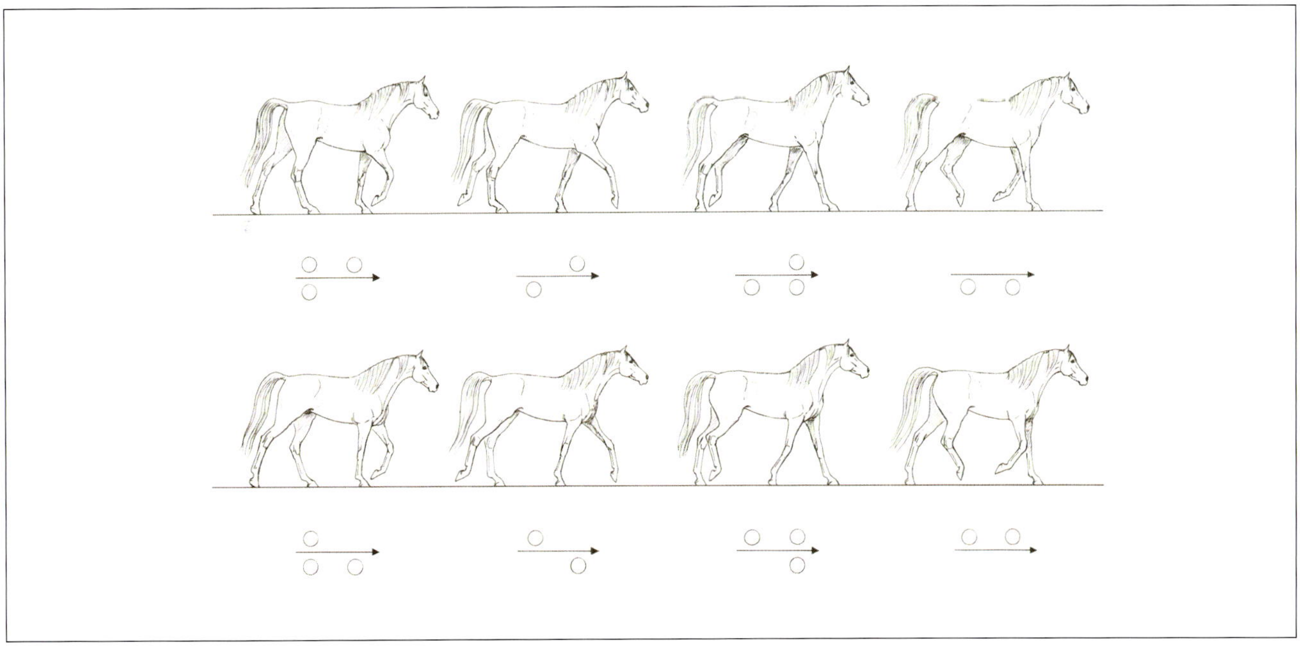

图 6-5 马慢步的步态（示意图）

7 体腔

H. E. König，W. Pérez 和 H.-G. Liebich

内脏大部分位于体腔内，通过口、鼻、肛门、阴道或尿道与外界环境直接接触。然而初级体腔在胚胎期仍是一个整体，在胎儿期通过**横膈膜**（septum transversum）进一步发育形成**膈**（diaphragma），将体腔分为**胸腔**、**腹腔**以及与之相通的**骨盆腔**。

第 1 章“绪论与解剖学概论”（1 页）详细描述了内脏解剖层次和结构的相关性。

内脏具有重要的功能，其结构复杂且多样，其与整个机体系统有重要的相互作用，内脏可归纳如下：

- **消化道**（apparatus digestorius）
  - 摄食、物理消化和化学分解
  - 代谢产物的重吸收和合成
  - 不被吸收的食物颗粒排泄
- **呼吸道**（apparatus respiratorius）
  - 嗅觉
  - 发声
  - 空气和血液之间的气体交换
- **泌尿器官**（organa urinaria）
  - 水盐平衡调节
  - 废物排泄
  - 循环的内分泌调节
- **生殖器官**（organa reproductiva）
  - 雄性和雌性配子的形成和成熟
  - 配子的运输
  - 配子的储存部位
  - 内分泌产生部位
- **血管和淋巴管**（systema cardiovasculare et organa lymphopoetica）
- **外周神经系统**（systema nervosum periphericum）
- **内分泌腺**（glandulae endocrinae）

头部的神经器官和腹膜后的盆腔器官没有整合到这些大的体腔中，它们分别位于颅腔和骨盆腔。

体腔内器官位置的稳定性

体腔内的器官都与体壁相连，体腔由双层浆膜构成。在大多数情况下，这些浆膜起悬吊作用，它们也可以连接两个器官，称为皱襞。在特殊部位，大的管状器官可能通过结缔组织直接与体壁相连，如反刍动物的瘤胃或马的盲肠。

此外，这些双层浆膜具有支撑和稳定功能，特别是因为它们含有随压力和张力而改变的胶原纤维。其他功能由弹性纤维增强，弹性纤维也是输入动脉壁中的功能元件。例如，这种稳定功能可以将肠段重新恢复到原来的位置。

在这种功能下，特别是马肠系膜前动脉（a. mesenterica cranialis）的分支（参见第 8 章“消化系统”中图 8-94，338 页），确保了结肠、盲肠和空肠各部分的位置稳定性。这些支撑和稳定功能受到精细调节，其紊乱可导致明显的绞痛症状。

所有这些结构都只能保证器官在一定程度上的位置稳定性。由于动物的运动、呼吸、腹部按压和蠕动，内脏器官会不断地运动。

这些位置的变化以及器官相互滑动，只有在胸膜腔和腹膜腔浆液的作用下才可能发生，这些浆液是由体壁和器官表面的浆膜不断产生的。体腔可以比作具有大的浆膜内衬的“桶”，器官在其中“游动”。除了浆液的形成和排泄外，胸膜和腹膜也可以重新吸收浆液。这是器官移动性达到生理平衡的先决条件。

这种平衡失调可导致腹水或相邻器官的病理性粘连，继而出现功能障碍。

胸腔（cavum thoracis）

胸腔位于**胸廓**内。它起自胸前口（apertura thoracis cranialis），止于胸后口（apertura thoracis caudalis）。**胸腔**（cavum pectoris）是膈前面的胸廓部分。膈后面的胸廓是腹腔的**胸廓部分**（图 7-1）。

胸腔包含**两个胸膜腔**(cava pleurae),分别位于纵隔的左侧和右侧。每个腔包绕着一侧肺(图 7-1 至图 7-3),衬有**浆膜**(胸膜,pleura)。胸膜起自肺门,通过肺门韧带从胸壁扩展覆盖肺。膈和纵隔也被胸膜所覆盖。胸内筋膜位于胸膜下,也延伸到**纵隔**。胸膜根据位置分为以下几部分(图 7-1 至图 7-3):

- **壁胸膜**(pleura parietalis)
  - **肋胸膜**(pleura costalis),衬于肋形成的区域
  - **纵隔胸膜**(pleura mediastinalis),包括**心前胸膜**、**心包胸膜**、**心后胸膜**
  - **膈胸膜**(pleura diaphragmatica)
- **脏胸膜**(pleura visceralis)
  - **肺胸膜**(pleura pulmonalis)

胸腔包含以下凹陷或间隙:

- 纵隔隐窝(recessus mediastini)
- 肋膈隐窝(recessus costodiaphragmaticus)(图 7-11)
- 胸膜顶(cupula plcurae)

纵隔隐窝(recessus mediastini)在前面以心包膜为界,后部以膈为界,右侧为后腔静脉及其系膜,左侧为纵隔(图 7-10)。在肋胸膜和膈胸膜之间是**肋膈隐窝**(recessus costodiaphragmaticus),这个间隙在吸气时被肺填充。左侧和右侧的胸膜在前端为一个圆顶状的囊——**胸膜顶**(cupula pleurae),食肉动物和反刍动物的胸膜顶比胸前口延伸出 1～2 指宽。

纵隔(mediastinum)

纵隔是左、右纵隔胸膜之间的间隙(图 7-1 至图 7-3)。它分为 3 部分:

- 前或心前纵隔(mediastinum craniale)
- 中或心中纵隔(mediastinum medium seu cardiale)
- 后或心后纵隔(mediastinum caudale)

前纵隔(mediastinum craniale,图 7-12 和图 7-13)起于胸前口(apertura thoracis cranialis)(图 7-1)。血管和神经束通过前纵隔从胸腔到达头部和前肢以及胸腔的前壁:

- 臂头干(truncus brachiocephalicus)
- 左、右锁骨下动脉和静脉(a. et v. subclavia sinistra et dextra)
- 左、右肋骨颈干(truncus costocervicalis sinister et dexter)
- 椎动脉(aa. vertebrales)的后段

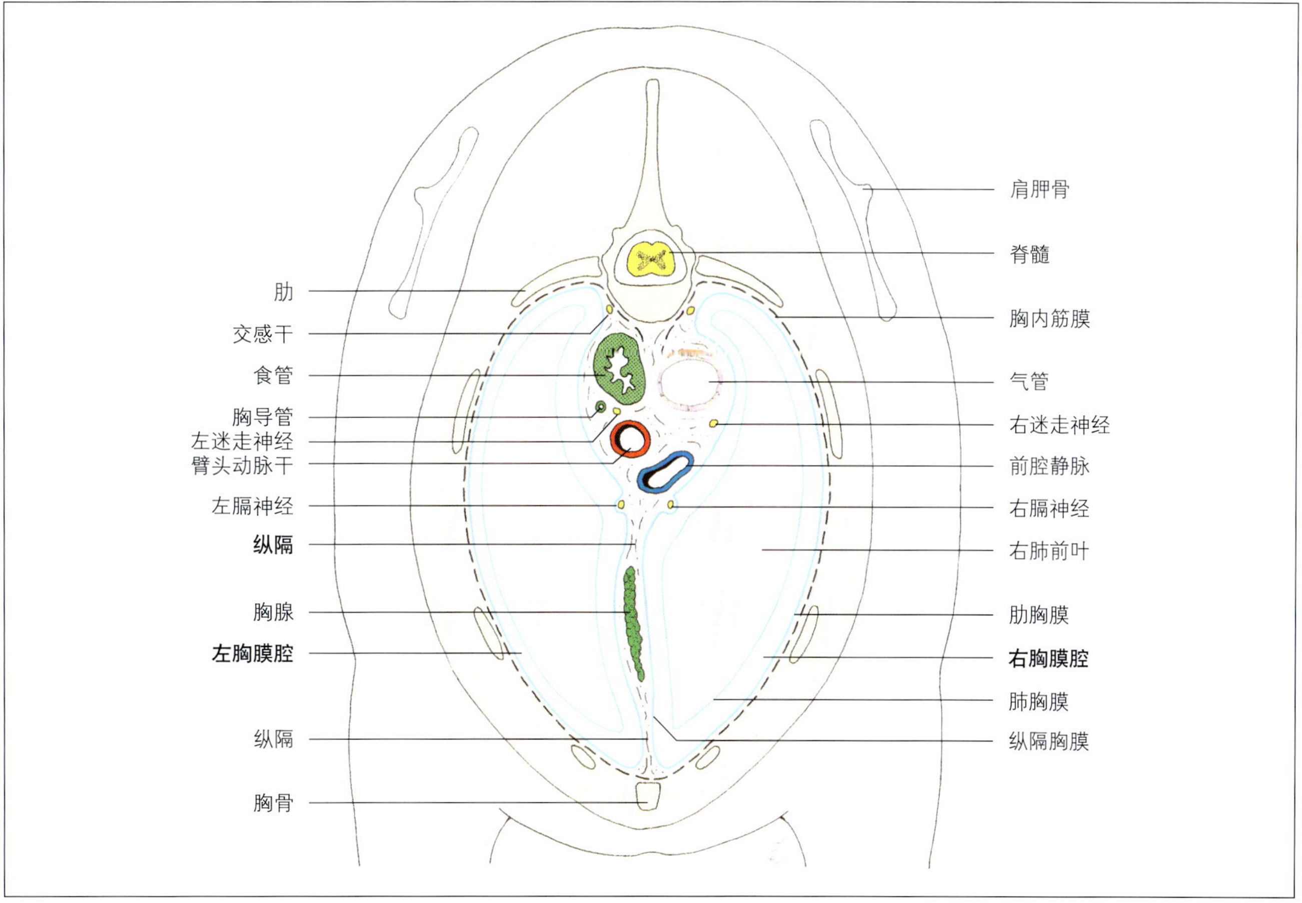

图 7-1 犬胸膜腔自前纵隔水平的横断面(示意图,后面观,浆膜腔扩大)

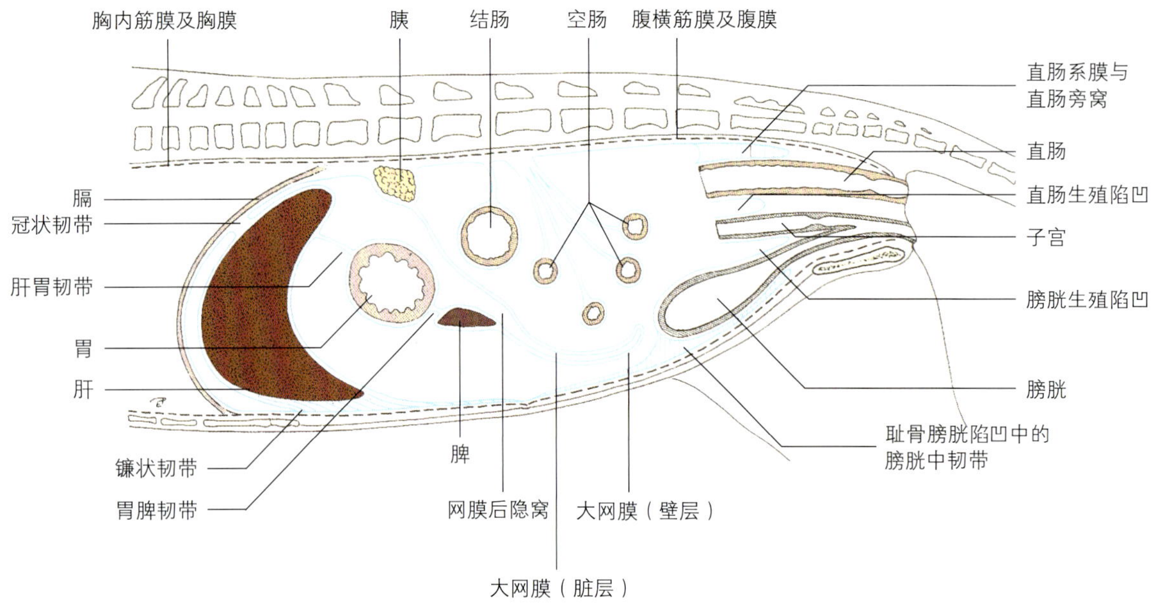

图 7-4　猫腹腔和盆腔腹膜（示意图，矢状面）

腹腔和盆腔（cavum abominalis et pelvis）

腹腔和盆腔的前部衬有**腹膜**。腹膜形成一个囊，构成**腹膜腔**（cavum peritonei）。腹膜的外面是宽阔的**躯干内筋膜**（fascia trunci interna）。腹腔和盆腔通过一个大的开口相通（图 7-4），两者之间以细的**骨盆界线**（linea terminalis）为界。腹腔的前界是**膈**，腹腔的胸廓内部会形成胸腔（cavum thoracis）。胸腔通过**膈的 3 个裂孔**与腹腔相连：

- **主动脉裂孔**（hiatus aorticus），位于左、右膈脚之间椎体的腹侧
- **食管裂孔**（hiatus oesophageus），位于右膈脚的分支之间，迷走神经干也由此通过膈
- **腔静脉孔**（foramen venae cavae），位于中心腱（centrum tendineum）的膈顶（图 3-17）

后腔静脉穿过膈的部分牢牢地固定于中心腱。相反，主动脉和食管被疏松结缔组织包绕穿过膈。腹腔和盆腔的中央淋巴管——**胸导管**（ductus thoracicus），伴随主动脉通过膈。在胸导管的起始处，**乳糜池**（cisterna chyli）位于膈脚之间。**左、右交感干**由**大、小内脏神经**伴随，由胸腔通过腰肋弓（位于两膈脚的背侧）进入腹腔。

胎儿的腹底壁中间有**脐带**穿过。在胎儿发育过程中，有可能发生**生理性的脐疝**，肠的腹侧部进入脐环，从而很快离开胎儿体腔（coelom cavity）。脐环在产后的几天内闭合形成**脐**（umbilicus or omphalos）。在脐仍然开放的时间内，新生儿很容易通过脐动脉、脐静脉或脐尿管上行感染。

通常，雄性动物和雌犬的腹膜和躯干筋膜通过腹股沟管延伸形成一个囊，即阴道突（**鞘突** processus vaginalis）。雄性动物的鞘突围绕睾丸，雌犬的围绕子宫圆韧带（ligamentum teres uteri）。子宫圆韧带相当于胚胎时期的睾丸引带。雄性动物的腹膜腔完全闭合。在雌性动物，这个腔通过输卵管腹腔口和生殖道与外界相通。腹膜腔包含许多陷窝（图 7-4 和图 7-18）：

- 腹膜鞘突（processus vaginalis peritonei）
- 耻骨膀胱陷凹（excavatio pubovesicalis）
- 膀胱生殖陷凹（excavatio vesicogenitalis）
- 直肠生殖陷凹（包括左、右直肠旁窝）（excavatio rectogenitalis）

Sussdorf 间隙（纵隔浆膜腔，cavum mediastini serosum）是一个位于纵隔的衬有腹膜的陷窝，当膈形成后与腹膜分开。

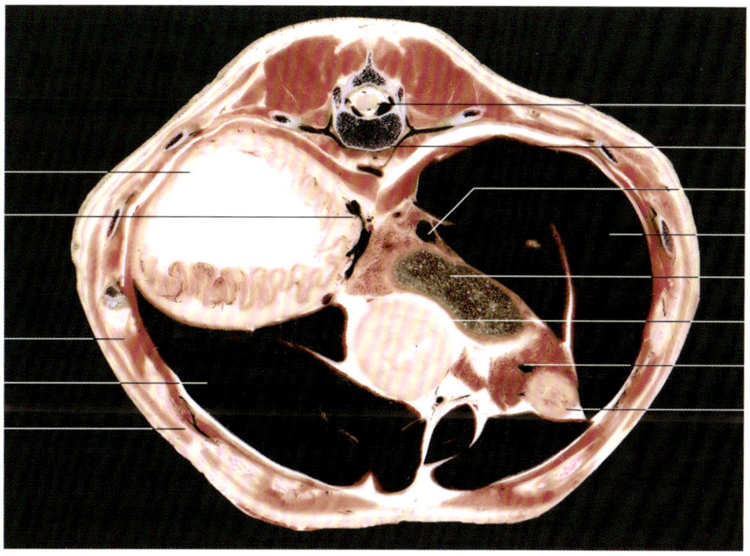

图 7-5 犬腹腔通过胸段的横断面（E-12 塑化切片）（维也纳 M.-C. Sora 博士提供）

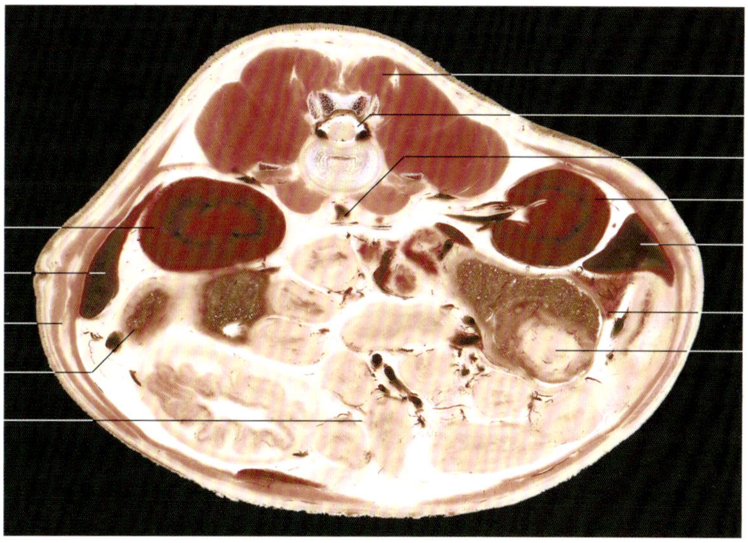

图 7-6 犬腹腔横断面（E-12 塑化切片）（维也纳 M.-C. Sora 博士提供）

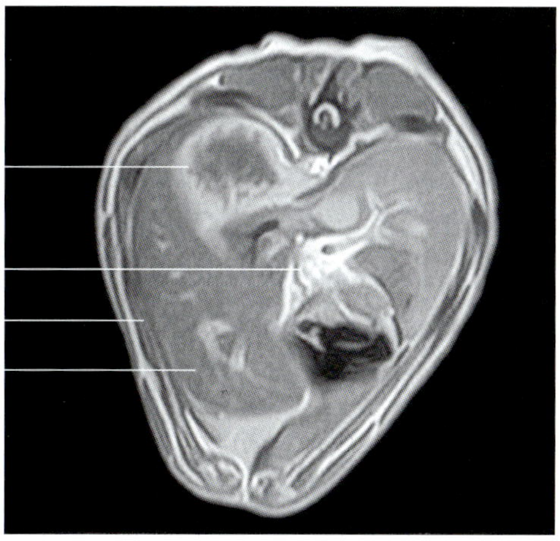

图 7-7 犬腹前部的磁共振成像（横断面）（海德堡 Isa Foltin 博士提供）

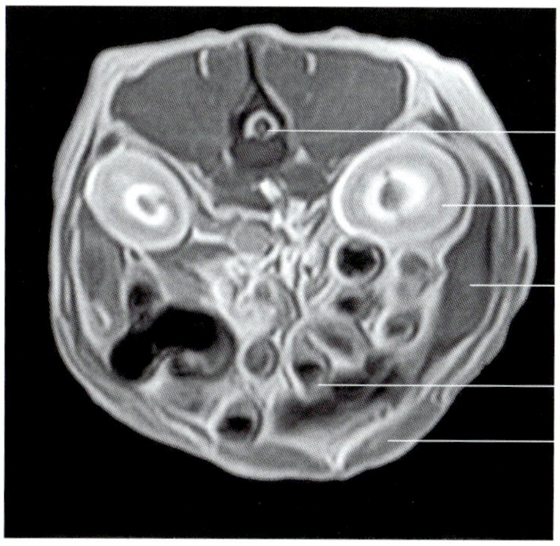

图 7-8 犬腹后部的磁共振成像（横断面）（海德堡 Isa Foltin 博士提供）

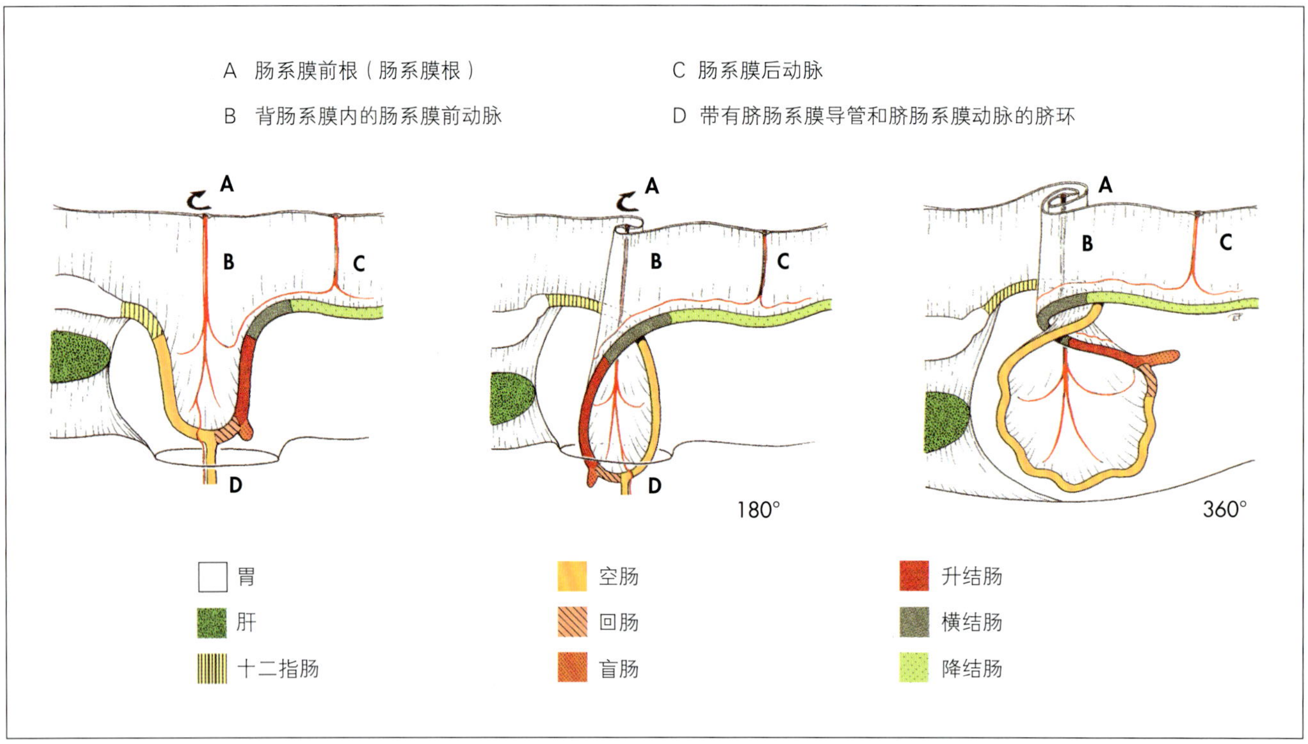

图 7-9 胚胎发育过程中的肠旋转(示意图)

腹腔(cavum peritonei)

腹腔包含除直肠的腹膜后部分和肛门外的整个胃肠道(胃、小肠和大肠)。腹腔还含有肝、胰、脾和尿生殖道的大部分(图 7-6)。器官表面覆盖有腹膜(**脏层**),通过一个双层的浆膜与体腔的**腹膜壁层**相连。双层浆膜是包含血管、神经、淋巴结、脂肪和结缔组织的背侧系膜(见下文)。根据它们在腹膜腔的位置,这些器官可分为:

- 腹膜内器官(如胃、肠、肝;图 7-5 和图 7-7)
- 腹膜外(后)器官(如肾、肾上腺)

正如上面讲到的,将器官悬吊于腹膜腔壁的双层浆膜叫**系膜**。它们将血管、淋巴管和神经运送到器官。此处将器官的系膜、韧带和/或皱襞与每个器官一起描述。系膜的单独部分有助于在腹膜内定位和识别某些器官。胃肠道系膜的结构可以从它们的胚胎发育中推断出来。在发育过程中,早期的肠管是一个直的管,沿着它的长轴由**背侧肠系膜**(mesenterium dorsale)系于胚胎干的底部。**腹侧肠系膜**(mesenterium ventrale)只存在于胃和小肠的起始段,终止于**胆总管**(ductus choledochus)。胚胎期的肠管变长,引起背侧肠系膜延长,肠系膜前动脉位于**背侧肠系膜**的中央(图 7-9)。肠管的生长以 360° 的旋转围绕肠系膜前动脉(a. mesenterica cranialis)。在胃肠道末端的器官位于腹腔的后部(图 7-9),肠系膜前动脉成了肠系膜的前根(radix mesenterii)(详细内容参阅胚胎学教材)。

在大型食草动物,消化系统体积特别庞大的部分(如马的大肠)由通过致密结缔组织与背侧腹壁融合的短的肠系膜支撑,这降低了充盈的肠袢对腹底壁的压力,瘤胃背囊和反刍动物脾的重量也通过结缔组织和背侧腹壁的融合得到减轻。

盆腔(cavum pelvis)

盆腔以荐骨、尾椎(数目具物种依赖性)和两个盆骨(在腹侧汇合形成骨盆联合)为界。这些结构形成一个骨环,并被髋部和臀部的肌肉所包绕。后肢的肌肉从背侧和外侧面延伸到盆腔。

骨盆前口(apertura pelvis cranialis)在所有家畜以**终线**(linea terminalis)为界。盆腔在所有家畜腹侧终止于**坐骨弓**(arcus ischiadicus),而背侧随动物种属而终止于不同数目的尾椎。**盆膈**(diaphragma pelvis)封闭**骨盆后口**(apertura pelvis caudalis)。在食肉动物、猪和小型反刍动物,骨盆后口的周长可以通过尾椎的运动增加,这对于雌性动物分娩很重要。直肠和肛门(图 7-4 和图 7-14)、膀胱和位于膀胱下部的尿生殖道均位于**盆腔**内(图 7-16)。在雌性动物,尿道、子宫体、子宫颈、阴道和阴道前庭均位于此,而在雄性动物,尿道的盆腔部分、输精管和副性腺位于盆腔。

盆腔的前部衬有**腹膜**,因此称为盆腔的腹膜段。在这里,腹膜形成多个**陷凹**(excavationes)(图 7-15 和图 7-18)。

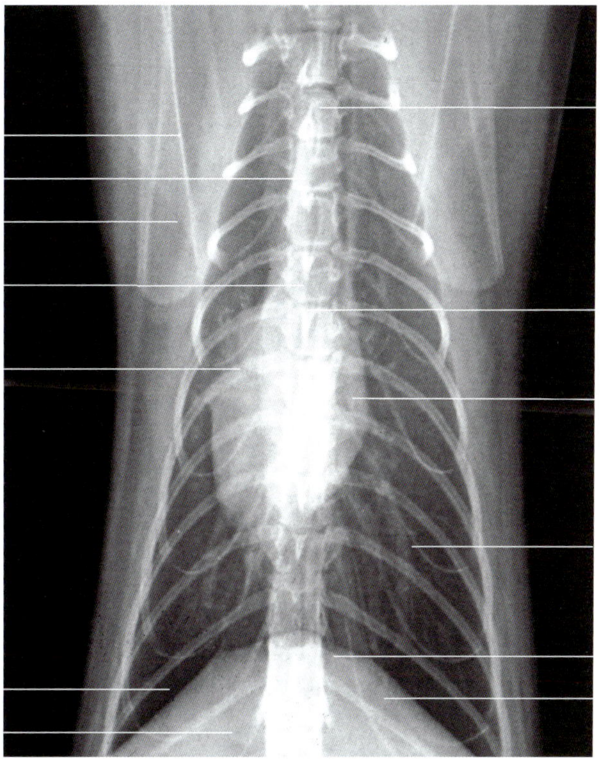

图 7-10 猫胸部 X 线片(背腹位)(慕尼黑 Ulrike Matis 博士、教授提供)

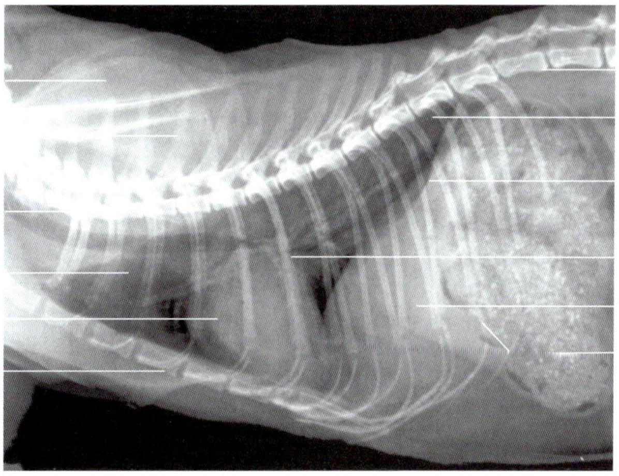

图 7-11 猫胸部 X 线片(侧位观)(慕尼黑 Ulrike Matis 博士、教授提供)

膀胱有**两个侧韧带**,每一个都包含**脐动脉**的遗迹(膀胱圆韧带,ligamentum teres vesicae)。膀胱通过膀胱正中韧带系于腹侧壁。悬着两个卵巢和子宫的雌性生殖道系膜是**生殖襞**的一部分,从它发出**子宫阔韧带**(ligamentum latum uteri)。腹膜隐窝后部的器官位于盆腔的腹膜后部分(图 7-17)。这一部分向后终止于**盆膈**,盆膈由肌肉和筋膜组成,封闭骨盆出口。盆膈通过以下部分形成:

- 成对的尾肌和成对的肛提肌(mm. coccygei et levatores ani)
- 盆膈的内、外筋膜(fascia externa et interna)
- 肛门外括约肌(m. sphincter ani externus)
- 球海绵体肌(m. bulbospongiosus)
- 坐骨海绵体肌(m. ischiocavernosus)
- 尿道括约肌(m. sphincter urethrae)

肛门和尿生殖管的末端穿过盆膈以成对的肛提肌为界。

雄性动物尾部和阴囊之间的区域以及雌性动物尾部和外阴之间的区域是会阴区(regio perinealis)。会阴位于此,

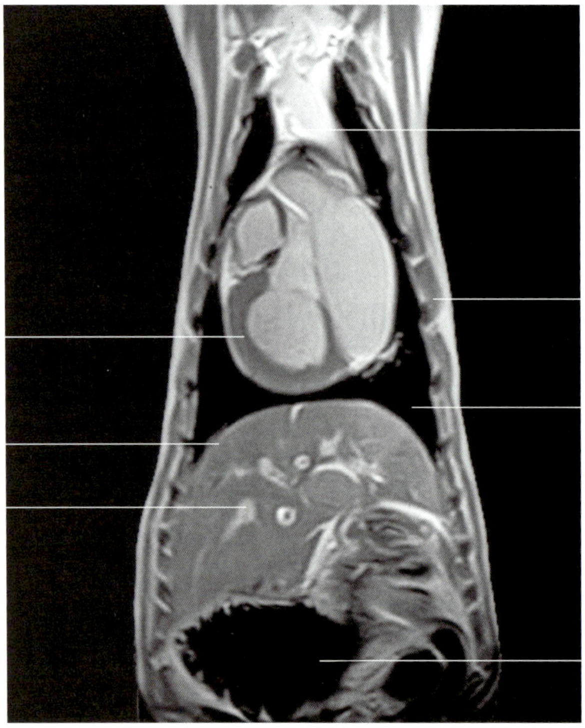

图 7-12　犬胸部及腹腔胸廓的磁共振成像（冠状面）（海德堡 Isa Foltin 博士提供）

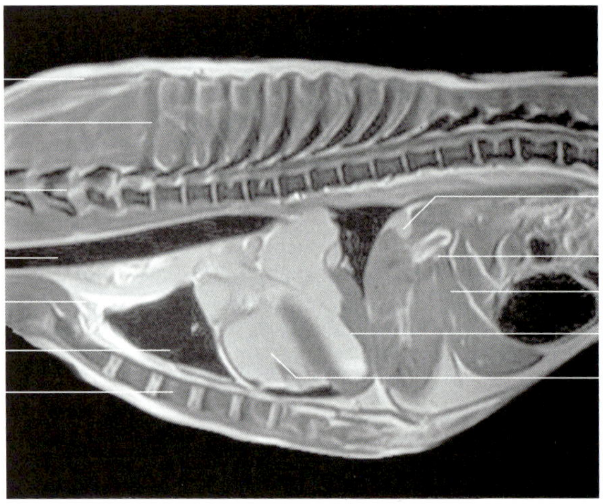

图 7-13　犬胸部及腹前部的磁共振成像（矢状面）（海德堡 Isa Foltin 博士提供）

它是肛门和外阴之间皮肤的纤维肌性部分。在腹膜后间隙边缘腹膜的突然反转导致上述气球样陷凹（excavationes）的形成（图 7-4 和图 7-18）。

- 直肠生殖陷凹（excavatio rectogenitalis）
- 膀胱生殖陷凹（excavatio vesicogenitalis）
- 耻骨膀胱陷凹（excavatio pubovesicalis）

耻骨膀胱陷凹（excavatio pubovesicalis）被膀胱正中韧带（ligamentum vesicae medianum）分为 2 个陷凹。脐尿管的遗迹包含在膀胱正中韧带内。雄性动物的**直肠生殖陷凹**通过一个大的开口与**膀胱生殖陷凹**相连。两个直肠旁窝（fossae pararectales）位于直肠的背外侧面，直肠系膜（mesorectum）的每一侧有一个直肠陷凹。

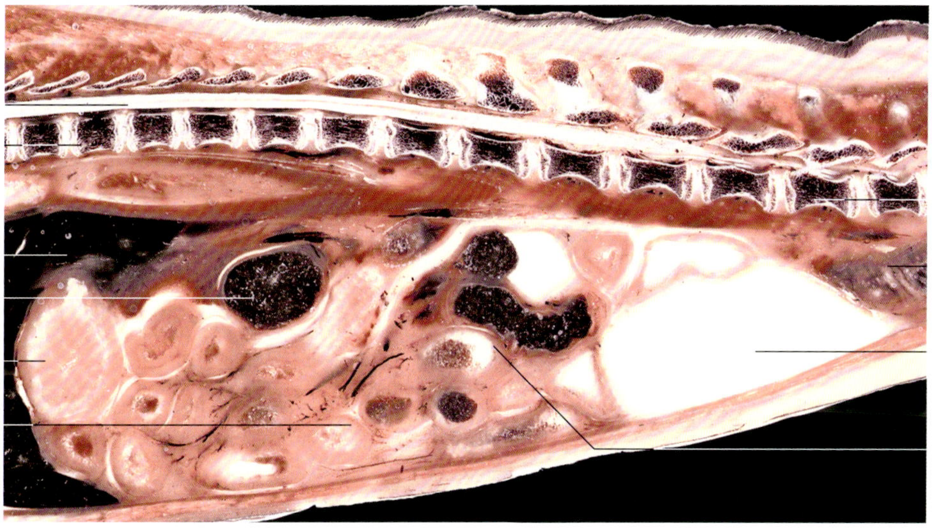

图 7-14　犬腹腔和盆腔的矢状面(E-12 塑化切片)(维也纳 M.-C. Sora 博士提供)

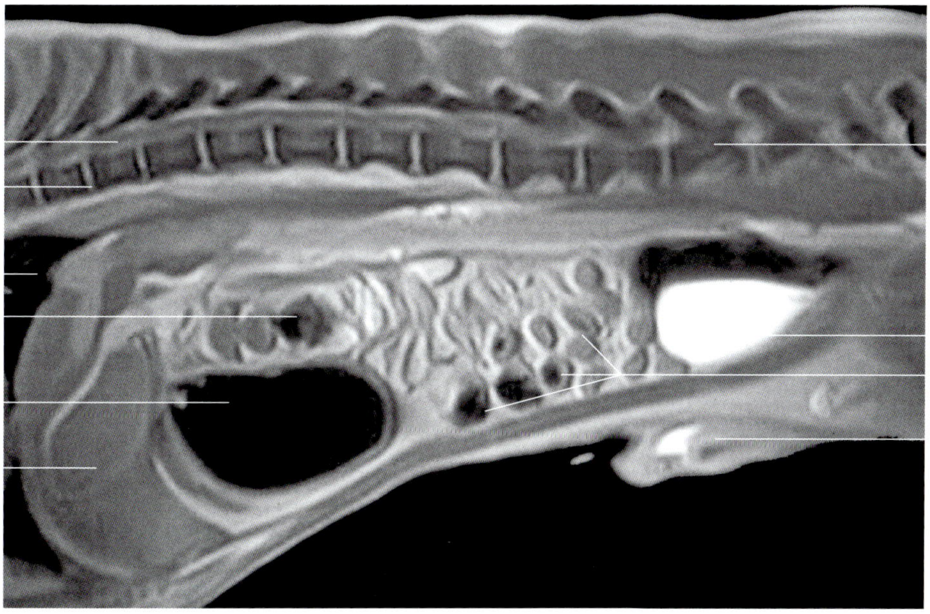

图 7-15　犬腹腔和盆腔矢状面的磁共振成像(海得堡 Isa Foltin 博士提供)

8 消化系统 (apparatus digestorius)

H. E. König，P. Sótonyi，H. Schöpper 和 H.-G. Liebich

消化系统的主要功能是负责将食物分解为小分子物质，从而为生长和细胞再生提供能量。消化器官摄取食物后，通过机械性和化学性消化将食物分解、吸收，最后排出未被吸收的物质和残渣。消化道内的细胞除了在该消化过程中起重要作用外，可能还具有分泌激素的功能。在消化过程中，神经组织、血管和淋巴系统都起着重要的作用。

消化系统由消化道和附属腺体组成。消化道自口一直延伸至肛门；附属腺体包括唾液腺、肝脏和胰腺，可分泌消化液到消化道中。

消化道可分为 5 个部分(图 8-1)：

- 口和咽
- 食管和胃
- 小肠
- 大肠
- 肛管

8.1 口和咽

8.1.1 口腔(cavum oris)

口腔的主要功能是摄取和咀嚼食物。此外，其分泌的唾液还具有对食物进行化学性消化的作用。口(os)包括唇、口腔、颊和附属结构，如位于口腔内的舌、齿，以及开口于口腔的腺体(唾液腺)(图 8-2)。

动物口张开的程度因物种而异，主要取决于摄食习惯。

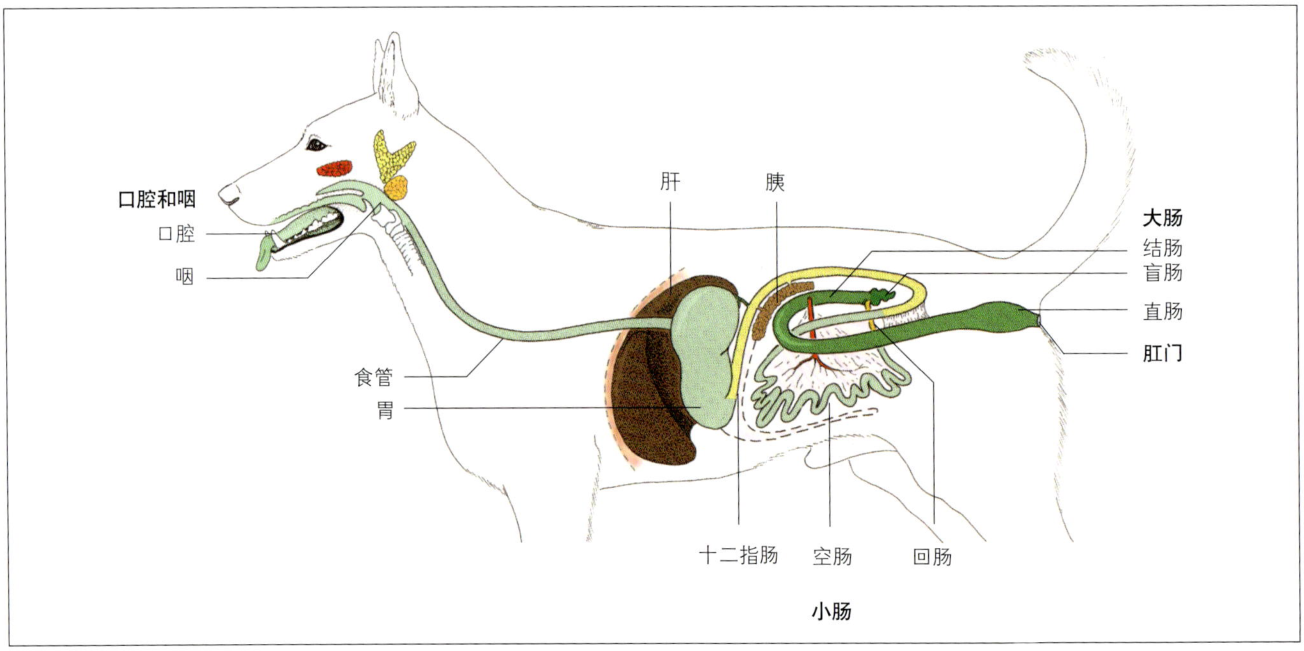

图 8-1　犬胃肠道(示意图)。仿 Dyce，Sack 和 Wensing(2002)

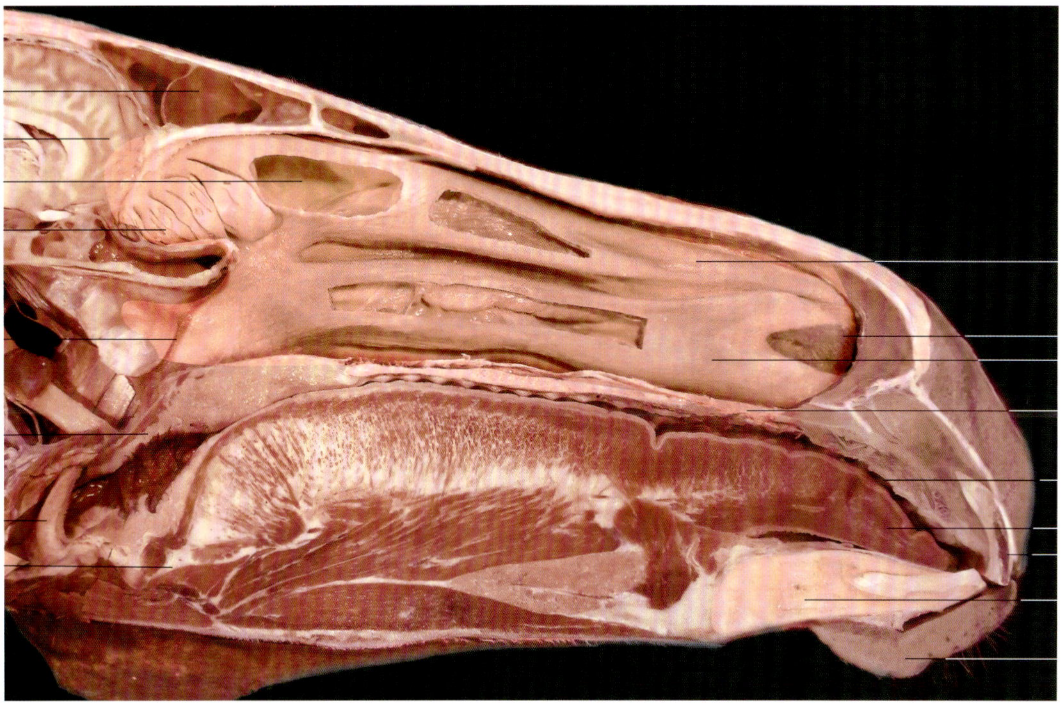

图 8-2 马头前部矢状切面（维也纳 R. Macher 博士提供）

利用牙齿采食的动物，往往口张开得较大，而食草动物和啮齿类动物则口张开得较小。

口腔分为**口腔前庭**（vestibulum oris）和**固有口腔**（cavum oris proprium）。固有口腔指齿弓以内的腔隙，背侧以硬腭为界，腹侧为舌和腔底黏膜，侧壁和前壁由齿、齿弓和齿龈围成（图 8-2 和图 8-13）。口腔前庭可进一步分为齿唇之间的**唇前庭**（vestibulum labiale）和齿颊之间的**颊前庭**（vestibulum buccale）（图 8-3）。口腔前庭与固有口腔通过齿间间隙相通，其中最大的间隙是位于切齿与臼齿之间的**齿槽间隙**（diastema，margo interalveolaris）。

口腔内衬黏膜，其上皮为**角质化**的**复层扁平上皮**，深层为一层结缔组织和含**混合腺**的黏膜下层。部分黏膜在上颌的齿槽突、下颌骨和切齿骨上形成**齿龈**（更多详细知识见组织学教材）。

唇（labia oris）位于口裂的周围，形成口腔前庭的前界和外侧壁，具有采食、交流功能，新生家畜还具有吮乳功能，某些动物还具有触毛。唇的形状取决于采食习惯。马的唇既灵敏又灵活，有利于采食并送食物入口。猫主要靠牙齿和舌捕食，因此唇活动较少，比较小，不灵活。犬的唇自齿向后拉是攻击的信号，也是一个重要的交流因素，但无摄食作用。牛和猪的上唇形成宽阔湿润且富含腺体的结构，牛的称为**鼻唇镜**，猪的称为**吻盘**。牛唇感觉不灵敏，且上颚和舌上有尖端向后的乳头，被认为是牛容易吞食异物的原因。犬和小型反刍动物的上唇均被**正中沟**（人中，philtrum）分开。

唇由外层的皮肤、中间的肌层（口轮匝肌、切齿肌等）和口腔黏膜组成。肌层所占比例最大，属于表情肌群，因此它们受第Ⅶ对脑神经，即**面神经**的支配。

颊（buccae）的结构与唇相似，由颊肌形成结构基础，并含有额外的**唾液腺**（颊腺，glandulae buccales），食肉动物则聚集形成**颧腺**（glandula zygomatica）。腮腺管以一小的乳头开口于唇内。反刍动物摄取的食物可能很粗糙和干燥，其向后的大乳头起着保护口腔的作用（图 8-9）。

8.1.2 腭（palatum）

腭包括骨性部分和软组织部分，后者将头部的消化系统和呼吸系统分开。骨性硬腭位于口与软腭黏膜之间。**硬腭**（palatum durum）由上颌骨腭突、切齿骨和腭骨的水平板组成，其口腔面被一层厚厚的角质化黏膜覆盖，上面有很多横向的**腭褶**（rugae palatinae）（图 8-3）。反刍动物的腭褶具有朝向后方的**乳头**，可推动食物后移（图 8-6）。切齿乳头为一小的正中隆突，位于切齿后面，两侧各有穿过颚的切齿管管口，这些管的分支通向鼻腔**犁鼻器**（为内衬嗅黏膜的盲管）。马的切齿管未将鼻腔和口腔相连，无出口。在反刍动物中，齿垫（即切齿板、齿枕）代替了其他家畜具有的上切齿（图 8-6），采食时齿垫具有与下切齿相对应的功能。

腭上皮下具有密集、丰富的血管，既是黏膜固有层，又是骨膜，因此形成了一层非常坚固的附属结构。硬腭外周的黏膜与齿龈黏膜混在一起。齿龈由致密纤维组织和血管丰富的黏膜组成，环绕于齿颈周围，下行至齿槽，延续为齿槽骨膜。

软腭（palatum molle 或 velum palatinum）是硬腭向后的延

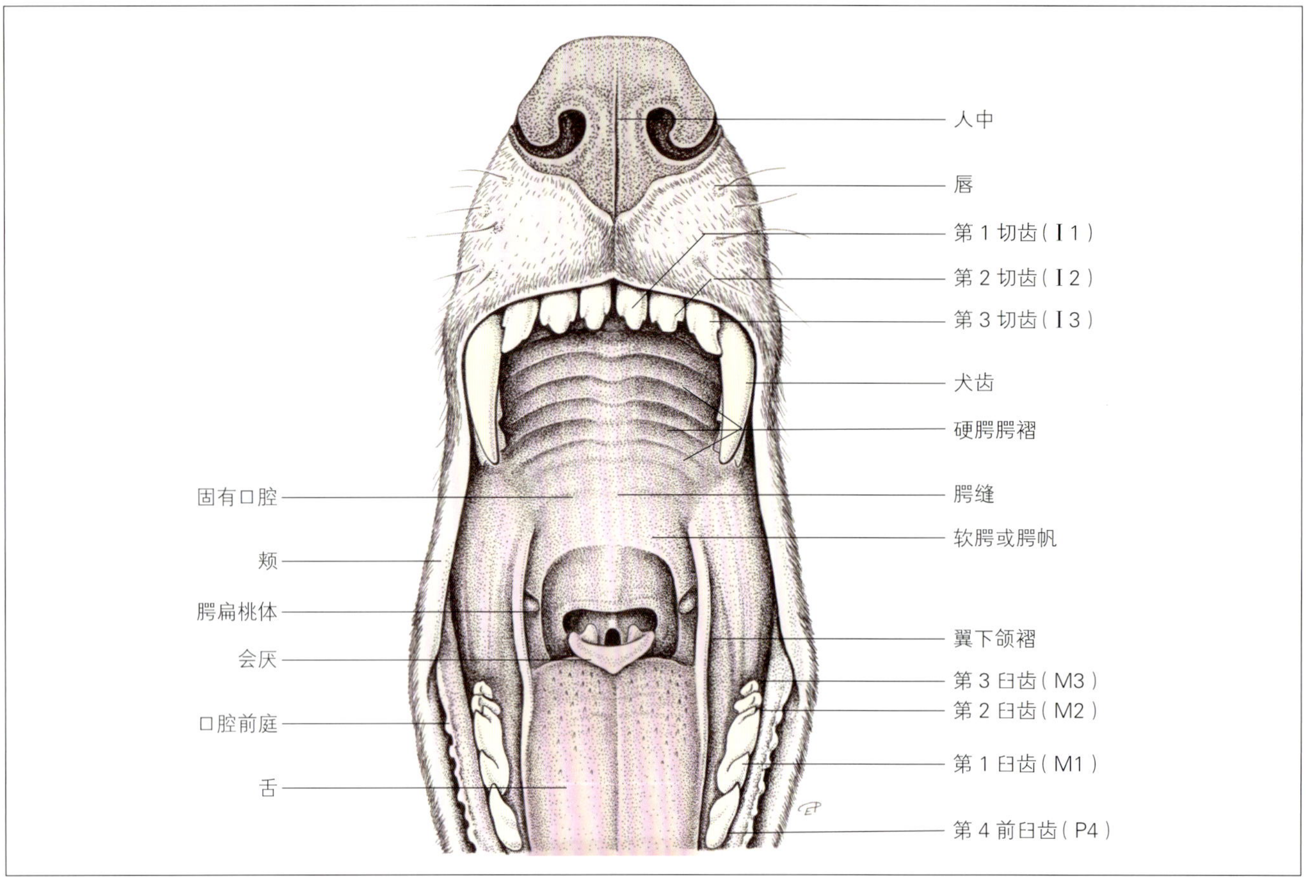

图 8-3　犬口腔和咽（示意图，腹侧面）

续，一直到咽内口，其后缘形成咽腭弓（arcus palatopharyngeus）（图 8-3）。软腭腹侧面覆盖有口腔黏膜，形成许多纵褶和一些较大的横褶。软腭背侧面覆盖有呼吸性黏膜，中间则由紧密排列的唾液腺、肌肉及其腱膜组成。肌层主要负责软腭的主要运动：**腭肌**收缩可缩短软腭，**张肌**收缩可提举软腭。除软腭张肌外，咽黏膜、软腭黏膜和肌肉主要受迷走神经丛支配，还有一小部分舌咽神经参与。**软腭张肌**受下颌神经支配。

8.1.3　舌（lingua，glossa）

舌主要由骨骼肌组成，占据了固有口腔的大部分，并延伸到咽。舌在饮水、采食和吞咽过程中起着重要作用，另外还具有味觉、温觉和痛觉感受器。犬的舌具有丰富的血液供应和大量的动静脉吻合，通过伸舌喘气，与呼吸道（喉、气管和主支气管）的作用相配合，进行散热。

舌分为**舌尖**（apex linguae）、**舌体**（corpus linguae）和**舌根**（radix linguae，图 8-5）。舌体与口腔底相连的黏膜褶称为**舌系带**（frenulum linguae）。犬舌背侧有一明显的纵向的正中沟（sulcus medianus），是中隔的位置标志（图 8-4）。食肉动物舌腹侧面有一个杆状的纤维体，称为**舌中隔**，位于正中矢状面腹侧黏膜下面，从舌尖延伸到舌根，但不抵达舌骨。其表面被致密的结缔组织鞘包裹，内部充满脂肪、横纹肌，有的还有软骨。

牛舌背（dorsum linguae）后部有一大的隆起，与一横向的舌隐窝相邻，食物容易在此聚集。舌隐窝是一个潜在的感染入口，因为舌隐窝内的上皮细胞很容易被尖锐的食物颗粒损伤（图 8-7）。马舌含有**舌背软骨**（cartilago dorsi linguae），较为坚固（图 8-13）。

舌背和舌侧面的**舌黏膜**坚韧，与下面的肌层紧密连接，但腹侧面较疏松，角质化较轻。舌表面被多种乳头所覆盖，这是局部舌黏膜的变形（图 8-12）。不同物种的舌乳头的分布、大小、数量和形状不同。根据其功能可以分为**机械乳头**（papillae mechanicae）和**味觉乳头**（papillae gustatory）。机械乳头角质化，有助于采食时保护深层结构免受损伤；味觉乳头内含有味蕾（papillae gustatoriae）。**舌乳头**（图 8-8 和图 8-10）可分为：

- **机械乳头**（papillae mechanicae）
  - 丝状乳头（papillae filiformes）
  - 锥状乳头（papillae conicae）
  - 边缘乳头（papillae marginales）
- **味觉乳头**（papillae gustatoriae）
  - 菌状乳头（papillae fungiformes）
  - 轮廓乳头（papillae vallatae）（图 8-11）
  - 叶状乳头（papillae foliatae）

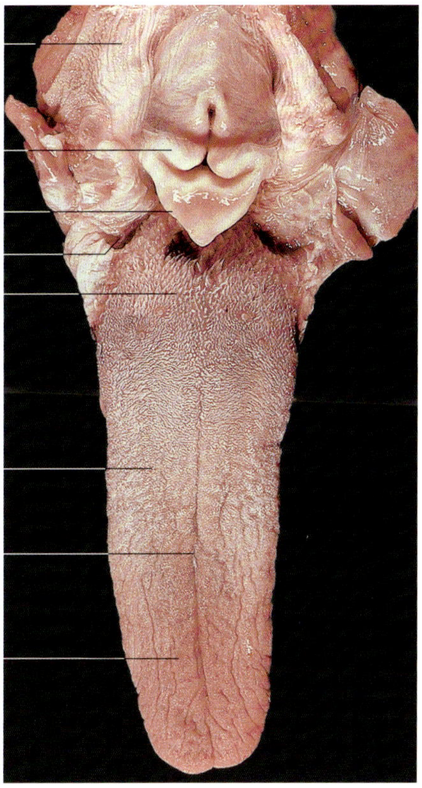

图 8-4 犬的舌和咽(背侧面)

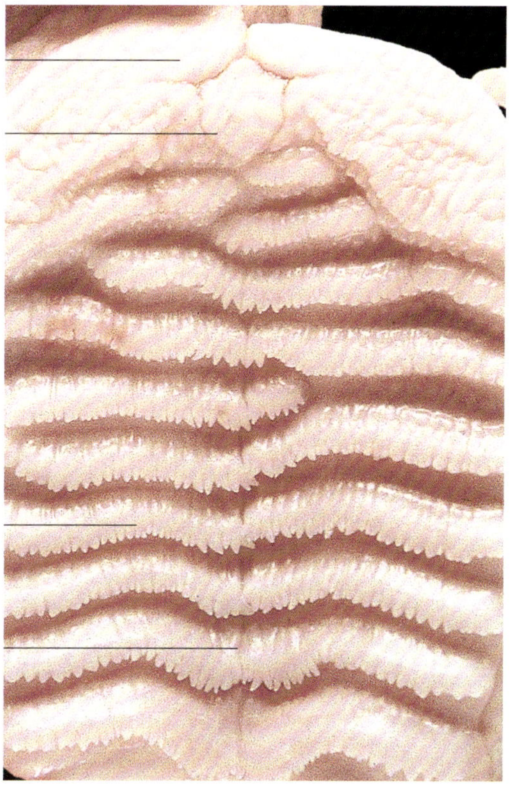

图 8-6 牛口腔顶壁

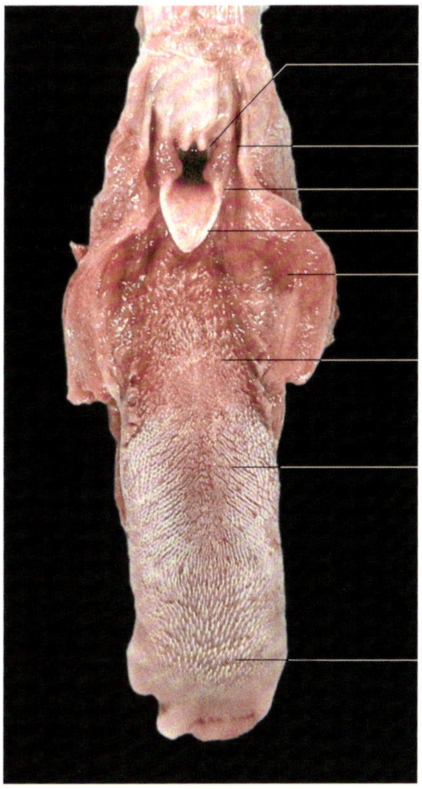

图 8-5 猫的舌和咽(背侧面)

机械乳头数量比味觉乳头多,其中**丝状乳头**是所有乳头中体积最小且数量最多的。**锥状乳头**最大但不常见,散在分布于猫舌背面和牛舌基底部,形成典型的粗锉样舌状表面结构。**边缘乳头**存在于新生食肉动物和仔猪中,有助于吸乳。

味觉乳头的上皮细胞中含有对味觉敏感的**味蕾**。根据其形状分别称为:菌状乳头、轮廓乳头、叶状乳头。在这些乳头附近有许多唾液腺分布,唾液腺可将食物颗粒从乳头清除,进而允许新的食物进入口中。关于舌乳头的更详细的描述见组织学教材。舌之所以如此灵活,能完成复杂而精确的动作,是因为具有一种特殊排列的肌组织。**舌肌**(mm. linguae)分为舌内肌群和舌外肌群。

舌内肌(m. lingualis proprius)由许多纵行、横行和垂直的纤维束组成,这些纤维束不与舌骨相连(图 8-13)。根据其排列方向分为:

- 浅层纵行纤维和深层纵行纤维(fibrae longitudinales superficiales et profundae)
- 横纤维(fibrae transversae)
- 垂直纤维(fibrae perpendiculares)

舌外肌有 3 对,起于骨,并呈辐射状进入舌内(图 8-13)。其名称的第一部分由起点所连骨而得名,它们按照下列顺序由外向内平行排列:

- 茎突舌肌(m. styloglossus)
- 舌骨舌肌(m. hyoglossus)

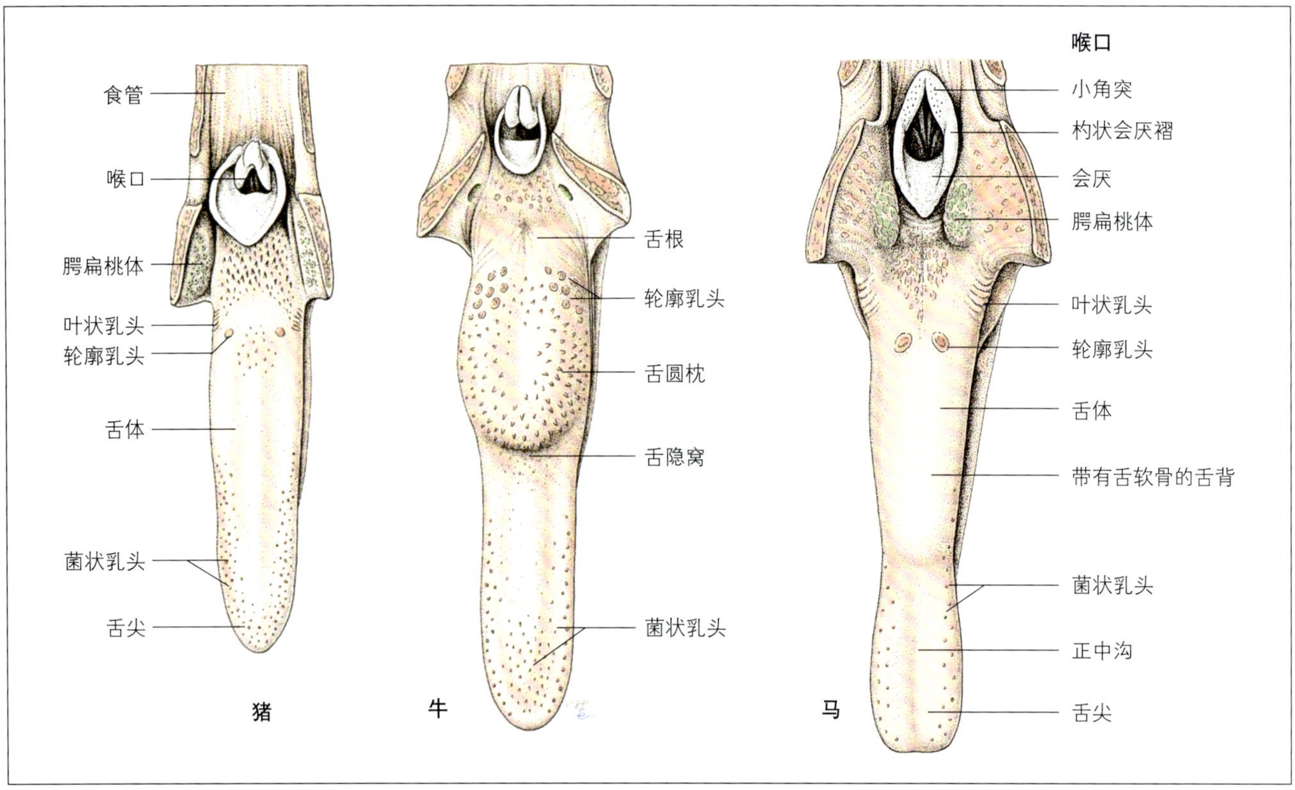

图 8-7 猪、牛和马的舌、咽和食管(正中切面)(示意图,背侧面)

- 颏舌肌(m. genioglossus)

下颌舌骨肌(m. mylohyoideus)将舌悬吊于下颌体之间,对启动吞咽非常重要。有些教材认为颏舌骨肌可牵动舌骨,使舌向前移动,也应属于吞咽肌群(图 8-13)。

舌的血液主要靠成对的舌动脉供应,成对的舌下动脉辅助供血,二者均由舌面干发出。它们向舌背面延伸出许多分支,并在黏膜内再细分成几个较小的分支。舌下静脉具有重要的临床意义,因为其在舌腹侧清晰可见,临床上可用来做静脉穿刺。

舌的**神经分布**很复杂,涉及 5 **对脑神经**:

- 下颌神经的舌支(三叉神经的一个分支)
- 面神经的鼓索神经
- 舌咽神经
- 迷走神经
- 舌下神经

舌神经是三叉神经的分支,负责舌前 2/3 部的触觉、痛觉和温觉。**鼓索神经**是面神经的分支,由来自整个舌的机械和化学感受器纤维以及一些味觉纤维组成,后者的**副交感神经纤维**在**下颌神经节**中形成突触。舌的后 1/3 部的味觉纤维组成**舌咽神经**的舌支。舌根还受到**迷走神经**分支的支配。**舌下神经**含有一般躯体运动纤维,支配舌肌。该神经损伤会导致**舌麻痹**,临床上常见于头部损伤或者马咽**喉囊疾病**并发症。

8.1.4 口腔舌下底

口腔舌下底不与舌相连的部分相对平坦,从切齿向后到系带的宽阔区域,称为口腔舌下底的系带前部。在舌和两侧下颌骨之间各有 1 个**舌下隐窝**(舌下侧隐窝,recessus sublinguales laterales)。舌系带的前面有两个小的突起,为**舌下肉阜**(caruncuIae sublinguales),内有颌下腺管和大舌下腺管的共同开口,颌下腺管引流颌下腺产生的唾液,大舌下腺管引流大舌下腺产生的唾液。马没有大舌下腺管。反刍动物的舌下肉阜相对较大,马的舌下肉阜发育良好,食肉动物的较小,猪的有时不存在,牛尤其膨大,具有特征性的锯齿边缘。马和羊的舌下肉阜旁还可能有一个小**腺体**(舌下肉阜旁腺,glandula paracaruncularis)。

在所有动物的口腔底壁都有**淋巴网状组织**。在切齿后面具有一对**口底器**,这被认为是前舌下腺的残余,现在在爬行类动物中仍然存在。

两侧的舌下隐窝具有明显的纵行皱褶——**舌下襞**(plica sublingualis),为小舌下腺开口(glandula sublingualis minoris seu polystomatica)。牛的小舌下腺开口位于一系列锥状乳头上,而马的小舌下腺开口突出可见。

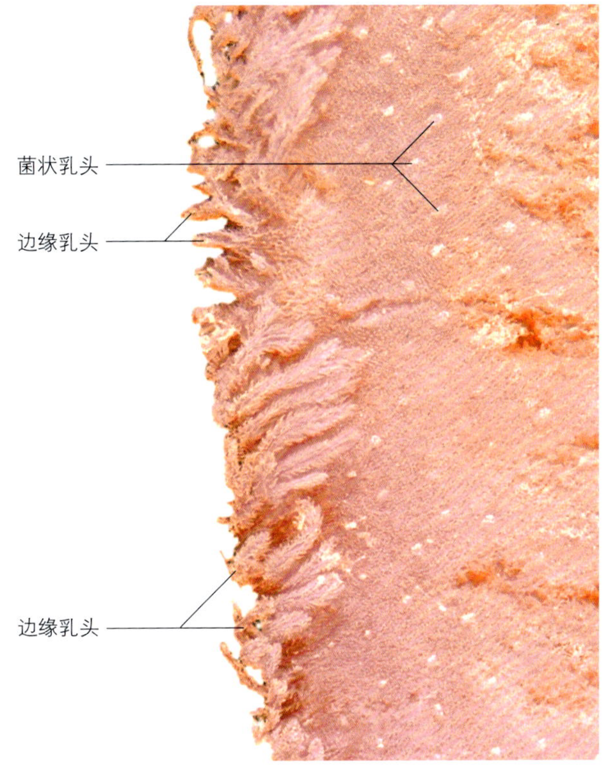

图 8-8 仔猪舌背侧面乳头

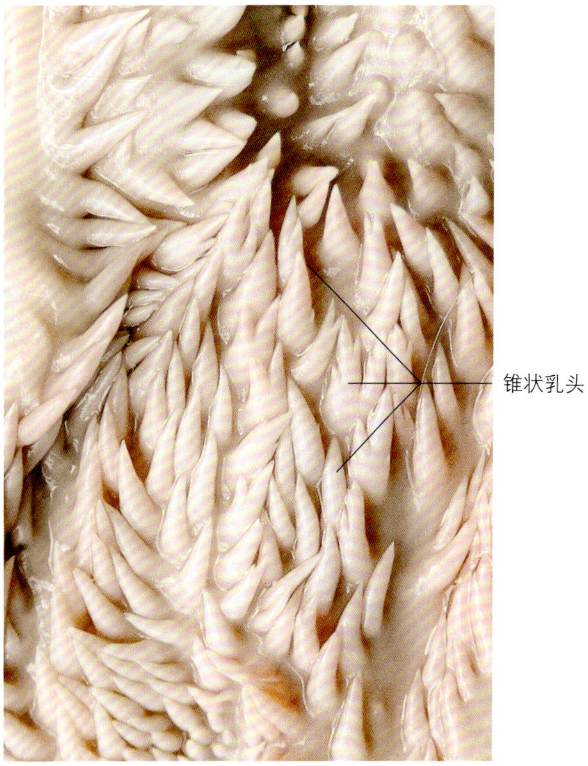

图 8-9 机械乳头——牛锥状乳头

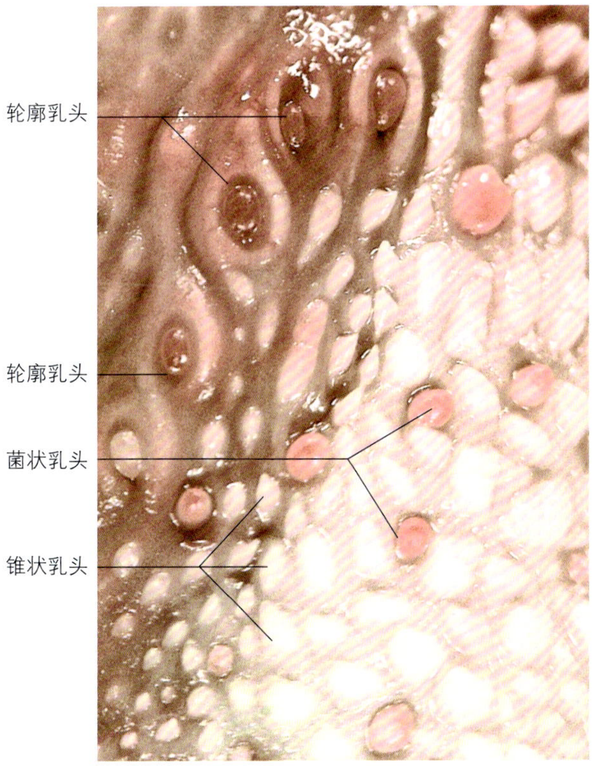

图 8-10 牛舌基底部乳头

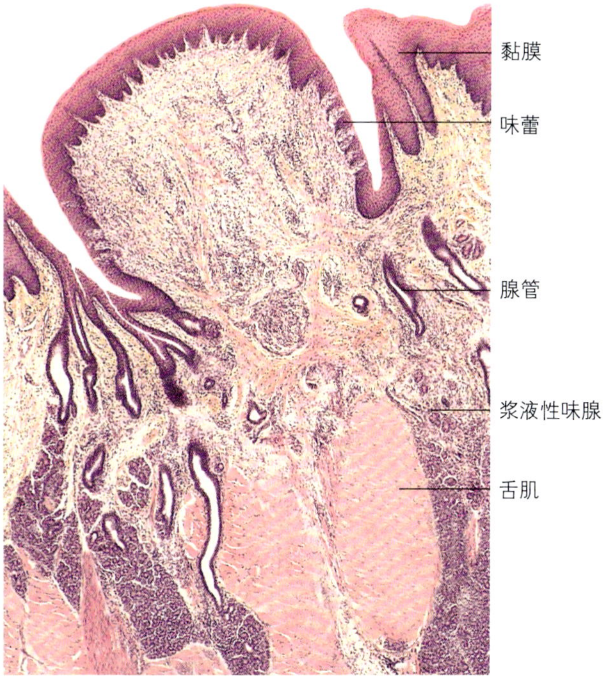

图 8-11 羊舌切片，中央为轮廓乳头

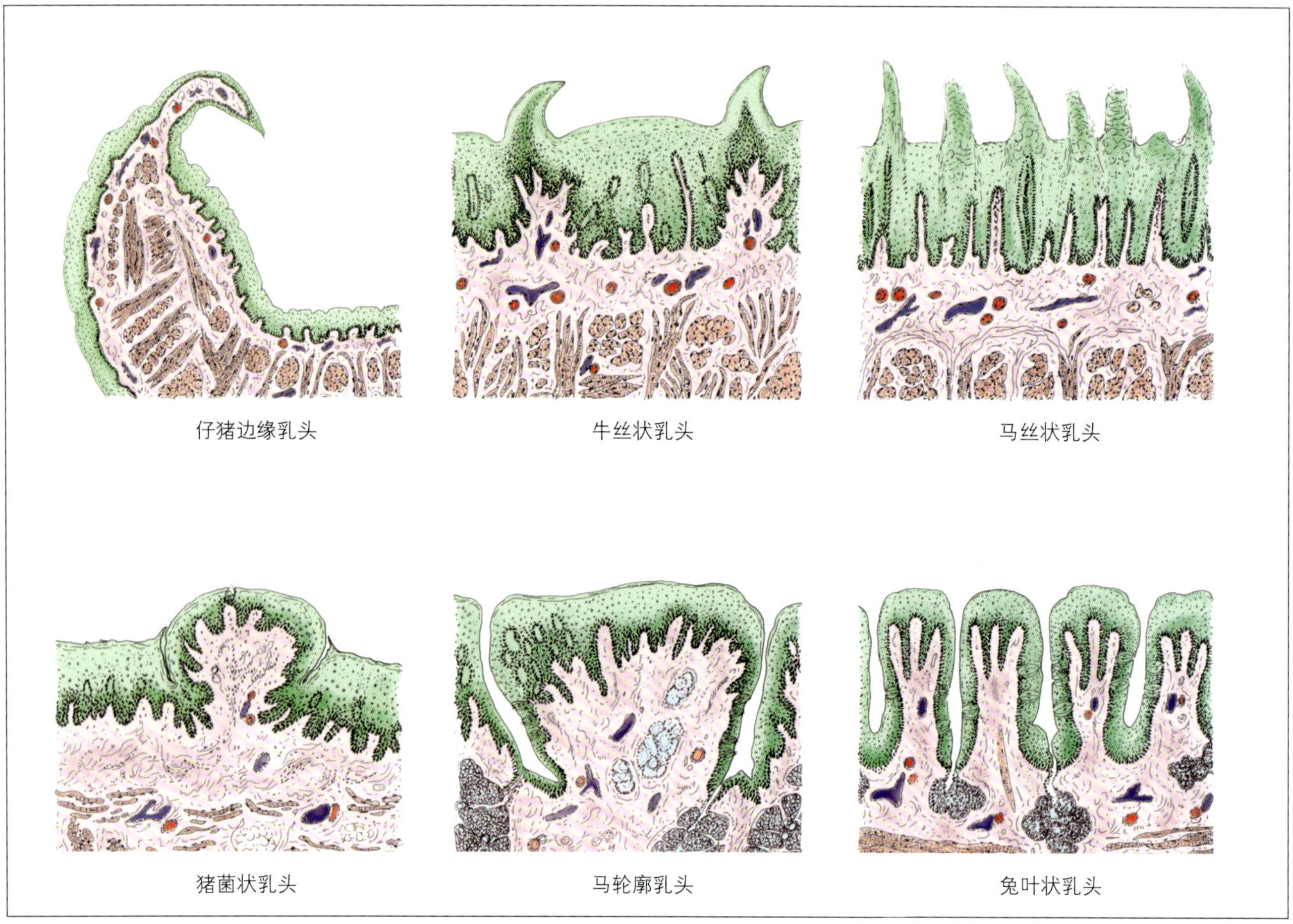

图 8-12 舌乳头(示意图)

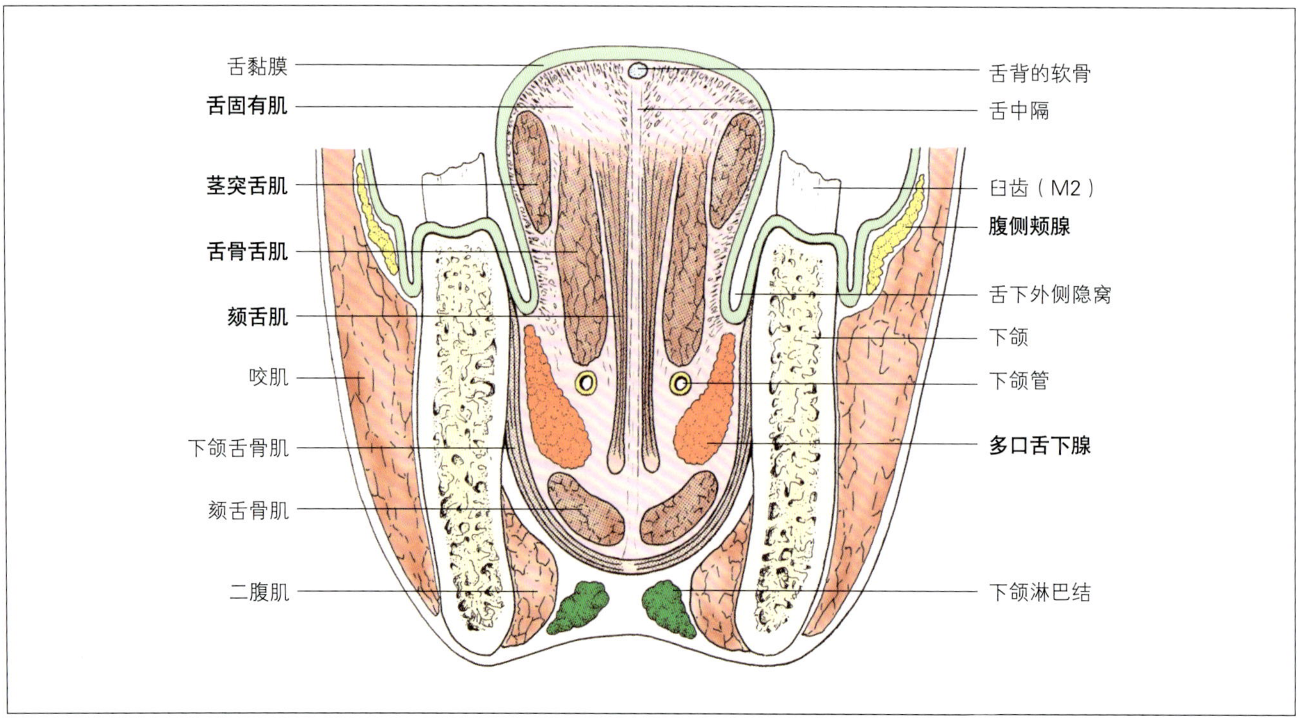

图 8-13 马舌和口腔舌下底(示意图,横断面)

8.1.5 唾液腺(glandulae salivariae)

唾液腺成对存在,分泌唾液,通过腺导管进入口腔(图8-14至图8-16)。唾液可保持口腔黏膜的湿润,并在咀嚼过程中混匀食物,在吞咽过程中使食团平滑通过,还有初步的化学性消化作用。

唾液腺分为:

- 小唾液腺(glandulae salivariae minores)
- 大唾液腺(glandulae salivariae majores)

小唾液腺存在于唇、颊、舌、腭及舌下口腔底黏膜内,这些腺体分泌黏液。颊部的小唾液腺在腹侧和背侧面大量聚集。根据所处位置,犬颊背侧的小唾液腺称为颧腺(图8-15)。反刍动物还有位于中部的颊腺。

大部分唾液是由大唾液腺分泌的,它们位于口腔外,有导管将唾液导入口腔。这些腺体多数为浆液性腺,也有一些混合腺,后者含有淀粉酶,能促进碳水化合物的初步消化。唾液的主要成分是水,也有黏蛋白、淀粉酶和盐,尤其是碳酸氢盐。唾液的日分泌量大约为:马40 L,牛110～180 L,猪15 L。

虽然唾液是不断产生的,但它的分泌速率由交感神经和副交感神经共同支配。副交感神经来自第Ⅴ、第Ⅶ和第Ⅸ对脑神经,由嗅觉和味觉引起唾液分泌增多,血管扩张。交感神经纤维起源于胸后段脊髓,在颈前神经节内形成突触,并到达唾液腺的动脉外膜,受到刺激后引起血管收缩,使唾液分泌减慢。焦虑、紧张或恐惧均会导致唾液分泌的抑制,也可能会导致脱水,引起渴感。巴甫洛夫的实验表明,唾液的分泌可以通过使动物对其他刺激物(如铃声)做出反应而增加。

唾液除了具有清洁、润滑和消化功能外,还是某些物质排泄的途径,其中一些物质可能会在牙齿上沉积(齿垢),尤其是在犬和猫中。**大唾液腺**有:

- 腮腺(glandula parotis)
- 颌下腺(glandula mandibularis)
- 舌下腺(glandulae sublinguales)
  - 单口舌下腺(glandula sublingualis monostomatica)
  - 多口舌下腺(glandula sublingualis polystomatica)

腮腺(glandula parotis)

腮腺成对存在,位于头颈交界处,**下颌后窝的耳廓软骨**腹侧(图8-14至图8-16),食草动物尤其发达。腮腺为**混合性管泡状腺**,紧邻颈外动脉、上颌静脉以及面神经和三叉神经的分支。马的部分腮腺覆盖于**咽喉囊**侧壁,因此进行咽

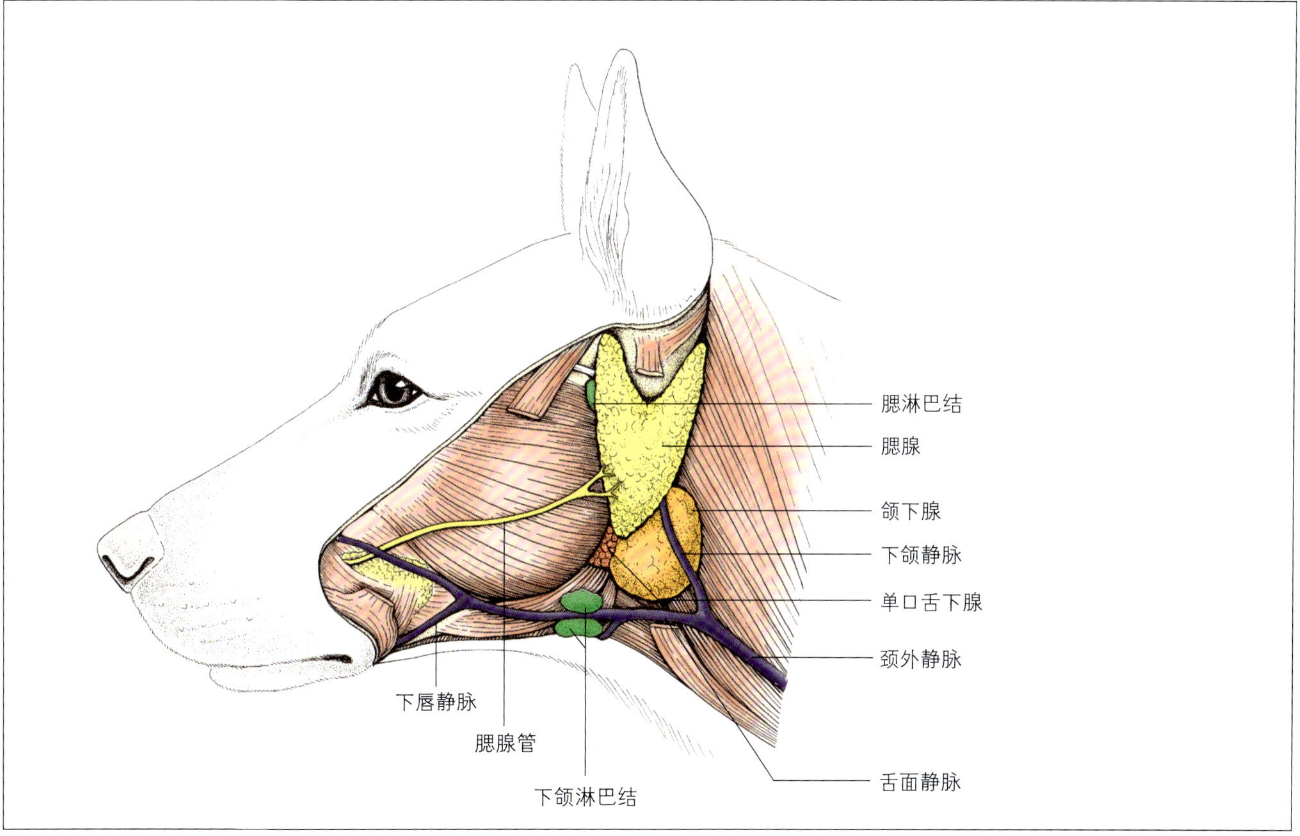

图8-14 犬唾液腺分布(示意图)

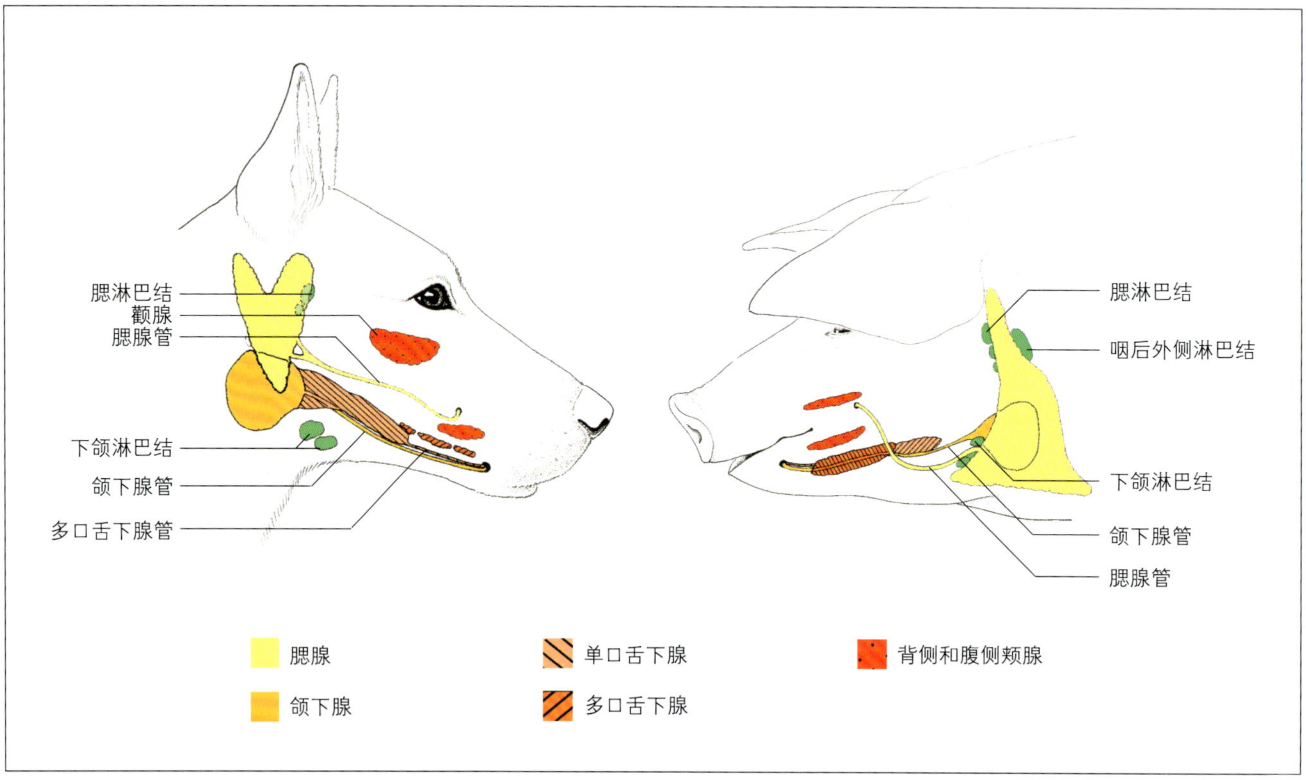

图 8-15　犬(左)和猪(右)唾液腺(示意图)。仿 Dyce, Sack 和 Wensing(2002)

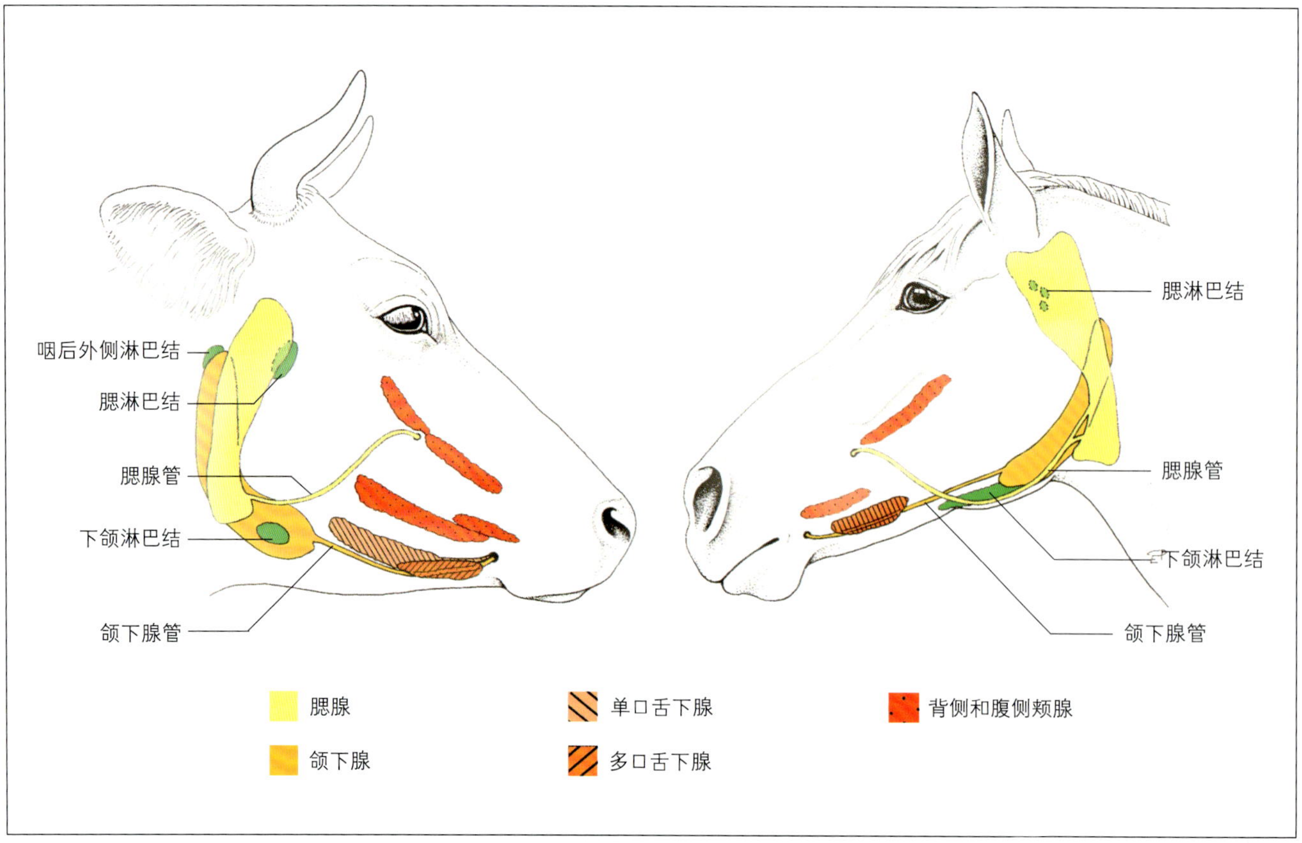

图 8-16　牛(左)和马(右)唾液腺(示意图)。仿 Dyce, Sack 和 Wensing(2002)

喉囊手术时需要注意。

腮腺表面覆有被膜,被膜向内伸入形成小梁,将腮腺分成几个**小叶**。小叶中的**主集合管**经小梁最终汇合形成一条单管,自腮腺前面发出。食肉动物和小型反刍动物的腮腺管通过**咬肌的外侧面**。马、牛和猪的腮腺管向前通过下颌角内侧,经下颌角前侧,绕过下颌骨的腹侧缘,最终至**咬肌前缘**。马的腮腺管位于舌面动脉后侧。腮腺管开口在第3~5臼齿相对的口腔前庭黏膜小乳头处(不同物种位置不同)。

腮腺血管来自上颌动脉和静脉的分支,受舌咽神经分支的支配,为副交感神经,与到耳神经节的岩小神经并行。

颌下腺(glandula mandibularis)

颌下腺临近**下颌角**,部分被腮腺覆盖(图8-14至图8-16)。大多数犬和猫的颌下腺比腮腺略大一点,但反刍动物的颌下腺非常发达。食肉动物的颌下腺呈椭圆形,位于单口舌下腺之后、舌面静脉和下颌静脉之间的皮下。在临床上,犬颌下腺和单口舌下腺常患**囊肿**(舌下囊肿,ranula),此时需要将其切除。

颌下腺为**混合的浆-黏液性分泌**,但浆液性和黏液性分泌也可以发生交替。一条大的颌下腺导管经过**口腔底壁**黏膜腹侧,与大舌下腺管一起开口于舌系带附近的**舌下肉阜**。颌下腺的血管供应来自舌面动脉和舌面静脉,由面神经分支支配,属于副交感神经。这些纤维首先在鼓索中延伸到三叉神经下颌支,然后沿三叉神经的舌支继续延伸到下颌神经节,与节后神经元形成突触。

舌下腺(glandulae sublinguales)

每侧舌下腺均由一大(单口)和一小(多口)两个腺体组成,马缺少大舌下腺(图8-14至图8-16)。**大(单口)舌下腺**位置偏后,是一密集的腺体,有一条导管。大舌下腺管与颌下腺管共同开口于口腔底壁的舌下肉阜上。

弥散性的**小(多口)舌下腺**位置靠前,有多个小管开口于舌下隐窝外侧的纵行黏膜褶内,牛的位于黏膜褶的锥状乳头上。

两种舌下腺均为浆-黏液性分泌,其中黏液性分泌占主导地位。血液供应来自舌动脉和舌静脉分支,神经支配与颌下腺相同。

8.1.6 咀嚼器

咀嚼器包括:

- 齿和齿龈
- 颞下颌关节
- 咀嚼肌

齿(dentes)

每种动物齿的数量、形状及排列方式均不同。口腔中每个部位的齿发育不同,决定了其功能也不同,这一特征被称为**异齿性**(Gk. heteros)。家畜的齿和人类一样,只需要更换一次。首先,在出生时或出生后不久长出**乳齿**(dentes decidui),当动物成熟时,乳牙会被**恒齿**(dentes permanentes)取代。

齿的结构

齿属于高度特殊化的结构,虽然不同动物根据自身需要而存在差异,但它们都有一个共同的基本结构(图8-17至图8-19)。每个齿由3部分组成:

- 齿冠(corona dentis)
- 齿颈(cervix dentis)
- 齿根(radix dentis)

齿冠是齿暴露的部分,从颈部延伸,嵌入齿龈((gingiva)。齿的近端部分,即齿根(radix dentis),被固定在上颌或下颌内的骨性齿槽(alveolus dentalis)中(图8-19)。从临床的角度,齿分为位于龈线以上的临床冠(corona clinica)和位于龈线以下的临床根(radix clinica)。

齿对着口腔前庭(vestibulum oris)的齿面被称为**口腔前庭面**,可以更精确地描述为唇面(朝向唇)和颊面(朝向颊),舌面正对着口腔体(cavum oris proprium)。

接触面(facies contactus)包括齿末端的远端表面和唇端的近端表面。上、下齿弓相对面被称为**齿咬合面**(facies occlusalis)或者嚼面。齿冠上的隆起称为**齿尖**(cuspis dentis),可以是尖的或圆形的,取决于物种的差异。

齿髓腔(cavum dentis)中含有**齿髓**(pulpa dentis),周围被矿化的齿壁包围(图8-19)。齿髓由含有大量血管和神经的结缔组织组成。炎症或齿髓腔内局部肿胀会导致齿髓压力增加,所以刺激感觉神经纤维会引起疼痛。根据齿髓的位置,可将其分为齿髓腔冠状部的**齿髓冠**(cavum coronale dentis)和齿髓腔根状部的**齿髓根**(cavum radicis dentis)。

齿髓腔的近端逐渐变细,形成狭窄的**齿根管**(canalis radicis dentis),末端包围着**齿根尖孔**(foramen apicis dentis)。血管和神经穿过齿根尖孔并在齿髓腔的结缔组织中分叉(图8-19)。

齿由3种矿化物质组成(图8-17至图8-20):

- 釉质(enamelum)
- 齿质(dentinum)
- 齿骨质或者黏合质(cementum)

组成齿的矿化物质的化学成分与骨类似,**釉质**是人体中最坚硬的物质,由外胚层(口腔上皮细胞,epithelium of the oral cavity)的成釉细胞(enameloblasts)产生。它是非细胞成分,因此不能再生,通常呈白色(图8-17至图8-19)。

根据釉质分布,可将齿分为3组(见图8-19)。第一组为**单冠齿**,由一个圆锥形或铲形的冠覆盖一层釉质。典型的例子包括所有家畜的**犬齿**(dentes canini)和反刍动物的**切齿**(dentes incisivi)。第二组与第一组的区别是存在两个或多个不同的釉质冠状隆起,包括猪的**颊齿**(前臼齿和臼齿,praemolares and molares),也被称为**丘齿**。**切齿**的凸起部

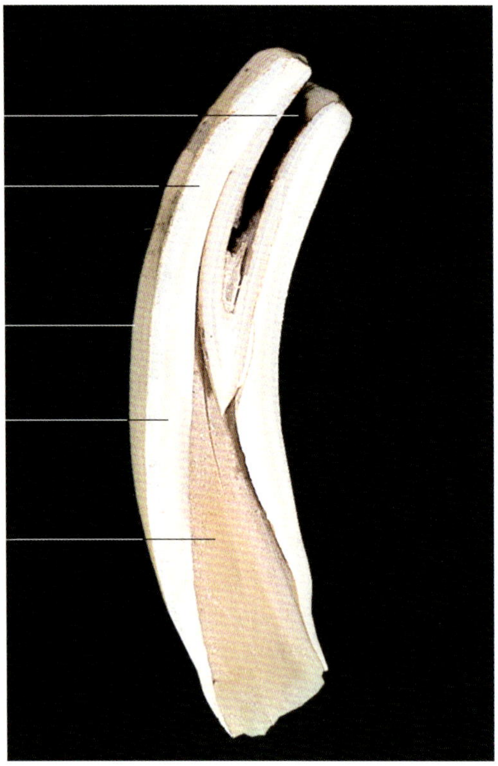

图 8-17 马切齿切面

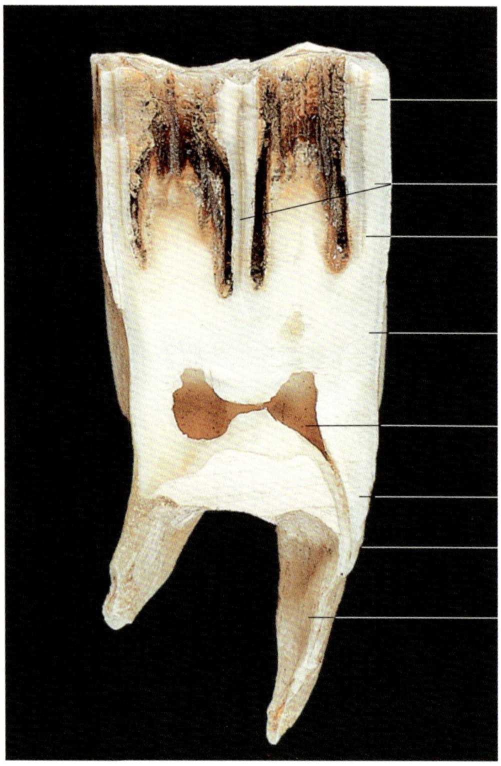

图 8-18 马臼齿切面

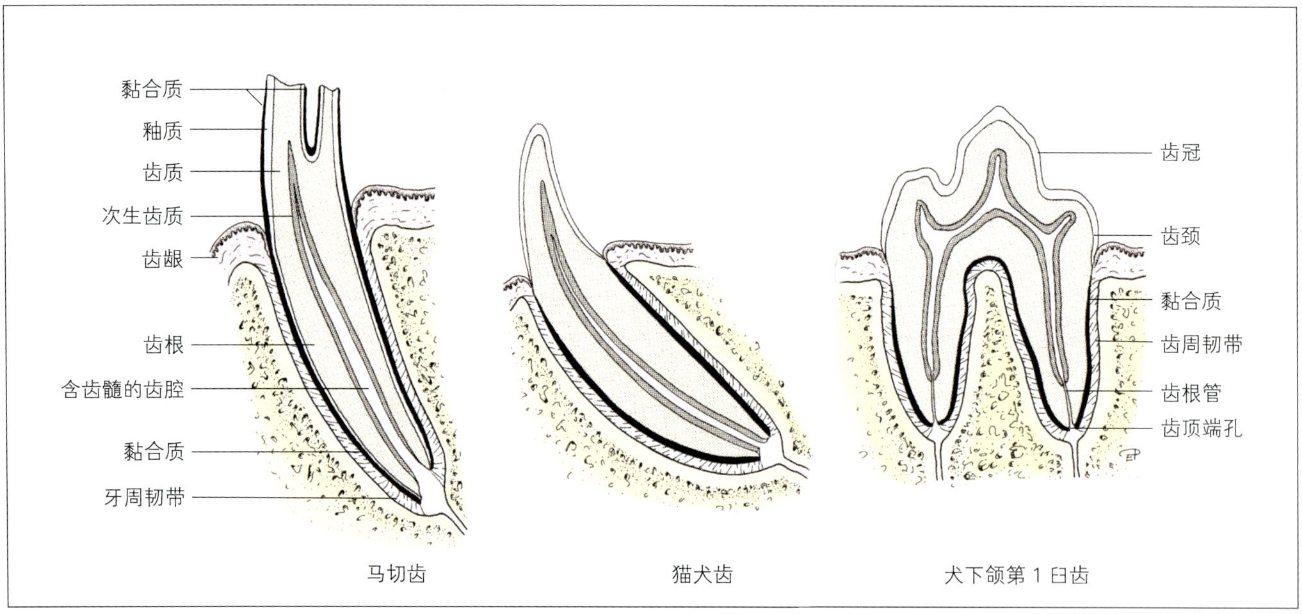

图 8-19 长冠齿（左）和短冠齿（中和右）（示意图）

分排成一排，在食肉动物中特别发达（见裂齿）。第三组齿中釉质层的特征是咬合面凹陷（漏斗状，infundibula）或釉质壁包围，包括马的切齿以及马和反刍动物的臼齿（反刍动物第 1 下前臼齿除外）。

根据齿的高度，可将其分为**低冠齿**（low-crowned）和**高冠齿**（high-crowned）（图 8-19）。在高冠齿中，冠和颈之间没有明显差异，因此它们常被作为一个整体描述（corpus dentis）。整个高冠齿被釉质和一层齿骨质包围。虽然高冠齿的生长周期比低冠齿长，但其也是有限的。当停止生长时，齿会逐渐从颌骨挤出，形成齿持续生长的现象。高冠齿包括马的切齿以及马和反刍动物的臼齿。

反刍动物的前臼齿和臼齿（selenodont teeth，selene-moon）的咬合面上存在着半月形漏斗，有助于有效地嚼碎食物。在马的臼齿中，咬合内陷与齿两侧的釉质结合在一起。

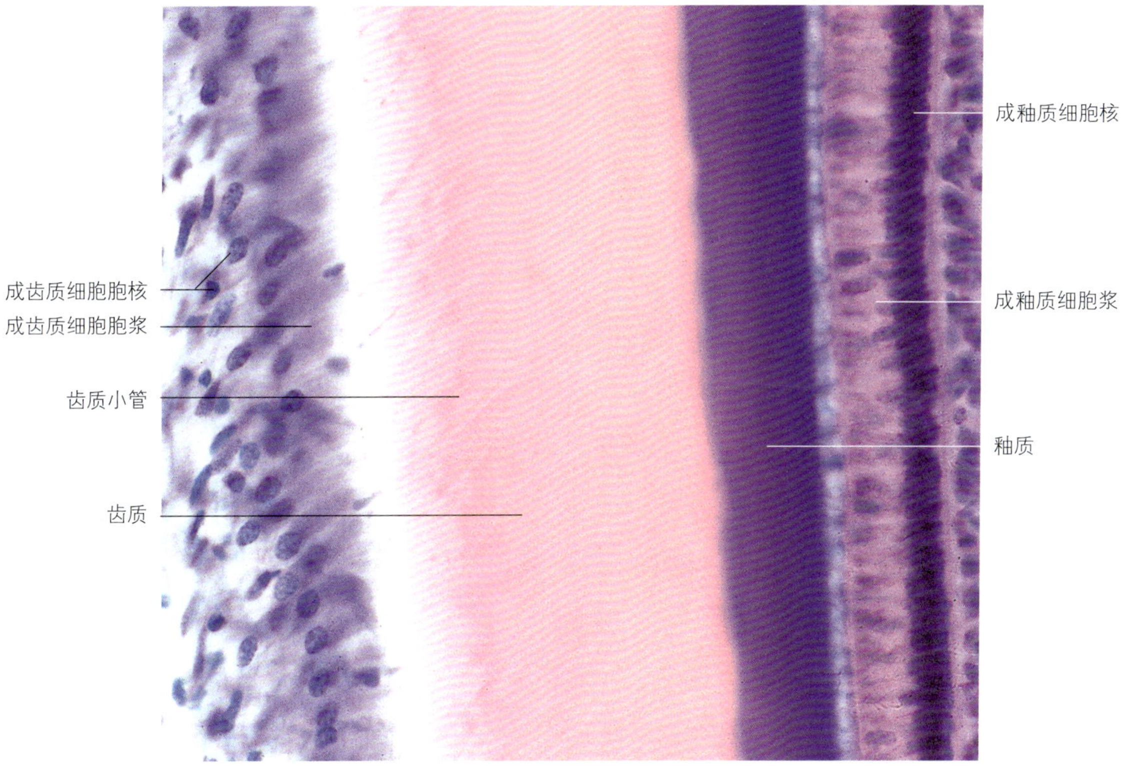

图 8-20 齿壁切面

在咬合面上,矿化的齿以不同的速率磨损,形成的表面轮廓由一系列堆叠的釉质嵴和凹陷组成,其中包含齿质和齿骨质。这种类型的齿被称为**脊型齿**,是理想的适合磨削植物的齿。

齿质呈黄白色,包围着齿髓腔(图 8-17 至图 8-19),比骨头还硬。在齿冠内,齿质位于釉质的内表面,由位于齿质小管内的神经纤维渗透。成齿质细胞(odontoblasts)从新形成的齿质中逐渐退化,在齿髓腔周围形成连续的内衬。成齿质细胞**终生**保持生成能力,随着**新生(次生)齿质**的形成,齿髓腔逐渐**变窄**。

次生齿质的颜色稍深,形成了老龄马磨损的切齿中所见的**齿星**的主要成分。对犬的齿髓腔宽度的放射学评估可以作为判断其年龄的辅助手段。

上、下颌的每颗牙齿通过**齿骨质**和**齿周纤维韧带**(periodontium)固定在齿槽(alveolus dentalis)上(图 8-19),最终形成一个矿化的吊索结构,将齿固定在齿槽内。当齿进行与咀嚼有关的活动时,允许其有限地移动。

齿骨质不如釉质坚硬,其结构与骨骼非常相似。在单冠齿和齿尖中,齿骨质仅存在于齿根,形成齿的最外层。齿骨质刚开始很薄,随着年龄的增长逐渐变厚。在釉质凹陷或包围的齿中,齿骨质在齿根和齿冠周围形成一层薄层,并填满漏斗底部。**齿周韧带**的纤维从齿骨质延伸到周围的齿槽。

齿骨质比骨骼具有更强的抗压能力,这一特性有助于正畸。在正畸过程中,使用器械将齿撬至齿槽壁上(如矫正犬的犬齿基部狭窄),齿即可占据骨内部的空间,这会造成骨损伤而牙齿却不受影响(更详细的描述请参考正畸学教材)。

上、下颌的**齿槽突**被**齿龈**(gingiva)覆盖,复层鳞状上皮排列在坚固的齿龈黏膜表面形成一层致密的结缔组织。齿龈环绕在齿冠的颈部,可能随着年龄的增长而消退,导致颈部外露。在许多哺乳动物中,齿冠的一部分最初保存在齿龈线以下,这是为了补偿之后由挤压造成牙齿磨损的影响。因此,对于区分"临床冠"(即暴露于齿龈外的齿冠)和"解剖冠"(即被釉质包被的齿冠)是有用的。

哺乳动物的牙齿从前到后可分为**切齿**(incisivi)、**犬齿**(canini)、**前臼齿**(praemolares)和**臼齿**(molares),不同物种的牙齿类型的数量和排列方式可通过齿式来描述(表 8-1)。齿式由切齿(I)、犬齿(C)、前臼齿(P)和臼齿(M)以及上、下齿弓上相应的恒齿数组成。

表 8-1 齿式

物种	乳齿	恒齿
猫	3 1 3	3 1 3 1
	3 1 2	3 1 2 1
犬	3 1 3	3 1 4 2
	3 1 3	3 1 4 3
猪	3 1 3	3 1 4 3
	3 1 3	3 1 4 3
反刍动物	- - 3	- - 3 3
	3 1 3	3 1 3 3
马	3 1 3	3 1 3 (4)
	3 1 3	3 1 3 3

Note

马的恒齿公式为：

$$\left.\begin{matrix}I3\ C1\ P3\ M3 = 10\times 2 = 20\\ I3\ C1\ P3\ M3 = 10\times 2 = 20\end{matrix}\right\} = 40$$

单个齿的命名基于改良 Triadan 系统，虽然该系统不同物种之间齿的编号一致，但它无法描述高度可变的齿形态。

齿式中，乳齿是通过在缩写和相关数字之间插入字母“d”来表示的（例如，Id3 代表第 3 乳切齿）。

齿的萌出时间在物种内部是高度一致的，因此可以用来判断动物个体年龄，当然换齿可能会因发育不良和疾病等因素而推迟。任何一种家养哺乳动物都没有乳臼齿，犬和猪也没有乳齿的第 1 前臼齿。

年龄在 2～4 岁的马，在换齿期间，下颌骨的腹侧缘可能出现肿大，偶尔也见于上颌骨。当乳齿脱落的速度与恒齿生长的速度不一致时，这些肿胀就会出现，俗称“肿块”，它们会影响动物咀嚼，如果发生在上颌骨可能会影响动物呼吸。

马齿

马的犬齿和第 1 前臼齿是低冠齿，其余的为**高冠齿**，前臼齿和臼齿为**脊齿型**。

马的牙齿非常适合机械性消化粗饲料，臼齿釉质折叠成皱褶以增大其咀嚼面面积（图 8-21 至图 8-23）。

切齿有一层**鞘状的外齿釉质**，几乎延伸到齿根的顶端。在漏斗部（infundibulum dentis）或齿槽陷凹处也有釉质包裹，齿骨质覆盖在釉质的外表面并填满漏斗部。在牙齿磨损前，外齿釉质与漏斗部的釉质是连续的。

马的切齿从内到外分为**中央齿**、**中间齿**和**隅齿**（图 8-30）。切齿的磨损速度大约为每年 2 mm，此外结合对牙齿更换时间、切齿磨损状态的了解，可以相对精确地判断年轻马的年龄。随着年龄的增长，这种方法变得越来越不准确。

犬齿存在于公马的齿槽间隙（interdental space），靠近切齿角，有比较低的齿冠和大的齿根。犬齿在一些南美品系的母马和公马中都比较常见。

第 1 前臼齿（P1），也被称为**狼齿**（wolf tooth），发育不成熟，几乎只在上颌长出，下颌无对应齿，所以在功能上没有意义。咀嚼可能会导致狼齿移动，进而损害齿龈，这可能需要拔牙。其余**颊齿**（P2～P4 和 M1～M3）上下齿弓的结构不同，每颗上颊齿都有 2 个漏斗，而下颊齿没有漏斗。

上臼齿的齿根伸入双侧上颌窦。若有病变的牙齿，可通过上颌窦后侧（sinus maxillaris caudalis）进入，并通过牙齿斥力将其去除。在进行这一手术时，要注意随着动物年龄的增长，齿槽深度减少、上颌窦大小增加，且牙齿向吻侧位移。

马的年龄鉴定

马齿有规律的生长（表 8-2）、磨损，以及其他一些特征性的变化有助于判断马的年龄（图 8-24 至图 8-31）。准确合理的判断只能到 8 岁左右。

乳齿（Id）萌出时间如下：

- Id1：6 日龄之内（可能在出生时就已萌出）
- Id2：6 周龄
- Id3：6 月龄

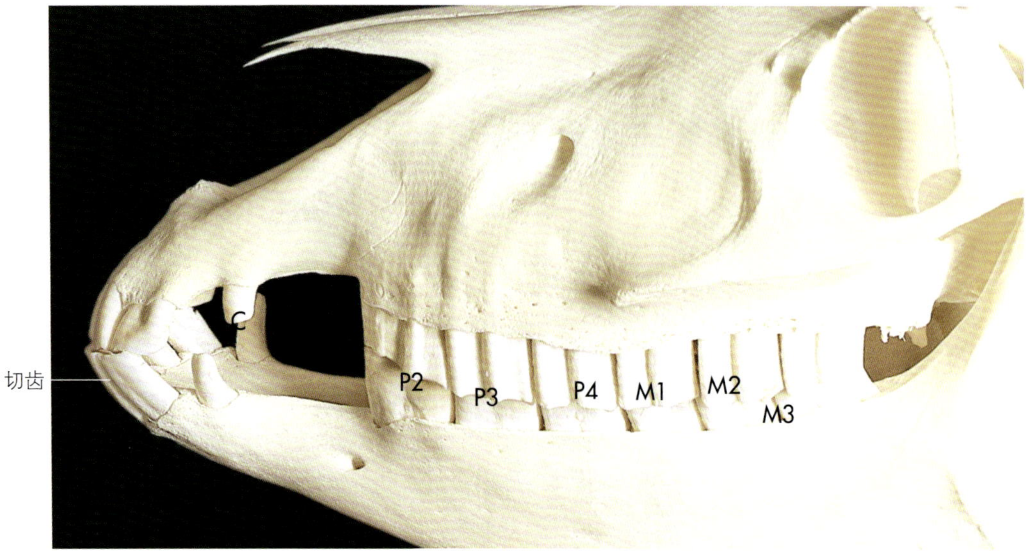

图 8-21　种马恒齿

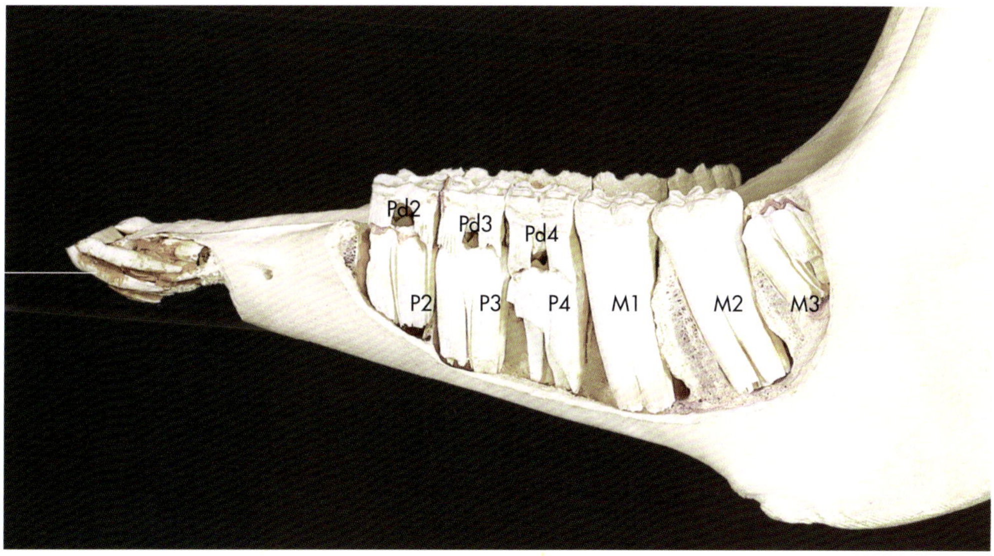

图 8-22 马出齿时的下颌弓（齿根暴露）

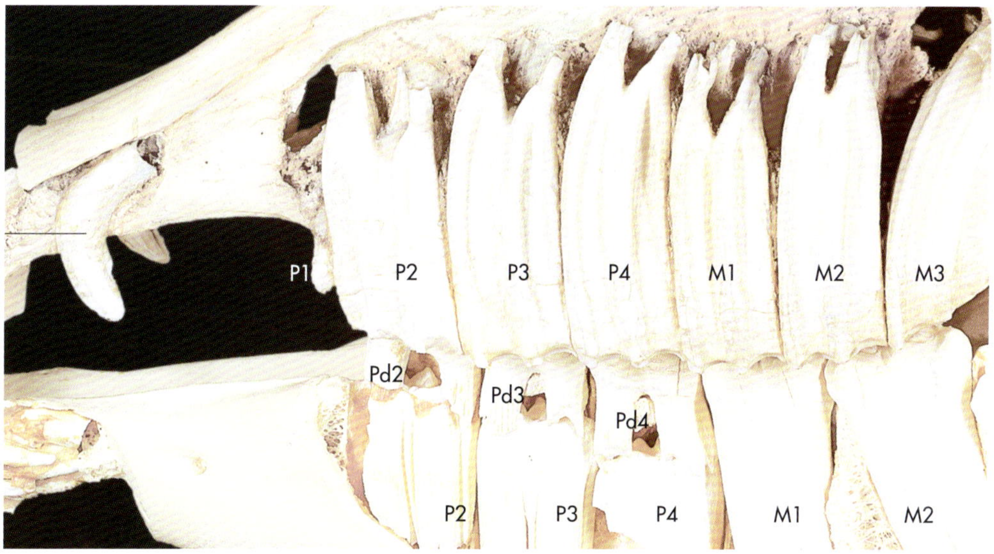

图 8-23 马出齿时的上颌弓和下颌弓（齿根暴露）

齿漏斗从切齿上消失的时间：

- Id1：10 月龄
- Id2：12 月龄
- Id3：18～24 月龄

表 8-2 马的切齿（I）更换情况（年龄以年为单位）

切齿	出齿时间（下颌骨）	磨损期	齿漏斗消失（下切齿）
I1	2½	3	6
I2	3½	4	7
I3	4½	5	8

下切齿漏斗约 6 mm 深，以每年切齿磨损消耗约 2 mm 的速度计算，下切齿开始磨损后 3 年漏斗即消失。上切齿漏斗的消失需要 6 年（12 mm 深，每年磨损 2 mm），这是一个不太精确的年龄判断方法。在 8、9、10 岁时，在釉质（I1、I2、I3）的吻侧出现齿星。

年轻马（6～12 岁）的切齿咬合面呈**横向椭圆形**，随后逐渐变成**圆形**（12～17 岁）。随着年龄的增长，表面呈**三角形**（18～24 岁），最终呈**纵向椭圆形**（24～30 岁）。

在 8～9 岁时，部分马的上龋齿可以观察到齿钩，这一特征也可能在 13 岁时再次出现。

上龋齿唇面也可能出现 Galvayne 氏沟（Galvayne's groove），出现时间如下：

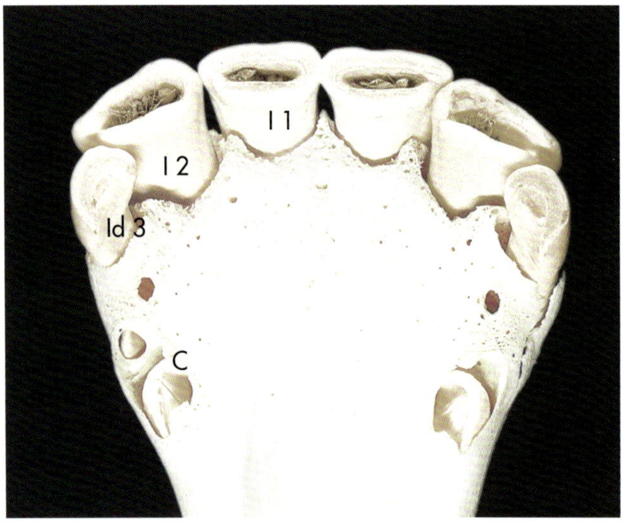

图 8-24　3.5 岁马的下切齿咬合面(舌面)

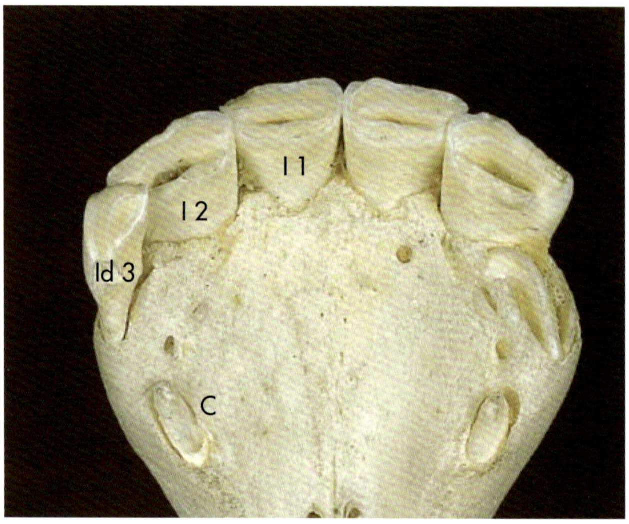

图 8-25　4.5 岁马的下切齿咬合面(舌面)

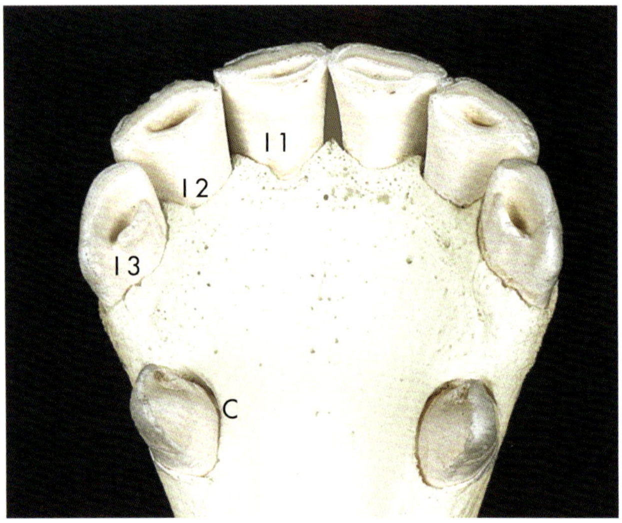

图 8-26　6 岁马的下切齿咬合面(舌面)

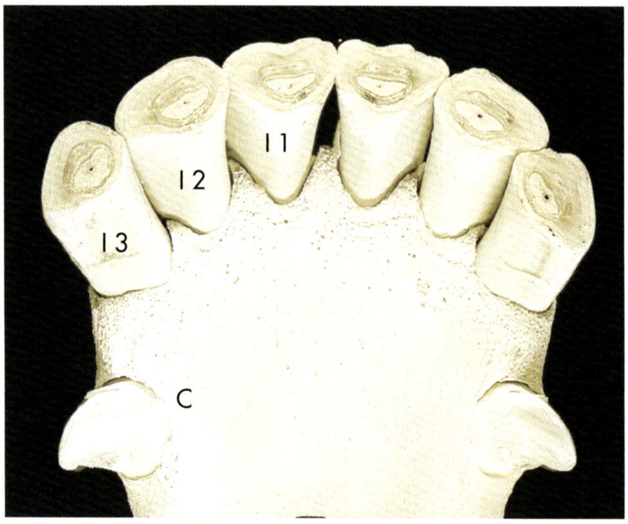

图 8-27　10 岁马的下切齿咬合面(舌面)

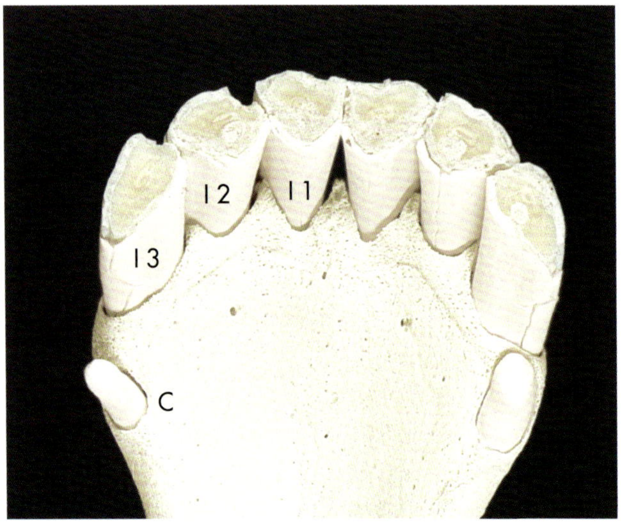

图 8-28　12 岁马的下切齿咬合面(舌面)

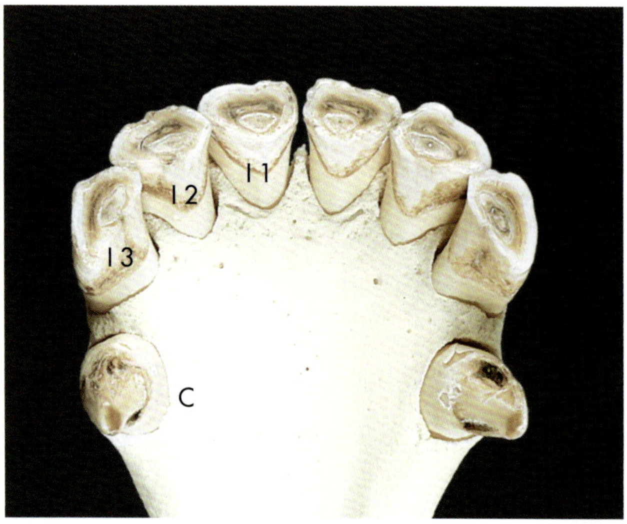

图 8-29　17 岁马的下切齿咬合面(舌面)

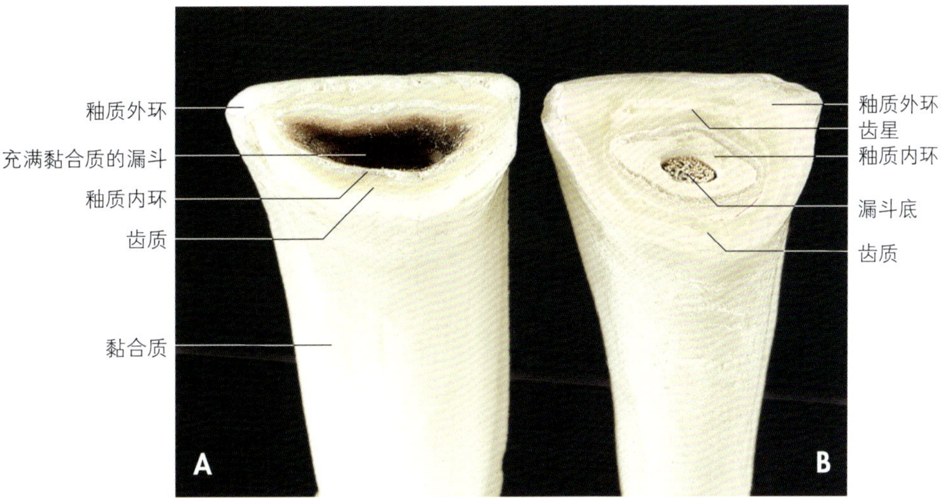

图 8-30　较年轻马（A）的咬合面，有可见的漏斗；较年长马（B）的咬合面，漏斗消失，出现齿星

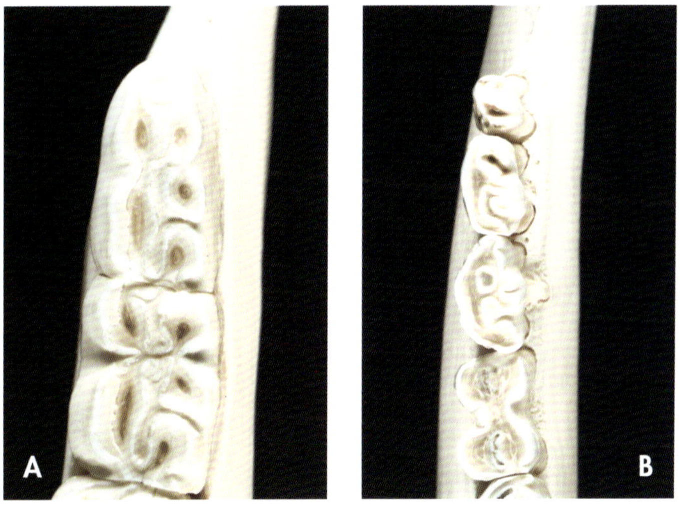

图 8-31　马（A）和牛（B）的下颌前臼齿咬合面（上面观）

- 上四分之一，近齿龈线附近：10 岁
- 达到一半：15 岁
- 纵贯全长：20 岁
- 下部一半，上半部分消失：25 岁
- 下四分之一：30 岁

马的某些畸形齿会影响牙齿的年龄特征，包括龅牙（overshot bite，parrot mouth）和下颌前突（undershot bite，sow mouth），这些因切齿错位而造成过度磨损。

猫齿

猫齿由**单冠齿**（无齿尖）和有齿尖的齿组成（图 8-19 和图 8-32）。与其他家养哺乳动物相比，猫的牙齿数量较少，缺乏上颌齿 P1、M2 和 M3 以及下颌齿 P1、P2、M2 和 M3。猫具有独特的**撕咬能力**，利用两颗食肉齿，即上 P4 和下 M1，在咀嚼过程中相互滑动产生**切割作用**。因此，猫的齿被称为**切齿型**。

猫齿在判断其年龄方面的作用有限，乳切齿在 15 日龄萌出，犬齿在 18～19 日龄萌出，前臼齿在出生后 24～39 日龄萌出。3.5 月龄时恒齿将代替乳齿，到 7 月龄时替换完全。

犬齿

不同品种犬的头部和身体形状的变化与牙齿和咀嚼器官有关，短头犬（如巴哥犬）与长头犬（如猎狐犬）的牙齿排列和咀嚼肌附着空间有很大差异。

犬的牙齿的萌出和替换时间同样因品种和个体差异而不同。因此，犬和猫一样，通过牙齿确定年龄的方式不可靠。目前通过测量牙齿的显微硬度被认为是判断犬年龄比较有用的方法，该程序非常烦琐，但可能适用于法医调查。

切齿在齿槽中的附着相对松散（图 8-34）。上切齿的齿冠有3个小的齿突(中央、近中、远中),下切齿缺少近中齿突。切齿的这些特征随着不断的磨损而消失,变成简单的菱形楔状,这一变化在偏爱嚼石头的犬中会加速。

犬齿的**齿根**较大,比齿冠长,尾端可延伸到第1前臼齿的齿根部。4个前臼齿从第一个到最后一个逐渐增大,**第4上前臼齿(P4)**是上颌中最大的齿,有3个齿根,被称为**肉食齿**或**扇形齿**(dens sectorius)。由裂齿引起的齿根脓肿,可造成眶下管的排脓,彻底治疗的方法是拔掉感染的牙齿。上臼齿也有3个齿根,但比P4的齿根小很多。

下颌齿中最大的是第1下臼齿(M1),是扇形齿,有两个大而分叉的齿根,几乎跨越了下颌骨的整个宽度,后部的臼齿为咬碎食物的牙齿(图8-33)。

犬齿像猫一样,是切齿型,2个扇形齿(上P4,下M1)在嘴巴闭合时负责切碎食物。乳切齿大约在4周龄时萌出,乳犬齿萌出的时间与之相近(3~5周龄),乳前臼齿(Pd2,Pd3,Pd4)在6周龄时萌出,这样犬的乳齿完全长齐。恒切齿第1前臼齿在4~5月龄时萌出,且永久性存在。

在3~7月龄时,乳齿被臼齿替换。因此,在这段时间之后根据牙齿排列判断年龄是困难且不可靠的。

猪齿

猪的齿列咬合是**等颌的**,即当上颌闭合时,上齿弓(arcus dentalis superior)与下齿弓(arcus dentalis inferior)的咬合面相吻合。猪齿最显著的特征是具有大而弯曲的长犬齿,且终生不断生长(图8-35)。臼齿具有特殊的齿突,适合碾碎食物。

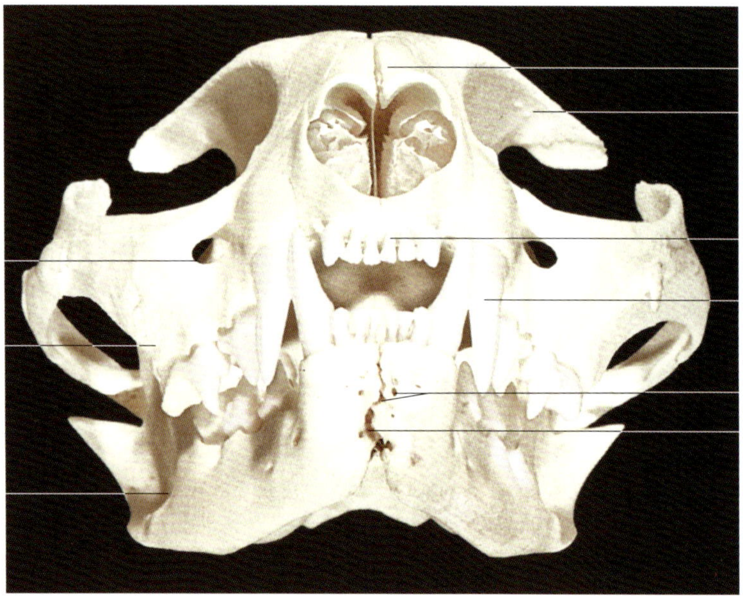

图8-32 美洲狮的齿咬合面(前面观)

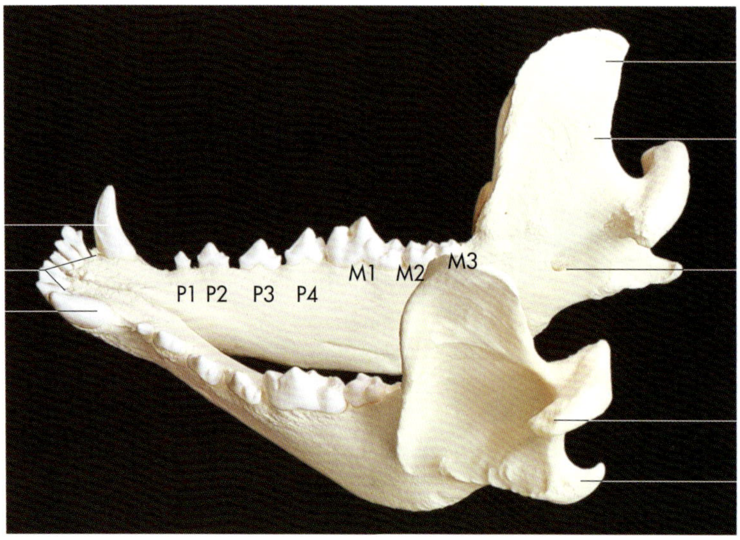

图8-33 犬的下颌齿(后外侧观)

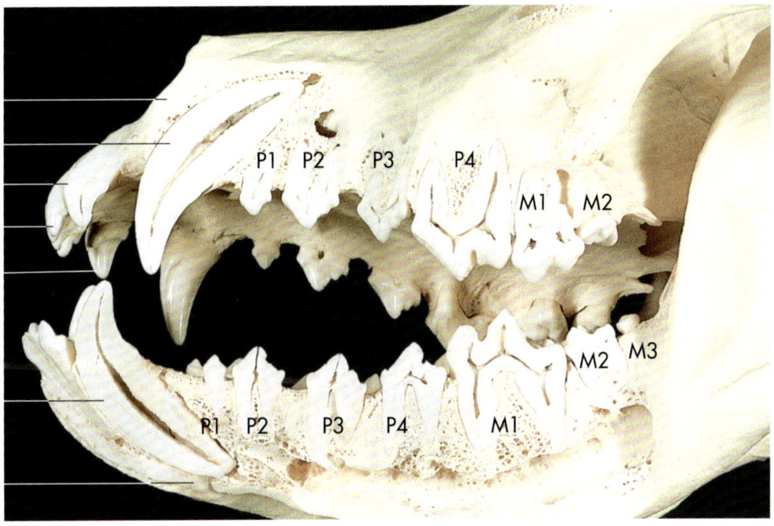

图 8-34 犬上、下颌齿的矢状切面（外侧观）

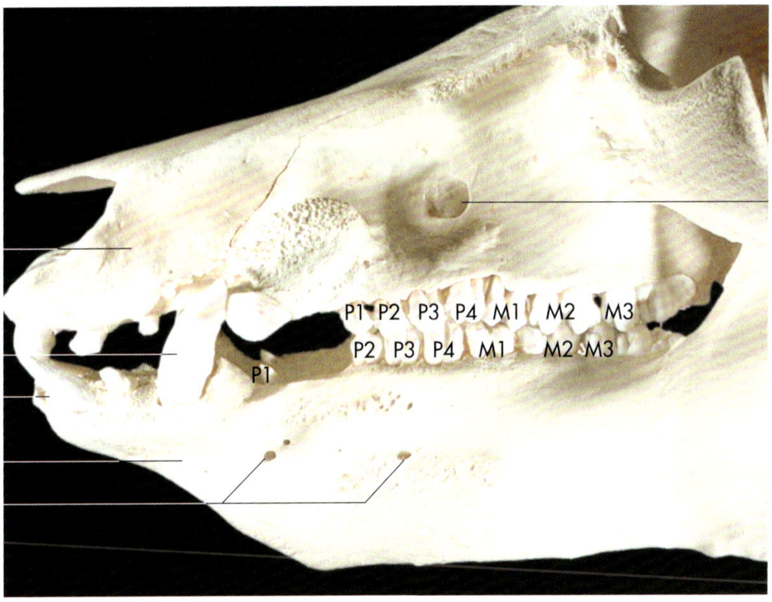

图 8-35 猪的齿咬合面（外侧观）（慕尼黑 S. Reese 博士提供）

牛齿

反刍动物的切齿和犬齿为短冠、单冠齿。前臼齿和臼齿是锯齿状的长冠齿。反刍动物没有上切齿和犬齿，取而代之的是**齿垫**（pulvinus dentalis）。

下犬齿位于相对于吻侧的位置，逐渐被同化为切齿，切齿（haplodont）中没有漏斗。切齿分为中央齿（I1）、第一中间齿（I2）、第二中间齿（I3）和隅齿（I4）（图 8-36）。每个切齿都有一个铲形的齿冠和独特的齿颈，即使是健康的动物，切齿也只是松散地排列在齿槽内。

在老年动物中，切齿的齿冠可能被完全磨损，仅齿根保留在下颌骨中。许多情况下，牙齿在这一阶段之前就脱落了。切齿和臼齿间有很宽的齿槽间隙，便于口腔检查时取出舌。

用于判断牛年龄的恒齿萌出时间如下（图 8-36 至图 8-41）：

- I1：1.5 岁
- I2：2.25 岁
- I3：3 岁
- I4：3.75 岁

切齿的磨损会导致咀嚼面逐渐增大，咀嚼面覆盖切齿舌面的比例越来越大（7～8 岁时约为 50%，9～10 岁时为 100%）。臼齿有半月形漏斗，前臼齿有一个漏斗，臼齿有两个漏斗。

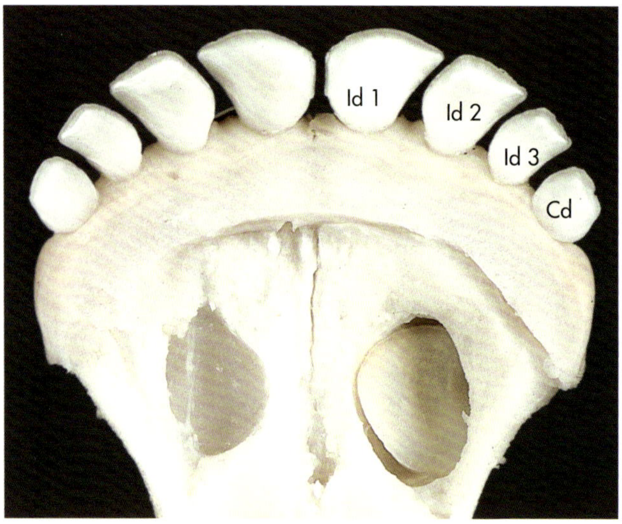

图 8-36　1 岁牛下颌乳切齿咬合面(舌面)

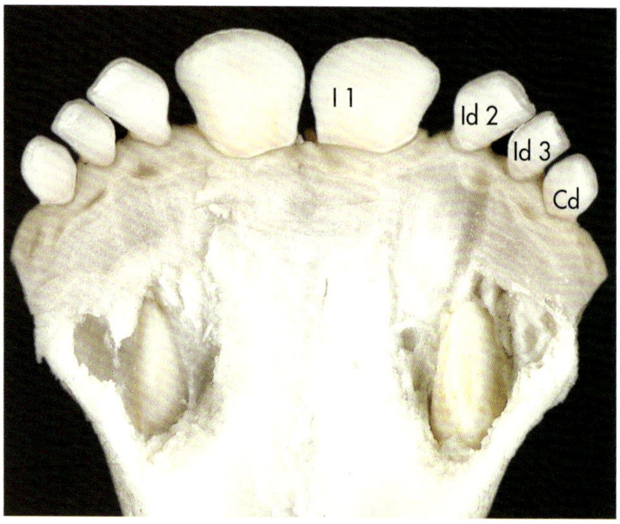

图 8-37　1.5 岁牛下颌切齿咬合面(舌面)

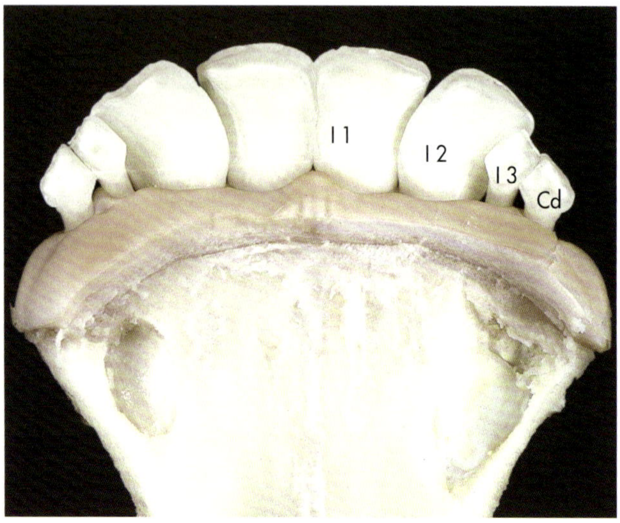

图 8-38　2.5 岁牛下颌切齿咬合面(舌面)

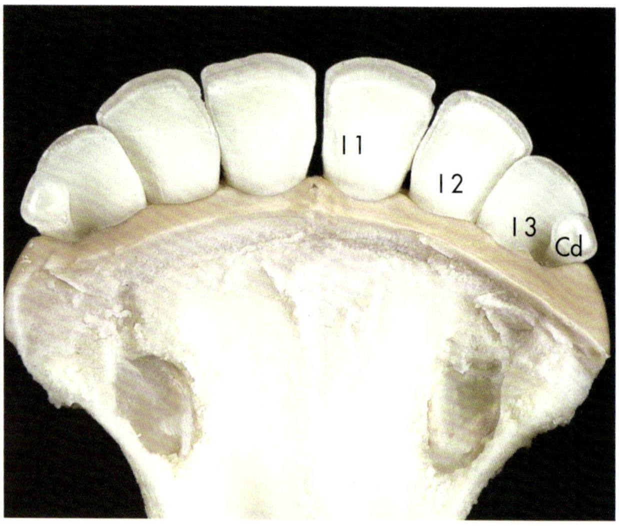

图 8-39　3.5 岁牛下颌切齿咬合面(舌面)

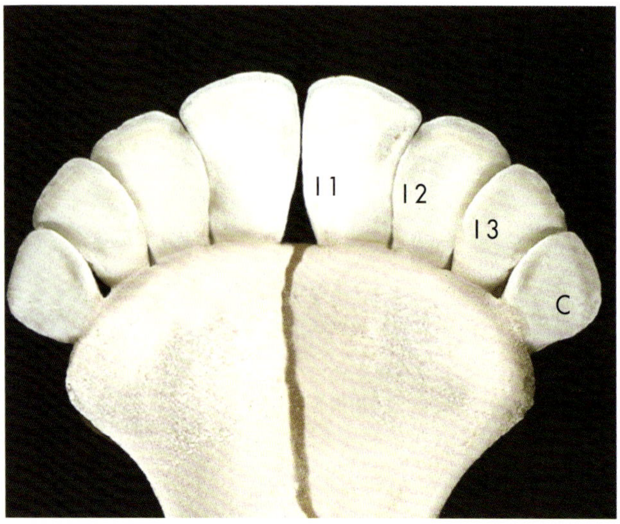

图 8-40　4.5 岁牛下颌切齿咬合面(舌面)

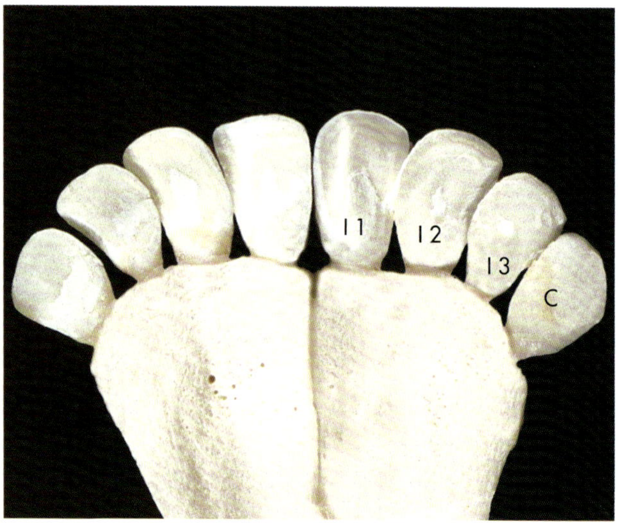

图 8-41　5.5 岁牛下颌切齿咬合面(舌面)

颞下颌关节(articulatio temporomandibularis)

颞下颌关节是由下颌支和颞骨鳞状部构成的滑膜关节,属于**髁状关节**(articatio condylaris),即两个关节面不是完全相吻合。为了弥补这种不一致,在关节面间插有一个**纤维软骨盘**(discus articularis)。食草动物的软骨盘相对较厚,犬的较薄,或减少到仅为一层薄膜,猫有的缺乏。更详细的描述见第 2 章“中轴骨骼”(49 页)。

颞下颌关节由下颌骨髁状突的**下颌头**(caput mandibulae)和颞骨的 3 个关节区组成。这 3 个关节区包括前部的关节结节,中间的具有横向关节面的**下颌窝**(fossa mandibularis),后部的**关节后突**(processus retroarticularis)。关节囊从关节面的游离缘延伸,并附着于整个关节盘边缘。因此,关节腔被完全分为一个较大的背侧腔室和一个较小的腹侧腔室。关节囊(stratum fibrosum)的**外层纤维层**被**外侧韧带**(ligamentum laterale)和**后韧带**(ligamentum caudale)紧密包裹,其中后韧带是关节后突和冠突基部的延长,在食肉动物和猪中不存在。颞下颌关节主要做上下运动,从而进行张口和闭口活动。食草动物的下颌骨也可以做一定程度的侧向碾磨和前后移动。这种种属特异性是由动物咀嚼肌和咀嚼形式不同造成的。

下颌间关节(articulatio intermandibularis)是连接左右下颌骨体(sutura intermandibularis)的正中骨性连接,猪和马为骨性结合,反刍动物和犬有一定的活动性。

咀嚼肌

咀嚼肌很发达,由于整个咀嚼器(包括骨骼、牙齿和颞下颌关节)的解剖结构不同而呈现出明显的物种特异性差异。咀嚼肌由提举下颌的肌肉组成,包括:

- 咬肌(m. masseter)
- 翼内肌(m. pterygoideus medialis)
- 翼外肌(m. pterygoideus lateralis)
- 颞肌(m. temporalis)

这些肌肉源于第一鳃弓,因此受三叉神经下颌支的神经支配。

咬肌是一具有多腱且宽大的多羽肌,起源于颧弓腹侧和面嵴,止于下颌外侧面,自面切迹延伸至颞下颌关节。如果两侧咬肌共同收缩,将使上下颌贴在一起;如果单侧收缩,则使得下颌向收缩侧肌肉一侧牵拉,这对食草动物的磨牙过程至关重要。在犬中,主要的下颌运动是剪刀样运动,咬肌的力量相对较弱。

翼肌通过下颌骨基部到达下颌骨的内侧面,配合咬肌的动作。如果是两侧一起运动,可抬起下颌;如果是单侧运动,可拉动下颌到缩肌一侧。翼外肌也可拉动下颌向前运动,尤其是当口张开时。

颞肌在颞窝内,不同动物大小不同,依颞窝的大小而异。该肌起源于颞嵴,形成颞窝的边缘,自颞筋膜止于下颌骨的冠状突。颞肌为食肉动物头部最有力的肌肉,与其他咀嚼肌一起收缩,可上提下颌。

另一块在下颌运动中起作用的肌肉是**二腹肌**,尤其是在张口时。该肌通常不被列入“咀嚼肌”的范畴。虽然被命名为**二腹肌**,但除马具有前腹和后腹之外,其他家畜均为一个腹肌。在其他家畜中,二腹肌进化为一个纤维性交叉结构。

二腹肌前部的神经支配为**下颌神经**(n. mandibularis)的分支,后部的神经支配为**面神经**(n. facialis)的二腹肌分支。该肌在枕髁旁突和下颌内侧面延伸。马的二腹肌后腹分支形成**外侧部**(pars occipitomandibularis),止于下颌角,并向后牵拉下颌。它有一个中间圆腱,穿过茎突舌骨肌的止点肌腱,跨过舌骨体下缘后,形成二腹肌前腹,连接到下颌骨体腹缘的内侧面。二腹肌收缩使下颌下降,实现张口运动。

8.1.7 咽(cavum pharyngis)

咽是气体和食物共同的通道,将口腔与食管、鼻腔和喉连接起来。背侧壁是颅骨基底部和前两个颈椎,腹侧为喉和下颌骨,侧面是翼肌和舌骨器悬带(图 8-42 至图 8-44 和图 8-47)。

咽可分为 3 部分:

- 鼻咽部(pars nasalis pharyngis)
- 口咽部(pars oralis pharyngis)
- 喉咽部(pars laryngea pharyngis)

软腭(palatum molle, velum palatinum)将咽前部分成背侧和腹侧两部分,软腭以上为**鼻咽部**(图 8-3 和图 8-47),软腭以下为口咽部。这两部分在咽内口(ostium intrapharyngeum)汇合,咽内口由**软腭**的游离缘(arcus veli palatini)和**咽腭弓**围成,咽腭弓向后将软腭与相邻结构连接起来。

鼻咽部和口咽部向后共同延伸为**喉咽部**。

鼻咽部在软腭背侧自鼻后孔延伸至咽内口,衬有呼吸性黏膜,不参与吞咽过程,但形成气流通道(图 8-47)。在有蹄类动物中,鼻咽部向后背侧延伸,形成咽隐窝。在猪体内为一个黏膜隐窝盲端,称为咽憩室,起于食道入口背侧咽壁。

咽峡从口腔向咽内口延伸至软腭腹侧(图 8-47),背侧以软腭为界,腹侧为舌根,外侧为腭舌弓。腭舌弓为一对从软腭到相邻组织的黏膜褶皱,口腔黏膜内衬复层扁平上皮。

喉咽部从咽内口延伸至食管和喉的入口(图 8-47)。会厌软骨突出到喉咽部,两侧都有一个梨状隐窝,临时贮存液体。喉咽部的后部,止于食管入口处,称为咽的食管部。犬的咽-食管连接处有一个明显的**环状黏膜界线**(咽-食管阈,limen pharyngo-oesophageum)。下面几个开口与咽相通:

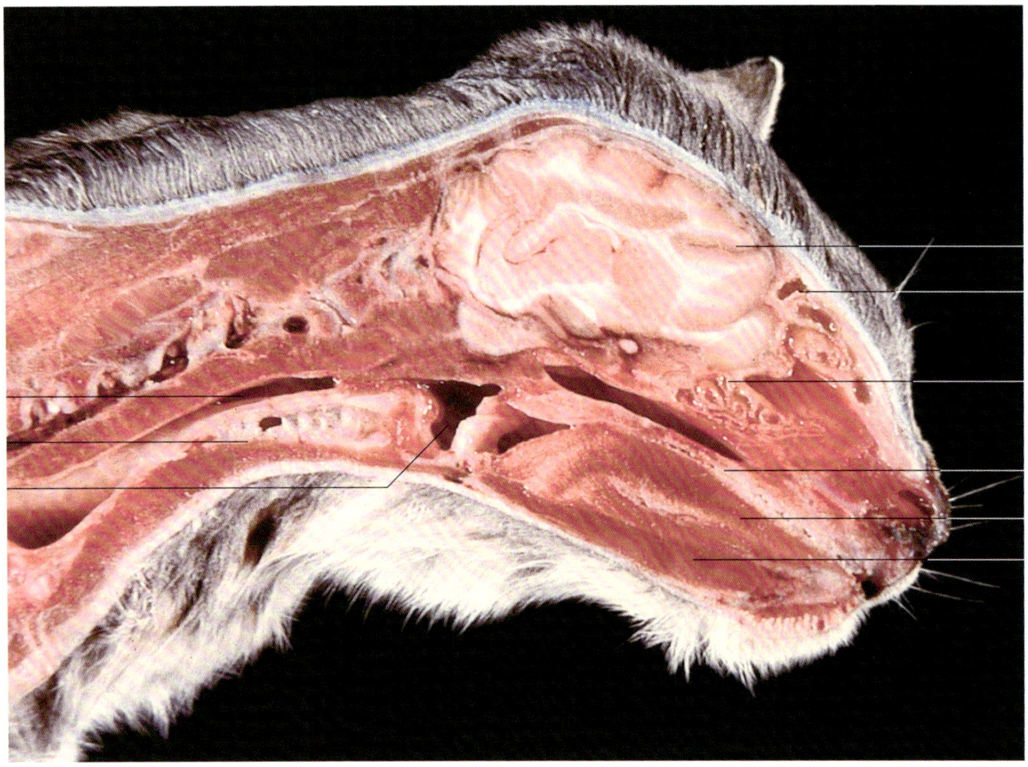

图 8-42 猫头颈部的旁矢状切面

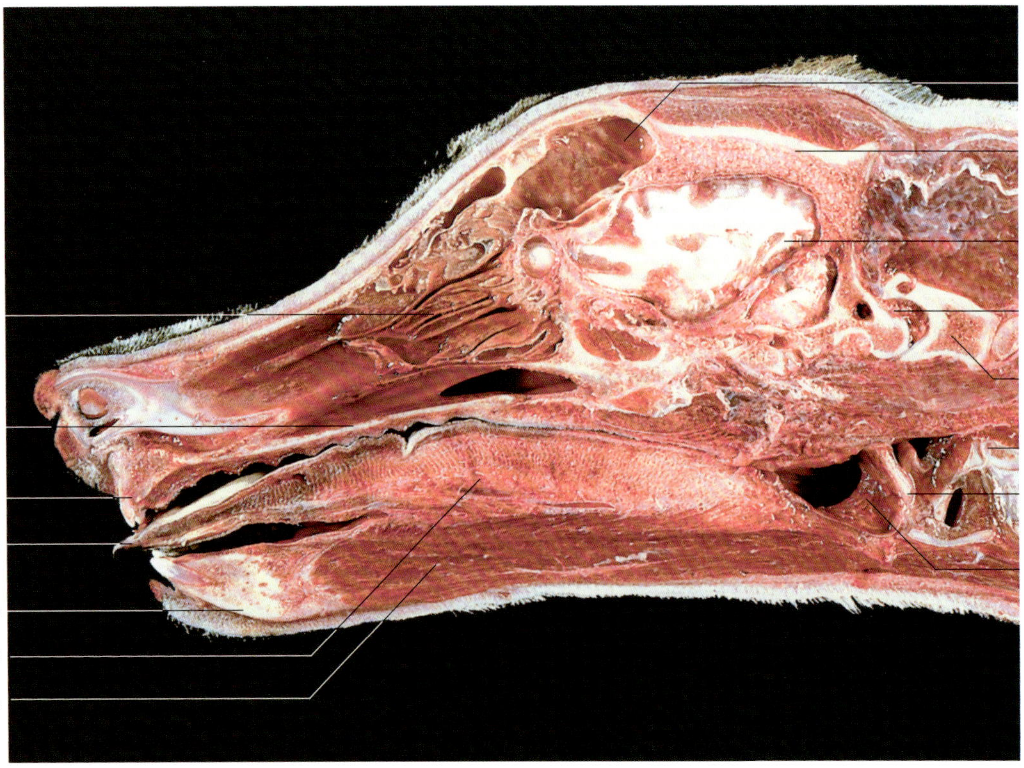

图 8-43 犬头颈部的旁矢状切面

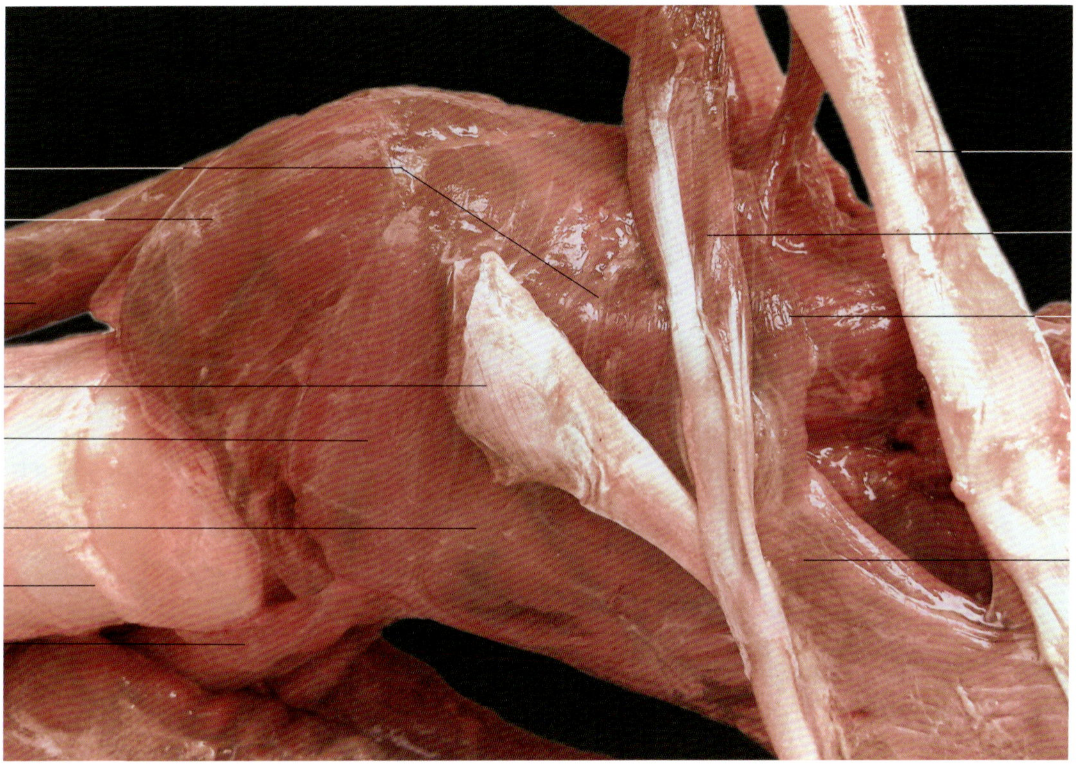

图 8-44 马咽部外侧肌（外侧面）（维也纳 R. Macher 博士提供）

- 鼻腔和鼻咽部之间的一对鼻后孔
- 口腔和口咽部之间的咽峡（isthmus faucium）
- 鼻咽部和中耳相通的咽鼓管口（Eustachian）
- 喉口（aditus laryngis）
- 食管入口（aditus oesophageus）

咽壁由横纹肌（**咽肌**）组成，根据其作用可分为 3 个肌群：缩咽肌、扩咽肌和短咽肌。缩咽肌起源于咽两侧，延伸至咽顶壁形成一系列的弓形结构，从背侧和外侧环绕咽。

咽缩肌可分为以下几种：

- **咽前缩肌**
  - 翼咽肌（mm. pterygopharyngei），起自翼骨
  - 腭咽肌（m. palatopharyngeus），起自软腭的腱膜
- **咽后缩肌**
  - 甲咽肌（m. thyropharyngeus），起自甲状软骨
  - 环咽肌（m. cricopharyngeus），起自环状软骨
- **咽中缩肌**
  - 舌骨咽肌（m. hyopharyngeus），起自舌骨

咽前缩肌有许多纵行纤维，有助于缩短咽。

与咽缩肌群不同，咽扩肌仅为单一肌肉：后茎突咽肌，起于舌骨并分散到咽壁。

吞咽（swallowing）

吞咽是指食团从口腔经咽部进入食管，并最终到达胃的过程，可以分为两个阶段。第一个阶段是咀嚼和推送食物进入咽，这个过程涉及舌对颚的波状运动，是由下颌闭合时，下颌舌骨肌、舌骨肌和茎突舌肌收缩引起的。第二阶段是食团抵达咽黏膜，启动吞咽反射。软腭向鼻咽部顶部提起，咽腭弓内的肌束收缩，从而关闭咽内口。舌提起，压住软腭，防止食物重新返回口腔。同时舌骨和喉部同时向前拉，会厌后移，挡住喉口。在该阶段，呼吸被抑制，食团通过会厌软骨，或者液体自其两侧流过。摄入的食物通过咽部的 3 种缩肌连续性收缩推送入食管。

咽的淋巴组织（扁桃体，tonsils）

咽壁包含大量的淋巴网状组织，这些组织聚集形成**淋巴小结**或称**扁桃体**。扁桃体由大量上皮下淋巴小结组成，被软组织被膜包围，仅有淋巴管输出。它们环绕咽部形成一个淋巴组织环，为呼吸系统和消化系统提供免疫屏障。咽部的扁桃体按位置可分为腭扁桃体、咽扁桃体、舌扁桃体、鼻后孔扁桃体和咽鼓管扁桃体（图 8-45 和图 8-46）。

舌扁桃体（tonsilla lingualis）位于舌根两侧，马和牛的尤其发达。

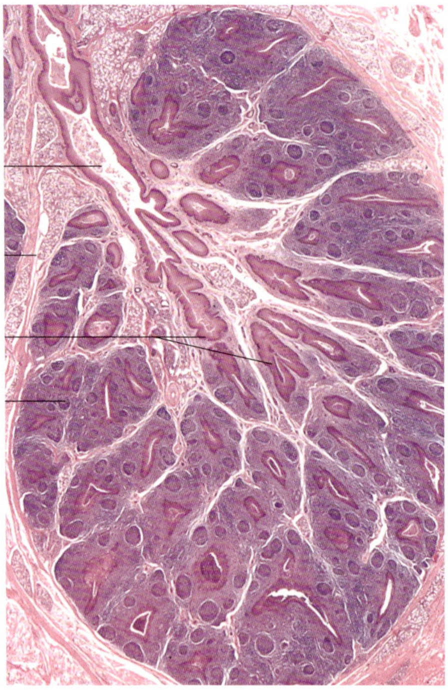

图 8-45 牛腭扁桃体组织学切片(H.-G. Liebich 教授提供,2010)

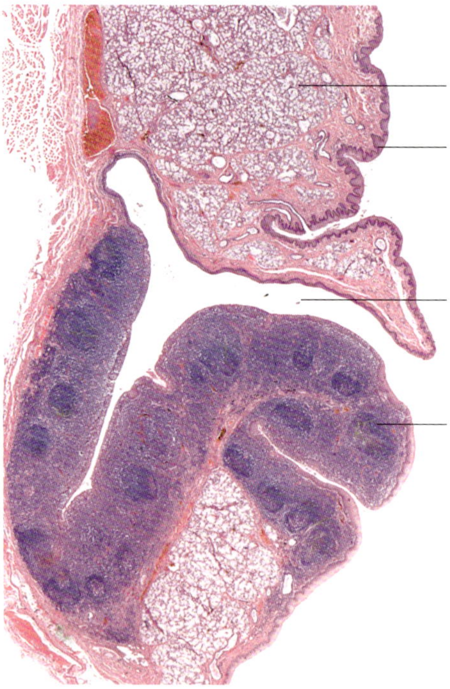

图 8-46 犬舌扁桃体组织学切片(H.-G. Liebich 教授提供,2010)

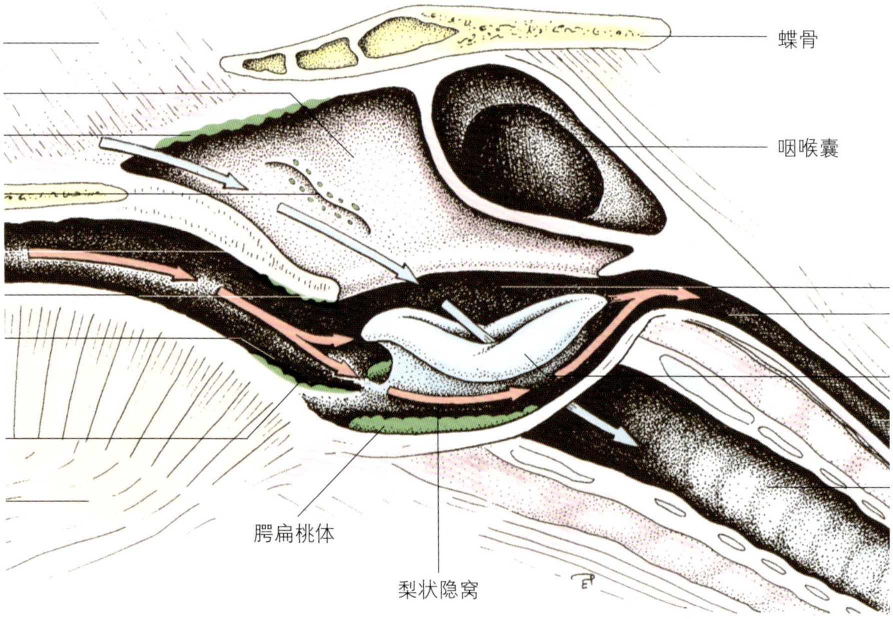

图 8-47 马咽淋巴组织,示鼻和口通道的交叉(示意图,纵切面)

腭扁桃体(tonsilla palatina)位于口咽部侧壁。食肉动物的腭扁桃体位于扁桃体窝内,扁桃体窝的内侧壁由软腭的镰状褶皱形成,即扁桃体褶。某些动物的腭扁桃体可通过外科手术摘除(**扁桃体切除术**)。猪没有该类腭扁桃体。另一种腭扁桃体位于软腭腹侧壁的黏膜内,马和猪的尤其发达。**咽扁桃体**位于鼻咽部顶壁。反刍动物和猪的**咽鼓管扁桃体**位于近咽鼓管口处。

8.1.8 舌骨肌

舌骨肌与舌肌、咽肌具有密切的功能关系。通过前后拉动喉运动而辅助吞咽。它可以分为**舌骨上肌群**和**舌骨下肌群**。

舌骨上肌群

舌骨上肌群由下列肌肉组成：

- 下颌舌骨肌（m. mylohyoideus）
- 颏舌骨肌（m. geniohyoideus）
- 茎突舌骨肌（m. stylohyoideus）
- 枕舌骨肌（m. occipitohyoideus）
- 角舌骨肌（m. ceratohyoideus）
- 舌骨横肌（m. hyoideus transversus）

下颌舌骨肌在皮下自下颌骨内侧面的下颌舌骨线延伸至正中嵴，与对侧下颌舌骨肌相接，并附着在舌骨体和舌突，起悬挂和提举舌的作用（图 8-13）。下颌舌骨肌受三叉神经下颌支的支配。

梭形的**颏舌骨肌**从下颌骨切齿部伸向下颌舌骨肌背侧，至舌骨体和舌突。它牵引舌骨，使舌和喉能向前移（图 8-13）。

茎突舌骨肌起源于茎突舌骨的后 1/3 处，而猫和犬起源于颞骨。该肌止于甲状舌骨，能够向后背侧牵引舌骨和喉。马的止肌腱形成悬韧带，二腹肌中间腱从中穿过。

枕舌骨肌是一扁肌，起于枕骨的髁旁突，止于茎突舌骨后端。它向腹侧牵引茎突舌骨前端和喉。

角舌骨肌是一薄的三角形肌，起于甲状舌骨的前缘，止于角舌骨的后缘。它可以牵拉甲状舌骨，并向前背侧牵动喉头。

舌骨横肌起于角舌骨，并在不太明显的正中嵴内与对侧舌骨汇合。此肌非常小，犬、猫和猪都缺少。除下颌舌骨肌外，舌骨上肌均分布有第 1、第 2 颈神经和舌下神经的腹侧支。

舌骨下肌群

舌骨下肌群可视为头腹直肌向前的延续，在第 3 章“头、颈和躯干的筋膜和肌肉”（107 页）中有详细叙述。舌骨下肌群包含 3 对肌肉：

- 胸骨舌骨肌（m. sternohyoideus）
- 胸骨甲状肌（m. sternothyroideus）
- 肩胛舌骨肌（m. omohyoideus）。

胸骨舌骨肌是一块大的带状肌肉，起于胸骨柄和第一肋骨（食肉动物），止于舌骨体，在颈正中线与对侧肌肉汇合，沿气管腹侧面向前延伸，后半部与胸骨甲状肌融合。

胸骨甲状肌在颈中部与胸骨舌骨肌分开，止于喉的甲状软骨。吞咽时，这两块肌肉向后牵动舌骨、喉和舌。

马的**肩胛舌骨肌**最发达，而食肉动物没有。马的肩胛舌骨肌起于靠近肩关节的肩胛下筋膜，而反刍动物的肩胛舌骨肌起于颈深筋膜，止于舌骨体。马的肩胛舌骨肌在颈中部与对侧肌肉汇合，与胸骨舌骨肌一起止于舌骨的舌突。在颈的前半部，它位于颈外静脉和颈总动脉之间，因此在静脉注射时为颈总动脉提供一些保护作用。

舌骨上部肌肉通过向后牵拉舌骨、舌和喉来扩张咽部。如果通过抬高头颈部进行口服给药，这些肌肉会绷紧，不能完成吞咽，药物可能会进入气管或鼻腔。这些肌肉也受前两对颈神经腹侧支的支配。

8.2 消化道的前段（食管和胃）

8.2.1 食管

食管或食道是咽和胃之间的管道，起于咽环状软骨的背侧，止于胃的贲门。起始处位于气管左侧，胸腔入口处位于气管左外侧。

食管在胸腔内位于气管背侧，延伸到纵隔内，越过气管分叉处及心基。而后在升主动脉的腹侧向后继续延伸，向背侧轻微倾斜，穿过膈的食管裂孔进入腹腔，两侧伴随背、腹侧的迷走神经干，越过肝脏的背侧缘上方，与胃的贲门相连。

食管经过颈的大部分、胸的全部，并在末端到达腹部，可分为颈、胸和腹 3 段。反刍动物和马的食管管腔在胸廓入口和膈的食管裂孔处变窄，这类动物易在此处发生梗阻。食肉动物则相反，在进入腹部前食管变得粗大。

食管的结构

食管的结构与消化道其他部分的结构基本一致。

食管有 4 层（图 8-48），分别是（从内到外）：

- **黏膜**（tunica mucosa）
  - 黏膜上皮（epithelium mucosae）
  - 黏膜固有层（lamina propria mucosae）
  - 黏膜肌层（lamina muscularis mucosae）
- **黏膜下层**（tela submucosa）
- **肌层**（tunica muscularis）
  - 环行肌层（stratum circulare）
  - 纵行肌层（stratum longitudinale）
- **外膜**（tunica adventitia），在颈段；**浆膜**（tunica serosa），在胸段（pleura）和**腹段**（peritoneum）

黏膜浅层由薄的角质化的复层扁平上皮组成，角质化程度随食物的粗糙度而异。黏膜下层将黏膜与肌层松散地连接在一起，因此当食管收缩时，黏膜会形成纵褶。利用放射线造影术和内窥镜检查，可以观察到这些褶皱。犬的黏

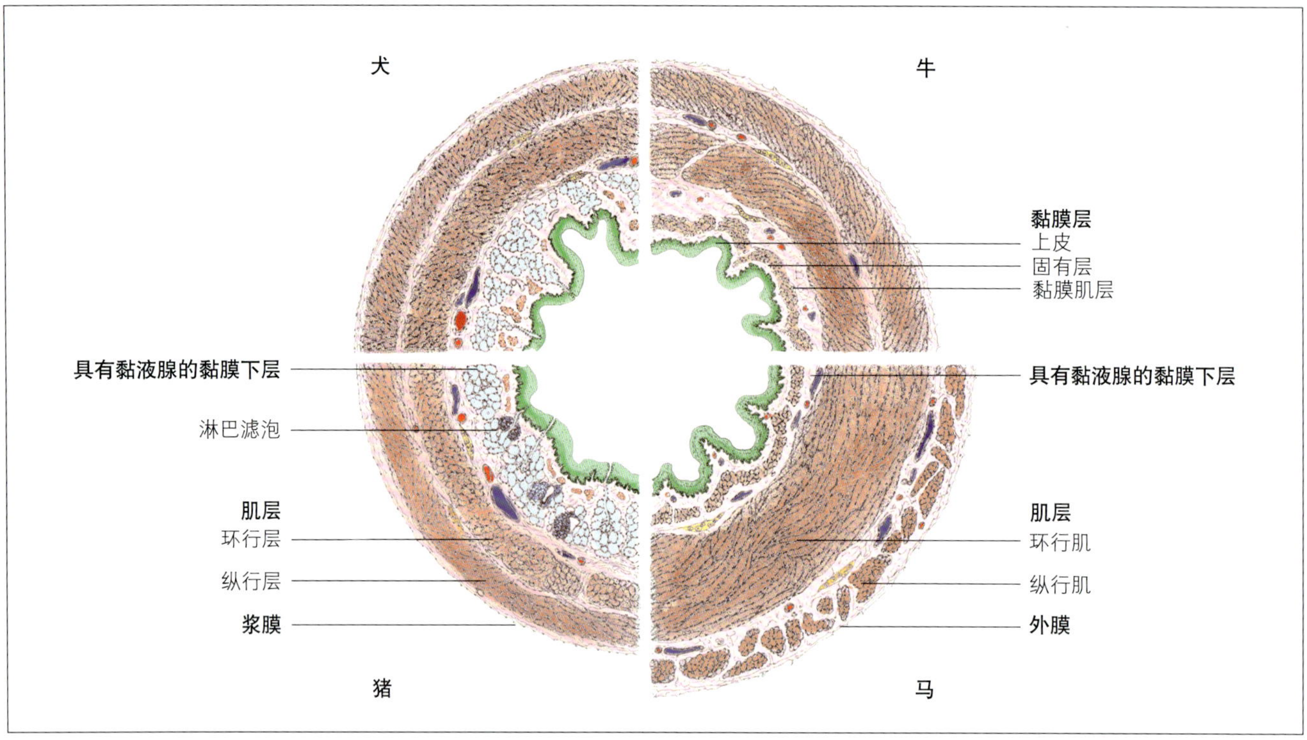

图 8-48 犬、猪、牛和马的食管横断面(示意图)

膜下层全部含黏液性腺,猪仅在食管前半部,其他家畜仅在食管起始处含黏液性腺。

肌层包括外纵行肌层和内环形肌层 2 层。在食管颈段这 2 层相互交错形成螺旋形,向后逐渐移行至胃端则变成外纵行和内环行 2 层。

反刍动物和犬的食管肌层全部是横纹肌,猪的食管后部大部分是平滑肌,马和猫的食管的前 2/3 是横纹肌,后 1/3 是平滑肌。

在食管连接胃处,**肌层**形成贲门括约肌(m. sphincter cardiae),肌层的连续收缩产生蠕动波,将食物从食管推入胃。逆蠕动收缩对于反刍动物的嗳气和其他家畜的呕吐非常重要。

食管颈段的外层为外膜,由疏松结缔组织构成,以可移动的方式将食管与相邻组织连接起来。在胸腹部的外膜被浆膜所取代(组织学教材中有更详细的描述)。

食管受交感神经和迷走神经的支配。

食管的淋巴引流入颈深淋巴结(lymphonodi cervicales profundi)和纵隔淋巴结(lymphonodi mediastinales)。

8.2.2 胃(gaster,ventriculus)

胃位于食管和小肠之间。在家畜中,胃的类型和胃黏膜的分布有很大差异。根据胃的组成,可将其分为只有一室的单室胃和有多个室的多室胃(图 8-49)。

腺胃的黏膜层有腺体,黏膜上皮为单层柱状上皮。多室胃的黏膜层有的有腺体,有的没有腺体,衬有复层扁平上皮。

猫和犬为单室腺胃。马和猪为单室混合胃,其胃黏膜大部分有腺体,小部分没有腺体。反刍动物为多室混合胃,由 4 个室组成,其中的 3 个胃(瘤胃、网胃、瓣胃)没有腺体,1 个胃(皱胃)有腺体。

单胃

单室胃是消化道的囊状膨大(图 8-49、图 8-55 和图 8-56)。胃的主要部分是:

- 贲门(pars cardiaca)
- 胃底(fundus ventriculi)
- 胃体(corpus ventriculi)
- 幽门(pars pylorica)

单室胃有脏面和壁面,以及胃大弯和胃小弯。

胃的入口称为**贲门**,出口称为**幽门**,两者都由括约肌控制。贲门连接食管和胃,位于腹部正中面的右侧;幽门一直延伸到十二指肠,位置偏左侧。胃的形状和位置依赖于胃的充盈程度。

胃体位于胃的中部,是胃最大的部分,从左侧胃底延伸到右侧幽门。**幽门**可分为膨大的**幽门窦**(antrum pyloricum)和通向十二指肠的**幽门管**(canalis pyloricus)。胃底是胃体和贲门上的**大盲囊**。马有较大的**胃盲囊**(saccus caecus),猪的则形成**胃憩室**。

胃的**壁面**(facies parietalis)与膈和肝相对,而**脏面**(facies visceralis)与后面的腹腔器官相邻。

胃大弯(curvatura ventriculi major)是胃的凸面腹侧缘,

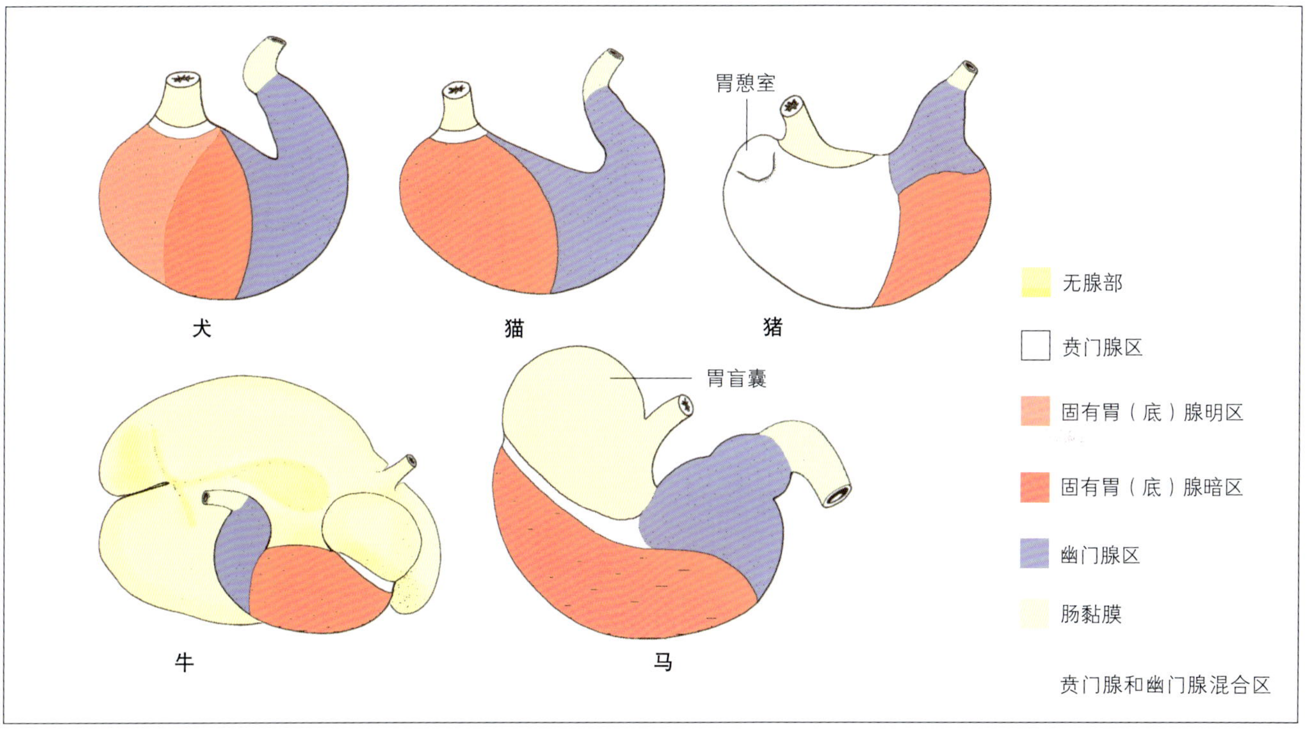

图 8-49 家畜胃黏膜的分布（示意图）

从贲门延伸到幽门，大网膜附着在其上。**胃小弯**是胃的凹陷背侧缘，也是从贲门延伸到幽门（图 8-54 和图 8-57），通过小网膜与肝脏相连。胃小弯不是平缓的凹弯，有明显的**角切迹**（incisura angularis）。一些动物，尤其是猫，角切迹相当明显，可能会增加胃镜检查的困难。

胃壁的结构

胃壁的总体结构与食管相似，从内到外由以下几层组成：

- 黏膜（tunica mucosa）
- 黏膜下层（tela submucosa）
- 肌层（tunica muscularis）
- 腹膜（浆膜脏层，serosa seu lamina visceralis）

黏膜在食管与胃连接的地方为无腺部，而胃的其余部分为有腺部。无腺部的黏膜呈白色，呈轻微皱褶；其上皮为角质化的复层扁平上皮。马的无腺部和腺部交汇处有一个明显的隆起，即**褶缘**（margo plicatus）（图 8-60）。**腺部黏膜**形成皱襞，并有大量的沟和凹，后者只有在显微镜下才能观察到（胃小凹，foveolae gastricae）。根据**胃腺**（glandulae gastricae）不同类型的分布，可将胃分为 3 个不同的区域（图 8-49）：

- 贲门腺区（glandulae cardiacae）
- 胃固有（底）腺区（glandulae cardiacae）
- 幽门腺区（glandulae pyloricae）

大多数动物的**贲门腺区**是围绕贲门的窄区，而猪的贲门腺区却十分宽广（图 8-49 和图 8-50）。

幽门腺区（图 8-49 和图 8-52）位于胃的幽门部黏膜。**胃底腺（固有胃腺）**（图 8-49 和图 8-51）则位于胃底和胃体间。

各种胃腺的本质区别在于所产生的分泌液不同：贲门腺和幽门腺的主要功能是产生黏液，衬于黏膜内表面，为胃黏膜提供对胃液的保护性屏障，并能缓冲酸性胃液。

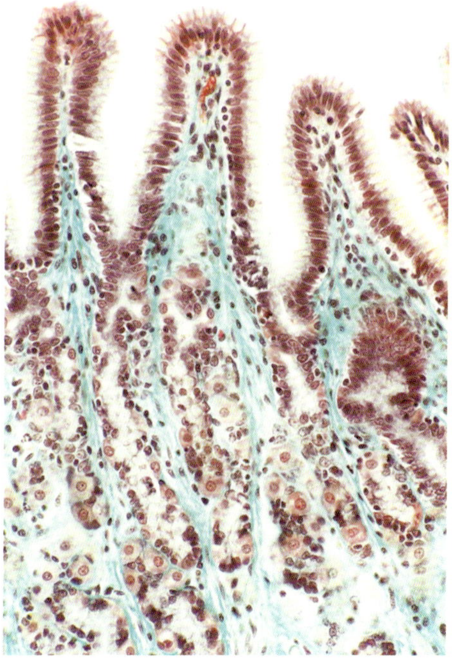

图 8-50 犬胃贲门腺区切片，示固有层的贲门腺和胃小凹

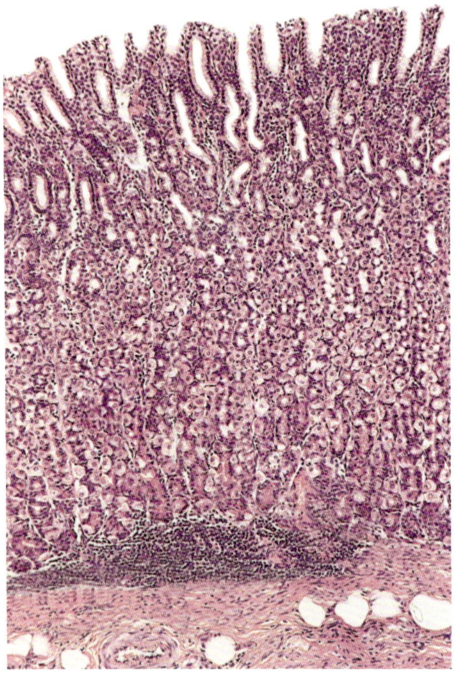

图 8-51 犬胃底腺区切片，示胃固有层内长的管状固有胃腺

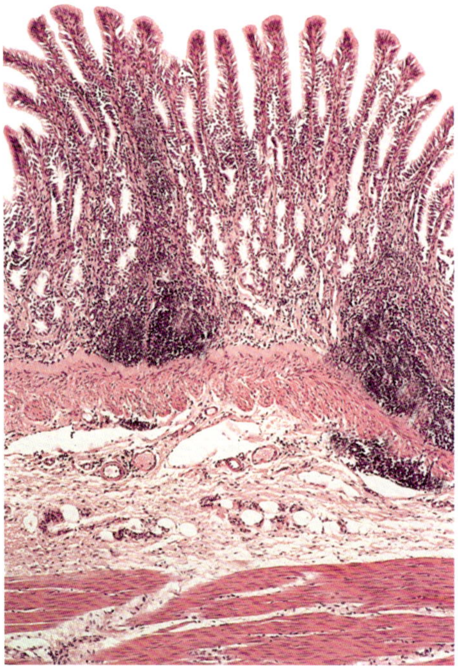

图 8-52 犬胃幽门腺区切片，示固有层的幽门腺

固有腺区（胃底腺区）内有 3 种不同类型的细胞。位于腺体颈部的**颈细胞**可以分泌黏液，并可作为储备细胞替代表面的上皮细胞。**主细胞**分泌胃蛋白酶原，即胃蛋白酶的前体。**壁细胞**是氯离子和氢离子的来源，也是回肠再吸收维生素 B_{12} 所必需的内因子的产生场所（组织学和生理学教材中有更详细的描述）。

黏膜下层为薄而坚实的蜂窝组织，丛状黏膜肌层将其与黏膜固有层分离。黏膜下层分布有胃动脉、胃静脉、神经、脂肪、淋巴组织、胶原纤维和弹性纤维。空腹时弹性纤维促使黏膜下层形成皱襞，这些皱襞大多是纵向的，当胃膨胀时皱襞消失。

胃的黏膜**肌层**在胃酸与食物混合以及推动食物进入小肠中发挥着重要作用，其结构随胃的部位不同而变化。黏膜肌层实质上包含两层平滑肌：

- 内环肌层（stratum circulare）
  - 贲门括约肌（m. sphincter cardiae）
  - 幽门括约肌（m. sphincter pylori）
- 外纵肌层（stratum longitudinale）
  - 纵行纤维（fibrae longitudinales）
  - 外斜行纤维（fibrae oblique externae）
  - 内斜行纤维（fibrae obliquae internae）

外纵肌层是食管和十二指肠的外纵肌层的延续（图 8-53），并集中在胃大弯处。

内环肌层比纵肌层更完整，在贲门口处逐渐变厚形成**贲门括约肌**。包围着幽门管处的环肌层较发达，尤其是猪，

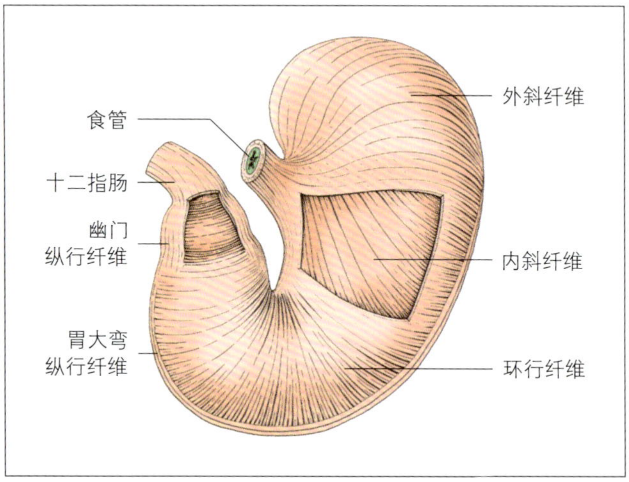

图 8-53 马胃的肌层，示不同肌层（示意图）。仿 Schaller（1992）

凸入管腔形成**幽门圆枕**。幽门附近也由环肌层包围，形成**幽门括约肌**（图 8-61）。最内层的斜形纤维虽然没有形成一个完整的层（图 8-53），但弥补了环肌层的缺陷。特别是马的贲门由结实的弓形束环绕，这也是马不易呕吐的原因之一。

浆膜脏层（serosa seu lamina visceralis peritonei）覆盖整个胃，附着在除胃弯以外的肌层，胃弯处的浆膜延续至网膜。大小网膜为特化的**连接性浆膜**（serosa intermedia），由从胃延伸到**浆膜壁层**（lamina parietalis peritonei）的双层浆膜褶组成。

总结

不同种属动物的单胃特点

- **犬**：排空后或部分充盈的胃呈“C”形，其凸面朝后腹侧和左侧（图 8-49、图 8-57 和图 8-58）。漏斗状的贲门口很宽，这与犬易呕吐有关。胃扭转的发病率较高，尤其是在大型品种的犬中更高。无腺部和贲门腺局限于食管入口周围的环形区域（图 8-49）。
- **猫**：亦呈“C”形，但与犬相比，胃腔更窄（图 8-54），角切迹相对较深。胃腺的分布与犬相似（图 8-49）。
- **猪**：猪胃的特点是底部有胃憩室。黏膜无腺部围绕贲门口，一小部分并延伸至胃憩室内。胃憩室黏膜的大部分有腺体分布。贲门腺区部相对较大（图 8-49 和图 8-59）。幽门有肉状隆起，称为幽门圆枕。
- **马**：与其他物种相比，马的胃相对较小，容量在 5～15 L，通过鼻胃管给药时必须考虑到药液的用量，以避免胃过度扩张。胃底扩展形成胃盲囊。黏膜面由明显的褶缘将胃分成较大的无腺部和有腺部（图 8-49、图 8-60 和图 8-61），无腺部占据胃底和胃体的一部分。有些马的无腺部明显有马胃蝇的幼虫寄生形成的瘢痕。人们认为发育良好的贲门括约肌和斜行的食管入口是马不会呕吐的原因。然而，虽然呕吐和反胃非常少见，但也有可能发生。

血液供给和神经分布

单胃的血液主要来自**腹腔动脉**（a. coeliaca）的 3 条主要分支供给（图 8-62、图 13-21 和图 13-22）：

- **胃左动脉**（a. gastrica sinistra）
- **肝动脉**（a. hepatica）
  - 胃右动脉（a. gastrica dextra）
  - 胃网膜右动脉（a. gastroepiploica dextra）
- **脾动脉**（a. lienalis）
  - 胃网膜左动脉（a. gastroepiploica sinistra）

胃左、右动脉沿胃小弯延伸，胃网膜左、右动脉沿胃大弯延伸。因此，这两个胃弯处血液供应充足，而在壁面和脏面中部血液供给则较少。在进行胃切除术时应考虑到这一点。

胃左动脉是腹腔动脉的一个直接分支，是供给胃血液的最大动脉。到达胃小弯后分支从各个胃面进入胃内，并分布至胃的大部。它与胃右动脉和食管动脉形成吻合支。

肝动脉是腹腔动脉的第 2 个分支，为肝脏供给血液，也分出胃右动脉和胃网膜右动脉至胃。**脾动脉**是腹腔动脉的第 3 主支，供给脾脏血液，延续为胃网膜左动脉至胃大弯，在此处这些网膜动脉彼此形成吻合支。

除了这些动脉，还有两个或更多的分支（胃短动脉，aa. gastricae breves）从脾动脉末端分出，为一部分胃底供应血液。在进行脾脏切除术（splenectomy）时，为了防止对胃血液供应的影响，脾动脉不应完全结扎。由于胃动脉间的相互吻合，胃动脉与胃网膜动脉以及胃网膜动脉间相吻合，除了胃底左部外，整个胃形成胃周动脉环。

静脉的分布与动脉相似，最终与**门静脉**（v. portae）汇合进入肝脏。在**食管静脉**（v. oesophagea）和**胃左静脉**（v. gastrica sinistra）之间的吻合对门静脉-后腔静脉通路起分流作用。大量的动静脉吻合被认为与调节胃黏膜的血液供应有关：空腹时大部分血液从毛细血管床转移出来。

淋巴管非常丰富，特别是在黏膜下层，最终汇入数个胃淋巴结，分别引流一定部位的淋巴。

胃接受来自迷走神经干的**副交感神经纤维**和与动脉伴行的**交感神经纤维**支配。刺激迷走神经能够引起胃液分泌。

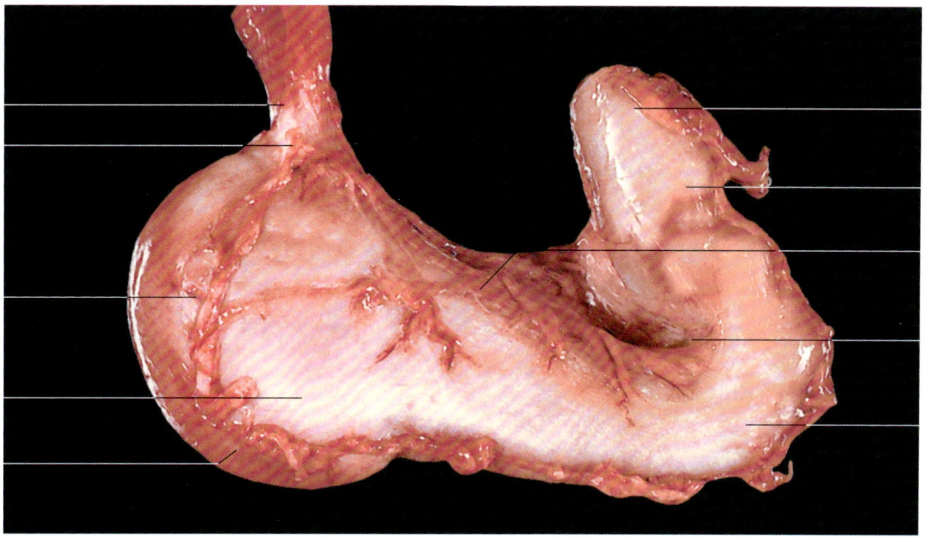

图 8-54 猫胃（后面观）

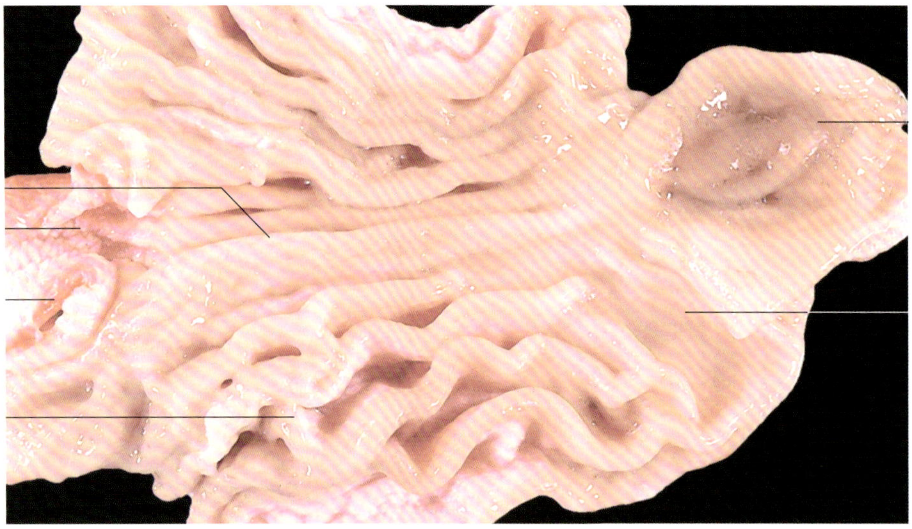

图 8-55　猫胃（内侧面）

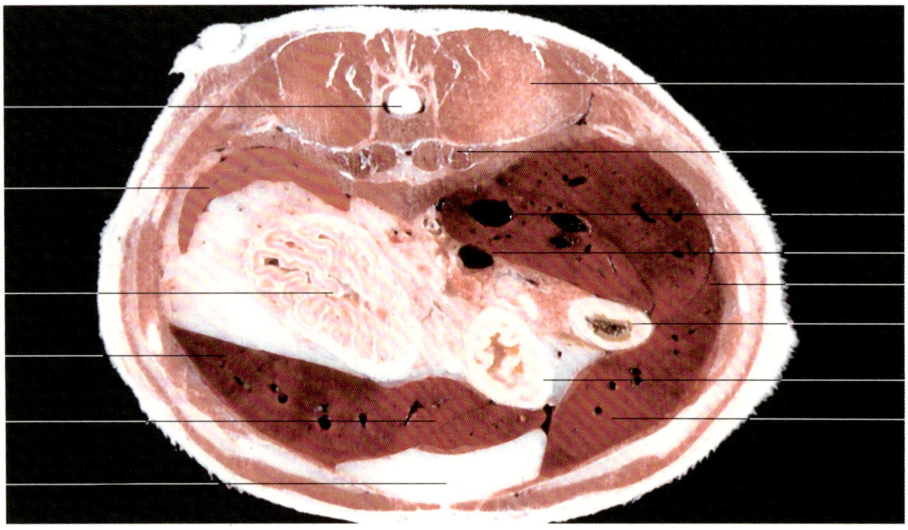

图 8-56　猫腹部在胃水平面处的横断面（后面观）

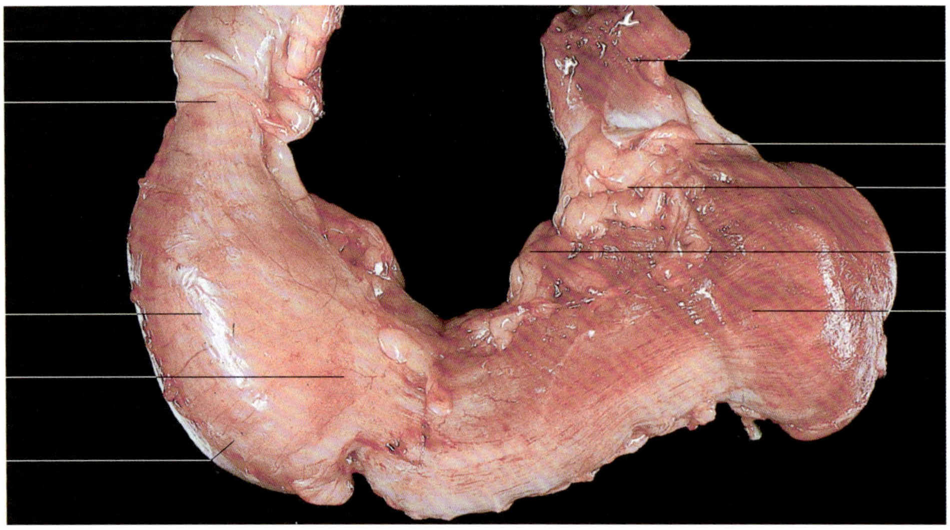

图 8-57　犬胃（后面观）

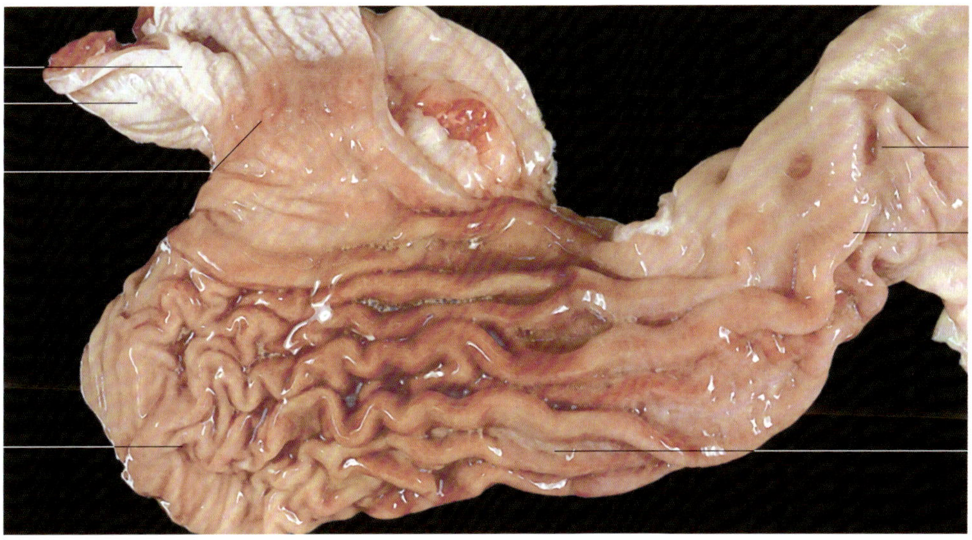

图 8-58 **犬胃(内侧面)**

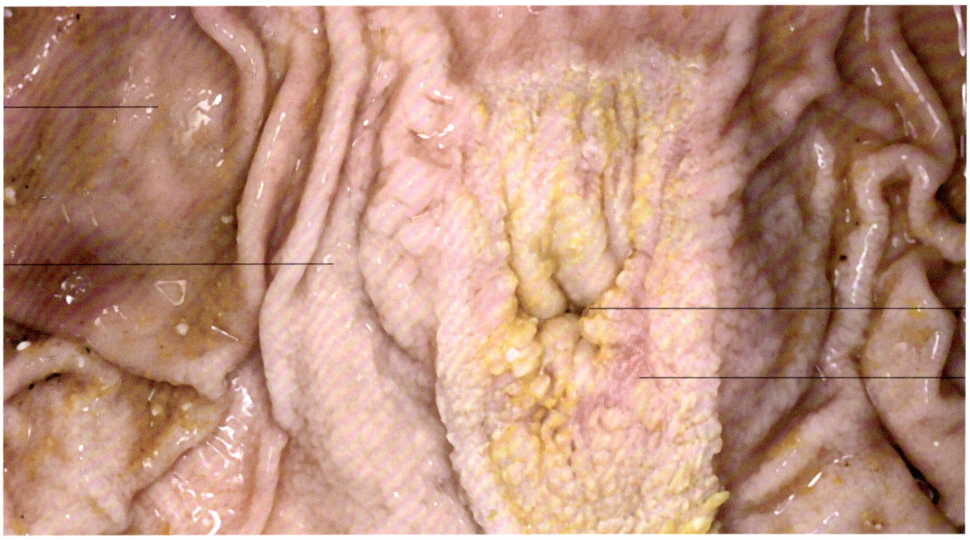

图 8-59 **猪胃(贲门区,内侧面)**

胃和网膜的位置

胃的位置与**大网膜**(omentum majus)和**小网膜**(omentum minus)的生长发育密切相关。系膜的特殊结构使胃与周围组织相连接,一般可以分为以下结构:

- **胃背侧系膜**
  - 大网膜(omentum majus)
    - 大网膜的囊状部分围成网膜囊
  - 胃膈韧带(ligamentum gastrophrenicum)
  - 膈脾韧带(ligamentum phrenicosplenicum)
  - 胃脾韧带(ligamentum gastrolienale)
  - 食肉动物的网膜缘(velum omentale)
  - 马的脾肾韧带(ligamentum splenorenale)
- **胃腹侧系膜**
  - 小网膜(omentum minus)
    - 肝胃韧带(ligamentum hepatogastricum)
    - 肝十二指肠韧带(ligamentum hepatoduodenale)
  - 镰状韧带(ligamentum falciforme)
  - 冠状韧带(ligamentum coronarium hepatis)
  - 右三角韧带(ligamentum triangulare dextrum)
  - 左三角韧带(ligamentum triangulare sinistrum)

大网膜起源于胃背侧系膜(mesogastrium dorsale),而**小网膜**来自胃腹侧系膜。除了网膜外,在与胃相邻的器官之间还有数个双层腹膜褶,也来自胃背侧系膜和腹侧系膜。

复胃

反刍动物的胃有 4 个**室**组成(图 8-65):

- 瘤胃
- 网胃
- 瓣胃
- 皱胃

瘤胃、网胃和瓣胃统称为**前胃**(proventriculus),**黏膜无腺体**。在微生物的作用下,负责酶解复合碳水化合物,尤其是反刍动物正常日粮中含量很高的纤维素,产生短链脂肪酸(丙酸盐、丁酸盐和乙酸盐)。

第 4 室是**皱胃**,与其他家畜的单胃一样,有黏膜腺。在兽医生理学和营养学的教材中可以找到关于不同胃室功能的详细描述。

4 个胃室都起源于胚胎期的**胃梭**,而不是起源于食管。由于前胃的黏膜无腺体,早期人们曾认为胃起源于食管。4 个胃室在早期胚胎中可依胃梭的扩张来区分,它们在胚胎发育过程中以不同的速度增大。出生时皱胃是**最大的胃**,因为其是唯一能够不通过前胃直接采食和消化乳汁的胃。

虽然犊牛皱胃的形状和结构与成年的相似,其容量已经达到成年皱胃的 60%,但出生后仍然需要数天时间其黏膜才能成熟并发挥正常功能。这段时间对保证出生后 24 h 之内摄入初乳抗体是非常重要的。大约 3 周后,当犊牛开始吃固体食物时,瘤胃和网胃开始快速生长,第 8 周时几乎与皱胃同等大小,第 12 周后体积是皱胃的 2 倍。同时胃的黏膜面发生变化:网胃的网格与瘤胃肉柱出现。在 3～12 月龄,各个胃的比例关系确定,具体时间取决于饲料配方。

胃的体积较大,几乎占据了**腹腔左半的全部**和右半的大部。瘤胃在**腹部的左半部分**,网胃在腹前部,瓣胃在腹部的右半部。

根据动物的大小,成年牛胃的总容量为 60～100 L,其中瘤胃占 80%。

瘤胃和网胃在结构和功能上非常密切,因此也被称为**瘤网胃**。这两个胃的分界标志是胃内面的**瘤网褶**(plica ruminoreticularis)。

瘤胃

瘤胃像一个左右压扁的大囊,几乎占据整个腹腔左侧,其后腹侧部越过正中平线而进入腹腔右侧(图 8-68)。前端伸至膈,后端至盆腔前口。瘤胃有**壁面**(facies parietalis)和**脏面**,壁面与膈、左侧腹壁和腹底壁相邻,脏面与肝、肠、瓣胃和皱胃接触。壁面和脏面在背弯处汇合,分别与腹腔顶和底壁相对。

根据瘤胃壁内面的**肉柱**(瘤胃柱,pilae ruminis)在胃表面的投射,瘤胃可以分为以下几个部分(图 8-65):

- 腹囊(saccus ventralis)和瘤胃隐窝(recessus ruminis)
- 背囊(saccus dorsalis)
- 前囊(saccus cranialis,瘤胃房,atrium ruminis)
- 后背盲囊(saccus caecus caudodorsalis)
- 后腹盲囊(saccus caecus caudoventralis)

这些部分在外表面能够看见,是因为这些肉柱与外表面相对处形成沟。**瘤胃主肉柱**(左右纵柱,pila longitudinalis dextra et sinistra)环绕整个瘤胃(图 8-70),将其分为背囊和腹囊,二者间以外表面明显的**左纵沟**和**右纵沟**(sulcus longitudinalis dexter et sinister)为界(图 8-65)。右纵柱(和相应的沟)分成**两个分支**(右副柱,pilae accessoriae dextrae),在瘤胃右壁围成的区域称为**瘤胃岛**(insula ruminis)(图 8-66)。左、右两条纵沟在前后分别通过深的**前沟**和**后沟**(sulcus cranialis et caudalis)连在一起。较小的冠状柱(背侧和腹侧冠状柱,pila coronaria dorsalis et ventralis)围成 2 个**后盲囊**,在瘤胃外表面对应处为可见的沟(背侧和腹侧冠状沟,sulcus coronarius dorsalis et ventralis)。

背囊最前部形成瘤胃**前囊**,又称为瘤胃**前庭**,有与网胃相通的宽大通道,食物由此从瘤胃进入网胃,反之也可返回瘤胃,因此在反刍中起着重要作用。

瘤胃与网胃以**瘤网褶**(plica ruminoreticularis)为界,与瘤网褶相对处的胃壁外表面也有相应的沟。瘤胃腹囊向前伸展形成**瘤胃隐窝**(图 8-67)。

在家养反刍动物中,4 个胃室间的相对比例各不相同。山羊和绵羊的背囊小于腹囊,后腹盲囊很大。

瘤胃的**无腺部黏膜**的浅层为复层扁平上皮,并形成瘤胃黏膜的特征性结构——乳头。瘤胃乳头是黏膜固有层和黏膜下层形成的软组织,一般认为它能使上皮表面积增加 7 倍之多。这对于通过微生物发酵产生的挥发性脂肪酸的再吸收,以及水、维生素 K 和维生素 B 的吸收是非常重要的。上皮下丰富的血管丛有利于这些功能的实现。

瘤胃肉柱的顶端或游离缘没有乳头。瘤胃乳头的形状和大小有很大的差异:有扁圆柱、圆锥、指状和叶状。乳头的高度、形状和密度的变化在很大程度上与动物的饲料配方有关。在奶牛的泌乳期,增加饲料中粗饲料的量会导致乳头变短。反之,增加饲料中的能量会使乳头变长,就像在奶牛哺乳期看到的那样。在野生反刍动物中观察到相似的现象,乳头的增殖和退化与季节变化有关(冬季与夏季,雨季与旱季)。

临床小知识

在临床上可以通过**直肠触诊**检查瘤胃背囊。对站立动物的瘤胃进行听诊和触诊是在牛的实践中最常见的操作之一，这两种诊断均在**左侧腰旁窝**(fossa paralumbalis)进行。在正常动物中，通常在5 min内检测到7～12次波状的瘤胃收缩。同时，左侧腰旁窝也是置入套管针治疗**瘤胃臌气**(瘤胃内气体的积累)的位置。

在同样的位置(左侧腰旁窝)放置瘘管，以提供检查瘤胃内容物的通道。

网胃

网胃的结构和功能与瘤胃密切相关，许多作者倾向于将两者合称为瘤网胃(图8-65、图8-71和图8-72)。球状的网胃比瘤胃小得多，位于瘤胃之前，与膈的后面相接触。网胃正好位于食管-胃交界处的腹侧，胸骨剑突的上方。由于这种位置关系，当网胃患病时可以应用外部触诊。牛是非选择性采食动物，经常会吃进异物，如饲料中的钉子或金属丝等。由于重力作用，这些异物易在网胃中沉积，且可能会由于网胃的收缩而穿入网胃壁(创伤性网胃炎或“铁器损伤疾病”)。这通常又转归为异物穿透膈后的化脓性心包炎或引起肝脏或其他邻近组织脓肿(图8-77)。

网胃黏膜无腺体，衬有与瘤胃黏膜相似的复层上皮。该黏膜有许多**嵴**(网胃嵴，crista reticuli)围成明显的蜂窝状结构，呈四边形、五边形和六边形的**小室**(网胃房，cellulae reticuli)(图8-64和图8-69)。这些嵴和网胃房底壁长有短的乳头。瘤胃网壁的平滑肌分为两层：外薄层和内厚层，两层的纤维或多或少互相垂直排列。瘤网胃有规律的神经收缩对内容物的混合和再分配，以及食物的反刍和再咀嚼起重要作用。

临床小知识

除了**固体饲料**外，具有高比重(单位体积质量)的**异物**也可能会进入网胃，而网胃网状皱襞(plica ruminoreticularis)的高度阻止了这种异物进入瘤胃。网状细胞的强烈收缩可能导致异物，特别是钉子等尖锐物体穿透网壁。大多数情况下，这些物体可通过横膈膜到达心包腔或心脏(图8-77)。

因此，由摄入的异物迁移引起的**创伤性心包炎**在牛中相对常见。如果怀疑有**网胃炎**或**创伤性心包炎**，则在剑突水平对腹壁施加压力以诱发疼痛反应，即可进行临床诊断。

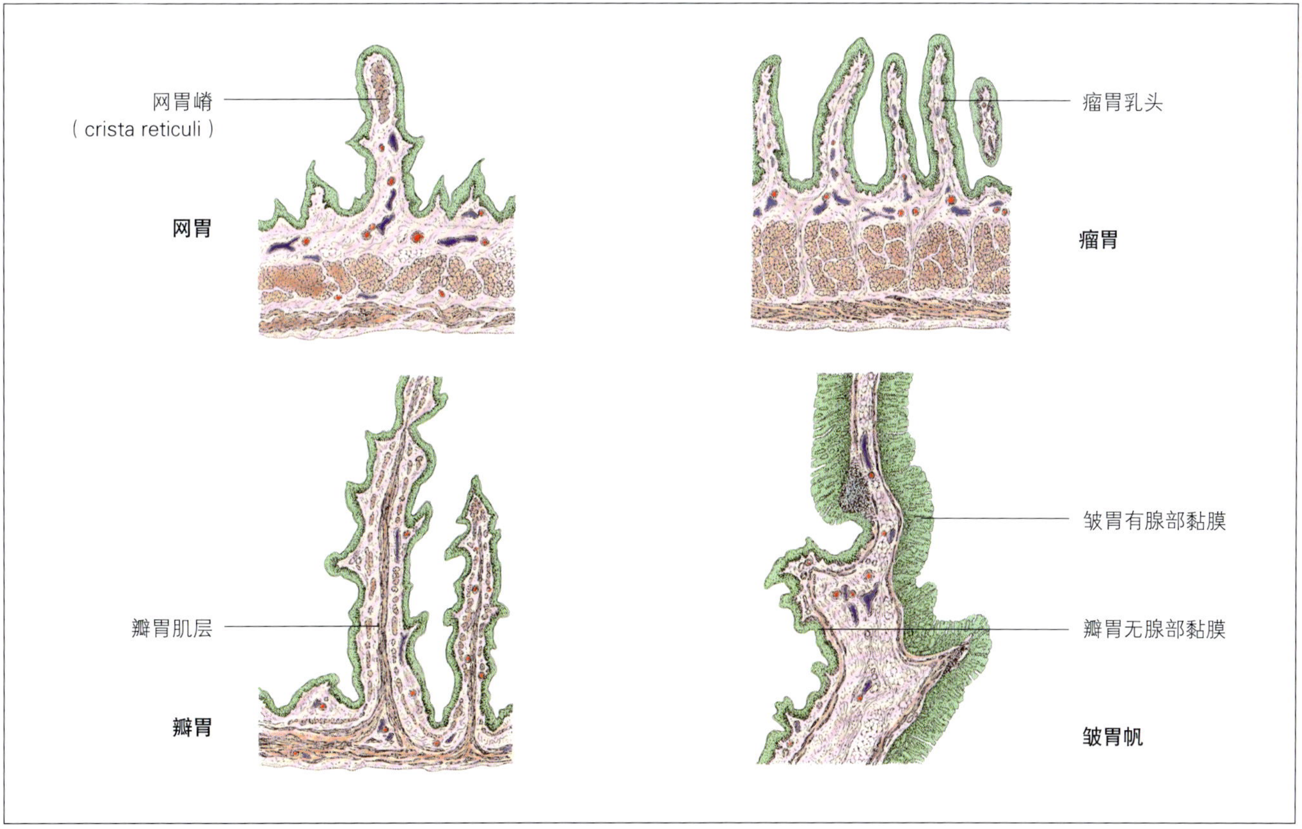

图8-64 牛胃各部分的胃壁(示意图)

瓣胃

瓣胃位于腹腔的胸内部，在瘤网胃的右侧（图 8-66）。牛的瓣胃呈两侧扁平的球状，山羊和绵羊的呈豆状。瓣胃通过**网瓣口**（ostium reticulo-omasicum）与网胃相通，通过椭圆形大的瓣皱口与皱胃相通。**瓣皱口**两侧的黏膜褶（vela abomasica）的关闭，可以防止食物从皱胃回流到瓣胃。

网瓣口和瓣皱口通过**瓣胃沟**（sulcus omasi）相连。瓣胃内侧面被大量平行的**瓣叶**（laminae omasi）占据，但在底壁的瓣胃沟之上留有形成瓣胃管的空隙。瓣叶起于瓣胃顶壁和侧壁，朝向底壁。半月形瓣叶的长度和大小不同，把瓣胃内腔分成许多叶间间隙（图 8-73 至图 8-75）。瓣叶由薄的肌层覆盖无腺体的黏膜组成，黏膜形成短的乳头。瓣胃的收缩有两方面的作用：一方面将瓣胃沟的食物推入叶间间隙，进行水分的再吸收；另一方面将干的内容物从叶间间隙排入皱胃。

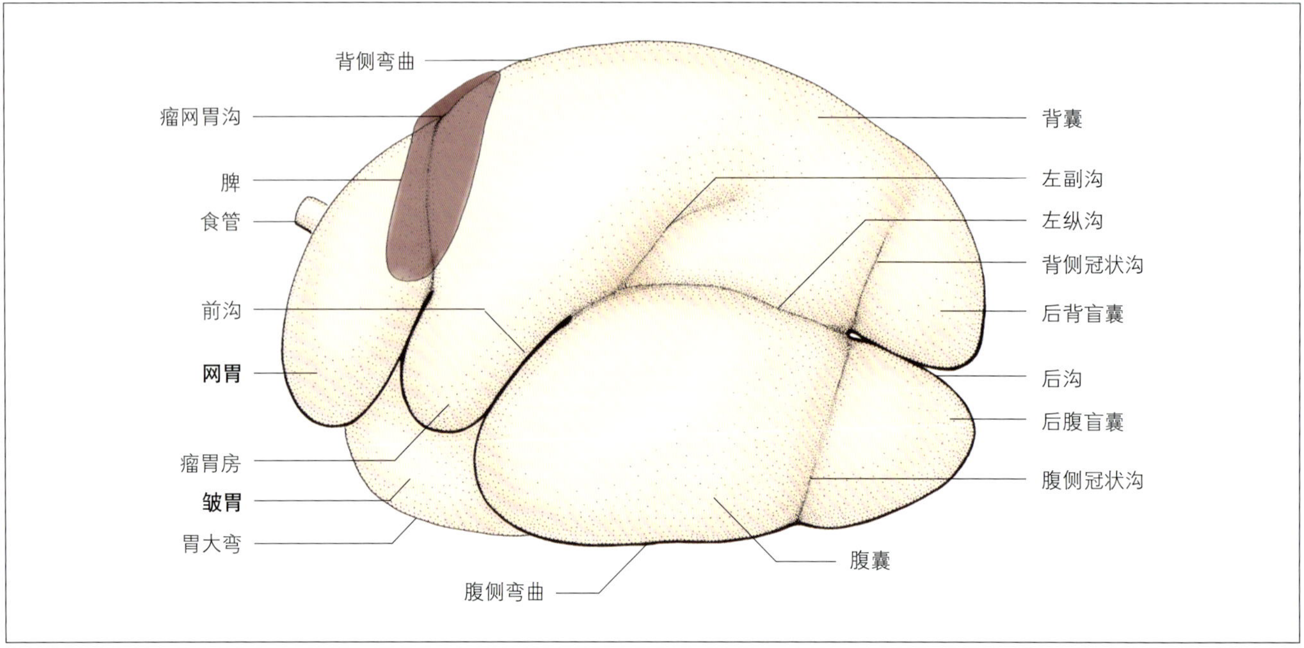

图 8-65　牛胃的组成（示意图，左侧面观）。仿 Schaller（1992）

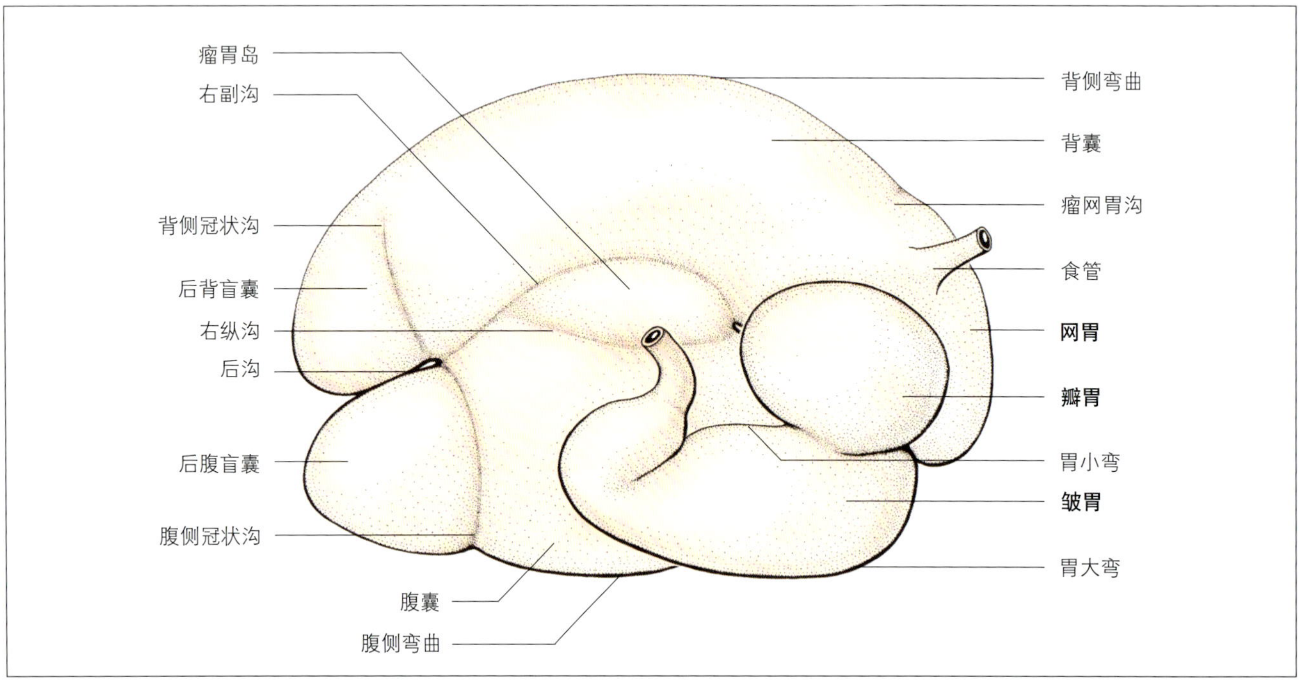

图 8-66　牛胃的组成（示意图，右侧面观）。仿 Schaller（1992）

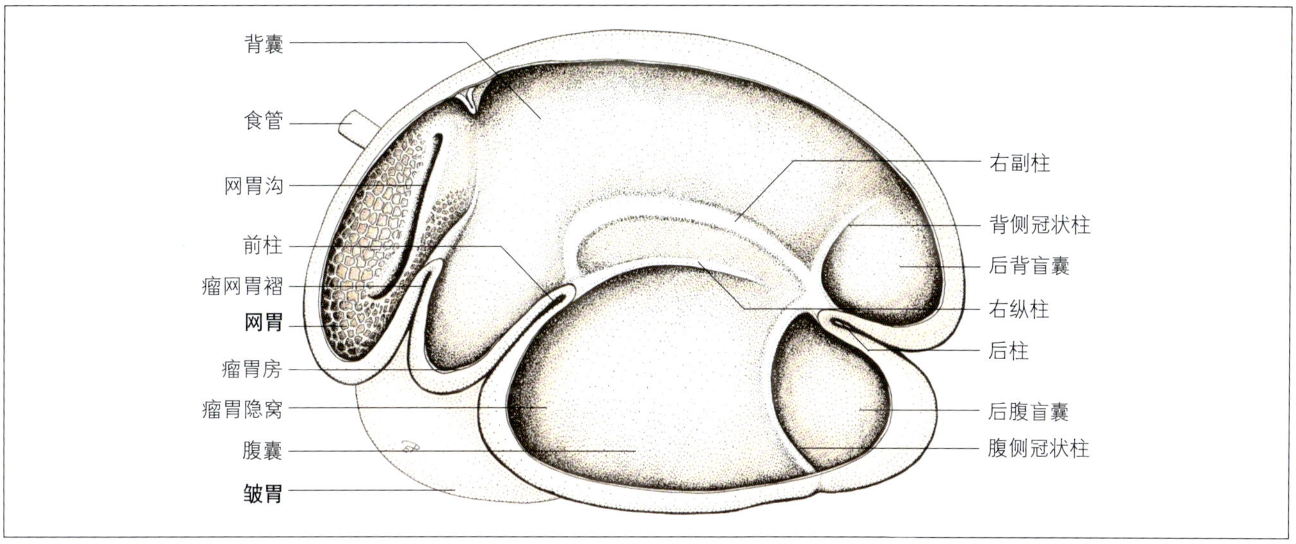

图 8-67 牛的瘤胃内侧面(示意图,左侧面观)。仿 Schaller(1992)

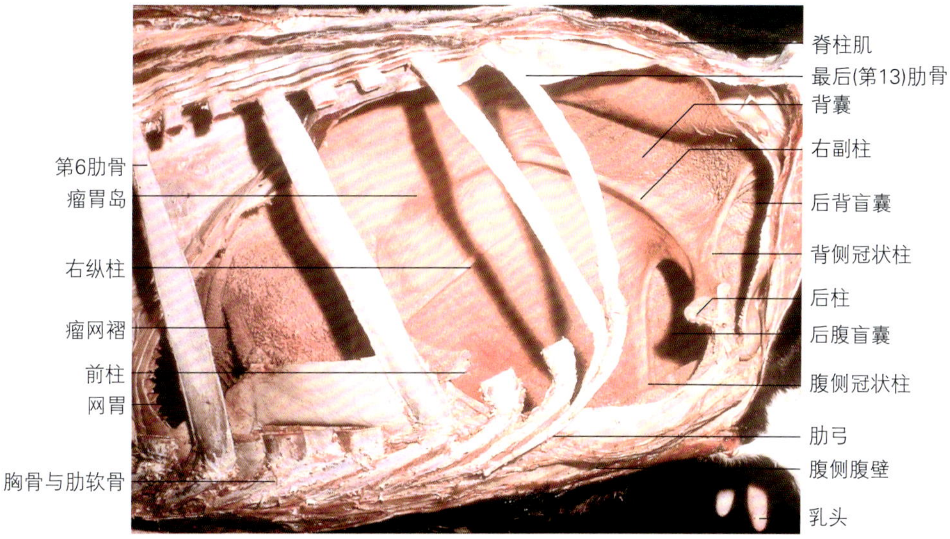

图 8-68 牛瘤胃的位置关系,除去部分体侧壁、数根肋骨和瘤胃侧壁(左侧面观)(Pavaux 博士提供,1983)

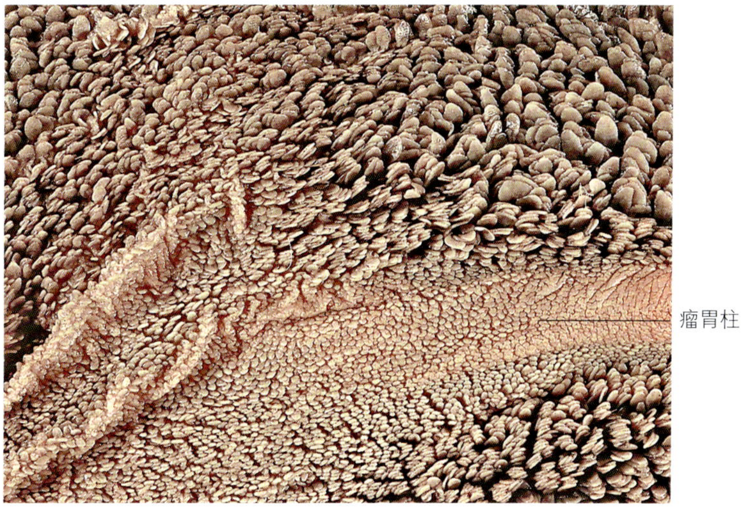

图 8-69 牛的瘤胃乳头(背侧面观)

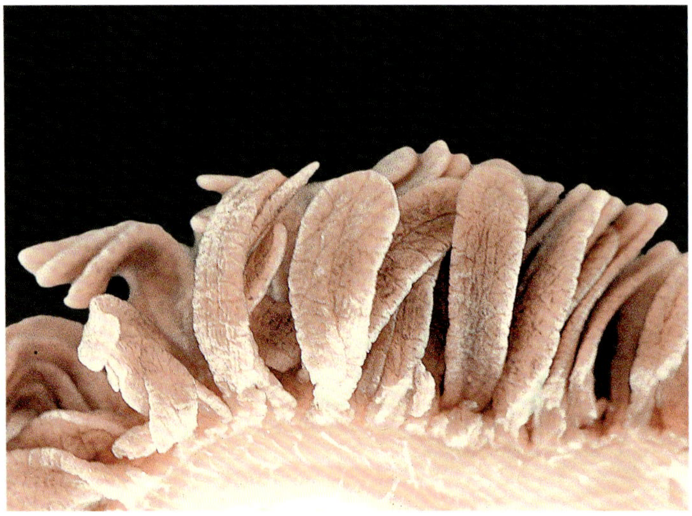

图 8-70 牛的瘤胃乳头（侧面观）

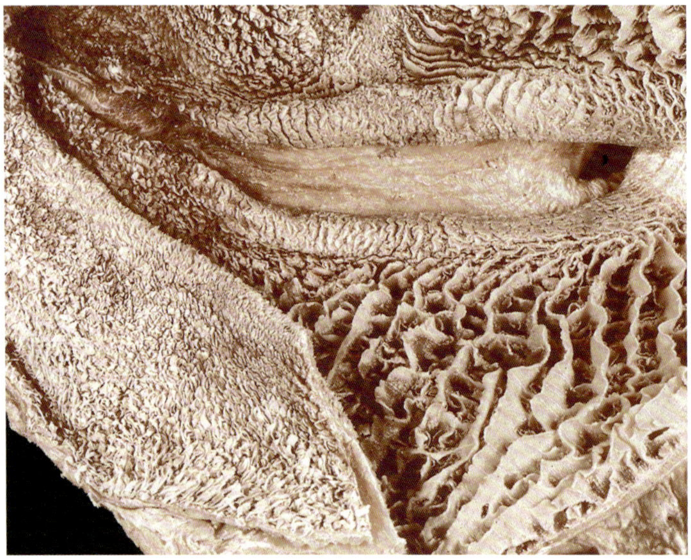

图 8-71 牛的开口于网胃和瓣胃的胃沟

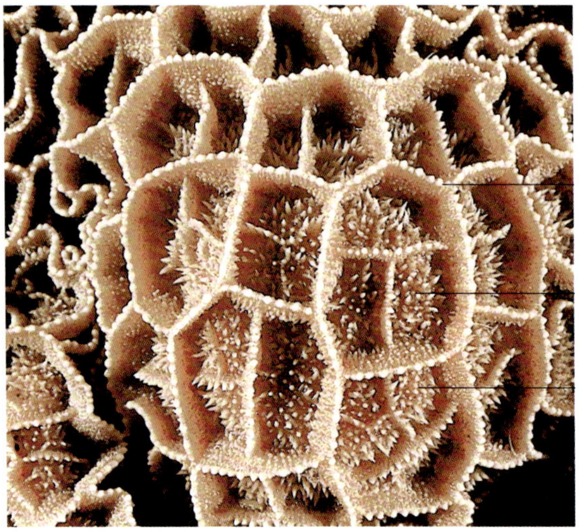

图 8-72 牛的网胃内侧面

图 8-73 牛的瓣胃

图 8-74 牛瓣胃切面

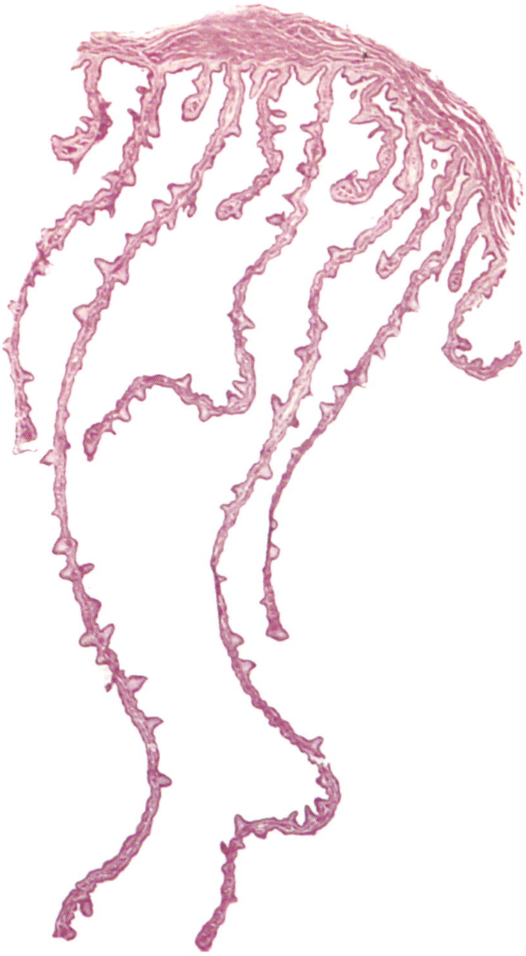

图 8-75 牛瓣胃组织学切片

不均衡的饮食会导致瓣胃阻塞，多数情况下这种病是致命的。尸检中的特征性病变是瓣胃坚硬，里面充满了干燥的内容物。

皱胃

皱胃相当于其他家畜的单胃（图 8-66、图 8-76 和图 8-77），也可以分为**胃底**、**胃体**和**幽门部**。皱胃的腹侧有胃大弯，背侧有胃小弯。它的黏膜内有腺体，包括**固有胃腺**和**幽门腺**。在哺乳期皱胃黏膜产生凝乳酶，这对于乳汁的消化至关重要。大的黏膜**皱襞**（plicae spirales）的存在使黏膜表面积增加。这些皱襞呈螺旋状，当胃扩张时也不会消失。肌层由外纵层和内环层组成。

皱胃的位置和相互关系相当多变，取决于前胃的填充程度及其功能活动。年龄和妊娠是影响其位置状况的另一因素。虽然皱胃的位置变化有一个正常范围，但超过这个范围后会导致消化系统紊乱，并可能危及生命。

临床小知识

皱胃移位在高产奶牛（如荷斯坦奶牛）中相对常见，严重病例中可以移位至左侧，即在腰旁窝腹侧听诊到皱胃。

胃沟（sulcus ventriculi）

胃沟包括瘤网胃的网胃沟、瓣胃的瓣胃沟和皱胃的皱胃沟。网胃沟从瘤胃和网胃结合部的食管到瓣胃（图 8-67和图 8-71），再延续为瓣胃沟到皱胃。胃沟两侧有螺旋状肌

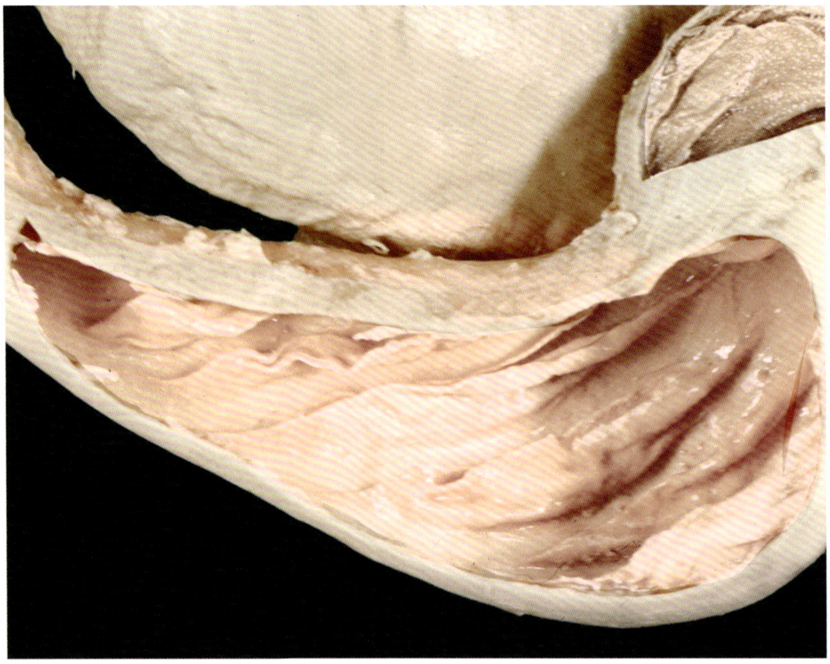

图 8-76 绵羊的皱胃内侧面及相邻的瘤胃、网胃和瓣胃

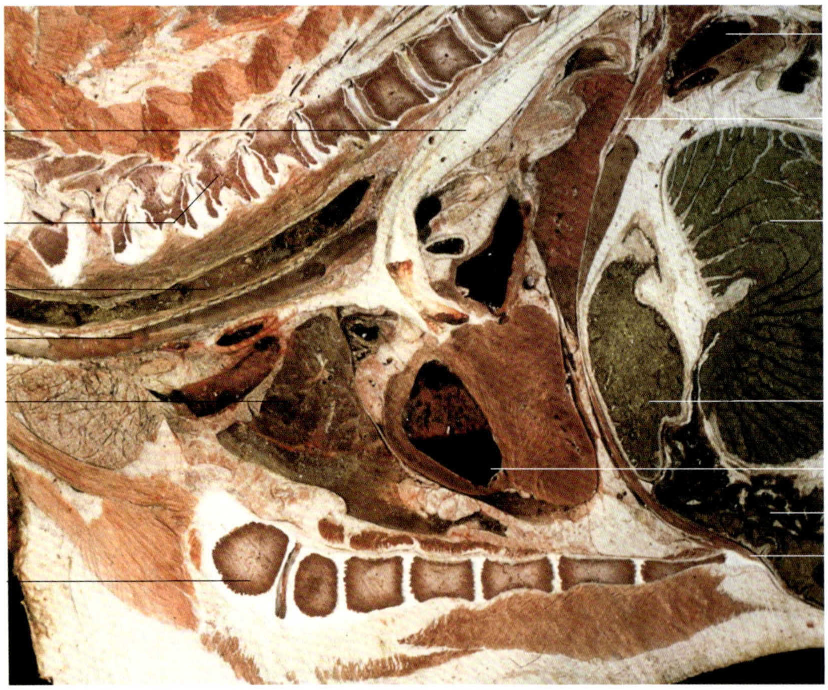

图 8-77 牛躯干前部侧矢状切面，示心和网胃的密切关系（图卢兹 J. Sautet 博士、教授提供）

唇。对于吃奶期的动物，吸吮乳头的刺激使肌唇反射性收缩，胃沟闭合成管，将乳汁直接导入皱胃。

随着机体不断生长和日粮及喂养方式的变化，这一通道的使用频率越来越低。一些化学药物，如硫酸铜，可刺激胃沟闭合成管，这对皱胃用药可能有益。沿皱胃小弯分布的无褶区被认为是胃沟的第三组成部分。

网膜

与其他单胃的哺乳动物家畜相似，反刍动物的网膜是**胃背侧系膜**和**胃腹侧系膜**的衍生物。熟悉网膜复杂的位置关系，有助于了解前胃和皱胃是由胚胎早期的胃扩张发育而来的。胃梭通过胃背侧系膜悬吊在胚胎腹腔顶壁，通过胃腹侧系膜接触腹腔底壁。

瘤胃、网胃和大部分皱胃由**胃大弯**发育而来，瓣胃和小部分皱胃由**胃小弯**发育而来。因此，**大网膜**附着在瘤胃、网胃和皱胃(图 8-78 至图 8-80)。从食管背侧开始附着，沿着右纵沟向后延续，通过后沟又沿左纵沟前行，穿过瘤胃前庭后变宽附着于网胃。大网膜经瘤网胃腹侧面折转向右侧，到达皱胃大弯。它跨过十二指肠系膜，沿着胃大弯到达幽门。瘤胃腹囊与背侧腹壁和膈脚直接接触。因此，瘤胃一部分位于腹膜外，没有背系膜。

小网膜起源于肝脏的脏面，在门静脉和食管压迹之间，跨过瓣胃的右面到达皱胃的胃小弯、十二指肠。与其他哺乳类家畜相似，小网膜可分为肝胃韧带和肝十二指肠韧带。

网膜围成**网膜囊**，为一细长裂隙，除了网膜孔外，与腹腔其余部分完全分开。**网膜孔**位于肝脏和十二指肠之间，背邻后腔静脉，腹邻门静脉。与犬的网膜囊相似，囊壁由网膜的脏层和壁层形成。但网膜囊的右侧缘折转为十二指肠系膜，而在左侧脏层和壁层间包有瘤胃，没有直接接触。大网膜的深层附着于瘤胃右纵沟，浅层附着于左纵沟，这两层在瘤胃后沟汇合。瓣胃、皱胃和小网膜构成前囊壁的大部。

肠管位于网膜囊内，在瘤胃右侧，此处称为**网膜囊上隐窝**(recessus supraomentalis)。它向后开口，妊娠子宫经常进入其中(图 8-78 至图 8-80)。通过腹腔右侧面的切口，能够看到的胃肠管部分只有十二指肠降部，其余部分被十二指肠系膜和大网膜浅层所覆盖。切开十二指肠系膜和大网膜，会进入网膜囊并暴露大网膜深层，大网膜深层覆盖肠管于网膜囊上隐窝内。

大网膜是储存脂肪的重要部位，通常不透明。

血液供应

与其他单胃哺乳动物家畜的相似，**反刍动物的胃**由数条**腹腔动脉**分支供血。除了单胃动物也具有的腹腔动脉的 3 条主要分支(脾动脉、胃左动脉、肝动脉)外，还有瘤胃**左、右动脉**(a. ruminalis dextra et sinistra)。大的瘤胃右动脉在右纵沟内向后走行，经过背侧和腹侧盲囊间进入左纵沟，其末端与瘤胃左动脉吻合。瘤胃左动脉从瘤胃前庭和腹囊之间的前沟沿左纵沟后行。瘤胃左动脉在据起点不远处发出网胃动脉，供应网胃血液。

瓣胃和**皱胃**由**胃动脉**和**胃网膜动脉**供应血液。胃左动脉是腹腔动脉的一个直接分支，它经瘤胃右侧到达皱胃小弯，最终与胃右动脉(肝动脉的一个分支)合并。胃网膜左动脉离开瓣胃处的胃左动脉，延伸至皱胃大弯，与来自肝动脉的胃网膜右动脉吻合。

因此，皱胃由**双重胃周动脉**环供应血液，该动脉环使肝动脉和胃左动脉直接连接。胃动脉也发出到瓣胃的分支。静脉与动脉伴行，最终与门静脉汇合。

神经分布

胃分布有**交感神经**和**副交感神经**。交感神经纤维来自腹腔神经丛，形成胃神经丛和左、右瘤胃神经丛。瘤胃神经丛也发出分支到网胃和脾。

副交感神经纤维起自**迷走神经**。迷走神经背干不仅与腹腔神经丛广泛相连，且有瘤胃左右支(ramus ruminalis dexter et sinister)直接到达瘤胃。其他的分支分布于网胃、瘤胃前庭、瓣胃、皱胃和胃沟。腹侧迷走神经干分布于瘤胃前庭、网胃、胃沟、皱胃小弯和幽门，其他的分支延伸至肝和十二指肠。

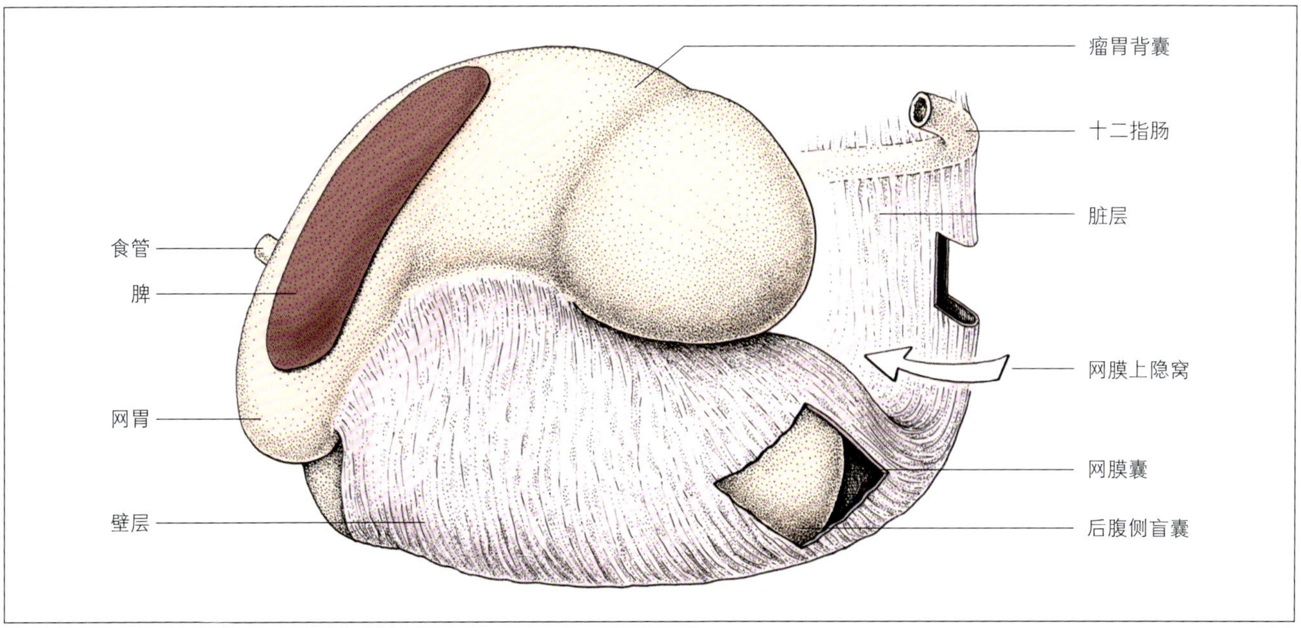

图 8-78 反刍动物的大网膜(示意图，左侧观)

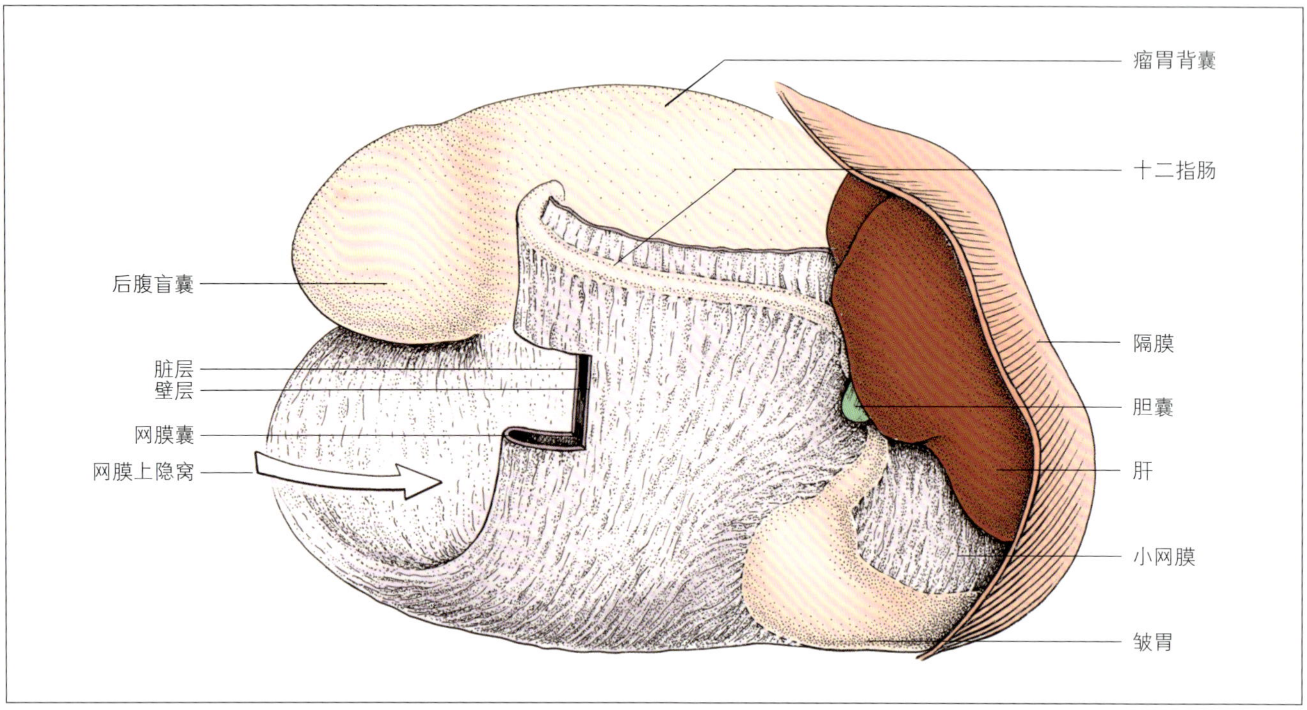

图 8-79　反刍动物的大网膜(示意图,右侧观)

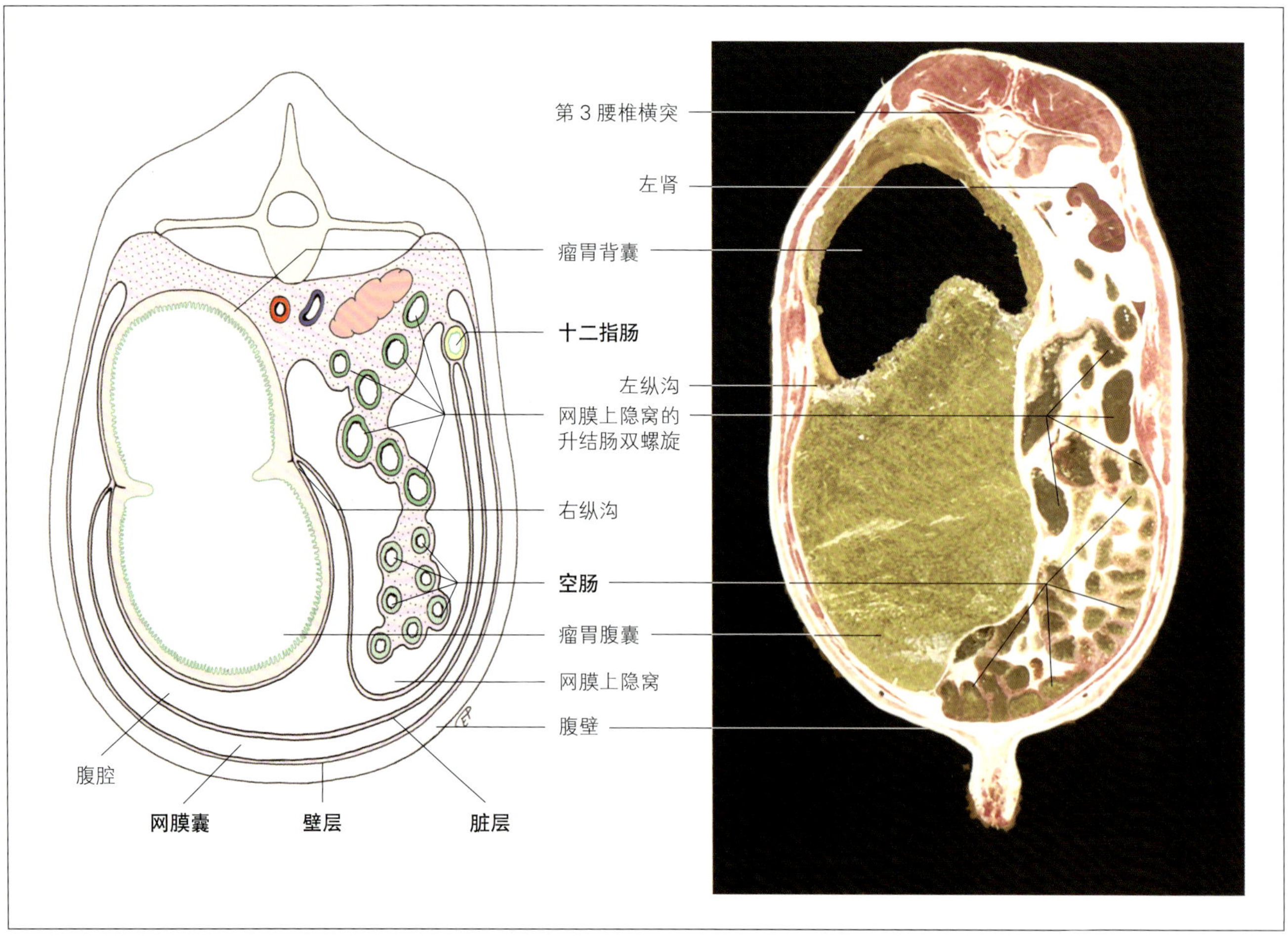

图 8-80　牛第 3 腰椎水平处的皱胃横断面(后面观)

淋巴结

反刍动物胃的淋巴回流由许多较小的淋巴结完成，这些淋巴结散在分布于各胃，尤其是瘤胃沟、瓣胃和皱胃的胃弯，属于**腹腔淋巴结群**（**淋巴中心，**lymphocentre）。通过这些淋巴结后，淋巴进入脾和贲门之间大的前庭（脾，splenic）淋巴结，沿胃弯分布的淋巴结的输出淋巴管直接汇入肝淋巴结。

淋巴结群可分为：

- 瘤胃左、右纵沟中的**左、右瘤胃淋巴结**（lnn. ruminales dextri et sinistri）
- 瘤胃前沟中的**瘤胃前淋巴结**（lnn. ruminales craniales）
- 网胃背侧和瘤胃面的**网胃淋巴结**（lnn. reticulares）
- 瓣胃大弯的**瓣胃淋巴结**（lnn. omasiales）
- 瘤胃前庭、网胃和皱胃间的**瘤胃皱胃淋巴结**（lnn. ruminoabomasiales）
- 皱胃小弯处的**皱胃背淋巴结**（lnn. abomasiales dorsales）
- 不总是存在，有时见于皱胃大弯的**皱胃腹淋巴结**（lnn. abomasiales ventrales）

8.3 肠

肠是消化道的后端，从幽门开始一直持续到肛门。肠分为**小肠**和**大肠**两部分。小肠（intestinum tenue）从幽门开始到回盲口，大肠（intestinum crassum）从回盲口到肛门。大、小肠直径并不总是如其名称所示的那样变化（图 8-81）。

小肠由 3 **部分**组成：

- 十二指肠
- 空肠
- 回肠

大肠的组成：

- 盲肠
- 结肠
- 直肠

肠管的总长度因物种、品系甚至个体而存在差异，活体动物的肠管长度很难估计。当动物死亡、肠管蠕动性收缩停止之后，肠管的长度增加。由于胃肠适应不同的日粮和饲喂习惯，食肉动物的肠管比食草动物的肠管短。一般来说，食肉动物的肠管长度是其体长的 5 倍，马的肠管长度是体长的 10 倍，反刍动物的肠管长度是体长的 20～25 倍。

8.3.1 肠壁结构

肠管与消化道的其他部位一样，由下面几层组成，从内到外分别为（图 8-81）：

- 黏膜（tunica mucosa）
- 黏膜下层（tela submucosa）
- 肌层（tunica muscularis）
- 外膜（serosa seu lamina visceralis）

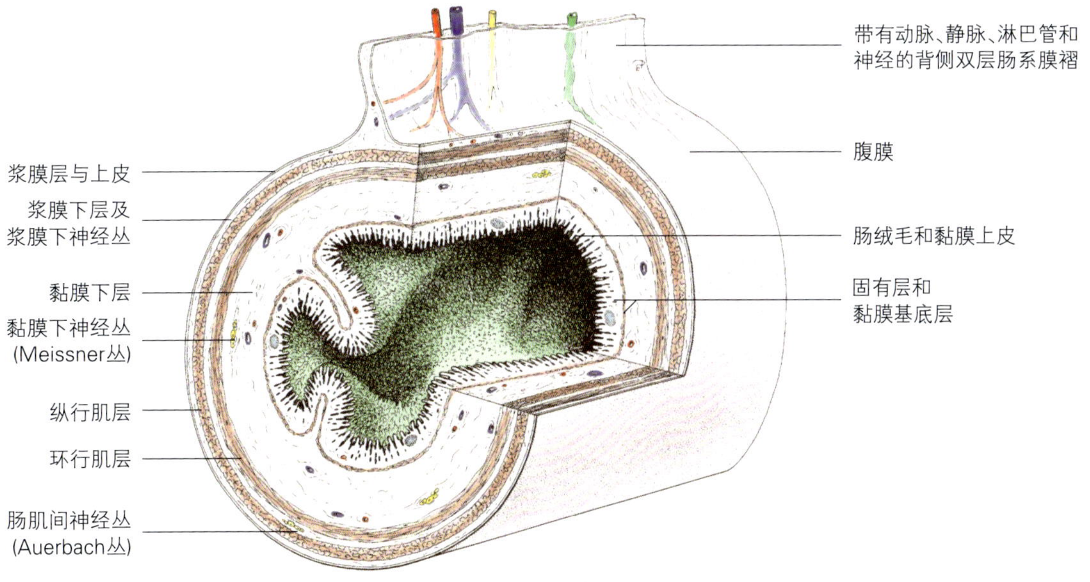

图 8-81 带有背侧系膜的肠管的横断面（示意图）

单层的**黏膜上皮**由**柱状细胞**和散在其间的杯状细胞共同构成，柱状细胞具有吸收功能，杯状细胞产生黏液。自始至终，在消化道的黏膜固有层中存在直的管状**肠腺**（glandulae intestinales）（图 8-82 和图 8-83）。小肠黏膜表面存在无数的**肠绒毛**（villi intestinales），致使其表面积显著增加。这种浓密的指状突起使小肠的腔面形成天鹅绒样外观，这种表面积的增加对于胃肠道的吸收功能是必要的。

在显微镜下观察可见，**肠腺**（隐窝，crypts）开口于肠绒毛基底部。每根肠绒毛都有其自身的微动脉，有利于吸收。这些微动脉在肠绒毛游离端形成毛细血管网，毛细血管又在绒毛基部汇聚成微静脉。由具有运输脂肪消化产物的毛细淋巴管补充微绒毛系统的功能。

大肠黏膜与小肠黏膜的不同之处在于**没有肠绒毛**。大肠的肠腺更长、更直，杯状细胞更丰富。杯状细胞产生的黏液对保证肠道光滑是必要的。大肠的重要功能是重吸收水分，从而使粪便内容物脱水。然而，马的大肠存在多重吸收机制，在组织学和生理学教材中可以找到更多详细描述。与胃相似，大肠毛细血管排列形成蜂窝样网状构造。

肠壁内**淋巴组织**是抵御微生物由肠道侵入有机体的第一道屏障。肠道黏膜中存在着散在分部的淋巴细胞，这些淋巴细胞形成**孤立淋巴滤泡**（lymphonoduli solitarii）或聚集形成**派尔集合淋巴结**。

在黏膜表面可见派尔集合淋巴结呈不规则的斑块状或带状隆起，其长度从数毫米到 25 cm（牛）不等。这些结构在马和反刍动物的回肠中发育良好，并延伸到大肠。猪的派尔集合淋巴结见于空肠和回肠。猫的盲肠尖部的淋巴滤泡尤其多。

黏膜下层由疏松结缔组织组成，内含小血管、淋巴管、淋巴滤泡和神经丛。除黏膜内有肠腺外，在小肠近端黏膜下层可见有管状十二指肠腺。黏膜下神经丛聚集成 Meissner 神经丛，分布于壁内腺、平滑肌纤维和血管壁。

肌层（tunica muscularis）由相对较薄的外纵肌层和较厚的内环肌层组成，环形肌层在肛门处形成**肛门内括约肌**（m. sphincter ani internus）。马和猪的外纵行肌层集中形成许多纵肌带（taeniae），纵肌带收缩形成许多肠袋（haustra）。

肠的**浆膜层**由腹膜的脏层形成，**肠系膜**（mesentery）从背侧体壁向下延伸形成双层褶，双层覆膜分开后覆盖肠管。肠系膜是血管和神经的通道，内含淋巴结。

肠道**淋巴管**汇入以下淋巴结：肝门淋巴结、胰十二指肠淋巴结、肠系膜前淋巴结、盲肠淋巴结、空肠淋巴结、结肠淋巴结和肛门直肠淋巴结。

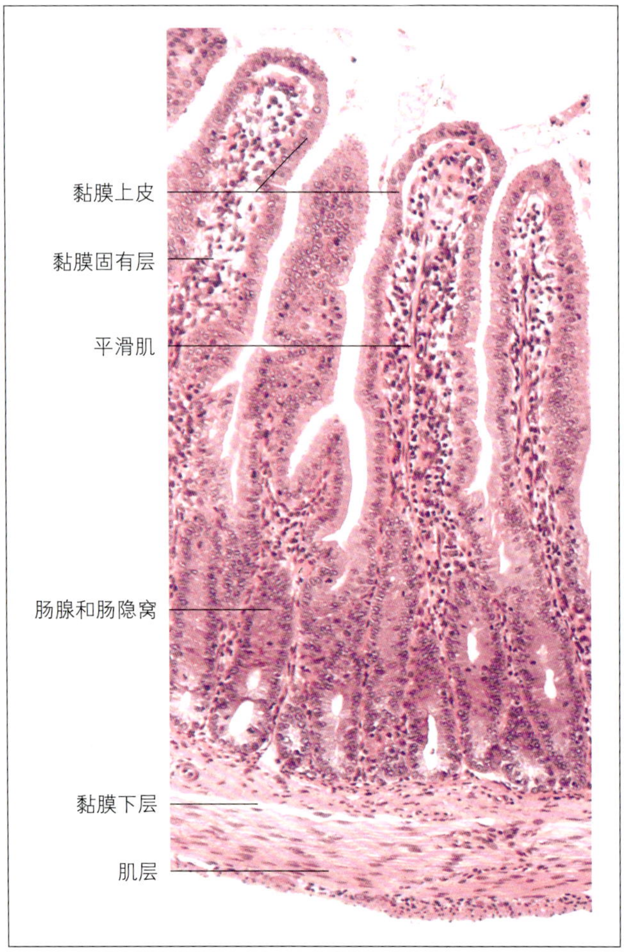

图 8-82 猫空肠壁的组织学切片，示肠绒毛和隐窝

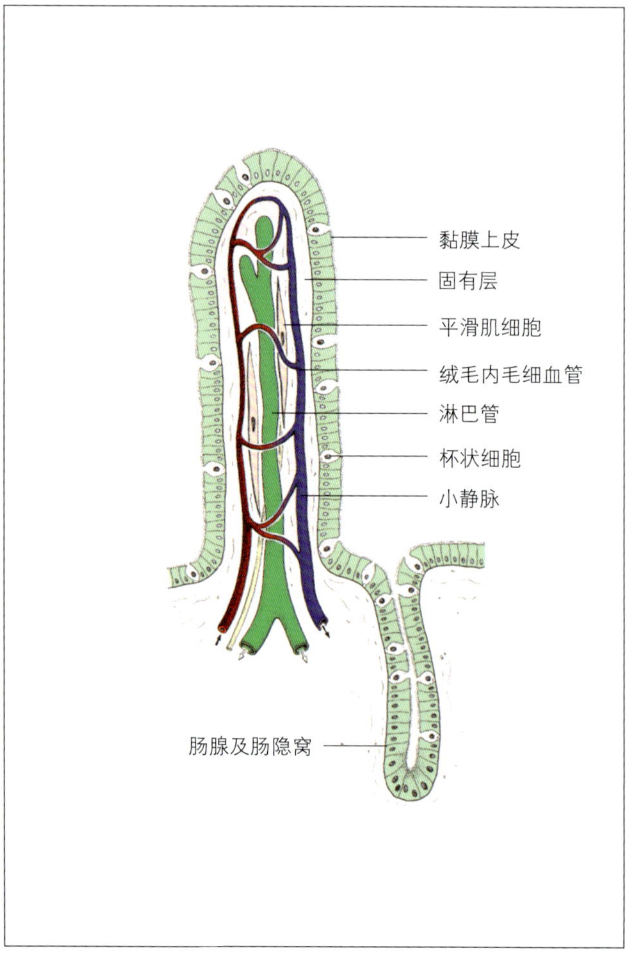

图 8-83 肠绒毛和肠隐窝（示意图）

8.3.2 肠的神经支配

肠接受交感神经和副交感神经支配。肠神经系统是由壁内神经节构成的复杂系统,在肠壁各层中形成神经丛,包括**黏膜下神经丛**(Meissner plexus)和位于两肌层间的**肌间神经丛**(Auerbach plexus)(图 8-81)。这两个神经丛都通过精细的浆膜下神经纤维网与腹腔的椎下神经节相连。这些神经丛受交感神经和副交感神经的支配,但其功能是独立的,负责肠道肌自主性收缩和分泌活动。

8.3.3 肠的血液供给

肠管除了十二指肠近端和直肠末端外,其血液均由**肠系膜前、后动脉**(a. mesenterica cranialis et caudalis)供给(图 8-88 至图 8-91、图 13-29)。十二指肠近端血液供给来自腹腔动脉(a. coeliaca)肝支,直肠末端血液供给来自阴部内动脉(a. pudenda interna)直肠支。尽管在不同物种甚至不同个体间有细微差异,但肠系膜前动脉一般分为 **3 个主要分支**:

- 空肠动脉(a. jejunalis)
- 回结肠动脉(a. ileocolica)
- 结肠中动脉(a. colica media)

空肠动脉干向左侧分布,分成许多空肠动脉进入肠系膜并向空肠延伸。在将要到达空肠处,这些动脉互相吻合,形成动脉弓。动脉弓发出分支到空肠壁,这些丰富的吻合确保某一空肠动脉完全闭塞时,肠管能正常供血。第一条空肠动脉分出胰十二指肠后动脉,最后一条空肠动脉与回结肠动脉的肠系膜回肠支吻合。

从肠系膜前动脉分出之后,回结肠动脉走向右侧发出以下分支供应回肠、盲肠和升结肠的血液:

- 回肠的肠系膜支和对侧肠系膜回肠支(ramus ilei mesenterialis et antimesenterialis)
- 盲肠的盲肠外侧动脉和盲肠内侧动脉(a. caecalis lateralis et medialis)
- 升结肠近段的结肠支(ramus colicus)
- 升结肠远段的结肠右动脉(a. colica dextra)

马的右结肠动脉供应背部结肠的动脉,称为**结肠背侧动脉**(a. colica dorsalis);支配腹侧结肠的动脉称为**结肠腹侧动脉**(a.colica ventralis)。这两条动脉在结肠的骨盆曲处形成一个吻合。

结肠中动脉是肠系膜前动脉的第 3 分支,为横结肠提供血液。结肠中动脉通过结肠右动脉与回结肠动脉吻合,通过结肠左动脉与肠系膜后动脉吻合。

肠系膜前动脉不仅为大部分肠管提供血液供应,而且对肠道还具有重要的支撑作用。主动脉的软组织通过外膜与脊柱相连,与背侧体壁之间形成系膜。与此同时,肠动脉血压使这种系膜如充气胶管一样不易弯曲,加强了腹腔内器官的固定。这种机制对马十分重要,马的肠系膜相对较长,肠管活动性大。有人认为肠道血压的变化,如动脉管壁的寄生虫感染,会导致肠变位,从而导致马疝痛。

较小的**肠系膜后动脉**位于主动脉终末分支不远处,起于腹主动脉,分布于降结肠和直肠前部。肠系膜后动脉可分为**结肠左动脉**(a. colica sinistra)和**直肠前动脉**(a. rectalis cranialis)。结肠左动脉穿过降结肠的肠系膜,分出小分支到降结肠系膜的表面。直肠前动脉主要供应直肠前段血管。

静脉主要与动脉平行,汇合形成**肠系膜前静脉**和**肠系膜后静脉**,这些静脉是**门静脉**的 2 条主要属支,脾静脉是第 3 条属支。直肠后部和肛门区的静脉汇入**后腔静脉**。**门静脉**接受来自腹腔动脉、肠系膜前后动脉供应区的静脉血液。因此,它汇聚了除直肠末段外所有**非成对腹腔器官**的静脉血液。

8.3.4 小肠(intestinum tenue)

小肠的主要功能是消化和吸收。消化就是将摄入的物质酶解成可吸收的微粒。胰管和胆管均开口于小肠,胰腺分泌物是消化酶的主要来源,而胆汁负责脂类物质的乳化,乳化是消化过程所必需的。

黏膜上皮主要由柱状细胞组成,具有吸收、分泌黏液、内分泌、控制胰腺分泌以及收缩胆囊和肠壁的功能(图 8-79 和图 8-80)。黏膜富含淋巴样滤泡,滤泡集结形成**派尔集合淋巴结**(图 8-84)。小肠始于幽门,止于盲结口,由 3 **部分**组成(图 8-85):

- 十二指肠
- 空肠
- 回肠

全段**小肠**均由**背侧肠系膜**与腹腔背侧壁相连。大部分肠系膜**相对较长**,使小肠具有一定程度的活动性。然而马和反刍动物的十二指肠则由**短的十二指肠系膜**固定位置。

十二指肠

十二指肠是小肠的近段,从胃的幽门部延伸至空肠(图 8-84、图 8-86 至图 8-88)。十二指肠可分为:

- 十二指肠前段(pars cranialis duodeni)
- 十二指肠前曲(flexura duodeni cranialis)
- 十二指肠降部(pars descendens duodeni)
- 十二指肠后曲(flexura duodeni caudalis),也称为横部(pars transversa)
- 十二指肠升部(pars ascendens)
- 十二指肠空肠曲(flexura duodenojejunalis)

十二指肠自胃的幽门伸向右腹壁，折转向后行至骨盆入口，向内移行绕过肠系膜前根，再向前延伸一小段距离后，向腹侧弯曲延伸至空肠。

人类根据十二指肠腺的存在来界定十二指肠，动物则根据十二指肠后端的**十二指肠结肠褶**(plica duodenocolica)的前缘来界定十二指肠(图 8-88)。十二指肠通过十二指肠系膜(为肠系膜的前段)附着于腹腔顶壁。马和反刍动物的十二指肠系膜相对较短，食肉动物和猪的较长(图 8-88)。由于长的十二指肠系膜和宽阔的小网膜的存在，胃的活动范围很大，这也是犬胃扭转(torsio ventriculi)发病率高的原因，这种病在中型犬和大型犬中都会发生，甚至危及生命。

十二指肠前部通过**肝十二指肠韧带**与肝相连，该韧带是胚胎期腹侧系膜的遗迹。在肝十二指肠韧带中有**胆总管**(ductus choledochus)穿行，并从肝进入十二指肠。十二指肠升部系膜内含有胰右叶。

胰管和胆管均开口于十二指肠(图 8-110 和图 8-115)。更详细的描述见本章“消化道附属腺”一节(342 页)。

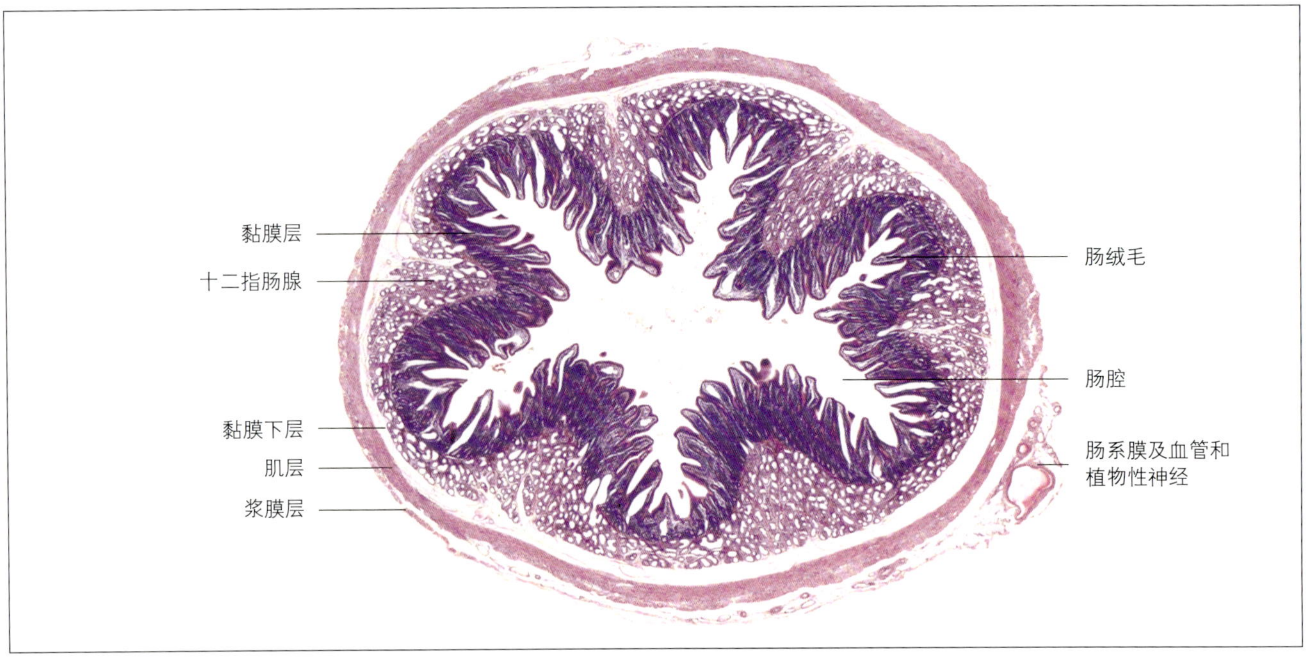

图 8-84 猫十二指肠组织切片

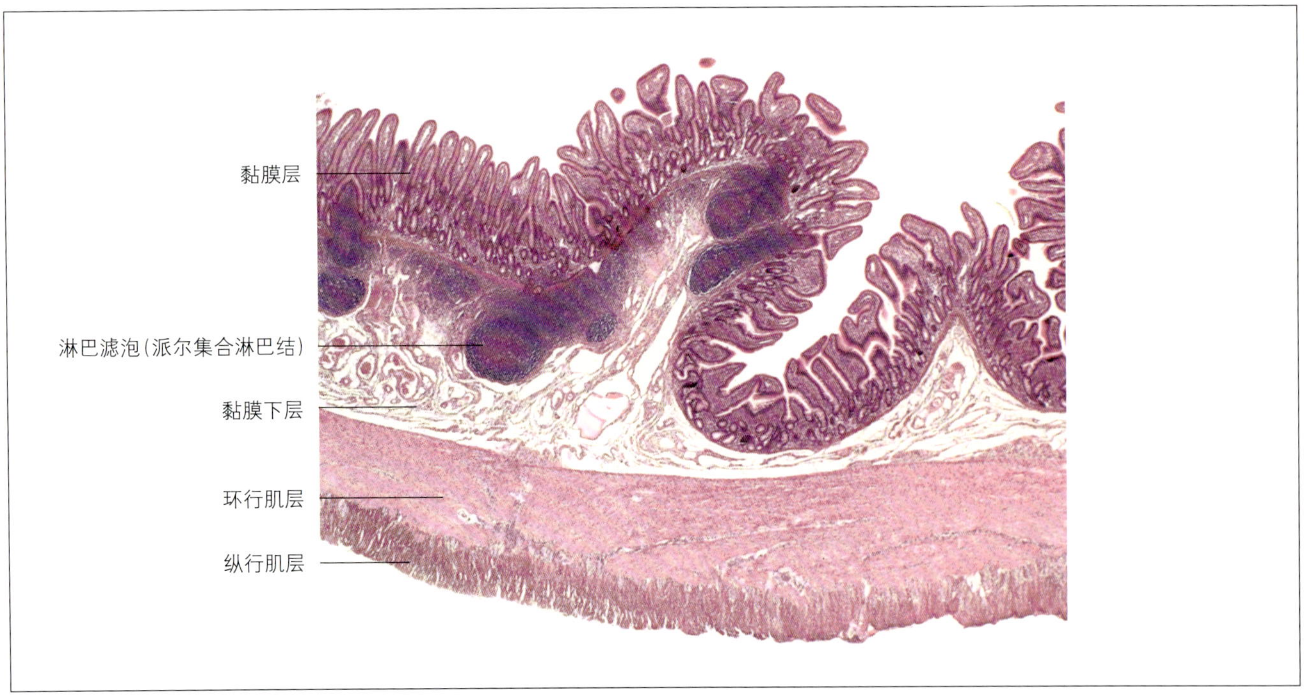

图 8-85 犬回肠组织切片

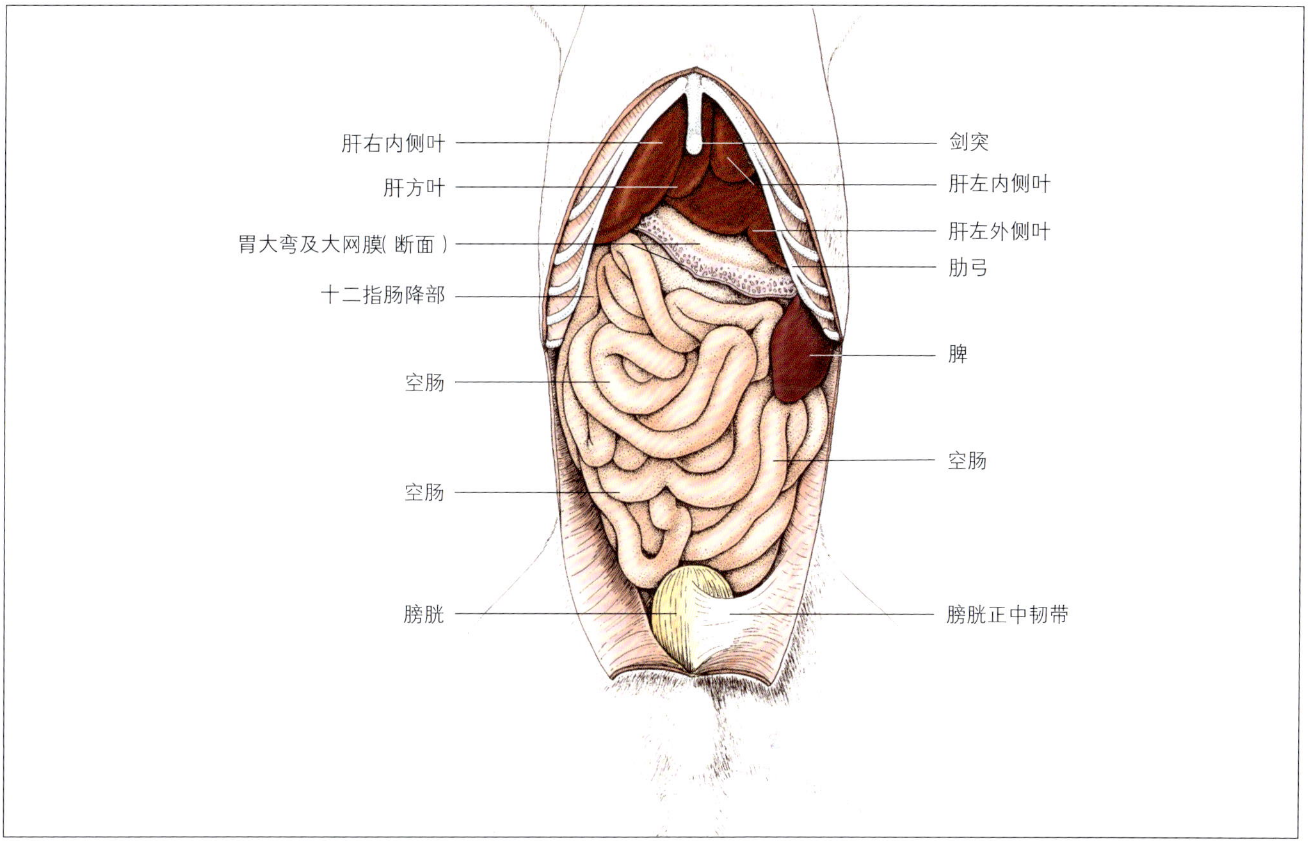

图 8-86 犬的腹腔器官原位(示意图,腹侧面观,已除去大网膜)

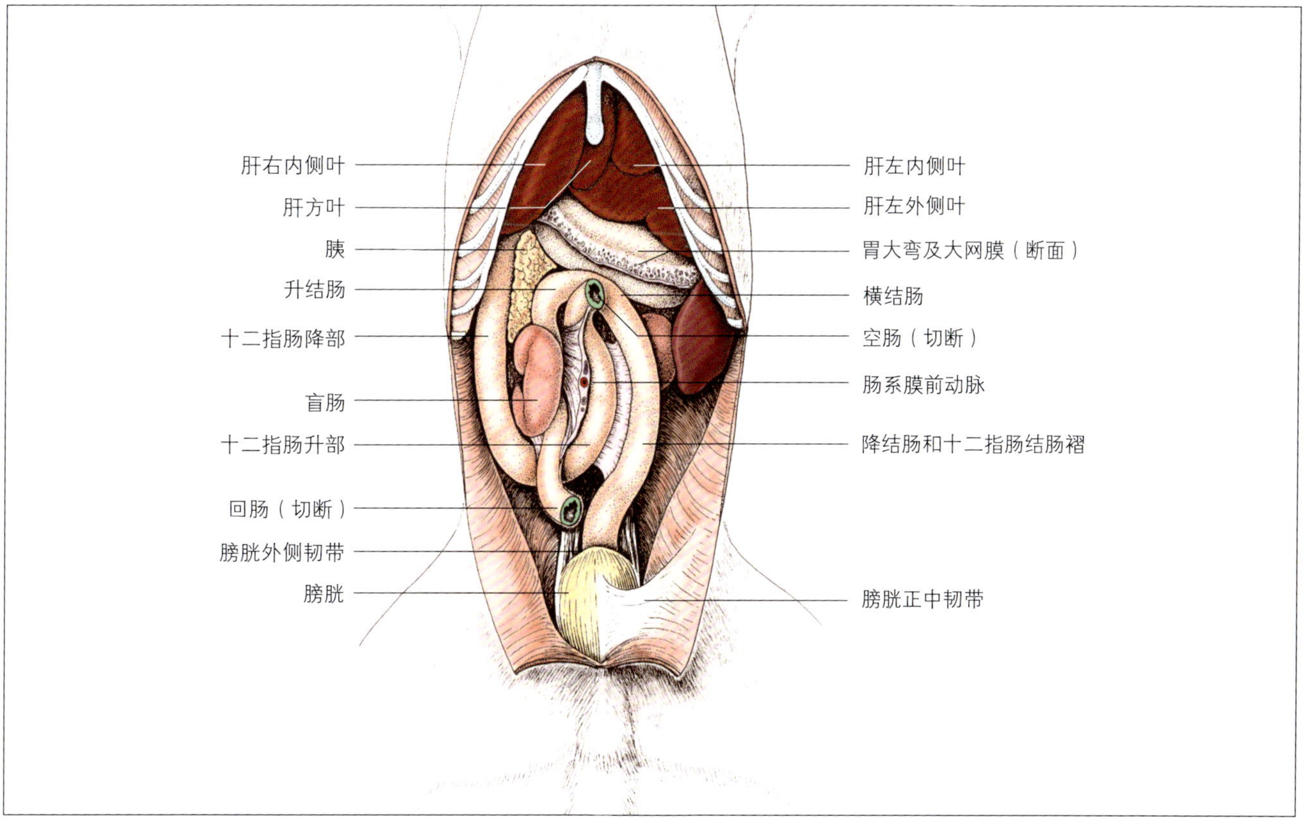

图 8-87 犬的腹腔器官原位(示意图,腹侧面观,已除去大网膜和空肠袢)。仿 Dyce,Sack 和 Wensing(2002)

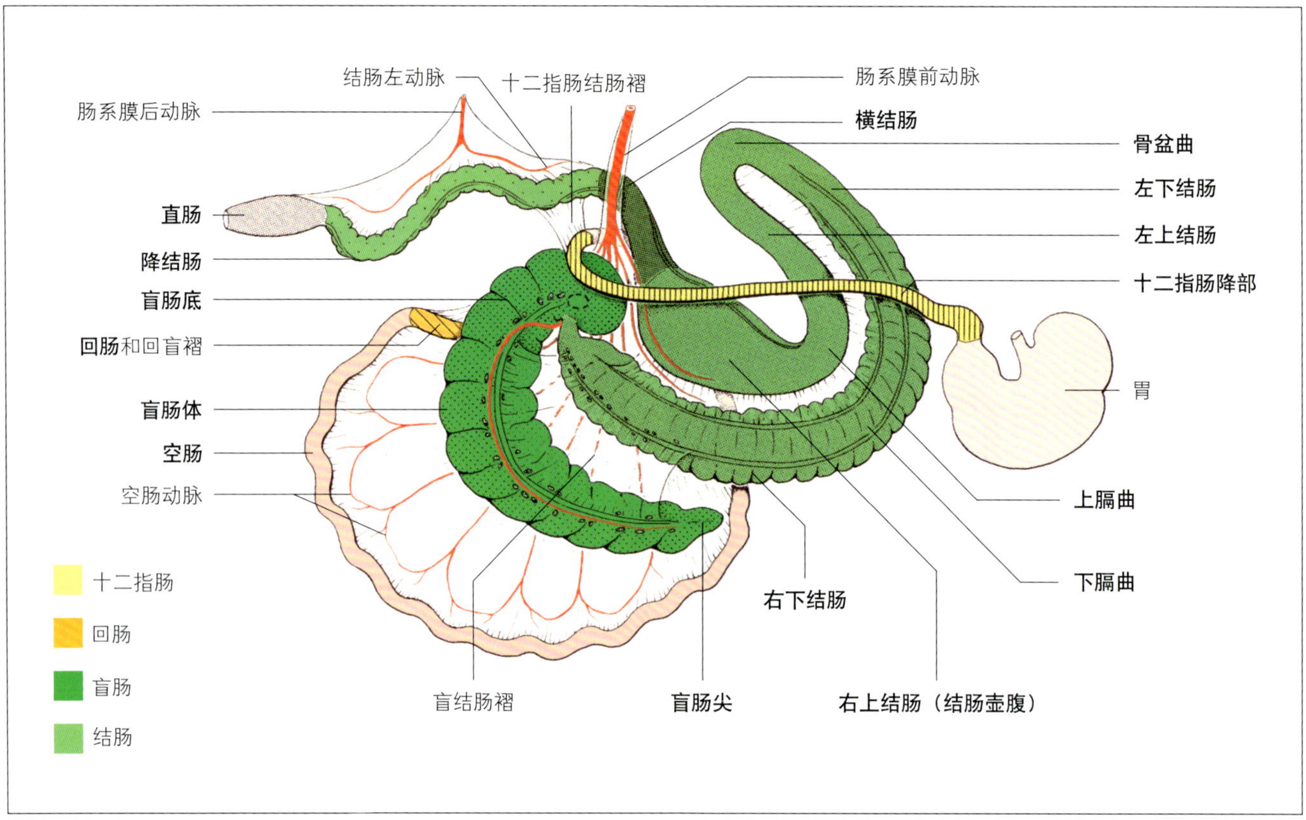

图 8-91　马的肠管(示意图)。仿 Ghetie(1958)

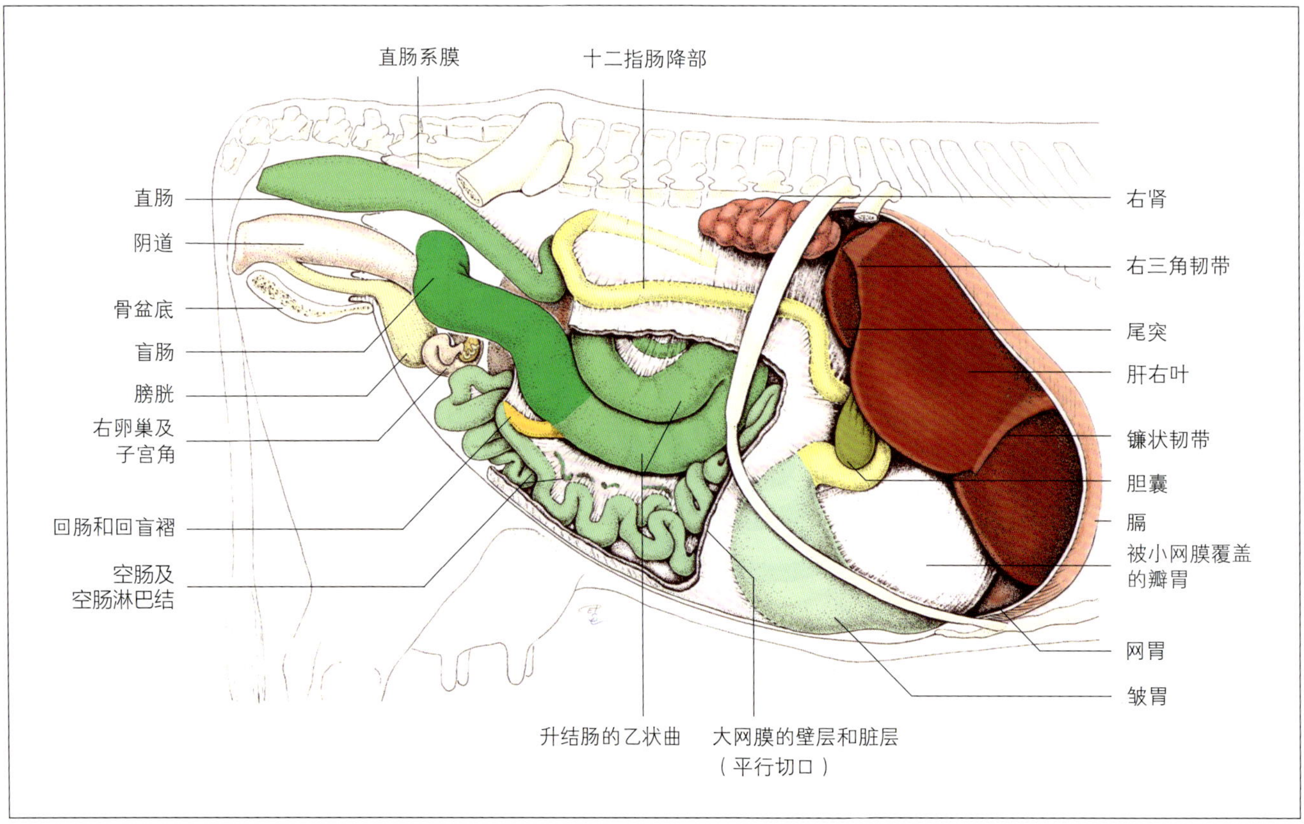

图 8-92　牛的腹腔和盆腔器官位置关系(示意图,右侧观,已除去腹壁和大网膜)

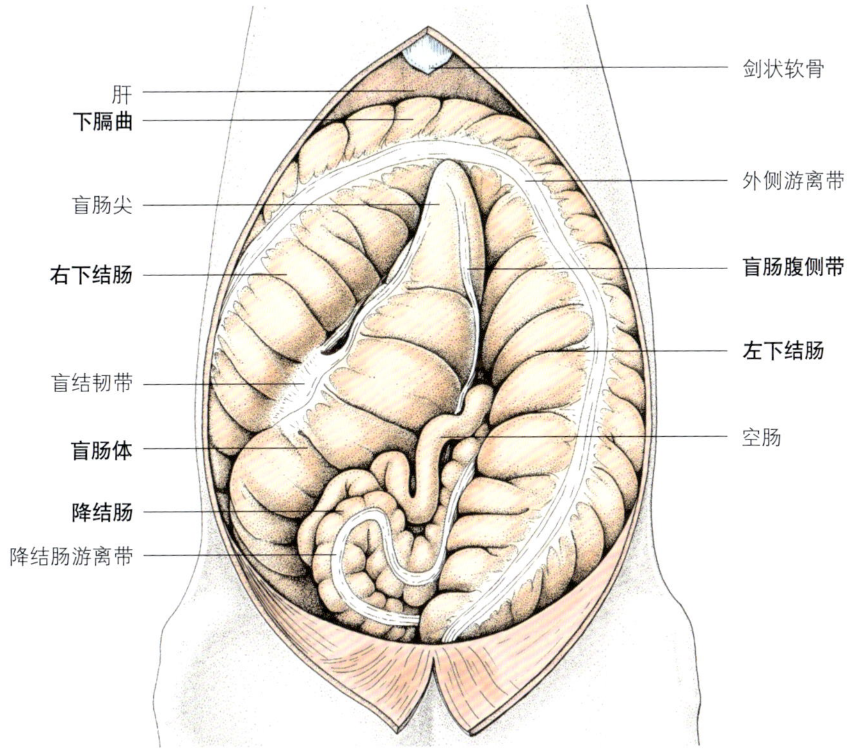

图 8-93 马的盲肠和结肠的原位(示意图,腹侧面观)。仿 Ghetie,Pastea 和 Riga(1955)

8.3.5 大肠(intestinum crassum)

家畜的大肠可分为以下几部分(图 8-88):

- **盲肠**
- **结肠**,可进一步分为:
  - 升结肠(colon ascendens)
  - 横结肠(colon transversum)
  - 降结肠(colon descendens)
- **直肠**

盲肠

盲肠是大肠的第一段,呈盲管状,在回肠入口处与结肠相区分(图 8-87)。盲肠通过**回肠口**(ostium ileale)和回肠相通,通过**盲结口**(ostium caecocolicum)和结肠相通。

人盲肠的蚓突在家畜中**不存在**。

食肉动物、反刍动物和马属动物的盲肠位于腹腔右侧;猪的盲肠位于腹腔左侧。盲肠通过**回盲褶**(plica ileocaecalis)与回肠相连,回盲褶被认为是回肠与盲肠的分界点。犬的盲肠很短,呈螺旋形。与其他家畜不同,犬的盲肠与回肠没有直接的连通,但与结肠直接相通,结肠与回肠亦相通。猫的盲肠更短,呈逗点状。

马的盲肠

马的盲肠有大约 30 L 的巨大容积,平均约 1 m 长。其由背侧的**盲肠底**(caput caeci)、弯曲渐细的**盲肠体**(corpus caeci)和前腹侧有盲端的**盲肠尖**(apex caeci)构成(图 8-91 和图 8-93)。

盲肠底位于腹腔右背侧,与腰部腹腔顶壁接触,形成腹膜外附着物。**盲结口**是升结肠收缩形成的横向裂隙,在死体标本中只能容纳两根手指,而在活体标本中能够容纳一只手。

回肠开口于**回肠乳头**(papilla ilealis)(图 8-96),为一锥状突起,包括**回肠括约肌**(m. sphincter ilei)和控制回肠口的**静脉丛**。从胚胎发育来看,盲肠底实际上是升结肠的起始部分。因此,在马使用**回肠口**(ostium ileale)这一术语,尽管回肠直接进入盲肠,并不会像其他家畜(犬除外)那样在升结肠的起始缘开口。盲肠与结肠连接处以**盲结口**(ostium caecocolicum)为标志。

盲肠体最初与**右腹壁**相对,但是随着其向前腹侧延伸,盲肠体向内侧行于升结肠腹侧部之间,以盲肠尖终止于腹底壁,靠近胸骨剑状软骨。

纵肌层聚集成外表可见的纵肌带,在纵肌带之间盲肠壁皱缩形成 4 列**肠袋**(haustra)。大部分盲肠都有 **4 条纵肌带**,分别为内侧、外侧、背侧和腹侧纵肌带,自盲肠底部向盲肠尖部纵肌带数量逐渐减少(图 8-91 和图 8-94)。

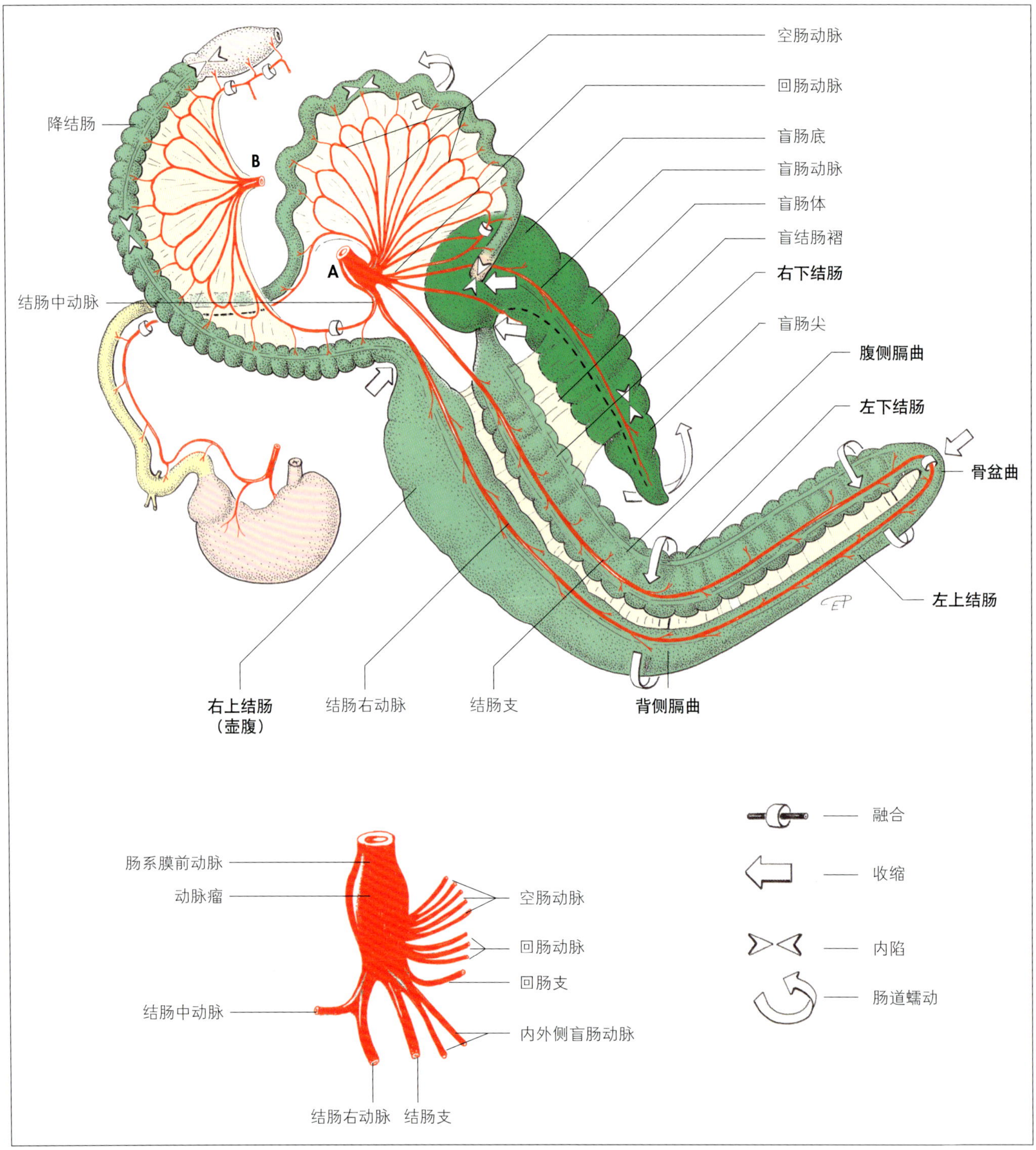

图 8-94 马大肠的血液供应（示意图）：经肠系膜前动脉（A）通过颅骨和肠系膜后动脉（B）

盲肠的血管和**淋巴结**沿着内、外侧纵肌带分布，背侧纵肌带附着于回肠和盲肠之间的**回盲褶**（plica ileocaecalis），外侧纵肌带附着于盲肠和升结肠之间的**盲结褶**（plica caecocolica）。腹侧纵肌带保持游离态。每个条带的不同特征提供了重要的解剖学界线，如外科手术时可通过纵肌带的数量来区别结肠各段。内面以数目众多的褶皱为标志，与外部的肠袋划分相对应。

马的盲肠主要负责碳水化合物（如纤维素）的消化，之后摄入的食物被运送到结肠，通过回肠乳头防止其逆流到回肠。这种从盲肠到结肠规则的食物转运可以在后腹部右背侧区听诊中听到，可应用于疝痛诊断。盲肠功能紊乱可能导致阻塞或胀气，这是马疝痛的常见原因。

猪和反刍动物的盲肠

猪的盲肠呈圆柱状盲囊，位于腹腔的左侧半，其尖端指向后腹侧。它有 3 **条纵肌带**(taeniae)和 3 **列肠袋**(haustra)。腹侧纵肌带有回盲褶附着，外侧和内侧纵肌带保持游离。反刍动物的盲肠相对较小，无纵肌带和肠袋(图 8-89)，位于腹腔右侧网膜囊上隐窝中，盲端向后。

结肠

根据人类解剖学命名法(图 8-88)，结肠可分为 3 部分：

- 升结肠(colon ascendens)
- 横结肠(colon transversum)
- 降结肠(colon descendens)

与此命名法分类依据一致的解剖结构只见于犬和猫。这些动物短的升结肠在腹腔右侧向前伸延，横结肠在肠系膜根部的前面从右向左延伸，长的降结肠在肠系膜根部的左侧向后伸延，在骨盆腔入口处延续为直肠。其他家畜结肠的形状和位置更加复杂，其中升结肠变化最大。

马的结肠

马的结肠由一个大的升结肠、一个短的横结肠和一个长的降结肠组成，升结肠排列成双层 U 形肠袢。由于各肠段直径不同，前两部分又称为"大结肠"，第三部分称为"小结肠"(图 8-91、图 8-93 至图 8-95、图 8-97)。

升结肠(colon ascendens)

升结肠由 **3 个曲**连接的 **4 个平行部分**构成，由近及远分别是：

- 右下结肠(colon ventrale dextrum)
- 胸骨曲(flexura diaphragmatica ventralis)
- 左下结肠(colon ventrale sinistrum)
- 骨盆曲(flexura pelvina)
- 左上结肠(colon dorsale sinistrum)
- 膈曲(flexura diaphragmatica dorsalis)
- 右上结肠(colon dorsale dextrum)

升结肠从**右下结肠**开始，起于**盲结口**。右下结肠几乎与右侧肋角相平行并向前腹侧延伸，至胸骨剑突后穿过中线向左折转形成胸骨曲，之后形成**左下结肠**沿腹底壁向后延伸。在骨盆入口前约呈 360° 向背侧折转，形成**骨盆曲**，然后形成左上结肠，在**左下结肠**背侧向前延伸，在膈后面形成**膈曲**与右上结肠相连。**右上结肠**是结肠中最短但最粗大的部分，先向后部延伸一段后再向内折转形成横结肠。

升结肠的各部分不仅从位置上很容易区分，而且还具有其他的形态特征，这在进行剖腹手术时对不同肠段进行鉴别具有重要作用。左、右下结肠分布有 4 **条纵肌带**(taeniae)和 4 **列肠袋**(haustra)(图 8-97)，位于背侧表面的外侧和内侧纵肌带有结肠系膜(taenia mesocolica lateralis et medialis)附着。

在内侧纵肌带中也包含有血管、神经、淋巴管和数目众多的淋巴结。在右下结肠后部的内侧纵肌带中有盲结韧带附着。在腹侧表面有另外两条纵肌带，主要由富含弹性纤维的软组织组成。有假说认为腹侧纵肌带主要起支撑功能，而背侧纵肌带由于富含肌纤维和神经组织，主要负责收缩功能。

在左下结肠与骨盆曲连接处，4 条纵肌带中有 3 条消

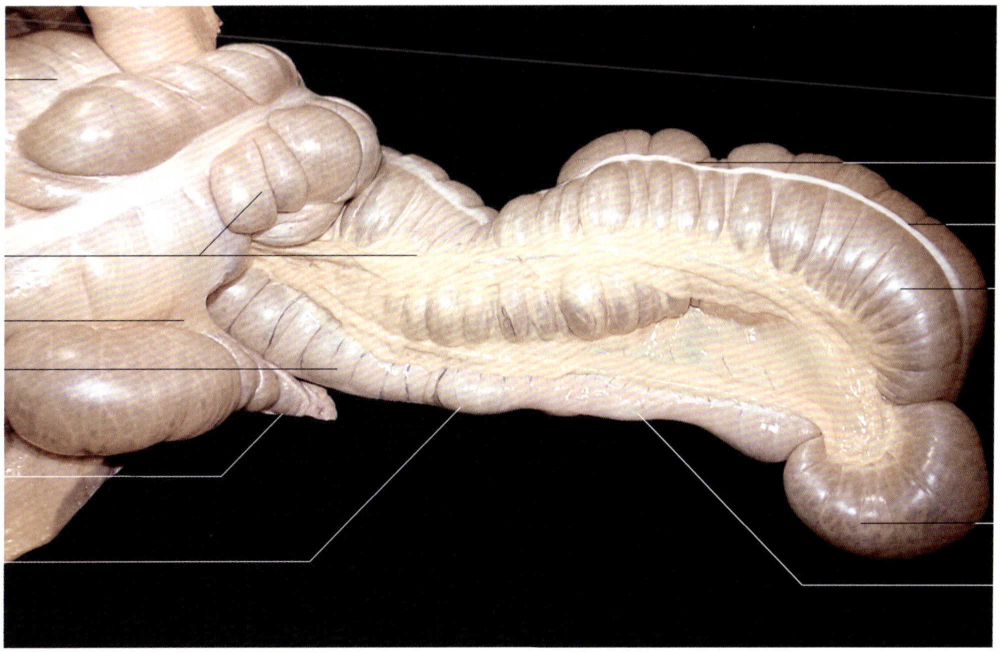

图 8-95 马的大肠

失，因此在**骨盆曲**和其后的**左上结肠**只有1条纵肌带——**结肠系膜纵肌带**。骨盆曲还可通过其直径明显减小这一特征来辨别，它也是结肠两个功能单位之间的分界（图8-97）。

许多重要的消化和吸收活动在**下结肠**进行，而上结肠只具有很小的消化作用，其主要功能是负责摄入食物的运输。在骨盆曲，直径的减小、走行方向的突然改变以及食物流动性的降低使该部位最易发生肠梗阻。左上结肠起初很窄，后部逐渐变宽，在临近膈曲处，其背侧面增加了2条纵肌带。因此，**膈曲**和右上结肠有**3条纵肌带**，两条在背侧面，一条在腹侧面，纵肌带之间有相对模糊的肠袋（图8-97）。这些纵肌带的收缩可将摄入的食物运输到横结肠。

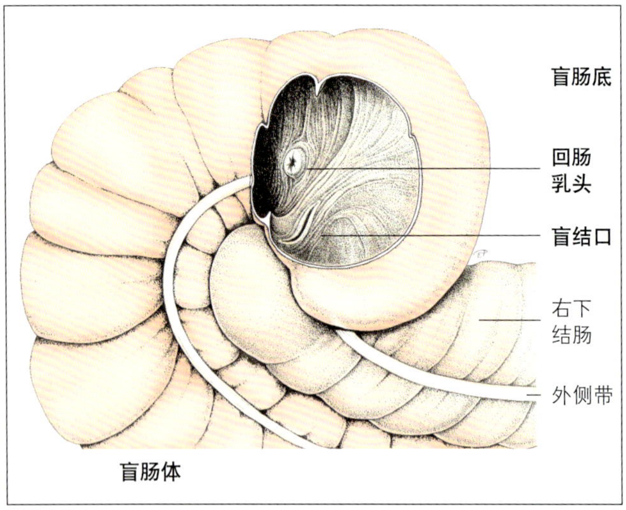

图 8-96　马的回肠乳头和盲结口（示意图）

右上结肠是结肠中最粗大的部位，因此也被称为**结肠壶腹**。它是肠结石的常发部位，结石可达足球大小，并可能导致横结肠梗阻，引起疝痛。

临床小知识

整个**升结肠**通过与盲肠底、右上结肠、横结肠、部分胰腺和肠系膜根部相连的单一**附着区**悬挂在背侧体壁上。**腹侧**和背侧升结肠通过**结肠系膜**相连，结肠系膜间包含有神经和结肠淋巴结（lymphonodi colici）。

由于升结肠的附着面积有限，左侧部分可能绕其自身纵轴发生扭转（torsio coli sinistra），这是马腹腔内可能发生的最严重事件之一（图8-94）。结肠管腔梗阻，血管供应中断，通常导致**肠壁坏死**。为了成功治疗，必须尽快进行剖腹手术和结肠复位。

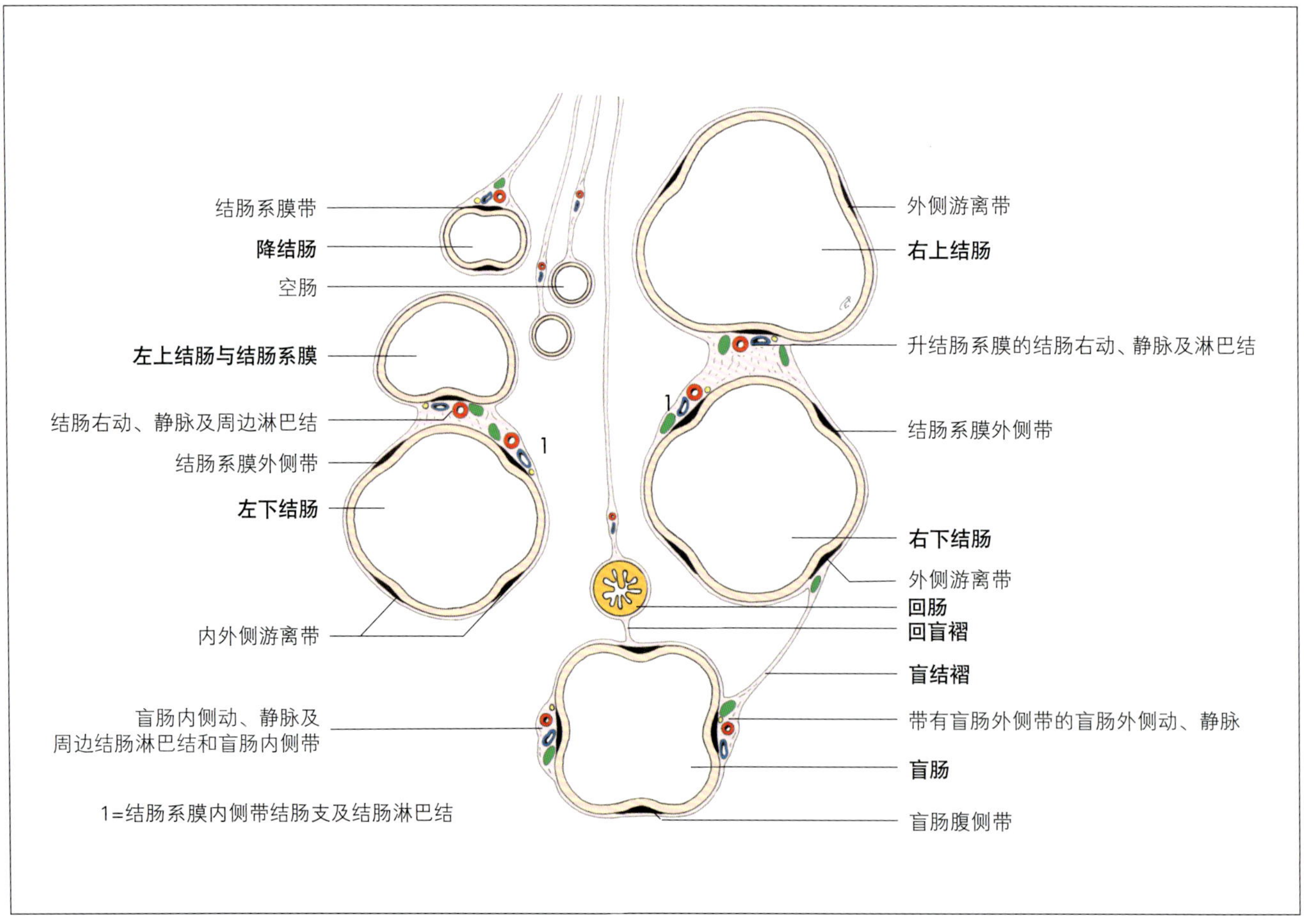

图 8-97　马的结肠横断面（示意图，后面观）。仿 Habel（1978）

横结肠(colon transversum)

短的横结肠在肠系膜根部的前部从腹腔右侧延伸至左侧。横结肠有 2 条纵肌带,管径从宽大结肠壶腹迅速变细缩小到降结肠的直径,形成漏斗结构(图 8-88)。横结肠在左肾处延续为降结肠。横结肠与右上结肠背侧的附着部混在一起。

降结肠(colon descendens)

降结肠的直径与空肠相似,长度在 2～4 m。降结肠的肠系膜(mesocolon descendens)较长,但与空肠系膜的区别在于脂肪含量较高。降结肠有 2 条纵肌带,即对侧肠系膜纵肌带和肠系膜纵肌带,通过肠系膜使之相连。这 2 条纵肌带的收缩使降结肠形成 2 列明显的肠袋,形成马属动物特有的球形粪便(图 8-91)。

猪的结肠

猪的结肠通常分为 3 部分,其横结肠和降结肠与犬的排列相似(图 8-89)。升结肠很长,盘曲形成锥形结构。锥底与左侧腹腔顶壁相连,锥尖指向腹侧,其确切位置取决于胃的充盈程度。

升结肠在左肾腹侧起于盲肠后,顺时针方向(从上面看)盘曲形成**向心回**至锥体尖端,而后反转形成**中心曲**(flexura centralis),再以逆时针方向紧密旋转回基底部。向心回位于锥体的外侧,而**离心回**被向心回覆盖位于锥体内侧。向心回肠段有 2 条纵肌带和 2 列肠袋,离心回中无纵肌带和肠袋。

反刍动物的结肠

反刍动物的结肠通常也分为升结肠、横结肠和降结肠 3 部分(图 8-90)。升结肠是结肠中最长的部分,呈螺旋状排列。

离开盲肠后,升结肠形成**乙状弯曲**(结肠近袢,ansa proximalis coli),肠管起初向前凸,继而向后凸。然后肠管变窄并转向腹侧形成双**螺旋肠袢**(ansa spiralis),与肠系膜左侧相接触。牛结肠 2 **圈向心回**(gyri)在螺旋**中心曲**处反转,然后延续形成 2 **圈离心回**。绵羊有 3 圈向心回,山羊有 4 圈向心回,然后形成相同数量的离心回。小型反刍动物由于其内粪便分开排列的特点,离心回外观呈现串珠状。小型反刍动物离心回的后部离开螺旋袢接近空肠,环绕空肠淋巴结。牛的整个螺旋肠袢形成扁平的盘状结构,而小型反刍动物形成低矮的锥状结构。

离心回出旋袢后,升结肠延续至**终袢**(结肠远袢,ansa distalis coli),先向后到骨盆入口处,而后折转向前转为横结肠。**短的横结肠**从肠系膜根的前部跨过正中线,向后延续为降结肠。这部分结肠通常嵌在脂肪中,并与肠的临近部分融合。结肠在骨盆入口转为直肠之前先形成乙状弯曲,这种松散的结构使得在直肠触诊时检查者的手有较大的活动范围。

> **临床小知识**
>
> **肠道标志物**
>
> - 十二指肠降部肠系膜总是包含胰的右侧。
> - 十二指肠后曲环绕前肠系膜根部后缘。
> - 十二指肠结肠褶(plica duodenocolica)标志着十二指肠远端的界线,并延伸至降结肠。
> - 回盲褶标示回肠的长度,并延伸至盲肠(马的回盲褶附着在背侧带)。
> - 横结肠从前肠系膜根的前缘通过。
> - 马的盲肠褶在盲肠和左下结肠内侧结肠系膜纵肌带的后部之间延伸。
> - 马的结肠不同部分可以由纵肌带的数量鉴别:
>   - 4 条纵肌带:左、右下结肠和胸骨曲,
>   - 3 条纵肌带:膈曲和右上结肠,
>   - 2 条纵肌带:降结肠,
>   - 1 条纵肌带:骨盆曲和左上结肠。

直肠

降结肠进入骨盆后移行为直肠并向后伸延。直肠位于骨盆腔中最上方。直肠大部分被直肠系膜悬吊,但其末段完全位于腹膜外。腹膜外被富含脂肪的软组织填充。在连接短的肛管之前,直肠膨大形成直肠壶腹,肛管通过肛门与外侧相通(图 8-88)。

肛管及其邻近结构

短的肛管是消化道的终段,通过肛门与外界相通。肛门由内外肛门括约肌控制。肛门内括约肌由平滑肌组成,由直肠表层环形平滑肌形成;肛门外括约肌是起源于尾椎的横纹肌。在肛门处,肠管柱状上皮被皮肤表皮的复层上皮所取代。

在**食肉动物**中,肛管的黏膜可以分为 3 **个相连的环形区**(图 8-98),从前向后分别为:

- 柱区(zona columnaris)
- 中间区(zona intermedia)
- 皮肤区(zona cutanea)

柱区是直肠之后的第一区带,两者由不明显的肛直肠线区分。黏膜有复层扁平上皮,富含淋巴组织。排列有许多**纵褶**(肛柱,columnae anales),肛柱之间为沟(肛窦,sinus anales)。

中间区形成边缘清晰的扇形褶,分为 4 个弧。中间带止于肛皮肤线。肛腺是管泡状腺,产生油脂性分泌物,开口在柱区和中间区的外面。

皮肤区环绕肛门,其范围随下方的肛周腺大小而变化,肛周腺终生生长。肛囊的腺体导管开口在皮肤区的表面。

肛囊(肛旁窦,sinus paranalis)位于肛门内平滑肌和肛门外横纹括约肌之间,大小不等。其壁层包含**肛囊**的腺体

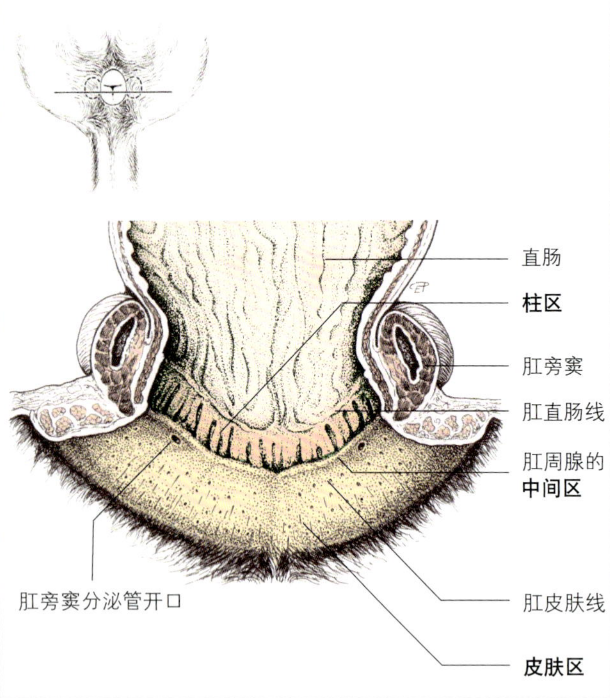

图 8-98 犬的肛管（示意图）

（肛旁囊腺，glandulae sacci paranales），由大的卷曲的顶浆分泌小管构成。这些腺向肛囊中排出恶臭的、浆液的或浑浊的分泌物。其功能是对地盘进行气味标记。

临床小知识

由于犬的肛门囊经常患病，所以肛门囊在临床上相当重要。由于分泌物的累积，肛门囊经常肿大，可能还会发生脓肿、引发疼痛，导致排便困难。

8.4 消化道附属腺

肝和**胰**是与消化道密切相关的两个腺体。它们的众多功能之一，就是产生在胃肠消化中起核心作用的物质。

8.4.1 肝（hepar）

肝是体内最大的腺体，有**外分泌**和**内分泌**的双重功能。肝的外分泌产物——胆汁，在导入十二指肠之前被储存并浓缩在胆囊中。然而，胆囊并不是必需的，包括马在内的几个物种都缺乏胆囊。胆汁的功能是在吸收之前乳化脂肪族化合物。它也含有血红蛋白代谢的最终产物和某些药物代谢的副产物。

肝的内分泌物质被释放入血液，对于脂肪、碳水化合物和蛋白质的代谢具有重要的作用。胃肠道静脉系统的解剖结构，保证了吸收入血液的所有消化产物在进入全身循环之前先通过肝。肝还是糖原的储存场所，在幼龄动物中又是造血器官（关于肝功能的更详细描述见生理学教材）。

重量

不同动物之间甚至同一动物的不同个体之间，肝的大小差异很大，很大程度上取决于体重和年龄。肝占体重百分比的平均值为：

- 猫 2%
- 犬 3%～4%
- 猪 2%～3%
- 食草动物 1%～1.5%

动物胚胎期肝占据腹腔大部，质量比例更大。幼龄动物肝由于具有造血功能而较成年动物的大。老龄动物肝常出现明显萎缩。

形态、位置和种属差异

肝位于季肋内部，紧贴膈的后部。肝大部分位于正中矢状面右侧，反刍动物的肝受瘤胃的发育挤压，完全位于腹腔的右侧。活体动物中肝适应邻近器官的形态（图 8-110 和图 8-111），原位固定时，保持与这些临近器官的形态一致，并形成压迹。

肝具有朝向膈的凸面（膈面，facies diaphragmatica）和朝向其他腹腔脏器的凹面（脏面，facies visceralis）。这两个面在腹外侧汇合成**锐缘**（margo acutus）和背侧的**钝缘**（margo obtusus）。脏面的特征是有**肝门**（porta hepatis），门静脉、胆管和肝动脉通过肝门进出肝，肝与胆囊密切相关。

在大多数物种中，肝由腹侧缘的裂隙分为大致 4 个叶（图 8-99）：

- 肝左叶（lobus hepatis sinister）
- 肝右叶（lobus hepatis dexter）
- 肝尾叶（lobus hepatis caudatus）
- 肝方叶（lobus hepatis quadratus）

不同物种间肝的**分叶模式**有很大差异。犬猫等脊椎活动性大的动物的肝比活动性小的食草动物的肝有更多的分叶。有假说认为，当脊柱最大程度地弯曲或伸展时，肝叶间很容易滑动。对于那些没有明显裂隙存在的动物，理论上的分叶仍然适用，即由某些界标假想的延伸线将肝划分为上述列出的 4 个主叶（图 8-99）。

食肉动物的肝分为 **4 个叶**和 **4 个亚叶**以及 **2 个突**：左、右肝叶又可分为内叶和外叶（左、右内叶和左、右外叶），肝尾叶分为尾状突（processus caudatus）和乳突（processus papillaris）（图 8-100、图 8-104 和图 8-105）。猪肝与犬肝相似，但没有乳突（图 8-101、图 8-106 和图 8-107）。马只有肝**左叶**分为**内**、**外叶**，而肝右叶不发生分叶；尾叶具有尾状突，但没有乳突（图 8-103）。反刍动物的肝没有**裂隙**（图 8-102），由**肝左叶**、**肝右叶**、**肝方叶**和**尾叶**组成，叶的边界由如图 8-99 所示的解剖假想延伸线确定。

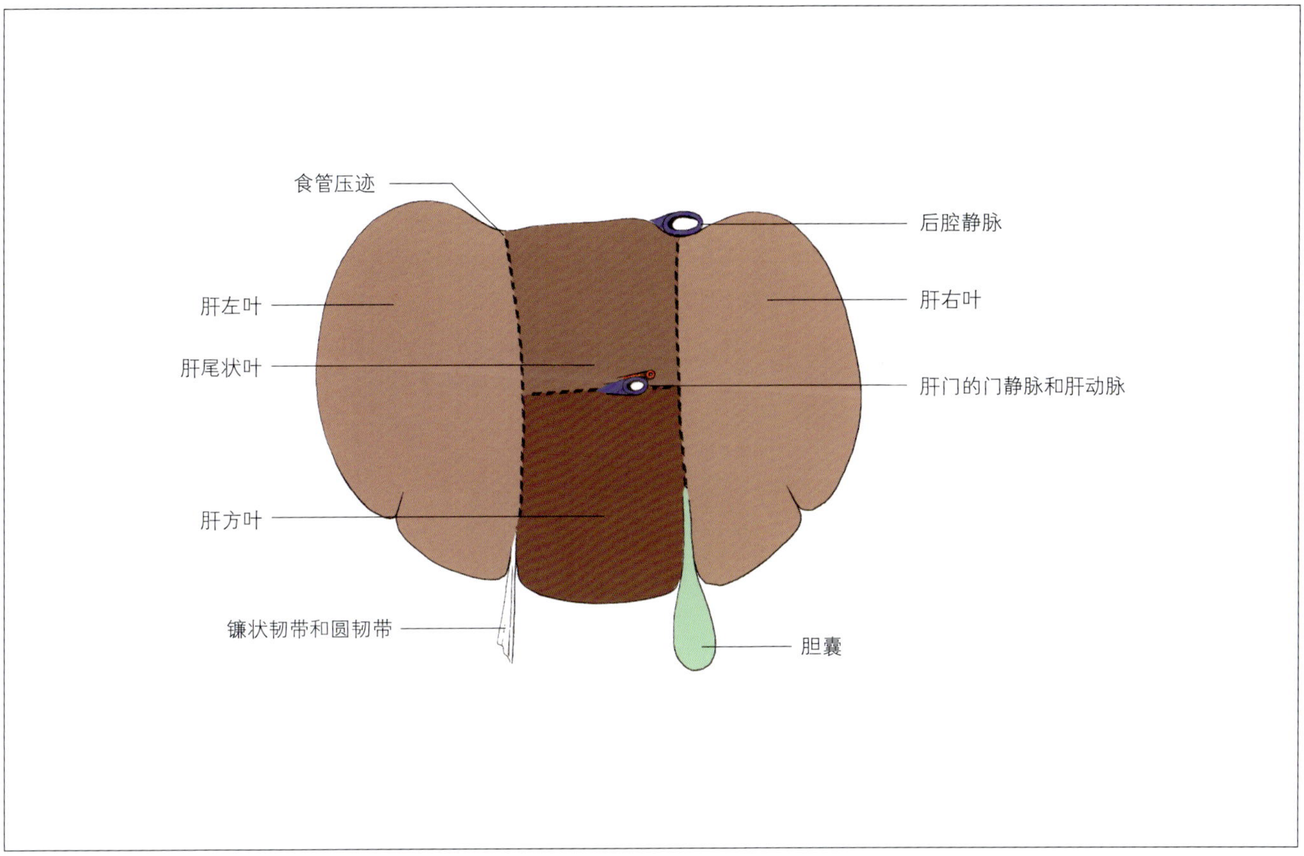

图 8-99 肝的分叶模式(示意图)

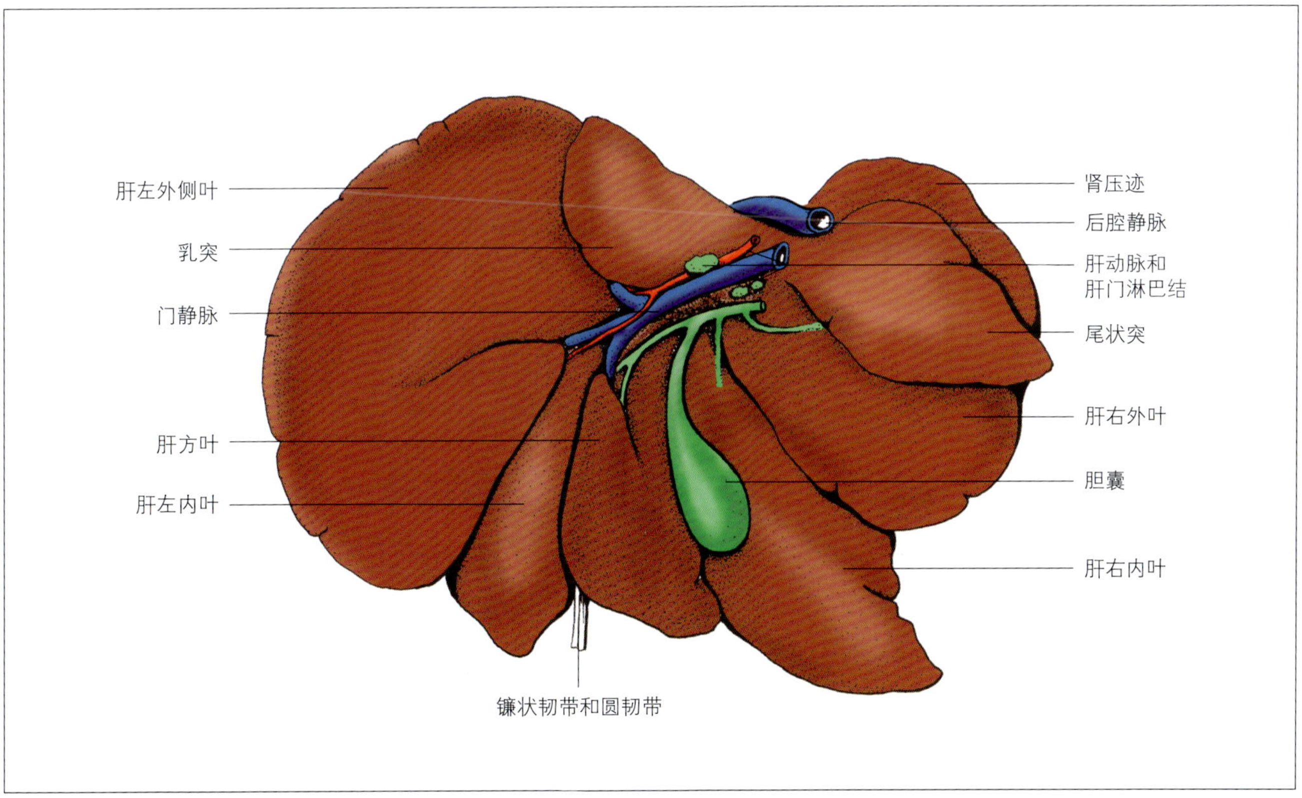

图 8-100 犬肝(示意图,脏面)

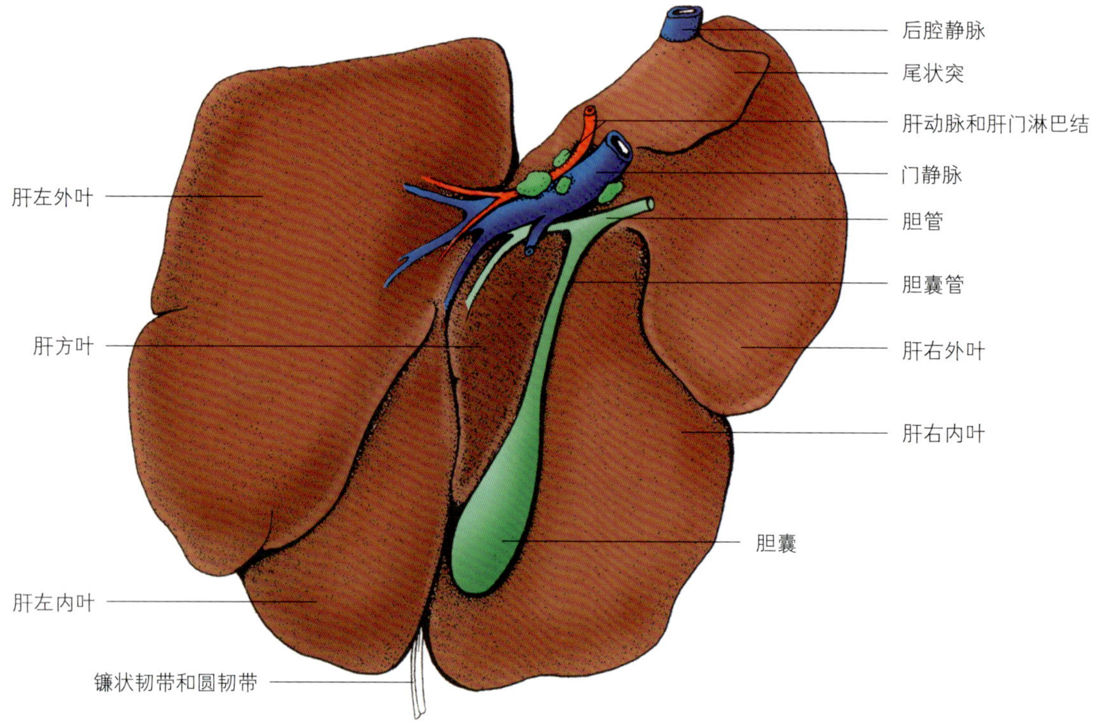

图 8-101 猪肝(示意图,脏面)

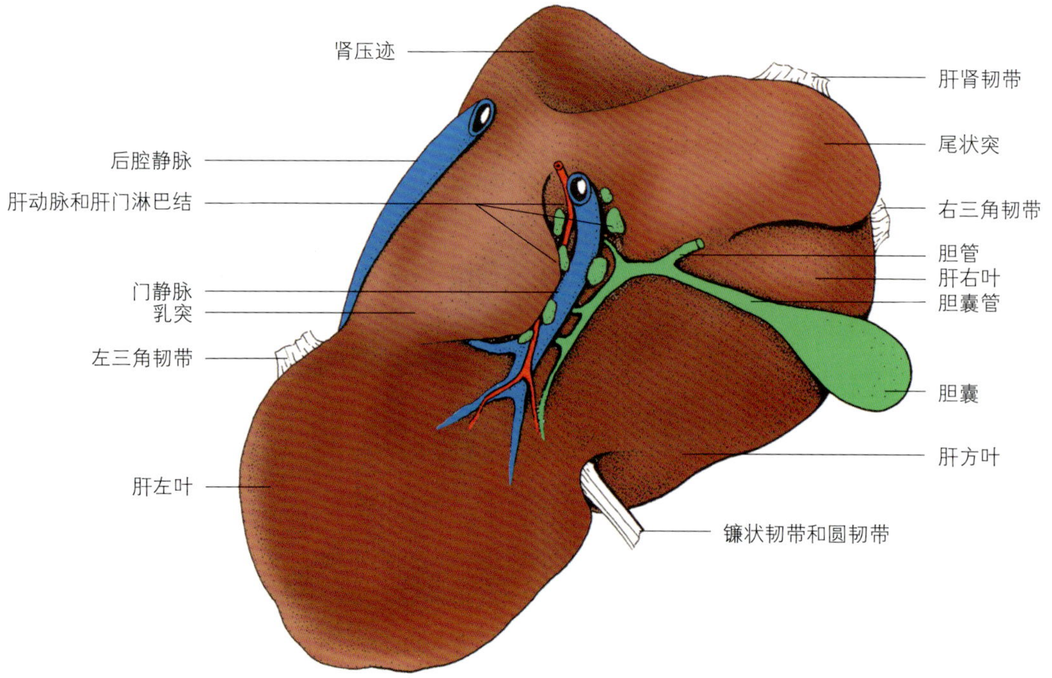

图 8-102 牛肝(示意图,脏面)

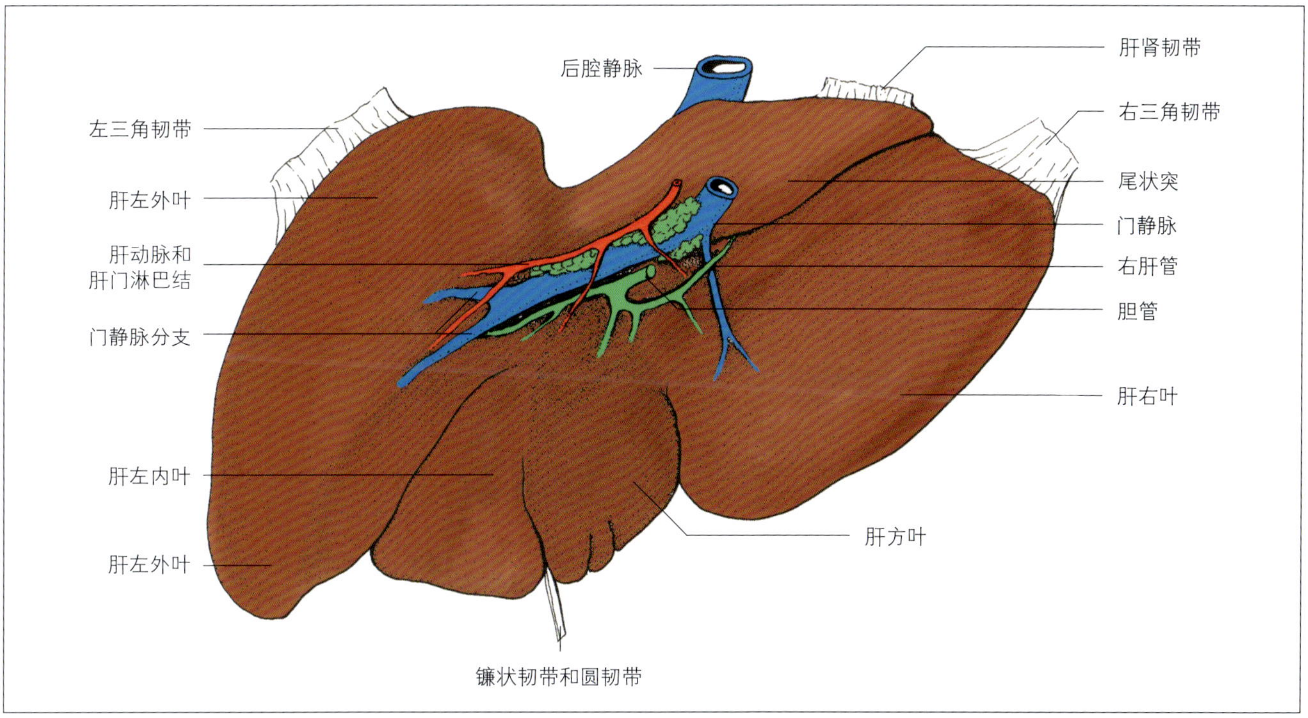

图 8-103 马肝(示意图,脏面)

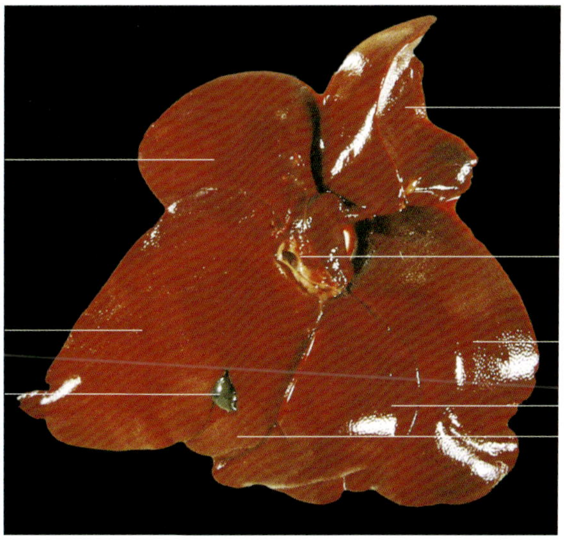

图 8-104 猫肝(膈面)

在原位固定的肝标本中,可见一些**压迹**和**切迹**。脏面有胃、十二指肠、胰、右肾(猪除外,其肾的位置十分靠后)和各肠段的压迹,不同动物有差异。

背侧缘的左侧有食管压迹,右侧有右肾压迹,它的内侧有后腔静脉通过的沟。

肝脏的结构

肝游离面几乎完全被腹膜覆盖,形成浆膜,与下面纤维囊融合包围整个肝。血管经小叶间结缔组织进入肝内。肝实质被更细的小梁分成无数个小单位,即**肝小叶**(lobuli hepatis)(图 8-108)。

猪的肝小叶界线特别明显,在食肉动物中也大致可见,外观为直径约为 1 mm 的六角形区域。肝小叶是肝中肉眼可见的最小功能单位,由弯曲的**肝细胞板**(laminae hepaticae)和肝板间充满血液的腔隙,即**肝窦状隙**构成(图 8-108)。根据其血管构筑,肝小叶可分为以下几类:

- 多边形肝小叶,中央只有一条中央静脉
- 肝门周肝小叶,中心有肝动脉、静脉和小管

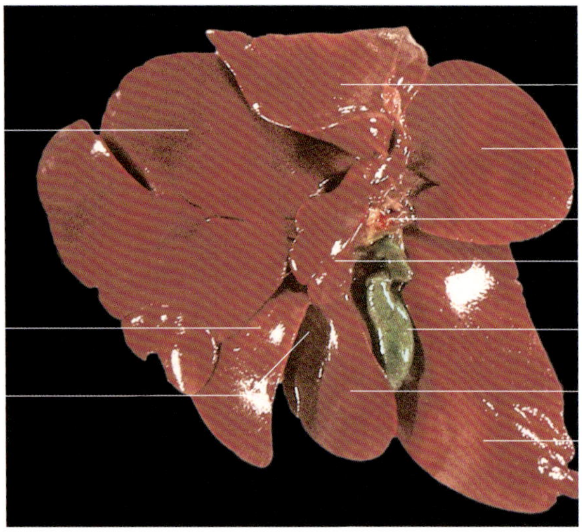

图 8-105　猫肝（脏面）

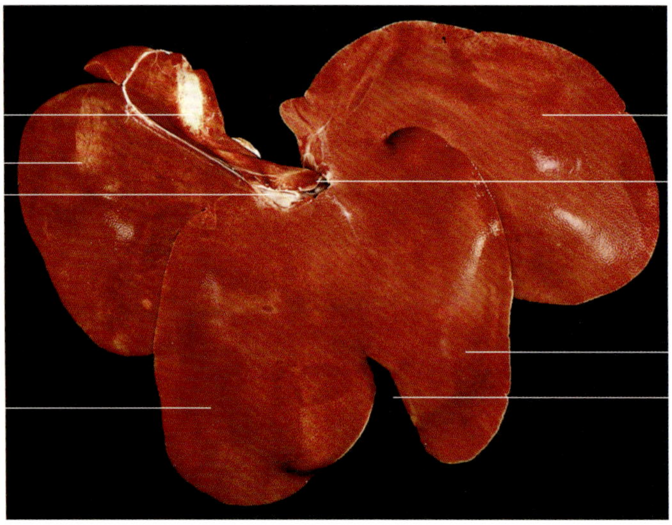

图 8-106　猪肝（膈面）

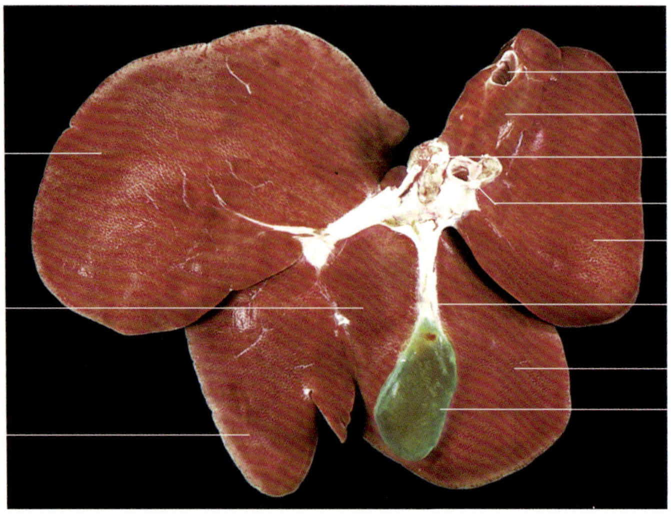

图 8-107　猪肝（脏面）

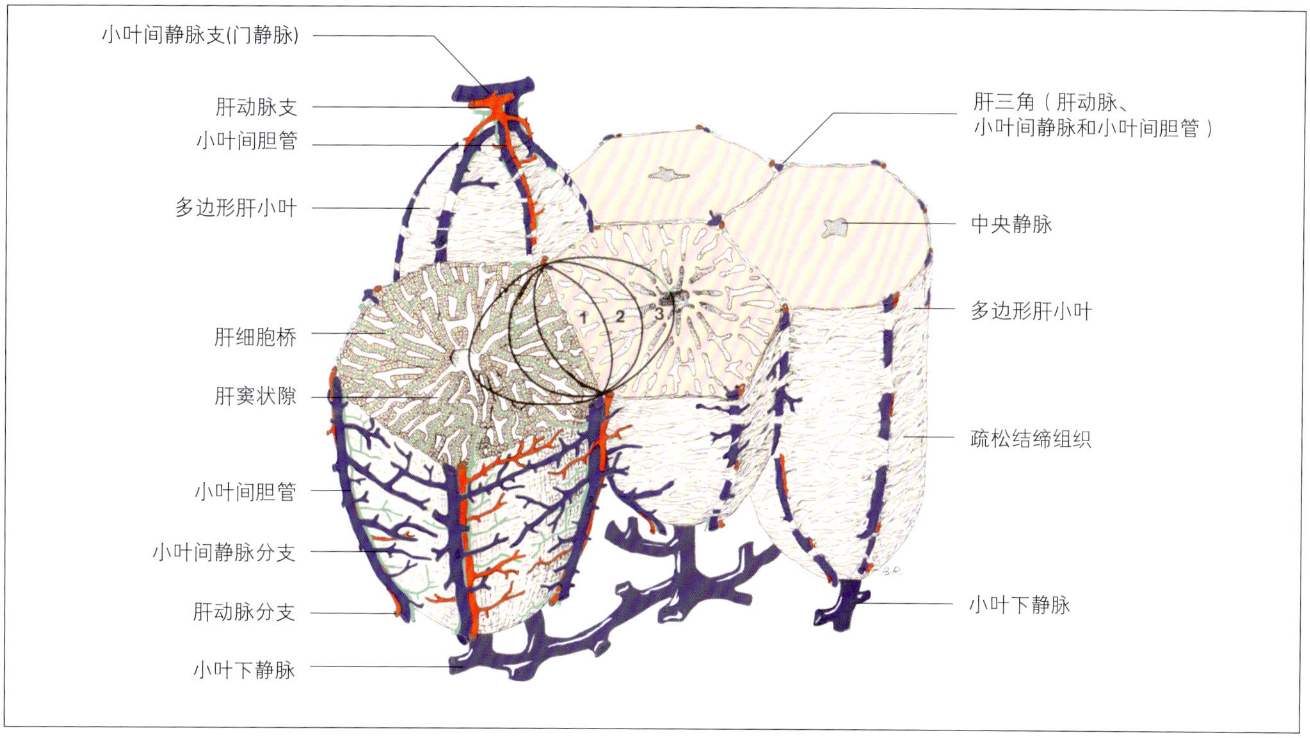

图 8-108 肝小叶与输入和输出血管的关系(示意图,三维)

血液供应

肝接受**肝动脉**(a. hepatica)和**门静脉**(v. portae)的丰富血液供给(图 8-100)。**肝动脉**为**腹腔动脉**(a. coeliaca)的分支,为肝提供营养。肝动脉与门静脉一起从脏面的肝门进入肝。这两个血管沿着纤维性隔膜和肝管属支一起发出分支。在与门静脉分支一起流入肝血窦之前,肝动脉供应血液到肝、肝被膜、肝内胆管系统、血管壁和神经。因此,肝实质细胞处于肝动脉和门静脉的混合血液中,并从这两条血管获得营养。

门静脉(图 8-100、图 8-110 和图 8-111)有 3 个分支:脾静脉、肠系膜前静脉和肠系膜后静脉。它们汇聚腹腔中**所有非成对器官**(胃、胰腺、肠、脾)的血液,向肝运输功能血。门静脉的属支和贲门-食管区静脉以及直肠肛门区静脉组成侧支吻合。当肝内循环发生损伤时,如肝硬化,这些器官的血液会改变路线,经这些侧支回流。

胎儿的**静脉导管**是脐静脉干的直接延续,穿过肝并绕过肝循环汇入后腔静脉,一些个体(特别是犬和猫)出生后仍然存在门静脉-腔静脉旁路,需要进行外科手术矫治。

肝静脉回流始于**肝小叶中央**的中央静脉。这些静脉汇聚肝动脉和门静脉的混合血液,这些血液在肝窦状隙中发生混合并与肝细胞相接触。邻近的**中央静脉**融合形成**小叶下静脉**,小叶下静脉相互融合形成**肝静脉**(图 8-108)。肝静脉在膈面离开肝后汇入**后腔静脉**。肝内血管分支的详细知识在人医肝外科中是必不可少的,但在兽医学中并不那么重要。

神经分布

肝受**交感神经**和**副交感神经**双重支配。它接收来自**迷走神经腹侧干**的传入和传出纤维,也接受源于**腹腔神经节**的交感纤维。

淋巴管

肝淋巴管注入**肝门淋巴结**,该淋巴结位于**肝门**附近的小网膜内。

韧带

肝与胚胎发育中存在的腹侧肠系膜有密切联系,韧带没有支持功能,只是运送血管、神经和淋巴管。它有 **3 个不同的部分**:

- 肝镰状韧带(ligamentum falciforme hepatis)
- 肝十二指肠韧带(ligamentum hepatoduodenale)
- 肝胃韧带(ligamentum hepatogastricum)

肝镰状韧带是腹侧系膜的遗迹,在肝、膈和腹侧体壁之间延伸。胎儿时期,其游离端包含有**脐静脉**(v. umbilicalis),出生后消失,形成**圆韧带**(肝圆韧带,ligamentum teres hepatis)(图 8-100、图 8-110 和图 8-111)。

肝十二指肠韧带和**肝胃韧带**起于**肝门**,分别延伸至**十二指肠**和**胃**。它们构成**小网膜**,并将胆管连通至十二指肠,使门静脉和肝动脉通向肝。在小网膜与胃小弯连接处,含有胃左动脉和胃右动脉。肝由入肝的血管以及来自膈的纤维性膜和浆膜性膜固定。有 3 种韧带为肝提供机械性支撑：

- 左三角韧带（ligamentum triangulare sinistrum）
- 右三角韧带（ligamentum triangulare dextrum）
- 冠状韧带（ligamentum coronarium hepatis）

冠状韧带为环绕后腔静脉、从肝到膈的短韧带，具有不规则的外表轮廓，其边缘形成三角韧带。左、右**三角韧带**在每侧肝的背部和膈之间延伸（图 8-110 和图 8-111）。

胆管

胆汁由肝细胞板产生，被排入**胆小管**。胆小管又称**胆毛细管**，位于肝细胞之间，无自身管壁。胆小管合并成**小叶间胆管**（ductuli interlobulares），与肝动脉和门静脉的分支一起位于小叶间间质组织中。小叶间胆管汇合形成**叶胆管**（ductus biliferi）（组织学教材中有更详细的描述）。

肝外胆管包括源于肝的**肝管**（ductus hepatici）、至胆囊的**胆囊管**（ductus cysticus）和至十二指肠的**胆管**（ductus choledochus）（图 8-110）。

马和反刍动物的叶胆管汇合形成**左、右肝管**（ductus hepaticus sinister et dexter），肝管进一步汇合形成**肝总管**（ductus hepaticus communis）。猪肝左叶的叶胆管汇合形成一条左肝管，而肝右叶的叶胆管汇入肝总管。

在食肉动物中，每个肝叶都有其自身的叶胆管，汇入胆囊管中，没有左、右或总肝管。胆管的起始处以总肝管或最后叶管与胆囊管连接处为标志。胆管开口于十二指肠近段的**十二指肠大乳头**。

8.4.2 胆囊（vesica fellea）

囊状的胆囊位于肝的脏面接近于肝门的凹窝中（图 8-99 至图 8-102、图 8-104、图 8-105、图 8-107 和图 8-109）。在猫的膈面也可以看到胆囊。胆囊储存胆汁并且在必要时将其排入十二指肠中，也通过褶皱黏膜的吸收作用使胆汁浓缩。**马没有**胆囊（图 8-103）。

8.4.3 胰

与肝相似，胰也具有**外分泌**和**内分泌**双重功能。其外分泌产物胰液通过一个或多个导管输送到十二指肠中，胰液中包含 3 种酶：第一种用于分解蛋白质，第二种用于分解碳水化合物，第三种用于分解脂类。胰的内分泌部产生胰岛素、胰高血糖素和生长抑素（关于胰功能的更详细描述可参见生理学教材）。

胰位于腹腔背部靠近十二指肠近段（图 8-110），可以分为 **3 个部分**：

- 胰体（corpus pancreatis）
- 胰右叶（lobus pancreatis dexter）
- 胰左叶（lobus pancreatis sinister）

原位固定后胰呈背部开口的“V”字形，或像食肉动物和反刍动物具有**门静脉切迹**（胰切迹，incisura pancreatis），或像马和猪有的胰上有门静脉穿过（胰环，anulus pancreatis）（图 8-112）。

图 8-109 犬肝的铸型标本，示肝动脉、门静脉和胆囊

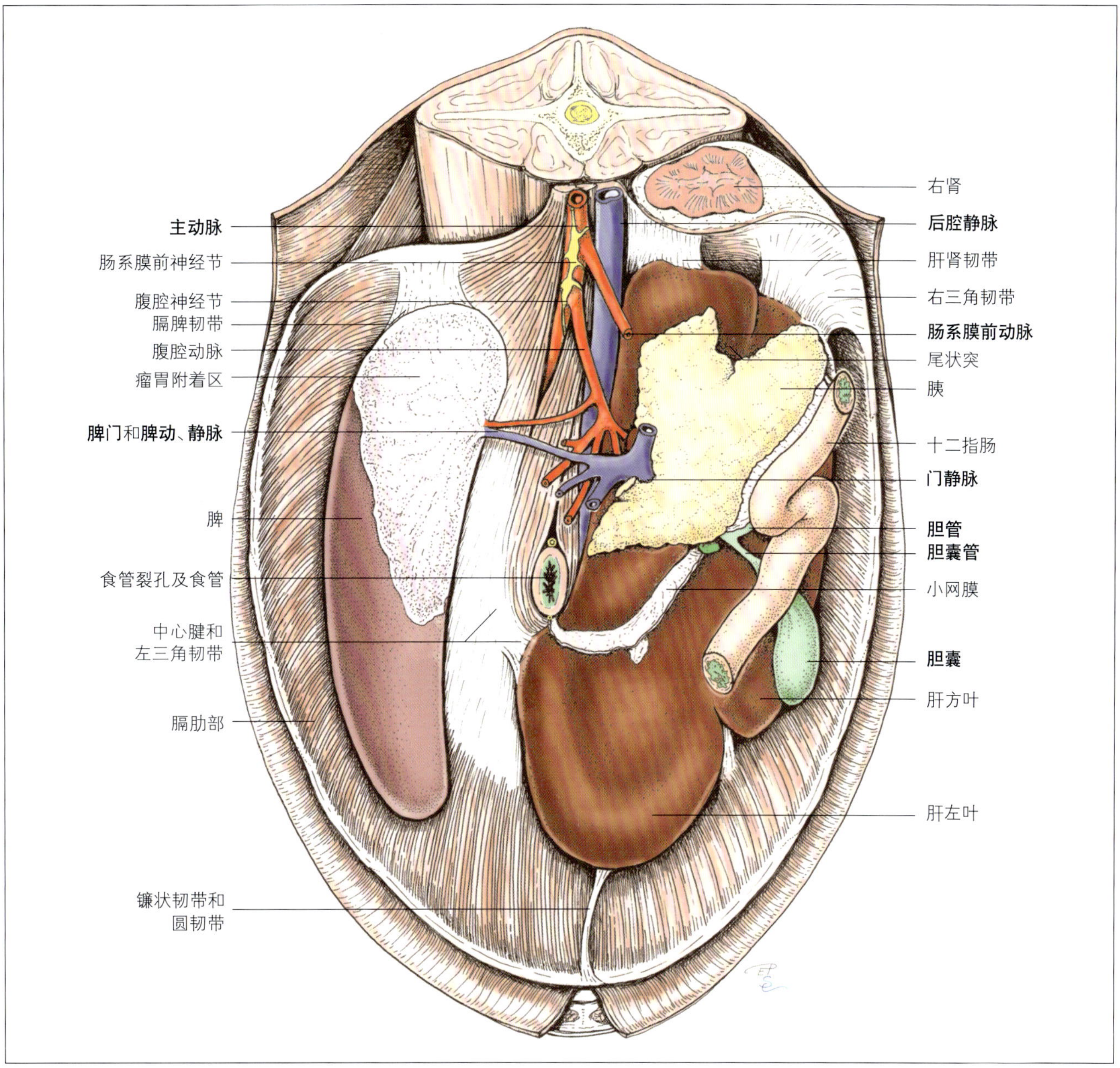

图 8-110 牛腹腔胸内部的器官(示意图,后面观)

食肉动物细长的胰具有典型的“V”字形,由从胰体发出的**两臂**组成(图 8-112 和图 8-113)。**左臂**较短,但较右侧臂厚,在腹腔背侧壁大网膜起始部延伸。较长的**右叶**伴随十二指肠降部在十二指肠系膜内延伸。

猪的胰由大的胰体、左叶和小的右叶组成,右叶包围着门静脉。

马的胰呈**三角形**,由大的致密胰体以及与其相连的短的右叶和较长的左叶构成。**胰环**处有门静脉穿过(图 8-112 和图 8-114)。反刍动物的胰由短的胰体和左右胰叶构成。右叶较大,沿着十二指肠降部的肠系膜延伸。门静脉从胰背侧缘**胰切迹**(incisura pancreatis)通过。

与该腺体从背、腹侧原基的双重起源一致,一些物种具有两条胰管。**胰管**(ductus pancreaticus)通常引流源于腹侧原基的胰液,与胆管一同或相近开口于**十二指肠大乳头**(papilla duodeni major,图 8-116)。

副胰管(ductus pancreaticus accessorius)起于背侧原基形成的腺体部,开口于十二指肠对侧部的**十二指肠小乳头**(papilla duodeni minor)。

这种解剖学结构通常见于犬和马。其他家畜的胰管简化为一条。通常猫和小型反刍动物存在胰管,而猪和牛存在副胰管。因为这两部分在腺体内相通,一个胰管的缺失不影响其功能。胰由许多**小叶**构成,小叶间由少量小叶间结缔组织疏松相连,形成不规则锯齿状边缘的结节状表面。

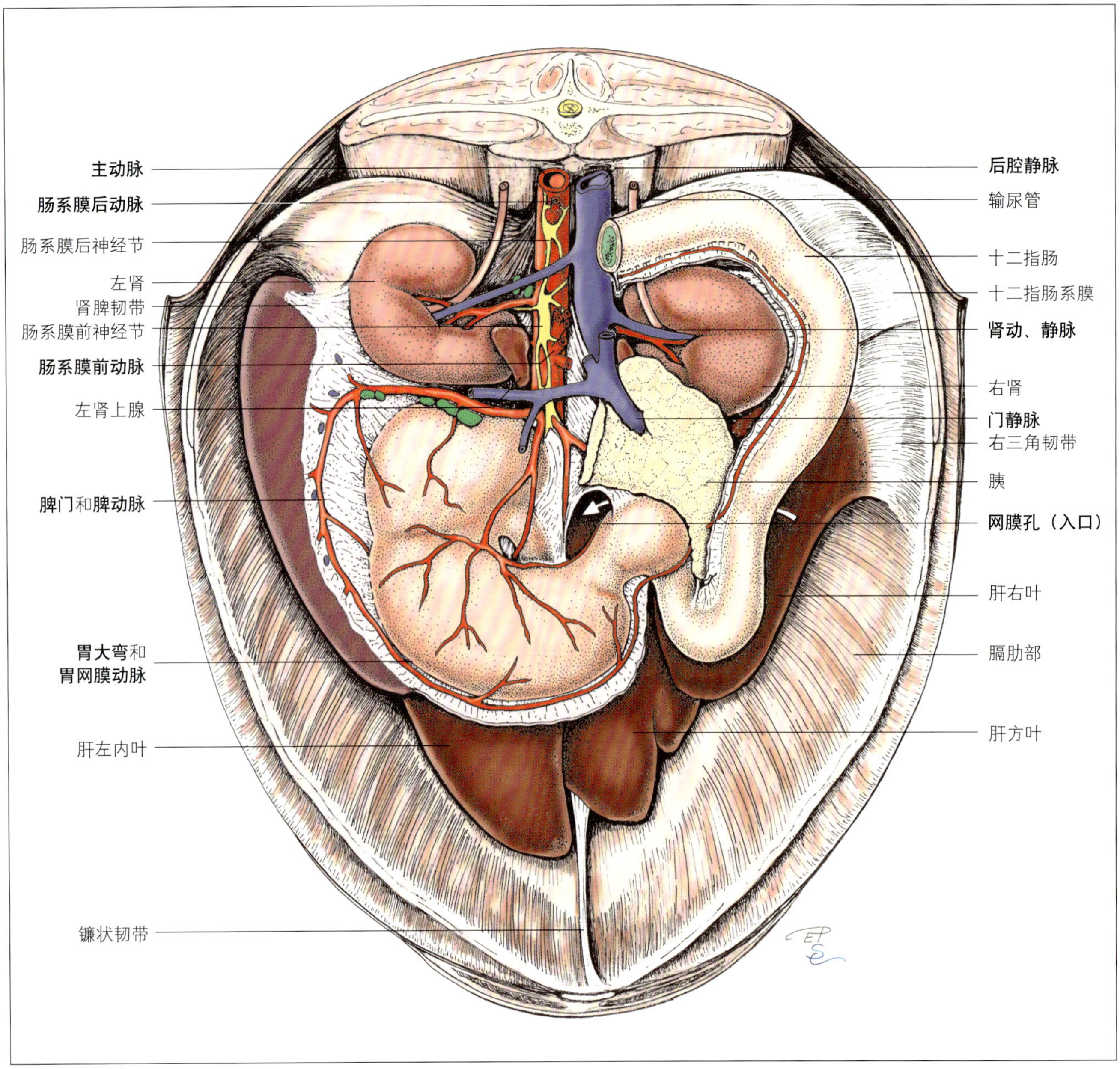

图 8-111　马腹腔胸内部的器官（示意图，后面观）

胰的内分泌部比外分泌部小很多，由许多**胰岛**组成，胰岛是分散在外分泌腺泡间的内分泌细胞团（更详细的描述参见组织学教材）。

胰的**血液供给**来自腹腔动脉和肠系膜前动脉。胰的右叶接受来自**胰十二指肠前动脉**的血液供给，前胰十二指肠动脉是**肝动脉**的一个分支。胰体和左叶由**脾动脉**和**胰十二指肠后动脉**（肠系膜前动脉的一个分支）供给。胰静脉与动脉伴行，最终汇入到门静脉。

总结

不同种属动物的胰管系统

- **猫**：胰管大，部分个体存在小的副胰管
- **犬**：胰管很小，部分个体胰管消失，副胰管很大
- **猪**：副胰管
- **牛**：胰管非常少见，存在副胰管
- **小反刍动物**：存在胰管，少数绵羊有副胰管
- **马**：胰管大，副胰管很小

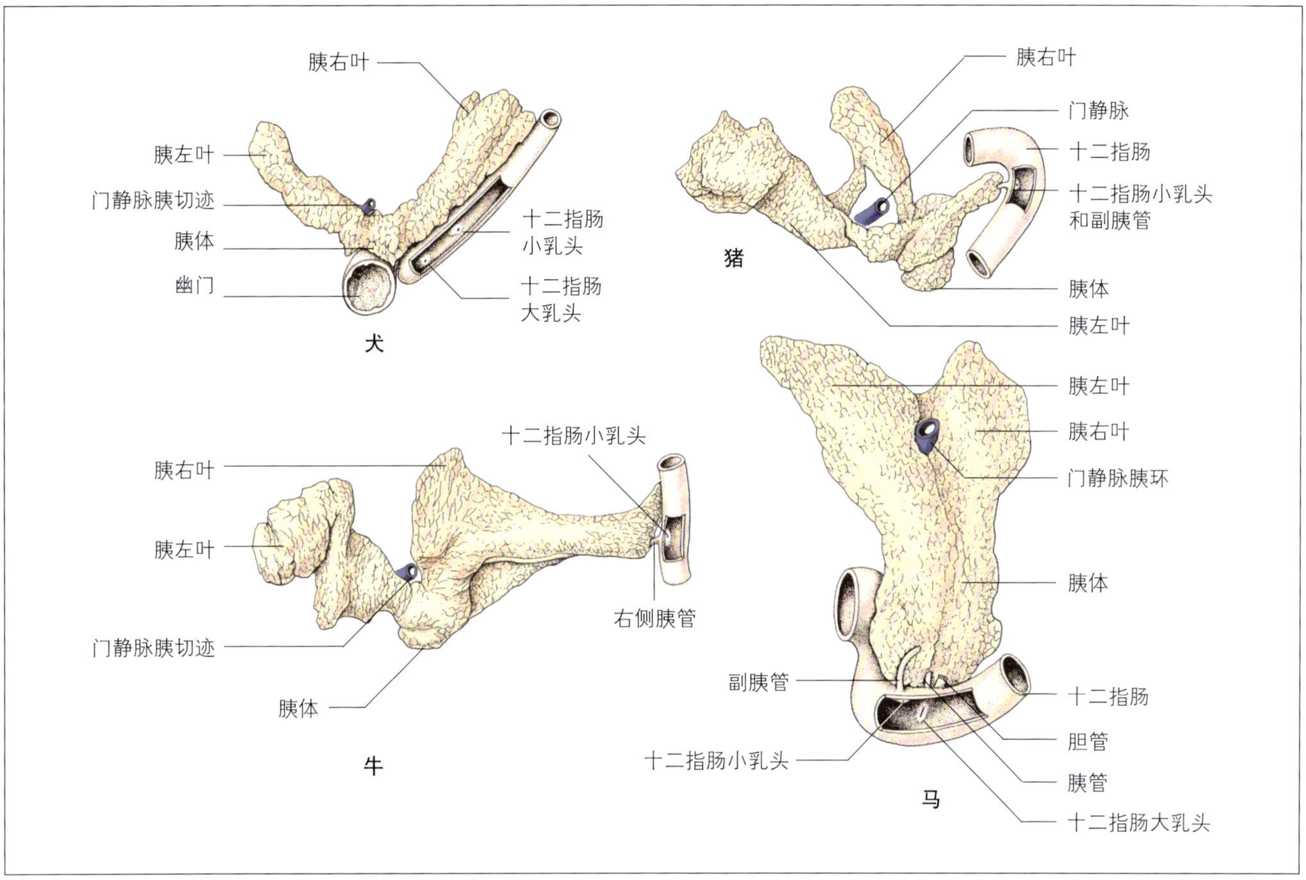

图 8-112 不同家畜的胰(示意图)。仿 Nickel,Schummer 和 Seiferle(1995)

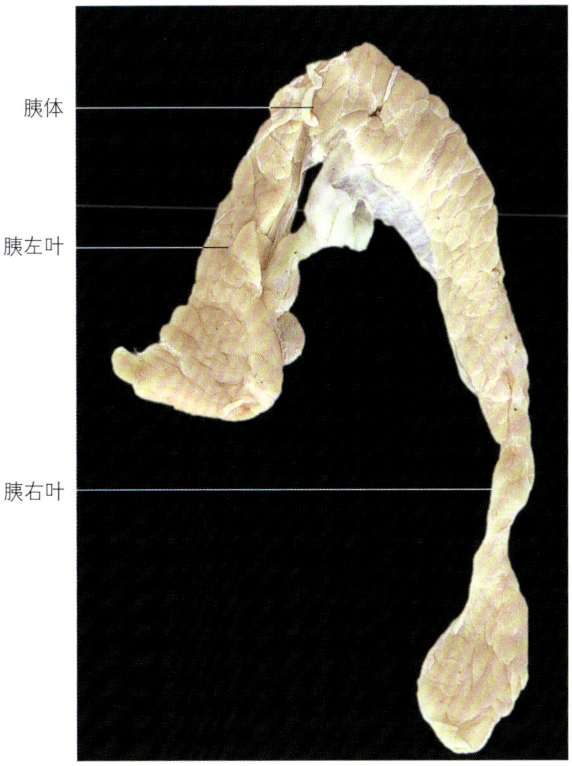

图 8-113 犬的胰(背面观)

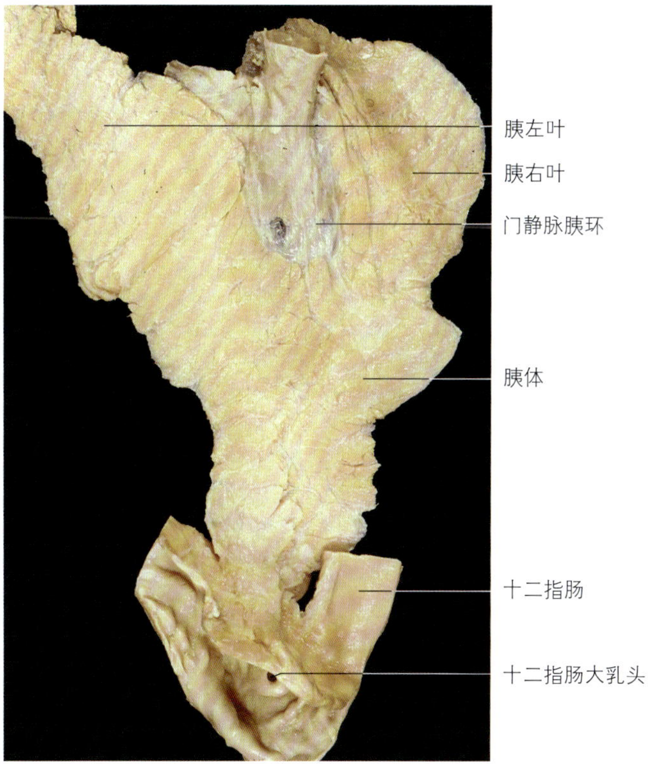

图 8-114 马的胰(背面观)

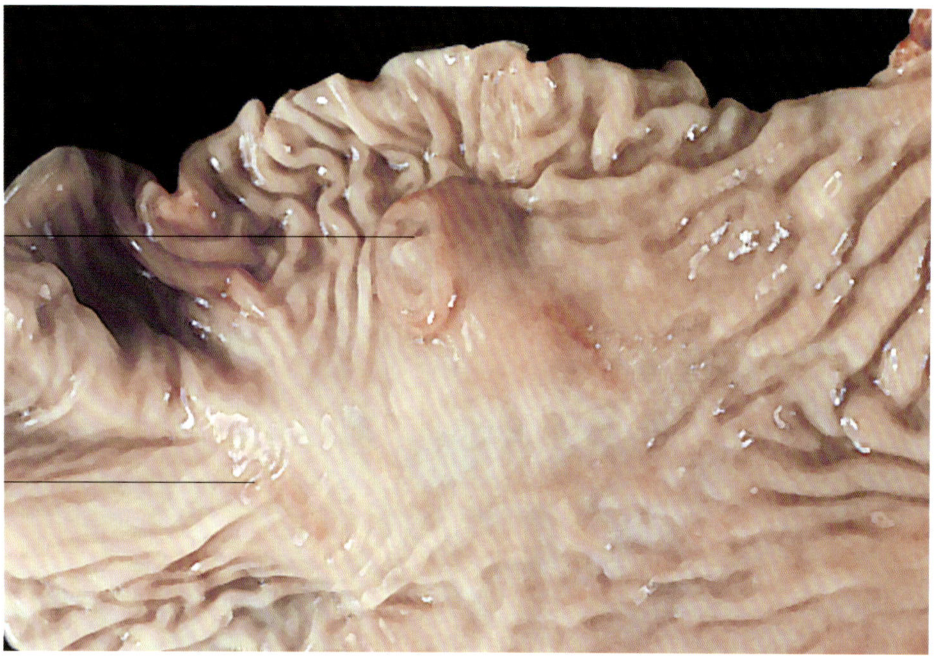

图 8-115 马十二指肠黏膜的管腔表面

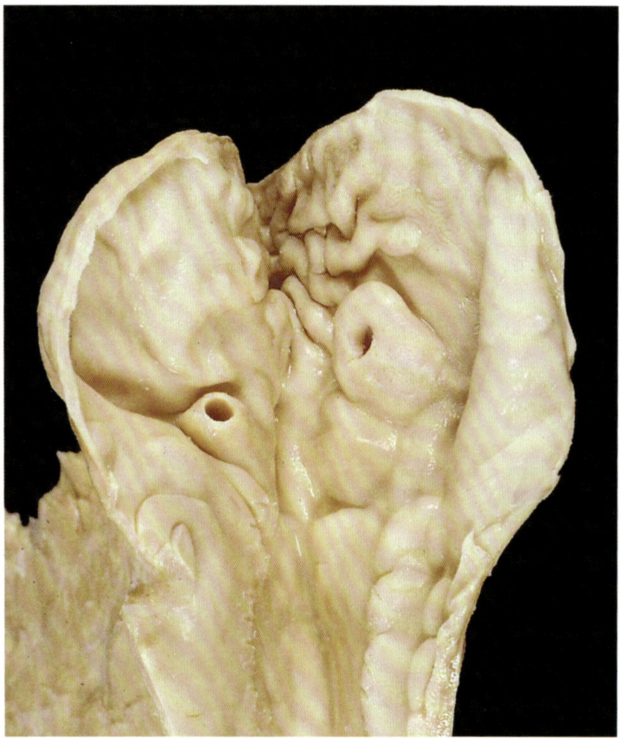

图 8-116 马十二指肠的小乳头(左)和十二指肠大乳头(右)

神经支配

胰接受**副交感神经**和**交感神经**共同支配。副交感神经纤维源于**迷走神经背侧干**(truncus vagalis dorsalis),交感神经纤维源于**腹腔神经丛**(plexus solaris)。

淋巴

胰的淋巴引流入**胰十二指肠淋巴结**(lymphonodi pancreaticoduodenales),后者是**腹腔淋巴结群**(lymphocentrum coeliacum)的一部分。

临床术语

源于解剖学术语的临床术语示例:舌炎、牙周炎、牙周变性、腮腺炎、牙髓炎、咽炎、扁桃体炎、食管炎、胃炎、瘤胃切开术、网胃炎、创伤性网胃炎、肠炎、十二指肠炎、空肠炎、回肠炎、肠梗阻、结肠炎、小肠结肠炎、肝炎、胰腺炎等。

9 呼吸系统 (apparatus respiratorius)

H. E. König 和 H.-G. Liebich

呼吸系统是空气和血液之间进行气体交换的主要场所。呼吸包括气体**进入细胞**的过程和氧在**细胞内**的氧化过程。后者不属于解剖学范畴，将在生理学中讲述。

呼吸道是空气进、出肺的通道，具有滤除吸入空气中的细小尘埃和温暖、湿润空气的作用。在肺部，氧气由吸入的空气扩散至血液，二氧化碳由血液扩散至空气。吸入的空气含有 20.9% 的氧、0.03% 的二氧化碳和 79.4% 的氮，呼出的空气则含有 16% 的氧、4% 的二氧化碳和 80% 的氮。肺和细胞之间的气体运输主要由**循环系统**完成。

呼吸系统可分为**呼吸道**和**气体交换**场所两部分。

呼吸道由以下器官组成：

- 外鼻（nasus externus）
- 鼻腔（cavum nasi）
- 鼻咽部（pars nasalis pharyngis）
- 喉
- 气管
- 支气管
- 肺

肺内的气体交换场所包括：

- 呼吸性支气管（bronchioli respiratorii）
- 肺泡管（ductus alveolares）和肺泡囊（sacculi alveolares）
- 肺泡（alveoli pulmonis）

头部的呼吸器官称为**上呼吸道**（鼻、鼻旁窦、鼻咽部），**下呼吸道**包括喉、气管和肺。

呼吸器官大都被覆**呼吸道黏膜**，即黏液性假复层纤毛柱状上皮。有些区域，如鼻孔、喉和会厌等处由于需要更强的抵抗力，则被覆复层扁平上皮。鼻腔后部的**嗅区**被覆**嗅黏膜**。气体交换部位被覆单层扁平上皮。

9.1 呼吸系统的功能

呼吸系统执行多种功能。鼻内含嗅觉感受器，可依据环境信息辨别方向，保护机体免受有害物质损伤。鼻腔和鼻甲可温暖、湿润空气，过滤异物。喉支撑着气管的入口，调节空气的进出，还与其他器官如舌等协同工作，在发声过程中发挥重要作用。呼吸道各段均可促进水和热量的交换，这对于犬来说尤为重要。气管分支为主支气管，主支气管进一步分支至分支末端，即肺泡，肺泡是气体交换的主要场所。

9.2 上呼吸道

9.2.1 鼻（rhin，nasus）

鼻（希腊语“rhin”）（图 9-1）包括：

- 外鼻孔及相关鼻软骨
- 鼻腔（含鼻道和鼻甲）
- 鼻旁窦

鼻的背侧为鼻骨，外侧为上颌骨和切齿骨腭突，腹侧为上颌骨和腭骨，后部以筛骨筛板为界。鼻的腹侧接鼻咽部。鼻中隔是筛骨嵴向前的延续，由透明软骨组成，将鼻腔分为左、右两部分。随着年龄的增长，软骨的后段会发生骨化。

鼻尖

鼻尖、上颚前部和上颌骨构成鼻口。鼻口的形状、大小及被皮特征具有种属差异性。除马外，所有家畜鼻孔表面皮肤无毛，与周围有毛的皮肤界线清晰，鼻孔周围的皮肤常有触毛。

牛的鼻孔前部皮肤特化形成平滑无毛的**鼻唇镜**（planum nasolabiale），其黏膜面由复层角化上皮构成，内含大量确保黏膜湿润的浆液腺。小型反刍动物、犬和猫的鼻孔周围的皮肤也无毛。**鼻镜**（planum nasale）的中间有正中沟，即人中，向腹侧把上唇分成两部分（图 9-2）。食肉动物的鼻镜表面被位于**上颌隐窝**（recessus maxillaris）内的**鼻外侧腺**和黏膜内的一些小腺体所湿润。

9.2.2 鼻腔(cava nasi)

鼻腔从鼻孔一直延伸至**筛骨筛板**,被**鼻中隔**分成左、右两部分。**鼻甲**(conchae nasales)突入鼻腔的内部,以增加呼吸表面积(图 9-7、图 9-8 和图 9-11)。嗅觉高度发达的动物如犬的鼻甲发育的更加完好,进一步增加了嗅觉表面积。嗅觉表面积以及嗅觉感受细胞数量的增加使得犬比人的嗅觉更为敏锐。鼻黏膜下存在由多重吻合静脉构成的血管丛。

鼻腔在后腹侧经鼻后孔与鼻咽相通。

鼻甲(conchae nasales)

鼻甲是表面覆有鼻黏膜的软骨性或骨性的卷曲状鼻甲骨,占据鼻腔大部(图 9-7 和图 9-15)。鼻甲的排列方式复杂,具有种属特异性。

内鼻甲Ⅰ(endoturbinale Ⅰ)是最长、最靠背侧的鼻甲骨,它突入鼻腔最远,形成**上鼻甲**(concha nasalis dorsalis)的骨质基础。**内鼻甲Ⅱ**(endoturbinale Ⅱ)和内鼻甲Ⅰ相邻,构成**中鼻甲**(concha nasalis media)的骨性部分。其余鼻甲较小,但犬除外,其第Ⅱ ~ Ⅳ内鼻甲发育最为良好。上鼻甲和中鼻甲由内鼻甲形成,**下鼻甲**(concha nasalis ventralis)则是**上颌骨**的一部分。

鼻甲骨的骨质结构(ossa conchae)在第 2 章“中轴骨骼”(49 页)有详细的描述。

鼻道(meatus nasi)

鼻甲把鼻腔分成若干鼻道,这些鼻道皆起自靠近鼻中隔的总鼻道。家畜有 **3 个鼻道**(图 9-9 和图 9-10):

- 上鼻道(meatus nasi dorsalis)
- 中鼻道(meatus nasi medius)
- 下鼻道(meatus nasi ventralis)

上鼻道位于鼻腔顶壁和上鼻甲之间,与鼻腔底部相通,是空气与嗅觉黏膜接触的直接通道。

中鼻道位于上、下鼻甲骨之间,通鼻旁窦。

下鼻道是空气进入咽的主要通道,位于下鼻甲和鼻腔底部之间。

总鼻道(meatus nasi communis)是鼻中隔两侧的纵行通道,与其他鼻道相通。

下鼻道与总鼻道连接处最宽,鼻胃管和内窥镜皆可经该处进入咽。

9.2.3 鼻旁窦(sinus paranasales)

鼻旁窦是鼻腔的憩室,由颅骨内、外骨板之间的含气空腔构成。其骨性结构在第 2 章“中轴骨骼”(49 页)有详细描述。

家畜出生后鼻旁窦显著增大,且大小随着年龄而增加。牛和马的鼻旁窦尤为发达,这主要与其头骨结构有关。一般认为,鼻旁窦有助于保持眼眶、鼻腔和颅腔的温度,增强对其内部器官的机械防护。同时,该结构还显著增加了肌肉附着面积,但头部的重量却未因其而有明显改变。

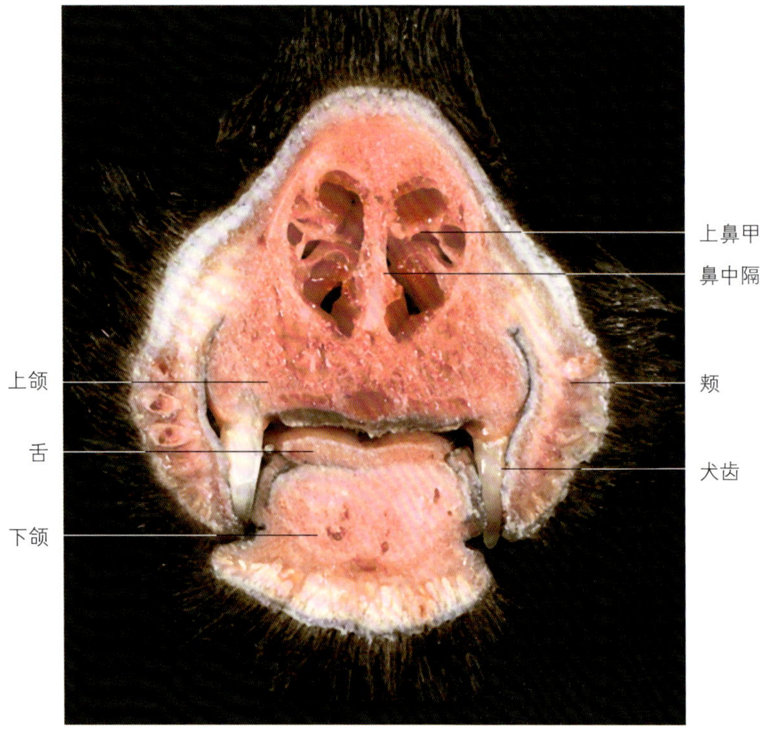

图 9-7 犬头部经犬齿水平处的横断面(额面观)(慕尼黑 J. Maierl 博士、教授提供)

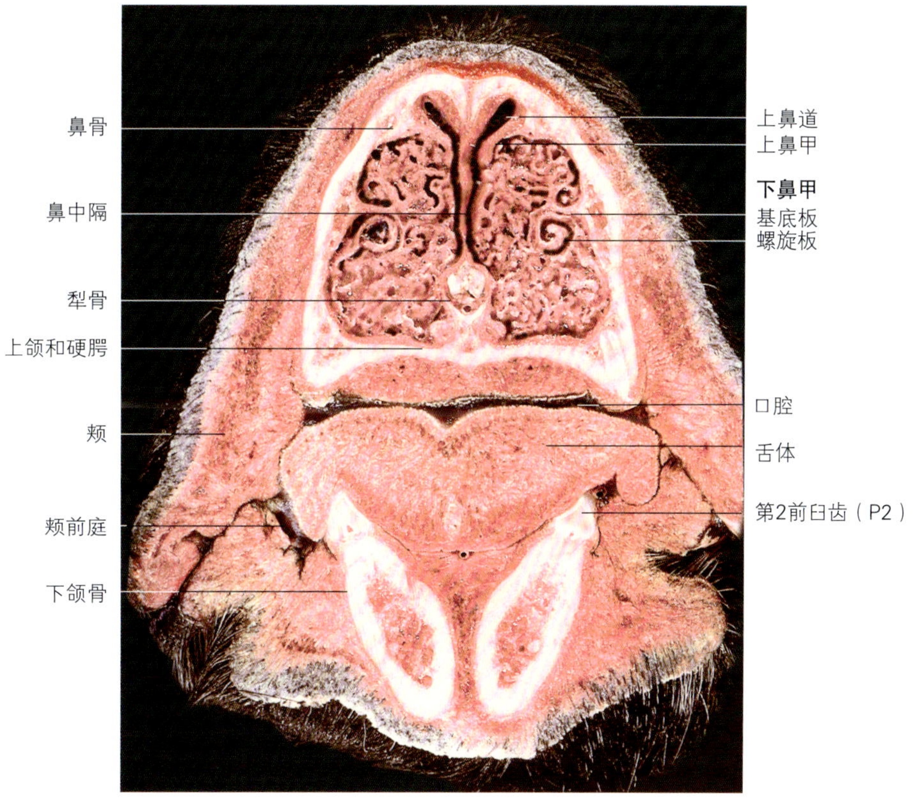

图 9-8 犬头部经第 2 前臼齿水平处的横断面（额面观）（慕尼黑 J. Maierl 博士、教授提供）

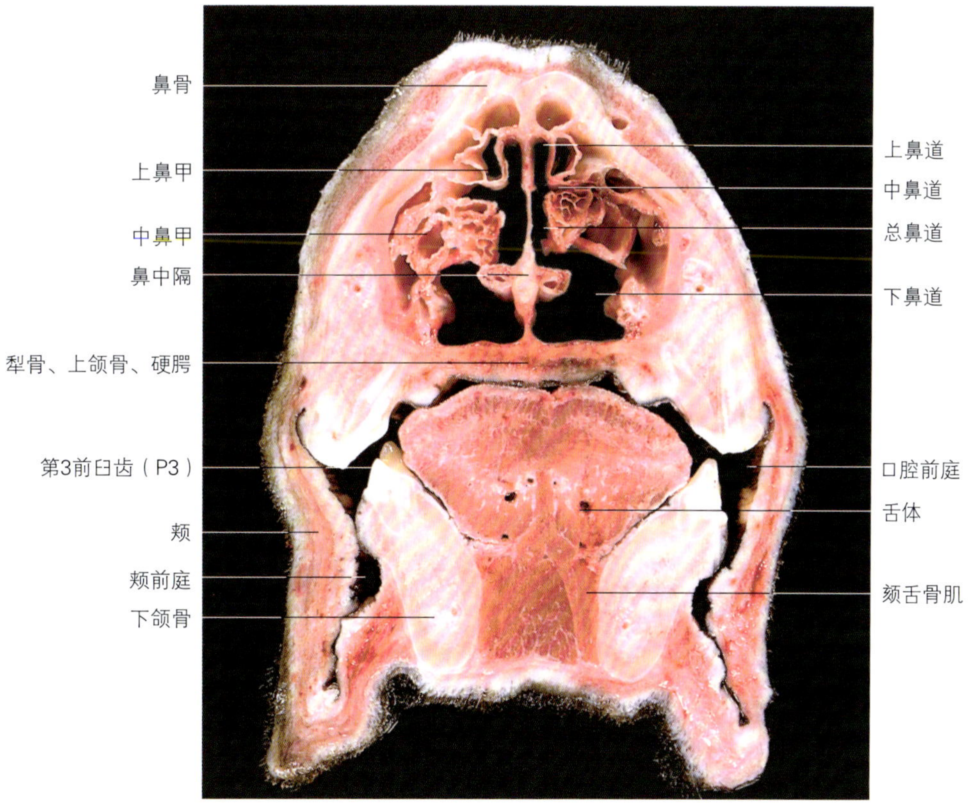

图 9-9 犬头部经第 3 前臼齿水平处的横断面（额面观）（慕尼黑 J. Maierl 博士、教授提供）

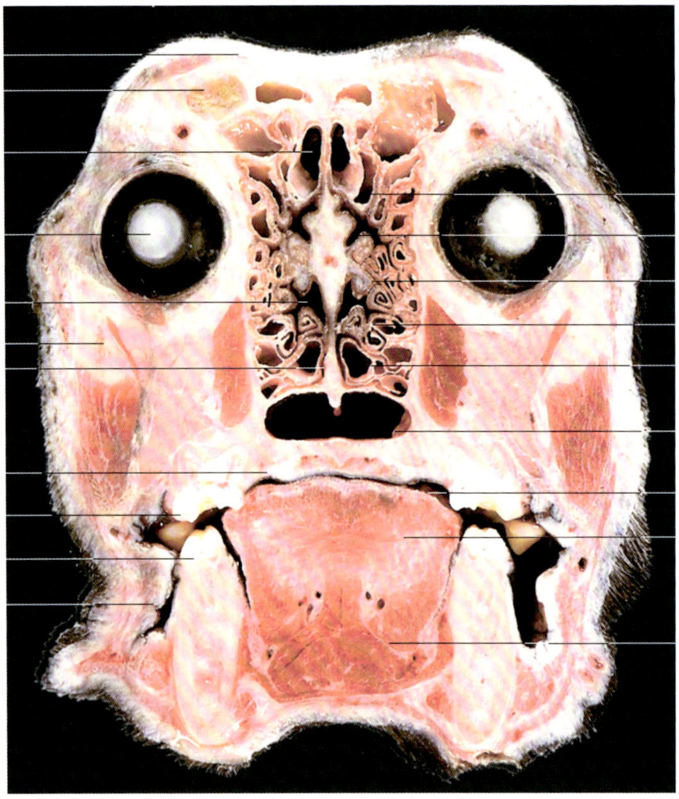

图 9-10　犬头部经第 2 臼齿水平处的横断面（额面观）（慕尼黑 J. Maierl 博士提供）

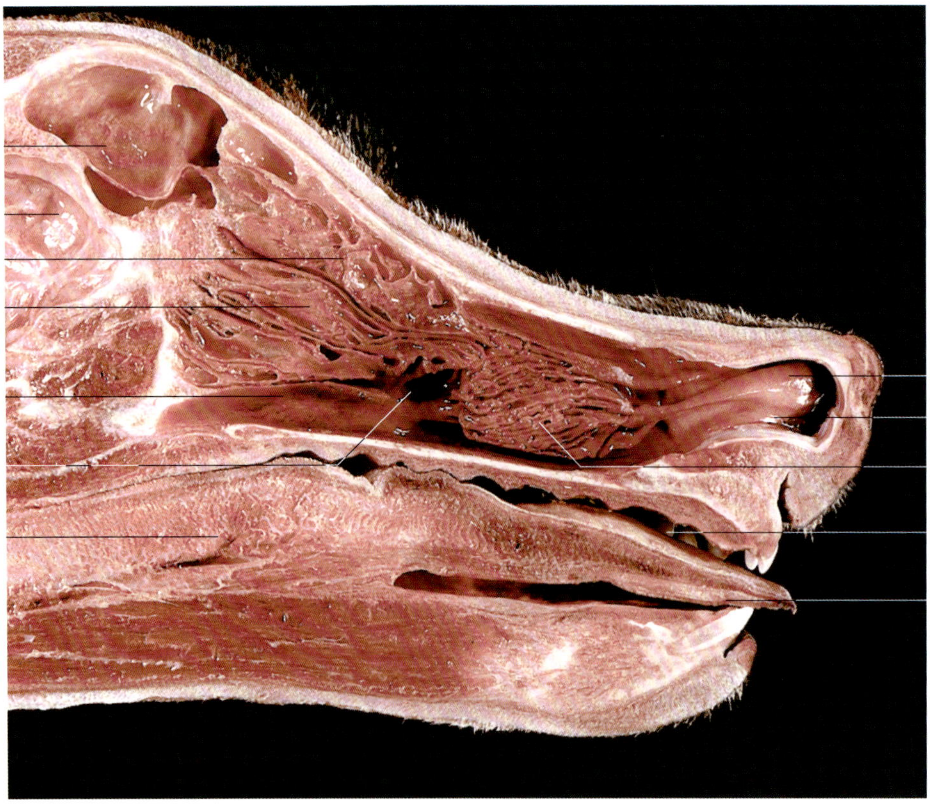

图 9-11　犬头部旁矢状面（内侧面）（慕尼黑 J. Maierl 博士提供）

鼻旁窦内衬**呼吸道黏膜**，该黏膜薄且血管分布稀疏，这被认为是该部位愈合不良的主要原因。炎性反应会引发呼吸道黏膜增厚，这将导致开口本来就狭窄的鼻旁窦近似关闭，使得治疗过程更加复杂。家畜颅骨中**成对的鼻旁窦**主要包括：

- 上颌窦(sinus maxillaris)
- 额窦(sinus frontalis)
- 腭窦(sinus palatinus)
- 蝶窦(sinus sphenoidalis)
- 泪窦(sinus lacrimal)(猪和反刍动物)
- 上鼻甲窦(sinus conchae dorsalis)和下鼻甲窦(sinus conchae ventralis)(猪、反刍动物和马)
- 筛骨小房(筛窦，cellulae ethmoidales)(猪和反刍动物)

上颌窦位于上颌骨后部。马的上颌窦由骨性隔膜分成**较小的前部**(上颌前窦，sinus maxillaris rostralis)和**较大的后部**(上颌后窦，sinus maxillaris caudalis)(图 9-13)。上颌窦的底部以最后 3 颗臼齿的齿槽为界，呈锯齿状。由于该鼻旁窦和齿根之间仅有一薄的骨板相隔，牙周感染时细菌极易穿过骨板引发鼻窦炎。反之治疗齿病时也可通过上颌窦给药的方法进行。

纵行的眶下管凸入上颌窦，将其分为内侧、外侧两部分。二者以**鼻上颌口**(apertura nasomaxillaris)为共同开口，开口呈裂缝状，朝向中鼻道。上颌前窦经**鼻甲上颌口**(apertura conchomaxillaris)通向下鼻甲窦。上颌后窦直接或间接与其他鼻旁窦相通。该解剖结构是马鼻旁窦内感染迅速蔓延的主要原因。

食肉动物的上颌窦称为**上颌隐窝**(recessus maxillaris)更为准确，因为它是鼻腔内位于中鼻甲处的一个憩室，而非头骨内、外骨板间的含气空腔。

额窦位于额骨内，通常与中鼻道相通。马的额窦向后延续为上鼻甲窦，因此又称**鼻甲额窦**(sinus conchofrontalis)。上颌后窦经宽阔的**额上颌口**(apertura frontomaxillaris)与鼻甲额窦连通。

猪和牛的额窦被分成多个部分，一直延伸到额骨颈后部。反刍动物的额窦可延伸至额骨角突，这是断角后极易诱发额窦炎的主要原因。

马的**腭骨**和**蝶骨**内部亦形成空腔。腭窦与蝶骨窦相通称为**蝶腭窦**，蝶腭窦与上颌后窦相通(图 9-13)。其视交叉位于蝶窦的背侧，两者间仅由一薄的骨板相隔。因此发生鼻窦炎时，细菌极易感染视神经，导致视觉损伤。

9.3 下呼吸道

9.3.1 喉

喉是一个双侧对称的管状肌性、软骨器官，连通咽和气管(图 9-12、图 9-16 和图 9-18)。喉保护气管的入口，防止异物被吸入下呼吸道。喉也是重要的发声器官。喉壁

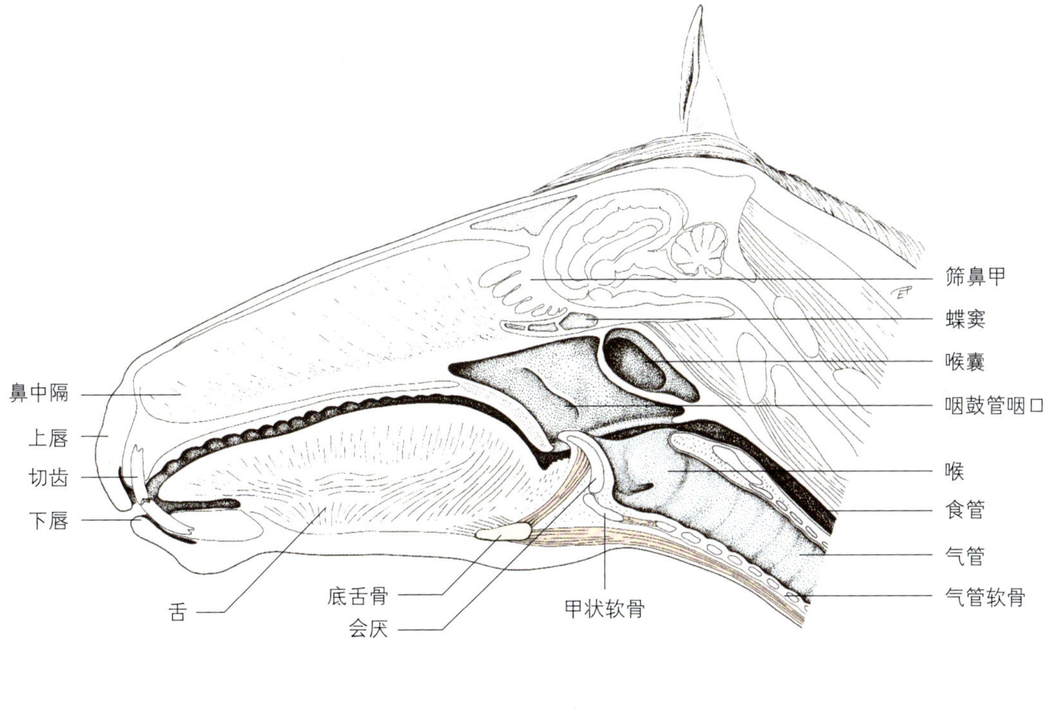

图 9-12 马头部矢状面，示咽和喉(示意图)

由喉软骨及与其相连的肌肉和韧带组成，前接舌器，后连气管。喉壁围成**喉腔**（cavum laryngis），喉腔依靠**声带**（plicae vocales）进行收缩（图 9-20）。吞咽时，会厌向后倾斜，部分盖住喉前口。喉腔向后延续为气管腔（图 9-20）。

尽管喉后部被覆呼吸道黏膜，但喉腔表面的大部分被覆复层扁平上皮。

喉软骨（cartilagines laryngis）

喉部骨骼由**双侧对称的喉软骨**组成（图 9-14 和图 9-17）：

- 会厌软骨（cartilago epiglottica），是形成会厌的基础
- 甲状软骨（cartilago thyroidea）
- 杓状软骨（cartilagines arytenoideae）
- 环状软骨（cartilago cricoidea）

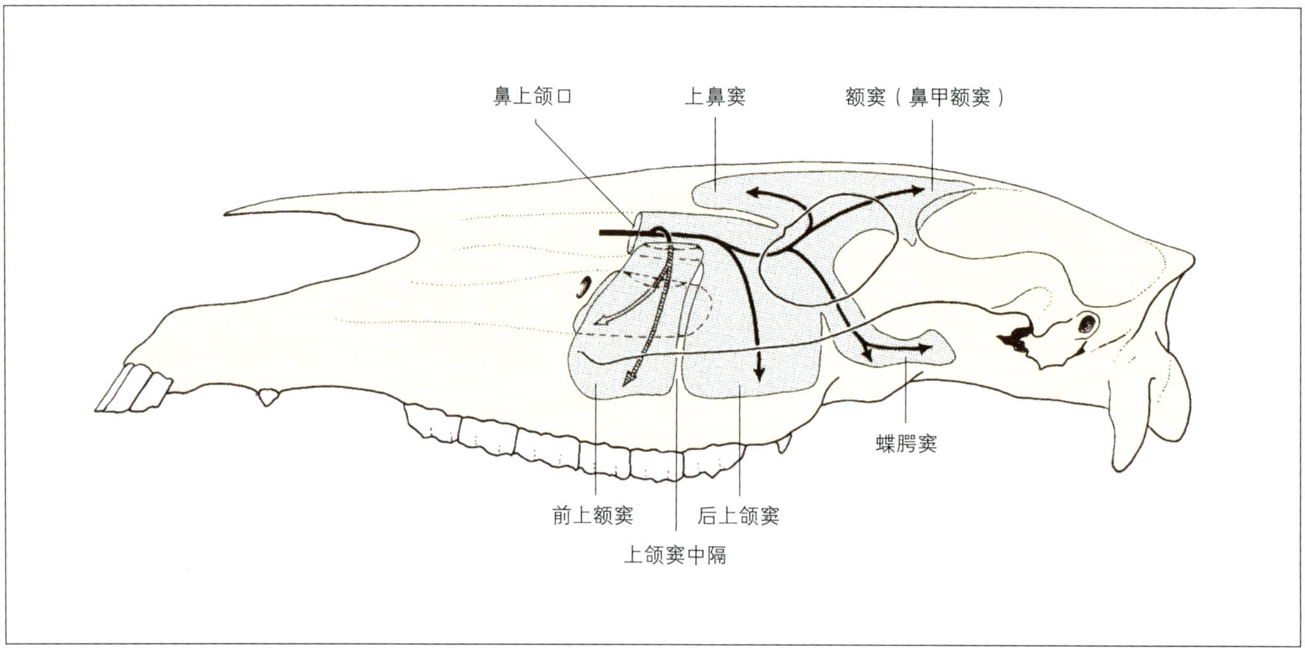

图 9-13 马的鼻旁窦（示意图）

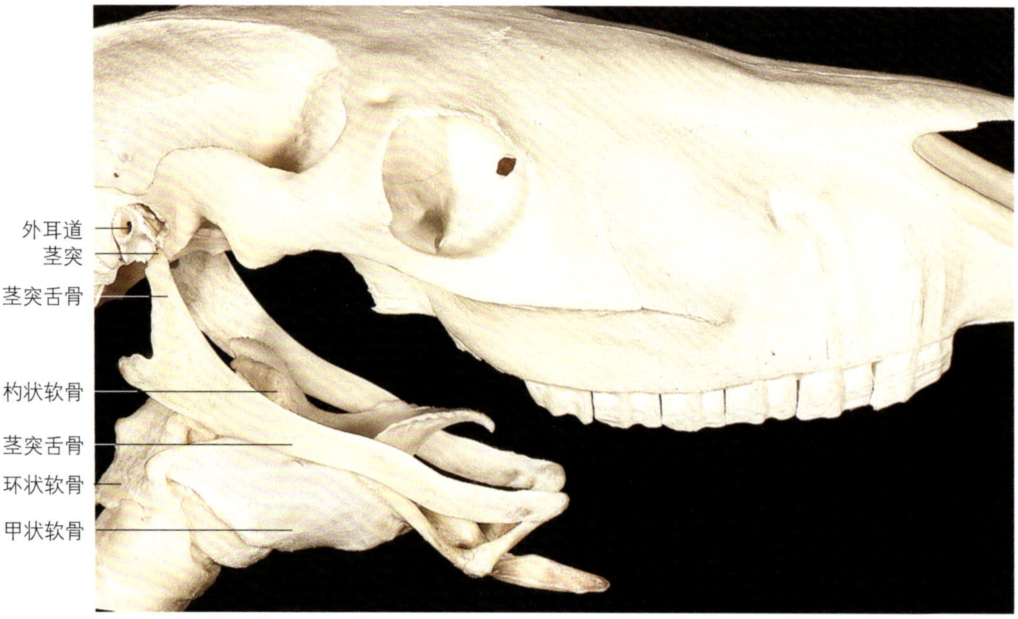

图 9-14 带有舌骨和喉的马头骨

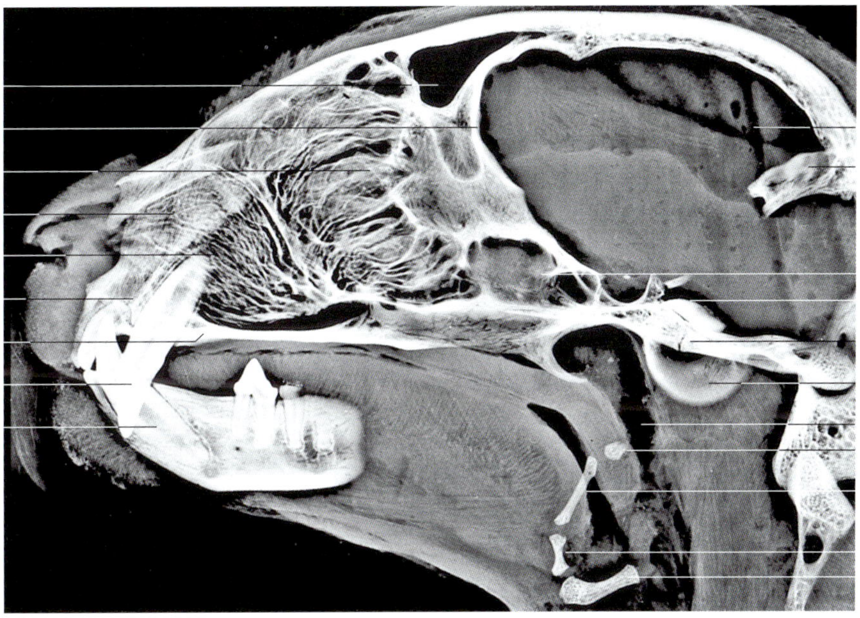

图 9-15 猫头部 X 线片(慕尼黑 Cordula Poulsen Nautrup 博士、教授提供)

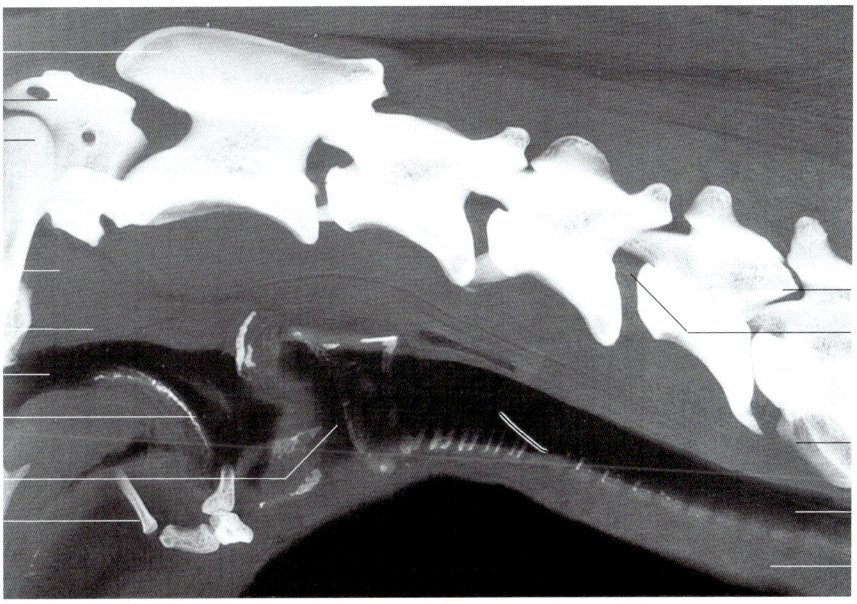

图 9-16 猫喉部和颈椎的 X 线片(慕尼黑 Cordula Poulsen Nautrup 博士、教授提供)

会厌(epiglottis)

会厌软骨是形成会厌的基础(图 9-17 和图 9-19),呈树叶状,具有小的**柄**(petiolus)和**大的软骨板**,游离的顶端朝前。马和食肉动物的会厌软骨顶端较尖,猪和反刍动物的会厌软骨顶端钝圆。会厌软骨柄与甲状软骨相连,休息时软骨板朝前背侧突向软腭后部(前翻位)。在吞咽时,软骨板向后弯曲盖住喉腔入口。会厌软骨由**弹性软骨**组成。某些动物的会厌软骨柄两侧存在**楔状突**(processus cuneiformes),伸向背侧。楔状突游离,或与会厌软骨或杓状软骨融合。

甲状软骨(cartilago thyroidea)

甲状软骨含有**透明软骨**,可随着年龄增长而骨化。它构成喉的侧壁和底壁(图 9-17)。甲状软骨由左、右 **2 个侧板**(lamina lateralis dextra and sinistra)和腹侧的甲状软骨**体**(corpus)共同构成。每个侧板向背侧延伸,形成前、后突(前角和后角,cornu rostralis et caudalis)。前角与舌骨形成关节,后角与环状软骨形成关节。马甲状软骨板的前角与板的前缘之间以一**切迹**(甲状软骨裂,fissura thyroidea)相隔(图 9-17)。

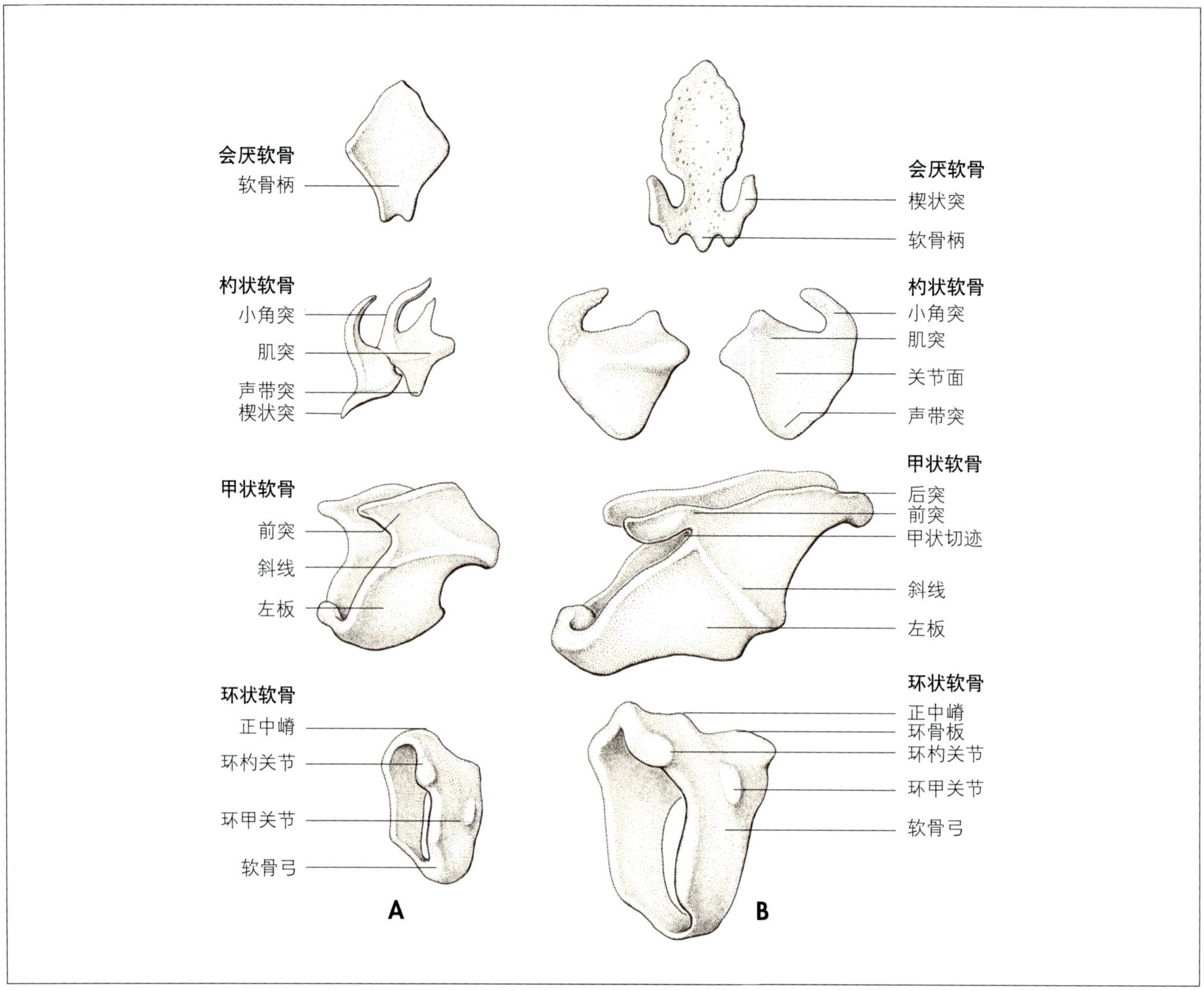

图 9-17　犬(A)和马(B)的喉软骨(示意图)

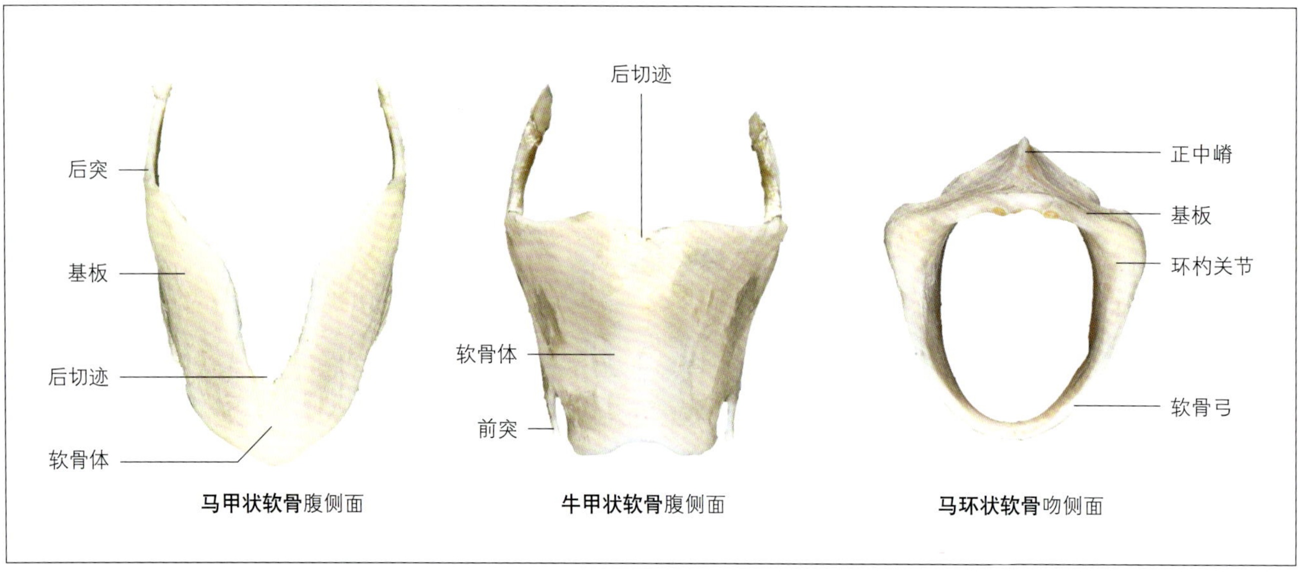

图 9-18　马和牛的甲状软骨和环状软骨

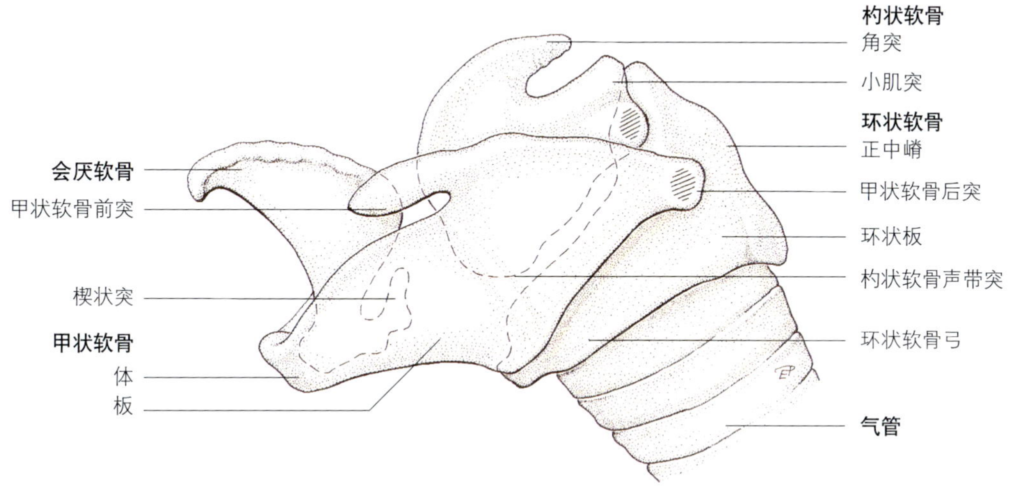

图 9-19 马喉软骨（示意图）

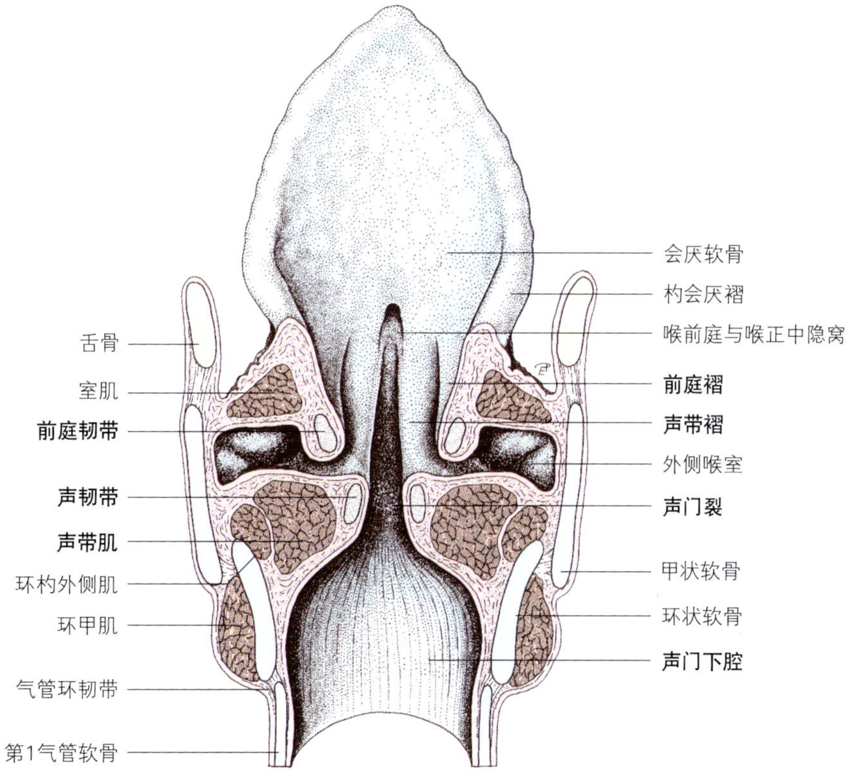

图 9-20 马喉部背侧切面（示意图）。仿 Budras 和 Röck（2004）

马的甲状软骨腹侧部缩小，前缘变窄，供会厌软骨柄附着。因此，在甲状软骨后方的喉底部留有一个较大的切迹，表面仅被软组织覆盖，是喉部手术时的便捷通道。

杓状软骨（cartilagines arytaenoideae）

杓状软骨（图 9-17）由**透明软骨**构成，是唯一**成对的喉软骨**。两侧杓状软骨于背侧相互连接，覆盖于甲状软骨板所形成的开口处，构成喉顶壁的大部。两杓状软骨间背侧可见小而透明的**杓间软骨**（cartilago interarytaenoidea）。

杓状软骨呈三角锥形，具有 3 个突起：角突，从锥体前角向后背侧伸展；声带突，供声带附着，向腹侧突入喉腔；肌突，向外侧突出，供背侧的环杓肌附着。其后侧面与环状软骨板成关节。

环状软骨（cartilago cricoidea）

环状软骨位于喉的后部，呈完全的环状（图 9-17）。其外形如一个图章戒指（印戒），由背侧宽大的**板**（lamina）和腹侧狭窄的弓组成。背侧板与杓状软骨成关节，腹侧弓与甲状软骨后角成关节。腹侧弓与其后的气管软骨非常相似。同甲状软骨一样，环状软骨亦由**透明软骨**组成，且随着年龄而骨化。

喉腔（cavum laryngis）

喉腔（aditus laryngis）口由会厌、杓状**会厌襞**（plica aryepiglottica）和杓状软骨围成（图 9-20）。喉口之内为宽阔的**喉前庭**（vestibulum laryngis）。

喉腔中部为声门，包括背侧由成对杓状软骨围成的软骨间部（pars intercartilaginea）和腹侧由成对声带围成的膜间部（pars intermembranacea）。膜间部形成通往咽的狭窄通道，称**声门裂**（rima glottidis）（图 9-23）。声门裂后部变宽形成**声门下腔**（cavum infraglotticum），声门下腔一直延伸到气管。

马和犬喉腔两侧的黏膜向外凹陷形成**喉侧室**（ventriculus laryngis lateralis）。喉侧室的入口位于前侧前庭襞和后侧声带（图 9-20）。猪和马的喉腔底部有不成对的喉中隐窝（recessus laryngis medianus），位于会厌的后方（图 9-20）。

猪的声带由中间劈开，分成两部分，中间为小的喉侧室。

喉的关节和韧带

各喉软骨之间的关节均为滑膜关节，但会厌软骨与其他喉软骨间的关节除外。甲状软骨与甲状舌软骨之间也称滑膜关节。会厌与甲状软骨间由**弹性纤维**连接，杓状软骨间由**弹性膜**连接。

环状软骨与杓状软骨间的滑膜关节（环杓关节，articulatio cricoarytenoidea）使得杓状软骨外展或内收，这使得声门裂在吸气时扩大，在呼气时缩小（图 9-23）。

> **临床小知识**
>
> 某些马匹，由于**左侧喉返神经**麻痹导致左侧杓状软骨外展不全，使左侧声带不能充分伸展，呼吸时会诱发**喘鸣**（图 9-24）。该病病因不清，会导致背侧的杓状软骨展肌——环杓肌，明显萎缩。

甲状软骨的后背侧角与环状软骨板成关节面（环甲关节，articulatio cricothyroidea）（图 9-20 和图 9-21），甲状软骨的后腹侧部与环状软骨的腹侧弓以环甲韧带相连。马的环甲韧带被覆于宽阔的甲状腺尾侧切迹，喉腔手术时须将其切开。

声韧带（ligamentum vocale）起于杓状软骨声带突，止于左、右侧甲状软骨体，是形成**声带**（plica vocalis）的基础（图 9-20）。有前庭襞的动物，其前庭韧带位于声韧带前端。喉前端借助甲状舌骨膜与基舌骨相连，后部借助环气管韧带与第一气管环相连。

喉肌

喉部相关肌群包括（图 9-20 和图 9-21）：

- **喉外在肌**：分布于喉和咽、舌骨、胸骨及舌骨外表面
- **喉固有肌**：分布于喉软骨之间

喉外在肌由起于胸骨的舌骨长肌（向后牵拉喉）和起于舌器的肌肉（向前牵拉喉）组成，详见第 3 章“头、颈和躯干部的筋膜和肌肉”（107 页）。喉固有肌由一群分布于喉软骨之间的小的成对肌肉组成（图 9-20），它们可扩大和缩小声门裂，紧张或松弛声带（图 9-23）。喉固有肌包括：

- 环甲肌（m. cricothyroideus）
- 环杓背侧肌（m. cricoarytenoideus dorsalis）
- 环杓侧肌（m. cricoarytenoideus lateralis）
- 杓横肌（m. arytenoideus transversus）
- 甲杓肌（m. thyroarytenoideus）

环甲肌位于甲状软骨板外侧面和环状软骨弓之间，是唯一一块接受**喉前神经**支配的喉肌。其他喉固有肌均受**喉后（返）神经**分支支配。环甲肌收缩时可紧张声带。

环杓背侧肌是声带的主要展肌，可扩张声门裂。该肌起于环状软骨板背侧面，肌纤维向前汇聚，止于杓状软骨肌突。

环杓侧肌分布于环状软骨弓和杓状软骨肌突之间，该肌肉收缩时可缩小声门裂。

杓横肌相对较小，连接两侧的杓状软骨肌突，肌肉中间由中心腱隔开。该肌可内收两杓状软骨，使声门裂缩小。

甲杓肌起于会厌和甲状软骨的基部，伸向后背侧，止于杓状软骨的肌突和声带突。马和犬的甲杓肌又分出前庭肌和声带肌，与前庭襞和声带伴行，可增加声带紧张度，缩小声门裂。

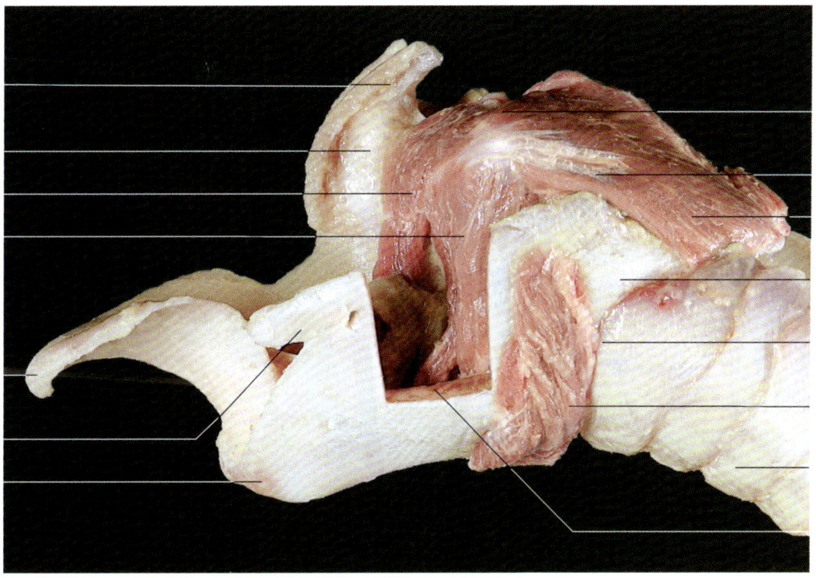

图 9-21　马喉(甲状软骨被部分切除)(维也纳 R. Macher 博士提供)

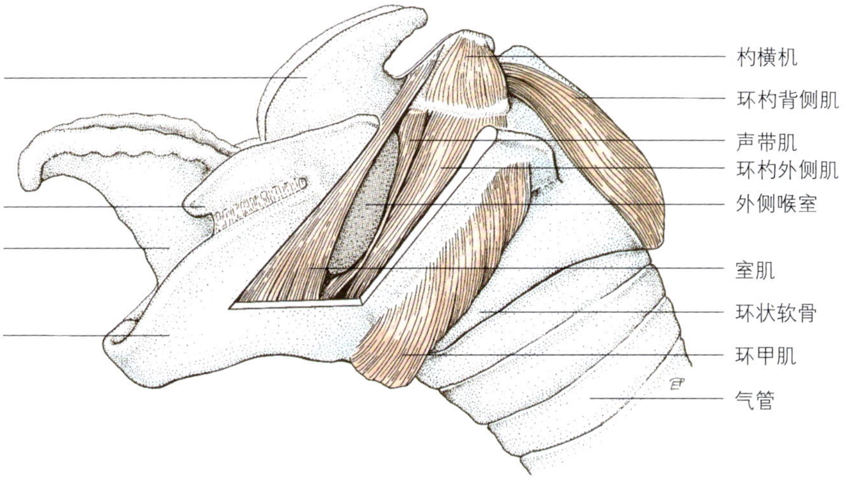

图 9-22　马喉(示意图,甲状软骨部分被切除)

喉的功能

会厌能防止外物在吞咽的过程中被吸入下呼吸道(详见消化系统中"吞咽"机理的章节,309 页)。

呼吸的过程中声门有节律地关(**呼气**)和开(**吸气**)。声门的开张主要是环杓背侧肌收缩的结果;声门的缩小则由环杓侧肌的收缩完成。二者均接受喉后(返)神经支配。通过喉镜检查,可观察到上述运动。马左侧喉返神经麻痹时,左侧肌肉外展幅度减小。

咳嗽和打喷嚏时,**声门**也会**关闭**:空气释放时,声门后的压力使其迅速排出。排便、排尿及分娩时,声门则持续关闭以提升胸压。

喉的另一个重要的功能是**发声**。猫的咕噜声是由声带肌的迅速收缩(20～30 次/s)伴随膈的快速颤动产生的,该过程引起声带在呼吸过程中的振动。

血液供应和神经支配

喉部的血液供应来自**甲状腺前动脉**(a. thyroidea cranialis)的喉支(ramus laryngeus),后者起于**颈总动脉**(a. carotis communis)的前端。甲状腺前动脉的喉支分出肌支到喉部肌肉,同时该支还穿过甲状软骨切迹,到声带肌、前庭肌和喉黏膜。

喉接受**迷走神经**分支的支配。**喉前神经**(n.laryngeus cranialis)于迷走神经咽支后侧由**迷走神经远神经节**(ganglion distale nervi vagi,曾称结状神经节)处发出。该神经节在大

重病动物呼气时十分吃力（沉重），不得不借助腹部肌肉的收缩。病晚期在腹外斜肌腱膜部和肉质部之间可见明显的息痨沟。

支气管树（arbor bronchialis）

支气管在肺内分出**二级或三级**分支，形成支气管树，分支管径依次减小（图 9-26）。根据功能，支气管树可分成 2 部分：

- **导气部**
  - 主支气管（bronchi principales）
  - 肺叶支气管（bronchi lobares）
  - 肺段支气管（bronchi segmentales）
  - 亚肺段支气管（bronchi subsegmentales）
  - 真细支气管和终末细支气管（bronchioli veri et bronchioli terminales）
- **肺的呼吸部**
  - 呼吸性细支气管（bronchioli respiratorii）
  - 肺泡管（ductus alveolares）
  - 肺泡囊（sacculi alveolares）
  - 肺泡（alveoli pulmonis）

支气管树起自气管杈，气管于该处分出**左、右主支气管**（bronchus principalis dexter et sinister）。主支气管分支为**肺叶支气管**（bronchi lobares），供应相应肺叶，并以该肺叶命名。肺叶支气管于肺叶内分出**肺段支气管**（bronchi segmentales）。

肺段支气管及其相通的肺组织通称**支气管肺段**（segmenta bronchopulmonalia）。肺段呈圆锥形，顶端朝向肺根，基部朝向肺的游离面。**支气管内表面**分布**呼吸黏膜**，壁内含混合腺、平滑肌纤维和透明软骨（图 9-34 和图 9-35）。反之，肺段支气管以下各级细支气管壁内**无腺体**，也**无透明软骨支撑**，但壁内含肌纤维，表面被覆呼吸黏膜。

管壁内无肺泡细胞的支气管分支称为**真细支气管**（bronchiole veri），其分支形成**终末细支气管**。

终末细支气管分支为**呼吸性细支气管**，其管壁内含有少量肺泡细胞。呼吸性细支气管分出二、三级呼吸性细支气管后与肺泡管相连。**肺泡管**完全被肺泡包围，其末端为**肺泡囊**（图 9-35）。呼吸性细支气管、肺泡管、肺泡囊和肺泡为**气体交换**提供了**气-血界面**。随着不断分支，呼吸上皮变得越来越薄，最终由仅为单层扁平的肺泡细胞所取代。**肺泡**表面排布单层**肺细胞**（Ⅰ型和Ⅱ型），其下为基底膜，外面包裹有密集的毛细血管网。肺泡和周围的毛细血管形成**气-血屏障**（详细的肺部显微结构请参阅组织学教材）。

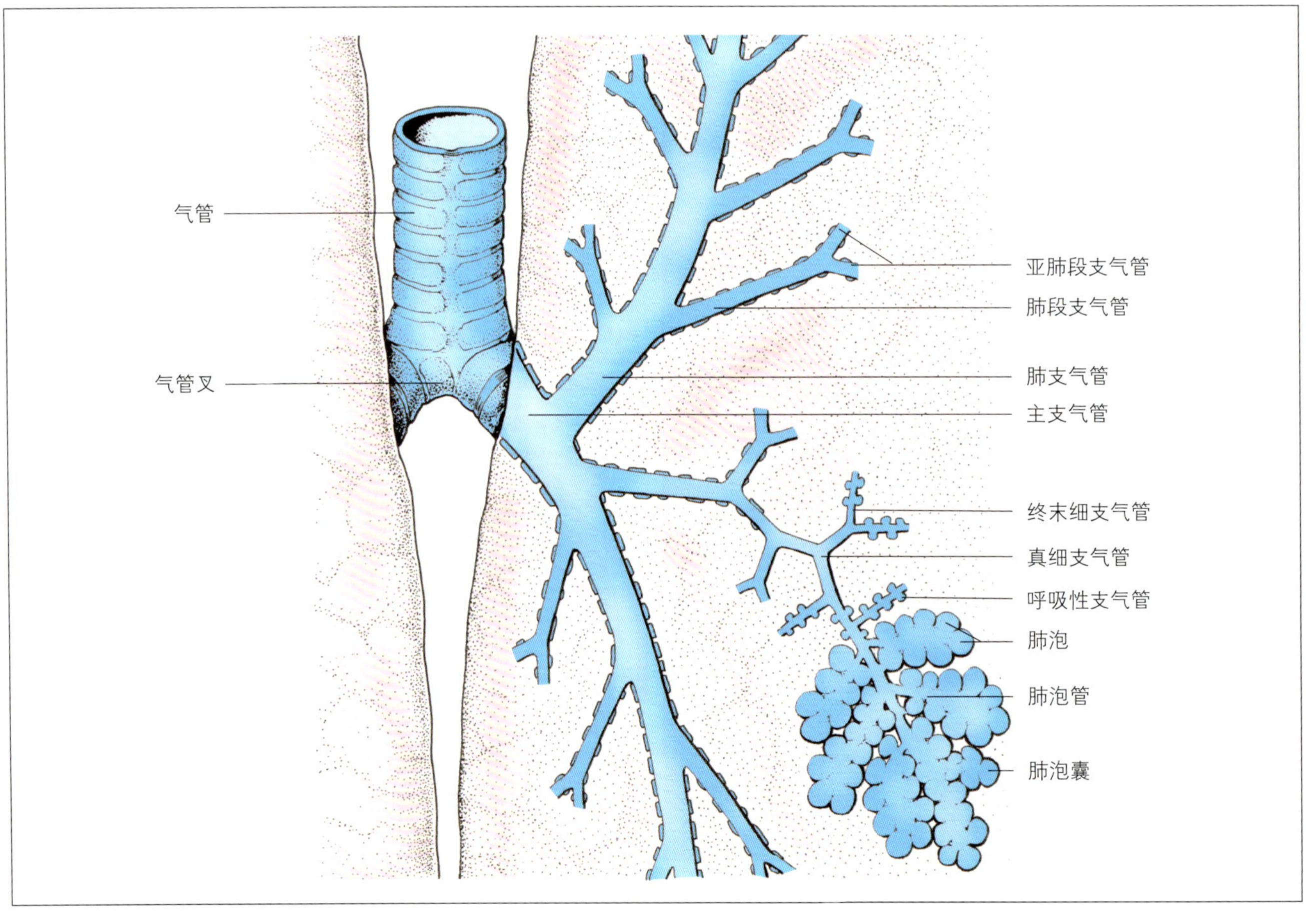

图 9-26　支气管树（示意图）

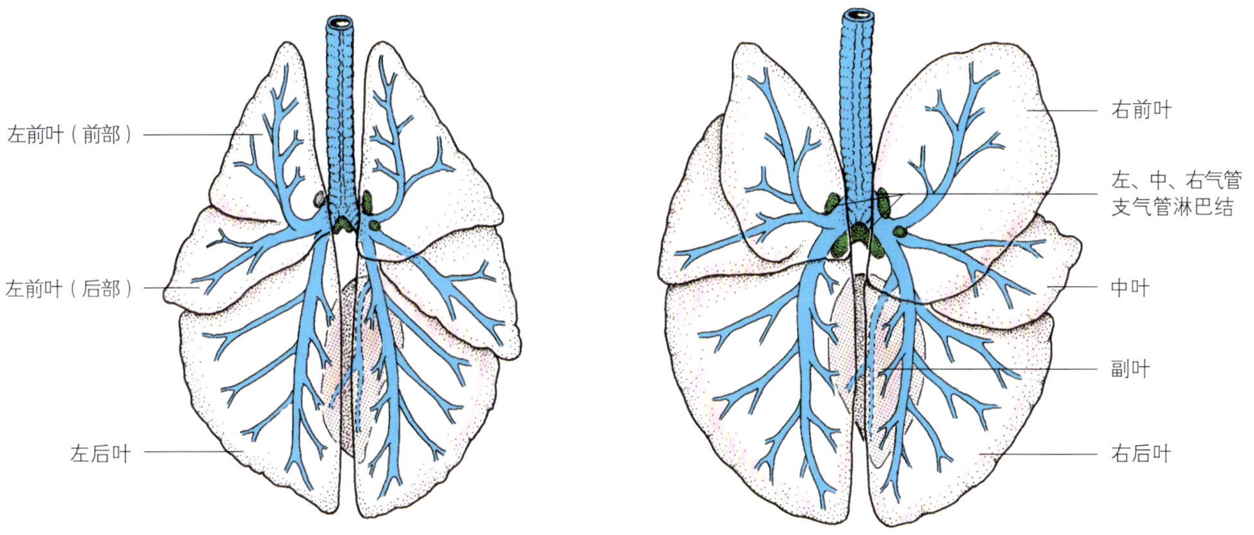

图 9-27 猫（左）和犬（右）肺叶、支气管树和淋巴结（示意图，背侧面）。仿 Ghetie（1958）

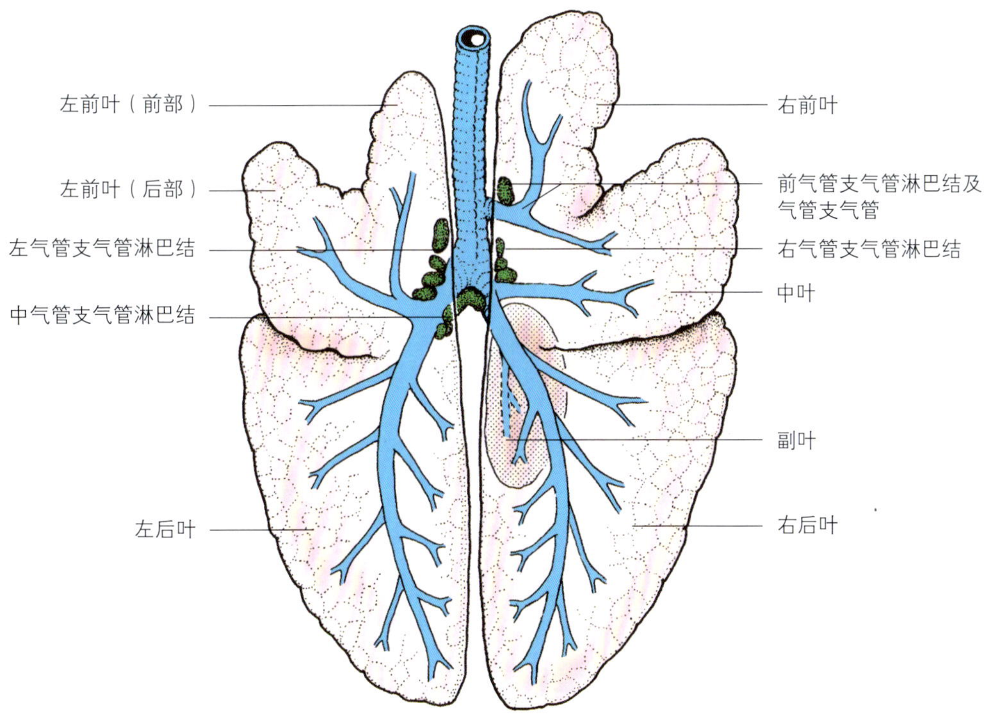

图 9-28 猪肺叶、支气管树和淋巴结（示意图，背侧图）。仿 Ghetie（1958）

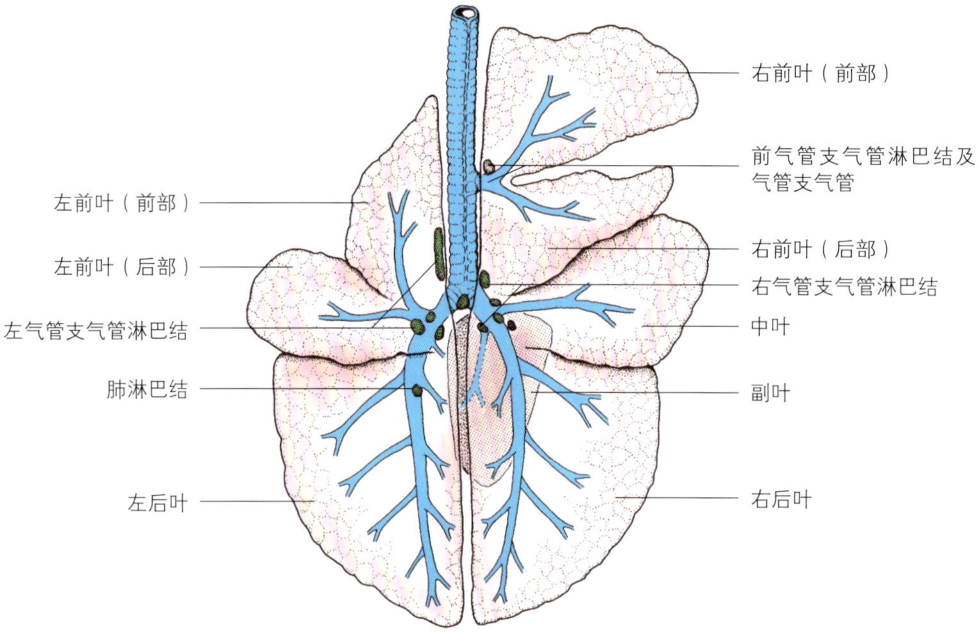

图 9-29 牛肺叶、支气管树和淋巴结（示意图，背侧图）。仿 Ghetie（1958）

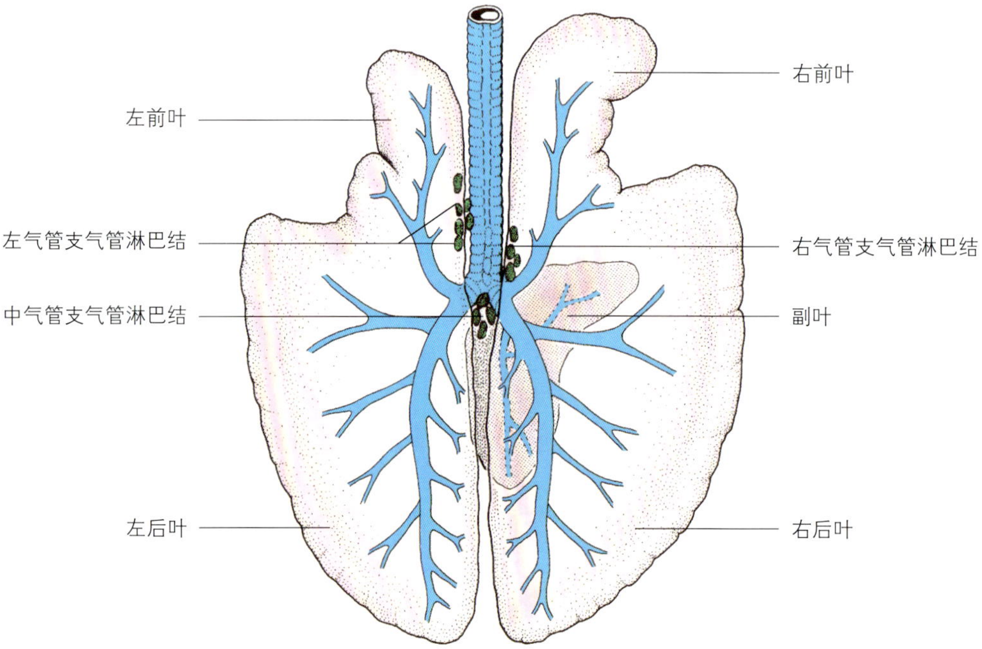

图 9-30 马肺叶、支气管树和淋巴结（示意图，背侧图）。仿 Ghetie（1958）

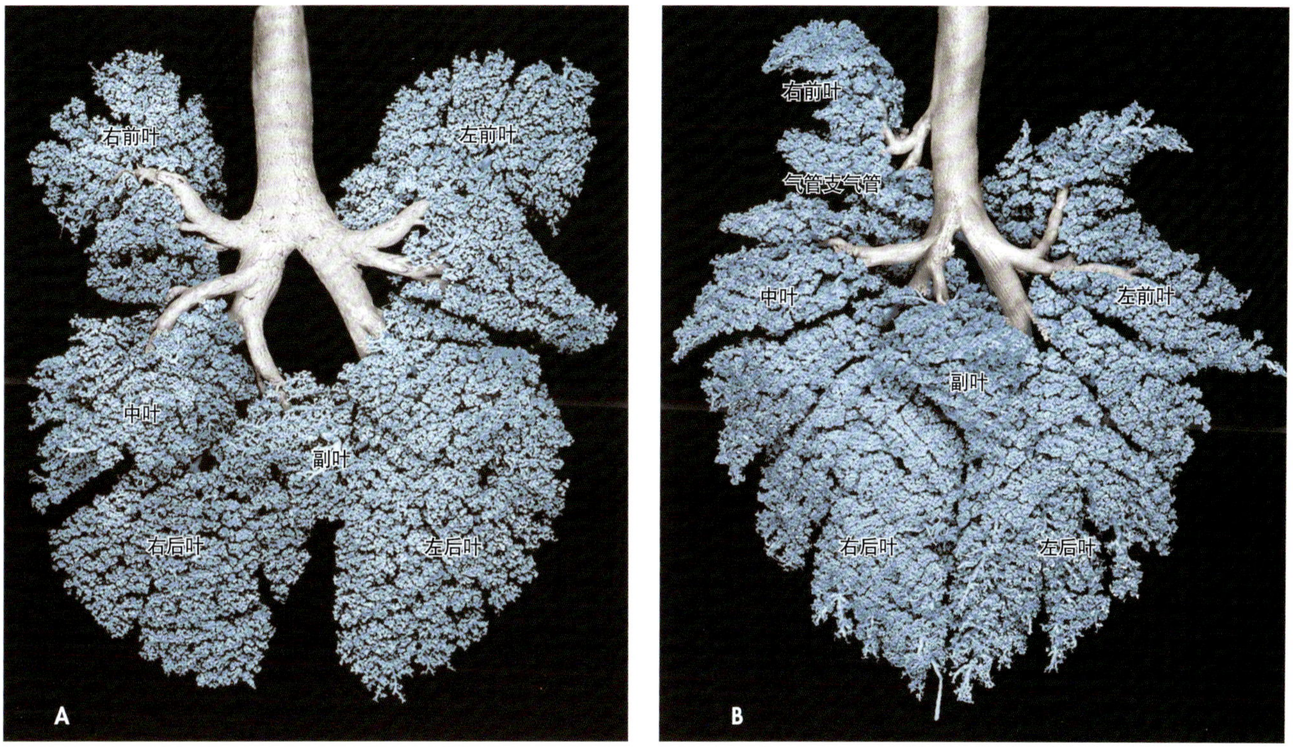

图 9-31 犬(A)和猪(B)的气管和支气管树(腹侧面,铸型标本)(维也纳 H. Dier 制作)

肺叶(lobi pulmonis)

肺叶是依据支气管树的分支来定义的。每一肺叶**支气管**仅供应相应**肺叶**,该肺叶也因此得名,如前支气管-前叶,副支气管-副叶。

根据该方法,左肺被划分为**前叶**(lobus cranialis)和**后叶**(lobus caudalis)。除前叶和后叶外,右肺还有一个**中叶**(lobus medius)和一个**副叶**(lobus accessorius)。某些家畜的前叶又可进一步分为前部和后部(图 9-32)。不同家畜肺叶的划分见表 9-1 和图 9-27。

表 9-1 不同动物肺叶小结(数据引自 Ellenberger 和 Baum,1943)

	左肺	右肺
犬和猫	前叶(可再分),后叶	前叶,中叶,后叶,副叶
猪	前叶(可再分),后叶	前叶,中叶,后叶,副叶
牛、山羊和绵羊	前叶(可再分),后叶	前叶(可再分),中叶,后叶,副叶
马	前叶,后叶	前叶,后叶,副叶

副叶位于**纵隔隐窝**(recessus mediastini)内。该隐窝位于纵隔、后腔静脉及其腔静脉襞(plica venae cavae)之间,前端为心包膜,后端为膈。犬和猫的副叶位于纵隔隐窝外。反刍动物和猪肺的右前叶由**气管支气管**供应空气,该分支于气管杈前由气管独自分出(图 9-28、图 9-29、图 9-31 和图 9-33)。

鉴别各种动物肺的最简单方法就是根据肺叶和肺小叶的分叶程度来区分。反刍动物和猪的肺分叶和肺小叶明显;马的肺几乎不分叶,肺小叶的轮廓也极不清晰;食肉动物的肺有深的裂缝,分叶明显,但肺小叶轮廓不清。

血液供应

肺动脉将来自右心室的静脉血输送到肺部进行气体交换,肺静脉将动脉血运回左心房。

其营养性血管为食管-支气管动、静脉。肺动脉干及其分支——肺动脉,是体内唯一运送静脉血的动脉。肺动脉分支与支气管树伴行进入肺,在肺泡周围形成密集的毛细血管网。每个肺泡大约都被 10 条毛细血管襻包裹。这些毛细血管仅有一部分处于充盈状态,其余的部分则只在耗氧增加时才充血。

肺静脉的分支并不总是与支气管树伴行,有时也会独自移行。

淋巴

肺淋巴引流入气管杈处的气管支气管淋巴结(图 9-27)。依据其位置,气管支气管淋巴结可以分为气管支气管**左、中、右淋巴结**。具有气管支气管分支的动物还有气管支气管前淋巴结。牛的主支气管上还有**肺附属淋巴结**。上述位置的淋巴经纵隔淋巴结引流入胸导管。

神经支配

肺接受来自纵隔内肺神经丛的**副交感神经**和**交感神经**支配。由颈中和**颈后神经节**发出的交感神经纤维分布至纵

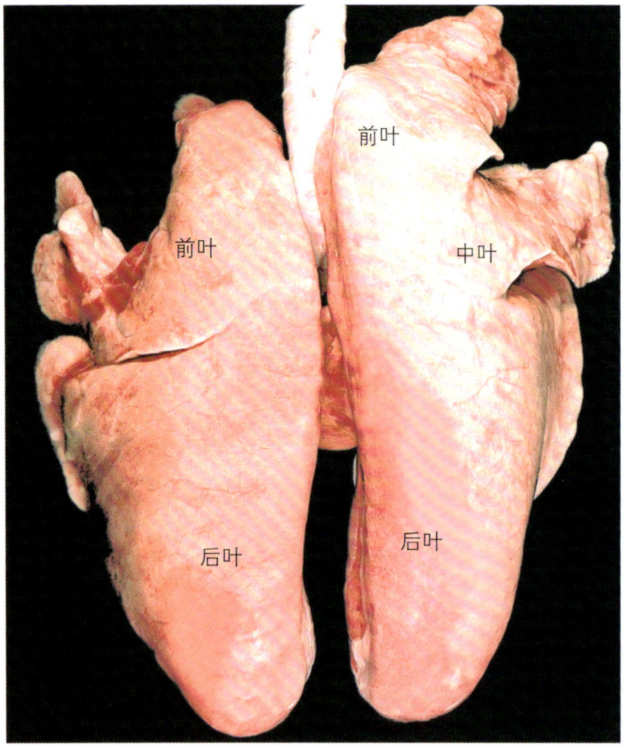

图 9-32 猪肺（背侧观）（慕尼黑 J. Maierl 博士、教授提供）

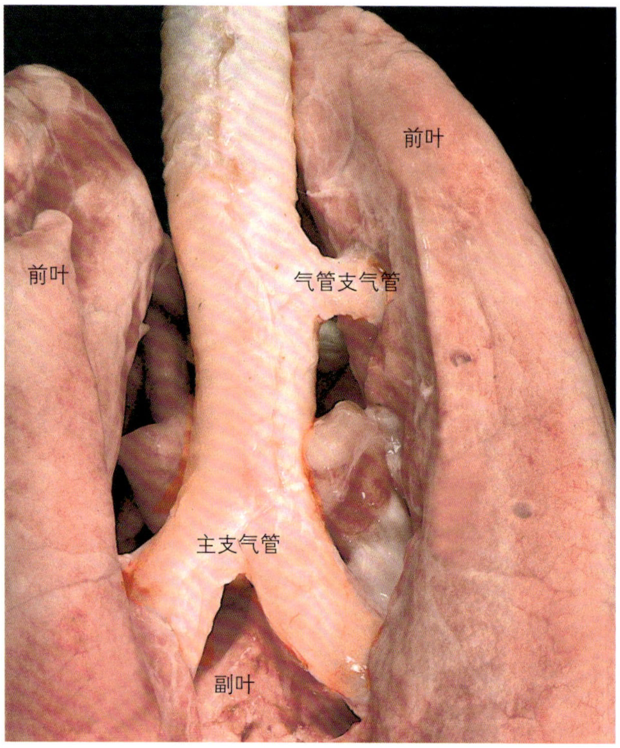

图 9-33 猪肺，示气管支气管（背侧观）（慕尼黑 J. Maierl 博士、教授提供）

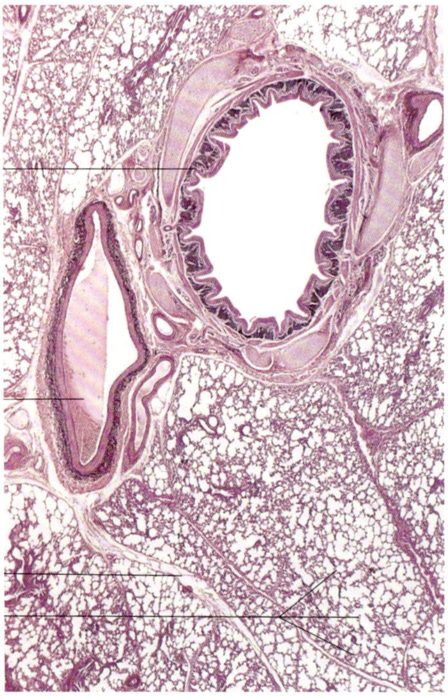

图 9-34 肺组织学切片，示支气管、静脉、实质和间质

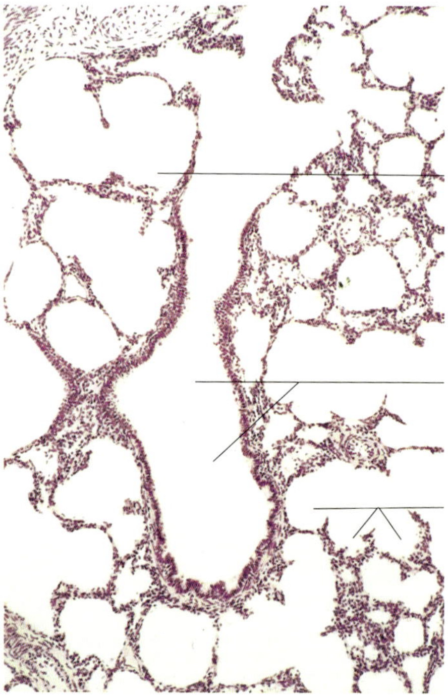

图 9-35 肺组织学切片，示肺泡

隔，与来自迷走神经的副交感神经纤维汇合，在心基部形成**心神经丛**；心神经丛发出纤维至肺神经丛。肺内传出纤维分布于支气管腺、肌肉和血管，传入纤维来自黏膜和张力感受器。

临床术语

呼吸系统的临床术语：鼻炎、鼻窦炎、喉炎、喉镜、喉切开术、气管切开术、支气管炎、支气管镜、支气管造影、肺炎、胸膜炎等。

10 泌尿系统 (organa urinaria)

H. E. König，J. Maierl 和 H.-G. Liebich

从胚胎发生和局部解剖的角度来说，泌尿器官与生殖器官的关系密切，而且两者在骨盆腔内有共同的末端部分，因此这两个系统常被放在一起，合称为**泌尿生殖系统**（泌尿生殖器官，apparatus urogenitalis）。

泌尿系统的器官（organa urinaria）包括**肾脏**（renes）、**输尿管**、**膀胱**（vesica urinaria）和**尿道**。成对的肾脏通过对肾内血液循环系统的过滤、分泌、重吸收以及浓缩作用产生尿液，输尿管则把由肾脏产生的尿液运输入膀胱并储存起来，直至从尿道排出体外。

10.1 肾脏（nephros，ren）

肾脏的主要功能是将体液的各种成分控制在生理范围内。肾脏清除机体代谢的最终产物和排泄血液中的废物，此过程主要是通过肾脏从血浆中过滤大量液体而得到超滤液（也称为**原尿**）而完成的。这种**超滤液**与血浆等压、等渗，并含有血浆中除高分子蛋白质外的所有物质。超滤液中的有用物质（如水分、葡萄糖、电解质、氨基酸）被重新吸收，进一步加工和浓缩后排出废物。这一过程的最终产物是**终尿**，它仅占原尿体积的 1%～2%。大型犬每天有 1 000～2 000 L 血液注入肾脏并产生 200～300 L 原尿，再经重吸收处理后产生 1～2 L 终尿并排出体外。

肾脏也具有**内分泌功能**，其产生的肾素可以把血浆蛋白中的血管紧张素（酶）原转化为血管紧张素 Ⅰ。血管紧张素 Ⅰ 由肝脏中的血管紧张素酶转化为血管紧张素 Ⅱ，后者通过使血管收缩引起血压升高。肾脏产生的另一种激素——缓激肽，可使血管扩张。肾脏还可产生促红细胞生成素，促进红细胞的生成。

10.1.1 肾脏的位置

肾脏成对，处于脊柱两侧的腹腔背侧壁下的腹膜后区，主要位于腰区，向前延伸并在最后一根肋骨下伸入腹腔的胸内部（译者注：季肋部）。膈的运动会导致肾脏位置发生变化，变化范围约半个椎骨的长度。

家畜（猪除外）**右肾**的位置比左肾靠前，其前端与肝的尾状叶和右叶相接，位于**肝陷窝**（肾压迹，impressio renalis）内，限制肾的移动。**左肾**位置不太固定，在肝脏的相应位置没有形成压迹。在反刍动物，大的瘤胃把左肾挤向腹腔右侧半，在那里左肾被一长而游离的肾系膜悬吊在右肾的后方。每一个肾脏均包有丰富的脂肪，可防止相邻器官挤压引起变形。

10.1.2 肾脏的形态

家畜的肾脏呈浅红棕色，不同家畜其肾脏形状不同（图 10-1、图 10-7、图 10-8 和图 10-23）。犬、猫、绵羊、山羊的肾脏基本上呈**豆形**。猪的肾脏较扁平；马的右肾呈**心形**，左肾呈豆形或**梭形**；牛的肾脏呈不规则的**卵圆形**，其表面的深沟把肾分为多个小叶。其他家畜的肾表面平滑。一些海洋动物的肾小叶完全分开，像一串葡萄。

肾脏可以描述为背（侧）面和腹（侧）面、外（侧）缘和内（侧）缘、前端和后端。肾脏在内侧缘有一凹陷，形成肾门（hilus renalis），输尿管起始部的膨大即**肾盂**（pelvis renalis）由此出肾，肾静脉、肾动脉和神经由此出入肾（图 10-1）。

10.1.3 肾脏的结构

肾实质表面包被一层由致密的结缔组织构成的**纤维囊**，它深入肾的实质并与肾窦壁相连。健康肾的纤维囊在死后尸体剖检时很容易剥离，而有疾病的肾纤维被膜则难以剥离。

肾实质可分为两部分（图 10-4、图 10-11 和图 10-12）：

- **肾皮质**（cortex renis）
  - 外周区（zona peripherica）
  - 近髓区（zona juxtamedullaris）
- **肾髓质**（medulla renis）
  - 外髓区
  - 内髓区

(图 10-10)。肾小球位于肾皮质的肾小球囊内,直小动、静脉位于髓质。

肾小体产生原尿或超滤液,肾小管和直小血管则负责重吸收来自原尿中的水分和被溶解的其他成分。

10.1.6 淋巴

淋巴管呈卫星状环绕于血管,最终汇入**腰淋巴结**(lymphonodi lumbales aortici)。位于肾脏附近的淋巴结为**肾淋巴结**(lymphonodi renales)。

10.1.7 神经支配

肾脏接受来自**腹腔神经丛**的**交感神经**和**副交感神经**支配,上述神经沿肾动脉分布到肾。交感神经在**腹腔神经节**(ganglion coeliacum)、**肠系膜前神经节**(ganglion mesentericum craniale),和**肾丛**小神经节内形成突触。副交感神经由来自迷走神经背侧支的副交感神经纤维组成。

10.2 肾盂(pelvis renalis)

家畜中除牛以外,近输尿管起始处通常都有一个膨大部——**肾盂**,它是**肾乳头管**的开口处(图 10-17)。肾盂位于**肾窦**内,但只与乳头管周围的肾组织融合。犬和猫的肾盂可通过 X 射线摄影进行比较研究。这些动物的肾盂包绕在肾嵴周围,并向背腹侧斜行形成肾盂隐窝,它们被肾髓质形成的假乳头(pseudopapillae)分隔开(图 10-13 和图 10-14)。相邻的肾盂隐窝又被小叶间血管分隔开。

猪的肾盂含有大量**肾盏**和突入到肾盂内相应数量的肾乳头。

牛没有肾盂,取而代之的是每个肾髓质叶的乳头嵌入由输尿管分支末端形成的**肾盏**。这些输尿管分支联合形成 2 个较大的管道,后者从肾的两端集合形成单一的输尿管(图 10-15)。

马的**肾盂**由中央的**腔室**和两个朝向肾两端的大**隐窝**(终隐窝,recessus terminales)组成(图 10-16)。大多数乳头管开口于隐窝。肾盂黏膜产生的黏液分泌物使马出现正常的蛋白尿(生理蛋白尿)。

10.3 输尿管(ureter)

输尿管是肌性管道(图 10-1 至图 10-5 和图 10-18),沿背侧体壁的腹膜后间隙向后穿行。它可分为**腹部**和**盆部**。进入盆腔后,雌性动物的输尿管向内侧转行于子宫阔韧带内,雄性动物则沿着输精管系膜并穿过输精管背侧下行;其末端进入膀胱侧韧带,最后进入膀胱背外侧壁。输尿管在膀胱颈的肌层和黏膜层内斜行延伸长约 2 cm,以两个**狭长裂口**(输尿管口,ostium ureteris)开口于膀胱腔(图 10-19)。

在膀胱壁内斜行的一段输尿管可防止当膀胱内压升高时尿液逆流入输尿管,但并不阻碍膀胱的进一步充盈,因为这种阻力可以被输尿管壁蠕动时产生的压力克服。

肾盂和输尿管壁都由外膜层、中间肌层和内黏膜层构成。输尿管黏膜层为变移上皮(图 10-18)。马的输尿管壁前端的固有膜内含有**黏液腺**(输尿管腺,glandulae uretericae)。

10.3.1 血液供应

肾盂的动脉由**肾动脉**分出,输尿管其余部分的动脉为肾动脉、膀胱前动脉、前列腺动脉或阴道动脉的分支。输尿管的静脉与动脉相伴行。

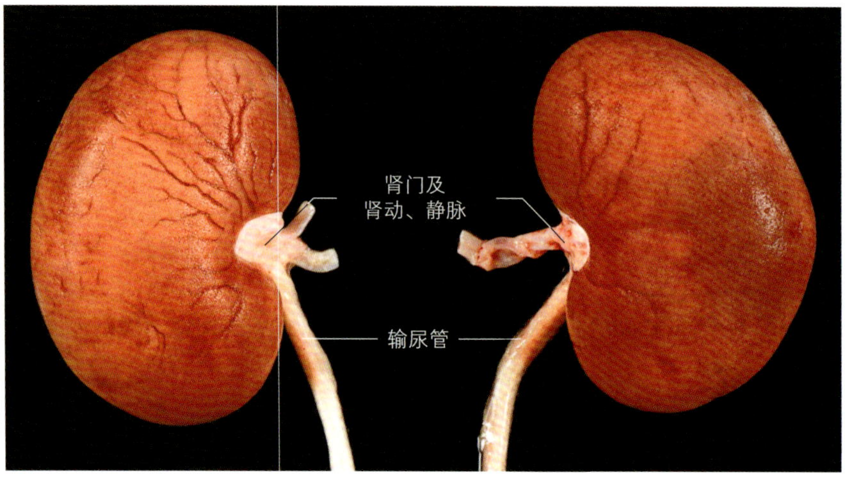

图 10-3 犬的左、右肾,剥离肾被膜(背侧面)

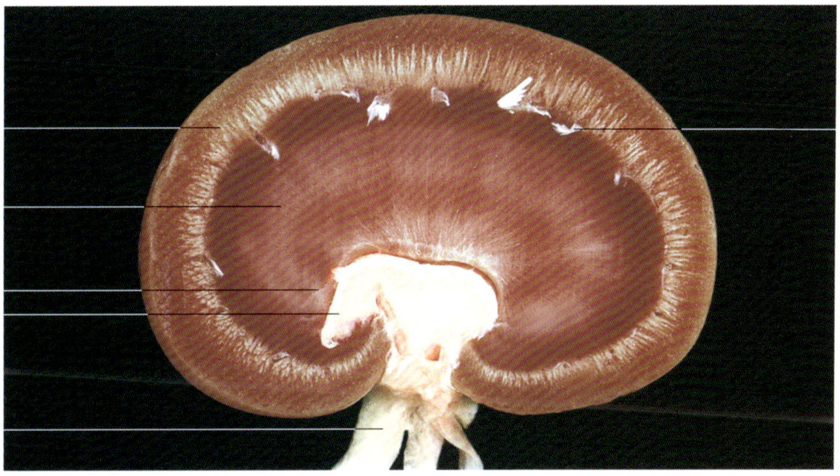

图 10-4　犬的光滑单叶肾正中切面

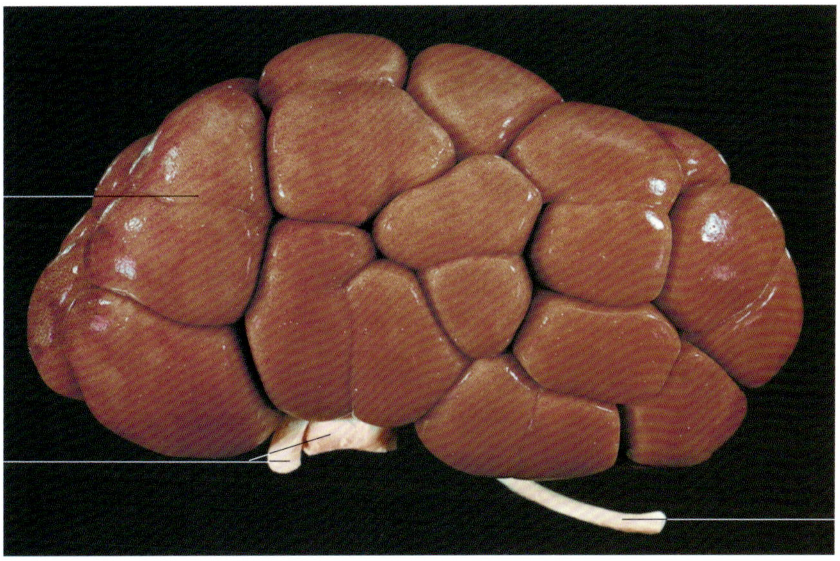

图 10-5　牛的多叶肾

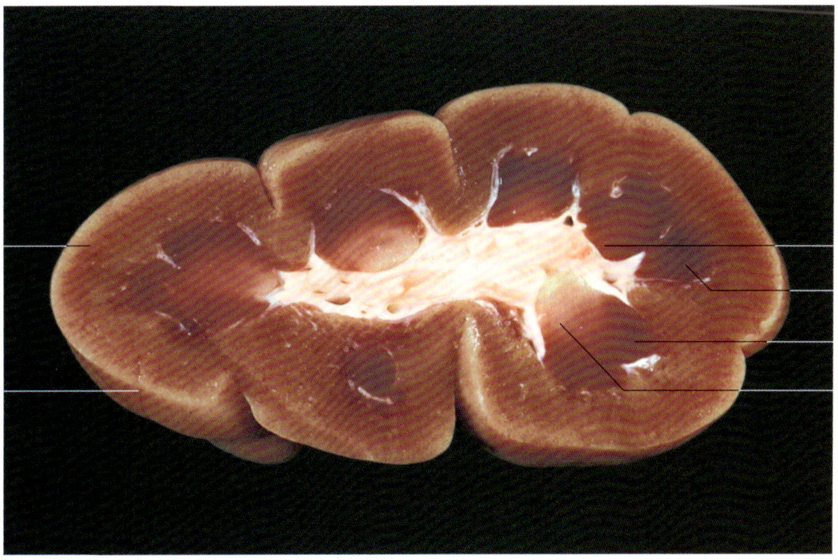

图 10-6　牛的多叶肾的切面

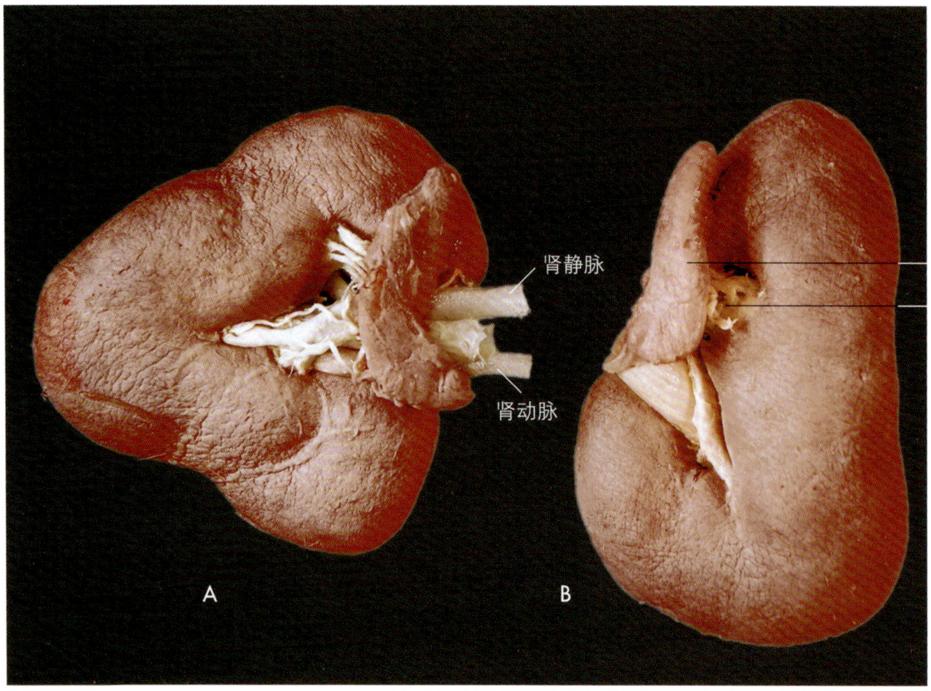

图 10-7　马的（A）右肾、（B）左肾（腹侧面）。维也纳 H. Dier 制备

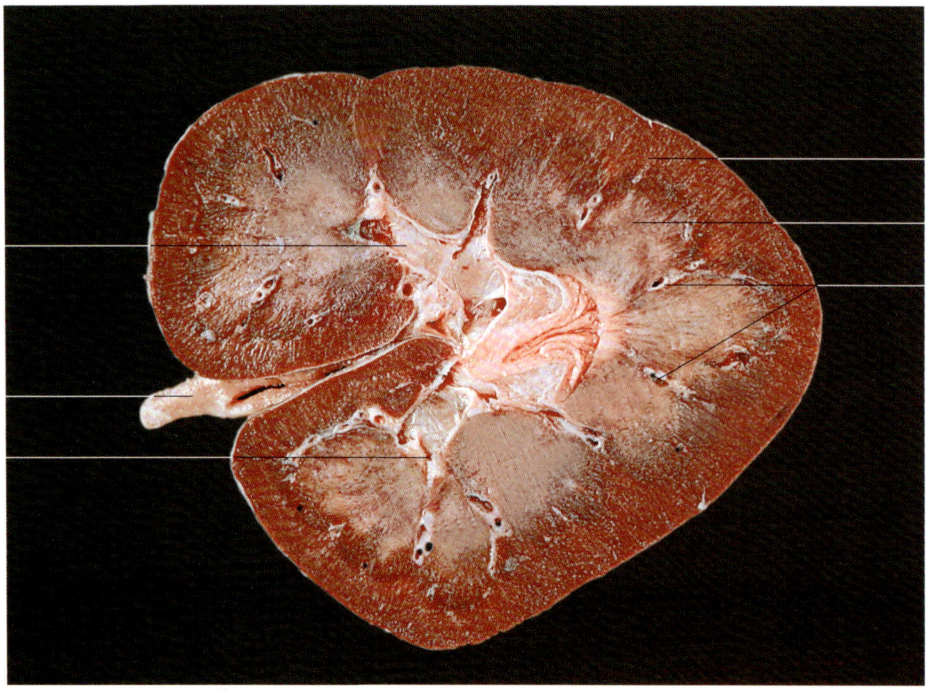

图 10-8　马的心形右肾（正中切面）（维也纳 H. Dier 制备）

10.3.2　淋巴

输尿管淋巴汇入主动脉附近的**腰淋巴结**，再汇入**髂内淋巴结**。

10.3.3　神经支配

输尿管接受**副交感神经**和**交感神经**的支配。

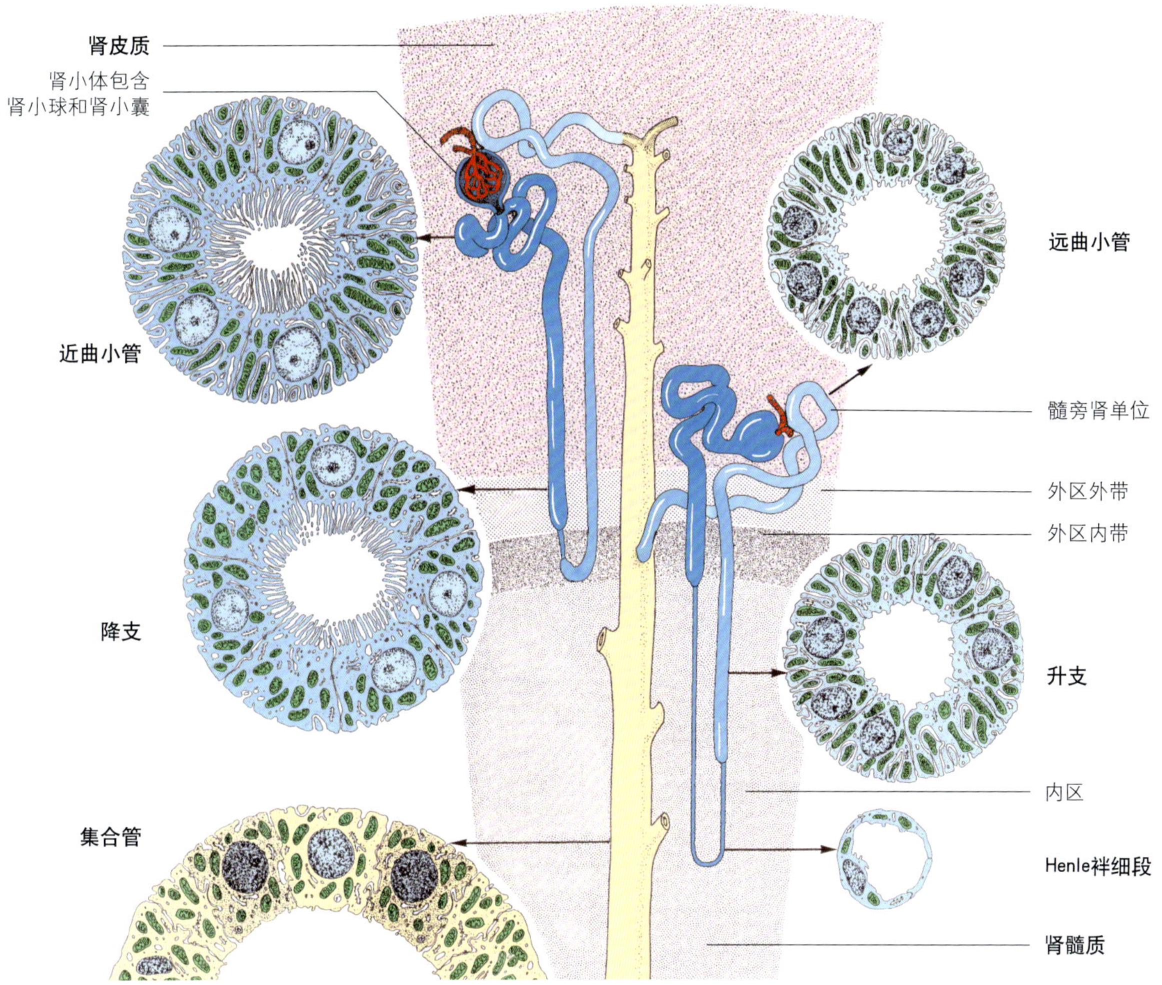

图 10-9 肾脏基本功能单位结构(示意图)。仿 Liebich(2010)

10.4 膀胱(vesica urinaria)

膀胱是中空的**肌膜性囊状器官**。它的形状、大小和位置随储尿量的多少和收缩程度而变化,收缩时呈小球状位于耻骨部。食肉动物的膀胱延伸至腹腔底部,但大型动物的膀胱仅限于盆腔内。膀胱随着储尿量的增加逐渐增大呈梨形。

膀胱可分为前面的**膀胱顶**(vertex vesicae),中间的**膀胱体**(corpus vesicae)和后面的**膀胱颈**(cervix vesicae),膀胱颈与尿道相连(图 10-19、图 10-21、图 10-22 和图 10-24)。**膀胱**的侧面和腹侧面被双层腹膜连接到盆腔侧壁和腹底壁,这些腹膜褶分别形成膀胱的**侧韧带**(ligamenta vesicae laterales)和**正中韧带**(ligamentum vesicae medianum)。在胎儿时期,膀胱正中韧带含有脐尿管。胎儿尿囊的茎部和成对的膀胱侧韧带把脐动脉引入脐带。

胎儿出生后,脐尿管和脐动脉断裂,膀胱顶仍留有脐尿管的痕迹,而脐动脉转变为膀胱圆韧带,部分位于膀胱侧韧带游离缘,部分退化。脐尿管在某些动物个体中仍持续存留。

膀胱**侧韧带**位于耻骨膀胱和膀胱生殖凹之间,**正中韧带**将耻骨膀胱凹分为左、右两半部分。

膀胱表面除膀胱颈的后部以外,大部分被腹膜覆盖,后者延续为膀胱韧带,与体壁相连。膀胱肌(m. detrusor)由 3 层肌纤维构成(图 10-19):

- 外纵行肌层
- 中环行肌层
- 内纵行肌层

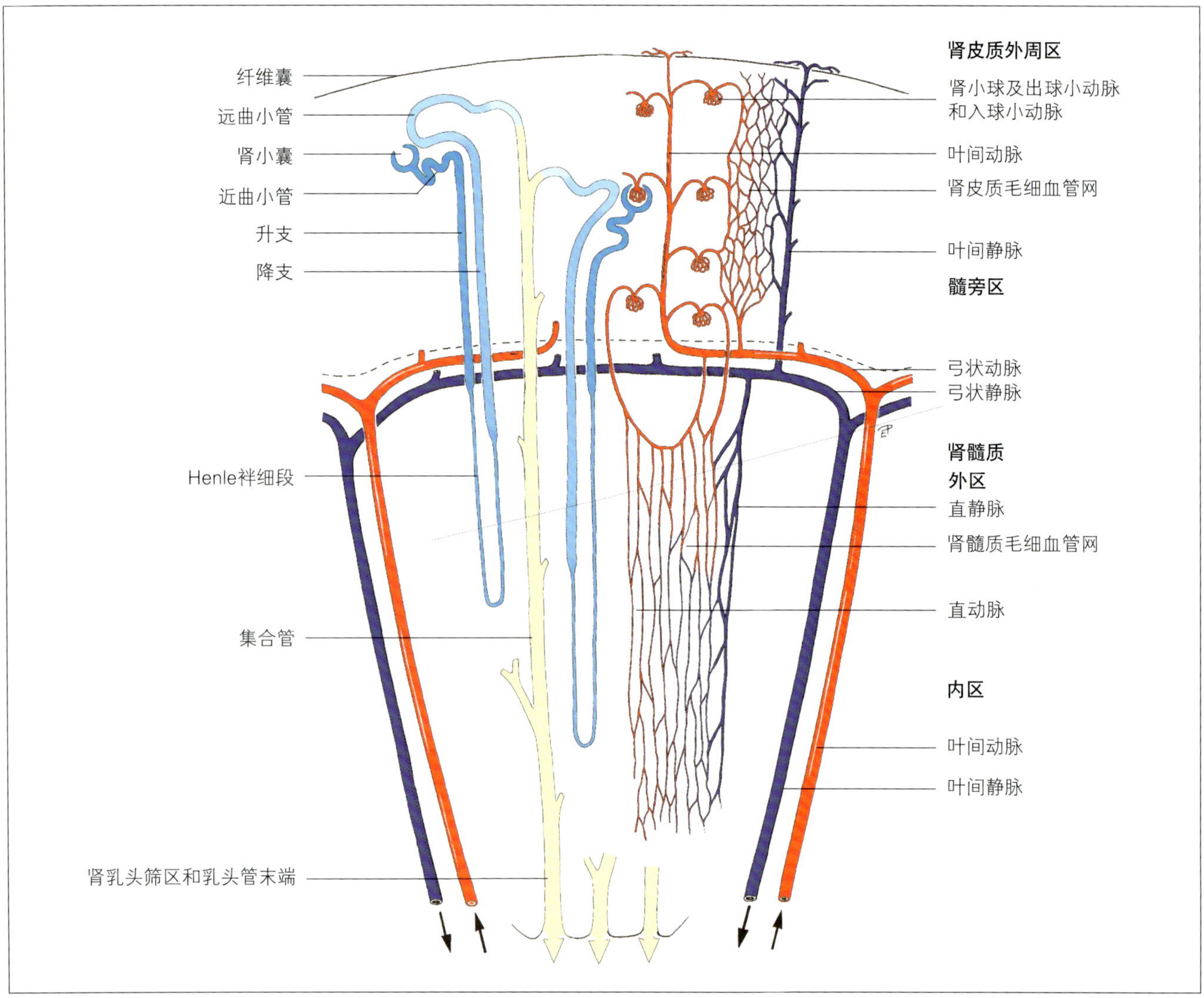

图 10-10　肾血管分布（示意图）

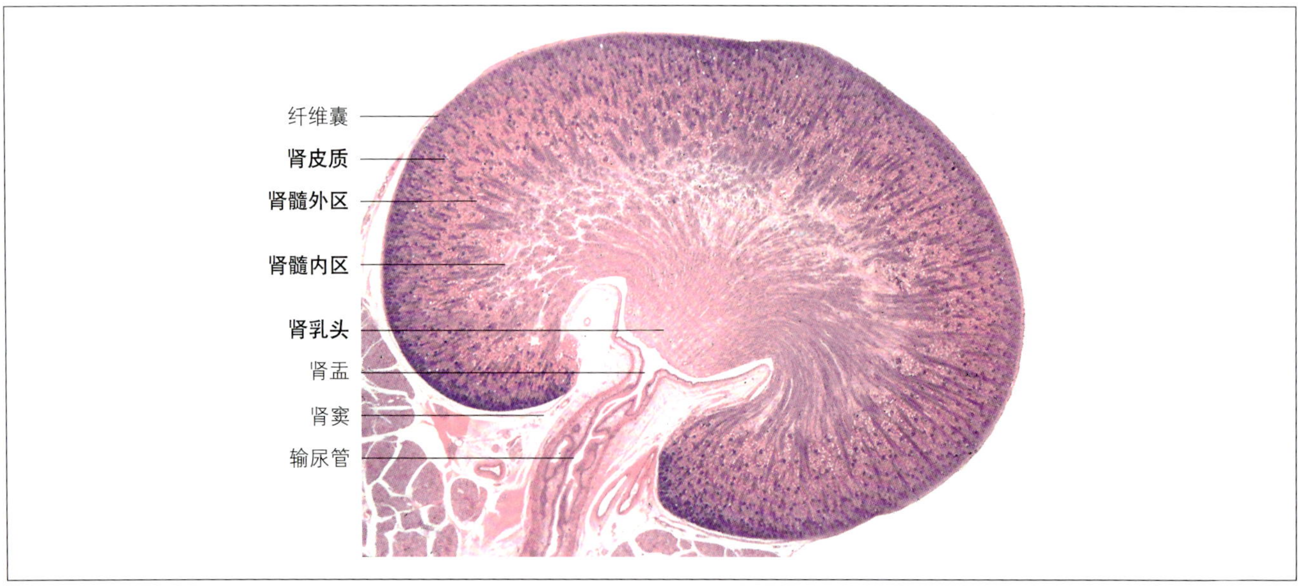

图 10-11　犬肾组织学切片

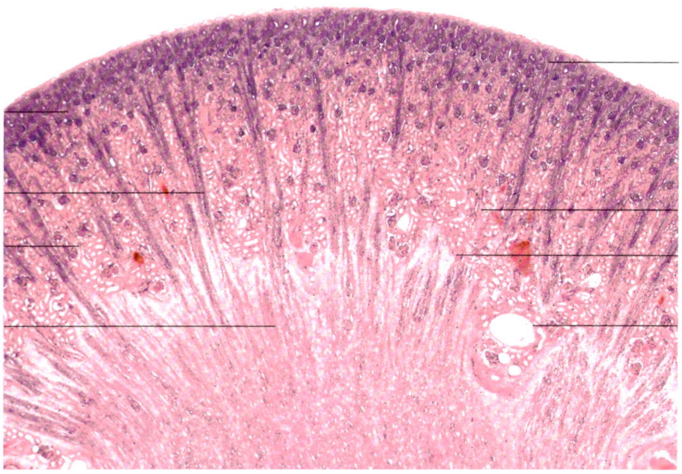

图 10-12 犬肾皮质和髓质组织学切片

图 10-13 犬肾盂和肾动脉(铸型)

膀胱的**顶部**和**颈部**被肌束环绕,但并不像过去假说的那样形成功能性的括约肌。最近的研究表明,膀胱的自我控制依赖于黏膜内弹性物质的被动张力和尿道横纹肌的作用(图 10-19)。

膀胱内表面被覆有**变移上皮**,当膀胱空虚时膀胱黏膜形成不规则的褶皱。当膀胱膨胀时,除了从输尿管开口顶壁延伸到膀胱颈的两个**皱褶**(输尿管褶,plicae uretericae)外,其余皱褶都会随着膀胱的膨胀和其壁的扩展而消失。两侧输尿管开口的褶襞联合形成一**尿道嵴**,两侧褶襞之间形成的**三角区**(膀胱三角,trigonum vesicae)可增强其敏感度(图 10-19)。

10.4.1 血液供应

膀胱主要的**血液供应**来自**膀胱后动脉**,后者为阴道动脉或者前列腺动脉的分支。退化的脐动脉可供应膀胱的前部。

10.4.2 淋巴

膀胱淋巴汇入髂荐淋巴结。

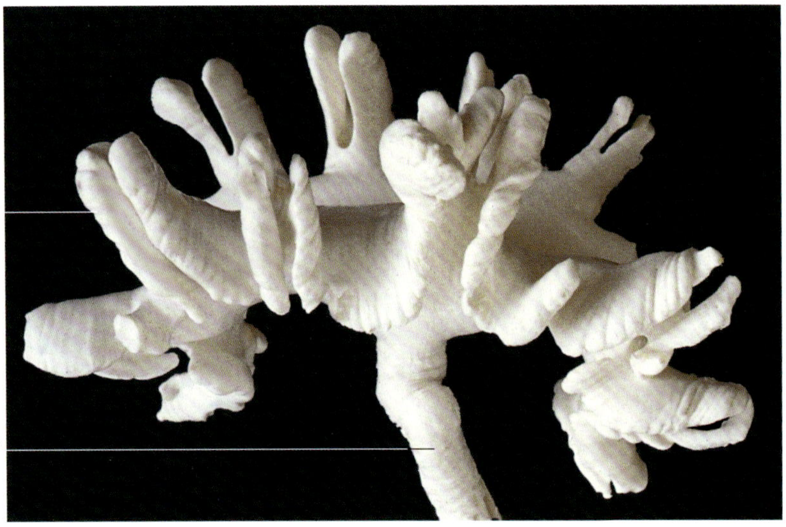

图 10-14　犬肾盂（铸型标本）（维也纳 H. Dier 提供）

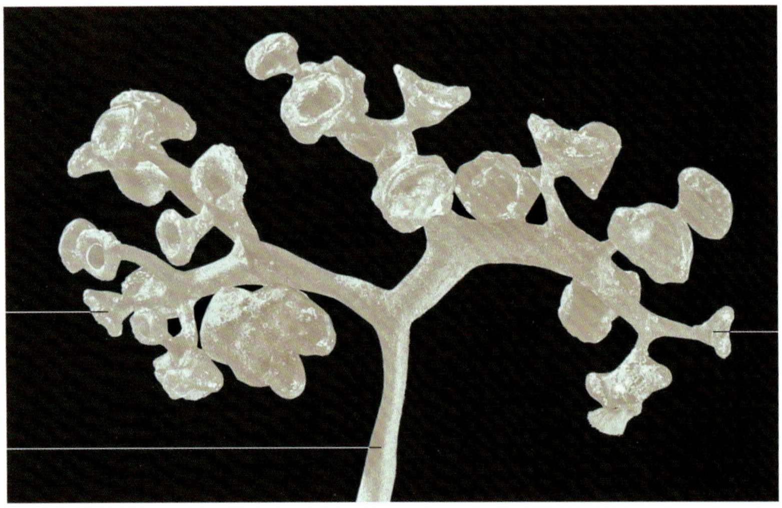

图 10-15　牛的输尿管及肾盏（铸型标本）

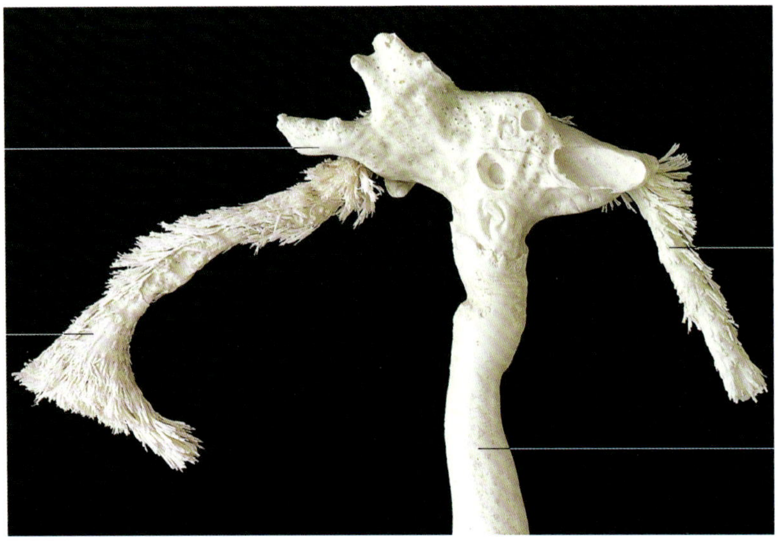

图 10-16　马左肾肾盂（铸型标本）

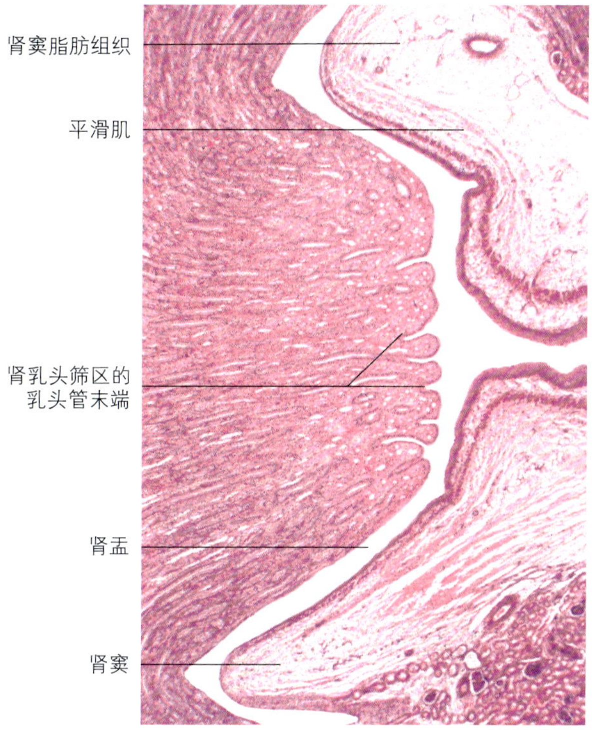

图 10-17 犬肾嵴和肾盂的组织学切片

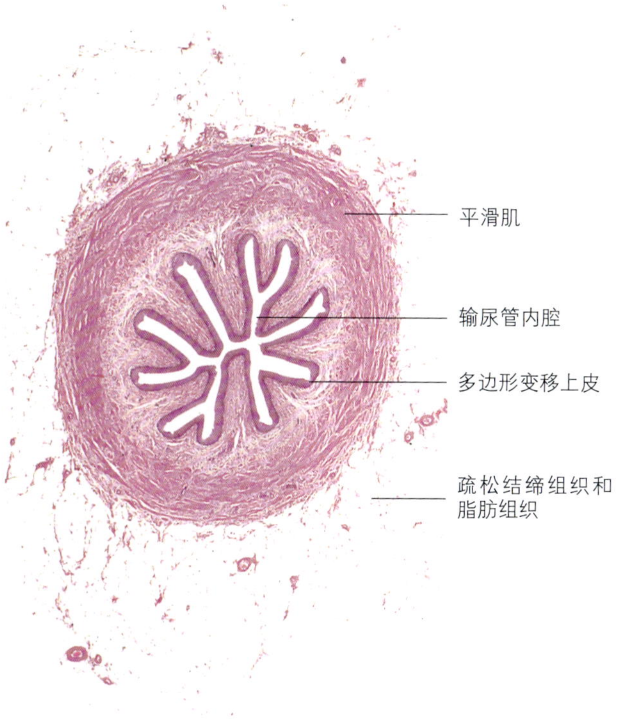

图 10-18 猪输尿管的组织学切片

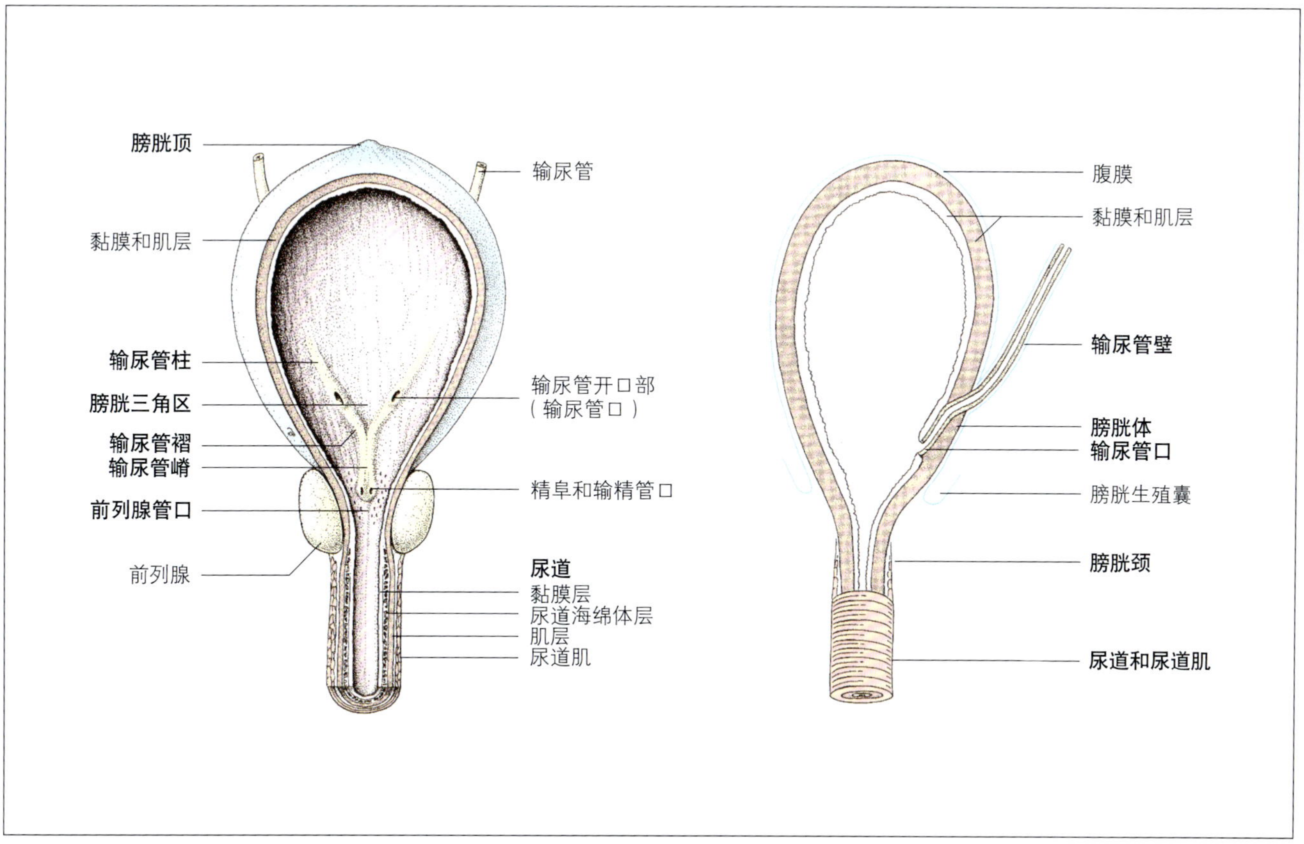

图 10-19 犬膀胱内部，示腹侧面（左）或输尿管膀胱连接处（右）（示意图）

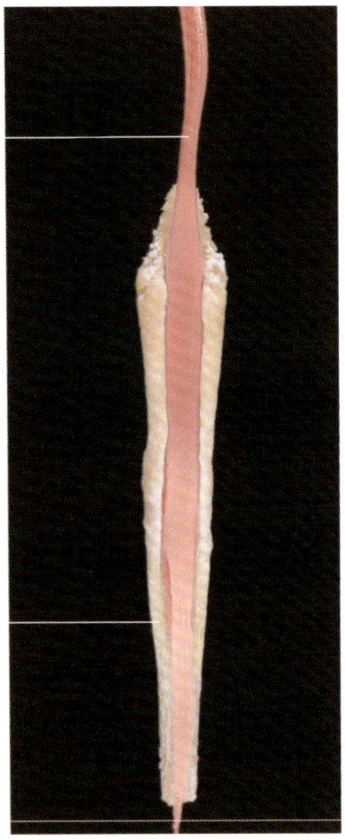

图 10-20　犬阴茎内尿道和阴茎骨（腹侧面，铸型标本）

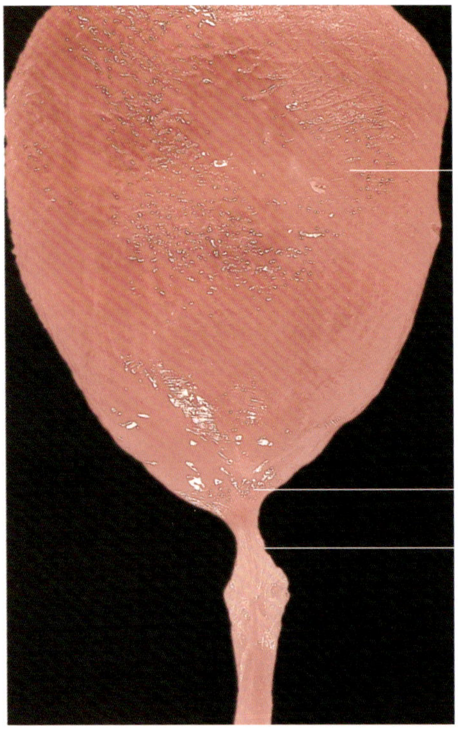

图 10-21　膀胱和尿道起始部（铸型标本）

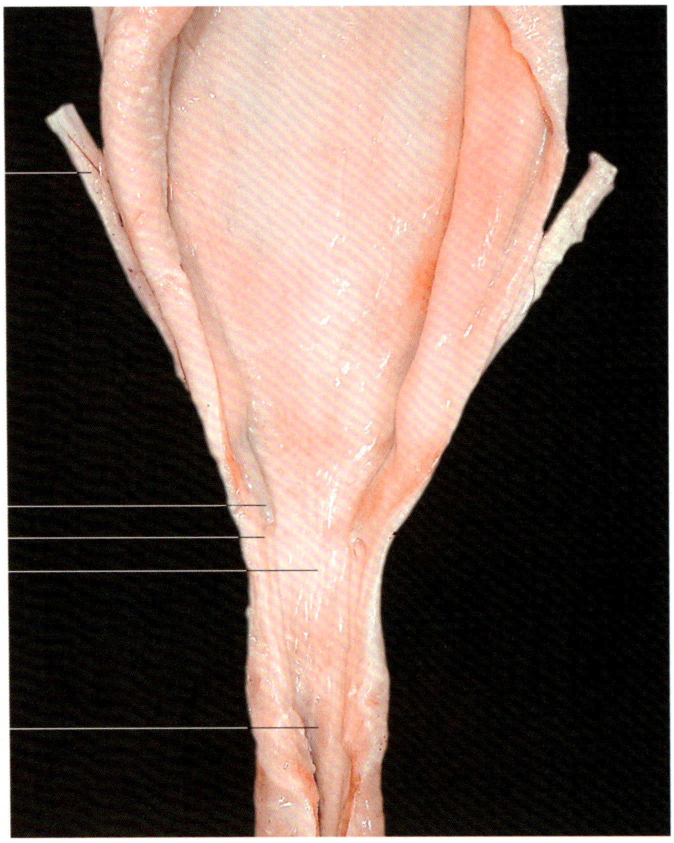

图 10-22　牛膀胱（内侧面）（乌拉圭 W. Pérez 博士、教授制备）

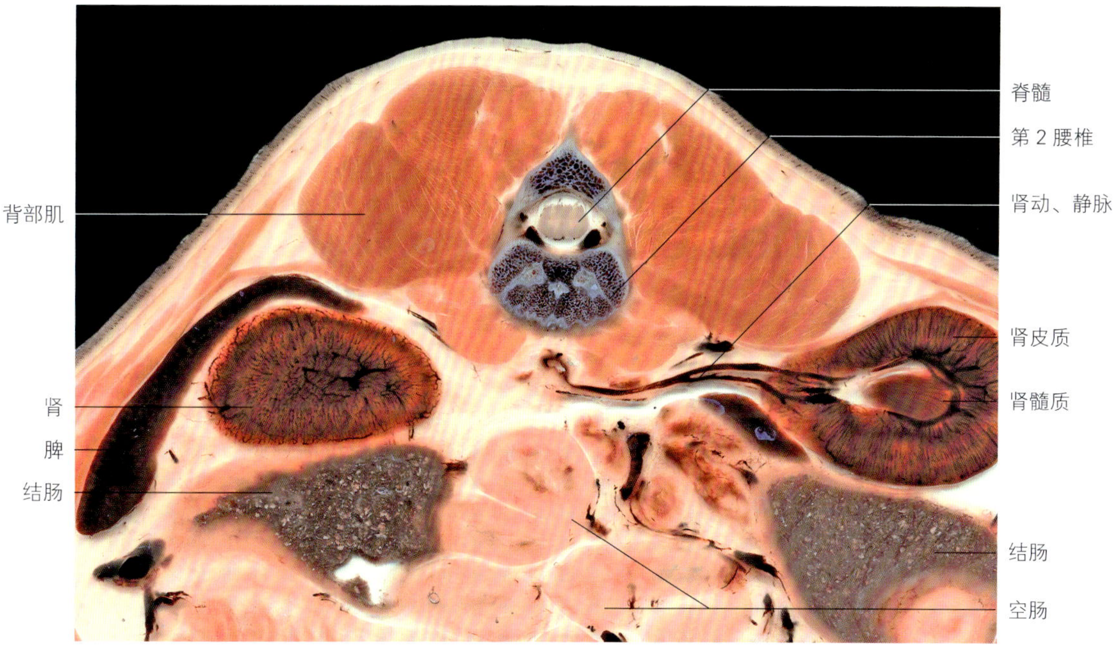

图 10-23 肾水平的犬腹部横断面（后面观）

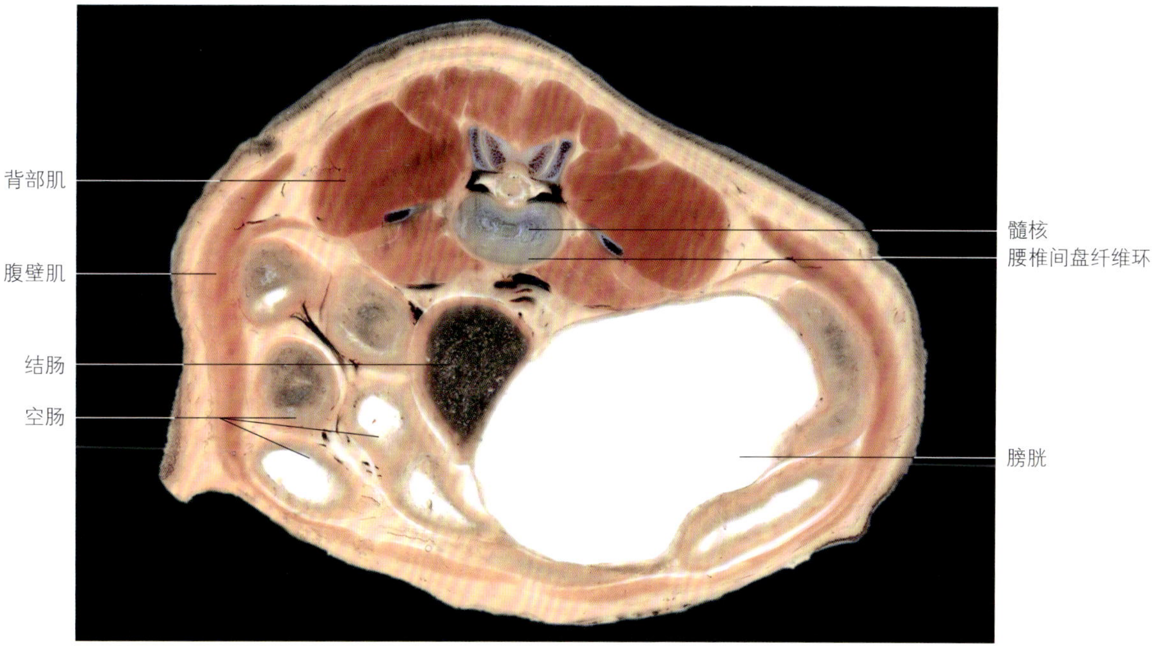

图 10-24 膀胱水平的犬腹部横断面（后面观）

睾丸的结构

睾丸表面被覆一层1～2 mm厚的致密**纤维囊**，即白膜(albugineous tunic，tunica albuginea)(图11-6)，其由胶原纤维组成，并含有较大血管(睾丸动脉，a. testicularis；睾丸静脉，v. testicularis)。睾丸表面可见血管分布，且分布模式与动物种属相关。**鞘膜**脏层是一层浆膜，与腹膜相延续，被覆于**纤维囊**外，使睾丸表面光滑。

睾丸实质通常处于受压状态，任何明显的膨胀都会增加睾丸内压，引起剧烈疼痛，如睾丸炎(orchitis)。睾丸结缔组织由外向内分别为：

- 纤维囊(即白膜，albugineous tunic，tunica albuginea)
- 睾丸小隔(septula testis)
- 睾丸纵隔(mediastinum testis)

被膜深入睾丸，将其分成很多**小隔**(睾丸小隔，septula testis)，呈辐射状将睾丸实质分割为锥形的**睾丸小叶**(lobuli testis)(图11-6)。睾丸小隔汇聚到中央形成**睾丸纵隔**。睾丸纵隔位于中轴或稍微偏向附睾。睾丸实质的组成为：

- 曲精小管(tubuli seminiferi contorti)
- 直精小管(tubuli seminiferi recti)
- 睾丸网(rete testis)
- 输出小管(ductuli efferentes)

每个睾丸小叶包括2～5条**盘曲的曲精小管**，为精子发生的部位。小管管壁含有**生精细胞**和**支持细胞**(Sertoli)。支持细胞具有支持和产生激素的作用，调节精子发生，为不同发育阶段的生精细胞提供营养，并将精子释放入小管内腔(图11-8和图11-9)(详见组织学和胚胎学教材)。

小叶内的**曲精小管**盘旋缠绕，在纵隔内互相吻合，形成**睾丸网**(图11-6)。进入睾丸网之前，曲精小管末端伸直变为**直精小管**(tubuli seminiferi recti)。小管间隙充满间质组织，内含**间质细胞**(Leydig cells)。间质细胞是体内雄性甾体激素的主要来源，如睾酮。睾丸网分出8～12条卷曲的**输出小管**，穿过白膜进入**附睾头**(图11-6)。

11.2 附睾

附睾紧密附着于睾丸边缘，由睾丸输出管盘绕而成，再由结缔组织将其连结到一起。附睾可分为3部分(图11-6、图11-7、图11-9、图11-11、图11-13和图11-14)：

- 附睾头(caput epididymidis)
- 附睾体(corpus epididymidis)
- 附睾尾(cauda epididymidis)

附睾头紧密附着于睾丸被膜，与睾丸**输出管**相接。输出管进入附睾后，汇合形成**附睾管**。附睾管紧密盘曲形成**附睾体**，并由双层浆膜将其固定于睾丸表面。附睾体和睾丸之间的浆膜形成**睾丸囊**(bursa testicularis)(图11-11、图11-13和图11-14)。

附睾管继续延伸为附睾尾，由**睾丸固有韧带**(ligamentum testis proprium)和**附睾尾韧带**(ligamentum caudae epididymidis)分别固定于睾丸尾部和鞘突。附睾尾韧带继续延伸至阴囊深层，形成阴囊韧带。公马和公猪的阴囊韧带很发达。附睾尾的附睾管延续为**输精管**(图11-6、图11-9至图11-11和图11-14)。

在**附睾管**处，精子成熟，来自睾丸的液体被吸收，细胞碎片被吞噬，同时分泌精子所需的营养物质。精子在附睾尾内储存，直至射精。

家畜**附睾管的长度**：

- 马：72～81 m
- 牛：40～50 m
- 羊：47～52 m
- 猪：17～18 m
- 犬：5～8 m
- 猫：4～6 m

11.3 输精管(ductus deferens)

输精管由附睾管直接延续而成(图11-6、图11-9至图11-11和图11-14)，起自附睾尾，开始时弯曲，在沿睾丸内缘延伸途中逐渐变直。输精管在**精索**(funiculus spermaticus)内上行，穿过腹股沟管进入腹腔，而在**腹膜褶**(输精管系膜，mesoductus deferens)内形成一个前凸袢，通过输尿管腹侧到达膀胱背侧。输精管穿过前列腺，开口于尿生殖道起始部的精阜(colliculus seminalis)(图10-19)。输精管末端被壶腹腺加厚，形成**输精管壶腹**。公猪没有明显的壶腹部，只在输精管末端有一腺状部(图11-15至图11-18)。

马和反刍动物的输精管在其末端与同侧精囊腺的**排泄管**(ductus excretorius)汇合。两管的共同通道被称为**射精管**(ductus ejaculatorius)。

11.4 睾丸被膜

睾丸被膜不仅覆盖睾丸、附睾和部分精索，同时也围绕这些器官而成形(图11-8和图11-9)。睾丸被膜的分层与腹壁是对应的，其分层如下：

- **阴囊**
  - 外表皮肤
  - 皮下纤维肌层(肉膜，tunica dartos)

    - 由腹壁筋膜分出的双层精索外筋膜（fascia spermatica externa）
    - 由腹内斜肌分出的睾提肌及其筋膜
- **鞘突**
    - 精索内筋膜（fascia spermatica interna）
    - 鞘膜（tunica vaginalis）的壁层（lamina parietalis）

外表皮肤、**皮下肉膜**和**精索外筋膜**形成**阴囊**。精索内筋膜和鞘膜壁层形成**鞘突**（processus vaginalis），为腹膜腔在阴囊内的延续。鞘突延伸至左、右两个阴囊内，被皮肤和皮下层形成的隔膜分开。**阴囊中隔**（septum scroti）隔开两个睾丸，在外表面的对应结构为**阴囊缝**（raphe scroti）（图 11-9）。

除了猫和某些品种绵羊的**阴囊皮肤**上有毛发以外，其他动物的阴囊皮肤通常无毛。皮肤上分布有大量的汗腺和皮脂腺，与下层的**肉膜**紧密连接。肉膜的内面是一薄层**软组织**（肉膜下筋膜，fascia subdartoica）。肉膜内有平滑肌纤维分布，收缩时紧缩阴囊，从而调节睾丸的温度。公牛的肉膜非常发达，可达 10 mm 厚。

精索外筋膜在阴囊处自**腹部深筋膜**和**浅筋膜**分出，形成深、浅两层。这两层精索外筋膜和精索内筋膜及其睾丸鞘膜被疏松结缔组织连接在一起，这层疏松组织使鞘突在睾丸内自由移动。临床上利用这一特点，将睾丸鞘膜与血管和输精管结扎，达到去势的目的。

睾提肌由**腹内斜肌**在腹股沟管深环（图 11-9）水平处分出。它覆盖部分鞘突，同时覆有一薄层疏松结缔组织（睾提肌筋膜，fascia cremasterica）（图 11-9），当睾提肌收缩时，阴囊连同内部器官朝腹股沟方向收缩。啮齿类动物的睾提肌呈勺状环绕鞘突，其收缩可使睾丸经过大的腹股沟管缩入腹腔内。

11.4.1 鞘突（processus vaginalis）和精索（funiculus spermaticus）

鞘突由**横筋膜**和**腹膜**形成，为腹膜腔通过**腹股沟管**向外翻出的部分。它围成**鞘膜腔**（cavum vaginale），在胚胎期睾丸下降前形成（图 11-8 至图 11-10）。鞘膜腔的外形像个上端狭窄的瓶子，其长度与阴囊的位置有关，下端部分较宽，包绕内部的器官。

鞘膜腔通过腹股沟管内口的**鞘膜孔**（ostium vaginale）与腹腔相通，其腔内通常有少量浆液，有助于减轻腔壁与内部器官的摩擦。若肠管或部分网膜进入到鞘膜腔则形成**疝气**（腹股沟疝，hernia inguinalis）。鞘环大的动物易患疝气，如马和猪。公猪的疝气有遗传倾向，因此有疝气的猪不应作为种用。

鞘膜腔上段的狭窄部分包绕着**精索**（funiculus spermaticus）。精索由输精管、睾丸血管、神经及浆膜组成，由精索系膜固定，精索系膜持续向下段延伸为睾丸系膜（图 11-10 和图 11-11）。输精管包在**精索系膜**褶内。脉管皱襞（又称近端睾丸系膜）附着于附睾，并由此处进入睾丸，延续为远端睾丸系膜。

11.4.2 阴囊的位置

在不同物种的家畜中，阴囊的位置和方向存在很大差异（图 11-1）。马和犬的阴囊位于**腹股沟区**，反刍动物的阴囊在腹股沟下方，猪的阴囊在会阴部，猫的阴囊在**肛门下方**。

反刍动物的睾丸与身体长轴垂直，因此形成深而下垂的阴囊，马和犬的睾丸与身体长轴平行，而公猪和猫的睾丸向肛门方向倾斜。

11.5 睾丸及其被膜的血液供应、淋巴引流和神经支配

睾丸动脉（a. testicularis）直接由腹主动脉分出，沿腹壁伸延，与睾丸静脉共同悬吊于脉管皱襞内。精索内的睾丸动脉极度卷曲，公牛近 7 m 的睾丸动脉蜷缩在 10 cm 的精索内（图 11-9 至图 11-11）。睾丸动脉分出侧支供应附睾（附睾支，rami epididymales）及其输精管的起始部分（输精管支，rami ductus deferentis）。

睾丸静脉围绕着卷曲的动脉形成一个非常精细的**蔓状丛**（plexus pampiniformis）（图 11-11、图 11-12 和图 11-14）。精索内的睾丸动脉和周围的静脉间形成**动静脉吻合**（图 11-11）。蔓状丛最后减至一条静脉（睾丸静脉，v. testicularis），汇入后腔静脉。精索内血管间的广泛接触使进入睾丸内的动脉血的温度下降。

睾丸的淋巴管汇入**腰主动脉淋巴结**和**髂内淋巴结**，淋巴液输送睾丸分泌的部分激素。在睾丸癌时，由于引流淋巴结位于腹部和骨盆的背侧壁，常无法触及，必须尽早切除受影响的睾丸。

睾丸受植物性**神经系统的支配**。**副交感神经纤维**来自迷走神经和盆神经丛；**交感神经纤维**来自肠系膜后神经丛和盆神经丛。

睾丸被膜上所见血管为**阴部外动脉及其静脉**（a. et v. pudenda externa）。淋巴汇入**阴囊或腹股沟浅淋巴结**。神经支配来源于腰神经的腹侧支，有髂下腹神经、髂腹股沟神经和生殖股神经。

11.6 尿道

雄性尿道（图 10-19、图 10-22、图 11-15 至图 11-17）由膀胱颈后端的**尿道内口**（ostium urethrae internum）伸延至阴茎游离端的**尿道外口**（ostium urethrae externum）。根据尿道

位置,可将其分为:

- 骨盆部(pars pelvina)
- 阴茎部(pars penina)

骨盆部又进一步分为近端的前列腺前部和前列腺部。前列腺前部用以储存尿液,而前列腺部与输精管和精囊腺管汇合,或合并为射精管。

前列腺前部有突向腔面的**背侧嵴**(尿道嵴,crista urethralis),末端形成精阜(colliculus seminalis)。精阜是输精管的开口(马和反刍动物形成射精管),侧面有很多作为**前列腺小管**(ductuli prostatici)出口的小孔。离开骨盆腔处,尿道被富含血管的组织包绕,延续为阴茎部。

11.7 副性腺(glandulae genitales accessoriae)

副性腺沿尿道骨盆部分布,因动物种属而异。一般包括下列部分或全部(图 11-1 和图 11-15):

- 壶腹腺(glandula ampulla ductus deferentis)
- 精囊腺(glandula vesicularis)
- 前列腺(prostata)
- 尿道球腺(glandula bulbourethralis)

公牛和马具有**全部的 4 种副性腺**,公猪有**精囊腺**、**前列腺**和**尿道球腺**,猫有**壶腹腺**、**前列腺**和**尿道球腺**,而犬仅有**壶腹腺**和**前列腺**。

壶腹腺包绕在输精管的末段,在本章前面已经介绍。

11.7.1 精囊腺(glandula vesicularis)

除犬和猫以外,所有家畜都有成对的精囊腺(图 11-3、图 11-15、图 11-17 和图 11-18)。公马和反刍动物的精囊腺**排泄管**(ductusexcretorius)末端与输精管汇合,形成短的、常见的**射精管**(ductusejaculatorius)。公猪的精囊腺在**精阜**后单独开口于尿道。

公马的精囊腺相对较大,为一中空的器官,伴有厚的肌性壁和平滑的表面。公牛和公猪的精囊腺表面不规则。公猪的精囊腺相当发达,呈锥体形。公牛的精囊腺经直肠检查可以触摸到。

11.7.2 前列腺(prostata)

所有家畜都有前列腺的存在(图 11-1 和图 11-15)。有些家畜的前列腺包括两部分:一部分为扩散部,位于**尿道骨盆部**(pars disseminata)壁内;另一部分为**体部**(corpus prostatae),位于尿道外侧。

公马仅有前列腺体部,小型反刍动物只有扩散部,而公牛两部分都有,但前列腺体部很小且平坦。犬和猫的扩散部退化,而体部大,呈球状。犬和猫的前列腺相当发达,犬的完全包围尿道,而猫的包围尿道绝大部分。

很多老龄犬的前列腺常出现肥大现象。肥大的前列腺会增大对直肠的压力,故常引起顽固性便秘。

11.7.3 尿道球腺(glandula bulbourethralis)

除犬以外,其他家畜都有成对的尿道球腺(图 11-3 和图 11-15)。尿道球腺位于尿道骨盆部的背侧,临近骨盆出

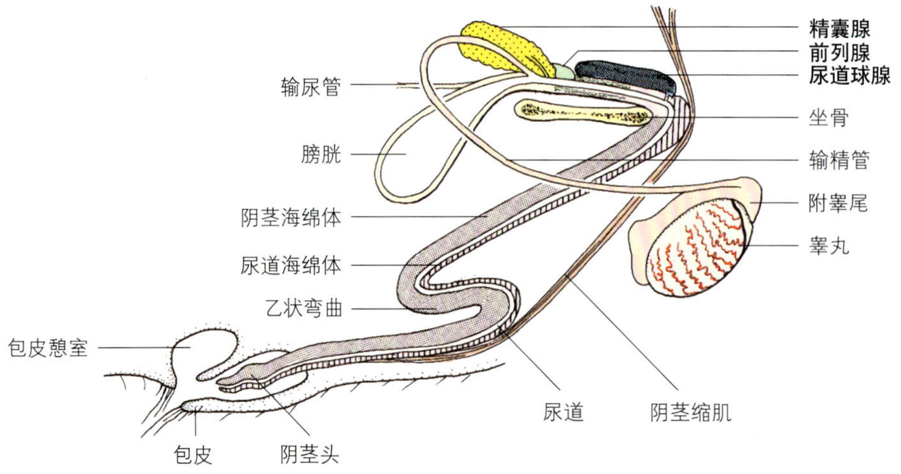

图 11-3 公猪的生殖器官(示意图)

口处。公马的尿道球腺如核桃大小;公牛的如樱桃大小;猫的为球形,腺体很小;公猪的很发达,呈圆柱形沿整个尿道向骨盆部伸展。去势后的公猪尿道球腺变得非常小,因此,尿道球腺的大小可表明猪的去势情况。

所有副性腺都有**发育完善的软组织囊**和富含平滑肌纤维的**内隔膜**。这些肌纤维由自主神经支配,负责腺体分泌物的排出。睾酮对腺体的分泌有促进作用。腺体分泌液中含有**果糖**和**柠檬酸盐**,对精子起到营养、转运和保护的作用。分泌液还能增加精子的运动能力,同时对阴道的酸性环境起到生理性缓冲作用。

11.8 阴茎

阴茎起于坐骨弓的两个阴茎脚,两脚合并成**阴茎根**(radix penis),继续延伸成为**阴茎体**(corpus penis)和**阴茎头**(glans penis)。

阴茎被悬吊于躯干腹侧面的两股间。除猫以外,其他哺乳动物的阴茎头均指向脐部,而猫的阴茎头朝向后方(图 11-1、图 11-20 至图 11-22)。阴茎由 3 条勃起组织柱构成。勃起组织在阴茎根处是独立的,在阴茎的其他部分则合并在一起。

阴茎由下列组分及亚组分构成:

- **阴茎根**(radix penis)
  - 阴茎脚(crura penis):由两条海绵组织柱(海绵体,corpora cavemosa)构成
  - 不成对的阴茎球(bulbus penis):由阴茎海绵体构成
- **阴茎体**(corpus penis)
  - 阴茎海绵体(corpus cavernosum)
  - 尿道海绵体(corpus spongiosum urethrae)
- **阴茎头**(glans penis)
  - 阴茎头尿道海绵体(corpus spongiosumglandis)
  - 海绵体特化形成的阴茎骨(犬)

两条勃起组织背柱称为**阴茎脚**,由核心的**海绵组织**外包致密结缔组织(白膜)构成。**充满血液的成对海绵体**(corpora cavernosa)汇合,向远侧延伸进入阴茎体。来源于每个阴茎脚的两条海绵体在阴茎体内由一隔膜分开。

阴茎体的背侧面有一**浅沟**(阴茎背沟,sulcus dorsalis penis),而腹侧面有一**深沟**(阴茎腹沟,sulcus ventralis penis),用以容纳尿道及其血管,即**尿道海绵体部**(图 11-24 和图 11-25)。

不成对的尿道海绵体(corpus spongiosum)形成第 3 条勃起组织柱,具有比阴茎海绵体更加精细的结构。海绵体中隔较薄,其间的血窦更大。尿道海绵体起源于骨盆出口,由尿道骨盆部周围的稀疏海绵组织突然增大而成。这一膨大形成**阴茎球**(旧称**尿道球**),为一双叶、海绵状、充满血液的囊,位于近坐骨弓处的阴茎脚之间(图 11-23)。阴茎球延续为阴茎的尿道海绵体,环绕尿道阴茎部。尿道海绵体越过阴茎海绵体的远端形成阴茎头,成为阴茎的最顶端。除小型反刍动物外,其他家畜的阴茎头上均有**尿道外口**(图 10-33),而小型反刍动物有一游离的**尿道突**,使尿道长度大于阴茎头(图 11-19 和图 11-23)。

根据阴茎海绵体结构,可将家畜的阴茎**分为两类**。

反刍动物和猪的阴茎属于**纤维弹性型**,血窦小,海绵体中隔由大量坚实的纤维弹性组织构成,阴茎海绵体和尿道海绵体均被厚厚的白膜包裹。这些动物的非勃起组织在大腿间形成**阴茎乙状弯曲**(flexura sigmoidea penis)(图 11-3 和图 11-4)。此类型的阴茎勃起时需要的血液相对较少,且阴茎变长主要靠乙状弯曲的伸直来实现。

其他动物的阴茎属于**肌海绵类型**,血窦较大,被膜和内部间隔结构更精细,肌组织含量更多。这种肌海绵类型的阴茎见于公马和食肉动物。阴茎勃起时需要的血液相对较多,勃起后阴茎的直径和长度均显著增加(图 11-1、图 11-2 和图 11-5)。

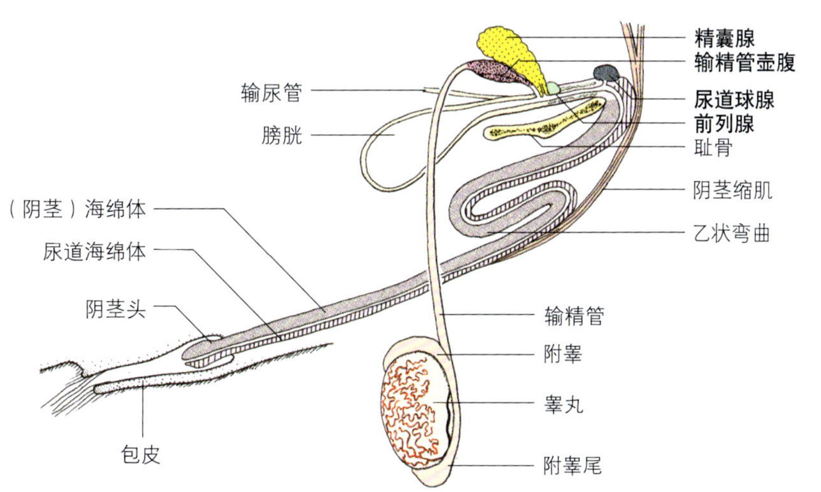

图 11-4 公牛的生殖器官(示意图)

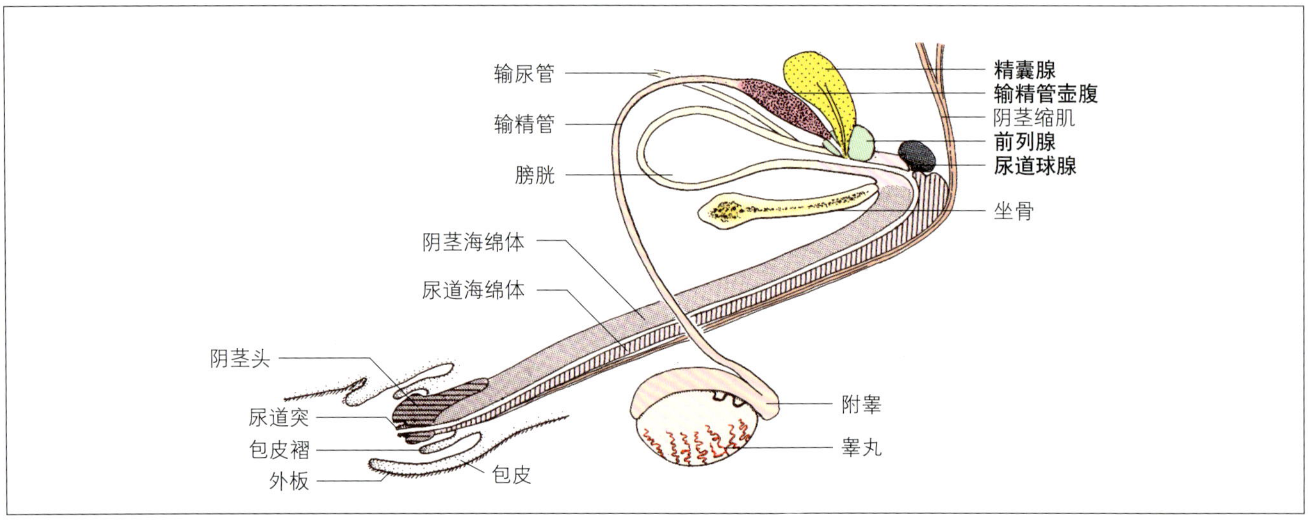

图 11-5 公马的生殖器官（示意图）

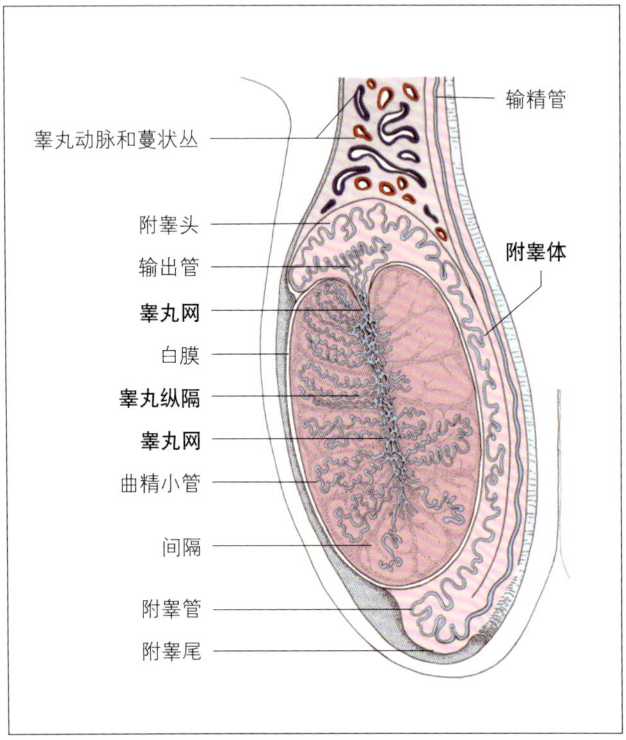

图 11-6 公牛的睾丸、附睾和输精管（示意图，正中切面）

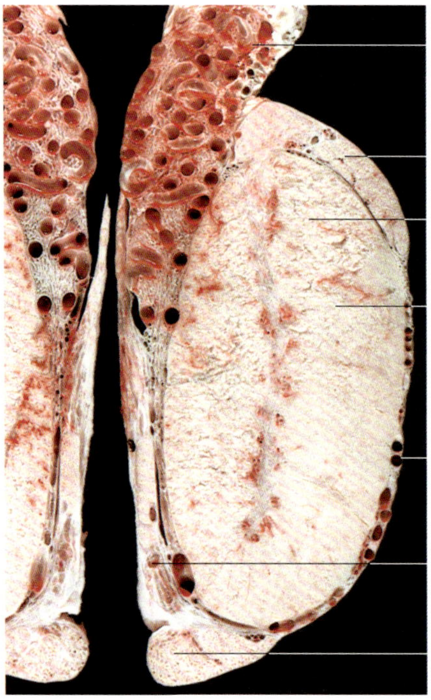

图 11-7 公牛的睾丸和附睾（正中切面，睾丸动脉填注）

动物种属不同，其**阴茎头**形状有很大差别（图 11-18）。公马的阴茎头呈蘑菇状，伴有**阴茎头冠**（corona glandis），是阴茎中最宽大处。阴茎头冠之后，通向阴茎体的部位缩细形成**阴茎颈**（collum glandis）。阴茎头冠的游离端有特征性的**阴茎头窝**（fossa glandis），尿道突开口于此处（图 11-23）。阴茎头窝易沉积包皮垢，引起不适。

犬的海绵体末端变形为**阴茎骨**（os penis）（图 11-24），并长有腹侧沟以容纳尿道海绵体的尿道通过。阴茎骨沟处尿道的部分闭合阻碍了尿道结石的排出，使结石存留在阴茎骨近端。

阴茎头很坚实，分为**长的远侧部**（阴茎头长部，pars longa glandis）和**膨大的近侧部**，即**阴茎头球**。这两部分的形状与雌犬前庭球的形状相匹配。将正在交配的犬粗暴地分开可导致雄犬和雌犬生殖道的严重损害。

猫的阴茎在所有家畜中独具一格，其静止状态下朝向后方（图 11-1）。猫的阴茎骨长 5～8 mm，无腹侧沟。阴茎头有**角质化乳头**，未勃起时朝向近端，而勃起后呈放射状指向所有方向，去势后乳头退化变小。勃起时，阴茎的方向在阴茎头韧带的作用下发生反转，朝向前方。猫常见结石导致的尿道阻塞。

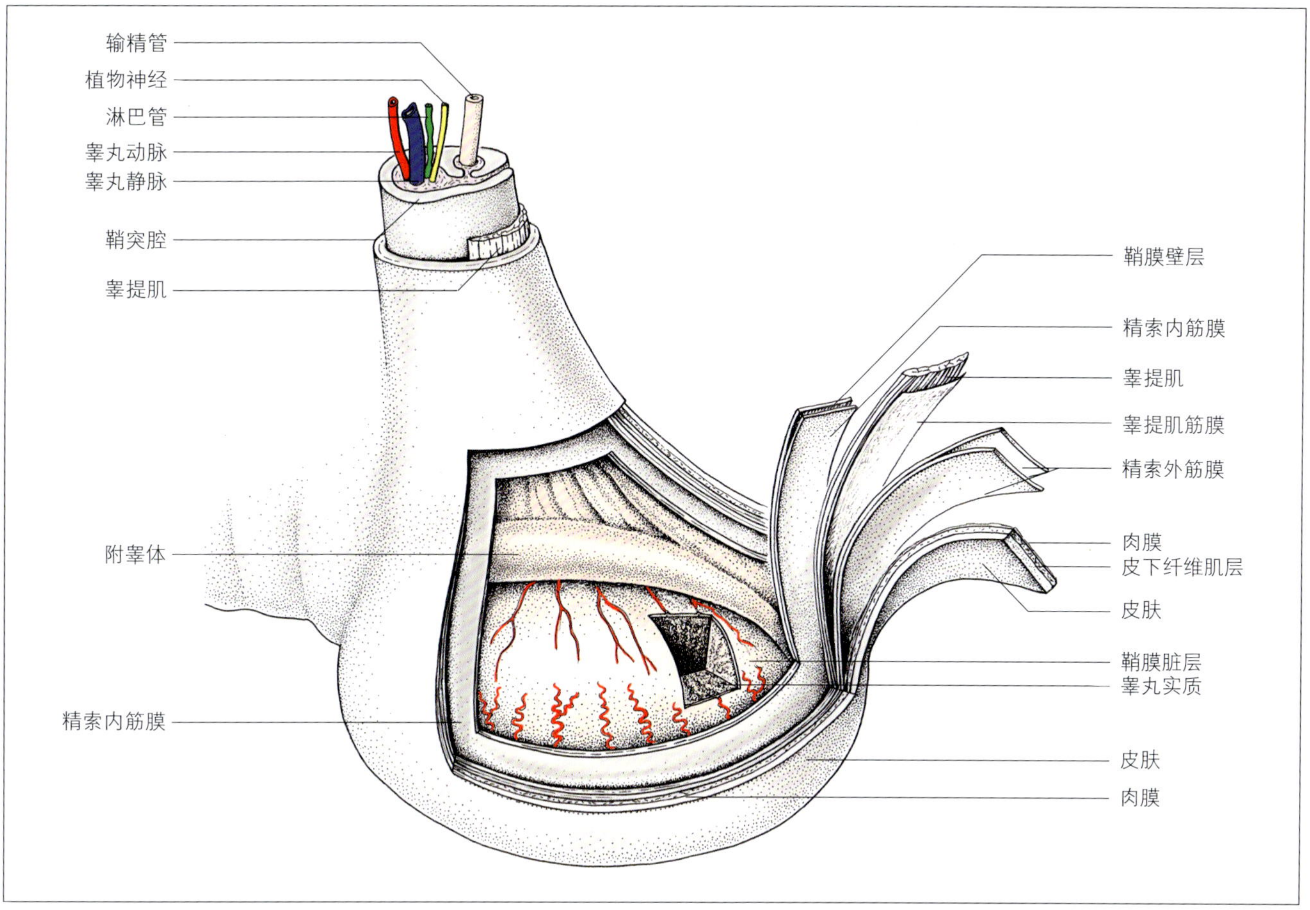

图 11-8 种马的睾丸被膜(示意图)

公猪阴茎的游离端**围绕其纵轴扭曲**成螺旋状,顶端阴茎头很小(图 11-26)。大体解剖学一般将猪的阴茎划分为纤维型,但有组织学证据支持一些学者把猪的阴茎划分为海绵型的观点。

公牛阴茎的游离端有一小的阴茎头,**偏离正中并轻度螺旋**(图 11-27)。尿道开口于一个矮突起顶部,为一裂缝样的狭窄开口。

小型反刍动物的阴茎头部极具特色,其尿道突延伸至阴茎头外面(绵羊约有 4 cm,山羊约有 2.5 cm),且包含勃起组织。

11.8.1 包皮(praeputium)

包皮又叫阴茎外鞘,是阴茎在回缩状态下覆盖在阴茎游离端的皮肤褶。包皮包括内、外两层,在**包皮口**(ostium praeputiale)处相延续。马的包皮与其他动物不同,有两个包皮褶,以保证阴茎勃起时有相当的长度。

包皮外层为皮肤,伸延至**包皮环**处转折为内层,最后形成脏层,直至阴茎顶端(图 11-23 和图 11-27)。**包皮内层**有大量的淋巴组织和分泌包皮垢的特化皮脂腺,便于阴茎插入雌性阴道。外层有数量不等的中缝,为阴囊缝的延续。

包皮的回缩和伸展由数条可看作躯干皮肌分支的**横纹肌**完成。除马以外,其他动物都有**包皮后肌**,用于收缩包皮以暴露阴茎头。只有反刍动物具有伸展包皮的**包皮前肌**。牛和猪的包皮入口周围皮肤有长的被毛。猪的包皮向背侧鼓起形成包皮憩室。中隔将包皮憩室分为两部分(图 11-26),可以储存 135 mL 液体,内有污浊的细胞碎片和尿液,具有特殊的臭味。

11.8.2 阴茎肌

阴茎肌(图 11-16)包括:

- 成对的坐骨海绵体肌(m. ischiocavernosus)
- 球海绵体肌(m. bulbospongiosus)
- 成对的阴茎缩肌(m. retractor penis)

成对的坐骨海绵体肌非常发达,起源于坐骨弓,在阴茎根处围绕阴茎脚汇合在一起。**球海绵体肌**是包围着尿道骨盆部的尿道横纹肌在骨盆外的延续。球海绵体肌在海绵体表面向外伸展,伸展的长度根据阴茎类型而定。在具有纤维弹性型阴茎的动物中,球海绵体肌大约延伸至阴茎近 1/3 处,而马则延伸至阴茎头。

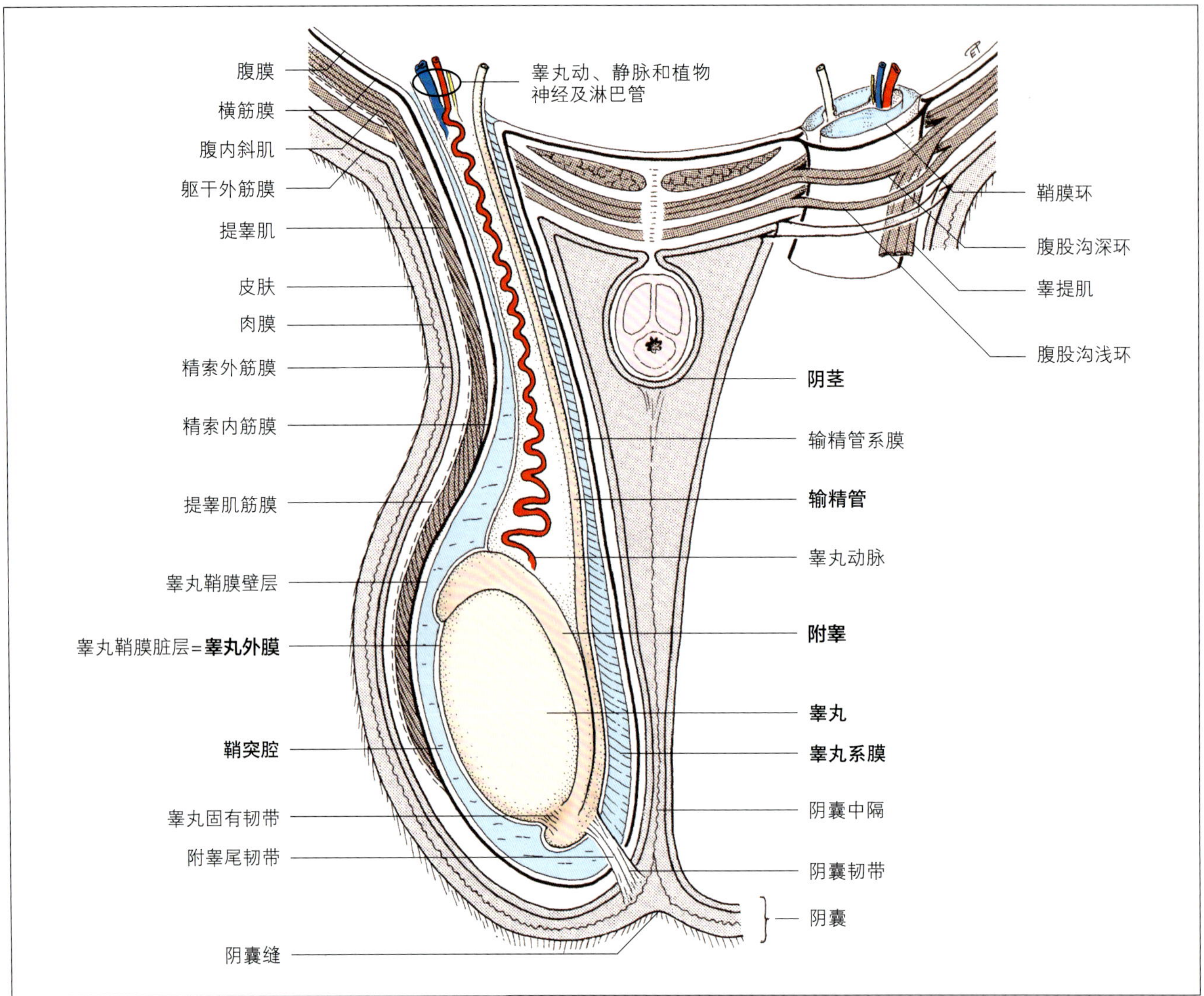

图 11-9 公牛的睾丸被膜和精索（示意图）

阴茎缩肌也是成对的，起于尾椎，下行穿过会阴，绕过肛门，到达阴茎。具有乙状弯曲的动物（反刍动物和猪），其阴茎缩肌附着于弯曲的后曲；具有肌海绵型阴茎的动物，其阴茎缩肌随着球海绵体肌到达阴茎顶端。缩肌主要由平滑肌纤维组成。

11.8.3 尿道和阴茎的血液供应、淋巴引流及神经支配

尿道、副性腺和阴茎的血液由**阴部内动脉**的分支供给。分支之一是前列腺动脉，供应骨盆腔内的生殖器官。在坐骨弓处，阴部内动脉分为供给尿道海绵体的**阴茎球动脉**、供给阴茎海绵体的**阴茎深动脉**和穿越整个阴茎供给阴茎头的**阴茎背动脉**。

阴部内动脉由于**阴部外动脉**分支的汇入而得到加强，使阴茎顶端血管化，同时与阴茎背动脉吻合也使包皮发生血管化。马的阴茎背动脉与闭孔动脉间也形成吻合。

骨盆腔内生殖器官的**淋巴管**汇入**髂内淋巴结**和**荐淋巴结**。阴茎和包皮的淋巴管汇入**腹股沟浅（阴囊）淋巴结**。

支配阴茎的神经来自成对的**阴部神经**，该神经传递多条副交感神经纤维。阴茎头和包皮内层有大量的神经末梢分布。

11.8.4 勃起和射精

勃起开始阶段，由于供应血液的动脉管壁松弛使流向阴茎的血量增加。同时，静脉压迫坐骨弓，阴茎根处静脉血的流出受阻。这种变化在阴茎海绵体比尿道海绵体明显，血液充满阴茎海绵体后再流入尿道海绵体。阴茎插入阴道后充血过程继续加强，勃起组织内血压不断上升。射精后阴茎海绵体内血液排出，随后尿道海绵体内血液排出，血压迅速下降。

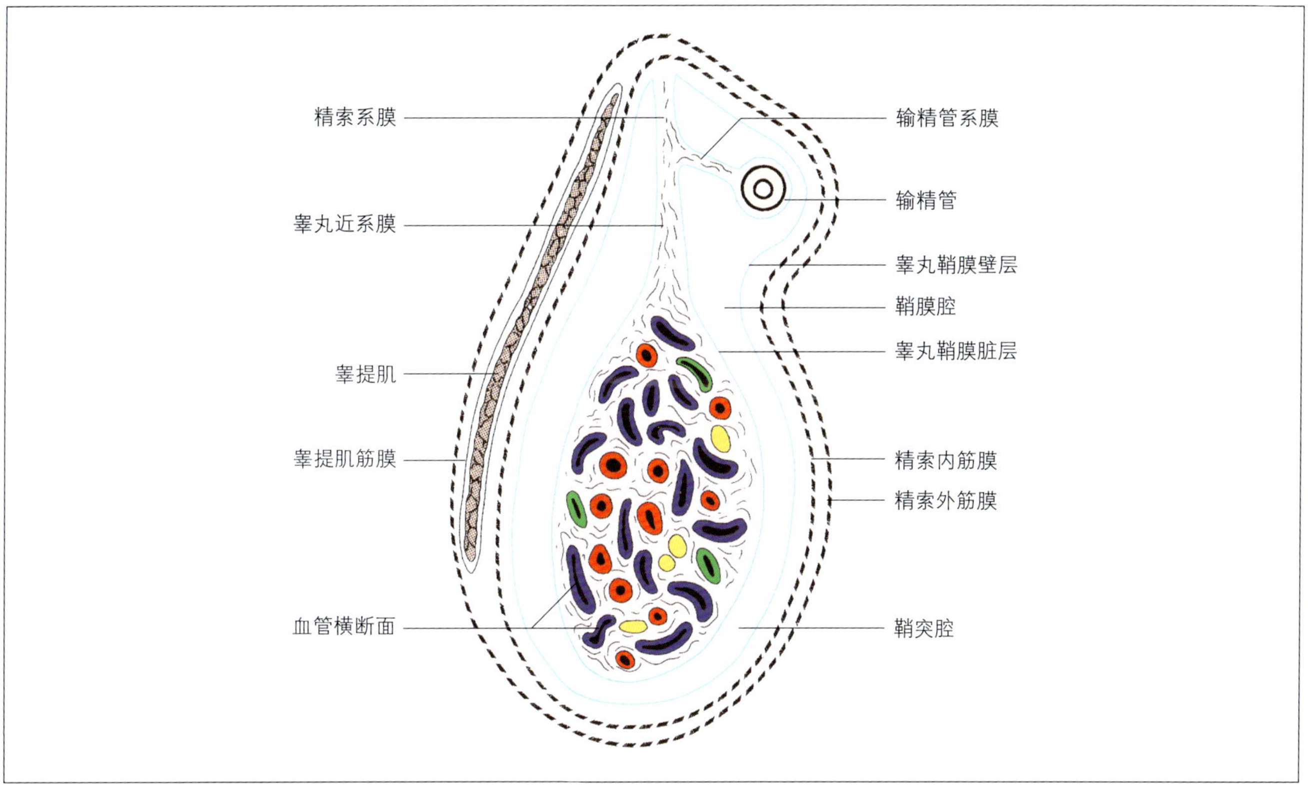

图 11-10 鞘突的近端部(示意图,横断面)。仿 Schaller(1992)

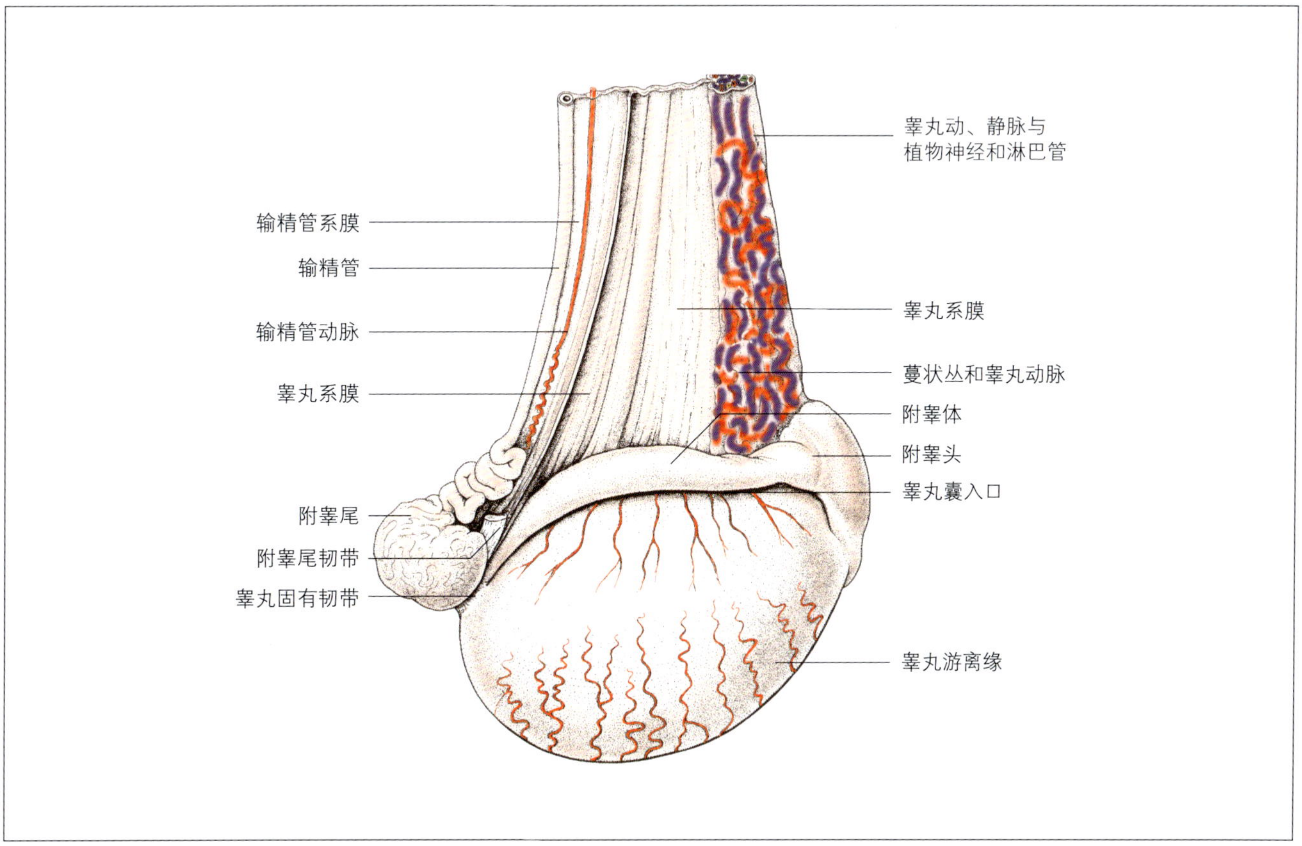

图 11-11 公马的右侧睾丸、附睾和精索(外侧面,示意图)

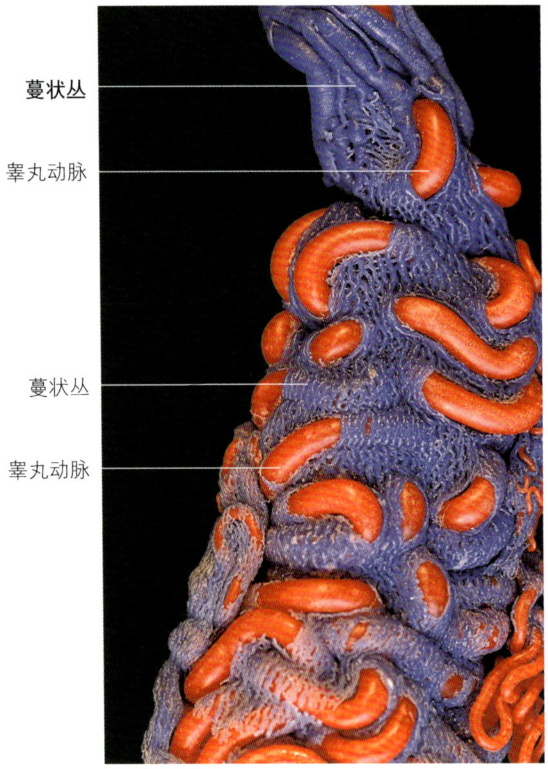

图 11-12 公羊精索内的睾丸动、静脉（铸型标本）

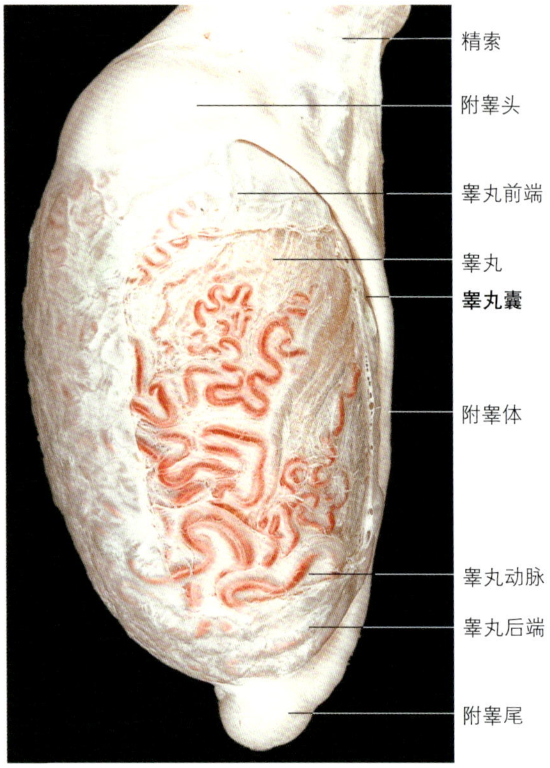

图 11-13 血管铸型的公牛睾丸

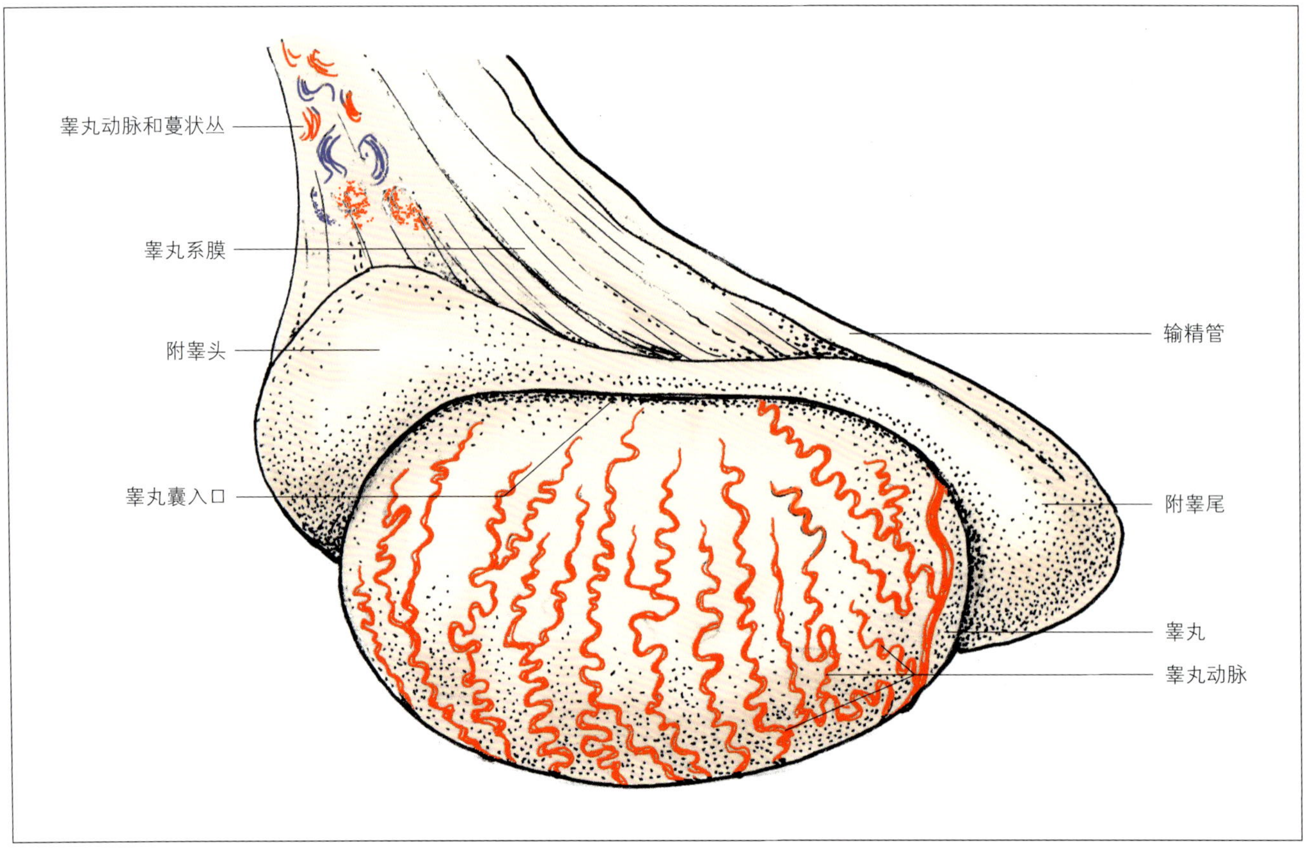

图 11-14 公猪的睾丸（示意图）

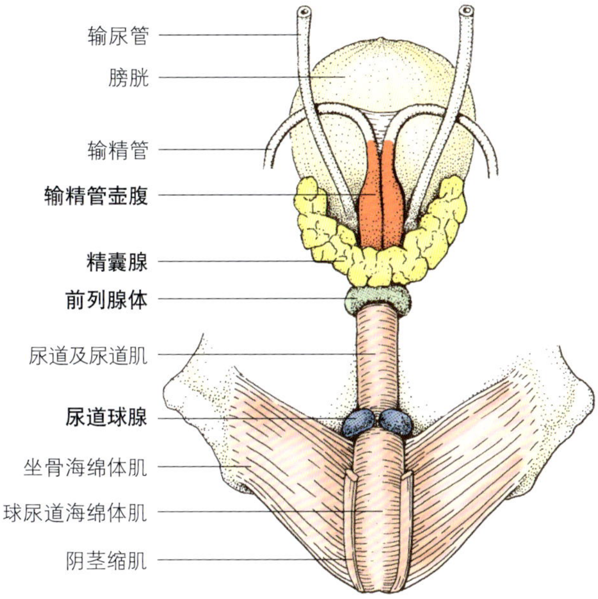

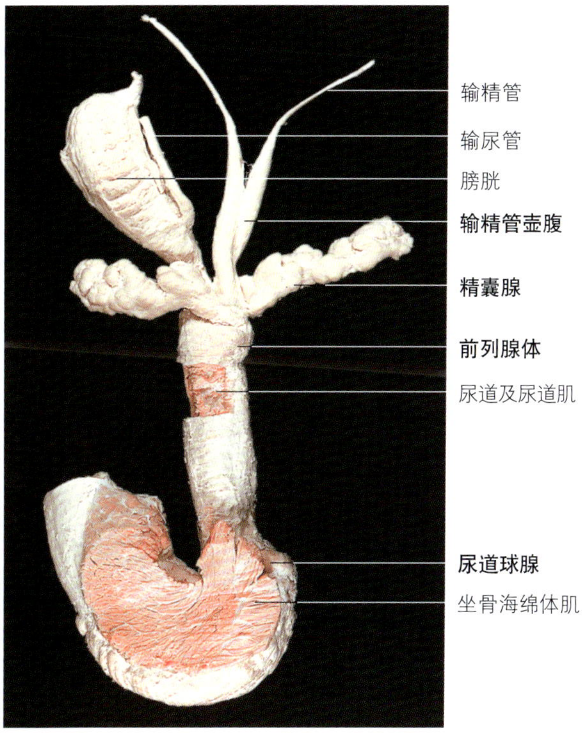

图 11-15 公牛的副性腺

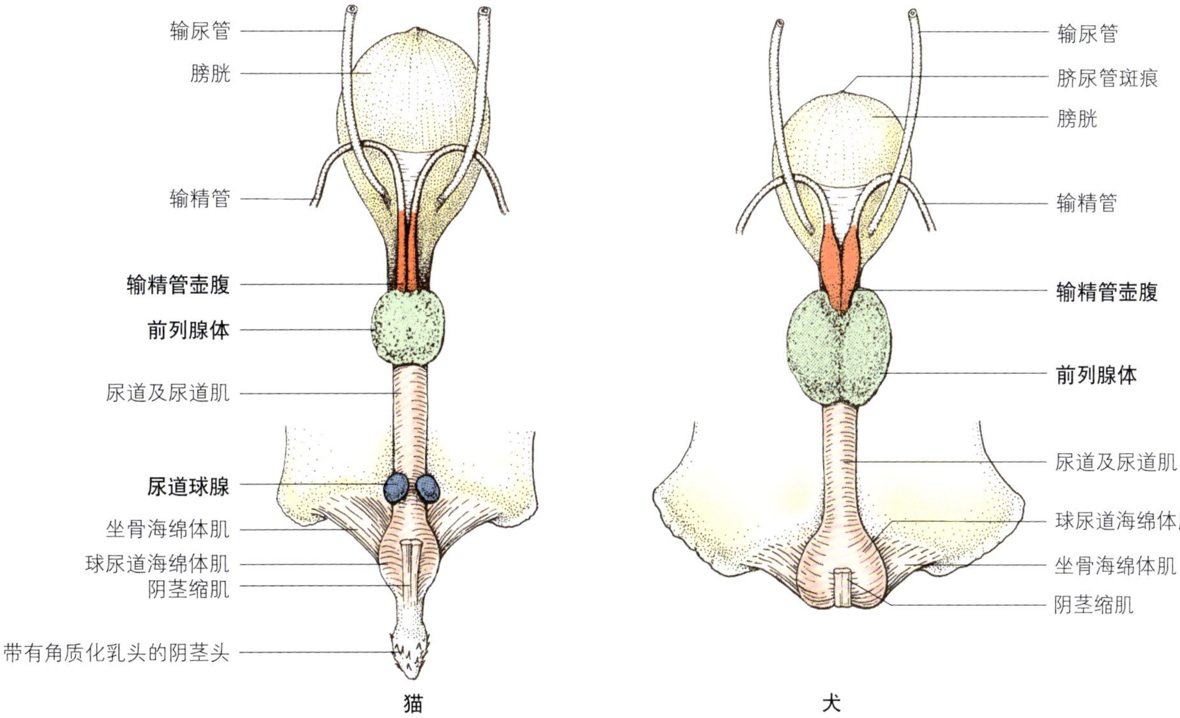

图 11-16 猫和犬的副性腺(示意图)

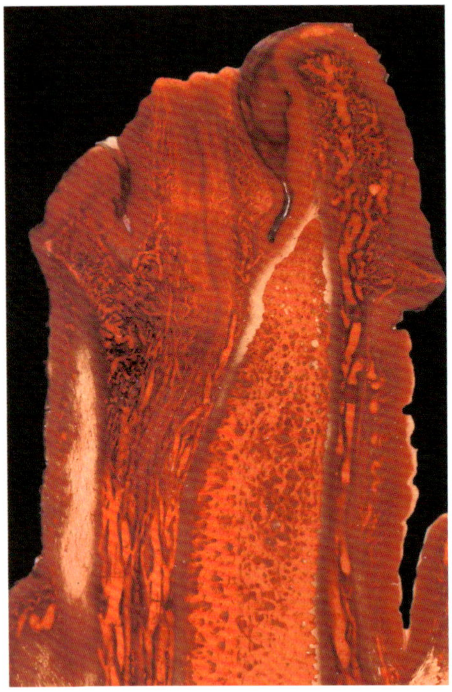

图 11-22　公马阴茎头的血管（E-12 塑化标本）
（维也纳 M.-C. Sora 博士、教授提供）

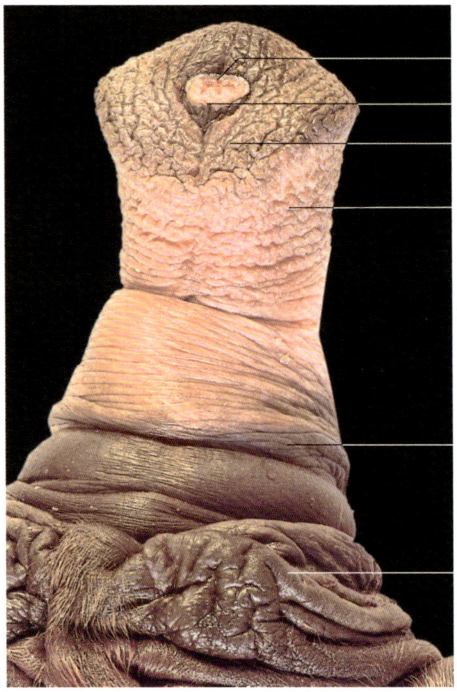

图 11-23　公马的阴茎头

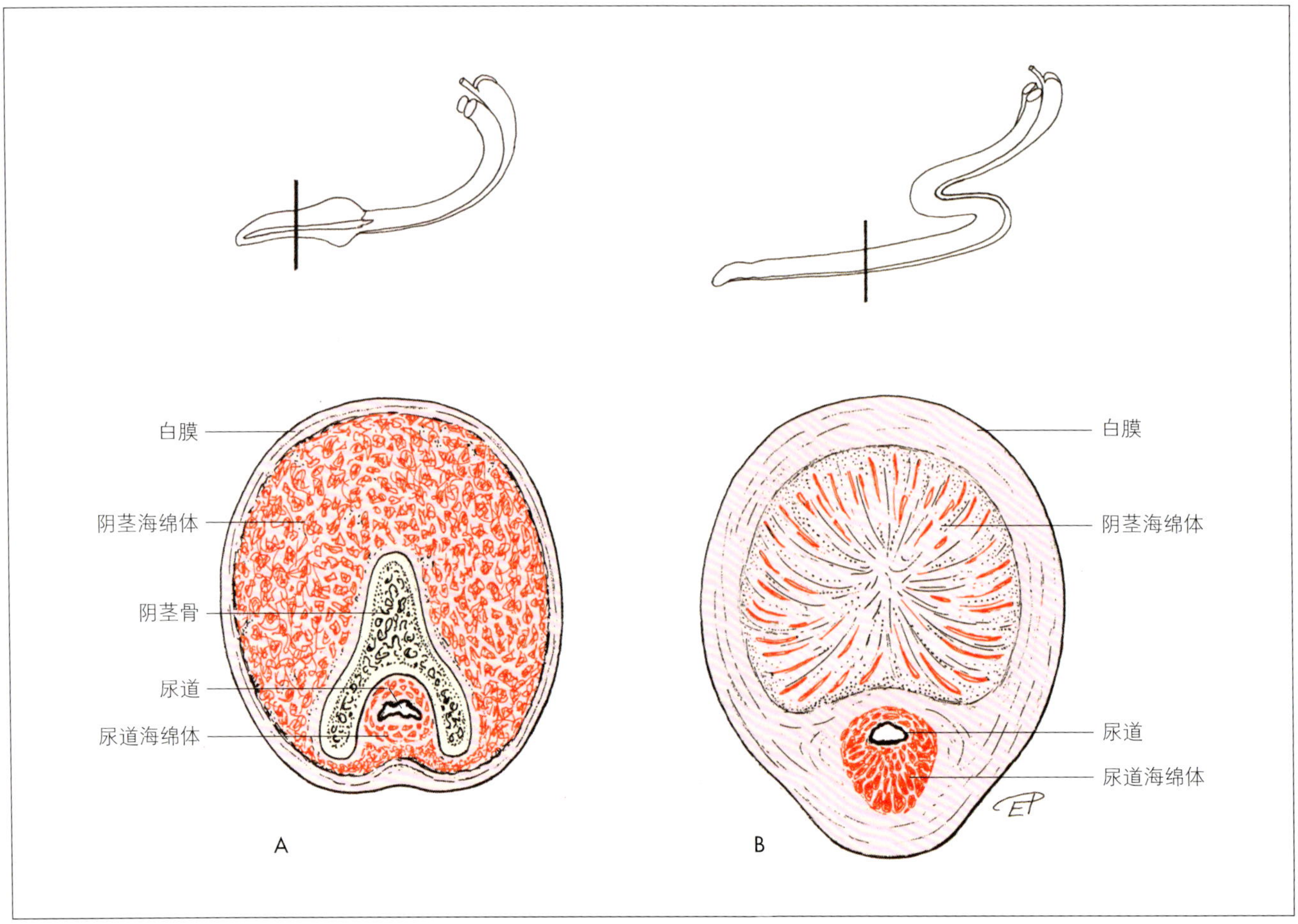

图 11-24　犬（A）和公牛（B）的阴茎（示意图，横断面）

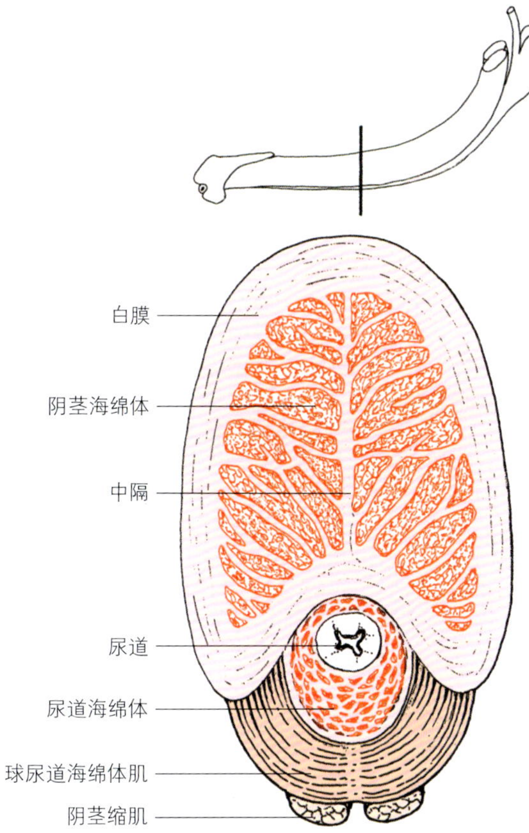

图 11-25 公马的阴茎(示意图,横断面)

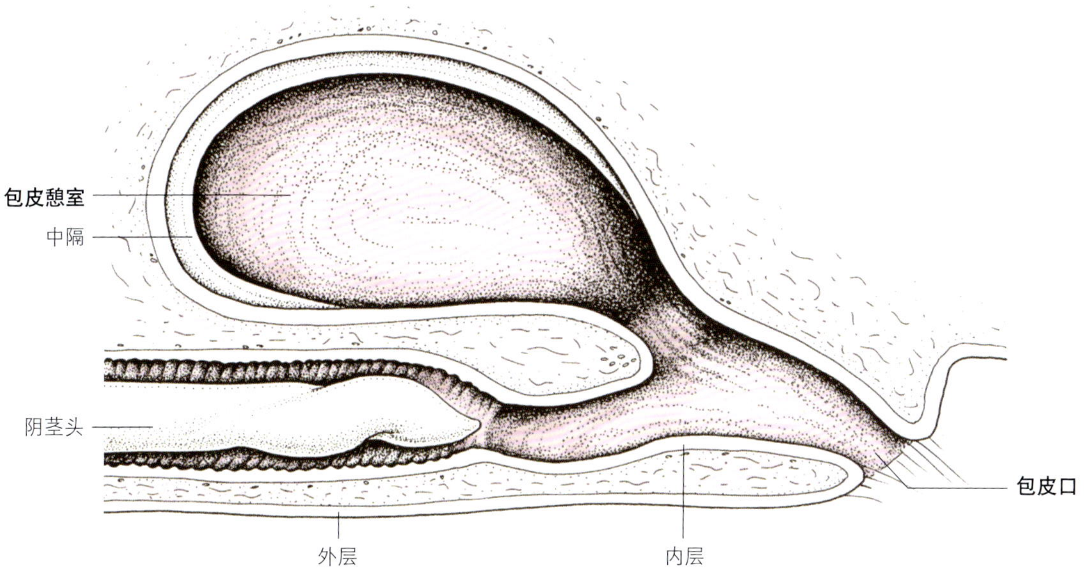

图 11-26 公猪阴茎的包皮和阴茎头(示意图)

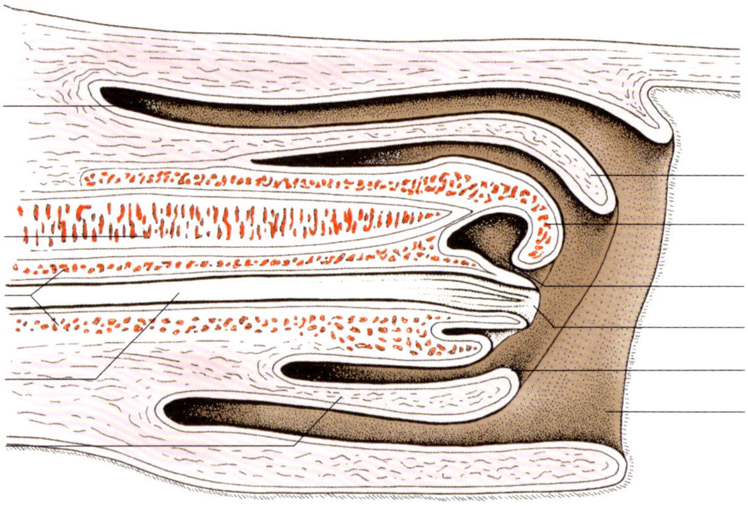

图 11-27 公马阴茎的包皮和阴茎头(示意图)。仿 Schaller(1992)

对于具有**纤维弹性型阴茎**的动物,海绵体窦的扩展需要较少的血液。因此,阴茎的充分勃起更加迅速,勃起后阴茎体积增加有限,阴茎长度的增加主要靠乙状弯曲的伸展。**肌海绵型**阴茎的动物,其海绵体窦很大,充分勃起需要的血液较多。因此,该类型阴茎的勃起需要时间较长,阴茎长度和直径的增加更大。

勃起发生在射精之前,管壁**平滑肌细胞**的收缩所引起的附睾管和输精管蠕动,将精液不断输送至输精管壶腹。雄激素调节附睾管的分泌活动,其分泌液有提高精子活力的作用。

临床术语

与雄性生殖系统相关的临床术语:睾丸炎、睾丸切除术、精索炎、附睾炎、前列腺炎、前列腺周囊肿、阴茎异常勃起、包茎(包皮过长)、隐睾症,支持细胞瘤、腹股沟疝、睾丸扭转等。

12 雌性生殖器官 (organa genitalia feminina)

H. E. König 和 H.-G. Liebich

与雄性动物的生殖器官类似，雌性动物的生殖器官可以分为**产生配子**的器官以及负责**运输**和**储存配子**的器官。雌性生殖器官包括**成对的卵巢**和**输卵管**，以及**子宫**和**阴道**。

卵巢产生雌性配子和激素。成对的输卵管将从卵巢排出的卵子输送到子宫，受精卵则在子宫内继续发育。阴道是交配器官，与其延续部分即**阴道前庭**一起，共同作为分娩和排泄尿液的通道（图 12-1 至图 12-5 和图 12-33）。

12.1 卵巢（ovarium）

卵巢起源于位于腰部**中肾**内侧的**生殖腺原基**。这些细胞束并入**原始生殖细胞**，后者源于卵黄囊并迁移至生殖腺。在动物发育的后期，这些细胞形成**细胞群**，分化为**雌性配子**和**支持细胞**（更详细的描述参见胚胎学和组织学教材）。

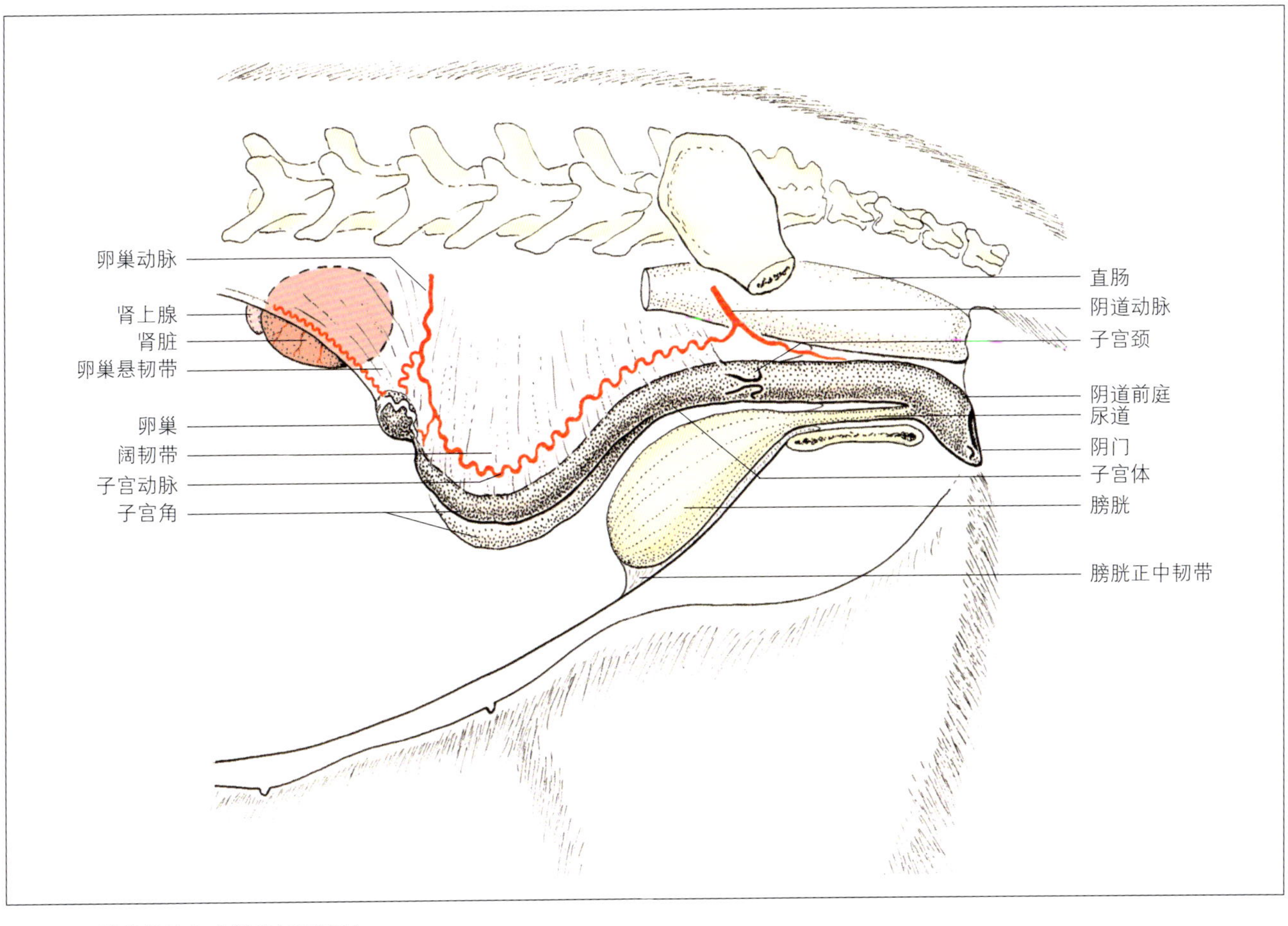

图 12-1　猫的雌性生殖器官（示意图）

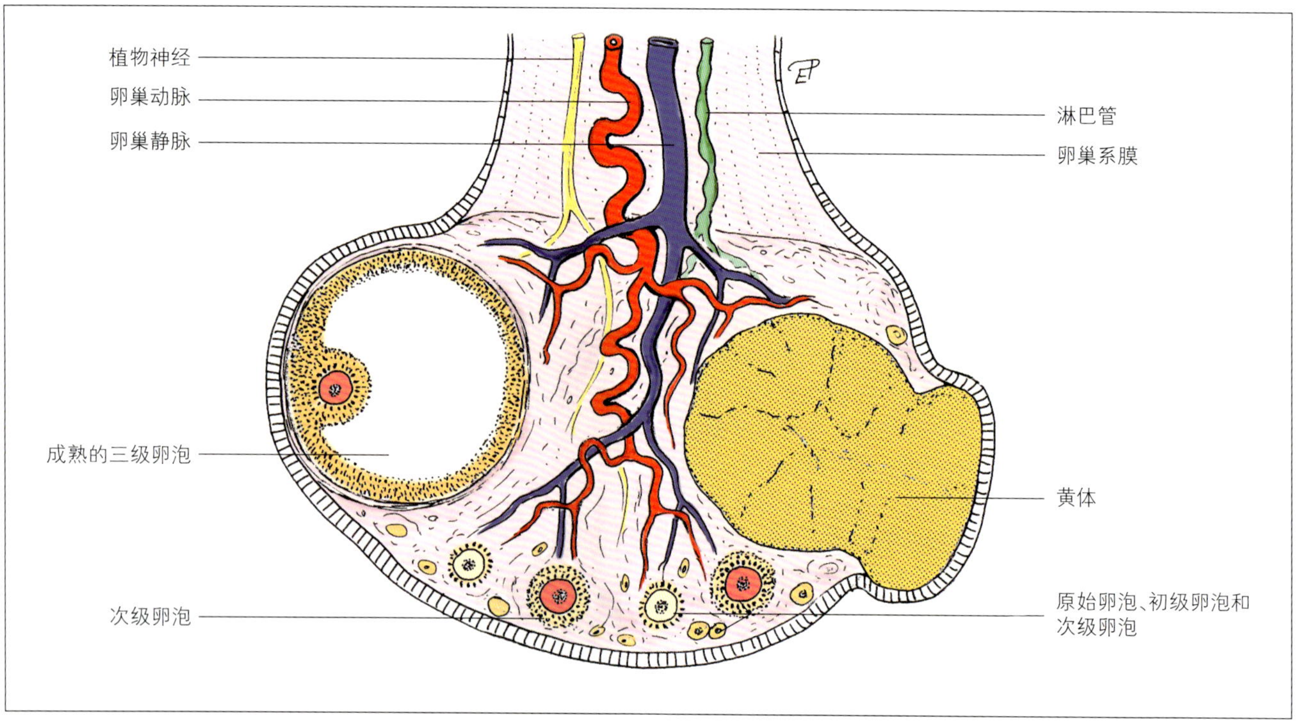

图 12-10　牛的卵巢（示意图）

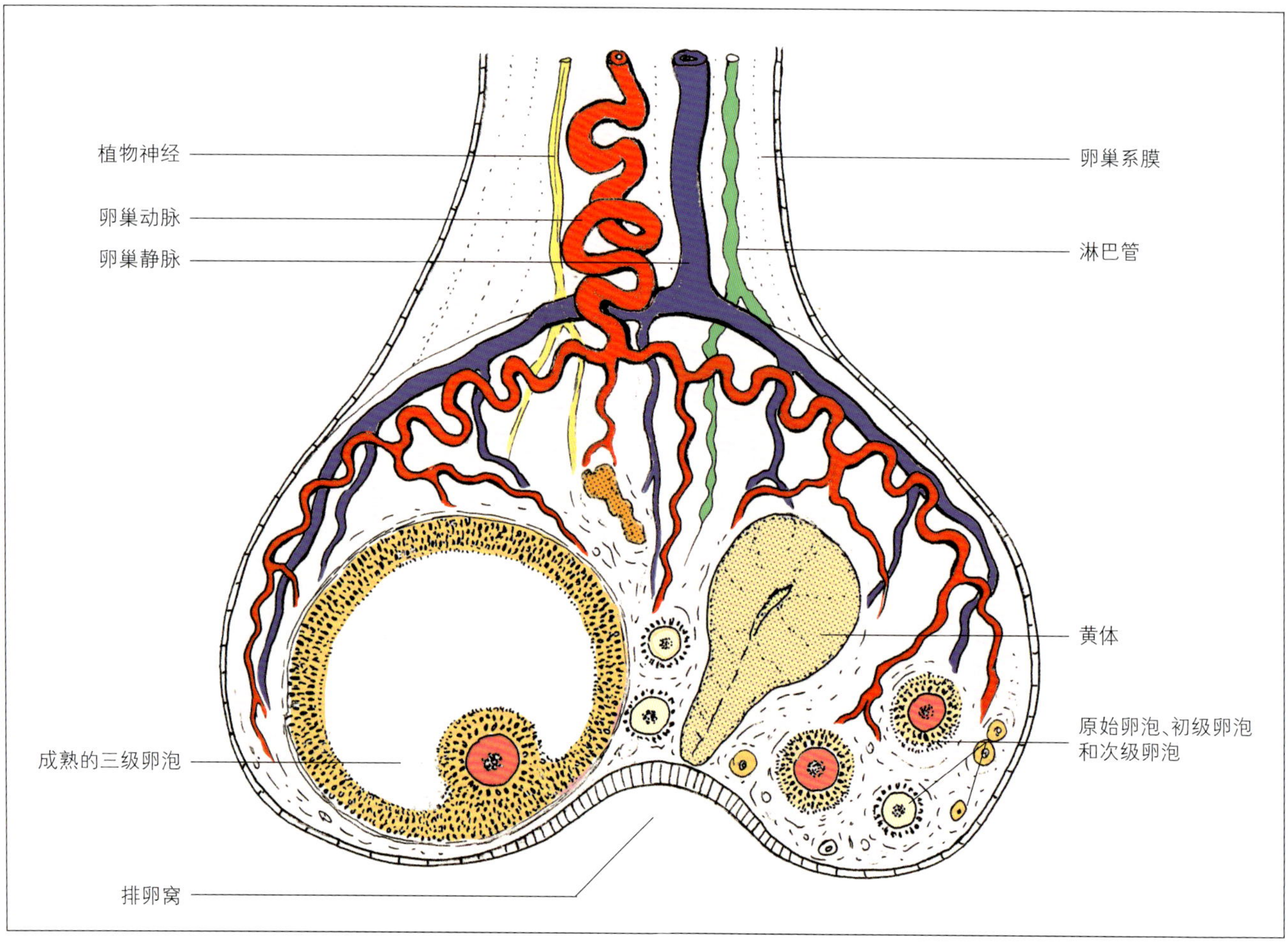

图 12-11　母马的卵巢（示意图）

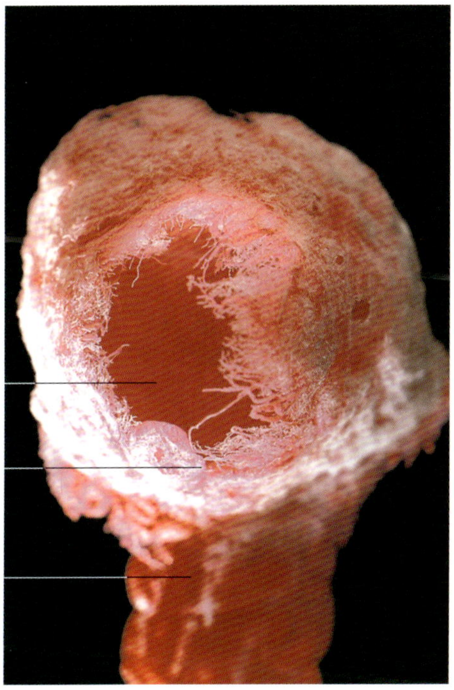

图 12-12　排卵前牛的卵巢血管（铸型标本）

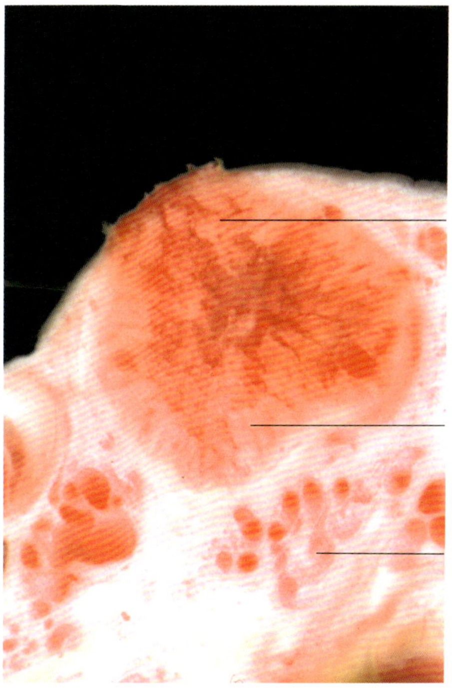

图 12-13　排卵后牛的卵巢血管

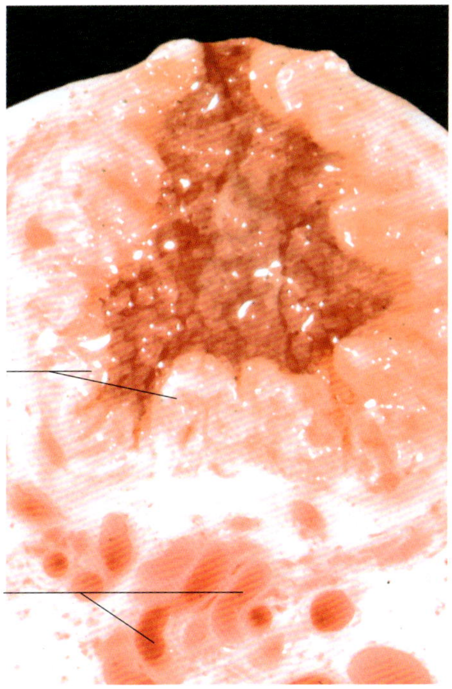

图 12-14　排卵后期牛的卵巢（血管注射模型）

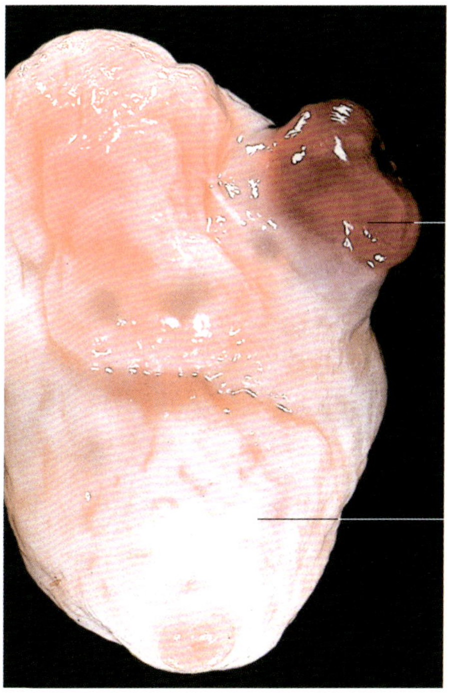

图 12-15　牛的卵巢，含黄体（排卵后第 2 天）

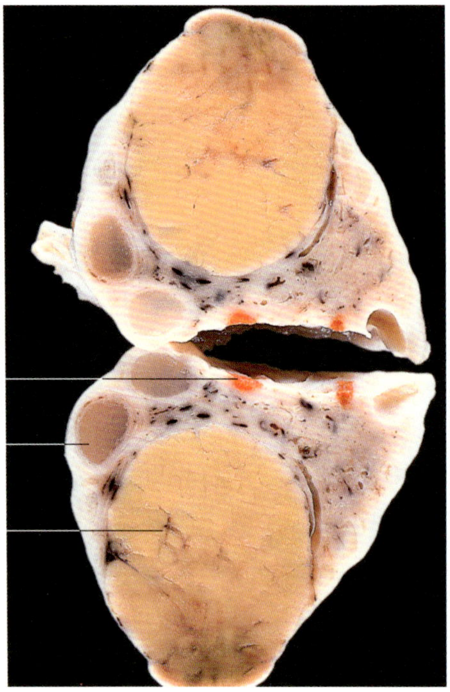

图 12-16 含成熟黄体的牛的卵巢(剖面)

图 12-17 黄体退化的牛卵巢(剖面)

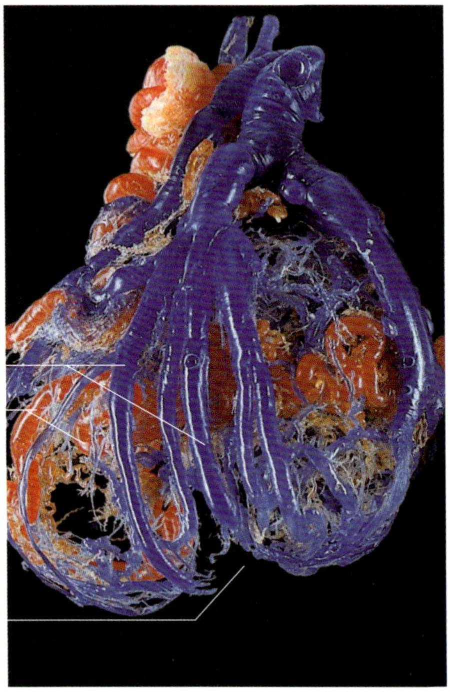

图 12-18 母马的卵巢血管(铸型标本)

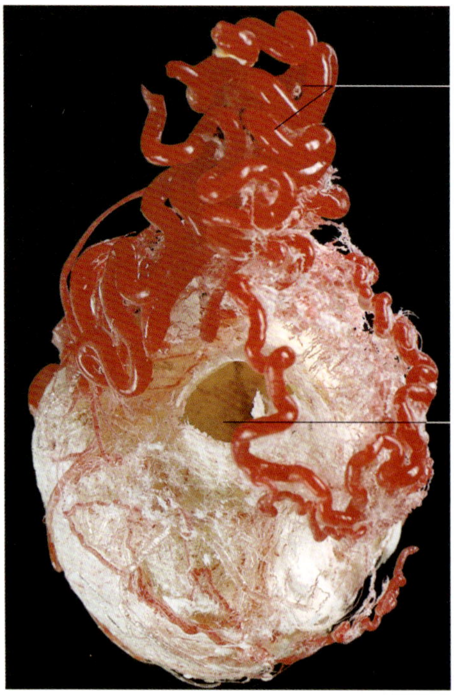

图 12-19 母马的卵巢血管及直径 6 cm 的成熟卵泡(铸型标本)

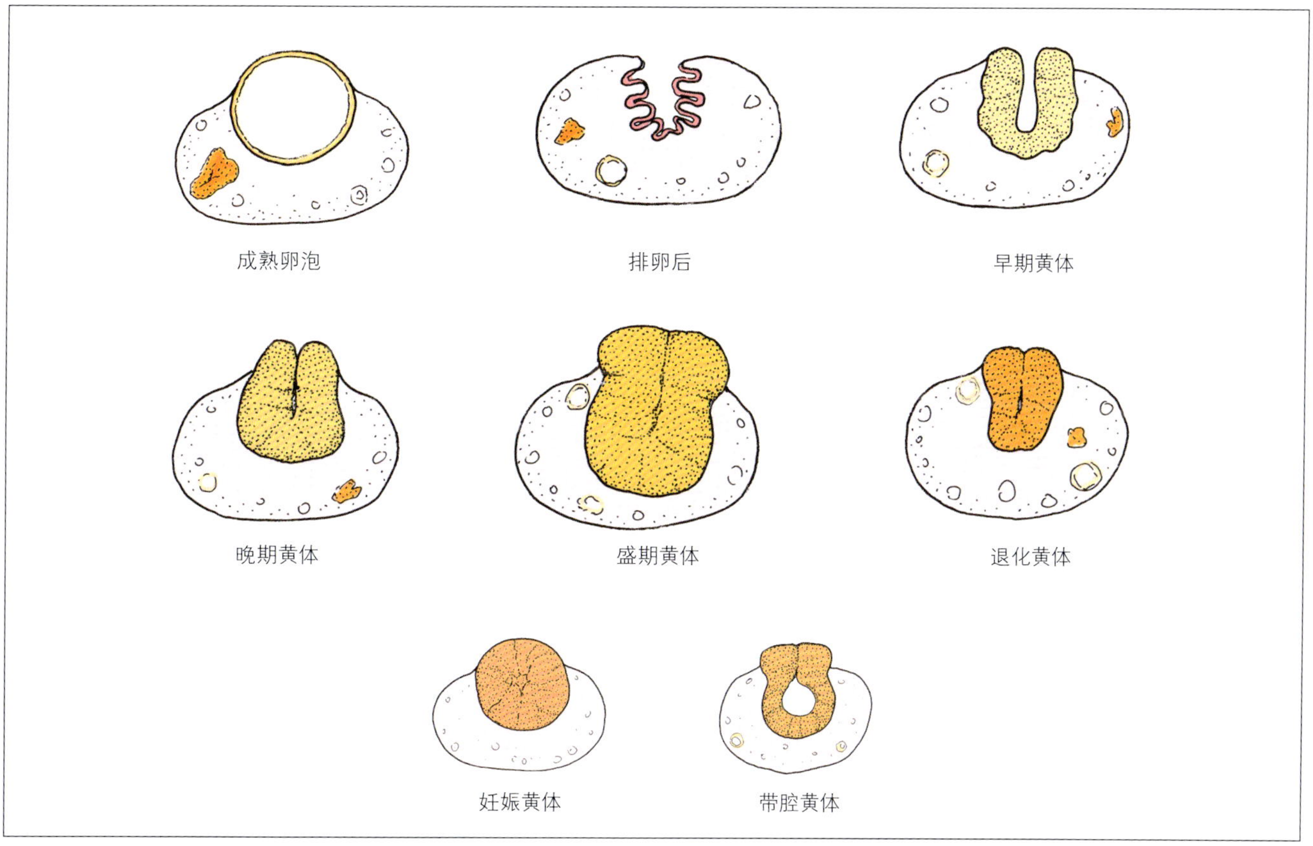

图 12-20 母牛排卵后的 Graafian 卵泡和黄体周期(示意图)

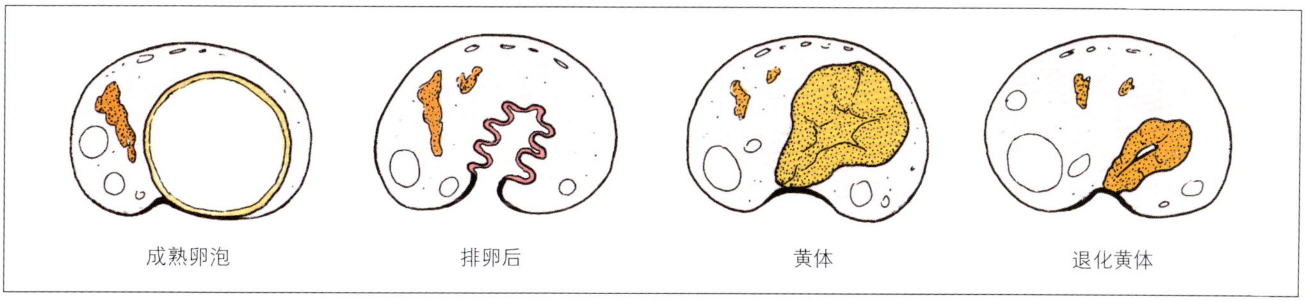

图 12-21 母马排卵后的 Graafian 卵泡和黄体周期(示意图)

输卵管经**输卵管子宫口**进入子宫角,标示出子宫与输卵管的连接部位。反刍动物和猪的子宫口处无明显界线,而马和食肉动物的子宫口处则界线明显,其输卵管子宫口位于乳头状突起的顶部,从而形成了防止上行性感染的屏障(图 12-23)。

卵巢系膜、输卵管系膜和卵巢囊

卵巢和输卵管分别被卵巢系膜和输卵管系膜悬吊固定,这 2 个系膜共同构成**阔韧带**(子宫阔韧带)的头部,子宫阔韧带是雌性生殖道的共同韧带(图 12-1)。血管(图 12-18 和图 12-19)及神经到达韧带内各器官。犬、猫和猪的每侧卵巢除了卵巢系膜外,另有 2 条韧带附着,即卵巢悬韧带和卵巢固有韧带。**卵巢悬韧带**形成阔韧带游离缘的前部(表 12-1)。猫的卵巢悬韧带内含有血管,因此在卵巢切除术时必须考虑这一点。卵巢悬韧带先后延续为**卵巢固有韧带**,卵巢固有韧带附着于子宫角的顶部。**输卵管**系膜延伸至输卵管外,形成帘状的游离缘(图 12-22 和图 12-27)。

卵巢系膜、输卵管系膜及卵巢固有韧带共同围成一个小的腹膜腔隙,即**卵巢囊**,卵巢囊包裹着卵巢(图 12-22 和图 12-23)。马的卵巢大,不能被卵巢囊完全包裹。反刍动物和猪的卵巢囊像斗篷一样覆盖在卵巢上。猫的卵巢囊包裹着卵巢,但与腹腔有广泛的联系。犬的卵巢囊完全包裹着卵巢,其内含有大量的脂肪,只有一个狭窄的裂隙与腹膜腔相通。

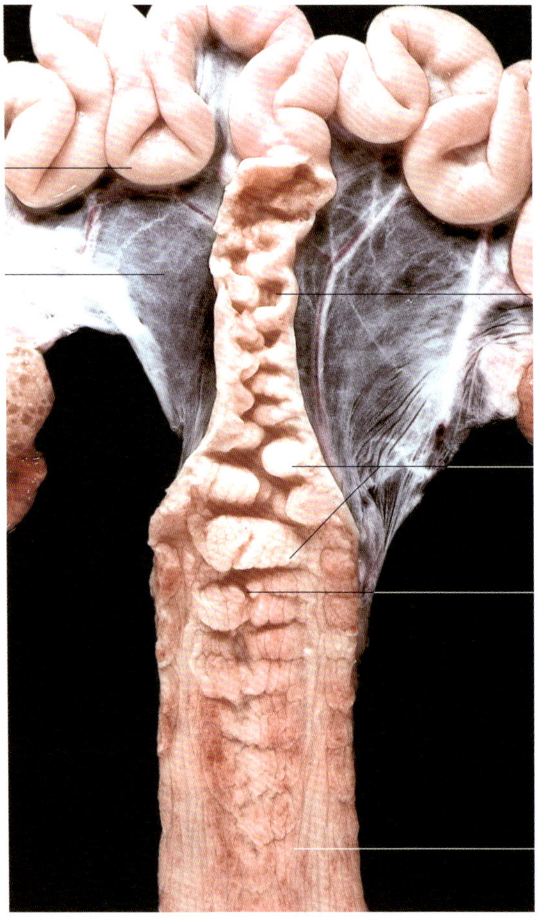

图 12-30 母猪的阴道和子宫颈（沿中线部分切开）（慕尼黑 J. Maierl 博士、教授提供）

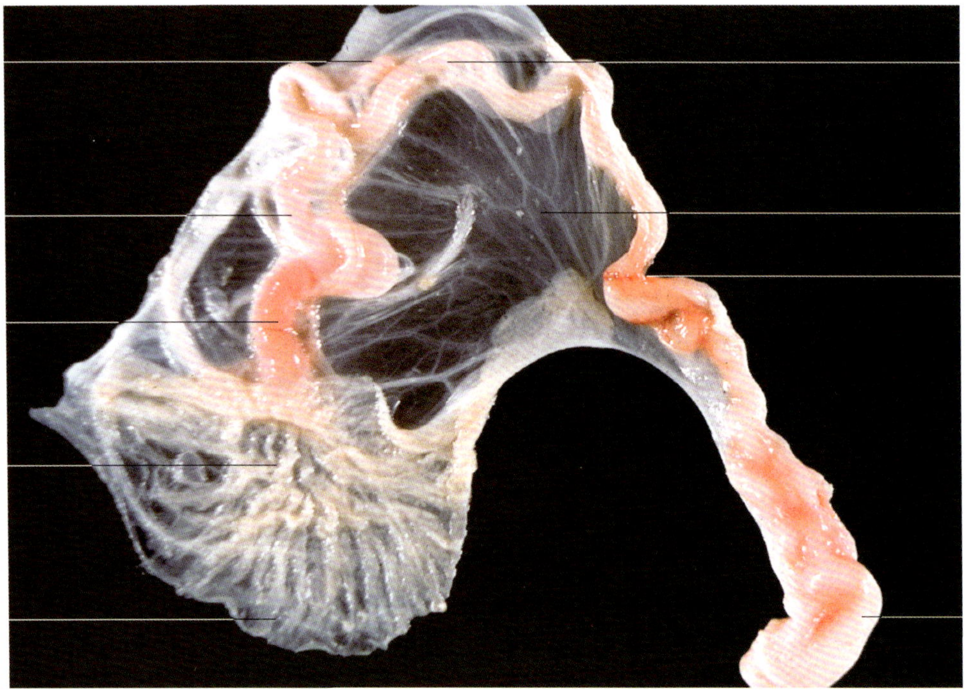

图 12-31 牛的输卵管

卵管系膜从卵巢系膜处向外侧延伸，从而将卵巢系膜分为近端和远端。近端卵巢系膜由体壁延伸至输卵管系膜，远端卵巢系膜由输卵管系膜延伸至卵巢（图 12-1、图 12-22 和图 12-23）。

输卵管系膜和卵巢系膜包裹形成一个囊，即**卵巢囊**，将卵巢包裹其中（图 12-22、图 12-23 和图 12-25）。卵巢囊的大小差异很大，母马的卵巢囊不能完全容纳卵巢，但食肉动物的卵巢囊可以包裹整个卵巢。

子宫阔韧带最大的部分是**子宫系膜**（图 12-22 和图 12-23），附着于子宫和阴道的前部。子宫系膜附着于子宫颈和阴道部分的两层浆膜被广泛分开，因此其侧表面为浆膜外区。在子宫角的基部，浆膜从一个子宫角连接到另一个子宫角，从而形成角间韧带。牛的背侧角间韧带和腹侧角间韧带共同构成一个开口向前的小囊袋，在直肠触诊时有助于确定子宫位置。

除上述韧带附着外，雌性生殖道还有另外一些韧带，如**卵巢悬韧带**（图 12-1 和图 12-2）、**卵巢固有韧带**和**子宫圆韧带**。

卵巢悬韧带形成**卵巢阔韧带的前缘**，连接在卵巢和最后一根肋骨之间。卵巢悬韧带在卵巢后与卵巢后侧的**卵巢固有韧带**相连，后者连接子宫角的前端，与子宫圆韧带相连。子宫圆韧带是一条纤维肌束，从子宫系膜侧面分出的腹膜褶的游离缘向尾侧延伸至腹股沟管。

犬的圆韧带不止于腹股沟内环，而是穿过**腹股沟管**，被**阴道鞘突**包围，最后止于外阴附近。母犬是唯一拥有鞘突的家畜，这使其更容易患腹股沟疝，而腹股沟疝在其他物种仅限于雄性。老年母犬的鞘突内常含有相当数量的脂肪沉积，使之很容易被触觉，不应被误认为是病理肿块。

表 12-1 列出了生殖道**悬吊系统**和**附着韧带**，比较了雄性和雌性动物的同源结构。

12.7 雌性生殖器官肌肉

肌肉和**筋膜**与雌性生殖道共同构成**盆腔出口**的一部分：肌肉筋膜隔膜，分为背侧的盆腔隔膜和腹侧的泌尿生殖隔膜。盆腔隔膜位于肛门周围的盆腔出口处，泌尿生殖隔膜位于前庭周围的盆腔出口处。**前庭和阴门处的肌肉**构成下列横纹肌：**前庭缩肌**、**阴门缩肌**和**坐骨海绵肌**。尾根腹侧和阴门（或阴囊）之间的区域称为会阴。交织在阴门和肛门之间的肌肉和筋膜称为会阴体。然而在实践中会阴体通常被称为“**会阴**”。在复杂的分娩过程中会阴部可能会发生撕裂。

12.8 血液供应、淋巴引流及神经分布

雌性生殖器官的血液由 4 对动脉提供（图 12-44）：

- 卵巢动脉（a. ovarica）
- 子宫动脉（a. uterina）
- 阴道动脉（a. vaginalis）
- 阴部内动脉（a. pudenda interna）

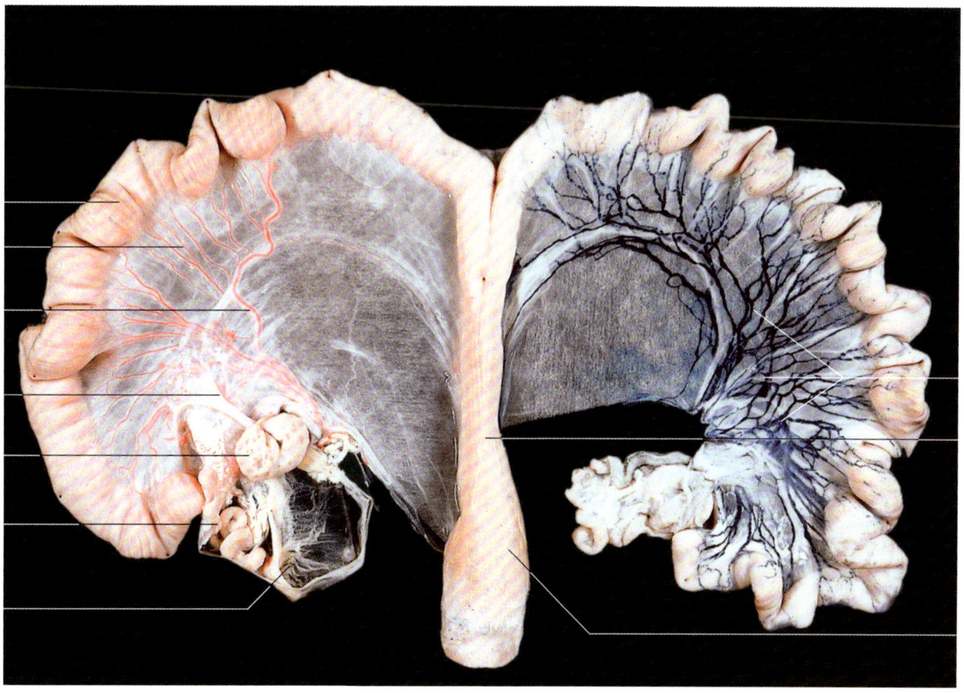

图 12-32 动脉（左，红色）和淋巴管（右，深蓝色）注射后的母猪子宫（慕尼黑 J. Maierl 博士、教授提供）

卵巢动脉从主动脉分支后，盘曲进入卵巢，为**卵巢**供应血液（卵巢支），并分支到达子宫管和**子宫角**顶部（**子宫支**）。子宫支与子宫动脉在阔韧带内吻合。

雌性生殖道的其余部分由子宫动脉和阴道动脉（两者均为髂内动脉的分支）以及阴道内动脉（阴道动脉的延续）构成。子宫动脉通过子宫阔韧带通向子宫。子宫动脉分出一系列分支分布于子宫体和子宫角，其中最前侧的分支与卵巢动脉的子宫分支相吻合；最后侧的分支与阴道动脉相吻合。

在犬和猫，子宫动脉是**阴道动脉**的一个分支。子宫的主要血液供应由卵巢动脉的子宫支提供。猫的卵巢动脉分离出一个额外的分支，该分支向前与肾上腺动脉吻合。牛的子宫动脉可以通过直肠检查在髂骨体处触诊到，从妊娠第5个月开始可以感觉到一种特征性的振动（颤动或震颤）。马的子宫动脉是髂外动脉的一个分支。雌性生殖道的后部由阴部内动脉和阴道动脉的分支供应，而不同动物有不同的分支模式。

静脉通常与动脉伴行，但在相对重要性上两者之间并不对应。与伴行动脉相比较而言，**卵巢静脉**更粗大，而**子宫静脉**则较细小。子宫的大部分静脉汇集到卵巢静脉，并与卵巢静脉共同在一个软组织鞘内运行。牛的相邻血管壁较其他血管壁更薄，有利于前列腺素 $F_{2\alpha}$ 从静脉经血管壁运输到动脉。前列腺素 $F_{2\alpha}$ 产生于未妊娠的子宫，它可以导致黄体退化（黄体溶解）。**阴道静脉**在阴道壁和前庭壁上形成广泛的血管丛。

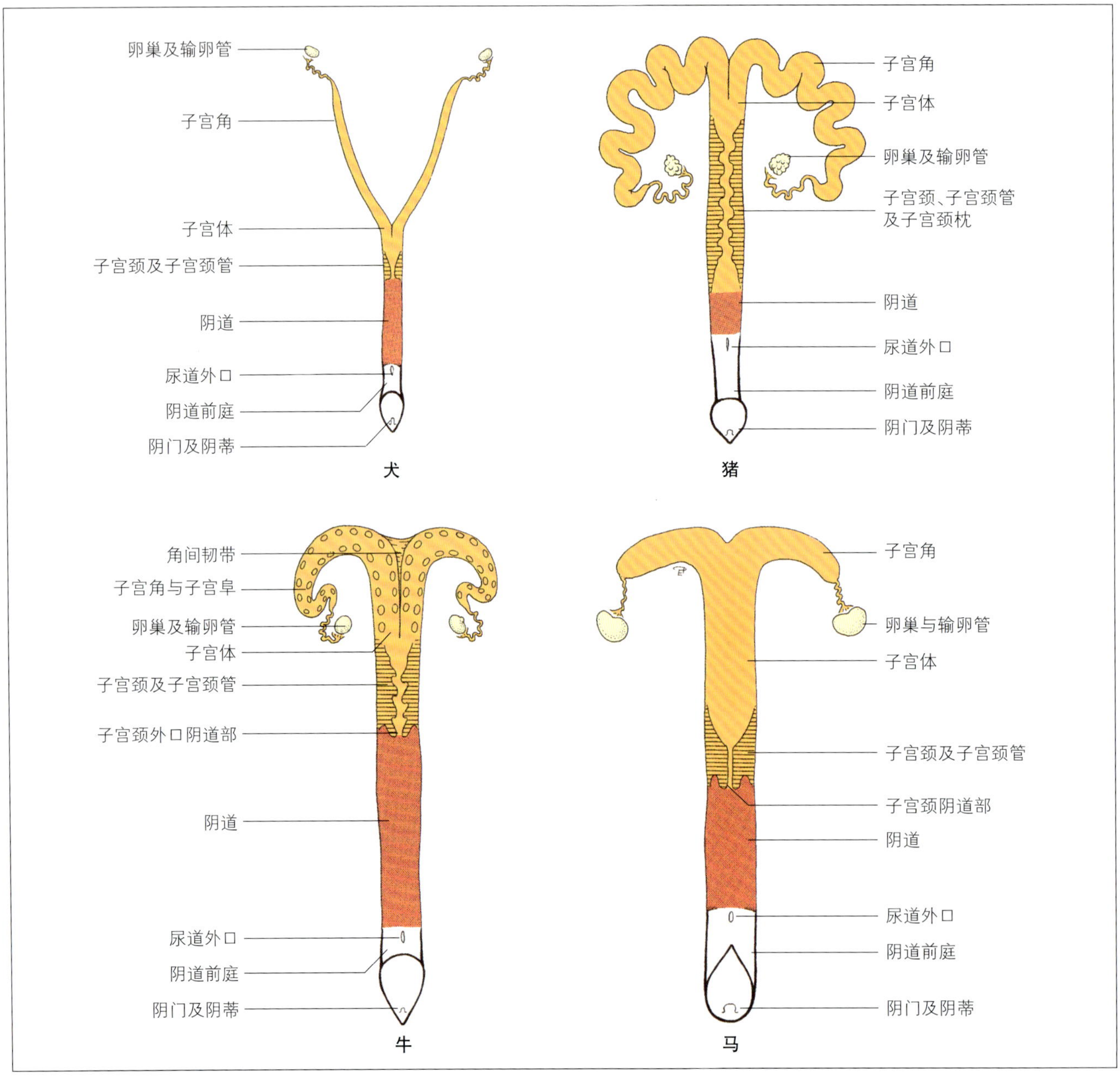

图 12-33　家畜的雌性生殖器官（示意图）

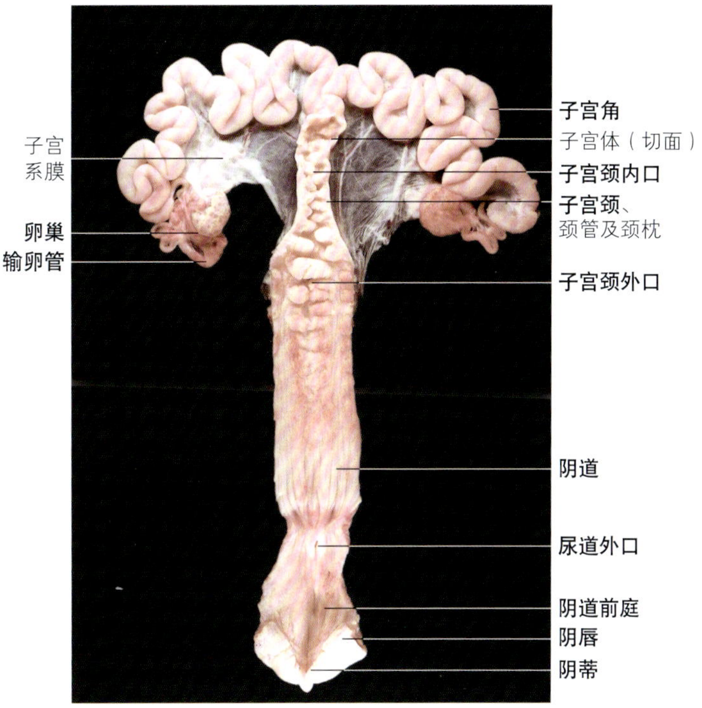

图 12-34 牛的生殖器官（背侧面，沿正中线切开）（慕尼黑 J. Maierl 博士、教授提供）

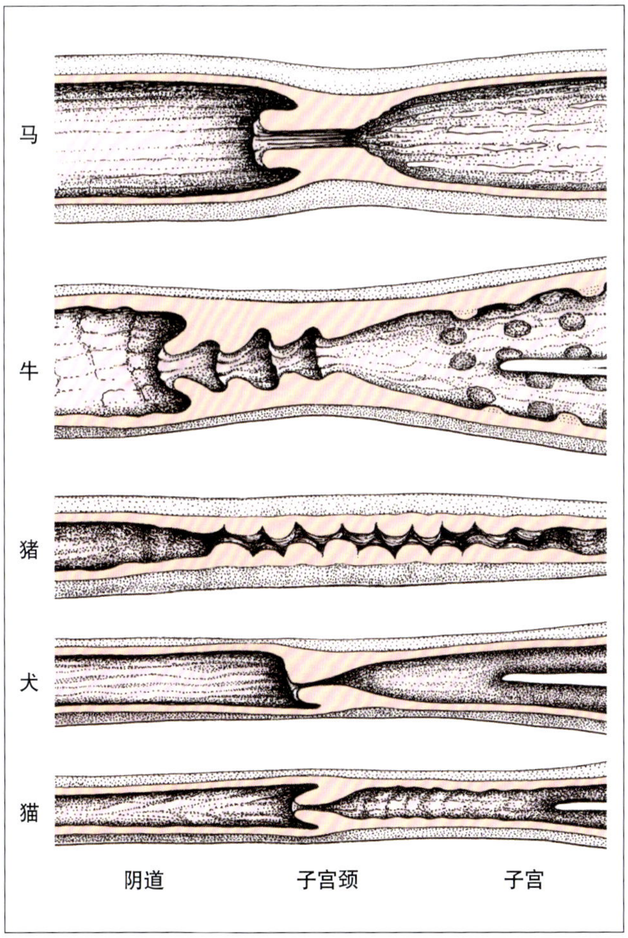

图 12-35 不同家畜的宫颈（有或无颈枕）（示意图）

雌性生殖道的**淋巴管**主要流入**髂内侧淋巴结**和**腰主动脉淋巴结**。马的**子宫淋巴结**可能存在于子宫阔韧带。

雌性生殖器官的**神经分布**来自**植物性神经系统**。卵巢接收来自肠系膜间和肠系膜后神经丛的交感神经纤维，以及来自迷走神经的副交感神经纤维。雌性生殖道其余部分的副交感神经和交感神经来自**盆神经丛**。

临床术语

从解剖学术语衍生出来的临床术语：卵巢切除术，子宫切除术，卵巢子宫切除术，输卵管炎，子宫炎，子宫内膜炎，子宫肌炎，子宫外膜炎，附件炎，子宫积脓，阴道炎等。

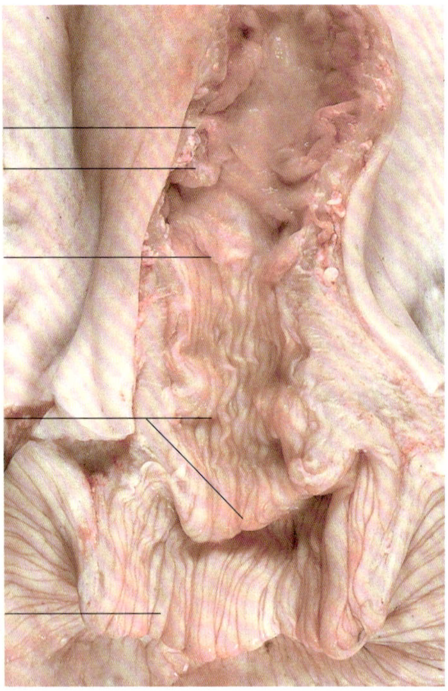

图 12-36 母牛的子宫颈（切开）

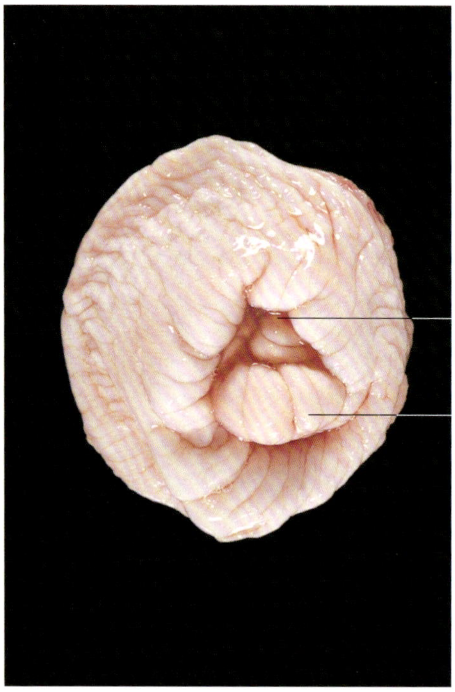

图 12-37 牛的子宫颈

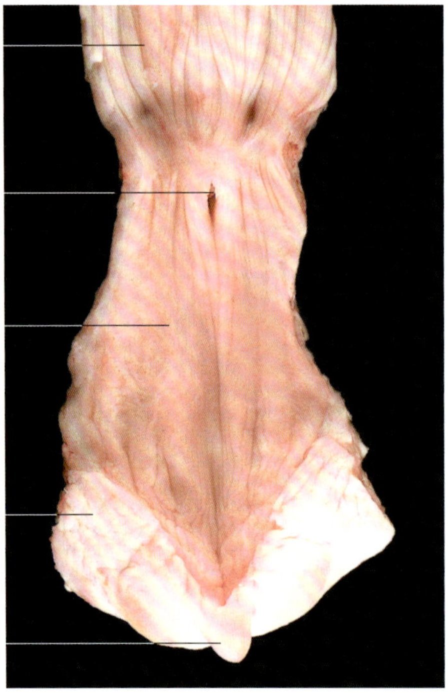

图 12-38 猪的阴道和外阴（沿正中线切开）（慕尼黑 J. Maierl 博士、教授提供）

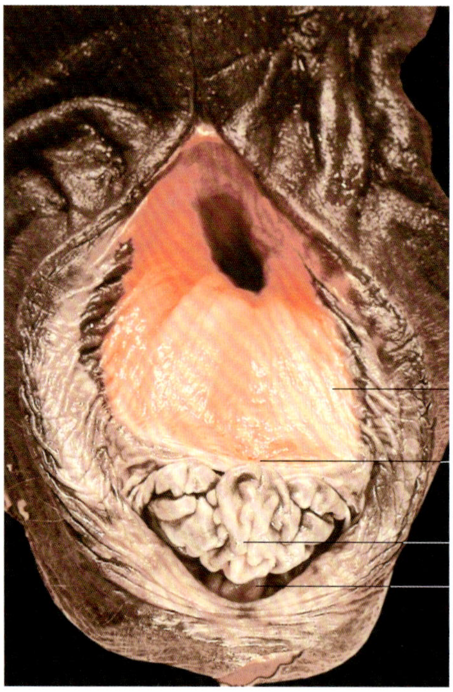

图 12-39 马的外阴

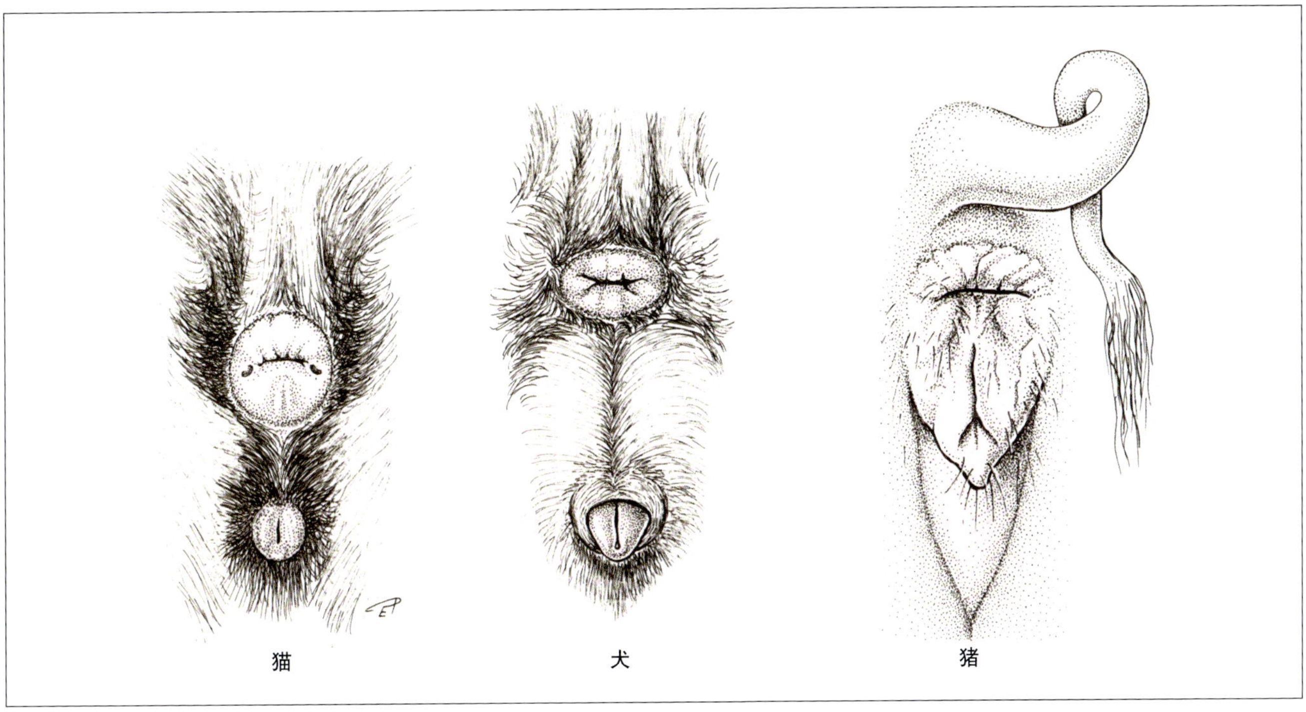

图 12-40 雌性肛门和外生殖器(示意图)

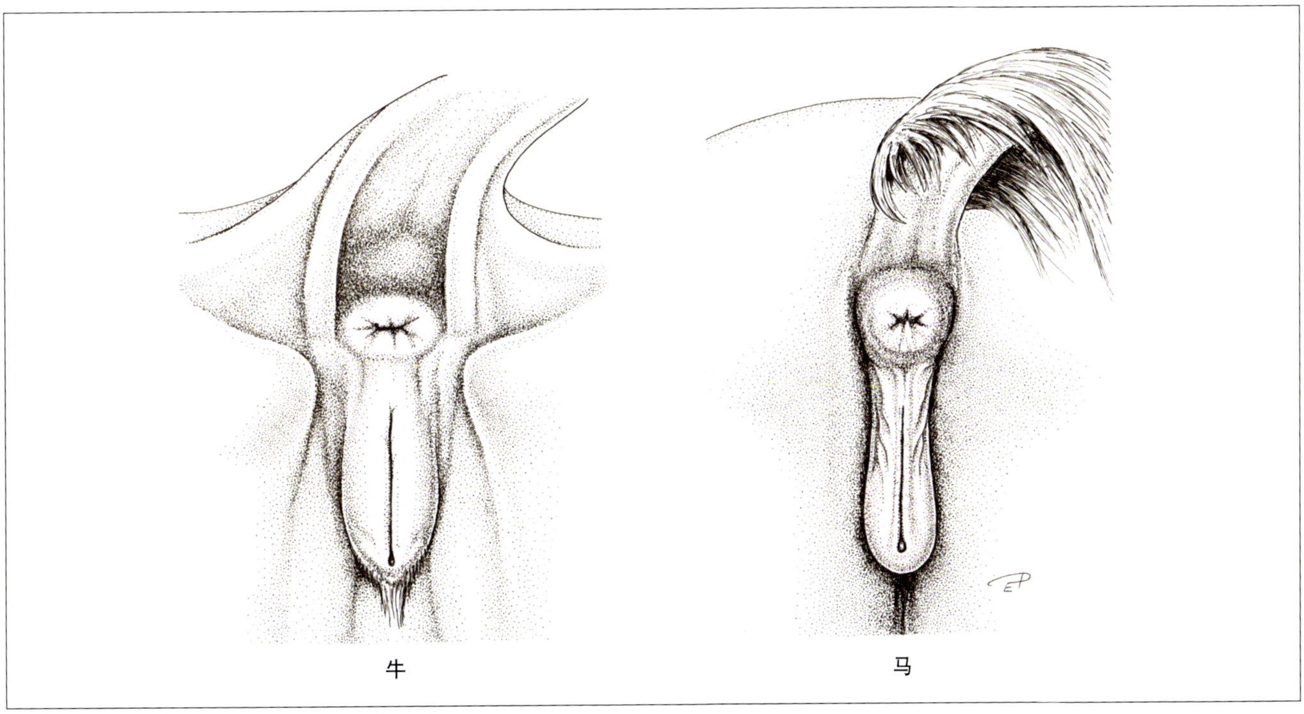

图 12-41 雌性肛门及外生殖器(示意图)

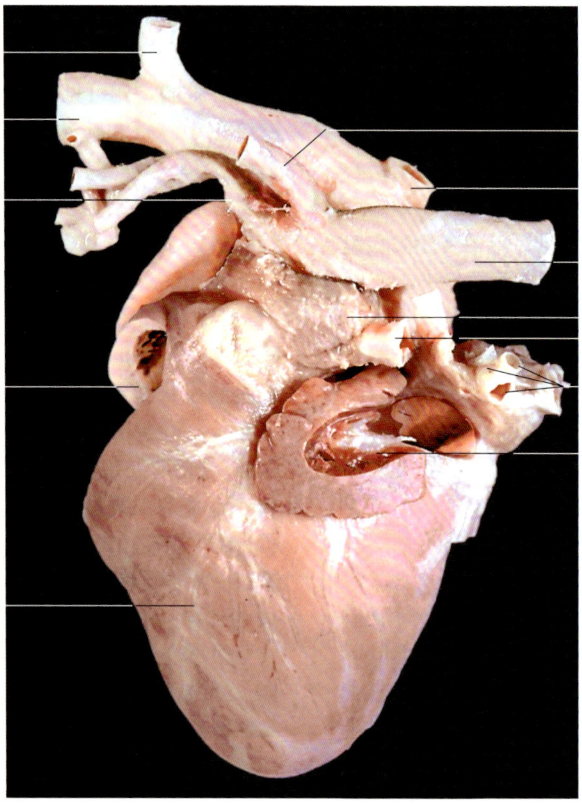

图 13-1 犬的心脏（心耳面）（维也纳 H. Dier 提供）

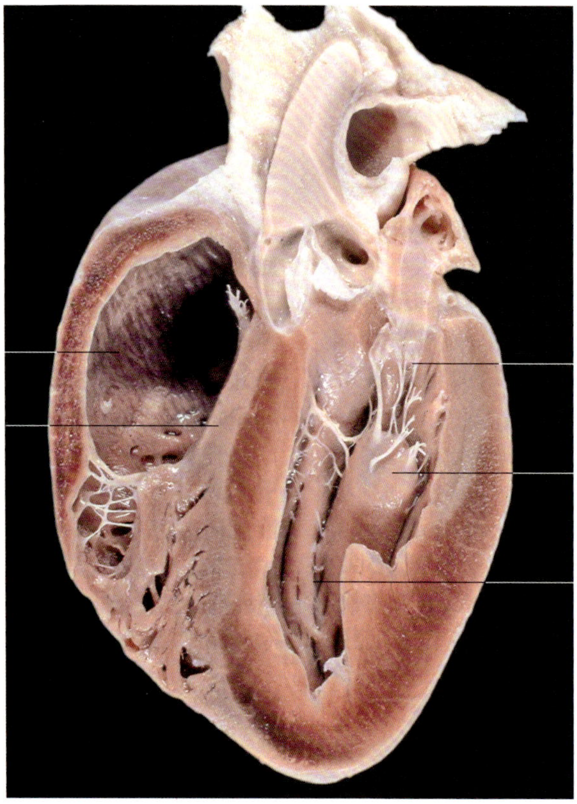

图 13-2 犬的心脏（纵断面）（维也纳 H. Dier 提供）

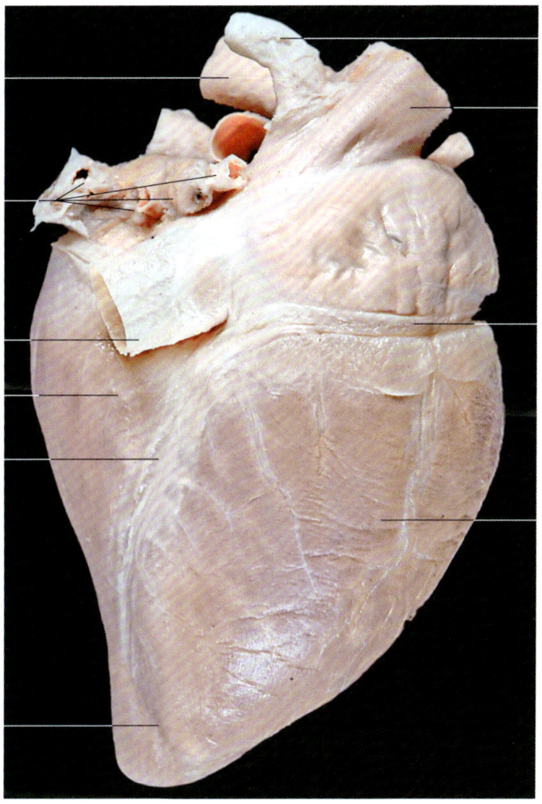

图 13-3 马的心脏（心房表面）（维也纳 H. Dier 提供）

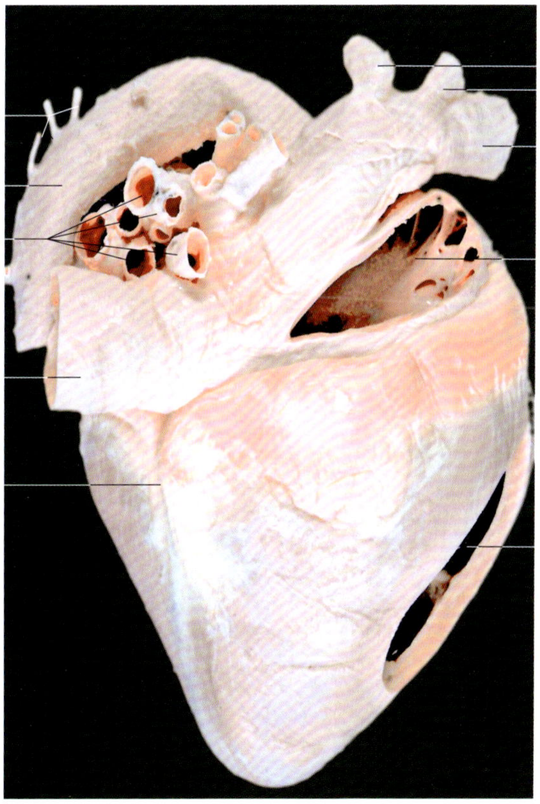

图 13-4 马的心脏（心房表面）（维也纳 H. Dier 提供）

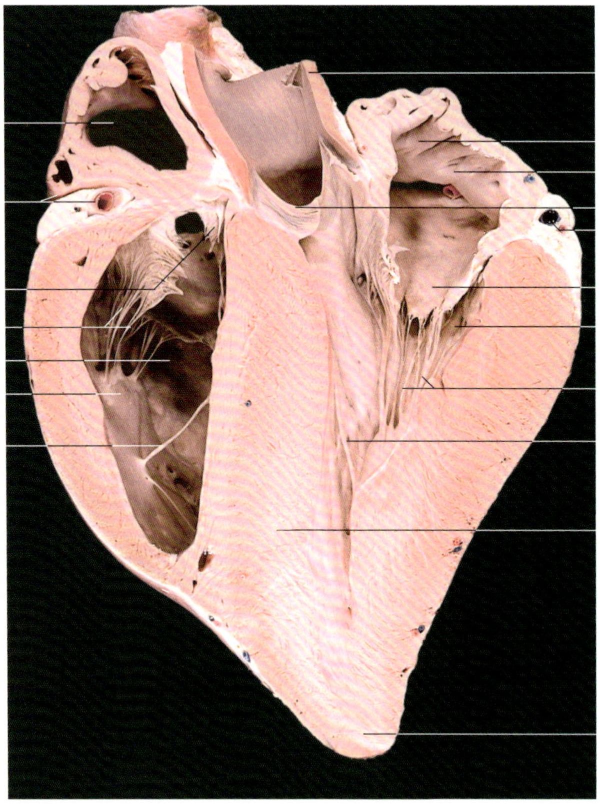

图 13-5 马心脏的内部结构（纵切面，左侧观）（慕尼黑 J. Maierl 博士提供）

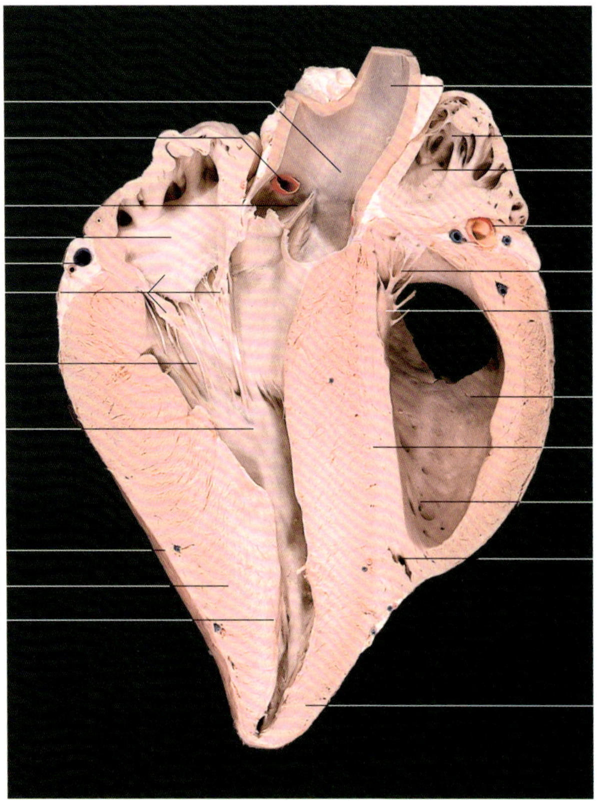

图 13-6 马心脏的内部结构（纵切面，右侧观）（慕尼黑 J. Maierl 博士提供）

心室(ventriculi cordis)

心室构成心脏的**大部分**。它们通过不完全的横隔与心房分开,该横隔在心脏表面对应于冠状沟(图 13-1)。

右心室(ventriculus dexter)

右心室的横断面呈半月形,从外观看,右心室与圆锥形左心室形态相似。其顶端不达心尖,心尖全部由左心室构成(图 13-5)。右心室接收来自**右心房**的**静脉血**,通过**动脉圆锥**将血液泵入**肺动脉干**(truncus pulmonalis),进而将血液运送至肺。

动脉圆锥是右心室的漏斗状部分,通过**室上嵴**(crita supraventricularis)与主室分开,从外观看,动脉圆锥被右心耳环绕。室上嵴是钝圆倾斜的肉嵴,它在动脉圆锥的起始处和房室口之间向腹侧突出。

位于**右房室口**的是**右房室瓣**或称**三尖瓣**(valva atrioventricularis dextra seu tricuspidalis)(图 13-5),它由 3 个三角形瓣膜组成,外缘附着于**心骨**的纤维环上。3 个瓣膜在附着缘融合在一起,但朝向右房室口中心的部分是彼此分开的。每个瓣膜因连有纤维索,即**腱索**,而得到加强。

腱索起自突出于心室壁的圆锥状肌肉,即**乳头肌**(mm. papillares),延伸至三尖瓣的游离缘。一般有 **3 个乳头肌**,均由心室壁和室间隔突入心室腔,最大的乳头肌(大乳头肌,m. papillaris magnus)在右心室游离室壁上。

通过**腱索**,每个乳头肌连接 2 个瓣膜,同时每个瓣膜与 2 个乳头肌相连。这种构造可防止心室收缩时瓣膜翻向右心房。三尖瓣是右心室的"**进气阀**",朝向**右心室**,在**心动周期**中的心室收缩期防止血液从右心室逆流回右心房。

在**舒张期**,**肺动脉瓣**(valva trunci pulmonalis)防止血液从肺动脉干逆流回右心室(图 13-7)。肺动脉瓣位于肺动脉干底部,由 **3 个半月形瓣膜**(半月瓣,valvulae semilunares)组成,瓣膜深凹,朝向肺动脉。每个**瓣膜**游离缘终点增厚形成**半月瓣小结节**(nodulus valvulae semilunaris),可使瓣膜闭合更为严密。

右心室腔内有一从室间隔连至心室外壁的分支或单一的**肌束**(隔缘肉柱,trabecula septomarginalis)(图 13-5)。右心室腹侧有很多由外侧壁突入的**心肌嵴**(trabeculae carneae),它们被认为有减少血液涡流的作用。

左心室(ventriculus sinister)

左心室呈圆锥形,顶端伸达心尖(图 13-5)。它通过肺静脉和左心房接受来自肺的**动脉血**,并通过**主动脉**把血液运送至**身体的绝大部分**。左心室壁比右心室壁厚,但左、右心室的容量是相同的。猫有两条从心室外壁连至**室间隔**的肌束(隔缘肉柱)。

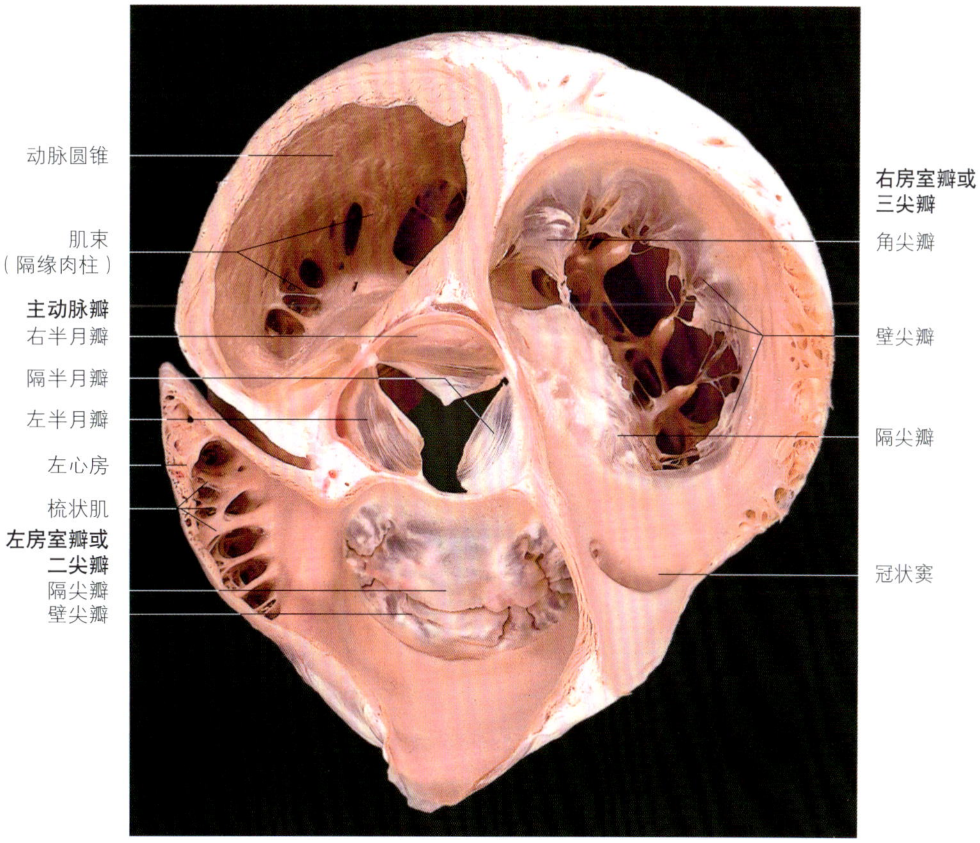

图 13-7 马心脏内部结构(经心房横断面)(慕尼黑 J. Maierl 博士提供)

左房室口(ostium atrioventriculare sinistrum)处有**左房室瓣**(valva atrioventricularis sinistra)或称**二尖瓣**(图 13-7)。它的结构与三尖瓣相似,但是只由 2 个瓣膜组成。相应地,左心室只有 2 个乳头肌。

主动脉口(ostium aortae)是从左心室到升主动脉的入口。在**舒张期**时,**主动脉瓣**(valva aortae)闭合把主动脉口关闭。主动脉瓣与肺动脉瓣相似,但其半月瓣小结节比肺动脉瓣的更明显。每一主动脉瓣周围的主动脉壁膨大形成**主动脉窦**(sinus aortae)。此处的升主动脉基部变粗形成**主动脉球**(bulbus aortae)。左、右冠状动脉自左、右主动脉窦发出。

13.1.5 心壁的结构

心壁由 3 层组成(图 13-6),分别为:

- 心内膜
- 心肌
- 心外膜

心内膜是被覆于心腔内面的一层光滑的薄膜,与血管内膜相延续。**心外膜**是心包的一部分,已在本章中描述。

心肌构成心壁的主体,它由**横纹肌**纤维组成,其特征是核位于中央。肌纤维末端相互吻合(端-端吻合),形成交织排列的**纹理**(闰盘,disci intercalares),闰盘是细胞间连接的标志。

不同于一般的横纹肌,心肌细胞不会疲劳,由**自主神经系统**控制。心房肌薄,排列成弓形,环绕前、后腔静脉口和肺静脉口形成心肌纤维袢,心房肌附着于心脏的纤维性心基上。

与其他中空器官一样,**心室肌**分为深层纵行肌、中间环形肌和浅层纵行肌 3 层。所有的肌纤维都起源于纤维性心基。浅层的肌束按顺时针方向扭转,伸向心尖。

这些肌纤维在**心尖**折转,以垂直于下行表面纤维的方向伸向心基。一些浅层纤维伸向心基,止于乳头肌。一些纤维并入中间层肌纤维。心肌中间层构成心肌的大部。它们是螺旋状或环状肌,在两心室之间相互交错排列。

心壁的厚度和结构反映了心脏每个具体部位所承受的负荷。心房接收血液,其收缩功能很小,壁薄。心室泵出血液,其壁较厚,**右心室壁**(肺循环,pulmonary circulation)比**左心室壁**(体循环,systemic circulation)薄。在一系列疾病状态下,包括**瓣膜狭窄**或**闭锁不全**以及扩张性心肌病,心肌将发生肥大和 / 或扩张。心室扩大可通过 X 线摄影或超声检查观察到。

13.1.6 血液供应

心脏富含血管,人类心脏血管接收左心室输出血量的 5%,动物接收的更多,且取决于动物自身。心脏的血液由左、右**冠状动脉**及其分支供应,它们起自位于主动脉根部半月瓣上方的 3 个主动脉窦中的 2 个(图 13-5、图 13-6、图 13-8 至图 13-10)。

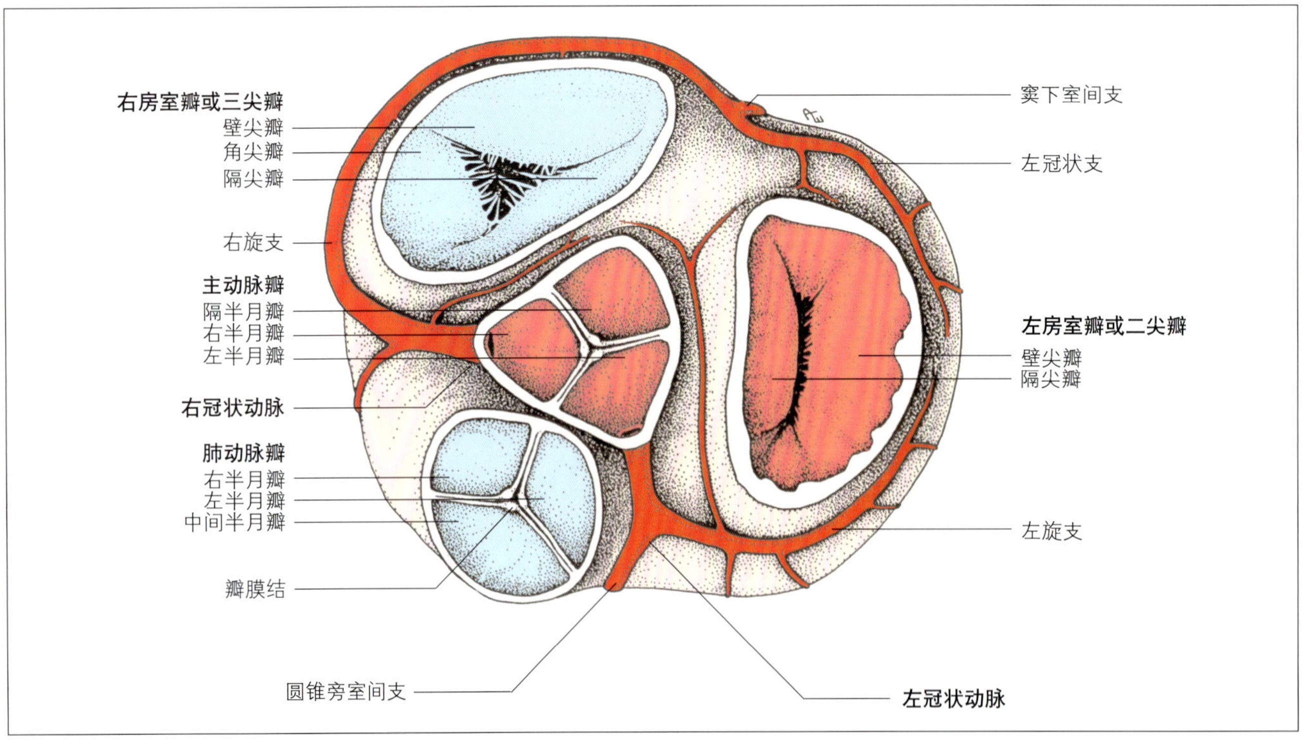

图 13-8 马心脏内部结构(示意图,经心房横断面)

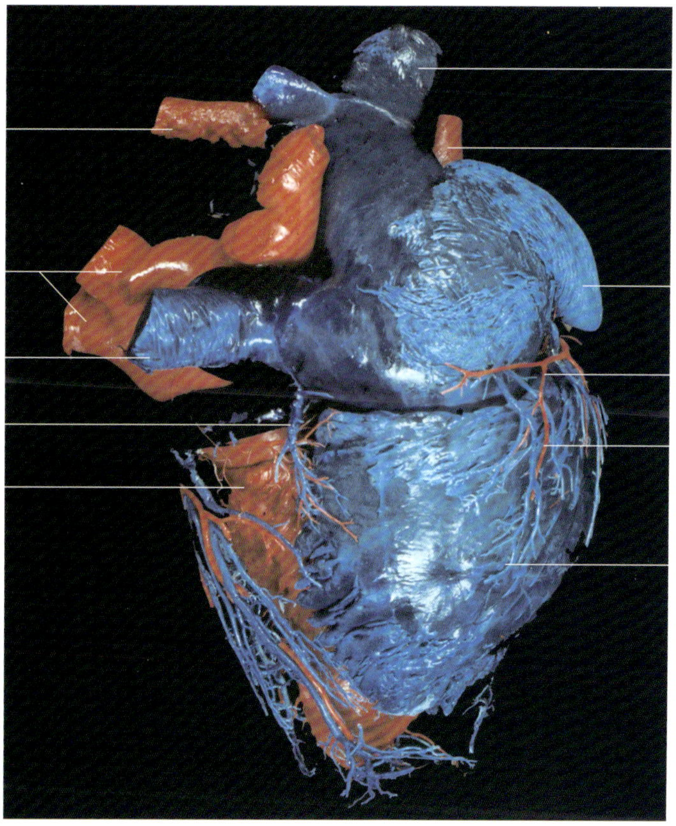

图 13-9 犬心脏血管(铸型标本,右侧面观)(维也纳 H. Dier 提供)

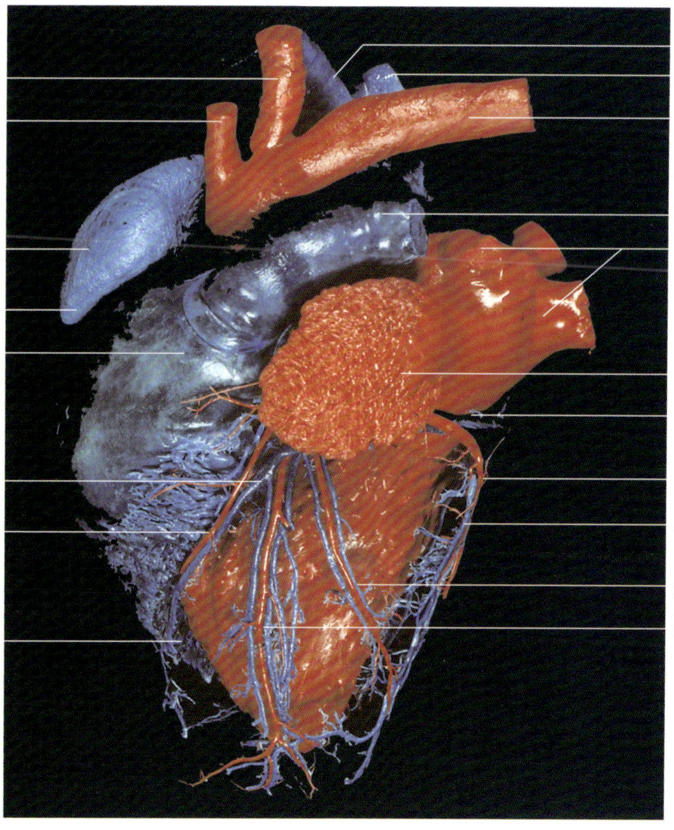

图 13-10 犬心脏血管(铸型标本,左侧面观)(维也纳 H. Dier 提供)

它们是：

- 左冠状动脉（a. coronaria sinistra）
- 右冠状动脉（a. coronaria dextra）

左冠状动脉（图 13-8 和图 13-10）一般较粗，起始于**主动脉球的左窦**。左冠状动脉通过左心耳与肺动脉干之间，伸入冠状沟后分为**锥旁室间支**（ramus interventricular paraconalis）和**旋支**（ramus circumflexus）。锥旁室间支沿着同名沟下行至心尖，为左心室壁和大部分室间隔运输血液。旋支沿冠状沟行至心脏后面，止于接近右室间沟处（马和猪），或一直延续进入心尖（食肉动物和反刍动物）。

右冠状动脉（图 13-8）起始于主动脉球右窦，通过右心耳与肺动脉干之间，伸入冠状沟后绕至心基的前面，或者逐渐变细伸向右室间沟起始处或进入右室间沟（食肉动物和反刍动物）。对于左冠状动脉不分布到心尖的动物（马和猪），其右冠状动脉伸延至心尖。

冠状动脉的类型**变化很大**，因个体而异，但在兽医临床上这并不重要。相比较而言，考虑到外科上的梗死，人类的这种差异具有更大的临床意义。

冠状动脉即所谓的终末动脉，因其不形成吻合支，所以任意一个分支的血管闭塞都将导致局部的心肌梗死。西方最常见的人急性心肌梗死致死病例在任何家畜动物中都不会发生。

多数冠状静脉汇入与左冠状静脉平行的**大冠状静脉**（心大静脉，v. cordis magna）（图 13-7）。它经短而粗的冠状窦注入右心房。在流入冠状窦之前，它先与右室间沟中的**中冠状静脉**（心中静脉，v cordis media）汇合。许多**小静脉**（心小静脉，vv. cordis minimae）直接开口于右心房。

13.1.7 心脏传导系统

心脏的传导系统由**特殊分化的心肌细胞**构成。与普通的心肌细胞相比，这些细胞直径较大，含有较多的细胞内液，糖原含量也较高，但纤维含量少。心脏传导系统最大的特征是它的自发生物电活性，它可使邻近的细胞去极化和收缩，但是，心脏的自律也接受自主神经系统的影响。心脏传导系统包括以下几部分（图 13-11 和图 13-12）：

- 窦房结（nodus sinuatrialis）
- 房室结（nodus atrioventricularis）
- 房室束（fasciculus atrioventricularis，又称 His 束，分为右束支（右脚，crura dextra）和左束支（左脚，crura sinistra）
- 浦肯野纤维或心内膜下支（rami subendocardial）

虽然构成心传导系统的各部分都具有产生自动节律性兴奋的能力，但**窦房结**具有最大**去极化**静息电位，因此窦房结有**自律性**，成为支配整个心脏活动的节律起点，即心脏的起搏点。心动周期按照窦房结的自动节律性进行，而其他自律细胞的自律性处于窦房结控制之下且不表现其自身的节律性。这种结构保证了心脏的完全收缩，这对于心脏的泵血是相当重要的。只有在窦房结功能发生障碍时，其他起搏点才会取而代之，相应地由**房室结**或**浦肯野纤维**支配心脏活动的节律性。

窦房结位于**右心房**壁腹侧、前腔静脉开口处的**心内膜**下。虽然窦房结未形成明显肉眼可见的结构，但其上有丰富的神经支配，包括交感和副交感神经系统。兴奋波由窦房结传向周围心肌并到达**房室结**，后者位于**房间隔**，邻近冠状窦开口处（图 13-12）。

房室结上也有丰富的神经支配，将兴奋传向**房室束**（truncus fasciculi atrioventricularis）。房室束起源于房室结，贯穿心骨后分成**左、右房室束**（左脚，crus dexter，右脚，crus sinister）（图 13-12）。这些分支位于室间隔心内膜下。右束支通过隔缘肉柱，横穿右心室，终止于右心室外壁。左束支在左心室壁上更分散，有更多分支。这些传导束的最后分支称为**心内膜下支**或**浦肯野纤维**（图 13-12）。

13.1.8 神经支配

心脏接受**自主神经系统支配**。交感神经纤维由**颈心神经**和**胸后神经**发出（根据功能，又称为**心加强神经**，nn. accelerantes），这两根神经起源于**星状神经节**和**颈中神经节**。这些神经的数量在不同种属甚至相同种属不同个体之间均存在差异。**副交感神经纤维**有的直接由**迷走神经**分支而来，有的起源于喉返神经。这些神经纤维属于**抑制神经**（n. depressor）。更详细的介绍参见第 15 章“神经系统”（465 页）。

所有的神经纤维在纵隔前部形成**心神经丛**（plexus cardiacus）。大部分交感神经是节后纤维，而副交感神经是**节前纤维**，在位于心室壁心外膜下靠近大血管处的小神经节中形成突触。许多神经支配心传导组织，尤其是窦房结和房室结。交感和副交感神经的传出纤维（译者注：应该是传入纤维）离开心脏。交感神经传出纤维（译者注：应该是传入纤维）负责痛觉受体，而副交感神经传出纤维（译者注：应该是传入纤维）对扩张的增强作出反应。

心脏功能不依赖于传入神经，但传入神经可通过调节心脏收缩的速度和强度使心输出量与身体需氧量相匹配。刺激交感神经可加速**起搏频率**（chroniotropy），增加**心收缩性**（inotropy），而副交感神经可使心率减慢。心脏不仅对**肾上腺素**等循环激素有应答反应，还可以分泌激素，例如心房细胞可产生**心房利尿钠肽**，这种肽类激素能够调节血压。

13.1.9 淋巴

心脏中的一部分组织液进入**毛细淋巴管**，在心外膜下汇集形成小淋巴管。小淋巴管向心基延伸，在冠状沟和左室间沟汇合处形成大淋巴管。最后注入**前、后纵隔淋巴结**和**气管支气管淋巴结**。

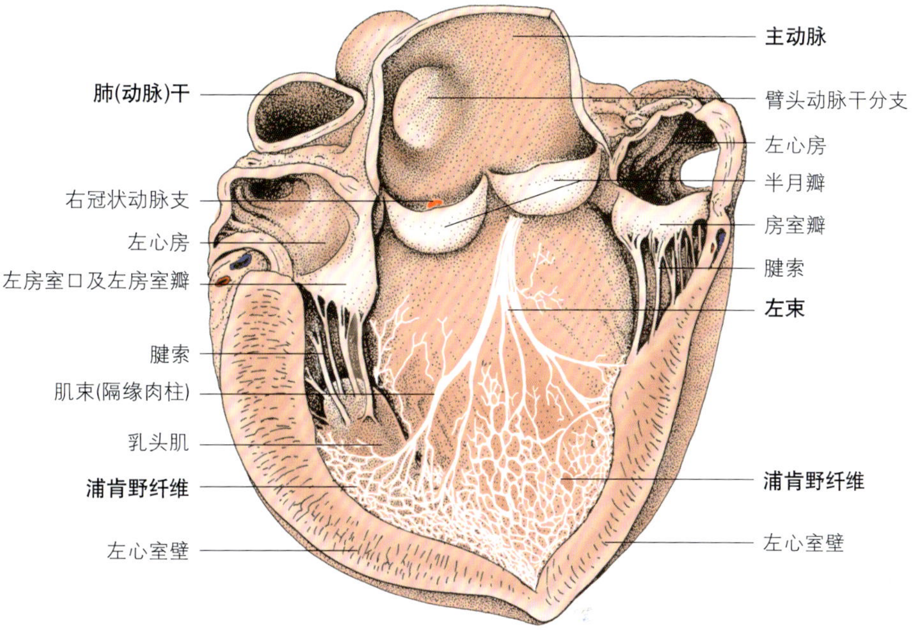

图 13-11　左心房和左心室的传导系统(示意图)

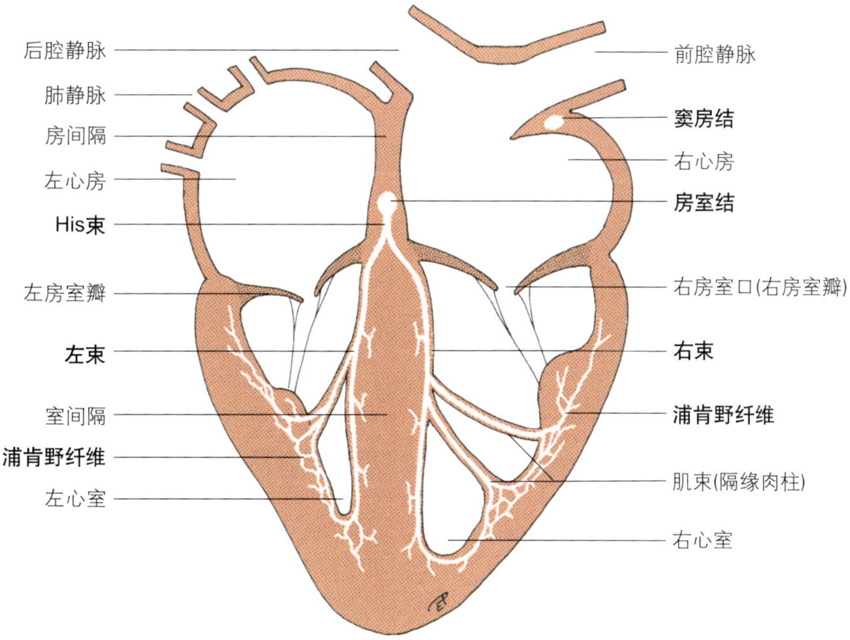

图 13-12　右心室和左心室的传导系统(示意图)

13.1.10 心脏的功能

心脏有规律地收缩和舒张，像泵一样产生动力，推动血液在体内定向流动。心脏收缩的阶段称为**收缩期**，舒张的阶段称为**舒张期**。在收缩期，首先是心房收缩，然后是心室收缩，心室收缩持续的时间约是心房的2倍。在这种心房收缩结束后心室才开始收缩的机制中，房室结起了重要作用，保证了心室的完全充盈。心室壁和乳头肌几乎同时收缩，以防止瓣叶翻入心房。纵行肌收缩使心室缩短，将心尖向心基方向牵拉。左心室的环行肌纤维和室中隔收缩起括约肌样的作用。在右侧，只有右心室游离缘心壁的收缩对血流起作用。

收缩期心脏的**泵血量**称为每搏输出量。体重20 kg犬的每搏输出量约是11 mL，总计每天有1.5 t血液从心脏泵出。**心输出量**由每搏输出量和心率决定，它的计量单位是L/min。**心脏指数**是对体重的心输出量。

在**心舒张期**，心肌舒张，心室被动地充满血液。诸多因素，如气体交换和隔膜收缩，辅助血液回流至心脏。在心舒张期，房室瓣开放，半月瓣关闭。冠状窦的血液回流对保证冠状动脉血流十分重要。血流依赖的压力是不同的，冠状动脉血流量受到舒张压和右心房压的影响。

心脏的功能可以通过测定心率、触诊脉搏压力，测量血压和中心静脉压以及听诊心脏进行临床评价。瓣膜的关闭可产生清晰的声音，利用**听诊器**可听到。共有**4种心音**，记为S4（心房音）、S1、S2和S3。一般情况下，只有在一些马体内可以听到全部的4种心音，而S1、S2在所有家畜体内都可听到。

第1心音（S1）是由心室收缩期开始时房室瓣的关闭产生的。**第2心音（S2）**是由心室舒张期开始时主动脉瓣和肺动脉瓣的关闭产生的，**第3心音（S3）**是由心室的被动充盈引起的，而**第4心音**或称**心房音（S4）**是由心房收缩引起的。

临床小知识

可以最清楚听到心音的区域称为**最大强度点**。马的最大强度点为：

左胸，在肩关节水平线处：

—第3肋间隙：肺动脉瓣音

—第4肋间隙：主动脉瓣音

—第5肋间隙：二尖瓣音

右胸：

—第4肋间隙：三尖瓣音

13.2 血管（vasa）

脉管学（angiology）是研究血管的形状、结构、分布以及功能的一门学科。在临床中，对脉管学有一个基础的总体认识比了解每一条血管详细精确的局部解剖学更加有用，作者认为后者只是学术兴趣。因此，本章的目的是给学生和从业人员提供完整的脉管学知识。更详细的介绍参见“绪论与解剖学概论”（1页）。

13.2.1 肺循环的动脉

静脉血由**肺循环动脉**从右心室输送到肺部。肺循环动脉由肺动脉干和左右肺动脉组成（图13-13）。**肺动脉干**（truncus pulmonalis）起于右心室，被**肺动脉瓣**（valva trunci pulmonalis）的**半月瓣**（valvulae semilunares）与右心室分开，通过左、右心耳之间，继续向后延伸至主动脉左侧。接近于分叉处与主动脉之间连接有动脉韧带，动脉韧带是动脉导管的结缔组织残留物，胎儿循环血液可以不经过肺部直接经动脉导管输入主动脉。更详细的介绍可以参考“绪论与解剖学概论”（1页）。

在气管分叉处的腹侧，肺动脉干分为**左、右肺动脉**（a.pulmonalis dextra et sinistra），分别进入左肺和右肺。它们的分支沿支气管最后形成包围肺泡的毛细血管网。**肺静脉**起源于这些毛细血管网，将动脉血运送到左心房。**肺动脉**是体内唯一输送**静脉血**的动脉。

13.2.2 体循环的动脉

由于在本书范围内存在众多的种属差异，所以选择马为模型，也将介绍种属间的重要差异。

体循环的动脉从左心室向器官和组织**输送动脉血**。体循环起源于主动脉，主动脉与左心室被主动脉瓣隔开。主动脉的起始部膨大，形成主动脉球，是冠状动脉的起始处。

升主动脉（aorta ascendens）位于**肺动脉干**的右侧，然向后背侧U形折转，向左侧形成**主动脉弓**（arcus aortae），升主动脉向后伸延到达第6胸椎水平处的脊柱正中矢状面稍偏左处延伸为**降主动脉**（aorta descendens）（图13-20）。

降主动脉进一步分为**胸段**（胸主动脉，aorta thoracica）和**腹段**（腹主动脉，aorta abdominalis）。它从胸腔穿过膈的主动脉裂孔（hiatus anticus）到达腹腔，在腰椎后部水平处形成终末分支（图13-20）。

主动脉弓与肺动脉干间靠**动脉韧带**连接，后者是**胎儿动脉导管**的残留物。出生之后，新生动物开始呼吸，动脉导管中膜收缩，内膜开始变形。通常在产后的第一周该血管内腔闭塞（图13-16）。

永久性动脉导管导致在左侧和右侧胸廓听诊可以听到特征性连续杂音。由于动脉血和静脉血在外周动脉血液内混合，这种情况可导致低氧血症。

胚胎发育时期，**升主动脉**起源于第4主动脉弓左侧部分；肺动脉干起源于第6主动脉弓（详细的描述可以参考胚胎学教材）。

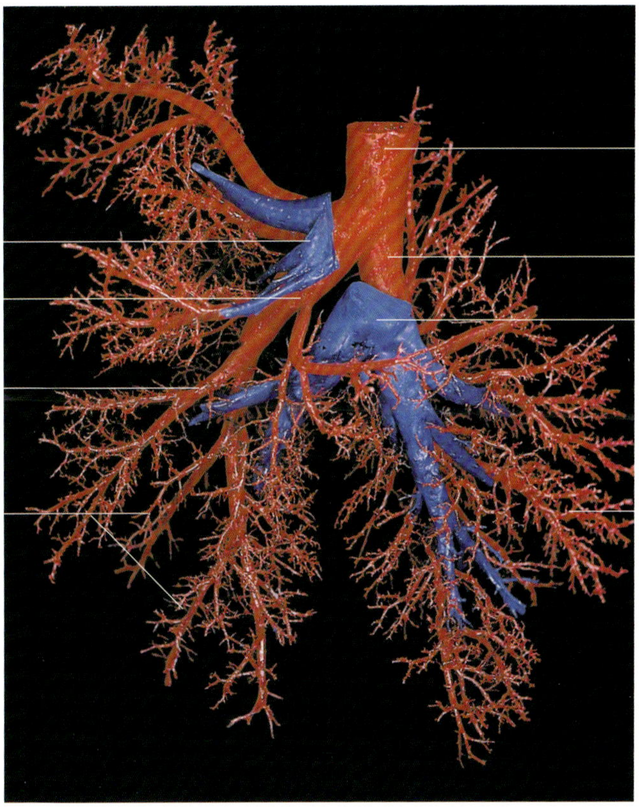

图 13-13 绵羊肺血管(腹侧面观,铸型标本)(巴塞罗那 M. Navarro 和 A. Oliver 博士、教授提供)

临床小知识

在某些动物,如德国牧羊犬,升主动脉起源于第 4 主动脉弓右侧部分,称为"永久性右主动脉弓"。

在患畜中,其动脉韧带行穿过食管的背面,引起部分性梗阻且易形成憩室。患畜断奶后采食固体食物时会发生食物反流,实施韧带切除手术可以适当矫正这种缺陷,但大多数动物不需要进行手术处理。

主动脉弓的头颈部分支

臂头动脉干

臂头动脉干由主动脉弓向前发出(图 13-14 至图 13-16),为前肢、颈部、头部和胸廓腹侧部提供血液。

臂头动脉干分支有:

- 左锁骨下动脉(a. subclavia sinistra)
- 右锁骨下动脉(a. subclavia dextra)
- 双颈动脉干(truncus bicaroticus)

猪、猫和犬的左锁骨下动脉独立,直接起自于主动脉弓的较远端。

锁骨下动脉

锁骨下动脉供应前肢、颈部、胸廓前部和腹侧部的血液。

锁骨下动脉的分支有(图 13-14 至图 13-16):

- 肋颈干(truncus costocervicalis)
  - 最上肋间动脉(a. intercostalis suprema)
  - 肩胛背侧动脉(a. scapularis dorsalis)
- 颈深动脉(a. cervicalis profunda)
- 椎动脉(a. vertebralis)
- 颈浅动脉(a. cervicalis superficialis)
- 胸廓内动脉(a. thoracica interna)
  - 肌膈动脉(a. musculophrenica)
  - 腹壁前动脉(a. epigastrica cranialis)
- 腋动脉(a. axillaris),锁骨下动脉的直接延续

锁骨下动脉的第 1 个分支为**肋颈干**,在颈基部、鬐甲附近,肋颈干又分出**最上肋间动脉**(在犬为**胸椎动脉**),供给一些肋间动脉血液。犬的**颈深动脉**是肋颈干向前背侧伸延的终末分支,而大动物的颈深动脉直接起于锁骨下动脉(图 13-14 和图 13-19),提供颈背侧肌肉直至整个颈部的血液。

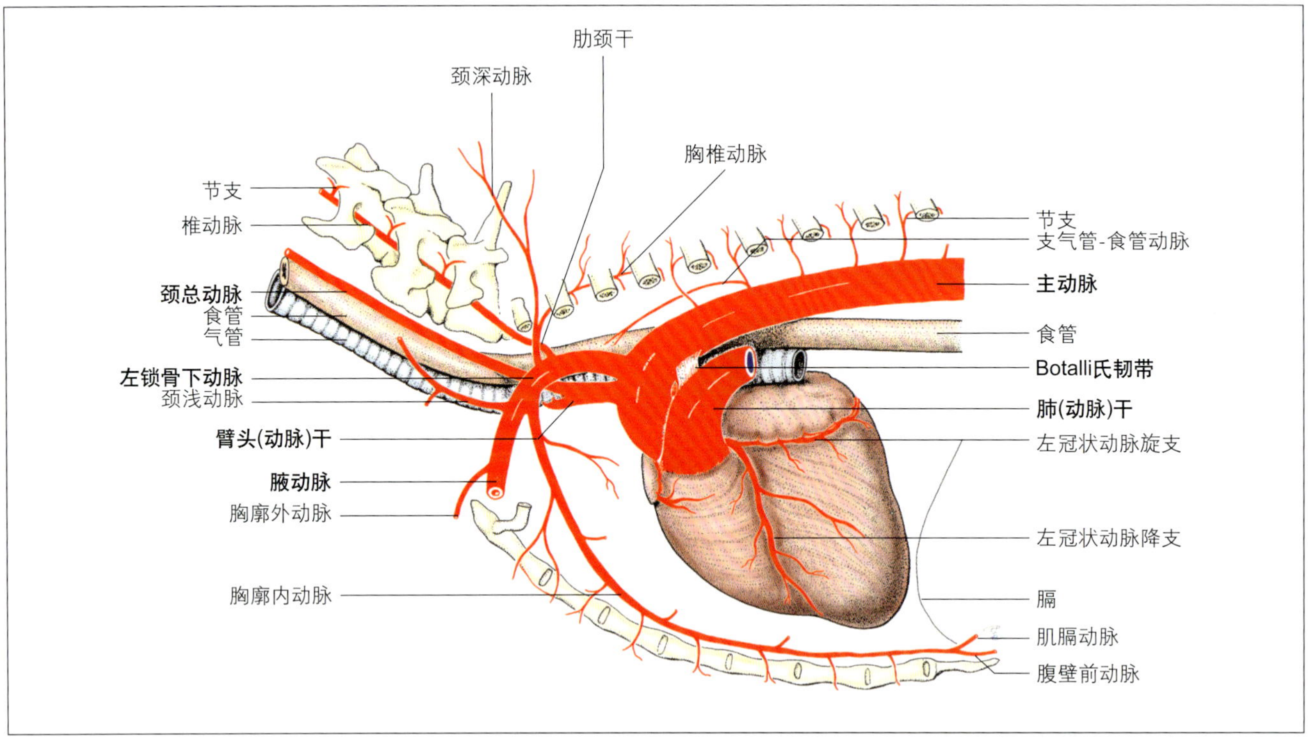

图 13-14 犬心基和纵隔前的动脉(示意图,左外侧面)。仿 Ellenberger 和 Baum(1943)

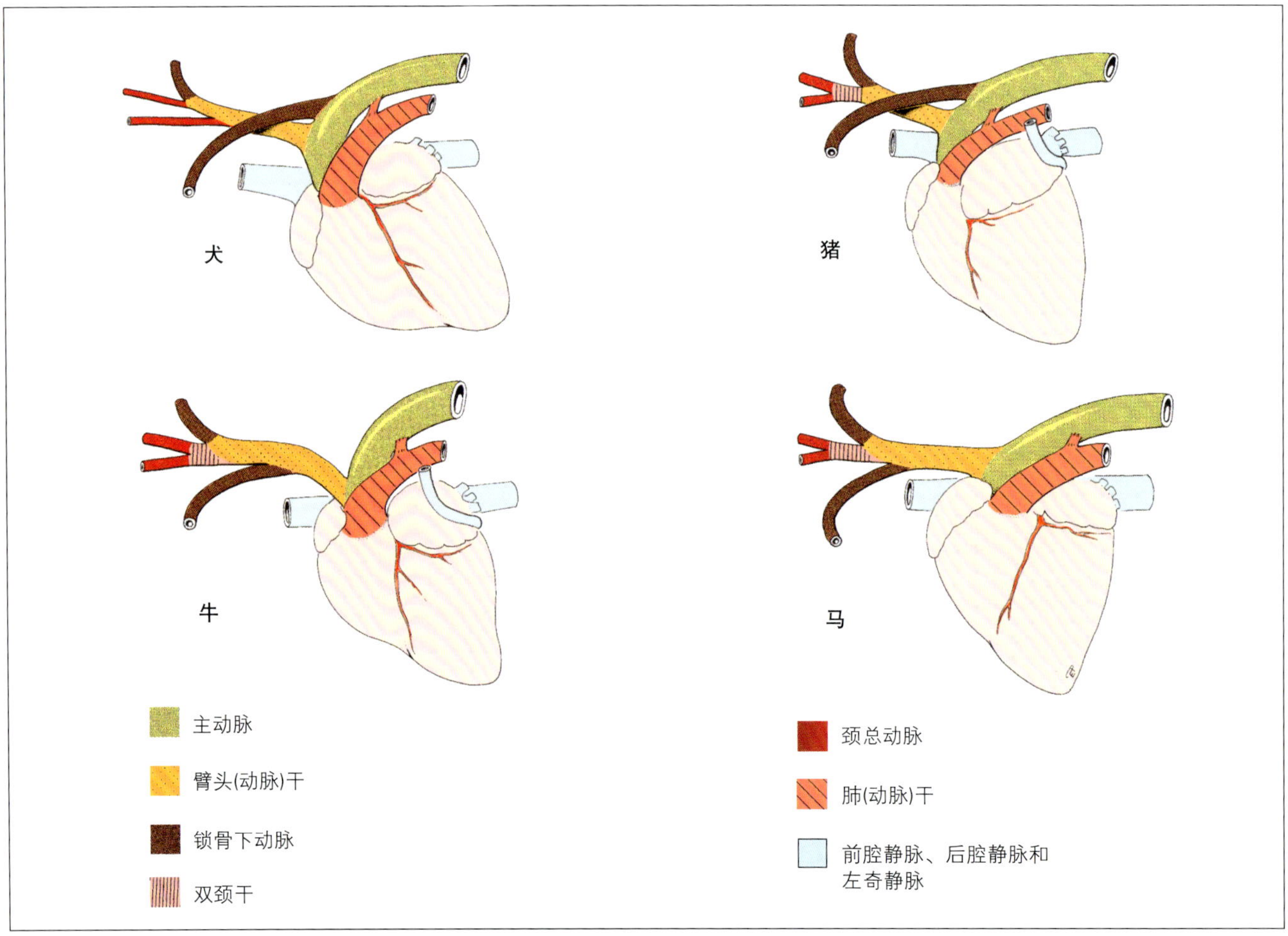

图 13-15 家畜心基部血管的比较(示意图)。仿 Ghetie(1967)

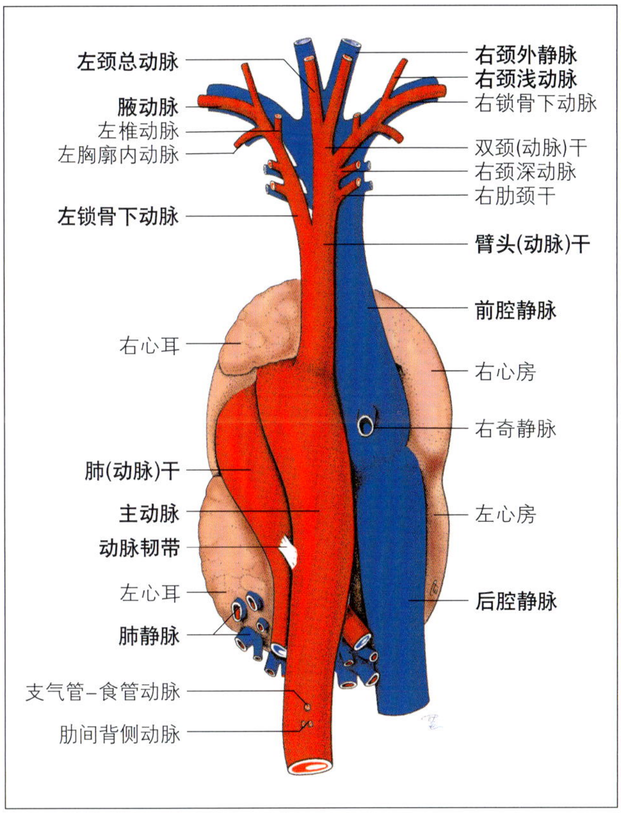

图 13-16 马心基部血管(背侧面,示意图)。仿 Ghetie(1967)

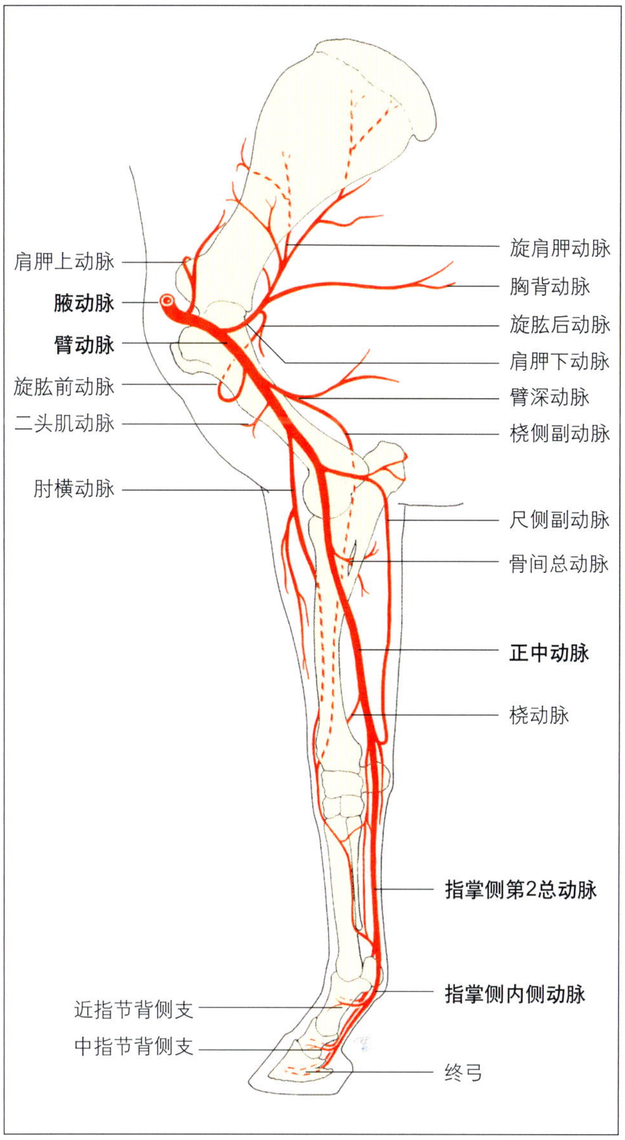

图 13-17 马前肢动脉(示意图,内侧面)。仿 Ellenberger 和 Baum(1943)

椎动脉经由颈椎横突孔连接形成的横突管向前延伸,进入寰椎内的椎管。沿着这一通路,椎动脉发出肌支到达邻近的颈部肌肉,发出脊髓支到达椎管。牛的椎动脉还分布于脑后部,这一点对于宗教屠宰仪式中颈总动脉放血使动物致死很重要。这些动物的脑电图(EEG)显示,采取这种方法致死的动物比采取人道技术致死的动物具有更长时间的脑活动。

颈浅动脉为供应颈基部的腹侧部血管。**胸廓内动脉**在胸骨背侧向后延伸,分出肋间支。它的末端分为肌膈动脉和腹壁前动脉。前者止于膈,供给膈血液;后者经过胃与腹壁后动脉吻合。

颈深动脉与**椎动脉**形成数个吻合支,枕动脉和椎动脉之间也形成若干吻合支。锁骨下动脉发出上述分支后,沿第 1 肋前缘进入前肢,延伸为**腋动脉**(图 13-14 和图 13-17)

腋动脉(a axillaris)的分支(及其供给部位)有:

- 肩胛上动脉(a. suprascapularis):分布于冈上肌
- 肩胛下动脉(a. subscapularis)
  - 旋肱后动脉(a. circumflexa humeri caudalis):分布于臂三头肌
  - 旋肩胛动脉(a. circumflexa scapulae):分布于冈下肌和肩胛下肌
  - 胸背动脉(a. thoracodorsalis):分布于大圆肌和背阔肌

主干延续为**臂动脉**(a. brachialis),臂动脉的分支有:

- 旋肱前动脉(a. circumflexa humeri cranialis):分布于臂二头肌、喙臂肌、大圆肌和背阔肌
- 臂深动脉(a. profunda brachii):分布于臂三头肌
  - 桡侧副动脉(a. collateralis radialis)
- 二头肌动脉(a. bicipitalis):分布于臂二头肌
- 肘横动脉(a. transversa cubiti):分布于桡侧伸肌
- 尺侧副动脉(a. collateralis ulnaris)
- 骨间总动脉(a. interossea communis)
- 正中动脉(a. mediana)
  - 桡动脉(a. radialis):分布于腕关节
  - 腕掌网(rete carpi palmare)
  - 腕背网(rete carpi dorsale)

- 掌内侧动脉(指掌侧第 2 总动脉,a. digitalialaris communis Ⅱ)
  - 指掌内侧动脉、指掌外侧动脉(a. digitalis palmaris medialis et lateralis)

腋动脉的起始部与**腋丛**密切联系。它分出肩胛上动脉、肩胛下动脉和胸背动脉后,在腋淋巴结处更名为臂动脉。**臂动脉**延伸入前肢,成为供给前肢血液的主要血管,与相应的静脉以及正中神经、尺侧神经和肌皮神经伴行。猫的臂动脉和正中神经穿过桡骨近端的**髁上孔**,而静脉环绕肱骨干延伸,发出数条分支到周围的肌肉。犬的臂浅动脉在肱骨末端 1/3 处由臂动脉分出,于桡骨、腕骨和掌骨的前面向远端伸延,到达指部,分支形成指背侧动脉。

臂动脉分出**骨间总动脉**后,于前臂近端延伸为正中动脉。正中动脉在腕桡侧屈肌下与正中神经伴行,沿前臂后内侧面向下伸延,与指屈肌腱一起经过**腕管**,在腕部分出腕网。该动脉继续伸延至第 3 掌骨,成为**掌内侧动脉**(**指掌侧第 2 总动脉**),即指和蹄的主要动脉,在掌指关节上方进一步分支为指掌内侧动脉和指掌外侧动脉。

指动脉经过近籽骨的远轴面,此处可触到脉搏跳动。指动脉的分支在掌指关节远端是对称的,2 条动脉在第 3 指骨处形成终动脉弓。有数条动静脉吻合支存在,且动脉搏动促进了静脉回流。

腋动脉的主要分支彼此形成数条吻合,小动脉就起源于这些吻合支。

临床小知识

临床上的重要界标

- **动脉血采样点**:环绕第 1 肋前缘,可进行腋动脉注射
- **脉搏触诊**:在肘关节的内侧面可以明显触及到臂动脉的脉搏,在近端籽骨远轴面可以触到指动脉的脉搏跳动。

双颈干

双颈干为一短的动脉总干,起源于**臂头动脉干**,向前延伸,分支为左、右颈总动脉(图 13-14 至图 13-16)。犬和猫的颈总动脉分别起源于臂头动脉干,且右颈总动脉的起点位置更靠前,因此猫和犬没有双颈干。

颈总动脉与迷走交感干和喉后(返)神经伴行,沿颈部前行到达气管两侧。除了一些小的分支到达食管、气管和邻近的肌肉外,唯一重要的分支在近终点处分出,分成**甲状腺后动脉**和**甲状腺前动脉**(图 13-18),供给甲状腺血液。

喉部的喉前动脉和咽部的咽升动脉均起于**甲状腺前动脉**。马的**颈总动脉**末端分支为**颈外动脉**、**颈内动脉**和**枕动脉**(图 13-18 和图 13-19),在分叉处有一**颈动脉体**(颈动脉

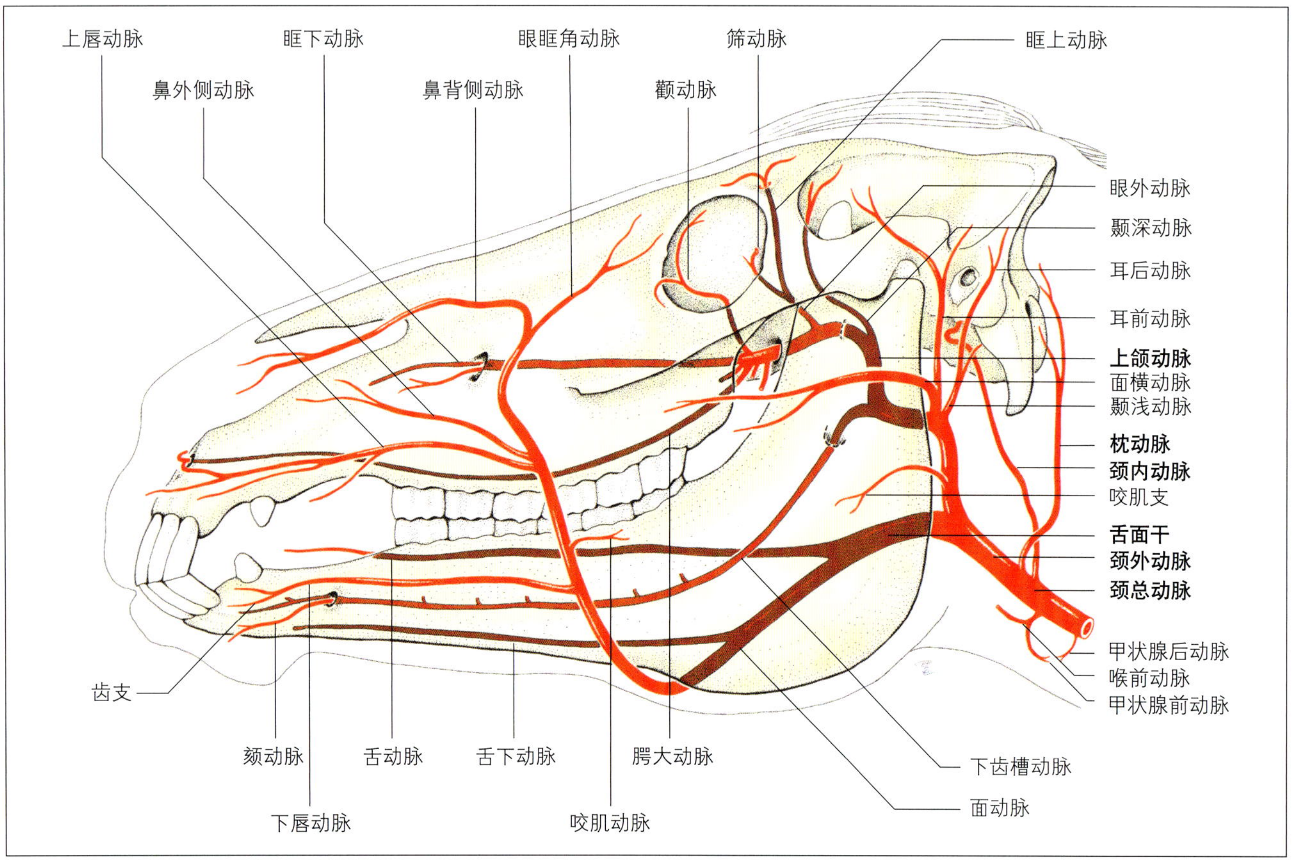

图 13-18 马头部主要动脉(示意图)。仿 Dyce 等(2002)

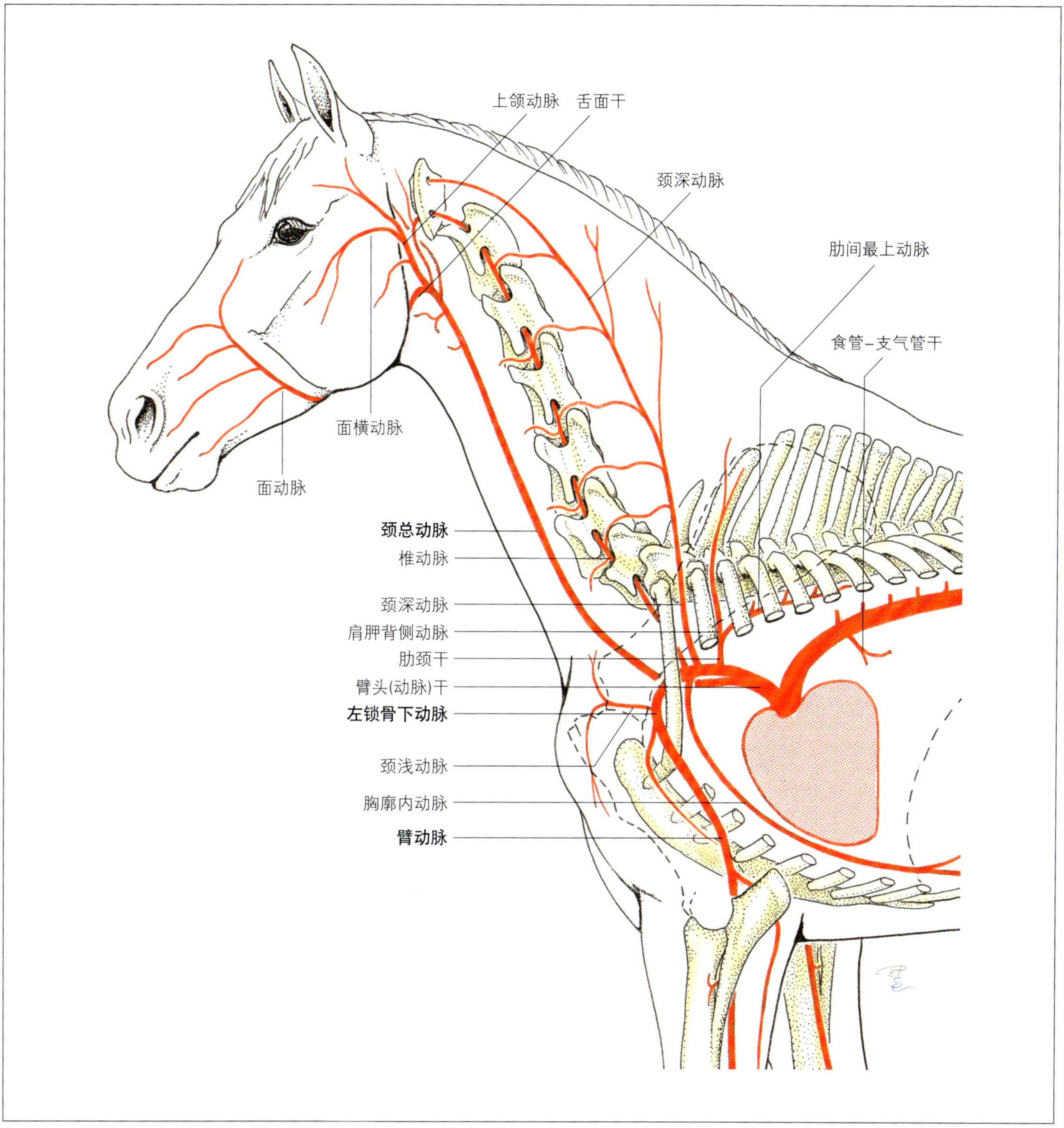

图 13-19 马臂头动脉干及其分支(示意图)

球,glomus caroticum),是感受血压变化的化学感受器。**枕动脉**在与椎动脉形成吻合而参与脑部的血液供应之前,提供血液给颈后部肌肉、脑膜后部、中耳和内耳。

马和犬的**颈内动脉**在颅骨基部形成特征性S形弯曲后进入颅腔。马的颈内动脉经过喉囊,后者为马特有的咽鼓管的膨大。如果马喉囊真菌感染波及血管壁,则会导致出血,引起死亡。马和犬的颈内动脉对于脑的血液供应具有重要的作用。

其他家畜的脑部血液由上颌动脉的分支供给,在脑底部形成异网,这些异网联合起来形成脑颈动脉,详见第15章“神经系统”(465页)。脑部的动脉血液供给与**海绵窦**(sinus cavernosus)密切相关,海绵窦提供颅腔的静脉引流。

颈外动脉是颈总动脉的最大终末分支,也是颈总动脉的直接延续。它又延续为**上颌动脉**,分支提供血液给除脑以外的头部肌肉、骨骼和其他器官(图13-18)。

颈总动脉的分支及其所分布的器官:

- **甲状腺后动脉**(a. thyroidea caudalis):分布于甲状腺

- **甲状腺前动脉**(a. thyroidea cranialis):分布于甲状腺
  - 喉前动脉(a. laryngea cranialis):分布于喉
  - 咽升动脉(a. pharyngea ascendens):分布于咽
- **枕动脉**(a. occipitalis):分布于颈背部的肌肉组织
  - 脑膜后动脉(a. meningea caudalis):分布于脑膜
- **颈内动脉**(a. carotis interna):分布于脑
- **颈外动脉**(a. carotis externa):分布于除脑以外的头部
  - **舌面干**(a. linguofacialis)
    - 腭升动脉(a. palatina ascendens):分布于咽
    - 舌动脉(a. lingualis):分布于舌
    - 舌下动脉(a. sublingualis):分布于舌
    - 面动脉(a. facialis):下唇动脉(a. labialis inferior),分布于面部和下唇;上唇动脉(a. labialis superior),分布于面部和上唇;鼻外侧动脉(a. lateralis nasi),分布于面部和鼻;鼻背侧动脉(a.dorsalis nasi),分布于面部和鼻;眼角动脉(a. angularis oculi),分布于面部和眼睑
    - **咬肌支**(ramus massetericus):分布于咬肌
    - **颞浅动脉**(a. transporalis superficialis)
    - 面横动脉(a. transversa faciei):分布于咬肌
    - 耳前动脉(a. auricularis rostralis):分布于外耳
    - **耳后动脉**(a. auricularis caudalis):分布于外耳

上颌动脉的分支及其所分布的器官:

- **下齿槽动脉**(a. alveolaris inferior)
  - 齿槽支(rami alveolares):分布于下颌齿
  - 颏动脉(a. mentalis):分布于颏角
- **颞深后动脉**(a. temporalis profunda caudalis):分布于颞肌
- **颞深前动脉**(a. temporalis profunda rostralis):分布于颞肌
- **脑膜中动脉**(a. meningea media):分布于脑膜
- **颧动脉**(a. malaris):分布于眼眶
- **蝶腭动脉**(a. sphenopalatina):分布于鼻腔
- **腭大动脉**(a. palatina major):分布于硬腭
- **腭小动脉**(a. palatina minor):分布于软腭
- **眶下动脉**(a. infraorbitalis):分布于齿、上颌骨和鼻
- **眼外动脉**(a. ophthalmica externa)
  - 眶上动脉(a. supraorbitalis):分布于额部
  - 筛动脉(a. ethmoidalis):分布于筛骨和眼眶
  - 泪腺动脉(a. lacrimalis):分布于泪腺
  - 眼内动脉(a. ophthalmica interna):分布于视网膜
  - 脑膜前动脉(a. meningea rostralis):分布于脑膜
  - 颊动脉(a. buccalis):分布于颊

临床小知识

临床上的重要界标

- **动脉血采样点**:面动脉,位于下颌骨体腹侧缘的面切迹处;颈总动脉,位于颈基部;面横动脉,位于颞下颌关节的腹侧。
- **马的脉搏触诊点**:面动脉,位于下颌骨体腹侧缘的面切迹处。

胸主动脉和腹主动脉

胸主动脉沿脊柱腹侧向后伸延,经过膈的**主动脉裂孔**进入腹部继续向后延续为**腹主动脉**。胸主动脉和腹主动脉又各自分出节段性动脉,形成胸腔的**肋间背侧动脉**(aa. intercostales dorsales)和腹腔的**腰动脉**(aa. lumbales)。这些动脉供给胸壁和腹壁血液并且继续分支到脊髓,**脊髓支**(rami spinales)由相应的椎间孔进入椎管(详见第15章“神经系统”,465页)。

它们分布于脊神经节和脊膜,终止于脊髓腹正中裂伸延的脊髓腹侧动脉。在颈部,脊髓腹侧动脉与椎动脉、枕动脉形成吻合支。在荐部和尾部,脊髓的血液由**荐中动脉**和**尾动脉**供给。

胸主动脉的分支及分布:

- **肋间背侧动脉**(aa. intercostales dorsales):分布于胸壁、腹壁和脊髓
- **支气管食管动脉**(a. broncho-oesophagea)
  - 支气管支(rami bronchiales):分布于支气管树
  - 食管支(rami oesophagei):分布于食管
- **肋腹动脉**(a. costoabdominalis):分布于腹壁
- **膈前动脉**(a. phrenica cranialis):马特有,分布于膈

腹主动脉的分支及分布(图13-20):

- **膈后动脉**(a. phrenica caudalis):除马以外,存在于所有家畜,分布于膈
- **腰动脉**(aa. lumbales):分布于腰部
- **腹腔动脉**(a. coeliaca):
  - 胃左动脉(a. gastrica sinistra)
  - 肝动脉(a. hepatica)
    - 胃右动脉(a. gastrica dextra)
    - 胃十二指肠动脉(a. gastroduodenalis dextra),胃网膜右动脉(a. gastroep iploica dextra)和胰十二指肠前动脉(a. pancreaticoduodenalis cranialis)
  - 脾动脉(a. lienalis)
    - 胃网膜左动脉(a. gastroepiploica sinistra)
- **肠系膜前动脉**(a. mesenterica cranialis):
  - 胰十二指肠后动脉(a. pancreaticoduodenalis caudalis)

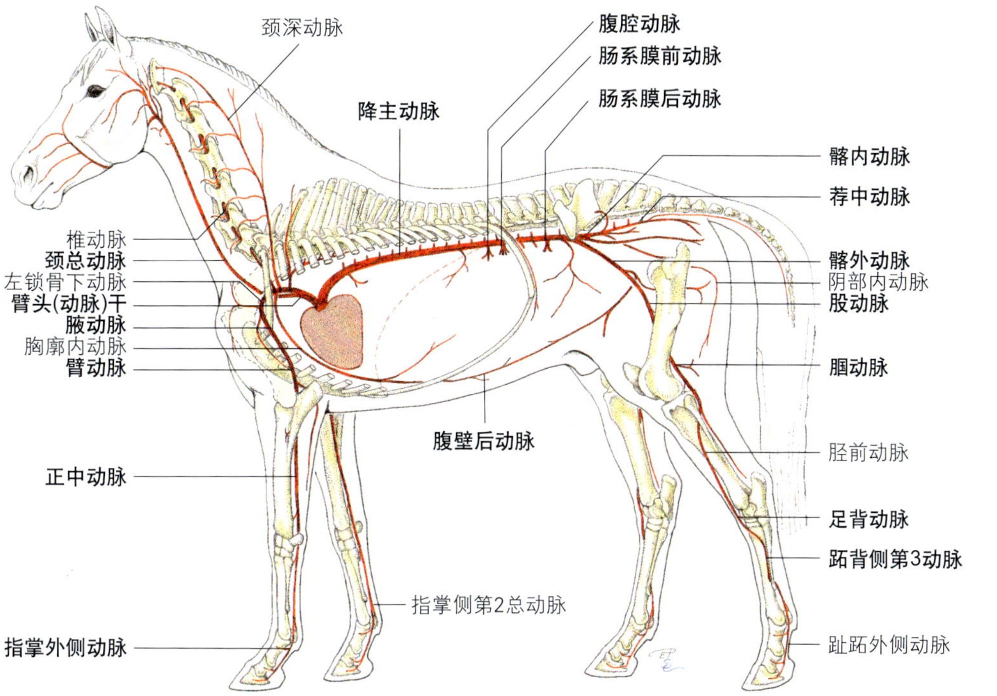

图 13-20 马主动脉的主要分支(示意图)

- 空肠动脉(aa. jejunales)
- 回结肠动脉(a. ileocolica)
  - 盲肠动脉(aa. caecales)
  - 回肠动脉(aa. ilei)
  - 结肠支(ramus colicus)
  - 结肠右动脉(a. colica dextra)
- 结肠中动脉(a. colica media)

- **肾动脉**(aa. renales)
- **睾丸/卵巢动脉**(aa. testiculares / aa. ovaricae)
- **肠系膜后动脉**(a. mesenterica caudalis)
  - 结肠左动脉(a. colica sinistra)
  - 直肠前动脉(a. rectalis cranialis)

详细结构可见第 8 章“消化系统”(288 页)。

腹主动脉的终端(图 13-23):

- **左、右髂外动脉**(a. iliaca externa dextra et sinistra)
- **左、右髂内动脉**(a. iliaca interna dextra et sinistra)
  - 荐中动脉(a. sacralis mediana)

髂外动脉

髂外动脉是**后肢的主要动脉**,作为终末分支之一起于主动脉,沿着髂骨体走行,与同名静脉和生殖股神经相伴行,在大动物中分出旋髂深动脉。母马髂外动脉的第一个分支是**子宫动脉**(图 12-24)。食肉动物的旋髂深动脉直接起源于主动脉,在进入股管之前发出分支到达股部肌群并发出股深动脉,后者是阴部腹壁干的总起源。

髂外动脉离开腹部后继续延伸为**股动脉**。股动脉与股静脉和隐神经相伴行通过股管。股管的前界是缝匠肌,后界是股薄肌和耻骨肌,详见第 3 章“头、颈和躯干部的筋膜和肌肉”(107 页)。然后,股动脉从股内侧面的内收肌之间通过,到达膝关节后面延伸为**腘动脉**。股动脉有许多分支到达股部肌群。

腘动脉在骨间隙近端分支为**胫前动脉**和**胫后动脉**。胫前动脉较粗大,经由胫骨远端前外侧面到达跗关节背面延伸为**足底背侧动脉**。后者沿第 3 和第 4 跖骨之间走行伸延为**跖背侧第 3 动脉**,是足部的主要血管。它继续分支为**趾内侧动脉**和**趾外侧动脉**,终止于球节近端。

髂外动脉的分支及分布(图 13-24 和图 13-25):

- **髂外动脉**(a. iliaca externa)
  - 子宫动脉(a. uterina):只存在于母马
  - 旋髂深动脉(a. circumflexa ilium profunda)
  - 睾提肌动脉(a. cremasterica)
  - 股深动脉(a. profunda femoris):分布于股部肌肉
  - 阴部腹壁干(truncus pudendoepigastricus)
    - 阴部外动脉(a. pudenda externa):分布于阴囊、乳腺
    - 腹壁后动脉(a. epigastrica caudalis):分布于腹壁肌肉
    - 旋股内侧动脉(a. circumflexa femoris medialis)

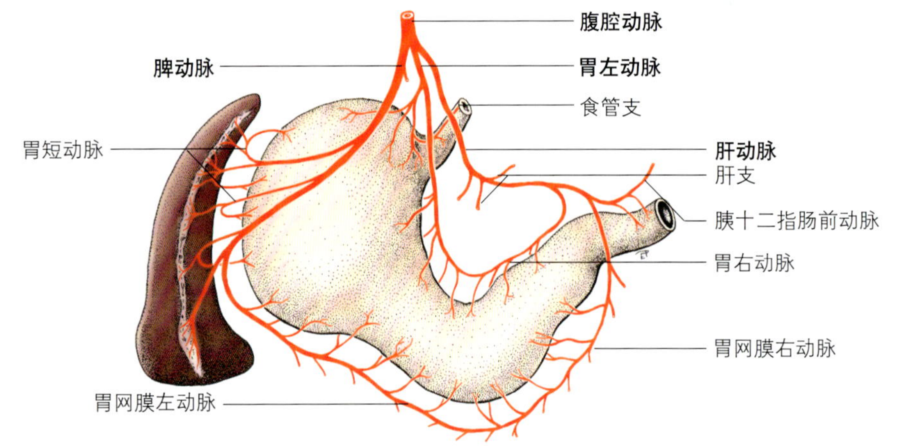

图 13-21 犬腹腔动脉(示意图)

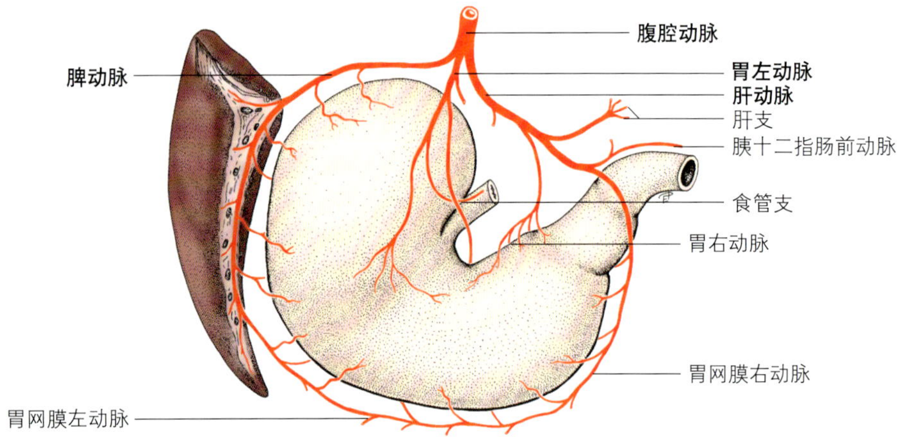

图 13-22 马腹腔动脉(示意图)

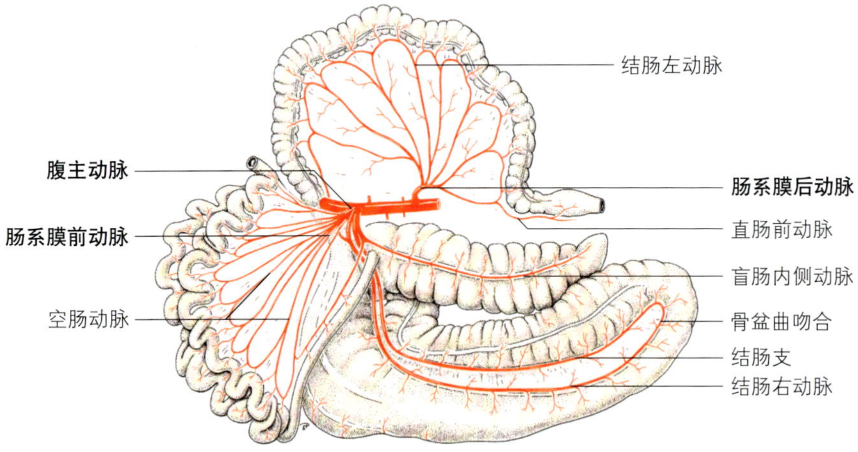

图 13-23 马肠系膜前动脉和肠系膜后动脉(示意图)。仿 Ghetie(1955)

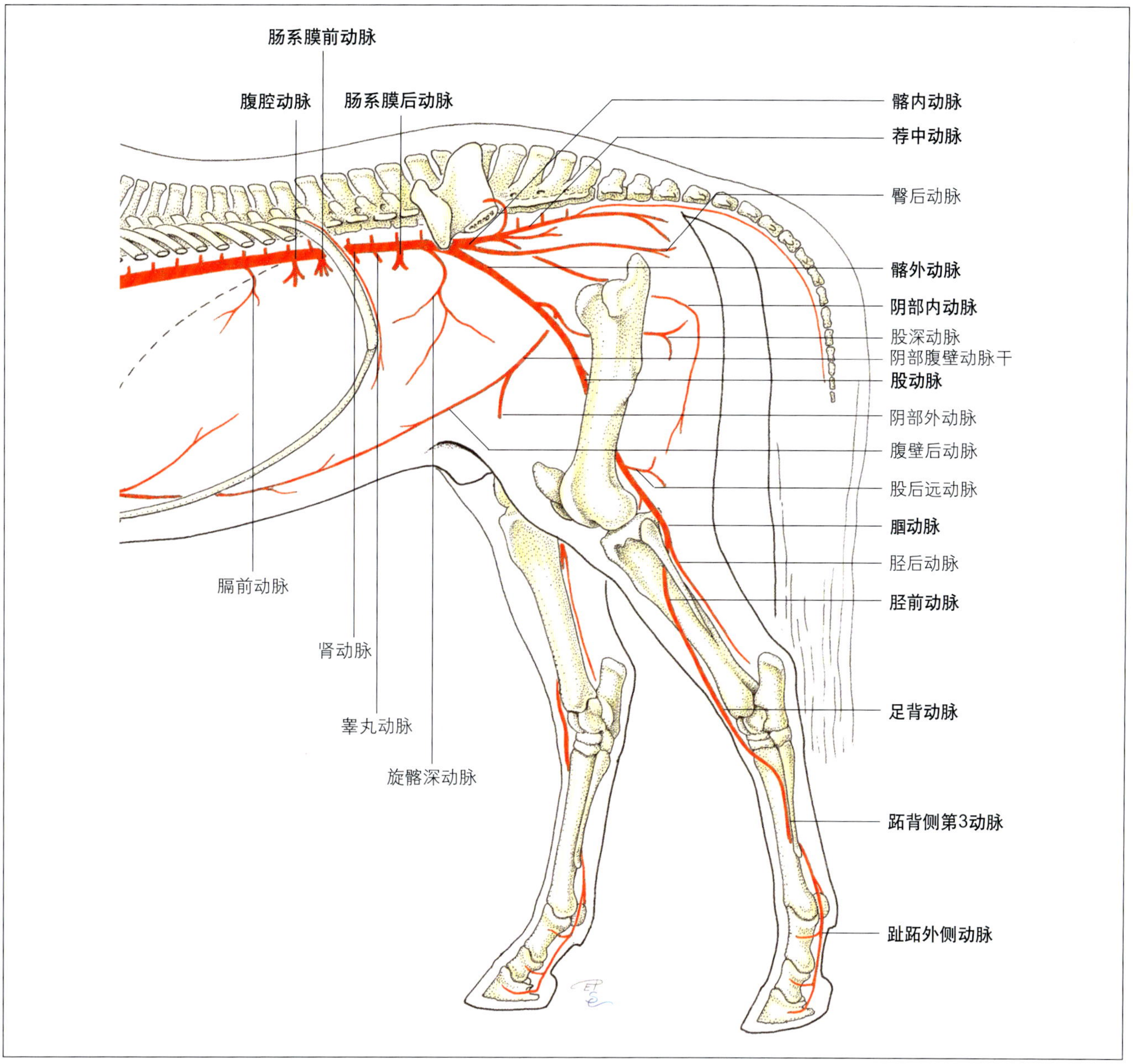

图 13-24 马的腹主动脉及其大的分支(示意图)

- **股动脉**(a. femoralis)
  - 旋股外侧动脉(a. circumflexa femoris lateralis):分布于股部肌
  - 隐动脉(a. saphena):分布于股部、胫部、趾部的肌肉和皮肤
  - 股后动脉(aa. caudales femoris):分布于股部肌
- **腘动脉**(a. poplitea)
  - 膝动脉(aa. genus):分布于膝关节后部
  - 膝中动脉(a. genus media):分布于膝关节内侧
  - 胫后动脉(a. tibialis caudalis):分布于胫后部
- **胫前动脉**(a. tibialis cranialis):分布于胫后外侧
- **足底背侧动脉**(a. dorsalis pedis):分布于跗关节
- **跖背侧第 3 动脉**(a. metatarsea dorsalis Ⅲ)
  - 趾跖外侧动脉和趾跖内侧动脉(aa. digitales plantaris lateralis et medialis):分布于趾部

后肢动脉之间形成多处吻合:腹壁后动脉与腹壁前静脉(译者注:应为动脉)吻合,股深动脉与股后远动脉吻合,旋股外侧动脉与旋股内侧动脉吻合,膝降动脉与膝中动脉相吻合。

临床小知识

临床上的重要界标

- **动脉血采样点**:可以由跖背侧动脉取得,位于第 3 跖骨与第 4 跖骨之间
- **脉搏**:猫和犬的脉搏可以在股动脉的第一段进行检测,位于股内侧浅层

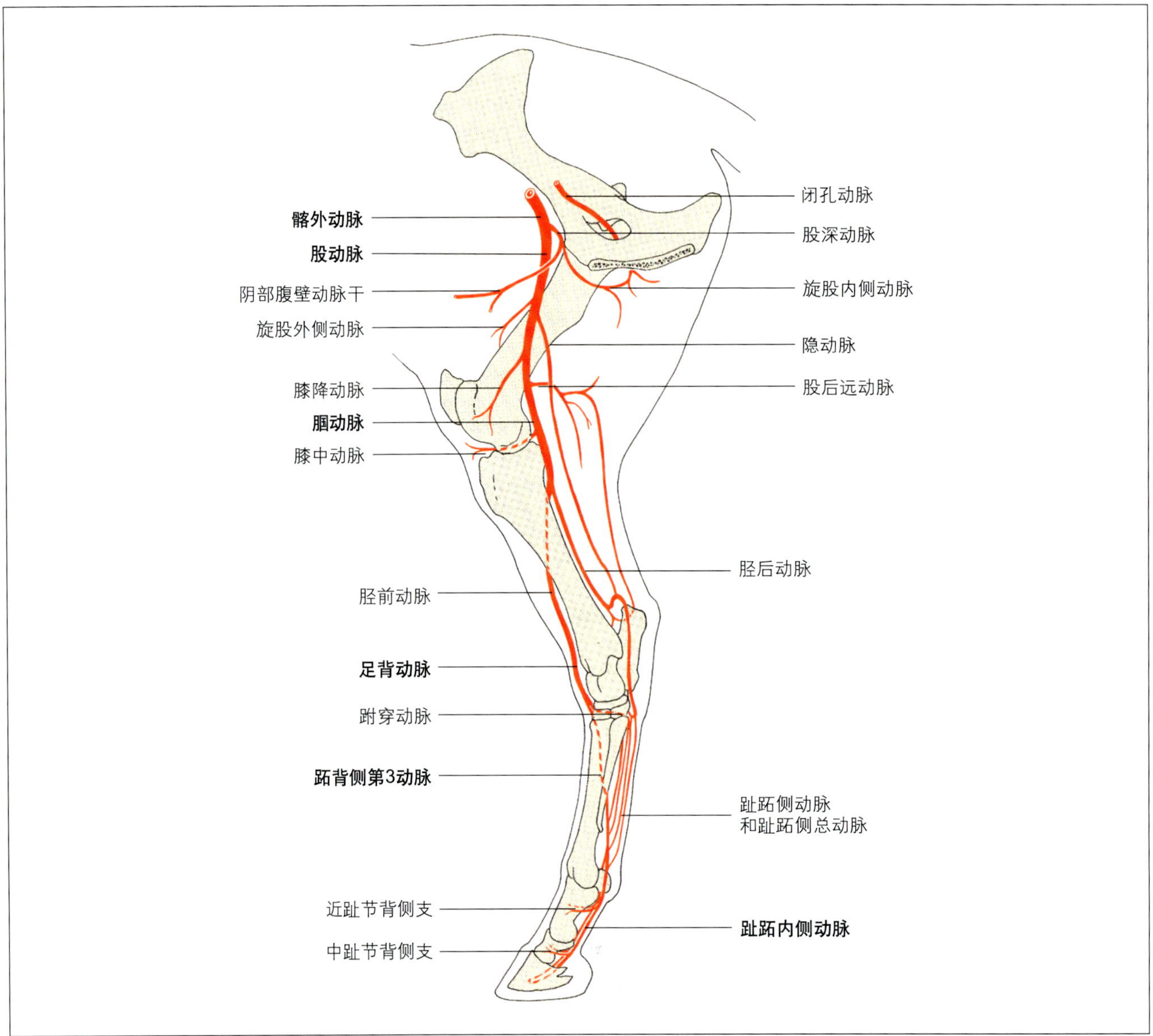

图 13-25 马后肢动脉(示意图)。仿 Dyce 等(2002)

髂内动脉

髂内动脉供给**骨盆腔脏器**和**骨盆腔壁**以及腰部肌肉和臀部肌肉血液,是主动脉的终末分支之一。马的荐中动脉起于左或右髂内动脉。**荐中动脉**发出**节段性分支**。髂内动脉延续为**阴部内动脉**,供给**骨盆脏器**血液(图 13-24),它的分支名称在雌雄动物中有差异。该动脉供给膀胱、输尿管、尿道以及雄性、雌性生殖器官。

髂内动脉的分支及其分布为:

- **髂内动脉**(a. iliaca interna)
  - 荐中动脉(a. sacralis mediana)
  - 臀后动脉(a. glutea caudalis)
    - 闭孔动脉(a. obturatoria)
    - 臀前动脉(a. glutea cranialis):分布于臀部肌肉
    - 髂腰动脉(a. iliolumbalis):分布于腰部深层肌肉
- **阴部内动脉**(a. pudenda interna)
  - 脐动脉(a. umbilicalis)
  - 子宫动脉(a. uterina):母马无,是胎儿血液供给的遗迹
  - 阴道动脉(a. vaginalis):分布于膀胱、尿道、子宫、阴道、直肠,或前列腺动脉(a. prostatica):分布于膀胱、尿道、副性腺、直肠
    - 直肠中动脉(a. rectalis media)
  - 直肠后动脉(a. rectalis caudalis):分布于直肠和肛门
  - 会阴腹侧动脉(a. perinealis ventralis):分布于会阴

- ○ 前庭动脉(a. vestibularis):分布于前庭或者阴茎的动脉
- ○ 前庭球动脉(a. bulbi vestibuli)
- ○ 阴茎背侧动脉(a. dorsalis penis)

13.2.3 静脉(venae)

通常,静脉(希腊文"phleb",拉丁文"vena")将外周的血液回流入心脏,动脉将心脏的血液输入全身组织。大多数教材对静脉进行逆行描述,即静脉通路按与血流方向相反的顺序描述。

这就导致了人们对静脉注射效果以及瓣膜方向、动静脉吻合和血流量的误解。事实上,静脉由毛细血管床发出**小静脉**(venules),继而汇合成**大静脉**,最后注入心脏的**右心房**。**肺循环**的静脉运输肺部的动脉血到达心脏的左心房。

有些教材将静脉的功能简化为组织液回流。然而,一些器官,如肝和脑垂体,它们接收来自静脉的血液供应。因此,静脉血不仅是带走组织中的代谢产物,而且也将代谢产物和激素带到一些器官。

大部分静脉与相应的动脉相伴行,被称作同名动脉的伴行静脉。

静脉血的成分依赖于其分支所在的范围,从肠道而来的静脉血富含各种营养分子,从脾脏而来的静脉血含有大量的白细胞,从内分泌腺来的血液含有高浓度的激素,而从肾脏来的静脉血含有少量的代谢产物。静脉血在**体温调节**方面也具有很重要的作用,比如由肝和肌肉而来的静脉血温度较高。

静脉与**动脉的结构相似**,只是管壁比动脉薄,这主要是中膜变薄的缘故。静脉内膜形成**瓣膜**,保证了血流方向是流入心脏,防止循环静滞时血液逆流。颅腔和椎管的静脉不含有瓣膜,这些静脉被称为**静脉窦**。颅腔的一部分静脉没有血管壁,由硬膜形成的憩室取代,憩室衬有一层内皮。

四肢的静脉通常与动脉一起伴行在同一个软组织鞘内,因此,动脉的搏动加强了静脉血向心脏的回流,远端静脉血管中膜增厚也起到了辅助作用。

门静脉是介于2种毛细血管床之间的静脉,如肝和脑垂体的门脉系统。

前腔静脉(v. cava cranialis)及其属支

前腔静脉的属支引流经头、颈、胸、前肢的静脉血(图13-26)。在胸廓入口处,**左**、**右颈静脉**汇合成一条**前腔静脉**,继而**左**、**右锁骨下静脉**汇入。左、右锁骨下静脉的属支包括与相应动脉伴行的静脉和食管-支气管静脉。马、犬和猫的前腔静脉终末还有右奇静脉汇入。

前腔静脉的基部还接收来自**胸导管**的**淋巴**,并将淋巴由组织器官输送至血液循环。

前腔静脉经由纵隔前到达右臂头干的右侧,开口于**右心房**。

头颈部静脉

头部的静脉可分为位于颅腔内和位于颅腔外的静脉。**无瓣膜的静脉**位于颅腔内部,见第15章所述。位于颅腔外部的静脉常与相应动脉伴行。马的面静脉属支局部扩大形成**3个静脉窦**,沿面嵴和咀嚼肌下方走行。在咀嚼时,促进血液流向心脏。血样可以从这些静脉窦中采集,由内眼角到面嵴画一条虚线,在面嵴腹侧缘向内侧方向进针。

颈外静脉在下颌角处由舌面静脉和上颌静脉汇合而成(图13-26),沿颈部走行,位于背侧的臂头肌和腹侧的胸头肌之间的**颈静脉沟**(sulcus jugularis)内。该静脉在颈部前和中1/3处位于皮下。因此,颈外静脉是大多数动物**采血**和**静脉注射**的首选位点。犬的左、右颈外静脉由一舌静脉弓连通。舌静脉弓在舌骨体的腹侧面连接左右舌静脉。

除马和山羊外,其他家畜都有**2对颈静脉**(图13-27)。除颈外静脉外,还有**颈内(深)静脉**,后者走行于颈总动脉和气管之间,在颈基部与**颈外静脉**汇合。

奇静脉(vena azygos)

奇静脉由**前2对腰静脉**汇合而成,经由**主动脉裂孔**到达胸腔,接收来自胸中后部肋间静脉的血液。

虽然在胚胎时期左、右奇静脉均已形成,但其后结构发生简化:马、犬和猫只有右奇静脉存在(图13-26和图13-28);猪只存在左奇静脉,偶尔2条静脉同时存在;反刍动物通常2条静脉都存在。

右奇静脉开口于**前腔静脉**的末端,**左奇静脉**直接注入**冠状窦**。奇静脉系统对引流椎管内血管丛的血液具有重要作用。

前肢静脉

前肢静脉起于指、真皮和蹄软骨的**终末静脉网**(终末静脉弓,arcus terminalis)(图13-28),这些静脉网相互汇合,按照由远到近的顺序形成如下静脉:

- 指掌内、外侧静脉(vv. digitales palmares medialis et lateralis)
- 掌静脉(vv. metacarpeae)
- 正中静脉(v. mediana)
  - ○ 副头静脉(v. cephalica accessoria)
  - ○ 头静脉(v. cephalica)
- 臂静脉(v. brachialis)
- 肘正中静脉(v. mediana cubiti)
- 腋静脉(v. axillaris)

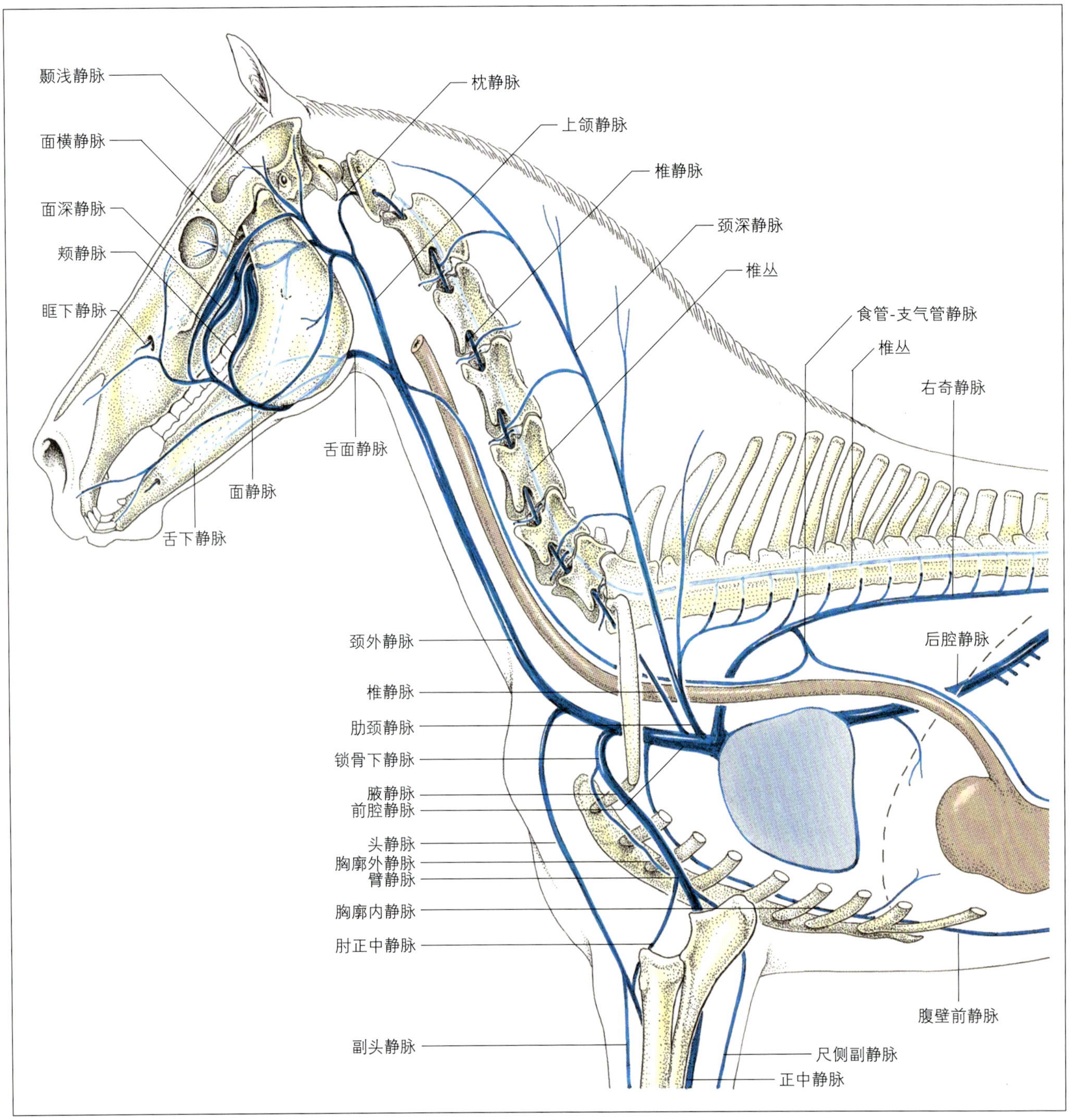

图 13-26　马头部、颈部和前肢的大静脉及前腔静脉的属支（简化示意图）

- 锁骨下静脉（v. subclavia）
- 颈外静脉（v. jugularis externa）
- 前腔静脉（v. cava cranialis）

前肢静脉多与同名动脉相伴行。**远肢静脉管壁中膜**变厚可以提高静脉压。这些静脉与动脉紧密联系促进血液向心流动。腋静脉的属支形成前肢的**深静脉系统**，而**头静脉**是唯一一个大的浅静脉。头静脉由腕部内侧面的**掌深静脉**形成，起于前臂中部腕背侧静脉网的副头静脉加入其中，在皮下继续延伸汇入颈下部的**颈外静脉**。

在肘关节和肩关节水平处，头静脉与肘正中静脉吻合。犬和猫的头静脉是静脉注射的最佳选择位点。头静脉沿前臂的前缘走行，在肘部施压使其隆起即可触及。

后肢静脉

与前肢相对，**后肢静脉**（图 13-28 和图 13-29）起于趾部末端的终末静脉网（终末静脉弓，arcus terminalis）。这些静

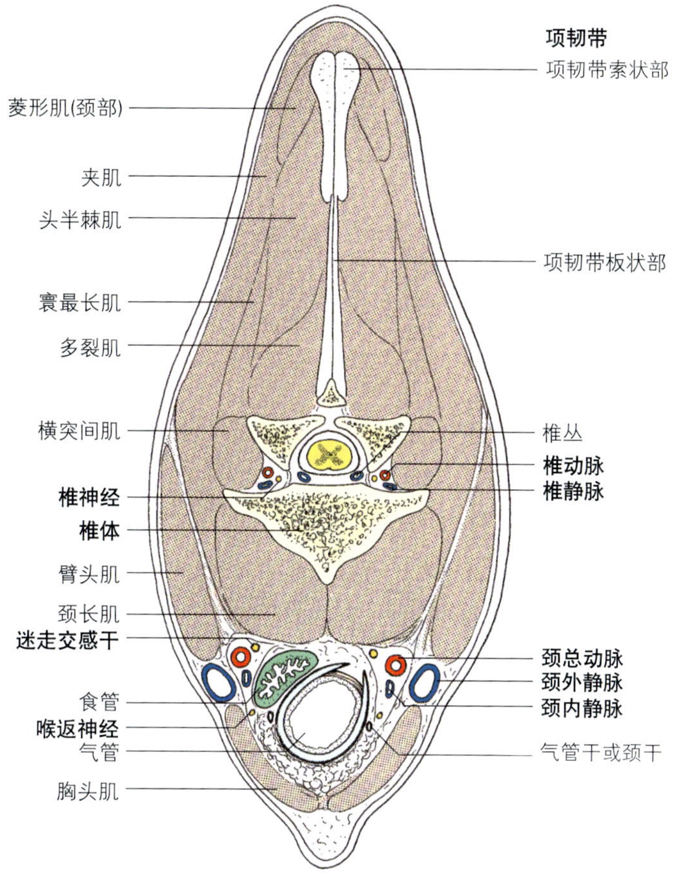

图 13-27 牛颈部横断面(后面观,示意图)

脉网汇合,由远及近形成如下静脉:

- 趾跖内、外侧静脉(vv. digitales plantares medialis et lateralis)
- 跖静脉(vv. metatarseae)
- 足底背侧静脉(v. dorsalis pedis)
- 胫前静脉(v. tibialis cranialis)
  - 内侧隐静脉(v. saphena medialis)
  - 外侧隐静脉(v. saphena lateralis)
- 腘静脉(v. poplitea)
- 股静脉(v. femoralis)
- 髂外静脉(v. iliaca externa)
- 髂内静脉(v iliaca interna)
- 后腔静脉(v. cava caudalis)

大多数深静脉与动脉相伴行。与前肢一样,包括**外侧隐静脉**在内的一些浅静脉单独走行。每条隐静脉都起于跗部,分为前支和后支,两者在小腿中部汇合。在跗部,它们与**跗深静脉**相通。在小腿部,隐静脉走行于跟腱和后部肌肉的内侧和外侧。内侧隐静脉在除犬以外的其他家畜中较粗,走行于股内侧面,开口于**股静脉**。外侧隐静脉在膝关节处汇入股深静脉。

临床小知识

猫的内侧隐静脉可用来**静脉注射**,尤其是在麻醉时。犬跗骨上方的外侧隐静脉可以进行**静脉穿刺**。

后腔静脉(vena cava caudalis)

后腔静脉起于最后腰椎相对处的腹腔顶壁,由**荐中静脉**和**髂总静脉**汇合而成,髂总静脉由髂外静脉和髂内静脉汇合而成(图 13-28 和图 13-29)。**髂外静脉**及其属支与同名动脉伴行引流后肢的血液。**髂内静脉**引流骨盆壁和大多数骨盆脏器的血液。它们通过荐中静脉与椎丛和肠静脉系统相通。**后腔静脉**沿腹腔顶壁向前走行,到达**主动脉右侧**,在到达肝叶之前有肾静脉和部分腰静脉汇入,在肝背侧有肝静脉和膈静脉汇入。后腔静脉继续向前穿过膈的腔静脉孔进入胸腔,走行于位于纵隔后部右侧面的特殊**胸膜褶**(腔

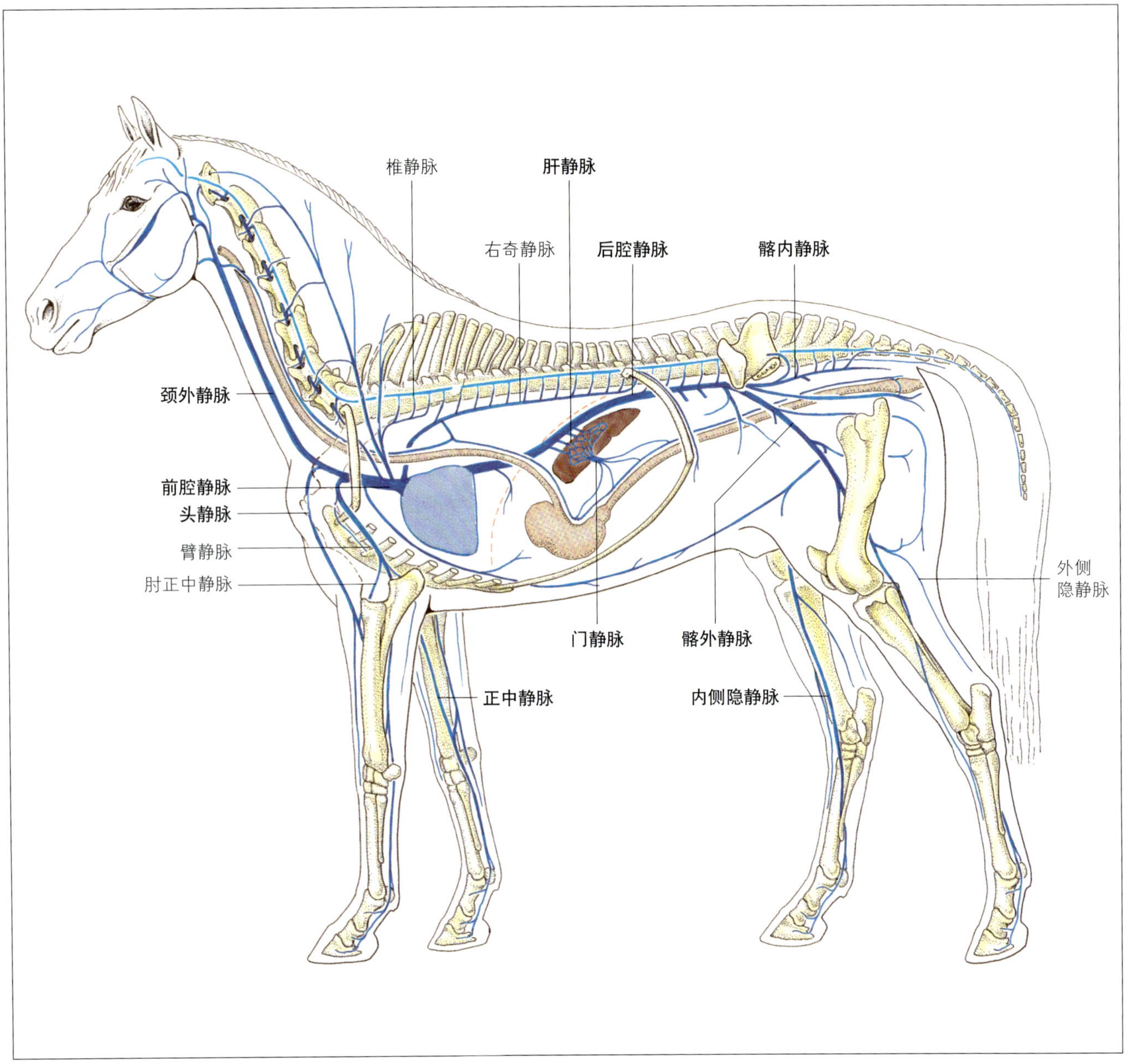

图 13-28 马静脉系统（示意图）

静脉褶）的游离缘，与膈神经伴行，最后开口于**右心房**。来自生殖器官和肾上腺的静脉通入前腔静脉，从而直接运送激素至全身，而不经过肝。

肿瘤等占位性损伤会导致静脉系统梗阻，引起血液淤塞滞留。系统通过改变血流途径来进行代偿。改变的途径之一是由脊柱的无瓣膜静脉系统提供。

在前端，脊柱静脉系统与头颈部的静脉相通，间接与**前腔静脉**相通，后端通过脊柱节段性静脉与**后腔静脉**相通。另外的静脉侧支通路是由沿肠管走行的静脉提供的。后腔静脉引流直肠血液的后部属支与门静脉的属支形成吻合，后者的属支与**食管静脉**相吻合，因而在前腔静脉与后腔静脉之间形成间接联系。当肝内循环受到损伤时，如肝硬化，可为门静脉引流区提供一个替代出口。腹壁前、后静脉间吻合，腹侧形成**第 3 个静脉环**。

门静脉（vena portae）

门静脉收集腹腔**所有不成对器官**的血液，并把血液转运至肝（图 12-29 和图 13-30）。门静脉及其属支形成**门脉系统**，起于内脏的毛细血管，这些毛细血管汇合形成肠系膜前、后静脉和脾静脉，这 3 条静脉在肝门汇合成门静脉入肝。门静脉在肝内分支，最终形成**肝血窦**（肝窦状隙），窦的周围为肝细胞板。窦状隙的血液汇集成每个肝小叶的**中央静脉**，形成肝**输出静脉系统**的开端，中央静脉汇合形成**小叶间静脉**，最后汇合形成**肝静脉**注入后腔静脉。肝

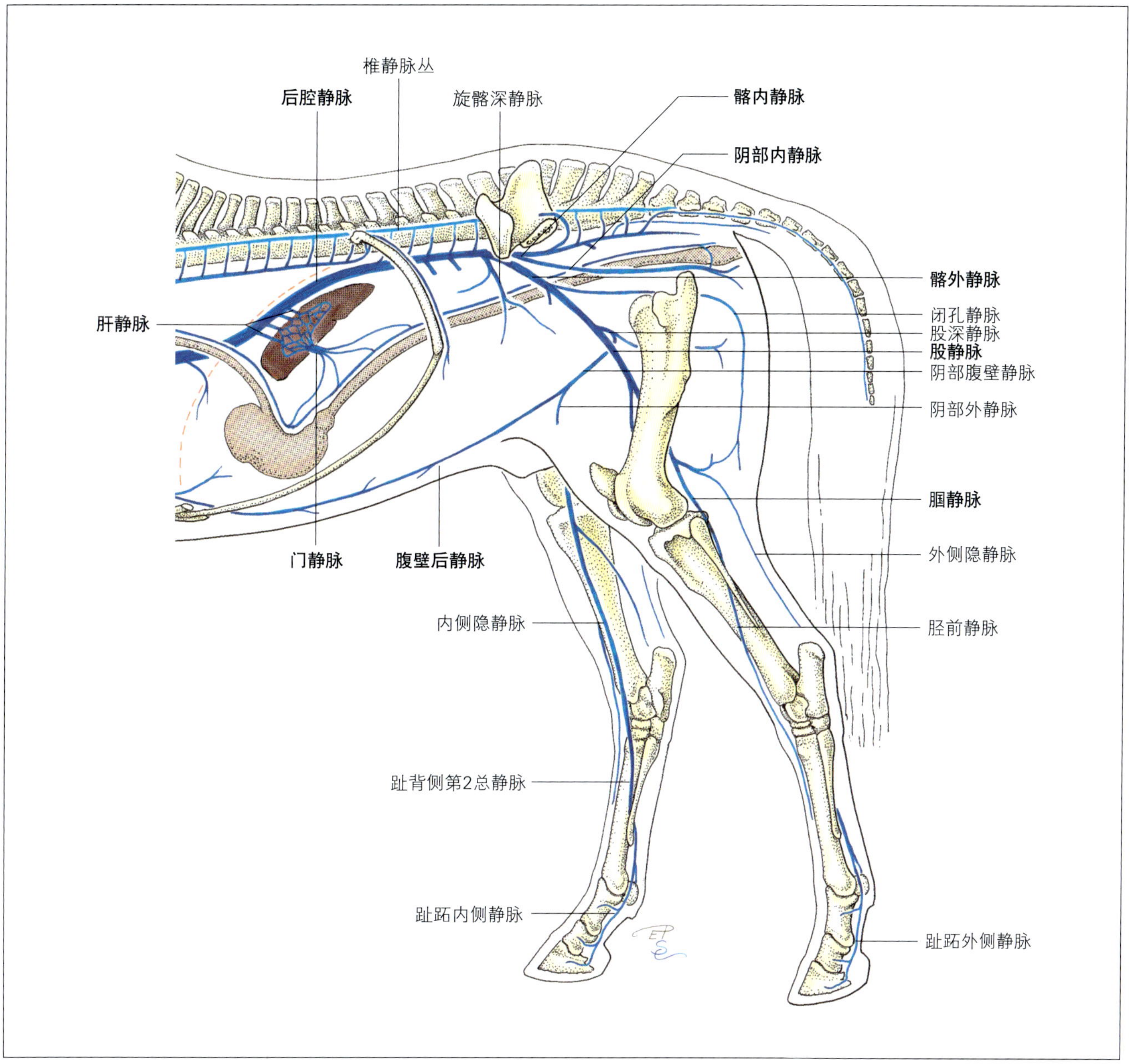

图 13-29 马后肢大静脉及后腔静脉的属支(示意图)

的营养由肝动脉供给,肝细胞的营养来自**门静脉**和**肝动脉**的**混合血液**以收集来自二者的营养。门静脉和肝静脉的分支可以用超声图像记录仪或X线摄影术进行鉴定。门静脉接收来自肠道的营养和胰脏的激素,将机能血液带到肝。

在胎儿,来自胎盘的**脐静脉**进入肝,也通过**静脉导管**分流入后腔静脉。出生后不久静脉导管就会闭合。但有些动物,常见于犬,其静脉导管会持续存在,形成门静脉和后腔静脉的直接联系,需要用外科手术矫治。

指(趾)的动脉和静脉

指(趾)的大部分血管位于掌(跖)侧面,掌(跖)动脉按照指(趾)的数量分为数支指(趾)动脉。犬和猫的爪还接收来自指(趾)背侧动脉的血液。

在指(趾)远端,**指掌(跖)动脉**相互吻合,形成**终末弓**。在指(趾)的中段,动脉发出分支环绕指(趾)。

指(趾)的静脉大致与动脉伴行,虽然在指(趾)的背侧也有静脉。

临床术语

与心血管系统相关的**临床术语**:动脉炎、血管造影术、永久性动脉导管、血栓性静脉炎、血管病、心包炎、心内膜炎、动脉硬化、脉管炎、冠状动脉梗塞等。

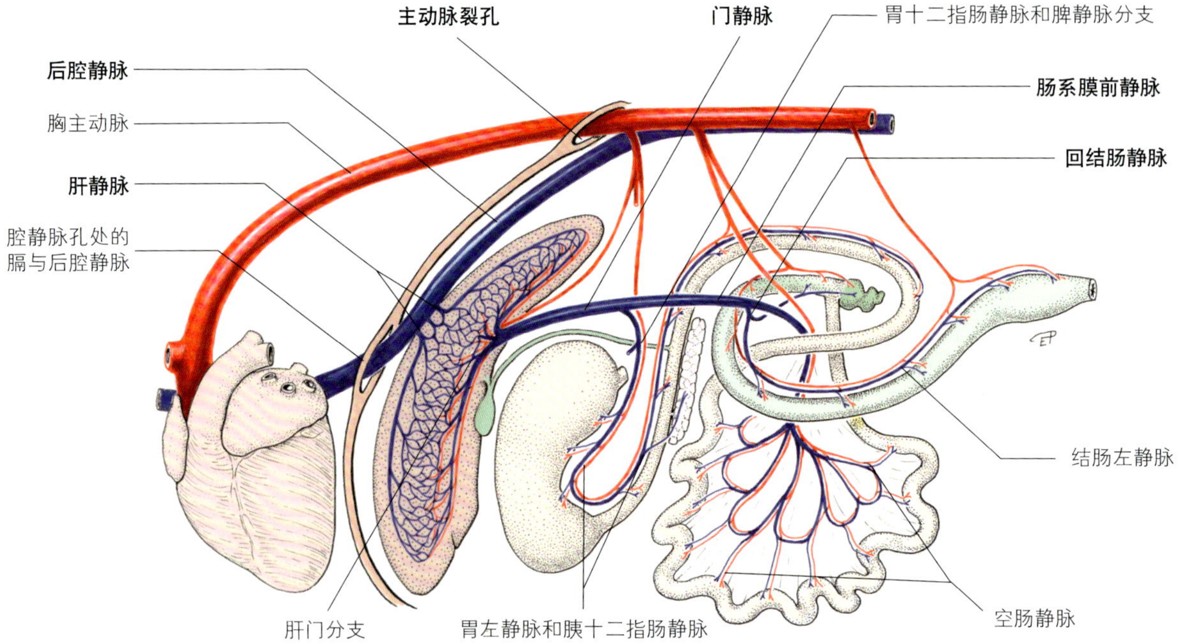

图 13-30 犬的肝门系统(示意图)

14 免疫系统和淋巴器官(organa lymphopoetica)

H. E. König, P. Paulsen 和 H.-G. Liebich

免疫系统为机体提供**特异**和**非特异**的**防御机制**,保护机体免受环境的影响,因而对于维持动物健康非常重要。免疫系统可分为细胞成分和循环成分。**细胞成分**包括散在分布于淋巴组织中的单个细胞,如淋巴细胞集合(扁桃体)或淋巴器官(胸腺、淋巴结和脾)。**循环成分**包括分布于淋巴器官、血液、组织间隙和淋巴液中的淋巴细胞、单核细胞和浆细胞。淋巴管系统包括**毛细淋巴管**、**淋巴管**和**淋巴集合管**。

胸腺通过调控未成年动物淋巴器官的生长,在淋巴细胞组分的发育中发挥重要作用。

淋巴细胞(图 14-1)是免疫系统中主要的细胞类型,可分为**B 淋巴细胞**和**T 淋巴细胞**,它们在骨髓和淋巴器官中生成,分布于淋巴系统和血液中。其细胞表面有一些特异性受体,可识别和结合分子,并触发一系列反应,引起**特异性免疫应答**。

巨噬细胞是**单核吞噬系统(MPS)**的一部分,单核吞噬系统主要在非特异性免疫应答中发挥作用。这一系统还包括肺泡巨噬细胞,皮肤的朗格汉斯细胞,中枢神经系统的小

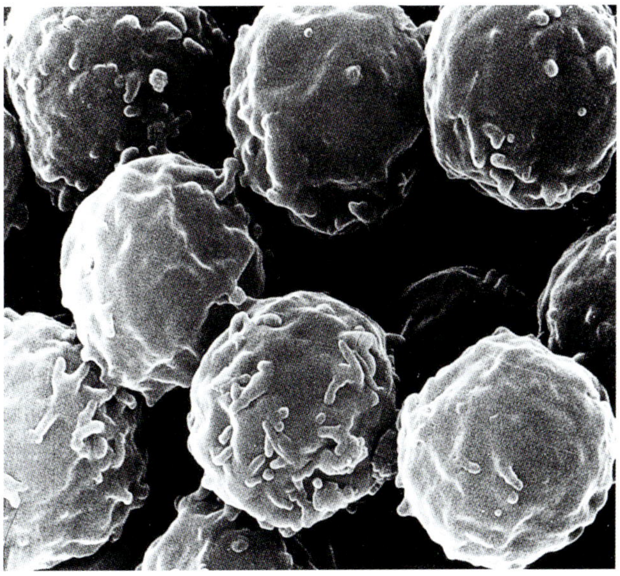

图 14-1 淋巴细胞的扫描电镜照片

胶质细胞,肝、脾和骨髓的窦状内皮细胞。单核巨噬系统曾被称为网状内皮系统(RES)。

14.1 淋巴管(vasa lymphatica)

血液在由动脉到静脉的循环过程中,蛋白质可通过毛细血管壁进入组织间隙。这种澄清、无色的渗出液称为淋巴,淋巴由以盲端开口于组织间隙的毛细淋巴管吸收。在大多数组织中,毛细淋巴管形成丛,汇合成较大的淋巴管。淋巴管开口于淋巴导管,最终汇入颈静脉或前腔静脉。淋巴管通路中有多个淋巴结,它们作为淋巴细胞的过滤器和生发中心发挥作用。而中枢神经系统中未发现淋巴管。

毛细淋巴管内衬连续的单层内皮细胞,其下方为不完整的基膜。与淋巴管不同,毛细淋巴管**没有瓣膜**。相邻内皮细胞之间有孔,它们允许液体或乳化的脂肪(如来源于肠道)通过管壁进入毛细淋巴管的管腔。

与同等大小的静脉相比,**淋巴管**的管壁较薄,具有较多的瓣膜。由于淋巴管含有相对较薄的中膜肌层,其收缩可使淋巴向胸导管流动。数量较多的连续瓣膜使淋巴管在外观上呈串珠状。这一结构特征在活体动物中可通过 X 线片观察到。

将淋巴由毛细**淋巴管**区导入淋巴结的淋巴管称为**输入淋巴管**,**输出淋巴管**是运输经过滤和富含淋巴细胞的淋巴离开淋巴结的管道。

14.2 淋巴结(lymphonodi, nodi lymphatici)

淋巴结坚实,表面光滑,一般呈卵圆形或豆形,表面凸起较大,凹区较小,即**淋巴结门**。

淋巴结内部结构可分为**皮质**和**髓质** 2 部分。皮质包括**生发中心**,它是淋巴细胞持续产生的地方(图 14-7)。髓

质由**淋巴细胞吻合索**组成(图 14-4)。每一个淋巴结由软组织包裹,由被膜发出的间隔和小梁伸入淋巴结内,形成内部的支架(图 14-2 至图 14-4)。输入淋巴管开口于**被膜下窦**(sinus marginalis),被膜淋巴窦的分支形成**髓窦**,靠近淋巴结门(图 14-5 和图 14-6),输出淋巴管从淋巴结门发出(图 14-4)。猪的输入淋巴管和输出淋巴管进出的次序正好相反,即输入淋巴管从淋巴结门进入淋巴结,输出淋巴管从被膜下窦离开淋巴结。淋巴结具有良好的血液供应,血管由淋巴结门进入。

每一淋巴结均负责引流某一区域的淋巴,该区域称为**淋巴引流区**。相邻的淋巴结群组成**淋巴中心**(lymphocentrum, lc.)。淋巴中心具有种属差异,即食肉动物和反刍动物的淋巴中心数量较少,但含有单独的、大的淋巴结;而猪和马含有大量相对较小的淋巴结。

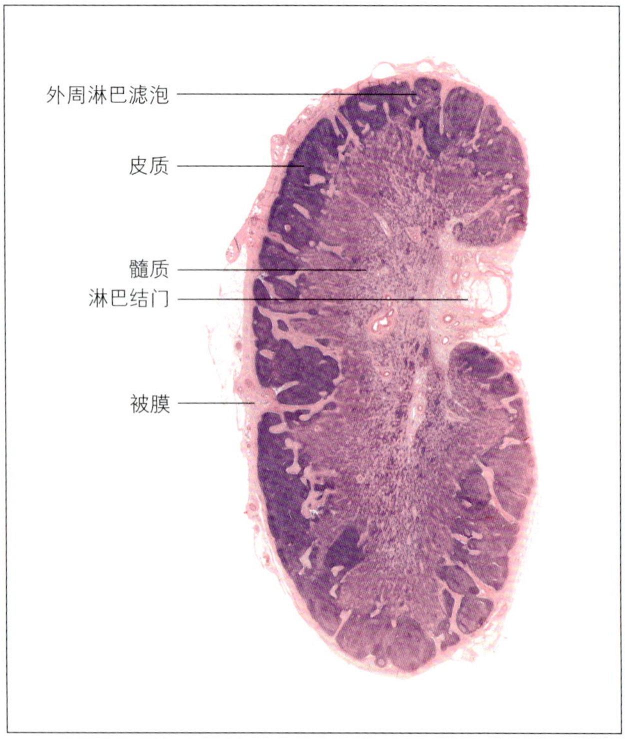

图 14-2 绵羊淋巴结组织学切片

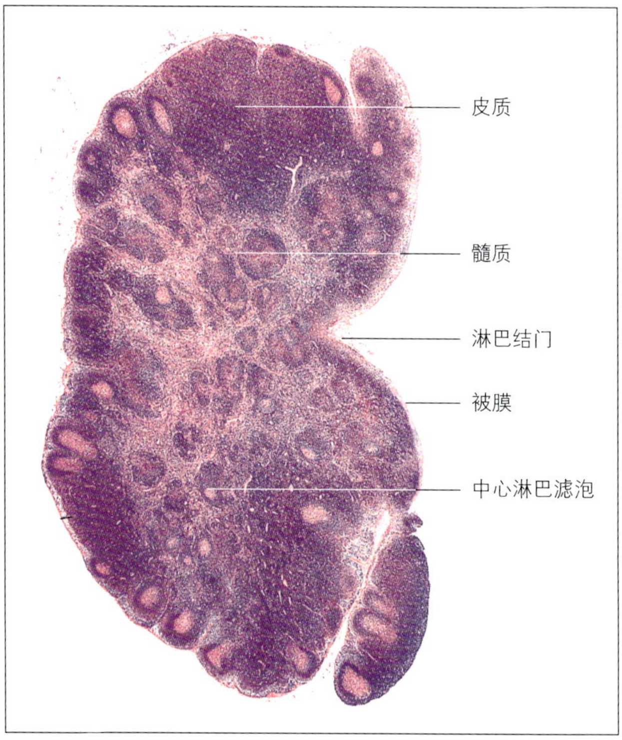

图 14-3 猪淋巴结组织学切片

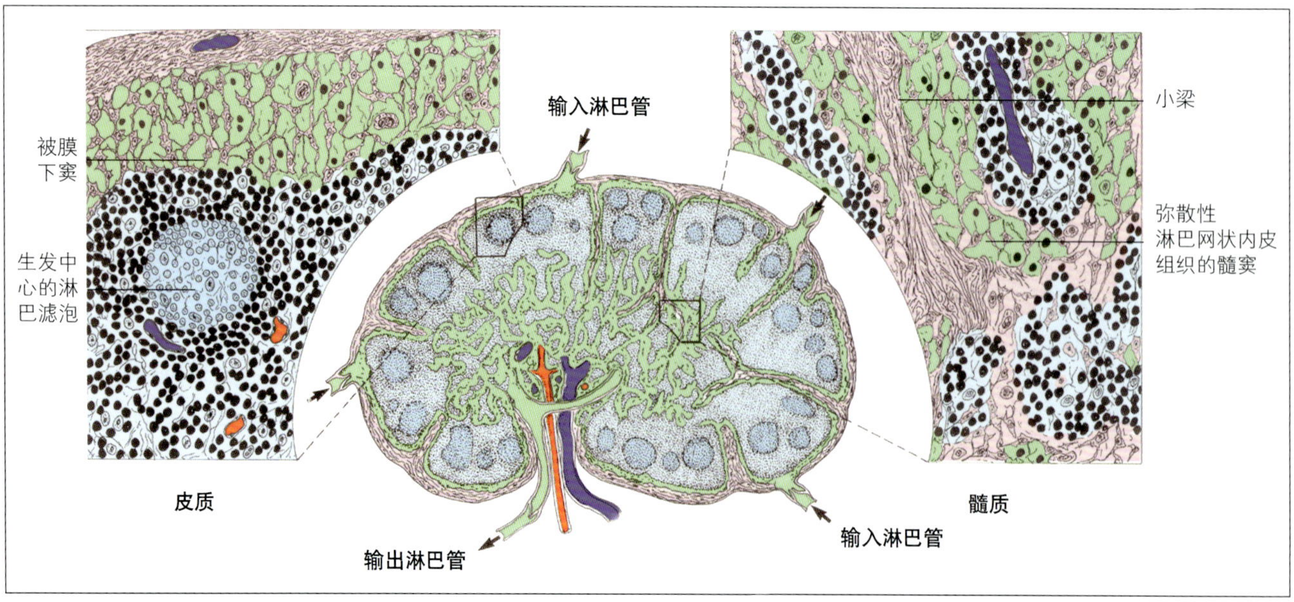

图 14-4 牛淋巴结内部结构(示意图)

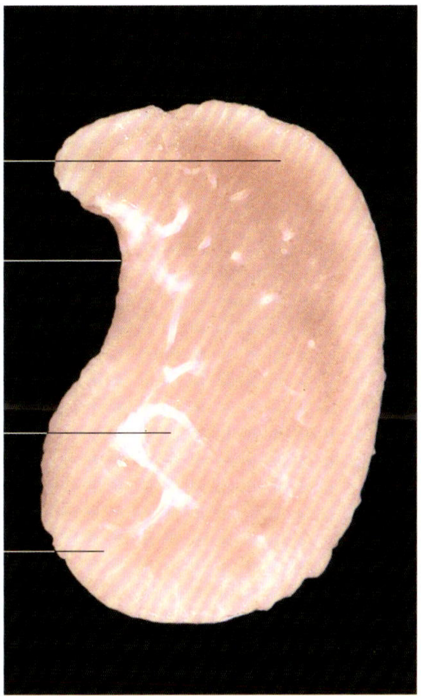

图 14-5 猪淋巴结（横断面）（慕尼黑 Reese 博士提供）

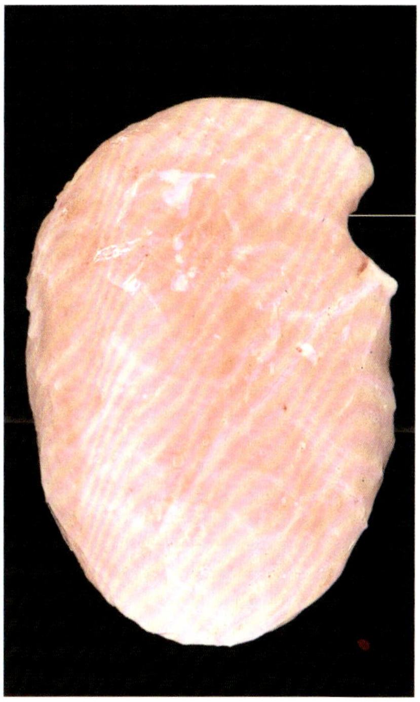

图 14-6 犬淋巴结（慕尼黑 Reese 博士提供）

除了极少数有争议的情况外，所有的淋巴由组织进入血液的过程至少要经过一个淋巴结。淋巴结内的大多数颗粒物质，包括微生物和肿瘤细胞，都能被清除和破坏。因此，淋巴结为防止传染和肿瘤扩散提供了屏障。淋巴结肿大，通常表明其引流区存在疾病过程。

熟悉淋巴结的位置、流向和引流区域，对于任何一名兽医，尤其是从事外科、病理学以及肉食品卫生检验的人员都非常重要。

淋巴结对肉类和内脏质量的评估也很重要。对于宰后肉类，立法要求在强制性或选择性基础上检查某些引流区的淋巴结。这将取决于屠宰动物的用途，而且也取决于肉类检测的具体任务。如果淋巴结检查提示全身感染，则该动物禁止食用。了解可触及淋巴结的位置和大小也对临床检验十分重要。

临床小知识

淋巴结异常反映了其引流区发生的过程。淋巴结通常会肿大变硬，并可能发生炎症反应。在治疗**肿瘤疾病**时，通常需要**预防性切除淋巴结**，因为淋巴结可能藏匿肿瘤细胞，帮助其扩散并引起肿瘤转移。白血病和某些类型的淋巴瘤与淋巴结的全身性肿大有关。

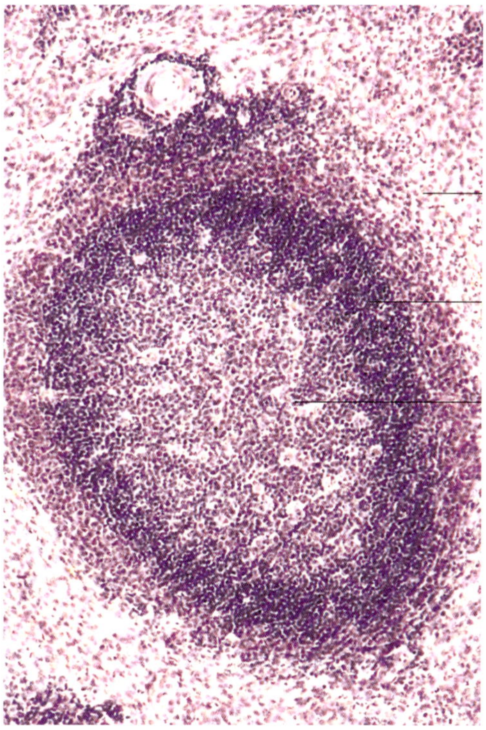

图 14-7 淋巴滤泡的组织学切片

14.2.1 头部淋巴结

头部的淋巴结（图 14-8 和图 14-9）可以分为下列**淋巴中心**：

- 腮腺淋巴中心（lc. parotideum）
- 下颌淋巴中心（lc. mandibulare）
- 咽后淋巴中心（lc. retropharyngeale）

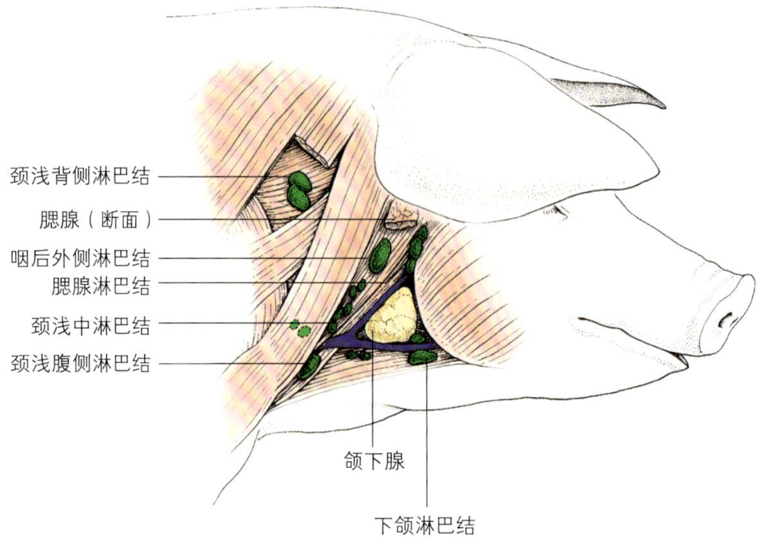

图 14-8 猪头部和颈前部的淋巴结(示意图)

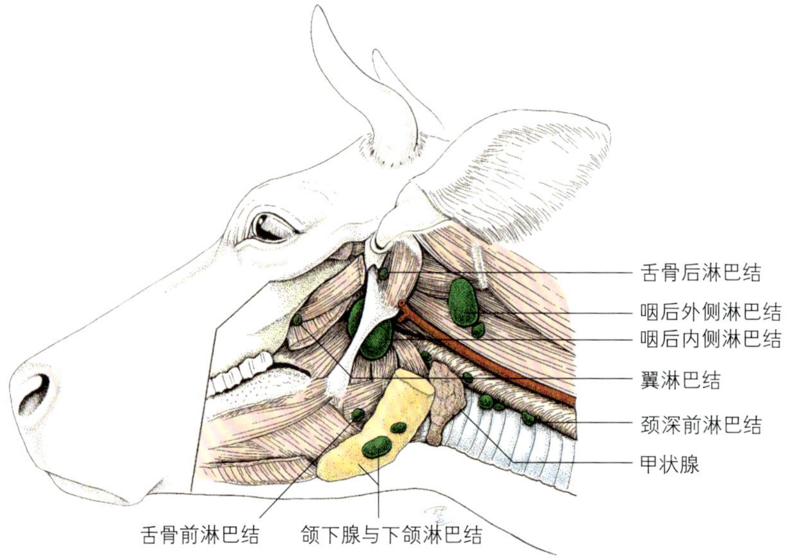

图 14-9 牛头部和颈前部的深层淋巴结(示意图)

腮腺淋巴中心

腮腺淋巴中心包括一个或多个腮腺淋巴结,位于耳的底部,靠近颞下颌关节处,由腮腺或咬肌覆盖。输入的淋巴管引流头部背侧、眼眶和咀嚼肌的淋巴(图 14-8 和图 14-12)。

下颌淋巴中心

下颌淋巴中心有许多淋巴结,位于下颌间隙,靠近大的舌下腺和颌下腺,触诊时很容易触及。下颌淋巴中心的输入淋巴管引流口腔(包括舌和齿)、唾液腺、下颌间隙和咀嚼肌的淋巴(图 14-8、图 14-9、图 14-12)。

咽后淋巴中心

咽后淋巴中心分为内侧群(咽后内侧淋巴结,lnn. retropharyngei mediales)和外侧群(咽后外侧淋巴结,lnn. retropharyngei laterales),它们的输入淋巴导管引流头部深层的淋巴,包括咽、喉、气管前部和食管(图 14-8、图 14-9 和图 14-12)。

马的咽后外侧淋巴结引流喉囊的淋巴。头部的所有淋巴在引流入**气管(颈)淋巴干**前均要经过咽后内侧淋巴结(图 14-12)。

14.2.2 颈部淋巴结

颈部淋巴结可分为 2 群：

- 颈浅淋巴中心(lc. cervicale superficiale)
- 颈深淋巴中心(lc. cervicale profundum)

颈浅淋巴中心

颈浅淋巴中心位于肩关节前，被臂头肌和肩胛横突肌覆盖。颈浅淋巴中心的淋巴结包括颈浅背侧淋巴结、颈浅中淋巴结和颈浅腹侧淋巴结，且种属之间存在差异。

这些淋巴结具有较广泛的淋巴引流区域，包括颈部皮肤及皮下结构、胸腔和前肢近端(图 14-8 和图 14-12)。它们的输出淋巴管通向**颈深后淋巴结**。

颈深淋巴中心

颈深淋巴中心包括数群淋巴结，这些淋巴结沿气管分布(图 14-9 和图 14-12)。它们分为颈深前淋巴结、颈深中淋巴结和颈深后淋巴结。这些淋巴结的分布有很大差异，有些动物可能没有颈深中淋巴结。颈深淋巴中心引流颈部深层结构的淋巴，包括食管、气管、胸腺和甲状腺。

颈深淋巴结的输出淋巴管汇入淋巴导管，淋巴导管沿着气管向后伸延，与颈总动脉伴行，开口于前腔静脉。有时可见**左侧淋巴导管**进入**胸导管**。

14.2.3 前肢淋巴结

前肢浅层和近端的淋巴汇入**颈浅淋巴中心**，前肢其他部位的淋巴流向**腋淋巴中心**(图 14-12)。

腋淋巴中心

腋淋巴中心位于肩关节内侧的腋窝内，在腋动脉分支形成肩胛下动脉和臂动脉。除了**固有腋淋巴结**(ln. axillaris proprius)外，其后方还有一个**腋副淋巴结**(ln. axillaris accessorius)，其在前方还有**第一肋腋淋巴结**(ln. axillaris primae costae)。马和羊的肘关节的内侧面还有一个远端淋巴结群(肘淋巴结，lnn.cubiti)。

腋淋巴中心引流整个前肢的深层结构和前肢远端的浅层结构。它的引流区域也延伸至胸壁的腹外侧面，包括位于这一区域的乳腺前部的淋巴。当手术切除乳腺肿瘤时应考虑这一结构。腋淋巴中心的输出淋巴管开口于淋巴导管的末端或者直接开口于胸腔入口处的静脉。

14.2.4 胸部淋巴结

胸壁的淋巴由以下淋巴中心引流：

- 胸背侧淋巴中心(lc. thoracicum dorsale)
- 胸腹侧淋巴中心(lc. thoracicum ventrale)

引流**胸腔内器官**淋巴的淋巴中心：

- 纵隔淋巴中心(lc. mediastinale)
- 支气管淋巴中心(lc. bronchialc)
- 胸背侧淋巴中心(lc. thoracicum dorsale)
- 胸腹侧淋巴中心(lc. thoracicum ventrale)

胸背侧淋巴中心

胸背侧淋巴中心包括两群淋巴结，**肋间淋巴结**(lnn. intercostales)和**胸主动脉淋巴结**(lnn. thoraciciaortici)(图 14-10 和图 14-12)。正如其名，肋间淋巴结位于肋间隙的上半部，胸主动脉淋巴结沿主动脉分布，它们的数量在物种间是有差异的。

反刍动物在这一区域经常有**血淋巴结**。血淋巴结(lymphonodus hemalis)和淋巴结的结构相似，但与淋巴结的不同之处在于其窦不含淋巴，而是**血液**，与血管而不是淋巴管相通。

胸背侧淋巴中心引流胸腔顶壁的淋巴，其输出淋巴管通向胸导管。

胸腹侧淋巴中心

胸腹侧淋巴中心的淋巴结位于胸骨背侧和胸横肌外侧。所有家畜中，该中心的淋巴结集中于躯体前部，反刍动物和一些猫在躯体后部还有第 2 个淋巴结群(图 14-10 和图 14-12)。

胸腹侧淋巴中心引流胸壁腹侧部的淋巴，其输出淋巴管直接进入**胸导管**，或进入**纵隔淋巴结**。

纵隔淋巴中心

纵隔淋巴中心包括前、中和后纵隔淋巴结，它们位于纵隔内的相应部位。犬和猫没有纵隔后淋巴结，尽管有 25% 的猫在腔静脉孔附近有膈淋巴结。反刍动物的纵隔后淋巴结在食管的背侧形成相对较大的淋巴结群(图 14-10)。

这些纵隔淋巴结的肿大会导致动物的食管梗阻。纵隔淋巴中心的引流区域为纵隔内的器官，包括心脏、气管、食管和胸腺。它也接受其他胸部淋巴结、膈肌和腹部器官(位于膈肌后部)的输出淋巴管。

支气管淋巴中心

支气管淋巴中心由位于气管分叉处上方的**气管支气管(有时称气管杈)淋巴结**(lnn. tracheobronchales seu bifurcationis)组成(图 14-10 和图 14-11)，分为左气管支气管淋巴结、中气

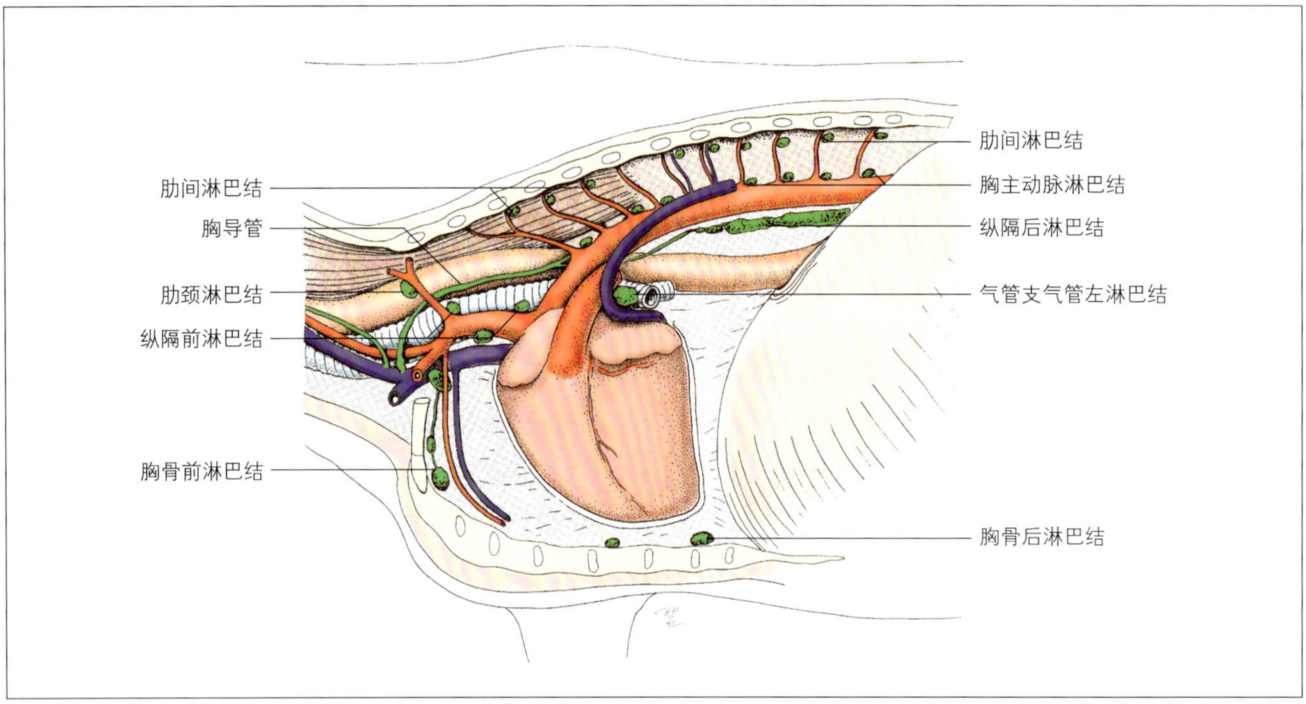

图 14-10　牛胸腔淋巴结(示意图)

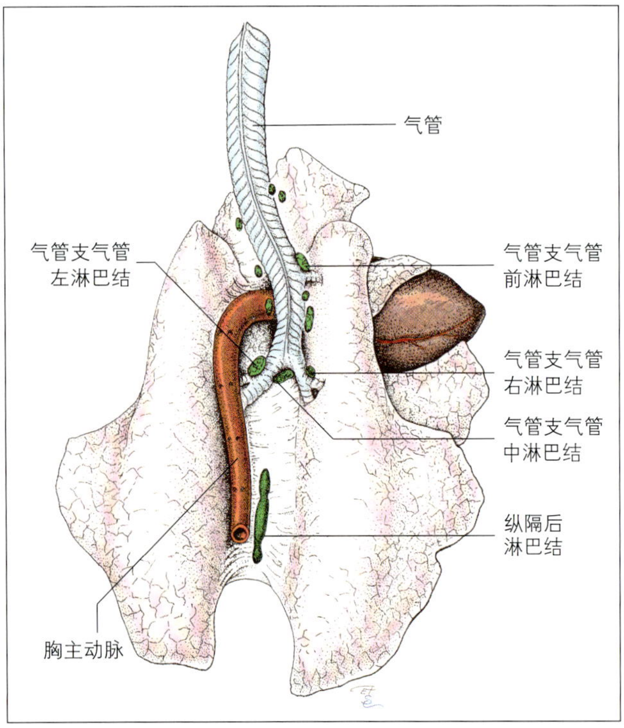

图 14-11　牛肺的气管支气管淋巴结(示意图,背侧面)

管支气管淋巴结和右气管支气管淋巴结。由于反刍动物和猪多一条支气管,因此还可见前气管支气管淋巴结群。肺组织内沿主支气管还存在小的**肺淋巴结**(lnn. pulmonales)(图 9-26 至图 9-30)。这些淋巴结对肺的淋巴引流很重要。

临床小知识

马的**左侧气管支气管淋巴结群**对于**左侧喉返神经麻痹**症的发生起重要作用。据推测,这些淋巴结的炎症会蔓延至邻近的神经,或者淋巴结肿大会机械性损伤神经,从而导致单侧喉麻痹症状出现(**喘鸣症**,roaring)。

14.2.5　腹部淋巴结

腹腔及腹腔内器官的淋巴由许多沿腹主动脉分布的淋巴结群引流,这些淋巴结位于腰区和肠动脉的起始处。还有一些其他淋巴结见于引流器官的附近,该部分内容与相应器官一起介绍,见第 8 章“消化系统”(288 页)。

与腹腔内脏引流相关的 **3 个淋巴中心**广泛对应于腹腔动脉、肠系膜前动脉和肠系膜后动脉的引流区域。这些淋巴中心的输出淋巴管汇聚形成乳糜池。

腰淋巴中心

腰淋巴中心包括**腰主动脉淋巴结**和**肾淋巴结**。腰主动脉淋巴结位于主动脉旁、腰椎横突之间(图 14-12)。反刍动物在这一位置也可见血淋巴结。腰淋巴结的输入淋巴管来自腹腔顶壁和位于身体后部淋巴结的输出淋巴管。**乳糜池**(cisterna chyli)接受来自腰淋巴中心的淋巴引流。

肾淋巴结与肾血管相联系,引流肾的淋巴。

腹腔淋巴中心

腹腔淋巴中心包括位于腹腔动脉分布区域的淋巴结，有**腹腔淋巴结**、**脾淋巴结**、**胃淋巴结**和**胰十二指肠淋巴结**（图 14-12）。反刍动物的胃淋巴结又分为瘤胃淋巴结、网胃淋巴结、瓣胃淋巴结和皱胃淋巴结。它们的淋巴引流区域正如其名。它们的输出淋巴管形成腹腔淋巴干，是汇成**乳糜池**的属支之一。

肠系膜前淋巴中心

肠系膜前淋巴中心包括**肠系膜前淋巴结**、**空肠淋巴结**、**盲肠淋巴结**和**结肠淋巴结**，其数量、形状和位置有显著不同（图 14-12 和图 14-13）。这些淋巴结引流小肠、大肠至横结肠的淋巴。它们的输出淋巴管合并形成肠系膜前淋巴干，在汇入乳糜池前与肠系膜后淋巴干汇合形成**肠淋巴干**。

肠系膜后淋巴中心

肠系膜后淋巴中心含有肠系膜后淋巴结，接收来自降结肠的淋巴（图 14-12）。它的输出淋巴管形成肠系膜后淋巴干，开口于**乳糜池**。

14.2.6 骨盆腔和后肢的淋巴结

骨盆淋巴结的引流区域常与腹壁相关区域重叠（图 14-14）。这对于犬乳腺肿瘤的切除具有临床意义。

荐髂淋巴中心

荐髂淋巴中心包括：

- 髂内侧淋巴结（lnn. iliaci mediales）
- 髂外侧淋巴结（lnn. iliaci laterales）
- 髂内淋巴结（lnn. iliaci interni）
- 荐淋巴结（lnn. sacrales）
- 肛门直肠淋巴结（lnn. anorectales）

髂内侧淋巴结是荐髂淋巴中心内主要的一群淋巴结，位于主动脉的末端分叉处（图 14-14）。这些淋巴结是次级滤过中心，来自骨盆腔脏器和后肢的其他淋巴结的输出淋巴管引流至此。当该区域出现肿瘤时，它具有特殊的临床意义。如发生睾丸癌时，癌细胞被直接转移至髂内侧淋巴结，而不通过其他淋巴结。髂内侧淋巴结发出**腰淋巴干**，开口于**乳糜池**（图 14-12）。

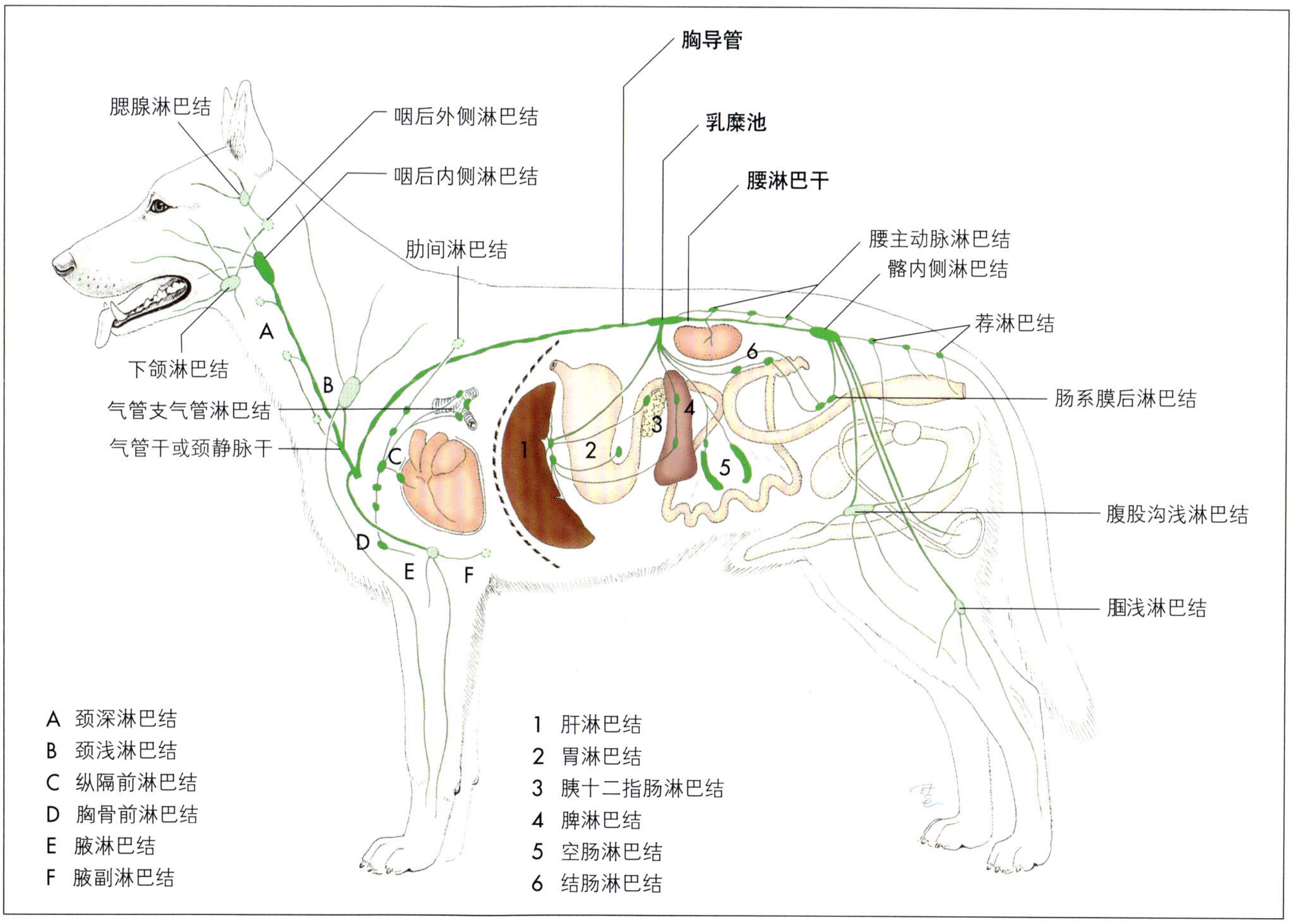

图 14-12　犬的淋巴系统（示意图）。仿 Budras，Fricke 和 Richter（1996）

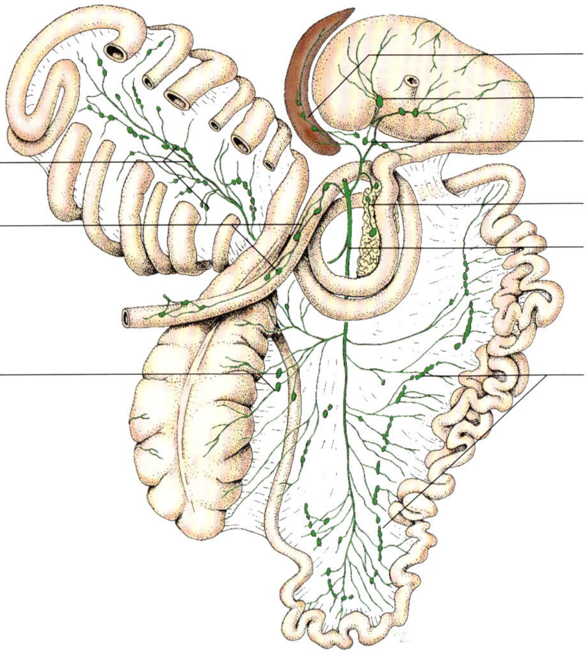

图 14-13　猪小肠的淋巴结和淋巴管（示意图）

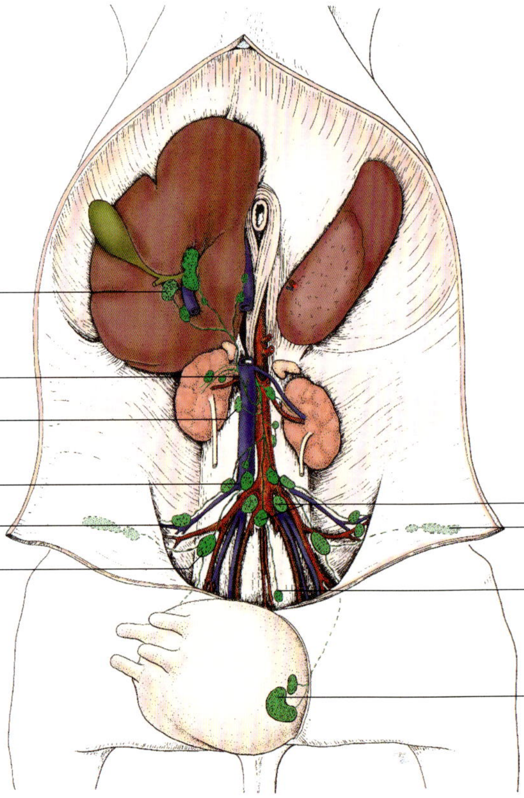

图 14-14　牛腹腔的淋巴结和淋巴集合管（腹侧面）。仿 Baum（1912）

犬和猫没有**髂外侧淋巴结**，其他家畜的髂外侧淋巴结也不常见。如果存在，则位于旋髂深动脉的分支处。

荐髂淋巴中心的其他淋巴结位于**荐骨的腹侧**（荐淋巴结）、**直肠**的外侧（肛门直肠淋巴结）和**髂内动脉**上（髂内淋巴结）。这些淋巴结引流邻近区域的淋巴（图 14-14）。

髂股淋巴中心

髂股淋巴中心包含沿髂外动脉走行或其股动脉延续的淋巴结（猫和马）（图 14-14）。它们的引流区域包含邻近的体壁和股部。猫的髂股淋巴结接收来自腹股沟浅淋巴结的输出淋巴管，而马的髂股淋巴结接收来自腘淋巴结的输出淋巴管。髂股淋巴结的输出淋巴管引流至**髂内侧淋巴结**。

腹股沟淋巴中心（lymphocentrum inguinofemorale）

腹股沟淋巴中心包括以下淋巴结：

- 腹股沟浅淋巴结（lnn. inguinales superficiales），或称阴囊淋巴结或乳房淋巴结
- 髂下淋巴结（犬无，猫少见）
- 髋淋巴结（ln. coxalis）
- 腰旁窝淋巴结（ln. fossae paralumbalis）
- 腹壁淋巴结（lnn. epigastrici）

腹股沟淋巴中心引流肋腹部、腹壁后腹部、阴囊和乳腺的淋巴（图 14-14）。因此，当发生乳腺肿瘤时，应检查腹股沟浅淋巴结；切除乳腺肿瘤时，应切除这个淋巴结。该淋巴结的输出淋巴管汇入髂内侧淋巴结。

坐骨淋巴中心（lymphocentrum ischiadicum）

坐骨淋巴中心由位于靠近坐骨结节的荐坐韧带外侧部的坐骨淋巴结组成，它接收来自臀后部和股部的淋巴，猫还接收来自腘淋巴结输出淋巴管的淋巴。坐骨淋巴结的输出淋巴管汇入荐髂淋巴结。犬无荐髂淋巴结。

腘淋巴中心（lymphocentrum popliteum）

腘淋巴中心是后肢远端的淋巴中心，包括位于膝关节后方腘窝内的腘深淋巴结和腘浅淋巴结。犬和猫的腘浅淋巴结通过皮肤即可触及。腘淋巴中心引流后肢远侧部的淋巴，最后汇入髂内侧淋巴中心。但马例外，其输出淋巴管汇入腹股沟深淋巴结（图 14-12）。

14.3 淋巴集合管

主要的淋巴集合管为**胸导管**（ductus thoracicus）。胸导管内的淋巴也称乳糜，由于其从肠道接受乳化脂肪而呈乳白色。胸导管起自膈脚，为**乳糜池**的向前延续。在主动脉背侧分为 2 支或 3 支，这些分支连接成网，形成丛，肋间动脉穿行于其中。

胸导管穿过**主动脉裂孔**进入纵隔，在主动脉左侧前方和腹侧延续为单管。在开口于**左侧颈静脉**或**前腔静脉之前**，胸导管再次分成数支。正常情况下，淋巴管会在**颈静脉角**（颈外静脉和颈内静脉的汇合处）或颈静脉与锁骨下静脉交界处汇入静脉系统，见第 13 章“心血管系统”（424 页）。

胸导管接收来自**左侧颈静脉**（气管）淋巴导管的左侧头部和颈部的淋巴，通过淋巴集合管接收来自左侧前肢的淋巴，这一淋巴集合管由腋淋巴结和颈浅淋巴结的输出淋巴管汇合而成。右侧**头颈部**（右侧颈静脉或气管淋巴管）及右前肢的淋巴则通过右淋巴导管在静脉角处汇入静脉系统。

乳糜池呈纺锤形或囊状，位于主动脉背侧的腹膜后区，从膈脚伸延至肾动脉起始部（图 14-12）。膈的呼吸运动和主动脉的搏动协助淋巴流动。乳糜池的后部接收来自腰淋巴干的淋巴，腰淋巴干和骨盆区的淋巴干相延续。

乳糜池也接收内脏淋巴干、腹腔内脏器官的淋巴，内脏淋巴干由腹腔淋巴干、肠系膜前淋巴干和肠系膜后淋巴干汇合而成。一些动物的这些淋巴干单独开口于乳糜池。肠系膜前、后淋巴干在同腹腔淋巴干汇合之前，先汇合形成肠淋巴干。

14.4 胸腺（thymus）

14.4.1 胸腺的功能

胸腺是免疫和淋巴系统的**调控器官**（图 14-15）。在幼龄动物中它的重要性非常突出。犬出生后 3 周、猪出生后 9 个月、马出生后 1 年，其胸腺**发育达到最大**。此后胸腺开始逐渐退化，直到动物性成熟。退化从胸腺的前叶和颈部开始，而胸叶保留的时间较长。当胸腺的体积减小、失去淋巴样结构时，就会被脂肪替代。然而，在大多数动物均可见胸腺的存在，不论其年龄大小。

胸腺除了具有免疫功能外，它还具有**内分泌功能**。“胸腺因子”刺激外周淋巴器官的生长和分化。摘除新生小鼠的胸腺导致严重的生长迟缓、淋巴器官发育受损和出生后 2 周死亡。

14.4.2 胸腺的位置和形态

胸腺**成对发生**于第三咽囊，胸腺芽由气管旁颈下部开始长出，伸入**纵隔**，在纵隔内延伸至心包。猪和反刍动物的胸腺分为**不成对的胸叶**（lobus thoracicus）和**左、右颈叶**（lobus cervicalis dexter et sinister）（图 14-16 和图 14-17）。胸叶和颈叶与胸廓入口处的**中间叶**（lobus intermedius）连接在一起。犬和马的胸腺颈叶退化较早，仅胸叶存在。

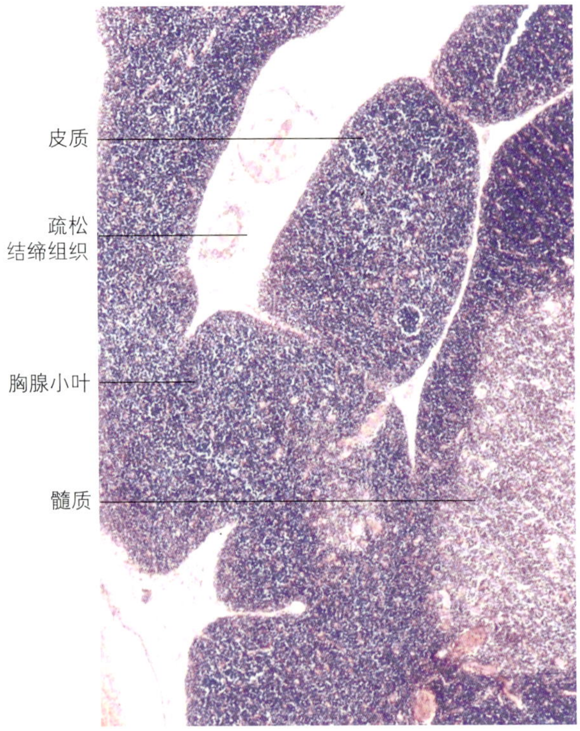

图 14-15　猫胸腺组织学切片

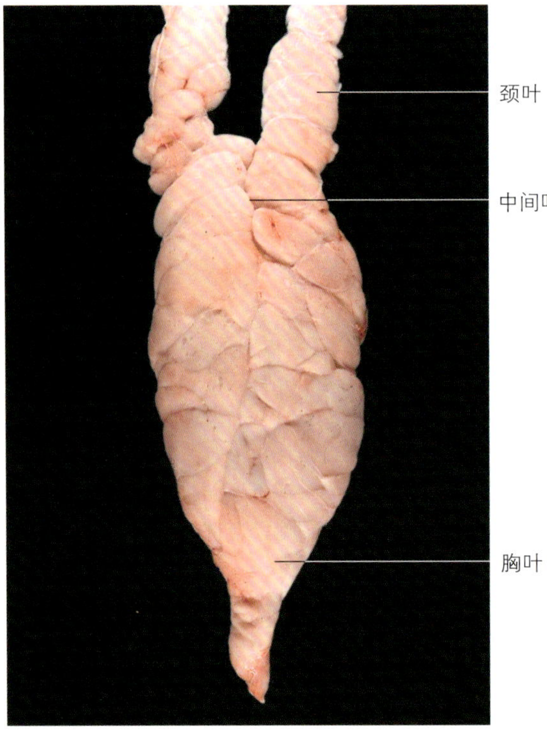

图 14-16　犊牛的胸腺（背侧面）。慕尼黑 Reese 博士提供

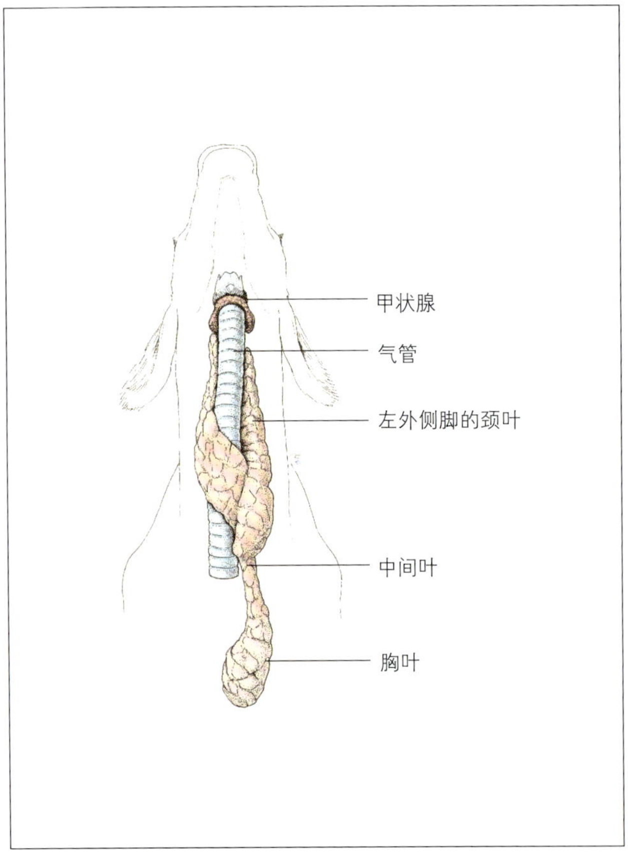

图 14-17　犊牛胸腺的位置（示意图）

犬的胸腺胸叶分为**较大的右叶**和**较小的左叶**，几乎完全位于沿胸骨处的前纵隔，向后伸向心包。猪的胸腺尤其发达，由**成对的颈叶**和**成对的胸叶**组成。仔猪胸腺的球状前端可延伸至颅底。颈叶位于气管的腹侧和外侧。

犊牛的胸腺**很大**，从**喉一直延伸至心包**，可分为**成对的颈叶**和**不成对的胸叶**，二者由气管腹侧的峡部连接起来（图 14-16 和图 14-17）。颈叶由胸腺体组成，沿气管分为 2 个锥形角。胸叶位于前部纵隔背侧的左半部。

大多数马的胸腺仅有胸叶。而颈叶可延伸至颈后部的气管旁，常与胸叶分开，由数个胸腺团块组成。胸叶在胸骨背侧由前部纵隔延伸至第 4 或第 5 肋。较大的左叶向背侧延伸至左肺和臂头动脉干。1 岁小马驹的胸腺，长 15 cm，宽 12 cm。

肉眼观察到的胸腺呈浅灰色，新鲜组织的胸腺可清楚地看到粉红色的小叶组织。**多边形的小叶**（胸腺小叶，Lobuli thymi）由结缔组织囊彼此分离。显微镜下每个小叶可分为**外部的皮质**和**内部的髓质**（图 14-15）。由**骨髓**生成的淋巴细胞迁移到**皮质**，分化为成熟的 **T 淋巴细胞**。皮质的 T 淋巴细胞表面具有能够识别自身蛋白的**受体**。如果 T 淋巴细胞不能识别自身蛋白，**免疫系统**就会对这些蛋白发起攻击，引起自身免疫性疾病，如多发性硬化症或类风湿性关节炎。

尽管髓质也含有淋巴细胞，但细胞数量相对较少。间质组织细胞形成的团块称为**胸腺小体**，其功能尚不清楚。其数量在刚出生和非常年轻的动物中最多（约 1 亿个）（更详细的内容见组织学教材）。

14.5 脾(lien,splen)

14.5.1 脾的功能

脾具有许多不同的功能:储存和聚集红细胞,当机体需要红细胞时将其释放。脾可过滤血液,并从外周血中清除坏死的红细胞。脾从血红蛋白中摄取铁,然后释放铁供机体再次使用。脾产生淋巴细胞和单核细胞,对于抗体的产生也起到重要的作用。然而,脾对于维持生命并不是必不可少的,当机体没有脾时,脾的大多数功能都能够被其他器官所取代。犬和猫切除脾后,身体的健康状况并不会受到影响,但是经常运动的动物切除脾后,身体的体能状况将无法恢复到切除前的水平。

14.5.2 脾的位置和形态

脾是一个红棕色或灰色的器官,依据不同的动物,脾位于腹部左前方、膈的后面。除了反刍动物,其他所有家畜的脾都完全位于腹膜内,反刍动物的脾一半延伸至位于膈和瘤胃背囊之间的腹膜外区。

脾由**胃脾韧带**连于胃,胃脾韧带是网膜的一部分。马的脾和左肾之间有一个副韧带,为**脾肾韧带**(ligamentum lienorenale),在脾肾之间有一空隙,部分小肠可能会陷入,导致绞痛。

不同家畜脾的外形有所不同(图 14-18 至图 14-21):马的呈**镰刀状**,猪的呈**舌形**,食肉动物的呈**靴状**,小型反刍动物的呈**叶形**,牛的呈**宽带状**(图 14-22 和图 14-23)。

脾有 2 个面,一个是膈面,另一个是脏面。除了反刍动物外,其他所有家畜脾的脏面都有脾门。

此外还有许多副脾存在,副脾靠近脾门或是嵌入大网膜内。在胚胎发生期,这些副脾起源于散在的原始细胞。

脾由一层富含平滑肌纤维的**疏松组织被膜**包裹,并沿**小梁**伸入脾内。脾的实质包括**红髓**和**白髓**(图 14-24 和图 14-25)。**红髓**由内衬内皮组织的静脉窦组成。白髓约占脾体积的 1/5,由弥散性滤泡样淋巴组织组成(详见组织学教材)。

14.5.3 脾的血液供应、淋巴和神经支配

脾的**血管**有脾动脉(a. lienalis)和腹腔动脉(a. coeliaca)。脾静脉汇入门静脉。脾血管穿过**脾门**,行经**脾小梁**,反复分支,管腔直径越来越小。最后离开小梁,被淋巴组织包围,在白髓内形成**中央动脉**。中央动脉进入红髓,分支形成约 50 支直小动脉,开口于**毛细血管**床。

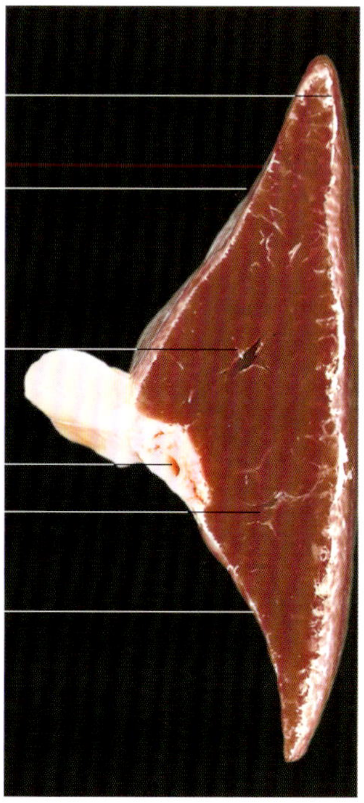

图 14-18 猪脾(横断面)(慕尼黑 Reese 博士提供)

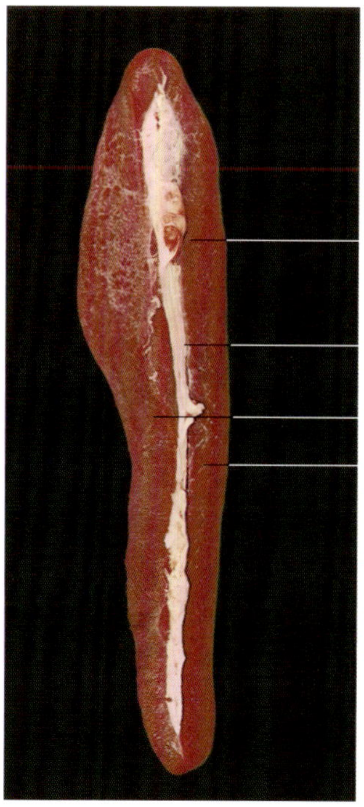

图 14-19 猪脾(脏面)(慕尼黑 Reese 博士提供)

脾血管通路的静脉端始于相互交通的**静脉窦**。窦壁由内皮细胞和网状细胞组成，基膜不完整。这些静脉窦汇合成红髓的静脉，最后融合为**小梁静脉**（详细内容见组织学教材）。

脾的**淋巴引流**是位于脾门的脾淋巴结。它的输出淋巴管汇入腹腔淋巴干，引流至乳糜池。

脾接受来自腹腔神经丛的**副交感神经**和**交感神经**的神经支配。

临床术语

临床术语源于解剖术语：淋巴管炎、淋巴结炎、淋巴管造影术、胸腺切除术、胸腺病、脾炎、脾切除术、脾肿大。

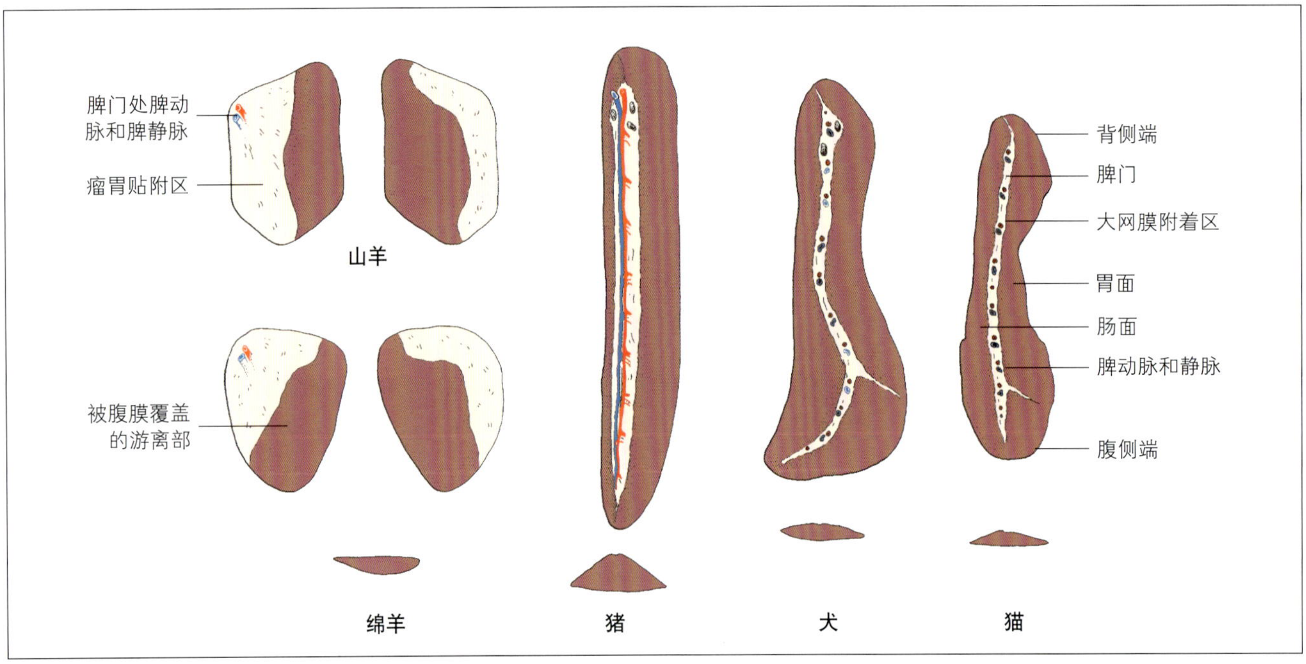

图 14-20 小型反刍动物、猪、犬和猫的脾（示意图，内侧面，横断面）

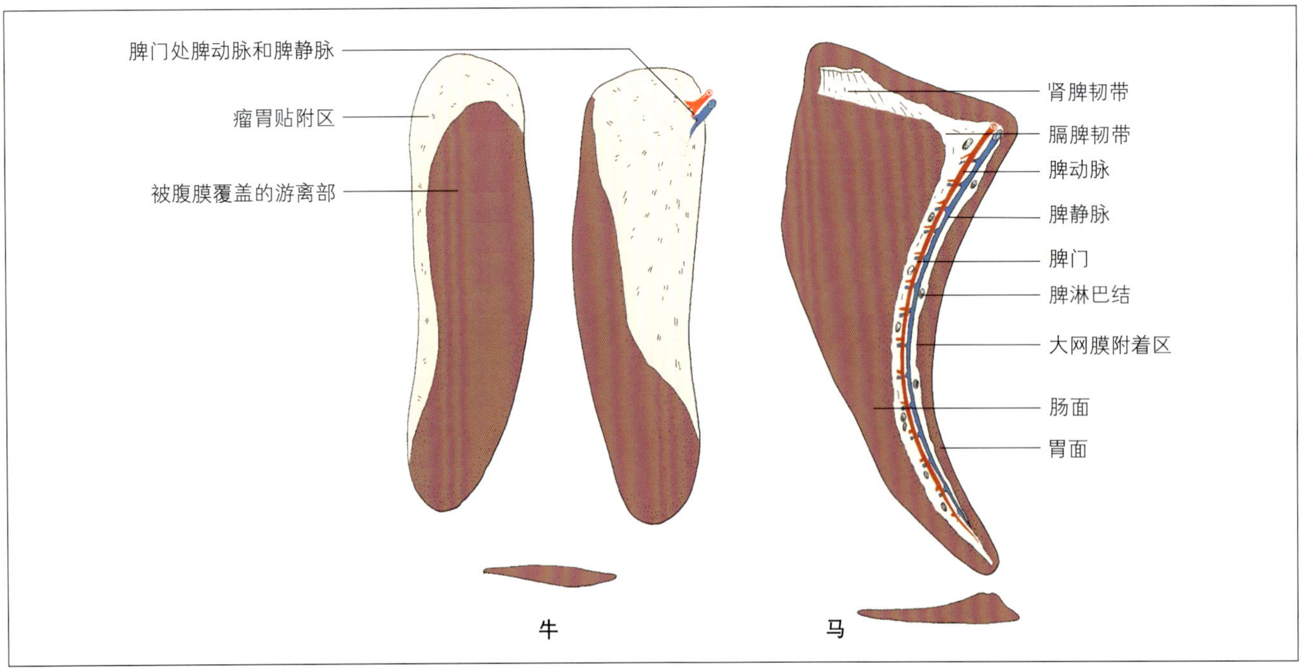

图 14-21 牛脾（示意图，内侧面和外侧面，横断面）和马脾（示意图，内侧面，横断面）

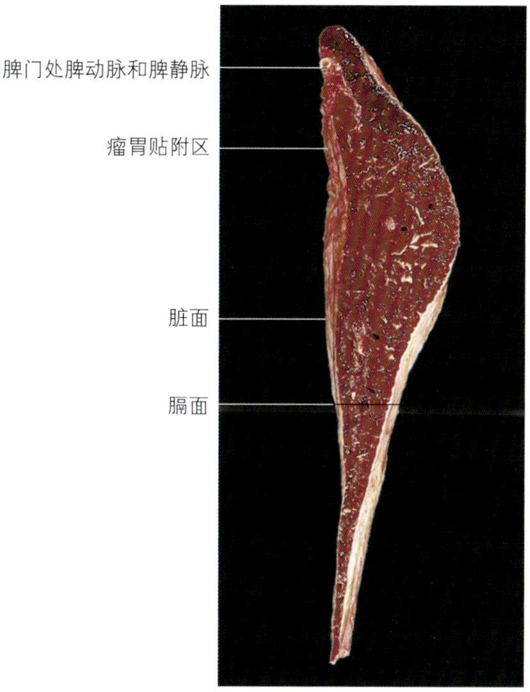

图 14-22 牛脾（近端，横断面）（慕尼黑 Reese 博士提供）

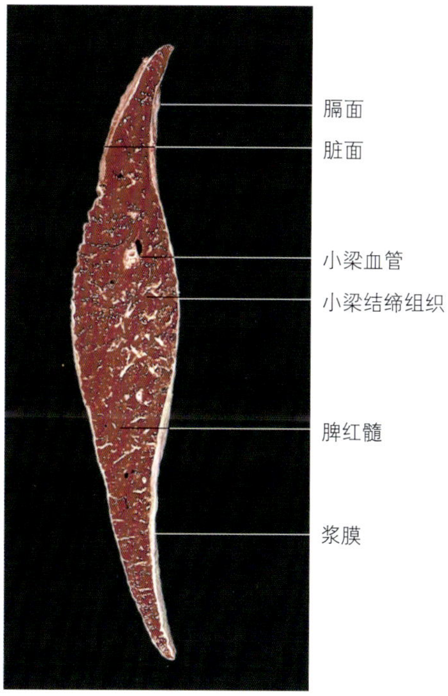

图 14-23 牛脾（远端，横断面）（慕尼黑 Reese 博士提供）

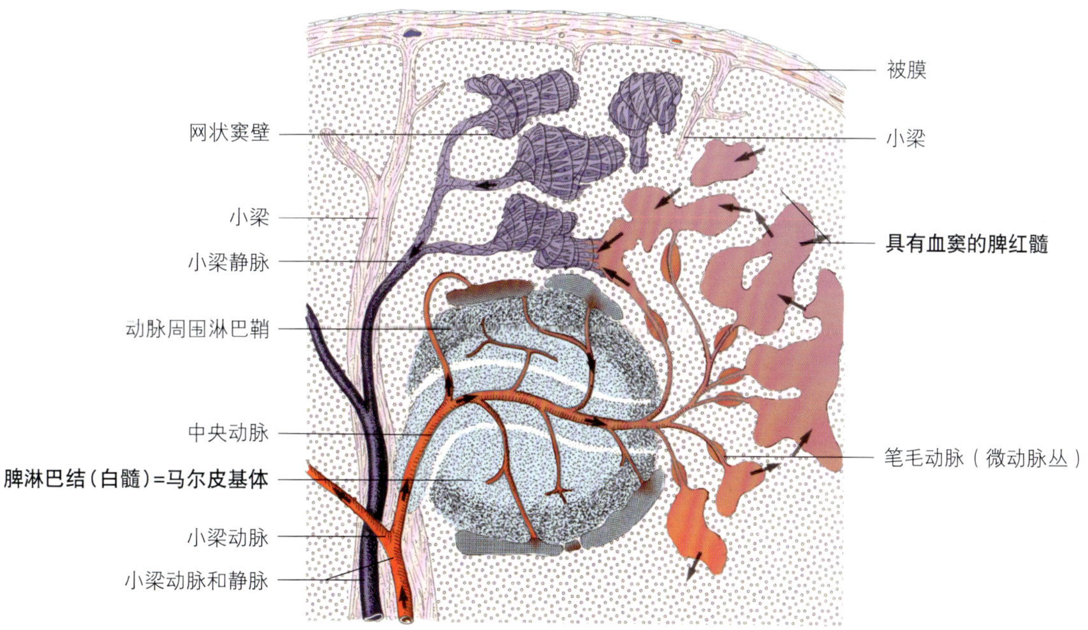

图 14-24 脾的微血管分布

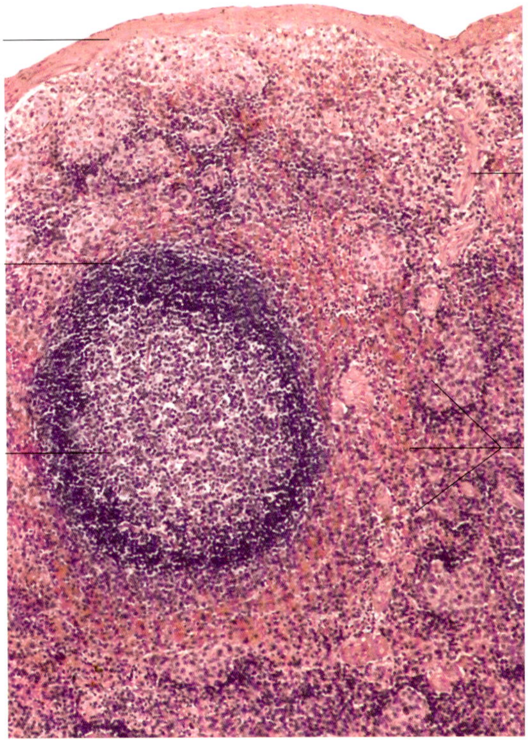

图 14-25 猫脾小结和脾窦的组织学切片

15 神经系统 (systema nervosum)

H. E. König, Chr. Mülling, J. Seeger 和 H.-G. Liebich

神经系统负责环境与机体之间的刺激-反应，并调节和协调体内的其他器官系统。它与内分泌、免疫和感觉器官相互作用，并接受它们调控。当环境刺激被感受器识别后，感受器便激发相应的效应器产生反应。低等生物的感受器细胞与效应器细胞直接相连。高等生物的感受器与效应器分离，并通过数个神经元相连，这些神经元将信息从一个细胞传递至另一个细胞。更详细的内容见第 1 章“绪论与解剖学概论”部分(1 页)。

尽管**神经系统**实际上是一个整体，但为了便于描述，将它分为**几个部分**。根据所在部位进行划分，神经系统可分为**中枢神经系统**[systema nervosum centrale，包括**脑**(encephalon)和**脊髓**(medulla spinalis)]和**外周神经系统**[systema nervosum periphericum)，包括**脑神经**和**脊神经**]。另一种划分方法是将与运动有关的**躯体神经**和与内脏器官功能相关的(如心跳与呼吸频率)**内脏神经**区分开来。后者又称为自主神经，包括**交感神经**和**副交感神经**。

15.1 中枢神经系统(systema nervosum centrale)

中枢神经系统由脊髓和脑组成。脊髓位于脊柱内。脑位于颅腔，由骨性囊包围。脑和脊髓外面被覆着几层脑膜，脑膜围成了充满液体的空间。因此，中枢神经通过外周的骨骼和脑脊液的减震作用而得到保护。脑在枕骨和寰椎之间延续为脊髓，二者没有明显的解剖学分界，在**最后一对脑神经**和**第 1 颈神经**之间是人为划分为脑和脊髓的界线。

15.1.1 脊髓(medulla spinalis)

脊髓的形态和位置

脊髓是呈**白色**、背腹侧稍扁平的**细长圆柱体**(图 15-3)。脊髓的形状和直径存在区域差异性：在前、后肢神经发出的脊髓节段，脊髓的相对直径增大。**颈膨大**(intumescentia cervicalis)位于颈髓后段和胸髓前段，其发出的脊神经形成**臂神经丛**，分布于前肢。**腰膨大**(intumescentia lumbalis)发出的脊神经分布于骨盆腔和后肢。腰膨大之后的脊髓逐渐变细形成圆锥状，称为**脊髓圆锥**(conus medullaris)，最后缩小形成**终丝**(filum terminale)(图 15-2)。对应于脊柱的分段，脊髓可分为：

- 颈髓(pars cervicalis)
- 胸髓(pars thoracica)
- 腰髓(pars lumbalis)
- 荐髓(pars sacralis)
- 尾髓(pars coccygea)

脊髓的**背正中沟**(sulcus medianus dorsalis)和**腹正中裂**(fissura mediana ventralis)将脊髓分成左右对称的两半。

在脊髓每一侧的背外侧部，神经纤维进入脊髓形成脊神经**背根**(radix dorsalis)；在腹外侧部，神经纤维离开脊髓形成脊神经**腹根**(radix ventralis)(图 15-5)。

每一神经根的神经纤维在**椎间孔**处结合，其中，背侧根和腹侧根汇合形成**脊神经**(n. spinalis)。尽管脊髓本身不分节，但可根据由其发出的脊神经而分成许多**节段**。每对脊神经负责身体相应节段的神经支配。

脊神经节位于每个**背根内**，并含有感觉神经元。但第 1 颈神经的背根内没有脊神经节或仅有一个未发育的神经节。

胎儿时期，脊髓和脊柱等长，且每一根脊神经经其起始部位的椎间孔出椎管。然而，在发育过程中，脊柱比脊髓的生长速度更快，脊髓后部位于脊柱后部的前方。脊神经并未从与其发出部位对应的椎间孔出椎管，而是在椎管内向后延伸一段距离，再通过椎间孔离开椎管。**荐神经根**和**尾神经根**向后延伸至脊髓圆锥，从相应的椎间孔出椎管。因其形状与马的尾巴相似，这些脊神经根被统称为**马尾**(图 15-2 和图 15-4)。

临床小知识

第7腰椎节段与第1荐神经之间的**脊髓受压**,称为**马尾神经综合征**。通过手术切除最后1枚腰椎和第1荐椎的椎弓(**椎板切除术**),可减轻马尾神经的压力。

脊髓横断面的**中央灰质团块**(substantia grisea)有**中央管**(canalis centralis)在其中央穿过。中央管是脑室向后的延续,贯穿整个脊髓,内衬**室管膜细胞**(为神经胶质细胞的一个亚群),管内充有**脑脊液**(liquor cerebrospinalis)。

灰质外面是白质(substantia alba)。脊髓和脊神经根由具有保护性的软组织层的**脊膜**所包裹。脊髓富含毛细血管网,有丰富的血液供应。在椎管内,大静脉也为脊髓提供血管供应,并嵌于富含脂肪的软组织内,但这些软组织不被脊膜所包裹。脊膜和脑脊液保护脊髓免受机械外力的损害。

脊髓结构

脊髓由深浅不同的沟分隔为两侧对称的结构(图15-5至图15-7)。背侧面有**背正中沟**(sulcus medianus dorsalis)和**背正中隔**(septum medianum dorsale)。背正中隔沿背正中沟伸入脊髓。在腹侧面,脊髓的标志性结构是**腹正中裂**(fissure mediana ventralis)。

在背正中沟的两侧各见有一背外侧沟,脊神经背根(radices dorsales)由此进入脊髓。腹侧面有一对较浅的腹外侧沟,脊神经腹侧根(radices ventrales)由此离开脊髓。

灰质(substantia grisea)

灰质由神经元的胞体和突起,以及神经胶质细胞组成。在横断面上,灰质呈**蝴蝶状**或**H形**(图15-5至图15-7)。这种形状是在二维横断面上由灰质的背侧柱、腹侧柱、外侧柱形成的,外观上表现为**背角**(cornu dorsale)和**腹角**(cornu ventrale)。背角和更为明显的腹角由外侧中央灰质连接,外侧中央灰质在脊髓胸腰段向外延伸形成外侧角。灰质的**双侧对称柱**分别为:

- **背侧柱**(columna dorsalis),横断面显示为背角(cornu dorsale)
- **外侧柱**(columna lateralis),横断面显示为外侧角(cornu laterale)
- **腹侧柱**(columna ventralis),横断面显示为腹角(cornu ventrale)

背侧柱主要由躯体和内脏传入神经元组成,其胞体聚集在一起。具有相似功能的胞体簇称为神经核,如背角固有核。这些神经核可能贯穿于整个脊髓,或者只位于脊髓的某一节段。

胸腰段脊髓**外侧柱**内含有内脏运动神经元。中间外侧(交感)神经核位于外侧中央灰质内,含有**交感神经元**。荐部**副交感**(中间内侧)**神经**核见于荐段脊髓的外侧柱,与腹侧柱关系密切。

腹侧柱主要由**运动神经元**组成。与骨骼肌相关的运动神经元聚集成运动神经核。

脊髓神经元可分为**中间神经元**或**传出神经元**。脊髓中间神经元介于特定的脊髓的输入和由此产生的脊髓输出神经元之间。中间神经元可能被突触输入激活,这些突触输入来自传入神经元、大脑的下行传导通路、其他中间神经元,或者由传出神经元的轴突分支。脊髓传出神经元发出轴突至白质,形成上行传导通路至大脑。它们由传入神经元激活,传入神经元在内脏、肌肉、关节或皮肤受到刺激时变得兴奋。

脊髓传出神经元发出轴突经脊神经腹根支配肌肉和腺体。它们可分为躯体神经或自主神经(内脏神经)。

白质(substantia alba)

白质位于脊髓浅表,包围着灰质(图15-5至图15-7),主要由**有髓的上行**和**下行神经纤维**组成。髓鞘由少突胶质细胞形成,使白质不着色而呈白色。

脊髓每半部的白质被分为**柱**或**索**,由具有共同起止点和功能的神经纤维束(fasciculi or tracts)组成。它们是:

- 背侧柱(背侧索,funiculus dorsalis)
- 外侧柱(腹外侧索,funiculus ventrolateralis)

背侧柱包括位于背正中沟和脊神经背根起始处之间的所有白质。**腹外侧柱**包含在脊神经背根和腹根之间,并延续至腹正中裂(图15-6)。腹正中裂穿入白质,形成明显的**白质连合**(commissura alba)。白质连合由有髓轴突从脊髓的一侧交叉至对侧组成,位于灰质腹侧。**背侧柱**几乎完全由**上行脊髓束**组成,将浅感觉和深感觉信息传递至大脑。**腹外侧柱**由上行感觉传导束和下行**运动神经束**组成。

起止于脊髓的**节间纤维**称为脊髓固有束(fasciculus proprius),一般位于灰质附近。

上行和下行传导束在解剖学或组织学上无法区分,但可通过刺激-反应试验来进行判别。临床上,背侧柱损伤会导致感觉障碍,而腹外侧柱损伤可导致感觉和运动障碍以及某些肌肉麻痹,例如在椎间盘突出动物中观察到的情况。由于脊髓的节段性,临床症状可提供有关脊髓损伤部位的信息。

脊髓反射弧

反射是对特定刺激的一种潜意识的、相对一致的反应。典型的反射弧由**感受器**、**传入神经元**、**突触**、**传出神经元**以及**效应器**构成。感受器对特定刺激(如触摸、声音等)起应答反应,传入神经元将该神经冲动传递至中枢,突触在最简单的反射中连接传入神经元和传出神经元,并将神经冲动从中枢传递至外周效应器(如肌肉、腺体等)。

具有临床意义的 3 种**典型的**脊髓反射：

- 牵张反射
- 退缩反射
- 躯干皮肤反射

牵张反射也称**肌伸张反射**，当轻叩肌腱时，肌肉会突然伸展和瞬间收缩。这种类型的反射具有单突触成分，即初级传入神经元直接与传出神经元形成突触，因而这种反射速度最快，且相对不易疲劳。

在临床上，**退缩反射**是通过对肢体的一部分施加伤害性刺激来观察整个肢体的收缩行为。它是一种多突触反射，由外周游离神经末梢启动。传入神经元的中枢突进入脊髓背外侧束，跨越数个节段，与中间神经元和传出神经元形成突触，最终刺激数个肌群的传出神经元。

躯干皮肤反射是通过刺痛皮肤，引起躯干皮肌收缩，皮肤抽搐的一种反射。由于许多节段都参与了传入与传出过程，因此这种反射是一种节段间反射。

15.1.2 脑(encephalon)

脑是身体的控制器官，负责神经系统其余部分的调节、协调和整合。其功能与其形态学特征相似。根据其从神经管前部的个体发生和系统发育，脑可分为 **5 个主要的部分**(图 15-8)：

- **菱脑(hindbrain)**
  - 末脑，延髓
  - 后脑，脑桥，小脑
- **中脑(midbrain)**
- **前脑(forebrain)**
  - 间脑
  - 端脑

这些分区将用于以下对脑的描述，但有时根据大体解剖会使用更为简单的划分。大体上，脑可分为：

- **大脑**
- **小脑**
- **脑干**(truncus encephali)包括：
  - 延髓
  - 脑桥
  - 中脑

脑位于颅腔内，**颅腔**由骨性小脑幕分为大的**前腔**和小的**后腔**，前腔容纳大脑，后腔容纳小脑。将头部的大小进行比较，家畜的脑较小。家畜的大脑位于通过眼眶后缘和外耳水平向后所做的 2 个横断面之间，小脑位于枕骨鳞部腹侧。

牛和猪的颅顶有宽大的额窦，内含气体。因此，大脑位于更深处，远离颅骨的外骨板。

小型反刍动物、猫和短头犬的大脑半球位于颅骨的额部和顶部，位置较浅。

菱脑

末脑

末脑由延髓组成(图 15-8 和图 15-9)，它位于第 4 脑室的后部和后髓帆的背侧。

延髓

延髓是脊髓的延续(图 15-1、图 15-8、图 15-9)，二者的界线被界定为第 1 颈神经前的横断面。延髓位于枕骨背侧的延髓窝。由于**神经核聚集**，延髓前部增宽，脊髓中央管开口于**第 4 脑室**。因此，脊髓灰质的特性结构消失，灰质柱移至两侧，并分为球形或**圆柱形**的单个神经核。感觉神经核位于最外侧，**运动神经核**接近于中间，**植物性神经**的**副交感神经核**介于二者之间。以下神经核位于**延髓内**(图 15-50)：

- 第Ⅵ ～ Ⅻ对脑神经核
- 相应的副交感神经核
- 三叉神经大核尾侧部

延髓也含有呼吸和循环中枢的神经核，它们位于靠近第 4 脑室的**网状结构**内。**延髓腹侧面**被脊髓延续来的腹正中裂分成左、右两半，裂两侧的纵嵴为**锥体**(图 15-10 和图 15-12)。锥体由有髓鞘的轴突组成，它们来源于位于大脑皮层的神经元胞体，并延伸至延髓或脊髓。多数锥体纤维在脊髓延髓交界处，穿过中线交叉至对侧形成**锥体交叉**(decussatio pyramidum)。锥体纤维和其他下行传导束的交叉是一侧大脑控制对侧身体随意运动的原因。

锥体前端有一扁平、横向的纤维带，称为斜方体(corpus trapezoideum)，在个体发生上，斜方体属于脑桥(图 15-10、图 15-12、图 15-18)。

外展神经(Ⅵ)在脑桥和锥体形成的外侧角，出现在脑桥的尾部(图 15-12 和图 15-18)。**舌下神经**(Ⅻ)出现在锥体外侧面的尾端(图 15-12 和图 15-18)。**面神经**(Ⅶ)(图 15-10、图 15-12、图 15-18)和**前庭蜗神经**(Ⅷ)(图 15-10、图 15-12、图 15-18)起于斜方体的横向延续。**舌咽神经**(Ⅸ)、**迷走神经**(Ⅹ)和**副神经**(Ⅺ)(图 15-12 和图 15-17)依次相继出现在延髓外侧面。

副神经还接受来自颈段脊髓的脊髓根。这些纤维由颈髓发出，向头部移行，与来自延髓的副神经纤维合并(图 15-12 和图 15-18)。

在延髓后部的锥体背外侧是**橄榄隆起**，它是**橄榄核**(nucleus olivaris)的标志。橄榄核呈独特的蛇形轮廓，在控制躯体**运动功能**中起重要作用。

上行传导束构成**内侧丘系**，同样经由小脑后脚穿过延髓到达小脑。

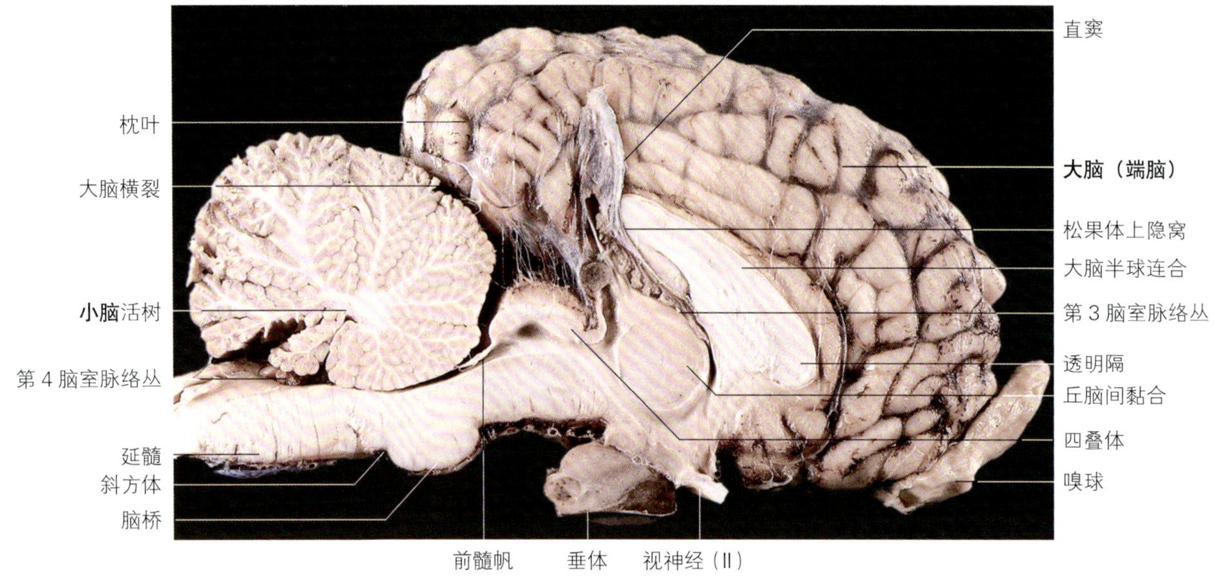

图 15-1 马脑（正中矢状面）（维也纳 Sabine Breit 博士、教授提供）

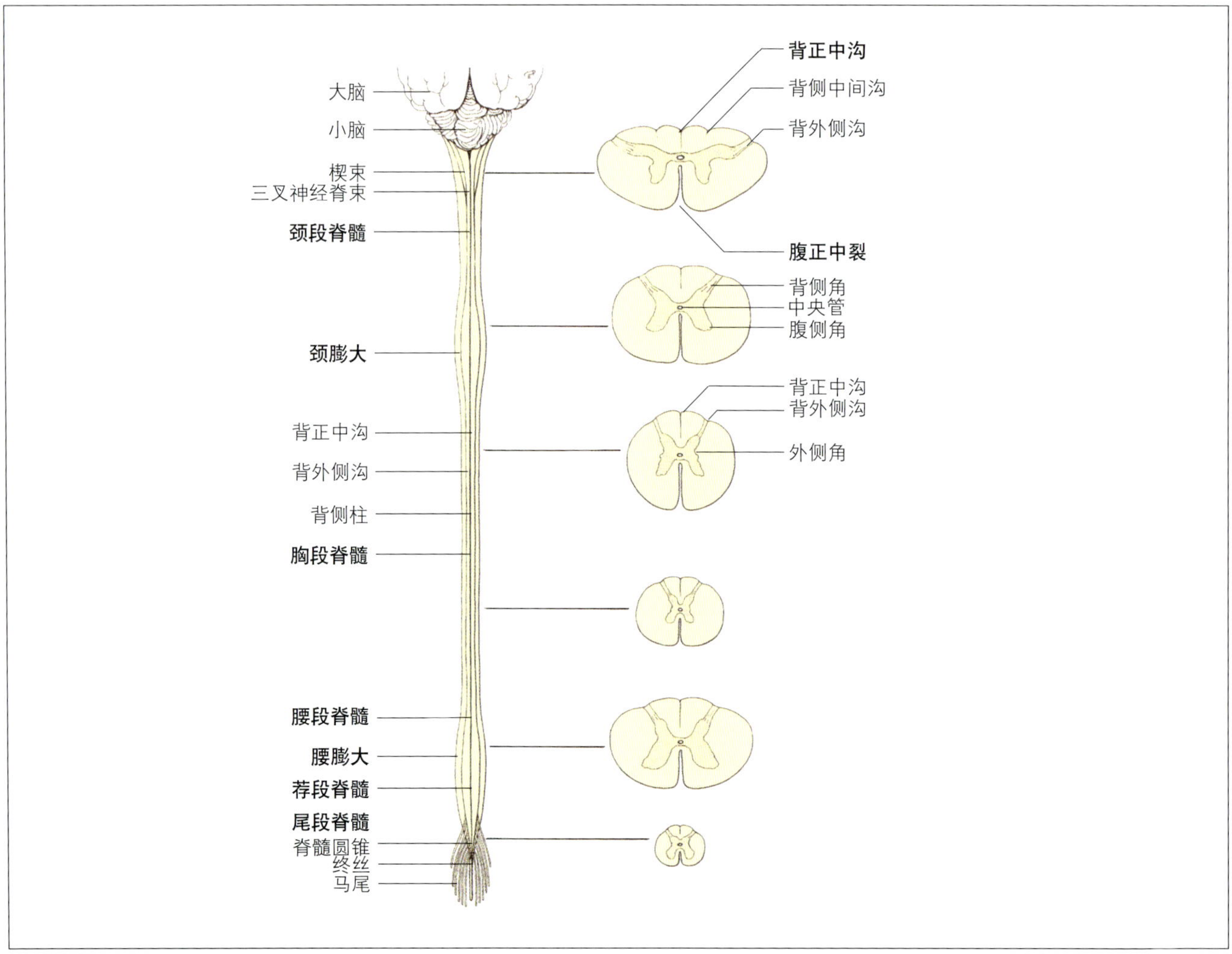

图 15-2 脊髓（示意图，背侧面与横切面）

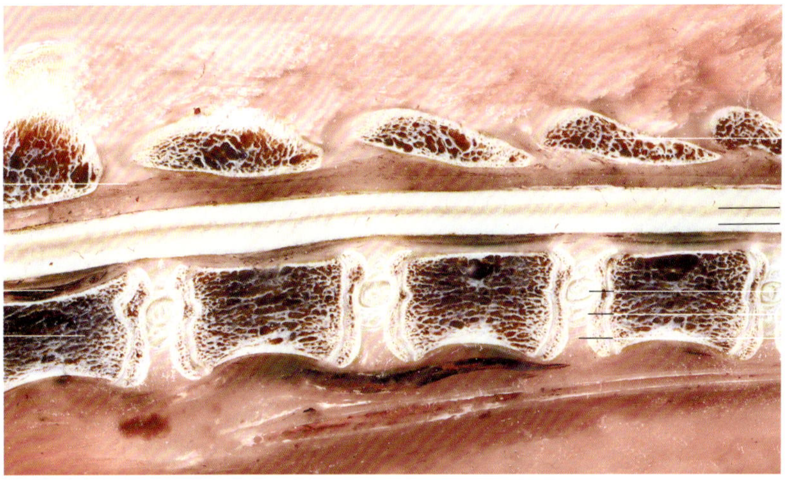

图 15-3 犬脊柱及脊髓(正中矢状面,塑化标本)。维也纳 M.-S. Sora 博士、教授提供

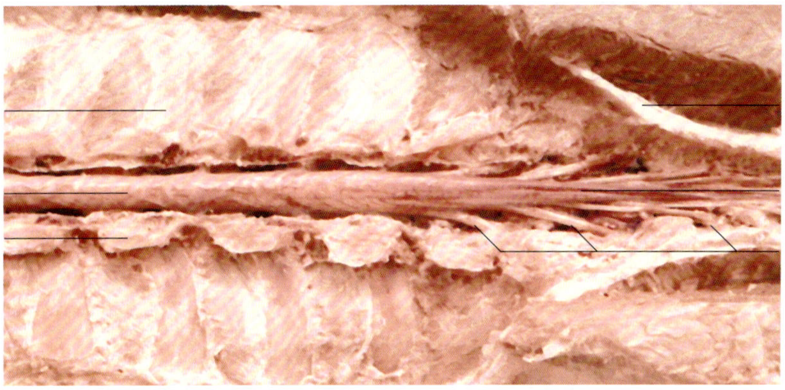

图 15-4 猪的马尾(水平切面,背侧面)。慕尼黑 R. Herbener 和 D. Friedrich 提供

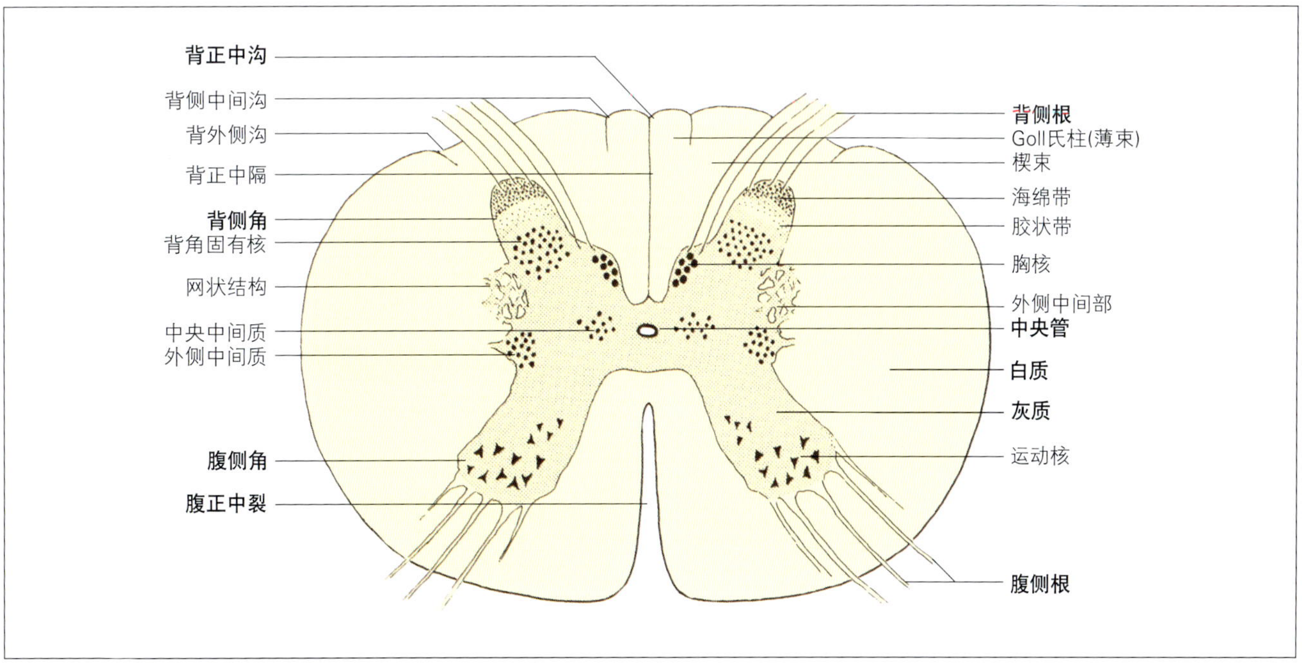

图 15-5 颈段脊髓(示意图,横断面)

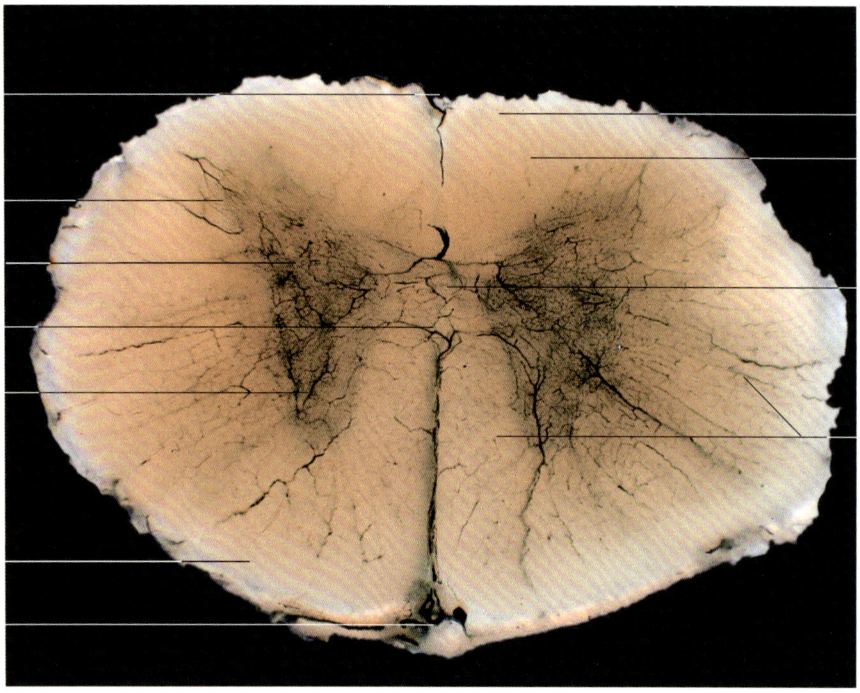

图 15-6 绵羊脊髓，血管灌注标本（横断面）

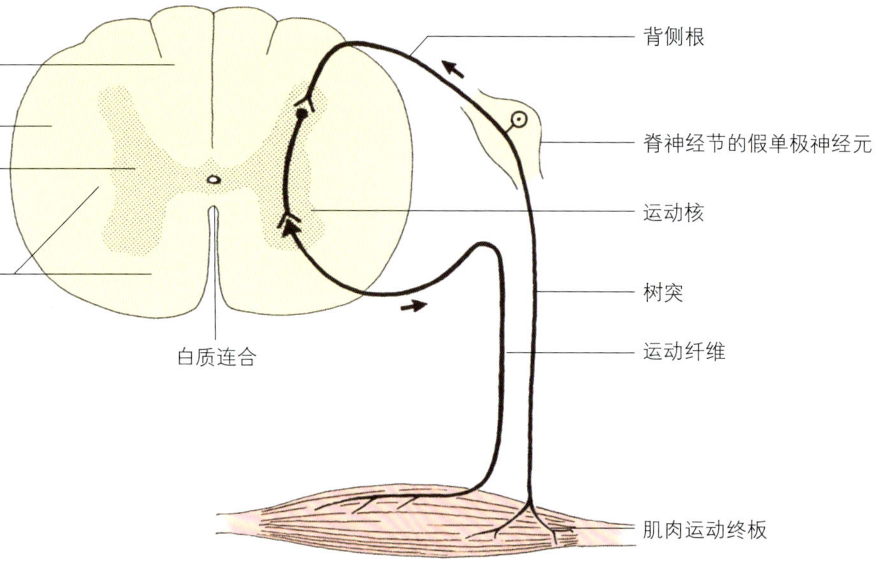

图 15-7 脊髓的单突触反射弧（示意图）

延髓的功能

延髓和**皮层**的高级中枢一起调控呼吸和循环。此外，一些与**眼保护性反射**（眼睑反射、泪腺分泌）、**上呼吸道反射**（喷嚏和咳嗽）和**摄食反射**（吮吸、吞咽）有关的神经核也位于延髓内。神经纤维在不同神经核之间延伸，形成**中枢反射弧的基础**。延髓的损伤将导致脑神经功能障碍，严重时可引起死亡。

后脑

后脑（图 15-8）构成菱脑的前部，它可分为以下几部分：

- 横向的脑桥
- 小脑
- 后脑被盖（tegmentum metencephali）
- 前髓帆（velum medullare rostrale）

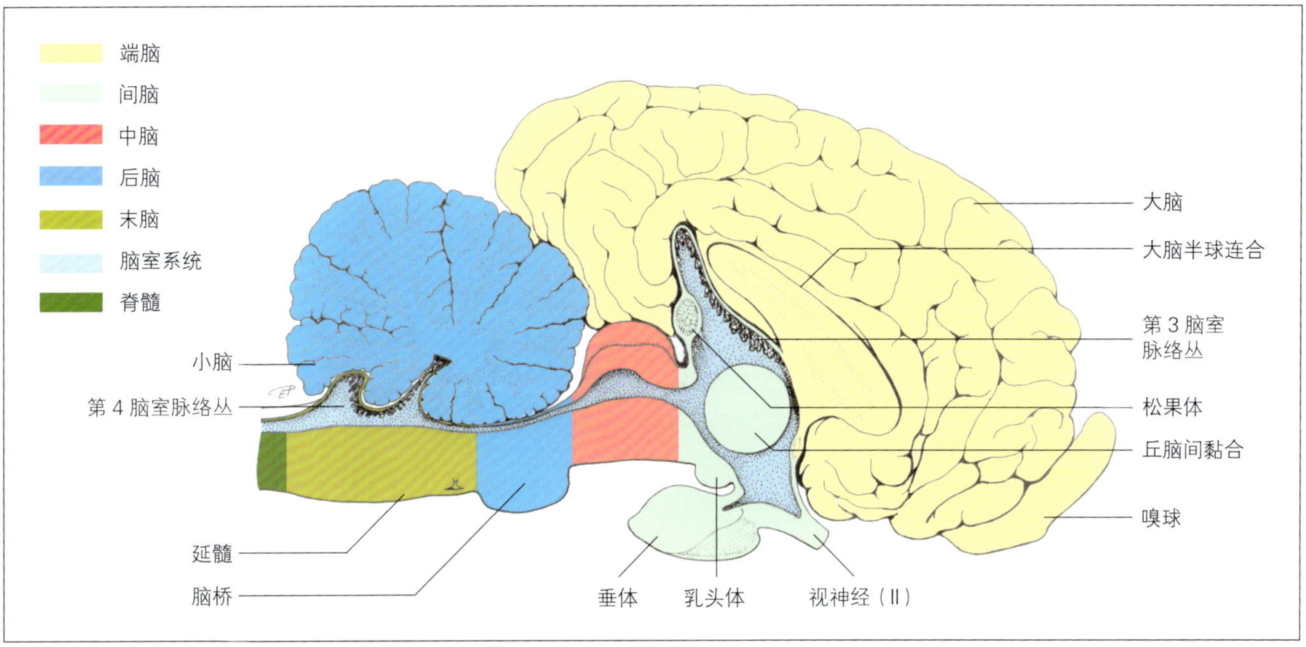

图 15-8 马脑（正中矢状面）

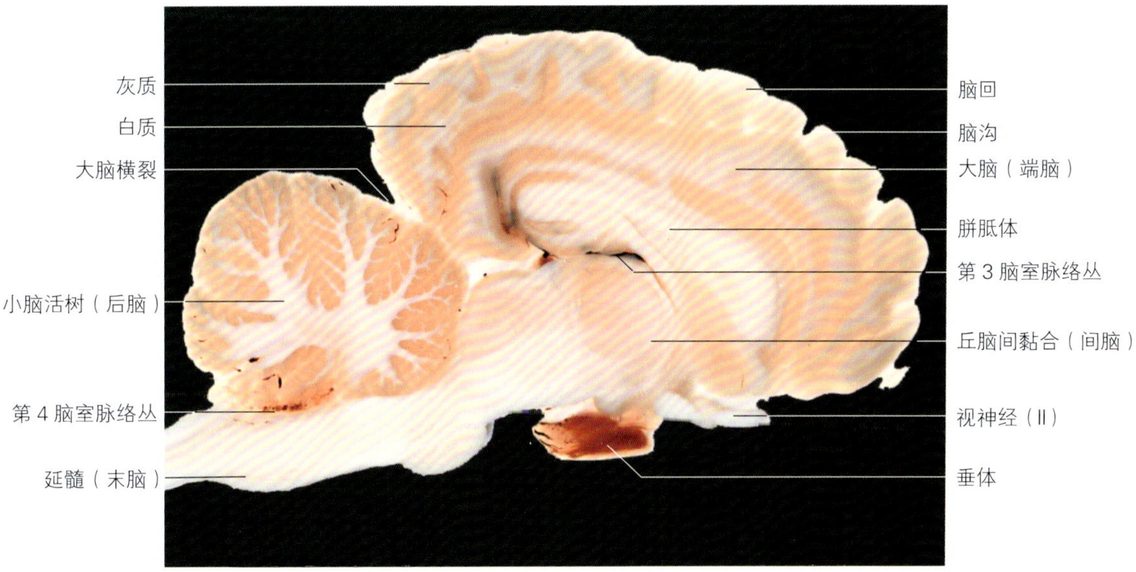

图 15-9 马脑旁正中矢状面（P35 塑化标本）。维也纳 M.-C. Sora 博士、教授提供

脑桥

脑桥（图 15-1、图 15-8、图 15-10、图 15-12 和图 15-18）由**腹侧部**和**背侧部**组成，后者即**脑桥被盖**（tegmentum pontis）。**腹侧部**的特征是有横向的脑桥纤维，在腹侧面形成隆起。脑桥腹侧面有明显的前后分界。

三叉神经（Ⅴ）在脑桥的外侧，三叉神经**运动核**位于脑桥内（图 15-10、图 15-17 和图 15-18）。脑桥内还有一些其他神经核，这些神经核负责**控制身体的运动功能**。与延髓相似，网状结构内的神经核和神经纤维占据了脑桥横断面的一半。脑桥还有许多上行和下行神经束，这些神经束进入小脑，形成小脑中脚。

小脑

小脑（图 15-1、图 15-8 至图 15-10、图 15-13 和图 15-19）是构成后脑的第 2 大组成部分，位于第 4 脑室上方。小脑略呈球形，其特征是表面的裂沟将灰质分成许多**叶**，较小的**裂沟**将灰质进一步细分成**小叶**，小叶再被分为更小的单元，称为**小脑叶**。在小脑，大部分灰质形成**皮质**（小脑皮质，

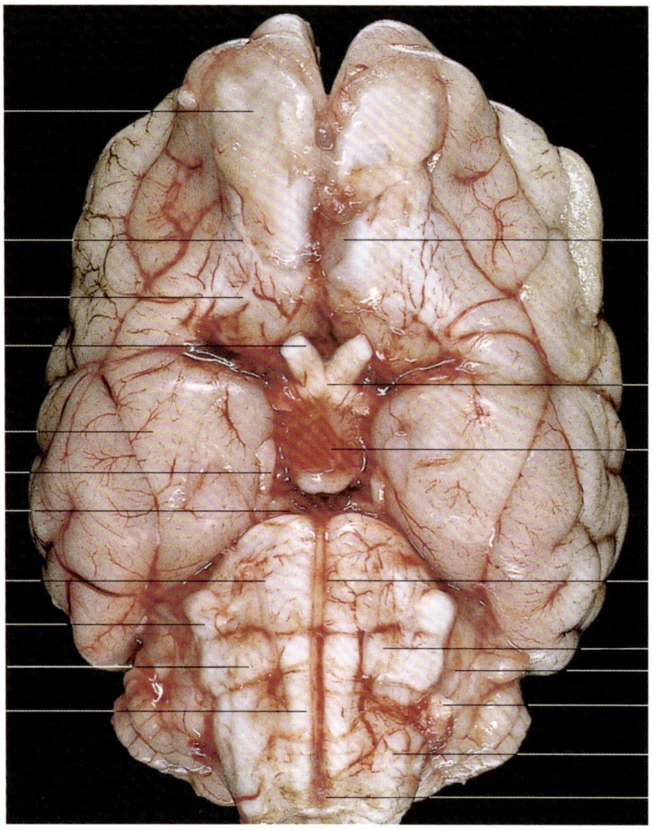

图 15-10　犬脑（腹面观）

cortex cerebelli)，并包裹着**白质**或**髓质**(corpus medullare)。白质起于**小脑脚**，呈辐射状伸入各级小叶，形似树状。因其外观，常被称为**小脑活树**(arbor vitae)。另外的灰质形成几个神经核，称为基底核，嵌于髓质内。小脑可分为：

- 正中的矢状嵴(蚓部，vermis)
- 外侧的小脑半球(hemispheria cerebelli)

基于系统发生，**蚓部**(图 15-11、图 15-13 至图 15-16 和图 15-19)可进一步细分为**前叶**(古小脑，archicerebellum)，**后叶**(新小脑，neocerebellum)和后腹侧的**绒球小结叶**(旧小脑，palaeocerebellum)。小脑通过**三对脚**(图 15-23 和图 15-24)与脑干相连。小脑前端通过**小脑前脚**与**前髓帆**相连(图 15-15)。小脑后脚与后髓帆和延髓连接。**小脑中脚**向腹外侧延伸至脑桥。小脑与脑其他脑区的连接反映了小脑的功能。小脑后脚主要由来自前庭神经核、橄榄核和网状结构的传入纤维组成。小脑中脚也是由传入纤维构成，这些传入纤维来自脑桥核。小脑前脚主要由向中脑红核、网状结构和丘脑发出的传出纤维组成。前脚也包含来自脊髓的传入纤维。

小脑的功能与**平衡**和**骨骼肌**在姿势和运动方面的**协调**有关。其中，绒球小结叶与平衡有关。后叶控制**运动功能**，前叶接受**本体感觉信息**。小脑功能障碍会导致小脑共济失调，临床表现为平衡和协调能力丧失。

髓帆(vela medullaria)和菱形窝(fossa rhomboidei)

前髓帆和**后髓帆**(velum medullare rostrale et caudale)是薄的髓膜，像帐篷一样在菱形窝和小脑间延伸(图 15-1)。它们与小脑一起形成了**第 4 脑室**顶壁。与后髓帆紧密相连的是第 4 脑室**脉络丛**。

第 4 脑室的底壁由**菱形窝**构成(图 15-17)。切除小脑和髓帆便可见菱形窝。菱形窝的前部属于后脑，后部属于**末脑**。菱形窝有正中沟和两侧的界沟，界沟为第 4 脑室的底壁和侧壁的界线。界沟的前端终止于覆盖在三叉神经运动核上的蓝斑。

菱形窝侧壁以前庭蜗神经下核所形成的双侧**隆起**(前庭区，area acustica)为标志。在正中沟和界沟之间可见另一隆起(内侧隆起，eminentia medialis)，它标明了**第Ⅸ、第Ⅹ和第Ⅻ对脑神经核**的位置(图 15-50)。正中沟的尾端称为**闩**(图 15-14、图 15-15 图 15-17 和图 15-23)。

中脑

中脑(图 15-8、图 15-14、图 15-16、图 15-17 和图 15-50)可分为：

- 背侧顶盖(中脑顶盖，tectum mesencephali)，也称盖板(lamina tecti)或四叠体(lamina quadrigemina)
- 被盖(中脑被盖，tegmentum mesencephali)
- 腹侧大脑脚(pedunculi cerebri)

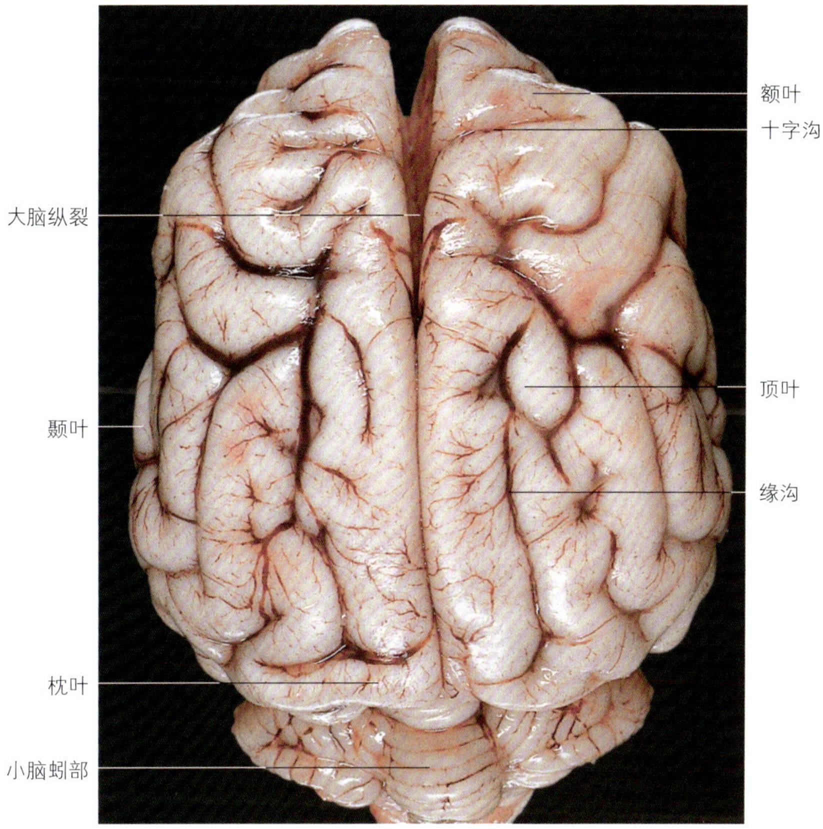

图 15-11 **犬脑(背侧面)**

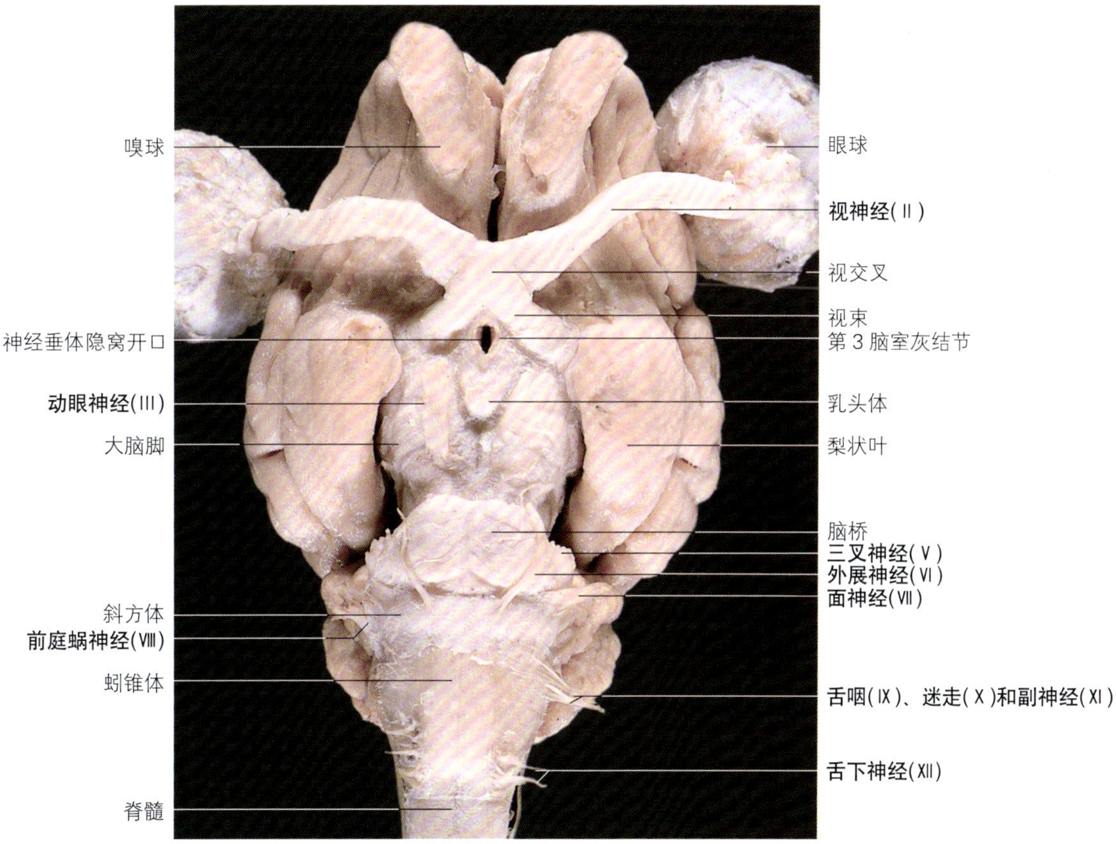

图 15-12 **山羊脑(腹侧面)(E. Schabel 博士制备,1984)**

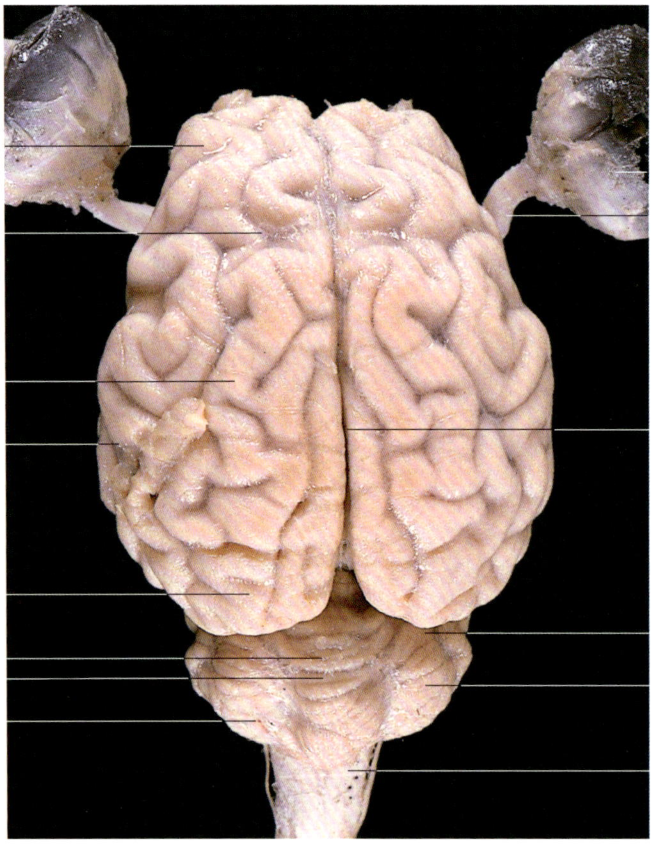

图 15-13　山羊脑（背侧面）（E. Schabel 博士制备，1984）

中脑内含有**中脑导水管**，该管与第 3 脑室和第 4 脑室相通（图 15-16）。中脑导水管的顶壁是**顶盖**，顶盖由成对的前丘和后丘组成，分别作为视觉反射中枢和听觉反射中枢。**前丘**与间脑外侧膝状体相连，是视觉传导通路的中继。**后丘**通过后丘臂与内侧膝状体相连，它们是听觉传导通路的中枢（图 15-23 和图 15-24）。

被盖是顶盖和大脑脚之间的中脑核心（图 15-17 和图 15-25），其大部分由**网状结构**组成（图 15-15）。被盖含有**动眼神经运动核**和副交感核（图 15-50）、**滑车神经核**以及**红核**（nucleus ruber）。

部分三叉神经核也延伸至被盖（图 15-25）。**黑质**是位于红核下方的一个明显的板层结构，可通过其较深的颜色在横断面上辨识出来。

大脑脚位于脑腹侧面、脑基部、视束后方，两侧与梨状叶相邻，后部与脑桥相接（图 15-12）。大脑脚由来自**端脑**的下行纤维束组成。

两**大脑脚**之间为脚间窝，包括**乳头体**、**垂体漏斗部**和**垂体**（图 15-8、图 15-18、图 15-20 和图 15-24）。动眼神经起于大脑脚腹内侧面。**滑车神经**从顶盖后部的中脑背侧发出。

中脑的功能由**第 3 和第 4 对脑神经核**以及视觉和听觉反射中枢决定。中脑在协调高级中枢控制的**随意运动功能**中起重要作用。红核对**肌张力**、**身体姿势**和**运动**十分重要。黑质在快速运动的初期至关重要。

前脑

间脑

间脑仅在大脑的腹侧面才可见（图 15-8），部分突出于大脑脚之间。一些教材将间脑划分为脑干最前面的部分。按背腹侧顺序，间脑可分为以下几部分：

- 上丘脑
- 丘脑
- 后丘脑
- 下丘脑

上丘脑包括**松果体**（glandula pinealis，epiphysis cerebri）（图 15-23、图 15-24 和图 14-34）和**缰**及其相关纤维束。松果体是一个突出于背侧的、小的正中体。它是一种分泌**褪黑激素**、影响性腺活动的**内分泌腺**。

缰由缰核组成，接受来自端脑的纤维，并向中脑发出纤维。它是**嗅觉通路**的重要组成部分。缰连合把左右两侧的缰连接起来。

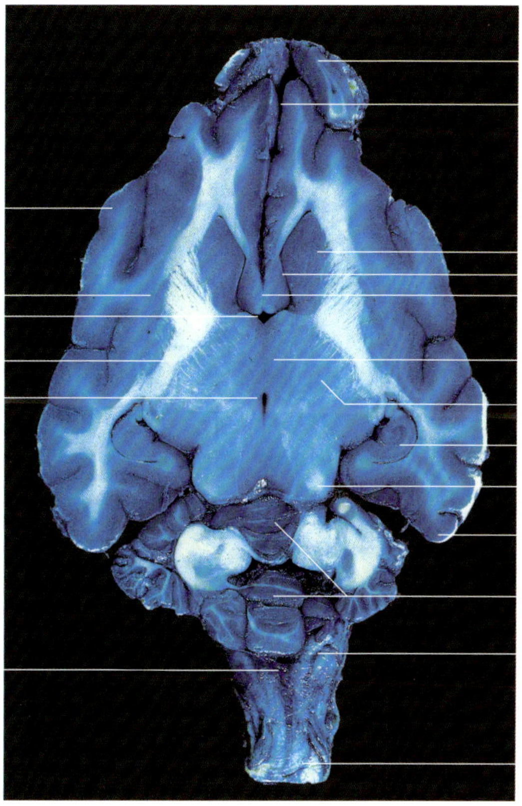

图 15-14　室间孔水平处的犬脑水平切面(蓝染)

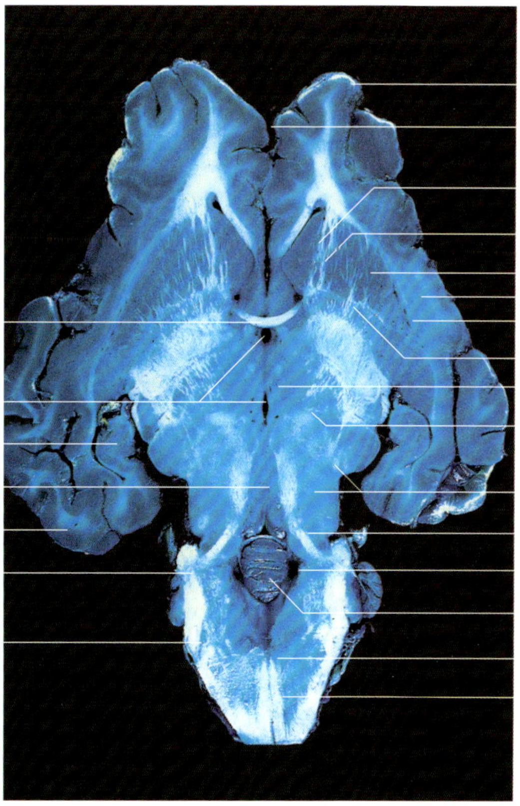

图 15-15　前连合水平处的犬脑水平切面(蓝染)

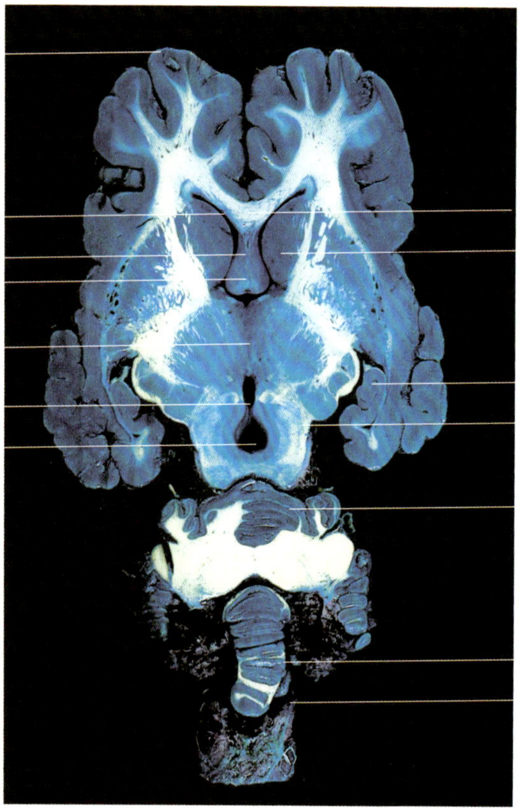

图 15-16　丘脑间黏合水平处的马脑水平切面（蓝染）

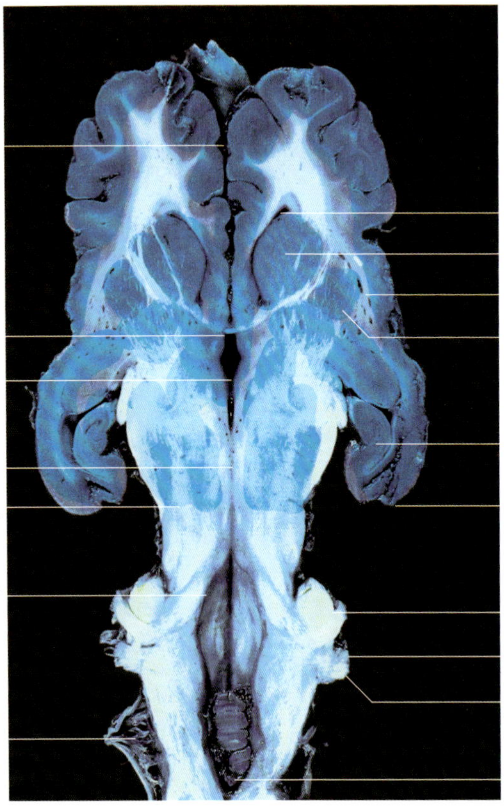

图 15-17　中脑导水管水平处的马脑水平切面（蓝染）

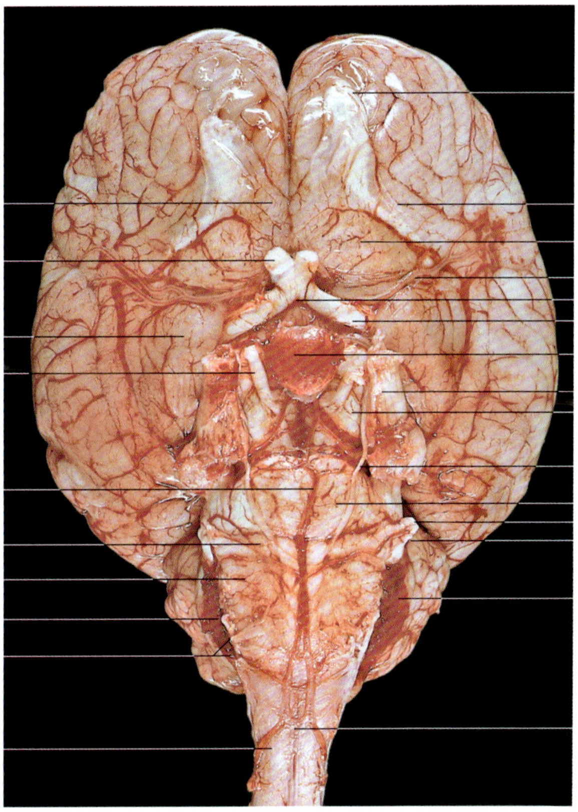

图 15-18 马脑(腹侧面)

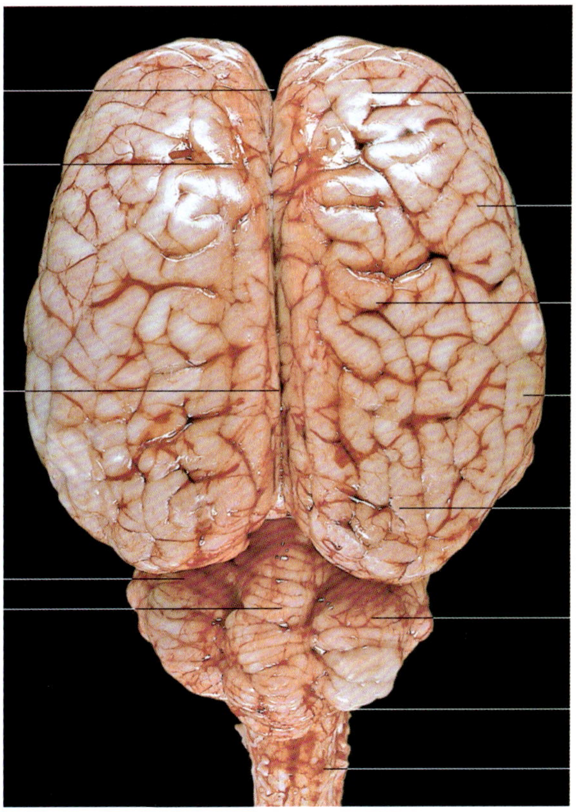

图 15-19 马脑(背侧面)

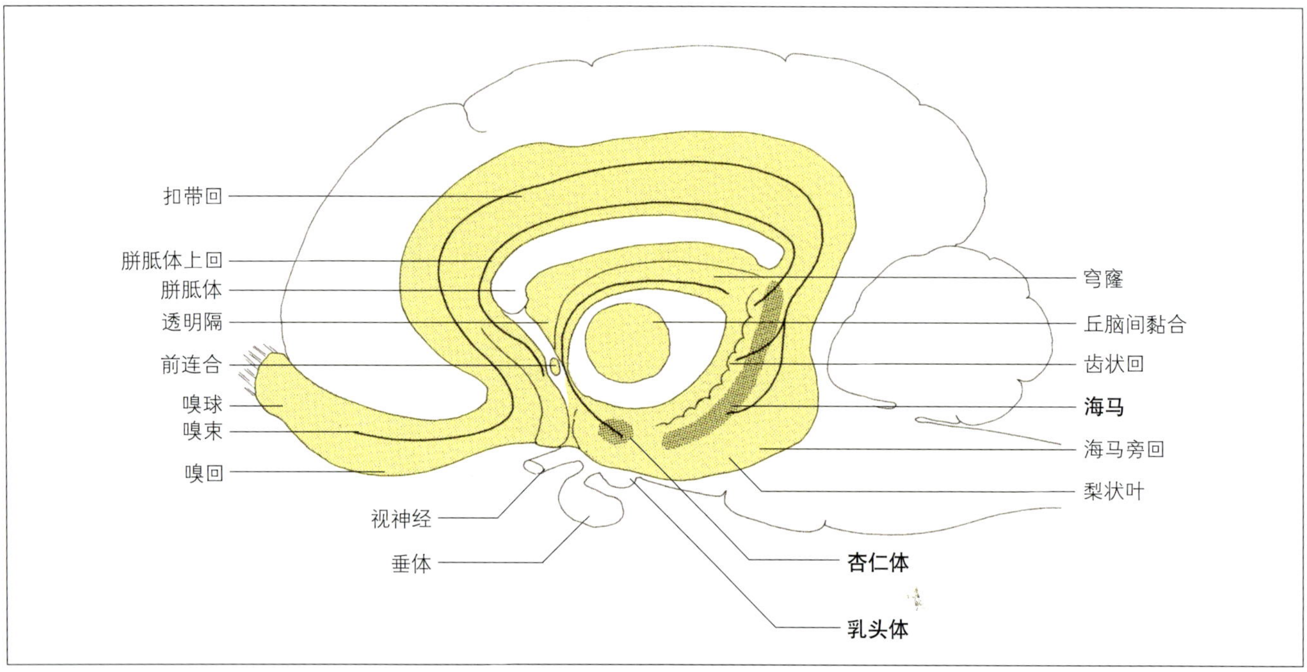

图 15-20 边缘系统(示意图)

丘脑(图 15-14、图 15-15、图 15-28、图 15-32 和图 15-33)是间脑中最大的部分,丘脑还可以进一步细分为**背侧丘脑**和**底丘脑**。背侧丘脑由大量的神经核组成,并通过这些神经核向大脑皮层传输信息,包括来自**味觉**、**视觉**、**听觉**和**前庭器官**(嗅觉除外)传入纤维束的感觉信息(图 15-14 和图 15-15)。

底丘脑是中脑被盖前端的延续。它包含有丘脑底核,为**锥体外系运动**通路的中继站。**左、右丘脑**由**丘脑间黏合**连接在一起,由**环状的第 3 脑室**环绕(图 15-1、图 15-8、图 15-9、图 15-14 至图 15-16)。

下丘脑(图 15-22)构成**第 3 脑室**的底壁和侧壁。它包括前端的**视交叉**、后部的**乳头体**(图 15-8 和图 15-12)和位于二者之间的**第 3 脑室灰结节**(tuber cinereum)。灰结节发出漏斗,漏斗悬挂**垂体**(pituitary gland)(图 15-1、图 15-9 和图 15-10)。垂体由**神经垂体**、**腺垂体**和**中间部**组成。

后丘脑包括**内侧膝状体**和**外侧膝状体**(corpora geniculate),这在中脑的描述中已提及。来自**视束**(图 15-12 和图 15-18)的纤维终止于外侧膝状体核,该核位于外侧膝状体内。它发出纤维至大脑皮层的视区。内侧膝状体核接受听觉纤维,并将听觉信息传至大脑皮层。

间脑的功能

上丘脑的松果体是一种内分泌腺,它能调节性腺活动和性腺的季节性变化。松果体也参与睡眠-觉醒的周期性代谢。所有感觉器官的传入神经束都终止于丘脑。丘脑将感觉器官(嗅觉除外)的信息传入大脑。

下丘脑调控**垂体**(pituitary gland)和内分泌系统,在动物的进食、饮水以及调节体温和自主神经中发挥主要作用。

端脑

端脑(图 15-8)由成对的**大脑半球**组成,被大脑纵裂分开。2 个大脑半球通过跨越中线的连合纤维连接在一起,它们形成胼胝体、前连合和海马的背、腹侧连合。**大脑半球的表面**有隆起的带状结构和其间分开的凹沟,分别称为**脑回**(gyri cerebri)和**脑沟**(sulci cerebri)。每个半球由**浅层灰质**(也就是大脑皮层)、下面的**白质**和深层的灰质团块(通常称为**基底核**)组成。

这些神经核与传入纤维、传出纤维、联络纤维以及连合纤维交替出现,使这一区域的切面呈条纹状,故名**纹状体**(corpus striatum)。

根据进化史,**皮层**或**大脑皮层**可分为 3 部分:

- 旧皮层
- 古皮层
- 新皮层

在系统发生上,最古老的部分是**旧皮层**,它构成每个大脑半球的腹侧部,主要与嗅觉有关。接下来是**古皮层**,形成每个大脑半球的内侧部,从大脑纵裂伸入半球形成**海马**(图 15-20 至图 15-23)。

新皮层是大脑最年轻的部分,是构成大脑的主要部分。

如今,假设大脑皮层由**垂直柱**组成,垂直延伸穿过直径为 200～300 μm 的所有皮层。每个垂直柱与外周的一组特定受体细胞群有关。对受体细胞的重复刺激可导致相同皮层细胞产生反应。人脑由大约 400 万个垂直柱组成,每个垂直柱有 2 500 个神经细胞。然而,这些功能单位在组织学上仍无法区分。

嗅脑

嗅觉传导通路始于鼻黏膜特殊的传入神经元。这些神经元由成束的无髓鞘轴突构成了**嗅神经**,通过筛板终止于**嗅球**(图 15-20 和图 15-21)。

嗅球(bulbus olfactorius)是嗅脑的最前端部分,位于**筛窝**内。嗅脑向后延续为**嗅脚**(pedunculus olfactorius),嗅脚从嗅球延伸并分叉为内侧嗅束和外侧嗅束。内、外侧嗅束围成**嗅三角**(trigonum olfactorium)。嗅三角和**前穿质**(substantia perforata rostralis)构成嗅区。前穿质位于嗅三角之后,有大量血管穿过。

较大的外侧嗅束继续向后延伸为**梨状叶**(lobus piriformis),形成位于下丘脑外侧的巨大的隆起(图 15-17 和图 15-21)。梨状叶向内延续为海马。梨状叶深部有杏仁体(corpus amygdaloideum)(图 15-21、图 15-22 和图 15-24),由数个神经核组成。

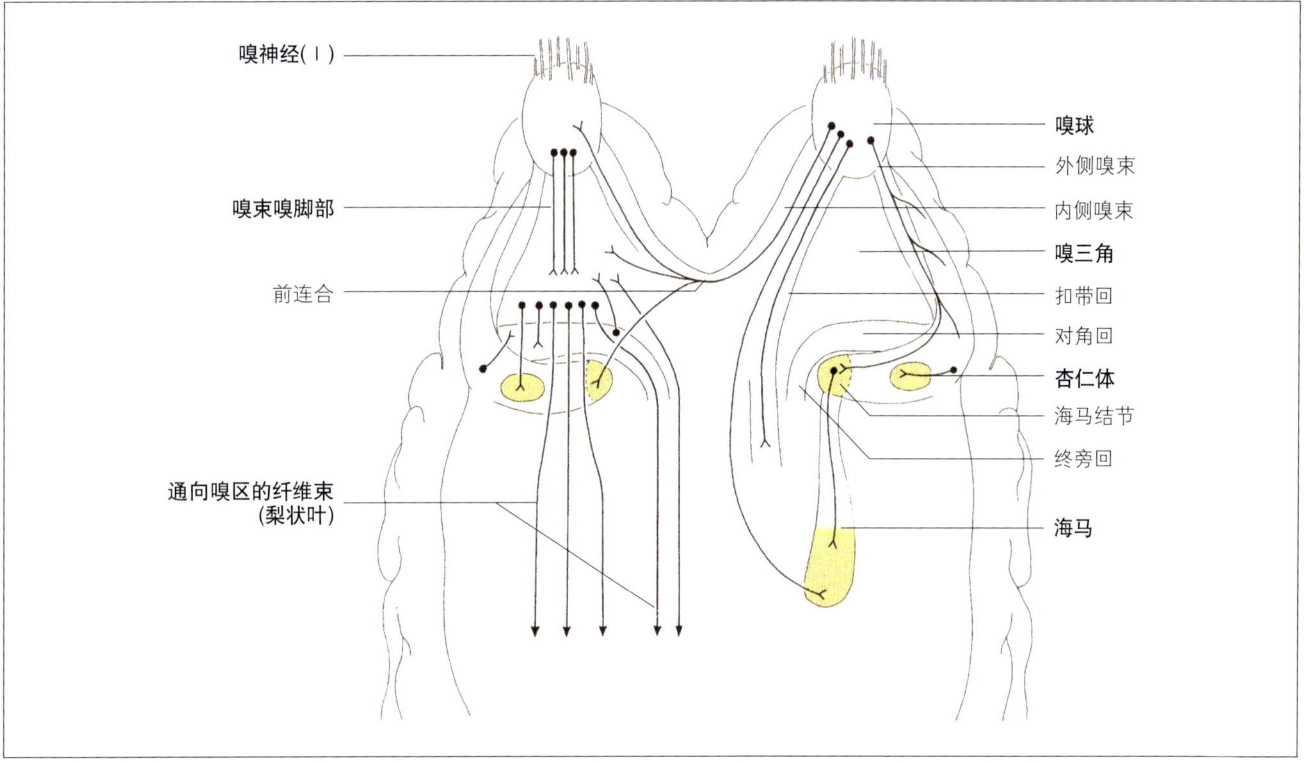

图 15-21 嗅觉通路(示意图)

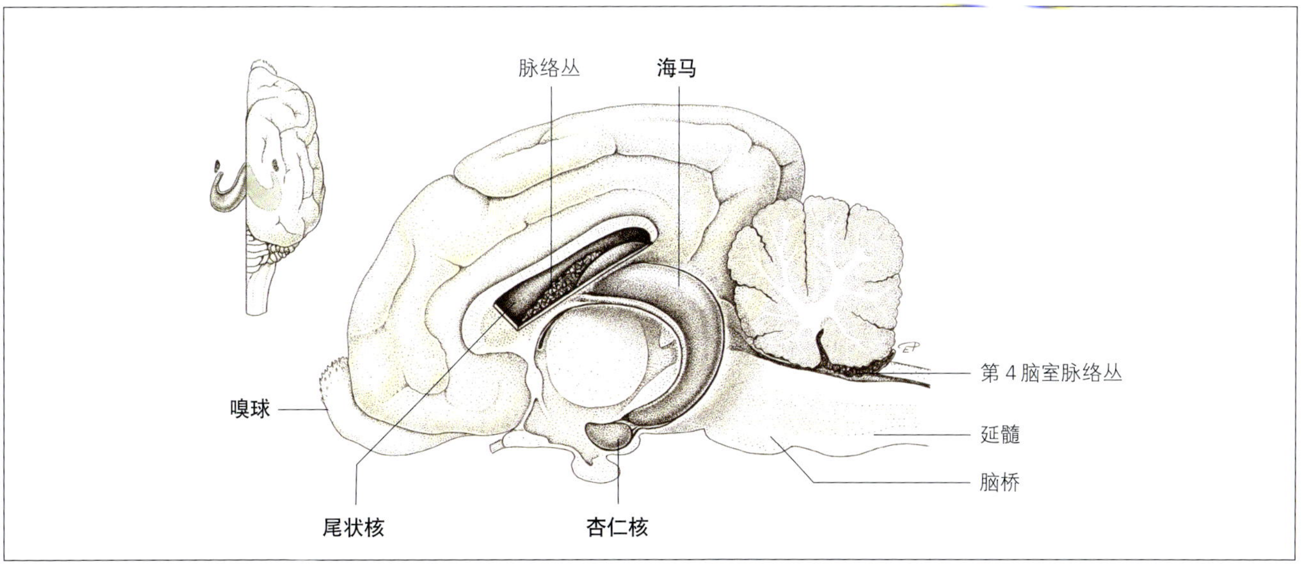

图 15-22 海马和杏仁体的内部结构(示意图)

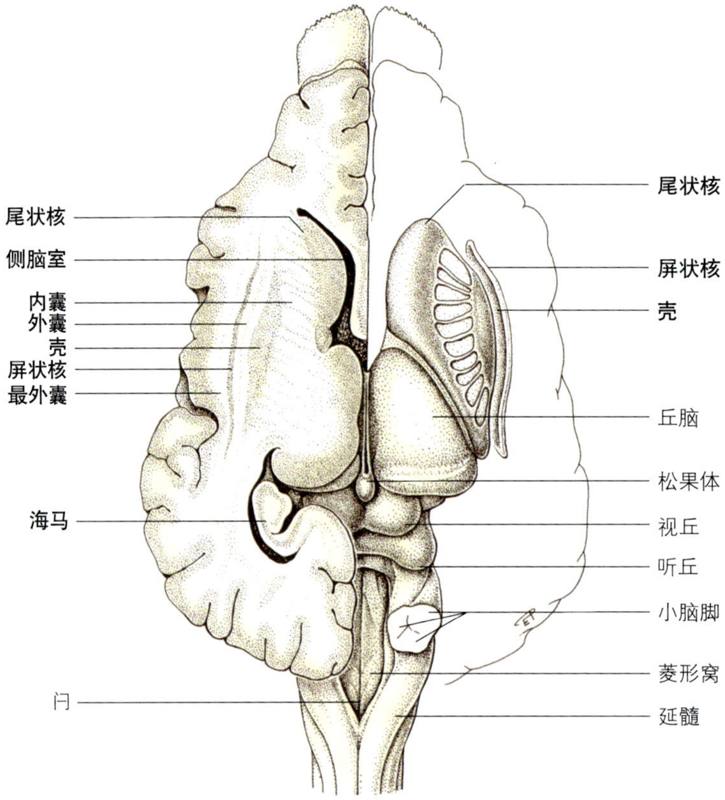

图 15-23　纹状体（示意图；左侧为水平切面，右侧为三维重建）

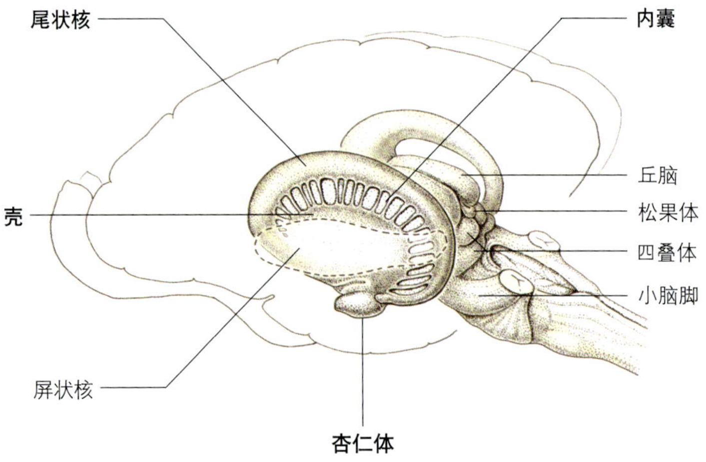

图 15-24　纹状体内部结构（示意图）

边缘系统

边缘系统是参与**情绪行为**的脑结构的集合体。它包括皮层部分和皮层下部分（图 15-20）。**皮层部分**包括半球内侧和基底部相互联系的端脑结构，包括扣带回、梨状叶和海马。**皮层下部分**包括间脑（缰核、下丘脑和丘脑）、中脑（脚间核和被盖核）和杏仁体。

边缘系统接受来自梨状叶的嗅觉输入，它主要启动内脏的运动活动，但也触发情绪行为，如恐惧、攻击和愉悦。边缘系统还接受口渴、饥饿和性行为方面的输入，与**网状结构**密切相关（图 15-15）。

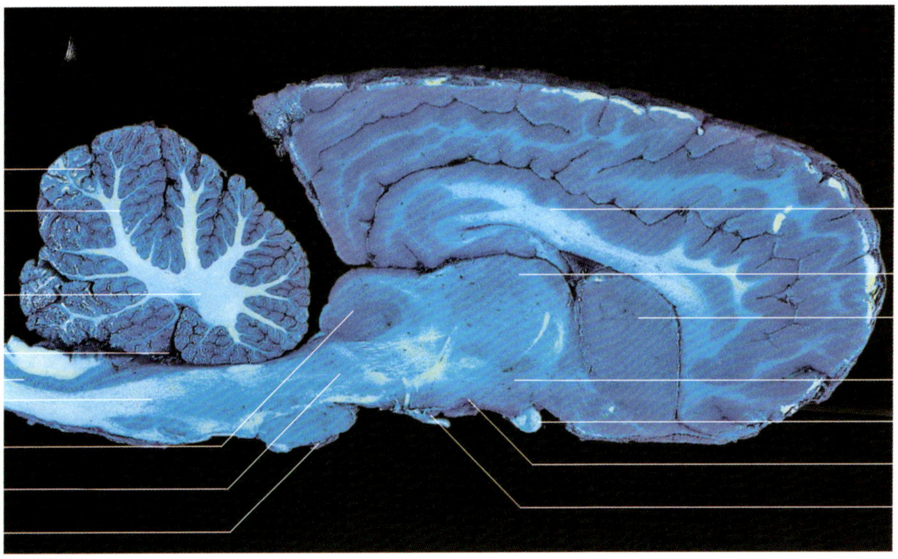

图 15-25 马脑的旁正中切面(蓝染)

新皮层和大脑半球

新皮层构成端脑的主要部分,形成每个半球的背外侧部,并插入腹侧的旧皮层和内侧的古皮层之间。家畜脑的表面有**脑回**(gyri cerebri)和**脑沟**(sulci cerebri)。这些结构可作为解剖标记。

深的**大脑纵裂**将**左、右大脑半球**分开,大脑纵裂两侧为**缘沟**和上薛氏沟(图 15-13、图 15-15、图 15-17、图 15-19)。**十字沟**从大脑纵裂向前背侧部横向延伸。**大脑横裂**把大脑和小脑分开。每个半球的**外侧面**以伪薛氏裂为标志,在此裂中有大脑中动脉通过。伪薛氏裂的前后分别有前、后外侧薛氏沟。嗅脑沟将嗅脑和新皮层分开。

大脑半球**内表面**有特征性的压沟,将**新皮层**和**古皮层**分开。压沟的后背侧有外压沟通过。靠近大脑半球连合的另一个沟是胼胝体沟(sulcus corporis callosi),其前方为膝沟。

为了便于描述,可根据其对应骨的名称将新皮层分为**额叶**、**顶叶**、**颞叶**和**枕叶**(图 15-19)。运动区主要位于额叶,起源于锥体束。顶叶主要是感觉区,颞叶是听觉区,枕叶是视觉区。

大脑半球的内部结构

嵌于白质内的灰质团块称为**纹状体**(曾称基底神经节或茎神经节)(图 15-14 和图 15-22)。纹状体包括以下结构:

- 尾状核(nucleus caudatus)
- 壳
- 屏状核
- 杏仁体(corpus amygdaloideum)

尾状核位于**侧脑室**底壁的前部(图 15-22),其腹外侧是**壳**,由**内囊**(capsula interna)纤维将尾状核与壳分开。与壳外侧相邻的是**屏状核**,是一灰质窄带(图 15-24)。在壳和尾状核之间,有**外囊**(capsula externa)纤维通过。**外囊**(capsula extrema)为一白质窄带,将屏状核与邻近的大脑皮层分开。

屏状核的功能尚不清楚,但它与视觉系统和边缘系统有联系。

其他核团主要与机体的随意姿势和运动有关。纹状体负责通过选择性抑制运动输出来产生适当的运动方向和振幅。大脑白质由上行和下行神经束组成,包括联络纤维、投射纤维及连合纤维。

投射纤维包括大脑半球与低级中枢之间的下行束和上行束。这些纤维横穿被称为**内囊**(capsula interna)的一条白质带(图 15-23 和图 15-24)。**联络纤维**连接同侧半球内的皮层区。它既可连接相邻的脑回,也可连接距离较远的脑回。

连合纤维连接两个半球的相应区域。这些纤维大部分在胼胝体形成交叉(图 15-9、图 15-20 和图 15-34)。前连合将 2 个嗅叶和杏仁体连接起来。

后连合(commissura fornicis seu hippocampi)位于胼胝体压部的腹侧。**胼胝体**使 2 个半球作为单个认知中枢来发挥作用。

解剖时,胼胝体由细长的**胼胝体干**(truncus corpori callosi)、后端圆形的**压部**(splenium)和前端的**膝部**(genu corporis callosi)组成。在胼胝体腹侧和穹隆间有一薄膜,即**透明隔**,它将 2 个侧脑室分开(图 15-26 和图 15-34)。

端脑的功能

大脑皮层可根据其功能进行分区,而这些功能又取决于其神经联系。**躯体感觉区**接受来自皮肤的触觉和运动觉信息,位于十字后回的后半部和薛氏上回的前部。这一区域可再细分为 2 个亚区,一部分只接受来自身体对侧的信息(对侧感觉区,area sensorica contralateralis),另一部分能够接受来自躯体两侧的信息(双侧感觉区,area sensorica bilateralis)。后者位于外薛氏回。与躯体感觉区皮层相邻的是接受了舌和咽信息的味觉区。

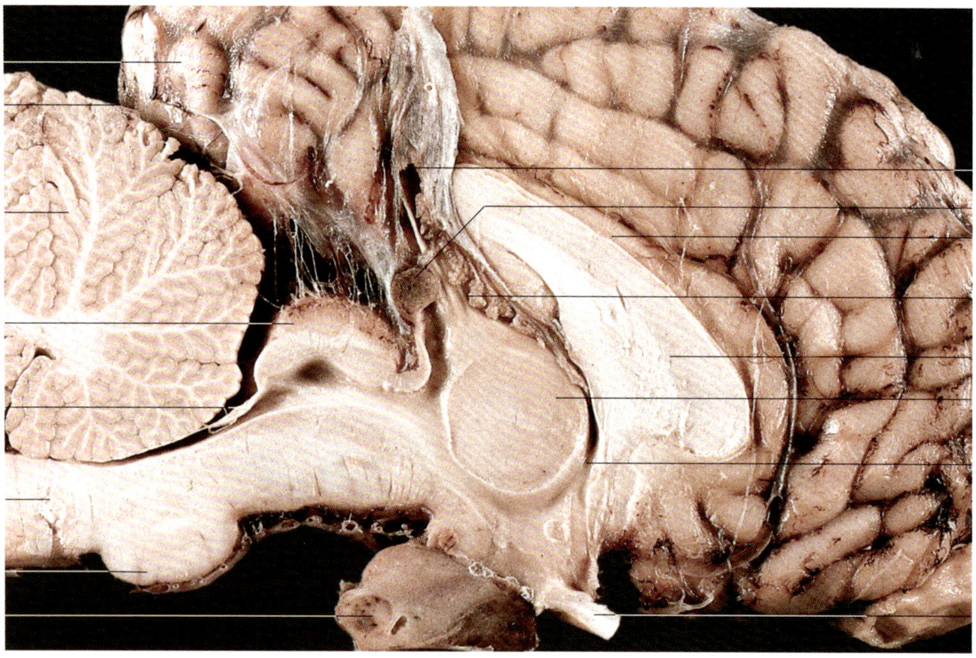

图 15-26　马脑(正中切面)(维也纳 Sabine Breit 博士、教授提供)

嗅觉区位于嗅脑内,本章前部分已经描述。**视觉区**(area optica)延伸至枕叶的内侧面和部分背外侧面。**听觉区**主要位于薛氏回前部,**前庭区**与听觉区相毗邻。

大脑皮层的**运动区**(area motorica)在躯体感觉区之前,位于十字后回前半部、冠状回、十字前回至前薛氏沟的腹外侧部。运动区发出皮质-脊髓束、皮质-核束和皮质-网状束,以控制随意运动和姿势。人的运动区含有巨型锥体细胞(Betz 细胞),发出最长、最粗的轴突,从皮质伸延至荐髓。

联络皮层仅存在于大脑皮层,并被认为与**智力**有关。它接受其周围感觉区的输入,并参与这些信息的处理和加工。海马是古皮层的一个脑回,该脑回向梨状叶内折叠,深入梨状叶,通过与下丘脑、透明隔和扣带回的连接影响内分泌、内脏和情绪活动。海马在人的学习和记忆过程中起重要作用。

15.1.3　中枢神经系统的传导通路

中枢神经系统的通路不能用解剖学方法可视化,但它是由上行或下行轴突一起并行,并将信息从一个部位传递至另一个部位组成的**功能单元**。它们的功能和位置已经通过对中枢神经系统的特定部位进行诱导损伤的实验方法得以确定。以下内容只叙述基本的、个别的结构通路(更为详细的描述参见神经生理学和神经病理学教材)。

上行通路

一般躯体传入通路

一般躯体传入通路是将皮肤和深部躯体组织的各种类型的感受器传至脑。这些信息包括各种感觉模式,如与关节角和肌肉张力有关的触觉、压觉、振动觉、温度觉、痛觉及运动觉。

与这些感觉相关的初级神经元位于脊神经背根的脊神经节及头部三叉神经的相应神经节内。这类上行通路可分为:

- 内侧丘系
- 外侧丘系

内侧丘系包含最重要的上行束(图 15-27 和图 15-28)。它可以细分为接受躯干和四肢感觉信息的**脊髓丘系**和来自头部感觉神经纤维的**三叉神经丘系**。脊髓丘系的感觉神经元走行于脊髓背索。那些起自于腰荐神经丛和躯干后部的脊髓丘系占据**内侧位置**(薄束,Goll's column,fasciculus gracilis)。那些起自于臂神经丛及躯干前部的脊髓丘系占据**外侧位置**(楔束,cuneate fascicle)。

这两束均终止于延髓背侧与之同名的神经核(**楔束核**,nucleus cuneatus,**薄束核**,nucleus gracilis)。在这里形成突触后,二级神经元的轴突交叉至对侧,到达丘脑腹后核复合体,在那里再次形成突触。三级轴突投射至大脑皮层感觉区。在行经脑干的过程中,内侧丘系由三叉神经感觉核的纤维在脑桥内交叉连接。

外侧丘系形成第 2 个**脊髓丘脑束**。与内侧丘系相比,其传导冲动较慢,对刺激的感觉定位不精确。它的初级轴突终止于与该脊神经根相邻的脊髓背角神经元。在与几个中间神经元形成突触后,二级神经元进入白质,经白质腹外侧索向前延伸,在丘脑再次形成突触。三级神经元从丘脑投射至丘系前方的皮质区。

来自腱和肌肉内的感受器的**本体感觉**信息并不被意识

感知。初级神经元的轴突终止于脊髓背角细胞，通过脊髓小脑背侧束和腹侧束到达小脑。

感觉器官的传入通路

视觉通路

视网膜含有**视觉信息的**感受器(图 15-29)。这些信息在大脑腹侧的**视交叉**相遇，其中一些纤维交叉至对侧(图 15-10、图 15-12 和图 15-18)。交叉至对侧的视神经纤维比例与该种属所具有的双眼视觉程度有关。多数鸟类以单眼视觉为主，视神经为完全交叉。

犬和猫有较好的双眼视觉，约 75% 的视神经纤维交叉至对侧，在视交叉后形成对侧的视束。灵长类的双眼视觉发育最好，约 50% 的视神经纤维交叉至对侧。

视交叉后，视神经纤维延续为**视束**(tractus opticus)，于外侧膝状体和**视觉丘脑**内形成突触。二级神经元由丘脑经**内囊**的视辐射，投射至每个大脑半球枕叶的**视觉皮层**。这是感知视觉和知觉的部位。有些纤维离开视束，终止于**中脑前丘**、网状结构的神经核和**尾状核**。这些纤维参与视觉反射，如瞳孔对光的反射和调节。

前庭和听觉通路

位置觉和听觉的感受器位于**内耳**的**螺旋器**、**半规管**、**椭圆囊**和**球囊**。其初级神经元位于耳蜗螺旋神经节和内耳道的**前庭**背侧和腹侧**神经节**(图 15-30)。

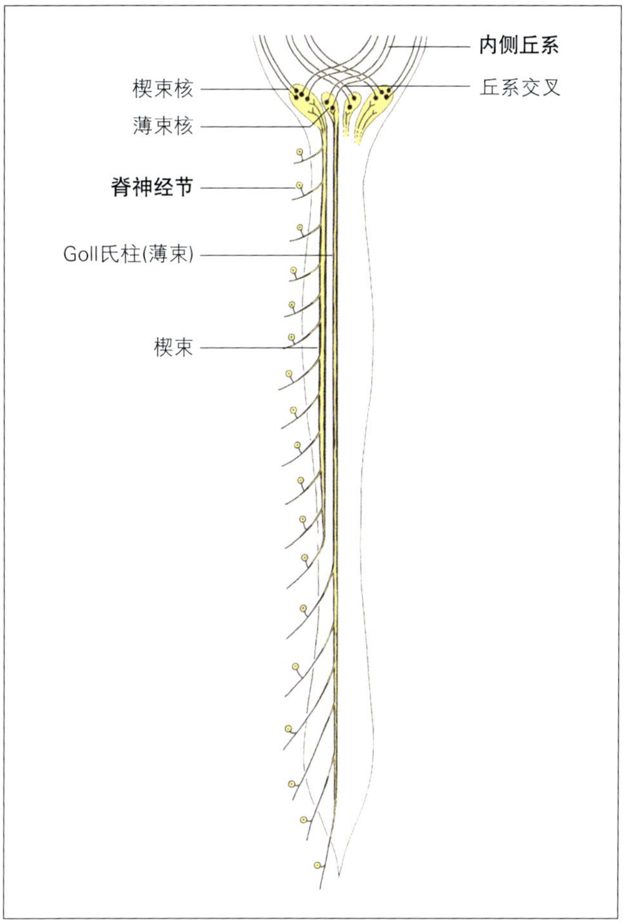

图 15-27 上行通路(示意图)

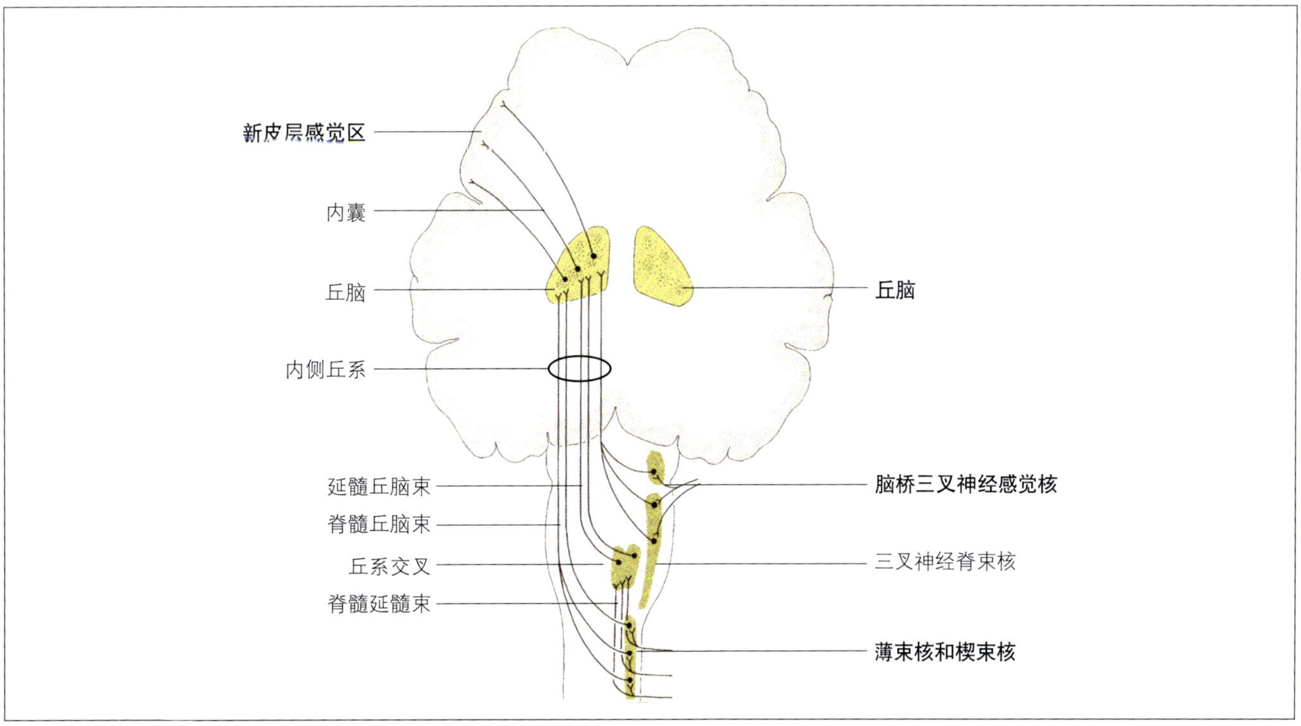

图 15-28 内侧丘系(示意图)

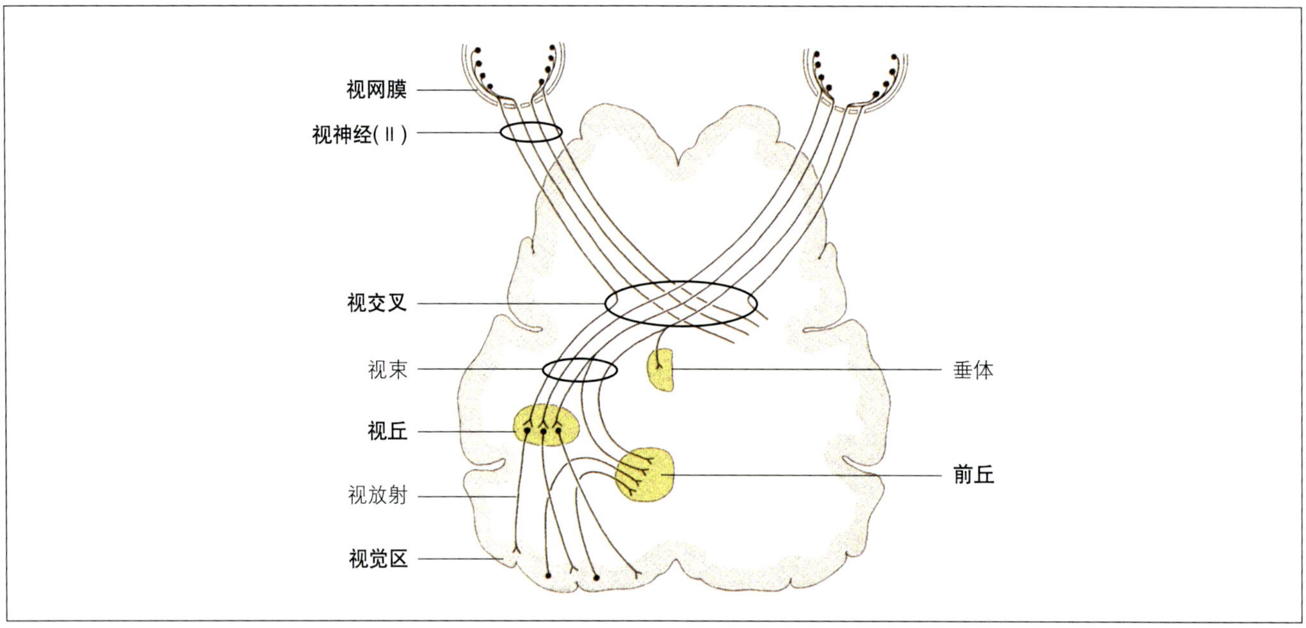

图 15-29 视觉通路(示意图)

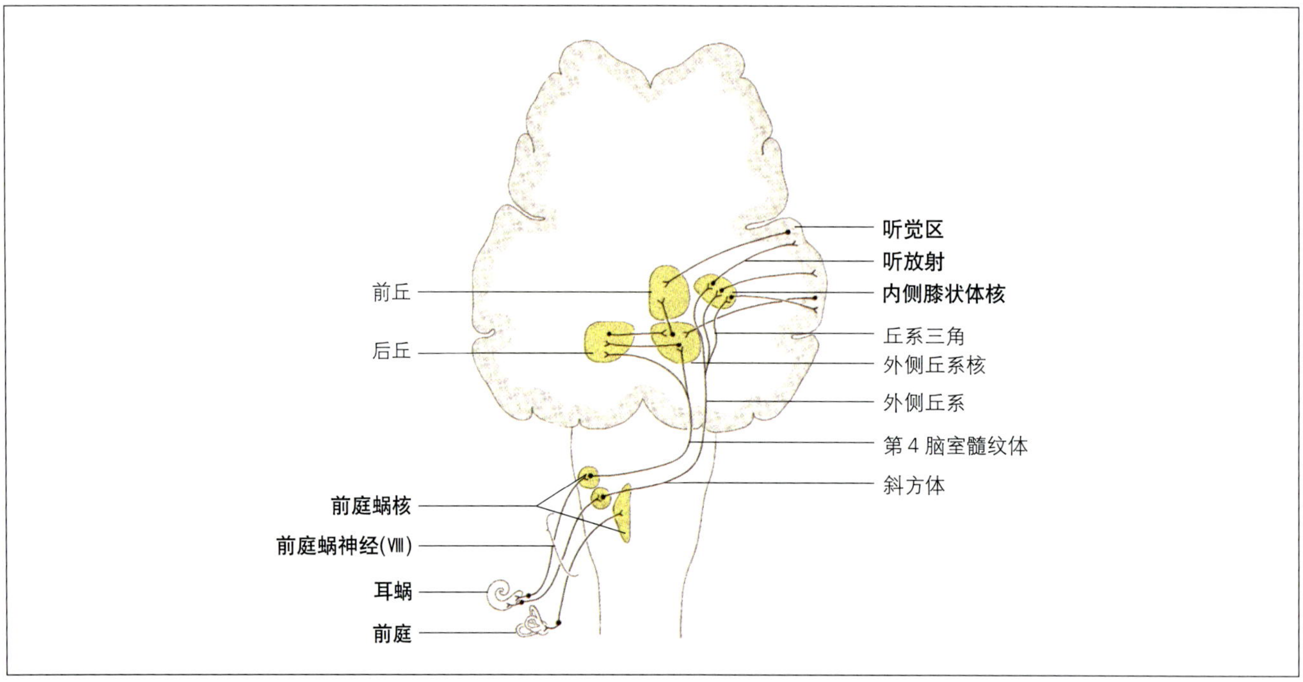

图 15-30 前庭和听觉通路(示意图)

位置觉和听觉感觉器官的神经纤维由共同的**前庭蜗神经**穿入**斜方体**进入脑干。

部分前庭神经纤维终止于前庭核,再由此核的二级神经元投射至**小脑**。一些前庭神经纤维绕过前庭核,直接经**大脑脚后部**到达小脑。也有一些神经元从前庭核下行至脊髓腹角的运动神经元以及支配眼球外肌的第Ⅲ、第Ⅳ、第Ⅵ对脑神经核。接受前庭刺激产生意识知觉的纤维**通过丘脑**投射至**颞叶**的大脑皮层。

耳蜗纤维在**耳蜗背核**和**耳蜗腹核**内形成突触之前,也经斜方体进入脑干。来自斜方体核和耳蜗神经核的轴突,在**外侧丘系**上行至**中脑后丘**。耳蜗神经核的轴突投射至大脑两侧,但大多数为交叉纤维。一些负责声音意识知觉的纤维在投射至**颞叶听觉皮层**之前要在**内侧膝状体**形成突触。

下行通路

躯体运动通路

骨骼肌的收缩受位于中枢神经系统不同部位的两类神经元系统的调节，它们是：

- 下行运动神经元
- 上行运动神经元

下行运动神经元位于**脊髓灰质腹侧柱**和含有运动成分的**脑神经运动核**内。下行运动神经元提供简单反射的传出部分，但主要由上行运动神经元调控。它们的轴突经由脊神经和脑神经至效应器肌肉。上行运动神经元大多位于**新皮层**，部分位于中脑**红核**，部分位于网状结构。

上行运动神经元并不直接投射至肌纤维，而是通过**兴奋**或**抑制**方式调节下行运动神经元的活动。上行运动神经元与下行运动神经元的联系被分为 2 个下行通路，分别是**锥体系**和**锥体外系**。锥体系与运动的精细调节有关，而锥体外系调节粗放的、刻板的运动，二者是密切协作的。

锥体系

锥体系的发育与结构在物种间差异较大。灵长类的锥体系最发达，其严重损伤会导致对侧骨骼肌永久性瘫痪。一般而言，家畜锥体系受到类似损伤后，至少能部分恢复。

锥体系纤维（图 15-31）起于**新皮质运动皮层**的巨型锥体细胞（Betz 细胞）。它们在大脑腹侧面，横穿脑桥腹侧部进入大脑脚之前，是丘脑外侧面内囊的一个重要组成部分。它们以延髓**锥体**重现于表面。锥体系包含 3 类纤维：

- **皮质脊髓纤维**，从大脑皮层延伸至脊髓
- **皮质延髓纤维**，终止于对侧脑神经的不同神经核
- **皮质脑桥纤维**，经过脑桥的神经核

虽然一些皮质脊髓纤维在延髓内交叉，其他纤维则继续在同侧前行，在接近终点时交叉至对侧。

延髓内纤维的交叉程度因物种而异。犬和猫的锥体纤维交叉几乎为完全交叉，而有蹄类动物的锥体纤维交叉仅有 50%。且纤维的范围也各有不同。食肉动物的锥体纤维能够到达脊髓的所有水平，而有蹄类动物的锥体系终止于臂神经丛的起始水平。

锥体外系

与锥体系相比，锥体外系含有各种**多突触通路**，它们起始于纹状体、丘脑底核、黑质、红核和网状结构。与这些神经核相互联系的部位是几个运动中枢，如丘脑核、前庭核、网状结构和小脑等，锥体外系的所有神经核都投射到这些运动中枢。

锥体外系通过确保协调**肌肉活动**来维持身体姿势和执行预期的**运动**。许多反馈环路在锥体外系的兴奋性与抑制性部分之间维持着必要的平衡。**小脑**既控制锥体系又控制锥体外系。这种控制既受这 2 个系统传入信息的影响，也受前庭器的调节。这些信息被用于控制红核、丘脑核、网状结构和前庭核。

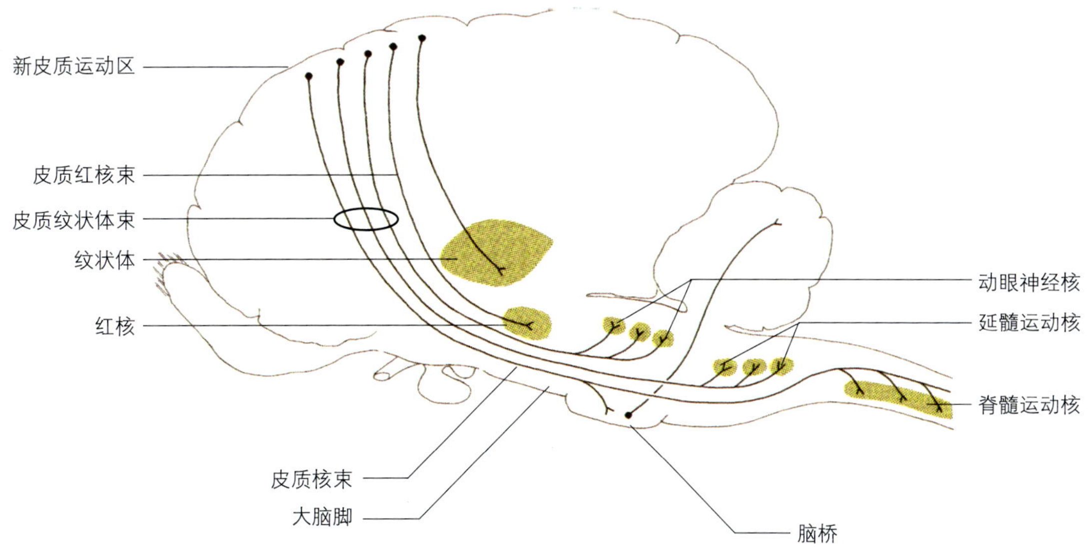

图 15-31 锥体系（示意图）

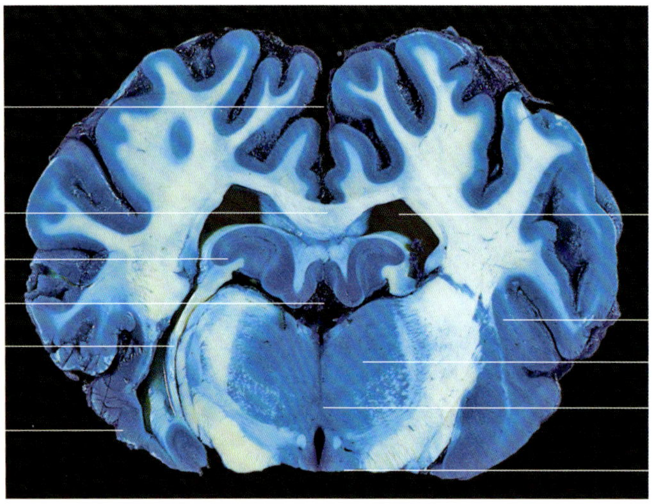

图 15-32 丘脑间黏合水平的马脑横断面（蓝染）

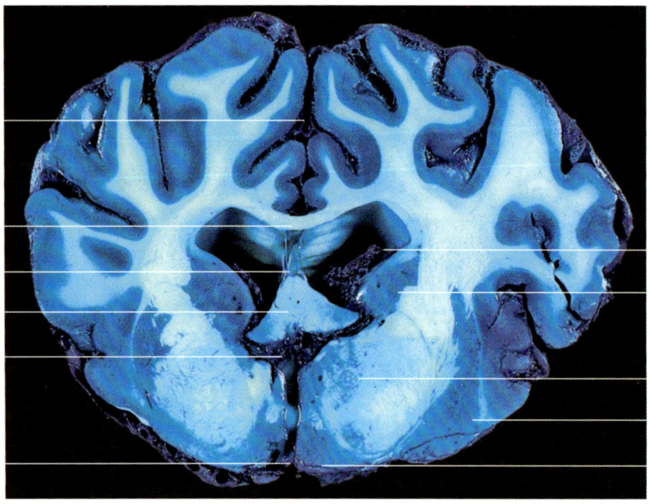

图 15-33 间脑前部水平的牛脑横断面（蓝染）

15.1.4 中枢自主神经系统

自主神经系统（又称**内脏神经**、**植物性神经**或**自律性神经**）与生命活动中重要**内部器官的功能协调**有关。它具有调节呼吸、循环、消化、代谢、体温、水和电解质平衡、繁殖等多种生理功能。实现这些功能的许多机制也见于无意识动物，如在睡眠或全麻时。“**自主神经**”因此而得名。

自主神经系统的主要整合中枢是**下丘脑**（图 15-25 和图 15-33）。它通过神经和内分泌机制对机体进行调节。其神经通路要么直接，要么经由**网状结构**的多突触通路从下丘脑延伸至脑干或脊髓的自主神经核。**下丘脑**经由中脑核、网状结构和边缘系统的端脑部，接受来自身体几乎所有部位的内脏功能信息。**内分泌途径**通过**神经内分泌细胞**的分泌物经血液循环运送至效应器直接产生效应，或经由门脉系统运送至垂体，释放激素来发挥作用。

垂体（图 15-26 和图 15-34）通过漏斗悬吊于下丘脑。其后部的神经垂体所贮存和释放的激素由下丘脑**视上核**和**室旁核**的神经分泌细胞分泌产生，并沿其轴突运送。

腺垂体通过**垂体门脉血管**接受下丘脑的神经分泌物。反馈环路调节下丘脑和垂体间的相互作用。更为详细的描述见第 16 章“内分泌腺”（530 页）。

内脏通路

内脏通路可分为**传入通路**和**传出通路**，传出通路又分为**交感神经通路**和**副交感神经通路**。

内脏传入通路的感受器由位于内脏器官和血管内的机械感受器和化学感受器组成。初级神经元的胞体见于脊神经背根神经节和一些脑神经的相应神经节内。上行自主神经通路沿丘系和丘外系终止于丘脑。

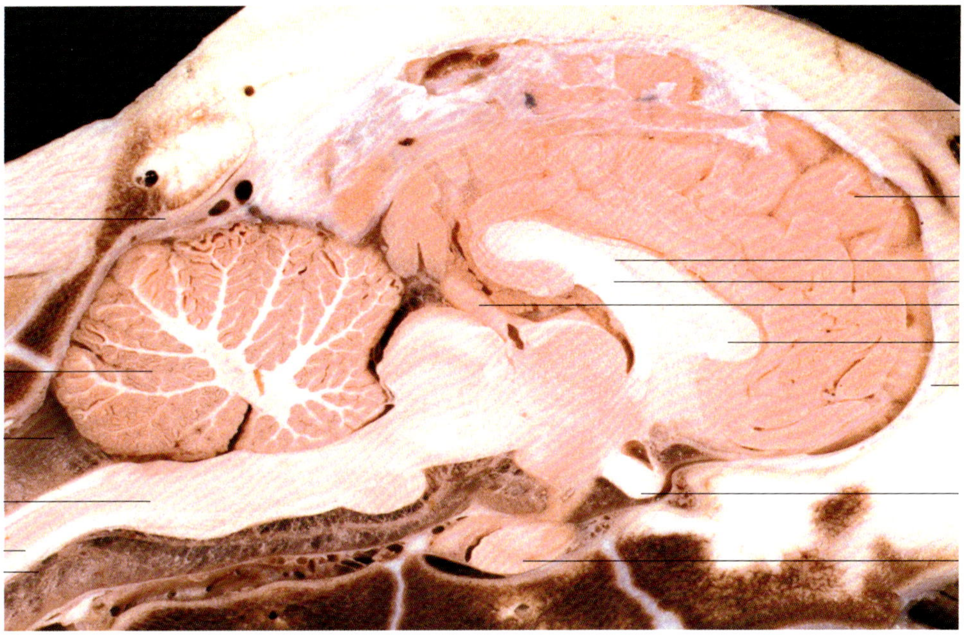

图 15-34 带有脑膜和脊髓起始部的牛脑旁正中切面

尽管大多数内脏活动是在没有意识的情况下发生的，但一些向大脑皮层的投射会产生意识知觉，如饥饿感和直肠或膀胱的胀满感。由于内脏传入通路与躯体皮肤通路之间的信息交换，内脏器官病变引起的疼痛会与体表疼痛相混淆。在体表，每个器官都有**自己的反射区**，称为**头区**，进而可用来缓解内脏器官的疼痛（按摩、针灸）。皮肤上也有对应于骨骼系统（关节、椎骨）的反射点。

内脏传出通路可从解剖学、药理学和功能上分为2个系统，即**交感神经系统**和**副交感神经系统**。这2个系统中的每条通路都有2个神经元，这意味着这2个连续的神经元将中枢神经系统与所支配的结构联系起来。

每对系统的**一级神经元胞体**位于中枢神经系统内，发出有髓轴突构成外周神经系统的一部分。**节前神经元**的轴突终止于外周神经节，在那里与节后神经元形成突触，这些神经元的末端位于所支配的结构上（如腺细胞、心肌细胞或平滑肌细胞）。交感神经的节前神经元胞体位于第1胸髓至腰髓中段的脊髓灰质外侧柱内。它们的轴突与交感干的**椎旁神经节**或主动脉上的椎下神经节相对靠近脊髓的**节后神经元**形成突触。对交感神经通路的刺激可导致血压升高，心率和呼吸频率加快，瞳孔放大，同时胃肠运动和肠腺活动减弱。

副交感神经的节前神经元位于脑干内的动眼神经核、面神经核、舌咽神经核、迷走神经核和荐部脊髓外侧柱内。**节后神经元**胞体位于较小的神经节，这些神经节要么与所支配的器官接近，要么位于所支配器官的壁内。**头部的神经节**通常与其所在位置有关（睫状神经节、翼腭神经节、耳神经节、下颌神经节）。副交感神经活动可刺激胃肠蠕动、肠腺分泌、排粪和排尿，使心跳和呼吸频率减慢，瞳孔收缩。

内脏传出通路的主要调控中枢是**下丘脑**（图15-25和图15-33）。下丘脑前部控制副交感神经，下丘脑后部控制交感神经。

15.1.5 中枢神经系统的脑脊膜

中枢神经系统被覆柔软的组织膜，称为脑脊膜。脑脊膜可分为3层（图15-35）：

- 硬膜
- 蛛网膜
- 软膜

蛛网膜和**软膜**统称为**软脑膜**，因为与厚的、纤维性的硬脑膜相比，它们较为纤细。硬膜在最浅层，其下方是蛛网膜，软膜为最深层。

脑脊膜因部位不同而有一定的差异，所以将脑膜和脊膜分开叙述（图15-35）。**脑脊膜**富含神经支配，对疼痛非常敏感，与周围神经组织不同（脑肿瘤通常不疼痛）。

脊硬膜（dura mater spinalis）

脊硬膜由**硬膜外腔**（cavum epidurale）将其与椎管内衬的骨膜（endorrtiachis）分开（图15-38和图15-39）。硬膜外腔充满脂肪，含有大的静脉丛。当脊神经根穿过椎管时，被脊膜鞘包裹。

临床小知识

局部麻醉可通过在**最后腰椎**与**第1荐椎**之间（腰荐间隙，spatium lumbosacrale）或**最后荐椎**与**第1尾椎**之间的硬膜外腔注入麻醉剂的方法进行。

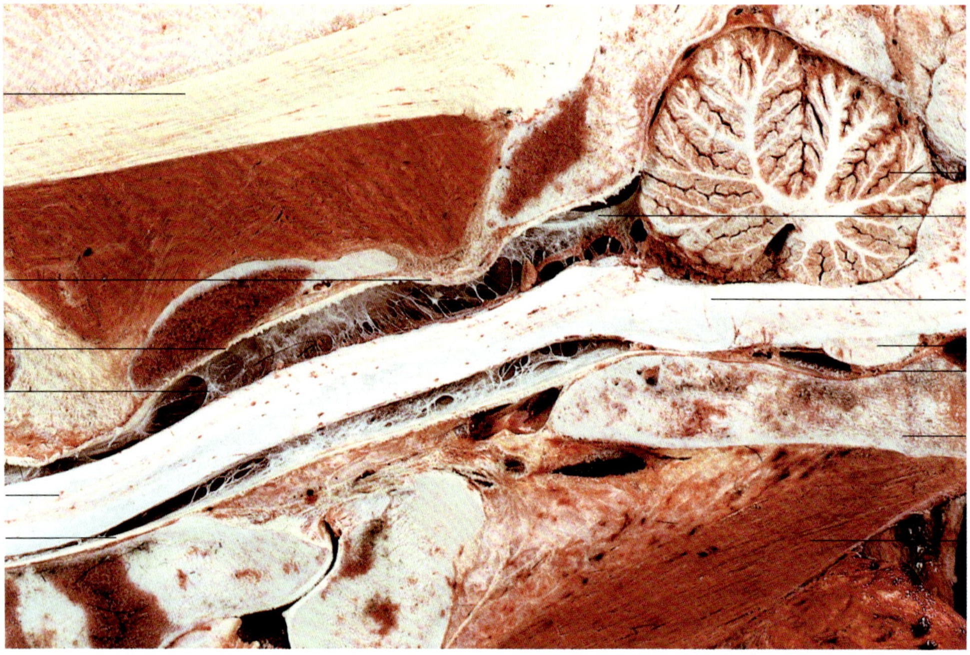

图 15-35　马脑干和脊髓的旁正中切面。维也纳 E. Gollob-Kammerer 博士提供

硬膜后端形成一个盲囊，与其他层的脊膜联合形成一个**纤维索**（硬膜终丝，filum terminale durae matris），并与尾椎的背面融合。脊硬膜在枕骨大孔处与脑硬膜相连接。脊硬膜的血液供应来自脊髓动脉。

脑硬膜（dura mater encephali）

脑硬膜与颅骨内的骨膜融合（图 15-38）。除了衬于颅腔内侧面外，脑硬膜还形成向内突出的分区。**大脑镰**（falx cerebri）从枕嵴伸至枕内隆突，向两大脑半球之间的大脑纵裂突入。大脑镰后部是**横向的小脑幕**，小脑幕将小脑与大脑分开（图 15-37）。小脑幕的正中部分是骨性的，但其外面包有脑硬膜。**膜性小脑幕**的游离缘与脑干通过的小脑幕切迹相接。第 3 个分区是**鞍隔**，形成垂体所在的垂体窝的顶部，在漏斗柄周围形成隔（图 15-36）。在这些硬脑膜突起内存在有**大的静脉窦**（硬脑膜窦，sinus durae matris）。

和脊神经一样，**脑神经**在离开颅腔前包有硬膜鞘。它们与脑软膜一起形成鞘状结构，鞘腔内充满**脑脊液**。在这些部位，脑脊液可以进入神经周围的淋巴管，病原体可通过淋巴系统扩散进入脑膜和神经组织。硬脑膜由脑膜动脉供血。

蛛网膜（arachnoidea）

蛛网膜外层由一层紧贴于**脑硬膜**的连续膜组成（图 15-38 和图 15-39）。一些学者认为，脑硬膜和蛛网膜之间是硬膜下腔，也称毛细血管间隙；而另一些学者认为这是活体动物根本不存在的假象。

蛛网膜的第 2 个连续的细胞层紧贴**脑软膜**（图 15-38 和图 15-39）。在蛛网膜与脑软膜之间，有许多小梁和细丝伸展，相互交通成网。这个空间被称为**蛛网膜下腔**（cavum subarachnoideale），充满**脑脊液**。蛛网膜下腔的深度是可变的，这是由于蛛网膜与脑硬膜密切相接，而脑软膜贴于脑的表面。

蛛网膜下腔的某些部位扩大，形成所谓的**池**，这些部位可用来抽取脑脊液或用于注射。其中最重要的是小脑延髓池，位于小脑后表面与延髓背侧面交汇处。它是获取脑脊液的常用部位，可在寰椎与颅骨之间穿刺获取。另一个部位是腰荐间隙或荐骨与第 1 尾椎间隙。大的蘑菇状突起从**蛛网膜**（蛛网膜粒，pacchioni granulations）延伸到脑硬膜静脉窦。据推测，这些区域的脑脊液可进入体循环。绵羊没有蛛网膜绒毛。

脑软膜和脊软膜（pia mater encephali et spinalis）

脑软膜和**神经组织的胶质界膜**直接接触（图 15-38 和图 15-39）。脑软膜接受丰富的神经支配和充足的血供，数条血管从脑软膜伸入神经组织。脑软膜沿脊髓外侧面双侧加厚，形成**齿状韧带**（图 15-39 和图 15-63）。齿状韧带的延伸穿过蛛网膜下腔附着于硬膜，从而将脊髓悬吊在蛛网膜下腔内的脑脊液中。脑内血管在进入脑内后有一小段包有脑软膜。人们认为脑脊液能通过这些膜鞘进入静脉。

15.1.6　脑室和脑脊液

胚胎神经管的管腔以脑室和脊髓中央管的形式存在（图 15-40 至图 15-43）。这些腔室内衬**室管膜上皮**，并充满**脑脊液**。

大脑的脑室系统由 **2 个侧脑室**（每个大脑半球各有 1 个）、**第 3 脑室**和**第 4 脑室**组成。每个侧脑室通过**室间孔**与

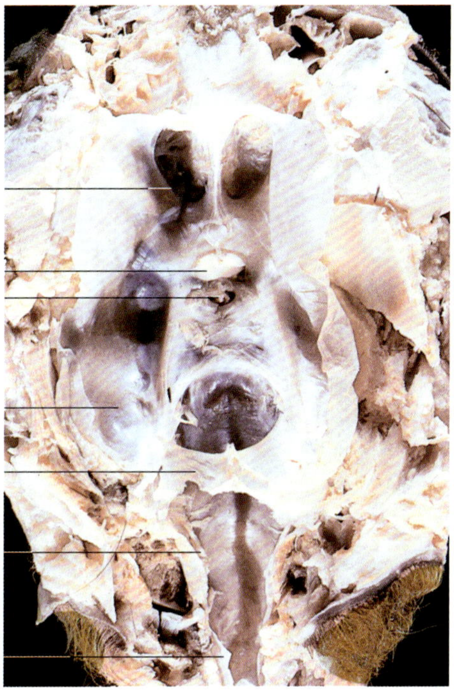

图 15-36 山羊颅底的脑硬膜(背侧面)。E. Schabel 博士制作

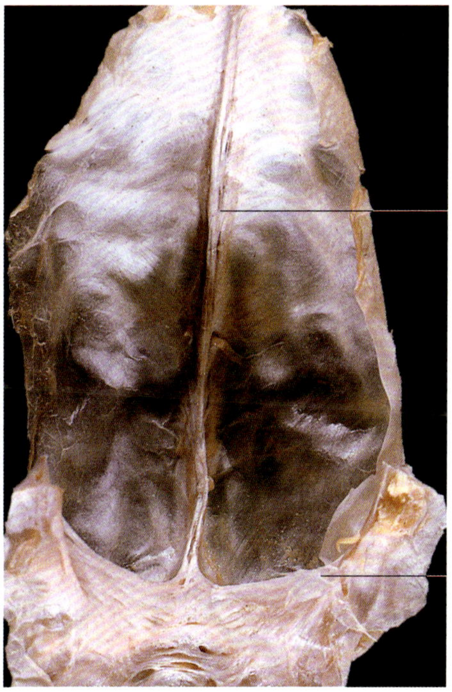

图 15-37 山羊背侧脑硬膜(腹侧面)。E. Schabel 博士制作

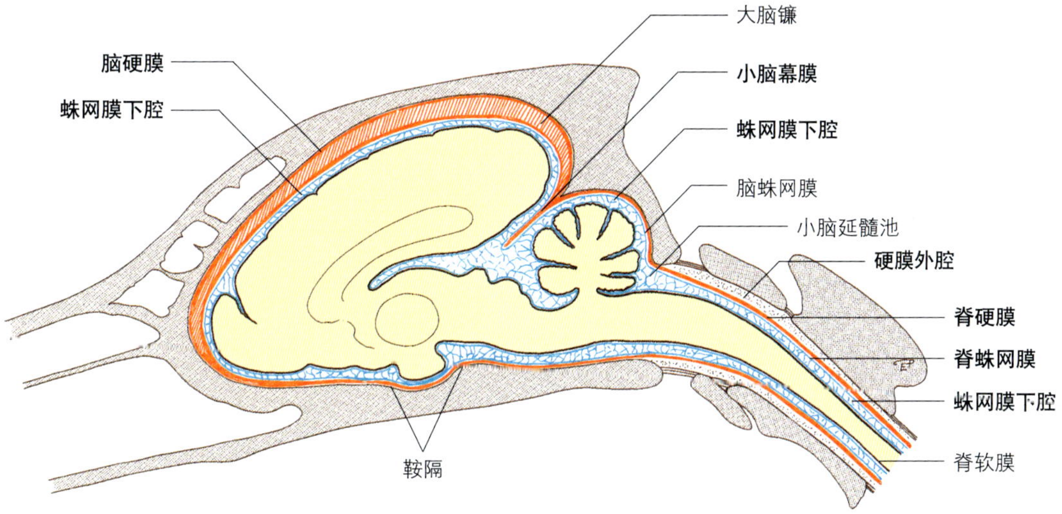

图 15-38 犬脑部和颈髓前部的脑脊膜(示意图,红色 = 硬膜,蓝色 = 软膜)

第 3 脑室相通。第 3 脑室环绕于间脑的丘脑间黏合,是一个位于正中矢状面的窄腔。中脑的**中脑导水管**是连通第 3 脑室和第 4 脑室的管道。第 4 脑室位于**菱脑**,与**脊髓中央管**相连续。

临床小知识

对于一些短头犬,**中脑导水管**(aqueductus mesencephali)**变窄**会阻碍脑脊液(liquor cerebrospinalis)引流,从而导致**脑积水**。

脑脊液通常是由脑**脉络丛**从血浆中形成的无色透明液体。脉络丛由上皮和其下方的脑软膜组成。它们通过脑软膜的附着与脑室壁粘连。附着线称为脉络带。

每个侧脑室有 1 个脉络丛,**第 3 脑室**和**第 4 脑室**有 2 个脉络丛。脑脊液在脑室系统中流动,并流入中央管。它通过第 4 脑室两侧的隐窝和小孔流入蛛网膜下腔。在人类和食肉动物的第 4 脑室还有第 3 个孔——正中孔。脑脊液返回到血液的 2 个主要途径是蛛网膜绒毛和周围神经相关的淋巴管。

脑脊液为中枢神经系统提供缓冲,起到化学缓冲液的作用。它还有输送营养物质和代谢废物,因而接管大脑中所缺少的淋巴管的功能。

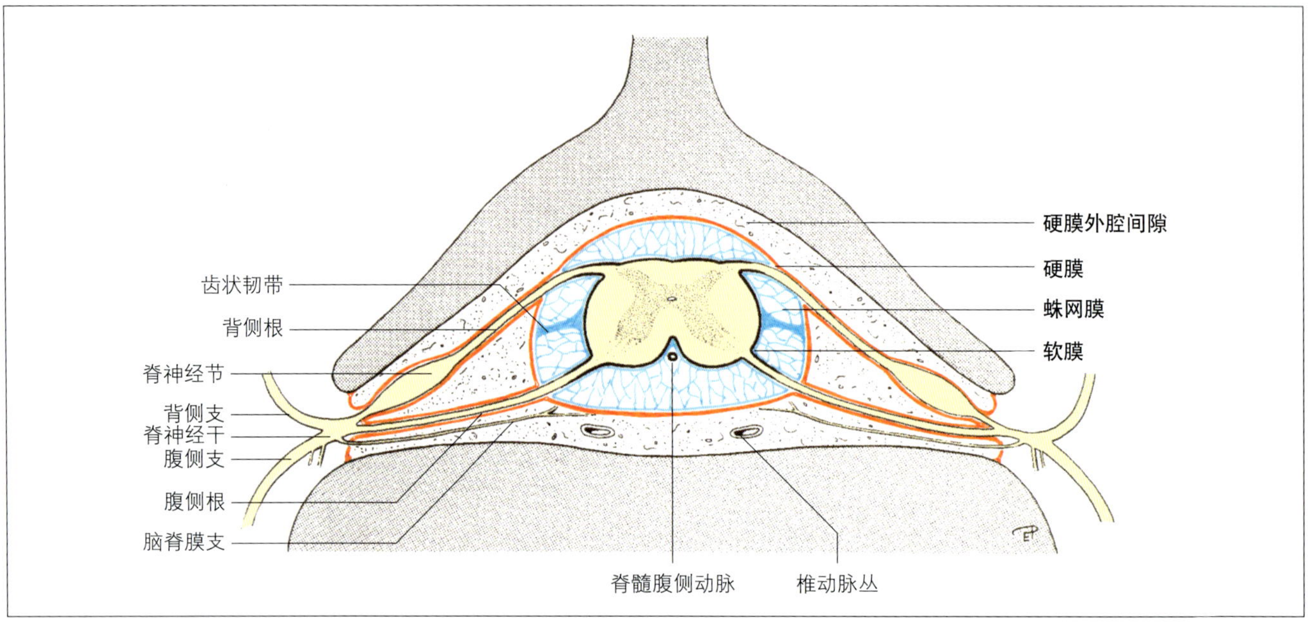

图 15-39 犬的脊膜(示意图,红色 = 硬膜,蓝色 = 软膜)

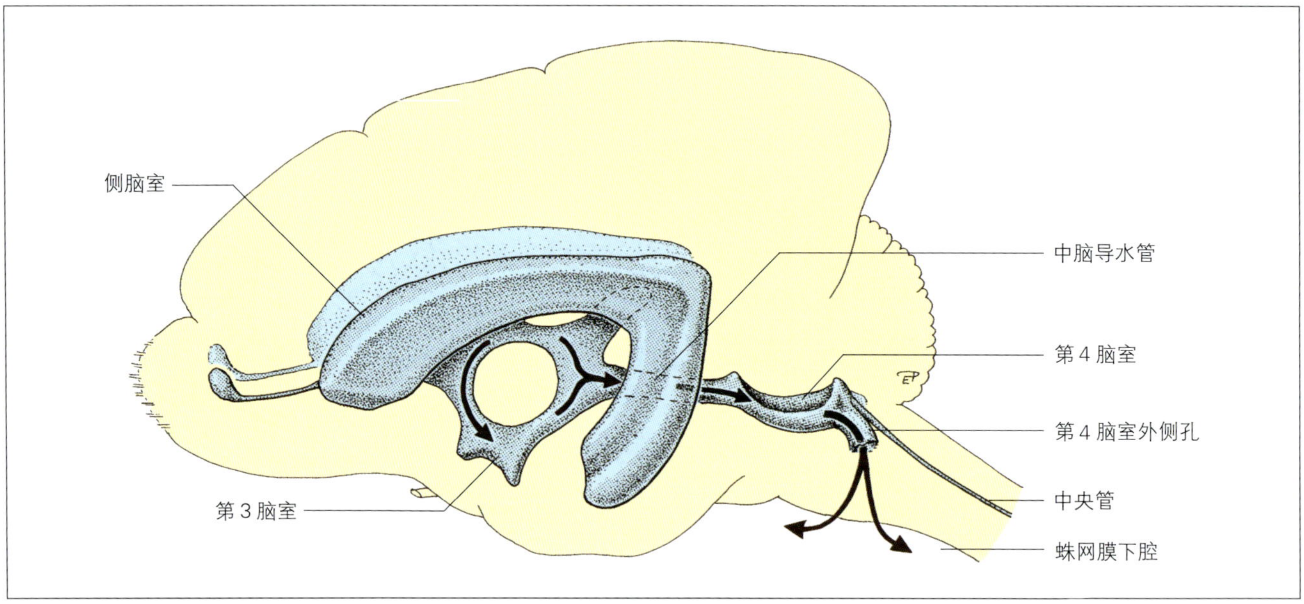

图 15-40 犬的脑室(外侧面),箭头示脑脊液的流动。仿 Anderson 和 Anderson(1994)

15.1.7 中枢神经系统的血管

脊髓的血管

供应颈段脊髓的动脉为**椎动脉**,它属于**锁骨下动脉**的一个分支。脊髓的其余节段接受来自颈动脉、肋间动脉和腰动脉的血供。这些**节段性动脉**通过椎间孔进入椎管,在那里每个分支分为背侧支和腹侧支,与脊神经一起到达脊髓。

这些分支联合形成沿脊髓全长走行的 3 条连续动脉,即**脊髓腹侧动脉**和**成对的脊髓背外侧动脉**。脊髓腹侧动脉是三者中最大的,位于腹正中裂。较小的脊髓背外侧动脉沿背外侧沟延伸,在那里出现背根。这些动脉在脊髓表面形成动脉丛,为脊髓深部结构供血。灰质接受血供要比白质多得多。

脊髓静脉形成一个类似于动脉丛的**网络**。引流静脉也沿着脊神经进入**硬膜外静脉丛**。硬膜外静脉丛由脊髓腹侧、硬膜外腔内的 2 条通道组成,由相邻椎间孔之间的节段延伸组成。2 条通道由横支有序相连,形成阶梯样血管。构成静脉丛的静脉壁薄,且**没有瓣膜**,因此血液可以向**任一方向**流动。硬膜外静脉丛与脊柱外的静脉丛相连,汇入椎静脉、前腔静脉、奇静脉或后腔静脉。

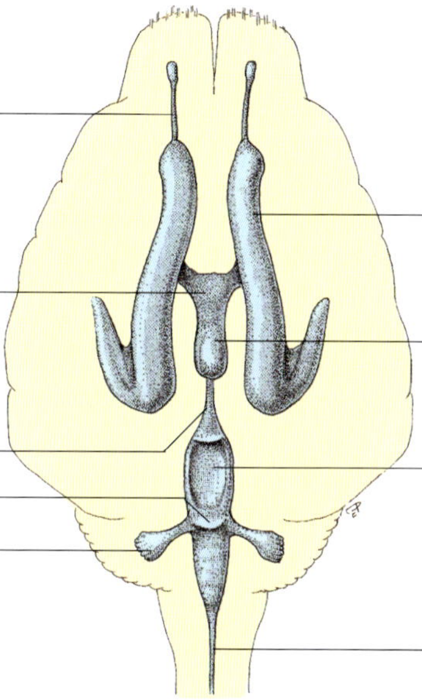

图 15-41 犬的脑室(背侧面)。仿 Anderson 和 Anderson(1994)

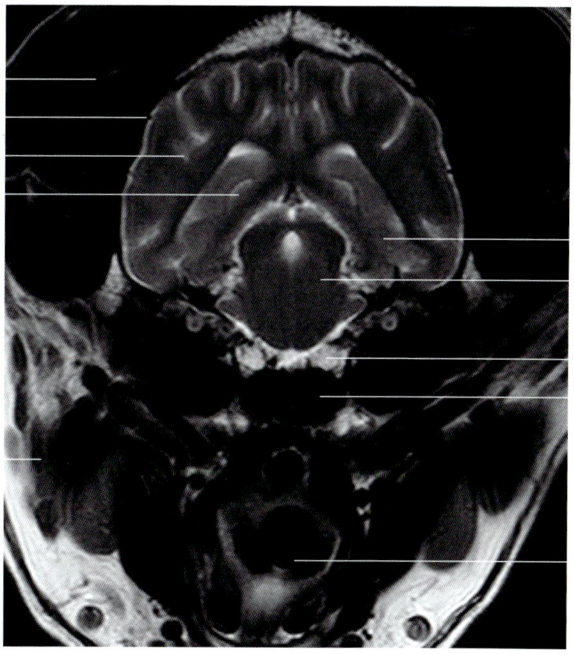

图 15-42 犬头部的磁共振成像(MRI)(颞下颌关节水平的横断面,T2 加权图像)(维也纳 E. Ludewig 博士、教授提供)

临床小知识

由于硬膜外静脉系统为全身大静脉提供了替代通路,当颈静脉或后腔静脉阻塞时,它可作为替代通路。然而,硬膜外静脉的血流相对较慢,有时甚至停滞。缓慢的静脉血流易使**脓毒性或肿瘤性疾病扩散**,使得**肿瘤细胞和微生物**侵入该区域。

另一个临床重要性是在硬膜外穿刺或手术(如**椎板切除术**)时,硬膜外静脉丛有**出血**的风险。

脑的血管

在马和犬,脑部的血供主要来自成对的**颈内动脉**。在猫和反刍动物,颈内动脉在出生后不久就会闭合,脑部的血供主要来自**上颌动脉**的分支。这些分支在脑的底部形成复杂的**动脉网**,由前和后**硬膜外异网**组成,在**大脑颈动脉**汇合。猪的颈内动脉也形成了一个前异网(图 15-48)。

马和犬的**颈内动脉**及其他家畜的脑颈动脉穿过**鞍隔**处的脑硬膜,在下丘脑腹侧的漏斗柄周围形成**环**。这个

大脑动脉环(circulus arteriosus cerebri)曾称 Willis 环，只有犬的是完整的，而其他家畜其前端是开放的(图 15-44 和图 15-45)。动脉环的后部由**基底动脉**和**椎动脉**连接。牛的椎动脉在 Willis 环中占有相当大的比例。从大脑动脉环和基底动脉发出所有其他的脑动脉(图 15-44 和图 15-46)。

其主要分支为：

- 大脑前动脉(a.cerebri rostralis)
- 大脑中动脉(a.cerebri media)
- 大脑后动脉(a.cerebri caudalis)
- 小脑前动脉(a.cerebelli rostralis)
- 小脑后动脉(a.cerebelli caudalis)

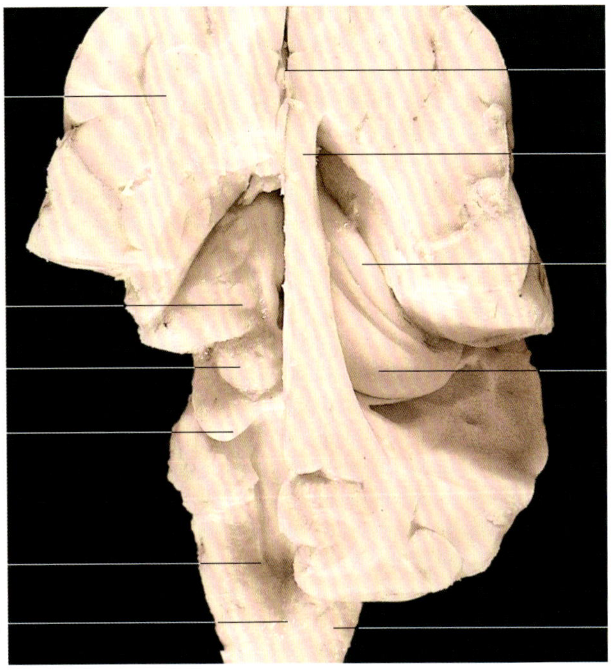

图 15-43 犬的脑室(背侧面)(维也纳 W. Künzel 博士、教授提供)

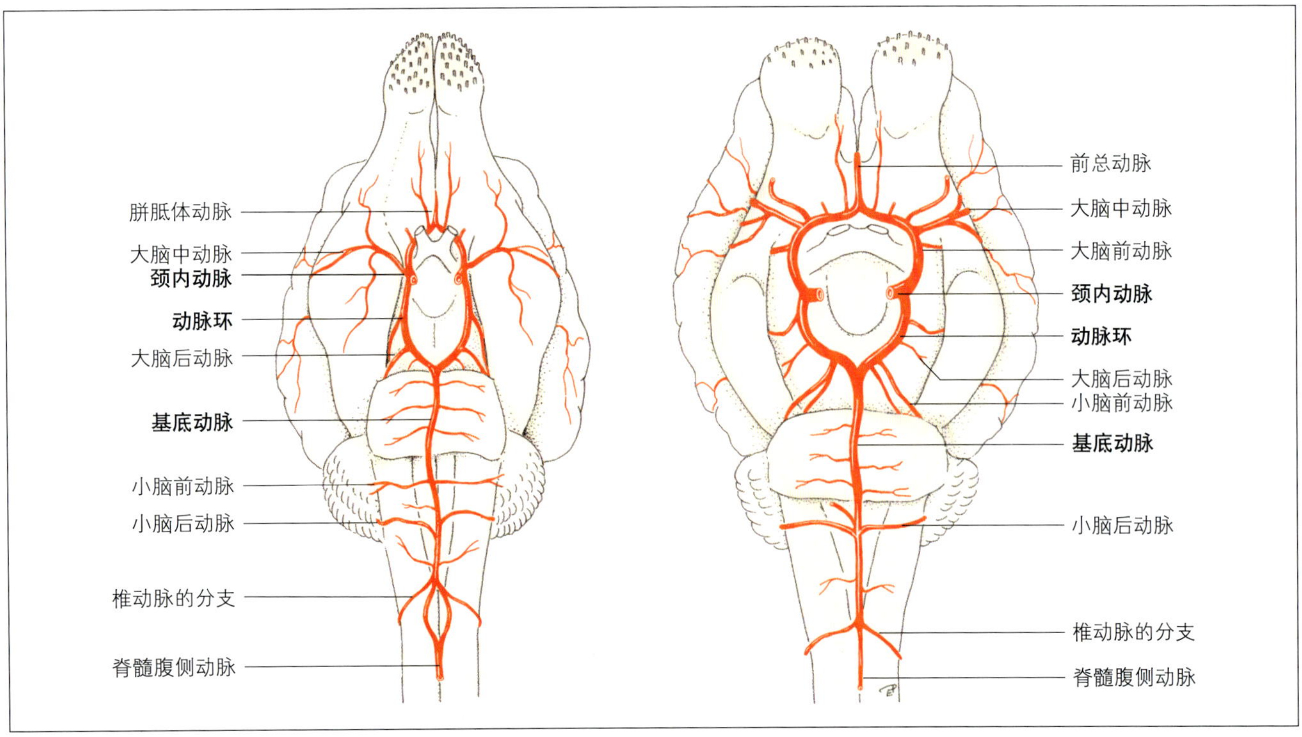

图 15-44 犬脑(左，仿 Budras，2007)和马脑(右，仿 Rösslein，1987)的基底动脉腹侧面

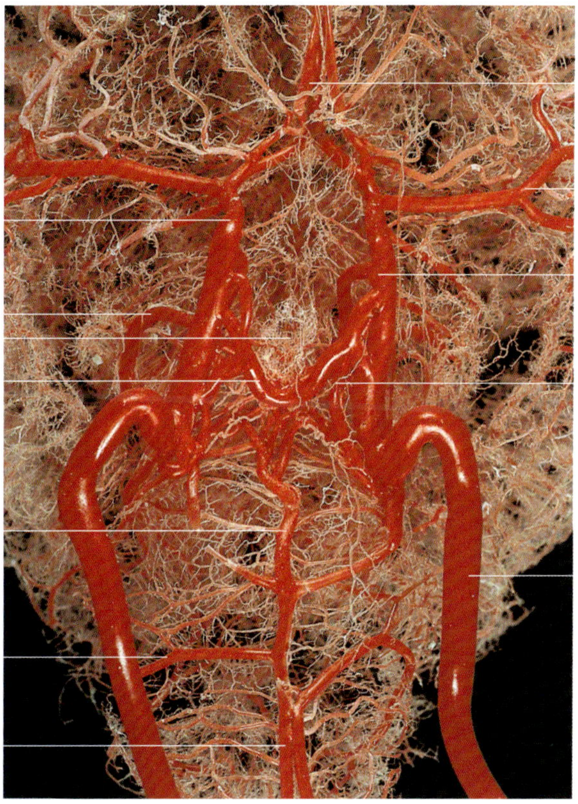

图 15-45 马脑基部动脉（铸型标本）（C. Rösslein 博士制备，1987）

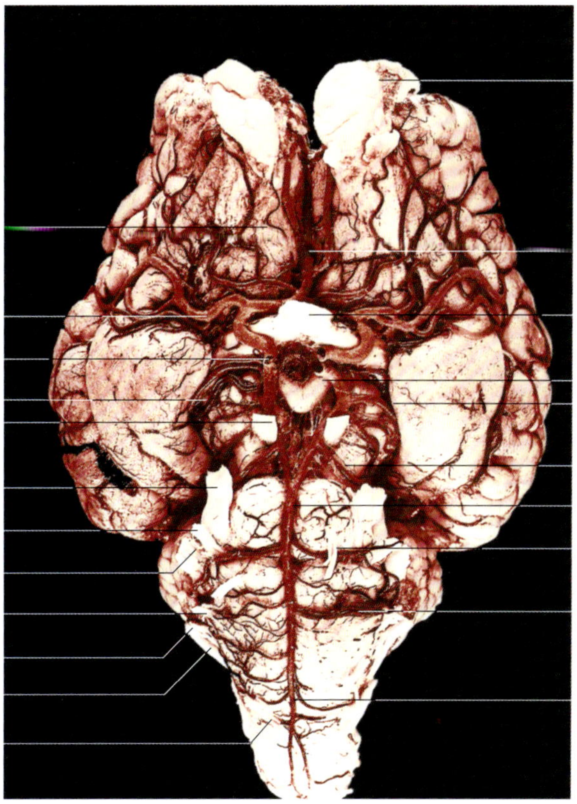

图 15-46 牛脑基底部的动脉

大脑的主要动脉位于脑的表面，它从脑的表面发出更小的血管（小动脉和微动脉）伸入神经组织。**灰质**含有非常密集的毛细血管网，而**白质**接受的血供较少（图 15-47 和图 15-49）。

血脑屏障由毛细血管内皮和周围的神经胶质细胞形成，它降低了神经组织内毛细血管的通透性。

脑内的血管吻合不常见，即使存在，也很窄，它们连接了功能性的终末动脉。其中一条终动脉闭塞，如血凝块、空气或脂肪栓子会导致其所供血的神经组织死亡。人类大脑的中动脉及其分支似乎更容易发生血栓。

临床小知识

了解反刍动物大脑的动脉供血是评价**屠宰仪式方式**的重要考量。切断颈部血管后和喉部，椎动脉（a. vertebralis）保持完整，并继续向大脑供血。因此，以这种方式屠宰的牛，其血压是否能迅速下降以导致立即失去意识，是有争议的。

脑的静脉可分为**背侧**、**基底**和**内部静脉**，这些静脉**无脉瓣**，在进入同样没有瓣膜的**脑硬膜静脉窦**（sinus durae matris）之前与动脉单独走行（图 15-47）。这些被脑硬膜包裹的静脉窦分为背侧和腹侧系统。

背侧系统包含**背侧矢状窦**，收集大脑背侧部和颅顶各骨的血液。它在大脑镰内通过，在分成横窦之前由直窦连接至其末端，横窦在膜性小脑幕向两侧延伸。

横窦接受来自小脑静脉的血液。横窦与**颞窦**相连，颞窦开口于关节后孔，且与**腹侧系统**相连（马除外）。直窦与大脑大静脉相连，后者引流脑内部的血液。

腹侧系统或**基底系统**引流大脑腹侧部和面部的血液。它由海绵窦组成，**围绕脑垂体**，分别与颈内动脉的远端乙状弯曲或者**硬膜外异网**密切相关。腹侧系统通过面深静脉从面部、眼眶和鼻腔收集大量血液。这些结构使大脑的动脉供血降温，即当颈内动脉通过海绵窦时浸泡在温度较低的静脉血中。

15.2 周围神经系统（systema nervosum periphericum）

周围神经系统的神经和神经节并不形成一个独立的功能单位，而是全部与中枢神经系统相连。根据形态和功能，周围神经系统分为 2 个不同的系统：

脑脊（oikotropic）神经和**神经节**连接中枢神经系统与**感觉器官**和**骨骼肌**。脑脊髓神经系统负责环境与机体之间的刺激-反应相互作用。

自主（idiotropic）神经和**神经节**连接中枢神经系统与**内脏**和**循环系统的**各器官。该系统负责内脏器官的调节和协调。根据功能，可进一步细分为交感神经和副交感神经。

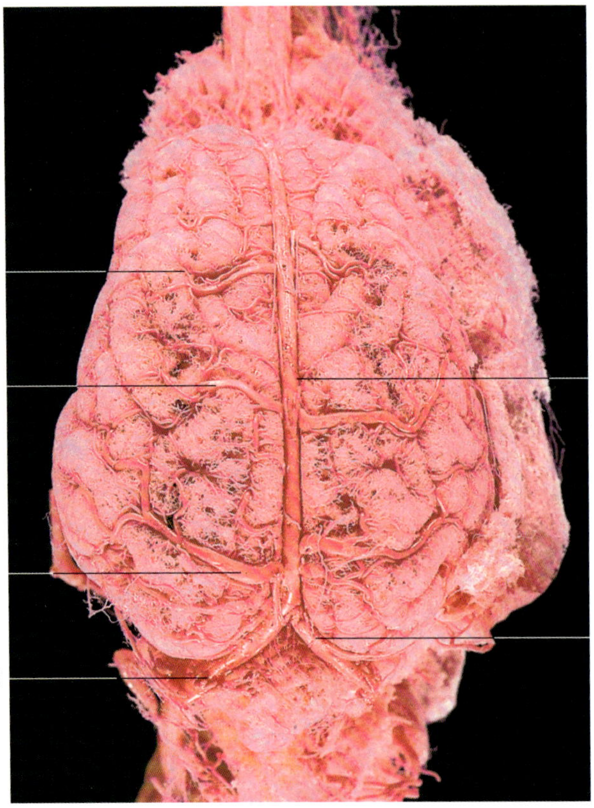

图 15-47 青年猪脑背侧血管（铸型标本）

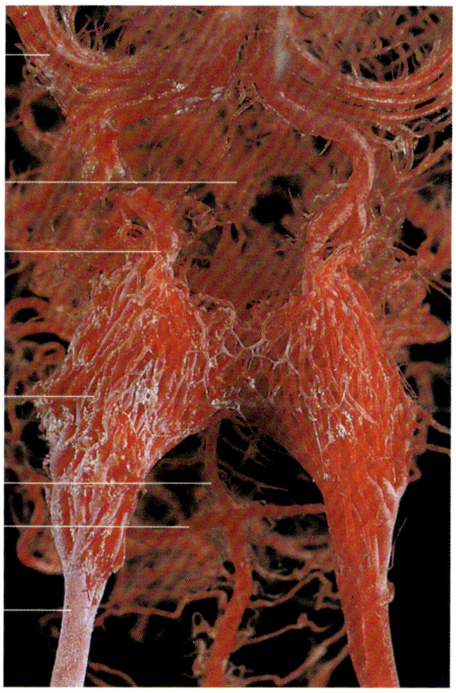

图 15-48 猪脑基底部的动脉(铸型标本)。I. Engelkraut 博士制作(1987)

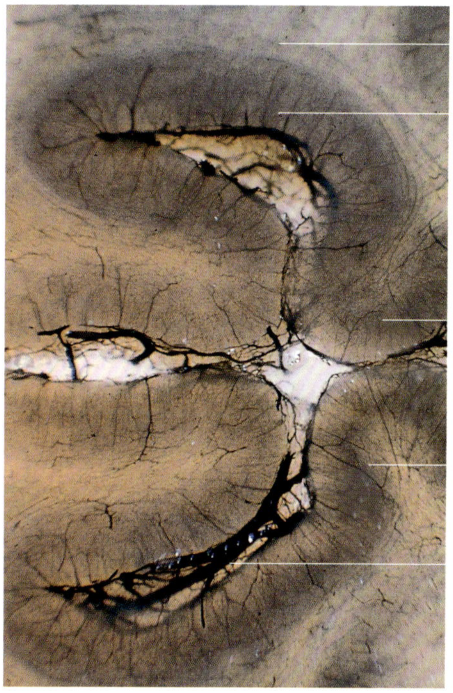

图 15-49 大脑皮层的微血管

15.2.1 脑脊髓神经和神经节

脑脊髓神经可分为:

- 脑神经(nn. craniales)
- 脊神经(nn. spinales)

脑脊髓神经的神经元胞体或位于**中枢神经系**的神经核内,或靠近中枢神经系统的**神经节**内。其轴突将效应器直接连到中枢神经系统,而不形成突触。

脑神经(图 15-50)可分为感觉神经、运动神经和混合神经。有些脑神经中含有自主神经纤维,它们的走行通常表现出不同的模式。

脊神经(图 15-60)为混合神经,由感觉和运动纤维组成,大多数情况下也由自主神经纤维连接。

15.2.2 脑神经(nervi craniales)

经典的解剖学认为动物有 **12 对脑神经**,尽管前两对不是周围神经:

- 嗅神经(Ⅰ)(n. olfhctorius)
- 视神经(Ⅱ)(fasciculus opticus)
- 动眼神经(Ⅲ)(n. oculomotorius)
- 滑车神经(Ⅳ)(n. trochlearis)
- 三叉神经(Ⅴ)(n. trigeminus)
- 外展神经(Ⅵ)(n. abducens)
- 面神经(Ⅶ)(n. facialis)
- 前庭蜗神经(Ⅷ)(n. vestibulocochlearis)
- 舌咽神经(Ⅸ)(n. glossopharyngeus)
- 迷走神经(Ⅹ)(n. vagus)
- 副神经(Ⅺ)(n.accessorius)
- 舌下神经(Ⅻ)(n.hypoglossus)

根据**功能**和**胚胎发育**,脑神经可分为以下几组:

- **感觉组**包括仅与感觉器官有关的神经,如嗅神经、视神经和前庭蜗神经。
- 第 2 组包括支配**眼球肌**的神经,如动眼神经、滑车神经和外展神经。
- 第 3 组包括所谓的**鳃神经**,它支配的结构在胚胎学上起源于鳃弓,即三叉神经、面神经、舌咽神经、迷走神经和副神经。
- 舌下神经根据其胚胎发育可归为**颈脊神经**的残余。

脑神经具有与脊神经不同的一些特征,它们没有节段性胚胎前体,其神经根也不分为传入和传出神经束,而是由单一的结合支发出。与同时具有感觉和运动功能的脊神经不同,脑神经可以是单纯的运动神经,单纯的感觉神经,或者是混合神经。Ⅰ、Ⅱ和Ⅷ脑神经为感觉神经,Ⅲ、Ⅳ、Ⅵ、Ⅺ和Ⅻ脑神经为运动神经,而Ⅴ、Ⅶ、Ⅸ和Ⅹ脑神经为混合神经。

嗅神经（Ⅰ）（nervus olfactorius）

嗅神经不是单一的神经，它由许多**无髓鞘轴突**组成，其胞体位于**嗅上皮**内。这些轴突穿过筛骨的筛板到达嗅球，在那里形成突触。来自犁鼻器的**终末神经**（n. terminalis）与嗅神经结合，这些相对较细的神经终止于**嗅脑**前部（图 15-51；表 15-1）。一些学者将该神经单独描述为脑神经。

视神经（Ⅱ）（视束，fasciculus opticus）

视神经不是一根真正意义的周围神经，而是大脑的一根神经束。视神经纤维起源于由**间脑**发育而来的**视网膜**。视神经也被**脑硬膜**的延伸部分所包裹，在视神经离开眼球处硬膜与巩膜融合。视神经轴突汇聚在**视网膜视盘**处。视神经由眼球后壁离开眼球，经**视神经管**进入颅腔（图 15-29；表 15-1）。

神经纤维在**视交叉**处向对侧交叉，在大脑基部形成视束。视神经纤维终止于**外侧膝状体核**、四叠体的**前丘**和**丘脑核**，在那它们与投射至**枕叶**的**视觉大脑皮层**的纤维形成突触。

动眼神经（Ⅲ）（nervus oculomotorius）

动眼神经由来自**运动核**的**躯体传出纤维**和**副交感核**的**内脏传出神经元**组成。这 2 个神经核均位于中脑的**被盖**。运动核是该神经的主要神经核。

动眼神经由脑干的**大脑脚**腹侧发出，前行与眼神经和外展神经共用一共同的硬膜鞘，然后分别经**圆孔**（foramen rotundum）或**眶裂**和**眶圆孔**（foramen orbitorotundum）离开颅腔。进入眼眶后，动眼神经分为背侧支和腹侧支（图 15-50 和图 15-51；表 15-1）。

动眼神经**背侧支**支配上睑提肌，止于眼背侧直肌。**腹侧支**发出许多分支支配眼内侧直肌、腹侧直肌和腹侧斜肌。副交感神经纤维与腹侧支并行，并与位于腹侧斜肌分支起始处的**睫状神经节**内的节后神经元形成突触。节后纤维支配睫状肌和瞳孔括约肌，控制瞳孔的收缩。

动眼神经包含一些**感觉纤维**，并入三叉神经的眼支，延伸至**三叉神经节**。

滑车神经（Ⅳ）（nervus trochlearis）

滑车神经由来自中脑被盖**滑车神经核**的**运动纤维**组成，支配眼背斜肌。它是唯一一对从脑干背侧发出、在滑车神经交叉（decussatio nervorum trochlearium）处交叉至对侧的神经（图 15-50 和图 15-51；表 15-1）。

滑车神经在小脑幕腹侧皱襞处穿过脑硬膜，在上颌神经的外侧前行。经圆孔离开颅腔，马除外，那里有一个单独的孔（滑车孔）。滑车神经由少量的**感觉纤维**组成。

三叉神经（Ⅴ）（nervus trigeminus）

三叉神经是混合型的复杂神经，是**头部最大的感觉神经**。它由来自头部的皮肤和深部组织的感觉纤维，以及咀嚼肌、下颌舌骨肌、二腹肌前部、软腭张肌和鼓膜张肌的**运动纤维**组成（图 15-50 和图 15-52；表 15-1）。

三叉神经运动核（nucleus motorius n. trigemini）位于后脑、**菱形窝蓝斑**的深部。**感觉纤维**由**三叉神经节**内的假单极神经元发出，并传递至中脑、脑桥和延髓的三叉神经感觉核。

三叉神经中脑束神经核（tractus mesencephali）由假单极神经元组成，发出的纤维通过三叉神经节但并不形成突触。因此，该神经核接管了大脑中感觉神经节的作用。

三叉神经由运动根（radix motoria）外侧发出。**三叉神经节**位于颞骨岩部内的硬膜褶中。当神经离开三叉神经节时，可分为 **3 个主要分支**：

- 眼神经（n.ophthalmicus，V_1）
- 上颌神经（n. maxillaris，V_2）
- 下颌神经（n.mandibularis，V_3）

眼神经（V_1）（nervus ophthalmicus）

眼神经于垂体外侧前行，与上颌神经、滑车神经和外展神经同在一个硬膜鞘内。这些神经分别经圆孔或眶裂离开颅腔进入眼眶（图 15-52；表 15-1）。眼神经与海绵窦密切相关，而在反刍动物、猪和猫中，其与**硬膜外异网**密切相关。眼神经在进入眼眶后可分为：

- 泪腺神经（n.lacrimalis）
- 额神经（n. frontalis）
- 鼻睫神经（n. nasociliaris）
  - 筛神经（n. ethmoidalis）
  - 滑车下神经（n. infratrochlearis）

泪腺神经被眶周覆盖，沿眼球外直肌延伸，支配泪腺、眼颞眦部的皮肤和结膜。在牛，泪腺神经为角支提供大部分纤维（连同颧神经）。支配泪腺神经的**分泌纤维**来自面神经的中间部分，并在**翼腭神经节**内形成突触。节后纤维在并入泪腺神经前与上颌神经和颧神经同行。

额神经在眼球背斜肌和背直肌背侧的眶周下方前行。到达眼眶背侧缘后，穿过眶周，并绕过其背侧缘。在马的额神经穿过眶上孔，支配上眼睑、鼻眦和前额的皮肤和结膜，还有一支延伸至额窦。

鼻睫神经是眼神经中最大的分支。它穿过视神经外侧，然后越过视神经到达眼眶内侧。在分叉到筛神经和滑车下神经之前，鼻睫神经发出睫状短神经和睫状长神经。睫状短神经经过睫状神经节。睫状神经于巩膜和脉络膜之间走行，到达虹膜。它们的分支分布到球结膜、睫状肌和角膜。

筛神经经筛孔重新进入颅腔。在脑硬膜的外侧，行至筛板，并通过筛板进入鼻腔。筛神经的感觉纤维支配嗅黏膜，并有分支至额窦和鼻腔顶壁至鼻尖。

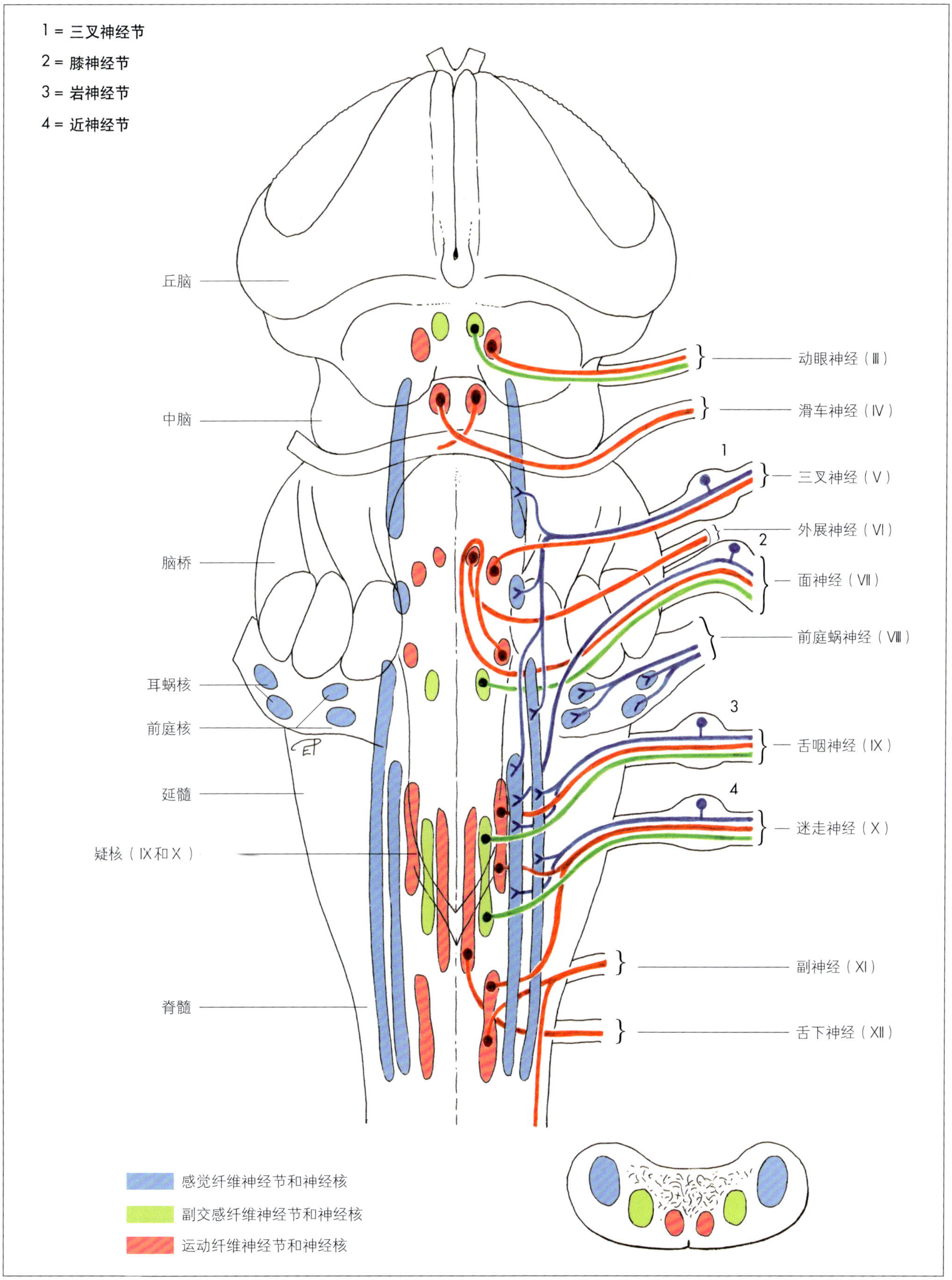

图 15-50　脑脊神经核、神经和神经节位置示意图

表 15-1　脑神经分布区域小结

神经	分布		
	运动神经	感觉神经	副交感神经
嗅神经（Ⅰ）	—	嗅觉	—
视神经（Ⅱ）	—	视觉	—
动眼神经（Ⅲ）	浅层眼睑提肌和除眼球上斜肌和外侧直肌以外的全部眼球肌		睫状肌和瞳孔括约肌
滑车神经（Ⅳ）	眼球背侧斜肌	—	—
三叉神经（Ⅴ）			
● 眼神经（V_1） ○ 眼腺神经 ○ 额神经 ○ 鼻睫神经	—	眼球 结膜，眼区的皮肤 嗅黏膜 部分额窦	通过面神经分布于眼腺
● 上颌神经（V_2）			
○ 颧神经	—	颞区、顶区的皮肤和下眼睑	—
○ 翼腭神经 - 鼻后神经 - 腭大神经 - 腭小神经	—	鼻腔、上颌窦腔、硬腭和软腭黏膜	来自面神经纤维，分布于泪腺
○ 眶下神经	—	上颌齿，鼻和上唇的皮肤	—
● 下颌神经（V_3）			
○ 咀嚼肌神经	咬肌 颞肌	—	—
○ 翼内、外肌神经	翼外肌和翼内肌 鼓膜张肌	—	—
○ 颊神经	—	颊黏膜	来自舌咽神经纤维，分布于颊腺和腮腺
○ 耳颞神经	—	面部的皮肤	—
○ 下颌齿槽神经	下颌舌骨肌和二腹肌前部	下颌齿，下唇	—
○ 舌神经	—	舌前 2/3 的黏膜	来自面神经（鼓索）纤维，分布于舌下腺和下颌腺
外展神经（Ⅵ）	眼球外侧直肌和外侧 1/4 的眼球退缩肌	—	—
面神经（Ⅶ）			
● 镫骨肌神经	镫骨肌	—	—
● 耳后神经	耳廓肌	耳廓的皮肤	
● 耳睑神经	眼睑肌	—	—
● 颈支	颈部皮肌	—	—
● 二腹肌支	二腹肌的后部	—	—
● 颊支	面肌（颜面）	—	—
● 中间部（鼓索和岩大神经）	—	舌黏膜	泪腺，鼻腺和腭黏膜，舌下腺和下颌腺

续表 15-1

神经	分布		
	运动神经	感觉神经	副交感神经
前庭蜗神经（Ⅷ）	—	平衡觉和听觉	—
舌咽神经（Ⅸ）			
● 咽支	茎突咽后肌，咽	颈动脉体（颈动脉球）	腮腺和颊腺
● 舌支	软腭提肌和张肌	舌的后 1/3	—
迷走神经（Ⅹ）			
● 头部			
○ 耳支	—	耳廓内侧的皮肤	—
○ 喉前支	环甲肌，喉	—	—
○ 减压神经	—	—	心神经丛
● 颈部 形成迷走交感干			
● 胸部 ○ 右喉后神经绕过右锁骨下动脉 ○ 左喉后神经绕过主动脉 ○ 迷走神经背侧干 ○ 迷走神经腹侧干	除环甲肌以外的全部喉肌	—	胸腔内器官
● 腹部	—	—	腹腔内器官
副神经（Ⅺ）			
● 背侧支	臂头肌 斜方肌 肩胛横突肌	—	—
● 腹侧支	胸头肌 胸锁乳头肌 锁枕肌	—	—
舌下神经（Ⅻ）	舌肌	—	—

感觉＝传递有关从周围神经系统（PNS）到中枢神经系统（CNS）的所有类型的刺激信息。
感官＝感觉的神经支配（味觉、视觉、听觉、触觉、味觉和平衡觉）。
交感神经通过颈前神经节支配头部的几个器官。

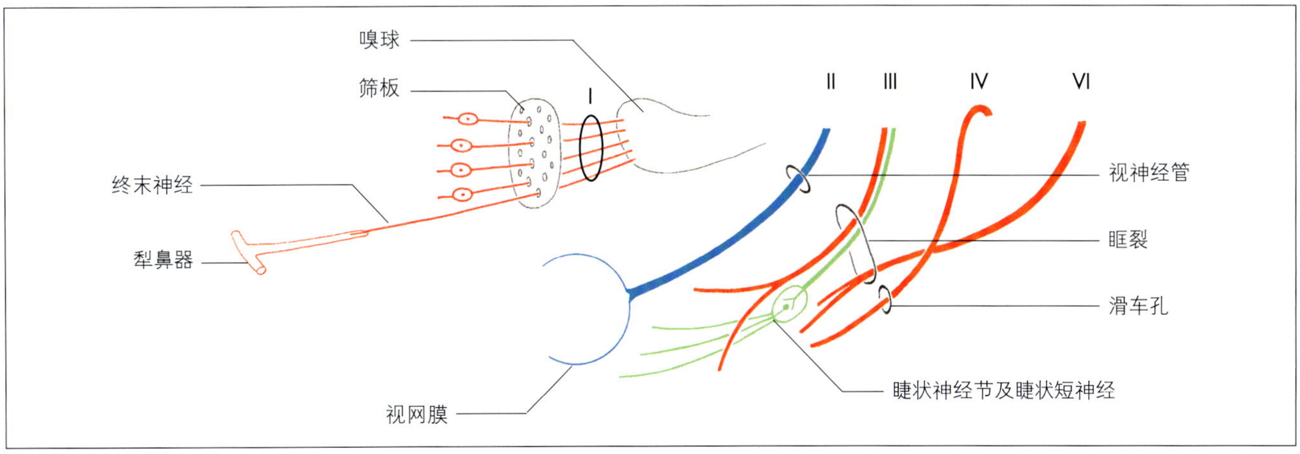

图 15-51 嗅神经(淡红色)、视神经(蓝色)、动眼神经、滑车神经、外展神经(红色)和副交感神经纤维(绿色)示意图。仿 Budras 和 Röck(1997)

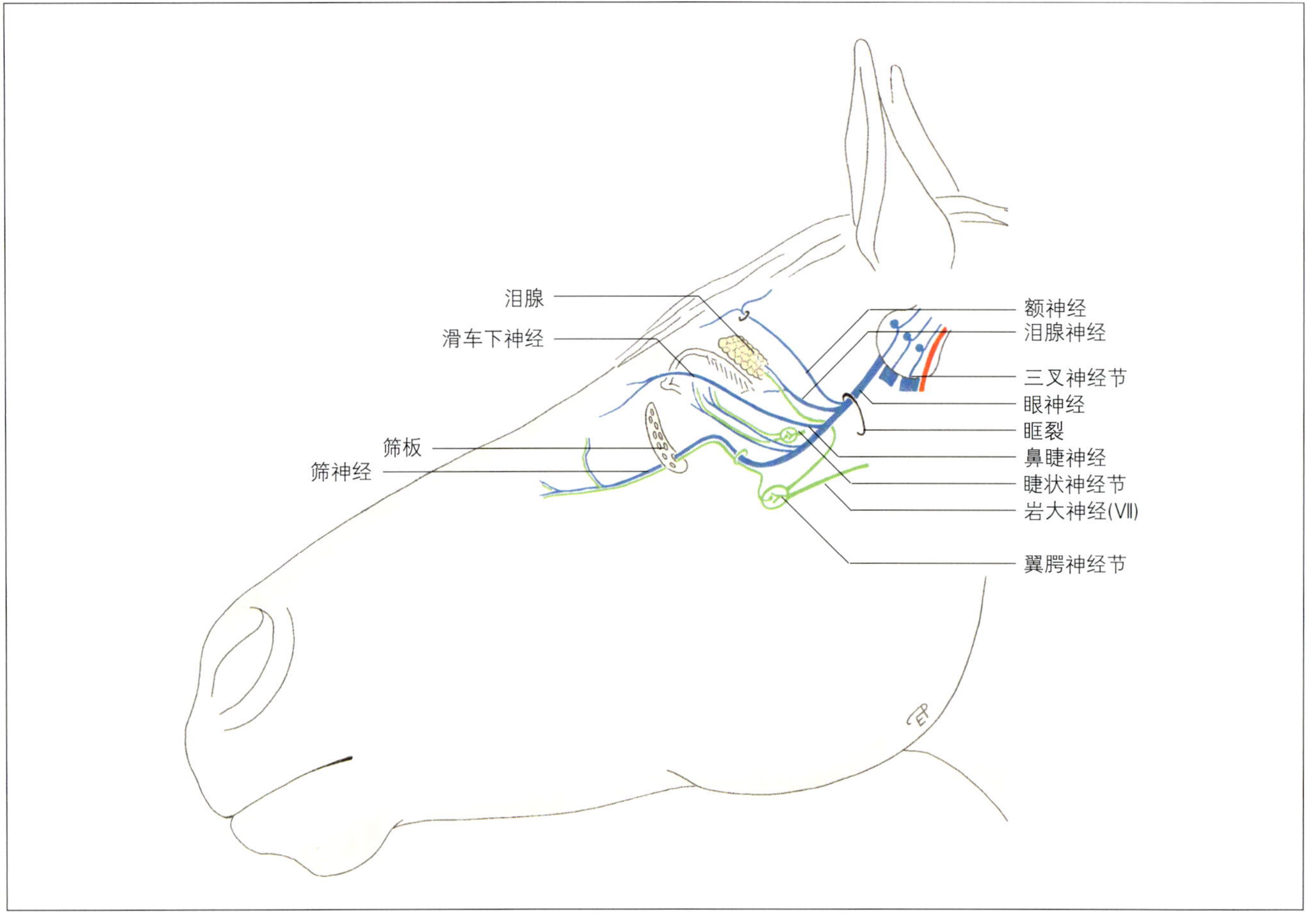

图 15-52 马眼神经的主要分支示意图(蓝色 = 感觉纤维,红色 = 运动纤维,绿色 = 副交感纤维)

滑车下神经沿眼眶内侧走行至鼻眦部,支配结膜、第 3 眼睑和泪阜。

上颌神经(V_2)(nervus maxillaris)

上颌神经比眼神经要粗。它对下眼睑、鼻黏膜、上齿、上唇和鼻都有**感觉**。其远侧支含有支配泪腺、鼻腺和腭腺的**节后纤维**。在分别经**圆孔**和**眶裂**出颅腔前,上颌神经发出**脑膜支**(ramus meningcus)分布于硬脑膜基底部(图 15-53;表 15-1)。与上颌神经密切相关的**副交感翼腭神经节**,位于上颌神经节内侧。在翼腭窝,上颌神经分为:

- 颧神经(n. zygomaticus)
- 翼腭神经(n. pterygopalatinus)
- 眶下神经(n. infraorbitalis)

颧神经走行于眼眶外侧。它与泪腺神经、额神经和耳睑神经一起,支配颞部和额部的皮肤。在反刍动物,颧神经含有支配角的角神经分支。颧神经为泪腺神经提供来自**翼腭神经节**的副交感纤维。猫无颧神经。

翼腭神经起自上颌神经的深面,向前延伸形成以下分支:

- 鼻后神经(n. nasalis caudalis)
- 腭大神经(n. palatinus major)
- 腭小神经(n. palatinus minor)

鼻后神经经蝶腭孔离开翼腭窝进入鼻腔,分为内侧支和外侧支,为鼻中隔、鼻甲腹侧黏膜、下鼻道和中鼻道的鼻黏膜提供感觉神经支配。

腭大神经经腭大孔进入腭管,支配硬腭黏膜。较细的**腭小神经**为软腭提供感觉神经支配。

眶下神经是上颌神经的直接延续,由上颌孔进入眶下管,经眶下孔重新出现在面部。其发出的**齿槽支**(rami alveolares)分布于上颊齿,支配鼻部的皮肤、口鼻部的皮肤和黏膜,以及上唇。

上颌神经的分支将分泌性的副交感纤维从翼腭神经节传递至泪腺以及鼻和腭的各种腺体。

下颌神经(V_3)(nervus mandibularis)

下颌神经同上颌神经一样粗,但与三叉神经的其他分支相比,它既有**感觉神经**又有**运动神经**(图 15-54 和图 15-55;表 15-1)。它为抓握和咀嚼有关的肌肉提供运动神经支配,

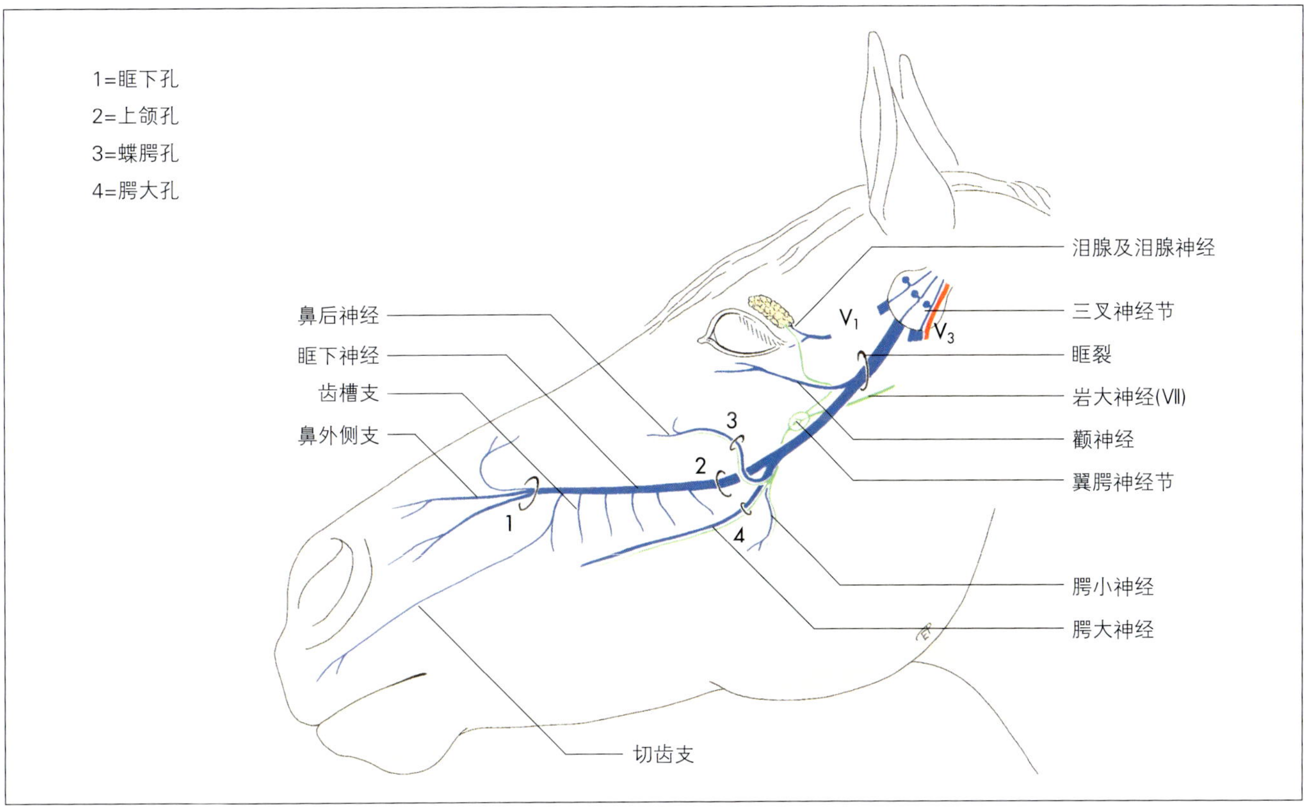

图 15-53 马上颌神经的主要分支示意图(蓝色 = 感觉纤维,红色 = 运动纤维,绿色 = 副交感纤维)

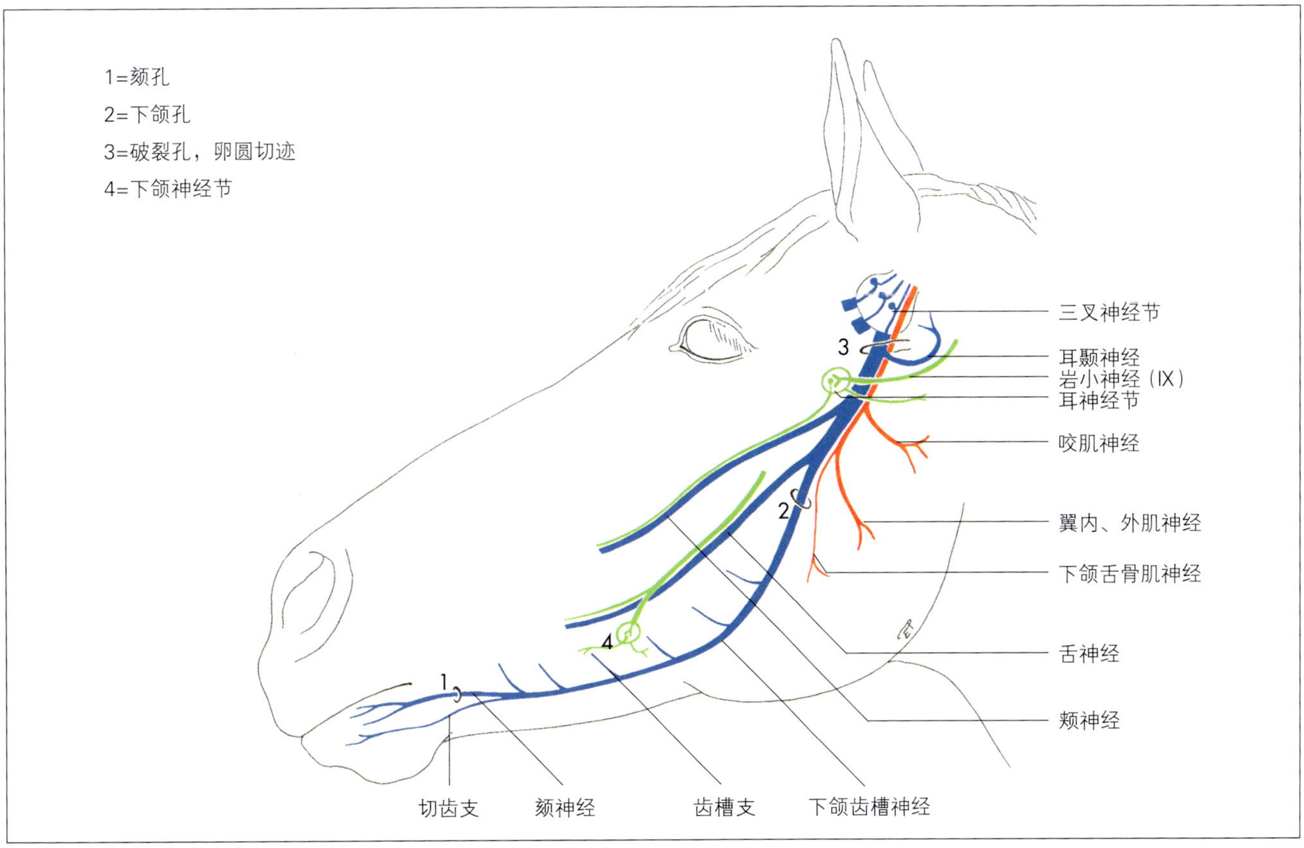

图 15-54 马下颌神经的主要分支示意图(无颞深神经;蓝色 = 感觉纤维,红色 = 运动纤维,绿色 = 副交感纤维)

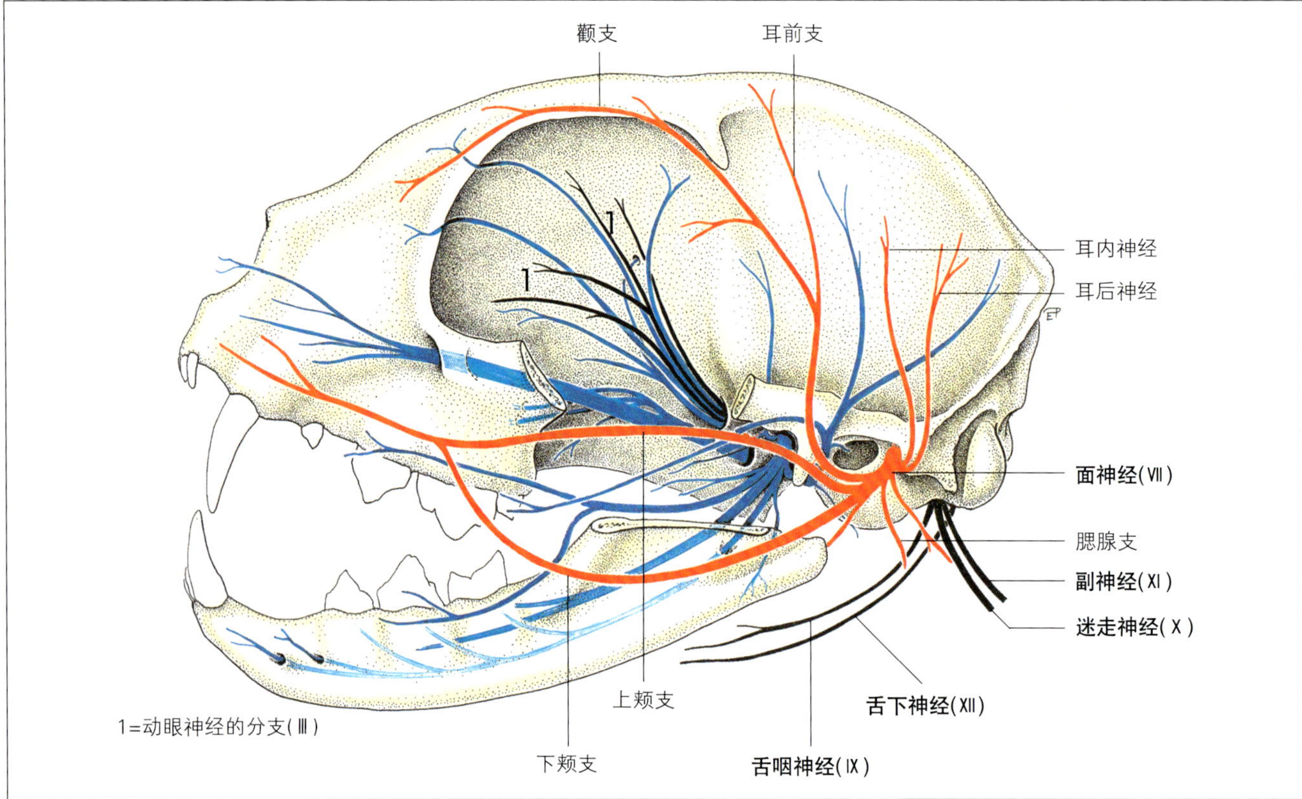

图 15-57 猫面神经的主要分支示意图(红色 = 运动纤维,黑色 = 迷走神经群和舌下神经纤维,蓝色 = 感觉纤维,见图 15-56)。仿 Schleip(1992)

面神经干位于腮腺前缘、咬肌的皮下位置。在这里分出**颊支**而终止。颊支形成颊神经丛(plexus buccalis),这不仅在不同种属间存在差异,且个体之间也存在差异。颊神经丛发出运动支至颊、唇和鼻孔的肌肉。它们由三叉神经的耳颞支和眶下支的感觉纤维连接。

临床小知识

面神经麻痹的临床症状显然取决于**病变部位**。累及神经种属部位的病变影响整个面部视野,包括耳、眼睑、鼻和唇的肌肉麻痹,并导致泪腺和唾液腺的分泌活动减弱或丧失。发生在中耳或颅外的**外周病变**可引起颜面肌单侧麻痹,这种情况的特征是不对称的口鼻下垂和无法闭眼。人类表现出对噪声的敏感性增强(听觉过敏)。马的面神经皮下部分如受到缰绳的过分勒紧将导致损伤,也可能会引起唇和颊部肌肉的麻痹。

前庭蜗神经(Ⅷ)(nervus vestibulocochlearis)

前庭蜗神经仅提供感觉神经支配,由与平衡有关的前庭神经和与听觉有关的耳蜗神经组成(图 15-30 和图 15-50;表 15-1)。见第 18 章“前庭蜗器”(561 页)。

前庭神经将内耳前庭器与脑连接起来。其双极神经元的胞体位于前庭神经节内,外周纤维来自膜迷路的**嵴**(壶腹嵴)和**斑**(椭圆囊斑和球囊斑)。**前庭神经节**位于内耳道基部,由上、下两部分组成。前庭部分的传入纤维形成前庭神经根,从斜方体进入延髓,由此通过终止核(前庭前核、前庭脊髓核、前庭内侧核和前庭外侧核)进入前庭区的。部分纤维直接终止于小脑。

耳蜗神经将神经冲动由耳传递至脑完成听觉。组成耳蜗神经的纤维,其胞体位于耳蜗骨蜗轴内的带状**螺旋神经节**内。这些细胞的外周突与耳蜗管内的**柯蒂氏器**上的毛细胞形成突触。其中枢突结合成束,穿过内耳道有穿孔的耳蜗区,结合形成前庭蜗神经的耳蜗神经根。

耳蜗神经根与前庭神经根合并进入斜方体,终止于**延髓**的耳蜗背侧核和腹侧核。2 个耳蜗核是中枢听觉通路的起点。交叉后,纤维进入内侧膝状体和四叠体的后丘,于外侧丘系上行至**大脑皮层**,投射至**颞叶的听觉区**。

舌咽神经(Ⅸ)(nervus glossopharyngeus)

舌咽神经(图 15-50 和图 15-58;表 15-1)是一种**混合神经**,具有**感觉**和**运动**纤维。其运动纤维起自**延髓**疑核前部。**疑核**是舌咽神经和迷走神经纤维共同的起始神经核。副交感纤维起自**舌咽神经副交感核**。舌咽神经由**延髓**的腹外侧面发出,靠近迷走神经和副神经。有些学者把这些神经归为**迷走神经群**。舌咽神经为中耳、舌后 1/3 提供感觉神经支配,与迷走神经一起支配咽。舌咽神经为咽扩张肌(茎突咽后肌)提供运动纤维支配,也可能为软腭肌提供运

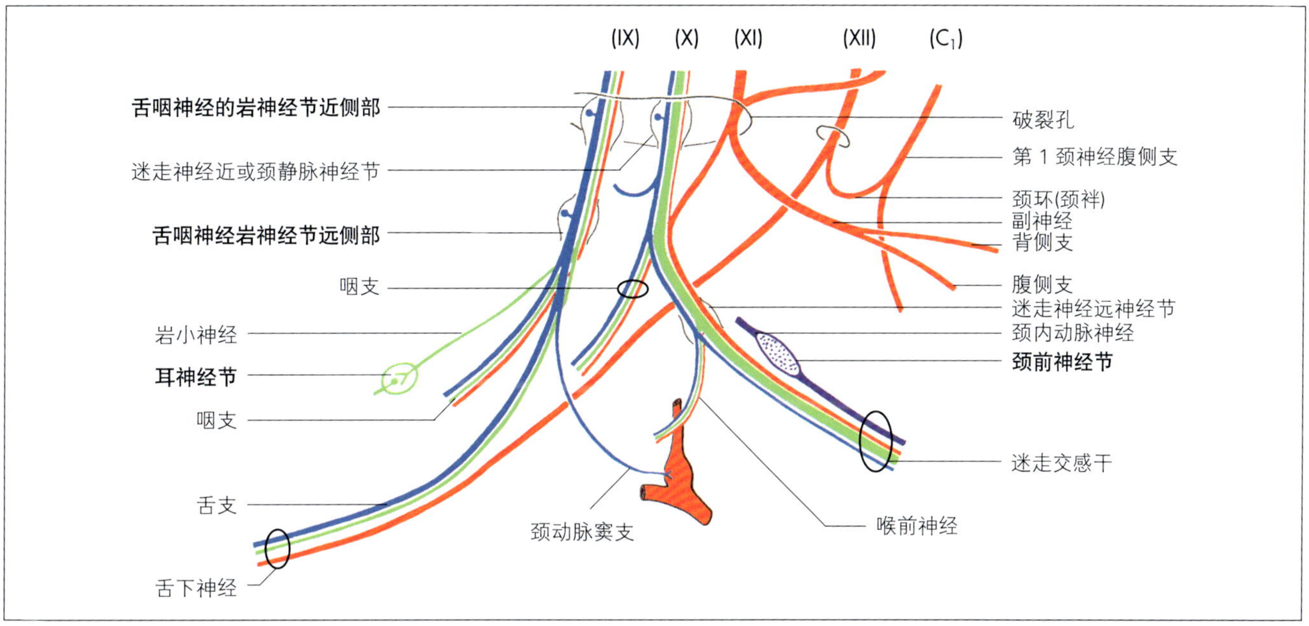

图 15-58 迷走神经群(舌咽、迷走、副神经)和舌下神经的起始部示意图,包括主要神经节(蓝色 = 感觉纤维,红色 = 运动纤维,绿色 = 副交感纤维)。仿 Budras 和 Röck(1997)

动神经支配。

舌咽神经感觉神经元的胞体位于**岩神经节**内,岩神经节分为**近侧部**(位于颅内)和**远侧部**。在岩神经节远侧部水平,岩小神经发出小的分支至鼓室丛和咽鼓管。岩小神经离开鼓室,止于**耳神经节**,由此发出的节后分泌纤维伸至腮腺和颊腺。

舌咽神经的**主干**分出一支到颈动脉窦(颈动脉窦支),分布于颈动脉球壁的压力感受器和颈动脉体的化学感受器。

舌咽神经以分出的**舌支**和**咽支**终止。咽支在咽神经丛内分支,迷走神经也加入该丛。舌支支配舌后 1/3 黏膜的感觉纤维和副交感纤维。显微镜下有小的副交感神经节沿舌咽神经分支散布,尤其是在舌支上。舌咽神经接受来自**颈前神经节**的交感神经纤维。

临床小知识

马的舌咽神经通过喉囊的内侧间隔,与舌下神经走行于共同的皱襞内。**喉囊炎**可能引起这些神经损伤,其症状表现为吞咽困难。

迷走神经(X)(nervus vagus)

与其他脑神经不同,迷走神经并不局限于**头部**,而是广泛分布,支配**胸腔和腹腔的内脏器官**。迷走神经是自主神经系统中**最大的副交感神经**(图 15-50 和图 15-58;表 15-1)。

迷走神经是一种**混合神经**,含有**运动**、**感觉**和**副交感纤维**。运动纤维起自延髓**疑核后部**,另有来自副神经的运动纤维加入。**假单极感觉神经元胞体**位于**迷走神经近神经节**(曾称颈静脉神经节),其感受器位于内脏,传入纤维延伸至延髓感觉核。

迷走神经副交感神经的节前神经元胞体位于**迷走神经副交感核**,该神经核紧邻**延髓**舌咽神经的后部。由该核发出长的副交感神经的节前纤维终止于胸腹腔内脏器官的壁内神经节。

头部的副交感分支在迷走神经**远神经节**(曾称结状神经节)形成突触,该神经节位于喉前神经的起始部(图 15-58)。

迷走神经起自延髓腹外侧面,在舌咽神经和副神经之间,它们共同经颈静脉孔出颅腔。迷走神经近神经节位于**颈静脉孔**内(图 15-58)。

迷走神经发出一个小的**脑膜支**(ramus meningeus)和靠近颈静脉孔的耳支。**耳支**并入面神经的一个分支,支配外耳内的皮肤。它是迷走神经支配皮肤的唯一分支。据推测,该分支在耳灸中发挥重要作用。

迷走神经分出的另一强大分支是**咽支**(图 15-58),它并入舌咽神经形成**咽丛**。该神经丛在咽肌表面和黏膜下层散在分布有大量的神经细胞,形成了一个精细的网络结构。这些迷走神经纤维为会厌、气管和食管的黏膜提供感觉神经支配。支配咽缩肌和舌根的分支起自咽丛。

喉前神经起自迷走神经的**远神经节**,它是迷走神经颅部的末端的标志(图 15-58)。喉前神经经过喉,在此分为**内支**和**外支**。外支支配咽后缩肌,而内支为喉的感觉纤维。在分出内、外支之前,喉前神经发出一降压支,单独或与**迷走交感干**一起走行至**心丛**,其作用是减慢心率。

迷走神经接受来自**颈前神经节**的**交感神经纤维**。犬、猫和猪的迷走神经远神经节是肉眼可见的,而马、牛和绵羊的迷走神经远神经节则由几个散在的细胞体组成,需要借助显微镜才能观察到。山羊因个体差异，可见散在的和弥散性的神经节。

迷走神经分出喉前神经后，即为**颈部**迷走神经。迷走神经在颈总动脉的背外侧、与交感干包于一个筋膜总鞘，沿颈部伸延，构成**迷走交感干**。在胸前口处，迷走神经从靠近**颈中神经节**的交感干分开（图 15-58）。

胸部迷走神经在锁骨下动脉腹侧进入纵隔，分离出通向心丛的心支，并与来自颈中神经节和星状神经节的交感神经纤维一起进入心丛。

大的**喉后（返）神经**于胸部发出（图 15-59）。**右侧喉后神经**在**肋颈动脉干**水平处发出，绕过**右锁骨下动脉**，沿气管前行，止于喉。**左侧迷走神经**在 **Botallo 氏韧带**水平处发出左侧喉后（返）神经，绕过主动脉，在此与**气管支气管淋巴结**相接触。在颈总动脉内侧，沿着气管前行至喉。其轴突是体内发现的最长的轴突之一。

两条喉返神经为所有喉肌（除**环甲肌**外）提供**运动**纤维，为喉后部的黏膜提供感觉纤维。喉返神经发出不久即分出短的心支，并分出小的分支沿颈部分布至气管和食管。

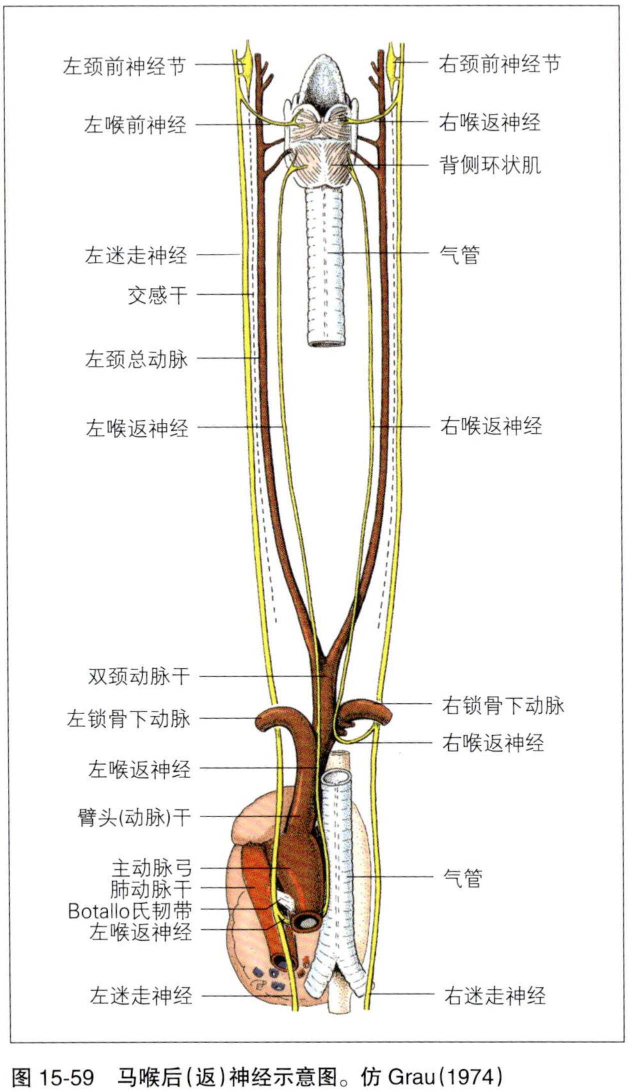

图 15-59 马喉后（返）神经示意图。仿 Grau（1974）

马的左侧喉后肌麻痹引起**"喘鸣症"**。

迷走神经干延续至肺根，分为**背侧支**和**腹侧支**，分别与食管对侧同名支联合形成迷走神经**背侧干**和**腹侧干**。背侧支和腹侧支发出支气管支。

迷走神经背侧干和腹侧干经膈的食管裂孔延续为**腹部迷走神经**。一旦进入腹腔，迷走神经并入交感神经纤维，形成神经丛，支配腹腔内脏器官（图 15-83）。

副神经（XI）（nervus accessorius）

副神经也是**迷走神经群的一部分**。其起源仅由**运动纤维**组成，但可接受来自**颈前神经节**的交感神经纤维。它由 2 个根组成（图 15-50、图 15-57、图 15-58；表 15-1）。副神经颅根的纤维起源于**延髓疑核的后部**，离开副神经并入迷走神经。

副神经脊髓根纤维的胞体位于脊髓颈段的**副神经核**。这些纤维由脊髓外侧面离开，并结合形成沿脊髓走行的神经干，经枕骨大孔进入颅腔。副神经与舌咽神经、迷走神经一起经颈静脉孔由颅腔穿出。在寰椎翼腹侧分出**背侧支**和**腹侧支**。背侧支在臂头肌和夹肌之间向后背侧走行，支配覆盖其的臂头肌（锁臂肌除外）、肩胛横突肌和斜方肌。腹侧支支配胸头肌。

舌下神经（XII）（nervus hypoglossus）

舌下神经纤维起自**延髓后部**的**舌下神经核**。它由锥体外侧发出，穿过硬脑膜。其神经干经舌下神经管离开颅腔（图 15-57 和图 15-58；表 15-1）。

舌下神经在迷走神经和副神经之间前行至舌，在此处分为**深支**和**浅支**，同时支配舌外肌和舌固有肌。

马的舌下神经通过喉囊的内侧间隔，与舌咽肌（译者注：原文为舌咽肌）形成共同的皱襞。它穿过颈内动脉，与舌面干平行走行至舌根。

临床小知识

喉囊的**传染性疾病**或者**原发性病变**可能引起该神经损伤，其症状表现为**舌麻痹**。

15.2.3 脊神经（nervi spinales）

除颈椎和尾椎外，脊柱各段脊神经的对数与椎骨数相一致。第 1 颈神经由**寰椎的椎外侧孔穿出**，随后的颈神经在相应的颈椎前方出椎间孔，最后颈神经在第 7 颈椎和第 1 胸椎之间穿出。因此，8 对颈神经对应于 7 枚颈椎。在尾椎，尾神经数少于尾椎数。

每对脊神经都起自与**脊髓**相连的**背侧根**和**腹侧根**。背侧根和腹侧根在椎管内汇合形成脊神经。靠近两根结合处的背侧根含有梭形的**脊神经节**，它主要由传入神经元胞体——**假单极神经元**聚集而成（图 15-60）。

脊神经**背侧根**由**传入神经纤维**组成，而**腹侧根**由**运动**

传出纤维和**自主神经纤维**组成。由椎间孔穿出的脊神经为混合纤维,可进一步分为背侧支和腹侧支。

背侧支(图 15-60)又分为内侧支和外侧支,**内侧支**位于椎骨横突背侧,为背部肌提供神经支配;**外侧支**支配背部皮肤。由特定的脊神经支配的皮肤节段,称为皮节。此神经支配的**自主神经成分**与所谓的 **Head 氏带**(译者注:痛觉过敏带)有关,在那里某些内脏器官投射至皮肤。越是靠近脊神经后部的皮节越向腹侧延伸,而靠近头部的脊神经则仅限于体壁的背侧部。

较大的腹侧支(图 15-60)支配横突腹侧的肌肉和剩余的皮肤,包括四肢。腹侧支通常分为 **2 个主要分支**,第 1 个分支起自腹中部,第 2 个分支靠近腹白线。最后 3 个颈神经和前 2 个胸神经的腹侧支形成**臂神经丛**,后者发出神经分布于前肢。最后 3 个腰神经和前 2 个荐神经的腹侧支形成支配后肢的**腰荐神经丛**。

颈神经(nervi cervicales)

颈神经的背侧支和腹侧支相互连合,分别形成颈神经背侧丛和腹侧丛(图 15-60)。

第 1 颈神经腹侧支在**颈袢**(ansa cervicalis)并入舌下神经,从颈袢发出分支支配舌骨器的长肌:胸骨舌骨肌、胸骨甲状肌和肩胛舌骨肌。

第 2 颈神经腹侧支分出耳大神经(n. auricularis magnus),与面神经的耳后神经一起支配外耳后部。

第 5～7(猫第 4～7)**颈神经腹侧支**形成**膈神经**。膈神经在胸腔纵隔内向后走行,支配膈肌。

锁骨上支也起自颈神经腹侧支,支配肩关节上方的皮肤。

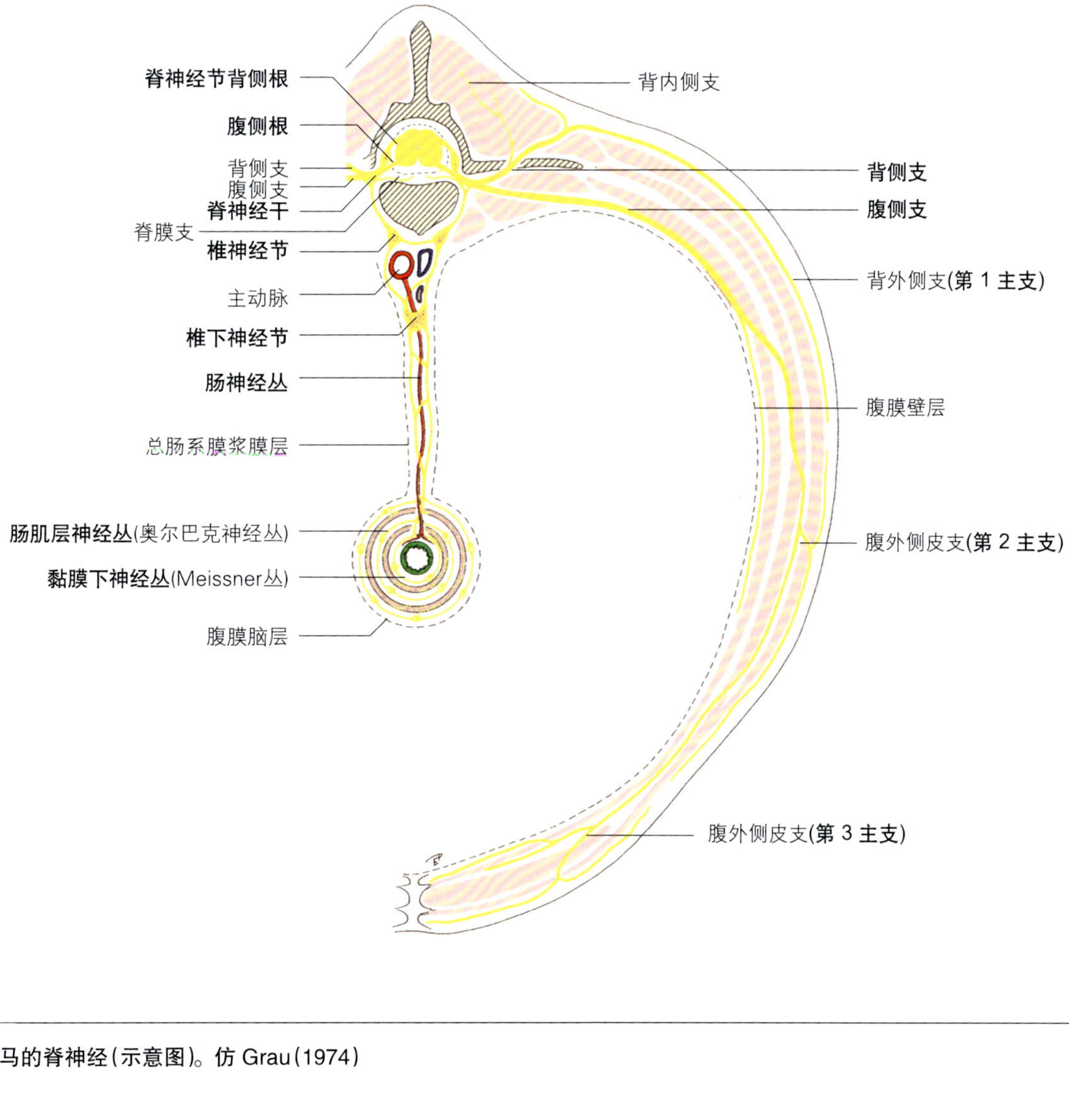

图 15-60 马的脊神经(示意图)。仿 Grau(1974)

臂神经丛(plexus brachialis)和前肢的神经

臂神经丛通常由**第 6、第 7、第 8 颈神经**以及**第 1、第 2 胸神经**的腹侧支形成。它分布于前肢的肌肉和皮肤(图 15-68),以及部分肩带肌和胸腹部外侧壁(图 15-61;表 15-2 和表 15-3)。

臂头肌、肩胛横突肌、菱形肌、斜方肌和肩上部的皮肤由颈神经和胸神经的腹侧支和背侧支支配,而不受臂神经丛的支配。

臂神经丛的分支通常是**混合**纤维,这是由于脑脊纤维由来自星状神经节的自主神经纤维加入。

臂神经丛位于**第 1 肋骨**前方,颈长肌和斜角肌之间。神经丛的根部通过斜角肌的中部和腹部到达肩部的内侧。在食肉动物,神经丛的根部经过中斜角肌的腹侧。神经丛的几个分支在胸壁上的分布非常有限,且临床意义不大。仅对这些神经进行简要描述(图 15-61;表 15-2):

- 胸长神经(n. thoracicus longus)
- 胸背神经(n. thoracodorsalis)
- 胸外侧神经(n. thoracicus lateralis)
- 胸肌前神经和胸肌后神经(nn. pectorales craniales et caudales)
- 肩胛下神经(nn. subscapulares)

胸长神经支配胸腹侧锯肌,在胸腹侧锯肌的外侧面向后走行。颈腹侧锯肌由颈神经支配。

胸背神经起自最后颈神经,向后走行,穿过大圆肌,在其支配的背阔肌内侧面发出分支。

胸外侧神经起自臂神经丛后部(C_8 和 Th_1),沿背阔肌走行,支配皮肌的腹部。胸外侧神经的一些分支并入相邻的肋间神经,形成肋间臂神经,支配臂三头肌后部、胸壁和腹壁的腹侧皮肤。感觉纤维由肋间神经提供。

胸肌前神经和**胸肌后神经**起自臂神经丛前部,支配胸肌。胸肌前神经支配胸浅肌和有蹄类动物的锁骨下肌。胸肌后神经向腹后侧走行支配胸深肌。

肩胛下神经要么单个出现,要么起自臂神经丛前部。它们支配肩胛下肌的前部和中部。

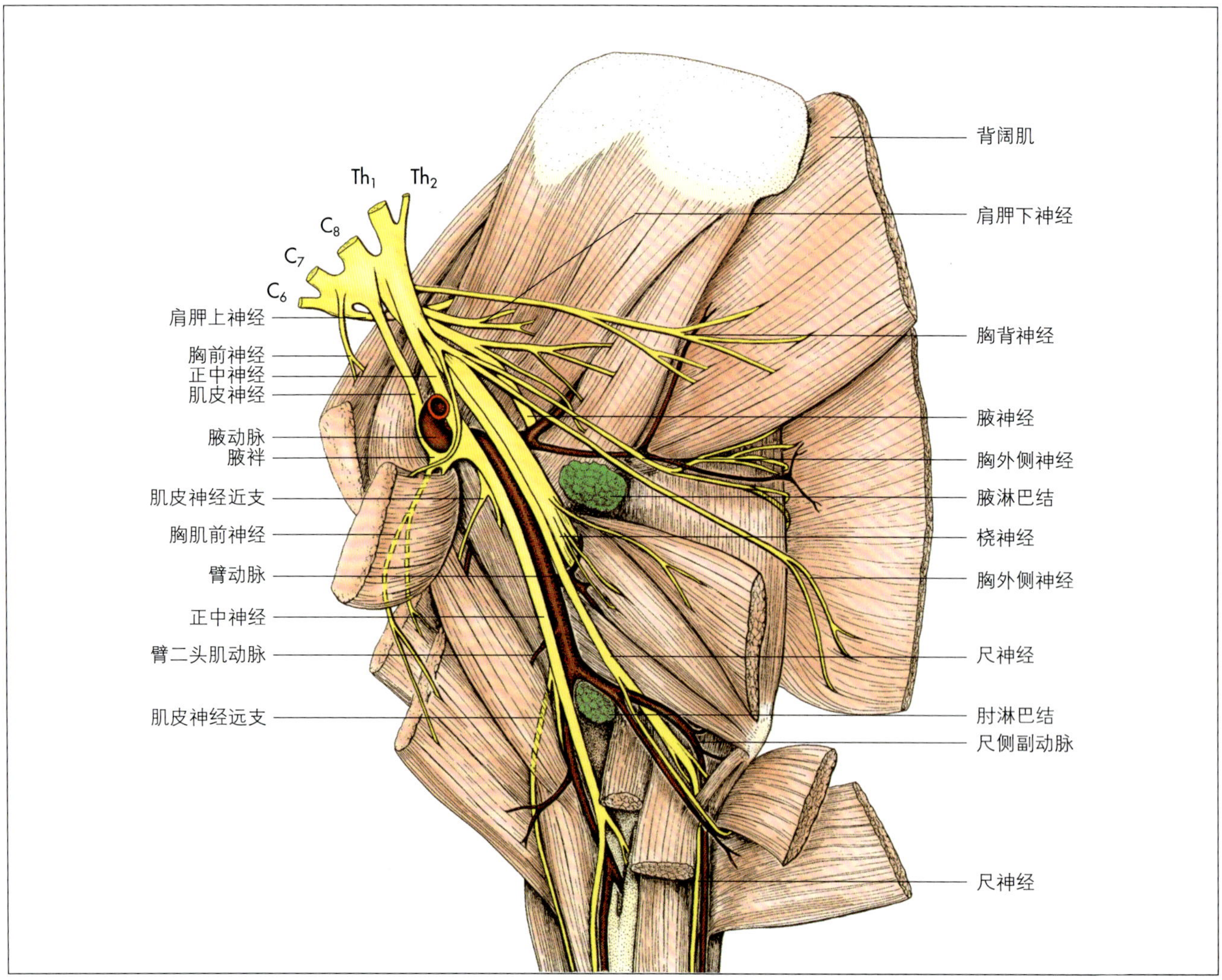

图 15-61　马右前肢的臂神经丛(示意图,内侧面)

表 15-2 分布于胸侧壁的臂神经丛小结

神经	运动神经纤维	感觉神经纤维
胸肌前神经	胸浅肌，锁骨下肌	—
胸肌后神经	胸深肌	—
胸长神经	胸腹侧锯肌	—
胸背神经	背阔肌	—
胸外侧神经	皮肌	胸侧壁和被覆于臂三头肌的皮肤
肋间臂神经	皮肌	胸侧壁和被覆于臂三头肌的皮肤

注:臂神经丛包含运动纤维、感觉纤维和植物性纤维。

表 15-3 臂神经丛的主要神经组成。数据源于 Habel(1978)

神经	各节段神经腹侧支			
	C_6	C_7	C_8	Th_1
肩胛上神经	×	×	–	–
肌皮神经	×	×	–	–
腋神经	–	×	×	–
桡神经	–	×	×	×
正中神经	–	–	×	×
尺神经	–	–	×	×

以下 **3 个神经**的分布区域相对局限,但功能相当重要(图 15-61 和图 15-65;表 15-3 和表 15-4):

- 肩胛上神经(n.suprascapularis)
- 肌皮神经(n. musculocutaneus)
- 腋神经(n. axillaris)

肩胛上神经(nervus suprascapularis)

肩胛上神经在肩胛下肌和冈上肌(译者注:原文为 suprascapular muscles)之间穿出,到达肩胛颈前缘,并绕至肩胛骨的外侧面,支配冈上肌和冈下肌。由于肩胛上神经与肩胛骨紧密接触,极易受到创伤性损害。

临床小知识

肩胛上神经的**麻痹**通常导致其所支配的肌肉萎缩。站立动物的肩部外展,且这种现象在运动过程中表现得更加明显(**“肩脱臼”**)。这种病在马最为常见,临床上被称为**“马肩肌萎缩症”**。它通常由外伤引起,因肢体过度外展或剧烈回缩,神经被牵拉至肩胛骨上。

肌皮神经(nervus musculocutaneus)

肌皮神经起自臂神经丛、肩胛上神经的后方。它与正中神经平行走行,有蹄类动物的肌皮神经与正中神经汇合,环绕**腋动脉**(ansa axillaris)形成**腋袢**。在肱骨近端,肌皮神经分出近肌支,经肱骨和喙臂肌之间向前穿行,支配喙臂肌和臂二头肌。肌皮神经在上臂远 1/3 处再次分出正中神经,支配臂肌和前臂内侧皮肤。

临床小知识

肌皮神经**损伤**并不常见,但其一旦损伤将使肘部的主要屈肌麻痹。然而,桡神经也有分支分布于臂肌,因此肌皮神经的损伤可由桡神经补偿。前臂内侧**皮肤感觉丧失**将有助于肌皮神经损伤的诊断。

腋神经(nervus axillaris)

腋神经在肩关节后方伸至前肢的外侧面。在内侧面,腋神经支配大圆肌和肩胛下肌的后 1/3。同时也支配关节囊和小圆肌。腋神经分支支配三角肌,并发出一小支至锁臂肌。其皮支到达三角肌腹侧缘的皮下,支配臂部和前臂部的背侧皮肤(图 15-61、图 15-64、图 15-65)。

前肢其余的 **3 个神经**由**臂神经丛**一直延伸至指端(图 15-61 和图 15-65;表 15-3 和表 15-5):

- 桡神经(n.radialis)
- 正中神经(n.medianus)
- 尺神经(n.ulnaris)

表 15-4 分布于前肢近端肌肉的臂神经丛小结

神经	运动神经纤维	感觉神经纤维
肩胛上神经	冈上肌 冈下肌	—
腋神经	肩关节屈肌： ● 三角肌 ● 大圆肌 ● 小圆肌 ● 锁臂肌	前臂前面的皮肤
肩胛下神经	肩胛下肌	—
肌皮神经	喙臂肌 臂二头肌 臂肌（部分）	前臂内侧皮肤

注：臂神经丛包含运动纤维、感觉纤维和植物性纤维。

表 15-5 分布于前肢远端的臂神经丛小结

神经	运动神经纤维	感觉神经纤维
桡神经	除肩关节肌以外前肢所有伸肌： ● 臂三头肌 ● 肘肌 ● 前臂筋膜张肌 ● 臂肌（部分） ● 腕桡侧伸肌 ● 指总伸肌 ● 指外侧伸肌 ● 腕尺侧伸肌（屈肌） ● 拇长展肌 ● 臂桡肌 ● 旋后肌	臂部和前臂部外侧皮肤
正中神经	腕桡侧屈肌 旋前圆肌 旋前方肌 指深屈肌（部分） 指浅屈肌（部分）	掌部和指部皮肤（有尺神经）
尺神经	腕尺侧屈肌 指深屈肌（部分） 指浅屈肌 骨间中肌	前臂后部皮肤，掌和指部背外侧皮肤（部分）

注：臂神经丛包含运动纤维、感觉纤维和植物性神经纤维。

桡神经（nervus radialis）

桡神经的神经纤维主要来自第 8 颈神经，是臂神经丛的**最粗**的神经，且**分布最广**。桡神经支配除肩关节外的所有前肢伸肌。除马以外的所有家畜，桡神经支配前肢外侧皮肤，即延伸至前臂顶端，止于腕骨远端（图 15-61、图 15-62、图 15-64 和图 16-65）。

桡神经在穿过臂三头肌长头和内侧头之间，沿肱骨螺旋沟下行至前肢的前外侧面之前，其走行于臂动脉远端、后方，并平行于臂动脉。在其走行中，桡神经支配肘关节的伸肌（前肢的臂三头肌、肘肌、前臂筋膜张肌）。在肱骨远端 1/3 处，桡神经分出皮支（前臂皮支）支配前臂皮肤。

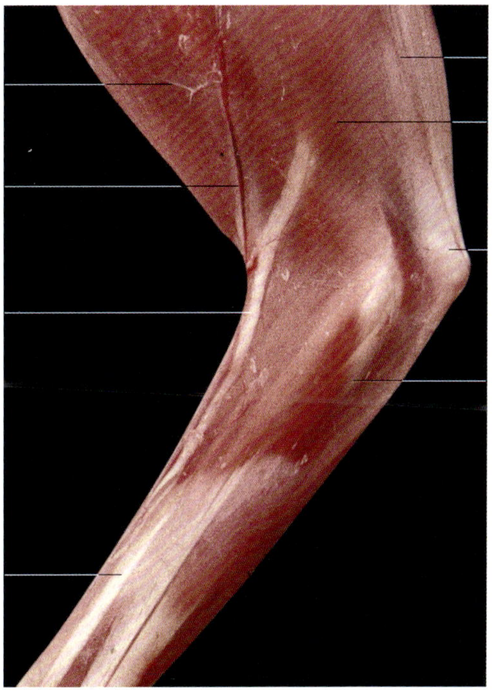

图 15-62 猫左前肢，示桡神经（外侧面）

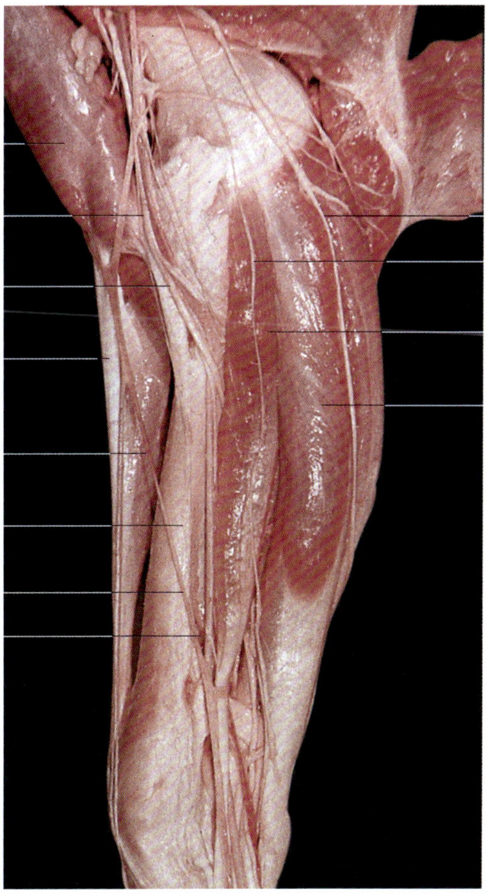

图 15-63 马右前臂皮支（内侧面）（维也纳 R. Macher 博士提供）

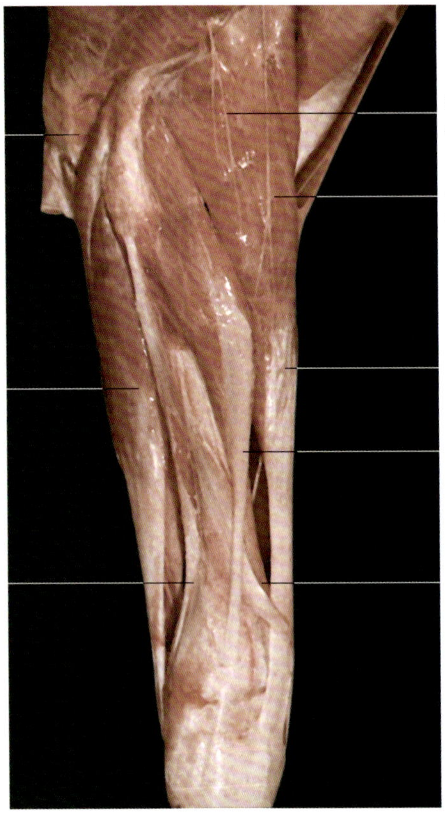

图 15-64　马右前臂皮支（外侧面）（维也纳 R. Macher 博士提供）

临床小知识

桡神经麻痹的临床症状取决于**损伤部位**。损伤部位越接近桡神经近端，症状越严重，预后越不良。由车祸引起的**动物臂神经丛撕裂**，导致许多神经功能缺陷，且很少消退。**前臂中部近侧**桡神经损伤通常导致肘部伸肌的麻痹、腕部和指部伸肌麻痹以及皮肤感觉缺失。受伤的动物不能固定其肘关节，因此表现为非负重性拖指跛行。**桡骨远侧部**的桡神经损伤，导致腕和指伸肌麻痹（腕桡侧伸肌、腕尺侧伸肌、指总伸肌），患病动物指关节贴地，并试图以指背侧着地站立。

正中神经（nervus medianus）

正中神经起于臂神经丛，向下走行至前臂内侧面，与肌皮神经一起形成**环绕腋动脉的腋袢**（图 15-61）。在肘关节前面，正中神经在旋前圆肌下方的外侧走行，支配前臂后部大的屈肌群。猫的正中神经穿过髁上孔，支配桡侧屈肌、指深屈肌和指浅屈肌，其分布与尺神经重叠。在前臂远侧部，正中神经分成 2 个或 2 个以上的分支，向下穿过腕管，支配前肢远端掌侧面的大部分结构（图 15-68）。

尺神经（nervus ulnaris）

尺神经在前臂内侧面远端走行，紧邻正中神经，位于臂动脉后方。在肘关节水平处，尺神经向后走行，于尺侧屈肌尺骨头的下方伸至前臂后面的尺神经沟（图 15-61、图 15-65 和图 15-66）。

在前臂内，尺神经分出前臂后皮神经，分布于前臂后部的皮肤。在前臂近端，该神经分出分支支配尺侧屈肌、指深屈肌和指浅屈肌。

背侧支起自副腕骨近端，向背侧走行，支配前脚部外侧面的皮肤。细的尺神经通过腕管支配指部的肌肉、皮肤和深层结构。尺神经在前脚部的分布与正中神经密切相关，并有一部分合并在一起（图 15-66）。

前脚部的神经分布

除马以外，每个指分布有 **4 根神经**，即 2 根指背侧神经和 2 根指掌侧神经，见第 20 章“局部 - 临床解剖学”（625 页）。除最外侧指的指背侧神经是尺神经的分支以外，其他指的指背轴侧和指背远轴侧神经都是桡神经浅支的终末支。第 1、第 2 和第 3 指的指掌侧神经起自正中神经，第 4 和第 5 指的指掌侧神经起自尺神经（表 15-6）。

马前脚部的神经分布

腕骨远侧的大部分结构由来自**正中神经**的**掌内侧神经**和**掌外侧神经**，以及**尺神经**的**背侧支**和**掌侧支**支配。正中神经在腕骨近侧分成掌内侧神经和掌外侧神经（图 15-65 至图 15-67）。掌外侧神经在腕骨水平分出一个深支分布于悬韧带。

掌侧支位于掌骨掌侧的悬韧带和指屈肌腱之间。在掌骨中部，掌内侧神经分出交通支穿过指浅屈肌腱，并入掌外侧神经，通常此交通支是可触及的。

就在掌指关节的近端，掌神经形成**指内侧神经和指外侧神经**，于同名动脉后部，沿近籽骨的远轴侧下行。两神经在近指节骨和中指节骨水平处分出**背侧支**。其分布模式差异常见。

表 15-6　前肢关节的神经分布

关节	神经
肩关节	腋神经
	肩胛上神经
肘关节和腕关节	正中神经
	尺神经
球节和其余指关节	掌神经
	指神经

临床小知识

这些神经的局部麻醉在跛行的诊断中具有重要作用。从远端至近端，在不同水平依次阻断神经，以确定病变部位。

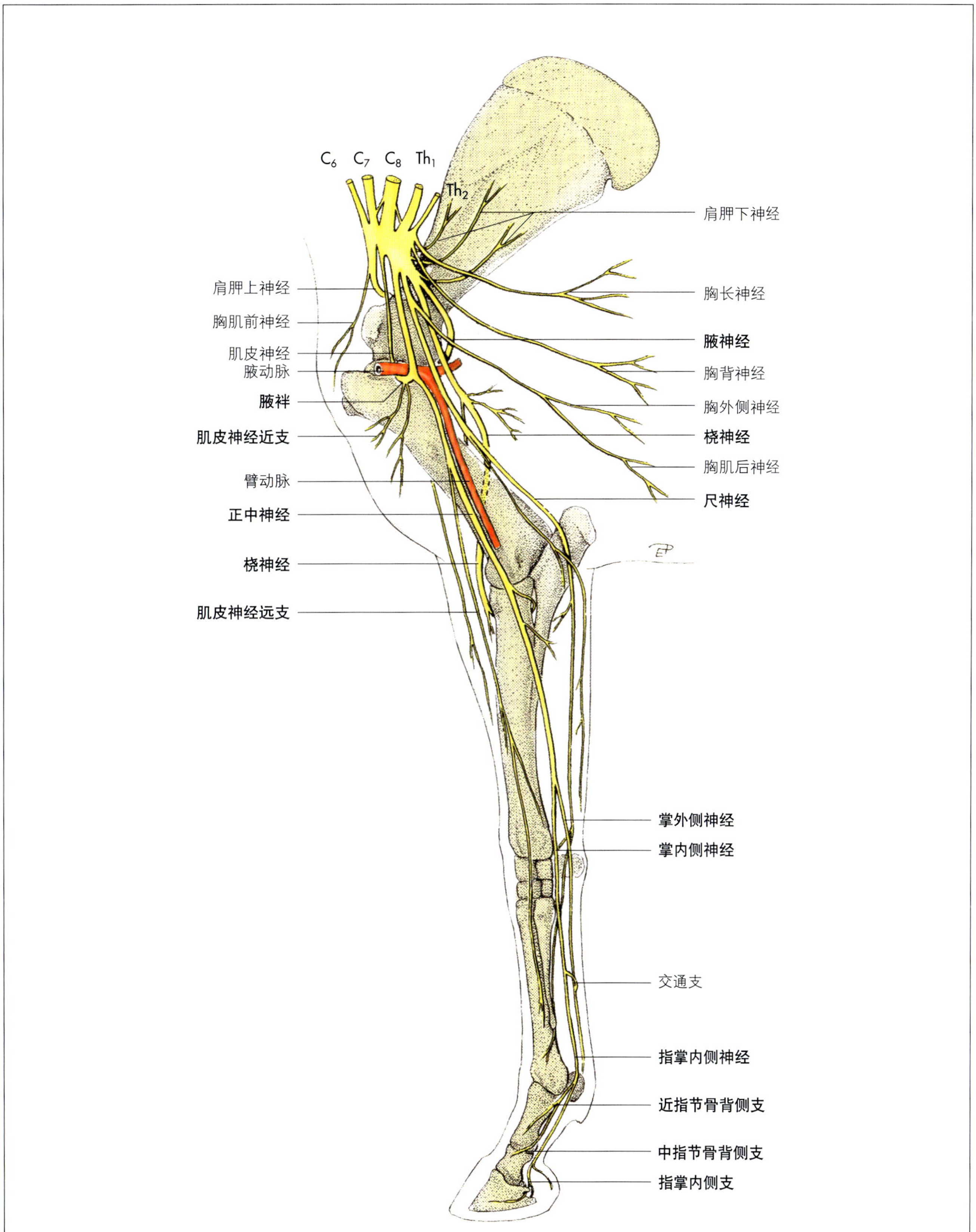

图 15-65 马右前肢臂神经丛及其分支(示意图,内侧面)。仿 Ellenberger 和 Baum(1943)

表 15-8 腰神经丛的神经支配区小结

神经	运动神经纤维	感觉神经纤维
髂腹下神经	腹臂肌	腹底壁和股内侧皮肤
髂腹股沟神经	腹臂肌	腹底壁和股内侧皮肤
生殖股神经	腹内斜肌 睾提肌	阴囊，乳房，包皮，股内侧皮肤
股外侧皮神经	腰大肌	膝关节和股前内侧的皮肤
股神经	腰内肌 股四头肌	—
隐神经	缝匠肌（部分） 耻骨肌（部分） 股薄肌（部分）	膝关节和小腿内侧的皮肤
闭孔神经	耻骨肌（部分） 股薄肌（部分） 内收肌 闭孔外肌 闭孔内肌（牛和猪）	—

注:腰荐神经丛包含运动纤维、感觉纤维和植物性纤维。

髂腹下神经(nervus iliohypogastricus)

髂腹下神经是**第 1 腰神经**的主要腹侧支(图 15-70 和图 15-71),它延伸至第 1、第 2 腰椎横突末端之间的腹膜后位置。猫和犬有 7 枚腰椎,前 2 个腰神经腹侧支分别称为髂腹下前神经和髂腹下后神经。

在腰椎横突腹侧,髂腹下神经分为内侧支和外侧支。**内侧支**伸延至腹股沟区。**外侧支**在其所支配的腹壁肌之间延伸,并发出 2 个分支至皮肤:外侧皮支支配肋骨后方的一窄条皮肤,内侧皮支支配腹部腹侧以上的皮肤,腹股沟乳腺皮肤和大腿内侧皮肤,在那里并入髂腹股沟神经。

髂腹股沟神经(nervus ilioinguinalis)

髂腹股沟神经是**第 2 腰神经(食肉动物为第 3)**的主要腹侧支(图 15-70 和图 15-71)。其分支方式与髂腹下神经相似。髂腹股沟神经外侧皮支支配髂腹下神经后部的区域,并与髂腹下神经分布区有部分重叠。

生殖股神经(nervus genitofemoralis)

生殖股神经起自**第 3、第 4 腰神经腹侧支**,且第 3 腰神经腹侧根部比第 4 腰神经腹根大(图 15-70 和图 15-71)。其在腰内侧肌之间向后走行,与髂外动脉一起到达腹股沟管内环。离开腹部之前,生殖股神经分出一支分布于腹内斜肌。生殖股神经与阴部外动脉和阴部外静脉一起穿过腹股沟管。

生殖股神经支配大腿内侧面的皮肤。它发出分支至腹股沟乳腺,以及阴门周围的皮肤(雌性犬猫)。它还发出自主神经纤维调节哺乳期的乳汁流量。对于雄性动物,生殖股神经支配包皮和阴囊。

股外侧皮神经(nervus cutaneus femoris lateralis)

股外侧皮神经主要由**第 4 腰神经**腹侧支形成(图 15-71)。它发出分支至腰内肌,并伴随旋髂深动脉的后支穿过腹壁。股外侧皮神经支配大腿远端和膝关节外侧面的皮肤。

股神经(nervus femoralis)

股神经是一个非常粗的神经,在其近端发出分支至腰内肌(图 15-71)。股神经沿髂腰肌和腰大肌向后走行,发出分支形成隐神经,进入股管。股神经支配股四头肌的 4 个头。股神经在耻骨梳附近通过,此处容易受机械损伤。股四头肌的过度伸展,是股神经损伤最常见的原因。如动物麻醉后苏醒或骨盆骨折后的康复。股神经损伤会导致股四头肌麻痹,妨碍膝关节固定,从而使后肢无法支撑体重。

隐神经(n. saphenus)分出肌支分布于缝匠肌、耻骨肌和股薄肌(图 15-71 和图 15-74)。该神经于股动脉前方穿过股管。在股中部,隐神经延伸至皮下;在膝关节平面水平处,分出一小支伴膝降动脉分布于膝关节。隐神经继续由股部向跗部下行,并与同名动脉和隐内侧静脉伴行,分布于小腿内侧皮肤(从股部到跗部)。

闭孔神经(nervus obturatorius)

闭孔神经(图 15-71)沿髂骨体的内侧面伸至闭孔,穿过闭孔离开骨盆,支配后肢的内收肌群。该肌群由耻骨肌、股薄肌和闭孔外肌组成。由于闭孔神经紧邻骨,故易造成损伤。骨盆骨折和产犊时的神经压迫是最常见的病因。

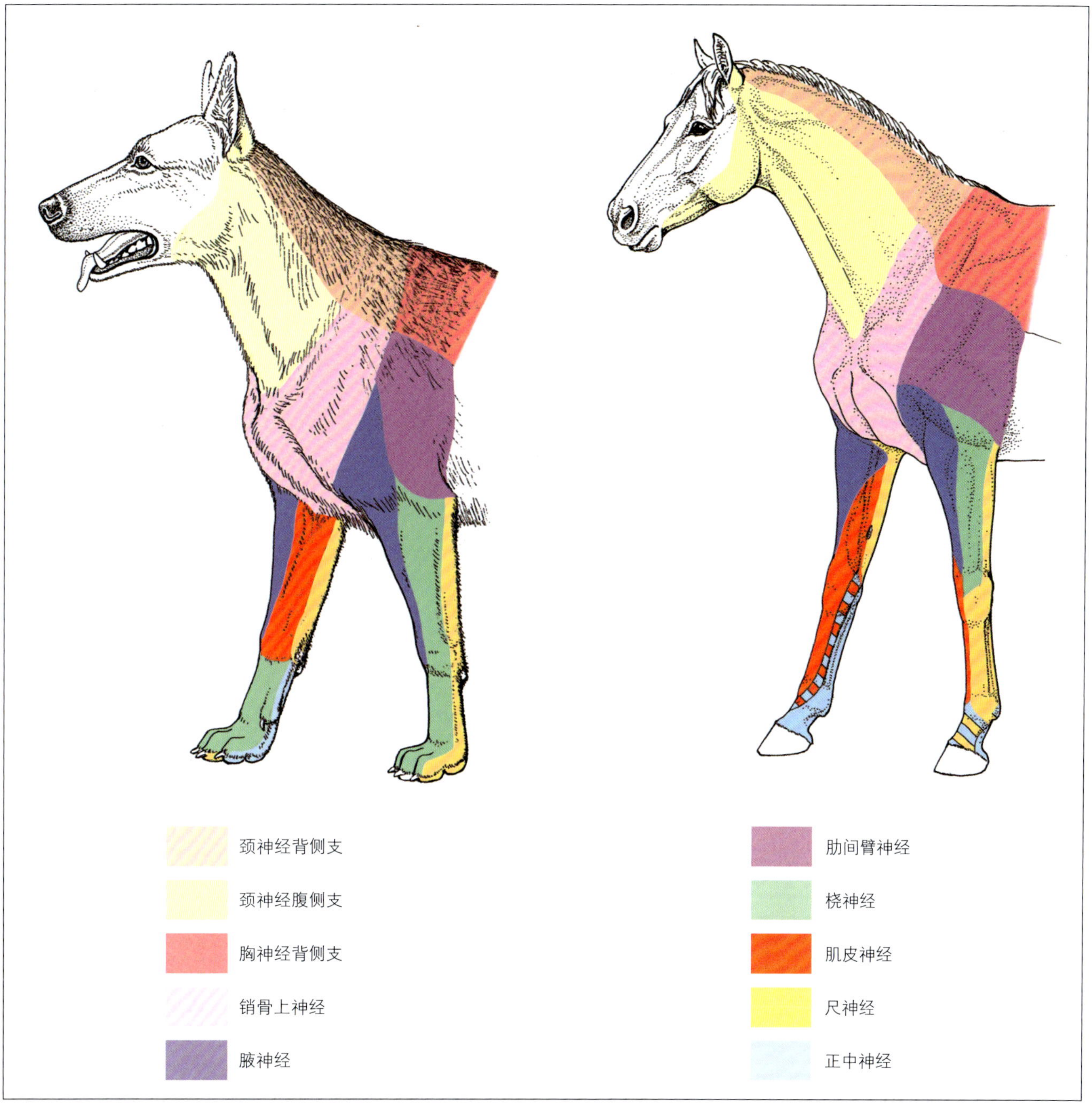

图 15-68 犬和马前肢和颈部的皮肤神经支配区

荐神经(nervi sacrales)

荐神经以长的背侧根和腹侧根离开荐部脊髓。在出椎间孔之前,这些神经根在荐管内合并形成荐神经。在一些个体,荐神经主干在椎管内发出背侧支。一般地,荐神经的分支模式与腰神经相同。背侧支互相连接形成一小的背侧神经丛。与腰神经的背侧支相似,它们分出外侧支,由外侧支发出背侧皮支(臀中皮神经,nn. clunium medii)和内侧肌支。

前部荐神经的腹侧支形成**荐神经丛**(plexus sacralis),它与**最后 3 根腰神经腹侧支**连接形成**腰荐神经丛**。

腰荐神经丛(plexus lumbosacralis)

腰荐神经丛由以下 2 部分联合形成:

- 腰神经丛(plexus lumbalis)
- 荐神经丛(plexus sacralis)

来自神经丛腰部的神经如上所述。神经丛的荐部在骨盆壁向远端延伸为坐骨神经丛,由此发出以下神经(表 15-9):

- 臀前神经(n. glutaeuscranialis)
- 臀后神经(n. glutaeuscaudalis)

表 15-9 荐神经丛的神经支配区小结

神经	运动神经纤维	感觉神经纤维
臀前神经	臀中肌 梨状肌 臀深肌 阔筋膜张肌	—
臀后神经	股二头肌（臀股二头肌）前部 半腱肌的椎骨头和半膜肌	—
股后皮神经	半腱肌（部分）	腘绳肌区皮肤
阴部神经	坐骨海绵体肌 球海绵体肌 尿道肌 阴茎退缩肌和其他部分	皮肤，肛门，会阴，阴蒂，阴茎
直肠后神经	肛门外括约肌 尾骨肌 肛提肌	肛门区皮肤，直肠后部

注：腰荐神经丛包含运动纤维、感觉纤维和植物性纤维。

- 股后皮神经(n. cutaneus femoris caudalis)
- 阴部神经(n. pudendus)
- 直肠后神经(nn. rectales caudales)

坐骨神经丛分出以上神经分支后，延续为坐骨神经。

臀前神经(nervus glutaeus cranialis)

臀前神经与同名血管伴行，直接穿过坐骨大切迹离开骨盆(图 15-71)，其分支支配臀中肌、臀深肌、阔筋膜张肌和梨状肌。

臀后神经(nervus glutaeus caudalis)

臀后神经起于**坐骨神经丛后缘**，向后走行支配股二头肌和臀股二头肌(图 15-71)。在不同的物种，它也支配臀浅肌和腘绳肌的椎骨头(译者注：股后肌群)。

股后皮神经(nervus cutanaeus femoris caudalis)

股后皮神经向坐骨结节后行，分出运动支至半腱肌(图 15-71)。股后皮神经伸至皮下，分出一系列分支称**臀后皮神经**(nn. clunium caudales)，支配坐骨结节和大腿后部周围的广泛区域，并与阴部神经交换纤维。反刍动物的股后皮神经较细，所支配的大部分区域由阴部神经分支覆盖。

阴部神经(nervus pudendus)

阴部神经主要起自**第 3 荐神经**腹侧支(图 15-71)，发出交通支至股后皮神经。

阴部神经支配交配器官，以及肛门和会阴部的肌肉。它为肛门周围和会阴部的皮肤提供感觉纤维，与臀后神经分布区重叠。它为坐骨海绵体肌、球海绵体肌、阴茎退缩肌、尿道肌、阴门缩肌、尾骨肌、肛提肌及肛门内括约肌和肛门外括约肌提供运动纤维。雄性动物的阴部神经延续为阴茎背侧神经，呈树状分支分布于阴茎头，其细的终末分支含有感觉体。雌性动物的阴部神经终止于阴门。

阴部神经的起始部含有大量的**副交感神经纤维**，这些纤维在其近端离开主干形成**盆神经**(nn. pelvini)。盆神经伸至**盆神经丛**，与来自**腹下神经**和**荐内脏神经**的交感纤维汇合，支配盆腔脏器。这些纤维形成器官特异性神经丛，副交感神经轴突在壁内神经节内形成突触(图 15-83)。

直肠后神经(nervi rectales cauales)

直肠后神经是**荐神经丛的最后分支**，可能起自阴部神经(图 15-70)。它们支配直肠后段、肛门外括约肌和肛周皮肤。

坐骨神经(nervus ischiadicus)

坐骨神经是**全身中最大的神经**，是**坐骨神经丛**在后肢的延续。大型动物的坐骨神经穿过坐骨大孔出骨盆，越过荐结节阔韧带外侧表面。它穿过臀深肌和髋关节至股骨后面(图 15-71 至图 15-73；表 15-11)。此处很容易受到髋关节外伤和手术的损伤。

坐骨神经的**运动纤维**支配臀深肌、闭孔内肌、股四头肌和孖肌，其感觉神经纤维支配髋关节囊。在股骨近端 1/3 处，坐骨神经分为**胫神经**和**腓总神经**(图 15-71；表 15-10)。

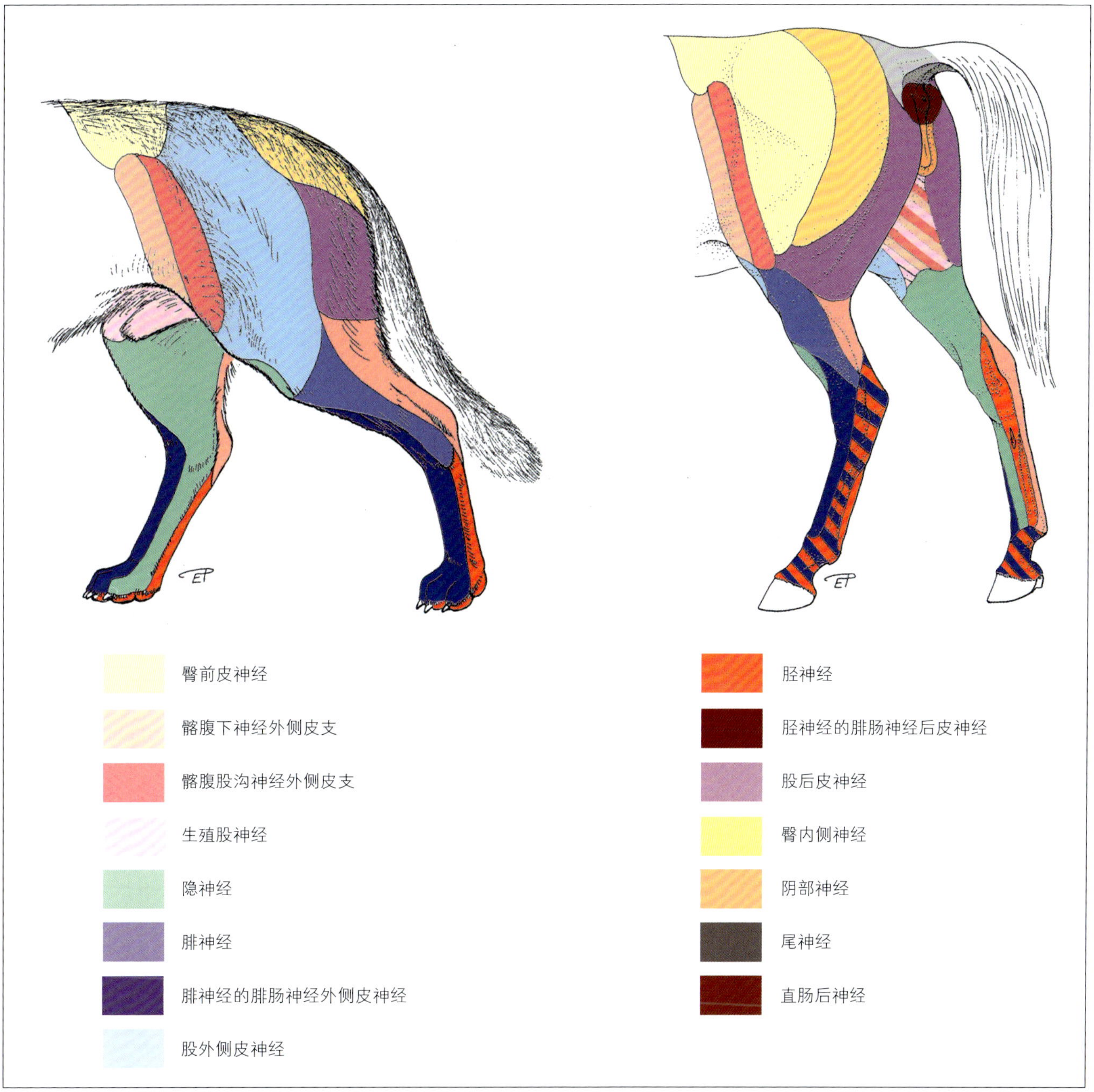

图 15-69 犬和马后肢的皮肤神经支配区

腓总神经（nervus fibularis communis）

腓总神经穿过腓肠肌外侧头至腓骨近端，在此进入筋膜下，在皮下可以触及。在腓总神经分为**浅支**和**深支**之前，分出**小腿外侧皮神经**（n. cutaneus surae lateralis），分布于膝关节和小腿近端外侧的皮肤。**腓浅神经**沿趾长伸肌的外侧缘向远端走行，发出分支至趾外侧伸肌，分布于小腿背侧面的皮肤。在跗关节的屈肌侧，腓浅神经最终分为内侧支和外侧支，它们再细分为趾背侧神经（图 15-71）。

腓深神经在小腿肌肉间的深层走行，与胫前动脉伴行（图 15-75）。在小腿近端 1/3 处，发出分支至跗关节和趾关节的屈肌（胫骨前肌、腓骨长肌、第 3 腓骨肌、腓前短肌、趾长伸肌、趾外侧伸肌和拇长伸肌）。与腓浅神经相似，腓深神经在跗骨背侧面分为**外侧支**和**内侧支**。外侧支发出分支至趾短伸肌腱。腓深神经的 2 个分支在近趾节关节水平并入相应的腓浅神经的分支，支配趾背侧（图 15-71）。

胫神经（nervus tibialis）

胫神经是坐骨神经**终末支中较大的一支**。与腓总神经刚分开，在股部上 1/3 处，胫神经分出强大的近侧肌支至股后肌群的坐骨头（股二头肌、半腱肌和半膜肌）（图 15-71）。

表 15-10 坐骨神经的神经支配区小结

神经	运动神经纤维	感觉神经纤维
坐骨神经	孖肌 臀深肌 闭孔内肌 股四头肌	—
● 胫神经	所有股骨后部、腓骨和胫骨部肌肉： ● 股二头肌的坐骨头 ● 半腱肌 ● 半膜肌 ● 腓肠肌 ● 比目鱼肌 ● 腘肌 ● 趾浅屈肌 ● 趾深屈肌	—
○ 小腿后皮神经	—	小腿后面的皮肤
○ 足底神经	骨间中肌	腿部皮肤
● 腓总神经	—	—
○ 小腿外侧皮神经	—	膝关节外侧面的皮肤
○ 腓浅神经	趾外侧伸肌	小腿部和趾部背外侧皮肤
○ 腓深神经	所有小腿前外侧部肌肉： ● 胫骨前肌 ● 趾长伸肌 ● 趾外侧伸肌 ● 腓骨长肌 ● 腓骨短肌 ● 腓骨第 3 肌 ● 趾短伸肌	—

注：腰荐神经丛含有运动纤维、感觉纤维和植物性纤维。

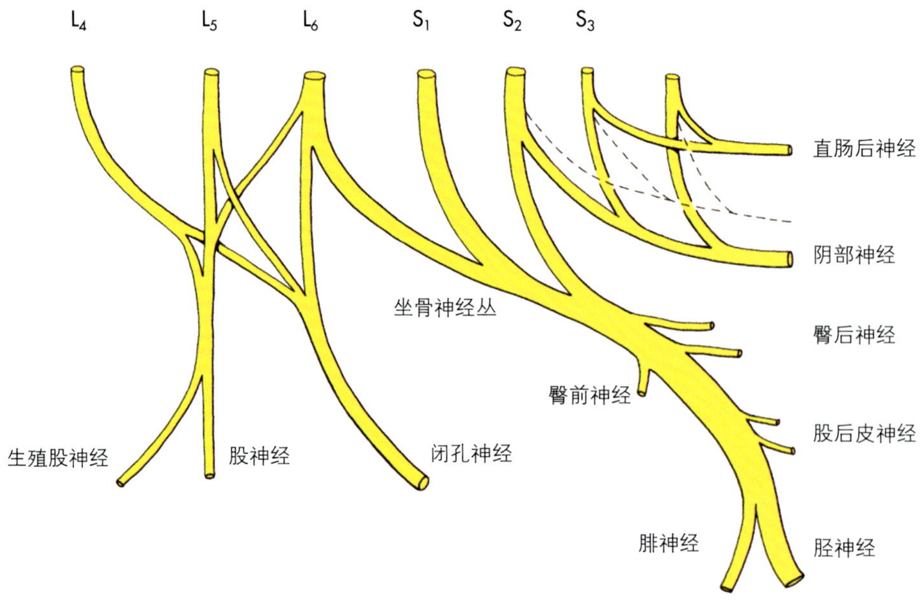

图 15-70 腰荐神经丛示意图

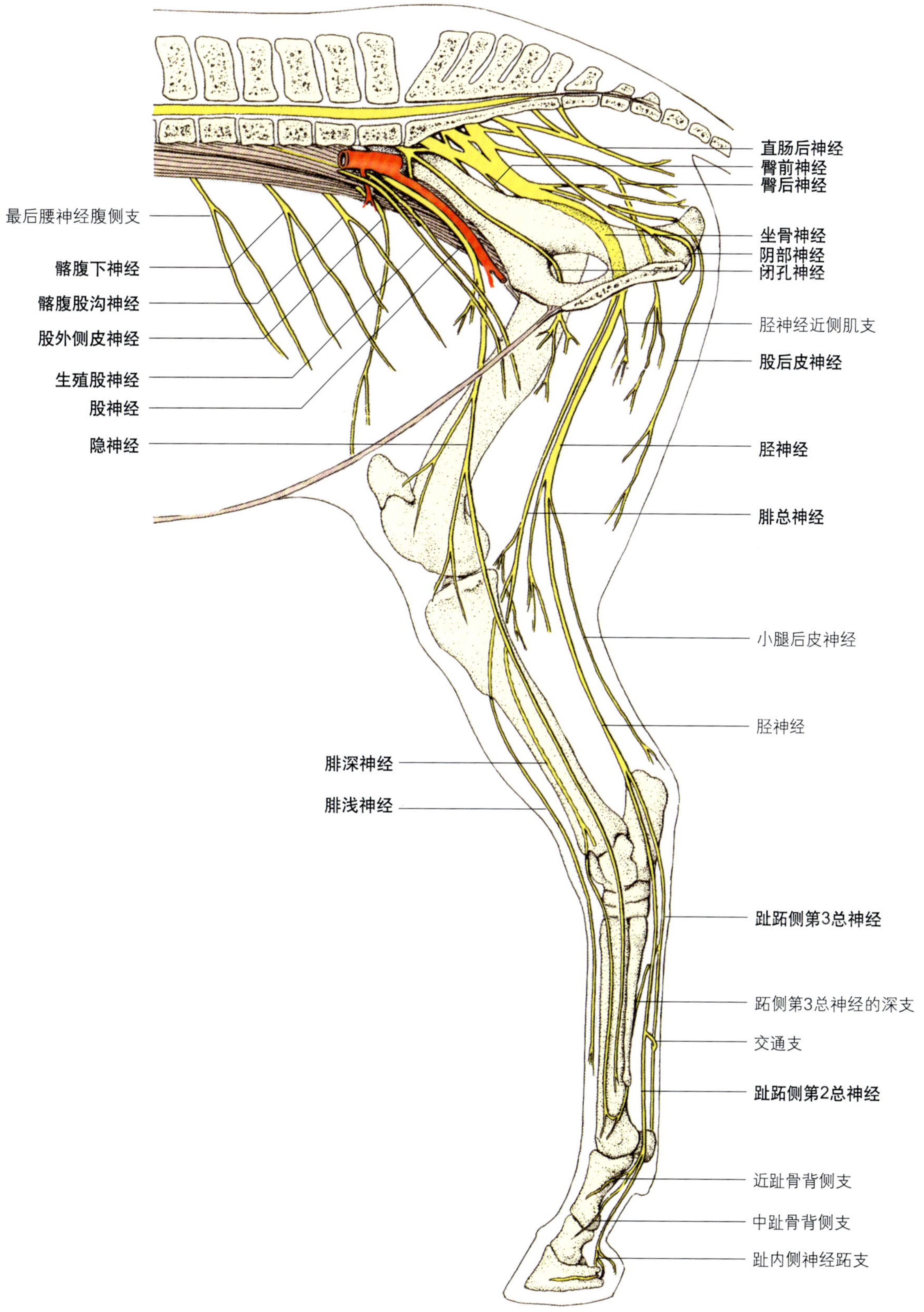

图 15-71 马右后肢腰荐神经丛及其神经（示意图，内侧面）。仿 Ellenberge 和 Baum（1943）

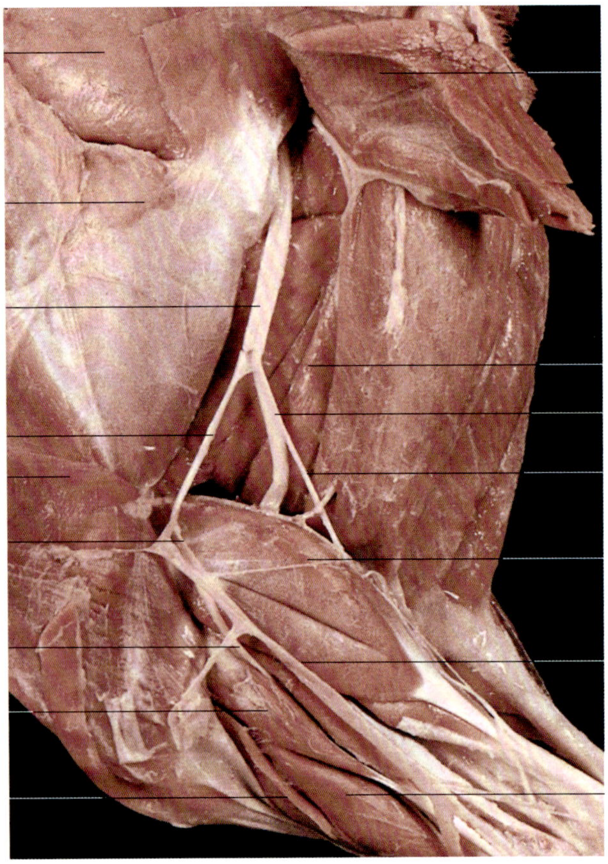

图 15-72 犬大腿和小腿部的神经(外侧面)

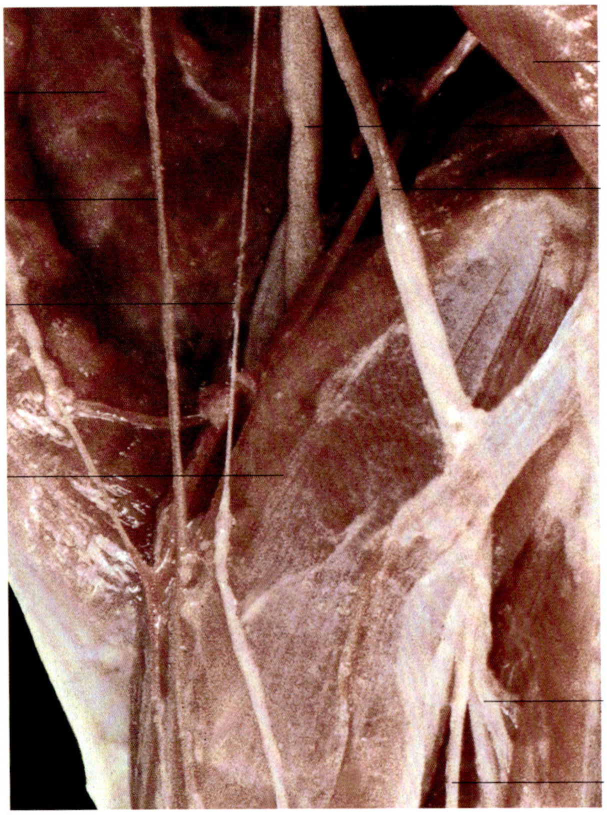

图 15-73 猫右侧大腿和小腿部的神经(外侧面)(S. Langer 博士提供)

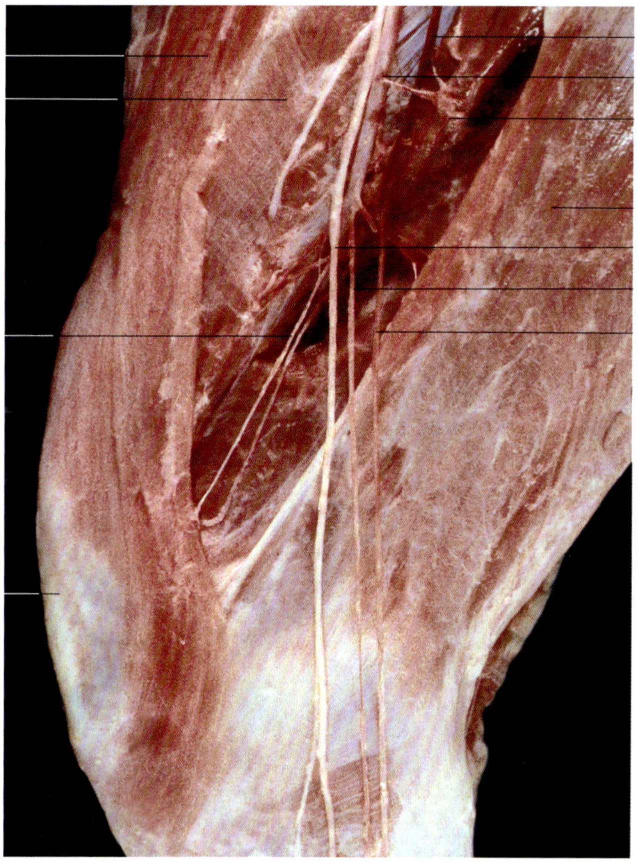

图 15-74 猫大腿内侧面和股管的血管神经（维也纳 R. Macher 博士提供）

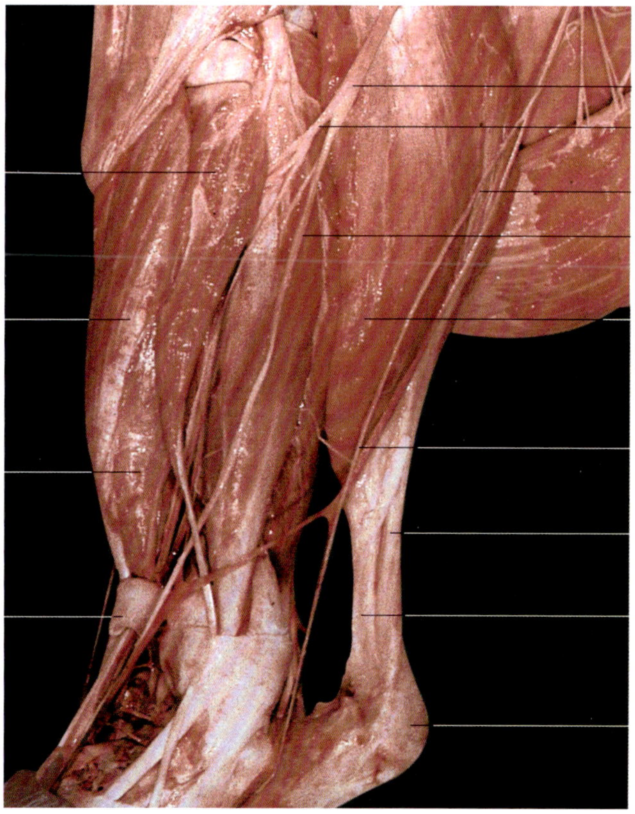

图 15-75 牛小腿浅层神经（外侧面）

表 15-11 后肢关节的神经支配

关节	神经
髋关节	坐骨神经
膝关节	胫神经和隐神经
跗关节	胫神经，腓深神经和腓浅神经
趾关节	胫神经的足底神经，趾神经

在股中部，胫神经向后发出**小腿后皮神经**（n. cutaneus surae caudalis），该神经与外侧隐静脉一起向后延伸至小腿后部的皮下。在膝关节后方，胫神经深入于腓肠肌的2个头之间。在此分出远肌支至腓肠肌、趾深屈肌、趾浅屈肌和腘肌。胫神经在跟总腱和趾深屈肌头之间的伸延至跗骨内侧，在大动物，该结构可触及此神经。在跟骨水平，胫神经分为**足底（跖）内侧神经**和**足底（跖）外侧神经**（图 15-76 和图 15-77）。在近趾节骨水平，它们再次分为**趾跖内侧神经**和**趾跖外侧神经**，这与前肢相似。

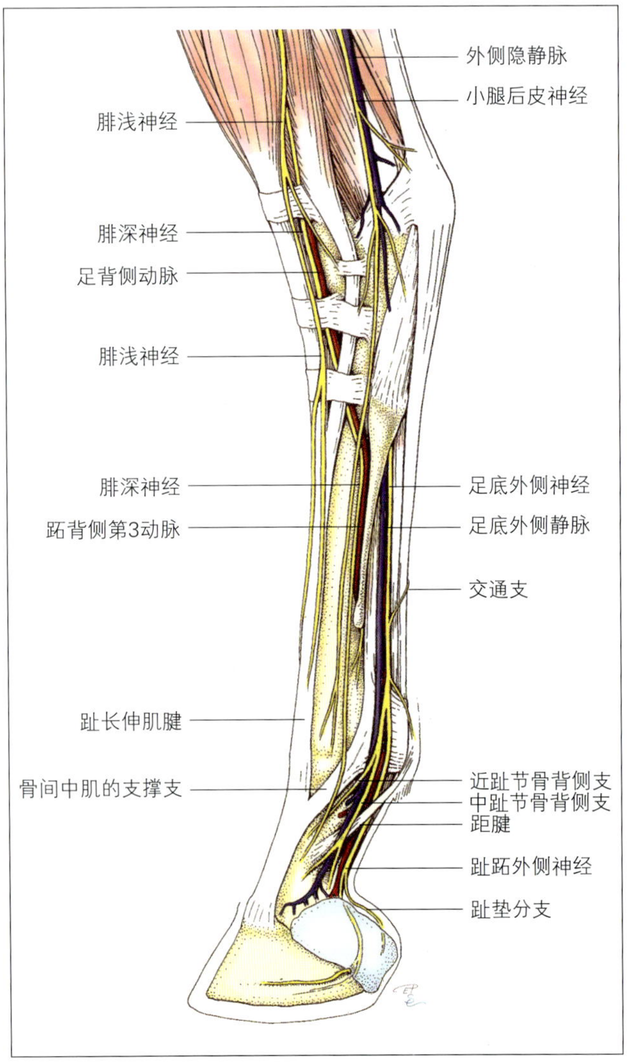

图 15-76 马左后脚神经（示意图，外侧面）

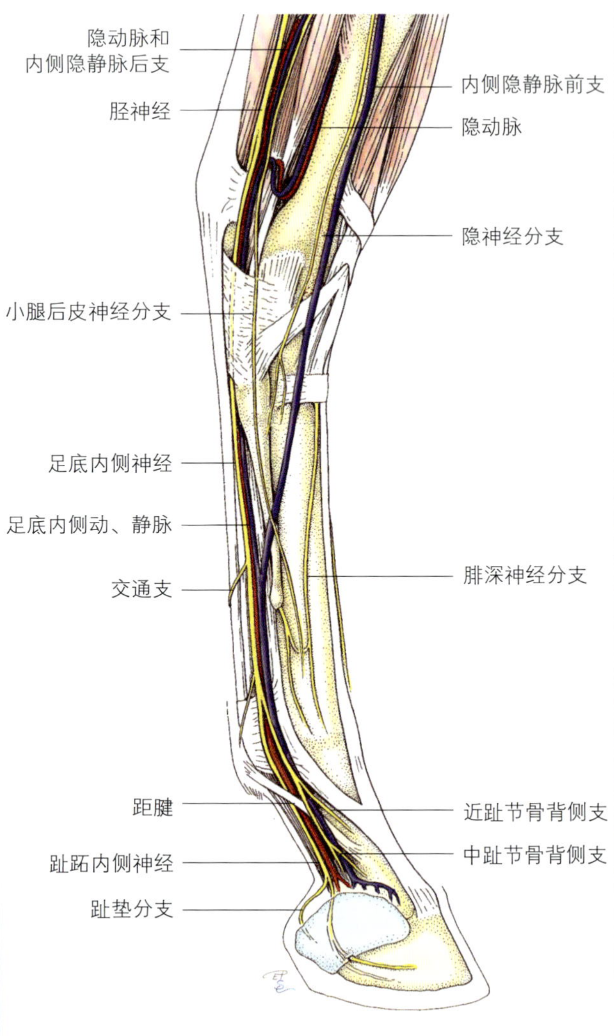

图 15-77 马左后脚的神经（示意图，内侧面）

临床小知识

股骨颈骨折、肌内注射不当或髋关节手术的并发症都可能导致**坐骨神经或其终末分支的损伤**。根据损伤程度，这些损伤通常表现为非承重性跛行，这将导致所支配的肌肉快速萎缩和后肢大面积的感觉缺失。

15.3 周围自主神经系统（systema nervosum autonomicum）

自主（又叫**内脏**或**植物性**）**神经系统**形成周围神经系统的**自主性部分**，并通过脑神经和脊神经与中枢神经系统紧密相连。它由大量的小神经、神经丛和神经节组成，并且协调维持生命活动所必需的内脏器官的功能。该系统调节呼吸、循环、消化、代谢、体温、体液平衡、生殖和一些其他机体功能。实现这些功能的大部分机制也发生在无意识的动物身上，如睡眠或全身麻醉，因此称为“自主性神经”。然而，这个系统仍受脑脊髓机制的调控。例如，视觉刺激和攻击性或抑郁性情绪会影响呼吸、心脏活动和胃肠功能。

自主神经系统涉及**内脏器官**和**血管平滑肌的运动神经支配**，以及腺体的**内分泌**和**外分泌功能**的**调节**。神经系统、内分泌系统和免疫系统之间存在密切的相互作用（详见神经生理学和免疫学教材）。

15.3.1 自主神经系统的结构

根据解剖学、药理学和生理学标准，自主神经系统的传入部分（译者注：原文为 afferent component）可分为**交感神经**和**副交感神经**两部分。这两个系统由成对的神经元组成，将中枢神经系统与所支配的结构联系起来。

每一对神经元的第一个多极神经元在中枢神经系统内有其胞体，其轴突作为周围神经系统的一部分。这种有髓鞘的**节前神经元**与神经链上第 2 个神经元形成突触，节后神经元的无髓轴突止于效应器的细胞（图 15-78）。交感神经的节前神经元胞体位于胸、腰段脊髓的外侧柱。副交感神经节前神经元位于脑干内某些脑神经的起始核和荐段脊髓的外侧柱。

节后神经元通常成簇存在，称为神经节。交感神经节后神经元位于交感干的椎神经节或外周的椎前神经节。副交感神经节后神经元位于它所支配的器官附近或器官壁内的小神经节内。

这两个系统可以根据其**神经递质**进行区分。交感神经最后一个突触的神经递质是**去甲肾上腺素**，而**副交感神经**的神经递质则是**乙酰胆碱**。这两个系统有相似的分布，并根据这些系统的整体活性对器官产生兴奋或抑制效应。一般情况下，交感神经刺激可引起机体活动整体增加，而副交感神经刺激则有恢复的作用。

15.3.2 交感神经系统

交感神经系统的**节前神经元**胞体位于第 1 胸椎至第 3 腰椎之间的脊髓节段的外侧柱。它们的轴突并入腹侧根至脊神经，并从脊神经进入交感神经干的椎神经节，该结构称**白交通支**（nn. communicantes albi）（图 15-79）。

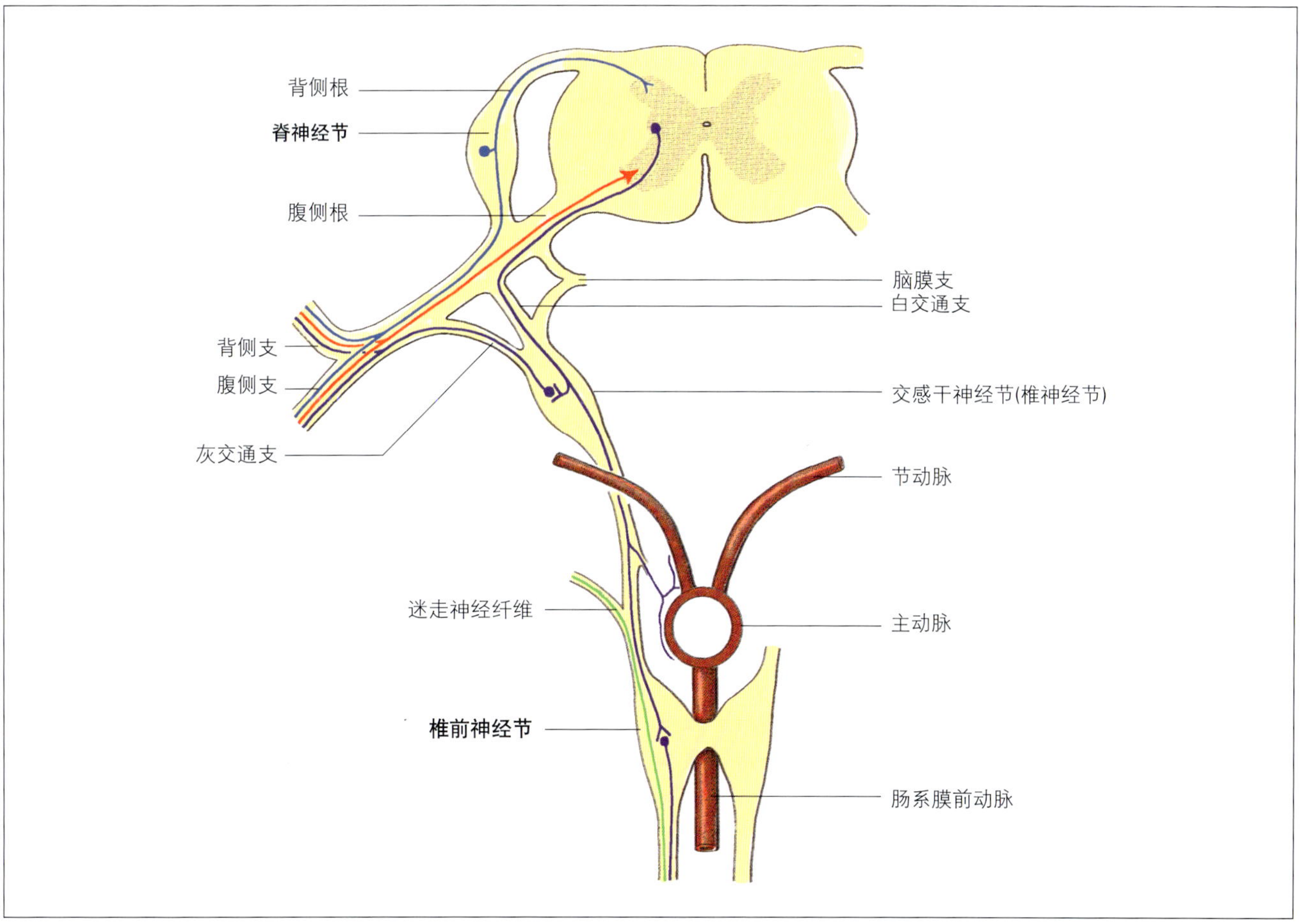

图 15-78 自主神经系统内脏部分的示意图（红色 = 运动纤维，蓝色 = 感觉纤维，紫色 = 节前和节后交感纤维，绿色 = 迷走神经的副交感纤维）。仿 Ellenberger 和 Baum（1943）

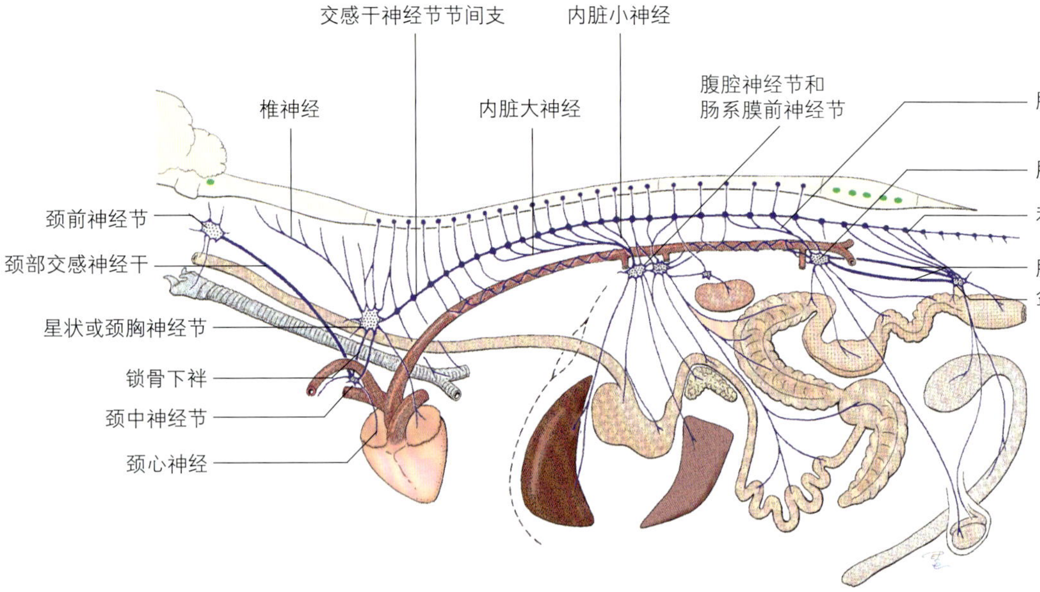

图 15-79 马的交感神经和神经节示意图

进入交感神经干后，节前纤维有如下几条路线：一些纤维立即在局部神经节内形成突触；另一些纤维沿神经干向前或向后延伸，在其他椎神经节内形成突触。大多数纤维不间断地穿过神经干到达位于腹主动脉内脏支起始部的椎前神经节，与其形成突触。最后一类纤维构成**内脏神经**。

交感神经干（truncus symphaticus）

交感神经干由 2 条椎神经节链所组成，呈节段性排列，在纵向和横向上相互连系。交感神经干分为以下几部分：

- 头颈部（pars cephalica et cervicalis）
- 胸部（pars thoracica）
- 腹部（pars abdominalis）
- 荐部和尾部（pars sacralis et coccygea）

头部和颈部交感神经干

头部和颈部交感神经干是胸部交感神经干向头部延续，不直接接触脊柱。在颈部，每条链与迷走神经在共同的鞘内走行，形成**迷走交感干**（truncus vagosympathicus），位于颈总动脉背侧（图 15-79 和图 15-80）。

颈部交感神经干起始于**颈胸神经节**（星状神经节，ganglion cervicothoracicum seu stellatum），通过锁骨下袢与位于其前腹侧的**颈中神经节**（ganglion cervicale medium）相连。颈部交感神经干自颈中神经节向前与迷走神经合并于一个共同的鞘内。在寰椎，交感神经部分与迷走神经分离，然后终止于大的**颈前神经节**（ganglion cervicale craniale）。

马的颈前神经节沿颈内动脉延伸于咽喉囊内侧室的后褶中。这个神经节为头部提供交感神经纤维。来自颈前神经节的节后纤维加入第 9、第 10、第 11 和第 12 脑神经，并且延伸至所有脑动脉的外膜。仅节后纤维离开神经节。

临床小知识

熟悉眼睛的交感神经支配具有重要的**诊断意义**。交感神经传入丧失会导致**霍纳综合征**，其瞳孔收缩（瞳孔缩小）是重要的临床指征。霍纳综合征也可能与马的喉囊病有关。

颈内动脉神经（n. caroticus internus）起自颈前神经节的顶端，它前行至脑，与颈内动脉一起穿过裂孔，支配颅腔内的血管，并发出纤维并入三叉神经和其他脑神经。**颈中神经节**通过锁骨下袢与颈胸神经节相连，并分出分支环绕锁骨下动脉。颈中神经节的大部分神经元支配心神经丛。

颈胸神经节位于第 1 肋骨内侧。它是颈部交感神经干的末端和胸部交感神经干的起始端。顾名思义，它由颈后神经节与一个或多个胸神经节融合而成。以下分支起自**颈胸神经节**：

- 交通支（rami communicantes），至第 1、第 2 胸神经
- 椎神经（n. vertebralis），与同名血管伴行，穿过横突管，为颈神经提供交感神经纤维
- 颈心神经（nn. cardiaci cervicales），支配心神经丛
- 血管周围的分支，与锁骨下动脉伴行
- 胸部交感神经干，为交感神经干自颈胸神经节向后背侧的延续

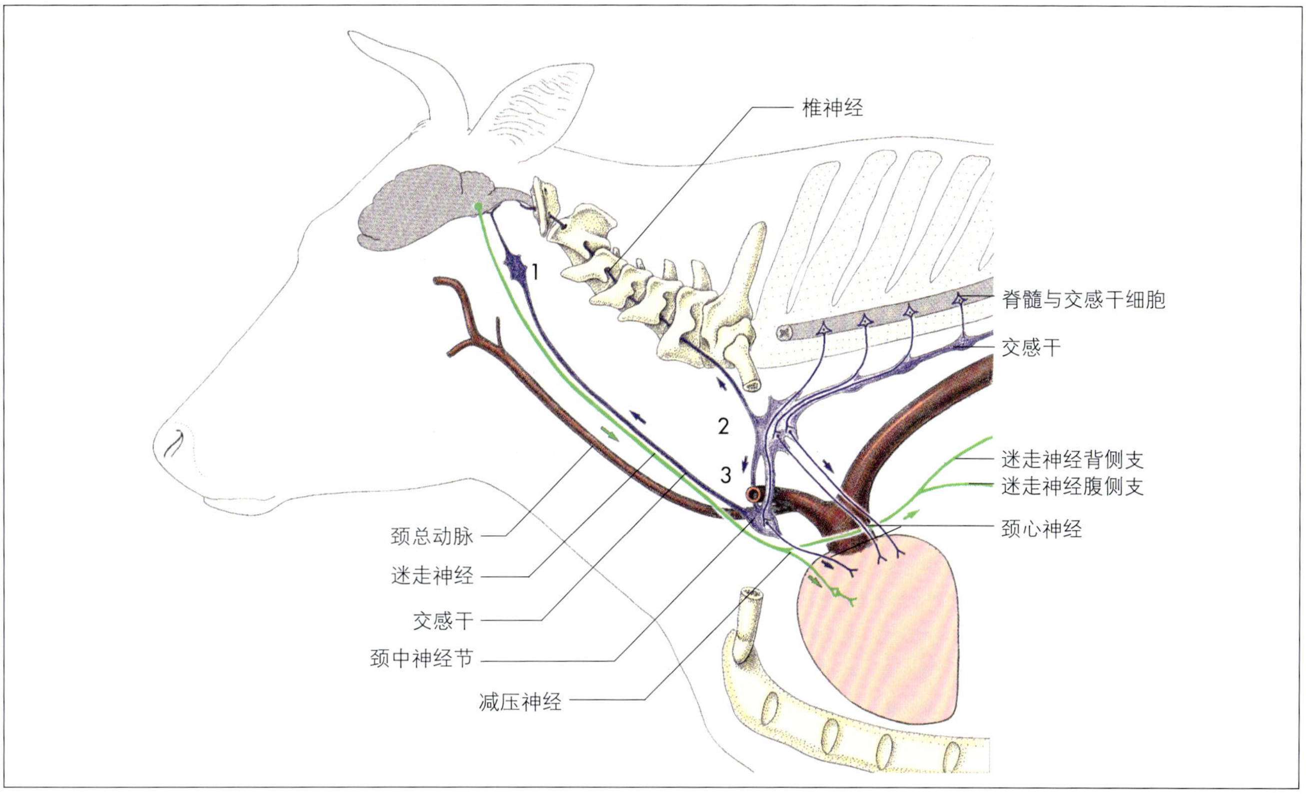

图 15-80 牛颈胸部交感神经和副交感神经示意图(1=颈前神经节,2=颈胸神经节,3=锁骨下袢)

胸部交感神经干

胸部交感神经干呈现神经节的节段性排列,其数量与其相对应的胸椎数量大体相等。胸神经节与颈后神经节融合形成**颈胸神经节**。心神经丛、食管神经丛和气管神经丛的分支来自胸神经节(图 15-79)。

自第 6 胸神经节向后,节前神经元通过神经节到达**内脏大神经**(n. splanchnicus major)。内脏大神经越向后部直径越大,沿膈脚和腰小肌之间的交感神经干进入腹腔。

内脏小神经(n. splanchnicus minor)在最后 2 个或 3 个胸椎水平离开交感神经干向后至内脏大神经,与内脏大神经和交感神经主干一起进入腹腔。这 2 个内脏神经并入位于腹腔动脉和肠系膜前动脉之间的成对的腹腔神经节和肠系膜前神经节(图 15-79)。

腹部交感神经干

腹部交感神经干位于腰肌和腰椎椎体之间。腰内脏神经(nn. splanchnici lumbales)由腰神经节伸至腹腔神经节和肠系膜前神经节(图 15-79)。自主神经系统纤维围绕**椎前神经节**及腹腔动脉和肠系膜前动脉的根部形成一个密集的神经丛,称为**腹腔神经丛**(plexus solaris)。

此神经丛延续为伴腹腔动脉和肠系膜前动脉的分支而分布的神经丛,并以它们所支配的器官命名,如**肠神经丛**和**肝神经丛**。肠系膜后动脉根部有一个大的、不成对的椎前交感神经节。

椎前神经节与内脏神经、交感神经干及主动脉处的腹主动脉丛彼此相连,椎前神经节周围的神经丛接受迷走神经的副交感神经纤维。

荐部和尾部交感神经干

荐部交感神经干在不同个体之间差异较大,在延伸至尾部之前,它可能部分与尾部交感神经干融合(图 15-81),在那里迅速变细。**盆内脏神经**(nn. splanchnici pelvini)自荐神经节延伸至腹膜后**盆神经丛**。

盆神经丛接受**腹下神经**(nn. hypogastrici)的纤维。腹下神经由肠系膜后神经节延伸至骨盆腔的 2 个神经束。盆神经丛接受来自盆神经的副交感神经纤维(图 15-79)。

15.3.3 副交感神经系统

副交感神经系统的节前神经元细胞体位于脑干的某些脑神经及荐髓。由于这些纤维的起始部,颅荐部也作为副交感神经的同义词。

脑神经中具有**副交感神经核**的有(图 15-82):

- 动眼神经的副交感神经核
- 面神经的副交感神经核
- 舌咽神经的副交感神经核
- 迷走神经的副交感神经核

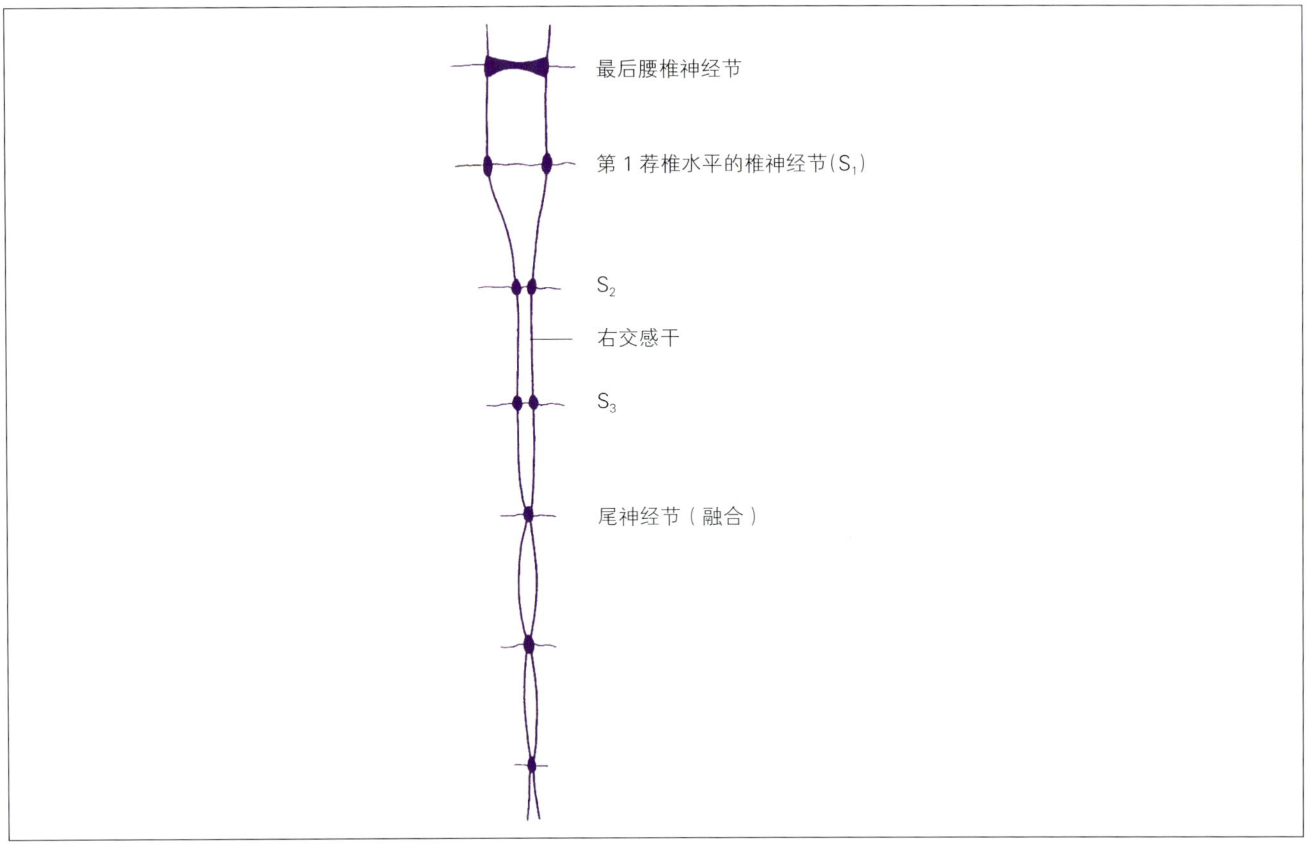

图 15-81　猫的荐部和尾部交感神经干(示意图)。仿 Corpancho(1986)

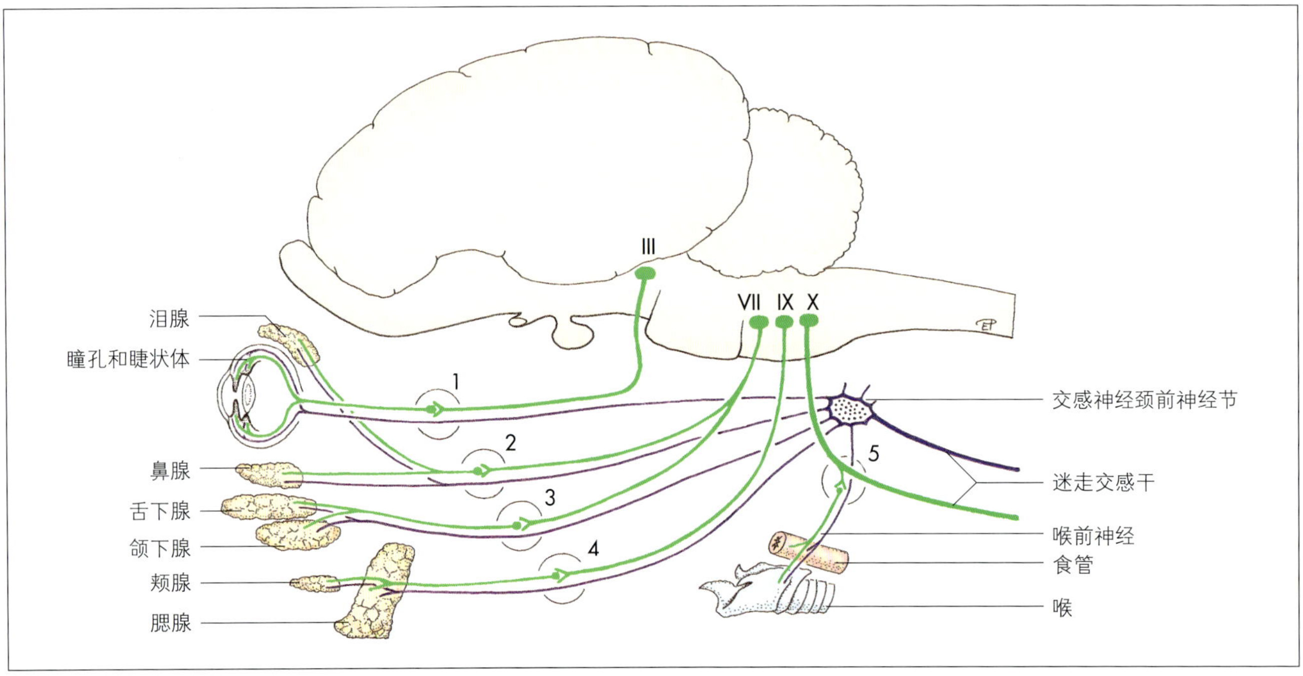

图 15-82　头部的交感神经(紫色)和副交感神经(绿色)示意图。1= 睫状神经节,2= 翼腭神经节,3= 下颌神经节,4 = 耳神经节,5 = 迷走神经远端神经节。脑神经的副交感神经核:Ⅲ = 动眼神经,Ⅶ = 面神经,Ⅸ = 舌咽神经,Ⅹ = 迷走神经。仿 Dyce、Sack 和 Wensing(2002)

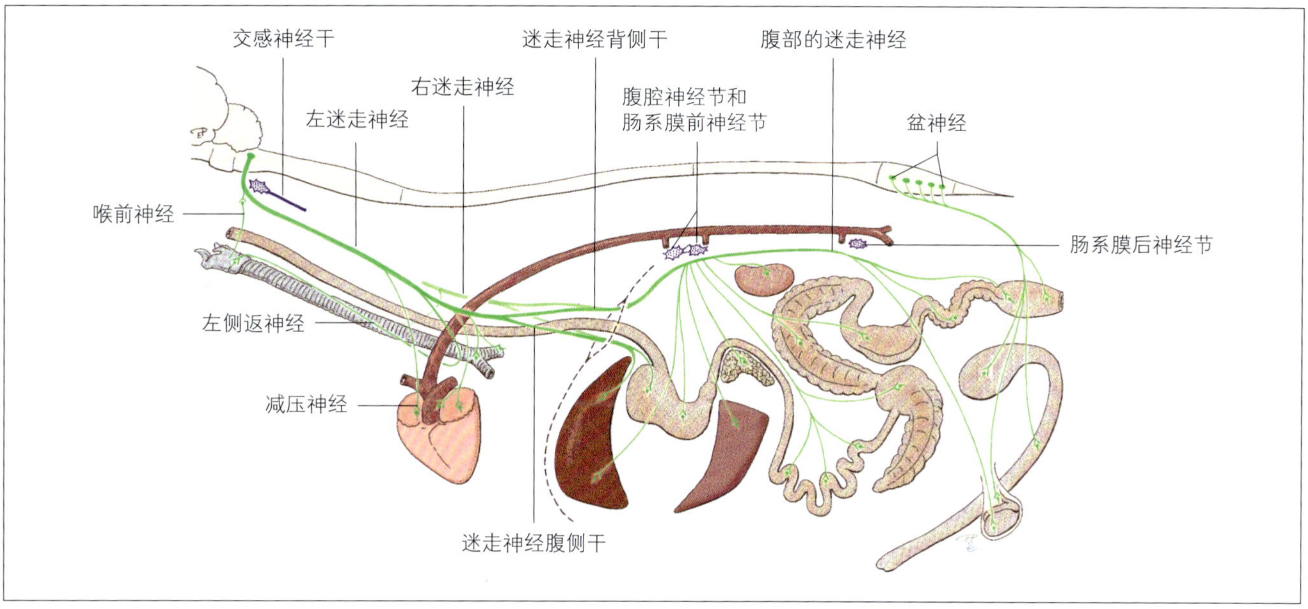

图 15-83 颈、胸、腹和骨盆部的副交感神经示意图

节前纤维的轴突离开脑干作为**这些脑神经**的一部分。这些第Ⅲ、第Ⅶ和第Ⅸ脑神经中的轴突分布于头部，而迷走神经分出的自主神经纤维分布于颈部、胸部和腹部内脏。副交感神经节前纤维也随荐神经腹侧根离开脊髓，成为盆神经丛的一部分。

动眼神经的副交感神经节前纤维在**睫状神经节**形成突触，其节后纤维支配睫状肌，以调节晶状体的曲率和瞳孔直径。**面神经**的副交感神经节前纤维与鼓索神经一起走行至舌神经，与岩大神经一起走行至上颌神经。它们在**下颌神经节**和**蝶腭神经节**处形成突触，下颌神经节的节后纤维支配舌下腺和颌下腺；而**翼腭神经节**的节后纤维则支配泪腺、鼻腺和腭腺。

舌咽神经的节前部分并入翼腭小神经，并在位于三叉神经下颌支起始端附近的**耳神经节**内形成突触。其节后纤维支配颊腺和腮腺。最大的副交感神经核的轴突与**迷走神经**一起离开脑，并且与其一同分布于胸腔和腹腔器官。突触出现于沿神经丛分布的神经节，且这些神经节常常位于它所支配的器官内（图 15-83）。荐部副交感神经系统的节前神经元胞体位于荐部脊髓的外侧柱，其轴突和荐神经一起离开脊髓形成**盆神经**，在盆神经丛内与交感神经纤维连接。它们在骨盆内形成器官特异性的神经丛，并分布于盆腔器官。

15.3.4 壁内系统

壁内系统包括位于**器官组织内**的**神经丛**和**神经节**，它确保在中枢系统的控制下内脏具有相对独立的功能。例如，支配肠的植物性神经被切断之后，肠仍能继续蠕动。管状器官的壁内系统由以下 3 个不同水平的神经丛组成：

- 浆膜下神经丛
- 肌间神经丛
- 黏膜下神经丛

临床术语

与解剖学术语有关的临床术语：神经炎、脑炎、脑膜炎、脑膜脑炎、神经瘤、脊神经根炎、神经痛等。

16 内分泌腺 (glandulae endocrinae)

H. E. König 和 H.-G. Liebich

内分泌腺是产生激素的无导管腺，其合成的激素释放到循环系统，并被转运至远端的靶器官。有些激素通过组织液直接扩散到靶细胞（如胃肠胰系统）。大部分内分泌激素释放到毛细血管后静脉，但不直接汇入门静脉，而是在入肝前在全身循环。

激素与靶器官上的**特异性受体**结合，增强或抑制靶器官、靶组织或靶细胞的活性。内分泌器官对自主神经系统起到补充和增强的作用，二者共同被称为“神经激素系统”。

激素由**实质性细胞**产生。这些实质性细胞有些**单个**存在，如分布于胃肠道的上皮、支气管和尿道的管壁，以及肾和心肌；有些**聚集成团**，如胰腺朗格汉斯细胞、睾丸的间质细胞和黄体；有些形成**内分泌器官**，如垂体、甲状腺、松果体、肾上腺等。有些器官如睾丸、卵巢、胰腺和胎盘同时具有内分泌和外分泌的双重功能；有些器官如肾、肝、胸腺，除了各自的主要功能外，还具有内分泌功能。

机体通过简单或复杂的反馈机制来调节内分泌的功能，其中许多反馈机制与垂体有关。

16.1 垂体（hypophysis，glandula pituitaria）

垂体（图 16-1）在整个内分泌系统调节中起着**主要的调控作用**。有时垂体被称为机体的“主腺”。

16.1.1 垂体的位置和形态

垂体为小的**不成对器官**，位于视交叉和乳头体之间，悬吊于间脑下方，即由蝶骨形成的垂体窝内。垂体窝前部由鞍结节、后部由背鞍所围成。脑硬膜围绕垂体柄形成鞍隔，内含突出的**海绵窦**。垂体由**神经垂体**和**腺垂体两部分**组成，它们分别起源于不同的胚层，有着不同的功能（图 16-1）。

神经垂体位于腺垂体的后方，是**下丘脑**的突出结构（图 16-2）。它由连接于垂体与**下丘脑灰结节**（漏斗或近侧部，infundibulum or pars proximalis）和垂体远侧部（pars distalis）的垂体柄组成，远侧部是神经垂体的主要部分。第 3 脑室

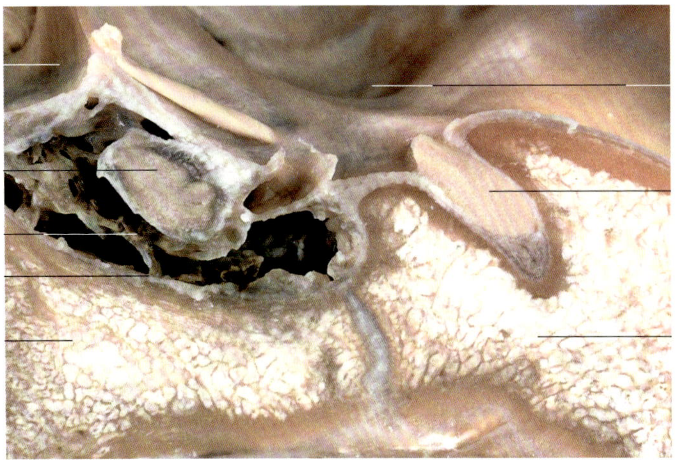

图 16-1　马的垂体及毗邻结构（旁正中面）（慕尼黑 Maierl 博士提供）

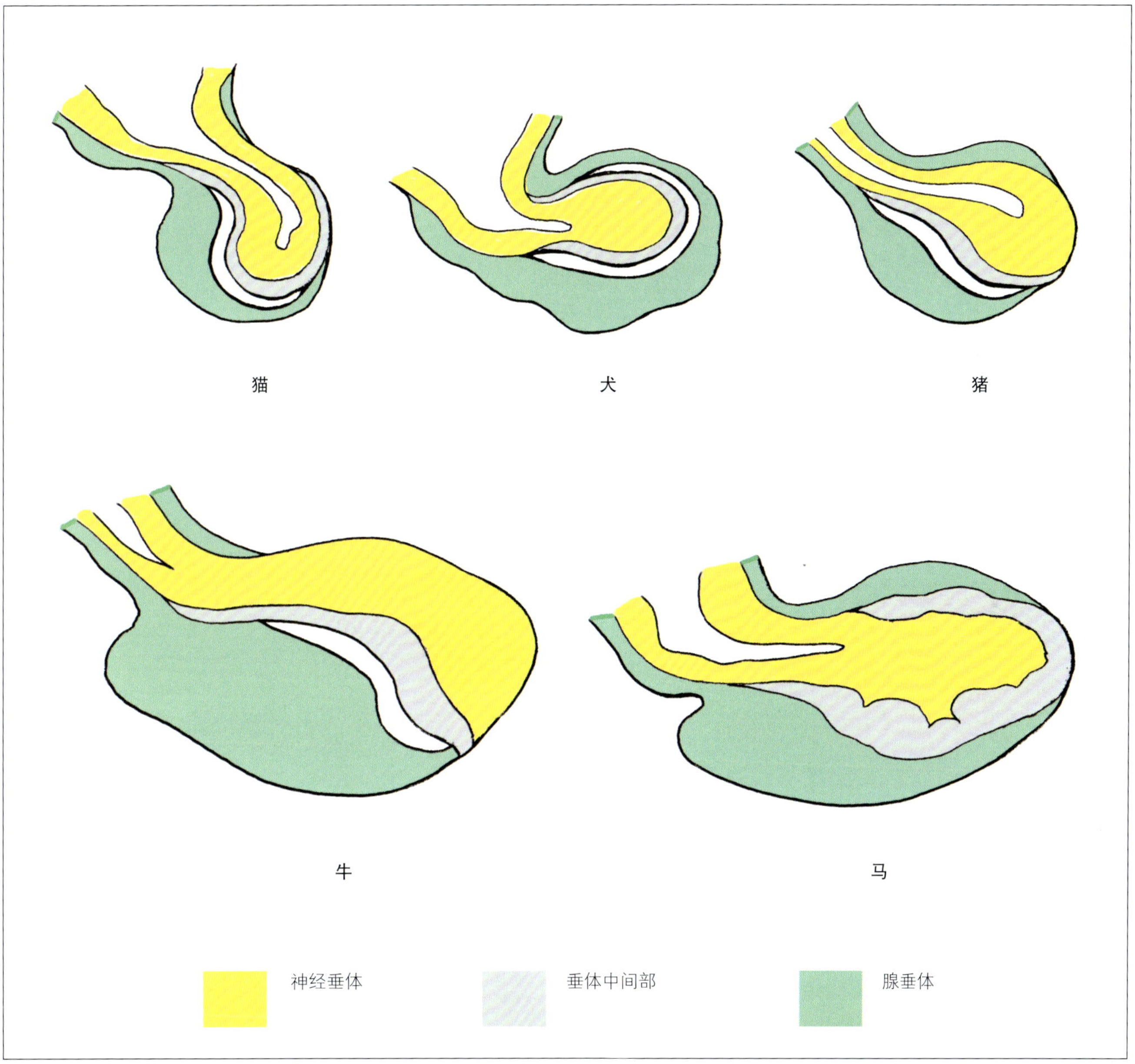

图 16-2 不同家畜的垂体形态(正中面示意图)

通过圆柱形的垂体柄延伸入神经垂体,形成神经垂体隐窝。神经垂体储存并释放由下丘脑**视上核**和**室旁核**的神经元产生的激素,包括催产素和抗利尿激素(ADH)。这些激素沿轴突传递,释放到神经垂体的毛细血管床。

腺垂体起自咽顶背侧上皮,成为**垂体前叶**。大部分腺垂体位于神经垂体的远侧,并作为**腺垂体漏斗部**(pars infundibularis)延伸至垂体柄。腺垂体与神经垂体远侧部直接相连的部分称为**腺垂体中间叶**(pars intermedia adenohypophysis),因为它正好位于腺垂体和神经垂体之间。

猫、犬、马的垂体中间叶围绕神经垂体伸延。**垂体裂**(垂体腔,cavum hypophysis)将垂体中间叶与前叶分开,是一种发育期间的残余物。马无垂体裂。

16.1.2 垂体的功能

垂体具有**独立的门脉系统**,负责将下丘脑神经核**释放的激素**(释放和抑制因子)运输至腺垂体。垂体**前叶**生成的激素包括生长激素(GH)、促性腺激素(促卵泡素和黄体生成素)、促肾上腺皮质激素(ACTH)、促甲状腺激素(TSH)和催乳素。垂体**中间叶**生成促黑素细胞刺激素和其他一些激素。

由于下丘脑和垂体在解剖和功能上的密切联系,因此将二者合称为**下丘脑-垂体轴**(图 16-3)。

在垂体和咽部之间的硬脑膜内可能还有**次级垂体**的发育,特别是在猫和反刍动物中。

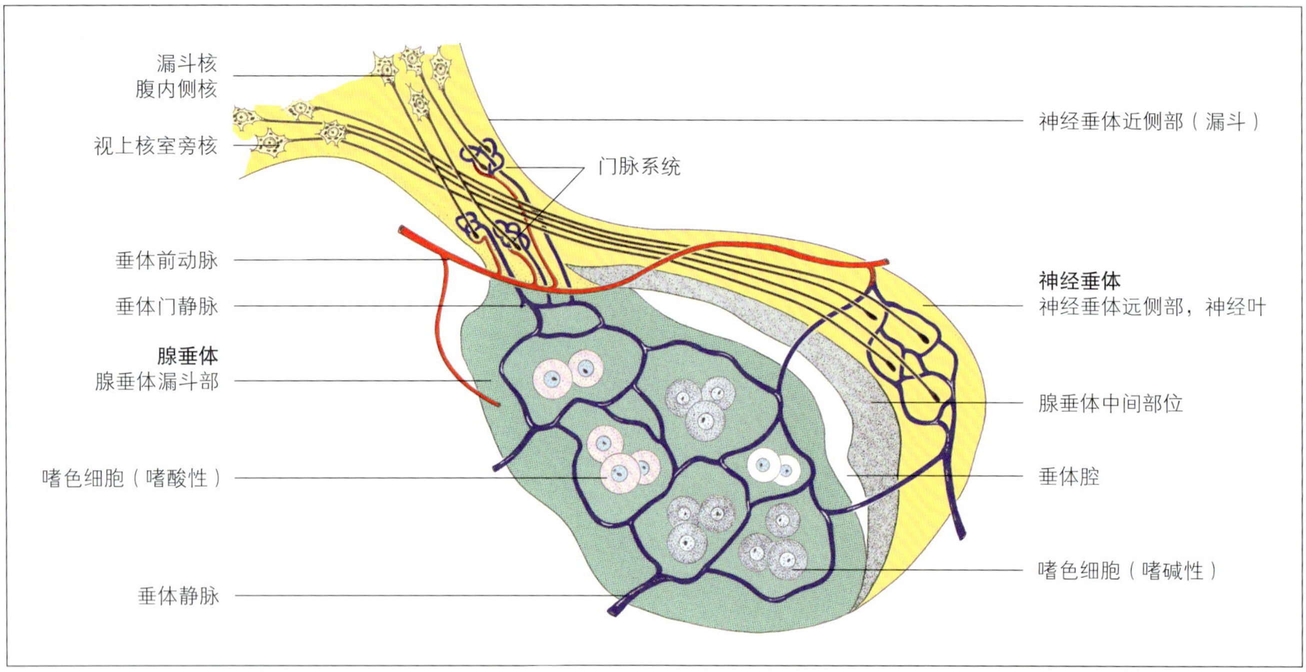

图 16-3 下丘脑 - 垂体系统（示意图）

16.2 松果体（epiphysis cerebri，corpus pineale，glandula pinealis）

16.2.1 松果体的位置和形态

松果体是**间脑**的一部分，见第 15 章中的“间脑”（474 页）。它是**不成对的器官**，位于上丘脑，结构类似于松果。松果体大小在物种和个体间的差异较大，它通过缰核和短脚与间脑顶部相连。

16.2.2 松果体的功能

松果体接受来自**颈前神经节**的**交感神经节后神经纤维**支配，并延伸至小血管外膜内的器官。松果体内分泌细胞产生褪黑素、5-羟色胺（血清素）和其他肽类激素。这些细胞的活性受到从视网膜经下丘脑、胸段脊髓、颈前神经节至松果体的神经元通路影响。褪黑激素具有促性腺的效应，在调节马、绵羊等动物的季节性生殖周期方面具有重要作用。同时，松果体还具有**生物钟**的功能，调节性腺的季节性变化和日节律。对于马，褪黑激素具有抗促性腺激素的效应，光线抑制褪黑激素的生成。因此，春季日照延长，褪黑激素生成减少，其对性腺的抑制活动减弱（长日照繁殖）。

对于绵羊，日光同样抑制褪黑激素分泌，因此随着日照缩短，褪黑激素释放增加。然而，绵羊褪黑激素具有促性腺的功能，所以绵羊的繁殖季节在秋季。利用褪黑激素加快绵羊的繁殖周期，这具有很重要的临床意义。

16.3 甲状腺（glandula thyroidea）

16.3.1 甲状腺位置和形态

甲状腺位于**气管前部的腹侧**和两侧，有时位于喉的下方。除猪外，其他家畜的甲状腺都由**左、右两叶**组成，后部由延伸至气管腹侧的结缔组织带（峡）相连（图 16-4 至图 16-7、图 16-10、图 16-11）。

猫的甲状腺呈扁平的**纺锤状腺叶**，位于气管的背外侧，在第 7 至第 10 气管环之间，后部由 1～2 mm 厚的峡相连。

犬的甲状腺由 2 个**长椭圆形腺叶**组成，位于气管的背外侧面，在第 5 至第 8 气管环之间。大型犬的峡部一般由甲状腺实质形成（图 16-8 和图 16-9）。与其他哺乳类家畜不同，猪的甲状腺是**不成对的实质性器官**，位于气管的腹侧，前端始于甲状软骨，后端尖，延伸至胸廓入口，表面呈颗粒状（图 16-9 和图 16-13）。

牛甲状腺的**两叶**形状不规则，表面呈颗粒状，略呈锥体形，位于环咽肌和环甲肌的背外侧（图 16-9）。两叶之间通过第 2 气管环腹侧的实质性峡部连接。

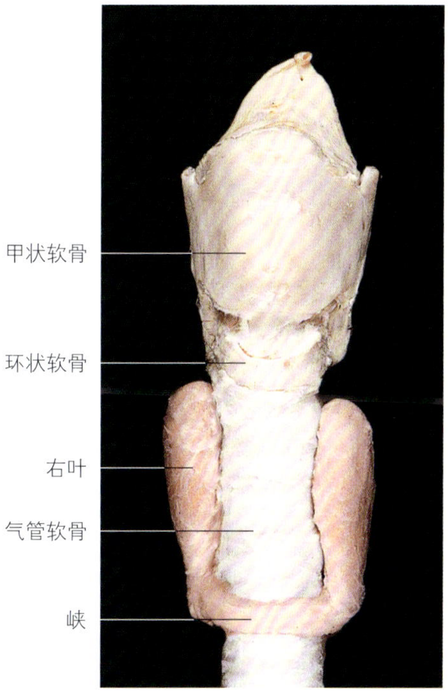

图 16-4 犬甲状腺、气管和喉(腹侧面)

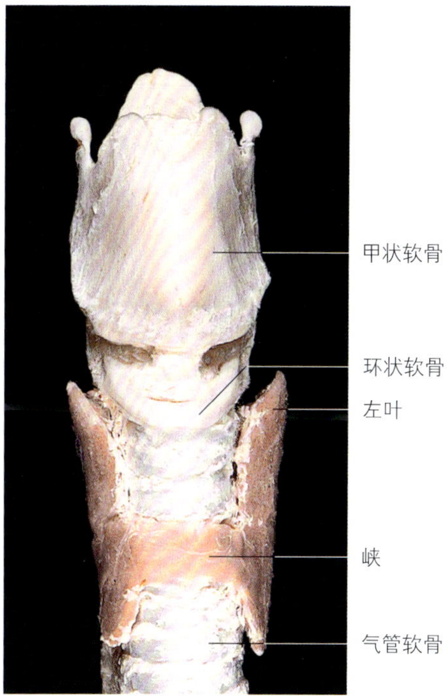

图 16-5 山羊甲状腺、气管和喉(腹侧面)

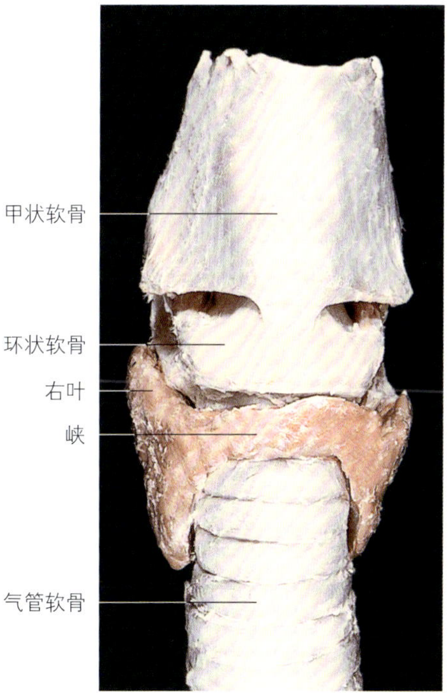

图 16-6 牛甲状腺、气管和喉(腹侧面)

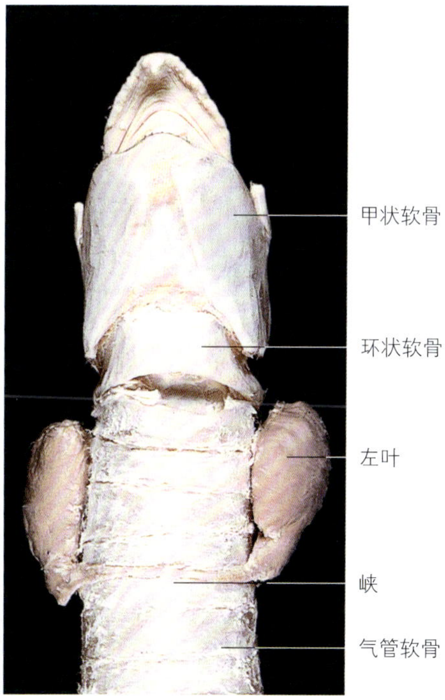

图 16-7 马甲状腺、气管和喉(腹侧面)

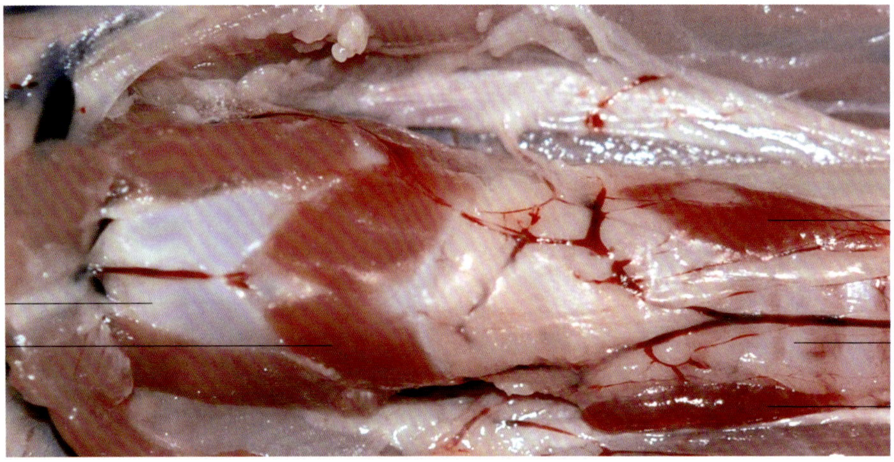

图 16-8 猫甲状腺(腹侧面)。乌拉圭 Pérez 博士提供

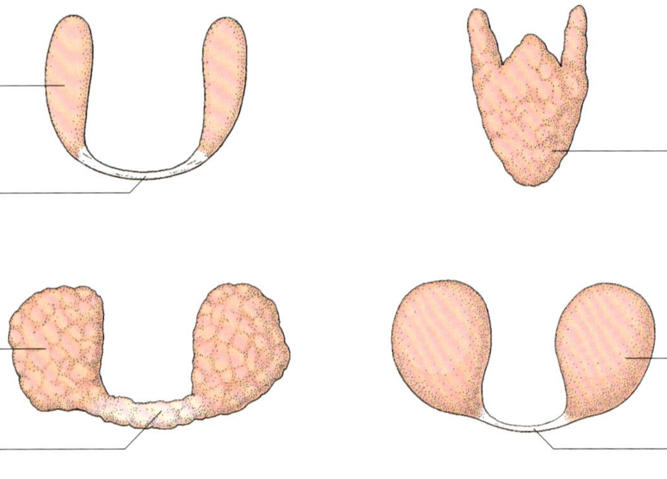

图 16-9 不同家畜的甲状腺(示意图)。仿 Ghetie(1967)

小型反刍动物的甲状腺呈**纺锤形或圆柱形**,位于前部气管环的背外侧。事实上,并不是所有的动物都有峡部。马的甲状腺叶呈**卵圆形**,大小如铅锤,位于第 2 和第 3 气管环的背外侧,腹侧由一段**窄的结缔组织带**连接(图 16-9 和图 16-12)。

副甲状腺通常位于主腺的附近。然而,在猫的舌骨器周围、气管的全长、纵隔和舌黏膜均可见副甲状腺。

16.3.2 甲状腺的功能

甲状腺分泌的激素可调节机体的代谢率、生长、体温、糖代谢和血钙水平等。甲状腺的分泌活性受腺垂体分泌的促甲状腺激素(TSH)的调节。

三碘甲状腺原氨酸(T_3)和四碘甲状腺原氨酸(甲状腺素,T_4)由甲状腺**滤泡细胞**生成,释放入血之前储存于滤泡液中。食物中碘的含量对甲状腺激素的生成非常重要,所以当食物中碘缺乏时会引起甲状腺肿大(甲状腺肿)。**甲状腺功能亢进**会导致新陈代谢增强,动物出现烦躁,紧张不安,有时具有攻击性。**甲状腺机能减退**会使机体新陈代谢、生长和运动减慢。先天性甲状腺机能减退会导致生长发育不良和神经系统发育受阻。

滤泡旁细胞(C 细胞)可产生降钙素,降低血液中钙离子浓度,因此可作为甲状旁腺激素的拮抗剂。

16.3.3 甲状腺的血液供应、淋巴和神经支配

甲状腺的血液由**颈总动脉**的分支供应。其主要分支是甲状腺前动脉,它分支至喉的各个部分。此外也可通过甲

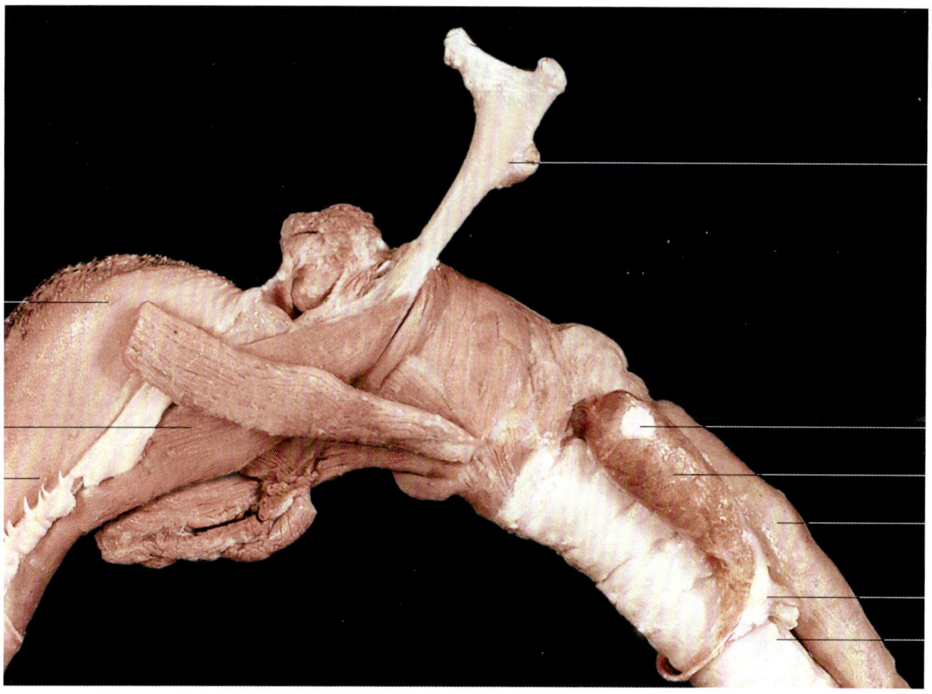

图 16-10 绵羊甲状腺、甲状旁腺及其毗邻结构的局部图(维也纳 Dier 提供)

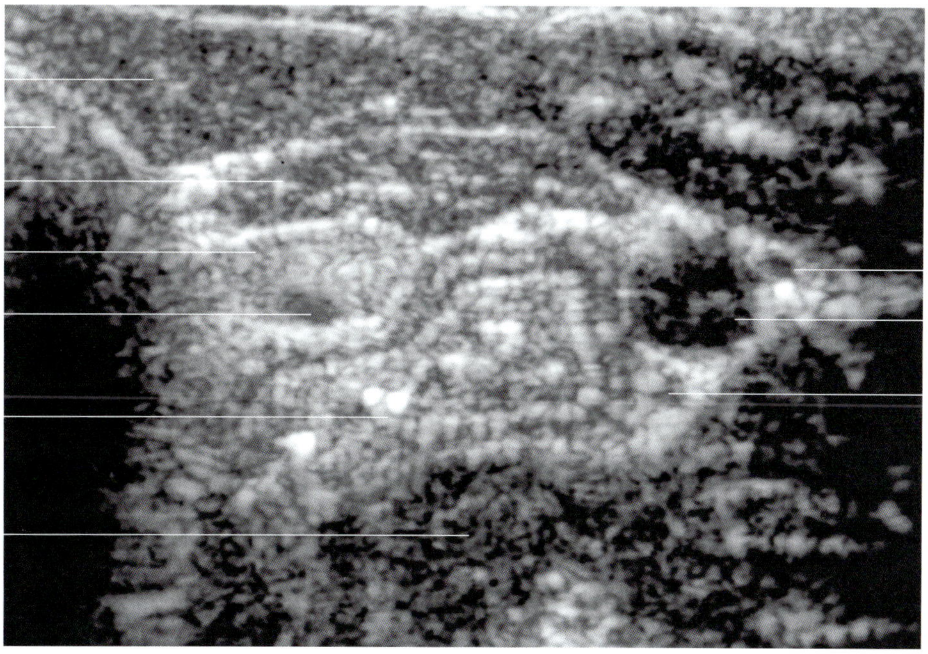

图 16-11 犬甲状腺的超声影像图,示甲状旁腺(慕尼黑 Reese 博士提供)

状腺后动脉供应,但牛和山羊一般缺少甲状腺后动脉,而猪的甲状腺后动脉在血液供应中起着主要作用。甲状腺血管的起源和走行变化较常见。除马外,其他家畜可通过甲状腺前静脉和甲状腺中静脉汇入颈内静脉,从而实现**静脉回流**。而马无颈内静脉,其静脉血汇入**颈外静脉**。犬和猫的甲状腺前静脉通过喉后弓连接,此处有不成对的甲状腺**后正中静脉口**。甲状腺的静脉在物种和个体之间差异较大。

甲状腺的**淋巴回流**至颈深淋巴结或直接汇入气管淋巴干。

甲状腺接受**交感神经**和**副交感神经**双重支配。交感神经纤维来自颈前神经节,而副交感神经纤维则是来自迷走神经的喉前神经和喉后神经的分支。

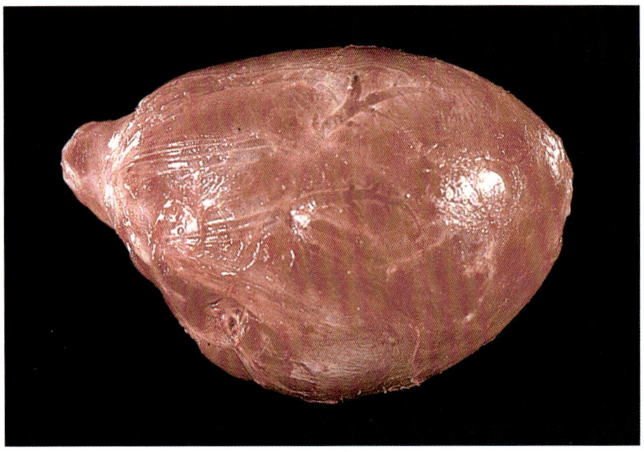

图 16-12　马的甲状腺(左叶)(慕尼黑 Reese 博士提供)

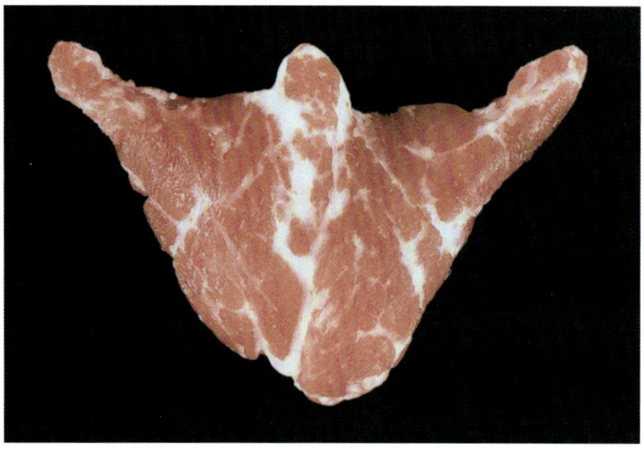

图 16-13　猪的甲状腺(慕尼黑 Reese 博士提供)

16.4　甲状旁腺(glandulae parathyroideae)

16.4.1　甲状旁腺位置和形态

甲状旁腺是小的、**成对的**上皮结构，位于甲状腺内，近被膜处。

这些腺体由**第 3 和第 4 咽囊**上皮发育而来。**内甲状旁腺**又称为甲状旁腺Ⅳ，表明其起源于第 4 咽囊上皮，而**外甲状旁腺**又称为甲状旁腺Ⅲ，表明其起源于第 3 咽囊上皮。

总结

甲状旁腺的种属差异

- 猫
  - 内甲状旁腺位于甲状腺实质内，靠近每叶的内侧面
  - 外甲状旁腺位于甲状腺前端附近
- 犬
  - 内甲状旁腺埋于每叶的中间部
  - 外甲状旁腺位于甲状腺前端或前半部附近
- 猪
  - 没有内甲状旁腺
  - 外甲状旁腺形如豌豆，位于颈总动脉分叉处
- 牛
  - 内甲状旁腺要么位于每叶的内侧面背侧缘，要么位于每叶的实质内
  - 外甲状旁腺位于颈总动脉分叉处的内侧，靠近源于迷走神经的喉前神经的起始处
- 马
  - 内甲状旁腺位于每叶的前半部附近
  - 外甲状旁腺位于颈深后淋巴结附近的气管旁

16.4.2　甲状旁腺的功能

甲状旁腺分泌甲状旁腺激素，这些激素通过调节骨的代谢、胃肠道的吸收和尿液的排出来调节血钙和血磷的浓度。

临床小知识

在切除猫的双侧甲状腺时，**意外切除**双侧甲状旁腺，可导致重度**低血钙症**，可能具有致死性。这是因为缺乏维持肌肉正常功能所必需的钙，会引起四肢抽搐直至死亡。

16.4.3　甲状旁腺的血液供应、淋巴和神经支配

甲状旁腺的周围有丰富的**毛细血管网**，它们由**颈总动脉**分出的小动脉供应血液。**静脉**汇入颈静脉。

淋巴汇入颈深淋巴结。

交感神经纤维起自颈前神经节，它们到达甲状旁腺的供血动脉的外膜。**副交感神经纤维**通过喉后神经的分支到达该器官。

16.5　肾上腺(glandulae adrenales，suprarenales)

16.5.1　肾上腺位置和形态

成对的肾上腺位于腹腔顶部腹膜后位置所对应的肾的前内侧(图 16-14 至图 16-16、图 16-18)。肾上腺的命名来源于其解剖位置，与肾没有功能上的联系。肾上腺由皮质

和髓质构成，两者的结构、功能及胚胎起源不同，属于不同的内分泌组织：

- 外层皮质
- 内层髓质

外层皮质色浅，呈放射状条纹，起源于中胚层的间充质细胞。**髓质**颜色暗，起源于外胚层，由交感神经组织发育而来，所以它相当于交感神经的副神经节。肾上腺一般不对称，形态不规则。不同物种和个体间，肾上腺的形态、大小差异较大（图 16-14 和图 16-19）。

肾上腺的横断面外周的皮质呈条纹状，很容易与其他组织区相区别，如淋巴结。髓质围绕中央静脉，皮质包围髓质，同时被纤维囊所覆盖（图 16-17）。肾上腺的腹侧面有供肾上腺血管进出的肾上腺门。

图 16-14　猪的左肾上腺（旁正中面）（慕尼黑 Reese 博士提供）

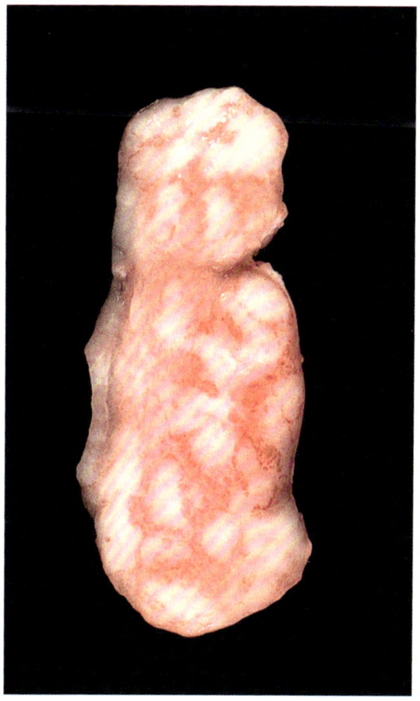

图 16-15　猪的左肾上腺（慕尼黑 Reese 博士提供）

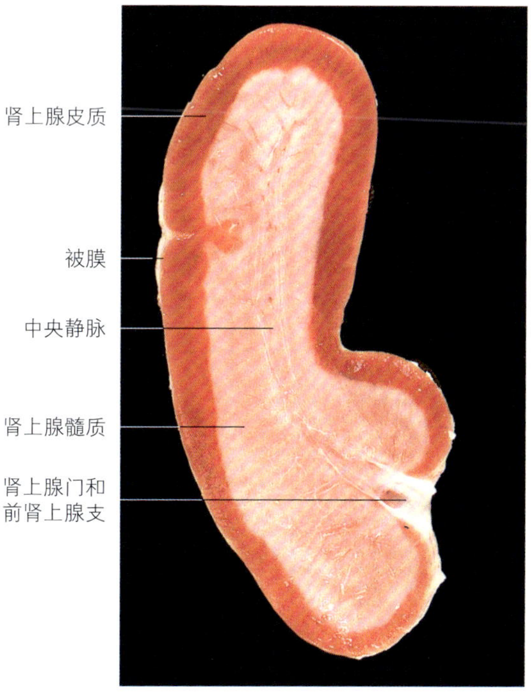

图 16-16　牛的右肾上腺（旁正中面）（慕尼黑 Reese 博士提供）

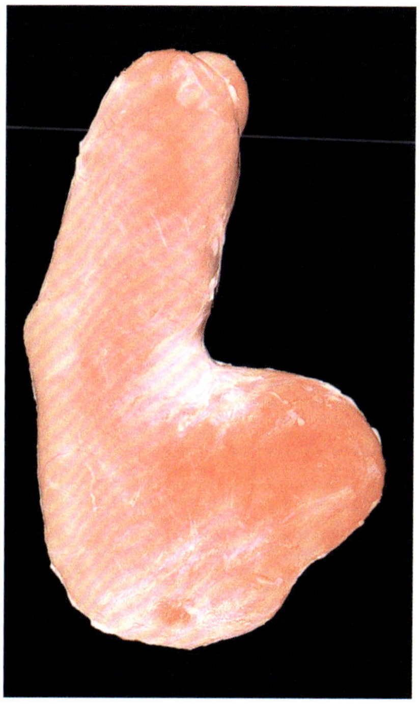

图 16-17　牛的右肾上腺（慕尼黑 Reese 博士提供）

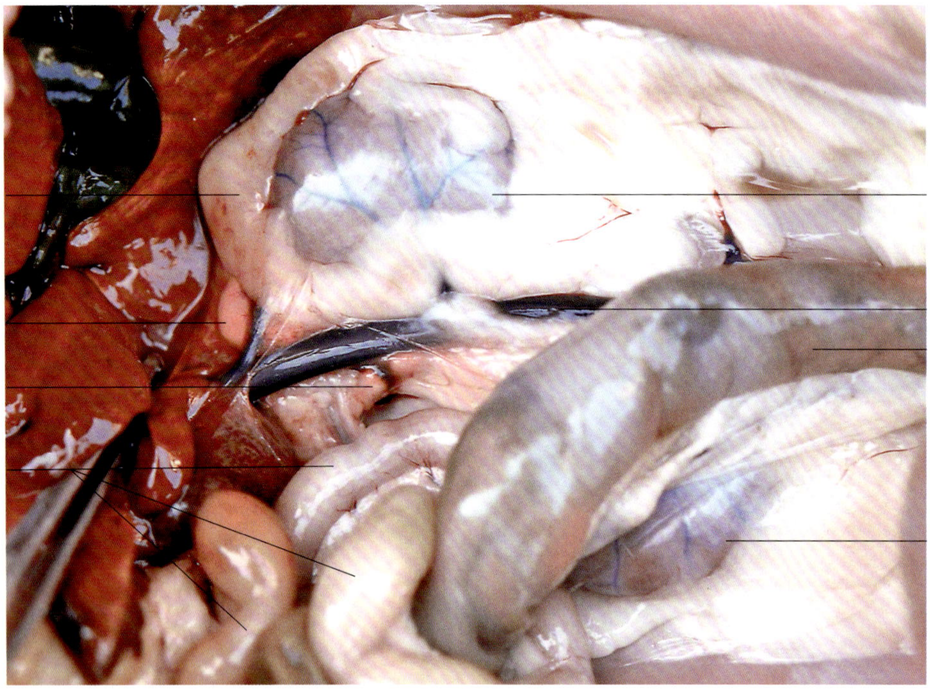

图 16-18　猫的肾上腺、肾、后腔静脉和肠的局部照片（乌拉圭 Pérez 博士提供）

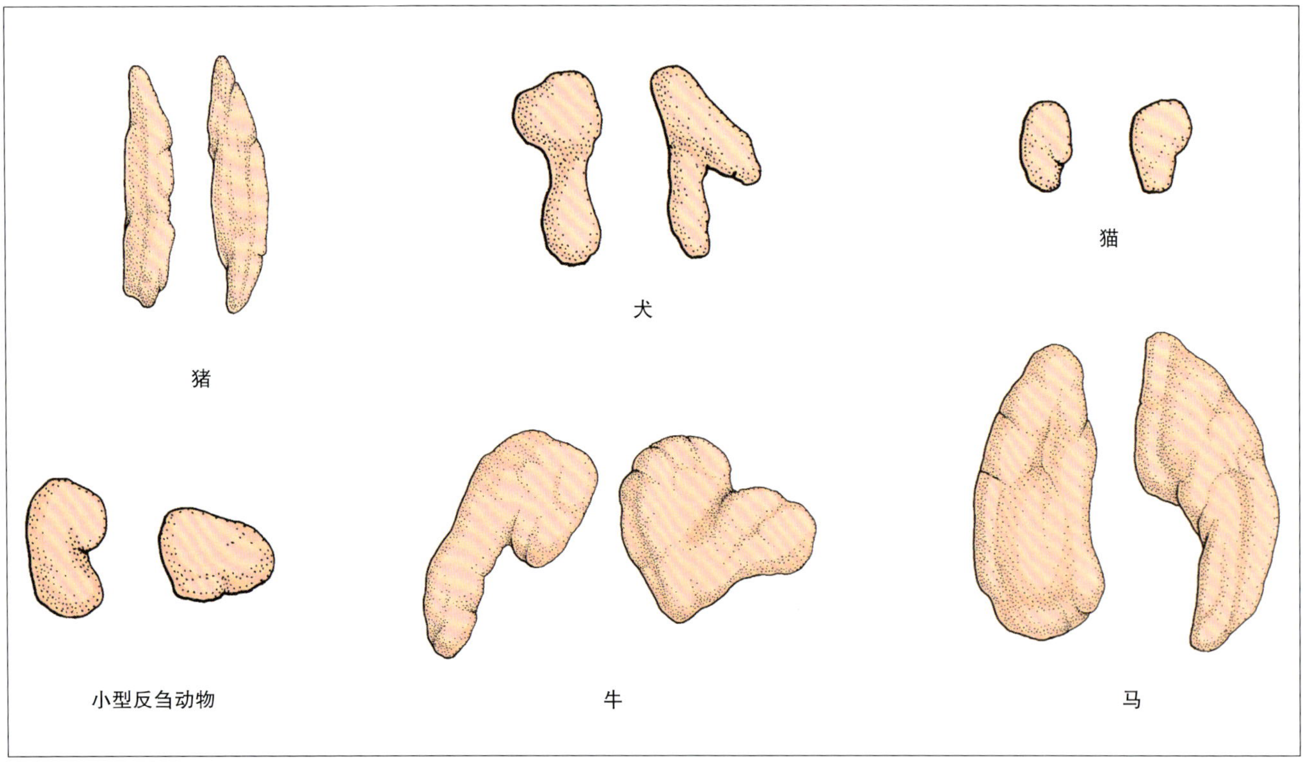

图 16-19　不同家畜的肾上腺（示意图）。仿 Ghetie（1967）

16.5.2 肾上腺的功能

肾上腺皮质分泌的**激素**,称为**皮质激素**,参与调节盐类平衡(盐皮质激素)和糖代谢(糖皮质激素)。雄激素在雄性生殖器官的形成中发挥作用。**肾上腺皮质的活性**受腺垂体促肾上腺皮质激素(ACTH)的调节。**肾上腺髓质**生成的**神经递质**包括**肾上腺素**和**去甲肾上腺素**。肾上腺素兴奋交感神经系统,而去甲肾上腺素影响血压。肾上腺髓质和自主神经系统一起调节机体的急性应激反应。

16.5.3 肾上腺的血液供应、淋巴引流和神经支配

肾上腺通过许多小分支从**邻近的动脉**(腹主动脉、肾动脉、腹腔前的动脉和膈后动脉)接受大量的血液供应。毛细血管呈放射状从皮质进入髓质,并在髓质内形成一个腔和髓质网。

肾上腺内血液分布的**特殊结构**可能介导了皮质对肾上腺素合成的调控。富含激素的静脉血汇集到中央静脉,后者通过动脉的静脉导管汇入后腔静脉。

肾上腺实质内部的**淋巴管**形成毛细淋巴管网,汇集到腰主动脉淋巴结。

肾上腺髓质实际上是一种被修饰的**交感神经节**,专门负责**神经激素的释放**。它接受来自**内脏神经**的交感神经节前神经纤维的支配。而皮质细胞则是经修饰的**节后神经元**。

16.6 副神经节

副神经节是小的、结节状的**上皮细胞**团。其胚胎学起源来自**神经嵴**,含有**肾上腺素**和**去甲肾上腺素**。肾上腺髓质是体内最大的神经嵴细胞聚合体。体内其他的副神经节都有神经支配,一般分布于大动脉附近,作为化学感受器调节呼吸。

颈动脉体(颈动脉球,glomus caroticum)位于颈总动脉的分叉处,或位于**颈动脉窦**壁内。其形状不规则,大小 1 ~ 3 mm 不等。颈动脉体由**舌咽神经**的分支(颈动脉窦支,ramus sinus carotici)支配,但也接受迷走神经和颈前神经节的其他分支支配。**主动脉体**(主动脉球,glomus aorticum)位于**主动脉弓**上,靠近臂头动脉干的起始部,它比颈动脉体小,接受迷走神经的减压支支配。

主动脉旁体由沿腹主动脉分布的数个副神经节组成。但由于种属和个体间差异,其确切位置不同。大部分交感神经节也包含副神经节细胞群。

16.7 胰岛(insulae pancreatici)

胰岛又称**"朗格汉斯岛"**(Islets of Langerhans),是胰腺的内分泌部。人体胰腺内有 50 万 ~ 150 万个胰岛,猫和犬有几千个胰岛。胰腺左叶比右叶含有更多的胰岛。

胰岛细胞有几种类型:**α 细胞**生成**胰高血糖素**,**β 细胞**生成**胰岛素**,二者均影响糖代谢。胰岛素分泌不足可导致糖尿病。1922 年,Bantin 和 Best 利用犬的胰腺成功建立了探索胰岛素缺乏型糖尿病的经典模型。胰岛的其他细胞能合成抑制生长的生长抑素。

胰岛接受丰富的**血液供应**,并含有管径较粗的毛细血管。胰岛是体内唯一由静脉引流至门静脉的内分泌腺。

胰岛接受**自主神经**的支配,交感神经纤维促进胰高血糖素的生成,而抑制胰岛素的产生;副交感神经纤维则刺激胰岛素的分泌。

16.8 性腺

睾丸和卵巢既有**外分泌**功能,又有**内分泌**功能,二者受下丘脑 - 垂体轴的调控。

卵巢内成熟卵泡周围的**内、外膜细胞**能生成**雌激素**。排卵后形成的黄体能分泌**孕酮**。黄体是一个暂时性的内分泌组织,会随着每个生殖周期而退化,但妊娠时黄体不会退化并存在一定的时间,它对妊娠的维持至关重要。

睾丸和曲精小管之间结缔组织内的**间质细胞**能生成**雄激素**。它们在调节精子的成熟和雄性生殖器官的发育中起重要作用。

其他器官的内分泌成分还不太清楚,如肾脏的肾素生成细胞群和胃肠道上皮中各种散在分布的内分泌细胞等。

17 眼（视器）(organum visus)

H.-G. Liebich，P. Sótonyi 和 H. E. König

眼，即视觉器官，由许多部分组成。其功能是从周围环境接受光的刺激，将其转化为电信号传至脑。感光神经元含有能够将光波转化为化学信号并对周围细胞的神经冲动产生反应的感光分子。产生的化学信号沿神经束传递至脑的认知中枢，形成图像。

视觉是一个非常复杂的系统，涉及眼的所有结构，不仅包括眼的附属结构（adnexa），还包括脑的各个部分，见第 15 章中的“脑”（467 页）：

- **眼球**：纤维、血管和眼球的内部结构（巩膜、角膜、脉络膜、睫状体、虹膜、视网膜）
- **眼副器**：眼球肌、眼睑、泪器
- **视神经**
- 大脑皮层**视觉区**

17.1 眼球（bulbus oculi）

17.1.1 眼球的形状和大小

眼球的形状和大小在种属和个体间差异较大。食肉动物的眼球一般为球形（直径 20 ~ 24 mm），而马眼球的宽度（50 mm）超过其高度（42 mm）和长度（45 mm）。牛的眼球比马的眼球小(40 ~ 43 cm)。相对于个体大小，猫的眼球最大，其次是犬、马、牛，猪的眼球最小。

眼球外形非球形，角膜位于眼球的前方，眼球后部比眼球前部曲度大。两部分以**巩膜沟**（sulcus sclerae）为界（图 17-1）。

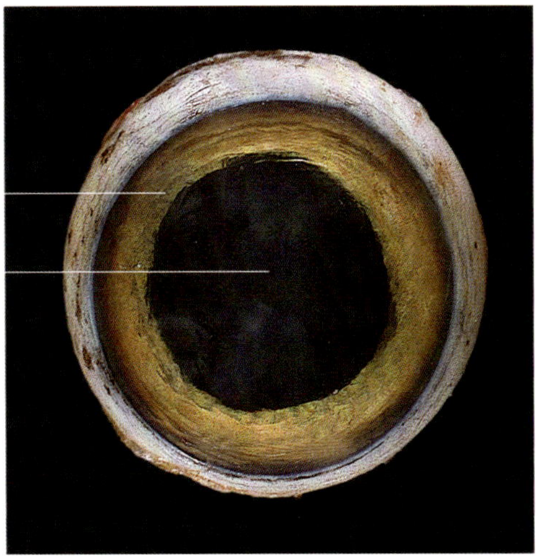

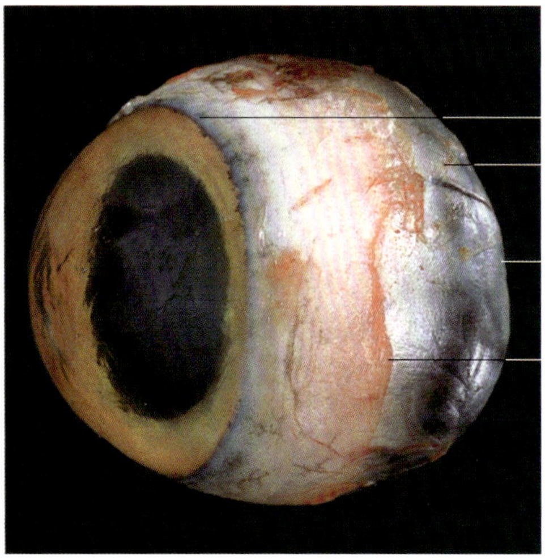

图 17-1　猫的眼球（左图示眼球前面，右图示眼球侧面）

17.1.2 眼球的方位

角膜顶为眼球的**前极**(polus anterior),与其相对应的一侧为眼球的**后极**(polus posterior)(图 17-1)。

眼球前极和眼球后极的连线为**眼外轴**(axis bulbi externus),也称为**视轴**(axis opticus),它穿过晶状体中心。从角膜后方到视网膜内表面为**眼内轴**(axis bulbi internus)。

眼球的中纬线位于眼球前后极之间,其周长最长。眼球表面连接眼球前后极的连线称为**子午线**。为了便于描述,用垂直子午线和水平子午线将眼球分为 4 个部分。

猫的视轴与正中矢状面的角度约为 20°,犬为 30°~50°,牛为 10°~40°,马为 90°。通常,捕食性动物的眼位置较靠前,而狩猎动物的眼则偏向外侧。两眼分开的程度越低,**双眼视野**范围越大。马的左右眼视野几乎不重叠,因此它所能看到的周围视野范围较大,但其双眼视力较差。

当涉及眼睛时,常采用前侧、后侧、颞侧和鼻侧来描述其方位,从而取代吻侧、尾侧、外侧和内侧。

17.1.3 眼球的结构

眼球壁由 3 层**同心层**(膜,tunicae)组成,它将眼球的内部结构和其他结构包围在内(图 17-2)。眼球内部被分为 3 个**眼房**(camerae bulbi):

- 眼前房(camera anterior):位于角膜和虹膜之间
- 眼后房(camera posterior):位于虹膜、睫状体和晶状体之间
- 玻璃体腔(camera vitrea):位于晶状体后方,周围被视网膜包围

眼球的分层包括(图 17-2):

- **眼球纤维膜**(tunica fibrosa bulbi):巩膜和角膜
- **眼球血管膜**(tunica vasculosa bulbi):脉络膜(choroidea)、睫状体(corpus ciliare)和虹膜
- **眼球内膜**(tunica interna bulbi):视网膜盲部(pars caeca retinae)和视网膜视部(pars optica retinae)

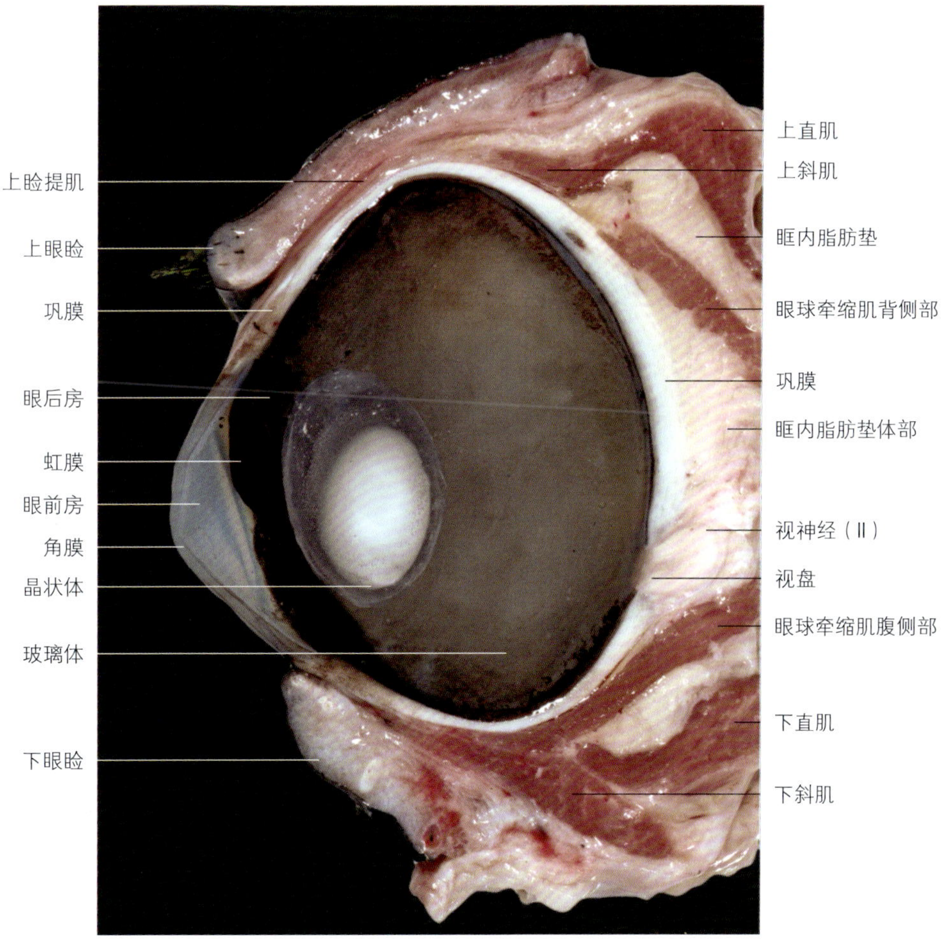

图 17-2 马的眼球(垂直面)

眼球的纤维膜(tunica fibrosa bulbi)

纤维膜由致密的、胶原纤维组织构成，具有维持眼球形状的功能。它包括 **2 部分**：一部分是**白色、不透明**的巩膜，覆盖眼球的后 3/4；另一部分是**透明**的角膜，位于眼球前部，(图 17-2 和图 17-3)。这两部分在角膜巩膜连结处相连，也称为**角膜缘**。

巩膜

巩膜**固有质**由方向平行的、致密的胶原纤维网构成。其中散在分布有一些弹性纤维，这些弹性纤维具有抵抗眼内压和眼外肌牵拉的作用(图 17-2)。

巩膜的**薄厚不一**，最薄的地方位于中纬线(可达 0.5 mm)，由中纬线至眼球后极逐渐变厚(可达 2 mm)。巩膜的腹颞侧有供视神经和血管穿过的许多小孔(巩膜筛区，area cribrosa sclerae)。筛区小梁向后延续为视神经的结缔组织隔。

在**角膜巩膜连接**处，巩膜内表面有一明显的**小嵴**(巩膜环，anulus sclerae)，其上附着**睫状肌**。巩膜外表面为**巩膜沟**(sulcus sclerae)，食肉动物的巩膜沟较明显。

巩膜静脉丛是**眼房水**排出的地方，位于巩膜环和巩膜沟之间，它对**眼压**的调节有重要的作用。如果眼房水不能顺利流出，眼压升高，最后可能发展为**青光眼**。

巩膜被靠近角膜巩膜连接处的结膜所覆盖，结膜反折到眼球表面即为球结膜。

角膜

角膜向前凸，为眼球纤维膜的**透明部分**，位于眼球前部。角膜固有质由平行排列的**胶原纤维**组成，呈板层状。角膜的最高点称为**角膜顶**，其外周为**角膜缘**。食肉动物的角膜呈圆形，而有蹄类动物呈椭圆形，鼻侧眦钝，颞侧眦尖。

角膜由 5 层组成：

- 前上皮(epithelium anterius)
- 前界膜或 Bowman 层(lamina limitans anterior)
- 固有质
- 后界膜或 Descemet 层(lamina limitans posterior)
- 后上皮(epithelium posterius)或前房内皮(epithelium camerae anterioris)

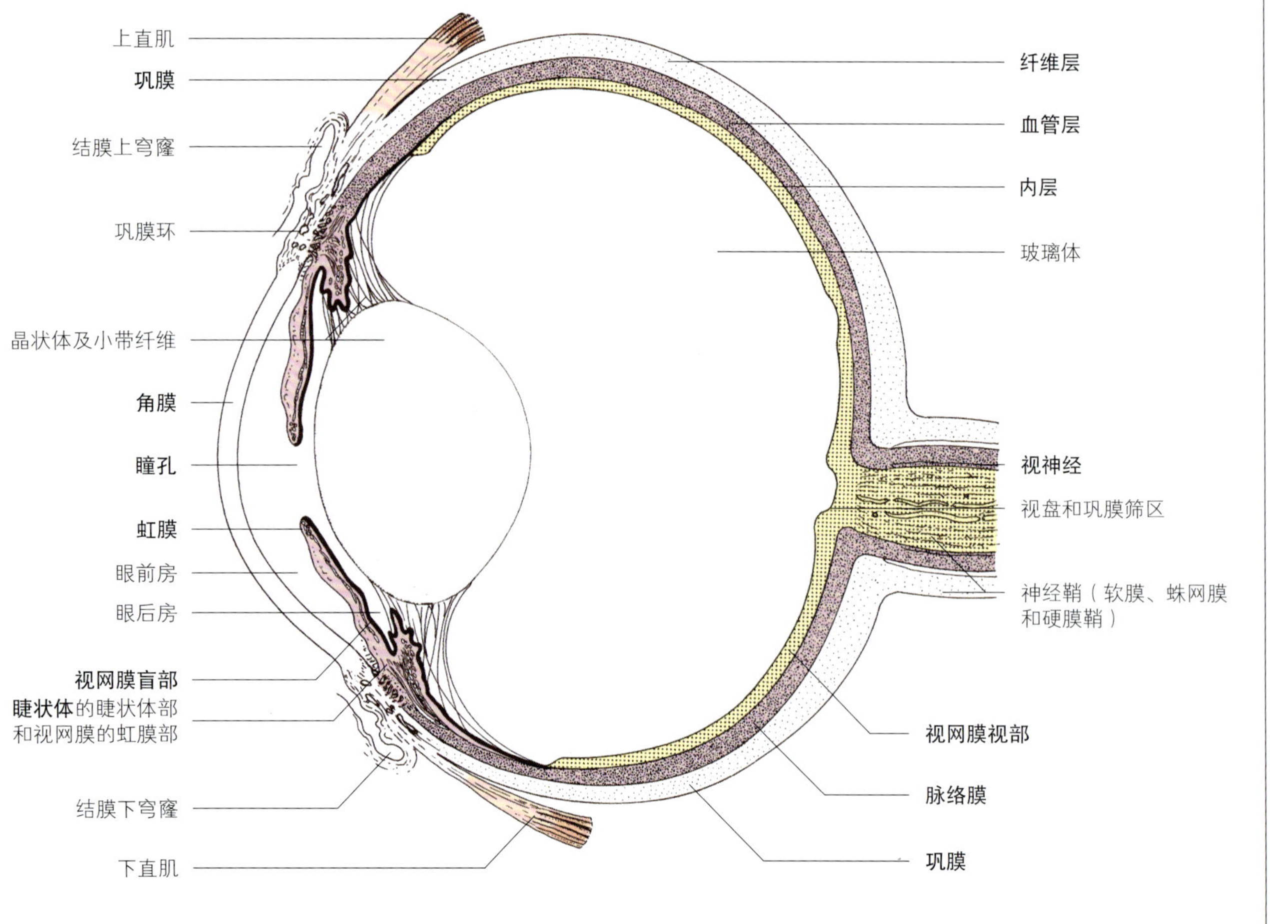

图 17-3　眼球纵切面(示意图)

图 17-4 牛眼的前极(矢状面)(智利 Donoso 博士提供)

前上皮由数层扁平细胞组成,并延续为球结膜。其外表面由角膜前泪液膜覆盖,后者有润滑、保护上皮细胞的作用。角膜前泪液膜由浆膜、黏蛋白和脂肪等成分构成。前上皮形成屏障以减少水分浸入角膜固有质(图 17-5)。

固有质由胶原纤维和角膜细胞组成,它们排列在不同的板层间,为扁平的、水样基质。无髓鞘的感觉神经纤维和自主神经纤维的致密网延伸于胶原纤维之间。角膜常无血管,其营养供应来源于角膜巩膜连接处、角膜前泪液膜和房水的毛细血管袢的分子扩散。

后界膜是**后上皮**重要的基底膜。后上皮由单层扁平上皮构成,这些单层扁平上皮延续为眼前房的内皮。后上皮能够增加水的选择性扩散以维持角膜的通透性,并分泌蛋白质参与角膜后界膜的构建。

眼球的血管膜(tunica vasculosa,media bulbi,uvea)

眼球的血管膜介于巩膜和视网膜之间。它由结缔组织构成,其间包括色素细胞、弹性纤维、神经丛和致密的血管网。血管膜包括 3 部分:

- 脉络膜(choroidea)
- 睫状体(corpus ciliare)
- 虹膜

血管膜具有若干功能:血液供应,悬挂与调节晶状体形状,调节瞳孔大小,以及产生眼房水。

脉络膜(choroidea,uvea)

脉络膜是一个有色素沉着、富含血管、包绕眼球后部的结构(图 17-3、图 17-21、图 17-22)。

脉络膜**由外向内**划分为 4 层:

- 脉络膜上层(lamina suprachoroidea)
- 血管层(lamina vasculosa)
- 脉络膜毛细血管层(lamina choroidocapillaris)
- 基底层(lamina vitrea)

脉络膜上层由原纤维网和其中分布的含色素细胞组成,且在脉络膜和巩膜之间形成疏松结缔组织。

血管层是脉络膜 4 层中最厚的一层,由色素细胞和薄

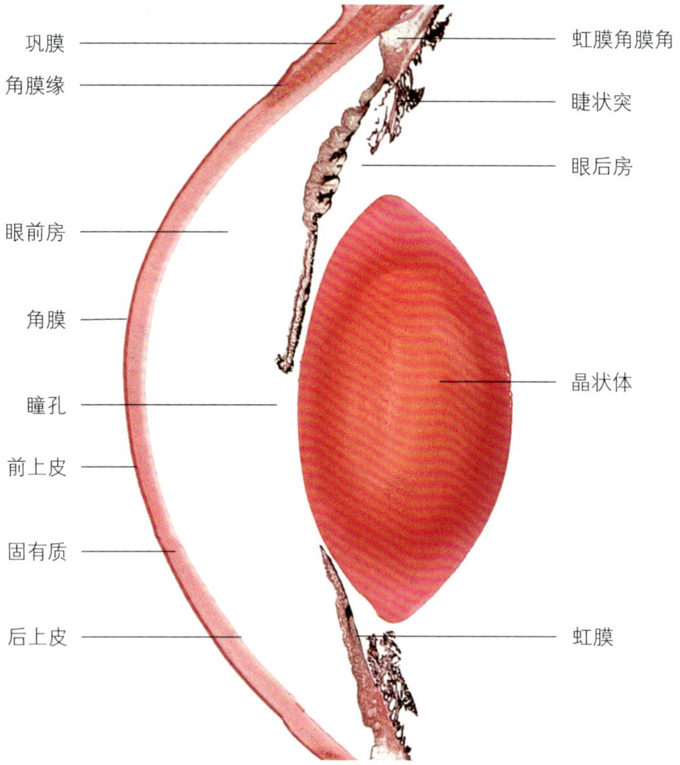

图 17-5 猫眼前极的组织学结构

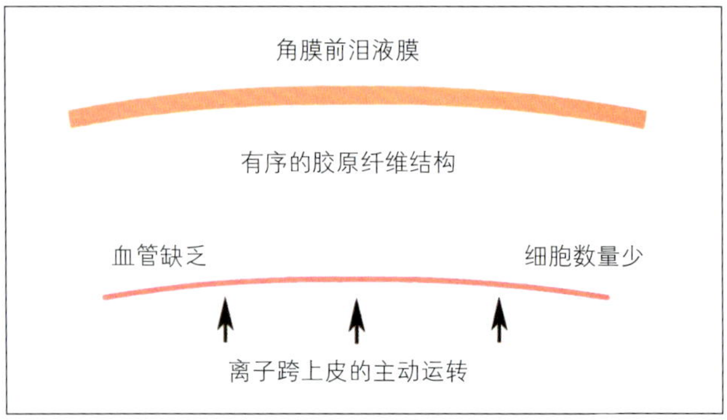

图 17-6 角膜透明度生理结构示意图

层结缔组织构成。血管穿过此层为视网膜的内部神经元提供血液。这些血管是**睫状动脉**(aa. ciliares)和**涡静脉**(vv. vorticosae)。它们分出分支进入**脉络膜毛细血管层**,在那里形成脉络膜内毛细血管床。脉络膜毛细血管层的致密毛细血管网为视网膜的外层提供营养。

位于血管层和脉络膜毛细血管层之间,视神经乳头的背侧有一个半月形的放射层,即**照膜**(图 17-19、图 17-20 和图 17-21)。

除猪外,所有家畜都有照膜。食肉动物的照膜为**细胞膜**(细胞毯),而食草动物的为**纤维膜**(纤维毯)。照膜下方的视网膜通常**无色素**。

照膜细胞含有高反射性的透明柱(锌和半胱氨酸),能够增强光线,刺激视网膜的感光细胞。因此,**照膜**有助于动物在昏暗光线下的视觉反应。动物的种属不同,其照膜的颜色不同(猫为黄色,犬为绿色,牛和马为蓝绿色),因此动物眼睛的虹彩也不同。

睫状体(corpus ciliare)

睫状体位于脉络膜和虹膜之间,是血管膜中较厚的一层(图 17-3、图 17-11 和图 17-12)。睫状体嵴的环形隆起为睫状突(processus ciliares),中央睫状突呈放射状朝向晶状体。小带纤维由睫状突伸向晶状体中纬线,并悬于晶状体外周。睫状体与玻璃体相连,形成眼后房的外侧缘。睫状体外表面被覆巩膜,内表面为**视网膜盲部**(pars caeca retinae)。

睫状体可分为:

- 睫状环(睫状体平坦部,orbiculus ciliaris)
- 睫状冠(睫状体褶皱部,corona ciliaris)
- 晶状体前部和晶状体后部

睫状环(orbiculus ciliaris)构成睫状体的后部,相对较平,只有少量的**放射褶**(睫状冠,plicae ciliares)。睫状环被覆睫状小带纤维。视网膜睫状部和视部之间以**锯齿缘**为界,而朝向睫状冠的界线不明显(图 17-11)。

睫状冠在睫状体前部较突出,后者包含**睫状突**(图 17-3、图 17-4、图 17-11、图 17-12)。**睫状体**向外突出形成许多小而扁的、平行排列的突起,这些突起可使睫状体冠的高度迅速增加。随后,睫状体与巩膜分离,并由睫状体基部向晶状体中心延伸为睫状突。犬的睫状突有 70～80 个,牛和马的超过 100 个。

晶状体通过**睫状小带**(zonula ciliaris)固定在适当的位置。睫状小带为一精细的悬吊装置,由高度有序排列的小带纤维组成,位于虹膜和睫状体的后部,它将眼后房和玻璃体分开。这些小带纤维将晶状体固定于睫状体的晶状体后部,而小带纤维没有插入短的晶状体前部(图 17-3、图 17-4、图 17-24)。晶状体前部的睫状突在晶状体表面高度折叠。

睫状体上皮产生眼房水,分泌到眼后房,通过瞳孔流入眼前房,在虹膜角膜角排入巩膜静脉窦(图 17-26 和图 17-27)。

食肉动物的**睫状体**形成对称的环,而反刍动物和马的睫状体则为非对称性的环,其视网膜的视部进一步向前延伸。弹性纤维、色素细胞、血管和睫状肌纤维嵌入睫状体的结缔组织中。

睫状肌(m. ciliaris)为平滑肌,在注视近或远距离的物体时,能调节晶状体的形状(自动调焦,accommodation)。马的这种调节能力相对较弱,而食肉动物较强。睫状肌接受来自**睫状神经节**的**副交感神经**和**交感神经**的共同支配。**副交感神经**兴奋引起睫状肌**收缩**,晶状体变圆,眼睛聚焦在近距离的物体上。**交感神经**兴奋则睫状肌**舒张**,晶状体变扁,眼睛聚焦在远距离的物体上。

虹膜

虹膜为睫状体的延续,构成血管层前部的大部分。在晶状体前表面,虹膜上丰富的血管组织形成一个薄的环形结构。**虹膜游离缘**(瞳孔缘,margo pupillaris)围成**瞳孔**,供光线通过到达眼球后部。**虹膜周围**(睫状缘,margo ciliaris)与睫状体和虹膜角膜角相连。虹膜将角膜和晶状体之间的腔隙分为**眼前房**(camera anterior bulbi)和**眼后房**(camera posterior),眼前房和眼后房通过瞳孔相通(图 17-3 至图 17-5)。

虹膜前表面为一层不连续的上皮细胞,其内表面下的基质中含有细的胶原纤维束、血管、平滑肌纤维、色素细胞和神经纤维。

胶原纤维能调节**瞳孔放大**(mydriasis)或**瞳孔缩小**(miosis)。**基质**内富含**血管网**(虹膜动脉大环或虹膜动脉小环,circulus arteriosus iridis major et minor)可提供营养和稳定功能。在瞳孔放大和缩小时,血管周围形成的胶原纤维网状结构可维持血管的微循环。

基质内含有 **2 种平滑肌**,即瞳孔括约肌和瞳孔开大肌,可调节瞳孔大小和到达视网膜的光通量。

瞳孔括约肌(m. sphincter pupillae)由近虹膜的瞳孔缘的环形平滑肌构成。瞳孔为椭圆形的动物(如猫、绵羊、牛),其瞳孔括约肌由网格状排列的纤维牵拉,使瞳孔缩小时,呈一条水平或垂直的裂隙(图 17-7 和图 17-12)。瞳孔括约肌接受**副交感神经**的支配。

瞳孔开大肌(m. dilatator pupillae)由放射状的肌纤维组成,形成网状结构,几乎完全位于虹膜后部。瞳孔开大肌由视网膜虹膜部的神经上皮衍生而来,它接受**交感神经**的支配。

虹膜的色素细胞含有**黑色素**,保护视网膜免受强光刺激(图 17-8)。色素细胞的数量和大小决定了**眼睛的颜色**,在遗传学上由几个共显性基因决定。如果胶原纤维密集排列,而虹膜基质内缺乏色素细胞,则眼睛呈蓝色或灰色(猪和山羊)。如果薄的胶原纤维网状结构中富含色素细胞,虹膜的颜色则为深棕色如犬(图 17-8)、牛(图 17-9)。较少的色素细胞会使虹膜延伸变浅、变黄如犬(图 17-8)、猪和小型反刍动物。白化病动物的虹膜完全没有色素,它们的眼球呈红色,这是因为该区域的血液供应没有被色素所遮蔽。

虹膜的后表面(facies posterior)衬有虹膜视网膜的色素内层和**色素上皮**(epithelium pigmentosum)。反刍动物和马的虹膜的上下瞳孔缘不规则地生长,含有卷曲的毛细血管,即**虹膜粒**(**黑色样小体**,corpora nigrans)。小型反刍动物和马的虹膜粒包有囊状结构。推测虹膜粒具有分泌眼房水的功能(图 17-4、图 17-12、图 17-15、图 17-16)。

虹膜和睫状体的神经支配

虹膜和睫状体的肌肉和血管接受来自睫状神经节的**交感神经**和**副交感神经**,即**睫状短神经**(nn. ciliares breves)的支配。**交感神经的节后纤维**支配瞳孔开大肌、虹膜血管和睫状突。来源于**动眼神经**的副交感神经纤维支配瞳孔括约肌和睫状肌,并形成反射弧。

具有副交感神经作用或胆碱能作用的药物,如**毛果芸香碱**或**氯化氨甲酰胆碱**,可刺激瞳孔和睫状肌的收缩。局部应用天然生物碱,如**阿托品**和**东莨菪碱**,可阻断眼部副交感神经的支配,导致瞳孔被动放大(被动散瞳)和眼的调节麻痹。**去氧肾上腺素**和**肾上腺素**可诱导交感神经活性。

眼球内层(眼球内膜,视网膜)

眼球壁的内层为视网膜,它由间脑的视泡发育而来,二者由视神经相连。因此,视神经是视网膜通向中枢神经系统的纤维束(如想进一步了解眼的胚胎学发育,可参考基础胚胎学教科书)。

视网膜可分为如下几部分:

- **视网膜盲部**(pars caeca retinae)
  - 视网膜睫状体部(pars ciliaris retinae)
  - 视网膜虹膜部(pars iridica retinae)
- **视网膜视部**(pars optica retinae)

视网膜盲部位于眼球前部,覆盖在虹膜的后面,由内、外单层上皮组成。**外层为色素上皮,内层为非色素上皮**。

视网膜盲部和**视网膜视部**以**锯齿缘**为界(图 17-13 和图 17-14)。

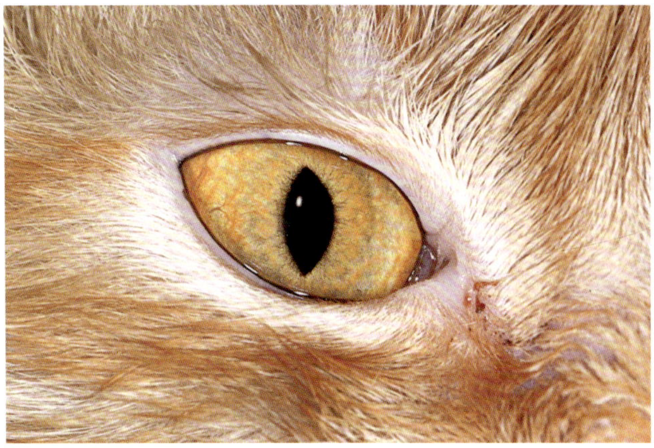

图 17-7　猫的右眼

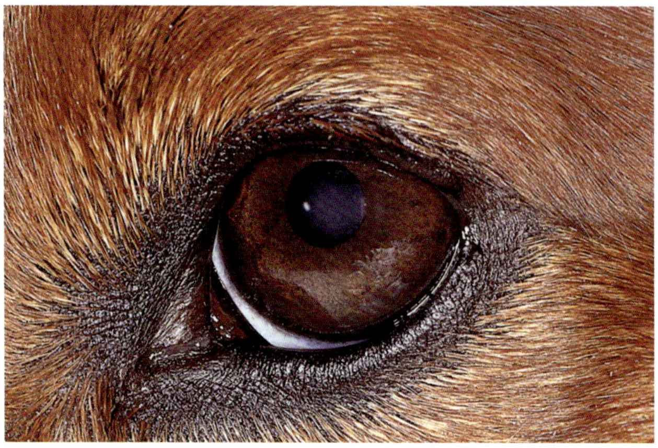

图 17-8　犬的左眼

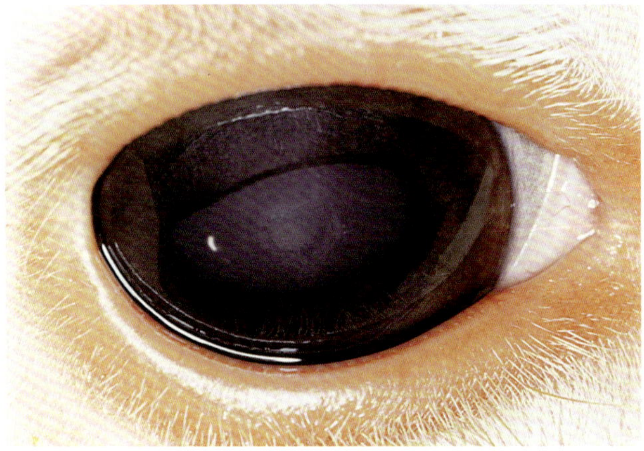

图 17-9　牛的右眼

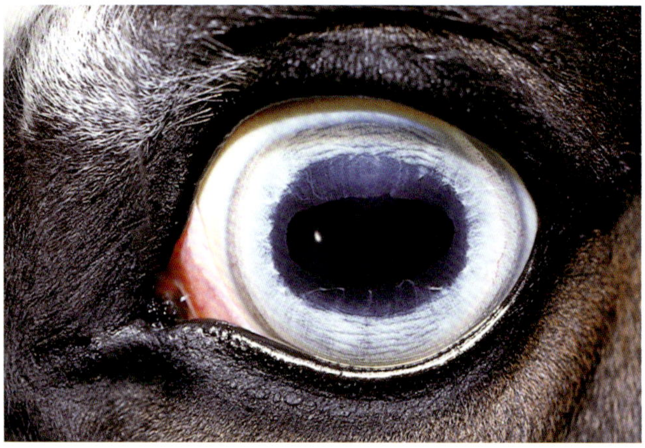

图 17-10　马的左眼

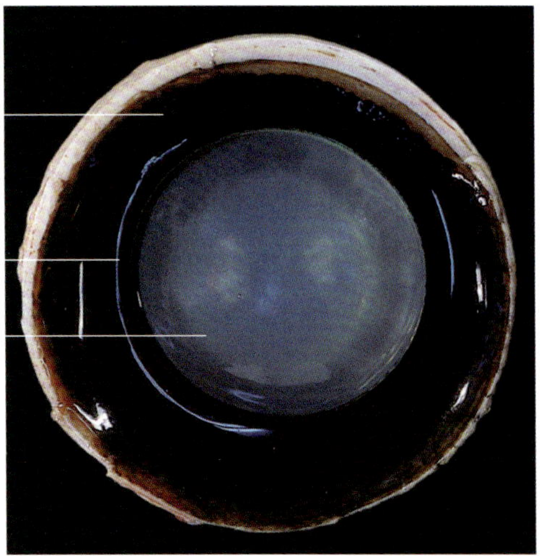

图 17-11　猫的眼球后部，示睫状体和晶状体（水平切面）

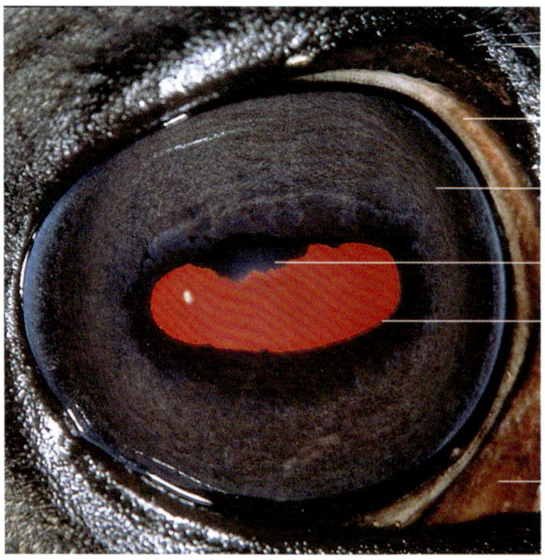

图 17-12　马的眼球前部，示虹膜、瞳孔和虹膜粒（慕尼黑 Gerhards 博士、教授提供）

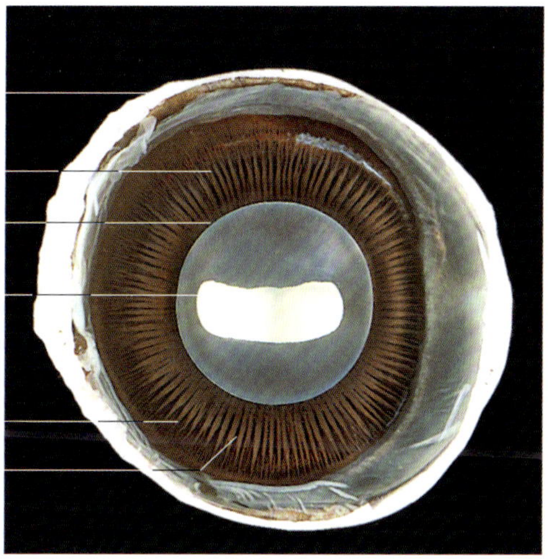

图 17-13 牛的眼球后部,示睫状体和晶状体(水平切面),瞳孔放大

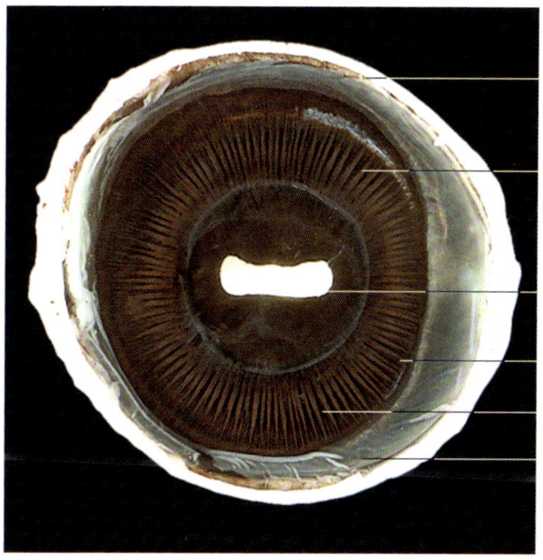

图 17-14 牛的眼球后部,示睫状体,晶状体已剥离(水平切面),瞳孔缩小

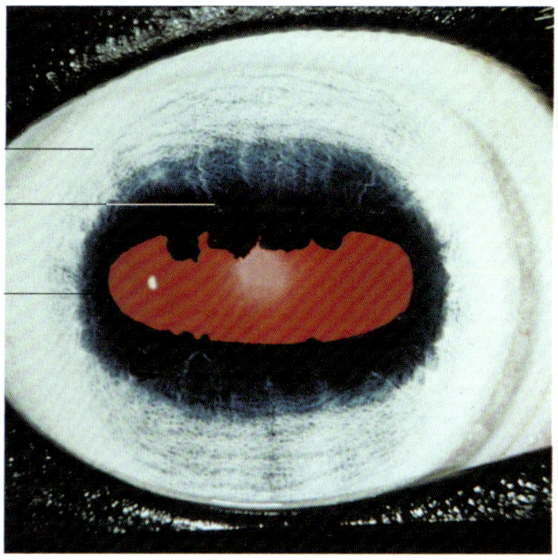

图 17-15 马的眼球前部,示虹膜、瞳孔和虹膜粒(慕尼黑 Gerhards 博士、教授提供)

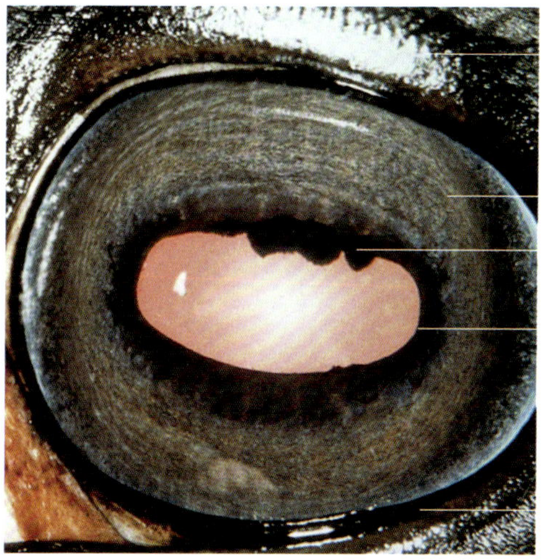

图 17-16 患有虹膜异色症的马眼球前部,示虹膜、瞳孔和虹膜粒(慕尼黑 Gerhards 博士、教授提供)

视网膜**视部**位于锯齿缘后部和眼球后部,它将光能转化为化学能,最后转化为电脉冲沿视神经传递至脑的视觉中枢。视网膜视部远比视网膜盲部厚,由以下 2 部分组成:

- 外层的色素层(stratum pigmentosum)
- 内层的神经层(stratum nervosum),包括光感受器和突触层

色素层(stratum pigmentosum retinae)

色素层由视杯的外层发育而来,形成**视网膜最外层结构**,与脉络膜相邻。它由富含色素的单层立方上皮和外周的感光细胞(**视杆细胞和视锥细胞**)组成。当光线穿过感光细胞时,立即被视网膜色素层和脉络膜吸收,从而减少散射,增强了对比度。在照膜区,视网膜色素层**缺乏色素**(图 17-21),光线通过感光细胞层被反射回来。这被认为是在弱光环境下改善视觉功能的一种适应。

神经层(stratum nervosum retinae)

视网膜神经层由**视杯内壁**发育而成,包括**光感受器**、**中间神经元**、**神经节细胞**和**相关基质细胞**(Müller 细胞)。Müller 细胞为**神经胶质细胞**,为视网膜神经元提供营养。它们延伸于神经元间形成内膜和外膜(详细内容可参考组织学教材)。

视网膜神经元形成 3 个连续的、互相连接的神经元链,在组织学上很容易区分(图 17-21)。视网膜神经层由外向内可分为:

- **一级神经元**
  - 神经上皮层(stratum neuroepitheliale):视杆细胞和视锥细胞
  - 外颗粒层(stratum nucleare externum)
  - 外网状层(stratum plexiforme externum)
- **二级神经元**
  - 内颗粒层(stratum nucleare internum):双极神经元
  - 内网状层(stratum plexiforme internum)
- **三级神经元**
  - 神经节细胞层(stratum ganglionare):多极神经元
  - 神经纤维层(stratum neurofibrarum)

视杆细胞和视锥细胞是视网膜**感光细胞**。**视杆细胞**是对**黑**(夜晚)**和白**敏感的光感受器,而**视锥细胞**与**色觉**(白天)有关。视杆和视锥细胞的光感受器部分位于外节,与色素上皮相邻。**视杆细胞**含有充满**视紫红质**的膜盘,它可将光能转化为化学能。新的膜盘不断产生,并向光感受器末端移动,在那里被色素细胞所吞噬。**视锥细胞**与视杆细胞的结构相似,但不含视紫红质作为光敏色素,而含有**视紫蓝质**(详细内容可参考组织学教材)。

猫能够区分绿色和蓝色,但对其他颜色的色觉较弱。反刍动物和马不能分辨红色和蓝色,而猪与人类的视觉色谱相似。犬具有二色觉,能够辨别短波长和长波长的光。

外颗粒层含有**感光细胞**,这些细胞的轴突与二级神经元双极细胞的树突形成突触,构成**外网状层**。**内颗粒层**含有**二级神经元**的细胞体和水平细胞,后者成为联系感光细胞和二级神经元之间的中间神经元。二级神经元的轴突与三级神经元神经节细胞层的多极神经元的树突发生突触联系,形成**内网状层**。中间神经元不仅与双极细胞的轴突发生突触联系,也与**神经节细胞层**细胞的树突发生突触联系。神经节细胞层由多极细胞和小的**自主神经元**组成。它们的轴突形成神经纤维层,穿过视网膜内部形成**视盘**(discus nervi optici)(图 17-17 和图 17-18)。

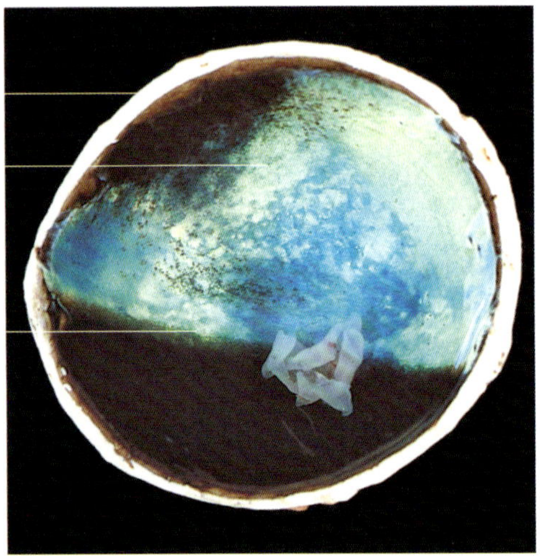

图 17-17 牛的眼底,视网膜部分被剥离(水平切面,前面观)

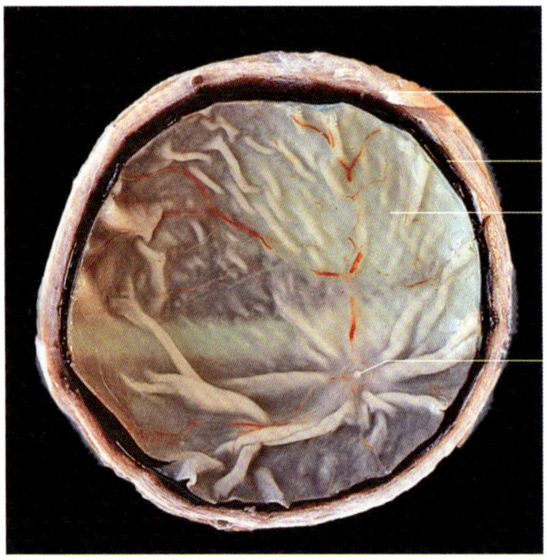

图 17-18 牛的眼底(水平切面,前面观)

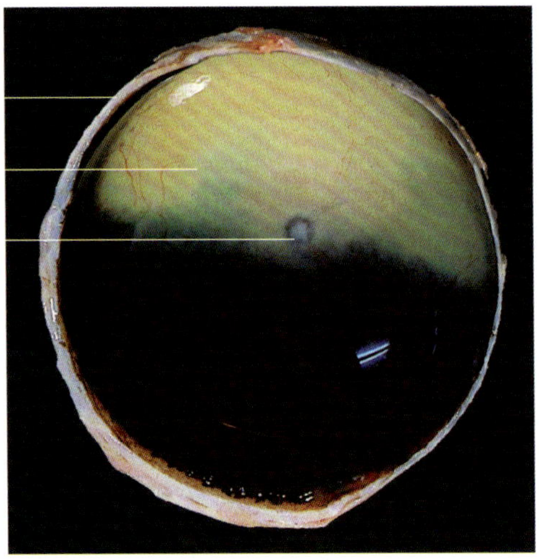

图 17-19 猫的照膜(水平切面,前面观)

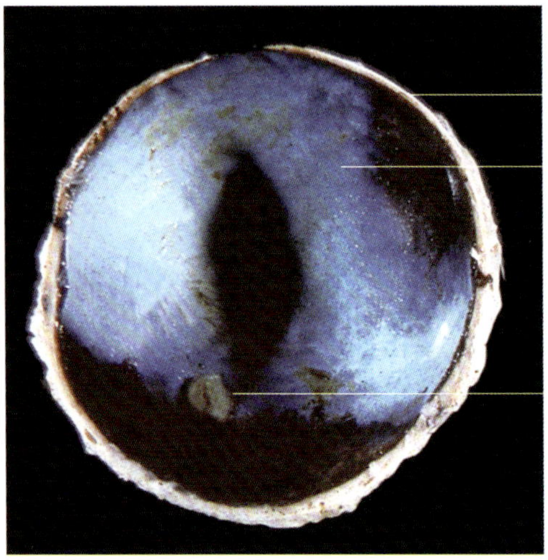

图 17-20 猫的照膜(水平切面,前面观)

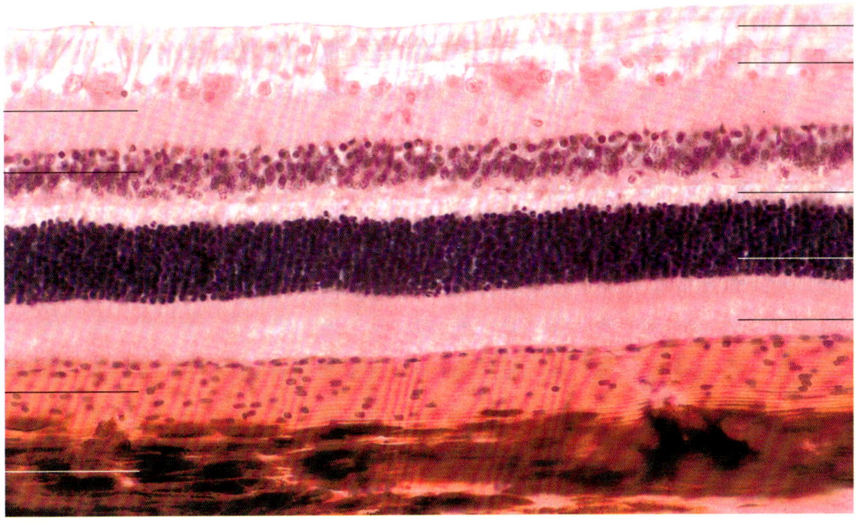

图 17-21 犬照膜区的视网膜视部的组织学切片

神经节细胞轴突向视盘聚集，穿过巩膜**筛区**(area cribrosa)形成**视神经**(图 17-22)。视盘呈椭圆形或三角形，该处无感光细胞，称为**盲点**。猫的盲点位于视网膜的鼻腹侧 1/4 处，犬的盲点垂直于视轴中线，其他哺乳动物位于腹颞侧 1/4 处。

视网膜中央区(area centralis retinae)

视盘的背颞侧上方是视网膜视觉解析度最高的区域，即**黄斑**。人类的这一区域呈黄色，但动物的黄斑区并非黄色。该区域的感光细胞和神经细胞的数量增多，而人类的黄斑区主要由视锥细胞组成。

视网膜的中央条纹区(area centralis striaeformis retinae)

马、猪和反刍动物的视网膜在视盘背侧显示出颜色较浅的条纹区。该区域富含视锥细胞和神经细胞，推测它们在运动识别中起重要作用。应用检眼镜进行眼底检查，可使视网膜和相关结构可视化。

视网膜的营养

视网膜感光细胞的营养来自脉络膜毛细血管网的**扩散**。营养物质扩散到感光细胞，必须通过色素层。Müller **细胞**的外膜向视网膜内层形成一层扩散屏障。

在视网膜脱落病例中，视网膜通常沿着色素上皮和视网膜神经层之间的胚胎视网膜内间隙分开。因此，视锥细胞和视杆细胞的营养供应消失，感光细胞退化。

视网膜其他层的营养来自**视网膜动脉**，后者起源于**视网膜短后动脉**。视网膜动脉在靠近视盘处进入眼球，然后分支为许多微动脉，其分布方式具有种属特异性。犬和猫的微动脉向四周呈辐射状分布。除中央区外，视网膜的血管均匀分布。马的视网膜血管分支少，呈环状；牛的呈十字形。视网膜血管由**小静脉**引流，小静脉汇合后，通过视盘，作为视网膜的中央静脉离开眼球。

视神经(Ⅱ)(nervus opticus)

视神经即**第 2 对脑神经**，事实上是一对**脑束**，但习惯上仍称它为神经。视神经由视网膜神经节细胞层的多极神经元的轴突形成。神经节细胞层无髓鞘的轴突在视盘汇集(图 17-22)。当它们穿过巩膜筛区即形成有髓鞘的视神经。视神经的髓鞘由脑脊膜形成，脑脊膜包括蛛网膜下腔和硬膜下腔。

猫的**视神经**直径约 1 mm，犬的为 2 mm，马的为 5 mm。视神经向后经眶内脂肪垫和眼球牵缩肌穿过**视神经孔**和**视神经管**进入颅腔。哺乳动物的大多数视神经纤维在**视交叉**处交叉至对侧。

视神经纤维延续为视束，经**外侧膝状体核**和**丘脑**，投射至**大脑皮层的视觉区**。视神经自主神经纤维终止于下丘脑的**视上核**和**室旁核**，形成**视网膜-下丘脑束**。见第 15 章中的“中枢自主神经系统”(486 页)。

眼球内部结构

晶状体(lens)

晶状体是由睫状小带悬吊的透明的、双凸结构(图 17-2 至图 17-5)，分为**前极**、**后极**、**中纬线**和**中央轴**，其后表面通常比前表面的凸度大。在视觉调节过程中，晶状体的凸度会发生改变。成年动物的晶状体无血管，其营养来自眼房

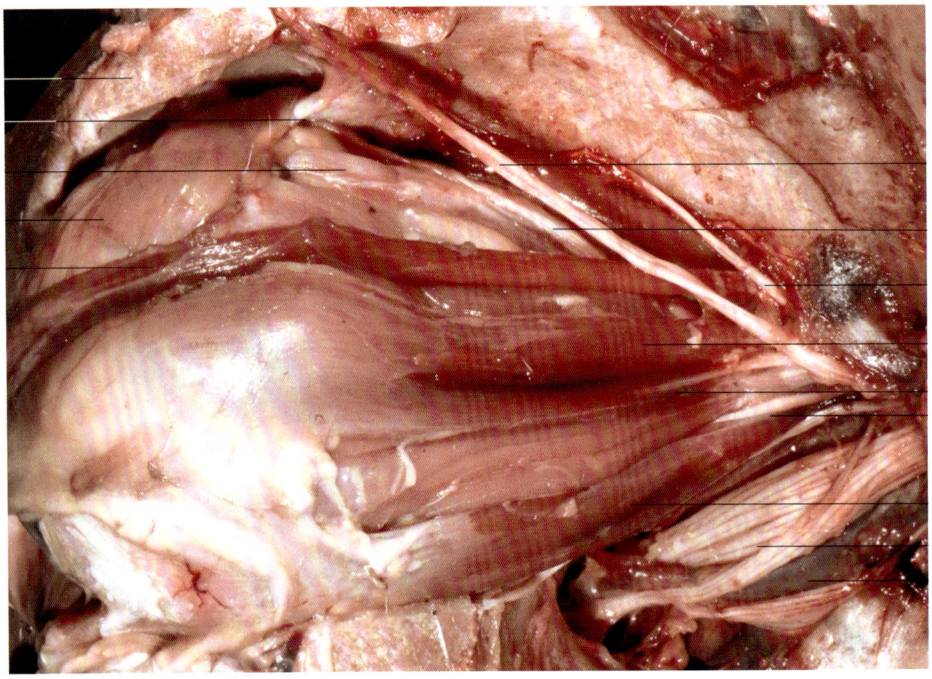

图 17-30　马的眼眶和眼球外肌的局部图

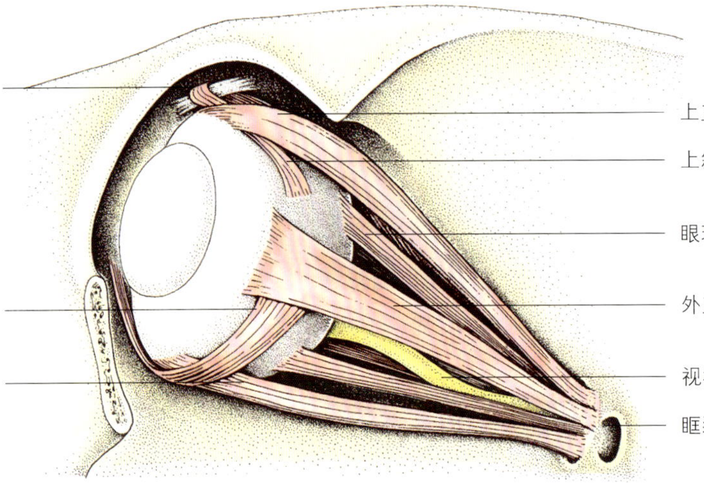

图 17-31　犬的眼眶和眼球外肌（示意图）

前面已做描述。眼睑肌群包括眼睑肌和头部肌，它们可调节睑裂的形状和位置，这部分内容将在后面介绍。

眼外肌群与眼球的运动有关。这部分肌群包括：

- 上直肌、下直肌、内直肌和外直肌
- 上斜肌和下斜肌
- 眼球牵缩肌
- 上睑提肌

4 条直肌（上直肌 mm. rectus dorsalis、下直肌 mm. rectus ventralis、内直肌 mm. rectus medialis 和外直肌 mm. rectus lateralis）以其止点在眼球上的位置命名。这群肌肉位于眼球的最深部，彼此靠近，起于视神经孔和眶裂周围。它们为伸向眼球各个方向的扁平肌肉，止于近角膜处的巩膜。

下斜肌（m. obliquus ventralis）起于腭骨的小凹窝（肌孔，foramen muscularis），伸向背外侧，止于眼外直肌下方的眼球颞侧面。

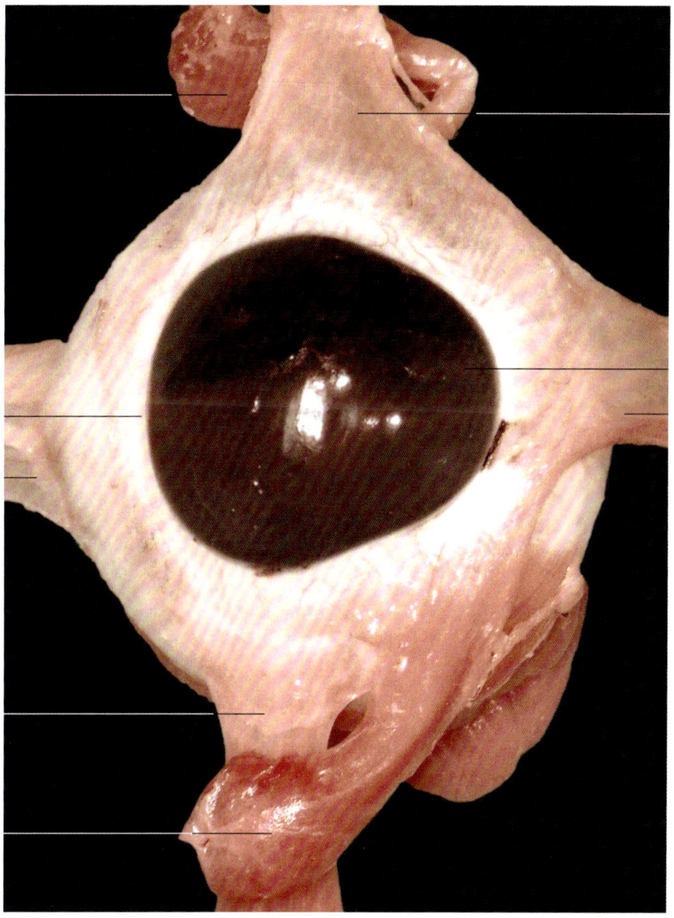

图 17-32 马的左侧眼球肌(前面观)

上斜肌(m. obliquus dorsalis)起自筛孔附近,走行于上直肌和内直肌之间的前方。在滑车周围折转插入眼球背颞侧面,直至深入上直肌止点。滑车是位于眶周的一个小的、椭圆形透明软骨板,由韧带牢固地附着在眼眶内壁。

眼球牵缩肌(m. retractor bulbi)起于近视神经孔附近,在视神经周围形成完整的肌肉锥。它与许多宽且薄的筋膜共同插入眼球中纬线后部。人无此肌。

眼外肌群使眼球沿 3 条垂直轴旋转。眼球复杂的运动需要这些肌肉的精细协调,它们从不单独行动。原则上,上直肌和下直肌使眼球沿内外侧轴旋转,内直肌和外直肌使眼球沿背腹侧轴旋转,斜肌使眼球沿眼轴旋转。此外,眼球通过眼球牵缩肌使眼球沿视轴缩回眼眶。

眼外肌群主要接受**动眼神经(Ⅲ)**的支配,除上斜肌由滑车神经支配(Ⅳ)外,外展神经(Ⅵ)支配外直肌和眼球牵缩肌外侧部。

17.2.3 眼睑(palpebrae)

眼睑为肌纤维褶,覆盖于眼球的前表面,可遮挡光线,保护角膜,并使角膜保持湿润。

家畜有 3 个眼睑:**上眼睑**(palpebra superior)、**下眼睑**(palpebra inferior)和**第 3 眼睑**(palpebra teria, membrana nictitans)(图 17-33)。

上、下眼睑间的**睑裂**(rima palpebralis)大小可变,由眼睑肌控制。上、下眼睑的**游离缘**(睑缘, margo palpebrae)在眼球的**鼻侧角**和**颞侧角**(眦)汇合(angulus oculi temporalis et nasalis)。

泪阜(caruncula lacrimalis)位于眼球鼻侧角,为一黏膜突(图 17-33 至图 17-35)。犬的泪阜上长出细小的毛,豌豆大的泪腺位于泪阜下方。泪点通过泪膜在近鼻侧角开口于睑缘。

眼睑由 3 层结构组成:**皮肤**、**中间的肌纤维层**和**黏膜**(睑结膜, the palpebral conjunctiva)。面部皮肤延续到**眼睑前表面**(前睑襞相, facies anterior palpebrarum),其结构几乎没有变化。眼睑皮肤被覆毛发,还有腺体结构。长的毛(cilia)由上睑缘伸出。眼睑含有以下**几种腺体**:**皮脂腺**开口于长毛的毛囊。**睫状腺**为盘曲管状的顶浆分泌汗腺,其分泌物分泌至毛囊,而皮脂腺直接分泌到睑缘。**睑板腺**是特殊的皮脂腺,存在于上下眼睑,分泌油脂于泪膜的浅层(图 17-6 和图 17-34)。

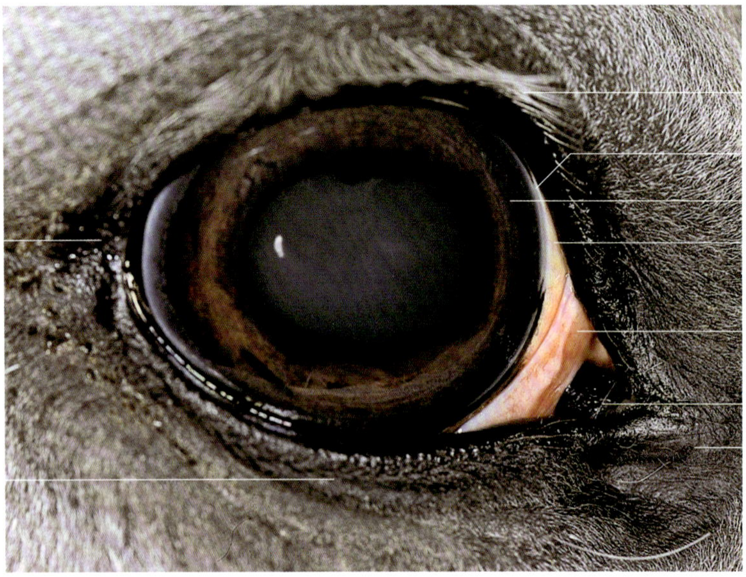

图 17-33　马的右眼和眼睑（慕尼黑 Gerhards 博士、教授提供）

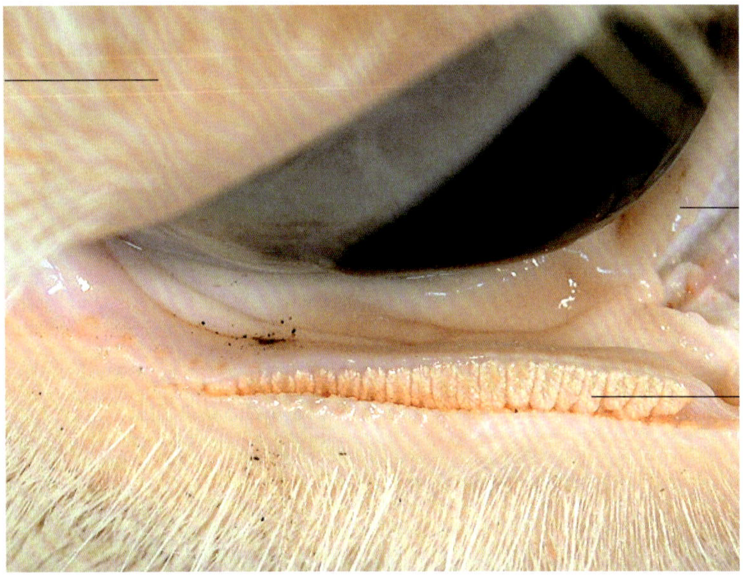

图 17-34　牛的右眼眼睑和睑板腺（智利 Donoso 博士提供）

眼睑中间层由睑筋膜纤维和眼轮匝肌形成。眼轮匝肌为横纹肌，其纤维呈辐射状朝向眼睑，在此处呈环形排列，与上眼睑的睑板和睑平滑肌相连。朝向游离缘，这些结构由睑板延续，睑板是一种纤维性结构，有稳定眼睑游离缘的作用。上睑提肌（m. levator palpebrae superioris）由筛孔穿出，终止于上眼睑，接受动眼神经（Ⅲ）的支配。

眼睑的后表面内衬黏膜，即**睑结膜**。在眶缘水平，睑结膜折转于眼球表面形成**球结膜**，折转点为**结膜穹隆**。睁眼时，结膜穹隆处会形成很多小的褶皱。**结膜囊**是下眼睑和眼球之间的间隙，通常含有黏液和泪液。结膜由复层上皮构成，在眼睑部含有杯状细胞。睑结膜覆盖于富含淋巴组织的疏松结缔组织基质上。球结膜较薄，与角膜前上皮相连续。

第 3 眼睑（瞬膜，palpebra teria，membrane nictitans）或**结膜半月褶**（半月皱襞，plica semilunaris conjunctivae）为背腹侧朝向的结膜褶，从鼻眦延伸至泪阜和眼球之间（图 17-33 和 17-35）。它由 T 形软骨片支撑，马、猪和猫的为弹性软骨，犬和反刍动物的为透明软骨。第 3 眼睑内含有许多**淋巴结**（结膜淋巴小结，noduli lymphatici conjunctivales），当眼球受到慢性感染时，淋巴结肿大并且可能对第 3 眼睑造成进一步刺激。

软骨基部由**第 3 眼睑的浅腺**（第 3 浅睑腺，glandula

图 17-35 马泪阜的局部照片

palpebrae tertiae superficialis)包围。牛、绵羊和犬为混合性浆液黏液腺,猫和马为浆液腺,猪为黏液腺。浅睑腺对角膜前泪膜的产生有重要作用。猪还有**第 2 腺体,即深腺**(第 3 深睑腺,glandula palpebrae tertiae profunda)。

17.2.4 泪器(apparatus lacrimalis)

角膜前泪膜通过清洁异物以保护眼睛,且对维持角膜的透明度至关重要。泪液分泌不足可导致角膜混浊。

泪膜(图 17-6)由浅层的油性层、中间的水层和被覆于角膜的薄的糖蛋白层组成。浅层的油性层由睑板腺产生,起润滑作用,阻止泪液从睑缘溢出,延缓底层的水层蒸发。水层为泪膜的主要成分,由泪腺和第 3 眼睑腺产生。它可滋润和营养角膜。最内层由结膜上皮的杯状细胞产生,协助角膜前膜黏附在角膜表面。泪器由生成、运输和排出眼泪的结构组成(图 17-35 和 17-36):

- 泪腺(glandula lacrimalis)
- 第 3 眼睑腺(glandulae palpebrae tertiae)
- 泪小管(canaliculi lacrimales)
- 泪囊(saccus lacrimalis)
- 鼻泪管(ductus nasolacrimalis)

泪腺是位于眼球和眼眶背颞侧壁之间的管泡状腺。猪的泪腺分泌物为黏液型,其他哺乳类家畜为浆液型。食肉动物的泪腺位于眶韧带下方,而马的泪腺位于泪窝。泪腺的分泌物由开口于上眼睑背颞侧缘的许多小管(**排泄管,** ductuli excretorii)排入结膜囊(图 17-36)。眨眼运动使泪液分布在眼球的前表面。

泪液分泌物的排出起始于**泪点**(puncta lacrimalia),泪点是位于眼球鼻侧角近泪阜处的小的裂隙。每一个泪点通向一个短而窄的泪管,泪管开口于膨大的泪囊。

泪囊是**鼻泪管**的起始部,呈漏斗状的小凹,位于泪骨内。泪囊壁含有大量的网状淋巴组织。

鼻泪管为一个穿过泪骨和上颌骨的软组织管。其前端起始于骨管,向上颌骨鼻侧的鼻黏膜伸入,最后开口于**鼻孔**。

泪液排泄具有种属特异性和个体差异。犬的泪点相对较大,易于插管。前端鼻泪管从内侧穿过腹外侧鼻软骨,开口于翼褶下方的鼻前庭腹外侧底壁。

没有内窥镜则无法观察到吻侧的开口。约有 1/3 的犬,其鼻泪管开口于下鼻道。

马的**泪点**相对较小。泪囊位于**泪阜**下方,被眼轮匝肌的睑部所覆盖。鼻泪管向前穿过上颌骨的泪沟到达眶下孔。其较窄的中部在中鼻道黏膜处继续延伸。鼻泪管开口于**鼻孔**底部,靠近**皮肤与黏膜的交界处**。有时鼻泪管有多个开口,有些马还有鼻泪管的盲端开口。通常鼻侧开口可用于检查和冲洗鼻泪管。

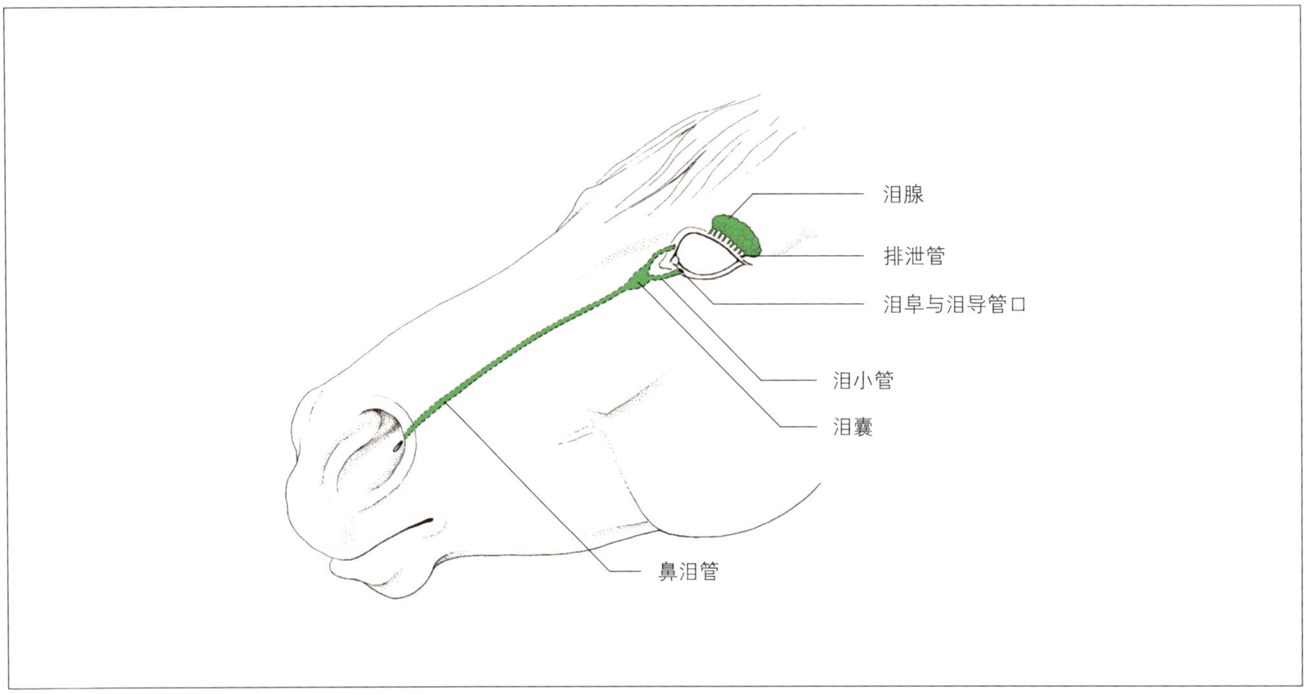

图 17-36 马的泪器(示意图)

17.3 血液供应和神经支配

17.3.1 眼部的血管

眼球的主要血液供应由**眼外动脉**(a. ophthalmica externa)提供,即**上颌动脉**的分支。

眼外动脉在筛区进入眼球,在此处可分出**睫状后短动脉**(aa. ciliares posteriores breves)。这些血管形成视神经的血管环。人类有视网膜中央动脉,而哺乳类家畜无此动脉。它们也形成巩膜外血管和**睫状后长动脉**(aa. ciliares posteriores longae),睫状后长动脉穿过近中纬线的巩膜与相应的静脉汇合,在脉络膜丛内形成复杂的神经丛。眼球前部由**睫状前动脉**(aa. ciliares anteriores)提供血液供应,睫状前动脉穿过角膜缘附近的巩膜,为脉络膜前部、睫状体和虹膜提供营养。这些动脉相互吻合形成虹膜**大血管环**,血管环发出许多动脉分支穿过眼球前部结构分布至结膜,这些动脉包括结膜动脉前支和结膜动脉后支(aa. conjunctivales posteriores and anteriores)。

静脉通常与动脉并行。脉络膜的静脉回流是由 4 条流向**眼外静脉**的**涡静脉**(vv. vorticosae)实现的。眼房水通过巩膜静脉丛流入睫状前静脉(vv. ciliares anteriores)。**小动脉**和**小静脉**从视盘发出向四周分布,滋养和引流视网膜。在临床上需要重点关注的是,眼底血管是每个物种的特征,并随个体年龄的增长而变化。

17.3.2 眼及眼副器的神经支配

眼及其眼副器由第Ⅱ、第Ⅲ、第Ⅳ、第Ⅴ、第Ⅵ和第Ⅶ对脑神经支配,见第 15 章"神经系统"(465 页)。

视神经(n. opticus, Ⅱ)或第Ⅱ对脑神经是与视觉相关的中枢神经系统中的感觉神经。

动眼神经(n. oculomotorius, Ⅲ)、**滑车神经**(n. trochlearis, Ⅳ)和**外展神经**(n. abducens, Ⅵ)通过眼外肌群控制眼球运动。**面神经**(n. facialis, Ⅶ)支配眼轮匝肌,为支配泪腺的岩大神经提供副交感纤维。

眼接受**三叉神经**(n. trigeminus, Ⅴ)分支的支配。**眼神经**为支配眼球和眼眶的主要感觉神经:**额神经**支配上眼睑;**泪腺神经**支配颞眦的皮肤和结膜;**滑车下神经**支配眼球的鼻眦,**鼻睫神经**支配角膜和脉络膜。上颌神经的**颧支**支配下眼睑。三叉神经的分支负责角膜和眼睑反射的传入通路。

副交感神经的突触前神经纤维经动眼神经支配**睫状神经节**。它们发生突触联系,其突触后神经纤维形成**睫状短神经**(nn. ciliares breves)。它们也接受**交感神经纤维和感觉纤维**的刺激,负责瞳孔反射的自主调节和晶状体的调节。**副交感神经**兴奋使瞳孔括约肌收缩,**交感神经**兴奋使瞳孔开大肌收缩。

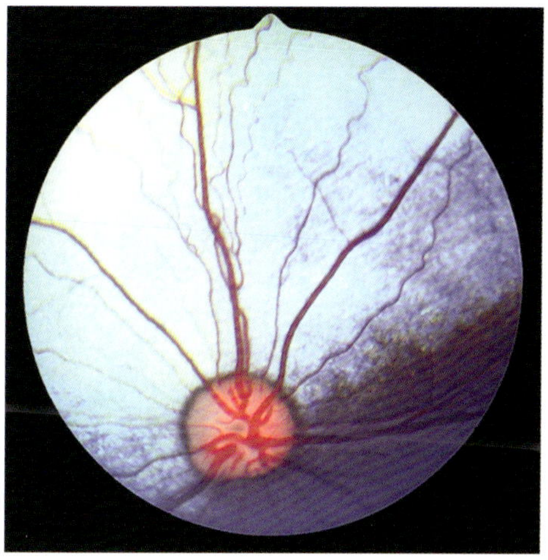

图 17-37 6 周龄德国猎犬的眼底和动静脉分支。天蓝色的照膜和视盘周围的静脉弓清晰可见(慕尼黑 Köstlin 博士、教授提供)

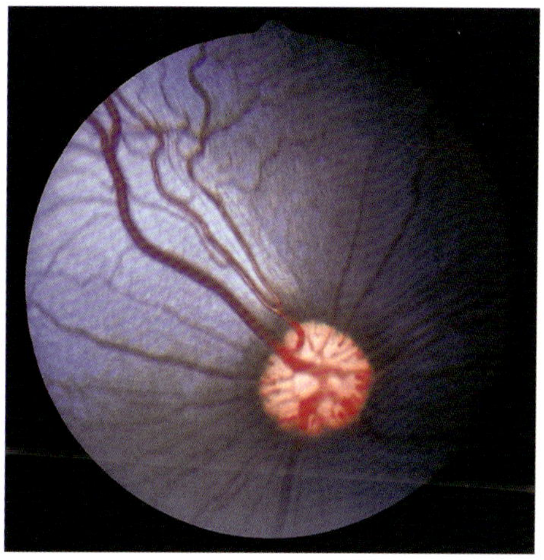

图 17-38 3.5 岁德国猎犬的眼底和动静脉分支。照膜缺少色素呈浅蓝色,周围区富含色素而呈深蓝色。静脉弓围绕在视盘周围(慕尼黑 Köstlin 博士、教授提供)

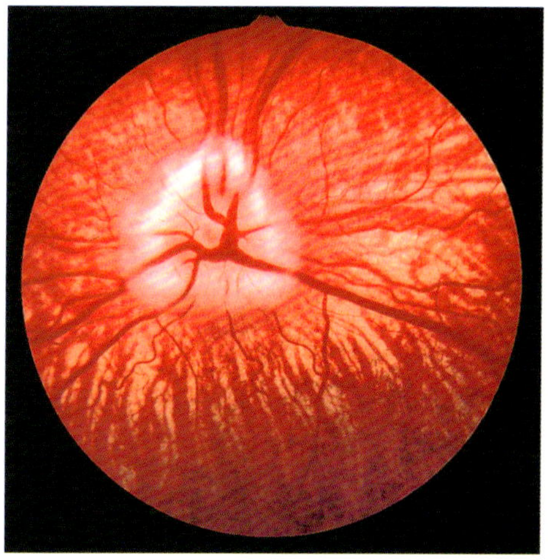

图 17-39 色素缺陷的哈士奇眼底,可见眼底明显的动静脉分支(慕尼黑 Köstlin 博士、教授提供)

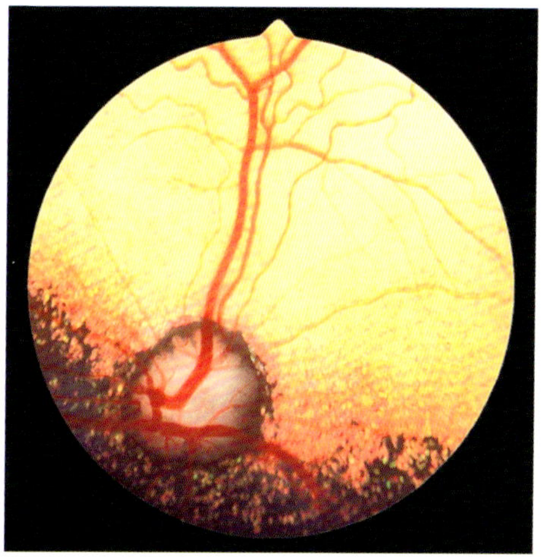

图 17-40 迷你贵宾犬的眼底动静脉分支。照膜较大,色素区形成环状围绕在视盘周围(慕尼黑 Köstlin 博士、教授提供)

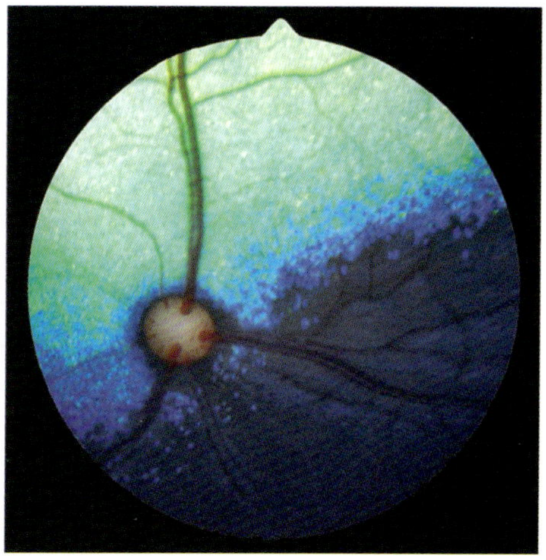

图 17-41 幼猫的眼底,具有强烈的照膜反射,眼底密度增高,视盘清晰可见(慕尼黑 Köstlin 博士、教授提供)

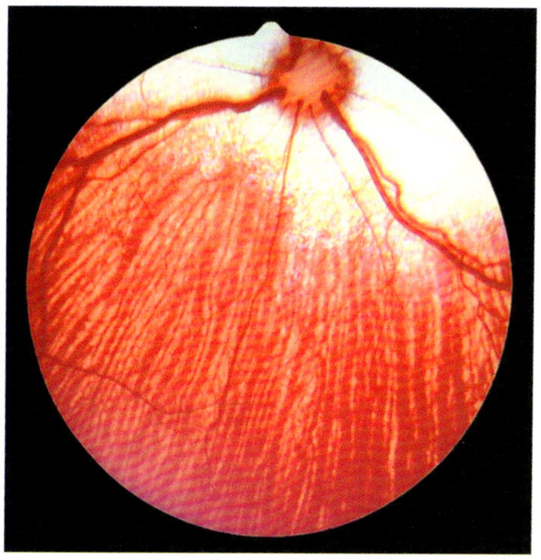

图 17-42 色素缺陷的 1 岁猫眼底,示透明的脉络膜(慕尼黑 Köstlin 博士、教授提供)

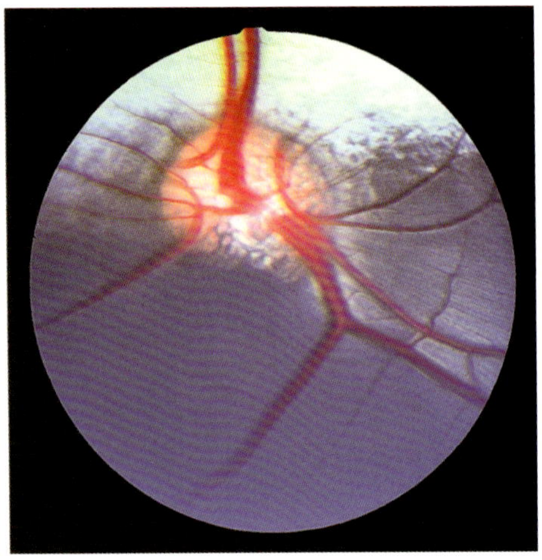

图 17-43　美利奴羊的眼底(慕尼黑 Köstlin 博士、教授提供)

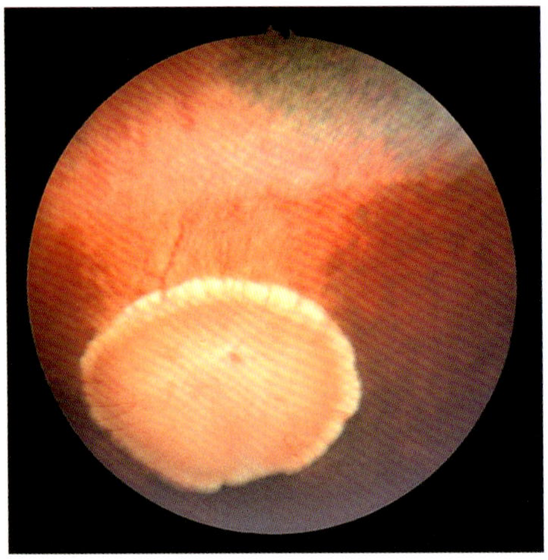

图 17-44　具有明显视盘和正常眼底白化病的马的眼底(慕尼黑 Gerhards 博士、教授提供)

17.4　视觉通路和视反射

视觉通路由**中枢**和**外周部分**组成。**外周部分**包括视网膜神经元、视神经、视交叉、视束、丘脑和外侧膝状体。**中枢部分**由视辐射、前丘、膝枕束和大脑皮层视觉区构成。

视网膜是传递**视觉信息的感受器**。它们接受信息后由**视神经**传递至脑。每侧眼球的视神经在大脑腹侧面汇聚形成视交叉,即**纤维交叉**的部分,见第 15 章“神经系统”(465 页)。

与对侧视神经交换纤维的比例与该物种的双眼视觉程度相关。视神经在视交叉后延续为**视束**(tractus opticus),终止于**外侧膝状体核**和**视觉丘脑**。

第 2 阶段的神经元是从丘脑经**内囊**的**视辐射**(radiatio optica)投射至位于**每侧大脑半球枕叶**的视觉皮层。这是一个由意识支配的**视觉感知区**。

一些神经纤维离开视束投射至中脑前丘的**网状结构的神经核**和**尾状核**。它们负责光反射,如瞳孔反射和调节。

临床术语

由解剖学术语衍生而来的临床术语示例:结膜炎、角膜溃疡、视网膜病变、葡萄膜炎、角膜炎、青光眼、白内障等。

18 前庭蜗器 (organum vestibulocochleare)

H.-G. Liebich 和 H. E. König

耳(ear)包括平衡器官和听觉器官,因此,也称其为前庭蜗器。耳蜗接收由声波产生的机械刺激并将其转换成电信号,前庭器内的神经感受器给动物提供有关重力的位置觉和运动觉变化。这 2 个器官的感受器均属于内耳的一部分,它们位于颞骨岩部,在解剖结构上和功能上通过前庭蜗神经相连。

耳分为 3 个部分(图 18-1):

- 外耳(auris externa)
- 中耳(auris media)
- 内耳(auris interna)

平衡器官(前庭系统)位于内耳。

18.1 外耳(auris externa)

外耳由以下部分组成:

- 耳廓(auricula)及耳廓软骨(cartilago auriculae)、楯状软骨和外耳肌(mm.auriculares)
- 外耳道(meatus acusticus externus)
- 鼓膜(membrana tympani)

外耳将声波直接传送至中耳。

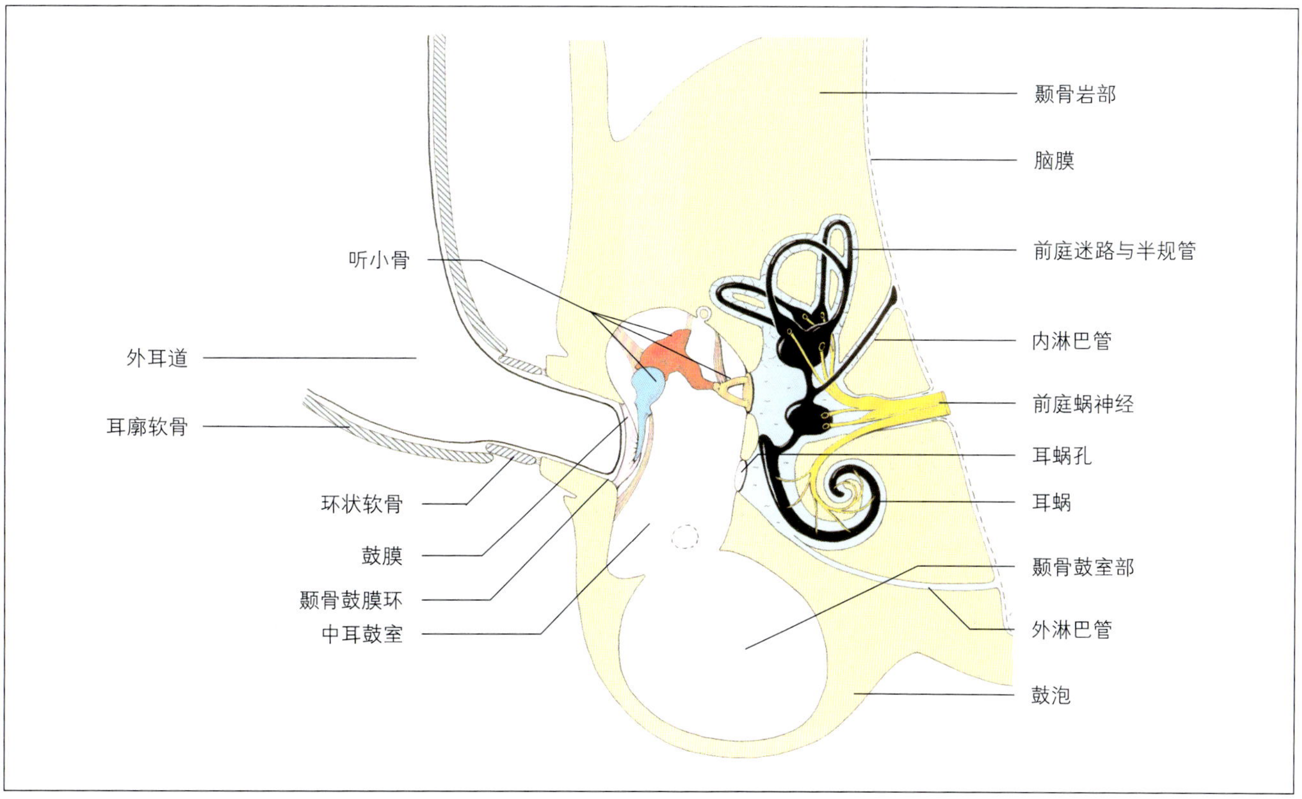

图 18-1 犬的外耳道、中耳和内耳(示意图)

18.2 中耳(auris media)

中耳(图 18-1、图 18-6、图 18-11)包括:

- 鼓室(cavum tympani)
- 听小骨(ossicula auditus)
- 咽鼓管(tuba auditiva, Eustachian tube)

马的咽鼓管形成大的憩室,称为**咽鼓管囊**(divertieulum tubae auditivae)(图 18-15)。

18.2.1 鼓室(cavum tympani)

鼓室位于颞骨岩部内,它可分为背侧部、中间部和腹侧部。

鼓室的背侧部,即**上鼓室**,含有听小骨。中间部或**中鼓室**,包括外侧壁上的鼓膜和通向鼻咽部的咽鼓管的前口。腹侧部为**下鼓室**或**鼓泡**(bulla tympanica),为颞骨的球状膨大部,有些动物的下鼓室可分为数个小室(图 18-8)。鼓泡构成鼓室的底部和大部分侧壁,详细介绍见第 2 章"中轴骨骼"(49 页)。鼓室侧壁与**鼓膜**相结合,内侧壁有**2个窗口**。

椭圆前庭窗(fenestra vestibuli)位于前背侧,被镫骨底封闭,连接鼓室和内耳。**蜗窗**(foramen cochleae)位于偏后侧,呈圆形伸向耳蜗腔。蜗窗由第 2 鼓膜覆盖。耳蜗位于隆起的骨内,称为**岬**,于鼓室内侧壁隆起(图 18-10)。

鼓室由单层上皮细胞覆盖,并延伸至听小骨和鼓膜。上皮细胞下方的软组织富含血管和神经。

18.2.2 听小骨(ossicula auditus)

鼓膜经鼓室将振动传递至内耳,由 3 块听小骨介导(图 18-1、图 18-4、图 18-5、图 18-11 和图 18-12):

- 锤骨(malleus)
- 砧骨(incus)
- 镫骨(stapes)

这些小的板状骨通过**韧带**相互连接形成听小骨链,从鼓膜延伸至前庭窗。

在砧骨和镫骨之间,幼龄动物还含有一块小的单块骨,称**豆状骨**(os lenticulare),随年龄的增长逐渐与砧骨融合。最外侧的听小骨是**锤骨**,由头、颈和柄组成。锤骨柄嵌入鼓膜内(图 18-1、图 18-4、图 18-5、图 18-11)。锤骨柄借伸出鼓膜几毫米的锤骨颈与锤骨头相结合。锤骨头的马鞍状关节面与砧骨体成关节。

砧骨可分为**体、长脚**和**短脚**(图 18-1、图 18-11、图 18-14、图 18-20)。其长脚与豆状骨连接,后者与镫骨头(caput stapedis)成关节。

镫骨由头、颈、2 个脚、1 个底和 1 个肌突组成(图 18-1、图 18-11、图 18-13、图 18-20)。镫骨底与环绕前庭窗的纤维软骨成关节。

附着在听小骨的几个**韧带**和**黏膜襞**可到达鼓室壁。锤骨柄借锤骨**外侧韧带**附着在鼓环(图 18-9),借锤骨**前韧带**

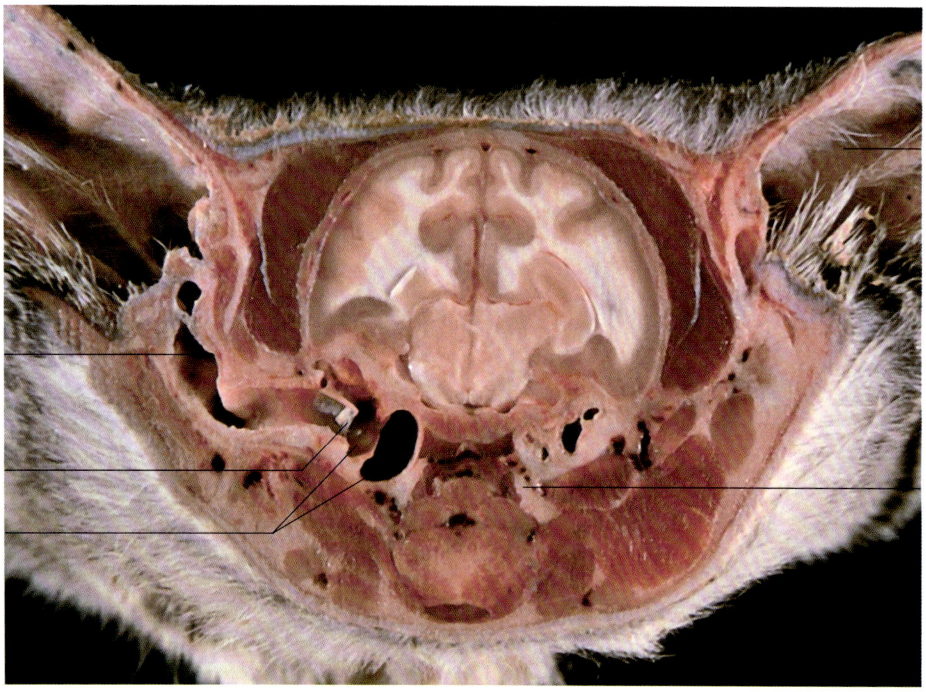

图 18-6 经耳水平的猫头部横断面

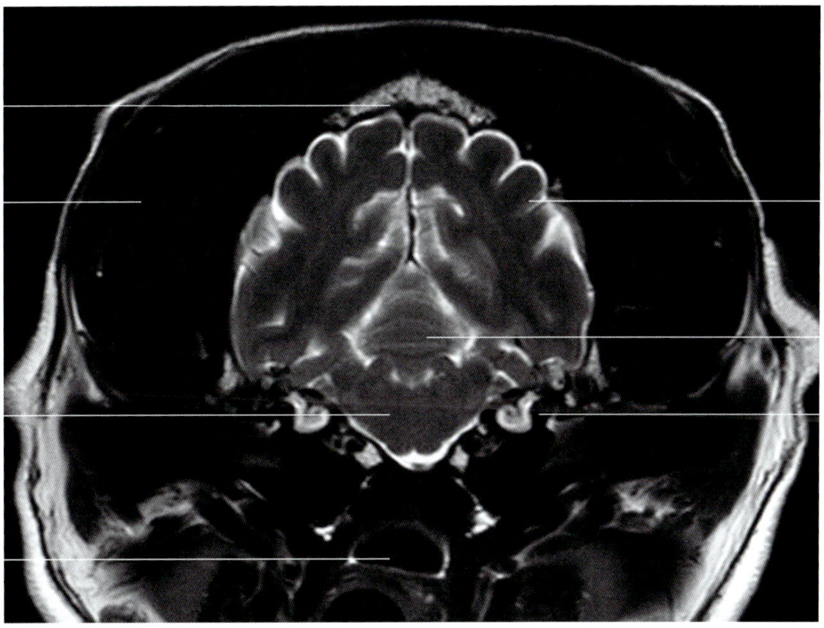

图 18-7 经耳蜗水平，犬头部的磁共振成像（MRI，横断面；T2 加权图像）（维也纳 E. Ludewig 博士、教授提供）

附着于鼓室上隐窝壁。锤骨头借锤骨**浅韧带**附着在鼓室上隐窝背侧壁，并通过 2 个黏膜襞使其进一步稳固，鼓索从这 2 个黏膜襞之间穿过。

面神经沿上鼓室壁走行，部分借黏膜与鼓室壁分隔。砧骨短脚借砧骨后韧带附着于鼓室上隐窝。**镫骨环状韧带**（ligamentum anulare stapedis）连接镫骨底和前庭窗。

听小骨不仅传递鼓膜的振动，而且会将振动至少放大 20 倍，这是引起内耳内淋巴波动所必需的。这种增强机制的重要作用由与听小骨相连的 2 个**拮抗肌**实现，即鼓膜张肌和镫骨肌。

鼓膜张肌（m. tensor tympani）起于鼓室前内侧并止于锤骨柄。肌肉的收缩使听小骨链和鼓膜拉紧，从而提高了传导系统的敏感性。

镫骨肌（m.stapedius）起于面神经管和鼓室壁之前的小窝，并止于镫骨头。镫骨肌的收缩使镫骨底离开前庭窗，导致传导作用减弱。鼓膜张肌受下颌神经的分支——**翼状神经**的支配，镫骨肌受**面神经**支配。

18.2.3 咽鼓管（tuba auditiva, Eustachian tube）

咽鼓管（图 18-15 至图 18-19）为连通鼓室与鼻咽部的窄的裂缝样管，以其腹侧开口的槽为界，该管靠近鼓室的部分为**骨部**（pars ossea），靠近咽部的部分为**软骨部**（pars cartilaginea tubae auditivae）。二者均由纤毛上皮覆盖，纤毛上皮含有杯状细胞以及位于其下方富含淋巴网状内皮细胞的胶原纤维组织。咽鼓管以明显的开口起始于鼓室，并通过**裂缝状咽口**终止于鼻咽部。反刍动物的咽口以扁桃体管为标记。

咽鼓管具有平衡鼓膜内外侧气压的作用。咽鼓管口在打哈欠或吞咽时会暂时开放。有时内外压力会失衡（如在电梯上），它的突然恢复可引起耳朵的嗡鸣声。咽鼓管也能使分布在鼓室内的腺体分泌物少量流至鼻咽部。

成对的咽鼓管囊为马属动物特有的解剖学特征，它由咽鼓管黏膜经支持软骨的狭缝外翻而成（图 18-15），其容量约 500 mL，位于颅底和寰椎背侧、咽和食管起始部腹侧之间。

2 个囊的**背侧**中部由头部的腹侧直肌分开，在其下面它们相遇并借一薄的正中隔分开。茎突舌骨将此囊不完全分为内侧室和外侧室。一些重要的结构与此囊有着密切的解剖学联系。其中包括走行于咽鼓管囊外侧室外侧壁皱襞内的**颈外动脉**。**颈内动脉**走行于大的内侧室外表，与**迷走神经**、**舌咽神经**和**颈前神经节**包裹在一起。舌咽神经和舌下神经在内侧室壁沿腹侧皱襞走行。咽鼓管囊与**咽后内、外侧淋巴结**相接触，内衬含有纤毛上皮、杯状细胞和淋巴组织的呼吸道黏膜。

> **临床小知识**
>
> 咽骨管囊疾病常见于马属动物，其中包括马驹咽鼓管囊鼓胀、咽鼓管囊积脓和咽骨管霉菌病等。感染有可能向相关结构扩散，进一步引发并发症。

咽鼓管囊最主要的功能是减轻头部重量。最近的研究证实咽鼓管囊可降低脑供血温度。这些研究强调了颈动脉颅外段与薄的囊壁之间的紧密接触。

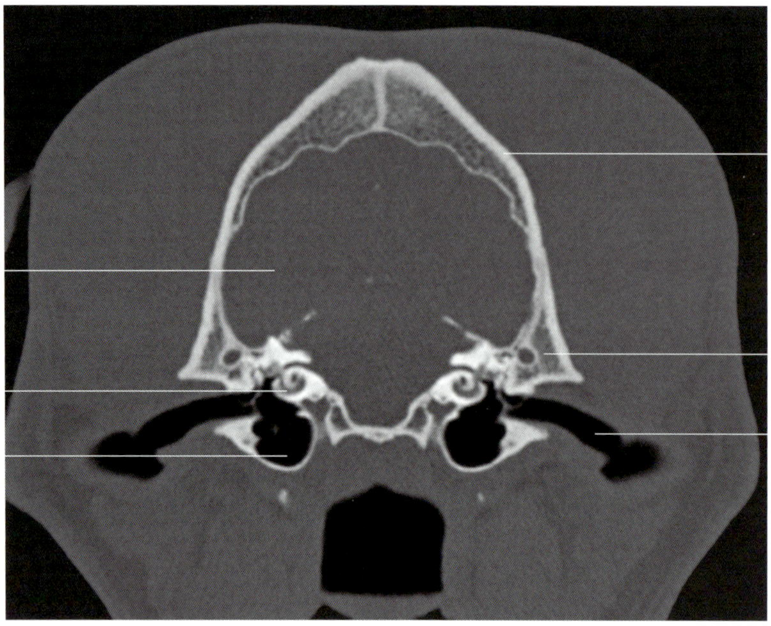

图 18-8 经耳蜗水平，犬头部的计算机断层扫描（CT，横断面）（维也纳 E. Ludewig 博士、教授提供）

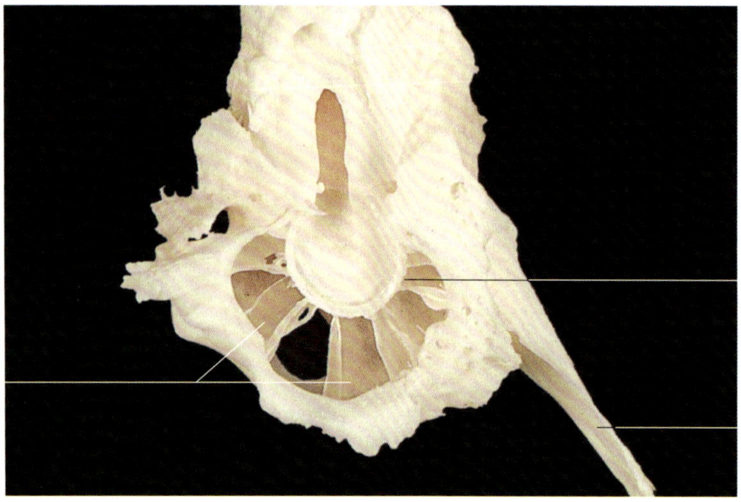

图 18-9 马颞骨岩部鼓室横断面

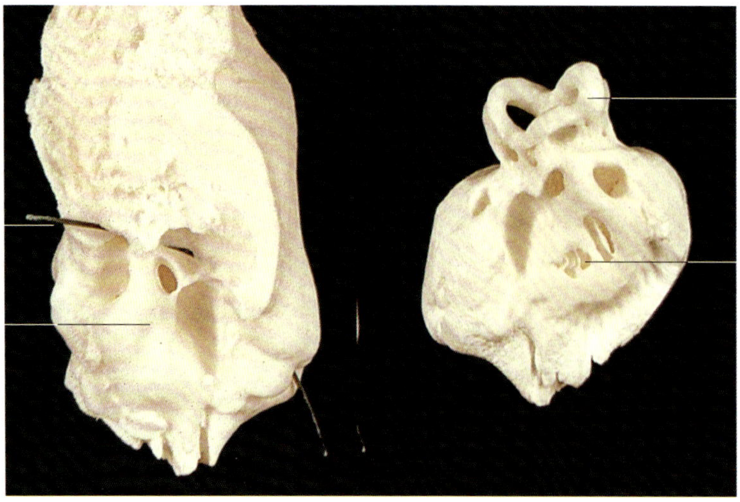

图 18-10 牛颞骨岩部鼓室横断面

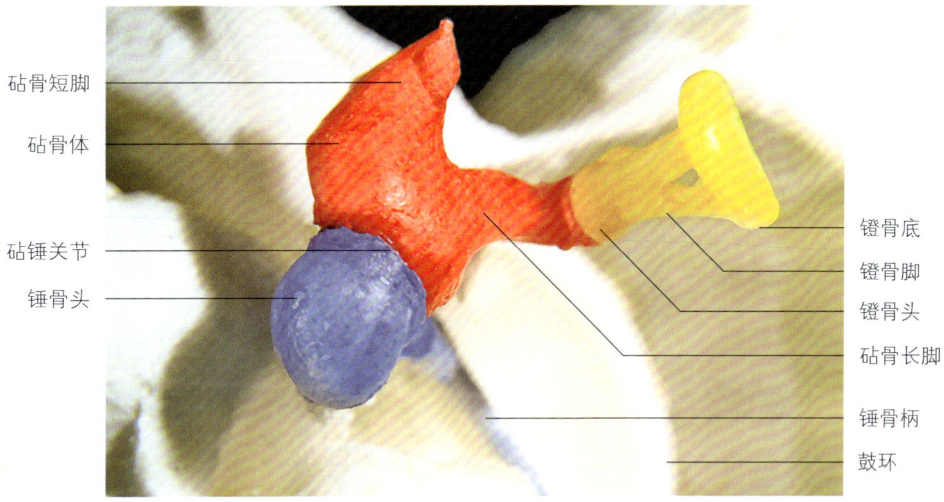

图 18-11 马的听小骨(维也纳 H. Dier 提供)

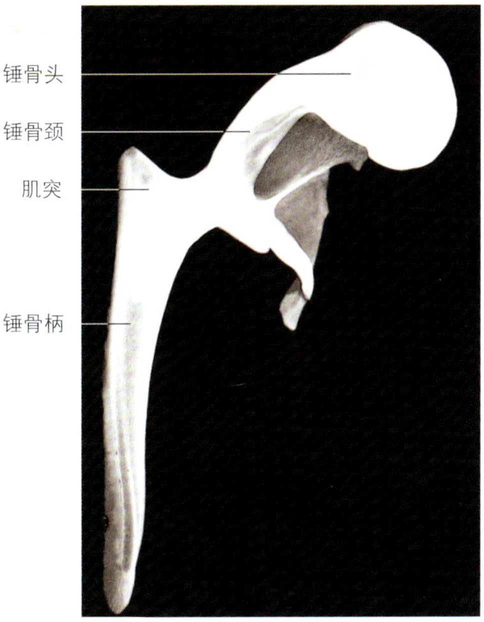

图 18-12 锤骨 X 线片(慕尼黑 Cordula Pouisen Nautrup 博士、教授提供)

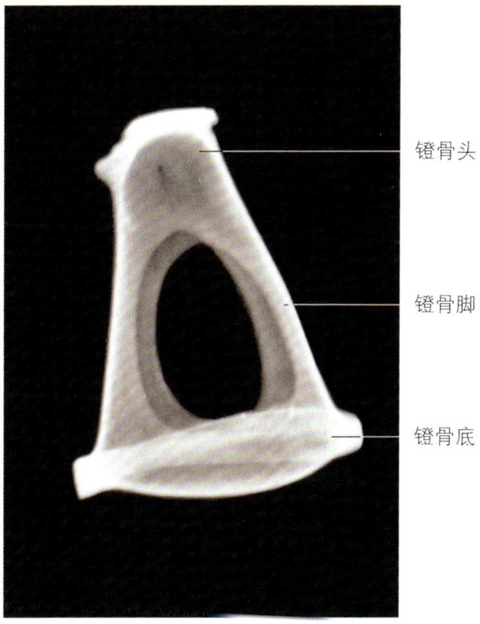

图 18-13 镫骨 X 线片(慕尼黑 Cordula Pouisen Nautrup 博士、教授提供)

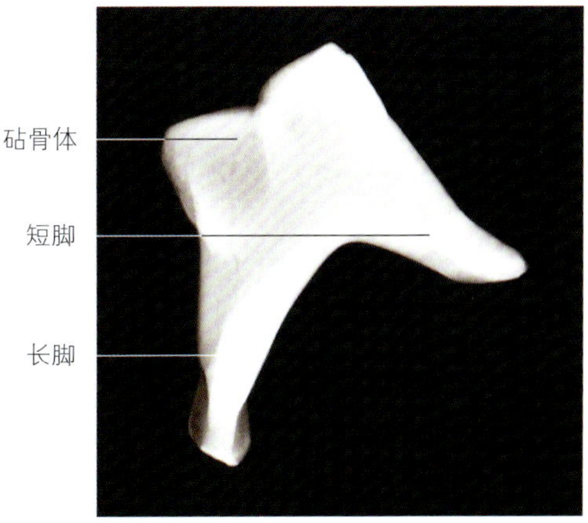

图 18-14 砧骨 X 线片(慕尼黑 Cordula Poulsen Nautrup 博士、教授提供)

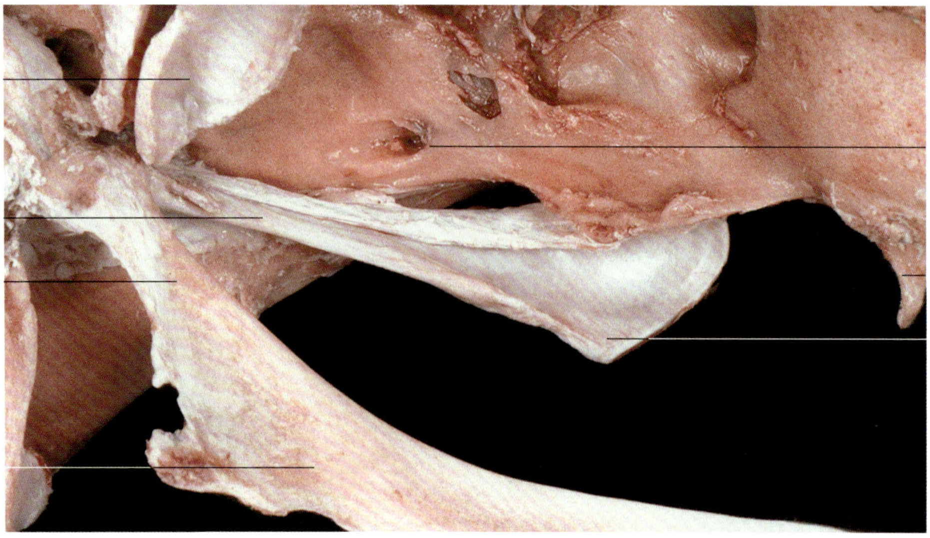

图 18-15 马的咽鼓管（维也纳 R. Macher 博士提供）

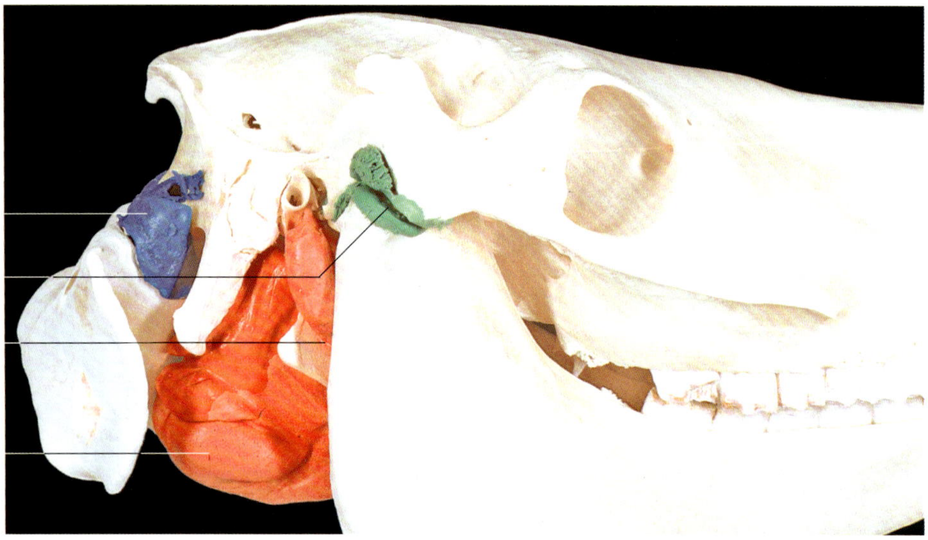

图 18-16 带有寰枕关节和颞下颌关节的咽鼓管囊（丙烯酸树脂模型，外侧面）（维也纳 S. Wolf 博士提供）

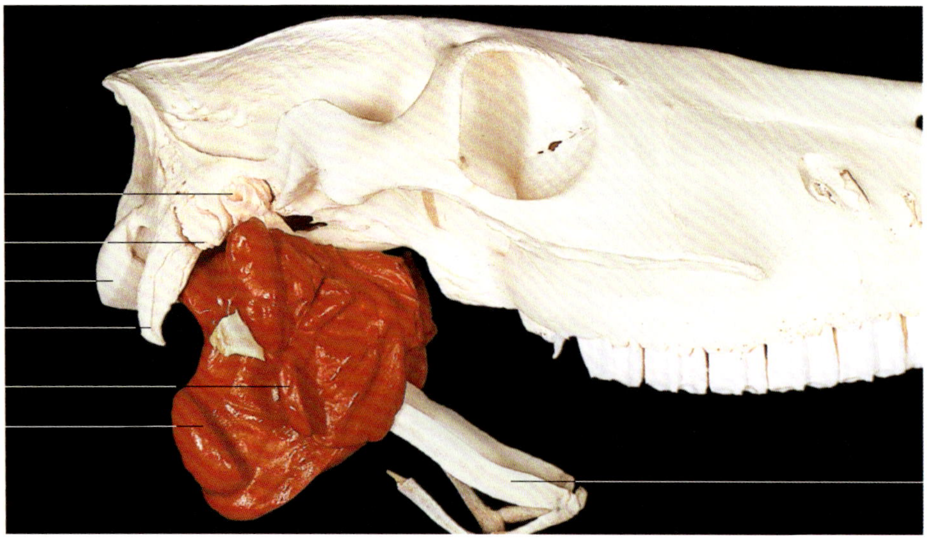

图 18-17 咽鼓管囊（丙烯酸树脂模型，外侧面）

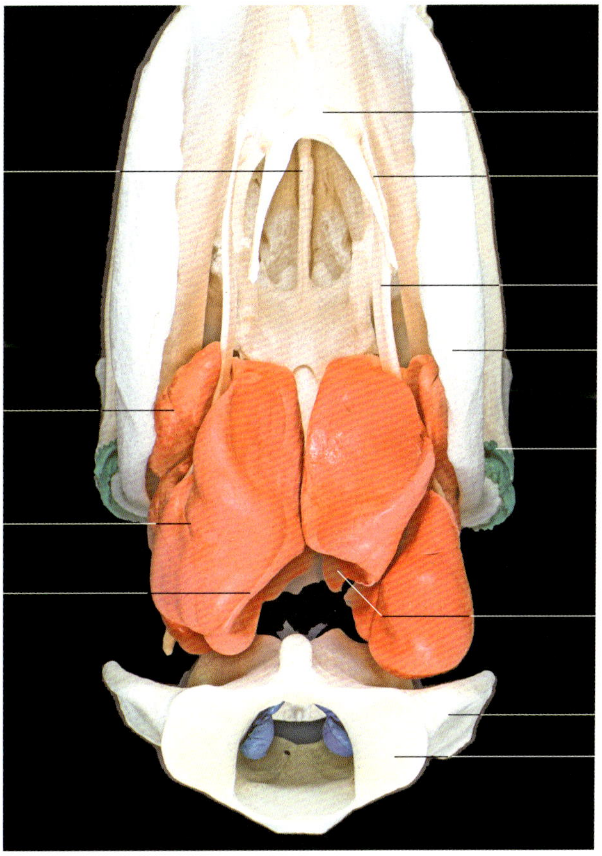

图 18-18 咽鼓管囊（丙烯酸树脂模型，腹侧面）（维也纳 S. Wolf 博士提供）

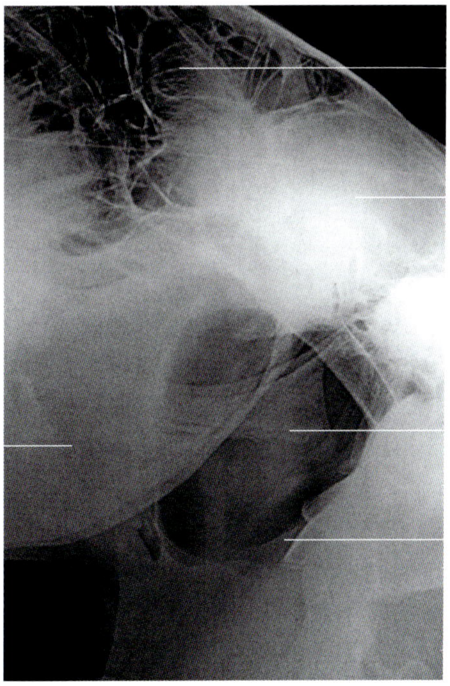

图 18-19 咽鼓管囊的 X 线片（维也纳 Chr. Stanek 博士、教授提供）

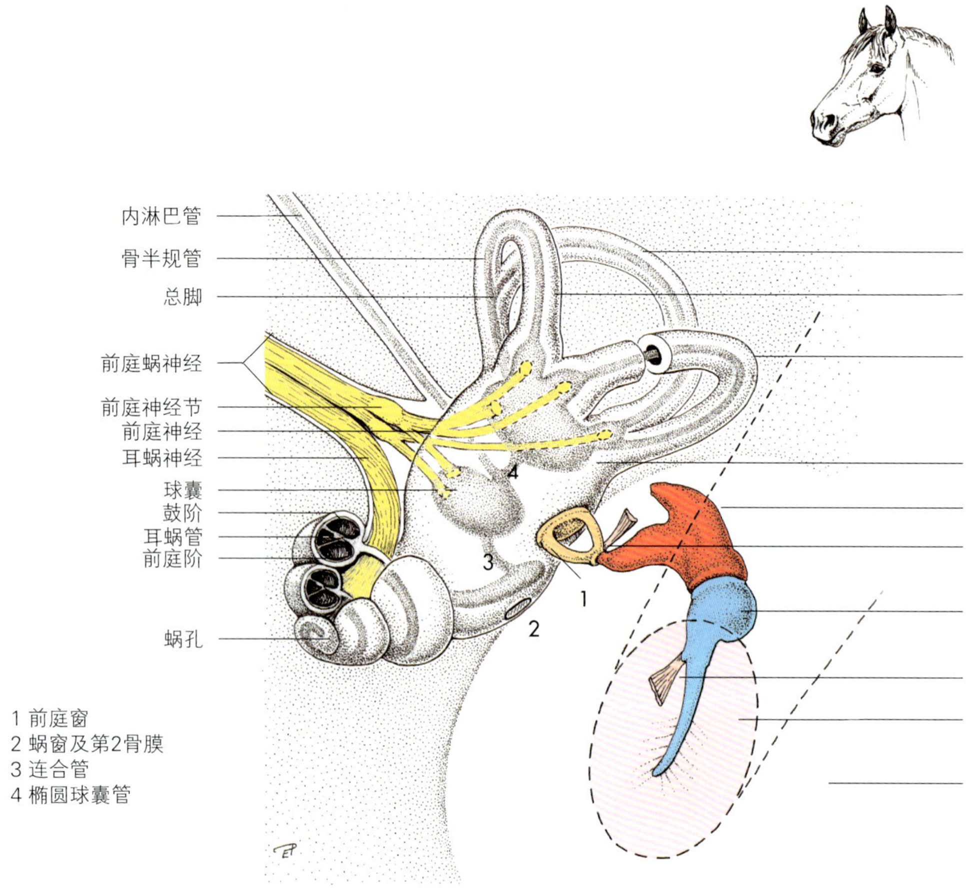

图 18-20　马的中耳和内耳(示意图,内侧面)

18.3　内耳(auris interna)

内耳为复合器官,由一系列相互连接的充满液体的膜状骨和室组成,即**膜迷路**(labyrinthus membranaccus)(图 18-20)。膜迷路内的液体称为内淋巴,它的流动可刺激膜壁内的感觉细胞。

膜迷路包括:

- 前庭迷路(labyrinthus vestibularis),含有平衡感受器
- 耳蜗迷路(labyrinthus cochlearis),含有听觉器官
- 连合管,沟通 2 个系统(图 18-20)

膜迷路位于颞骨岩部,结构复杂,被**骨迷路**(labyrinthus osseus)包围。骨迷路的形态和分区与膜迷路相似,但比膜迷路稍大一些(在组织学教材中可见更详细的描述)。

骨迷路包括:

- 前庭(vestibulum)
- 骨半规管(canales semicirulares ossei)
- 耳蜗(图 18-21)

前庭为骨迷路的中央室,向前与**耳蜗**相通,向后与**骨半规管**相通。前庭的外侧壁上有两个窗:**前庭窗**,由镫骨封闭;其腹侧为**耳蜗窗**,由第 2 鼓膜封闭。膜半规管位于骨迷路的骨半规管内。

耳蜗形似蜗牛壳,围绕中空的骨旋转而形成螺旋,称**蜗轴**,含有**耳蜗神经**(图 18-20)。

食肉动物的耳蜗绕蜗轴 3 圈,马属动物的绕 2.5 圈,猪的绕 4 圈,反刍动物的绕 3.5 圈。螺旋板是由蜗轴突入螺旋管内的骨性支架,将螺旋管不完全地分割为 2 部分,称为**鼓阶**和**前庭阶**(图 18-22)。

耳蜗神经的**螺旋神经节**位于螺旋板上。耳蜗包含了围绕着蜗轴的 3 个膜性管。

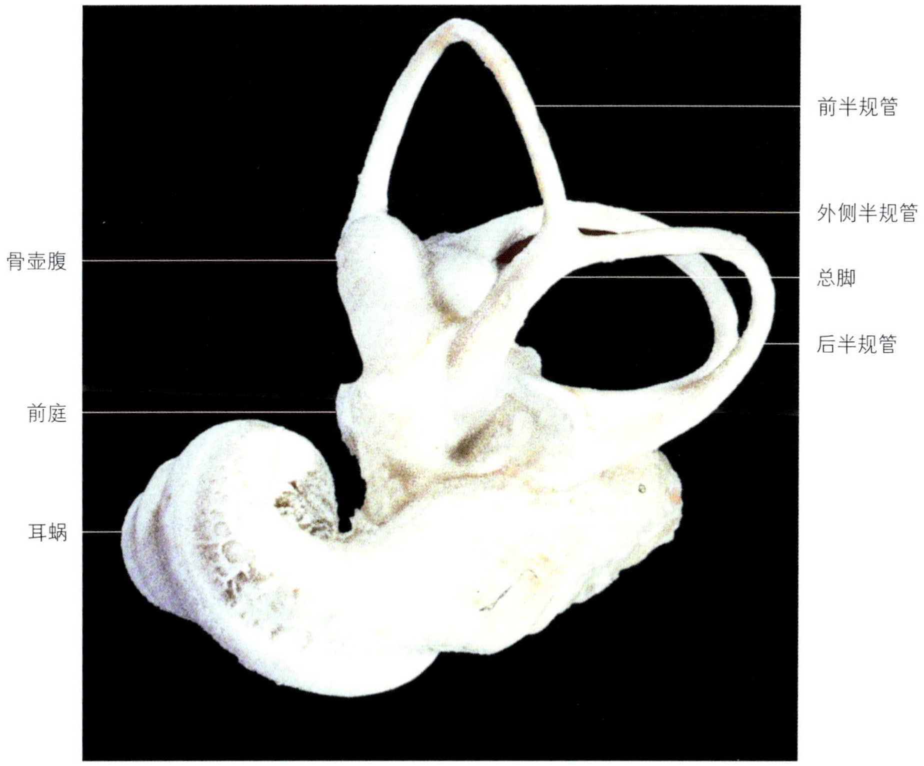

图 18-21　犬的骨迷路（芳基化合物模型）（巴塞罗那 M. Navarro 博士、教授和 Ana Carretero 博士、教授提供）

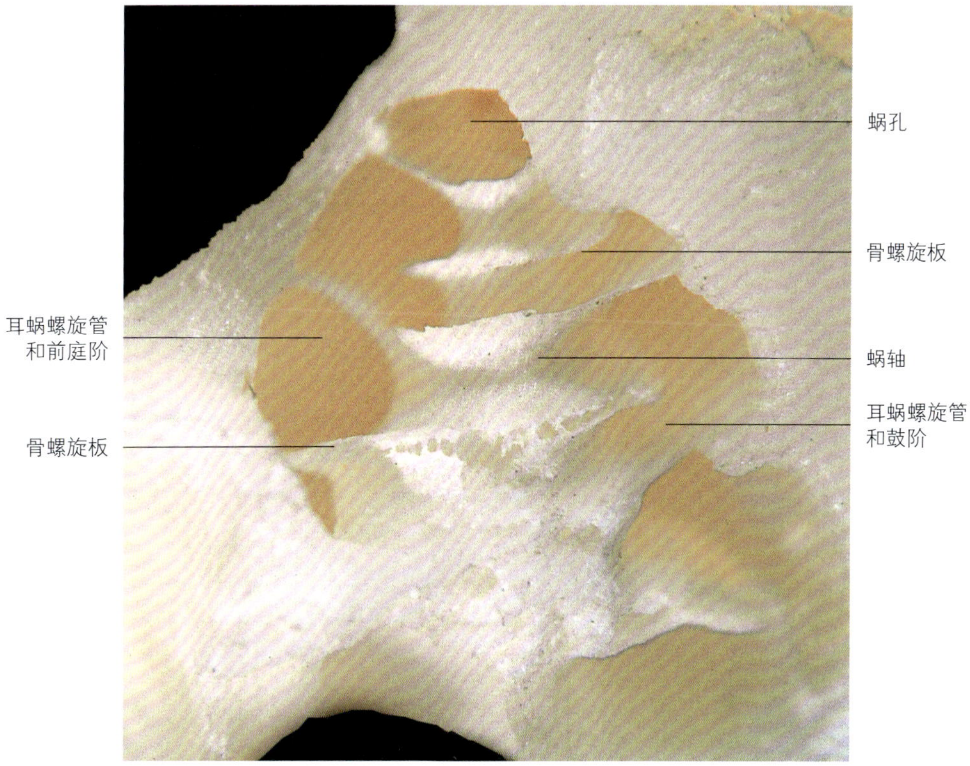

图 18-22　猫仰卧位的耳蜗断面

位于骨迷路和膜迷路之间的是充满液体的**裂缝**(外淋巴间隙,spatia perilymphatica),通过前庭和耳蜗小管与**脑蛛网膜下腔**相通。这些裂缝由扁平上皮覆盖,裂缝内外淋巴的成分类似于脑脊液。

18.3.1 前庭迷路(pars statica labyrinthi)

前庭迷路包括**球囊**(sacculus)、**椭圆囊**(utriculus)和**膜半规管**(ductus semicirculares)。在球囊与椭圆囊的壁上均含有感觉斑,而在每个膜半规管壶腹部都有一个感觉嵴(图18-20)。这些感觉和平衡的冲动均经由**前庭神经**传导。

球囊(sacculus)和椭圆囊(utriculus)

球囊和椭圆囊是位于骨性前庭内的2个膨大部。从椭圆囊伸出的3个**膜半规管**与平衡有关,从球囊伸出的螺旋蜗管与听觉有关。

球囊壁和**椭圆囊壁**由单层扁平上皮覆盖,上皮深层为疏松结缔组织。球囊和椭圆囊内侧壁变厚形成隆起的椭圆形**球囊斑**(macula sacculi)和**椭圆囊斑**(macula utriculi)(图18-20)。感觉斑由特殊的上皮细胞组成并充当感受器,受前庭神经支配。上皮细胞基部被无髓神经纤维形成的感觉神经网包绕,此神经纤维最终汇聚形成前庭神经。这些受体细胞的管腔部含有胶质层,由感觉毛包绕。黏附在胶质层上的小的碳酸钙结晶,称为耳石。膜方向的改变可产生压力,进而刺激受体细胞。起始的冲动经前庭神经的传出神经传至脑。球囊斑和椭圆囊斑可记录垂直面和水平面的位置改变(线性加速)。

膜半规管(ductus semicirculares)

3个膜半规管位于**骨迷路**半规管内。每个膜半规管起于椭圆囊,呈半圆形,在返回球囊前在一个平面上形成2/3的圆圈。每个半规管都有**2个脚**,而前面的和后面的半规管合成1个总脚。

每个管的1只脚在靠近与椭圆囊的交界处都有1个膨大,称为**壶腹**。

膜半规管彼此之间约成直角。前半规管位于横断面上,后半规管位于矢状面上,外侧半规管位于水平面上。

膜半规管**壁的结构**类似于球囊和椭圆囊(图18-20)。每个壶腹内都有产生位觉的嵴状增厚的突起,称为**壶腹嵴**(crista ampullaris)。从受体细胞伸出的感觉毛,接受其周围糖蛋白层(壶腹帽)活动的刺激。旋转诱发内淋巴的流动,使壶腹帽(cupula)变形并刺激受体细胞(详见组织学和生理学教材)。

前庭迷路的受体细胞接受来自**前庭蜗神经**前庭部的感觉神经。相关的前庭神经节位于内耳道内,其分支直接延伸至前庭受体细胞。

18.3.2 耳蜗迷路(听觉迷路部分,pars auditiva labyrinthi)

听觉器官位于耳蜗迷路的壁内,包括位于**耳蜗管**(ductus cochlearis)内的**螺旋器**(organum spirale)(图18-20);

耳蜗螺旋管可分为3个膜管,并围绕蜗轴旋转至蜗顶(图18-22):

- 前庭阶
- 耳蜗管,也称中阶
- 鼓阶

上面为**前庭阶**,中间为**耳蜗管**,下面为**鼓阶**,2个阶在耳蜗顶(**蜗孔**,helicotrema)处的耳蜗管盲端附近相通。在耳蜗的基底,前庭阶起于**前庭窗**,而鼓阶起于遮盖**蜗窗**的第2鼓膜。2个阶均被单层上皮所覆盖,并充满外淋巴液。

耳蜗管起于盲端,在骨性的耳蜗螺旋管内向上走行,以盲端终止于蜗轴的顶端。耳蜗管内充满内淋巴,经连合管与前庭迷路相通。

耳蜗管(ductus cochlearis)

耳蜗管在2个阶之间的蜗轴附近缠绕。从蜗顶到蜗轴,耳蜗管横截面呈楔形。位于耳蜗管内的螺旋器浸在内淋巴液中(图18-23和图18-24)。蜗管壁上有3个特殊的部分:**鼓膜、前庭膜和外侧膜**。前庭膜非常薄,形成耳蜗管的顶壁,将耳蜗管与前庭阶分开。**耳蜗管外侧壁**由紧密附着在螺旋板骨膜上的**螺旋韧带**(ligamentum spirale)形成。耳蜗管外侧壁富含血管,与内淋巴的产生和分泌有关。

鼓膜形成耳蜗管的基底,并将其与鼓阶分开。螺旋器是鼓膜的一部分,其**基板**是结缔组织,由螺旋板的骨膜衍生而来,与耳蜗管外侧壁的螺旋韧带相连。

螺旋器(organum spirale)

螺旋器(Corti器)或螺旋器位于耳蜗管的鼓膜上,含有**听觉感受细胞**,呈螺旋形分布于整个耳蜗(图18-23)。在耳蜗管内,螺旋器由一层胶状膜(蜗管覆膜)覆盖。

螺旋器包括2种不同类型的细胞:

- 感觉细胞
- 支持细胞:柱状细胞和指状细胞

柱状细胞一端与基底膜接触，另一端延伸形成盘，为螺旋器的受体细胞提供支持。**指状细胞**对柱状细胞起辅助作用，也对受体细胞起支持作用。受体细胞排列在指状细胞之间，呈圆柱状，其基底部与一个或多个传入和传出神经元形成突触。感觉毛从感受器细胞的游离端伸出（图 18-25）。

声波由外耳接收并引起鼓膜的机械振动，振动通过听骨链传入内耳。

由于镫骨与前庭窗直接接触，内耳的外淋巴开始波动。由于液体的不可压缩性，外淋巴的波动通过前庭阶、蜗孔和鼓阶传递至蜗窗，引起第 2 鼓膜的振动。不同频率的声波通过前庭膜传递至耳蜗管的内淋巴。内淋巴的波动导致耳蜗覆膜产生压力，进而诱发对感觉毛的压力，刺激感受器细胞向**螺旋神经节**发送冲动。螺旋神经节的轴突合并形成**前庭蜗神经**的耳蜗部分，进入延髓相应的神经核。

临床术语

与耳有关的临床术语：耳炎、耳镜、耳颞神经综合征、鼓室导抗测试、鼓室镜检查等。

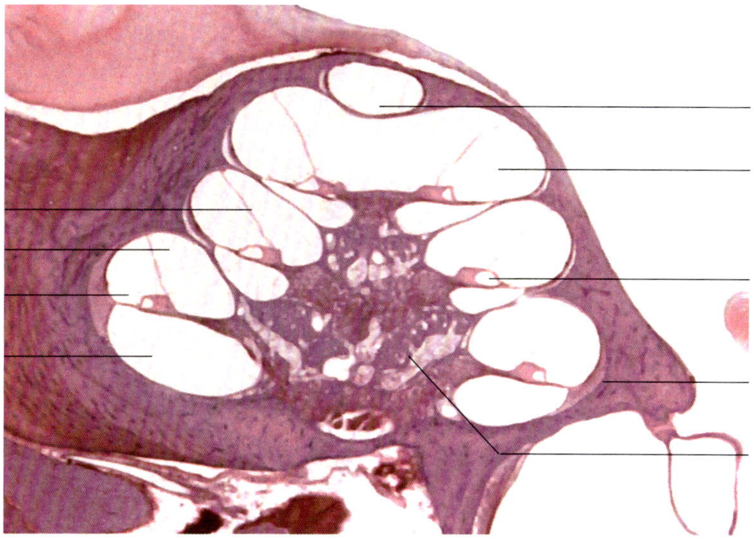

图 18-23　猪仰卧位的耳蜗组织学切片

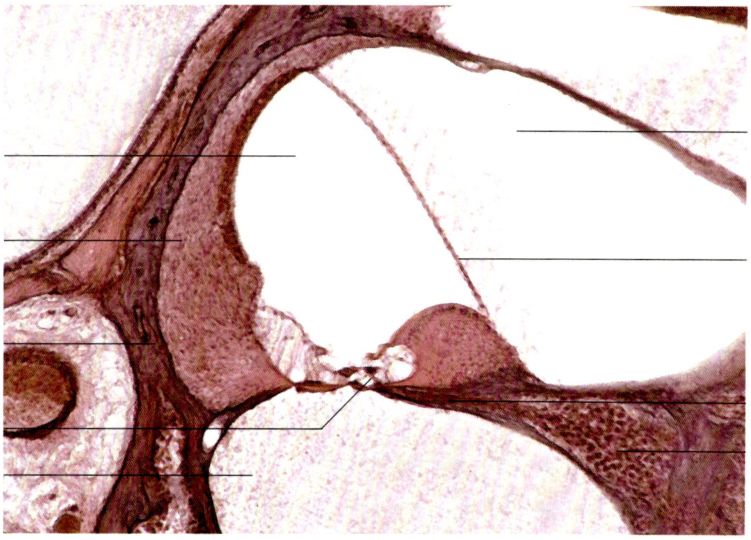

图 18-24　猪仰卧位的鼓阶、前庭阶和耳蜗管的组织学切片

图 19-2 雄山羊头部被皮有种的特征性衍生物:流苏、长胡须和角

19.1 皮下组织(subcutis,tela subcutanea)

皮下组织是皮肤和浅筋膜之间的疏松结缔组织。**浅筋膜**被认为是躯干外筋膜的一部分,同时构成皮下**纤维层**(stratum fibrosum)。皮下组织由散布着白色脂肪的疏松结缔组织构成。脂肪具有抵御寒冷、储存能量和缓冲(如足垫)的作用。

大量脂肪(脂膜,浅筋膜)沉积于猪的皮下组织和马的颈背部。不同动物皮下脂肪的组成成分各有不同:马的呈微黄的油状,牛的呈白色而干燥,猪的呈灰白色而坚硬。棕色脂肪仅暂时存于围产期家畜体内,分布于颈部和肩部,使处于生产期的家畜能够产热而不打寒战。

柔软组织束横穿皮下组织,并紧贴其深层的组织。位于两层浅筋膜之间的**皮肌**向皮下延伸为微细肌腱,从而使皮肤能够抖动自如。绵羊、犬和猫的皮下组织含有大量疏松结缔组织,而马、牛和山羊的疏松结缔组织则更紧密地附着在躯干上。皮下组织局部增厚使皮肤形成**褶皱**(皮褶,plicae cutis)(图 19-1)。大量皮下组织存在于牛的胸部、绵羊颈部、腿的弯曲部和下颌间的颈垂。某些品种的山羊、一些猪和绵羊的颈部腹侧悬挂着成对的圆柱形颈垂,后者由疏松结缔组织围绕中心的杆状软骨组成。

在皮肤活动范围小的部位,皮下组织很薄甚至缺失,如唇、脸颊、眼睑、耳廓和肛门周围。滑膜囊可能存在于骨的突出部分,以防止软组织或皮肤的损伤。

19.2 皮肤(cutis)

皮肤包被身体,并在消化系统、呼吸系统、泌尿系统和生殖系统的对外开口处与各系统的黏膜层混合。

皮肤表面由细的**沟**(皮沟,sulci cutis)和**嵴**(皮嵴,cristae cutis)构成纹路。这些纹路在无毛处表现得尤其明显,如鼻或鼻唇镜(图 19-3)。这些纹路具有永久性和个体特异性,可广泛应用于人类(指纹)身份鉴定,但较少应用于犬和牛(鼻纹)的身份鉴定。另外,所有动物的皮肤表面均有小的球状突出物,是一种触觉感受器。

羊、猫和犬有特化的**皮窦**(sinus cutanei)。在皮窦内,皮肤腺的分泌物和脱落的表面细胞一起组合形成刺激性的混合物,主要用于标记。绵羊有眶下窦(sinus infraorbitalis)、腹股沟窦(sinus inguinalis)和指(趾)间窦(sinus interdigitalis),指(趾)间窦存在于所有的四足动物。在通便或有意识地缩紧肛门外括约肌的过程中,猫和犬的肛周囊会释放其分泌物。皮肤可以进一步细分为:

- 真皮,深结缔组织层
- 表皮,浅层上皮

19.2.1 真皮(corium)

真皮是被皮的**结缔组织结构**,是皮肤鞣制成皮革的部分,也是构成皮肤厚度的最主要部分。真皮的厚度在不同物种和身体的不同部位有差异。一般来说,牛的真皮最厚,猫和绵羊的真皮最薄。躯干从背部到腹部,四肢从近端到远端,真皮由厚变薄。真皮在关节的伸肌侧比屈肌侧发达。未被去势的老年公猪在颈部、肩部和胸部两侧区域的真皮尤其坚韧且厚。

真皮由大量平行于皮肤表面的**胶原纤维束**组成。交错的纤维形成致密的网络,以增加被皮的张力。**弹性纤维**构成网络使被皮柔韧。这些纤维与毛干的柔软组织交织在一起,在薄的皮肤部位为毛囊提供一个稳定而有弹性的附着结构。

胶原和弹性纤维的方向随身体区域的不同,形成所谓的**分割线**。通过制作一个环形切口可以展示这些分割线,因为在切口处会出现沿着纤维方向的裂缝。外科医生必须了解这些纤维的大致方向,以便平行于它们切开皮肤,从而减少切口内的张力。切口和创口垂直于纤维会产生一个宽而有缝隙的创口。

真皮可以进一步细分为:

- 网状层(stratum reticulare)
- 乳头层(stratum papillare)

致密的网状层富含纤维,细胞稀少,直接与皮下组织相连。**乳头层**位于表皮之下,富含血管和细胞。乳头层与表皮之间的联系随着嵴和乳头的发育而增强,这些结构总称为**乳头体**。乳头体具有两大功能:增加真皮和表皮之间的机械附着力;促进营养物质从血管丰富的真皮扩散到血管缺乏的表皮。一般认为乳头体在无毛部位发育较好,即那些通常被严重磨损(如嘴唇和足垫)的被皮。表皮缺乏营养物质或对营养物质的需求较大会导致乳头状体分化增加。

19.2.2 表皮(epidermis)

表皮由**角质化的复层扁平上皮细胞**构成(图 19-5 至图 19-8)。表皮在黏膜-皮肤交界处与黏膜相延续,可以通过**毛发**、**皮脂腺**和**汗腺**的存在与黏膜区分开来。表皮的厚度在身体不同部位的差异很大。表皮在有毛皮肤处比较薄(10～100 μm),而无毛部位(如鼻镜)要比有毛部位厚 10～20 倍。最厚的表皮位于趾垫和蹄,表皮的角质化导致**角的形成**。

表皮可以分为 5 层:

- 基底层(stratum basale)
- 棘细胞层(stratum spinosum)
- 颗粒层(stratum granulosum)
- 透明层(stratum lucidum)
- 角质层(stratum corneum)

最表层的是不断脱落的**角质层**,有时称为**分离层**(stratum disjunctun)。**透明层**实际上是残余的年轻的角质细胞。家畜的透明层存在于指(趾)垫的表皮上,犬和猫则存在于鼻镜上。

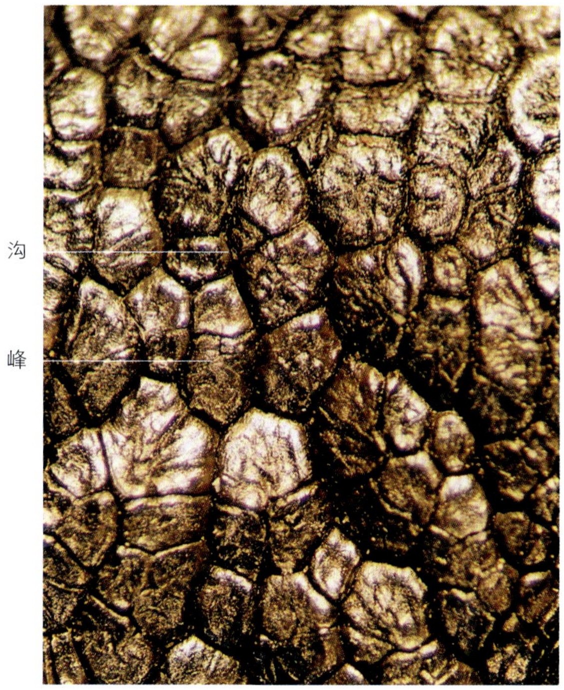

图 19-3 犬的鼻镜表面轮廓

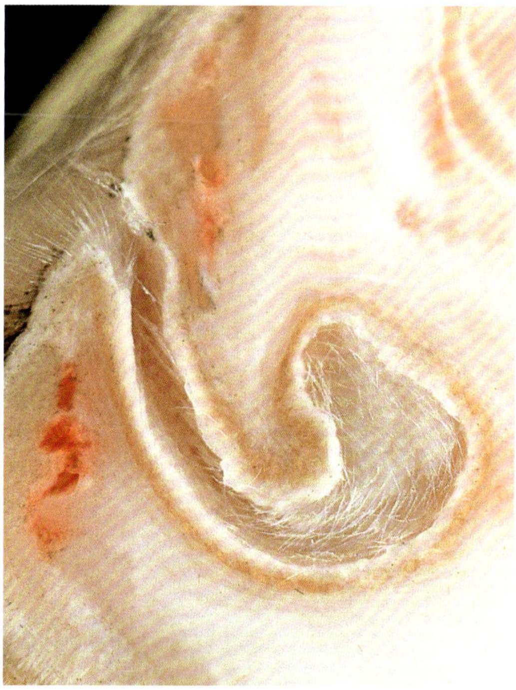

图 19-4 绵羊的指(趾)间窦(矢状面)

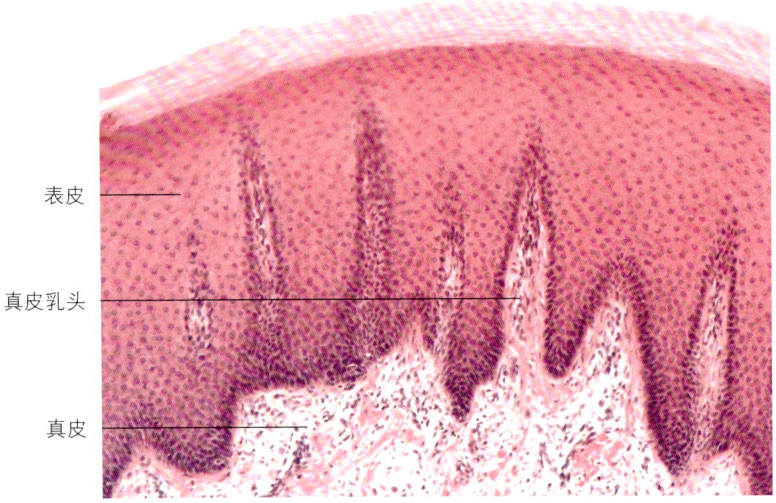

图 19-5　有明显乳头体的猫足垫的组织学切片

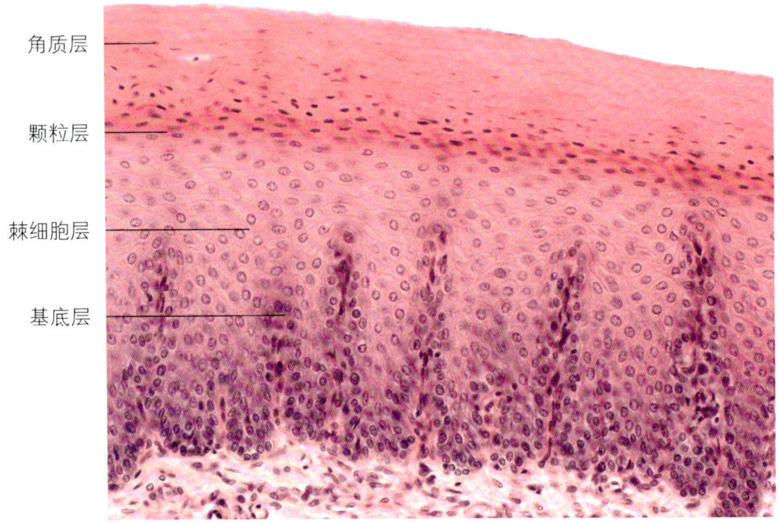

图 19-6　马唇表皮层组织学切片

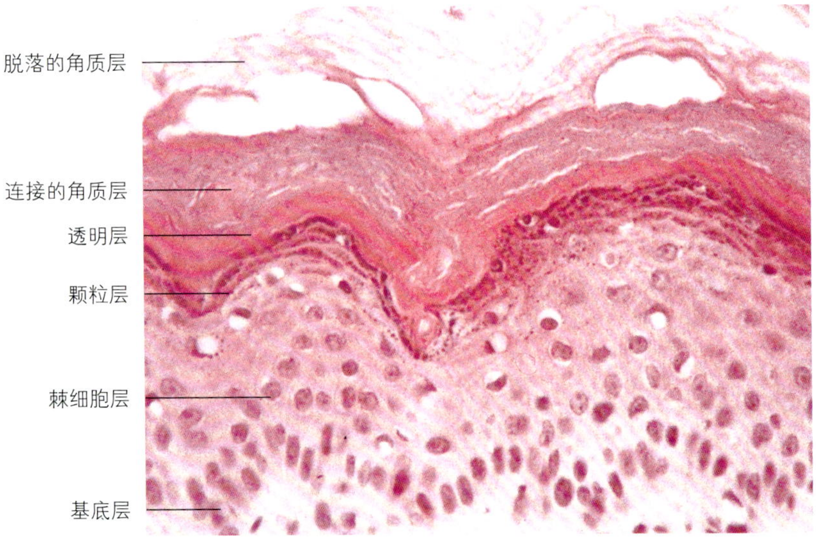

图 19-7　犬足垫表皮的组织学切片，显示清楚的颗粒层和角化层

表皮的主要成分(85%)是**角化细胞**。最深层是基底层,紧贴在基膜上,基膜的深面为真皮层。基底层的角化细胞进行有丝分裂,然后迁移到表面。在从基底层到表面的迁移过程中,角化细胞经历了连续的分化过程(**角质化**和**角化**),其最终产物是死亡的角质化细胞。细胞增殖、迁移、角质化、角化和脱落的连续过程由反馈机制调控(更多的相关描述参见组织学教材)。如果调控机制遭到破坏,可引发皮肤的疾病,典型的结果是**角化过度症**。

从新生细胞到脱落的一个完整周期通常为 20～30 d,但不同动物有差异。角质化和角化的性质在很大程度上取决于细胞的营养供应。真皮与表皮之间营养物质的有效表面扩散主要发生在真皮乳头的侧面(**乳头周边**),而非乳头的顶端(**乳头上**)或乳头之间(**乳头间**)进行。

因此,乳头周边的角质在结构上不同于乳头上和乳头间的角质,而且前者具有更好的机械特性。在皮肤形成其衍生物的过程中,尤其是发育良好的乳头体易形成特殊的角质,如蹄的角质小管。

角化通常可分为两种类型:**软角化**和**硬角化**。**软角化**发生于与颗粒层相结合的部位,是皮肤角化的一种典型过程。**硬角化**是特殊的皮肤角化过程,如四肢远端表皮的角化,因为蹄和爪中不存在颗粒层。

完全角质化的角化细胞,即角细胞,由**膜被物质**(membrane coating material,MCM)紧紧地聚集在一起,因此,角质的结构可被比喻为砖墙:角细胞是砖,膜被物质则是砂浆。膜被物质含有脂质,如神经酰胺,与角质层的半透性有关,可抵抗水或者水溶性分子的渗透,而脂溶性分子则容易穿透表皮。

角质层的防水性对陆生哺乳动物和鸟类来说是必不可少的,并且是动物由水生转变为陆生的先决条件。

下列几种细胞类型占表皮成分剩余的 15%。尽管只占少量,但这些细胞对皮肤执行其众多功能起着重要作用。这些细胞是:

- 黑(色)素细胞
- 朗格汉斯细胞(Langerhans 细胞)
- 梅克尔细胞(Merkel 细胞)

黑色素细胞与皮肤色素形成有关。它们产生微黄到黑色的色素颗粒(黑素体,melanosomes),然后由临近的角化细胞携带。这些黑素体聚集在角化细胞核周围,防止紫外线照射引起的基因突变。黑素体形成皮肤的颜色,可提供伪装和皮肤特定区域的颜色,向同伴和敌人传递信号。

朗格汉斯细胞是免疫系统细胞成分的一部分,属于单核吞噬细胞系统(mononuclear phagocytosis system,MPS)。该细胞在防止病毒感染、皮肤肿瘤和接触性过敏方面有重要作用。

梅克尔细胞为触觉感受器,在触觉小球(toruli tactiles,也称触枕)处分布特别多。该细胞为可响应机械刺激的上皮神经内分泌细胞,可将接收到的信息传送给表皮的游离神经末梢。

19.2.3 皮肤血液供应

皮肤和皮下组织的血管来源于**筋膜(下)动脉网**。弓状动脉延伸入真皮,在靠近皮下组织处形成皮肤动脉网(真皮动脉网,rete arteriosum dermidis)。其次,密集的血管网(乳头下动脉网,rete arteriosum subpapillare)位于真皮的乳状层和网状层之间,使毛细血管环延伸至毛乳头(图19-9)。

静脉回流由 3 个不同的静脉丛(乳头下浅静脉丛,plexus venosus subpapillaris superficialis;乳头下深静脉丛,plexus venosus subpapillaris profundus;真皮深静脉丛,plexus venosus dermidis profundus)完成,它们的分布与皮肤表面平行(图 19-8)。这些静脉丛分布广泛,对皮肤储血具有重要作用。通过自动的调节机制,血液可迂回于皮肤中不同的毛细血管床之间。

皮肤的**血液流动**可以散发热量,对体温的调节有重要作用。血液流经皮肤使皮肤颜色发生改变,这是社交与沟通系统的一部分(例如,人的脸红,家禽肉垂和鸡冠的颜色改变)。

淋巴回流始于真皮的微细的窦状隙(淋巴起始窦,sinus lymphatici initiales),然后流入毛细淋巴管。这些毛细淋巴管形成**深层毛细淋巴管网**(rete lymphocapillare cutis profundum)。来自这些毛细淋巴管的淋巴流入**皮下淋巴丛**(皮下毛细淋巴网,rete lymphocapillare subcutaneum)(图19-8),然后皮下淋巴丛的淋巴汇入局部淋巴结。这些淋巴结大多位于浅表,可以触摸到(如腋淋巴结、腹股沟浅淋巴结、腘淋巴结)。

19.2.4 皮肤的神经和感受器

真皮和皮下组织都有丰富的**自主神经**和**感觉神经**支配。自主神经纤维形成血管周围神经丛,构成血管、皮肤腺、皮肤平滑肌(立毛肌)的交感神经支配。皮肤无副交感神经分布。

感觉神经纤维在真皮和皮下组织形成神经丛(皮下、真皮和表皮下神经丛),它们以游离神经末梢或终末小体终止(图 19-8)。部分**游离神经末梢**在失去胶质神经鞘后伸入表皮。根据功能可分为 3 种神经末梢:第 1 种是机械压力感受器,第 2 种是温度感受器,第 3 种是疼痛感受器。

散布于被皮的是毛囊感受器,对压力和触觉敏感。除了游离神经末梢,还有许多梅克尔细胞(Merkel’s cells)分布在真皮,麦斯纳尔小体(Meissner’s corpuscles,译者注:触觉小体)位于乳头层,法-帕小体(Vater-Paciniancorpuscles,译者注:环层小体)分布于皮下组织(图 19-8 和图 19-10)。

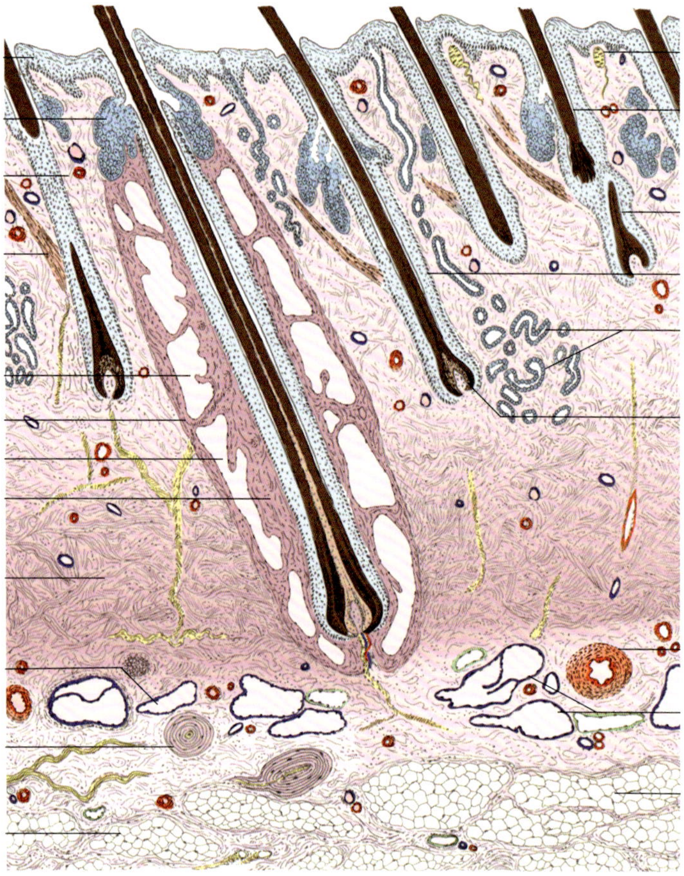

图 19-8 有触须的皮肤(示意图)

以下结构是与温度感知有关的**感受器**:乳头层的克劳泽终球(Krause end bulbs)感受寒冷、网状层的鲁[斐尼]氏小体(Ruffini corpuscles)感受温暖(图 19-8)。

疼痛由卷绕的无神经胶质鞘的游离神经末梢所感受。更详细的解释参见组织学教材。

小的神经分支通常以节段的模式分布到身体的各个部位。在头部,这些小神经由脑神经的皮支发出,躯干皮神经则是脊神经的分支。

脊髓不同节段发出的神经支配对应着特定内部器官和皮肤。特定内部器官的疾病可以引起相应皮肤区域(**头带**)的变化,这种现象被认为是内脏皮肤反射。典型的例子就是由异物引起的牛创伤性网胃炎,发病时的局部皮肤非常敏感。

19.3 毛(pili)

毛是哺乳动物特有的皮肤特征。在大多数哺乳动物中,除了鼻、指(趾)垫、乳头、爪子和蹄等部位外,被毛遍布全身。即使在所谓的"裸"或无毛犬身上,也仍然是有毛的,尽管它们身上的毛在面积和数量上都有所减少。

毛在本质上都是由表皮形成的角化的、有弹性的、长而细的圆柱体(图 19-14 和图 19-15)。每根毛都包含**中央髓质或轴**(毛髓质,medulla pili)、**皮质**(毛皮质,cortex pili)和**外角质层**(毛表皮,cuticula pili)。尽管如此,不是所有类型的毛都具有相同的结构,例如在羊毛中就不存在髓质。每根毛在纵向上可分为:

- 毛干(scapus pili),突出皮肤表面
- 毛根(radix pili),将毛斜向固定于真皮,并且仅在毛生长期间充分生长
- 毛球(bulbus pili),毛根在真皮的膨大端部,并包围真皮乳头(papilla pili)

毛根嵌入**毛囊**(folliculus pili)内,构成毛生长的基本单位。毛囊壁分为 2 层,外层为**中胚层根鞘**(真皮根鞘,vagina dermalis radicularis)(译者注:外根鞘),内层为**外胚层根鞘**(上皮根鞘,vagina epithelialis radicularis)(译者注:内根鞘)(图 19-15)。皮脂腺和汗腺开口于毛囊(参见皮肤腺部分)。

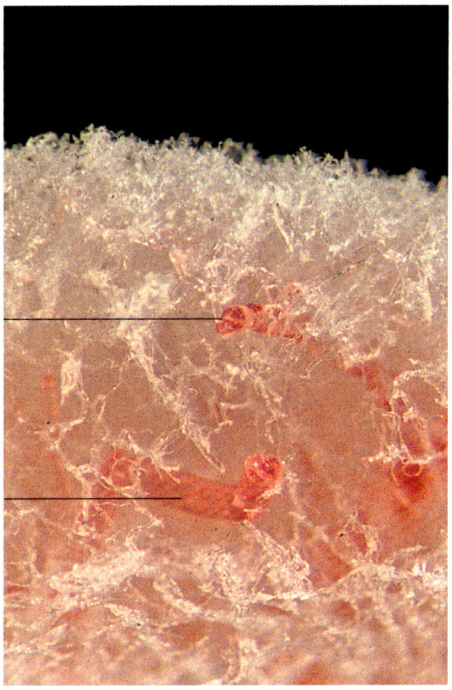

图 19-9 真皮血管(腐蚀模型)(慕尼黑 T. Koy 博士提供)

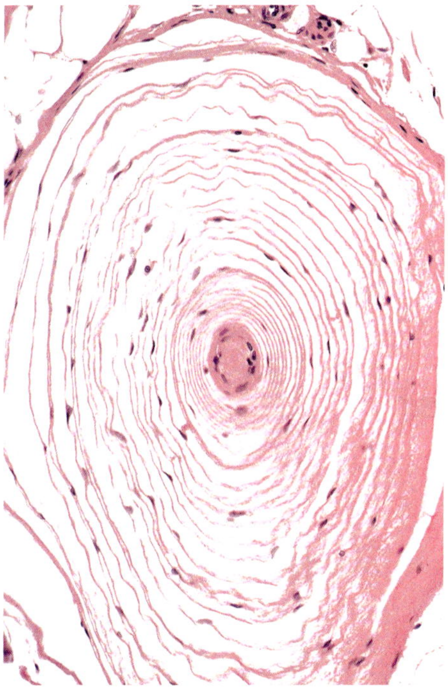

图 19-10 Vater-Pacinian 小体(法-帕环层小体)

毛能够受**平滑肌**(即**立毛肌**)控制而无意识地摆动。小束的立毛肌起于真皮乳头附近的附着点,止于毛囊近端。肌肉的收缩导致毛从其正常的倾斜方向竖立起来。低温时,这种情况能够增强身体的热绝缘,并使动物看起来具有威胁性。尽管从功能上说这对人类不重要,但它仍然是明显的“鸡皮疙瘩”。

毛的颜色由角化细胞所含的黑素颗粒的类型和数量决定,同时也由毛髓质所含的空气存留量决定(更详细的叙述参见组织学教材)。

19.3.1 毛的类型

在各种动物中,毛的长度、颜色、直径和横截面有很大差异。直而坚硬的**外层粗毛**(capilli)为所有的家畜提供了薄大衣,不过羊除外;波浪状的**绒毛**(pili lanei)成为下层绒毛,这种毛在冬天占最多数,绵羊的羊毛只有这种类型。有限分布的粗壮触毛与触觉感受器有关。

就毛的长度而言,主要有 3 种基本的被毛类型:普通被毛(德国牧羊犬)、短被毛(拳师犬)和长被毛(松狮犬)。不同类型之间有许多变化,如刚毛。硬而稀疏散布的猪的刚毛,是一种具有种特异性的外层粗毛。在结构和发育上局部变异的被毛包括马的**鬃**(juba)、**尾毛**(cirrus caudae)和**掌(跖)距毛**(cirrus metacarpeus/metatarseus),牛和猪的长尾毛以及一些山羊的**胡须**(髯毛,barba)(图 19-2)。还有一些特殊的被毛衍生物,如鼻前庭的**鼻毛**(vibrissae,图 19-11)、耳屏周围的**耳毛**(tragi,图 19-12)和**眼睫毛**(cilia,图 19-13)。

触毛是被毛的一种衍生(图 19-8、图 19-16 和图 19-17)。除了猫的腕触毛(pili tactiles carpales)外,其他触毛均长在头部。它们都比较粗,并且向上突出超过相邻的被毛。它们的根部能够到达皮下组织的深处,并有静脉窦围绕,静脉窦壁分布有对触觉敏感的神经末梢。

以下是触毛的分布,它们的名称指明了它们的位置:

- 眶上触毛
- 眶下触毛
- 颧触毛
- 颊触毛
- 颏触毛
- 上唇触毛(猫的触须)和下唇触毛

19.3.2 毛的排列方式

被毛大部分沿皮肤表面生长,在大面积范围内呈一致的倾斜,使皮毛表面光滑。这些毛的整体倾斜方向就形成**毛流**(flumina pilorum)。当规则的毛流形式被不同毛束集合、分离及汇合等方式破坏时,就形成了**毛旋**(vortices)、**集合型毛线**(linea pilorum convergens)、**毛交叉**(cruces)和**分离型毛线**(linea pilorum divergens)(图 19-18 和图 19-19)。

单根毛的长度和直径一般由背部至腹侧逐渐减少,但是密度逐渐增加。然而,在一些哺乳动物如犬、猫和兔子中则呈现突变的排列方式。

图 19-11 马鼻前庭的被毛(鼻毛)

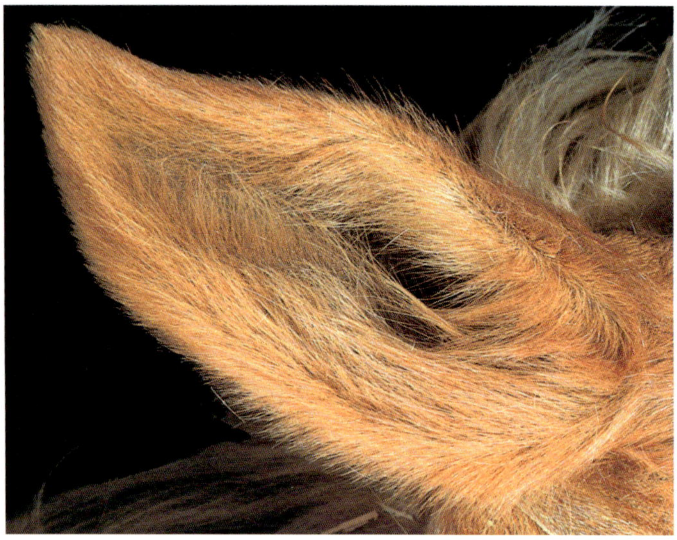

图 19-12 耳周围的耳屏毛

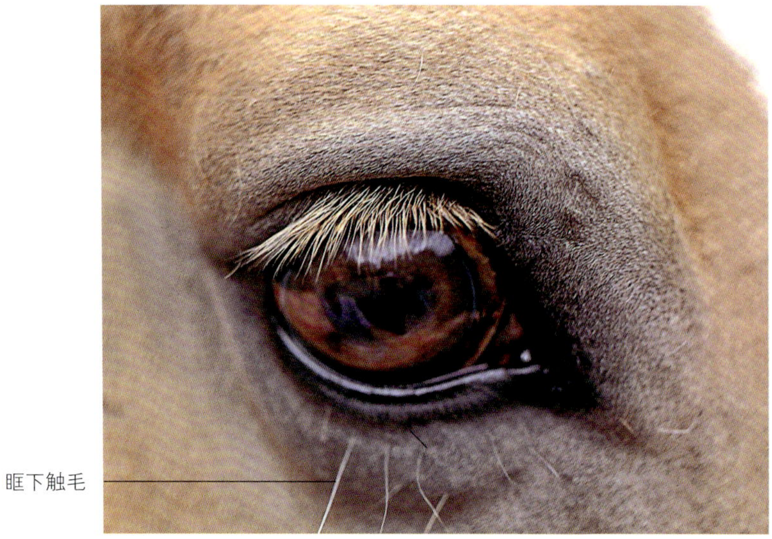

图 19-13 马上眼睑的睫毛

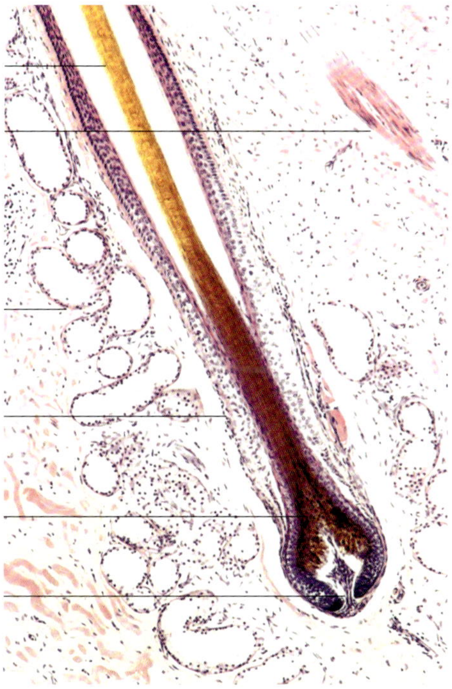

图 19-14　毛囊组织学切片

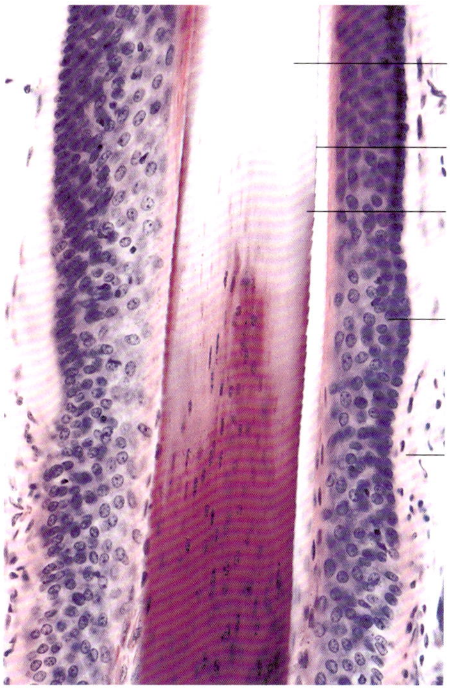

图 19-15　毛组织学切片(含毛干)

在犬和猫,数根毛发共用一个毛囊的开口。中央毛(主毛)最长,属于粗毛类型;而周围的次生毛比较短和柔软,属于绒毛类型。在皮肤的同一毛囊开口上的毛干紧紧围绕在同一毛囊内,并向下到达皮脂腺水平处形成它们各自独立的毛囊和毛球。

19.3.3　换毛

粗毛和绒毛均有生命期限,它们呈有规律地周期性脱落,在春、秋季达到高峰。然而,一个季节同下一个季节的毛的生长和脱落混杂在一起,所以正常情况下,动物总是拥有保护性的覆盖物。毛周期性脱落受松果体调节,而且主要受日照长度和温度的影响。

毛囊周期可划分为 3 个阶段:**再生期**、**退化期**和**生长终末期**。再生期为持续活跃的生长阶段,它的特点是具有发达的真皮乳头,完全被其上方的表皮毛基质包围起来,形成毛球。其次为退化期,生长较缓慢,毛基质和毛乳头萎缩,真皮球和整个毛囊开始变小。在生长终末期,毛囊具有小的真皮乳头,后者与毛球分离,不再被毛基质所覆盖。毛囊非常短,导致大部分的毛凸出于皮肤的表面。当生长恢复时,重新激活的毛囊延长并延伸到皮肤表面,旧毛脱落。在下一个再生期,替代毛形成。新的毛在毛囊底部逐渐生长直至长出皮肤表面。

19.4　皮肤腺(glandulae cutis)

皮肤腺可分为 2 种基本类型(图 19-8),尽管每种类型有不同的亚种和特殊形式:

- 皮脂腺(glandulae sebaceae)
- 汗腺(glandulae sudoriferae)

皮脂腺分布于被皮内,连接着毛囊,并开口于毛囊。皮脂腺产生的**脂肪分泌物**(皮脂,sebum)与开口于毛囊的汗腺分泌物混合在一起,这些混合分泌物分布到全身的表面使皮肤和被毛光滑防水。**睑板腺**(meibomian glands)以及唇和肛门周围的皮脂腺是特化的皮脂腺,它们不与被毛联系。猪的皮脂腺稀少且发育不完全。

在组织学上,**汗腺**可根据其分泌过程进一步细分为(图 19-8 和图 19-14):

- 外泌汗腺(小汗腺)
- 顶泌汗腺(大汗腺)

顶泌汗腺更为常见,其分泌的蛋白汗液进入全身大部分的毛囊中。每一动物个体所分泌的汗液都具有其独特的气味特征(气味腺,glandula odorifera)。这些腺体在马身上特别多,它们在毛囊周围的皮肤表面上有单独的开口。由于顶浆分泌的汗液富含蛋白质,在马使役时由于皮肤和被毛的移动,汗液会产生泡沫("汗沫")。

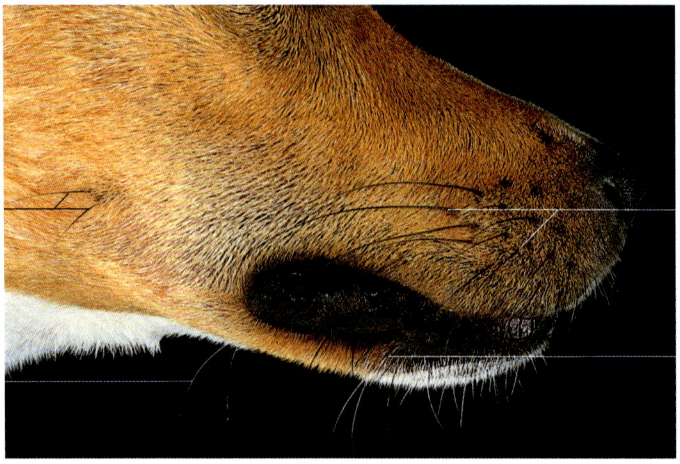

图 19-16 犬头部的触毛

外泌汗腺与毛发无关，可分泌大量水样汗液直接到达皮肤。灵长类动物由于有酸性防护膜，此类型汗腺占优势（灵长类动物的皮肤 pH 为 5，而家畜 pH 为 7）。在家畜中，外泌汗腺仅存在于皮肤的无毛区或接近无毛的区域，如犬的足垫。

皮肤腺的特化形式

皮肤腺形成局部聚集，其大小、形式和位置因动物品种而异。有些呈现特化形式，一部分与皮窦有关。在一些家畜中，这些腺体分泌物的功能是作为一种性气味和领地识别的标记。在家畜中发现了以下腺体，它们的名称指明了它们的位置：

- 肛旁窦腺（glandulae sinus paranalis）：犬和猫肛窦壁上的皮脂腺和浆液腺
- 肛周腺（glandulae circumanales）：犬肛门附近的皮脂腺
- 尾腺（glandulae caudae）：猫尾部背侧的皮脂腺和浆液腺，犬已退化
- 口周腺（glandulae circumorales）：猫唇部的皮脂腺
- 食肉动物足垫和马蹄叉的皮肤腺（glandulae tori）
- 颏腺 glandulae mentales）和腕腺（glandulae carpeae）：猪的顶浆分泌汗腺
- 眶下窦腺（glandulae sinus infraorbitalis）
- 指（趾）间窦腺（glandulae sinus interdigitalis）
- 绵羊的腹股沟窦腺（glandulae sinus inguinalis）
- 山羊的角腺（glandulae cornuales）
- 耳道的腺体（耵聍腺，glandulae ceruminosae）：顶浆分泌腺和皮脂腺生成耵聍，存在于所有家畜

鼻通过吻镜腺、鼻唇镜腺或鼻镜腺保持湿润，依品种而不同。猫和犬没有这些腺体。在家畜中最大和最重要的特化皮肤腺是乳腺。这个器官将在下一节中单独详细叙述。

19.5 乳房（mamma，uber，mastos）

只有哺乳动物才存在乳腺（glandula mammaria）和**哺乳**（mammalia）过程。根据组织学，乳腺是**外分泌**的**管泡状**的特化汗腺。

在不同物种，乳房由数量各异的**乳房复合体**（乳区）组成，对称分布于躯干腹中线的两侧。食肉动物和猪的乳房由胸部延伸至腹股沟区，而反刍动物和马的乳房仅局限在腹股沟区（图 19-20 和图 19-21）。每个乳房复合体由一个或多个乳腺单位组成，含有一个**体部**（乳房体，corpus mammae）和一个**乳头**（乳头，papilla mammae）（图 19-22）。乳房的相对大小和长度有个体差异，在不同生长发育阶段（幼稚期、泌乳期、休乳期）也不同。乳头的皮肤少毛，而有些物种乳房体的皮肤有毛。通常情况下，乳房皮肤与其深层的腺体组织之间有较大的活动性，只有在疾病发生时，皮肤才会与深层的组织紧紧地粘连在一起。乳房炎的其他症状是疼痛、体温升高和感染腺体肿胀。

乳汁是乳房的主要分泌物，为幼畜提供营养物质。刚分娩后的乳汁——**初乳**，含有较高的抗体成分，为新生动物提供**被动免疫**。反刍动物尤其是奶牛的乳汁，是人类食物的重要组成部分。

临床小知识

乳房疾病在临床上是重要的。**乳房炎**（mastitis）是奶牛的常见病症，可造成重大的经济损失。母犬的乳房肿瘤并不罕见，尤其是在老年动物，经常需要手术切除。对乳房疾病的治疗，需要详细了解乳房的解剖结构，特别是关于悬吊装置、血液供应、淋巴流向、神经分布的解剖知识。

图 19-17 猫腕部的触毛

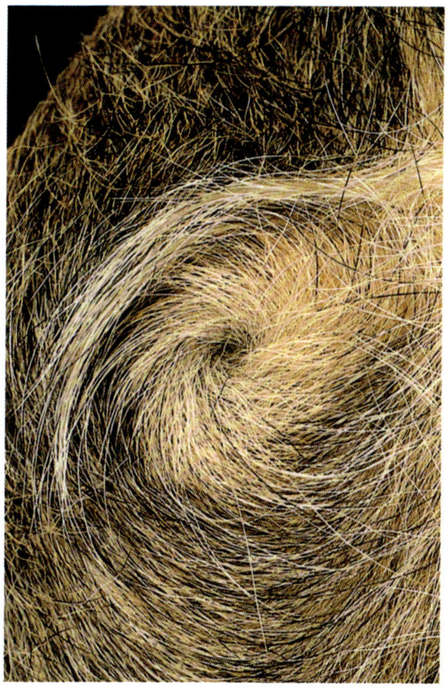

图 19-18 犬的毛旋

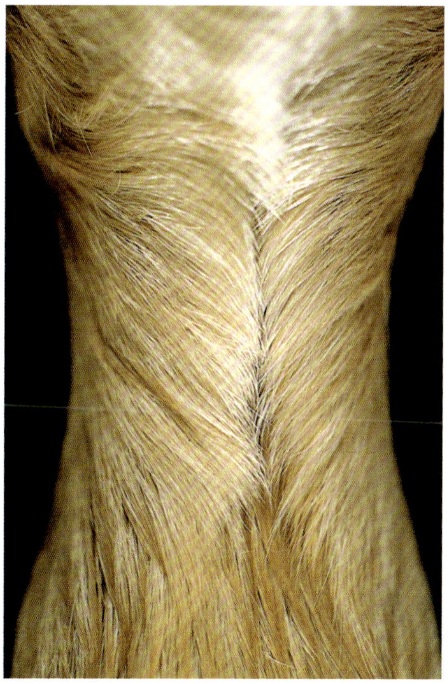

图 19-19 马的毛流

19.5.1 乳房悬器

乳房被深层和浅层的躯干外筋膜悬吊于躯干腹侧，这一悬吊装置称为**乳房悬器**(apparatus suspensorius mammarius)，它由**外侧筋膜层**(外侧板，laminae laterales)和**内侧筋膜层**(内侧板，laminae mediales)组成，从这些薄板(悬板，lamellae suspensoriae)延伸至乳房复合体之间(图 19-22)。内侧板富含**弹性组织**，外侧板则由致密的结缔组织组成。牛的左、右乳房复合体由**乳房间沟**分开(sulcus intermammarius)。

19.5.2 乳房的结构

每个乳房复合体包含了一个或多个乳房单位。**乳房体**(corpus mammae)由**上皮腺体组织**(乳腺，glandula mammaria)和**结缔组织**的间质(interstitium)以及神经、血管和淋巴管组成(图 19-22、图 19-25 和图 19-26)。乳房单位的末端是导管系统，其排列方式具有物种特异性，最终开口于**乳头**(papilla mammae)顶端。每个乳房单位的**导管系统**可以被细分为以下几个部分(图 19-23)。

- 腺体终末部(腺泡，glandular alveolus)：乳汁生成的部位
- 输乳管(ductus lactiferi)：输送乳汁的导管
- 输乳窦(sinus lactifer)：储存乳汁的窦

腺组织由**腺小叶**(乳腺小叶，lobuli glandular mammariae)组成。每一腺小叶由大量**腺泡**组成，是乳汁产生和分泌的真正部位。这些腺泡由单层立方上皮构成，并通过含有神经和血管的间质隔膜分开。几个腺小叶通过较厚的间质隔膜包裹形成**乳腺叶**(lobi glandulae mammariae)(图 19-23 和图 19-24)(详细叙述请参见组织学教材)。

乳汁排入**小叶内导管**，各小叶内导管汇合形成大的**小叶间导管**。小叶间导管汇合成输乳管并将乳汁运送到相对较大的**输乳窦**。每个输乳管负责一个乳腺叶的引流，而小叶内导管则引流一个小叶。

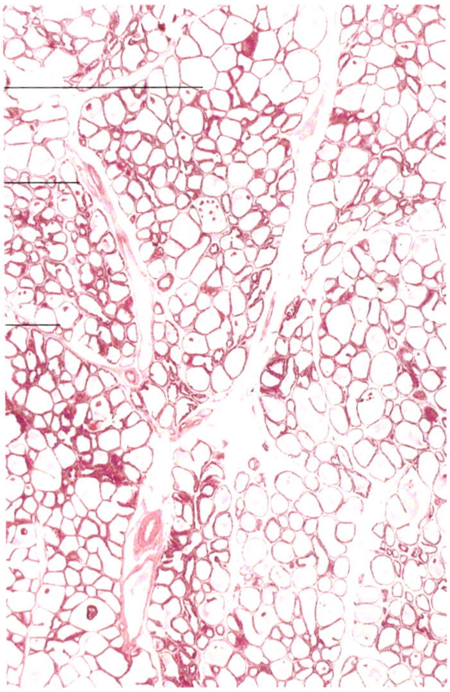

图 19-23　牛乳房腺组织学切片，示腺泡和小叶间质

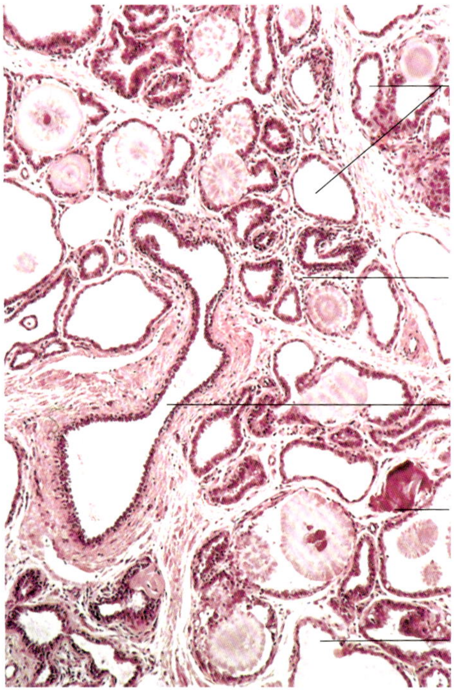

图 19-24　牛乳房腺组织学切片

妊娠后不久，导管系统的发育被再次启动，新的输乳管由上皮组织分化生长而形成。在妊娠后半期，乳腺组织形成并开始取代结缔组织基质。在这一阶段，部分腺泡仍然是实质的。在妊娠末期，这些管状结构会受到孕酮、雌激素和催乳素的影响。第一次分泌的乳汁称为初乳，富含蛋白质和大量**免疫球蛋白**，为幼畜提供**被动免疫**。初乳也被认为有轻泻作用，这对于幼畜出生后短期内排出胎粪极为重要。

雄性动物在胚胎期就已经有乳腺芽的形成，并且持续生长。在猪和一些食肉动物的躯干腹部可观察到乳头，在反刍动物的阴囊部也可观察到，在马的阴茎旁不太常见。某些雄性个体有非常高的雌激素水平，其乳房在出生后将经历类似于雌性动物的变化。

19.5.4　泌乳

乳汁的分泌开始于分娩前几个小时或者前几天，成为即将分娩的指示。产后乳汁的产生和分泌只在乳房复合体受到新生动物吮吸的刺激时才启动。吮吸乳头或用爪子和舌头接触乳房体都会引起**神经内分泌反射**，导致乳汁的分泌。当乳房复合体不受哺乳刺激后很快就会退化。只有在泌乳高峰期，乳腺组织才充分发育并完全发挥功能，此时的乳腺大且腺组织显著增多。

当幼畜断奶或乳腺刺激停止的时候，腺体复原，乳汁生成组织开始退化。原来的腺体组织被结缔组织和脂肪组织代替。但是，乳腺并不会恢复到原来泌乳前的大小。

19.5.5　食肉动物的乳房

母犬的乳房通常由 10 个**乳房复合体**组成，从胸腹侧一直延伸到腹股沟区域（图 19-20），分为均匀对称的两排。然而其乳房的构成往往不一致，乳房复合体有 8～12 个不等。乳房复合体根据所处的位置可分为**胸部乳房复合体**、**腹前乳房复合体**、**腹后乳房复合体**以及**腹股沟乳房复合体**。

猫通常有 8 个乳房复合体，同样也是对称的两排，从胸腹侧一直延伸到腹部。

每个乳房复合体由 **5～20 个乳房单位**组成，它们的数量与乳头管的数量相对应。乳头管开口于乳头顶端的**独立口**（乳头孔，ostium papillare）。

对于未成熟的动物，不分泌乳汁的乳房复合体带有不明显的短的乳头，而当单个乳房复合体分泌乳汁时，它的体积会变大，呈半球状。它的大小因品种而异，甚至因个体而异。复合体之间的分界线是一系列浅沟，一条明显的**乳房间沟**把它们分为左右两排。

当母犬未妊娠时，母犬发情周期的变化特征包括每个周期的乳腺生长和增生。乳腺频繁的增生和复原被认为是母犬乳腺肿瘤高发的诱发因素。

胸外侧动脉的乳房支为食肉动物的乳腺供血。胸前乳房复合体的淋巴液并不仅仅流向**腋淋巴结**，也流向**颈浅淋巴结**；腹前乳房复合体的淋巴液流向腋淋巴结和腹股沟浅淋巴结；而腹后乳房复合体的淋巴液流向髂内侧淋巴结。左右腹股沟浅淋巴结相互连接的实例已有相关报道。掌握淋巴液流动的情况对于了解乳腺肿瘤的转移有重要的临床意义。

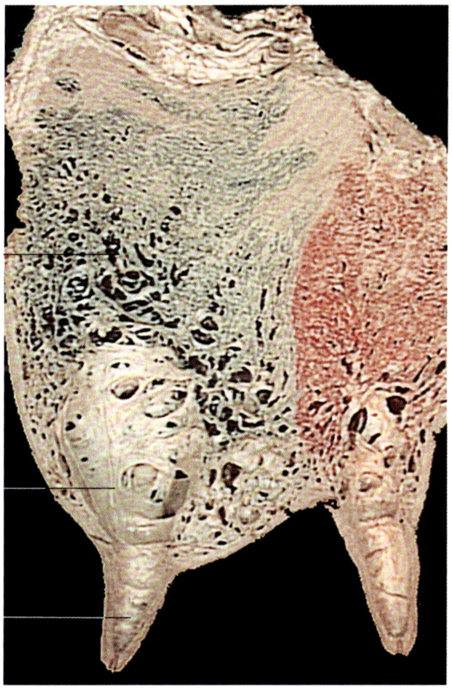

图 19-25 牛乳房前后两部的腺组织矢状切面，不同颜色显示前后两部被完全隔开

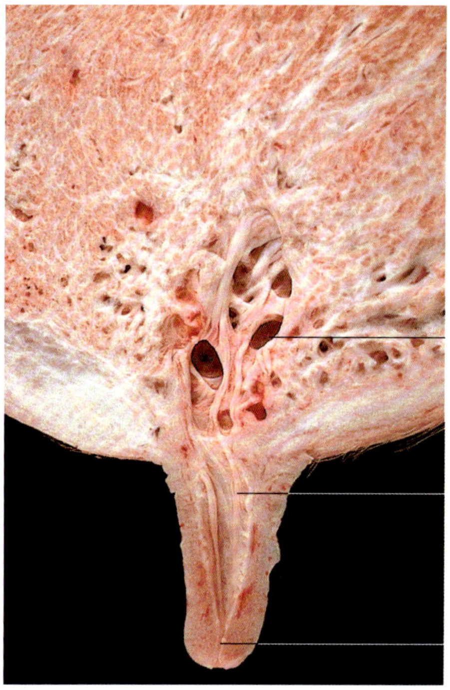

图 19-26 奶牛乳头的矢状切面

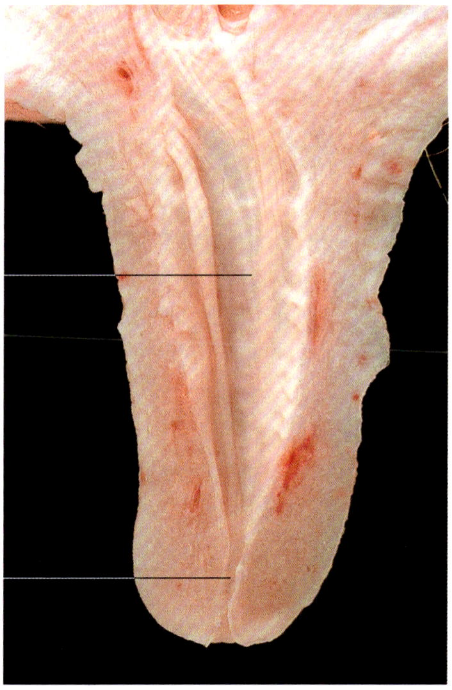

图 19-27 牛乳头和乳头管的矢状切面

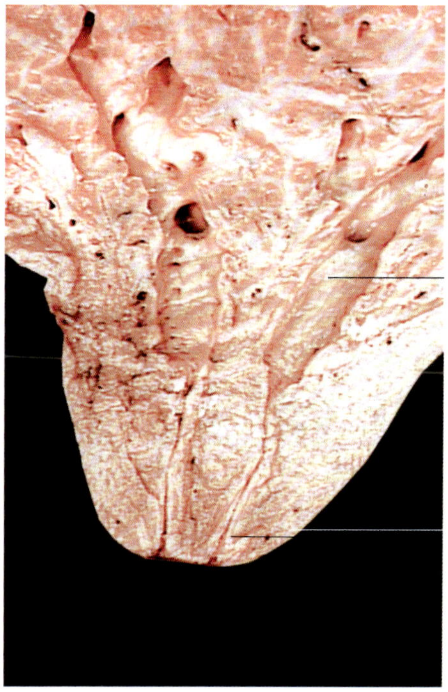

图 19-28 马乳头矢状切面，有两条乳头管

19.5.6 猪的乳房

猪的乳房一般由 **14 个乳房复合体**组成，在胸腹部排列成对称的两排（图 19-20）。大多数个体的左右乳房复合体并不是在同一横断面上，而是以交错的方式排列。这种排列方式适合仔猪在母猪侧卧时吮吸乳头。每个乳房复合体都由 **2 个或 3 个乳房单位**组成。每个乳房单位在乳头顶端的浅凹陷处都有一个独立的小孔。如果这种凹陷太深，那么仔猪的吮吸就会抑制小孔的打开，从而阻断了乳汁的流出。

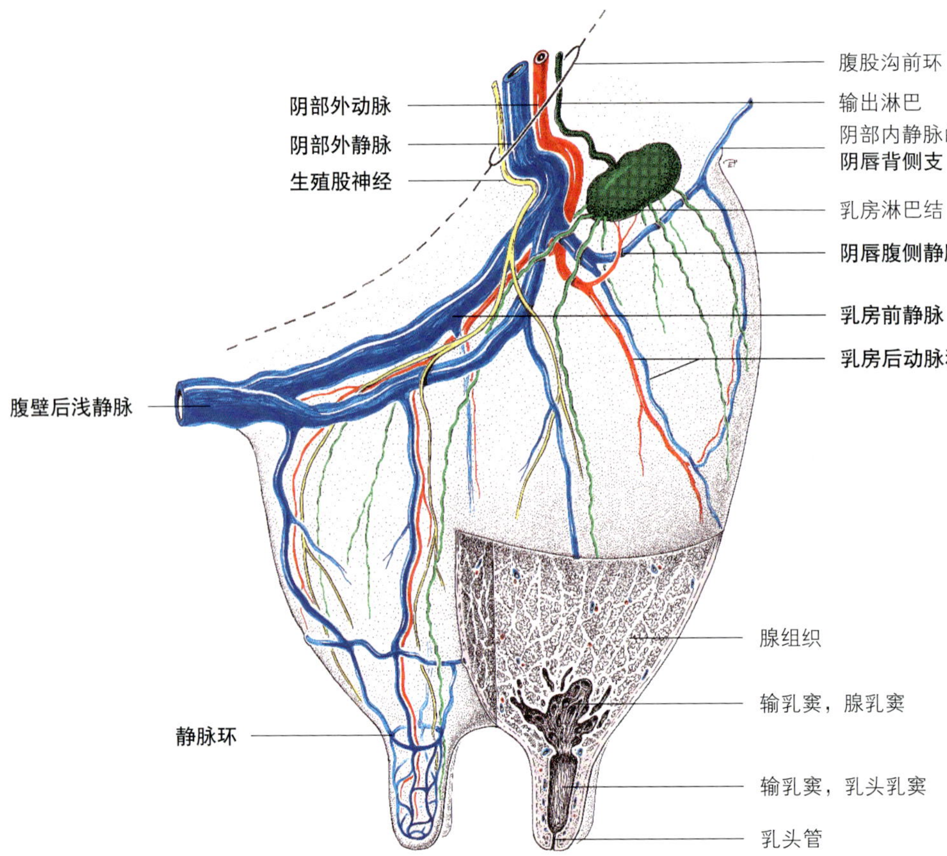

图 19-29 牛乳房的神经分布和血液供应（示意图）。仿 Ellenberger 和 Baum（1943）

在泌乳高峰期，母猪的乳腺组织十分发达，单个半球状的乳房复合体有拳头样大小，并且有个单独的短乳头。没有仔猪吮吸的乳房复合体比泌乳的乳房复合体小，这就使得它们明显不对称。

胸部乳房复合体接受**胸外侧动脉**的额外血液供应。在泌乳高峰期能够分泌足够的乳汁对初生几周的仔猪的增重非常必要，这对于养猪业具有重要的经济价值。

19.5.7 小型反刍动物的乳房

母羊和母山羊的 2 个**乳房复合体**仅位于腹股沟区域腹中线的两侧，每侧各有一个乳房复合体（图 19-20）。每个复合体由单个乳房单位组成，在乳头的顶端仅有一个乳头管开口。母羊乳房淋巴液可直接流入髂股淋巴结和髂内淋巴结。

19.5.8 牛的乳房

母牛的乳房由 **4 个乳房复合体**组成，每一个复合体有一个乳房单位。乳房被它的悬器固定在腹股沟区域（图 19-21），它被分为 4 个乳区并分别对应于 **4 个乳房单位**，每个乳区含有一个仅有单一开口的主乳头。副乳头有时与功能性腺组织相关，但当它们并在一起或者靠得太近的时候会使挤奶变得不方便。乳房炎能够扩散到 4 个区域的大部分，而且会导致产奶量的降低。

一条明显的正中乳房间沟将乳房分为左、右两部分，但每一侧的前后部分的界线不是很明显。

临床小知识

4 个乳腺为独立的单位具有重要的临床意义，炎症过程会局限于单个乳腺，因此，每个乳头必须分开使用抗生素。

根据品种、成熟及功能状态的不同，乳房的形状会有很大区别。许多奶牛乳房特别大，乳头长而厚实（图 19-27）。然而，乳房的大小并不能衡量产奶量，但是某些结构上的特征与产奶量有关系。大小、形状、乳头的位置和乳头末端的形状是特别重要的因素。开放的乳头导管易于引发上行感染，而狭窄的乳头导管容易导致堵塞并阻碍乳汁的流出。乳头导管黏膜的脂质和蛋白质成分构成了防止细菌感染的屏障。

为了满足现代乳品制造业的高产量需求，乳房必须得到足够的血液供应。据估计，每分泌 1 L 乳汁就会有 600 L 血液流经乳房，这要求乳房的主血管具有非常大的直径。

通往乳房的**主要动脉**是**阴部外动脉**的直接延伸，其越过腹股沟管后从后背侧部进入乳房基部，它首先形成一个“S”形弯曲，然后分成**乳房前、后动脉**（图 19-30）。这两条乳房动脉与**腹壁后浅动脉**吻合，它从前面进入乳房，并与**腹壁前动脉**相连（图 13-14）。阴部内动脉也分出一个分支（阴唇背侧支及乳房支，ramus labialis dorsalis et mammarius），由后方进入乳房（图 19-30）。

乳房静脉血汇入穿过腹股沟管的阴部外静脉和蜿蜒于腹底壁皮下的**腹壁前浅静脉**。对大型动物来说，腹壁前浅静脉也叫作**腹皮下（乳）静脉**，它有明显的弯曲，静脉曲张结构和不完整的瓣膜。这一静脉在体壁的开口（“乳井”）很容易触及。

临床小知识

乳房的静脉可以用来做静脉注射和采血。

在奶牛第一次妊娠期间，腹壁前浅静脉和腹壁后浅静脉的吻合处明显扩张。当充盈的血液流经时，这些静脉及其血管支流开始充血，瓣膜也逐渐打开。

此外，乳房的静脉血还流入**阴唇背静脉**（也称乳房后静脉，与腹壁后浅静脉相对应，后者也称乳房前静脉），并进一步流向阴部内静脉（图 19-29，图 19-30 和图 19-31）。

19.5.9 马属动物的乳房

马属动物的乳腺在腹股沟区组合为小型乳房，由一条明显的乳房间沟将其分成左、右两部分。每一半的乳房呈压缩的圆锥体，并有一个单独的乳头。每一半都包括一个单一的乳房复合体，每个复合体由两个乳房单位组成，两个导管系统在乳头顶端有各自的开口（图 19-28）。乳房表面的皮肤很薄，着色较深，毛发稀疏，乳头短小，类似一个双边压缩的圆筒。

每侧乳房都有各自的乳房单位，但其输乳管道系统是完全分开的。在妊娠期的最后阶段，皮脂腺分泌物、上皮残余物和初乳混合物使乳头末端具有蜡状外观，并作为即将分娩的指示。

临床术语

与乳腺相关的临床术语：乳房炎、乳房切除术、乳房 X 线片。

19.6 足垫（枕，tori）

足垫由普通皮肤经过极度特化衍生而成，位于前、后肢。它在运动中起减震作用，以保护前、后肢骨骼免受机械压力。**指（趾）枕**构成足垫的底部，指（趾）枕由皮下脂肪组织及分布其中的网状纤维、胶原纤维和弹性纤维组成。支持带的纤维从真皮延伸至皮下组织，将前、后肢足垫固定于筋膜。掌（跖）枕由发育良好的韧带固着于骨骼。

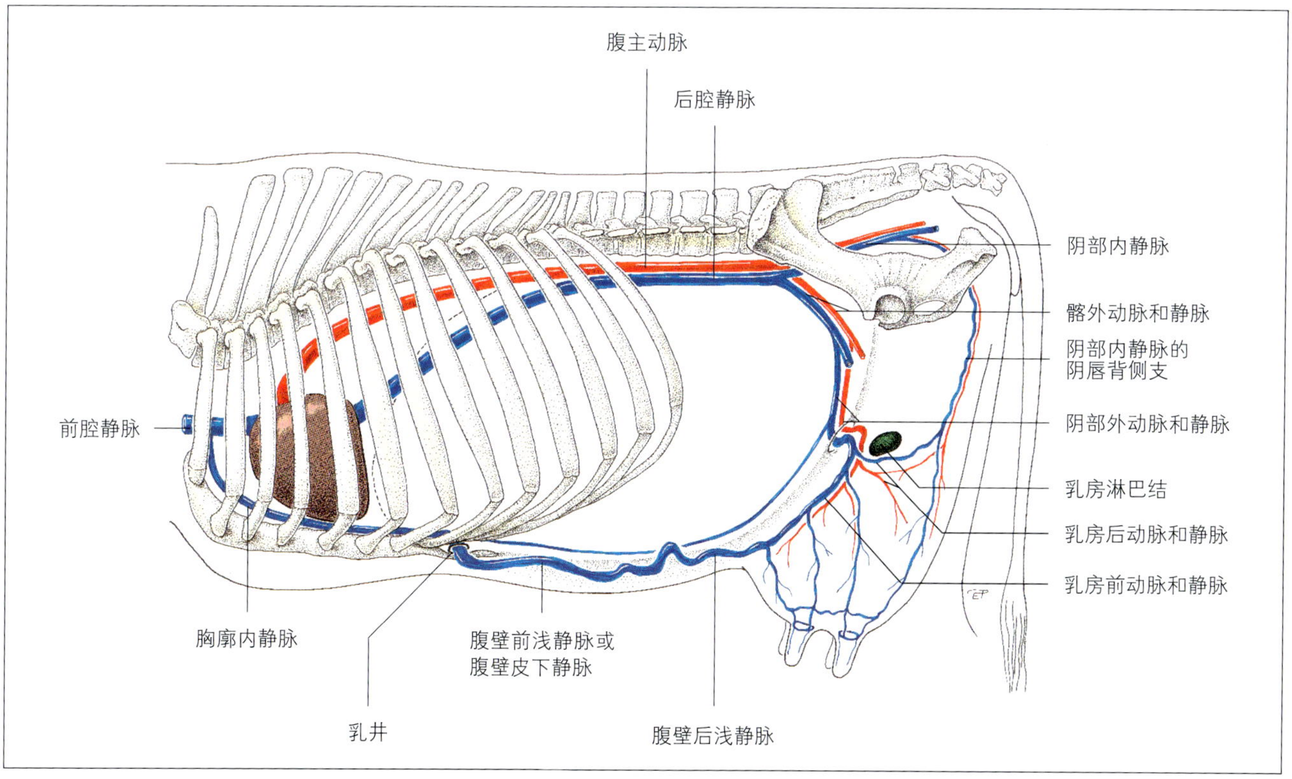

图 19-30 牛乳房主要血管供应（示意图）

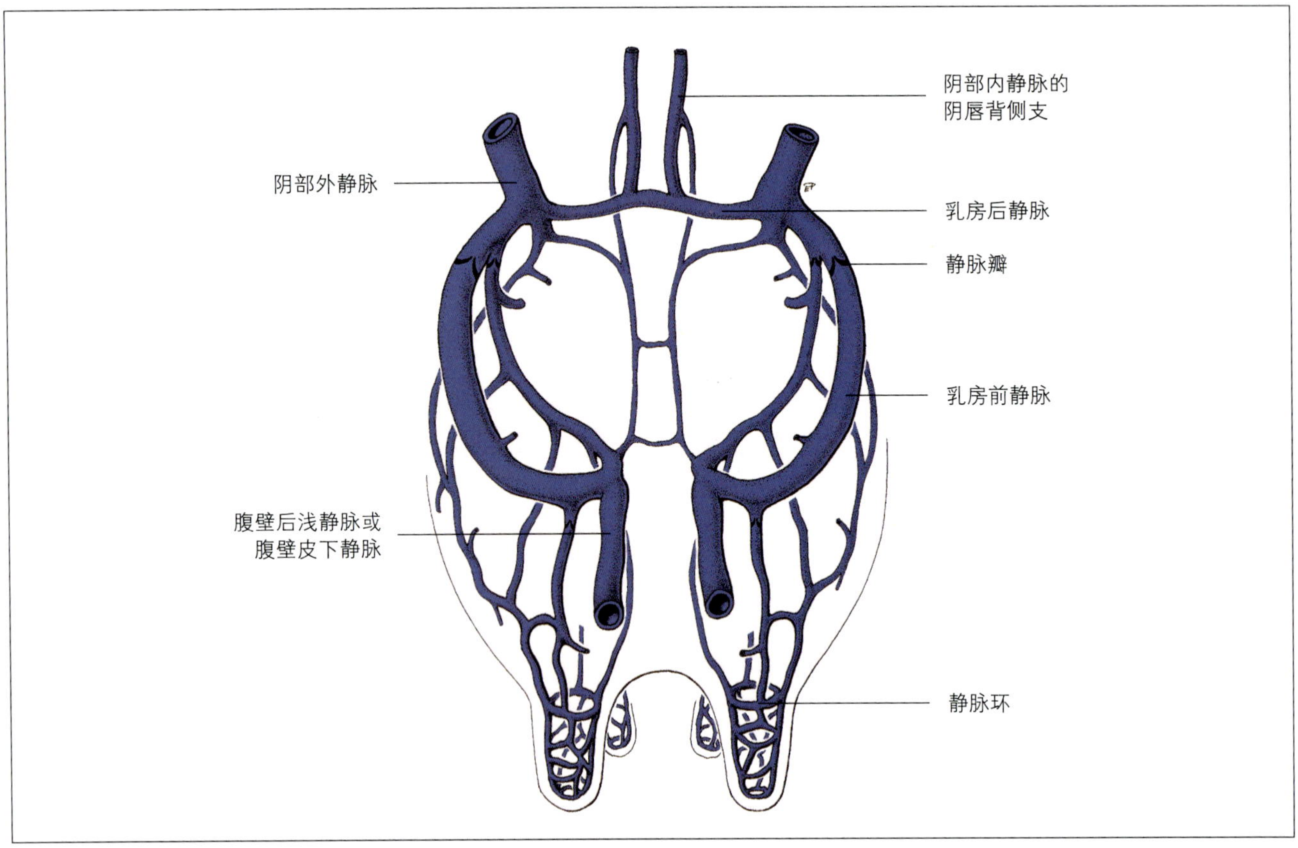

图 19-31 牛乳房静脉回流(示意图)

真皮乳头特别发达,以承受强大的机械力。表皮形成一层较厚、柔软且有弹性的角质层。

足垫有 3 种类型:

- **腕枕 / 跗枕**(torus carpeus/tarseus),位于腕(跗)部的掌内侧 / 跖内侧
- **掌枕 / 跖枕**(torus metacarpeus/metatarseus),位于掌指(跖趾)关节的掌侧 / 跖侧面
- **指枕 / 趾枕**(torus digitalis),位于第 3 远指(趾)节的掌侧 / 跖侧面

掌(跖)枕和**指(趾)枕**的数目与指(趾)的数目相对应。在有蹄类动物,只有指(趾)枕有功能,能够与地面直接接触,合并于蹄,形成反刍动物和猪的蹄球,在马为蹄叉和蹄踵。反刍动物的指(趾)枕存在于第 3、第 4 指(趾),猪的存在于第 2～5 指(趾)(图 19-35),这些结构将在本章后面详细描述。马与其他有蹄家畜不同,退化的掌(跖)枕埋在球节后方一簇毛发中,即距;另有退化的腕(跗)枕,称为附蝉(图 19-33 和图 19-34)。

趾行动物犬和猫,只有指(趾)枕和掌(跖)枕直接接触地面。它们有完全发育的腕枕,但并无明显功能,没有跗枕。足的第 2 到第 4 掌(跖)枕合并为一个(图 19-32)。犬和猫的每个指(趾)都有指(趾)枕,但第 1 指(趾)枕不与地面接触(图 19-32)。犬猫的足垫有外分泌汗腺,当它出汗时会使动物留下爪印。

19.7 指(趾)(organum digitale)

指(趾)由特化的被皮将骨骼和肌性成分及远指(趾)节骨包裹在一起而形成。

为适应不同的环境和采食习惯,指(趾)在进化过程中形成了以下 3 种特殊结构:

- 爪(unguicula),存在于食肉动物
- 指甲(unguis),存在于灵长类动物
- 蹄(ungula),存在于蹄行动物

19.7.1 功能

爪、指甲和蹄的主要作用是保护它们所覆盖的组织,另外还有其他的功能,例如:

- 作为工具进行搔抓和挖掘
- 作为感觉器官
- 作为武器

图 19-32 犬的足垫

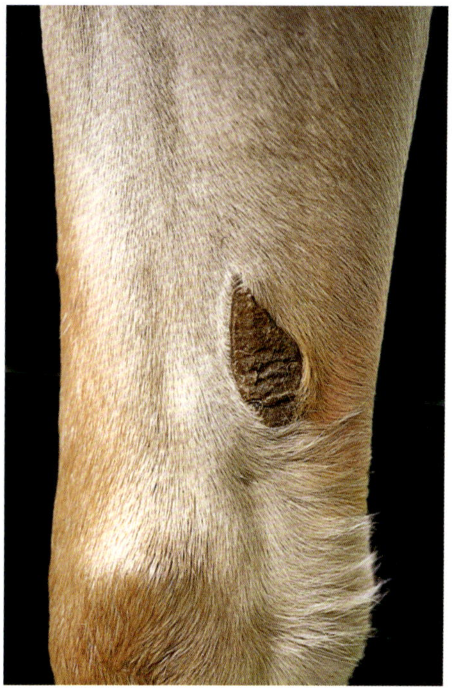

图 19-33 马腕近端内侧的附蝉，为腕枕的残迹

爪、指甲和蹄在运动中的作用因动物种类不同而有差异。猫在运动中可以将爪缩回皮肤褶，以防止使用过度。马作为奇蹄动物，其接触地面的部分相当于人类指甲的边缘。

19.7.2 蹄的分部

尽管指（趾）端的表面结构差别很大，但实际上具有相似的结构。这些附属结构包括 5 部分（图 19-36）：

- **蹄缘部**（limbus）
- **蹄冠部**（corona）
- **蹄壁部**（paries）
- **蹄底部**（solea）
- **足垫**（指［趾］枕 / 蹄枕 torus digitalis/ungulae），对应于灵长类的指球

不同部分通过所在部位、结构和角质形成来区分。它们的特征性结构表现为有无皮下组织、乳头体层和角质层的结构（角化类型、角质的构造）。但是，这些特征因物种不同而有很大差异，将在本章后面作详细介绍（图 19-36）。尽管这些构造不能从表面观察到，但可以通过纵切和脱掉蹄匣来区分。

19.7.3 蹄匣（capsula ungularis）

家畜远指（趾）节骨被角质囊（蹄匣）包裹，成为食肉动物的爪和蹄行动物的蹄。上述所有 5 个部分都参与了蹄匣的形成，但食肉动物的足垫不是爪的一部分，而是独立的。

蹄匣可分为 2 部分（图 19-37）：

- 壁（角质壁，paries corneus，lamina）
- 基底面（蹄底面，facies solearis）

角质壁（paries corneus，lamina）

角质壁由缘部、冠部（corona）和壁部（paries）组成，相当于灵长类的指甲。它由外到内分为如下 3 层（图 19-38）：

- 外层（stratum externum，eponychium，译者注：釉质层）
- 中层（stratum medium，mesonychium，译者注：冠层）
- 内层（stratum internum，hyponychium，译者注：小叶层）

蹄底面（facies solearis）

蹄底面由接触地面的**蹄壁远端部**、蹄底部和有蹄类动物的足垫组成。蹄底面与蹄壁内层的交界处称为蹄白线，并形成一柔软层与蹄壁和蹄底的角质相连。

蹄底可进一步细分为**着地面**（facies contactus）和**非着地面**（facies fornicis）（图 19-39）。这两部分的分布和范围因物种差异有很大的变化。

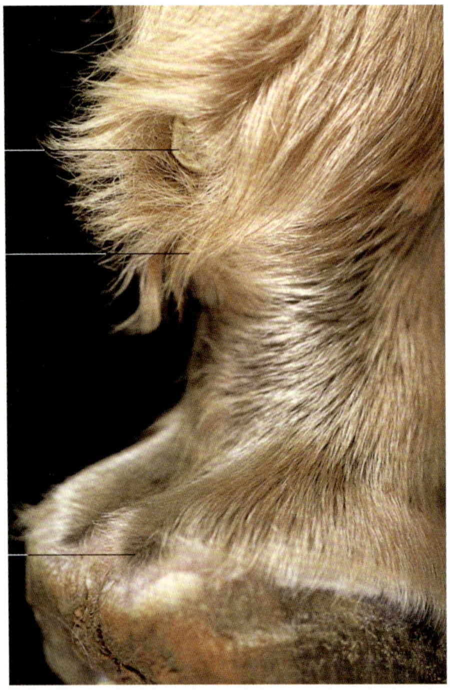

图 19-34 蹄踵球和作为掌枕残迹的距

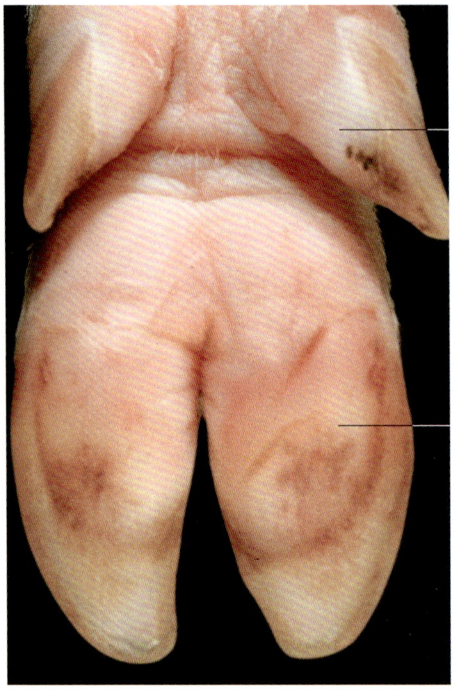

图 19-35 猪主蹄和悬蹄的蹄球

19.7.4 蹄匣蜕膜(capsula ungulae decidua)

新生仔猪、牛犊、羔羊和马驹的蹄被**蹄匣蜕膜**包裹，后者在蹄底处和足垫处发育良好(图 19-40)。蜕膜呈淡黄色，由不完全角质化的上皮组成。它含水量高，有弹性，呈圆形轮廓。与蹄匣一样，蹄匣蜕膜也由 5 部分组成。

蹄匣蜕膜像衬垫一样将蹄包裹，可在母畜分娩时保护子宫和产道免受幼畜伤害。动物出生后几天内，蜕膜迅速变干并脱落，幼畜就可以开始走路。出生时蹄匣已经在蜕膜下面完全形成。

在新生幼犬或幼猫中，尖锐的爪也是被不完全角化的蜕膜包裹，新生婴儿指甲上也可发现相应的结构。

19.7.5 不同部位的特化

指甲、爪和蹄的各个部位由其所在部位皮肤的表皮、真皮、皮下组织发育而成。但是，不同部位的发育程度有很大差异。

皮下组织(tela subcutanea)

蹄壁和蹄底部无皮下组织，因此，在真皮和远节指(趾)骨之间存在一种稳定机械连接是必不可少的。在蹄缘部、蹄冠部和足垫的深层具有厚而富有弹性的**皮下组织**(枕，pulvinus)，由胶原纤维和弹性纤维混合而成，脂肪组织和小的软骨片散布其间，在动物运动中起减震作用。

真皮(corium)

远指(趾)节骨的真皮也称**蹄真皮**。与皮肤的分层相对应，真皮可进一步细分为**深乳头层**和**浅网状层**。在没有皮下组织发育的部位，真皮和蹄骨**骨膜**紧密相连。

每个部位都有真皮乳头层。除了蹄壁外，其他部位的乳头层都形成**真皮乳头**。真皮乳头(papillae dermales)或直接由深层的平面凸出，或于平缓起伏的层面伸出(图 19-41)。在不同动物的不同部位，其乳头的长度有所差别。例如马蹄冠部真皮乳头的长度可以达到 8 mm。蹄壁的乳头层表面形成**真皮小叶**(lamellae dermales)，由蹄的近端一直延伸至远端，爪的凹面也有类似结构。小乳头从真皮小叶的顶端开始延伸。

表皮(epidermis)

表皮可以分为两部分：一层由活的角化细胞形成，较薄；另一层由角质化的角细胞形成，较厚。活角质层主要由基底层(stratum basale)、棘层(stratum spinosum)和颗粒层(stratum granulosum)组成，但角质层(stratum corneum)仅由角细胞构成。

表皮的活角质层

蹄表皮活角质层的细胞和皮肤的一样，经历相同的变化，即逐渐**角质化**和**角化**。角蛋白和膜被物质在所有的细胞中都可合成，但是不同部位有不同的组分。软角质化发生在蹄缘、足垫和蹄壁的末梢表皮，此处存在颗粒层。其他部位没有颗粒层，细胞发生硬角质化，形成了有机械弹性的角质。

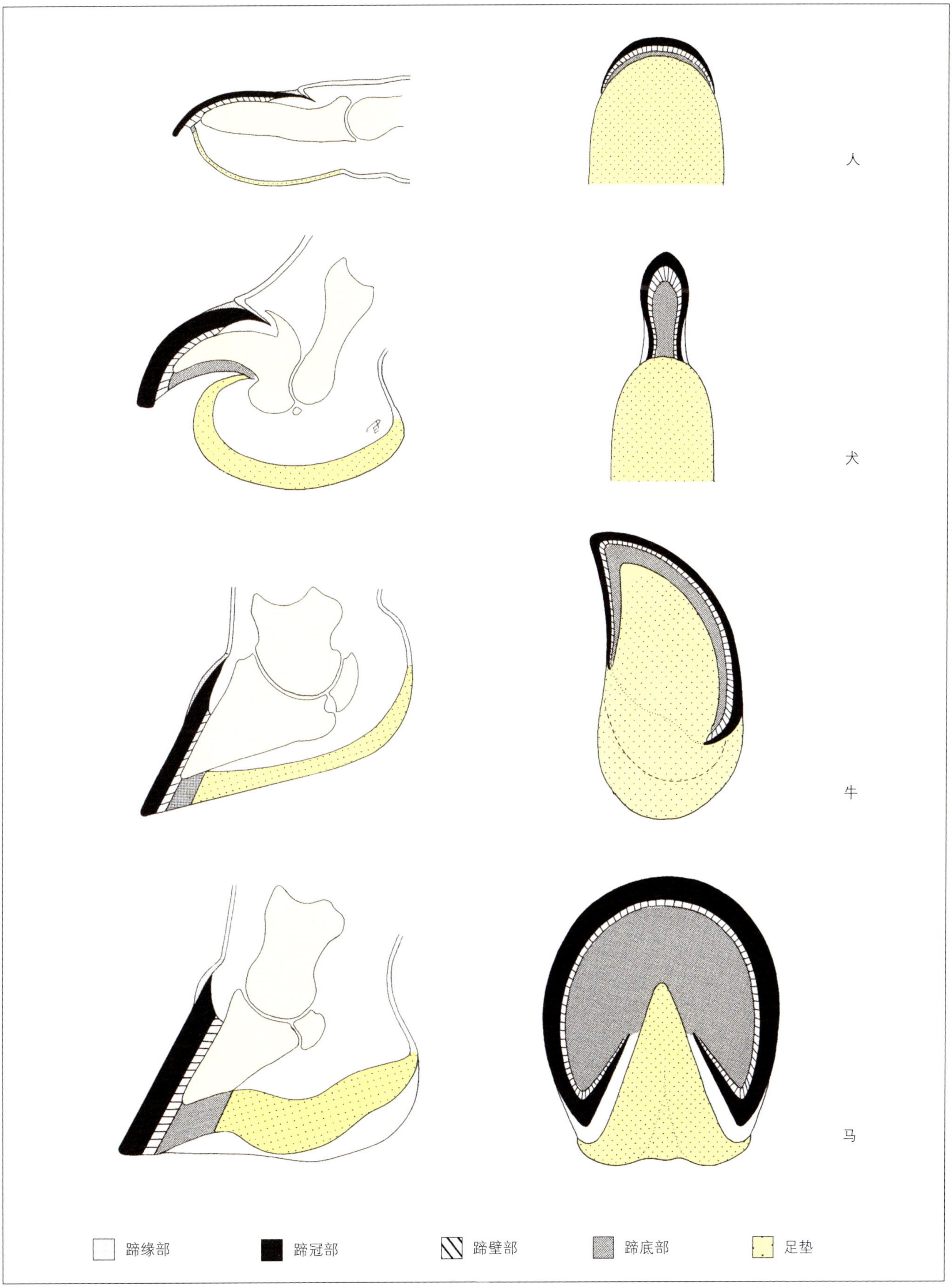

图 19-36 指甲、爪、牛蹄和马蹄的矢状切面及向地面(示意图)。仿 Zietzschmann(1918)和 Mülling(1993)

图 19-37 马的蹄匣矢状面

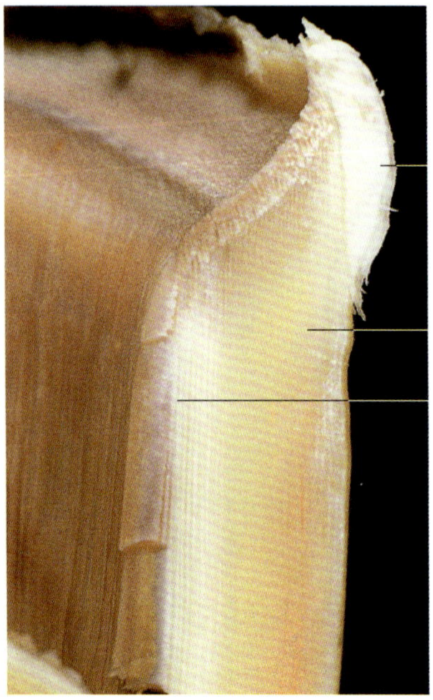

图 19-38 蹄匣壁的断面

角质层（stratum corneum）

角质层由排列紧密的完全**角质化的细胞**组成。在角质化和角化过程中，表皮细胞发生一系列的内部变化，最终死亡。当表皮细胞到达角质层时，它们无法进一步分裂或生长。角细胞从深层移向表面。角细胞通过膜被物质结合在一起，因此角质层可以比作砖墙，角细胞是砖块，膜被物质是砂浆。

每个部位**角质**的**坚固性**取决于角蛋白及膜被材料的含量及成分。角质层的脱落始于膜被物质功能的丧失，随后是细胞团块的解体。

冠角质非常**耐用**，通常因机械负荷而磨损。若没有被磨损，则需要进行修剪。然而，马蹄底部角质只持续一小段时间，这是因为位于马蹄壁与蹄叉之间的底面是凹面。

角质——细胞接合处的结构

在蹄的部位，真皮的表面与表皮的内层交错在一起。在有**真皮乳头**（papillae dermales）的部位，表皮的活角质层排列成**小管状**（表皮小管，tubuli epidermales），这些小管形成嵌入**管间角质**的角质小管(图 19-41)。如果真皮排列成叶状，表皮也会形成**角质叶**，与深层的**叶状真皮**交错在一起。

角质小管

管状角质由嵌入**管间角质**的角质小管组成。角质小管由**皮质**和**髓质**组成。皮质由位于真皮乳头侧面的乳头**周围表皮**构成，髓质则由真皮乳头顶部的**乳头上表皮**构成。皮质角细胞在适宜条件下发生角质化，它们位于乳头周围的位置为获得营养分子提供了便利的通路。这些细胞非常稳定和持久。髓质角细胞的角质化经常不完全，并且这些细胞角质化后不久会分解，剩下空洞的角质小管。因此，角质小管实质上是中空的圆筒状，质量轻但具有稳定的机械性能。**管间角质**由**立方状的角细胞**在真皮乳头间构成。

由于这种特殊结构，**管状角质**具有相当强的抗压能力。蹄角质小管从蹄冠部到蹄底部的长度可达到 10 cm，其全长均维持完整形态。爪冠部的角质管在远端形成角小叶。

角质的功能

角质包裹远指（趾）节骨，具有很多功能。动物运动时，它的机械稳定性可以使四肢负重，防止远指（趾）节骨受伤。角质也控制**水分的吸收**和**流失**。水分在很大程度上影响着角质的性能，太多或太少水分会导致角质性能退化和弹性

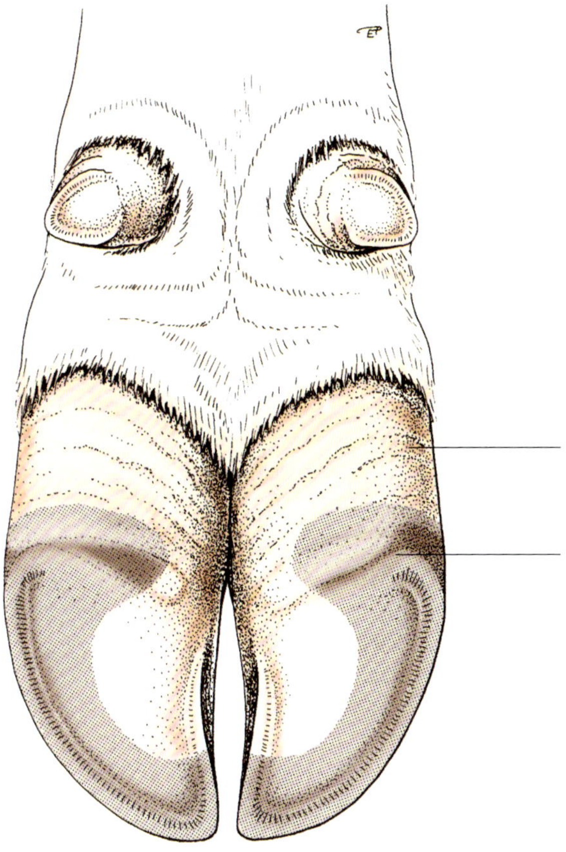

图 19-39 牛的蹄底，包括负重面和非负重面（示意图）。仿 Clemente（1979）

丧失。角质也是热绝缘体。角质还是构成微生物上行感染的屏障，但角质小管髓质细胞是薄弱环节。

临床小知识

上行感染可以导致严重的真皮炎。动物长期站在潮湿的草垫上，角质的完整性会被破坏，微生物侵入深层组织的机会增加。粪尿可溶解膜被物质，尿液会选择性地破坏角质细胞的蛋白质。有些疾病如蹄叶炎和腐烂病等会导致角质化不良，影响角质的性能。这些角质的角质化程度不高，膜被物质的功能受到影响，从而容易受到细菌的侵蚀。

角质性能的个体差异很大。这是由遗传学因素决定的，但同样也受**日粮**的影响，特别是锌起到很重要的作用。动物如果过度使役或从未使役，可导致真皮的血液供给不良，从而形成低品质的角质。

19.7.6 爪（unguicula）

食肉动物的指（趾）由**指（趾）枕**和从指（趾）枕伸出的**爪**组成。有些学者认为“爪”单指角质的外壳，但是也有人认为还应该包括相关的肌性骨性结构。

犬爪

与指（趾）的数目一致，犬的前肢有 5 个爪，后肢有 4 个爪。前肢的第 1 指已经退化，不接触地面。如果不修剪，爪会呈弧形生长，直至接触到足底和足垫。后肢第 1 趾退化或有**遗迹**但不含骨骼成分，位于跗骨下方的内侧。幼犬的第 1 趾遗迹通常被切除，但是对于一些特定的品种（如圣伯纳犬，St. Bernards），如用于展览，则必须将其保留。

爪的形状

爪呈弯曲状，和远指（趾）节骨的形状相适应，可以看作人类长而扁平的指甲。根据大体观察，它有一个底、两个壁和一个中央嵴。切面呈椭圆形至圆形，爪尖的锐利度取决于爪的磨损程度（图 19-42 至图 19-44）。

爪的分部

犬爪由近端至远端可以分为**缘部**、**冠部**、**壁部**和**底部** 4 部分（图 19-36）。这些部位形成的角质组成爪的底和壁（图

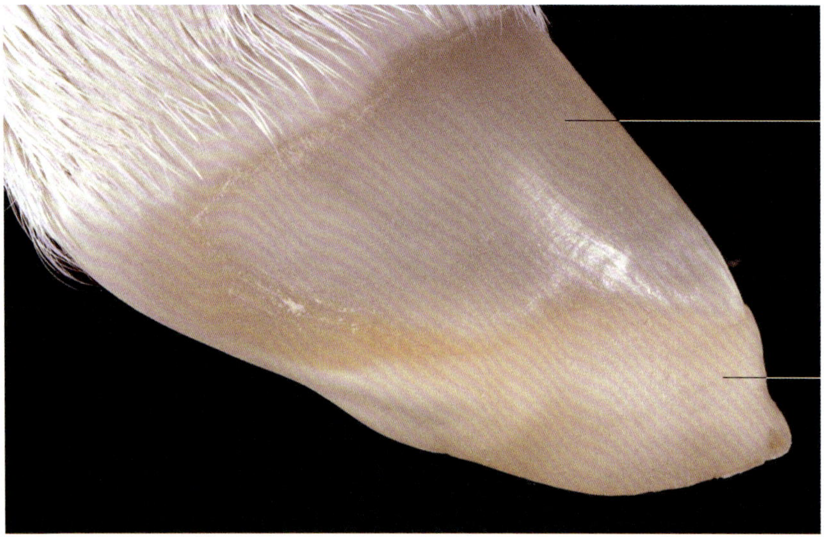

图 19-40 足月马胎儿蹄远端的蹄匣蜕膜

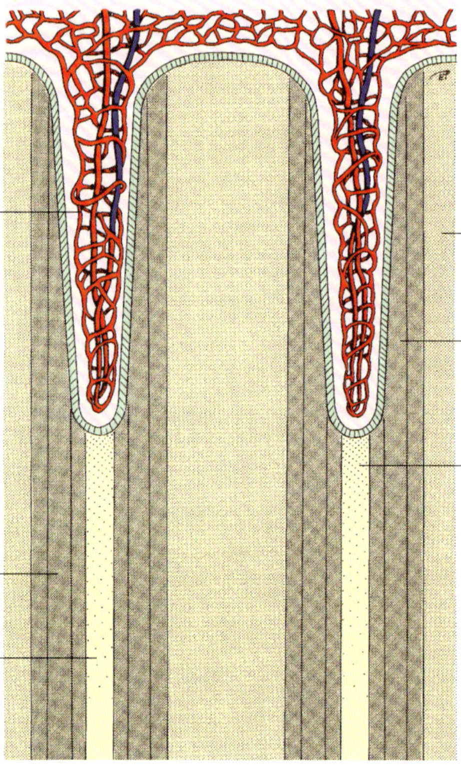

图 19-41 表皮管状角质在真皮乳头间的发育(示意图)

19-44 和图 19-45)。从表面看不到爪的缘部和冠部,其位于远指(趾)节骨爪嵴下面的空隙。

这一位置关系被爪褶皮肤所掩盖。在背侧,这些皮肤褶由有毛皮肤特化而成;另外一侧无毛的皮肤融入爪角质。缘部、冠部、壁部形成爪的壁和背侧缘,并连接其下面的远指(趾)节骨爪突。爪底覆盖于爪突的腹侧面,在爪壁边缘的角质呈现白色易碎的外观。

爪缘(limbus)

爪缘部为爪的最近端部,邻近**爪嵴内侧**(图 19-44)。真皮表面乳头状突起的轮廓不清楚,表皮角质层由爪壁外的非管状柔软角质构成。爪壁外层(stratum externum)对应于马蹄缘的薄的平滑层,在到达爪远端之前就已被磨损(图 19-44 和图 19-45)。

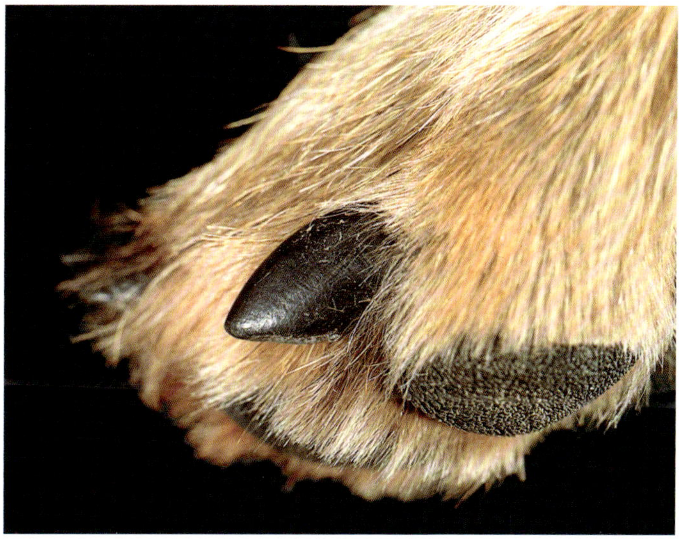

图 19-42 犬爪和指(趾)枕

图 19-43 犬爪的底面

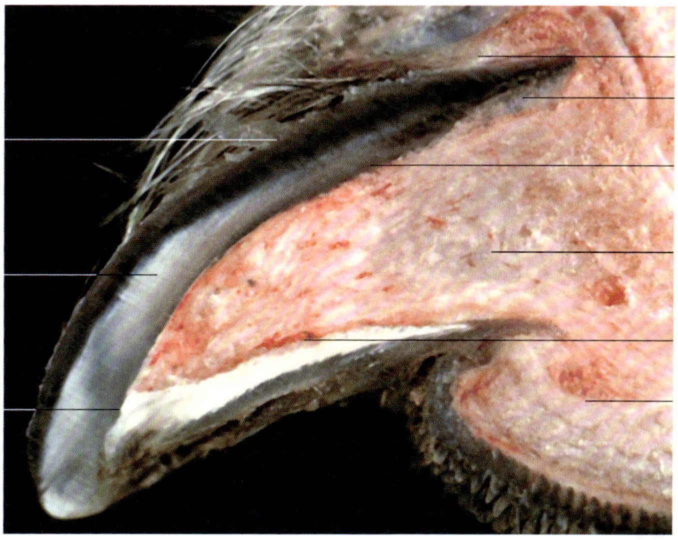

图 19-44 犬爪的矢状切面

图 19-48 猫的爪(外侧面)

淋巴引流

前肢的淋巴液引流入**腋淋巴结**,后肢的淋巴液引流入**腘淋巴结**。

神经支配

前肢

与犬相似,来自**桡神经**的感觉神经分布于第 1 指以及第 2～4 指的背侧面,也有分支到达指掌侧甚至指枕。第 2～4 指掌侧面主要受**正中神经**支配,而第 5 指仅有**尺神经**分布。

后肢

猫后肢的神经分布与犬一致。

19.7.7 反刍动物和猪的蹄(ungula)

反刍动物和猪为偶蹄动物,每只脚均有两个主蹄以支撑身体的重量。与食肉动物的爪及马蹄相似的是,反刍动物及猪的远指节骨由角质化的皮肤衍生物包裹,即**蹄**。反刍动物及猪蹄在解剖结构上与其他动物的蹄相似,但也有其特点。从种系发生的角度来看,偶蹄动物的蹄介于食肉动物的爪与马的蹄之间,与马的单蹄不同的是,偶蹄动物的蹄成对,是有蹄动物蹄的特殊形式。

临床小知识

蹄病,如蹄叶炎,常见于牛,对动物健康有重要影响。蹄病与繁殖及乳房疾病一起对乳业和肉产品业造成重大的经济损失。为有效地防治蹄病,如修蹄,先必须了解蹄的解剖结构和生理功能。

定义

蹄这一名词有时仅仅用于指代远指节骨角质外壳,有时,还包括角质蹄的附属物及其附着的骨骼。由于这些结构构成一功能单位,后者的定义更为确切。这些结构包括(图 19-50):

- 第 2 指(趾)节骨(冠骨,os coronale)的远端
- 远指(趾)间关节(articulatio interphalangea distalis)及其韧带
- 远指(趾)节骨(蹄骨,os ungulare)
- 远籽骨(os sesamoideum distale)(舟骨,navicular)
- 嵌入屈肌结节和伸肌腱或嵌入远指(趾)节骨伸肌突的指(趾)屈肌腱的远端
- 在远籽骨和指(趾)深屈肌腱之间的舟骨囊(bursa podotrochlearis)

牛蹄(ungula)

每肢均有 2 个主蹄和 2 个悬蹄。主指(第 3、第 4 指)发育为主蹄,两指之间分开为指间隙。悬蹄由退化的第 2 和第 5 指组成,比主蹄小得多,仅由中和远指节骨组成,悬蹄通过软组织连接到主蹄的近指节骨上,与地面不接触,因而不被磨损,需要定期修剪(图 19-49、图 19-50 和图 19-52)。

蹄的形态

前肢蹄较后肢蹄更圆,并有较宽的**指间隙**。前蹄的背侧面角为 50° ～55°,后蹄的背侧面角为 45° ～50°。通常前蹄的外侧比内侧承重大,后蹄则不一定。

蹄壁与远指(趾)节骨的形态相适应,有朝向指间面的**凹的轴部**(pars axialis)、**凸的远轴部**(pars abaxialis)和圆隆的**背侧缘**(margo dorsalis)(图 19-49)。蹄底或触地面(facies solearis)较平,凹轴部不与地面接触。蹄底与蹄壁形成一弯曲的界边,向后延续为中央的蹄球(图 19-39)。如果蹄不能正常磨损,那么随着蹄的不断生长,需要定期修剪。

功能

角质的外壳保护指(趾)免受环境的**机械**、**化学**以及**生物学**因素的影响。当动物被限制在小范围,地面质量不理想,侵蚀性物质经常与蹄接触时,蹄在抵抗化学和生物学的伤害方面起着尤为重要的作用。

蹄在运动中具有**减震**作用,肢体所承受的力被蹄缓冲并转移。指(趾)枕与蹄结合在一起,同厚的皮下组织一起构成蹄球。蹄球在动物行走时起到缓冲压力的作用。蹄内衬有弹性表皮,与其他组织共同构成一个功能单位。另一缓冲装置可能是,当蹄着地时同肢两蹄可分开,从而缓冲外来压力。

然而,**指间韧带**对两指过度开张具有限制作用。远指(趾)节骨上的表皮也能转移部分压力到骨骼上。这与马相似,但不如马的明显。牛蹄底和蹄球的 40%～60% 与地面

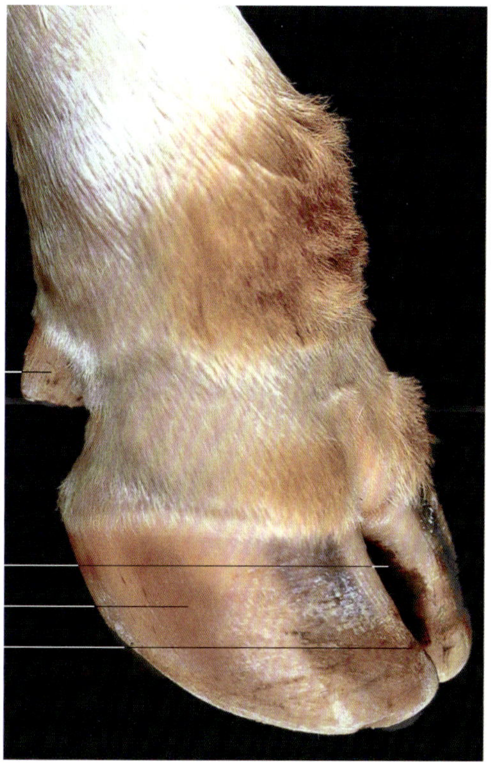

图 19-49 牛的前蹄

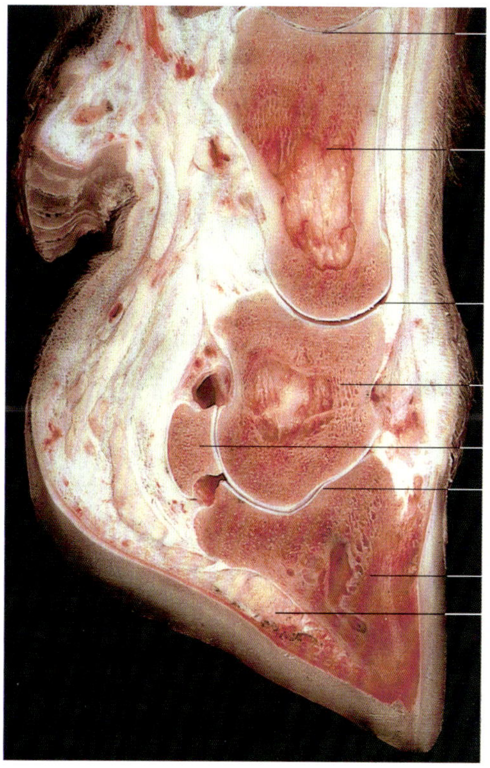

图 19-50 牛的前肢外侧主蹄和悬蹄的矢状切面

接触，而马仅是蹄底缘、蹄叉和蹄球接触地面。非家养动物还常用蹄来挖、抓以及作为武器。

蹄的分部

相对于食肉动物的爪和马属动物的蹄，偶蹄动物的蹄也可分为几个部分。这种划分建立在普通被皮特化形成各层结构的基础上，包括以下明显的 **5 部分**（图 19-51 和图 19-52）：

- 蹄缘部（limbus）
- 蹄冠部（corona）
- 蹄壁部（paries）
- 蹄底部（solea）
- 指（趾）枕（torus ungulae）或蹄球

分离蹄角质层后，通过仔细观察真皮表面便能分辨上述各部分。

缘部

远轴侧蹄缘直接与有毛皮肤相接，而轴侧蹄缘则与对侧主蹄的蹄缘相接。这一结构形成了两主蹄背侧之间的窄沟（约 1 cm），从而使缘部的掌（跖）侧变宽。

在轴背侧，**缘皮下组织**（tela subcutanea limbi）增厚，从而形成微凸的蹄缘枕（pulvinus limbi）。这一增厚使缘部的掌（跖）侧变得更宽，并与蹄球融合（图 19-51 和图 19-52）。

缘真皮（dermis limbi）的远轴侧与有毛皮肤间被一浅沟分开，其与蹄冠部以一嵴为界，此嵴在远轴侧尤其明显。这种嵴是牛蹄的特征。缘真皮的表面分布有许多 1～2 mm 长而窄的乳头。

缘表皮（epidermis limbi）具有管状结构。软而易碎的角质由表皮衍化而成，一直向远端延伸至蹄冠部表面并快速被磨损，该层仅覆盖了蹄壁的近 1/3 部（图 19-50）。蹄缘被认为有调节蹄部近端含水量的作用。

冠部

蹄冠自蹄缘向远侧延伸至蹄壁中部。蹄冠背侧部宽约 2.5 cm，到轴侧变窄，为 1～1.5 cm，到远轴侧仅有 0.5 cm（图 19-51）。蹄冠部皮下组织特化成轻微加厚的**冠枕**（pulvinus coronae）。

冠真皮（dermis coronae）内有锥状的细小乳头，由基部垂直朝向真皮表面，其远端略向外。

冠表皮（epidermis coronae）通过形成细微的角质小管与冠真皮相适应。角质小管较长，在蹄冠中部最大，在外层变小，最内层非常小，甚至缺失。蹄壁的中间层由极度坚硬且耐磨的冠角质构成，该层是蹄的最大部分（图 19-51 和图 19-53）。蹄冠角质的远端部分参与构成蹄底的外侧缘（蹄底缘）。

冠角质以平行于蹄冠缘的突出嵴为标志。在蹄的掌侧或跖侧，冠角质外覆盖有球角质（图 19-52）。指（趾）间隙的

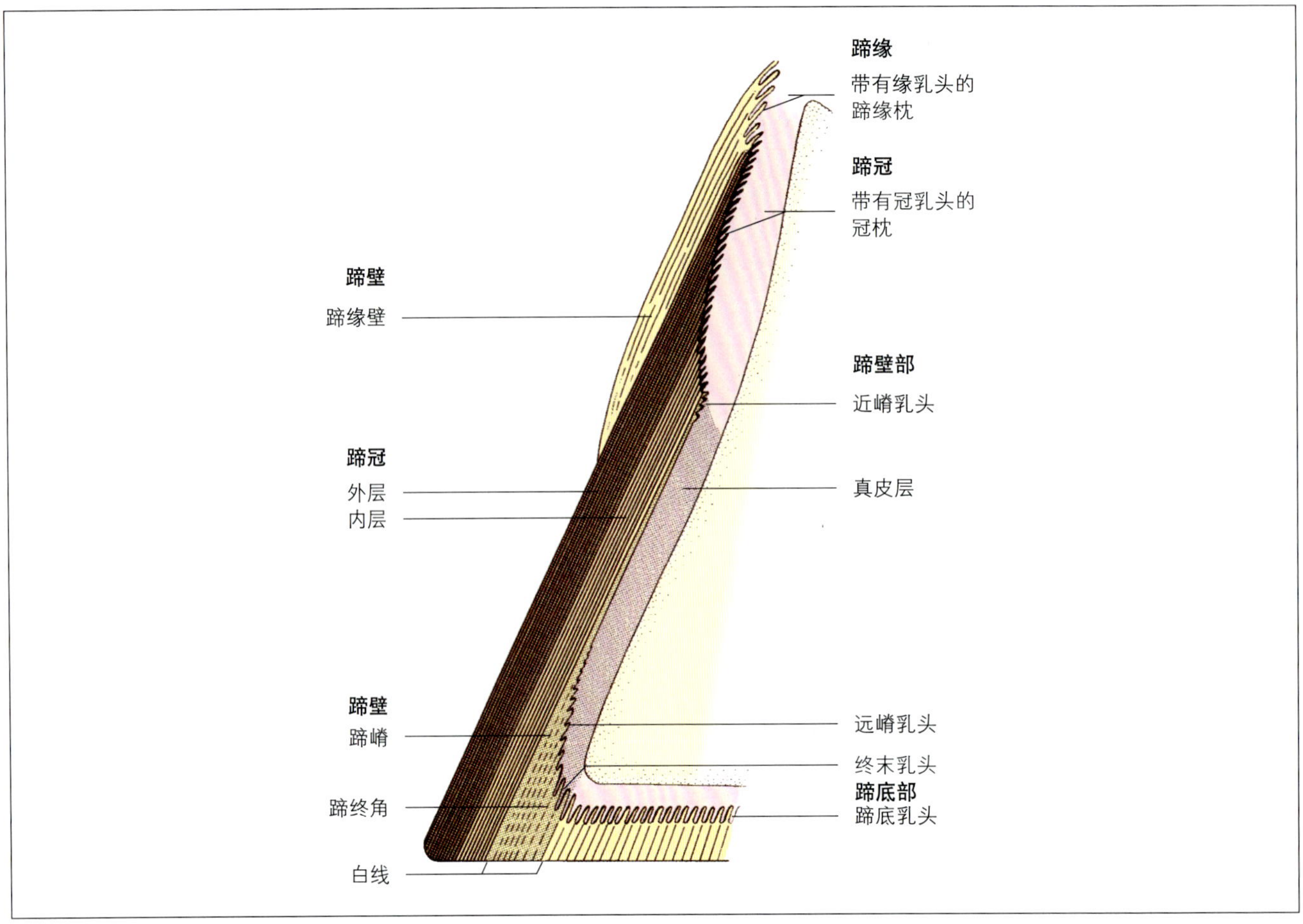

图 19-51　牛主蹄的缘部、冠部、壁部和底部(示意图)

冠角质有明显的小沟。

冠表皮形成牛蹄**最坚硬的角质**,其硬度是马蹄的 2 倍。蹄冠的生长取决于动物的种类、年龄和营养状况,一般为每月生长 4～8 mm。

壁部

蹄壁覆盖着一厚层冠角质,后者在远端形成。蹄壁近端与冠角质相邻,延伸至远端与蹄底相接,成一由外向内的锐角折转,该交界转角在背侧比掌(跖)侧明显(图 19-51)。蹄壁部将蹄壁与蹄底结合在一起,形成**蹄白线**(zona alba)(图 19-52)。蹄壁部无皮下组织,借真皮与骨膜相连。**壁部的真皮**(壁真皮,corium parietis)呈分层的结构。与马蹄不同的是,真皮小叶(lamellae dermales)不含有第二级小叶,仅在远端 1/3 处的嵴上存在细、短呈回形的乳头。部分乳头还存在于该层近端 1/3 处。该层的远端急转与蹄底真皮相连接,有长而明显的终末乳头。

壁表皮(epidermis parietis)形成小叶,与真皮小叶交错排列(图 19-53)。只有表皮小叶(lamellae epidermales)的中央部分有初始角化。表皮与真皮间交错排列的小叶以及真皮下缺少皮下组织,为蹄匣与远指节骨之间提供了一种牢固的结合。由于牛蹄承受的重量比马蹄小,所以次级小叶没有发育。

表皮形成**管状角质**围绕着真皮的嵴状乳头和终末乳头,这些角质结构也相应地称为嵴状角质和终末角质,是蹄白线的一部分(图 19-51)。

最近的研究结果表明,蹄壁部的表皮具有快速生长的特征。因此,通过乳头发育使增加表面积成为可能。这与前人认为的蹄壁部表皮对于角质的生成没有贡献的观点相反。

蹄白线(zona alba)

蹄底角质与蹄壁被**蹄白线**分隔(图 19-52)。蹄白线是蹄壁部的一部分,由**叶状角质**和**管状角质**组成,管状角质由表皮覆盖于嵴状乳头和终末乳头所形成。蹄壁部近端叶状角质之间填充着嵴状角质,而远端朝向蹄底的叶状角质之间由终末角质填充(图 19-50)。表皮角质由 **3 种不同的角质结构**组成,导致蹄白线的 3 层不同形态。最外层为一薄层,与冠角质相邻,由于此层色浅而易与周边其他角质区分。蹄白线的中间层由叶状角质以及填充于其间的嵴角质组成。终末角质填充于叶状角质远端各层之间则构成蹄白线的最内层。

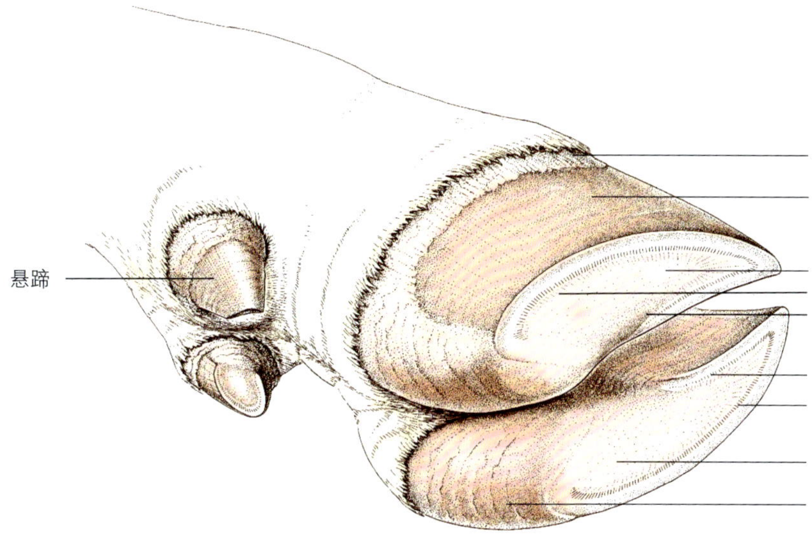

图 19-52　牛主蹄和悬蹄的底面，显示蹄白线（示意图）

蹄白线的宽度取决于角质层的厚度，在蹄尖部 4～5 mm。由于嵴状角质和终末角质交替排列，蹄白线出现条纹。在缺少蹄部护理时，这些蹄白线的角质易崩解，使得蹄白线这个薄弱空隙成为微生物感染的通道，从而导致真皮感染。

偶蹄动物的蹄白线可分为**轴部**和**远轴部** 2 部分（图 19-52）。轴部蹄白线由蹄尖掌（跖）侧沿着与蹄底边缘平行的凹线延伸。其终末部延伸至边缘，最终于蹄底表面中间向轴侧和背侧形成拱形线，止于蹄冠、蹄壁和蹄球的交界处。远轴部随蹄底凸缘延伸，向轴侧偏转 5～8 mm 进入蹄球。

底部

蹄底部位于蹄的底面，蹄白线内。它包括**体部**（蹄底，corpus soleae）和由体部向两侧延伸的**两窄脚**（底轴侧脚和底远轴侧脚，crura soleae axiale et abaxiale）。两脚分别终止于蹄白线轴部和远轴部的交界处（图 19-36 和图 19-52）。

蹄底部形成一个平坦的面，为**蹄底承重平面**（图 19-39）。蹄底在中央与蹄球尖端相移行，肉眼难以区分底部角质与蹄球角质，显微镜下可见蹄底部缺少皮下组织，从而易与蹄球部区分。

蹄底**真皮**以矮的小叶为特征，该层由蹄壁部远端的小叶直接折转延续而来。小叶内含有长而坚韧的乳头，排列成列，乳头以 40° 朝向足尖。

表皮形成角质小管，与大的真皮乳头相对应，这些角质小管在修整蹄壁时清晰可见。硬的蹄底角质生长缓慢，随着真皮乳头的方向，逐渐向足尖移行。

指（趾）枕或蹄球

蹄球位于蹄底后部，与蹄底部共同组成蹄的触地面，蹄球的顶融入蹄底部的 2 个脚内。蹄球作为主要的承重部位，其掌侧或跖侧与带有被毛的皮肤相接。根据其功能和结构，蹄球可分为**近端**（pars proximalis）和**远端**（pars distalis），近端也称为**基部**（枕底，basis tori），远端为**蹄球顶**（枕尖，apex tori）（图 19-52）。

蹄球基部自有毛的皮肤延伸至蹄白线轴部和远轴部末端的连线，构成蹄球非承重掌部（跖部）以及承重触地面。蹄球基部轴侧与指间隙无毛皮肤相邻，在蹄白线轴部末端与缘部、冠部和壁部相连。蹄球基部远轴面由近端至远端以缘部、冠部和壁部为界。

蹄球顶插入蹄底脚内，到达蹄底体的顶部（图 19-52）。

蹄球的**皮下组织**（tela subcutanea tori）特化为发育**良好的指（趾）枕**（pulvinus digitalis）。指（趾）枕由胶原纤维、弹性纤维及夹杂其中的脂肪组织混合而成。蹄球近端的皮下指（趾）枕最厚，达 2 cm。从蹄球基部到顶部，指（趾）枕逐渐变薄，在与蹄底相连处仅 5 mm（图 19-50）。指（趾）枕的多隙结构与蹄球的弹性角质配合使蹄球具有缓冲功能。

蹄球的真皮（dermis tori）为一薄层，内有较小的乳头，近端部分排列成非直线的波浪形。远端真皮较厚，排列成直线状。**锥形乳头**（papillae coriales）垂直附着于真皮上，排列成螺旋状，近端则明显倾斜。**蹄球的表皮**（epidermis tori）形成管状角质，其角质小管在形态、直径、排列和倾斜度方面均有不同。近端部表皮的角化为软角化型，生成的角质呈橡胶状，具有弹性。

在缺少蹄部护理的情况下，动物**蹄角质表面**有明显的沟裂。**蹄球角质**成层状**生长**，如果允许其不断增厚，会形成小块的角质。这种多层的构造可延伸到指（趾）间壁、轴侧的冠角质以及远轴侧的缘角质。近端蹄球角质的生长速度快至每月 12 mm，如果动物长期处于松软的地面上，蹄不受磨损，角质生长超过蹄球远端部（sole horn overgrowth），将导

图 19-53 牛蹄角质底(除去远轴壁部分)

致蹄严重畸形。

畸形蹄将导致如屈腱肌等特定结构的超负荷,也将导致真皮的超负荷。真皮超负荷是足真皮原发病的一种诱导因素。

蹄球远端**角质**属于硬型角化,所形成角质的硬度超过近端角质。远端蹄球的轴侧缘略呈凹面,因此不能全部着地承重。远轴侧缘呈平面,全部着地。在此区域平行排列的角质层不明显。

临床小知识

即使是非常健康的蹄,有些部位也易患疾病。致病因子首先穿过角质层,继而感染深层组织。易感部位之一是介于蹄球近端和远端交界的区域,该区域不同耐磨性能的角质逐渐融合。由于材质的不同特征,超负荷导致轻微的损伤,可发展成大裂沟,由此为真皮和深层部位感染提供通道。

牛蹄的蹄白线是另一个薄弱部位。角质成分的不均匀性以及存在大量的管状结构,易于导致感染自蹄白线的上行(如蹄白线病)。

血液供给

动脉

蹄血液**主要**由指(趾)掌(跖)侧动脉[第3、第4指(趾)掌(跖)轴侧和掌远轴侧固有动脉,aa. digitales palmares / plantares propriae axiales et abaxiales Ⅲ et Ⅳ]**供给**,辅助动脉为指(趾)背侧动脉[第3、第4指(趾)背轴侧和背远轴侧固有动脉,aa. digitales dorsales propriae axiales et abaxiales Ⅲ et Ⅳ]。前肢的指掌侧动脉由指掌侧第3总动脉(a. digitalis palmaris communis Ⅲ)分出,为正中动脉的延续。后肢趾跖侧动脉来自趾跖侧第3总动脉,并接受来自第3跖背侧动脉(a. metatarsea dorsalis Ⅲ)一个分支(第3远穿支,ramus perforans distalis Ⅲ)的血液(图 19-56)。

指(趾)背侧动脉和掌(跖)侧动脉借助于指(趾)间动脉(aa. interdigitales)互相吻合。

小的远轴侧动脉伸到蹄球区域,发出3~4支到蹄球(枕支,rami tori),这些分支在蹄球真皮和指垫处交织成网。一个较大的掌(跖)侧支越过蹄球到达蹄底,一蹄冠支延伸经过蹄球远轴部到达蹄冠部,在此它与蹄冠动脉吻合。另一个分支越过顶端供应蹄壁和蹄底的远轴侧部真皮。这一支与终动脉弓的分支吻合。

指(趾)轴侧动脉比远轴侧同名动脉明显粗大,沿蹄轴侧和背侧分布,自其发出不远,即分出一支[指(趾)枕支,ramus tori digitalis]到**蹄球**,与远轴侧动脉的分支共同构成蹄球动脉网。再往远端,指(趾)轴侧动脉发出一大的分支到蹄底[掌(跖)侧支,ramus palmaris/plantaris]。在中指节骨远端水平处分出**蹄冠动脉**(a. coronalis),该动脉分成深支和浅支分布到蹄冠部。

指(趾)轴侧动脉继续伸延,从轴侧进入远指(趾)节骨,几乎延伸至远指(趾)节骨的端部,然后改变方向返回到远指(趾)节骨的掌(跖)端,经底孔从骨内穿出。在远指(趾)节骨内,掌(跖)轴侧与远轴侧动脉吻合形成**终弓**(arcus terminalis),并发出多个分支。这些分支形成多个吻合,从骨内穿出进入蹄壁和蹄底的真皮以及部分蹄冠和蹄球的真皮。从终弓延伸出一较大的背侧支与蹄冠动脉相吻合。有几支动脉到达蹄尖和蹄底缘,形成**弓形吻合**(蹄底缘动脉,a. marginis solearis)。

这一广泛的动脉血管网为蹄的真皮提供充足营养,而无血管的表皮则以扩散方式获得营养。

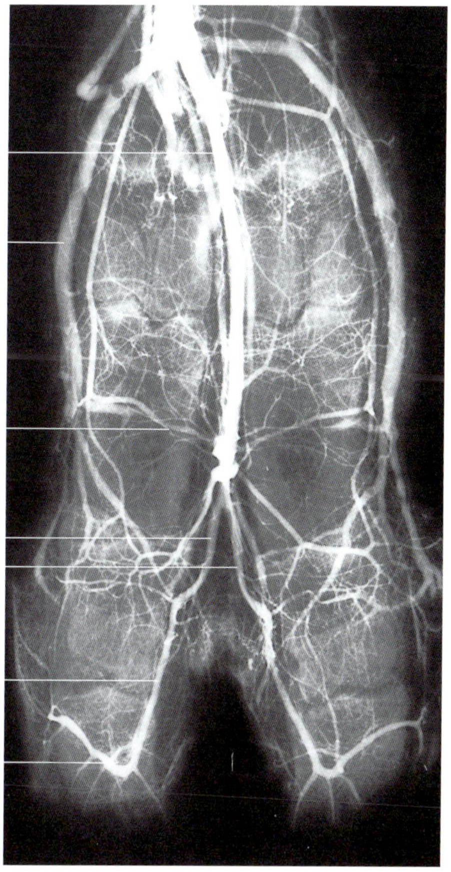

图 19-54 牛趾部动脉造影照片(背 - 跖侧投影)

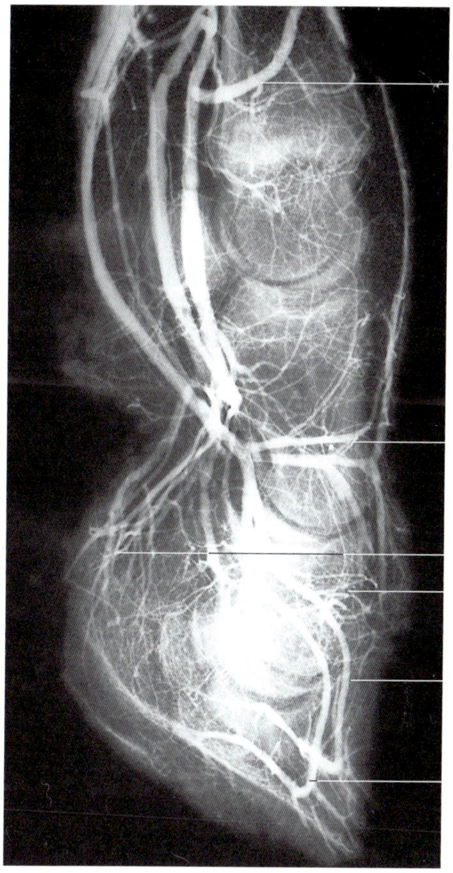

图 19-55 牛趾部动脉造影照片(内 - 外侧投影)

静脉

血液从毛细血管床流入蹄壁和蹄底真皮的**静脉网**,或流入独立的浅表静脉网。这些血管网由很多开口于指(趾)背轴侧固有静脉(v. digitalis dorsalis propria axialis)或者**第3、第4指(趾)掌(跖)轴侧**或**远轴侧固有静脉**(v. digitalis palmaris/plantaris propria Ⅲ et Ⅳ axiales et abaxiales)的小静脉汇集而成。蹄壁和蹄底真皮内的静脉网经远轴侧和轴侧静脉流出(图 19-56 和图 19-57)。

蹄冠部的**深或浅静脉网**汇入 3 条指(趾)静脉。来自发达的蹄球血管网的血液经许多静脉引流,汇入指(趾)掌(跖)远轴侧静脉。两主蹄的蹄球静脉支汇入在指(趾)间隙相吻合。不太明显的远指节骨静脉网汇入指(趾)掌(跖)轴侧静脉。这些静脉网内含有大量的静脉瓣。

蹄部**复杂的静脉系统**具有非常重要的功能,可以保持整个蹄部的正常血液灌流。静脉瓣和不断改变的压力保证血液不回流。另一个重要功能是动脉和静脉之间有大量吻合。**蹄冠缘的静脉引流**由蹄冠轴侧和远轴侧静脉完成,流入中节指(趾)骨的背侧支。该分支开口于指(趾)背轴侧静脉,后者进一步汇入指(趾)背侧第 3 总静脉。

第 3 和第 4 指(趾)掌(跖)轴侧静脉开口于指(趾)间静脉,即一个介于指(趾)背第 3 总静脉和指(趾)掌(跖)侧静脉之间的吻合支。

淋巴流向

前肢蹄部的淋巴流入**颈浅淋巴结**,而后肢蹄部的淋巴则流入**腘深淋巴结**。

蹄部的神经分布

前肢

前肢蹄的掌侧神经由**尺神经**掌侧支和**正中神经**分出。足背侧神经由桡神经浅支和**尺神经**背侧支发出(图 19-57)。

在掌侧有 3 条掌侧总神经,均在球节(掌指关节)水平处分支。指掌侧第 3 总神经通常出现 2 条分支,但 2 个分支进入指间隙后合并。

还有 3 条指背侧总神经。指背侧第 4 总神经在球节的背外侧开始分支,指背侧第 2 总神经在球节的背内侧开始分支,指背侧第 3 总神经在指间隙开始分支。

牛的前肢蹄部由以下**神经**及其**分支**支配:

- **掌侧神经**
  - 指掌侧第2总神经(n. digitalis palmaris communis Ⅱ)
  - 第 2 指掌轴侧固有神经(n. digitalis palmaris proprius Ⅱ axialis)支配悬蹄
  - 第 3 指掌远轴侧固有神经(n. digitalis palmaris proprius Ⅲ abaxialis)支配内指和蹄球

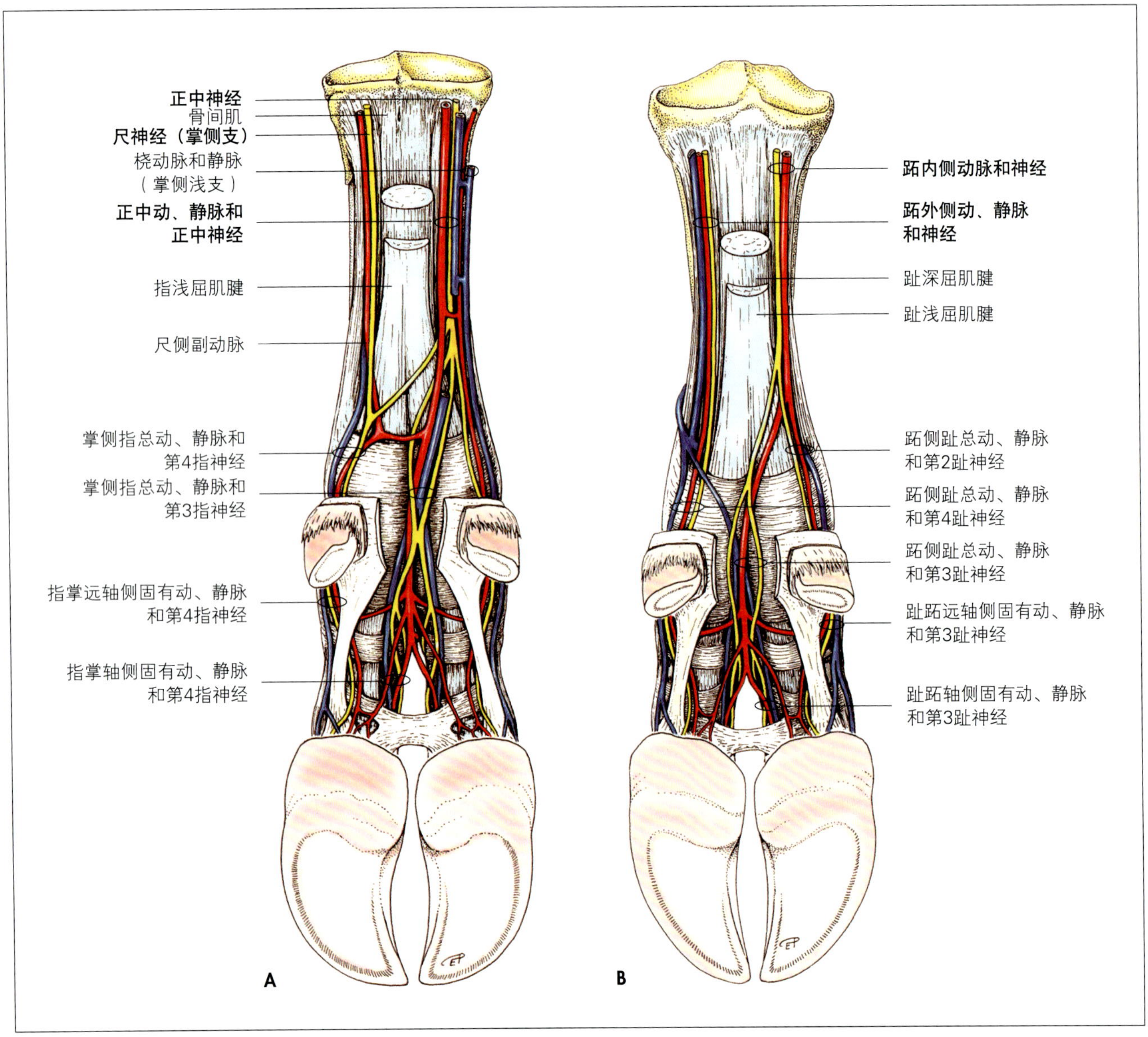

图 19-56 牛蹄的前、后肢血管和神经（A. 前肢掌侧观；B. 后肢跖侧观）。引自 Fiedler，Maierl 和 Nuss（2004）

- 指掌侧第 3 总神经（n. digitalis palmaris communis Ⅲ）
- 第 3 指掌轴侧固有神经（n. digitalis palmaris proprius Ⅲ axialis）
- 第 4 指掌轴侧固有神经（n. digitalis palmaris proprius Ⅳ axialis）
- 指掌侧第 4 总神经（n. digitalis palmaris communis Ⅳ）
- 第 4 指掌远轴侧固有神经（n. digitalis palmaris proprius Ⅳ abaxialis）
- 第 5 指掌远轴侧固有神经（n. digitalis palmaris proprius Ⅴ axialis）支配外侧悬蹄

- **背侧神经**
  - 指背侧第 2 总神经（n. digitalis dorsalis communis Ⅱ）
  - 第 2 指背轴侧固有神经（n. digitalis dorsalis proprius Ⅱ axialis）
  - 第 2 指背远轴侧固有神经（n. digitalis dorsalis proprius Ⅱ abaxialis）
  - 指背侧第 3 总神经（n. digitalis dorsalis communis Ⅲ）
  - 第 3 指背轴侧固有神经（n. digitalis dorsalis proprius Ⅲ axialis）
  - 第 4 指背轴侧固有神经（n. digitalis dorsalis proprius Ⅳ axialis）
  - 指背侧第 4 总神经（n. digitalis dorsalis communis Ⅳ）
  - 第 4 指背远轴侧固有神经（n. digitalis dorsalis proprius Ⅳ abaxialis）支配外侧主指的蹄冠及蹄球
  - 第 5 指背轴侧固有神经（n. digitalis dorsalis proprius Ⅴ axialis）支配外侧悬蹄

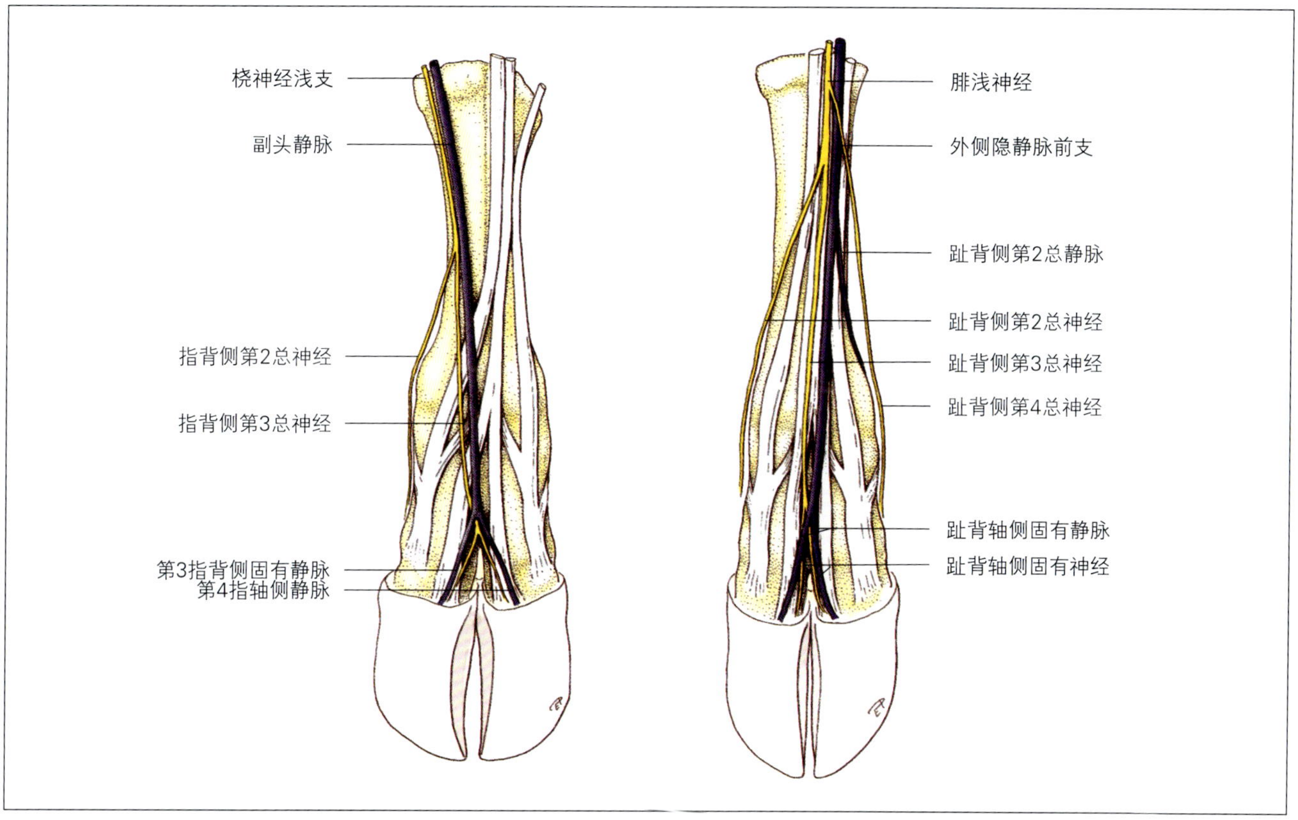

图 19-57 牛的左前、后蹄的指（趾）背静脉和神经（示意图）

后肢

牛后肢的跖侧神经属于**胫神经**的分支；背侧神经属于**腓浅神经**和**腓深神经**的分支（图 19-57）。与前肢一样，在后肢也有 3 条趾背侧总神经和 3 条趾跖侧总神经，也在球节处分出相类似的分支。

- **跖侧神经**
  - 趾跖侧第 2 总神经（n. digitalis plantaris communis Ⅱ）
  - 第 2 趾跖轴侧固有神经（n. digitalis plantaris proprius Ⅱ axialis）支配内侧悬蹄
  - 第 3 趾跖远轴侧固有神经（n. digitalis plantaris proprius Ⅲ abaxialis）支配内蹄和第 3 趾蹄球
  - 趾跖侧第 3 总神经（n. digitalis plantaris communis Ⅲ）
  - 第 3 趾跖轴侧固有神经（n. digitalis plantaris proprius Ⅲ axialis）支配趾间隙和第 3 趾蹄球
  - 趾跖侧第 3 总神经（n. digitalis plantaris communis Ⅲ）
  - 第 3 趾跖轴侧固有神经（n. digitalis plantaris proprius Ⅲ axialis）
  - 第 4 趾跖轴侧固有神经（n. digitalis plantaris proprius Ⅳ axialis）支配趾间隙和第 4 趾蹄球
  - 趾跖侧第 4 总神经（n. digitalis plantaris communis Ⅳ）
  - 第 4 趾跖远轴侧固有神经（n. digitalis plantaris proprius Ⅳ abaxialis）
  - 第 5 趾跖轴侧固有神经（n. digitalis plantaris proprius Ⅴ axialis）
- **背侧神经**
  - 趾背侧第 2 总神经（n. digitalis dorsalis communis Ⅱ）
  - 第 2 趾背轴侧固有神经（n. digitalis dorsalis proprius Ⅱ axialis）
  - 第 2 趾背远轴侧固有神经（n. digitalis dorsalis proprius Ⅱ abaxialis）
  - 趾背侧第 3 总神经（n. digitalis dorsalis communis Ⅲ）
  - 第 3 趾背轴侧固有神经（n. digitalis dorsalis proprius Ⅲ axialis）
  - 第 4 趾背轴侧固有神经（n. digitalis dorsalis proprius Ⅳ axialis）
  - 趾背侧第 4 总神经（n. digitalis dorsalis communis Ⅳ）
  - 第 5 趾背轴侧固有神经（n. digitalis dorsalis proprius Ⅴ axialis）
  - 第 4 趾背远轴侧固有神经（n. digitalis dorsalis proprius Ⅳ abaxialis）支配第 4 趾冠部和球部背外侧

小型反刍动物的蹄（ungula）

小型反刍动物蹄部的**基本解剖结构**与牛蹄相似，但在蹄部外形和结构上存在种间差异（图 19-58）。

小型反刍动物**蹄壁的倾斜度**比牛更大，绵羊蹄部斜角为 50° ～ 70°，而山羊则为 60° ～ 70°，这种差异主要由品种决定。与蹄壁的全长比，其全蹄更窄。蹄壁很薄，侧向压扁，锐角折转，形成一个狭窄的蹄弓。蹄尖向内弯向指（趾）间隙，形成一个内凹的轴面和一个外凸的远轴面。如果不注意蹄部的护理，蹄壁会在远端超出蹄底，然后折转向上，继续在地面上方生长。

在一些特殊品种的山羊中，其**蹄壁**比牛的更坚硬，坚硬的蹄壁使蹄很坚固。**蹄缘**和**蹄冠**的皮下组织在远轴侧形成一明显的肉枕，这种现象多在山羊中出现。

触地面的主要部分由蹄球近端柔软且有弹性的角质，以及蹄球远端和蹄底的硬角质构成。小型反刍动物的**悬蹄**没有骨骼，仅有软组织与主蹄相连接。

血液供应和神经支配

小型反刍动物蹄部的血液供应和神经分布与牛蹄十分相似，仅在血管和神经的分支与分布上有细微的种间差异。

猪蹄（ungula）

猪蹄部的解剖结构与反刍动物的相似（图 19-59），但其趾在系统发生上的简化没有反刍动物那么明显。猪的副趾位于主趾的后部，并具有完整的骨组成，这点区别于反刍动物的悬蹄。**悬蹄的骨骼**通过真关节连于主蹄。外侧悬蹄通常比内侧的长，后肢的悬蹄比前肢的更接近躯干。由于长度减少，当动物站立在硬物表面时，悬蹄并不会接触到地面，但在松软的地面则可以支撑一部分体重。

猪**蹄**较直并有一个与蹄壁和蹄底分开的蹄球。蹄球向远端突出，因此，掌（跖）部的软角质构成了蹄的接地面的一部分。接地面的另一部分由蹄球和蹄底远侧部构成。蹄球远侧部硬角质和掌侧软角质部的连结使角质内部易于裂开。在水泥地面行走的动物常常会发生这种问题，以致引起严重的蹄部疾病。

血液供应和神经支配

猪蹄部的血液供应和神经分布与牛蹄十分相似，仅在血管和神经的分支与分布上有细微的种间差异。

19.7.8 马蹄（ungula）

马指（趾）部骨骼简化成一个指（趾），即马蹄的**第 3 指（趾）**。一些马出生时可能会多出第 2 或第 4 指（趾）（**多指畸形**），但通常比主指短且不与地面接触。骨骼简化成一种承重结构，使第 3 趾承担了巨大的机械力。马必须具有完整良好的蹄。

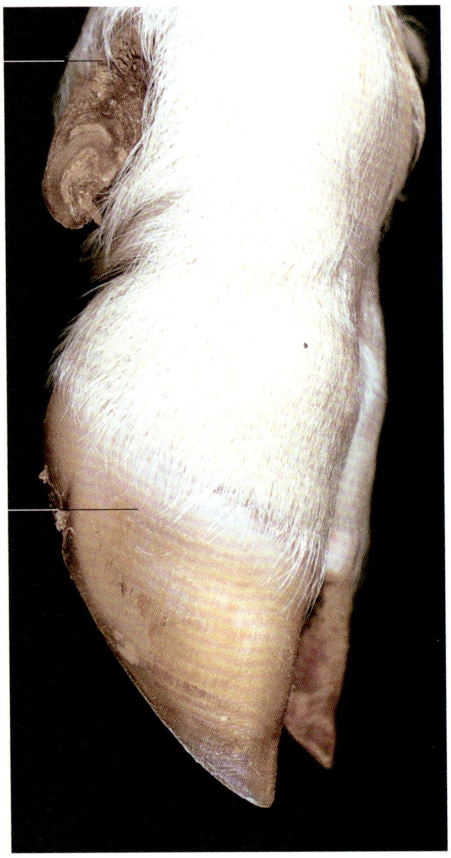

图 19-58 绵羊的前蹄

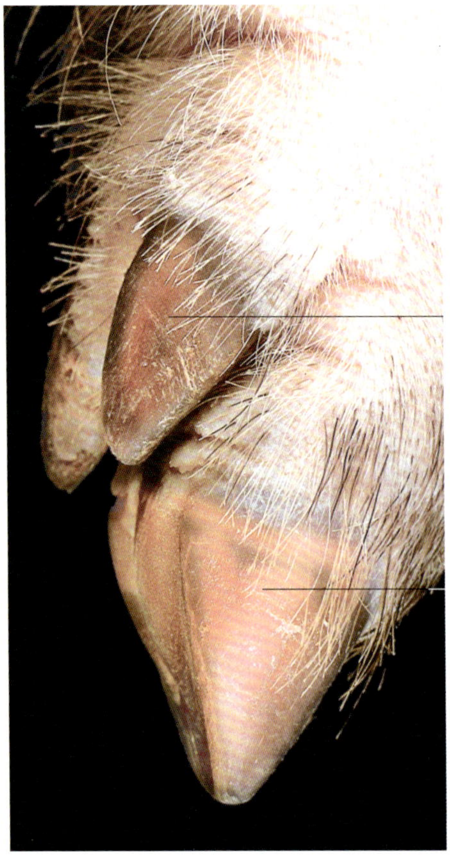

图 19-59 猪的前蹄

定义

蹄的定义一般只用于远指(趾)节骨的角质外壳,还有学者认为蹄还包括角质附属物以及如下所述的骨骼与肌肉结构(图 19-61):

- 中指(趾)节骨(冠骨,os coronale)的远端
- 远指(趾)间关节(articulatio interphalangeal distalis)
- 远指(趾)节骨(蹄骨,os ungulare)
- 内、外侧蹄软骨(cartilago ungularis medialis et lateralis)
- 与指(趾)深屈肌腱末端相连的远籽骨(os sesamoideum distale)(舟骨,navicular)
- 舟骨囊(bursa podotrochlearis)

蹄的形状

刚出生马驹的蹄呈**两侧对称**,并且 4 个蹄的形状也完全一样。**成年马蹄**的形状则出现了明显的差异,这是运动时作用于蹄的力量不同所导致。马驹出生后,蹄的变化立刻有所体现;几个月后,就很有可能区分前肢与后肢、左肢与右肢。限制青年马的运动通常会导致蹄的畸形。

前肢与地面接触的**倾斜角**是 45° ~50°,后肢稍微大一些(50° ~55°)。两者相对比可知,前肢蹄壁的长度与踵部高度的比例为 3∶1,后肢是 2∶1。内侧蹄壁比外侧蹄壁距地面更加陡峭,可用于鉴别左右蹄。前肢和后肢蹄底外形的区别为:前肢的蹄底近乎圆形,后肢则呈椭圆形并且有蹄尖(图 19-65)。

蹄角质壁(paries corneus,lamina)

蹄角质壁可以分为如下**几个部分**(图 19-60 和图 19-66):

- 背侧部或蹄尖部(pars dorsalis)
- 内、外侧部(pars lateralis et medialis)
- 内、外侧蹄踵部(pars mobilis lateralis et medialis)
- 内、外侧蹄支部(pars inflexa lateralis et medialis)

蹄尖是蹄的最背侧点,它的范围以 2 条自蹄叉顶点到蹄底缘成 45°的假想线为界作的 45°所划的区域(图 19-66)。内、外侧壁则是从蹄尖部的掌(跖)侧延伸到蹄的最宽处之间的部分。蹄圆形的后侧部称为踵,从内外掌(跖)角向折转在蹄叉侧面延伸一小段距离,称为蹄支。蹄支为相对薄且可活动的踵角质提供稳定性。

蹄底面(facies solearis)

蹄底面包括如下几个部分(图 19-65):

- 蹄底缘(margo solearis)
- 蹄底(角质底,solea cornea)
- 蹄叉(角质叉,cuneus corneus)
- 蹄球(角质枕,torus corneus)

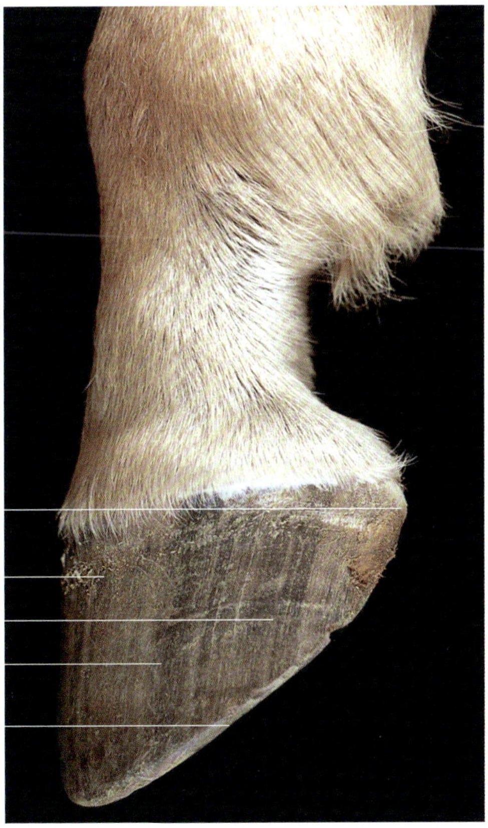

图 19-60 马的蹄(外侧面)

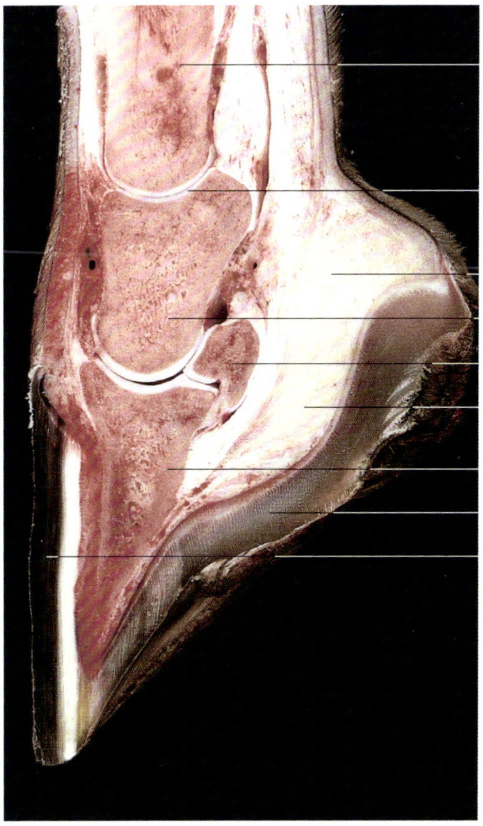

图 19-61 马蹄的矢状面

蹄底是蹄壁与蹄叉间的区域，形成蹄的大部下表面。但是蹄底有轻微的凹面，当蹄接触坚硬的地面时只有蹄底缘和蹄叉触及地面。因此，蹄底缘承受绝大部分的体重。蹄底由**底体**（corpus soleae）和**底内、外侧脚**（crus soleae lateralis et medialis）组成，后者是在蹄支和蹄侧壁之间由蹄底掌（跖）侧延伸至**蹄底角**［掌（跖）内、外侧壁角，angulus parietis palmaris/plantaris lateralis et medialis］。

楔形的蹄叉（cuneus ungulae）从后向前延伸于蹄底的2脚之间，被**2条蹄叉旁内、外侧沟**（sulcus paracunealis lateralis et medialis）分开。蹄叉由汇合于蹄叉尖的**2个脚**（叉内、外侧脚，crus cunei lateralis et medialis）组成，二者在**蹄叉尖**（apex cunei）汇合，指向指（趾）尖部。**蹄叉底部**（叉底，basis cunei）占据了两侧蹄踵之间的所有空间，构成了蹄的掌（跖）部。蹄叉的底面具有**中央沟**（叉中央沟，sulcus cunealis centralis）和相对应的**内嵴**（叉棘，spina cunei）（图19-62）。

蹄的承重作用取决于马行走时的地面状况和走路方式。蹄叉底向近侧延伸为**蹄踵球**（角质枕，torus corneus）。根据马蹄的解剖，蹄踵球可分为**内侧部**和**外侧部**（pars lateralis et medialis tori），这2部分被一条**小沟**（枕内窝，fossa intratoris）分隔，凹入缘是蹄叉中央沟的延续。

蹄的分部

分离蹄匣之后，根据蹄匣内表面和真皮表面形态，可以容易地区分**蹄近端的3部分**（图19-63）：

- 蹄缘部（limbus）
- 蹄冠部（corona）
- 蹄壁部（paries）

缘沟（sulcus limbi）位于冠部附近，在缘部与冠部之间。**蹄底面**可分为（图19-64）：

- **蹄底**（solea），具有略凹的下面
- **足垫**［指（趾）枕，torus digitalis］，可分为远侧的**蹄叉**（cuneus ungulae）和近侧的**蹄踵球**（tori ungulae）

蹄缘部（limbus）

缘部为呈几毫米宽的一条环带，处于有毛皮肤的远侧并一直延伸到掌（跖）侧的蹄踵球。

缘部的皮下组织（tela subcutanea limbi）特化形成膨大的缘枕，在跖侧与蹄踵球相连接。

缘部的真皮（dermis limbi）表面布满颗粒状、有几毫米长的纤细乳头（真皮乳头，papillae dermales）（图19-67）。

缘部的表皮构成蹄壁外层（stratum externum）。它在蹄冠附近形成一条柔软的橡胶样的角质带，有数毫米厚，但其远侧部则是干燥的、有光泽的薄层（图19-68）。缘角质由小管和管间角质混合而成，这种管状结构在远侧处会失去管状形态。当它达到蹄壁中部时，这种缘角质通常会逐渐减少。

角细胞和它的**膜被物质**能够结合水，使蹄缘成为一个液体贮存器，以保证其下的冠角质湿润和富有弹性。膜被物质的脂类成分有效阻止了角质吸收和散失太多的水分。

蹄冠部（corona）

冠部组成一条环带，可达15 mm宽，位于缘部的远侧（图19-67）。其深面的**皮下组织**（冠皮下组织，tela subcutanea coronae）增厚形成**冠枕**（pulvinus coronae），它是蹄冠的膨大部位。

冠真皮（dermis coronae）形成大量长约8 mm的乳头，并且排列成行，伸向远侧。

冠表皮（epidermis coronae）可产生典型的**管状**角质（图19-68）。它厚达1.2 cm并且以平行于远指节骨壁面的方向逐渐向远侧承重边缘（蹄底缘）生长。冠角质有很强的抗压和抗拉力作用，并且形成**蹄壁中层**（stratum medium）。冠角质根据不同类型的角质小管还可细分为**外层**、**中层**和**内层**（图19-67）。外层横断面显示其由椭圆形角质小管组成。外层和中层内形成小管的角细胞排成几层，类似洋葱的结构，这种结构方式提供了抵抗从外向内作用力的能力。**内层**的冠角质由圆形小管组成，角质小管的皮质包含大量纺锤状的角细胞，这种排列对远端的冲力具有抵抗作用，充当减震器。在内层和中层界面处，2种不同角质类型接合，容易产生裂缝而易感染疾病。

蹄壁部（paries）

蹄壁的**内部**（segmentum internum）位于冠角质的深面（图19-67），只有在蹄底面才可清楚地看到，就像蹄底和蹄壁之间的**蹄白线**（zana alba）。

壁部深面**没有皮下组织**。壁部真皮（dermis parietis）的网状层直接连接到远指（趾）节骨表面。

壁真皮由大约600片呈近远指向的**初级小叶**（真皮小叶，lamellae dermales）组成，温血马的初级小叶平均长度有3.5 mm。每个初级小叶着生有大约110片同样呈近远指向的次级小叶（图19-69）。近端起点部和远端终末部的嵴上有乳头，远端乳头和指状终末乳头相延续，指状终末乳头形成每一小叶的末端（图19-67）。

相对于真皮的结构，壁表皮也形成初级小叶和**次级小叶**（表皮小叶，lamellae epidermales），与真皮小叶相互交错在一起。只有初级小叶具有角质层。细胞的持续增殖，推动角质层向地面方向迁移，最终形成蹄白线。覆盖着嵴乳头的表皮形成角质小管，在到达底面之前角质小管常常失去管状结构（图19-69）。**角质小叶**的角化过程属于**硬角化**，**乳头角质**的角化过程则是**软角化**。远端小叶的末端乳头上皮形成末端角质，还包括很多宽直径和大髓腔的角质小管。在蹄白线内，它成为黄棕色角质，充满了角质小叶的间隙。

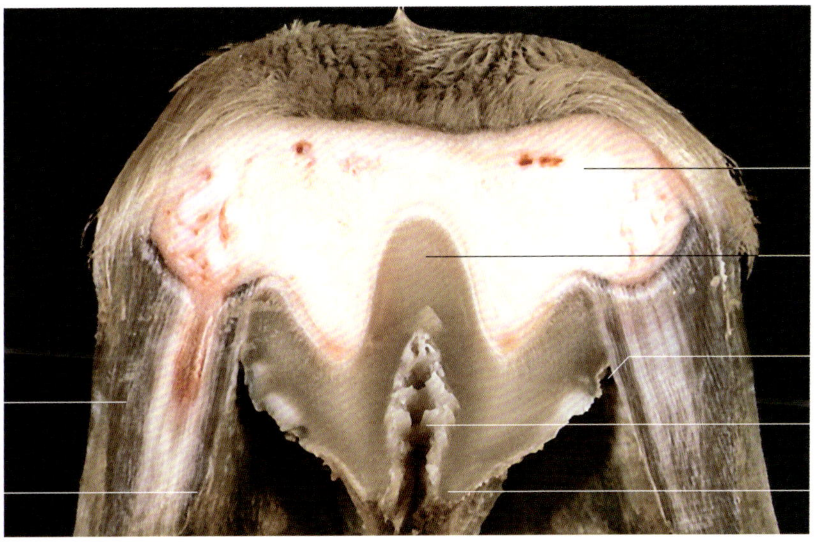

图 19-62 马蹄经蹄底角水平的横断面

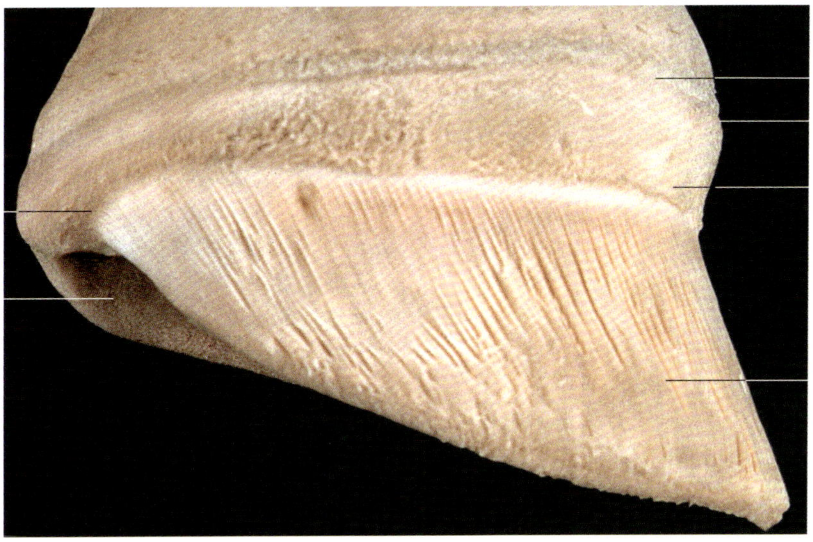

图 19-63 去除蹄匣后示蹄真皮（外侧面）

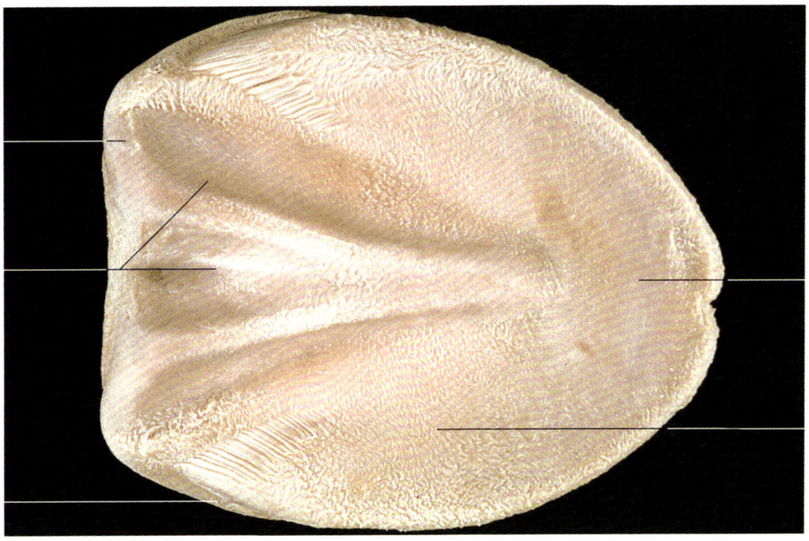

图 19-64 去除蹄匣后示蹄真皮（底面观）

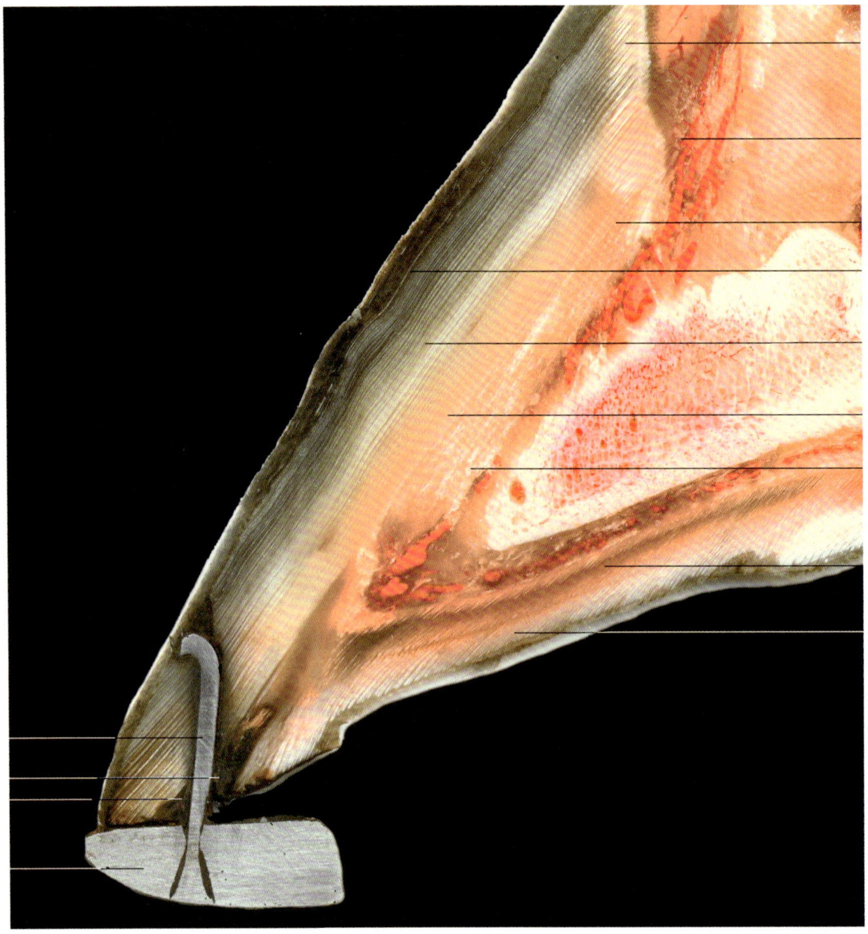

图 19-68　马蹄背侧部纵切面，示角质小管和有马蹄铁的蹄匣。慕尼黑 H.Obermaier 提供

成。角化细胞内的细胞骨架成分与半桥粒细胞内附着斑块相关的衔接蛋白结合。这些细胞又通过细胞膜的成分附着在基底膜的致密层上。锚定纤维和蛋白聚糖将基底层与真皮中的胶原纤维连接起来。

血液供应

动脉

蹄的血液由 2 条动脉提供，分别为**指（趾）掌（跖）内、外侧动脉**（a. digitalis palmaris/plantaris lateralis et medialis），它是指掌侧总动脉（a. digitalis palmaris communis）（前蹄）和**第 3 跖背侧动脉**(a. metatarsea dorsalis Ⅲ)（后蹄）的分支。在后肢，小的趾跖侧**第 2、第 3 总动脉**也参与了趾动脉的形成。到**蹄踵球**和内外侧蹄冠的动脉分支在中指节骨水平发出（图 19-72）。

在分出至蹄叉和蹄壁不同部位的分支后，这些动脉自内、外侧进入远指节骨内并在骨内吻合形成**终弓**（arcus terminalis）。以终弓为起点，有 8～10 条动脉延伸到远端，在蹄底缘脉管处离开骨形成蹄底缘动脉（a. marginis solearis）（图 19-74）。

静脉

蹄真皮含有密集的静脉网，形成**蹄底缘静脉**（v. marginalis solearis），这些静脉汇集到**静脉终弓**。在蹄软骨内部存在另外一个静脉网。一些大的静脉穿过蹄软骨，与蹄底和侧壁真皮的静脉丛连接。静脉引流是通过众多的蹄冠静脉、**指（趾）枕静脉**（v. tori digitalis）分支以及底缘静脉来完成。这些静脉最终进入**指（趾）掌（跖）内侧**和**外侧静脉**或者进入**终弓**，后者由远指节骨内的静脉汇集形成。

淋巴

前肢蹄的淋巴流向**肘淋巴结**（lymphonodi cubitales），后肢蹄的淋巴流向**腘淋巴结**（lymphonodi poplitei）。

神经支配

前肢

与其他种类不同，马前蹄感觉神经来自**正中神经**。**指掌侧第 2、第 3 总神经**在发出到缘部、冠部、壁部后的分支，延续为**指掌内、外侧神经**。指掌神经**分出数支**（枕支）到蹄踵球、蹄关节和舟状骨囊，支配蹄软骨的掌侧部，蹄壁、蹄底、蹄叉和蹄踵球。

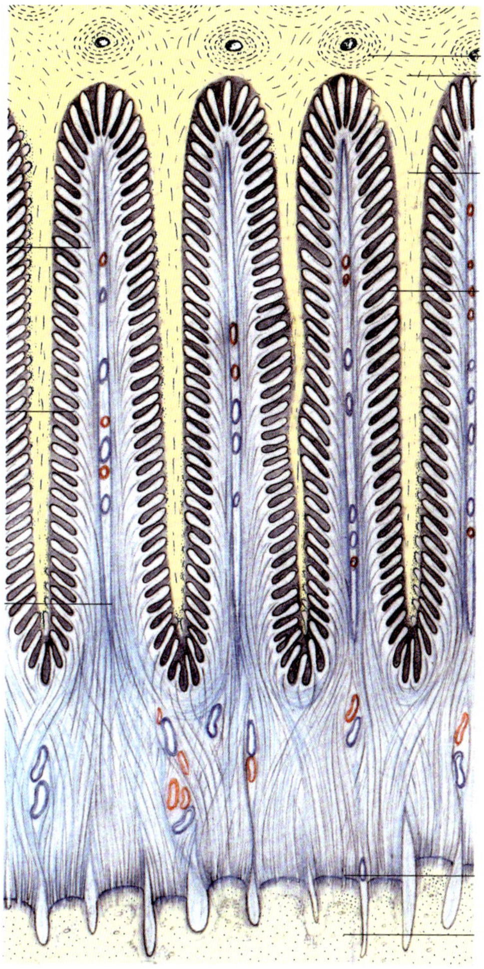

图 19-69 远指（趾）节骨的悬器，水平切面（示意图）

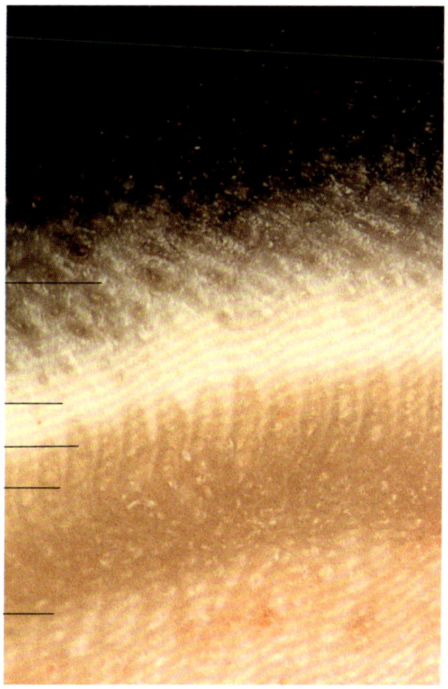

图 19-70 马属动物的蹄白线

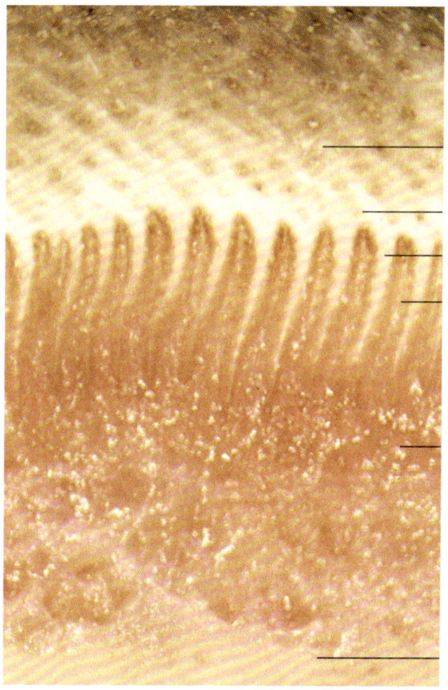

图 19-71 马蹄远指（趾）节骨的悬器（水平切面）

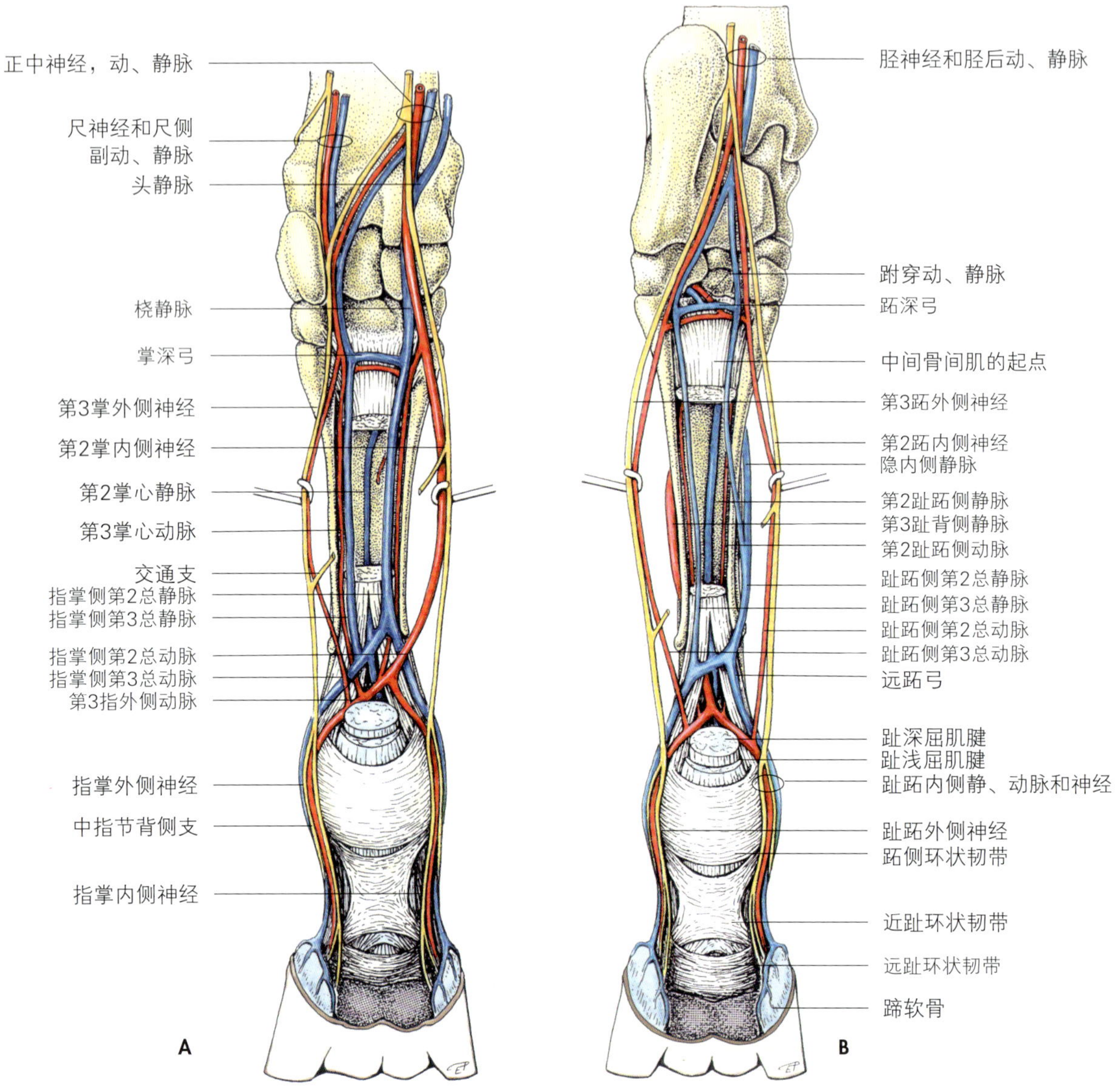

图 19-72　马前、后肢远端的血管和神经（A. 前肢掌侧面；B. 后肢跖侧面）

临床小知识

血管周围交感神经切除术（外膜切除术）已被用于治疗足部慢性退行性疾病（如足舟病和籽骨炎），效果良好。该手术切除了在血管外膜内行进的交感神经纤维，可防止外周血管收缩从而改善足部的血液灌注。当在病变部位附近进行外膜切除术时，手术成功的可能性会增加。交感神经纤维是起源于星状神经节（ganglion stellatum）或颈前神经节（ganglion cervicale craniale）的节后神经轴突。当它们与臂神经丛的分支一起穿过组织时，这些神经纤维周期性地进入血管外膜。从正中神经（n. medianus）分出到正中动脉（a. medianus）的离散神经纤维束则是证例。在远端肢体中，许多这样的分支从指神经发出到血管。交感神经纤维传递到动脉和静脉。因此，为了治疗足部疾病，必须从外侧和内侧趾动脉（a. digitalis）和趾静脉（v. digitalis）切除外膜。已经证实，除了在外膜中穿行外，交感神经纤维还与最小的感觉神经分支伴行，在某些情况下通过足部韧带到达患病结构。因此，完全切除交感神经支配是不可能的。

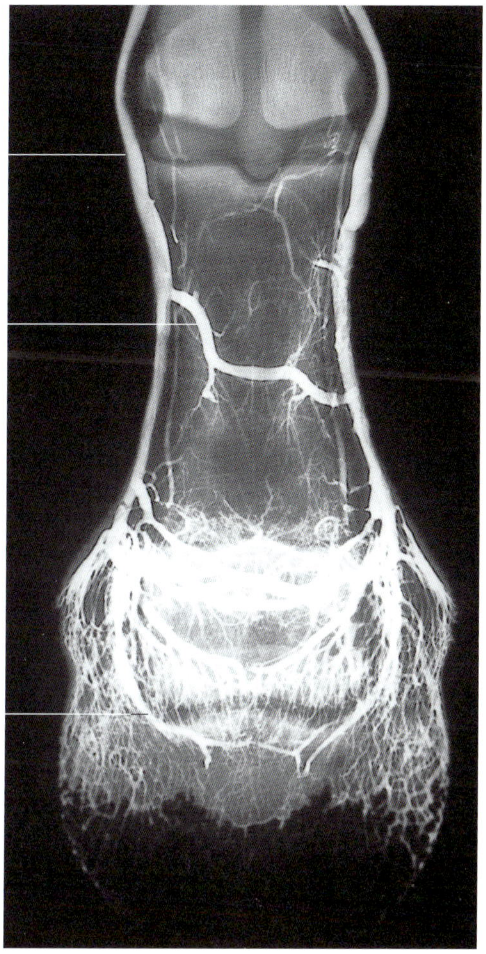

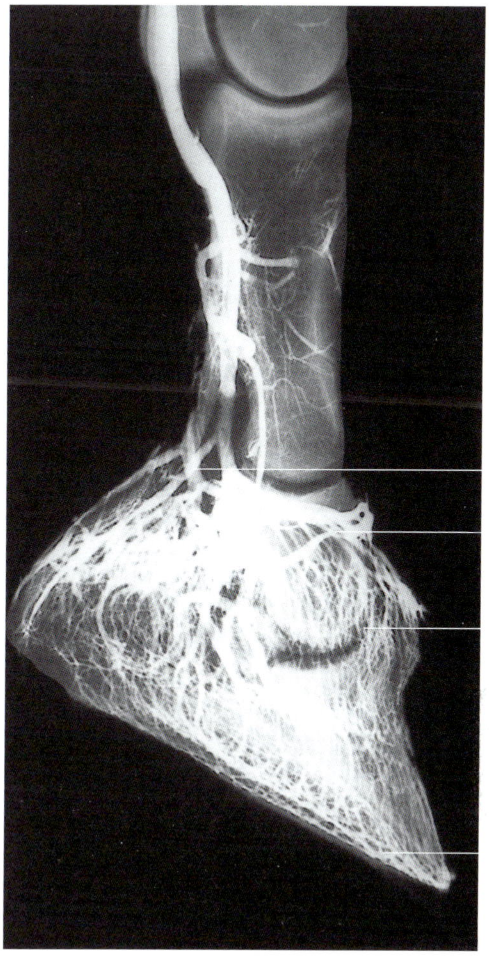

图 19-73 马蹄部动脉造影，背-掌侧（左）和内-外侧（右）投影。

后肢

趾第 2 和第 3 总神经是胫神经分支。

其分支结构与前肢相对应的神经相似。蹄趾部受跖背内、外侧神经的分支支配，它们是腓深神经的分支。

> **临床小知识**
>
> 在诊断跛行时，需要在不同部位对所有这些神经进行传导阻滞。其原理是：当病痛区被麻痹时跛行马会暂时地表现出正常。因此需要一系列的注射，逐步扩大麻醉范围，以确定损伤的部位。

蹄的生物力学

作用在远指（趾）节骨的力传到蹄壁，触发蹄的机械装置。这时蹄壁近侧部向内部回缩，蹄踵展开，蹄底变平，蹄叉变宽。当蹄离地时，马蹄恢复原来的形状，这可能是由于蹄角质具有弹性。马蹄铁被磨平的近侧平面是蹄踵具有活动性的证据。装蹄铁时不要在这个区域的蹄壁下钉是非常重要的，否则会妨碍蹄的机械装置，因此蹄铁最好是钉在蹄尖壁和蹄侧壁（1/4 部）。

分别在马匹处于静息状态和运动状态的情况下，评估作用在马蹄上的载荷对于实施**适当的修蹄和钉蹄铁**是必不可少的。评估静力学时，马应处于休息状态，理想状态是处于自然的站立状态。从背（前面）和侧面看时，蹄部轴（一条穿过指骨中部的假想线）应该是直的。此外，蹄冠与壁的承重缘应相互平行，并垂直于蹄部轴。蹄平衡和着地模式的动态评估是借助运动分析技术实现的。

蹄的角质生成

不同部位角质生成的速度不同，同时也存在较大的个体差异，5 岁以下马的角质生成速度非常快。冠角质每年生长 8～10 cm。因此每年完全更新一遍。通过食物营养供给能够提高角质质量，这个过程需要一年的时间方见成效。

蹄底和蹄叉角质每年生长约 6 mm，野生普氏野马的蹄底和蹄叉角质呈季节性周期生长，夏天生长速度比冬天快。

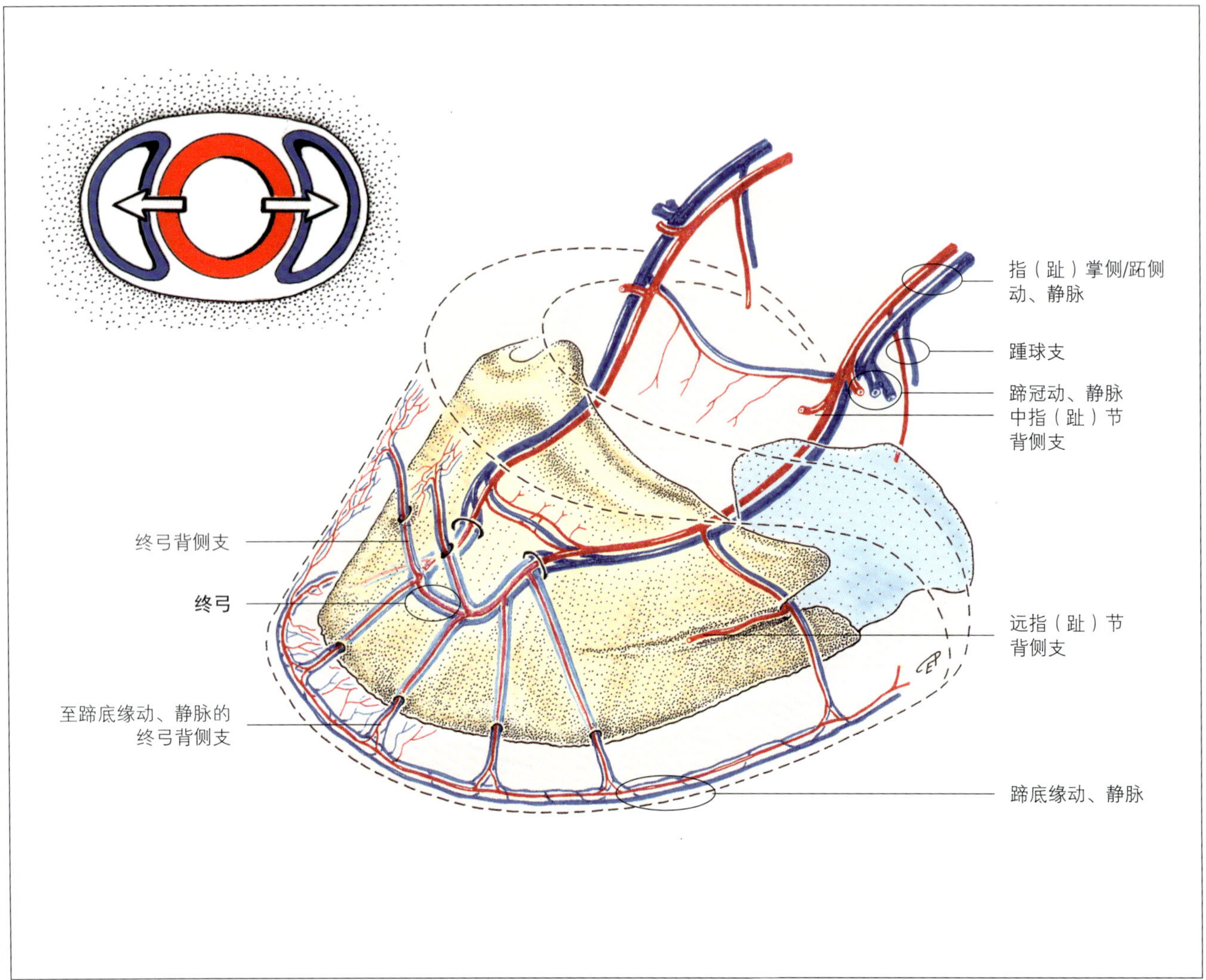

图 19-74　马远指（趾）节骨的血管（插入：终弓的动脉和静脉，示意图）

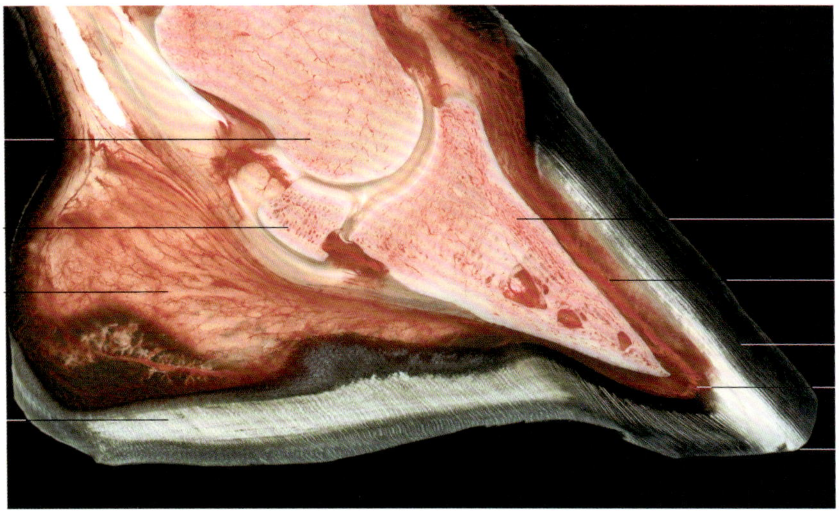

图 19-75　马指（趾）的远端（矢状切面，塑化标本）（慕尼黑 H. Obermaier 提供）

19.8 角(cornu)

家养反刍动物的角由骨质的内轴(角突)与覆盖在其上的皮肤衍生物(角质鞘)构成。骨质成分为牢固地结合在额骨上的**角突**(processus cornualis)。无毛和无腺体的皮肤衍生物覆盖在多嵴多孔的角突表面,角表皮高度角质化并形成角质鞘(角鞘)。就最狭义的描述而言,角质鞘可以被看作角。

角可以分为:

- 角根(basis cornus)
- 角体(corpus cornus)
- 角尖(apex cornus)

对于野生反刍动物来说,在繁殖季节,**角**(cornua)被当作武器,或用于建立和维护群体等级制度,这解释了为什么角的解剖结构非常坚固。除了自然无角品种动物外,在家养反刍动物中,雄性和雌性均可以看到角,尽管雄性的角通常表现的更为坚硬强大。

家养雄鹿特有的解剖特征为,在激素的影响下,鹿角每年都会脱落并被新的角代替。与此不同的是,家养反刍动物的角是永久的,并且在角长出之后一直持续生长,角的大小和形状是品种的重要特征,并与年龄和性别有很大的关系。

19.8.1 牛角(cornu)

角的发育

在牛妊娠期的第3个月,胎儿头部有一个可见的表皮小隆起,这是以后牛角的生长点。新生犊牛头部的毛涡是以后角的生长部位,在毛涡内小隆起的顶部无毛。随着角的生长,整个角的中心区也逐渐变为无毛。

角突(processus cornualis)

牛的角突由其额骨向外突起发育而成。额骨通过表皮隆起的诱导形成角突,其骨质成分的发育开始于妊娠晚期。在出生前不久,有一个小的骨质增大部位于表皮隆起下方。该骨质增大部保持生长,在出生后5个月形成实心的角突。在幼年时期,常常通过烧烙角的萌芽状表皮而阻止角的发育。

角突腔

从出生后第6个月开始,由于额窦内黏膜的侵入,角突开始形成空腔(图19-76),这个过程一直持续到除实心的角尖外整个角内完全中空为止。由于额窦与角突腔广泛相通,当成年动物的角切除或受到损伤破裂时额窦就会暴露。因此,在这些病例中防止污染和感染至关重要。

角质鞘

角皮下组织(tela subcutanea)

角无皮下组织,角真皮直接与骨相连。因此,角质鞘与角突的结合十分牢固。

角真皮(dermis cornus)

角真皮表面有许多发达的乳头,乳头在角根和角体部的真皮表面平行排列,在角尖部变得更直。在角体部,乳头很长(5～6 mm),形成叶片并成群排列。

角表皮(epidermis cornus)

表皮细胞覆盖在整个真皮表面。角表皮形成**角质小管**(表皮小管,tubuli epidermales),真皮乳头伸入角质小管中,这使得角表皮与角真皮结合更为牢固。角的生长主要发生在角根,新生的角层将老层向角尖部推移,角沿着真皮乳头方向生长。因此,角的生长主要是长度上的增长,而在直径上只有少量的增粗。

角的生长速度主要取决于角表皮细胞获得营养的程度,当营养缺乏(野生反刍动物的季节性缺乏)或在妊娠期或哺乳期时,角的生长速度变慢。角的表面常有相间排列的隆起环和凹陷环,即为角轮(环),凹陷的环代表生产活动较少的时期。母牛的角轮通常与妊娠表现相一致。母牛一般在2岁时第一次产犊,此后每隔一年生产1次,这与角轮的出现一致。因此,母牛的年龄等于角轮数加2(图19-77)。

角质鞘的较软外层(角基表皮,epiceras)由角根的表皮带产生,并逐渐转变成普通表皮,这与蹄缘处的变化相似。

角的血液供应

角的血液由**颞浅动脉**和**静脉**(a./v. temporalis superficialis)的终末支,即**角动脉**和**角静脉**(aa./vv. cornuales)提供。

角动脉与额骨颞线平行延伸至角根,在此处分出一较细的背侧支和一较粗的腹侧支。背侧支伸至角根的背侧,为角真皮和角突供血。腹侧支伸至角根腹侧,发出分支至角真皮和角突,并在内侧与对侧角的相应动脉吻合。

临床小知识

角动脉小的分支分布于角突的小管和沟内,当角受到损伤时,这些血管就会收缩。因此,无法使用止血钳夹住这些血管来防止大出血。鉴于这一解剖结构特点,截角时应尽可能地接近额骨,在血管进入角突之前实施切除是非常重要的。角真皮有特别丰富的血管分布,当角受到损伤或角质鞘与骨质角突分离时,一般会伴随大量出血。这就要求从角根进行截角,在血管进入骨质角突之前进行止血。

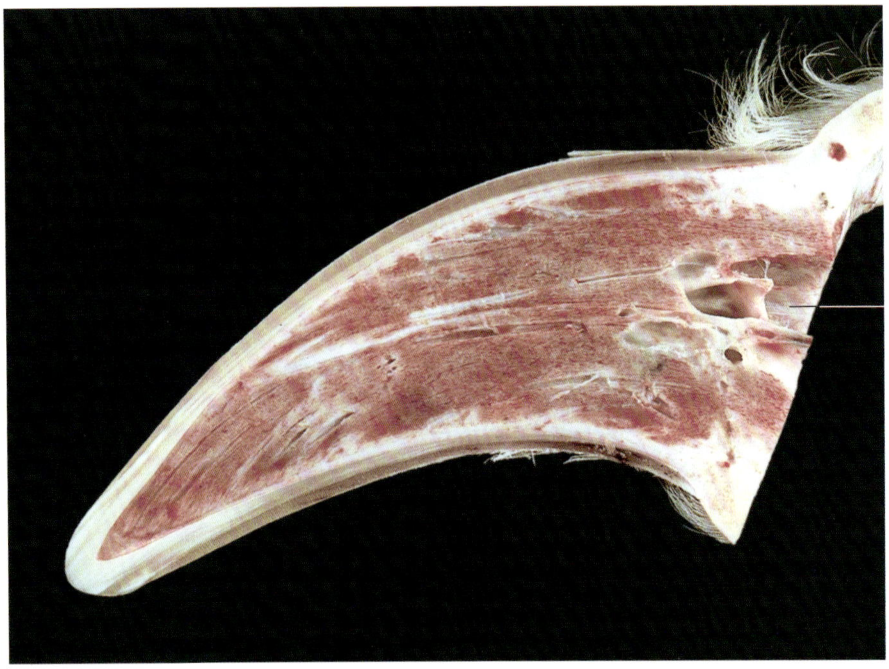

图 19-76 1.5 岁公牛角纵切面，角突内含有额窦

图 19-77 有清晰角轮的 8 岁母牛的角

角的淋巴

角的淋巴流向**腮淋巴结**(lymphonodus parotideus)。

角的神经支配

角主要受颧颞神经的**角支**(rami cornualis)支配，颧颞神经是**三叉神经**的分支。由于**颧颞神经**接近上颌与眼，难以确定它是来自三叉神经的上颌支还是眼支。此外，三叉神经的分支——眶上神经和滑车下神经，在通过额窦时也有分支为角提供神经支配。

颧颞神经角支起自眼眶部，向后穿行，到达额骨的颧突。继续后行，在颞线突起的嵴保护下，到达角根。在近眼眶处，颧颞神经角支被脂肪包裹，而在向后伸延的过程中仅被皮肤和额肌覆盖。

临床小知识

截角时通常需要麻醉**角神经**，注射部位是在眼的颞侧角与角之间的中后部，接近颞线腹侧。麻醉并不总是成功，失败的原因可能是角神经分布路径的差异或角神经出现异常，或者是来自眶上神经或滑车下神经的神经支大量分布。

19.8.2 小型反刍动物的角（cornu）

小型反刍动物的角在形态上与牛角不同，但解剖结构基本一致。角在近眶后顶处由额骨发出，这与牛完全不同，牛角起于接近颞骨的位置。绵羊角呈螺旋状（图19-78），而山羊角向头骨后方生长（图19-79）。角的形状和大小取决于动物的品种、性别和年龄。

图19-78 有螺旋角的绵羊头骨

图19-79 角向后生长的山羊头骨

角突（processus cornualis）

每个角突起源于独立的骨化中心（os cornuale），角突的骨化中心与**额骨**（os frontale）发生二次融合。一般，山羊的角突横断面呈椭圆形，而绵羊的则呈三角形。

角质鞘

角为间歇性生长，这就导致了角的外表面产生较多的沟纹（嵴），每年可形成数条嵴（通常为 8～14 条）。

角的血液供应与神经支配

绵羊和山羊的角的位置很接近眼眶，羊角由**颞浅动脉**和**颞浅静脉**供应血液，角神经在颧突背侧直接上行。而与此相对应的，牛的颞浅动脉和颞浅静脉走行于额盾肌表面，角神经走行于眼的颞侧角的血管和颧突之间。

临床小知识

对角神经的局部麻醉可在颧突起点后端 1 cm 处的皮下进行。山羊角还接受滑车下神经分支的支配，可通过在眼眶背内侧部进行辅助注射达到局部麻醉的效果。

20 局部-临床解剖学

H. E. König, P. Sótonyi, J. Maierl, Chr. Aurich, Chr. Mülling, J. Hagen, R. Latorre 和 H.-G. Liebich

20.1 头部(caput)

20.1.1 层次结构

头部由以下结构覆盖:

- 皮肤
- 皮下组织
- 头部浅筋膜
- 头部深筋膜

头部浅筋膜含有面皮肌、额肌(牛)和颧肌。**头部深筋膜**与肌肉、血管、神经和腺体相连,深筋膜贴附于**面嵴**或**面结节**,并部分连于浅筋膜。存在于深筋膜内的肌肉有鼻唇提肌、犬齿肌、上唇提肌、上唇降肌(牛)、颊肌、下唇降肌和咬肌。

头部大多数大血管和神经走行于肌肉深面的深筋膜内。但面神经例外,它在咬肌表面穿过。在食肉动物中,头部大的血管位于深筋膜。

20.1.2 分区

头部最重要的区域包括(图 20-1 和图 20-2),

- 鼻区
- 口区
- 颏区
- 颊区
- 眶下区
- 咬肌区
- 眶区
- 下颌间区
- 颞区

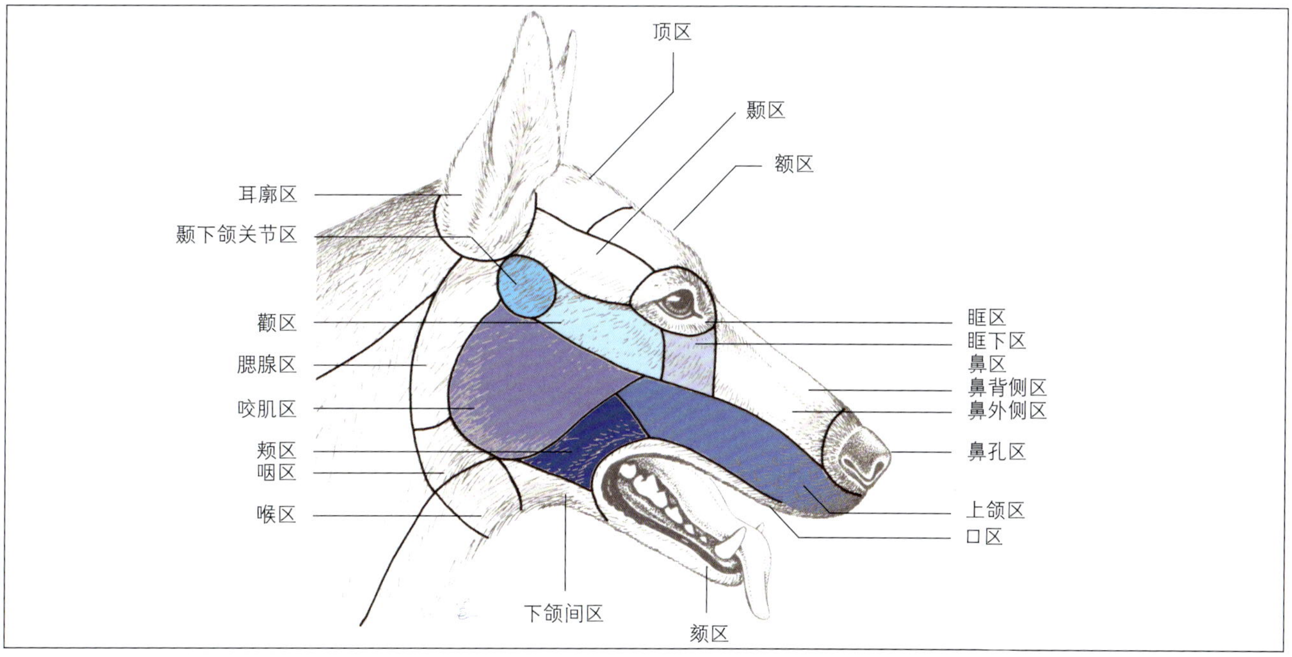

图 20-1　犬的头部分区(示意图)

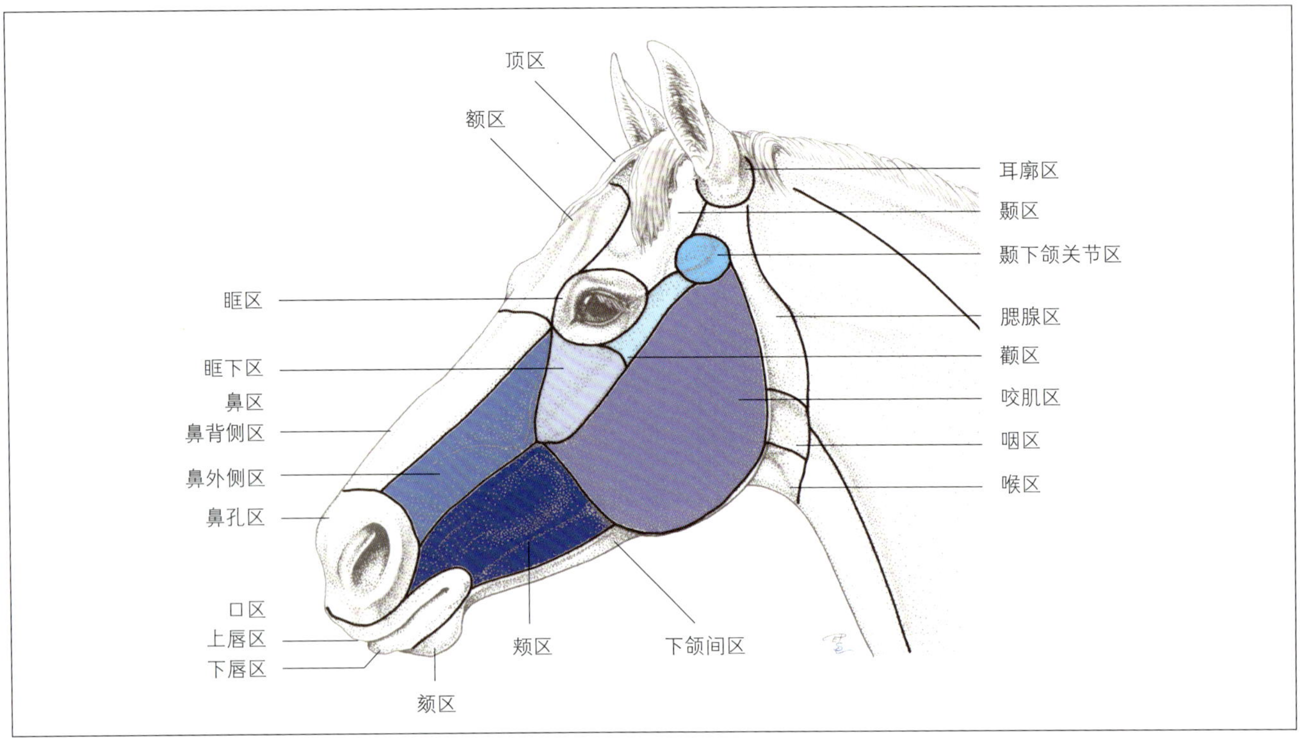

图 20-2　马的头部分区（示意图）

头部结构和头部的腔内结构（颅腔、眶窝、鼻腔、口腔和咽腔）已在系统解剖学的相关章节详细描述，可参阅第 2 章“中轴骨骼”（49 页）、第 8 章“消化系统”（288 页）、第 9 章“呼吸系统”（353 页）、第 13 章“心血管系统”（424 页）、第 15 章“神经系统”（465 页）、第 18 章“前庭蜗器”（561 页）、第 19 章“被皮”（575 页）。

鼻区

鼻区由鼻孔及其周围区域组成，包括牛的鼻唇镜、食肉动物的鼻口部、猪的吻突和马的宽吻。

马的鼻孔由于 2 鼻翼软骨的支撑而较宽，腹侧鼻联合呈弧形弯曲，并较背侧联合显著增宽。鼻孔延伸为鼻前庭，在其背侧有**鼻憩室**，也称伪鼻孔。投胃管时，为了能使胃管进入真正的鼻腔，必须在翼褶下方插入，否则就会插入伪鼻孔的盲端。

在鼻前庭的皮肤与黏膜交界处，有**鼻泪管的开口**。马的裂缝状的犁鼻器开口于下鼻道底壁的黏膜上，邻近鼻中隔旁。

鼻区内的结构包括：

- **肌肉**　鼻唇提肌、上唇提肌（马通常为腱膜）和鼻肌
- **血管**　上唇动脉、鼻外侧动脉、鼻背侧动脉、经切齿间管到达鼻表面的腭动脉
- **神经支配**　眶下神经（感觉纤维）和面神经（运动纤维）

口区和颏区

这些区域包括上唇和下唇。覆盖于唇部的皮肤相当薄，以致很难与其深层的口轮匝肌相分离。口角处的面皮肌与口轮匝肌融合。上唇提肌和下唇降肌分别支配上唇和下唇。

该区的其他结构包括：

- **血管**　上唇动脉和下唇动脉
- **神经支配**　眶下神经、颏神经和面神经

朝向唇前庭的唇皮肤转变为黏膜，黏膜深层含有唇腺。马的颏孔位于下颌骨体的中部、唇联合水平。

> **临床小知识**
>
> **颏孔**可通过颏角（angulus mentalis），在横切线背侧 2～3 cm 处触及。触诊时，需将下唇降肌向上推才可触及颏孔。需要注意的是，颏孔也可出现于上述位置的前方。

颊区

该区位于唇联合和咬肌前缘之间。面皮肌位于此区皮下，并与唇联合相接。在此区后部，面皮肌覆盖于**面切迹**。马有 3 个结构穿过这一切迹，由前至后依次为：面动脉（在此处可测**脉搏**）、面静脉和腮腺管（图 20-8）。

颊黏膜由颊神经支配。颊黏膜内有背侧和腹侧颊腺（食肉动物，颧腺相当于背侧颊腺，见图 8-15）以及腮腺乳头。

存在于**颊区**的结构还有：

- **肌肉** 沿颊肌腹侧分布的下唇降肌和位于颊肌背侧缘的颧肌
- **动脉** 上唇动脉、下唇动脉和颊动脉
- **神经支配** 面神经的背侧颊支和腹侧颊支（运动纤维）

眶下区

该区位于眼眶附近的前下方。其皮下是鼻唇提肌，此肌在马分为2支，犬齿肌穿过此肌的2个分支。面动脉和面静脉沿鼻唇提肌深面走行。面动脉首先分出鼻唇动脉，此动脉顺次分出鼻外侧动脉、鼻背侧动脉和眼角动脉。

临床小知识

为了定位马的**眶下孔**，从面嵴前端至鼻切迹画一横线，在此横线中点向后1～2指宽处即为眶下孔。

眶下动、静脉和**眶下神经**经眶下孔出颅腔。**上颌窦**和**眶下管**位于该区颅骨内。马的上颌窦被一骨性隔膜分为2部分，即**前上颌窦**和**后上颌窦**。

临床小知识

对于**鼻窦炎**，双侧上颌窦必须通过外侧颅骨圆锯术冲洗。可在骨性隔膜水平（上颌窦隔）施行圆锯术。定位隔的最佳方法是沿面嵴前端（译者注：面结节）至内眦做一横线，上颌窦隔则位于该线中点。

咬肌区

此区因**咀嚼肌**中的**咬肌**而得名。与该区前面和背侧毗邻的区域分别是颊区和眶下区。下颌骨缘形成此区的后界和腹侧边界（下颌间区），而面嵴和颧弓形成此区的背侧边界。

面动脉（马可触诊脉搏）、面横静脉（窦）、耳颞神经的面横支通过此区。面神经穿过咬肌，在此点分为上颊支和下颊支（**颊丛**）。

食肉动物和小型反刍动物的腮腺管穿过咬肌（图20-6）。面深静脉（窦）位于上颌骨的咬肌下方、面嵴腹侧。颊的腹侧还有颊动脉、颊静脉（窦）和颊神经。

此区的其他**结构**还有：

- **动脉**：颈外动脉咬肌支，起自面横动脉和面动脉的咬肌支
- **支配咬肌的神经**：由咀嚼肌神经（V_3）分出的咬肌神经，该神经穿过下颌切迹，沿下颌关节和面切迹之间的连线进入咬肌内

眶区

眶区位于额骨的眶上缘与泪骨和颧骨分别形成的眶下缘之间。眼球及眼附属器官位于此区。上、下眼睑的表面被覆皮肤，其内表面为结膜。结缔组织板，即睑板，为眼睑提供支撑和形状。含有睫毛的眼睑游离缘因睑板内的睑板腺（Meibomian氏腺）而保持湿润。

眶区的肌肉与神经支配：使上眼睑抬起的肌肉是**上睑提肌**，由**动眼神经（Ⅲ）**支配。面神经麻痹不影响该神经。**控制眼睑的其他肌肉**包括眼轮匝肌、颧肌和眼内侧角提肌，均受**面神经（Ⅶ）**支配。皮肤和角膜的感觉神经由**眼神经（V_1）**和**颧神经（V_2）**的分支支配。

额神经支配上眼睑中部，**泪腺神经**支配眼睑的颞角，**滑车下神经**支配内眦区，**颧神经**支配下眼睑。

泪阜和双侧**泪管口**位于眼内角，**第3眼睑**（瞬膜）也位于此。第3眼睑软骨深藏在眼眶内，被第3眼睑腺包绕。泪液经泪管口（译者注：泪点）流入泪小管，随后流入腹侧结膜囊，再流入鼻泪管，最后分泌入**鼻前庭**。

眼球、**眼肌**和**视神经**位于**骨性眼眶**和囊性**眶骨膜**内，后者由胶原纤维构成。眶骨膜的内壁和外壁嵌有一层脂肪组织。在眶骨膜内，眼球本身被纤细的筋膜鞘包裹。这层薄的结缔组织起自视神经附近，延伸至眼球的巩膜沟，从而悬吊眼球。

眶区的动脉：内眦由**颧动脉**（上颌动脉或眶下动脉的分支）供血。眼周和眼球本身其余区域血供由起自上颌动脉的眼外动脉供给。眼外动脉分出眶上动脉和泪腺动脉，二者为上眼睑供血。

为眼球供血的**眼外动脉的3个分支**为：

- **睫状动脉**
- **视网膜动脉**
- **结膜动脉**

睫状动脉包括短的睫状后动脉和长的睫状后动脉。**短睫状后动脉**进入靠近巩膜筛区的色素层，而**长睫状后动脉**出现在巩膜远端。这些动脉在通往虹膜的路上为色素层供血。在巩膜角膜角，这些动脉构成毛细血管缘。

视网膜动脉也由**短睫状后动脉**分支而来。除马外，所有家畜的动脉分支都从这里延伸至视神经内，并相互吻合形成**视网膜的血管**。视网膜中央动脉在视神经盘处分支，以种属特异性方式进入视网膜（图20-13）。可通过眼底检查观察到视网膜动脉及其伴行的静脉。马不存在视网膜中央动脉，取而代之的是睫状动脉在视神经盘周围形成的环状动脉。结膜动脉起自睫状前动脉，以及鼻侧（内侧）和颞侧（外侧）眼睑动脉。

4条涡静脉，即背侧、腹侧、鼻侧和颞侧涡静脉，在眼的赤道面（与眼轴相垂直的平面）穿通巩膜，汇入**眼静脉丛**或**眼外静脉**。

下颌间区

下颌间区位于两下颌骨之间，从颏尖延伸至头颈交界处（图 20-7）。剥离皮肤，即可见面皮肌。此肌下方是下颌淋巴结。舌面干和腮腺管沿此淋巴结外侧走行（除食肉动物和小型反刍动物外）。在马和牛，此区后部可见胸下颌肌腱。下颌舌骨肌（含下颌舌骨肌神经，V_3）、二腹肌前部、肩胛舌骨肌和胸骨舌骨肌见于该切面的深层。颏舌骨肌、舌下动静脉、颌下腺管和舌神经（V_3）在此区更深层穿行。此外，大舌下腺（马无）、小舌下腺和翼内肌也位于此区。在颏舌骨肌背侧，有舌的肌群（颏舌肌、舌骨舌肌、茎突舌肌）、舌下神经、口腔底前部黏膜和舌下外侧隐窝。

颞区

有角反刍动物的颞区与角区相通，这在临床上具有重要意义。颞区位于颞背侧界和腹侧颞弓之间。角区位于这些结构的后背侧（图 20-3 至图 20-5）。

发达的**额肌**由头部的浅筋膜包裹，它是剥离皮肤后最先看到的结构。在此肌下方与颞线相平行的是**角支**（来自颞神经 V_2 颧颞支的一个分支），其外侧伴行有角动脉和角静脉（颞浅动脉和颞浅静脉的分支）。**颞肌**形成此区的深层结构。山羊的角心还由滑车下神经（V_1）的角支来支配。滑车下神经在眶上孔穿过额区，到达角心的内侧面和背侧面，另见第 19 章“被皮”（575 页）。

20.1.3 临床应用

头部各区结构在临床日常实践中发挥重要作用，因为一些重要的结构和器官均位于此区。脑、感觉器官和成对的脑神经对疾病做出反应，并表现出一系列症状，这不仅影响头部本身，还可影响整个机体，甚至导致行为问题。

临床小知识

位于头部、属于消化道和呼吸道的结构是病原体进入机体最重要的门户，这些结构不仅需要彻底检查，而且也需要临床医生进行治疗处理。

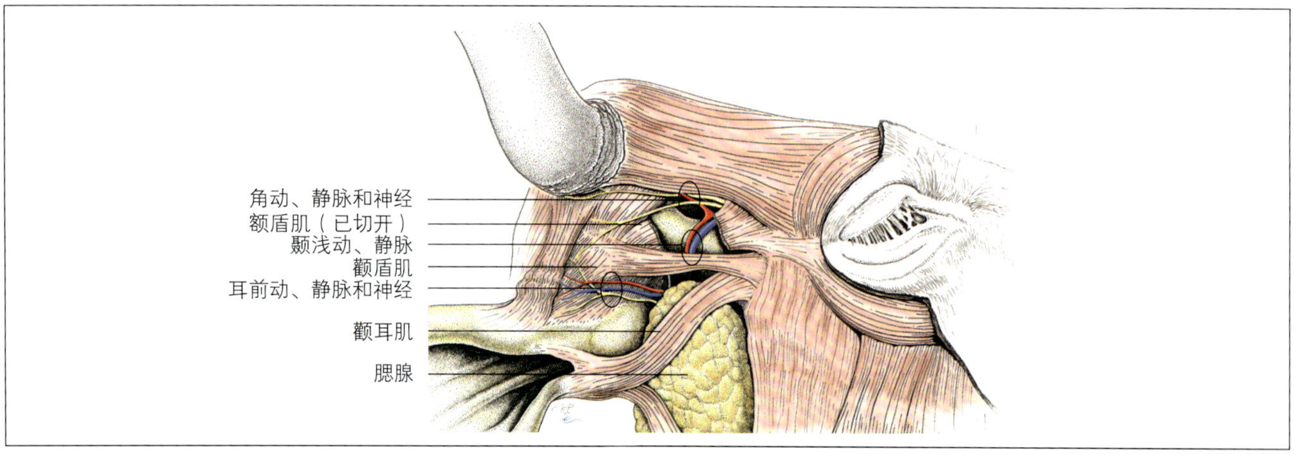

图 20-3　牛颞区浅层结构（示意图）

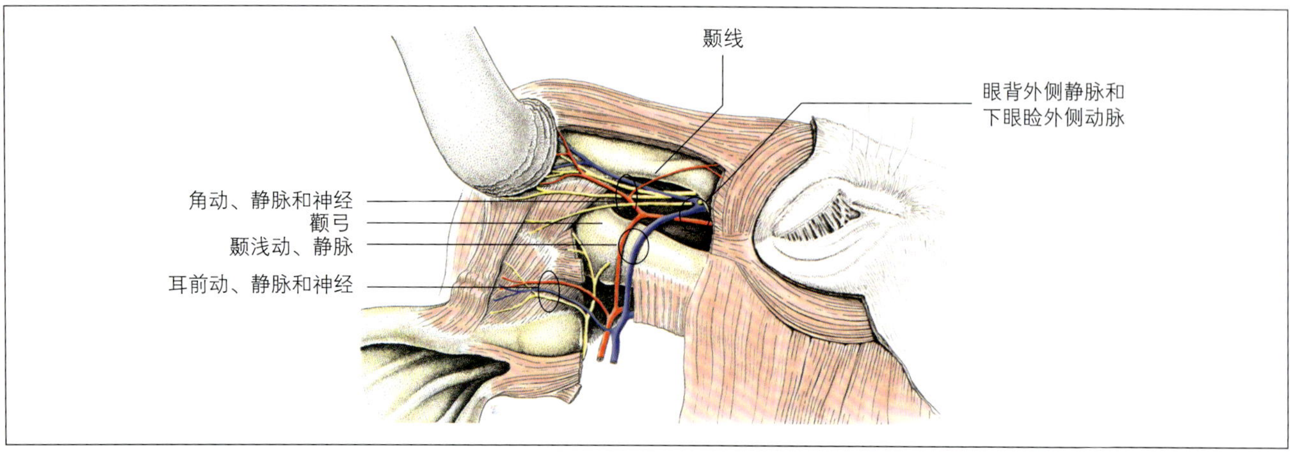

图 20-4　牛颞区深层结构（示意图）

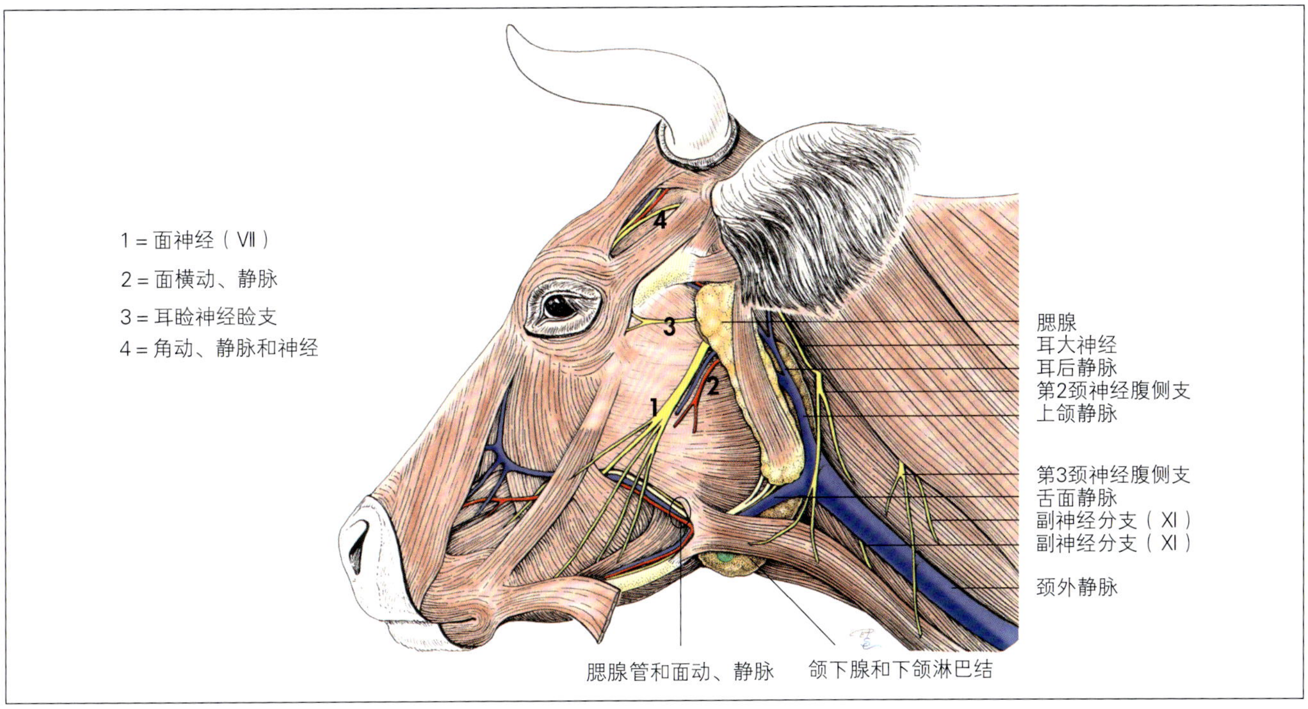

图 20-5 牛头部浅层器官和结构的局部解剖图(示意图)

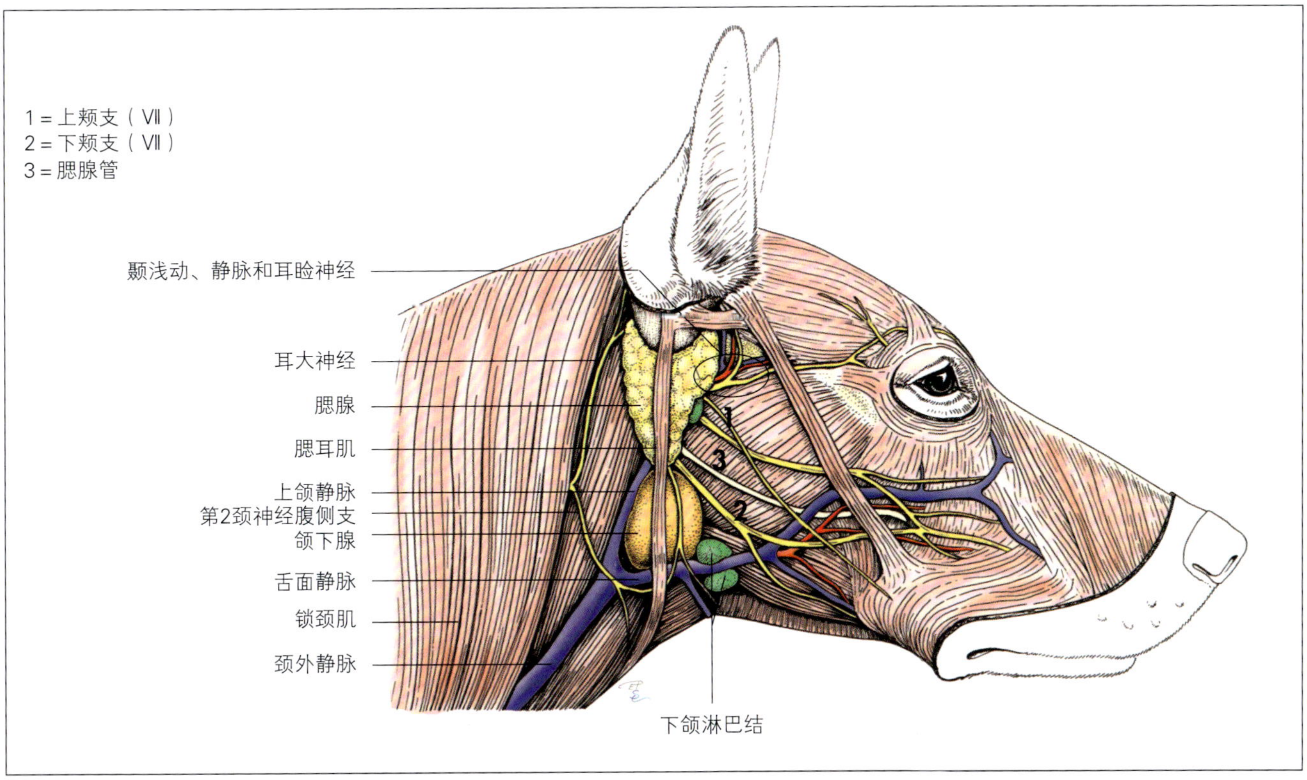

图 20-6 犬头部浅层器官和结构的局部解剖图(示意图)

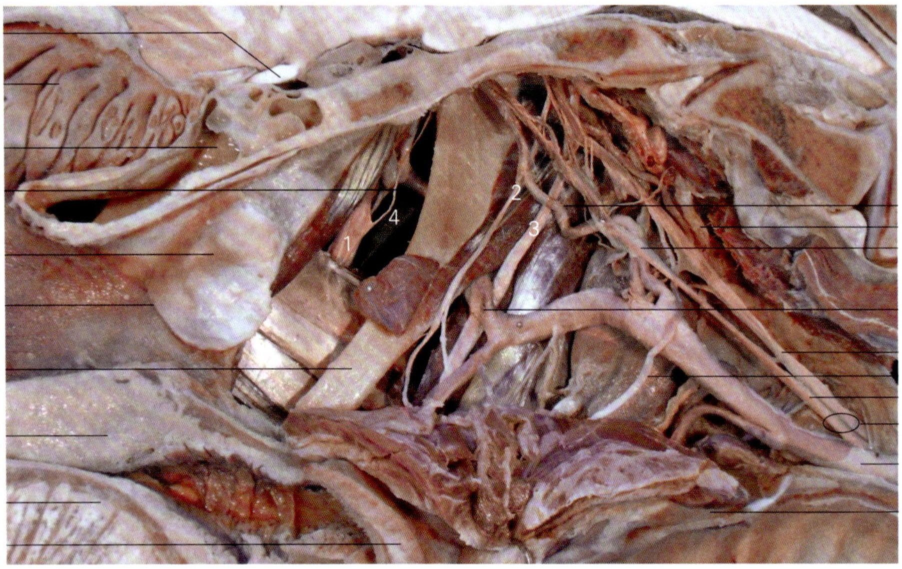

图 20-10 右侧喉囊的局部解剖图（1= 下颌神经 [V_3]，2= 舌咽神经 [Ⅸ]，3= 舌下神经 [Ⅻ]，4= 鼓索）。维也纳 R. Macher 博士提供

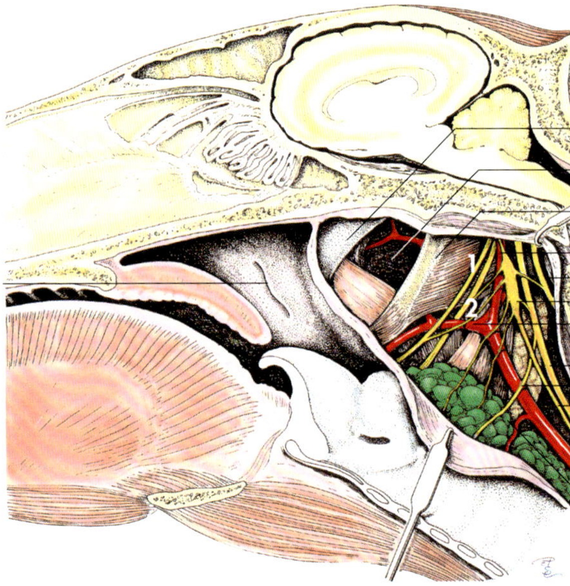

图 20-11 马右侧喉囊的局部解剖图（旁正中矢状面，示意图）

的是咽后淋巴结。淋巴结中形成的脓肿可影响喉囊（如，幼驹感染马链球菌时，可引起窒息）。

喉囊与许多重要的脑神经相接触。紧邻内侧隐窝后缘，**颈总动脉**分支为颈外动脉、枕动脉和颈内动脉。颈内动脉沿喉囊壁后部上行至颅底。**迷走神经（Ⅹ）**与颈内动脉伴行。在迷走神经前有一长约 2 cm、梭形的交感神经**颈前神经节**，此神经节延伸至颅腔的是**颈内神经**。

颈内动脉、**迷走神经**和**颈前神经节**共同在喉囊后壁形成一个内陷，从喉囊内部可观察到其黏膜褶。在此还有**舌下神经（Ⅻ）**和**舌咽神经（Ⅸ）**通过，它们沿内侧隐窝的腹侧壁向前下方走行，在进行喉囊的内窥镜检查时也可观察到皱褶。

颈外动脉延续为**上颌动脉**，它沿外侧喉囊隐窝壁走行。从喉囊腔可观察到颈外动脉和上颌动脉的搏动。喉囊疾病中最重要的是曲霉病，会侵蚀损伤这些动脉，导致以鼻出血为特征的致命性损伤。病理过程也会影响神经。可以想象，非专业的内窥镜检查可导致医源性的舌下神经麻痹。

喉囊与下颌关节、外耳道、寰枕关节相毗邻。更多内容，请参见第 18 章“前庭蜗器”（561 页）。当发生喉囊疾病时，这些局部位置关系应牢记。

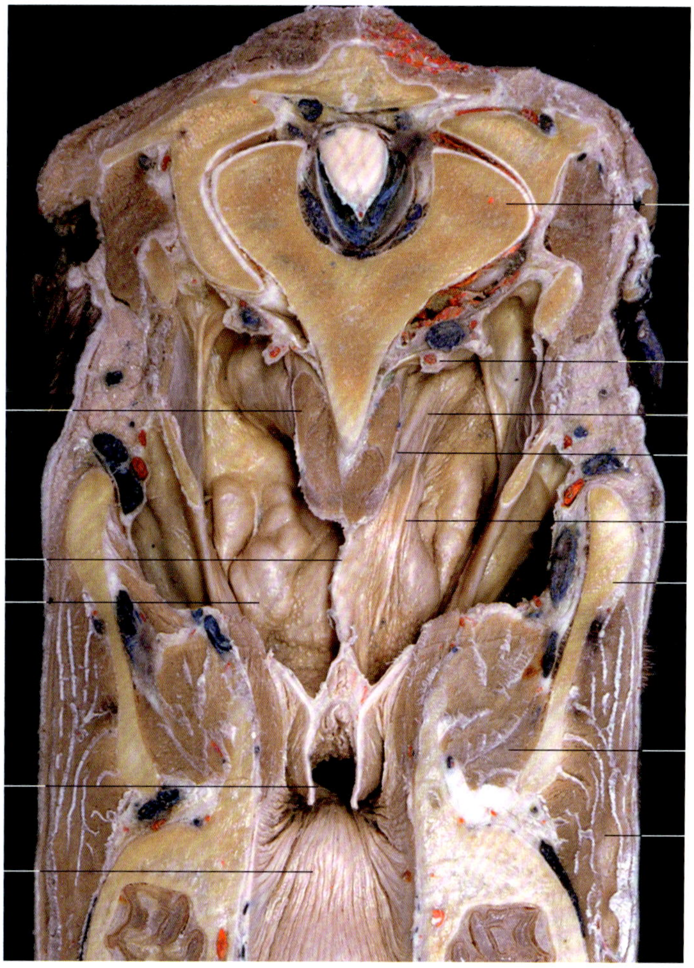

图 20-12 喉囊底的局部解剖图(背侧面)。慕尼黑 R. Latorre 教授提供

通过 Viborg 三角可进入喉囊。该三角的边界由腮腺腹侧区的胸颌肌肌腱、舌面静脉和下颌角形成。只有当喉囊内充满病理性物质,如脓液,使其下垂时,才能在该三角看到喉囊。为了引流喉囊内的渗出物,需要在枕舌骨肌水平、下颌骨与寰椎翼之间的下颌后窝背侧做第 2 个切口。使用超声可区分马上颈部的结构。

眼

眼睛包括**眼球**(光感受器)和**眼的附属器官**,眼的附属器官由泪器、眼球肌和眼睑组成。眼球由 3 个中空球体彼此套叠组成(图 20-13)。**角膜的外部**是最容易检查的,也是 3 层中最容易进入的。角膜被膜不含血管,而是由**眼神经(感觉纤维)**支配。**角膜反射**是由三叉神经核的感觉细胞与中间面神经的运动核在延髓网状结构上的连接。内衬于眼前房的上皮位于基底膜(后弹性膜,descemet membrane)的表面。

必须对角膜损伤的深度进行预估才能做出较准确的预后。角膜和强韧的后弹性膜的穿透力使眼前房开放,导致房水流失。这是一个严重的损伤,必须尽快治疗,否则将引起眼球的不可逆损伤。**角膜的慢性刺激**会影响**角膜本身的血管生长**,引起永久性角膜混浊。

眼球的**中层**是**血管膜**(tununica media bulbi),从外面看,只能看到虹膜。血管膜中的反射层即**照膜**,存在于除猪以外的所有家畜,该膜对夜间光照起反射光线的作用。虹膜中的色素决定**眼睛的颜色**。

白化病动物的虹膜中不含色素,由于虹膜内富含血管而呈红色。晶状体由小带纤维(Zinn 纤维)连于睫状突。在解剖学准备中试图摘除晶状体总会导致睫状突部分撕裂。

血管膜不仅富含血管,而且还含有大量阻挡光线的色素。光线只能通过瞳孔进入该层。4 条大的涡静脉穿过血管膜。在眼球的赤道水平,这些血管离开血管膜的近端(脉络膜),穿通巩膜。据推测,在**涡静脉**向外穿过巩膜处的狭窄结构可间接导致**眼压升高**,引起**青光眼**。相反,眼压不足将导致**视网膜脱落**(ablation retinae)。

借助检眼镜可在眼底观察到**视网膜**,主要用于检查视网膜血管及其分支(图 17-37 至图 17-44)。人存在视网膜中央动脉,但家畜缺失。**视网膜小动脉**的分支模式具有种属特异性。

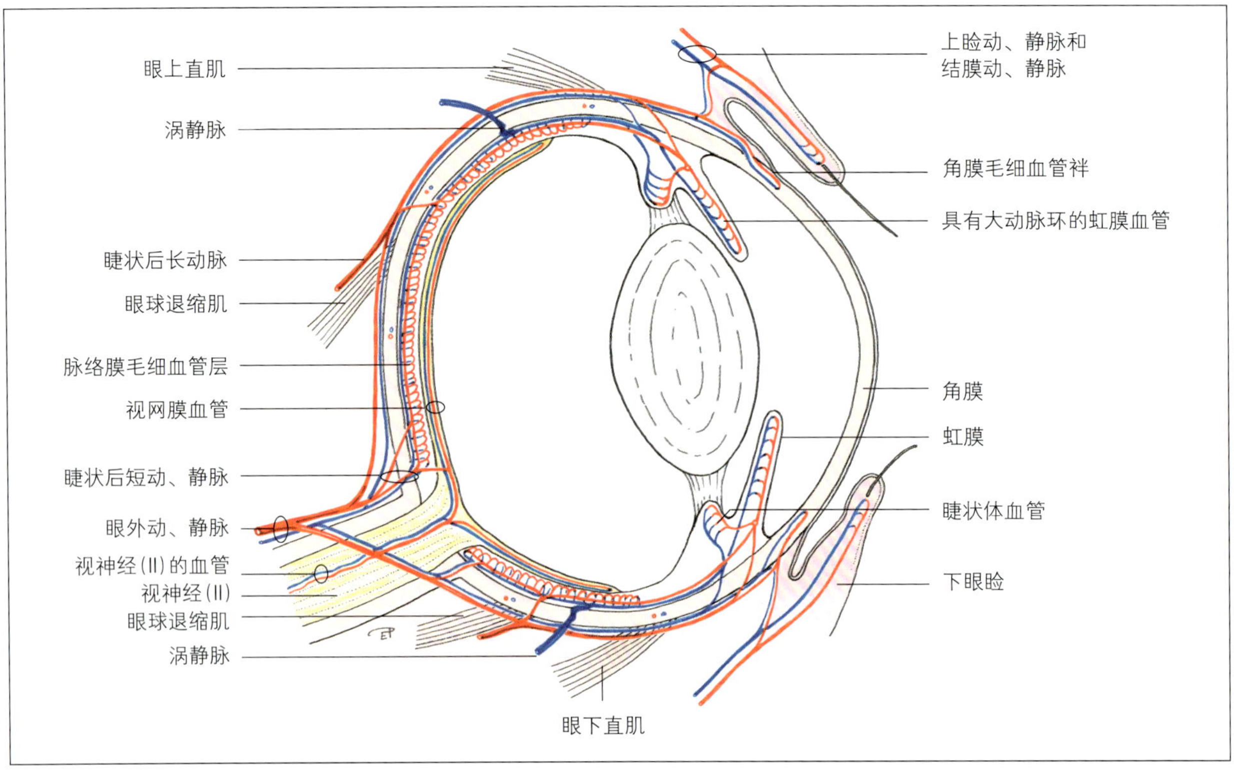

图 20-13 犬的眼部血管(示意图,矢状面)

视网膜动脉由睫状短动脉侧支血管所取代,睫状短动脉围绕视神经盘形成的一个血管环(**视神经血管环**,circulus vasculosus n. optici)。

高血压(hypertension)的一个表征就是眼底动脉高度卷曲。糖尿病还会引起视网膜血管的可见变化。例如,血管出现卷曲,并观察到出血。犬的糖尿病可导致晶状体混浊(糖尿病性白内障)。

视神经并不直接穿过眼眶,而是以一个宽的弧形线走向视神经孔。这一路径使得视神经长度增加,并防止在创伤性因眼球突出情况下的过度损伤,也允许眼球被放回眼眶。这不会影响视力,也避免了眼球摘除。

眼睑下方可看到**结膜**,结膜覆盖了巩膜的可见部分(白色)。在病理状态下,结膜的外观发生改变,为临床医生提供了判断病理状况的依据。黄疸可通过结膜发黄来识别,就像发热或过敏可引起结膜潮红。在贫血或休克时,结膜苍白。眼部用药可在结膜囊内给药。

瞬膜或第 3 眼睑,由软骨做支架,内含小的淋巴结(结膜淋巴结)。这些淋巴结构在犬可形成慢性炎症,需要刮除治疗,严重时还需手术摘除第 3 眼睑。

泪腺位于眼球的背颞侧。眼泪分泌物产生泪膜,使角膜湿润,并为营养物质进出角膜提供介质。泪液分泌减少、不足或停止都会引起角膜干燥,从而导致角膜混浊,最终失明。临床上,将腮腺管移植,可治疗犬的角膜混浊。该手术包括将腮腺管和腮腺乳头移植至背侧结膜囊,以腮腺基础分泌物的形式为角膜提供替代性润滑。

如果怀疑眼球后方有疾病,利用超声(使用 10 MHz 探头)以及 CT 和 MRI 有助于此类疾病的诊断。

耳

耳是一个司**听觉**和**平衡觉**的感觉器官。**外耳**由耳廓或耳瓣以及外耳道组成,由鼓膜与中耳隔开。耳廓软骨提供了内部支撑并赋予了**耳廓**的形状。覆盖在耳廓软骨表面的娇嫩皮肤由一层疏松结缔组织与之结合。供应软骨的**血管**位于此层。血管损伤将导致皮肤与软骨分离,引起耳廓的广泛血肿。

耳道(meatus acusticus)由外部的软骨段耳道和内部的骨段耳道组成。犬和猫的外耳道不直接通向鼓膜,而是形成一个弯曲,很像曲棍球棒的角度。注意这一点对于耳镜的探入和清洁耳道都十分重要。

用耳镜可观察到有鼓膜脐(umbo membranae tympani)的富含血管的**鼓膜**。中耳的严重疾病或炎症常伴有分泌物蓄积。在这种情况下,可进行鼓膜穿孔(鼓膜切开术)以便引流病理性分泌物。短时间后,受损的鼓膜便可自行闭合。

也可从腹侧打开鼓泡(鼓泡的截骨术)。在这种情况下,一定要注意不要损伤邻近结构,如舌下神经(XII)及颈内动脉。

听小骨在**中耳**上部的上鼓室水平(鼓室上隐窝)形成听骨链。面神经紧贴鼓室上隐窝走行。中耳的疾病也会影响到面神经。咽鼓管(Eustachian 管,欧氏管)连接咽和鼓室。咽部感染可上行至咽鼓管直达中耳。腹侧、裂隙状的咽鼓管为马的**喉囊**开口,更多信息请参见“马的喉囊”一节(633

页)。因此,马很少发生上行感染,因为炎症过程通常会下行至喉囊。

中耳疾病可导致面神经麻痹,也可波及内耳,引起平衡觉障碍。**先天性听力障碍**发生在某些品种的犬,如斑点犬。耳聋的遗传倾向似乎与毛色有关。对患犬的柯蒂氏器(organ of Corti)进行组织学检查,发现其感觉细胞缺失。

在尸检过程中,有时需要切除位于耳道的**前庭神经节**,以便检查内耳。必须通过耳蜗的中央柱做一切口,以便从**螺旋神经节**和柯蒂氏器采集组织样本。切口相对于颅底的角度对每一种动物都是特定的。

脑

脑损伤表现为由脑神经支配区域的行为改变或功能缺陷。中枢性面神经麻痹、双侧瘫痪,已如前描述,更多信息请参见"脑神经"一节(495 页)。老年动物可能出现脑血管狭窄或栓塞,导致卒中并伴随瘫痪症状。大脑皮层的损伤也会导致瘫痪。其症状不如人明显,因为动物的皮层不如人发达。因此,推测动物没有像人一样高度发达的意识。

脑肿瘤也能引起**行为异常**,这取决于肿瘤所在部位(如杏仁核的边缘系统)。脑室中脑脊液的循环障碍(如中脑导水管)可诱发动物**脑积水**。

脑干损伤可影响所涉及的脑神经或脊髓的上下行传导束,后者可导致**感觉丧失**或**瘫痪**。源于脑干的反射会受到干扰,如吞咽反射或眼睑反射。**小脑**损伤导致平衡障碍。如今,CT 或 MRI 等成像技术可实现对头部疾病过程的明确诊断。重要的是要了解**脑的确切位置**,特别是经济动物,因为它们大多数是在屠宰前被电击致昏。

牛和马的脑位于以下**两个横断面**之间:

- **后横断面**起于角间突(牛)或枕外隆凸(马)的后缘
- **前横断面**位于沿额骨颧突后端(眼眶后缘)。在小型反刍动物和猪,脑的前部、额叶和嗅球更靠前,位于两眼之间;因而前横断面位于眶背侧缘中点

电击时,电击枪应放置在连接颞眦与对侧耳基部 2 条连线的交点上。

牛和猪的额窦位于头部表面和脑之间,额骨内、外骨板之间的距离可达 8 cm 以上。

20.2 颈部(collum)

20.2.1 层次结构

颈部的层次结构如下:

- 皮肤和皮下组织
- 腮筋膜
- 腮腺
- 外耳道、锁乳突肌、头前斜肌
- 枕舌骨肌
- 二腹肌的枕下颌部和胸下颌肌
- 颌下腺、咽、颈深前淋巴结、甲状腺
- 喉囊

腮腺筋膜是头部浅筋膜的一部分。颈皮肌位于该筋膜的腹侧。腮耳肌也位于该筋膜内,并覆盖腮腺。颈横神经(第 2 颈神经腹侧支)、耳后大静脉和耳大神经(第 2 颈神经腹侧支)穿过腮腺。

上颌静脉、耳内神经[面神经(Ⅶ)和迷走神经(Ⅹ)的分支]、颈横神经(第 2 颈神经腹侧支)、颞浅静脉以及咬肌动静脉也穿过腮腺。腮腺淋巴结位于腮腺前缘。切除腮腺后,可见外耳道、锁乳突肌、头前直肌、枕舌骨肌、二腹肌的枕下颌部、胸下颌肌(腱膜)以及颌下腺、咽、颈深前淋巴结和甲状腺。

20.2.2 分区

颈部重要的区域有(图 20-14 至图 20-17):

- 腮腺区
- 颈腹侧区
- 肩胛前区
- 颈背侧区

腮腺区

腮腺区是头颈部的过渡区。该区的背侧是耳廓区和颈背侧区,腹侧是颈腹侧区,前方为下颌骨的分支。此区在马属动物相当重要,常称为**下颌后窝**。

面神经在该区背侧穿出茎乳突孔。在该孔起自面神经的有耳后神经、耳内支、耳睑神经、二腹肌支、颈横神经交通支和支配颈皮肌的分支。**耳颞神经**(V_3)、**颈外动脉**和**颞浅动脉**也穿过腮腺区的背侧部。

位于这些结构腹侧的是副神经(Ⅺ)、支配舌骨肌的前两对颈神经的腹侧支、上颌静脉、枕静脉、甲状腺前动脉、咽升动脉和喉前动脉。**Viborg 三角**与下颌骨、舌面静脉和胸下颌肌的止点腱为界。通过该三角可对喉囊进行手术。

腮腺区的深部是喉囊,即咽鼓管憩室。它由茎突舌骨分为较小的外侧隐窝和较大的内侧隐窝。颈外动脉、上颌动脉和颞浅动脉沿外侧隐窝的外侧壁走行。

颈内动脉、**颈前神经节**、**颈内神经**、**交感干**、**迷走神经**、**副神经**和**枕动脉**沿喉囊内侧隐窝的后壁走行。**舌下神经**(Ⅻ)和**舌咽神经**(Ⅸ)可见于喉囊黏膜的后腹侧褶。舌下神经向外侧延伸至颈外动脉,而舌咽神经向内侧穿过颈外动脉。切除喉囊黏膜后,可见咽后淋巴结和颈深前淋巴结。

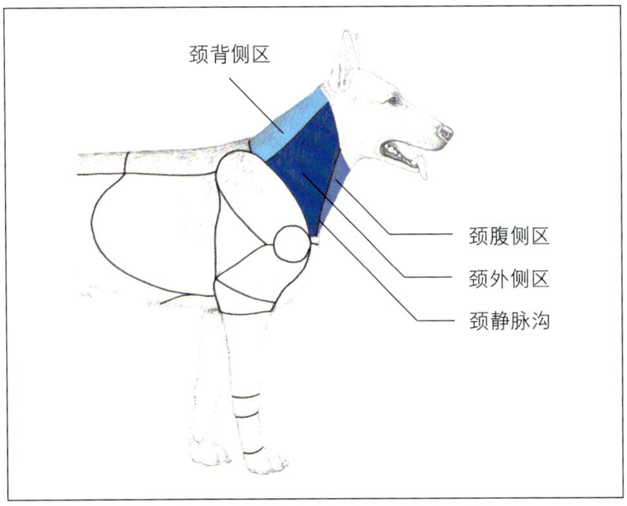

图 20-14　犬的颈部分区（示意图，侧面观）

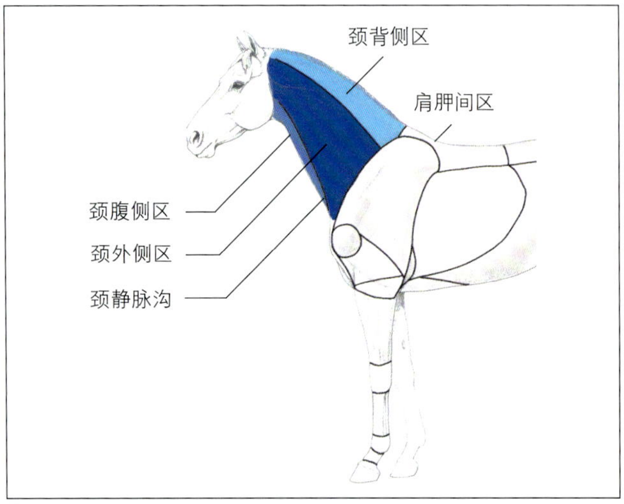

图 20-15　马的颈部分区（示意图，侧面观）

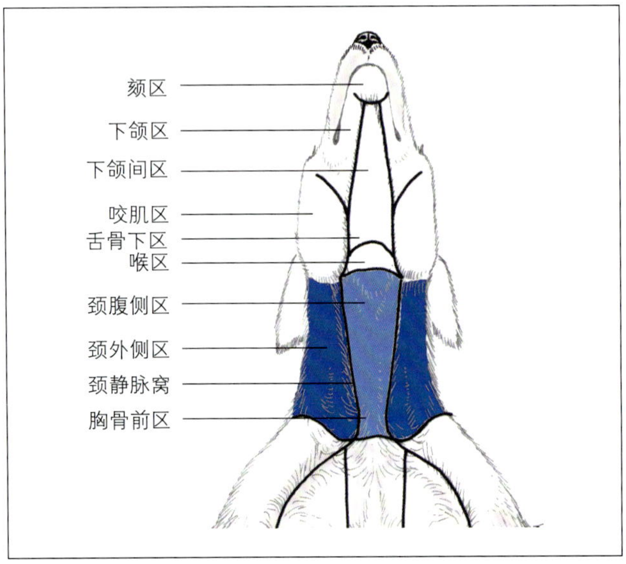

图 20-16　犬的颈部分区（示意图，腹侧观）

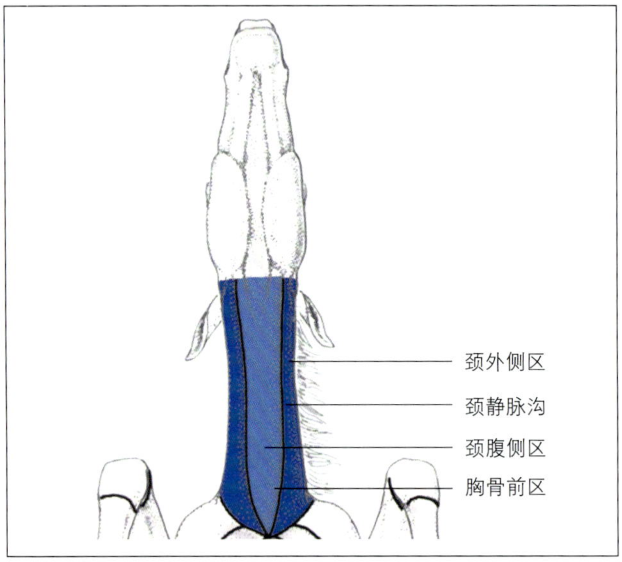

图 20-17　马的颈部分区（示意图，腹侧观）

在腹侧明显可见颈总动脉分为颈外动脉、颈内动脉和枕动脉。

颈腹侧区

颈腹侧区仅包括气管向外覆盖的浅层结构。**喉部**、**颈静脉沟**和**颈静脉窝**也包含于此区。剥离皮肤和颈部浅筋膜后，可见胸骨舌骨肌、肩胛舌骨肌（犬和猫无）和位于二者外侧的肌肉。马的舌骨肌与其后段相互融合为一条宽的肌肉。

甲状腺后静脉平行于气管，沿腹正中线走行。犬的甲状腺腺峡较薄，通常位于第 5～8 气管软骨之间，但小型犬可能缺失。马的腺峡由结缔组织形成，起于第 3 气管软骨，而牛的腺峡起于第 2 气管软骨。

颈部浅筋膜（fascia cervicalis superficialis）分为浅、深两层。浅层与项韧带连结。在外侧，这一层再次分层，并与颈皮肌融合。在腹侧和内侧，此层沿颈部中线形成中缝。颈部浅筋膜的深层覆盖颈静脉沟。

颈部深筋膜（fascia cervicalis profunda）也分为浅、深两层。颈部深筋膜的浅层也称**前气管板颈筋膜**，形成由颈部浅筋膜浅层开始的向后延续的中缝。这种由 2 种筋膜形成的结构构成了一个筋膜鞘，称**颈动脉鞘**（vagina carotica），位于气管附近。颈动脉鞘包含以下结构：

- 颈总动脉
- 迷走交感干（马无）
- 颈内静脉

在颈椎背侧，颈部深筋膜的浅层在颈部肌肉之间形成间隔。**颈部深筋膜的深层**（前椎板颈筋膜）覆盖于头长肌和颈长肌的腹侧面。该层还借疏松结缔组织与颈部深筋膜的浅层相连。它包绕食管，参与构成气管前颈筋膜和颈动脉鞘。此外，该层也包含**喉返神经**和**气管（淋巴）干**。

颈筋膜的各层为血管和神经提供了通路，并形成含有腺体（腮腺和甲状腺）和淋巴结（咽后淋巴结和颈深淋巴结）的各种间隙。

颈静脉沟（sulcus jugularis）

臂头肌和**胸头肌**（牛和马仅含有胸下颌肌）分别构成颈静脉沟的背侧界和腹侧界。颈静脉沟末端为颈静脉窝。在该区域，**皮肌**位于皮肤正下方。犬的颈阔肌位于此区的前方，颈阔肌位于此区的后方。牛和马的颈静脉沟的后段被颈皮肌所掩盖，该肌由颈横神经支配，颈横神经起自第 2 颈神经的腹侧支。

在颈静脉沟前段，颈横神经与支配颈皮肌的面神经分支融合。牛无面神经的该分支。该结构通常被称为**颈浅袢**（ansacervicalis superficialis）。但这一名词未被列入兽医解剖学名词（Nomina anatomica veterinaria，NAV）。颈深袢为前 2 个颈神经腹侧支与舌下神经间的连接。

第 2 颈神经腹侧支，即耳大神经，经皮下在寰椎翼上方到达耳廓的后表面。舌骨长肌（译者注：即胸骨舌骨肌）受前 2 个颈神经的腹侧支支配，它们穿过颈腹侧区。

马和牛的**肩胛舌骨肌**位于**颈外静脉**前段的中段和深面。犬无肩胛舌骨肌，该肌被**胸乳突肌**取代。头静脉位于胸肌沟内，头静脉和颈浅静脉都从肩胛前区的颈静脉窝汇入颈外静脉。

继续向前，犬的肩胛臂静脉也注入颈外静脉（图 20-18）。该血管间接地与颈静脉和腋静脉相通。覆盖颈静脉窝的皮肤由第 6 颈神经，即锁骨上神经支配。

肩胛前区

此区位于肩胛骨前方，是颈外侧区的一部分。此区皮肤由锁骨上神经支配。

颈浅淋巴结位于肩关节前方的肩胛横突肌的深面（马的位于臂头肌深面）。在此淋巴结水平，颈浅动脉分出它的 2 个终末支。副神经（Ⅺ）穿过由臂头肌、肩胛横突肌和斜方肌围成的背侧角。

颈背侧区

层次结构（颈中部）

颈部含有以下结构：

- 皮肤
- 皮下组织
- 颈浅筋膜
- 锁头肌和夹肌的腱膜
- 项韧带及其外侧的头棘肌和头最长肌
- 头背侧大直肌、头背侧小直肌及其外侧的头前斜肌
- 寰枕关节及其关节囊（寰枕膜）
- 骨膜
- 硬膜外腔和脊硬膜
- 脊蛛网膜外层
- 小脑延髓池

滑膜囊

颈背侧区存在 2 个滑膜囊，即**前、后项韧带下滑囊**。在此区，这些滑膜囊位于**项韧带索状部**的下方。

前项韧带下滑囊位于**项韧带**的起点下方，易发炎症（黏液囊炎）以及其他疾病，特别是马和牛（鬐甲瘘、项韧带滑囊炎）。

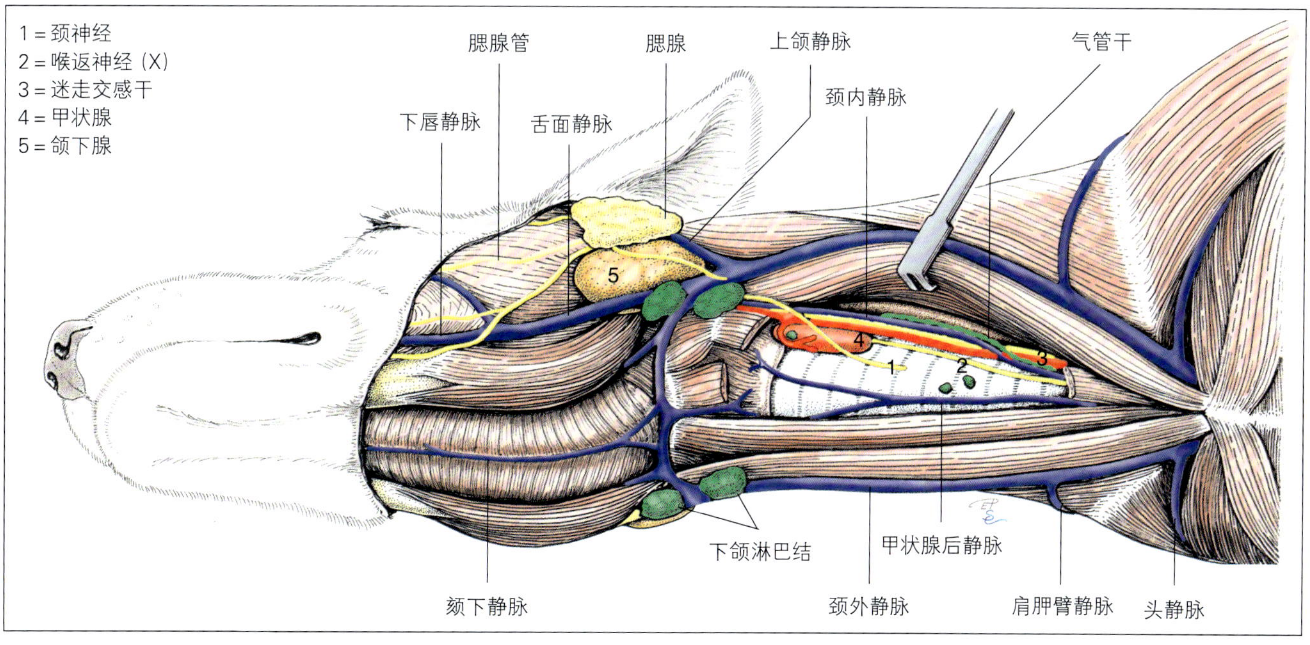

图 20-18 犬的颈部浅层结构示意图（腹侧观）

20.2.3 临床应用

颈部连接头部和胸部，包括从寰椎和枕骨间的横断面至肩部(肩胛骨前沟)。可触及寰椎翼和第3～6颈椎横突。颈区有气管、食管和胸腺(幼龄动物)。甲状腺位于气管起始部。

> **临床小知识**
>
> **该区的重要结构有：**
> - 颈总动脉
> - 椎动脉
> - 颈深动脉
> - 迷走神经，与交感干合并，形成迷走交感干
> - 喉返神经
> - 气管淋巴干

脊髓位于椎管内，由脊膜包裹。

计算机断层扫描(CT)可对犬的3个淋巴中心(下颌淋巴中心、腮淋巴中心和咽后淋巴中心)和唾液腺进行成像。特别是用CT进行咽后淋巴结病理性肿大的识别。

> **临床小知识**
>
> 马的**颈椎畸形**或**创伤**或可引起椎管狭窄，导致运动失调。在急转弯时，表现出步态蹒跚和后肢问题。这些症状可用一个临床术语“**脊髓共济失调**”加以概括，也称为“**摇摆综合征**”。

颈部的注射和脊椎穿刺

注射

皮下或**肌内注射**均可在颈部进行。**皮下注射**可在**臂头肌区**(臂头肌上方的区域)进行。在由项韧带、颈椎及锁骨下肌形成的**三角形中间**进行**肌内注射**。注射部位必须仔细进行清洁和消毒，因为颈筋膜会在有并发症的情况下阻碍病理性分泌物的排出。

颈静脉沟位于颈外侧的腹侧部。**颈外静脉**位于此沟内，是**静脉注射**的首选血管。

对于大型动物，重要的是要认识到，在颈静脉沟的前部和中部，颈外静脉由肩胛舌骨肌将其与颈总动脉分开，肩胛舌骨肌可保护动脉和其他深层结构。因此，静脉注射应在颈前部和颈中部进行。在颈后的1/3，颈外静脉覆盖有较厚的颈皮肌。当该肌肉收缩时，可阻碍静脉穿刺或改变进针方向。因此，在该区注射易损伤颈总动脉。

对于犬和猫，可从**颈外静脉**采血。应注意的是，双侧颈外静脉间通过一个吻合支相连，此吻合支为舌骨静脉弓，连接于两侧舌静脉，因此采血时需同时压迫双侧颈外静脉。

脊髓穿刺

脊髓穿刺可在颈的背侧进行。针头刺入蛛网膜下腔的小脑延髓池。刺入蛛网膜下腔的深度在马约为8 cm，幼驹约为1.5 cm，犬约为4.8 cm(如德国牧羊犬)。犬的寰枕间隙较窄，小脑延髓池可能含有极少量的脑脊液。

甲状腺

马的甲状腺位于第2～3气管软骨间的背外侧，食肉动物的甲状腺位于第5～9气管软骨间的背外侧。甲状腺肿大时可触及。超声是检查甲状腺的首选方法。进行甲状腺摘除时，必须注意甲状旁腺应保持完整；否则血钙浓度将严重紊乱，导致痉挛和死亡。

气管

小型犬老年时可表现出慢性咳嗽或呼吸困难，这些症状通常是由**气管塌陷**引起的气管管腔狭窄，气流阻力增加所致。内窥镜检查可显示气管背侧段(黏膜和气管肌)扁平。

对于药物治疗无效的犬，气管前段**切开**是必要的。进入气管的术路在喉后2～3 cm的中线上。切开皮肤，颈括肌暴露，随后是颈浅筋膜。切口不能向前进行扩创，否则会切断静脉舌骨弓。继续向深层，可见颈白线，这是两块胸骨舌骨肌之间的薄而色淡的结缔组织。气管腹侧中间的白线下方是甲状腺后静脉。该血管的损伤常不可避免。

最深一层由颈深筋膜的气管前层和气管外膜形成。在甲状腺切除的情况下，该术路也允许进入甲状腺。在气管前层切开后，钝性切除气管背外侧面的甲状腺。由于甲状腺肿大常伴有供血动脉增粗，因此应单独结扎动脉。

喉

喉偏瘫的标准手术通路是从气管前端切口开始。暴露舌骨长肌(译者注：胸骨舌骨肌)，并向外牵拉，从环甲软骨肌膜中线切口进入喉腔，如必要还可切开环状软骨。手术切除患侧的喉室，由此产生的瘢痕组织形成对患侧声带产生永久性牵拉，使其向外侧移位至喉的甲状软骨上，这可缓解气流中断，从而制止喘鸣症状。

食管

对于**食管阻塞**的病例，可在颈中1/3处进行手术。先向食管投入胃管，于左侧切开皮肤、颈浅筋膜和颈皮肌。最后，切开颈深筋膜的气管前层。应注意避免伤及颈外静脉。在术中需明确与食管毗邻的结构，如颈动脉和迷走交感干，并加以防护。

椎间盘

椎间盘脱出可发生于颈段脊柱，多见于小型犬。在这种情况下，术路可从**颈腹侧区**进入脊柱。**髓核**可向外侧或背侧突出。髓核向外侧突出，可影响脊神经根，引起疼痛；

向背侧突出，可从腹侧压迫脊髓。由于下行运动束位于脊髓腹侧部，会出现疼痛和肌肉麻痹或瘫痪等症状。术路从颈腹侧部进行。

颈椎的手术入路类似于气管切除术，需明确各器官和结构，并将其拉向外侧。提起颈部的长肌，以暴露颈椎。不仅要切除突出的髓核，也要将其余的椎间盘(颈2、3椎间盘，颈3、4椎间盘和颈5、6椎间盘)切除，作为预防措施。

20.3 胸部

胸部是躯干的前段，也是颈部向后的延续(图20-23至图20-26)。**胸前口**为胸腔前部的开口。

位于胸前口的结构有：

- 食道
- 气管
- 主动脉弓的前支(双颈动脉干、左右锁骨下动脉)
- 前腔静脉
- 颈静脉
- 淋巴结
- 迷走神经
- 交感干，含有星状神经节和颈神经节
- 颈部的长肌
- 颈胸段胸腺(幼龄动物)

围绕胸腔(cavum thoracis)的骨性支架由颈椎、肋和胸骨组成。膈向前凸出，将胸腔和腹腔分开。

膈的后方是腹腔的胸廓内部分，这一部分将在腹腔一节阐述。胸腔被分为两个胸膜腔(cava pleurae)，两胸膜腔之间为纵隔，纵隔内包含许多器官和管道。

临床小知识

有许多器官和管道**穿过膈**：

- 主动脉
- 胸导管
- 后腔静脉
- 食管及伴行的迷走背侧干和腹侧干
- 双侧交感干
- 内脏神经

胸腔侧壁大部分由前肢遮盖。前肢通过肩带连于胸部，肩带仅由肌肉和筋膜组成。

20.3.1 可见和可触及的骨性结构

根据动物的营养状况，除通常被前肢遮盖的部位外，肋骨是可见的，并可触及。对于小动物，将前肢向前牵拉，可触及更多的肋骨和肋间隙。

20.3.2 浅胸沟和浅肌沟

浅层的肌沟有：

- 胸外侧沟(sulcus pectoralis lateralis)
- 胸中间沟(sulcus pectoralis medianus)
- 肘沟(三头肌沟，sulcus musculi tricipitis)，也称三头肌缘，位于三头肌的后缘

20.3.3 层次结构

未被前肢遮盖的胸腔区域包括以下结构：

- 皮肤和皮下组织
- 躯干浅筋膜(具有浅、深两层，夹有躯干皮肌)
- 躯干深筋膜
- 骨骼肌层(肋骨肌和肋间肌，以及节段性分布的血管和神经)
- 胸内筋膜
- 肋胸膜

20.3.4 分区

胸腔最重要的分区有(图20-19至图20-22)：

- 胸骨前区
- 胸骨区
- 心区
- 肋区

20.3.5 临床应用

心脏的血液供应

研究显示，犬具有**先天性冠状动脉吻合**，必要时管腔增大。这种发育能力在犬发生大血管栓塞时极为重要。然而，猪很少形成此类血管。这一现象使犬成为研究梗死的首选实验动物。

犬持久性右主动脉弓

幼龄德国牧羊犬出现的一种先天性缺陷是一种血管异常，即所谓的**持久性右主动脉弓**。主动脉通常位于身体左侧。在左锁骨下动脉口向后不远处，即在第4肋骨水平，为动脉导管(Botalli氏导管)。在有右主动脉的病例中，左锁骨下动脉位于食管的右侧。动脉导管虽然仍位于第4肋骨

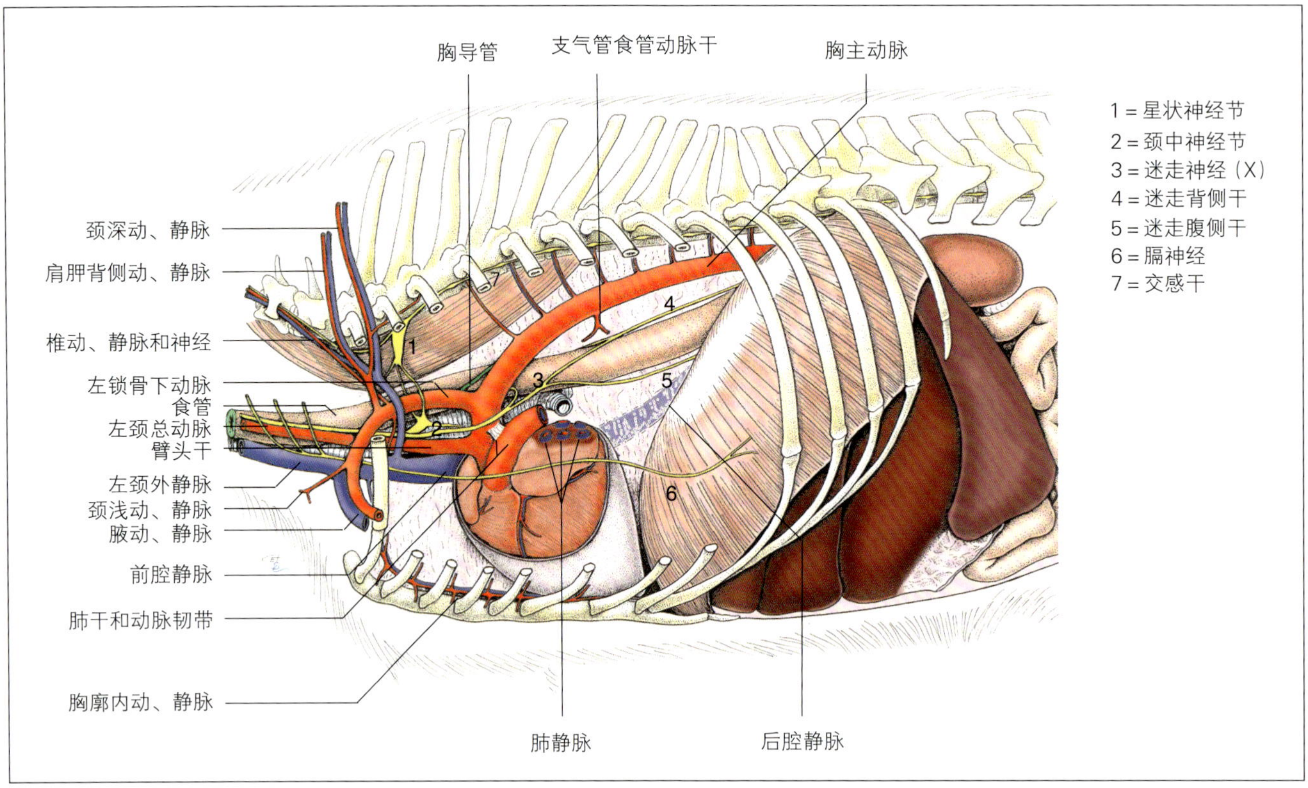

图 20-25　犬的胸腔内器官和结构（示意图，左侧观）

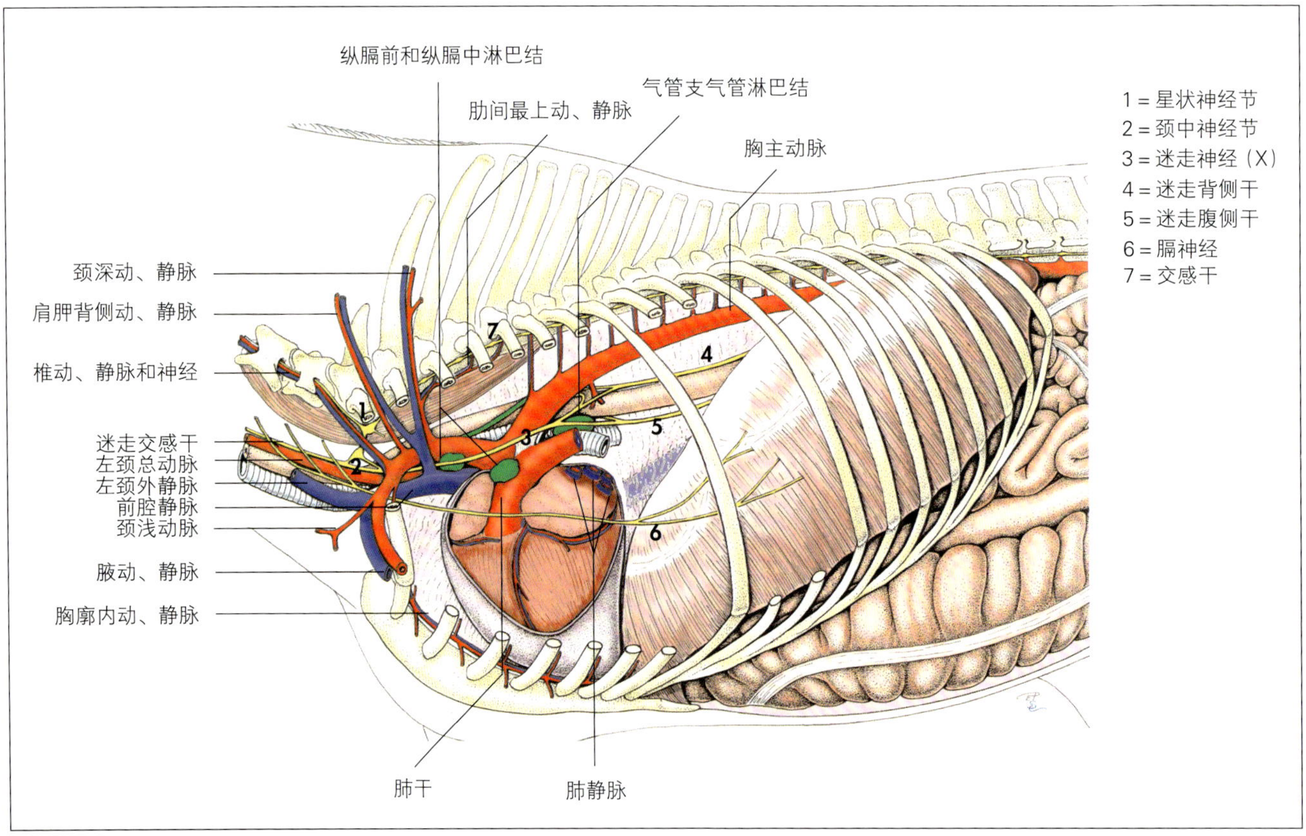

图 20-26　马的胸腔内器官和结构（示意图，左侧观）

20.4 腹部

腹部位于胸腔的后部。腹腔前部起始于**膈**，后部止于**终线**，终线标志着向盆腔的过渡。膈后仍位于胸廓内的部分，称为腹腔的胸内段（图 20-27 至图 20-36）。

> **临床小知识**
>
> 位于**腹腔内**的结构有
> - 消化系统器官
> - 泌尿生殖系统器官
> - 内分泌腺
>
> 以及相应血管、神经、系膜和韧带等

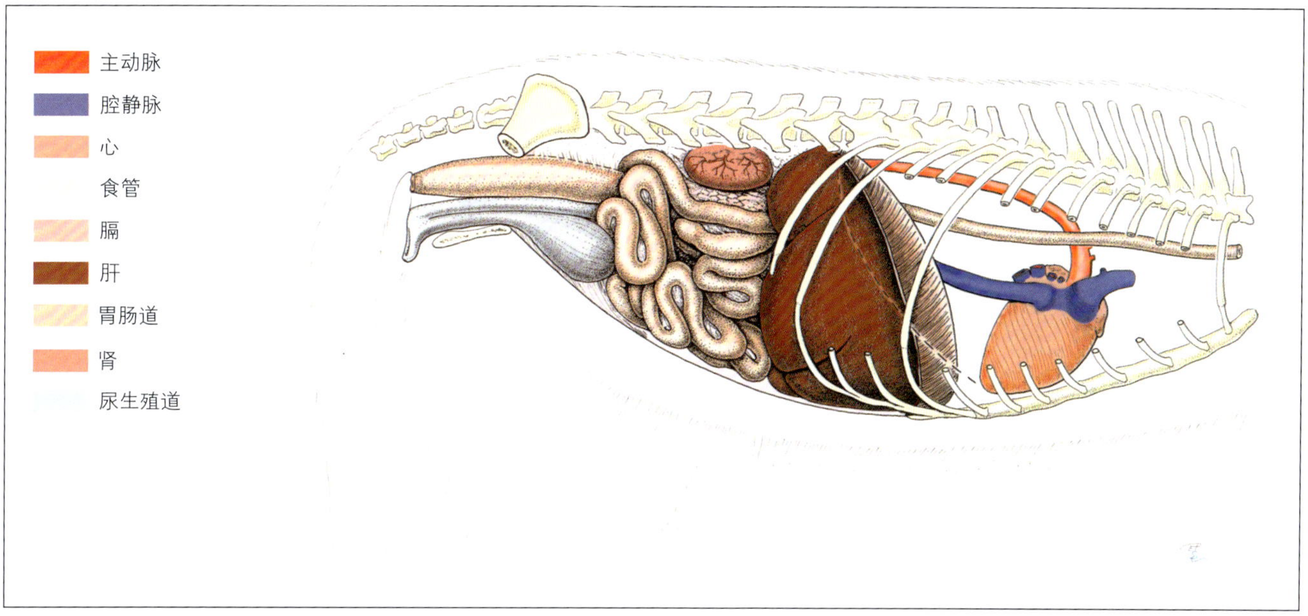

图 20-27　猫的腹腔内器官示意图（右侧观）

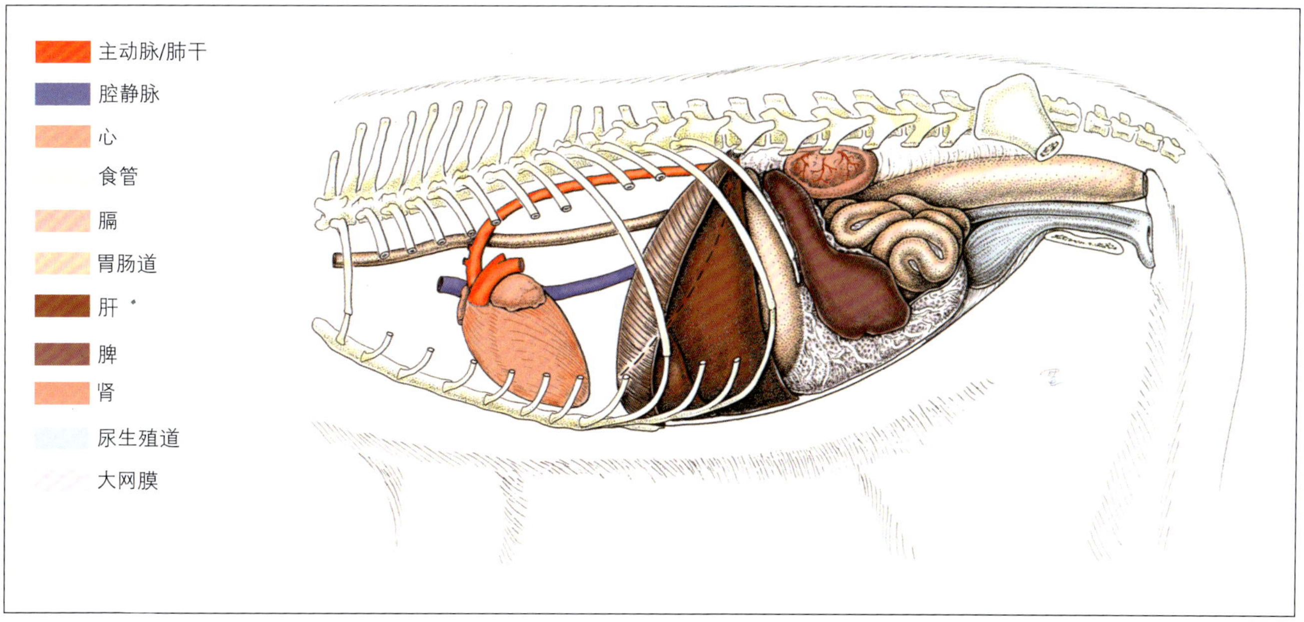

图 20-28　猫的腹腔内器官示意图（左侧观）

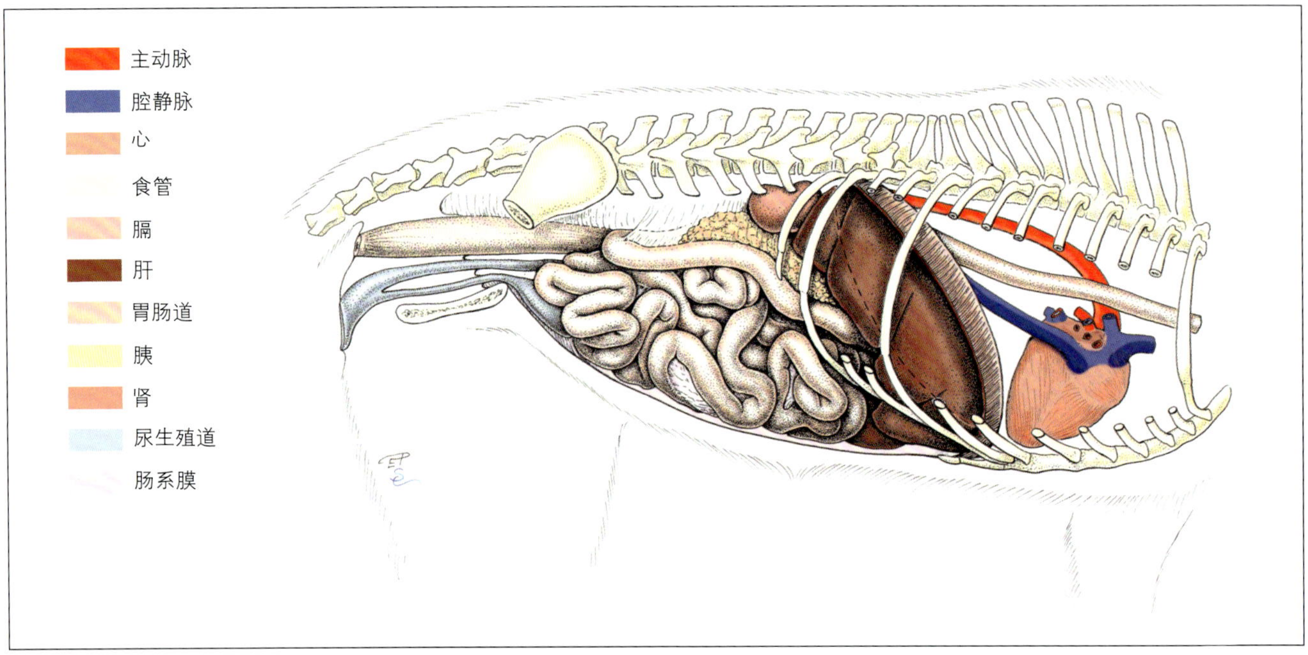

图 20-29　犬的腹腔内器官示意图（右侧观）

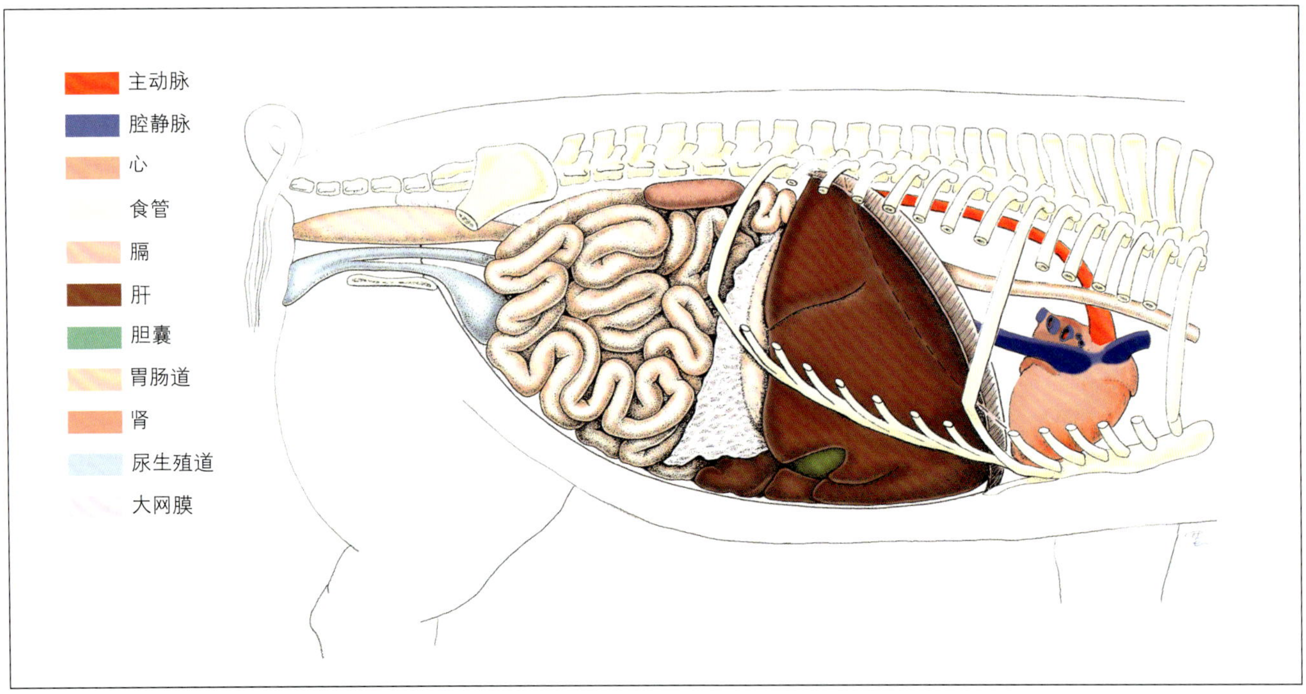

图 20-30　猪的腹腔内器官示意图（右侧观）

腹腔顶由**脊柱**及其肌肉构成。肾、肾上腺、主动脉、后腔静脉、腰淋巴干和腰神经均位于腹膜后间隙的腹腔顶附近。

临床小知识

腹腔外侧壁和腹侧壁对于诊断入路和手术特别重要，因为**器官都投影到腹腔壁的特定区域**；有关更多信息，请参见 20.8 节“器官的体表投影”（675 页）。身体的这一部分的分区对临床医生非常重要。

20.4.1 可见和可触及的骨性结构

动物的被毛和营养状况决定了哪些结构是可见和/或可触及的。从第6根肋骨开始,即使在营养良好的动物中也能感觉到大多数正常可触及的结构。肋弓将各肋骨连接,在胸廓后部常可触及。牛的腰椎横突可见,在其他家畜通常可触及。在腹腔的腹底壁可触及胸骨和剑突软骨。髋结节和膝盖骨可作为不同区域的可触及的边界(图20-58和图20-59)。

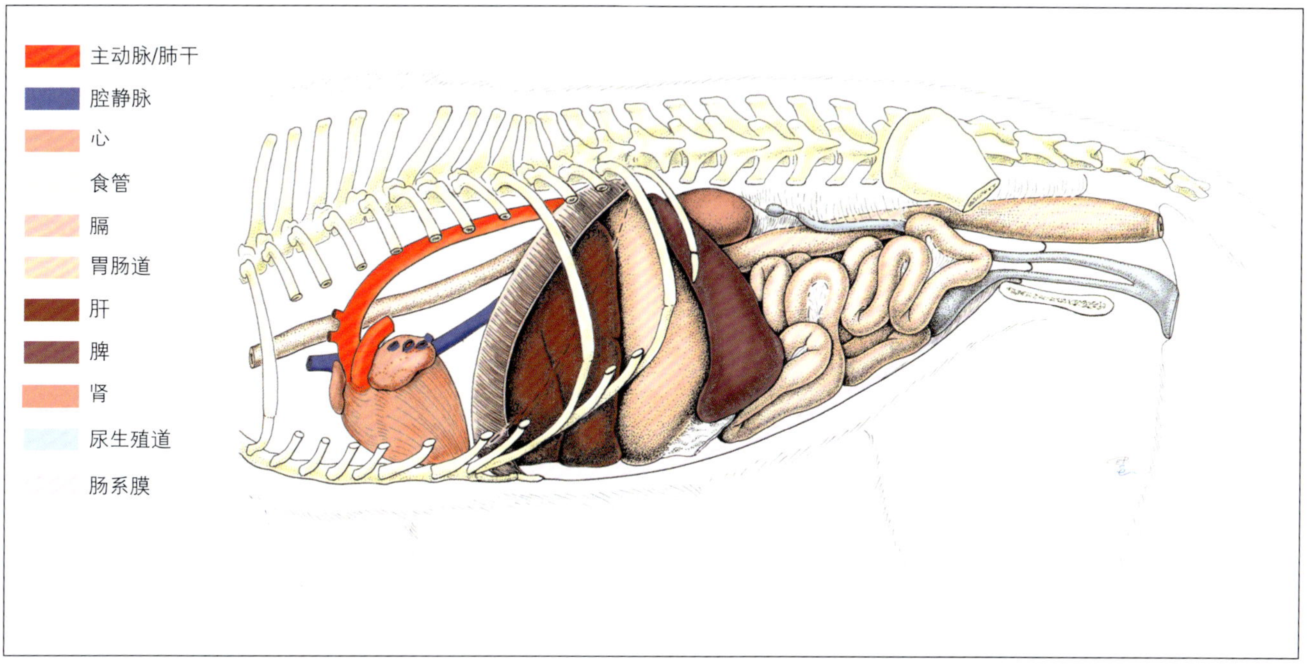

图 20-31 犬的腹腔内器官示意图(左侧观)

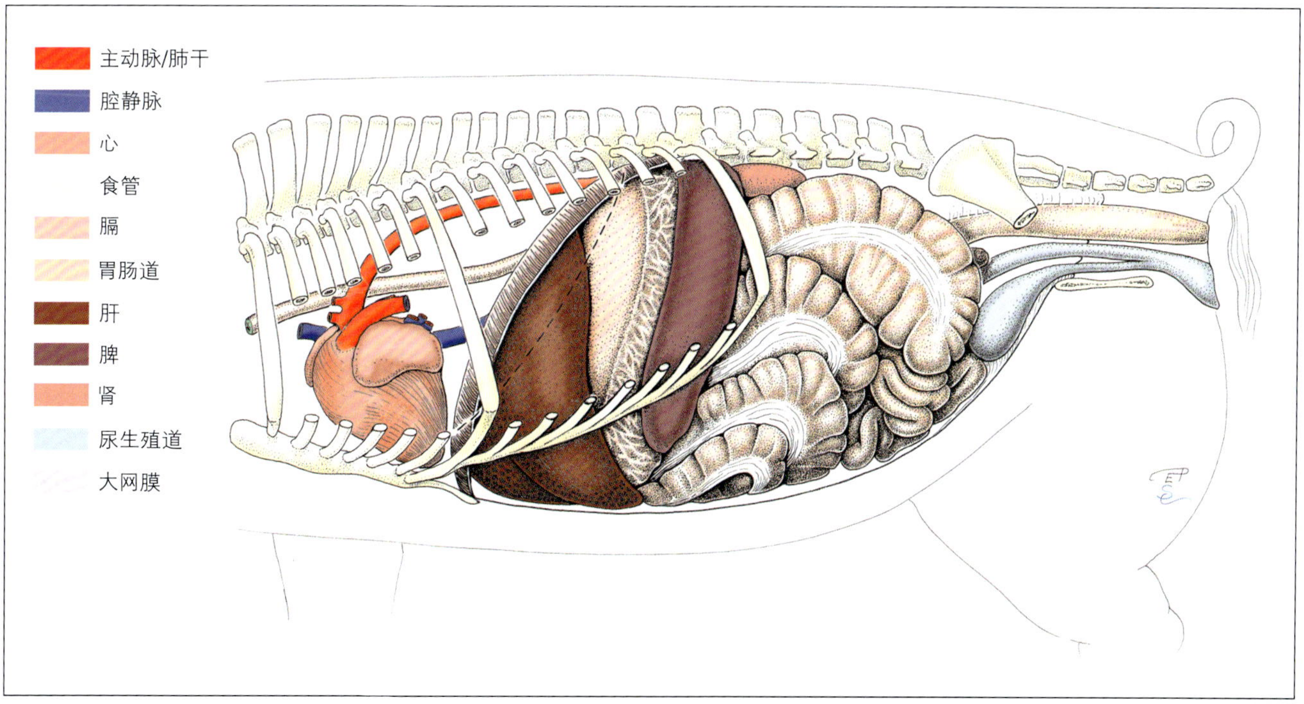

图 20-32 猪的腹腔内器官示意图(左侧观)

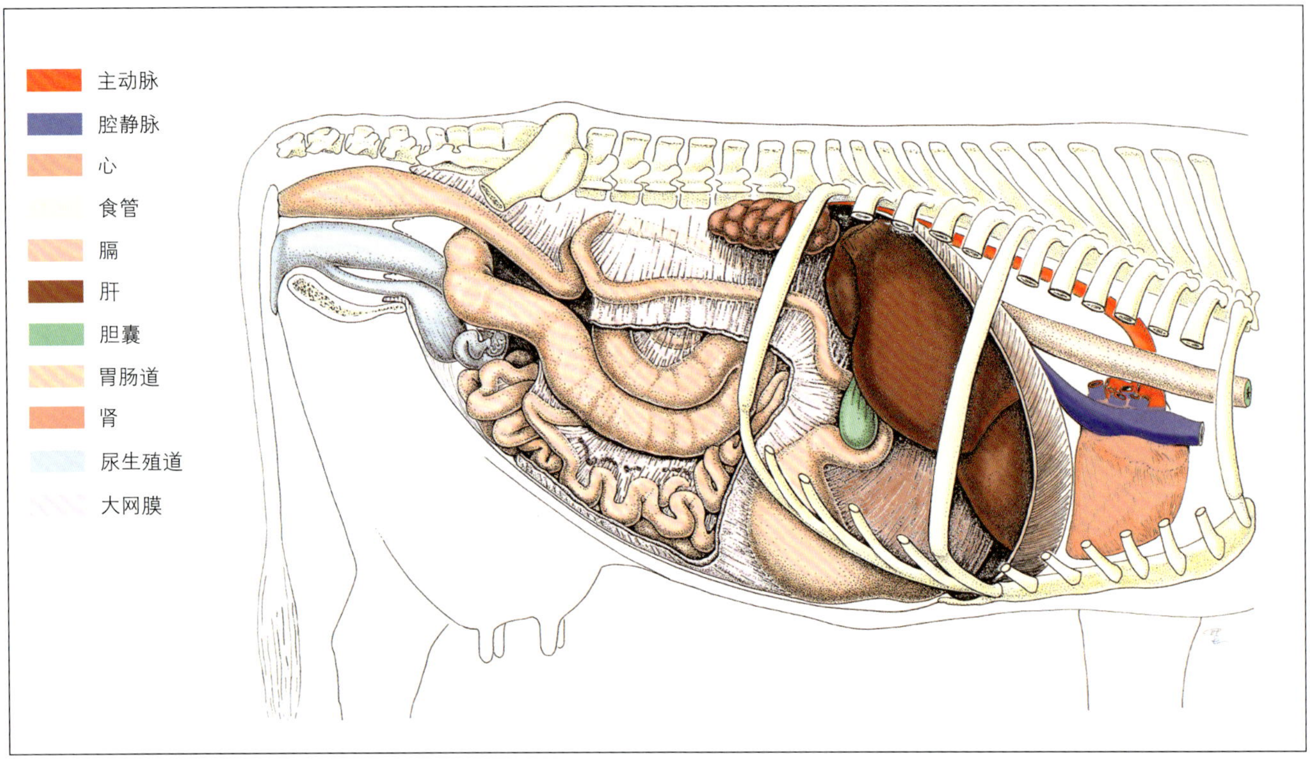

图 20-33 牛的腹腔内器官示意图(右侧观)

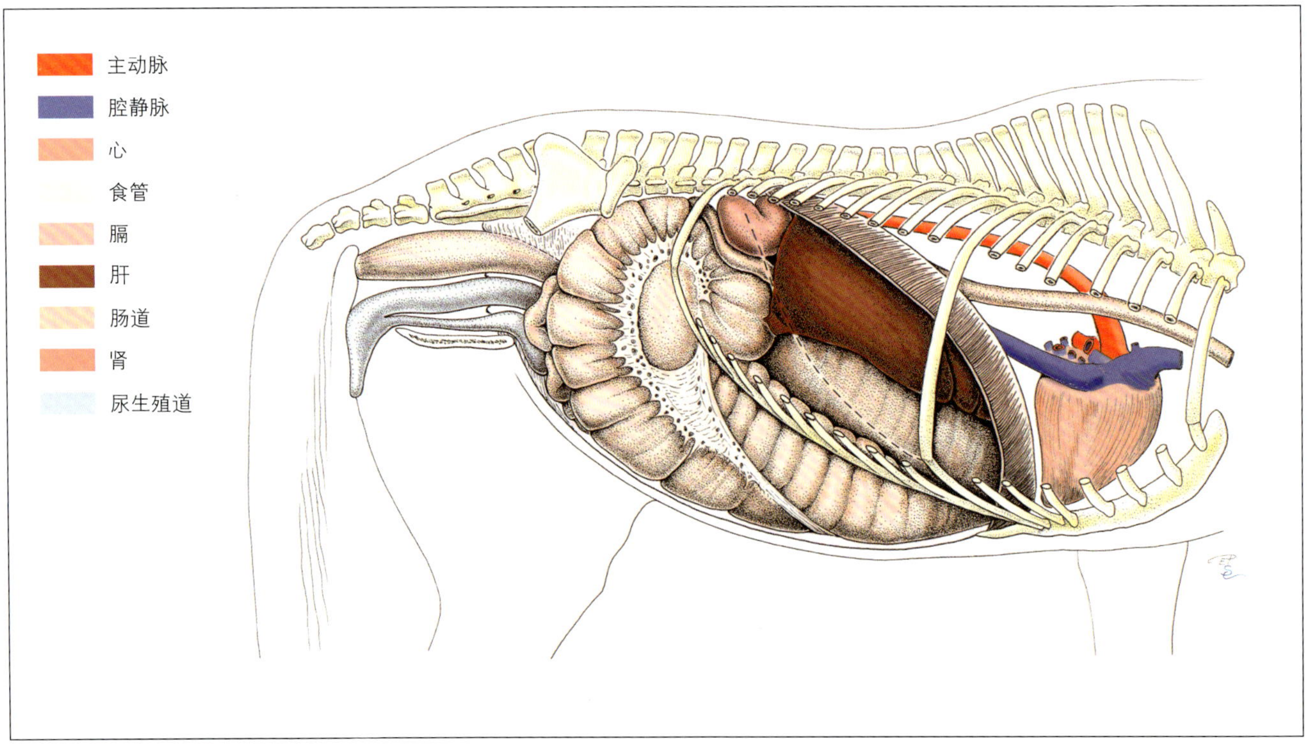

图 20-34 马的腹腔内器官示意图(右侧观)

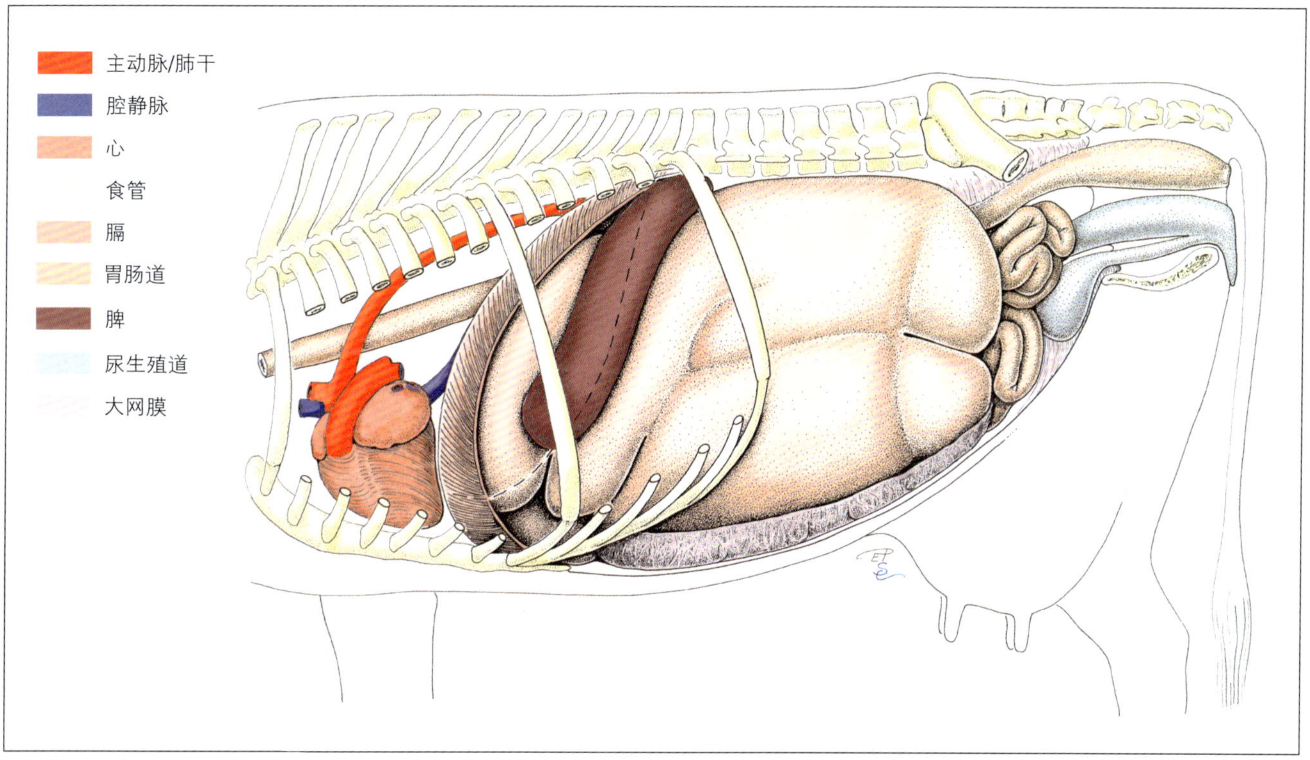

图 20-35 牛的腹腔内器官示意图(左侧观)

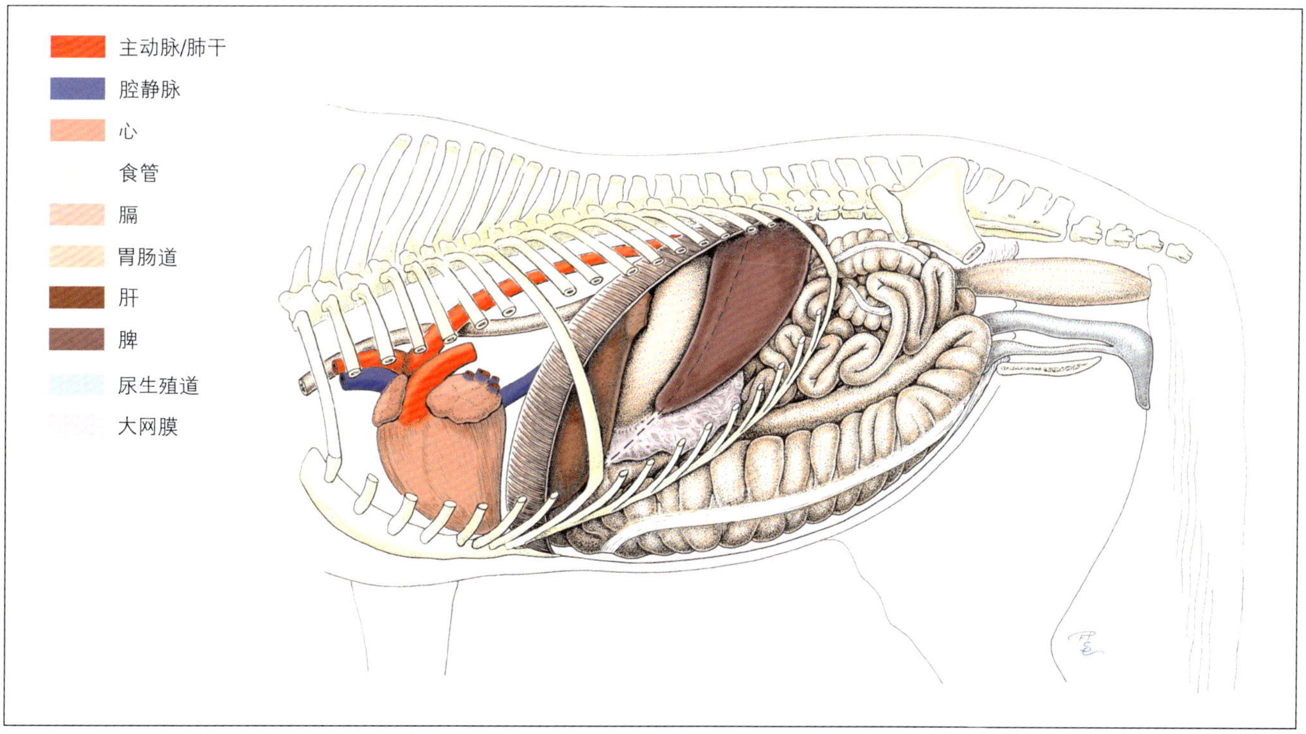

图 20-36 马的腹腔内器官示意图(左侧观)

20.4.2 浅表可见的结构

血管

在牛，特别是奶牛，**腹壁后浅静脉**和**腹壁前浅静脉**的吻合处可见一个大的、弯曲的血管，以前曾称为**腹皮下静脉**或“**乳静脉**”。该血管在泌乳期奶牛中尤为明显，它将血液从乳房前部输送至第8肋间隙，在此进入深层与胸廓内静脉汇合。

这一点也被称为“**乳井**”。在乳静脉前方可见胸廓外静脉。

血管以**节段性动脉**和**节段性静脉**供血。此外，内部动脉的分支为腹壁供血。腹壁前动脉是胸廓内动脉的延续。旋髂深动脉由髂外动脉分出（食肉动物并非如此），腹壁后动脉则由阴部腹壁动脉干分出。这些动脉均有同名静脉伴行。

如上所述，腹壁后浅静脉位于腹外侧区皮下，但无动脉伴行。由于其大小和弯曲程度，该静脉在成母牛很容易定位，但在犊牛体内尚未发育完全。

腹皮下静脉向前走行，在腹直肌的第2腱划处穿过该肌，形成乳静脉环，或如上所述的乳井。该静脉在腹直肌的背侧向前走行4～5 cm，最终汇入腹壁前静脉。

腹壁前静脉在第9肋软骨和剑状软骨附近离开腹腔，进入胸腔，汇入胸廓内静脉，最终汇入前腔静脉。必要时，可在腹皮下静脉进行静脉注射，特别是斜倚着（休息）的奶牛，该静脉比颈外静脉更易操作。但是，血液和药物可能会渗漏到周围的静脉旁结缔组织中，易引起血栓性静脉炎，特别是在局部给予刺激性药物时。

神经支配

腹壁的神经支配是**节段性**的。腹壁前部由**肋间神经**延续的分支支配。腹壁后部由**腰神经的腹侧支**支配：**髂腹下神经**（犬为前髂腹下神经和后髂腹下神经）、**髂腹股沟神经**、**生殖股神经**和**股外侧皮神经**。

淋巴结

负责引流腹壁的淋巴结有腋淋巴结、胸骨淋巴结、髂下淋巴结和腹股沟浅淋巴结。在患有乳腺癌的母犬，双侧受影响和未受影响的淋巴结必须随肿瘤一起切除。

20.4.3 层次结构

各种不同的外科手术需在腹壁的不同部位进行，因而其层次结构也按部位分别讨论。

20.4.4 分区

腹壁外侧和腹底壁可分为如下区域：

- 腹前区
- 腹中区
- 腹后区

腹前区

该区指**膈**与**最后一对肋骨所做横断面**之间的区域，可分为3个区：

- 左季肋区
- 右季肋区
- 剑状软骨区

季肋区

此区为由肋骨、肋软骨和肋弓围成的腹前区部分。

层次结构

季肋区包括以下各层：

- 皮肤和皮下组织
- 躯干浅筋膜的2层和躯干皮肌
- 躯干深筋膜
- 腹外斜肌

剑状软骨区

此区指围绕在胸骨剑状软骨周围的区域。

层次结构

剑状软骨区包含以下各层：

- 皮肤和皮下组织
- 躯干浅筋膜和躯干深筋膜
- 胸深肌和腹皮下静脉
- 腹外斜肌和腹内斜肌深层腱膜
- 腹直肌（牛的乳井位于此处）
- 腹横肌腱膜
- 腹横筋膜
- 腹膜

在剑状软骨区可进行肝活检、胃切开和脾切除的手术。

腹中区

腹中区在腹前区之后，其前界为沿最后一对肋骨所做的横断面，后界为沿两侧髋结节所做的横断面。该区可分为：

- 右腹外侧区
- 左腹外侧区
- 脐区

腹外侧区

在大型动物，左侧和右腹外侧区被称为肋腹部。背侧缘为腰椎横突，腹侧缘为一条穿过膝盖骨的水平线。在该区的背侧可见**腰旁窝**(fossa paralumbalis)。窝的前界为最后一对肋骨的前界，背侧为腰椎横突，腹后部为腹内斜肌的背侧缘。此缘形成了所谓的**髂肋角**。

层次结构

腹外侧区包括以下各层：

- 皮肤和皮下组织
- 2 层躯干浅筋膜及其间的躯干皮肌
- 躯干深筋膜(牛和马为腹黄膜)
- 腹外斜肌(纤维由前背侧向后腹侧走行)
- 腹内斜肌(纤维由后背侧向前腹侧走行)
- 腹横肌(纤维垂直走行)、髂腹下神经(犬为前和后髂腹下神经)、髂腹股沟神经、生殖股神经和旋髂深动脉和静脉
- 横筋膜
- 腹膜

脐区

脐区位于腹外侧壁的腹侧，包括脐孔周围的部分。该区以横过每一侧膝盖骨水平线以上的部分结束。

层次结构

脐区包括以下各层：

- 皮肤和皮下组织
- 2 层躯干浅筋膜及其间的躯干皮肌(犬和牛为包皮前肌)
- 躯干深筋膜(马和牛为腹黄膜)
- 腹外斜肌和腹内斜肌腱膜，它们形成腹直肌的外鞘
- 腹直肌及腹壁前动、静脉和腹壁后动、静脉
- 腹横肌(纤维垂直走行)
- 横筋膜
- 腹膜

在脐区，脂肪沉积在腹壁内侧，被腹膜所覆盖。犬和猫的脂肪沉积在**镰状韧带**。营养良好的动物，脂肪沉积的范围较大。这给许多外科手术带来不便，在腹腔手术中常常被切除。在这种情况下，应格外注意识别和避开腹膜缘。

如前所述，由于许多手术在这一区域进行，因而该区域与临床有密切关系。例如，给母犬或母猫做绝育手术、剖宫产手术，以及胃肠道、肾和脾的外科手术。

此区的神经阻断是通过椎旁麻醉实现的，被阻断的神经从其穿出椎间孔处开始麻醉整个神经节段。腰旁麻醉仅阻断该节段神经的腹侧支。

腹后区

此区位于腹中区的后部，向后延伸至终线。它可分为 2 个亚区：

- 耻骨区，即耻骨梳之前
- 成对的腹股沟区，位于大腿之间的左右两侧

耻骨区

层次结构

耻骨区的层次构造与腹部相似。可见腹肌的腱膜，并与腹白线融合。这些肌腱和白线作为耻骨前肌腱附着在耻骨梳上。例如，在母牛妊娠即将结束时，该肌腱可能会撕裂。在这种情况下，腹壁失去张力，整个区域下陷，无法进行手术治疗。

母畜的乳房伸入此区，公畜的阴茎和包皮也位于此区。

腹股沟区

腹股沟区在临床上具有重要意义。体型大的雌性动物、绵羊和山羊的乳房位于此区。猪、猫和犬的腹股沟乳腺位于此区。睾丸及阴囊位于此区。除大象外，每一种雄性哺乳动物的腹膜鞘突(译者注：即阴囊的总鞘膜)在此区穿过**腹股沟管深环**和**浅环**离开腹腔。

约 80% 的母犬也具有腹膜鞘突，子宫圆韧带穿过腹股沟管，包含在鞘突内。其他雌性家畜的腹股沟管由结缔组织所填充。与雄性动物一样，阴部外动脉、阴部外静脉、淋巴管和生殖股神经在此处可见。

腹股沟区也含有**腹股沟浅淋巴结**，在有乳房的家畜也称为乳房淋巴结(雌性)，雄性动物则称为阴囊淋巴结。

层次结构

腹股沟区含有以下层次结构：

- 皮肤和皮下组织
- 躯干浅筋膜
- 躯干深筋膜(马和牛的为腹黄膜)
- 与腹股沟韧带相连的腹外斜肌腱膜
- 腹内斜肌
- 横筋膜
- 腹膜

尤其是在雄性动物，腹股沟区与雄性交配器官的去势和手术有临床相关性。

阴囊的层次结构

阴囊包括以下各层：

- 阴囊的皮肤
- 阴囊
    - 皮下组织和皮下肌纤维层(译者注：肉膜)

- 双层的精索外筋膜
- 睾提肌筋膜和睾提肌
- 鞘突
  - 精索内筋膜
  - 鞘膜壁层

乳房的层次结构

乳房由以下结构组成：

- 皮肤和皮下组织
- 含有乳上肌的躯干浅筋膜
- 腺组织
- 躯干深筋膜

20.4.5 临床应用

腹壁疝

腹壁疝可发生在**腹壁的任何部位**，不仅包括脐疝、腹股沟疝，还包括多有发生在腹壁的疝。以下根据物种列出**常见疝的类型**：

- **马**：疝位于左侧腹壁最后肋骨后方，也位于胁腹部腹股沟区的前方
- **牛**：疝位于右胁腹部
- **绵羊**：疝通常位于右侧，但也可出现于左侧，多见于受孕动物

腹腔镜检查

腹腔镜检查不仅用于诊断和活检，还可用于**微创手术**。这类手术的最大优点是腹壁创口小，愈合快；缺点是此类手术的设备费昂贵。每次腹腔镜检查都有可能需要进行剖腹手术。

剖腹检查

小动物的剖腹检查常在腹白线进行。

马的剖腹检查

剖腹检查是**腹腔探查**的首选方法。手术优点是切口既可向前扩创，也可向后扩创，必要时可同时扩创。通过皮肤和皮下组织做所需长度的切口。先在腹白线中部做一个小切口，使食指刚好通过。将食指伸入腹膜后间隙，稍拉起腹壁或拉紧腹壁，区分腹膜和横筋膜，以及在脐的前方为镰状韧带，脐的后方为膀胱正中韧带。在这两条韧带，前者含有与肝相连的胎儿脐静脉，后者含有与膀胱相连的脐尿管。两条韧带被脐隔开，它们有助于腹腔缝合后拉紧腹膜缝合线。

牛的剖腹检查

牛的剖腹检查是在站立状态、局部麻醉的情况下，对胁腹部进行检查。每切开一层腹壁结构都要比原先的切口略小一些，即层次越深切口越小。在左胁腹部，唯一可触及的器官是瘤胃，在这通过腹壁各层做一垂直切口。切口从腰椎横突下方开始，依次切开腹外斜肌和腹内斜肌，切开依然是垂直的。其间，必须对来自旋髂深动脉分支的出血进行止血。随后小心切开腹横肌，以防伤及深层的横筋膜和腹膜。最后用手术镊夹起这两层，用手术刀作一点状切口。用手术剪将该切口扩大至所需长度。在左胁腹部的背侧进行**瘤胃切开**。

右胁腹部的切口可触及盲肠和其他肠段。在此处，不同层的切口沿不同方向进行。通过皮肤和皮下组织的切口是垂直的，腹外斜肌（后腹侧）的切口应与其肌纤维方向平行，腹内斜肌（前腹侧）的切口也应与其肌纤维方向平行。

右侧腹壁的腹横肌、横筋膜和腹膜的切开方法与左侧腹壁的切开方法相同。若要触及消化道部分，需在大网膜的浅层和深层做切口。

牛的盲肠和结肠近袢的扩张或扭转是右胁腹部剖腹术的适应证。手术矫正皱胃移位（译者注：也称皱胃扭转或真胃扭转）也在右胁腹部进行，从最后肋骨后方约一掌处进行。皱胃的左侧移位矫正即可在左侧或右侧腹壁的胁腹部进行网膜固定。

矢状剖腹检查

这种术式**主要用于马腹腔内隐睾的矫正**。麻醉的病马，仰卧位保定。在包皮外侧 7～10 cm 处做 15 cm 长的皮肤切口，切口起点在包皮口稍后方，并平行于腹正中线延伸。随后以同一方向分离下方的躯干深筋膜和外层的腹直肌鞘。然后沿肌纤维方向钝性分离腹直肌。最后，在腹直肌内鞘、横筋膜和腹膜上做一垂直于皮肤的切口。

矢状剖腹检查的其他适应证主要包括牛的**真胃固定**、**网膜固定**，以及**皱胃的左右移位**。

去势

精索外筋膜和精索内筋膜之间有一层疏松结缔组织，由于它的存在，鞘突在阴囊内可作大范围的移动。利用该层结构，医生可将鞘突摘除并结扎，从而连同鞘膜一起摘除睾丸。这种方法称为“**闭合式**”**去势**，因为鞘突并未被打开。在“**开放式**”**去势**，不仅要切开阴囊各层，还要切开鞘突，被摘除的睾丸仅被覆鞘膜的脏层。开放式去势通常仅用于公猫。开放式、闭合式和**半闭合式**的去势均可用于公马。

半闭合式去势基本同闭合式去势，不同的只是将鞘突打开，摘除睾丸。用镊子夹住鞘突边缘，用去势器将被鞘突覆盖的精索夹碎，然后将鞘突及精索一起结扎。

闭合式去势通常用于公犬。对于每一侧的鞘突，精索和阴囊之间的阴囊韧带必须被切断。

阴囊前闭合式去势也可用于公犬和公马。先将一侧睾丸尽可能向前推到阴囊前内侧区，在移位的睾丸表面做一皮肤切口。通过这一切口，将两侧被覆鞘膜的睾丸依次摘除。在对公犬做皮肤切口时，一定要避免伤及阴茎。阴茎海绵体损伤可导致大出血，且难以止血。

对年龄较大的种公猪可进行闭合式去势。位于睾丸后方的阴囊韧带必须先切断，只有这样才能将包有睾丸的鞘突摘除。

交配器官的手术

交配器官的手术不仅要**麻醉阴茎**，还要**麻醉包皮**。为此，要对阴部神经和腰神经的前 4 个腹侧支进行封闭。双侧阴部神经的封闭可使阴茎脱出。牛的阴部神经封闭在会阴部进行，约肛门下方一掌宽、在坐骨结节与会阴之间连线中点的左右两侧。

公猫的阴茎朝向后方。在**尿石症**情况下，需进行会阴**尿道造口**。暴露并切开尿道，切断阴茎的远侧部。

乳房检查

由于经济原因，大型雌性动物的**乳房**具有重要的临床意义，尤其是奶牛。在乳房检查时，确定腹股沟浅（乳房）淋巴结的位置和大小非常重要。在食肉动物和猪，乳房前部的淋巴结属于**腋淋巴中心**，位于乳房后部的淋巴结属于**腹股沟浅淋巴中心**。奶牛的腹股沟浅淋巴中心包含**腹股沟浅淋巴结**和腹股沟深淋巴结，前者约 7 cm 长，5 cm 宽，2 cm 厚，易触及。可站在牛的后方，用双手在乳房基部和大腿的背内侧尽量靠上的区域进行触诊。

乳房的**血管**对于**产奶量**十分重要。**阴部外动脉**作为主要动脉，穿过腹股沟管到达乳房基部。在达到乳房基部之前，形成 S 状弯曲。粗壮的**阴部外静脉**与阴部外动脉相伴而行。在乳房基部的前方有腹部皮下静脉。阴部内静脉的分支——阴唇后静脉或乳房后静脉，向后走向乳房基部。由于静脉瓣的方向，这一静脉显然不是将静脉血从乳房引流出去，而是向乳房输送。猪、犬和猫的乳房从胸部延伸至腹股沟部，两侧对称的乳房在中线由乳房间隔分开。在哺乳期，乳房体积增大，以至于越过乳房间隔相互接触。当母犬乳房发生肿瘤时，则需将整排乳房切除。

直肠检查

动物固定后，体重超过 150 kg 的成年牛、马和猪可进行整个手臂的直肠检查。对于其他小型哺乳动物，只能进行直肠指检。因此，在这种情况下，检测范围仅包括骨盆和腹腔后部。

这些检查必不可少的先决条件是对腹部和盆腔器官的局部解剖结构的扎实的基础知识。此外，在进行直肠检查之前，应该知道腹部检查区是一个向前开口的圆锥形，这取决于被检动物的大小和检查者的手臂长度。从根本上说，所有动物的肛门和会阴区在检查前都应进行目视评估。

在任何情况下，都必须遵守相关的动物保护措施，以确保执行，还包括防止动物受到内部损伤。牛的直肠干预不仅由兽医进行，还由其他辅助医疗专业人员进行，如专门执行配种的受精技术人员。马的直肠干预只由兽医执行。

牛的检查

腹腔和盆腔检查

戴好手套，将手指并拢成锥形伸入奶牛直肠，手臂轻微旋转移动以减小肛门括约肌的阻力。直肠壶腹是中空的。如果动物的粪便是软的，避免直肠壶腹的排空可能是有意义的，否则会引起动物的持续性压迫。随后，小心地将手向前（头侧）推进。如果出现蠕动波，将手抽出，等待蠕动波消退。

进一步检查是骨盆，从荐骨岬开始，沿终线一直到耻骨梳。在脊柱腹侧，可触及搏动的主动脉，特别是在怀疑有外伤时，主动脉在髂内动脉和髂外动脉以及荐髂关节处分为左右两支。在脊柱和荐骨的腹侧，可触及髂内淋巴结及其外侧的髂外淋巴结。

泌尿器官中只可触及左肾后极，其被瘤胃背囊挤向右侧，贴附于腹腔中部的部分器官上。输尿管由背侧进入膀胱，触感类似于铅笔粗细的索状物。膀胱只有在充盈状态或发生病理变化后才可触及（图 20-39）。

在消化器官中，直肠检查可检查瘤胃盲囊后部。瘤胃的浆膜（腹膜）光滑，位于瘤胃右侧的肠段，只有在其充盈、臌胀或肠壁硬化时才可触及。在这些情况下，如发生绞痛，盲肠尖向后可达盆腔。此时，在右上肋腹部可看到空肠和回肠的结肠窗格。

奶牛生殖器的检查

95% 以上的奶牛直肠检查适用于**产科指征**。因此，检查结果主要集中在动物的发情周期阶段、妊娠或生育障碍过程中（图 20-37 和图 20-39）。

对于生殖器的直肠检查，如上所述进行。紧邻肛门括约肌的前腹侧可触及圆形、硬的、上方有圆形分界的阴道前庭。阴道的肉质软管位于前庭的前侧。可移动的子宫颈向前突出，手可以很容易地触摸到。子宫颈位于骨盆前口的耻骨梳上。

膀胱充盈时，向腹腔突出，此时是可触及的。膀胱似乎是一个薄壁的、紧张结构。在子宫颈水平，位于膀胱颈的子宫阔韧带可触及。随后，检查者用手沿子宫体（corpus uteri）向前，可触摸到前方分出的 2 个呈绵羊角状、向腹侧弯曲的子宫角（cornua uteri）。对于未妊娠的奶牛或妊娠早期的奶牛，子宫位于盆腔的后部，在此处可详细触诊。奶牛发情期，子宫角变硬、敏感或收缩，而发情间期则子宫界线模糊且松弛。

对于妊娠已 3 个月的奶牛，通过回缩的子宫可相对容易地评估子宫的体积变化。从第 3 个月开始就可触及胚胎本身。在妊娠的第 4 和第 5 个月，子宫前移至腹腔，可以观

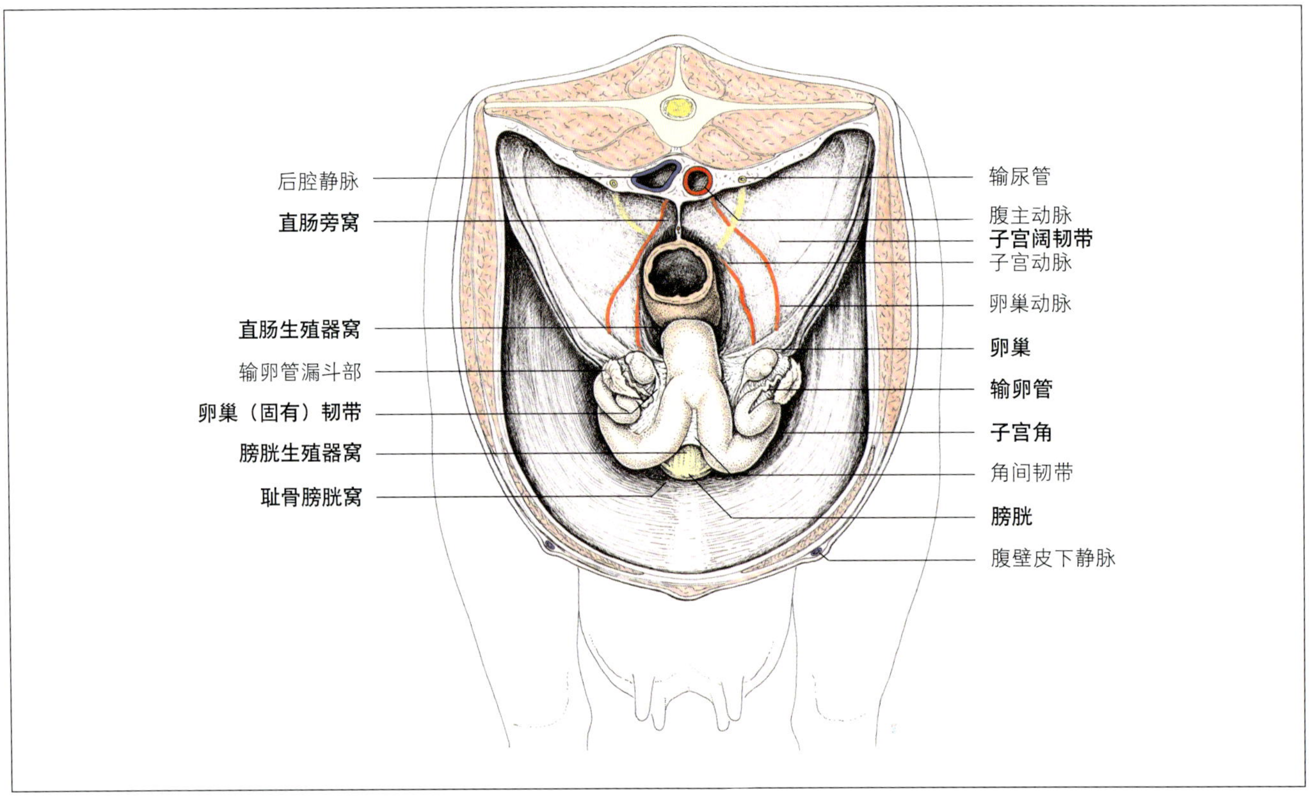

图 20-37 母牛的盆腔生殖器官示意图（前面观）

察到子宫动脉（旧称：子宫中动脉）典型的“血管振动”。从第 6 个月开始可触及胎牛的身体部位。从第 6～8 个月，即“下降期”，无法再通过直肠检查触诊胎儿。然后，生长中的胎儿下降至腹腔深处，检查者无法触及。在妊娠的最后阶段，也可从外面看到或触及胎牛的身体部位。

可以根据 Graaf 卵泡的典型波动，以及妊娠黄体“香槟软木塞”样的特征来检查卵巢的功能结构。然而，必须意识到，不能排除误诊，尤其是在发情周期诊断和妊娠早期的情况下。

建议重复或进一步检查以确定黄体期，尤其是持续性黄体或黄体囊肿，例如通过检测乳汁或血液中的黄体酮。

公牛生殖器的检查

第一步以与奶牛的直肠检查相似的方式进行。

公牛的副性腺可在骨盆底触及。触及尿道肌（m. urethralis）时会有明显的收缩反应。光滑的环状前列腺位于有收缩反应的尿道肌前端。粗大的、分叶状的精囊腺位于髂骨两侧。

成对的尿道球腺位于尿道骨盆部的后方，由于被尿道肌所覆盖，不能触及。牛的输精管较粗，如编织针，从鞘环沿膀胱两侧上行，可在膀胱颈上方触及。在输精管开口前，可感觉到 2 个增厚的长约 20 mm 的输精管壶腹（ampullae ductus deferentis）。

为了辨识称为鞘环的腹环或腹股沟环，从耻骨梳的腹侧将手指向下推约一只手的宽度，向前推至内侧平面的右侧和左侧。在其两侧均可发现一狭缝，可将 2～3 个手指伸进去。

精索由输精管、睾丸动脉和睾丸静脉组成。在鞘突或腹膜外，阴部动脉、阴部外静脉和睾提肌在腹股沟间隙出现。在骨盆底的内侧和后方，可触及粗大的阴茎根。

马的检查

腹腔和盆腔的检查

直肠检查时马需要充分保定，最好使用挤压保定架。将手伸入直肠的操作方式与牛类似，但马的直肠壶腹需要完全排空。

对于马，还应注意在本次兽医检查前动物已有的损伤（图 20-40），因为常有由兽医在检查期间引起马匹的肠道损伤（尽管在极少数情况下发生）。因此，避免造成即使是最轻微的伤害也是特别重要的。

在进一步检查之前，再次将手臂从直肠抽出，以记录血迹所指示的在检查之前已有的损伤。由于背侧区解剖结构的特殊性，直肠系膜附着处周围的纵行肌排列较分散，形成了一个三角形的薄弱点，使马的直肠容易发生损伤。

然后，沿终线检查骨盆和荐髂关节（与牛的检查相似）。

随后，与公牛检查相似，检查种马或阉马的鞘环。腹环仅可容纳 2 个指尖，一些动物可容纳 3～4 指。由于肠袢可能被卡在腹环，所以鞘环的宽度在绞痛中十分重要。由于马的肠系膜很长，空肠袢很容易被卡在腹环。在公马去势前也应对鞘环进行评估，当公马的鞘环过大时，有腹腔内脏突出(肠道脱离腹腔)的风险，所以不能进行开放式去势。

在绞痛和去势这两种情况下，必须进行直肠检查，否则将被视为医疗事故。

无论公母，在脊椎腹侧均可触及腹主动脉(a. abdominalis)。腹主动脉是一根直径 2～3 cm、搏动强烈的血管，其分支，即髂内动脉和髂外动脉(a. iliaca interna and externa)可在远端找到。进一步向前可触及腹主动脉的分支——肠系膜前动脉，肠系膜前动脉垂直于腹主动脉走行，约一指粗，是搏动血管(注意：此处可能形成动脉瘤)。

在肠系膜前动脉的左侧，检查者可触及左肾后极。脾肾韧带(肾韧带)水平方向位于左肾和脾底之间。脾肾韧带上方为脾肾间隙(spatium lienorenale)，位于脾肾韧带的背侧，与左肾内侧缘和脾底相邻。

空肠袢或降结肠部分也可进入该间隙，并被挤压。

左肾动脉(a. renalis)也被确定为是一种内脏动脉前方的搏动血管。

触诊时，降结肠是类似于像前臂一样粗的肠段，检查者可通过长的肠系膜的蠕动、内容物(即粪球)和可触及的肠系膜来识别这个肠段。肠系膜带由肠系膜基部所覆盖。

检查者还可在腹腔右侧切面盲肠头水平处触及盲肠腹纵带和十二指肠空肠曲。盲肠腹侧纵带是盲肠上所有纵带中最易清晰分辨的，因为其不含淋巴结和血管。健康的肠段很难触及，尤其是空肠和升结肠。

在十二指肠降部(pars descendens duodeni)和肝右叶之间，网膜孔位于第 15 肋骨水平，通常不能触及。部分肠道可能会被困于此处。如果有这样的可能，那么就必须进行开腹检查。

由耻骨梳开始，在左肋腹部可触及升结肠左纵层的后 2/3 和骨盆曲，以及结肠带。此时需检查骨盆曲是否移位到脾肾间隙，若移位，疼痛表现明显。

骨盆底部排空的膀胱可以认为是一拳头大的肉质体。对于公马，在骨盆底触摸到的尿道为一纵向走行的、粗的索状物。

母马生殖器的检查

首先，触诊子宫和双侧卵巢进行**内部产科检查**(图 20-38 和图 20-40)。在黄体期，肉质子宫相对容易触诊。在确定子宫的位置、大小、对称性和收缩力后，子宫角(cornua uteri)的波动应特别关注。

例如，重要的是要认识到盆腔液体的增加，这可能表明炎性分泌物(主要是公马)或脓液(炎症情况下)的蓄积。

子宫内膜具有周期依赖性的结构变化，因此也很容易确定生殖周期。例如，当母马发情时，子宫内膜水肿加剧，子宫内膜褶皱程度明显增加，此时子宫角超声图像的横断面呈“轮辐样结构”。相反，黄体期时子宫角是均质的。超声检查时还可发现子宫内膜囊肿等赘生物。

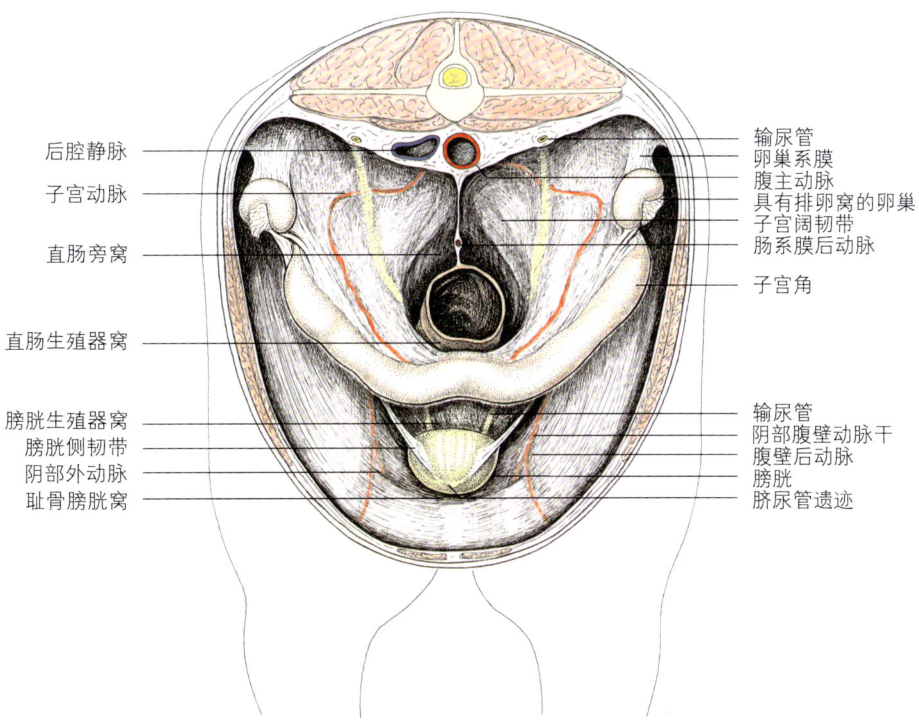

图 20-38 母马的盆腔生殖器官示意图(前面观)

随后，将手臂倾斜，沿髋骨方向推进来进行卵巢直肠触诊。根据生殖周期，可触及介于榛子和鹅蛋大小的粗糙卵巢，其表面的粗糙程度取决于是否存在卵泡。在排卵窝，也可以从直径约 30 mm 的卵泡来评价卵泡的一致性。排卵后，可触及质软的红体（corpus hemorrhagicum），也可在此处确定卵泡的大小和波动情况。马的黄体不可触及。

除直肠检查外，母马的子宫和卵巢都要进行超声检查。经直肠超声的卵巢检查，可获得直径为几毫米的卵泡图像。单纯的卵巢超声检查不能满足兽医的检查需求，因为无法可靠地确定或排除妊娠。

排卵后，最初可以探测到充满血液的卵泡腔。随着卵泡黄体组织的融合增加，卵泡腔初始低回声密度变得越来越强，同时体积减小。黄体萎缩后偶尔可探测到白体。

从妊娠的第 3 周开始，可对母马进行经直肠的妊娠检查。从受孕后的第 9 天或第 10 天开始，可通过超声波进行妊娠诊断，但这需要足够的经验和高质量的技术设备。在实际操作中，妊娠检查只在第 15 天或第 16 天进行，因为一些妊娠在受孕后第 10～15 天流产。

猪的检查

对于足够大的母猪，阴道可被感知为松的、约 2 指宽的索状物。子宫颈位于耻骨梳的背侧，子宫体（corpus uteri）在子宫颈的前方，只有在动物发情时子宫颈才能很容易地被辨识出来。从外侧提起腹部的后段，以便更容易地触诊卵巢和子宫。卵巢位于子宫阔韧带前缘的水平，呈不规则的黑莓状结构。两侧的肾位于腹壁背侧，表面光滑。结肠锥位于腹腔左半部，可在腹前部触及，其位置取决于胃的充盈状态（pendular movement）。空肠袢不可触及。

20.5 前肢或胸肢(membra thoracica)

20.5.1 分区

前肢的分区为（图 20-41 至图 20-44）：

- 肩胛区
- 肩关节区和腋区
- 臂外侧区
- 臂内侧区
- 肘区
- 前臂区
  - 前臂前区
  - 前臂内侧区
  - 前臂后区
- 腕区
- 掌区和指区

肩胛区

肩胛区覆盖肩胛骨和肩胛软骨。其背侧部皮肤由**颈神经背侧支**支配，这些神经绕过肩胛软骨或肩胛骨背侧缘走行。前腹侧部的皮肤由**锁骨上神经**支配，后腹侧部的皮肤由**肋间臂神经**支配。皮肤下方为**斜方肌**、**肩胛横突肌**（马无）和**三角肌**。第 2 层肌肉包括**冈上肌**、**冈下肌**和**小圆肌**，小圆肌位于三角肌下方。**肩胛下动脉**和**肩胛下静脉**（起于腋动脉和腋静脉）沿肩胛骨后缘走行。

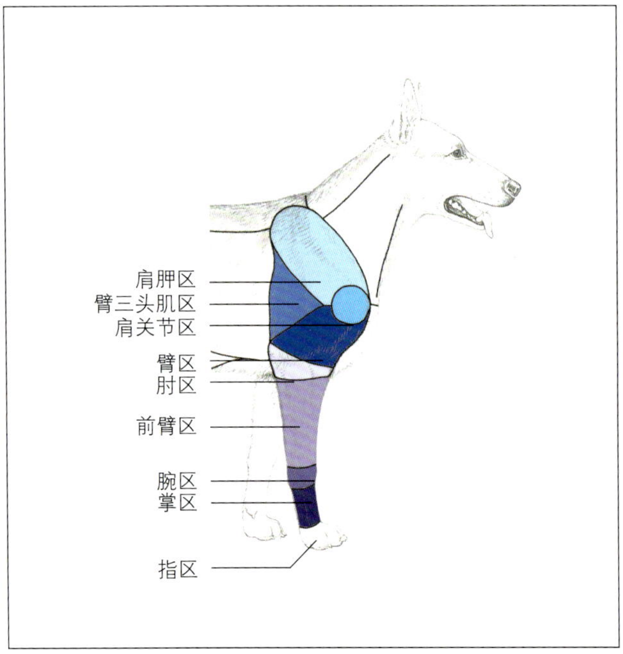

图 20-41　犬的前肢分区示意图（外侧观）

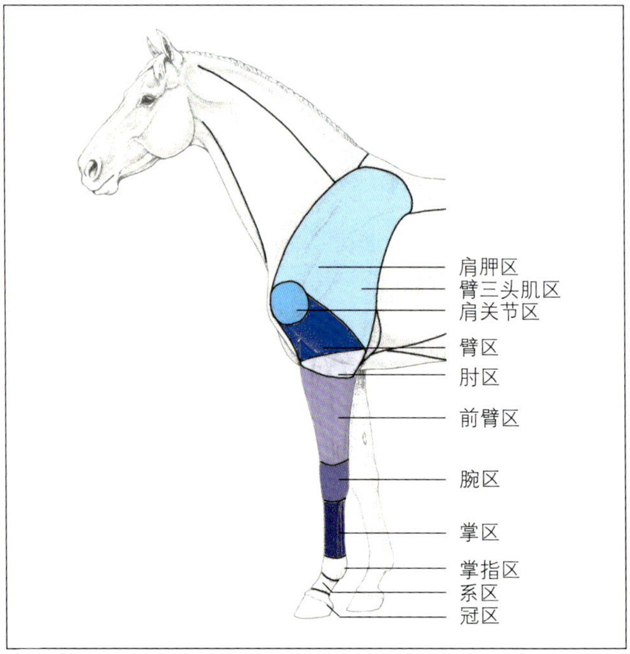

图 20-42　马的前肢分区示意图（外侧观）

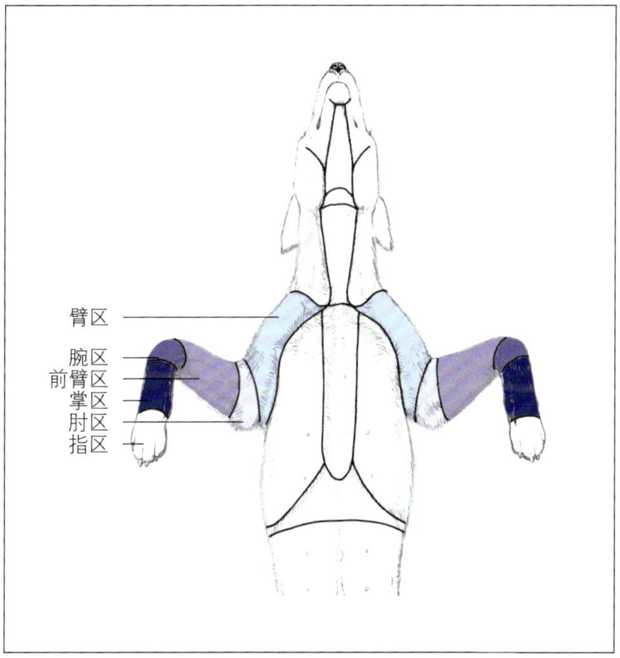

图 20-43　犬的前肢分区示意图(腹侧观)

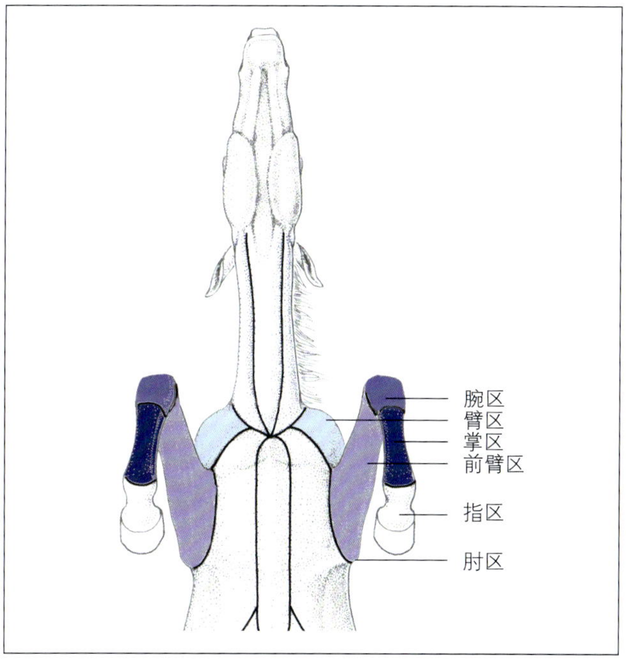

图 20-44　马的前肢分区示意图(腹侧观)

旋肩胛动脉起自肩胛下动脉,分为内侧支和外侧支。粗的**肩胛上神经**(臂神经丛的分支)在肩胛骨上方外侧走行,分布于冈上肌和冈下肌。与有肩峰的动物(如牛、羊、猪)相比,此神经在无肩峰的动物(如马)更容易因钝性创伤而受损伤。该神经与腋动脉分支的一个小支——肩胛上动脉伴行。肩胛骨的内侧面为**肩胛下肌**,此肌由数支肩胛下神经(臂神经丛的分支)支配。在肩胛骨和肩胛软骨的背侧和内侧缘有**腹侧锯肌**和**菱形肌**。**大圆肌**和**臂三头肌长头**附着于肩胛骨后缘。

肩关节和腋区

肩关节区外侧可见,且可触及(图 20-58 和图 20-59)。臂神经丛位于肩关节区的内侧面,肩胛骨远端 1/3 处。臂神经丛位于该区的深层,可从内侧进入(图 20-45 和图 20-46)。

肌肉

肩关节不含韧带,而被外侧的冈下肌肌腱和内侧的肩胛下肌肌腱取代,两腱作为收缩韧带发挥作用。冈下肌肌腱下方有一大的滑膜囊。臂二头肌位于肩关节前方,在腱鞘(犬和猫)或结节间滑囊(马和牛)的辅助下在结节间沟滑动。小动物的臂二头肌肌腱由肱骨横韧带固定。

位于此区的其他肌肉有:外侧的三角肌和小圆肌,内侧的大圆肌和喙臂肌,和前方的锁臂肌。

腋区可由肩关节内侧进入,该区被胸肌覆盖。两块胸浅肌位于此区皮下(胸降肌在前,胸横肌在后)。胸浅肌下方为胸深肌。

血管

该区有以下血管:腋动脉、旋肱前动脉、旋肱后动脉和肩胛上动脉。

神经

该区有以下神经:肩胛上神经、胸前神经、肩胛下神经、胸后神经、胸背神经、胸长神经、胸外侧神经和腋神经。

臂神经丛

形成臂神经丛的神经**支配前肢**和**部分胸壁**,它们源于最后 3 条**颈神经**的腹侧支和前 2 条**胸神经**的腹侧支。来自交感干和星状神经节的纤维也加入臂神经丛。臂神经丛的神经根穿过中斜角肌和腹侧斜角肌,由肩胛骨前方内侧面到达第 1 肋骨。腋动脉和腋静脉也从胸腔前部离开至第 1 肋骨。腋淋巴结位于腋动脉分支为臂动脉和肩胛下动脉的分叉部位。

臂外侧区

上臂区相当于肱骨区,即从肱骨大结节至肱骨外侧上髁。臂外侧区与臂内侧区相反,其表面由皮肤覆盖。皮肤正下方为浅筋膜,此筋膜内含有肩臂皮肌(仅牛和马)。

肌肉

该区的肌肉包括:锁臂肌、三角肌、臂三头肌外侧头和臂肌的远侧部。

血管

犬在此区的前部和近侧部，头静脉的分支（腋臂静脉）将头静脉与深层静脉系统的臂静脉连接起来。从肘关节的屈侧，头静脉沿胸肌沟继续上行至颈外静脉。

神经

桡神经出现于该区的肱骨外侧面。由腋神经分出的前臂前皮神经位于三角肌的腹侧缘，源于桡神经的前臂外侧皮神经位于臂三头肌外侧头的腹侧缘。

臂内侧区

臂内侧区无皮肤覆盖，直接与躯干相连（图 20-45 至图 20-47）。

肌肉

以下肌肉位于肱骨内侧面：臂二头肌、喙臂肌、大圆肌、臂三头肌内侧头和臂肌。

血管和神经

臂动脉前部与正中神经和肌皮神经伴行，后部有臂静脉和尺神经伴行。有蹄类动物，正中神经和肌皮神经之间存在一交通支，称**腋袢**。**尺神经**和**正中神经**一起进入臂内侧区，直至尺神经转向后方走行至肘关节。在喙臂肌和肱骨之间，旋肱前动脉与肌皮神经近侧支伴行至臂内侧区前部。臂深动脉起于臂后动脉，为臂三头肌供血。桡侧副动脉起于臂深动脉。尺侧副动脉沿臂三头肌内侧头的远端至鹰嘴内侧面。臂二头肌动脉转向前臂前侧，为臂二头肌供血。正中神经与**肌皮神经**伴行至肱骨中部，随后肌皮神经与正中神经分开。分布广泛的**桡神经**延伸至尺神经和臂动脉后方走行，然后穿过臂三头肌的长头和内侧头之间。在这里，发出运动纤维支配臂三头肌。桡神经继续在肱骨外侧面走行，与臂肌相伴。

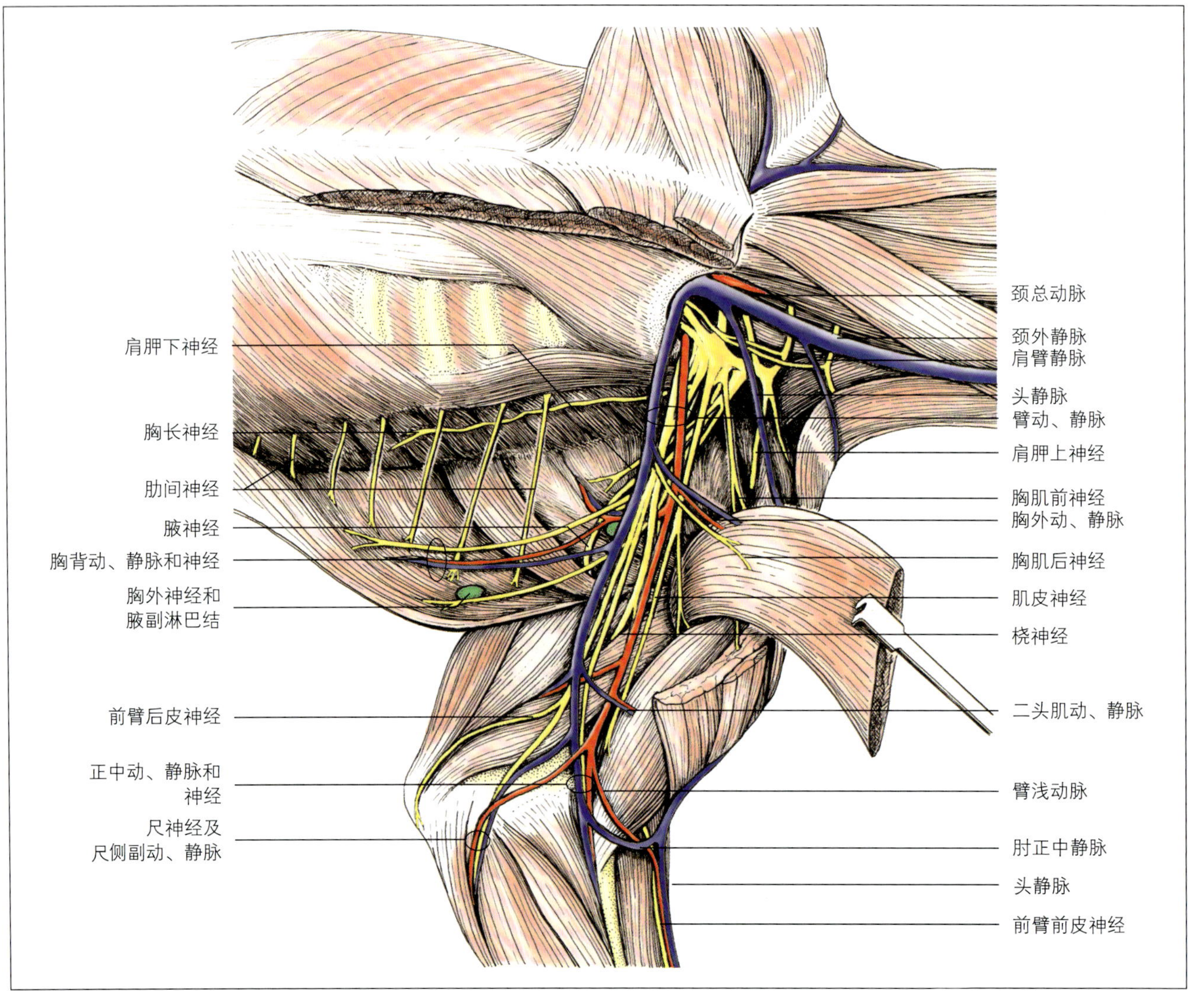

图 20-45 犬的臂神经丛示意图（腹外侧观）

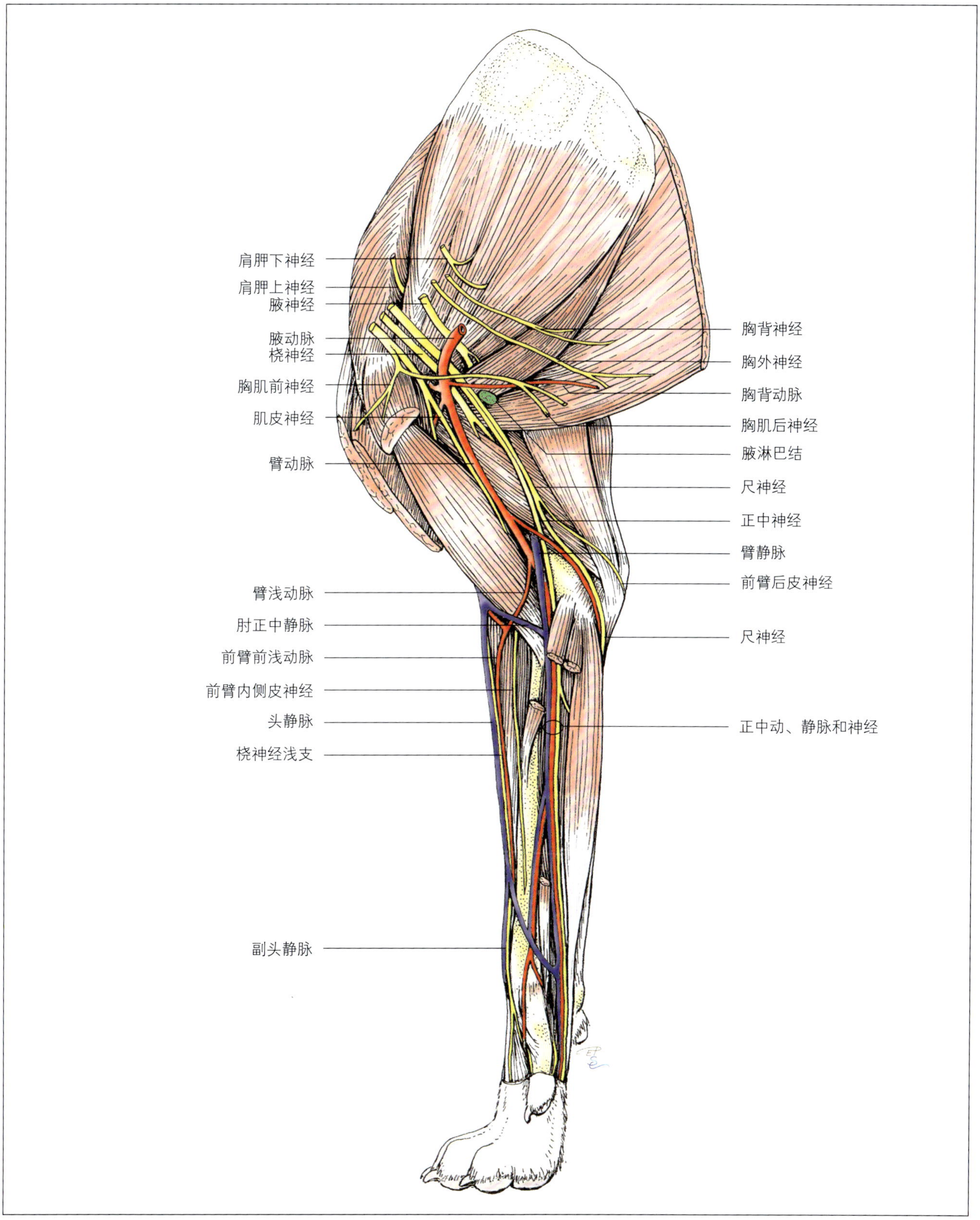

图 20-46 犬的前肢血管和神经局部解剖图（示意图，内侧观）

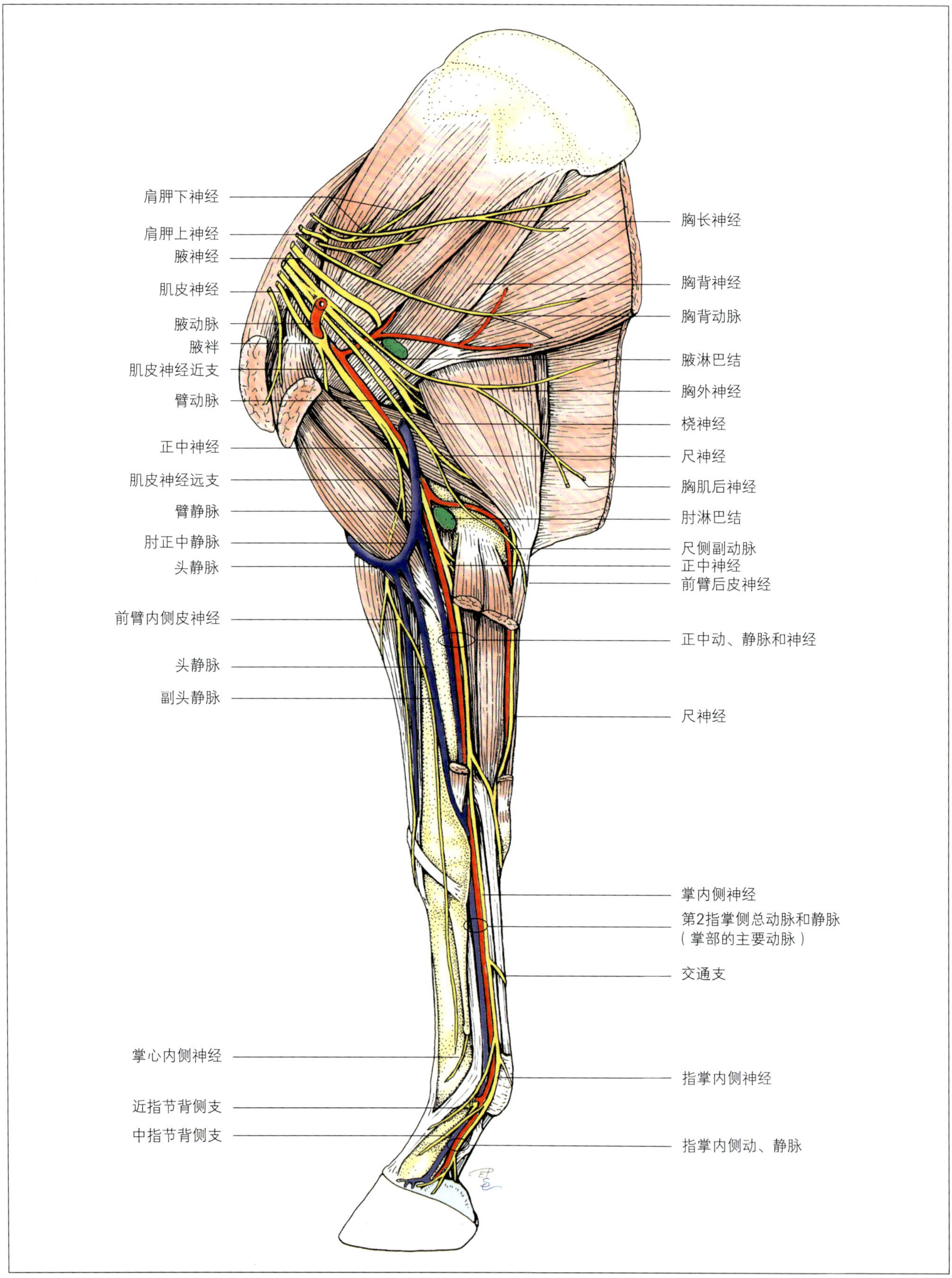

图 20-47 马的前肢血管、淋巴和神经局部解剖图（示意图，内侧观）

肘区

肘区(图 20-45 至图 20-47)从尺骨鹰嘴延伸至桡骨韧带附着处的近端隆突,分为外侧区和内侧区。该区核心为肘关节。该区的外侧面由皮肤、浅筋膜和前臂深筋膜组成。

肌肉、血管和神经

在此区的外侧有**以下肌肉:臂三头肌**(外侧头和长头)、**肘肌**、**腕尺侧伸肌**、**腕桡侧伸肌**、**指外侧伸肌**、**指总伸肌**和**臂肌**。

相同的筋膜形成内侧的皮下层。**头静脉**在皮下穿过外侧区,在犬由前臂前浅动脉和桡神经浅支伴行。在这些结构的下方是胸浅肌。以下血管和神经在胸浅肌下方走行:**正中神经**、**正中动脉和静脉**、**肘正中静脉**、**桡侧副动脉**、**尺神经**、**前臂后皮神经**、**尺侧副动脉和静脉**。马的肘淋巴结位于尺侧副静脉与臂静脉的交汇处。臂二头肌和臂三头肌(内侧头)构成这些血管和神经的基础。尺神经穿过由腕尺侧屈肌的肱骨头和尺骨头形成的**尺沟**。犬的旋前圆肌位于此处,马的这块肌肉退化为肌腱。旋前圆肌下方有正中动脉、正中静脉和正中神经,二者均位于关节囊和肌腱上。

前臂区

该区可分为前、内、后或外侧区。

前臂前区

皮神经(前臂前皮神经和前臂外侧皮神经)沿皮肤和皮下组织走行。**头静脉**也位于此区,除马外,都有桡神经浅支伴行。犬的头静脉还有小的前臂前浅动脉伴行。在前臂的中间 1/3 处,**副头静脉**(犬猫用于静脉穿刺)汇入头静脉。在筋膜下,由内侧开始有以下结构:**腕桡侧伸肌**、**指总伸肌**、**拇长外展肌**、**指外侧伸肌**。在前臂远端 1/3 处,拇长外展肌肌腱在该区远端 1/3 处穿过腕桡侧伸肌肌腱。

前臂内侧区

马的前臂内侧区近段被**胸横肌**覆盖,此肌与前臂筋膜融合。**头静脉**沿桡骨内侧缘向内侧走行。在前臂筋膜下方,从桡骨开始,前后向有以下结构:**腕桡侧屈肌**、**腕尺侧屈肌**、**指深屈肌**腱尺头和**腕尺侧屈肌**。

指浅屈肌由尺侧屈肌覆盖。**正中动脉**和**正中静脉**与**正中神经**伴行,向后走行至桡骨,由腕桡侧屈肌覆盖。在骨间隙水平,前臂近端 1/3 处,**臂动脉**分为**正中动脉**和**骨间总动脉**。在前臂内侧区的远端 1/3 处,正中动脉分为 3 支。正中动脉直接延续为**指掌侧第 2 动脉**(主要的),其他 2 支为**掌侧支**和**桡动脉**。**正中神经**也分为掌内侧神经和掌外侧神经,掌外侧神经与尺神经汇合。尺沟内含有**尺侧副动脉**、**尺侧副静脉**和**尺神经**。在该区远端 1/3 处,一部分尺神经分支并形成背侧支,背侧支在腕尺侧伸肌的外侧走行。掌侧支是尺神经的延续,并入掌外侧神经。

前臂后区

剥离皮肤和皮下组织,在前臂后区、由桡骨开始,从前向后有以下结构:**腕桡侧屈肌**、**指浅屈肌**、**腕尺侧屈肌**、**腕尺侧伸肌**(译者注:腕外侧屈肌)。在腕桡侧屈肌内侧和该区内侧有**小的桡动脉**、**正中动脉**、**正中静脉**和**正中神经**。尺侧副动脉、尺侧副静脉和尺神经在由腕尺侧屈肌肱骨头和腕尺侧伸肌构成的尺沟走行。**尺神经**在该区近端 1/3 处分为粗的掌侧支和细的背侧支,后者沿背外侧走行。骨间后动脉由旋前方肌覆盖。

腕区

腕区包含腕关节。腕关节的最大活动范围是前臂腕关节。副腕骨仅在犬和猫可见,起支撑尺骨的作用。这种关节在有蹄动物中起铰链关节的作用,在食肉动物中起椭球关节的作用。

肌腱

通过腕关节的肌腱在背侧面由伸肌支持带覆盖,在掌侧面由屈肌支持带覆盖。每一根肌腱都被包裹在自己的腱鞘内。其中最大的腱鞘是**屈肌总滑膜鞘**,它包绕**指深屈肌腱**和**指浅屈肌腱**。马的这个腱鞘从掌骨近端 1/3 处的外侧面进入。应平行于指深屈肌腱近端进针。

血管

该区位于掌侧的血管有:**正中动脉**、**小的桡动脉**、掌侧支和尺侧副动脉的终末支。这些动脉相互吻合,形成**掌浅弓**和**掌深弓**。精细的动脉分支形成腕背侧网。

神经

尺神经和**正中(掌)神经**位于该区的掌侧。在背侧,**桡神经**、**肌皮神经**和尺神经背侧支分出许多分支。

掌区和指区

足部的掌区和指区在马具有临床意义。

在掌侧面,位于皮肤正下方的是掌骨掌筋膜。掌外侧神经和掌内侧神经分别位于屈肌腱的内侧和外侧的该筋膜下方。在该区中部,交通支穿过指浅屈肌腱。该神经由掌神经向内侧分出,在远端并入到掌外侧神经。掌外侧神经与尺神经掌侧支融合,以其深支支配骨中间肌(译者注:悬韧带)。在骨中间肌下方,以及由大掌骨和小掌骨形成的夹角内,有掌骨外侧掌神经和掌骨内侧掌神经。这些深处的神经支配球节(掌指关节)近掌关节隐窝和籽骨。

在球节,每一指神经分出一背侧支至近指节骨,再稍远一点至中指节骨。指神经延续为指掌内侧神经和指掌外侧神经,均被距腱(tendon of the ergot)穿过。指部内侧和外侧的血管和神经支配如下:与骨中间肌支持带平行且位于掌

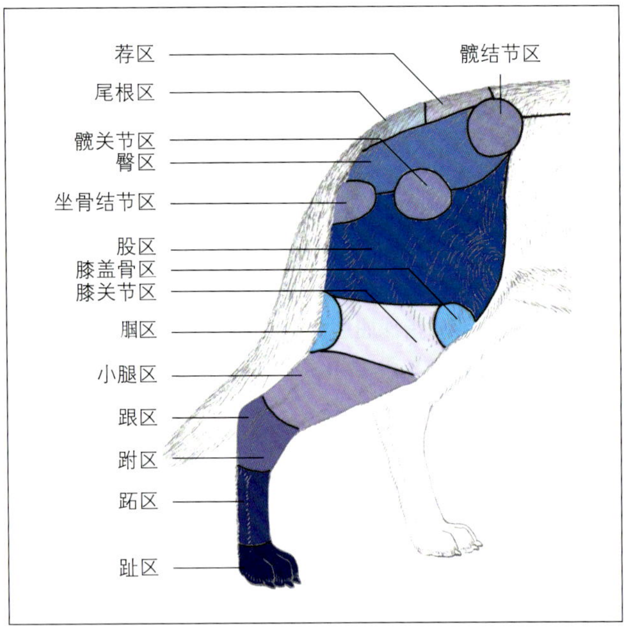

图 20-48　犬的后肢分区示意图(外侧观)

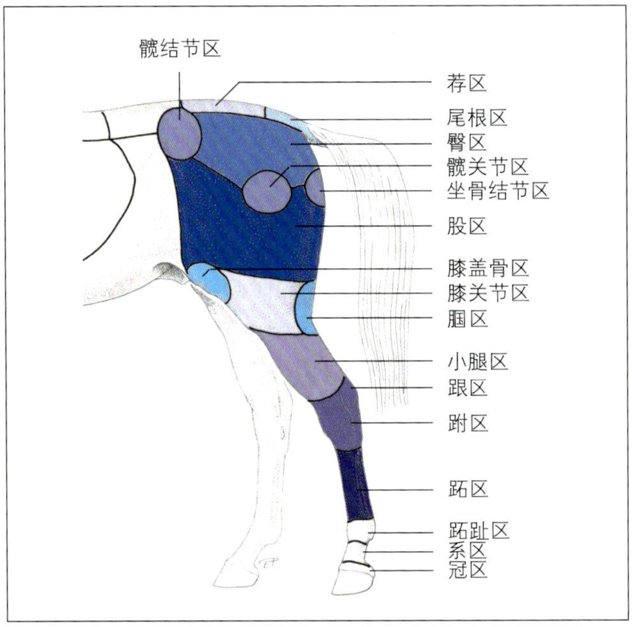

图 20-49　马的后肢分区示意图(外侧观)

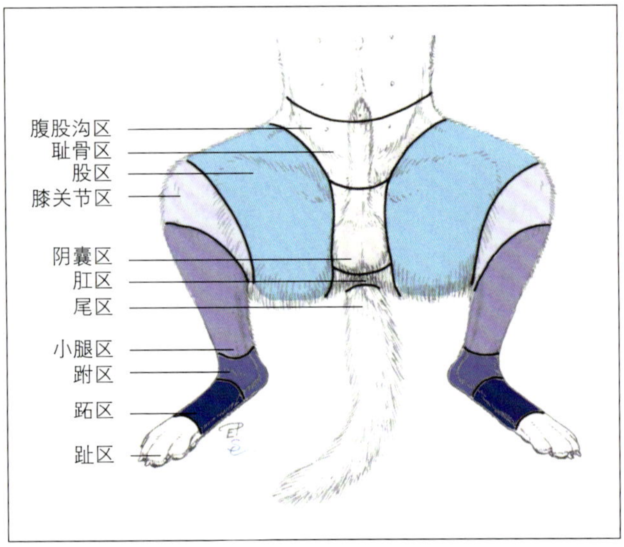

图 20-50　犬的后肢分区示意图(内侧观)

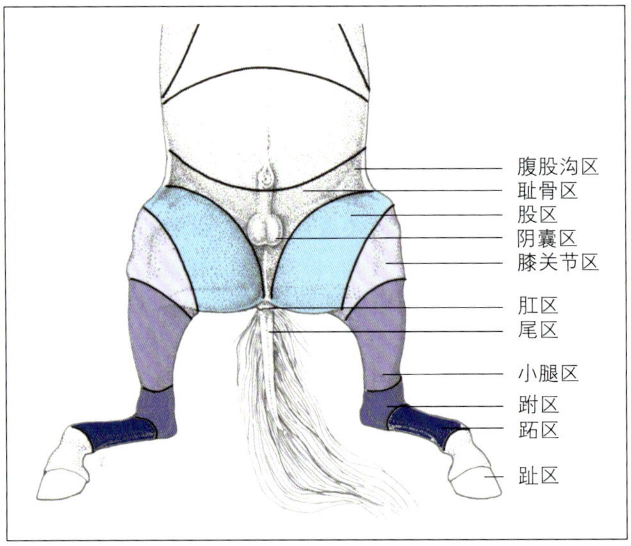

图 20-51　马的后肢分区示意图(内侧观)

皮肤深层是臀筋膜,其次是具有**种属特异性**的**臀肌**。髋关节位于臀深肌正下方。应区分如下结构:

- **臀前神经**(来自腰神经背侧支)
- **臀中神经**(来自荐神经背侧支)
- **臀后神经**(来自股后皮神经的分支,支配大腿后部的皮肤)

深层结构的神经支配

该区的深层结构由腰神经丛或荐神经丛(腰荐神经丛)的神经纤维支配(图 20-54 至图 20-57):

- **腰神经丛**
  - 髂腹下神经(食肉动物为前、后髂腹下神经)
  - 髂腹股沟神经
  - 生殖股神经
  - 股外侧皮神经
  - 股神经
  - 闭孔神经
- **荐神经丛**
  - 臀前神经
  - 臀后神经
  - 股后皮神经
  - 阴部神经
  - 直肠后神经

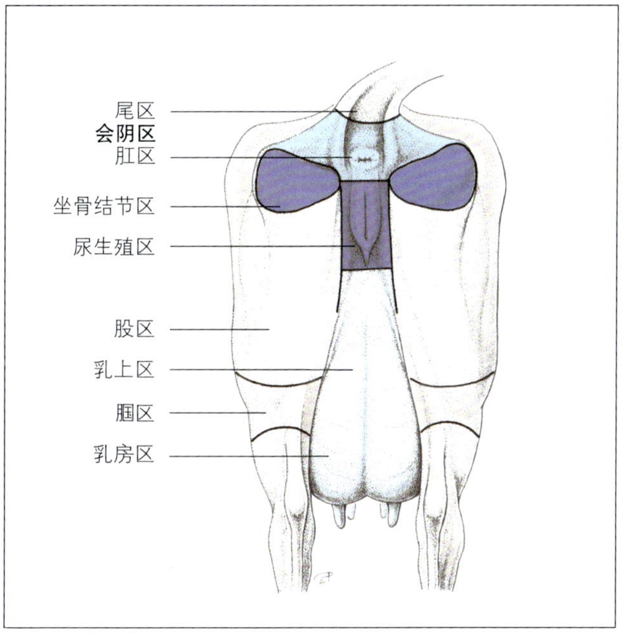

20-52 母牛的会阴和后肢近端分区示意图(后面观)

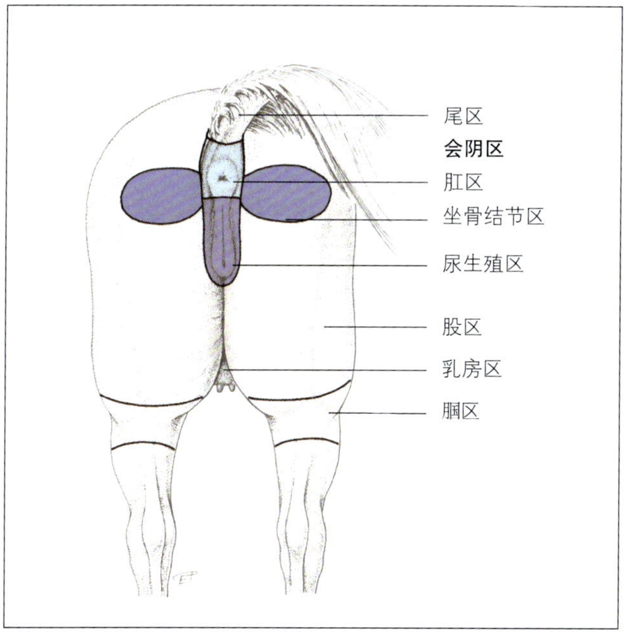

20-53 母马的会阴和后肢近端分区示意图(后面观)

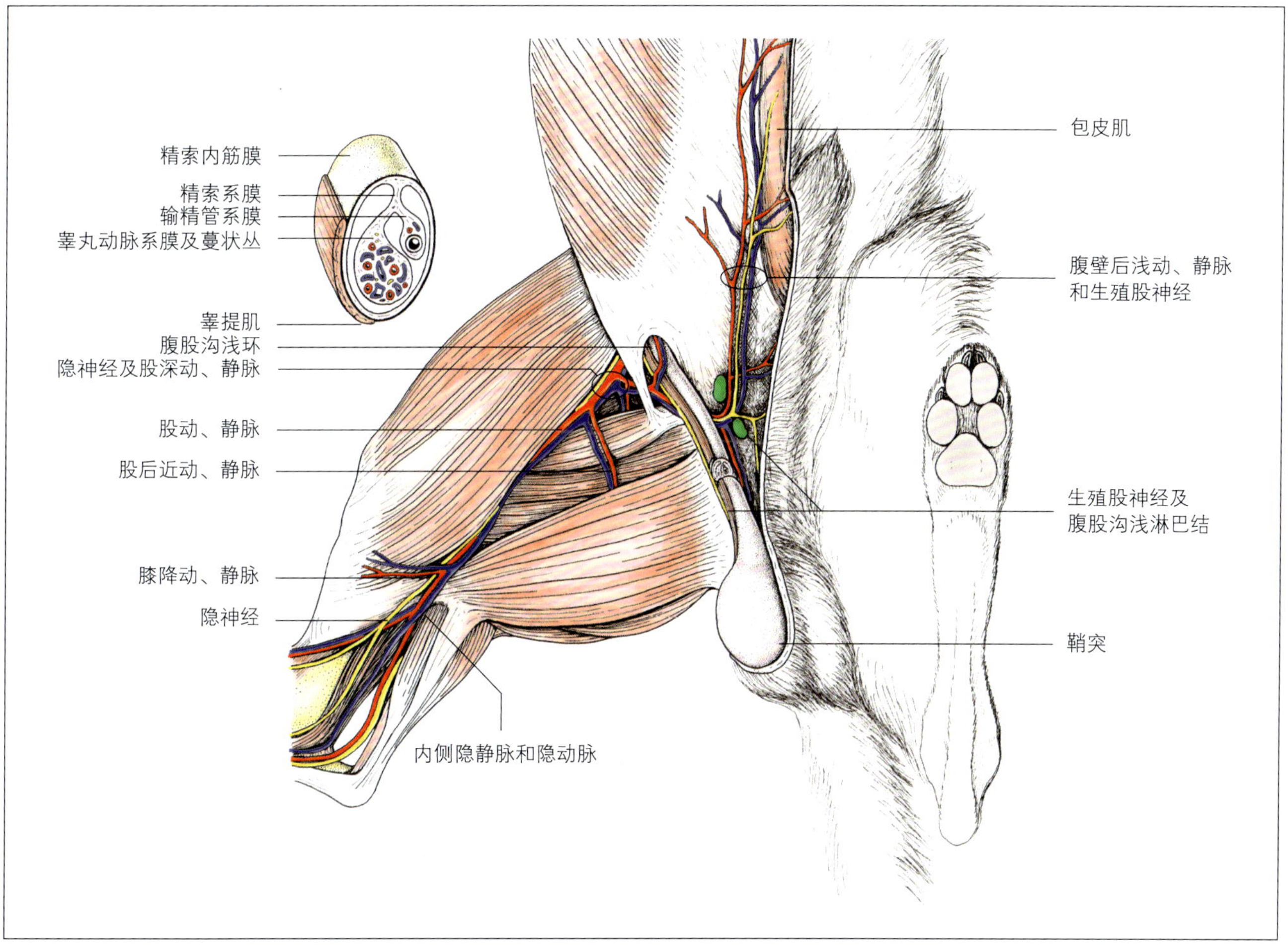

图 20-54 公犬的后肢血管和神经局部解剖图(示意图,内侧观)

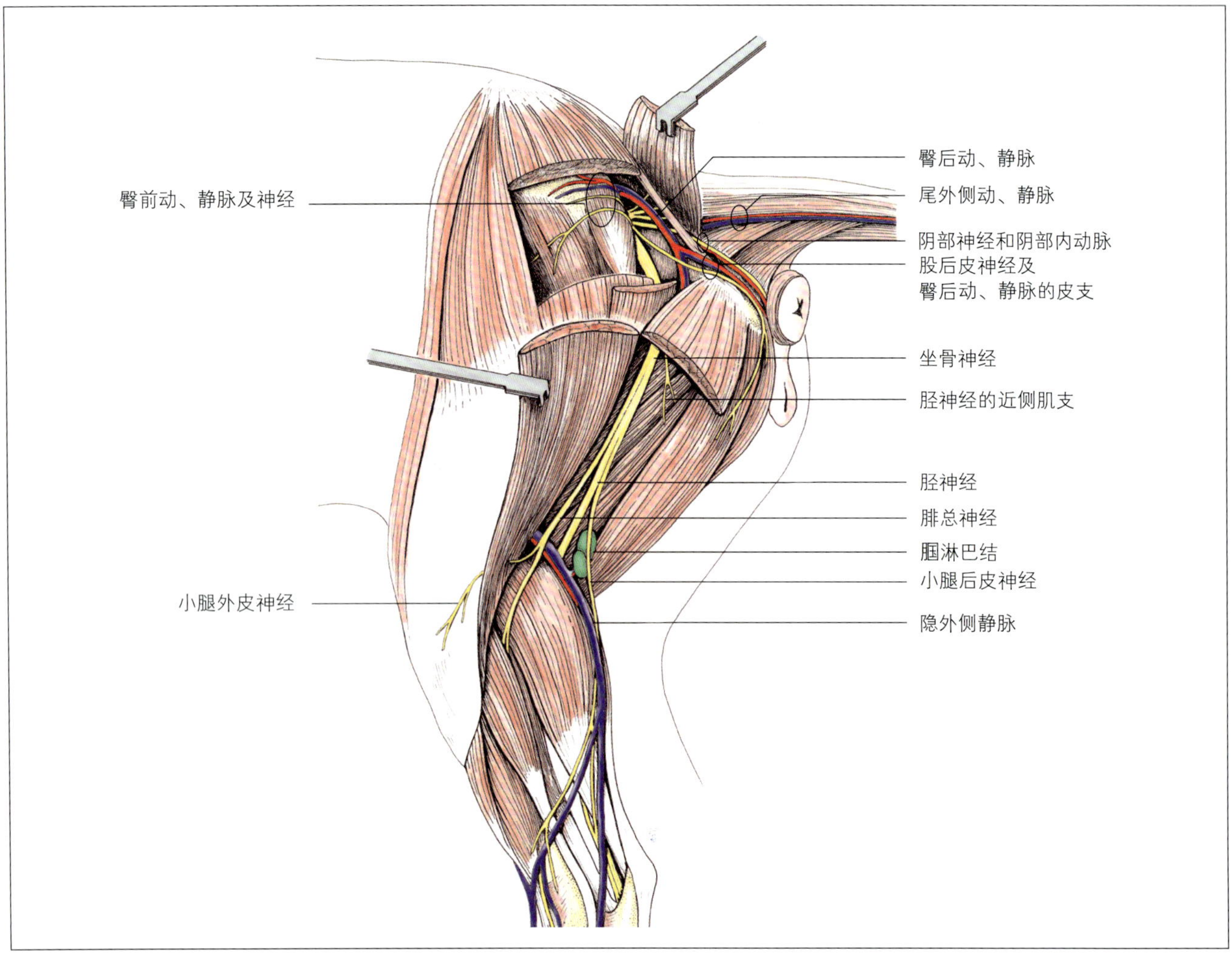

图 20-55 犬后肢近端的血管、神经和淋巴局部解剖图(示意图,后外侧观)

坐骨神经丛在髋关节水平处延续为坐骨神经,最终分为**胫神经**和**腓总神经**。在髋关节背侧,坐骨神经转向股部后方。在做髋关节手术时,必须明确此神经的位置并加以保护。

动脉

此区的主要动脉包括:

- 髂外动脉(为后肢供血)
- 旋髂深动脉
- 旋股外侧动脉和旋股内侧动脉(为髋关节供血)
- 髂内动脉(为盆腔、盆腔壁以及盆腔器官供血),以及由髂内动脉发出的分支:
  - 髂腰动脉
  - 臀前动脉
  - 臀后动脉

髂内动脉延续为**阴部内动脉**,后者发出分支至盆腔器官,为会阴供血,在雌性为阴蒂动脉,在雄性为阴茎动脉。

会阴区

会阴区起自尾根至乳房后界或阴囊。在食肉动物和反刍动物,此区包括**坐骨直肠窝**。在此区深层有荐结节韧带,猫无此韧带。

肌肉

此区的肌肉包括**肛提肌**和**尾骨肌**。

血管和神经

会阴区包括以下**主要脉管和神经**:

- **背侧**:尾动脉、尾静脉和尾神经
- **腹外侧**:臀后动脉、臀后静脉和股后皮神经
- **腹侧**:阴部内动脉、阴部内静脉和阴部神经(在麻醉中很重要)

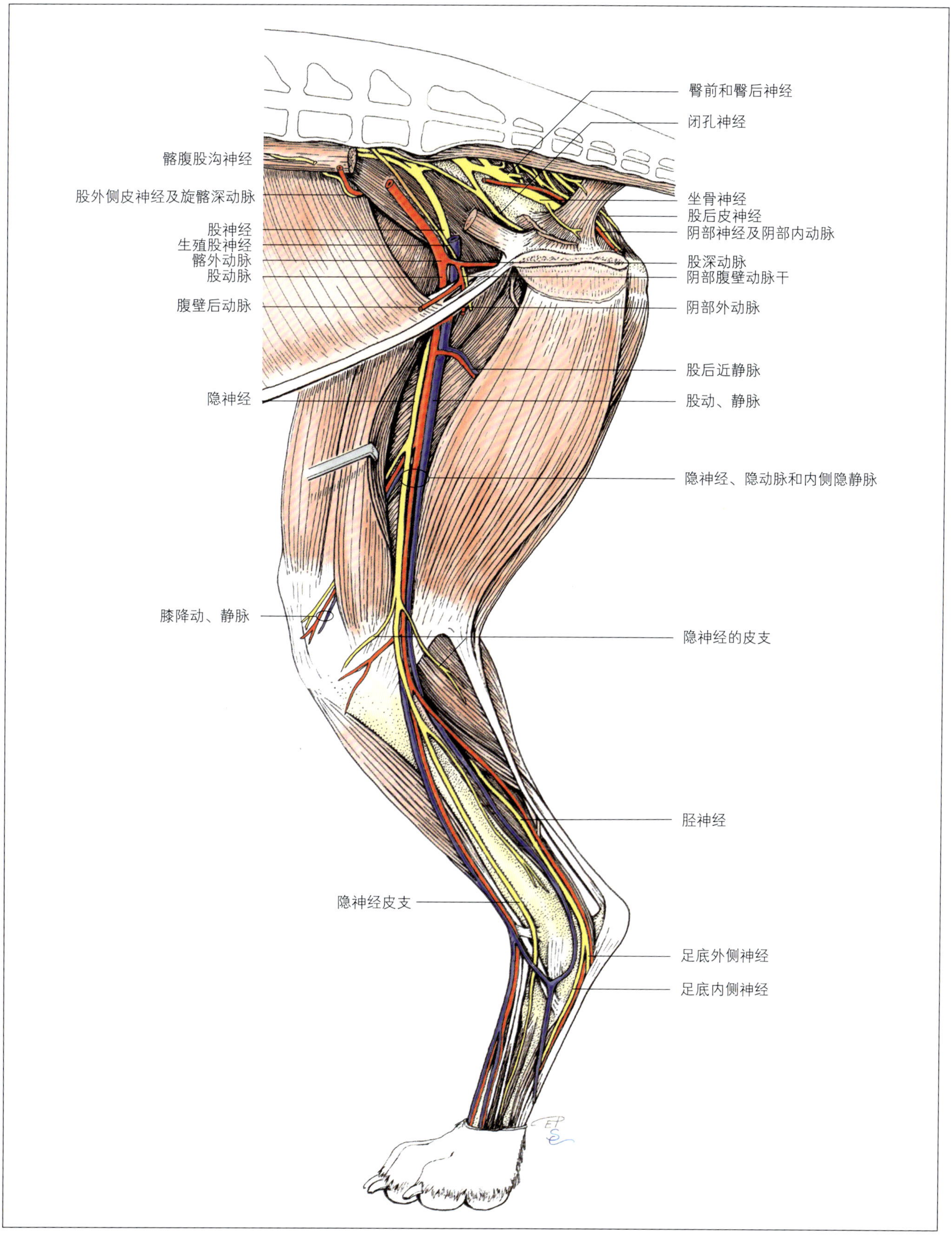

图 20-56 犬后肢的血管和神经局部解剖图(示意图,内侧观)

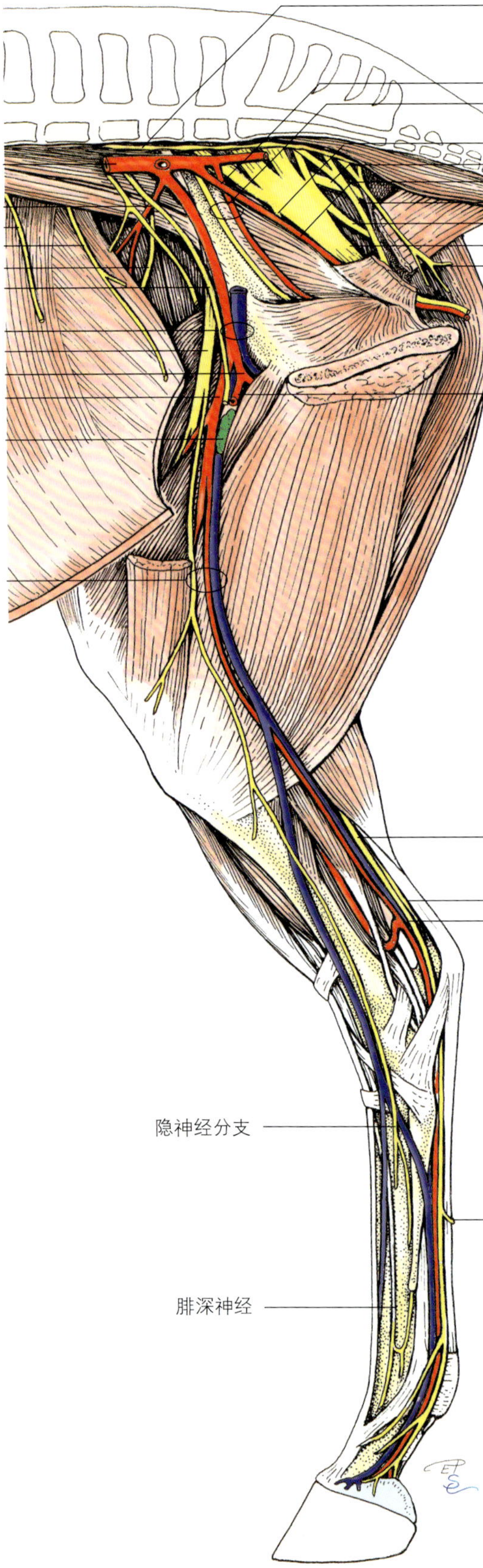

图 20-57　马后肢的血管、神经和淋巴局部解剖图（示意图，内侧观）

股区

此区可划分为前、后、内侧和外侧。重要的血管位于**内侧**。

可触及的骨性结构

此区远端可触及**膝盖骨**(图 20-58 和图 20-59)。

肌肉

此区肌肉可分以下几组:

- **外侧组**:股阔筋膜张肌,其后有所谓的腘绳肌,包括股二头肌(反刍动物为臀二头肌)、股外展肌(仅食肉动物)、半腱肌和半膜肌
- **内侧组**:缝匠肌、股薄肌、耻骨肌和内收肌,以及进入血管腔隙的股管(canalis femoralis)
- **股前方**是股四头肌群:股直肌、股外侧肌、股中间肌、股内侧肌

股管的前界为缝匠肌,后界为股薄肌和耻骨肌。反刍动物和猪的缝匠肌覆盖于股管表面。由股动脉分出的隐动脉伴随内侧隐静脉和隐神经出股管。

股动脉、股静脉和隐动脉在**血管腔隙**(lacuna vasorum)进入股管。犬和猫的**股动脉**由于其位置浅,是探**脉**的理想血管。含有**腹股沟管浅环**的腹外斜肌位于血管腔隙的内侧。

食肉动物的髂腰肌、腰大肌和髂肌穿过**肌腔隙**(lacuna musculorum)。

动脉

此区可见的动脉有:

- 股动脉(由此动脉发出近端的旋股外侧动脉、远端的隐动脉和膝降动脉,以及向后的分支——为股后肌群供血)
- 腘动脉(股动脉的延续)
- 股深动脉(在髂外动脉延续为股动脉时分出的分支;阴部腹壁干起于股深动脉)

静脉

深静脉系统由与动脉伴行的血管组成,这些血管依据伴行的动脉而命名。浅静脉系统包括**内侧隐静脉**和**外侧隐静脉**。

神经

坐骨神经在髋关节远侧分为**胫神经**和**腓总神经**。腓肠后神经起自胫神经,并与外侧隐静脉伴行。在胫神经近段,分出近端运动支支配腘绳肌。在胫神经远段,发出远侧肌支支配小腿部肌肉。

膝关节区

详细了解此区的股胫关节、股膝关节、骨骼、关节面、半月板、韧带、滑膜结构,以及肌肉是十分必要的。与外侧股胫关节腔相连的腱属于趾长伸肌(食肉动物除外,其他家畜还有第 3 腓骨肌或腓骨肌)和腘肌。更多信息请参见第 5 章“后肢或盆肢”(205 页)。

可触及的骨性结构

以下骨性结构在该区可触及:**膝盖骨**、**胫骨内侧髁**和**外侧髁**、**腓骨头**(反刍动物除外)、**胫骨粗隆**和**伸肌沟缘**(图 20-58 和图 20-59)。

淋巴结

该区有以下淋巴结:**腘淋巴结**(犬和猫为腘浅淋巴结),或其他**腘浅淋巴结和腘深淋巴结**。

皮肤的神经支配

皮肤由以下神经支配:

- 小腿外侧神经(起自腓总神经)
- 股外侧皮神经(支配胁腹褶区)
- 隐神经
- 股后皮神经(起自坐骨丛)

深层结构的神经支配

深层结构的神经支配经由:

- 腓总神经(位于腓骨头外侧)
- 胫神经(位于膝关节囊后方,腓肠肌内外侧头之间),它发出远端运动支

动脉

该区域的动脉有:

- 膝降动脉(来自股动脉)
- 主要动脉:腘动脉和股后远动脉
- 膝动脉(包括近膝动脉和远膝动脉,每一动脉又分为内、外侧支)
- 膝中动脉(与膝降动脉吻合)

在膝关节远端,腘动脉分为**胫前动脉**和**胫后动脉**。

静脉

深静脉系统根据与其相伴行的动脉而命名。浅静脉系统有**内侧隐静脉**和**外侧隐静脉**。

小腿区

小腿骨、小腿肌(如跗关节的伸肌和屈肌,趾关节的伸

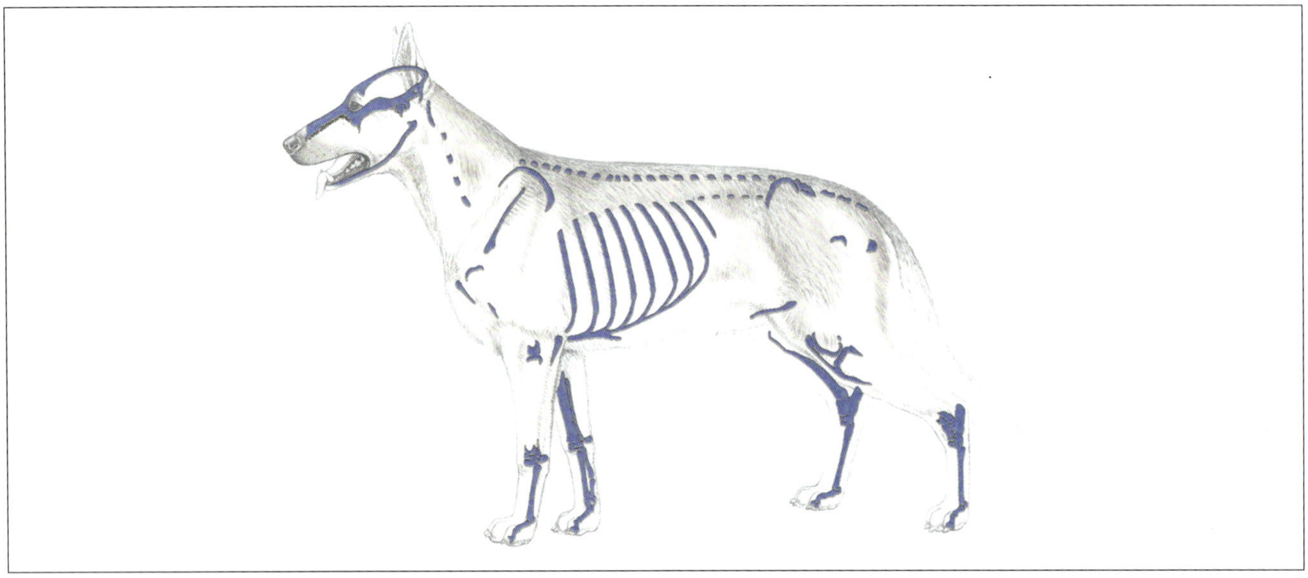

图 20-58 犬可触及的骨性结构示意图

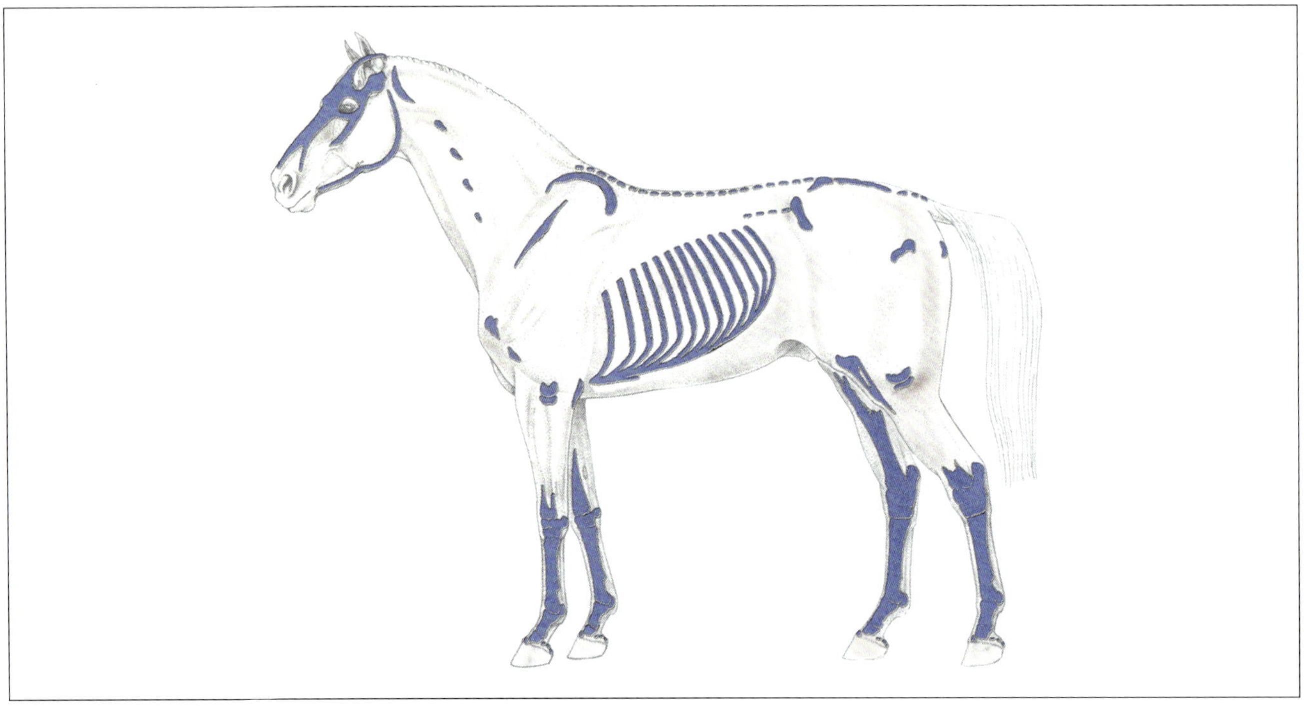

图 20-59 马可触及的骨性结构示意图

肌和屈肌）以及跟总腱是该区的重要结构。

可触及的骨性结构

以下骨性结构可触及（图 20-58 和图 20-59）：**胫骨髁**、**胫骨粗隆**（如膝关节）、**伸肌沟边缘**、**胫骨内侧面**和**腓骨头**（反刍动物除外）。

皮肤的神经支配

腓肠后神经、**腓浅神经**和**隐神经**支配这些区域的皮肤。

深层结构的神经支配

以下神经支配这些区域的深层结构：**腓浅神经**、**腓深神经**和**胫神经**。

动脉

胫前动脉和胫后动脉位于此区。

静脉

深静脉系统以与其伴行的动脉而命名。外侧隐静脉和内侧隐静脉组成浅静脉系统。

跗区

了解该区的以下结构非常重要:跗关节、该区的骨骼、关节腔、肌腱和环状韧带、腱鞘和滑膜囊;更多信息请参见第5章“后肢或盆肢”(205页)。

可触及的骨性结构

可触及的结构有:**跟结节**、**外侧踝**(反动物为踝骨)和**内侧踝**(图20-58和图20-59)。

皮肤的神经支配

该区皮肤神经支配与小腿区相同。

深层结构的神经支配

足底(跖)神经(源自胫神经)支配肢体的跖侧,而**腓神经**支配背侧。

动脉

为该区供血的动脉有:足背动脉(为胫前动脉的延续)、跗穿动脉和隐动脉。

静脉

深静脉系统与动脉伴行。内侧和外侧隐静脉的起始部引流该区域的内侧与外侧浅层区域。

跖区

了解跖区的骨和肌腱是非常重要的(注意马前肢掌区和后肢跖区横断面的不同)。

神经支配

足底(跖)内侧神经和**足底(跖)外侧神经**支配此区(马,二者的交通支较掌区的要远一些)。支配骨中间肌(悬韧带)的深支起自足底(跖)外侧神经。马的腓深神经的终末支最远可达蹄冠缘。

反刍动物趾部的足底(跖)神经起自**胫神经**,趾背侧神经起自**腓浅神经**和**腓深神经**。胫神经的足底(跖)神经分支形成第2、第3、第4足底(跖)趾总神经。同样,起自腓浅和腓深神经的第2、第3、第4趾背侧总神经位于跖骨背侧。

食肉动物的跖区背侧神经来自腓神经,根据其所支配的趾进行编号。足底(跖)神经与背侧神经编号相同,它来自胫神经。

动脉

马的**第3跖背侧动脉**沿胫骨与外侧小掌骨之间的背外侧走行(蹄叶炎时可在此探脉)。该血管在小掌骨远端转向跖侧,在球节处分为内侧和外侧足底(跖)趾动脉。此处的其他小动脉起自一侧的跗穿动脉和另一侧的隐动脉[足底(跖)总动脉和趾跖动脉]。这些动脉与趾部的足底(跖)动脉结合,并为跖骨跖侧的肌腱供血。

趾区

了解此区的趾骨、关节、肌腱和趾部筋膜是非常重要的。

神经支配

动物的**腓浅神经**和**腓深神经背侧支**支配不止一个趾。这些神经在跖骨和趾骨背侧分支,为每一个趾形成轴侧和远轴侧的趾背侧神经。与背侧支相似,3个趾总神经也分支形成轴侧和远轴侧神经,如远轴侧第4足底(跖)趾神经。在足底跖骨区,胫神经分支形成足底(跖)神经(见前文)。这些神经进一步分支形成分支至每一趾的轴侧和远轴侧神经,如第4趾的远轴侧第4足底(跖)趾神经。

马的腓神经沿背侧下行至蹄冠边缘。另外,来自胫神经的足底(跖)神经,其分支形式类似于前肢的掌神经。例如,外侧足底(跖)趾神经的背侧支、中间支和跖侧支。这种形式同样出现在内侧面。

动脉和静脉

为此区供血的动脉是**胫前动脉**的分支,胫前动脉在跗骨区延续为**足背动脉**。

牛跖骨区的主要动脉为**跖背侧第3动脉**,在跖骨间走行。该动脉发出一分支至跖骨的跖侧,即远穿支,分支为趾动脉。背侧的其余节段形成趾内侧动脉和轴侧趾背侧动脉。马的第3跖背侧动脉在胫骨和外侧小掌骨之间的背侧走行。该血管从跖侧远端转向小掌骨末端,分支为趾动脉,类似于前肢。

在**多于2个趾**的动物中,每一趾的背侧均由轴侧和远轴侧的趾背侧动脉供血。在其跖侧,每一趾由轴侧和远轴侧足底(跖)趾动脉供血。这些动脉的每一支的编号都是根据其所供血的趾的编号而定的。大多数足底(跖)动脉均起自隐动脉的后支,背侧动脉起自胫前动脉。

趾背侧静脉的静脉血流入外侧隐静脉的前支。牛的**轴侧趾背侧静脉**较粗,可用于穿刺和局部静脉麻醉。跖侧的静脉血由轴侧和远轴侧趾静脉引流。

20.6.2 临床应用

后肢通过软骨、滑膜关节和**荐髂关节**与脊柱连接。马的该区关节脱位较难诊治。由于不能完全避免关节活动,关节固定是不可能的。髋关节区在临床上具有重要意义,特别是**犬的髋关节发育不良**(hip dysplasia,HD)。HD是一种遗传性关节病。因此,种犬在配种前必须接受正式的髋关节影像学检查。个别严重的HD犬可通过全髋关节置换术进行治疗，也可采用切除耻骨肌或切断耻骨肌肌腱来暂时缓解该关节的病痛。切除耻骨肌要在股骨近端的起点和止肌腱进行横断。切除该肌降低了股部的内收力，使股骨头能更好地固定于髋臼内。半月板损伤或韧带撕裂可发生于犬的股胫关节。内侧副韧带与内侧半月板相连，因此韧带撕裂联合半月板损伤最为常见。该类损伤很少发生在外侧半月板，这是因为外侧有腘肌腱及其滑膜鞘存在，为半月板和外侧副韧带之间提供了缓冲。

对犬的股胫关节**交叉韧带撕裂**的诊断也非常重要。胫骨相对于股骨过多的前后牵拉，称为"抽屉试验"，该方法有助于诊断交叉韧带撕裂。诊断时需双手固定股骨和胫骨，一只手的食指置于膝盖骨，拇指置于外侧腓肠豆（豆状骨）以固定股骨；另一只手的拇指置于腓骨头后方，食指置于胫骨粗隆。

阳性检测结果是，胫骨相对于固定的股骨，其移位程度较大（译者注：膝关节半屈状态下由术者推动胫骨，与健侧比较）。当胫骨向前移动，表示**前（外侧）交叉韧带撕裂**；胫骨向后移动，表示**后（内侧）交叉韧带撕裂**；当胫骨的前、后移动都较大时，则表示前、后交叉韧带均撕裂。

特别是小型犬，股膝关节的**膝盖骨脱位**常有发生，可通过加深滑车沟或置换胫骨粗隆加以治疗。必须加固和/或部分切除股膝韧带（环状韧带）。"**膝盖骨上固定**"偶尔会引起马的跛行。正常运动时，膝盖骨位于内侧上髁粗隆。这种固着可防止膝关节生理性屈曲和跗关节强制性屈曲。为了避免损伤关节囊，需在胫骨附着点附近切开膝内直韧带。

马小腿部的第3腓骨肌撕裂是一种严重的损伤，因为它破坏了所谓的"**自动往复式运动装置**"。然而，该损伤发生后，可自行治愈。

马的跗关节包含许多结构，患病时可引起严重的跛行。趾浅屈肌腱借内、外侧支持带附着于跟骨。内侧支持带撕裂较常见，可引起趾浅屈肌腱向外侧移位。这种损伤主要发生在使役马的单侧肢体，但偶尔也出现在赛马的双侧肢体。后肢最常见的疾病是飞节内肿（跗节内肿），是一种退行性关节病。该病由跗骨内侧非生理性压力发展而来，多见于快步马和冰岛矮马。楔肌腱（插入第1和第2跗骨的胫骨前肌内侧支）被认为是引起飞节内肿的触发因素。切断此腱可减轻马的患肢疼痛。该腱附着处下方有一滑膜囊。

20.7 可触及的骨性结构

临床小知识

特殊的可触及的骨性突起（图20-58和图20-59）对准备学习解剖并区分解剖结构的学生，以及对从事临床检查和治疗的从业者来说，都是**重要的结构标志**。

头部的骨性突起有助于找到支配某一区域脑神经所对应的脑神经孔，从而确定麻醉的**进针位置**。**眶下孔**位于上颌骨，**颏孔**位于下颌骨。根据所识别出的骨突，在马的额骨和上颌骨水平分别钻孔，随后即可进行鼻腔冲洗或牙科治疗。

在头颈交界处，可以看到下颌角（angulus mandibulae）处的**Viborg三角**，这是喉囊手术的穿刺区。在颈部，**颈椎横突**是肌内注射的重要标志。

在**胸部**，了解不同动物的肋骨数是非常重要的。肋骨应从后往前计数，以确定肋间隙为临床检查做准备。例如，确定肺的边界或呼吸音听诊最强点。此外，**腹腔器官**的浅层形态可通过骨性突起来识别。

如果不了解**四肢**的骨性突起，就无法**识别各种肌肉**，或了解其功能。了解单个骨的形态是**关节内穿刺**或**神经切除**的先决条件。

20.7.1 头部可触及的骨性结构

可触及的骨性结构有：

- 顶骨
- 额骨
- 鼻骨
- 眶骨
- 面嵴
- 下颌骨

20.7.2 颈部和背部可触及的骨性结构

可触及的骨性结构有：

- 寰椎翼
- 颈椎和腰椎横突
- 胸椎和腰椎棘突
- 荐骨棘突
- 尾椎椎体和棘突

20.7.3 胸部可触及的骨性结构

可触及的骨性结构有：

- 肋骨和肋软骨（犬：第3～13肋骨；马：第6～18肋骨）
- 胸骨

20.7.4 前肢可触及的骨性结构

可触及的骨性结构有：

- 肩胛软骨和肩胛冈
- 肱骨大结节
- 三角肌粗隆
- 肱骨外侧上髁
- 肱骨髁
- 鹰嘴结节
- 桡骨和桡骨的皮下光滑面(内侧)
- 腕骨
- 掌骨
- 近籽骨和近指节骨或第1指骨
- 中指节骨(第2指骨)和远指节骨(第3指骨)的伸肌突

20.7.5 后肢可触及的骨性结构

可触及的骨性结构包括:

- 荐结节
- 髋结节
- 坐骨结节
- 股骨大转子
- 股骨髁和胫骨髁
- 膝盖骨及其韧带
- 跟结节
- 胫骨粗隆和胫骨的皮下光滑面(内侧)
- 跗骨
- 跖骨
- 近籽骨和近趾节骨或第1趾骨
- 中趾节骨或第2趾骨及伸肌
- 远趾节骨或第3趾骨的骨性突起
- 阴茎骨(公犬)

20.8 器官的体表投影

20.8.1 腹腔器官

犬的右侧体壁

右肾

右肾位于第11～12肋间隙。前极位于肝的肾压迹。肾的位置会根据呼吸运动有所改变。

肝

肝可达腹壁腹侧的脐部(图20-60和图20-61),此处有脐部脂肪沉积。

降十二指肠

该段十二指肠起自第9肋间隙腹侧,延伸至第6腰椎。降十二指肠与胰相连。

空肠

空肠自胃延伸至盆腔入口,由大网膜包裹。

盲肠

盲肠位于脊柱右侧,第2～4腰椎间。

当由腹卧位打开腹腔时,除脾、降十二指肠和膀胱外,所有器官都被大网膜覆盖。

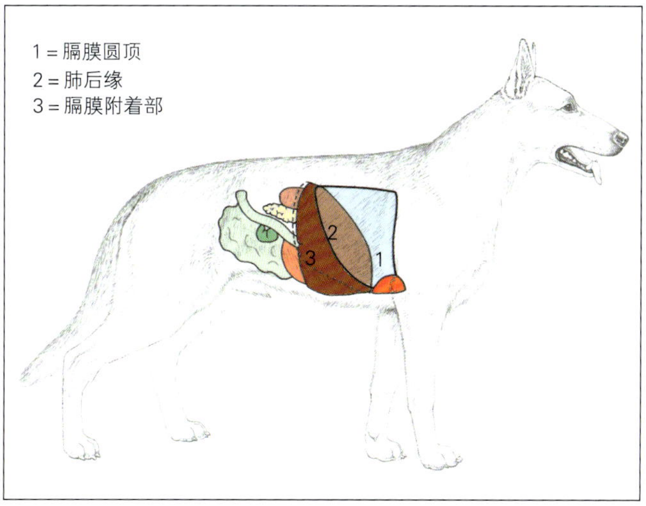

图20-60 犬的胸腹腔器官在体壁的投影(右侧)

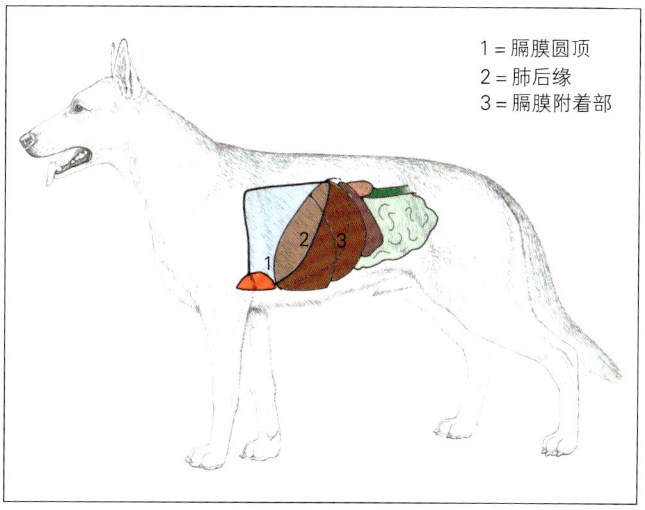

图20-61 犬的胸腹腔器官在体壁的投影(左侧)

犬的左侧体壁

左肾

左肾位于第 13 肋至第 3 腰椎之间的背侧。其位置因呼吸运动有所变化。

胃

胃排空时,胃完全位于腹肋部(译者注:季肋部)。当胃中度充盈时,胃位于第 9～12 肋间。当胃高度充盈时,胃进一步后移进入腹腔。

肝

肝位于第 7～9 肋间隙。

脾

脾位于最后肋间隙,但充盈的胃可使脾后移至第 4 腰椎。

降结肠

降结肠起自第 12 胸椎水平,沿肋突向后至左肾进入盆腔。降结肠以十二指肠结肠褶与降十二指肠相连。

膀胱

膀胱位于腹腔,仅膀胱颈位于骨盆腔。高度充盈的膀胱可伸至脐区。

猪的右侧体壁

右肾

右肾和左肾位于同一水平。右肾不与肝相接,因而没有肾压迹。如存在第 15 对肋时,右肾前极位于第 15 肋间隙。

胃

根据饱腹程度,胃会跟随以下器官发生位移(图 20-62)。当空腹时,胃完全位移至腹肋部内。当胃充盈时,它位于第 9～12 肋间隙。

肝

肝位于体腔右侧的第 11～13 肋间隙。

空肠

当胃空虚时,空肠位于升结肠右侧。

降十二指肠

降十二指肠部起自第 11 肋中部水平的身体右侧,向后延伸至右肾后极水平。胰右叶被包绕于降十二指肠起始部的肠系膜内。

猪的左侧体壁

左肾

左肾起自最后肋。

脾

当胃空虚时,脾位于腹肋部(译者注:季肋部)。当胃充盈时,脾后移至最后肋。

肝

肝脏位于左侧第 8 肋(图 20-63)。

空肠

充盈的胃使空肠移至腹腔左侧。

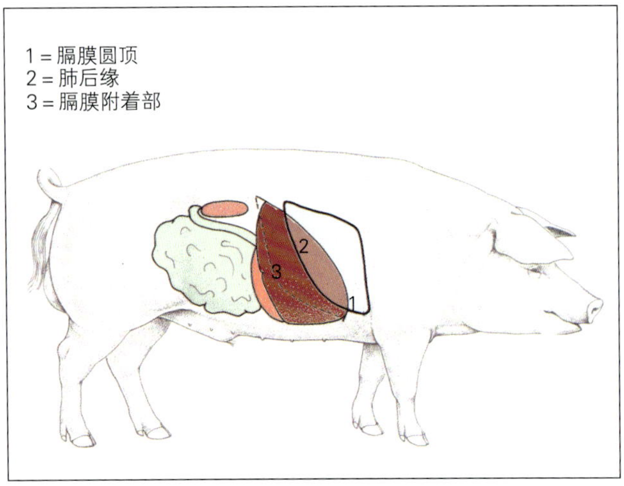

图 20-62　猪的胸腹腔器官在体壁的投影(右侧)

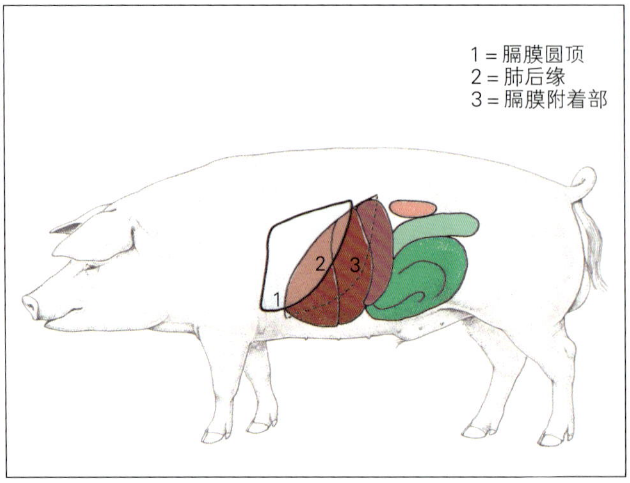

图 20-63　猪的胸腹腔器官在体壁的投影(左侧)

盲肠

盲肠位于正中面偏左的腹腔背侧。盲肠末端朝后。

升结肠

升结肠为一圆锥形器官。当胃空虚时，它位于腹腔腹底壁。锥体基部附着于腹腔左半部的腹顶壁。当胃充盈时，升结肠的圆锥尖抵达右侧。

卵巢

卵巢位于髋结节至腹底壁连线的中点。

子宫

非妊娠动物的子宫位于腹腔中部。妊娠后，子宫角抵达腹底壁。尽管其结构类似于空肠袢，但子宫壁较厚。

牛的右侧体壁

右肾

右肾位于肝与第3腰椎之间。

左肾

左肾位于正中面中央，由肾肠系膜悬吊。左肾前极位于右肾下方，在第2～5腰椎间。

肝

肝位于右腹肋部、膈后方，其背侧延伸至最后肋（图20-64）。锐缘距最后肋有一掌宽，前达第6肋软骨关节。右肾极挤压肝背侧段（肾压迹）。胆囊延伸至锐缘腹侧缘，抵达第10肋间隙的腹壁。

瓣胃

瓣胃位于腹肋部（译者注：季肋部）、第6～11肋间隙的腹底壁。向腹侧可延伸至肋弓外。

皱胃

皱胃位于脐区的腹底壁，在剑突软骨和最后肋之间。

升结肠

结肠盘位于结肠腹侧，肋弓腹后侧。空肠如花环样围绕在结肠盘边缘。肠袢和腹壁之间有深、浅2层大网膜。

盲肠

盲肠起自最后肋骨的肋软骨结合处至盆腔入口。盲端顶朝后，当充盈时可达盆腔。

降十二指肠

降十二指肠位于盲肠上部，自最后肋骨中点至盆腔入口。十二指肠和2层大网膜之间常发生继发性粘连。

牛的左侧体壁

瘤胃

左侧的腹腔几乎完全被瘤胃占据（图20-65）。

网胃

网胃的腹侧达胸骨，位于第5～6肋间隙的膈顶内。

瘤胃房

瘤胃房位于第9肋间隙水平，食管口后方。食管口位于胸外侧壁背侧与中间1/3交界处的第8肋间隙。

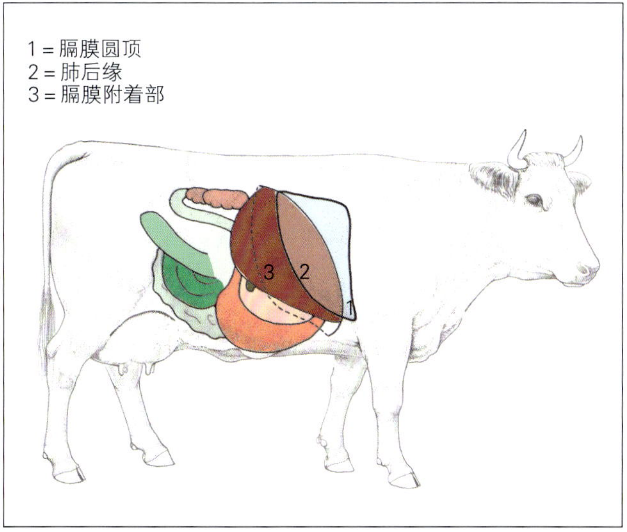

图 20-64 牛的胸腹腔器官在体壁的投影（右侧）

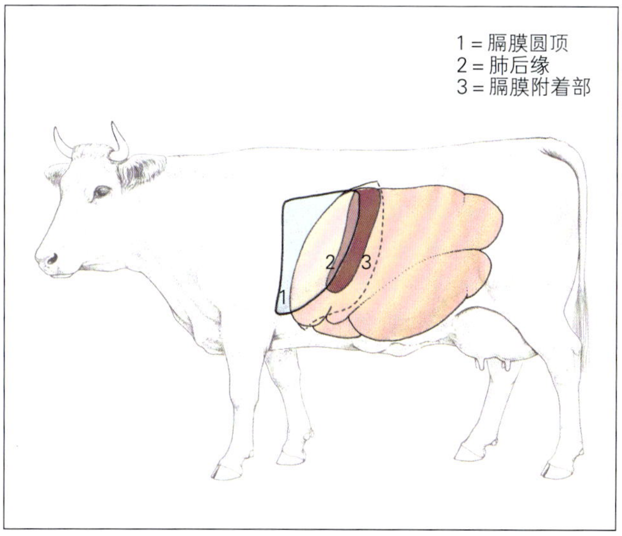

图 20-65 牛的胸腹腔器官在体壁的投影（左侧）

脾

脾从最后一根肋骨的背侧末端到第 7 或第 8 肋软骨交界处。背侧缘通过结缔组织贴附于背侧的膈和瘤胃。

马的右侧体壁

右肾

右肾正好位于肝的后部，占据后 3 个肋间隙。

肝

肝完全位于腹肋部（译者注：季肋部），大部分被两侧的肺所覆盖（图 20-66）。肝后缘达第 15 肋间隙。在第 15 肋软骨连接处，肝形成一直角，前达第 6 肋间隙。对于健康马，该处相应的叩诊浊音不存在，或仅出现在右侧。

十二指肠

十二指肠长约 1 m，沿肝右叶脏面上行，在肝和背侧结肠膨大部折转向后，与膈相连，继续穿过右肾和盲肠底。在第 3 和第 4 腰椎水平处向左侧折转。

盲肠

盲肠充满整个右胁区，自最后肋间隙至髋结节。盲肠体大弯后凸，右下大结肠底的前部不可见，盲肠尖位于右下和左下大结肠之间，其尖指向肘突的鹰嘴。

右下大结肠

从第 18 肋肋软骨交界处（盲结口）至第 9 肋软骨，右下大结肠投影至腹腔右侧壁。在此处，胸骨曲或腹侧膈曲起始于胸骨。

右上大结肠

右上大结肠起自第 16 肋间隙处的膈曲。结肠向前至第 6 肋软骨延续为横结肠。

马的左侧体壁

左肾

左肾位于第 17 肋和第 2～3 腰椎横突间。左肾下紧邻脾底缘，侧面有脾肾韧带，该处有脾肾间隙。空肠或降结肠进入该间隙，由韧带连接。

胃

马胃相对较小，全部位于胸腔内。贲门上方有一盲囊，方向向后，位于第 14～15 肋间隙。

脾

脾的位置只略微受胃内容物影响。脾的外侧面与第 10～18 肋相接触。脾的基部平行于髋结节和鹰嘴的连线。其尾侧凸缘位于腹腔约一手掌宽，其前背侧至肋弓。脾的腹侧末端位于肩关节水平的第 9 肋间隙。

空肠

空肠袢连同降结肠充满整个腹腔背侧、左侧 1/4 象限（图 20-67），投影在最后一根肋骨至盆腔入口的左肋部。由于肠系膜较长，这些肠袢很容易在腹腔内移位。空肠和降结肠都可能位于肾脾间隙。

左下大结肠

左下大结肠起自胸廓内、剑突软骨水平的胸骨曲。该

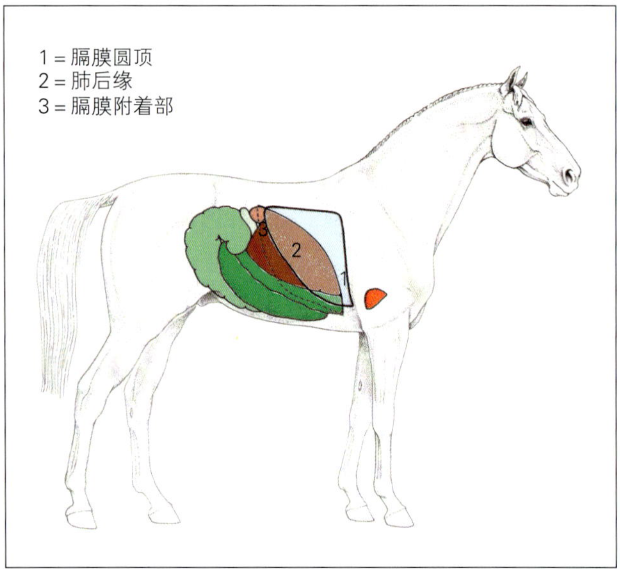

图 20-66　马的胸腹腔器官在体壁的投影（右侧）

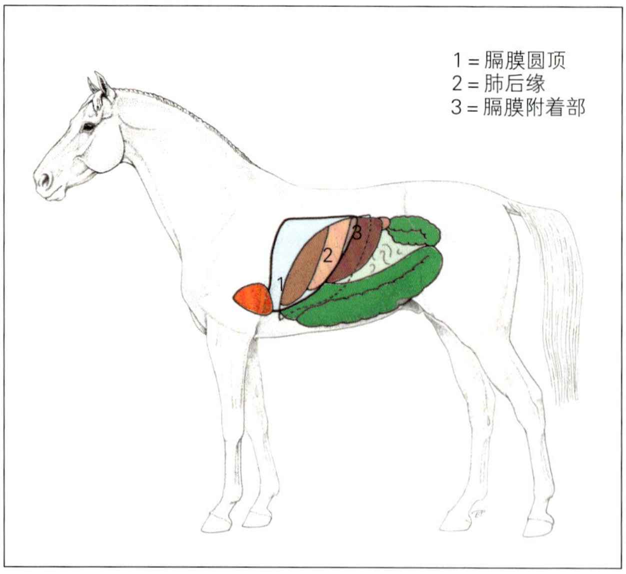

图 20-67　马的胸腹腔器官在体壁的投影（左侧）

段沿腹侧壁,占据约一手掌的宽度,自第9肋软骨到达骨盆入口,即骨盆曲的位置。

骨盆曲位于髋结节和腹侧壁中间。骨盆曲可移位至盲肠底的右后方。

20.8.2 胸腔器官

以下**虚拟水平线**可用于辅助**胸腔定位**。

- **髋结节线(CL)**:平行于地面、穿过每侧髋结节、前后方向的线。
- **肩关节线或中央胸线(SL)**:平行于地面、穿过肩关节、前后方向的线。
- **鹰嘴线或胸骨外侧线(OL)**:平行于地面、穿过每侧鹰嘴、前后方向的线。

肺

肺后缘

肺后缘有**种属特异性**。利用髋结节线、肩关节线和鹰嘴线可确定肺后缘在体表的投影(表20-1)。每个物种的肺后缘如下。

肺背侧缘

肺背侧缘为沿髂肋肌外侧的髋结节线。

肺前缘

肺前缘由前肢臂三头肌长头(肘肌沟)的后缘形成。小型动物的肺前缘前移。

膈顶

膈顶的体表投影为一条穿过倒数第2个肋间隙、第6肋间和第7肋软骨连接处的前凸线。**腔静脉孔**位于胸腔直径上1/3处,其位置具有种属特异性。

- **犬**:第7～8肋间隙
- **猪**:第7肋间隙
- **反刍动物**:第7肋间隙
- **马**:第7～8肋间隙

吸气时,腔静脉孔向后移动约1个肋间隙。

表20-1 肺后缘在体表的投影

	犬	猪	反刍动物	马
髋结节线	第11肋间隙	第11肋间隙	第11肋间隙	第16肋间隙
肩关节线	第9肋间隙	第9肋间隙	第9肋间隙	第11肋间隙
鹰嘴线	第6肋间隙	第5肋间隙	第5肋间隙	第6肋间隙

心脏

心脏位置

心脏上抵第1肋中部的水平线,位于第3～6肋间隙。犬有时可达第7肋,猪和反刍动物则只达第5肋。马的心脏位于第2～6肋间隙。犬和马的心脏位置主要取决于动物的训练程度。

心尖搏动

动物不同种属间的差异如下。

小结

- **犬**
  - 左:第4～5肋间隙(第5肋间隙为最佳)
  - 右:第4～5肋间隙
- **反刍动物**
  - 左:第3～5肋间隙(第4肋间隙为最佳)
  - 右:—
- **马**
  - 左:第3～6肋间隙(第5肋间隙为最佳)
  - 右:第3～4肋间隙

绝对浊音

绝对浊音对应于肋纵隔隐窝,在叩诊时很重要。

小结

- **犬**
  - 左:第4～6肋间隙
  - 右:第4～6肋间隙
- **反刍动物**
  - 左:第3～4肋间隙
- **马**
  - 左:第3～5肋间隙
  - 右:第3～4肋间隙

心音的最佳听诊位置

犬、牛和马的心音最佳听诊位置如表20-2所示。

表20-2 不同动物的心音听诊位置

	犬	牛	马
左侧			
二尖瓣	第5肋间隙	第4肋间隙	第5肋间隙
主动脉瓣	第4肋间隙	第4肋间隙	第4肋间隙
肺动脉瓣	第3肋间隙	第3肋间隙	第3肋间隙
右侧			
三尖瓣	第4肋间隙	第4肋间隙	第4肋间隙

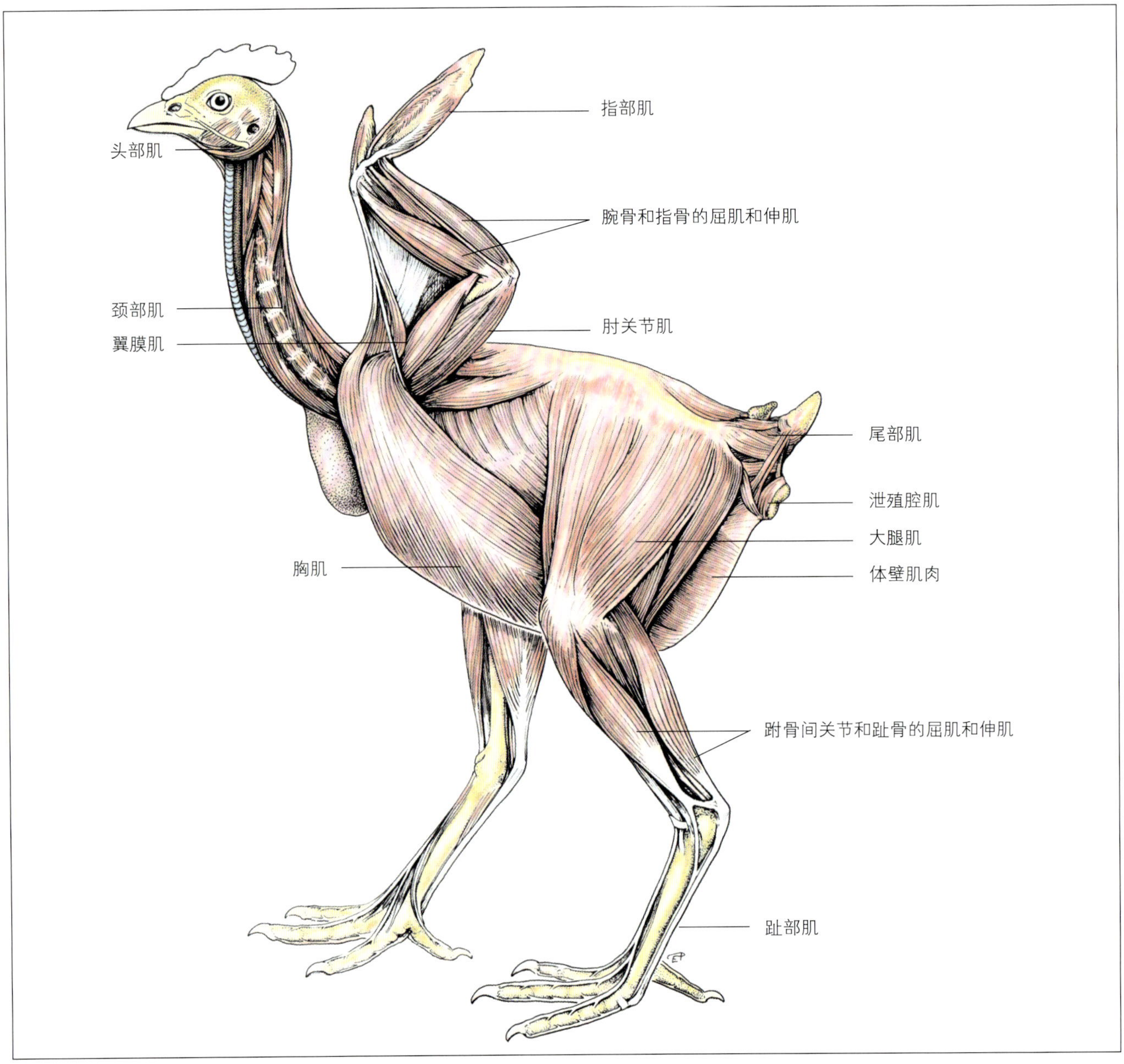

图 21-2 鸡的浅层肌和中层肌(示意图,左外侧观)(引自 König HE,Korbel R,Liebich H-G. 禽类解剖学 . 2 版 . Aufl. Stuttgart:Schattauer;2009)

临床小知识

在北美和澳大利亚,人们用一种称作**"断翅"**的方法来限制动物园中鸟类的飞翔。该手术中,在腕关节前方的皮下部位切断**腕桡侧伸肌**(m. extensor carpi radialis)的肌腱。澳大利亚使用的另一种技术是通过分割掌骨来**切断**翅膀的尖端。在羽片到羽轴的转换位置**剪断 8～10 个主飞羽和次级飞羽**,可以以一种侵入性较小的方式实现飞翔限制。

21.2.2 后肢

髂骨(os ilium)、**坐骨**(os ischii)和**耻骨**(os pubis)在背侧**融合**,组成**盆带骨**。与哺乳动物一样,这三块骨形成**髋臼**。骨盆(融合的骨盆骨)与脊柱融合,骨盆腹侧**保持开放**。两侧的骨盆骨也称为**产蛋骨**,也就是在产蛋时,卵从后肢之间通过。

后肢骨的组成包括:

- 股骨(os femoris)
- 胫跗骨和腓骨
- 跗跖骨
- 趾骨

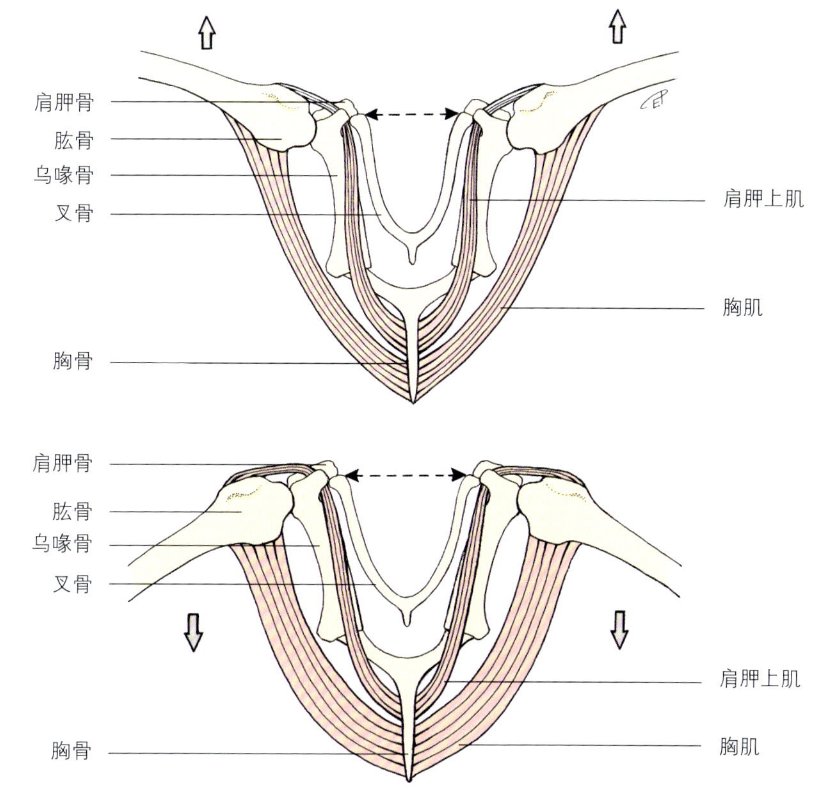

图 21-3 胸肌（m. pectoralis）（向下箭头）和肩胛上肌（m. supracoracoideus）（向上箭头）在挥动翅膀时的作用（示意图）。向下挥动翅膀（胸肌）时，肩关节之间的距离增加。向上挥动翅膀（肩胛上肌）时，肩带骨会把肩关节拉回原位（引自 König HE，Korbel R，Liebich H-G. 禽类解剖学 . 2 版 . Aufl. Stuttgart：Schattauer；2009）

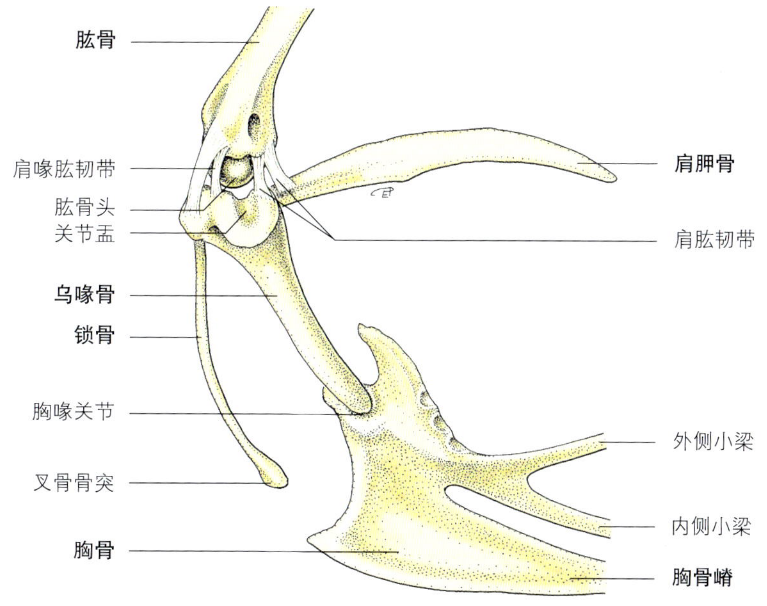

图 21-4 鸡的左侧肩关节（示意图，外侧观）（引自 König HE，Korbel R，Liebich H-G. 禽类解剖学 . 2 版 . Aufl. Stuttgart：Schattauer；2009）

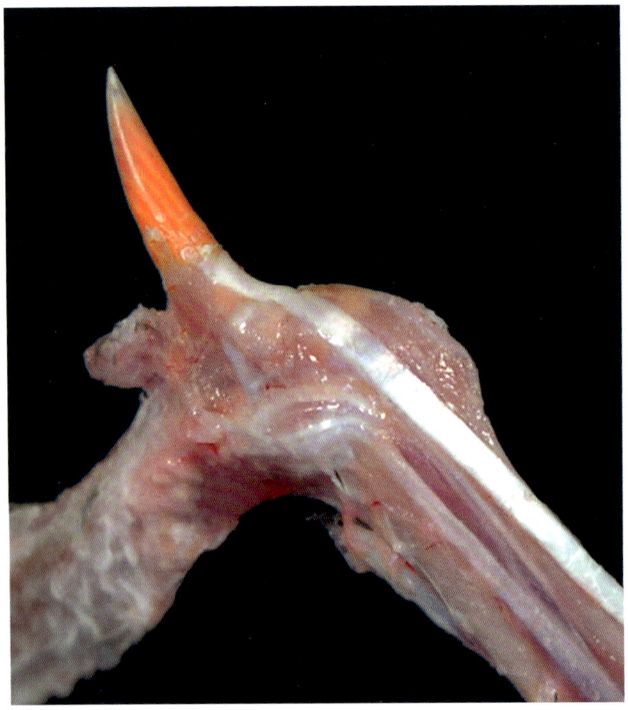

图 21-5 一只南田凫翅膀上的爪(麦鸡属,Molina 1782)(智利 Sergio Donoso 博士提供)

禽类的股骨与哺乳动物的类似,其近端可触及。胫骨与近端跗骨融合形成**胫跗骨**,**腓骨**较细,且向远端逐渐变细,止于胫跗骨的远端末端。

跗跖骨由**中央跗骨**、**远跗骨**和**第 2～4 跖骨**融合而成。因此,成年禽类骨骼没有单独的跗骨。只有第 1 跖骨作为单独结构保留下来,第 5 腕骨缺失。跗跖骨有一骨性突起,即**距**(calcar),雄禽的距比雌禽的发达。

跗跖骨与第 1～4 趾骨在远端相连接。后肢的趾骨通常遵循两种**基本排列方式**的其中一种:以**不等趾排列**,只有第 1 趾朝向足底;以**并趾排列**,第 1 趾和第 4 趾一起朝向足底。

禽类的肌肉有助于其飞翔和陆地生活(如肌腹位于躯干附近,朝向重心;图 21-35)。飞翔肌是禽类身体中最强大的肌群之一,起源于**胸骨的大部分区域**。

胸肌(m. pectoralis)是翅降肌,它比抬高前肢的**肩胛上肌**(m. supracoracoideus)要发达得多。

临床小知识

从胫跗骨远端开始,肌肉仅由肌腱组成。飞翔肌被用于药物的**肌内注射**。

21.3 体腔

禽类**没有膈肌**。因此,胸部、腹部和骨盆部等术语的使用只与相关的骨骼或肌肉有关。尽管如此,禽类体腔仍有几个离散的空间是可以区分的。它包括**浆膜腔**和**气囊**。体腔也由**横膈膜**和**斜隔膜**分隔(图 21-6 至图 21-8)。

横膈膜(septum horizontale)经腹侧至肺(图 21-7),从胸椎腹侧嵴(crista ventralis)延伸至肋骨。**斜隔膜**(septum obliquum)由气囊向内生长形成,也起始于胸椎腹侧嵴,但沿更腹侧的路径延伸至胸骨外侧缘(图 21-7)。

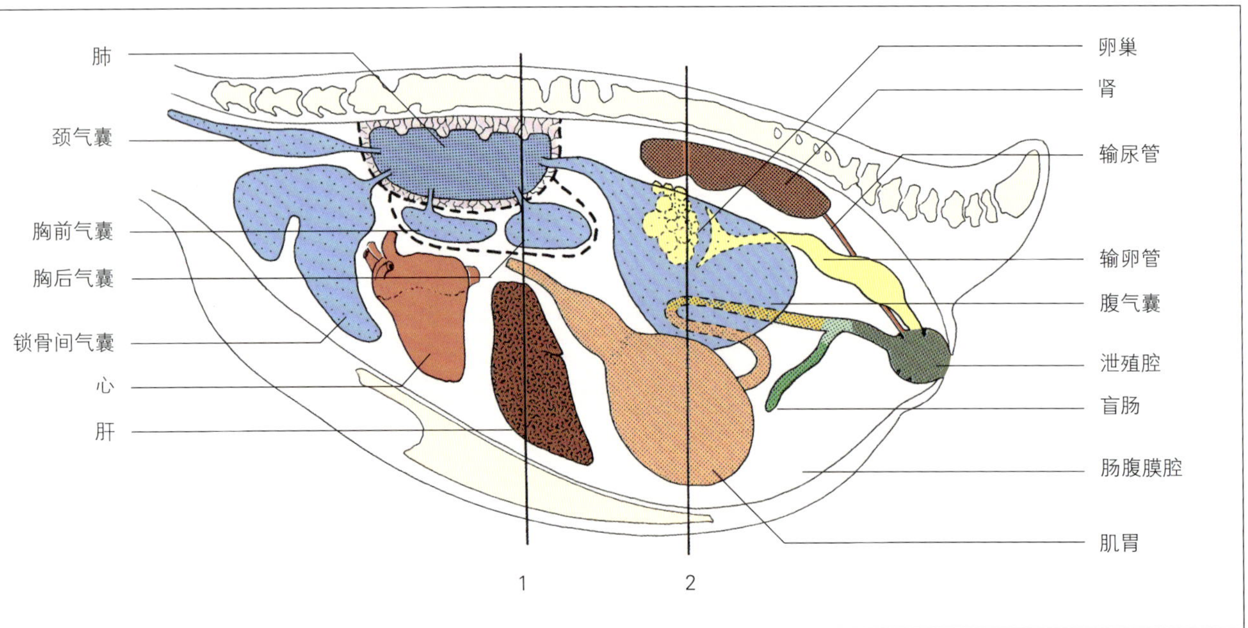

图 21-6 鸡的体腔(示意图);1 和 2 为图 21-7 和图 21-8 的截面。数据源自 Vollmerhaus(1992)(引自 König HE,Korbel R,Liebich H-G. 禽类解剖学 . 2 版 . Aufl. Stuttgart:Schattauer;2009)

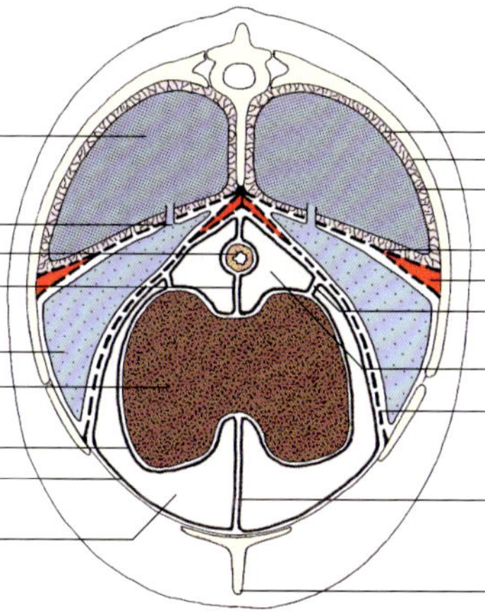

图 21-7 在肝水平，鸡的体腔横断面(见图 21-6，截面 1；后面观)(引自 König HE，Korbel R，Liebich H-G. 禽类解剖学 . 2 版 . Aufl. Stuttgart：Schattauer；2009)

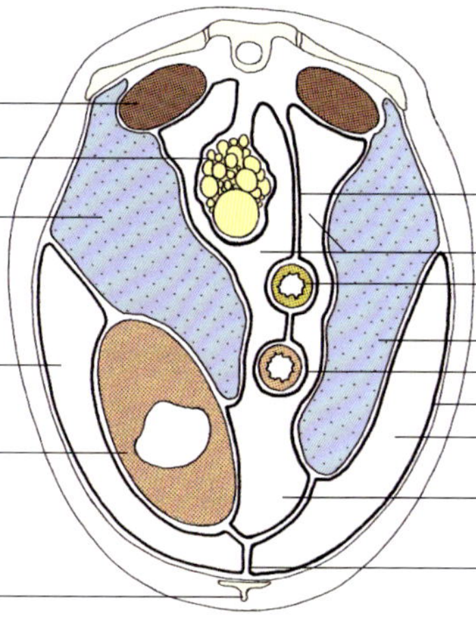

图 21-8 在肌胃水平，鸡的体腔横断面(见图 21-6，截面 2；后面观)(引自 König HE，Korbel R，Liebich H-G. 禽类解剖学 . 2 版 . Aufl. Stuttgart：Schattauer；2009)

禽类由浆膜内衬的**体腔**包括：

- 2 个胸膜腔(cava pleurae)
- 4 个肝腹膜腔(cava hepatici peritonei)
- 1 个肠腹膜腔(cavum intestinale peritonei)
- 1 个心包腔(cavum pericardii)

完整的**胸膜腔**(cava pleurae)仅存在于**胚胎发育期**。孵化期，大部分或全部体腔都消失。肺与周围组织相互融合。因此，禽肺的体积保持相对恒定。

4 个肝腹膜腔的后部以横向的肝后隔(septum posthepaticum)为界，这两层浆膜包裹着身体左侧的肌胃。肝有背侧肠系膜和腹侧肠系膜，腹侧肠系膜相当于哺乳动物的镰状韧带(ligamentum falciforme)。此外，位于外侧的**左、右肝韧带**(ligamentum hepaticum dextrum and ligamentum hepaticum sinistrum)连接肝脏与斜隔，形成 4 个肝腹膜腔。

肠腹膜腔是最大的腹膜腔，位于肝后隔的后部。除肠外，肠腹膜腔还包含着卵巢和输卵管或睾丸。肠只有一个背侧肠系膜。两个腹气囊向后伸入肠腹膜腔。

心包腔的结构与哺乳动物相似。

家禽体腔包含 8 个**气囊**(图 21-23 和图 21-24)，见第 21.5 节“呼吸系统”(691 页)。

21.4 消化系统 (systema digestorium)

禽类消化道(图21-9至图21-16)与哺乳动物消化道有以下区别:

- 喙
- 口腔和咽腔未分开(口咽)
- 无齿、唇、颊和软腭
- 有2个盲肠
- 泄殖腔

21.4.1 消化道近端

口腔和咽腔形成一个共同空间——**口咽**,由**喙**(rostrum)从背侧和腹侧包围。喙的形态因属和种而异。喙除了具有啄食的作用外,还具有空气动力学功能。在大多数禽类,喙也是一种**感觉器官**(**喙尖器官**),通过喙的角质化组织和相关板层中的触觉小体(触觉乳头)起作用。

家禽的**舌**(lingua)位于口咽腹侧,**不能灵活活动**。从形态学上看,舌适应了各种禽类的饮食习惯。舌体由**舌三叉骨**(os entoglossum)作为支架,舌肌不发达。舌的背侧存在机械性乳头和味觉乳头。

禽类的**唾液腺发育良好**。食物和唾液的混合对食谷动物尤为重要。唾液腺位于上下腭、口角和舌上。

21.4.2 胃肠道

胃肠道(图21-9和图21-11)包括以下几个部分:

- **食管**包括
  - 嗉囊(ingluvies)
- **胃**(gaster)包括
  - 腺胃(pars glandularis)
  - 肌胃(pars muscularis)
- **肠**(intestinum)包括
  - 小肠(intestinum tenue)包括
    - 十二指肠
    - 空肠
    - 回肠
  - 大肠(intestinum crassum)包括
    - 盲肠
    - 直肠
- **泄殖腔**包括
  - 粪道
  - 泄殖道
  - 肛道

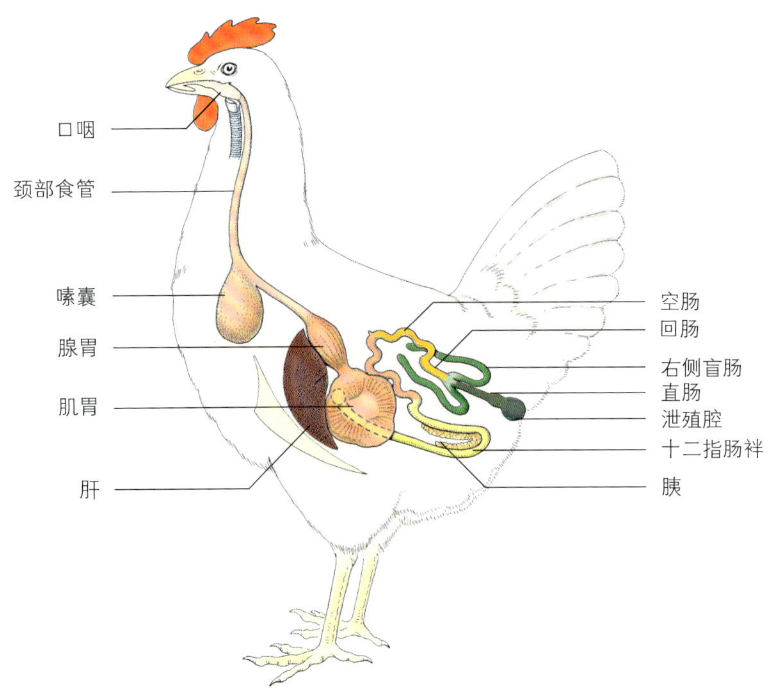

图21-9 鸡的消化系统(示意图)(引自König HE, Korbel R, Liebich H-G. 禽类解剖学. 2版. Aufl. Stuttgart: Schattauer; 2009)

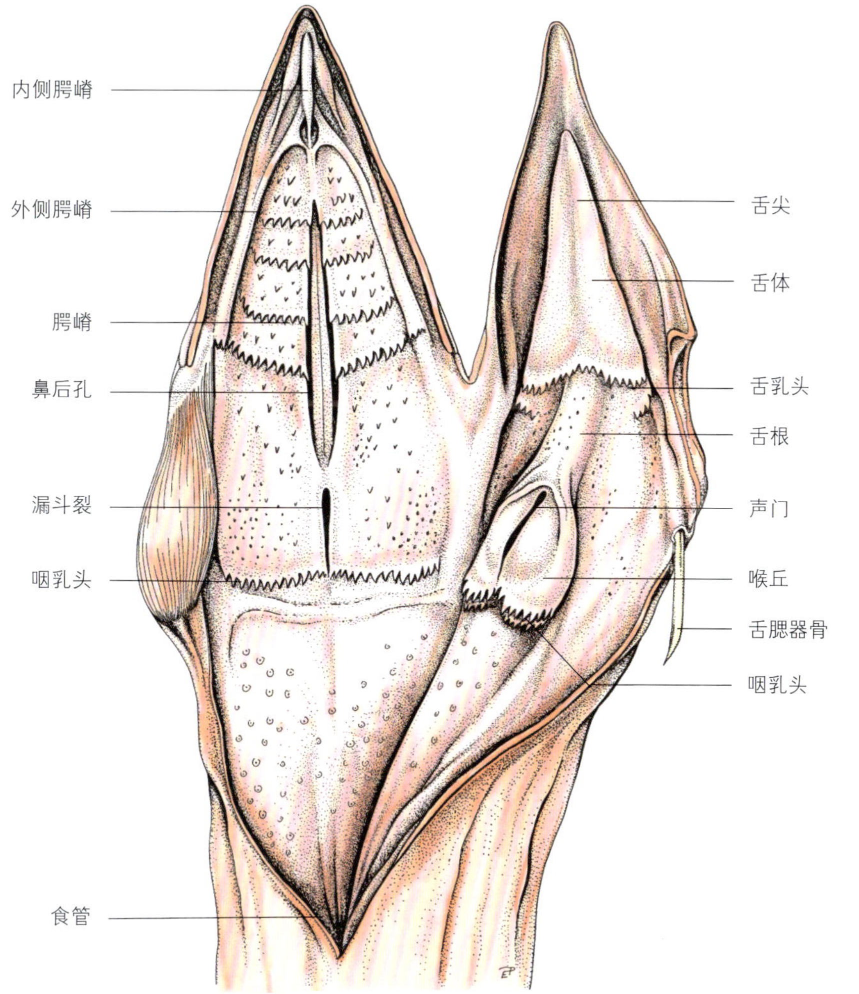

图 21-10 鸡的口腔和咽(示意图,打开和掀开)。数据源自 Dyce、Sack 和 Wensing(2002)(引自 König HE,Korbel R,Liebich H-G. 禽类解剖学 . 2 版 . Aufl. Stuttgart: Schattauer;2009)

食管

食管(图 21-20)是从喉丘末端延伸至腺胃的一根薄壁管。其**近端部分**(颈部)最初位于**气管背侧**,当它向远端延伸,则主要位于**颈部右侧**。在胸腔入口处,食道膨大形成**嗉囊**。然后从心基部穿过**肺腹侧**,在第 3 至第 4 肋间隙处进入**腺胃**。

嗉囊(ingluvies)

食管进入体腔之前,其膨大形成嗉囊。嗉囊的主要作用是临时储存摄入的食物。对难以消化的食物还能起到软化和预消化的作用。嗉囊背侧壁有一"**嗉囊管**",可作为食管的延续。

以谷物为食的禽类,嗉囊明显增大。嗉囊和嗉囊管肌肉强有力的收缩推动食物进入胃。鸽子的嗉囊可产生用来喂养幼鸽的"**嗉囊乳**"。

胃(gaster)

在许多不同的禽类,胃的结构因食物而有很大的变化。鸡、鸽、鹅和鸭等食谷和食草禽类的胃由**腺胃**和**肌胃**组成(图 21-11 至图 21-15、图 21-30)。

腺胃(proventriculus,pars glandularis)

腺胃位于肝的壁面(facies parietalis),肠腹膜囊袋内。腺胃的浅层和深层管状腺聚集产生胃蛋白酶原、H^+、Cl^-和一种富含碳酸氢盐的分泌物,用于预消化摄入的食物。腺胃的分泌物还含有促进维生素 B_{12} 摄取的内因子(图 21-11 至图 21-15)。

肌胃(ventriculus,pars muscularis)

肌胃(图 21-11 至图 21-15)位于两层肝后隔之间,在体腔左腹侧象限的肠腹膜腔左侧。由于它的机械功能,它有时被称为"**咀嚼器官**";在某种意义上,它代替了退化了的齿。肌胃黏膜被一层类似于研磨板的粗糙层覆盖。这一层由管状腺的硬的分泌物 Koilin 组成，它由碳水化合物-蛋白质复合物组成。与饲料一起吞食的小石子和其他硬的沙砾（grit）有助于对摄入的食物进行进一步机械分解。

肌胃肌层

肌胃的胃壁（图 21-11 至图 21-13）主要由平滑肌构成，平滑肌又分为 4 层。延伸至外侧腱中心的**两块主要肌群**是：

- 后背侧厚肌（m. crassus caudodorsalis）
- 前腹侧厚肌（m. crassus cranioventralis）

位于这 2 块厚肌之间，穿过前盲囊和后盲囊较薄的肌群是：

- 前背侧薄肌（m. tenuis craniodorsalis）
- 后腹侧薄肌（m. tenuis caudoventralis）

肠（intestinum）

与哺乳动物相比，大多数禽类的**肠**相对较短。食谷和食草禽类的肠道比食肉禽类的更长。在禽类，**肠道各段均有绒毛**（图 21-11、图 21-14 至图 21-16）。

小肠（intestinum tenue）

小肠各段很难区分，中间和远段有时统称为**空回肠**。

十二指肠

十二指肠（图 21-11、图 21-14、图 21-15）形成一个长的 U 形袢（ansa duodeni），由**降袢**（pars descendens）和**升袢**（pars ascendens）组成。**胰**位于二者之间。十二指肠升袢含有胰管和胆管的开口（鸡通常分别有 3 个和 2 个开口）。

空肠和回肠

空肠和回肠（图 21-11）在体腔右侧呈袢状排列。位于空回肠中点的 Meckel **憩室**（卵黄囊憩室）是胚胎卵黄囊的遗迹。这在鸡和鸽子中常缺失，在鸭和鹅中也很少发现。

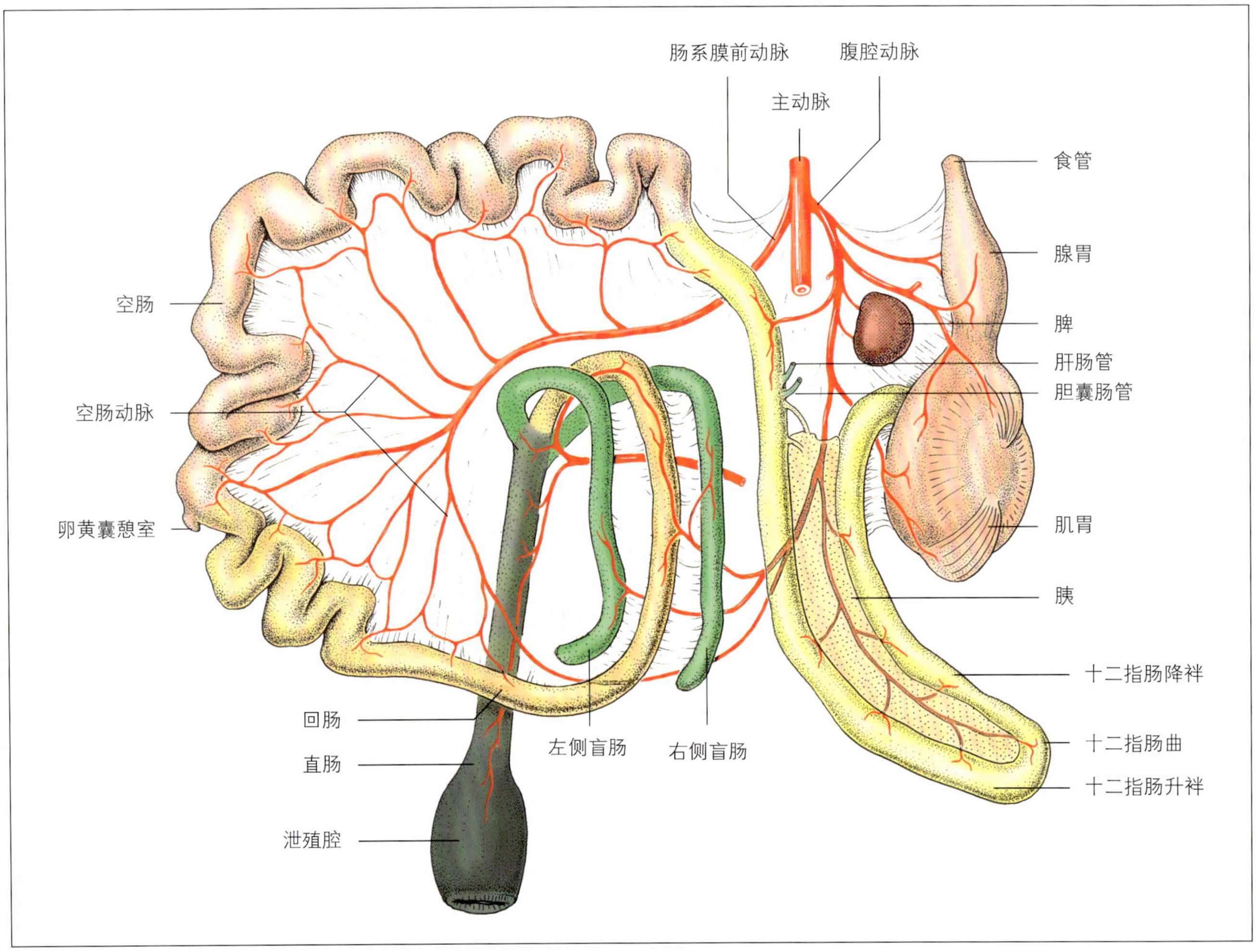

图 21-11　鸡的胃肠道和主要相关动脉（示意图）。数据源自 McLelland（1975）（引自 König HE，Korbel R，Liebich H-G. 禽类解剖学 . 2 版 . Aufl. Stuttgart：Schattauer；2009）

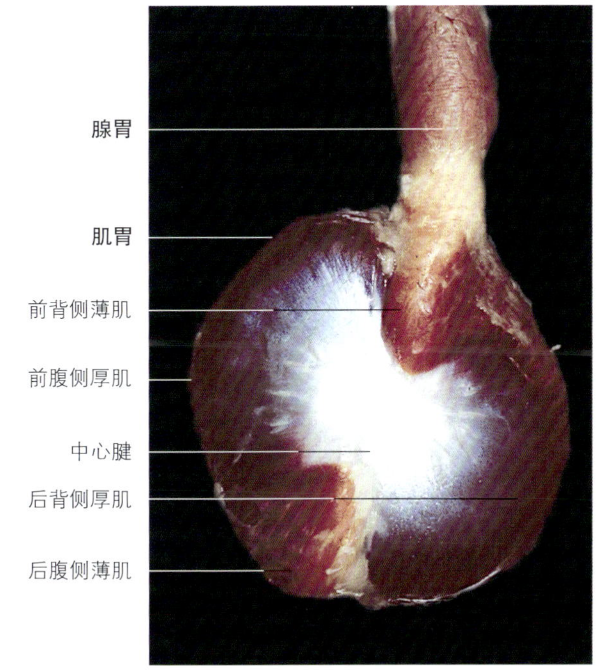

图 21-12 鸡的腺胃和肌胃(引自 König HE,Korbel R,Liebich H-G. 禽类解剖学 . 2 版 . Aufl. Stuttgart: Schattauer;2009)

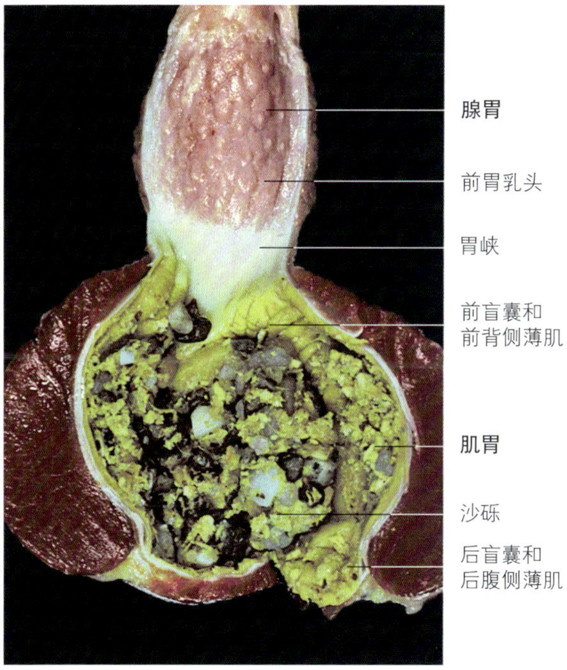

图 21-13 鸡的腺胃和肌胃(引自 König HE,Korbel R,Liebich H-G. 禽类解剖学 . 2 版 . Aufl. Stuttgart: Schattauer;2009)

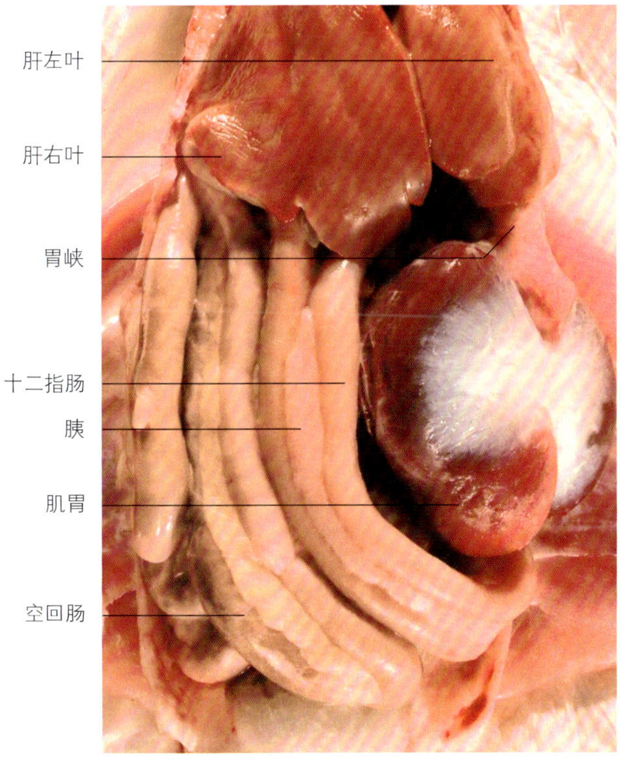

图 21-14 鸡的腹腔器官(腹侧观,肠腹膜腔暴露)(引自 König HE,Korbel R,Liebich H-G. 禽类解剖学 . 2 版 . Aufl. Stuttgart: Schattauer;2009)

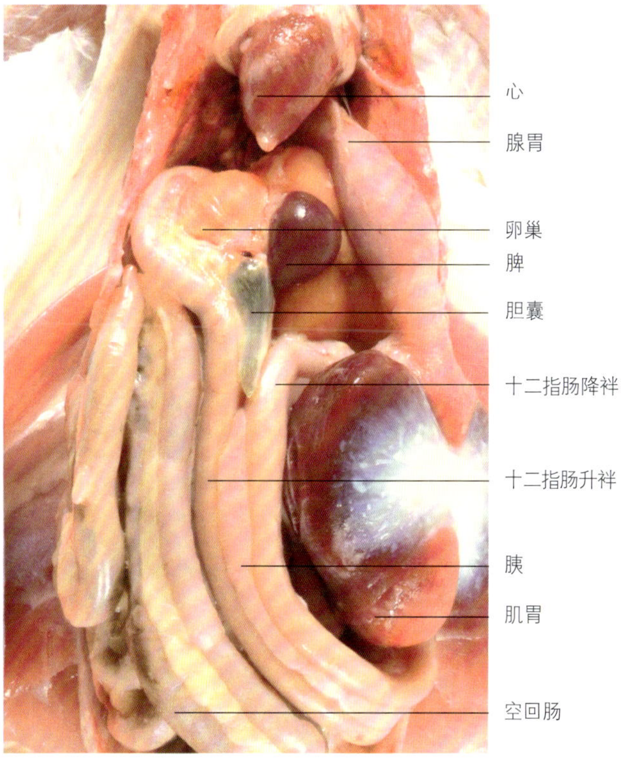

图 21-15 鸡的腹腔器官(腹侧观,肠腹膜腔暴露,肝移除)(引自 König HE,Korbel R,Liebich H-G. 禽类解剖学 . 2 版 . Aufl. Stuttgart: Schattauer;2009)

大肠(intestinum crassum)

大肠由**盲肠**和**直肠**组成(图 21-11)。

盲肠和直肠

与哺乳动物不同,家禽有 2 个**大的盲肠**(caecum),即右侧盲肠和左侧盲肠。它们通过**回盲韧带**(ligamenta ileocaecalia)与回肠末端相连。鸡的盲肠特别发达。每一个盲肠起始于回肠与直肠的交界处。在纯食草和食果的禽类,植物多糖(如纤维素)在盲肠中被消化。

直肠是肠道的末端部分,延伸至泄殖腔。

泄殖腔

在禽类,泄殖腔接收**消化终产物**以及**尿液**和**生殖道的产物**。泄殖腔内的 2 个黏膜褶将泄殖腔分为 **3 部分**(图 21-16 和图 21-27),称为:

- 粪道
- 泄殖道
- 肛道

鸡的直肠与泄殖腔的近端合并,二者间没有任何明确的界线,形成**粪道**。粪道的绒毛特别宽,粪道后段则变短。

泄殖腔第二部分的背侧壁为**泄殖道**,包含有输尿管和雄禽输精管的开口。雌禽的左侧泄殖道与左侧输卵管相接。泄殖腔的末段即为**肛道**,直肠黏膜转变为与外部皮肤相延续的非腺体黏膜。**腔上囊(法氏囊)**开口于肛道背侧,见第 14 章“免疫系统和淋巴器官”(451 页)。在雄禽,肛道底部被**交配器官(阴茎突)**所占据。

21.4.3 肠道的附属器官

肠道的附属器官包括**肝**和**胰**。与哺乳动物一样,这两个器官都源自一个共同的胚原基,即肝胰环。禽类和其他动物一样,肝是**体内最大的腺体**。

肝(hepar)

肝(图 21-14、图 21-17 和图 21-30)占据胸骨的大部分位置,被肝腹膜囊包围,两侧与胸骨、肋骨相接触。肝的前腹侧部环绕心包,在肝实质内形成**深的心压迹**(impressio cardiaca)。肝的背侧与肺相接,左外侧面与腺胃、肌胃和脾脏相接。后腔静脉(v. cava caudalis)行经肝右叶。

肝由**左叶**(lobus sinister hepatis)和**右叶**(lobus dexter hepatis)组成。根据种属的不同,这些叶可进一步细分形成更小的突起(右中间突起、左中间突起、乳突)。

肝门

与哺乳动物相比,由**肝门**进入肝脏的两条**营养性血管**包括肝左动脉和肝右动脉(a. hepatica sinistra et dextra)。肝**功能性血管**也由 2 条血管组成,即**左、右肝门静脉**(v. portalis hepatica sinistra et dextra)。

肝左静脉(v. hepatica sinistra)、**肝中静脉**(v. hepatica media)、**肝右静脉**(v. hepatica dextra)收集来自**肝小叶中央静脉**(vv. centrales)的血液。这些血管(**肝静脉**)形成肝的输出静脉,将血液输送至**后腔静脉**。

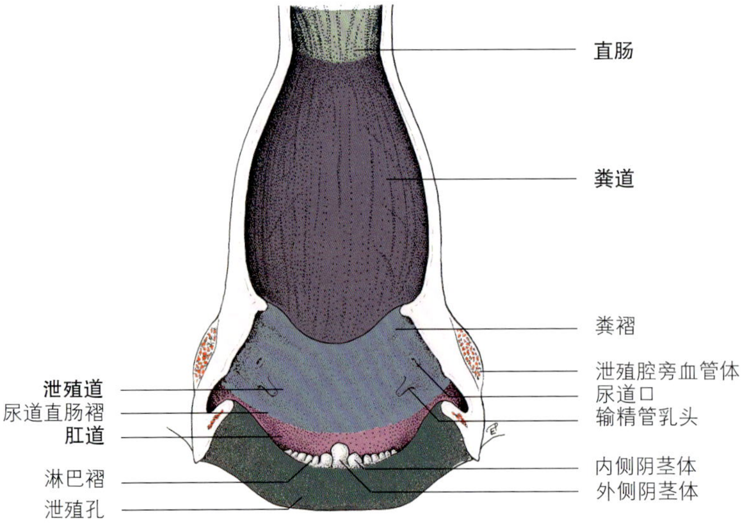

图 21-16 公鸡泄殖腔(示意图)。数据源自 Waibl 和 Sinowatz(2004)(引自 König HE,Korbel R,Liebich H-G. 禽类解剖学 . 2 版 . Aufl. Stuttgart: Schattauer;2009)

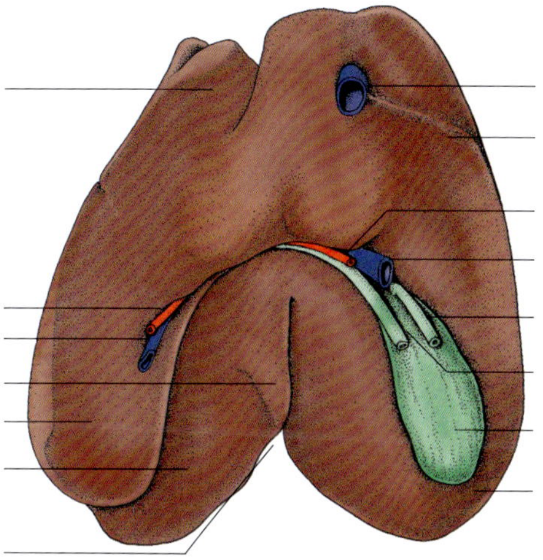

图 21-17　带有肝门的鸡肝脏面（facies visceralis）（示意图）。数据源自 Vollmerhaus 和 Sinowatz（2004）（引自 König HE，Korbel R，Liebich H-G. 禽类解剖学 . 2 版 . Aufl. Stuttgart：Schattauer；2009）

肝的附属器官

肝由双层浆膜固定。**斜隔膜（肝韧带；**ligamenta hepatica）、**肝十二指肠韧带**（ligamenta hepatoduodenalis）和**镰状韧带**（ligamentum falciforme hepatis）也为肝提供了额外的支持。

胆囊（vesica fellea）

胆囊位于肝右叶脏面（facies visceralis）（图 21-15），但**大多数鸽子和鹦鹉没有胆囊**。

每个肝叶由专门的**胆管**（右肝管、左肝管）引流。这些导管通过肝门，融合形成**肝肠总管**（ductus hepaticoentericus communis），并延续至十二指肠。鸡和鸭的胆囊，胆汁从右肝管通过**肝胆囊管**（ductus hepatocysticus）进入胆囊。随后，胆汁从胆囊经**胆囊肠管**（ductus cysticoentericus）进入十二指肠。

21.5　呼吸系统（systema respiratorium）

禽类的呼吸道（图 21-18 至图 21-24、图 21-28 和图 21-30）与哺乳动物的呼吸道在几个方面存在差异。禽类呼吸道的特征包括：

- 喉和鸣管同时存在
- 某些禽类的气管软骨骨化
- 相对恒定的肺容积
- 出壳后胸膜消失
- 存在气囊

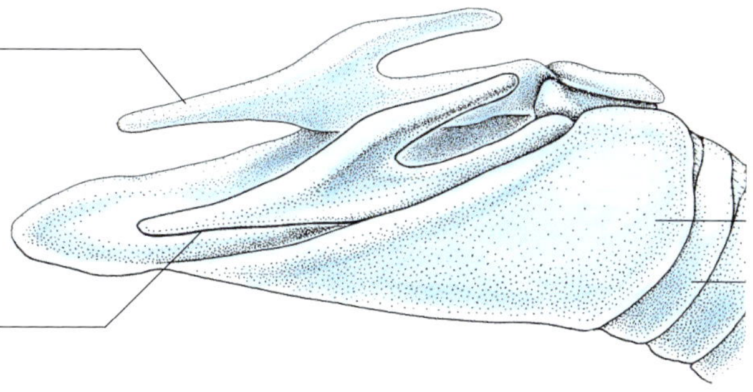

图 21-18　鸡的喉软骨（示意图）。数据源自 Ghetie（1976）（引自 König HE，Korbel R，Liebich H-G. 禽类解剖学 . 2 版 . Aufl. Stuttgart：Schattauer；2009）

21.5.1 鼻腔(cavum nasi)

大多数禽类的鼻腔含有**3个鼻甲**(conchae nasales)。与哺乳动物不同,禽类的鼻甲不是按背腹侧排列,而是按前后方向排列。

鼻腔前部(**前庭区**;regio vestibularis)内衬以无腺体黏膜,后部由一个小的**呼吸区**(regio respiratoria)和一个典型的发育不良的**嗅区**(regio olfactoria)所延续。

鼻腔与**单个鼻旁窦**相通,即**眶下窦**(sinus infraorbitalis)。鼻前庭有**鼻腺**((glandulae nasales)。

21.5.2 喉

喉是位于舌的后方、口咽腹侧的一个隆起。喉后缘有两排**圆锥乳头**(papillae pharyngeales)。**喉口**(声门)是位于喉丘中线的一条纵向狭缝。**喉软骨**(cartilagines laryngis)(图21-18)支撑喉部,它由以下几部分构成:

- 环状软骨(cartilago cricoidea)
- 前环状软骨(cartilago procricoidea)
- 杓状软骨(cartilago arytenoidea)

声门的开放和闭合由2块喉肌控制,即**声门扩张肌**和**声门收缩肌**(m. dilatator and m. constrictor glottidis)。喉的反射性闭合可防止异物进入下呼吸道。**喉对发声无作用**。

21.5.3 气管

禽类的气管从喉的环状软骨起始,在颈部右侧与食管伴行。在胸腔入口处,气管返回到正中面。**气管环**的形状类似于戒指样。气管环的数量(鸡为120个)在物种上存在相当大的差异。几条带状气管肌(mm. tracheales)沿气管延伸。

21.5.4 鸣管

鸣管(图21-19和图21-20)位于进入主支气管的气管分叉处水平。鸡的最后4枚气管环是鸣管的一部分。随后的环是不完整的,在一端或两端与位于中线的**鸣骨**相连。

鸣管的软骨成分共同构成**鼓室**、**外侧鼓膜**和**内侧鼓膜**(membrana tympaniformis lateralis and medialis)附着于鼓室。被称为**唇**的弹性垫从膜投射至鸣管内部,它们的功能类似于哺乳动物的**声带褶**(声襞)。

鸣禽的鸣管与**鸣管肌**相连。家禽无鸣管肌。

21.5.5 肺(pulmo)

左肺和右肺(pulmo sinister and pulmo dexter)位于脊柱背侧的左侧和右侧。肺**不分叶**。肺背内侧部的深的压迹(**肋沟**)在肋骨之间形成明显的横裂(**肋间环**)。肺的腹侧面与**水平隔相**融合,并含有与气囊相通的开口。鸡的肺近似长方形,**胸膜腔很小或几乎没有**(图21-21、图21-22、图21-28和图21-30)。

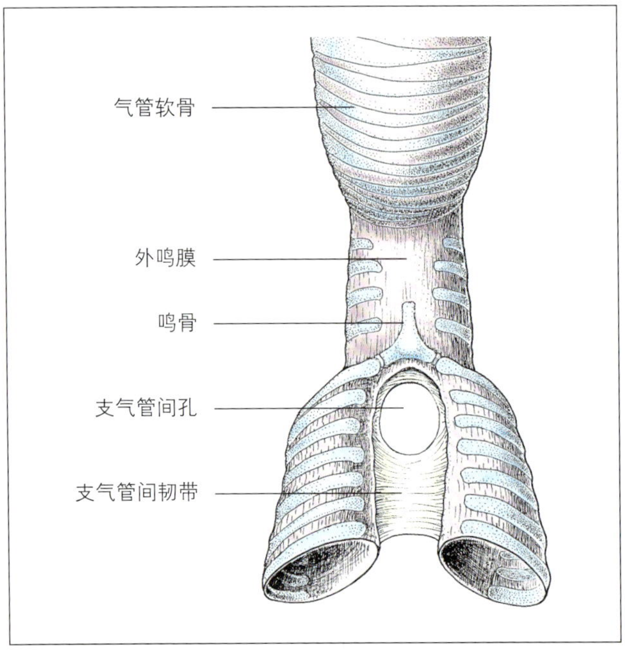

图21-19 鸡的鸣管(示意图)。数据源自Ghetie(1976)(引自König HE,Korbel R,Liebich H-G. 禽类解剖学 . 2版 . Aufl. Stuttgart: Schattauer;2009)

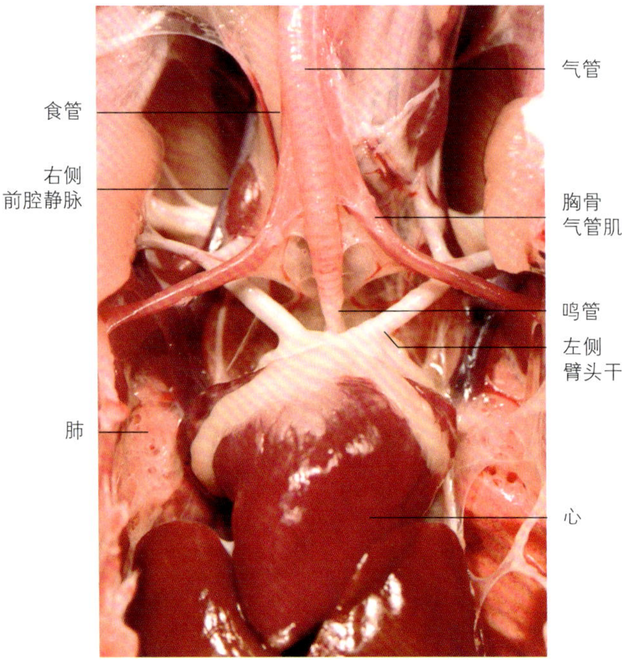

图21-20 鸡气管和鸣管的解剖关系。慕尼黑Kaiser Annette博士提供(引自König HE,Korbel R,Liebich H-G. 禽类解剖学 . 2版 . Aufl. Stuttgart: Schattauer;2009)

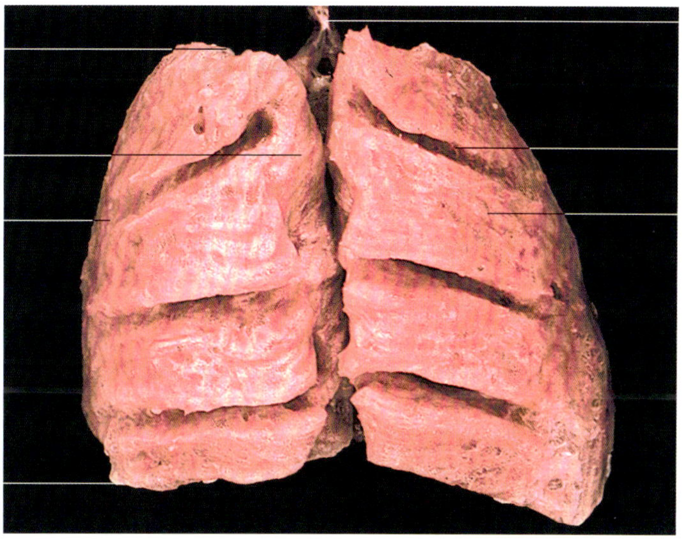

图 21-21 鸡的左肺和右肺(非原位,背侧观)(引自 König HE,Korbel R,Liebich H-G. 禽类解剖学 . 2 版 . Aufl. Stuttgart: Schattauer;2009)

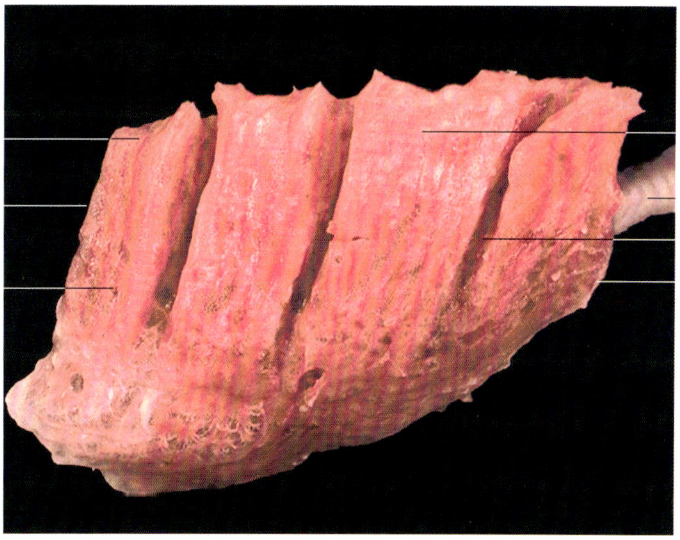

图 21-22 鸡的右肺(非原位,外侧观)(引自 König HE,Korbel R,Liebich H-G. 禽类解剖学 . 2 版 . Aufl. Stuttgart: Schattauer;2009)

肺的结缔组织附着在**肋骨**和**胸骨**上,并黏附在**水平隔**上,以防止肺塌陷。因此,支气管和肺毛细管对通过的空气保持永久开放。**禽类肺的体积**只有哺乳动物的 1/10。

21.5.6 支气管系统和气体交换

禽类肺的**支气管**分支如下:

- 2 个主支气管(bronchi primarii)
- 次级支气管(bronchi secundarii)
- 旁支气管
- 肺毛细小管(pneumocapillares)

主支气管,也被称为**一级支气管**,穿透**水平隔**,进入肺直至肺的后缘。**次级支气管**或**二级支气管**是由主支气管发出。根据它们的通过方向可分为:

- 背外侧次级支气管
- 7～10 支背内侧次级支气管
- 4～7 支腹外侧次级支气管
- 4 支腹内侧次级支气管

次级支气管的作用是使肺通气。肺的背外侧部存在于次级支气管发育较完善的禽类,因此该部位被称为**新肺**。其余 3 部分被称为**古肺**。

副支气管或**三级支气管**，也称为“**送气管**”。副支气管是一种以六边形平行排列的细的**长管**。鸡的副支气管直径为 1～1.5 mm（大多数物种为 0.5 mm）。副支气管有以下**几个特征**：

- 副支气管间彼此相互吻合
- 副支气管管壁发出外突的肺房
- 副支气管含有发生气体交换的组织
- 副支气管的直径在物种间是一致的

副支气管是**禽类肺的功能性支气管**。许多小室（**肺房**）从中央管腔向外凸出。数个漏斗状的**漏斗管**开口于肺房，通向**肺毛细管**。肺毛细管（pneumocapillares）的直径在物种内是恒定的（3～10 μm）。肺毛细管与密集的**毛细血管网**密切相关，那里是与血液进行气体交换的地方。吸入的气体通过扩散从副支气管进入肺毛细管。禽类的**气血屏障**比哺乳动物的要薄得多。

21.5.7 气囊（sacci pneumatici，sacci aerophori）

气囊是附着在肺表面的**可变形的薄壁腔**。它们像风箱一样为肺提供机械性通风。气囊通过结缔组织与毗邻的器官或肌肉融合。在某些部分，气囊被覆有浆膜。同时，气囊伸入骨骼，使骨骼成为**充气骨**。

鸡有 **8 个气囊**（图 21-6 至图 21-8、图 21-23 和图 21-24）：

- 不成对的颈气囊（saccus cervicalis）
- 不成对的锁骨间气囊（saccus clavicularis）、
- 成对的胸前气囊（sacci thoracici cranales）、
- 成对的胸后气囊（sacci thoracici caudales）
- 成对的腹气囊（sacci abdominales）。

除**腹气囊**与**主支气管**末端直接相连外，其余气囊与**次级支气管**相通。支气管和气囊之间的所有连接都会穿过水平隔（图 21-7）。

根据吸气和呼气时空气的流动，气囊可分为**两个功能组群**。

- **前气囊**，包括：
  - 颈气囊
  - 锁骨间气囊
  - 胸前气囊
- **后气囊**，包括：
  - 胸后气囊
  - 腹气囊

不成对的**颈气囊**由一个中间小室和两个向前延伸至颈椎椎管和横突管（canalis transversarius）伸长的憩室组成。

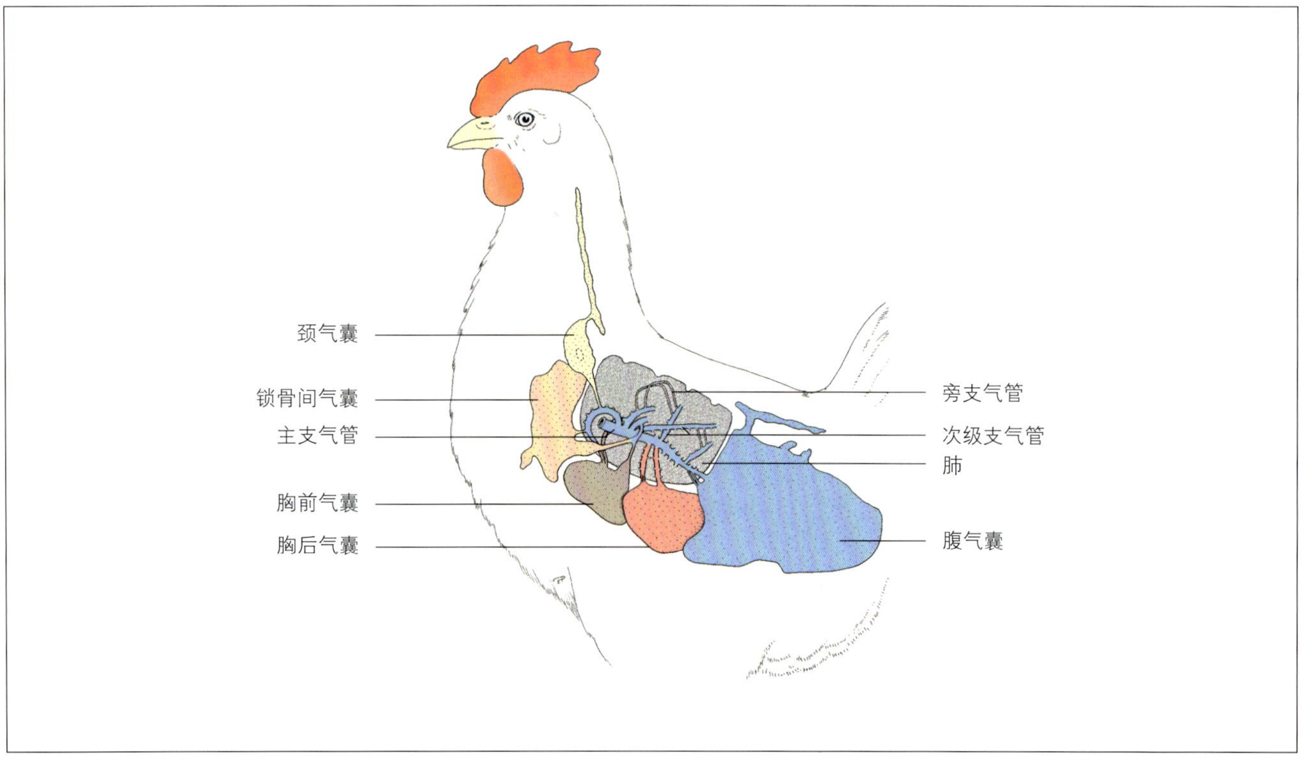

图 21-23 鸡气囊与支气管系统的关系（示意图）（引自 König HE，Korbel R，Liebich H-G. 禽类解剖学 . 2 版 . Aufl. Stuttgart：Schattauer；2009）

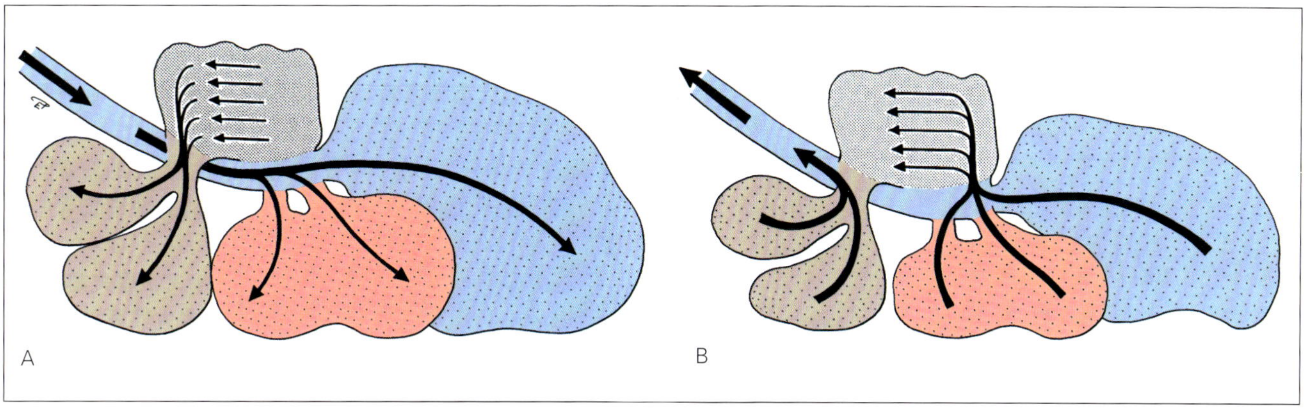

图 21-24 A）禽类吸气时呼吸系统的气流示意图：主支气管吸入的未使用空气流入后气囊（胸后气囊和腹气囊），而肺中部分使用的空气流入前气囊（胸前气囊和锁骨间气囊）。
B）禽类呼气时呼吸系统的气流示意图：未使用的空气从后气囊流入肺，而使用过的空气则通过主支气管和气管从前气囊排出（引自 König HE，Korbel R，Liebich H-G. 禽类解剖学 . 2 版 . Aufl. Stuttgart：Schattauer；2009）

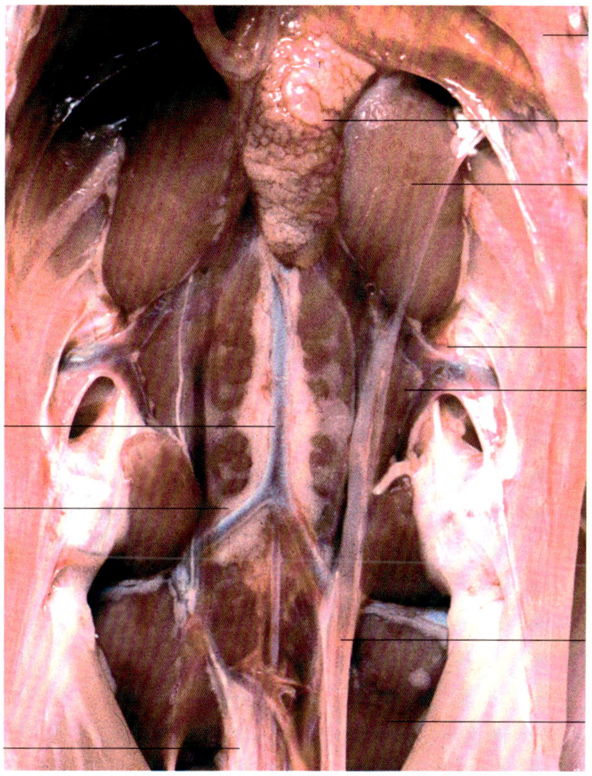

图 21-25 鸡肾和输尿管的解剖关系（腹侧观）（引自 König HE，Korbel R，Liebich H-G. 禽类解剖学 . 2 版 . Aufl. Stuttgart：Schattauer；2009）

不成对的**锁骨间气囊**体积大且复杂。锁骨间气囊除包裹心脏、心基部大血管和鸣管外，它还伸入包括肱骨在内的骨。成对的**胸前气囊**位于水平隔和斜隔之间。

胸后气囊位于胸前气囊的后部，也位于水平隔和斜隔之间。成对的**腹气囊**大部分伸入肠袢间，到达肾脏和髋关节，并渗入综荐骨和髂骨。腹气囊在**呼吸**中**起着核心作用**。空气在肺气囊系统的流动由肋骨的运动支撑胸骨，使胸骨后缘降低和升高来实现。

吸气时，空气进入前气囊和后气囊。进入**前气囊**的空气部分进入副支气管，参与肺毛细血管的气体交换。进入**后气囊**的空气大多是新鲜空气（图 21-24）。

呼气时，空气经气管从**前气囊**排出。相对较新鲜的空气在**后气囊**直接通过副支气管和肺毛细血管经气管排出。

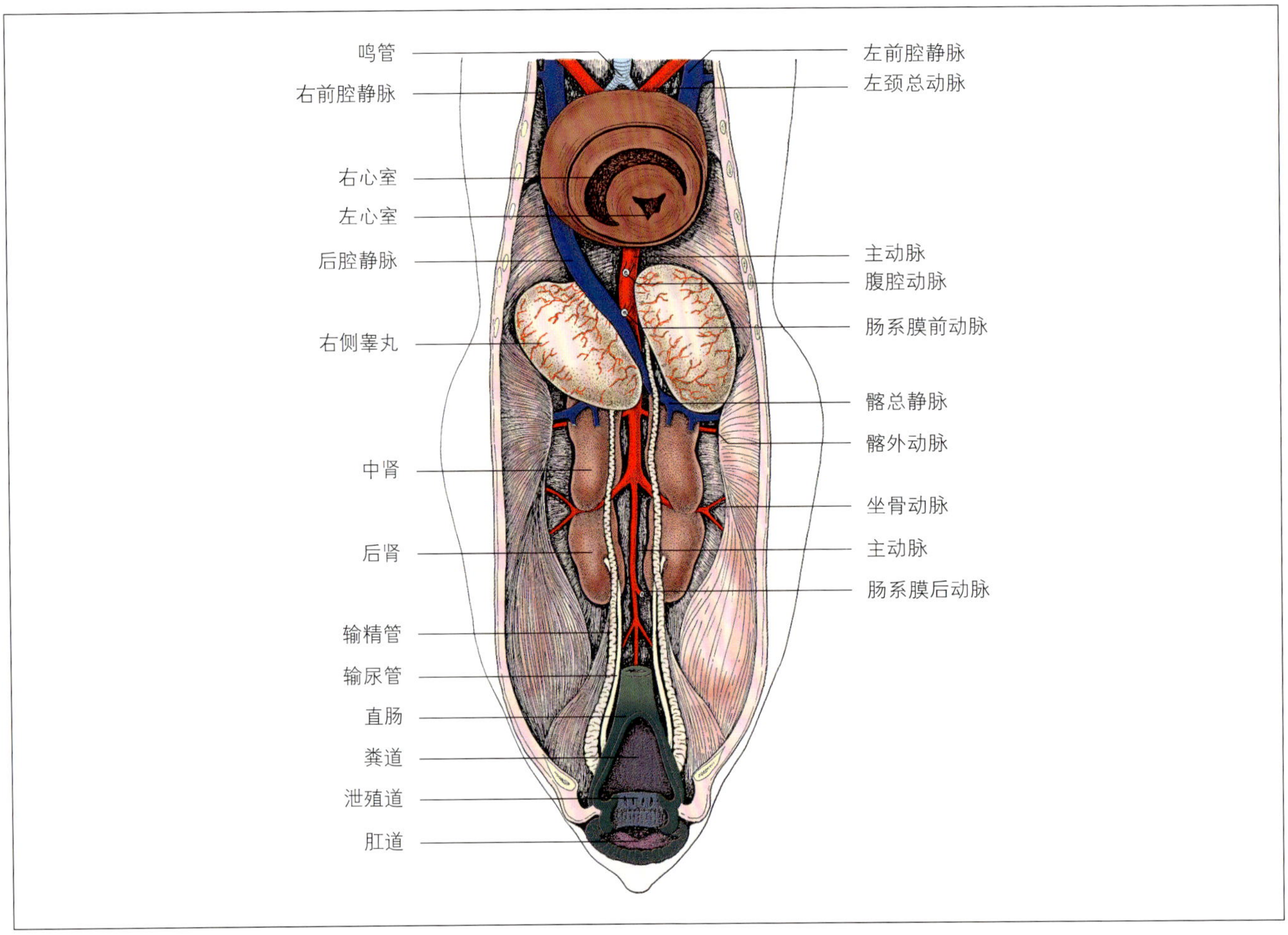

图 21-27　公鸡生殖器官(示意图)。数据源自 Ghetie(1976)(引自 König HE,Korbel R,Liebich H-G. 禽类解剖学 . 2 版 . Aufl. Stuttgart:Schattauer;2009)

21.8.2　输卵管(oviductus)

与卵巢一样,大多数禽类只有**左侧输卵管**(图 21-29 和图 21-31)发育完全。输卵管位于肠腹膜腔内,由以下几个部分组成:

- 漏斗部
- 膨大部
- 峡部
- 子宫部
- 阴道部

漏斗部

漏斗部(图 21-29 和图 21-31)的起始部是无腺体的。漏斗远端出现**漏斗腺窝**。在漏斗的更远处,**漏斗腺**的大小和数量逐渐增加。

鸡卵母细胞通过漏斗部的时间约为 15 min(图 21-29)。在此期间,由**漏斗腺分泌**的糖蛋白和磷脂在卵母细胞周围形成一层包膜,其中一部分随后浓缩形成**卵黄系带**。

膨大部

鸡的膨大部(图 21-29 和图 21-31)长约 34 cm,其中包含可分泌**卵清蛋白**、**卵转铁蛋白**和**卵黏蛋白**的大量腺体。这些分泌物是最终形成**蛋白(egg white)**的主要成分。卵在膨大部中会停留约 3 h。

峡部

卵通过峡部约 1.5 h(图 21-29 和图 21-31)。峡部的腺体与膨大部的相似,其分泌物由稳定、耐热的含硫角蛋白组成,形成**双层壳膜**。在卵钝端的这两层膜之间形成**气室**。

21.8.3　子宫部(metra)

子宫部的腺体(glandulae uterinae)(图 21-29 和图 21-31)与峡部的腺体类似。在输卵管的这一部分,将大量的水加入蛋白中,会导致蛋白"**膨胀**"。卵在子宫部停留 20 h,比在输卵管其他部位的停留时间都要长。在此期间,会生成蛋壳所需的**碳酸钙**和其他**钙盐**。

角质层(cuticula)也由子宫部产生。

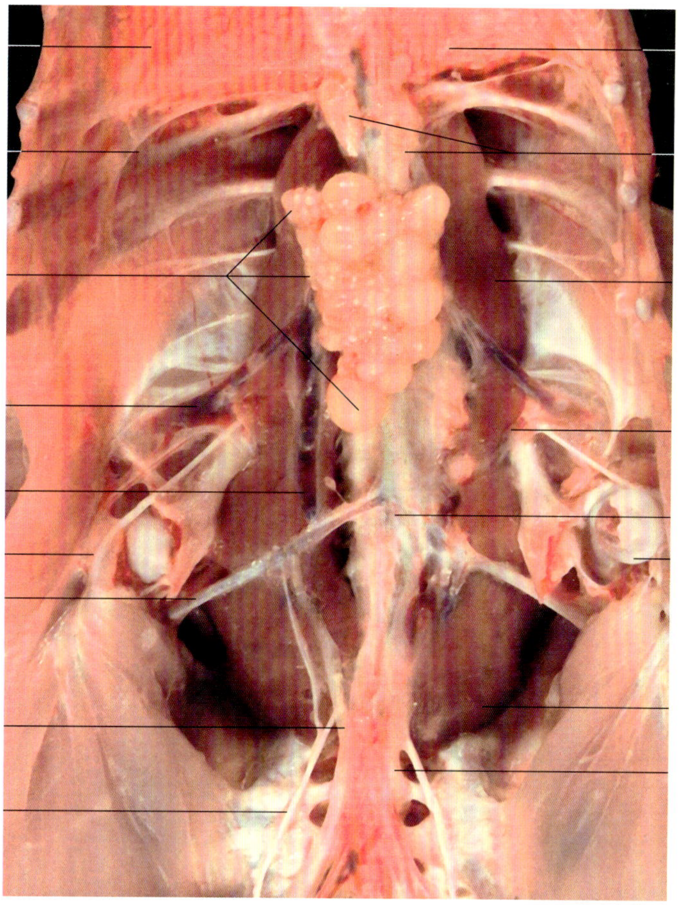

图 21-28　母鸡卵巢的解剖关系。卵巢位于脊柱旁的背侧(腹侧观，剥离肠管)(引自 König HE，Korbel R，Liebich H-G. 禽类解剖学 . 2 版 . Aufl. Stuttgart：Schattauer；2009)

21.8.4　阴道部

鸡的阴道部(图 21-29)长约 8 cm，肌层发达。阴道部含有分支管状的**子宫-阴道腺**(精小窝)，精子可在其中停留数周。该腺体是在任一种属的雌性生殖道中发现的最显著的**精子储存库**。

21.9　禽卵的结构

禽类的卵母细胞是动物界中**最大的雌性配子**。排卵时，卵母细胞由卵黄膜包裹，进入输卵管漏斗部。在输卵管内，卵的外表面不断被包裹(图 21-32)。**蛋白组分**包括：

- 内层稀蛋白
- 中间浓蛋白
- 外层稀蛋白

卵膜包括：

- 内壳膜
- 外壳膜

壳膜在卵的钝端分离，形成**气室**。钙质壳包括：

- 内乳头层(stratum mammillarium)
- 有孔(约 10 μm 宽)的碳酸钙晶体(> 40 μm 宽)的连接海绵层(stratum spongiosum)
- 外角质层(cuticula)

角质层(cuticula)是一种半透性屏障，在防止细菌穿透蛋壳方面起重要作用。

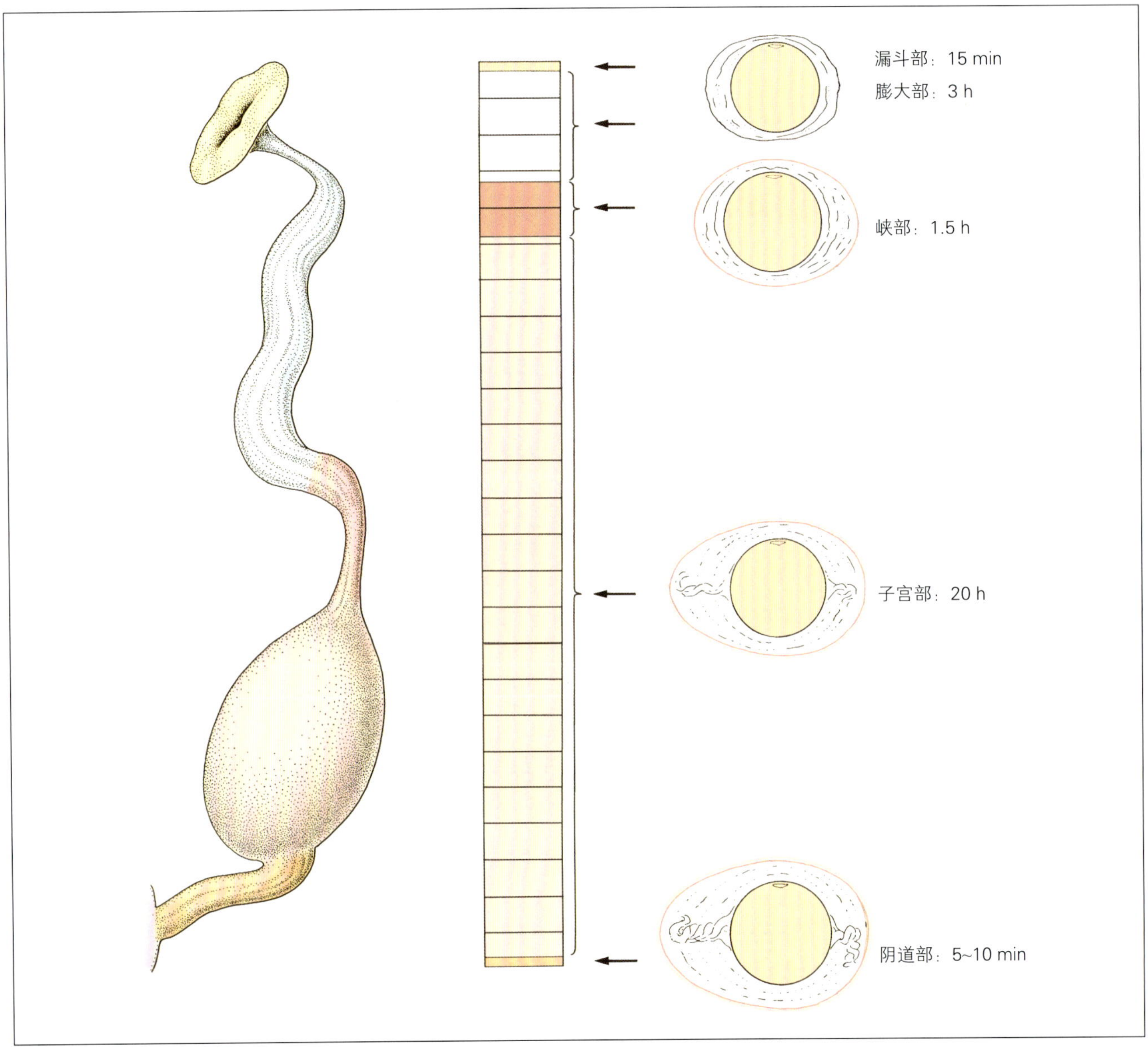

图 21-29 输卵管中鸡卵的发育（示意图）（引自 König HE，Korbel R，Liebich H-G. 禽类解剖学 . 2 版 . Aufl. Stuttgart：Schattauer；2009）

21.10 心血管系统（systema cardiovasculare）

禽类心血管系统的器官在结构上与哺乳动物的相似（图 21-15、图 21-20、图 21-27 和图 21-30）。左冠状动脉和右冠状动脉起自位于中线右侧的**升主动脉**（aorta ascendens）。随后，升主动脉分为**左、右头臂干**（truncus brachiocephalicus sinister et dexter）和**降主动脉**（aorta descendens；位于身体右侧）。

静脉与动脉伴行。在颈部，**右颈静脉**（v. jugularis）比左颈静脉大得多。

临床小知识

因此，**颈静脉穿刺**在右侧颈部进行。适合于**静脉注射**的血管包括在肱骨内侧穿过的**尺静脉**（v. ulnaris）和沿着跗跖骨内侧面延伸的**跖内侧浅静脉**（v. metatarsalis plantaris supericialis medialis）。

禽类**有肾门系统**。

禽类的红细胞是有核红细胞，其血压比哺乳动物的高。

图 21-30 母鸡卵巢、输卵管、胃的解剖关系(右侧面,深层)(引自 König HE,Korbel R,Liebich H-G. 禽类解剖学 . 2 版 . Aufl. Stuttgart: Schattauer;2009)

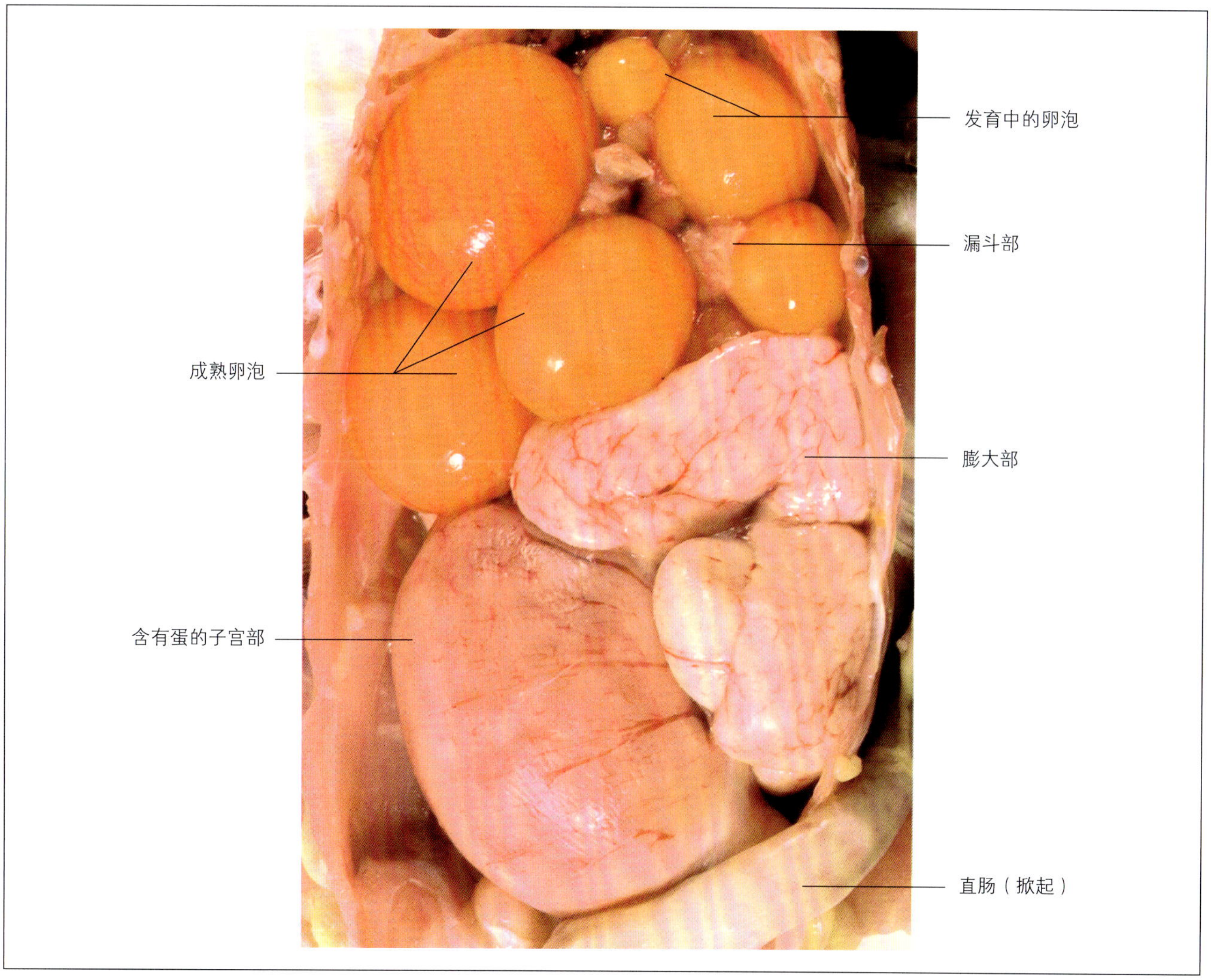

图 21-31 产蛋母鸡的生殖器官(腹侧观,剥离胃肠道)(引自 König HE, Korbel R, Liebich H-G. 禽类解剖学 . 2 版 . Aufl. Stuttgart: Schattauer; 2009)

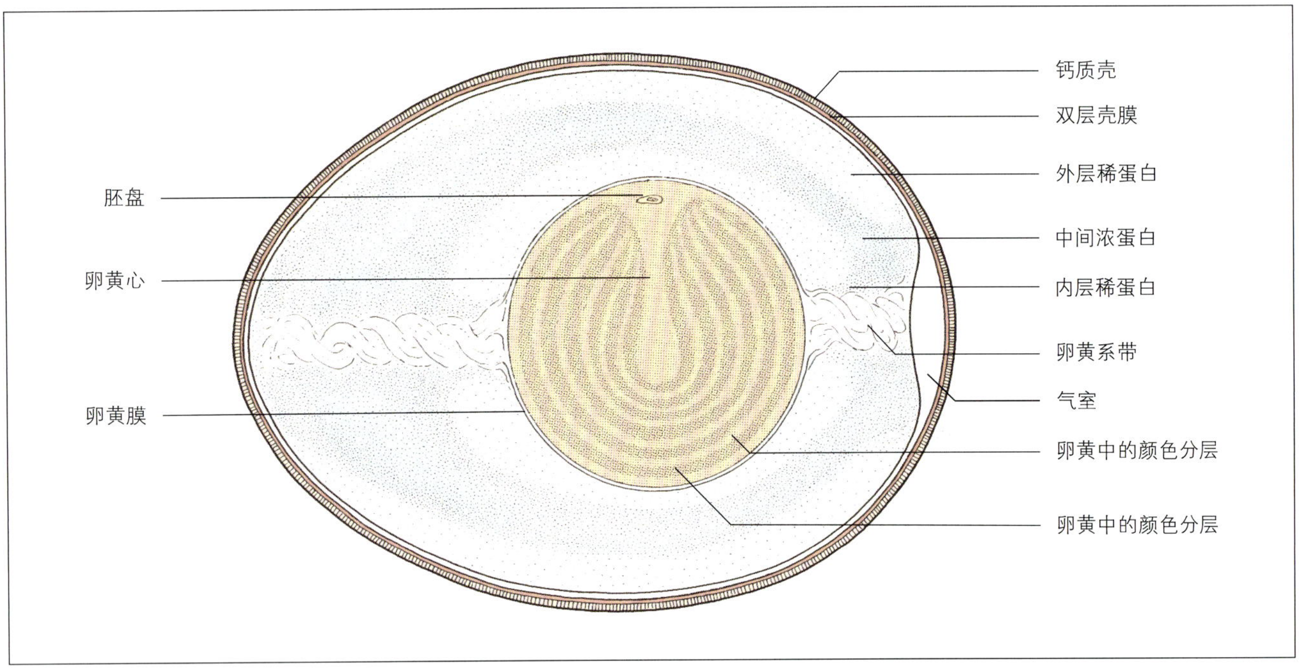

图 21-32 鸡卵的纵切面(示意图)。数据源自 Waibl 和 Sinowatz(2004)(引自 König HE,Korbel R,Liebich H-G. 禽类解剖学 . 2 版 . Aufl. Stuttgart:Schattauer;2009)

21.11 免疫系统和淋巴器官(organa lymphopoetica)

免疫系统和淋巴器官(图 21-33)构成一个复杂的网络,包括:

- 一个单向的淋巴管系统
- 淋巴心(cor lymphaticum)
- 有或无反应中心的淋巴网状结构
- 淋巴器官(胸腺、腔上囊、脾脏、骨髓)
- 与头部和颈部有关的扁桃体

鸡无淋巴结。淋巴结只存在于水禽、沼泽禽和鹅的颈部和腰部。

21.11.1 淋巴管(systema lymphovasculare)

除了**单向**的淋巴管网络,禽类淋巴系统还包括淋巴通路的替代途径。淋巴不仅流入**成对的静脉角**,还通过成对的淋巴心流入**盆腔背侧静脉**。**毛细血管后淋巴管**(纤维型淋巴管,“**前集合管**”)将淋巴输送至**转运血管**(肌型淋巴管,“**集合淋巴管**”),然后将淋巴输送至**大淋巴管**。从形态学上看,转运血管呈“**串珠**”样。

来自身体后部的淋巴主要通过**阴部和泄殖腔淋巴管**(vasa lymphatica pudendalia and cloacalia)流向**成对的淋巴心**(见下文),这些淋巴管联合形成**髂内淋巴管**(vas lymphatica iliacum internum)。

在淋巴心的近端,**髂内淋巴管**成为**淋巴心的输入淋巴管**(vas lymphaticum cordis afferens),在离开骨盆腔之前,淋巴管形成一个广泛的分支网络。

21.11.2 淋巴心(cor lymphaticum)

淋巴心(图 21-33)是体腔外的一个细长、背腹扁平的器官。它位于综荐骨的后端,在第一游离尾椎横突的背侧。

淋巴心的**功能**取决于年龄和种属。在**胚胎和胎儿**中,它的唯一功能是**泵出全身淋巴**。在具有发育良好的交配器和阴茎突的物种中,如平胸鸟和水禽,淋巴心通常与**交配器的专门的淋巴系统**结合在一起。在交配器勃起后,淋巴心从阴茎突泵出大量的淋巴,直接进入静脉系统。淋巴心在**调节内椎窦**(sinus vertebralis internus)和**肾门系统**的**血压**方面也有辅助作用。

21.11.3 淋巴网状结构

在鸡,所有较大的淋巴管中均存在淋巴网状结构。这些**纺锤形增厚的淋巴管壁**可视为禽类淋巴结改良的细微变化。由于淋巴细胞大量存在,淋巴网状结构具有**相当大的免疫潜力**。

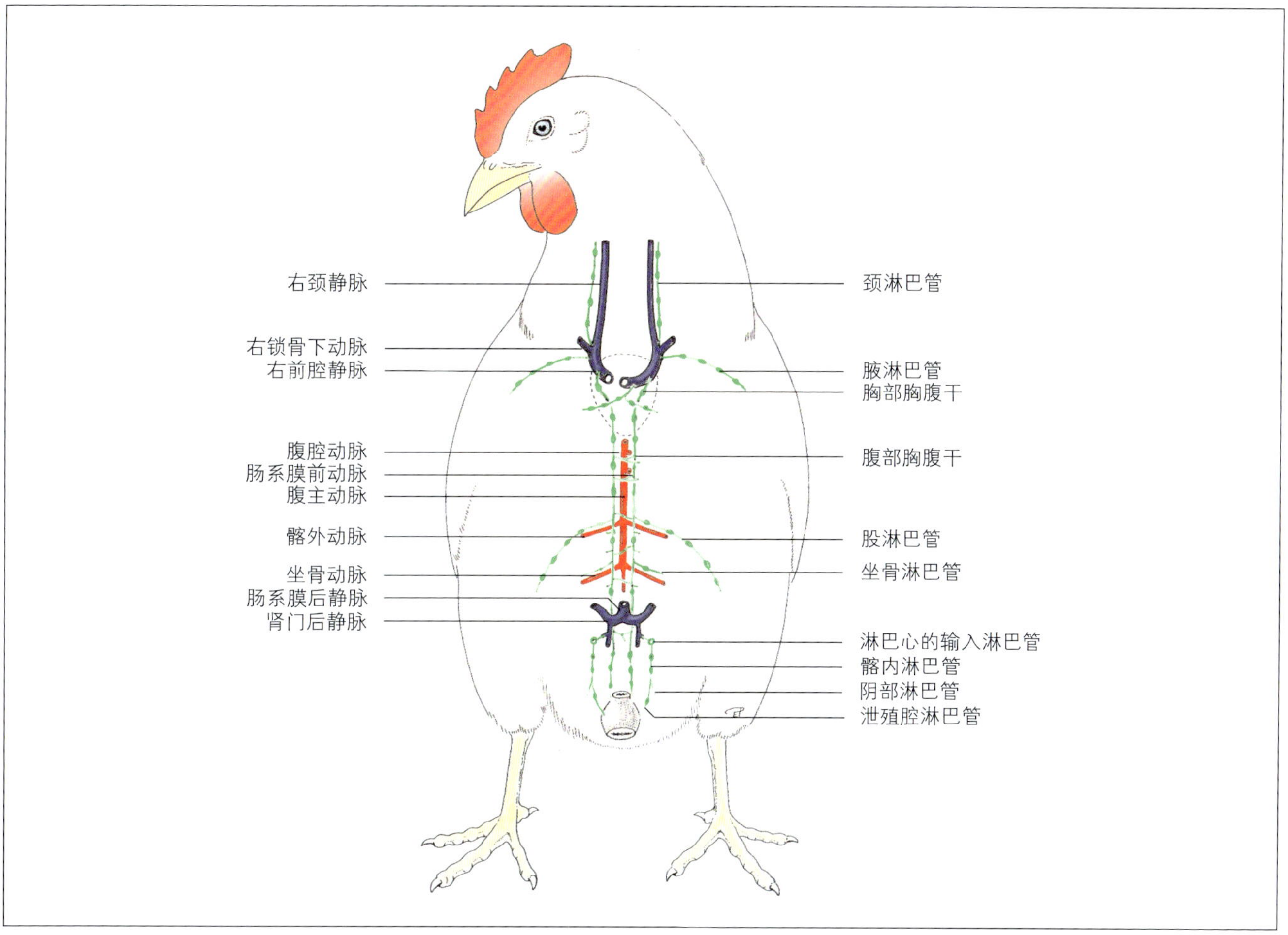

图 21-33 鸡的大淋巴管(示意图,未按比例)(引自 König HE,Korbel R,Liebich H-G. 禽类解剖学 . 2 版 . Aufl. Stuttgart: Schattauer;2009)

21.11.4 淋巴器官(胸腺、腔上囊和脾)

胸腺

胸腺位于第 3 颈椎后部,是一种分叶状的淋巴上皮器官。在胚胎发育过程中,**淋巴干细胞**从卵黄囊壁迁移至胸腺,随后(在胎儿阶段)从骨髓迁移至胸腺。在胸腺,这些细胞发育成熟为具有免疫能力的 T 细胞。

腔上囊(法氏囊)

腔上囊(法氏囊)是 **B 淋巴细胞**成熟的场所,它是**禽类**特有的免疫器官。

腔上囊是肛道背侧的有蒂附属物(图 21-27)。骨髓来源的淋巴细胞在腔上囊内发育成熟为 **B 淋巴细胞**,随后参与**体液免疫**。腔上囊在性成熟时**开始退化**。

脾(lien)

脾(图 21-11 和图 21-30)是一种棕色至樱桃色的器官,鸡的脾呈球形。脾通过**红髓**与**血管系统**相联系,通过**白髓**与**淋巴系统**相联系。脾位于胃的内侧。

21.12 中枢神经系统(systema nervosum centrale,CNS)

与哺乳动物一样,禽类的中枢神经系统包括**脑**和**脊髓**(图 21-34)。这些组织除具有一定的相似性外,还具有几个明显的形态学特征。

禽类的脑**无脑回**(光滑,缺乏脑回)。脑的总质量小于双眼质量之和,也小于脊髓的质量。哺乳动物由大脑调节的许多功能在禽类则是通过**脊髓**来介导,以**反射弧**的形式发生。禽类是**视敏的动物**。

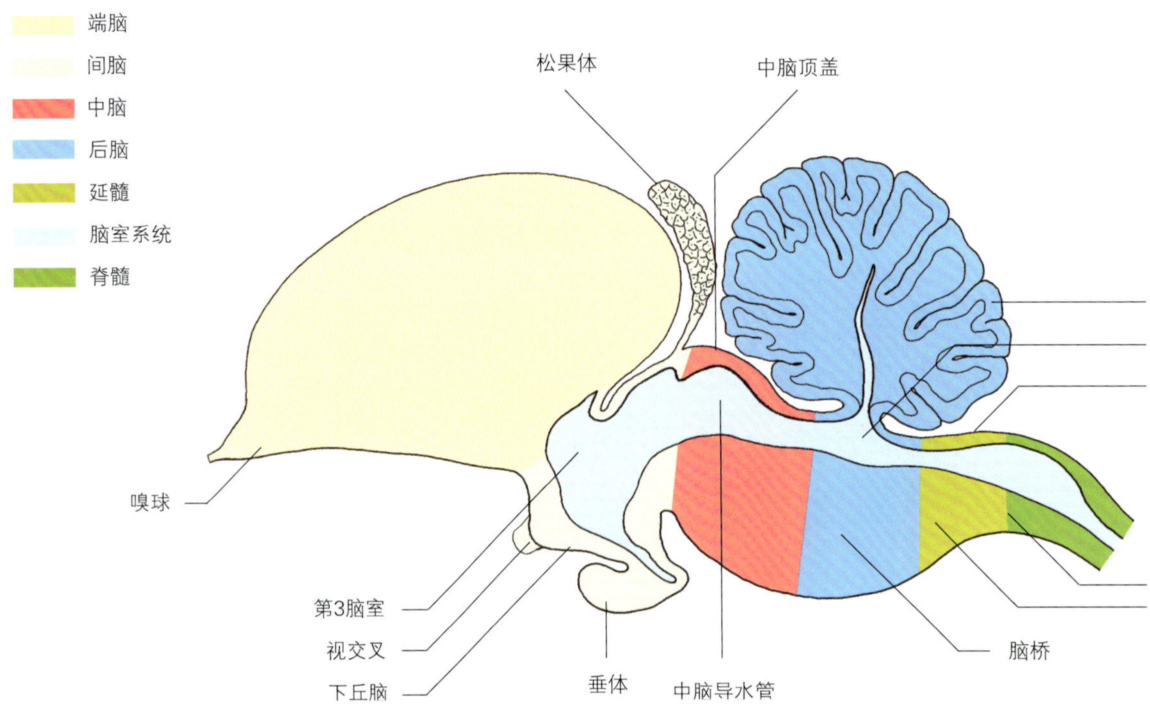

图 21-34 鸡脑(示意图,正中面)。数据源自 Romer(1966)(引自 König HE,Korbel R,Liebich H-G. 禽类解剖学 . 2 版 . Aufl. Stuttgart: Schattauer;2009)

21.12.1 脑(encephalon)

禽类的脑与哺乳动物的脑具有相同的区域划分,也有 **12 对脑神经**,尽管这些神经表现出相当大的种属差异。

视神经(n. opticus)是由视网膜多极神经节细胞的最初的无髓轴突形成的,它将神经冲动从视网膜传至间脑。这些神经纤维穿过巩膜形成髓鞘。视神经是**脑神经中最粗的**,两侧视神经的横截面大于颈部脊髓的横截面。位于垂体前部的**视交叉**(chiasma opticum),其**神经纤维为完全分叉**。

21.12.2 脊髓(medulla spinalis)

禽类的脊髓与脊柱的长度等长,从枕骨大孔走行至最后的尾椎。脊神经从脊髓的侧面发出,**无马尾**。

脊髓灰质分层排列。在**一定程度上**可以**区分分割**。

飞禽的**颈膨大**(intumescentia cervicalis)较大;平胸鸟类的**腰膨大**(intumescentia lumbosacralis)则相对更大。在腰膨大水平,白质的左、右背侧索分离。其间所形成的空间称为**菱形窦**(sinus rhomboideus),由**胶状体**(corpus gelatinosum)占据。腰荐神经丛(plexus lumbosacralis)、腰神经丛(plexus lumbalis)和阴部神经丛(plexus pudendus)的神经与肾紧密相连,通过肾实质走行(图 21-35)。

临床小知识

病毒引起的腰荐神经丛和坐骨神经(n. ischiadicus)的损伤(“**马立克氏病**”)可导致下肢瘫痪。迷走神经损伤可导致嗉囊过度充盈(**下垂的嗉囊**),变得严重肿大。

21.13 内分泌腺(glandulae endocrinae)

与哺乳动物相似,禽类内分泌器官(图 21-36)的特征是具有**腺体结构**、**有丰富的血管供应**、**无排泄管**(glandulae sine ductibus)。但在禽类也观察到一些细微的变化。

与哺乳动物一样,**垂体**(hypophysis)和**松果体**(epiphysis)与脑紧密相连。甲状腺位于胸腔入口处的颈部基部附近。甲状旁腺和鳃后体位于甲状腺的后方。

肾上腺位于肺的后缘。

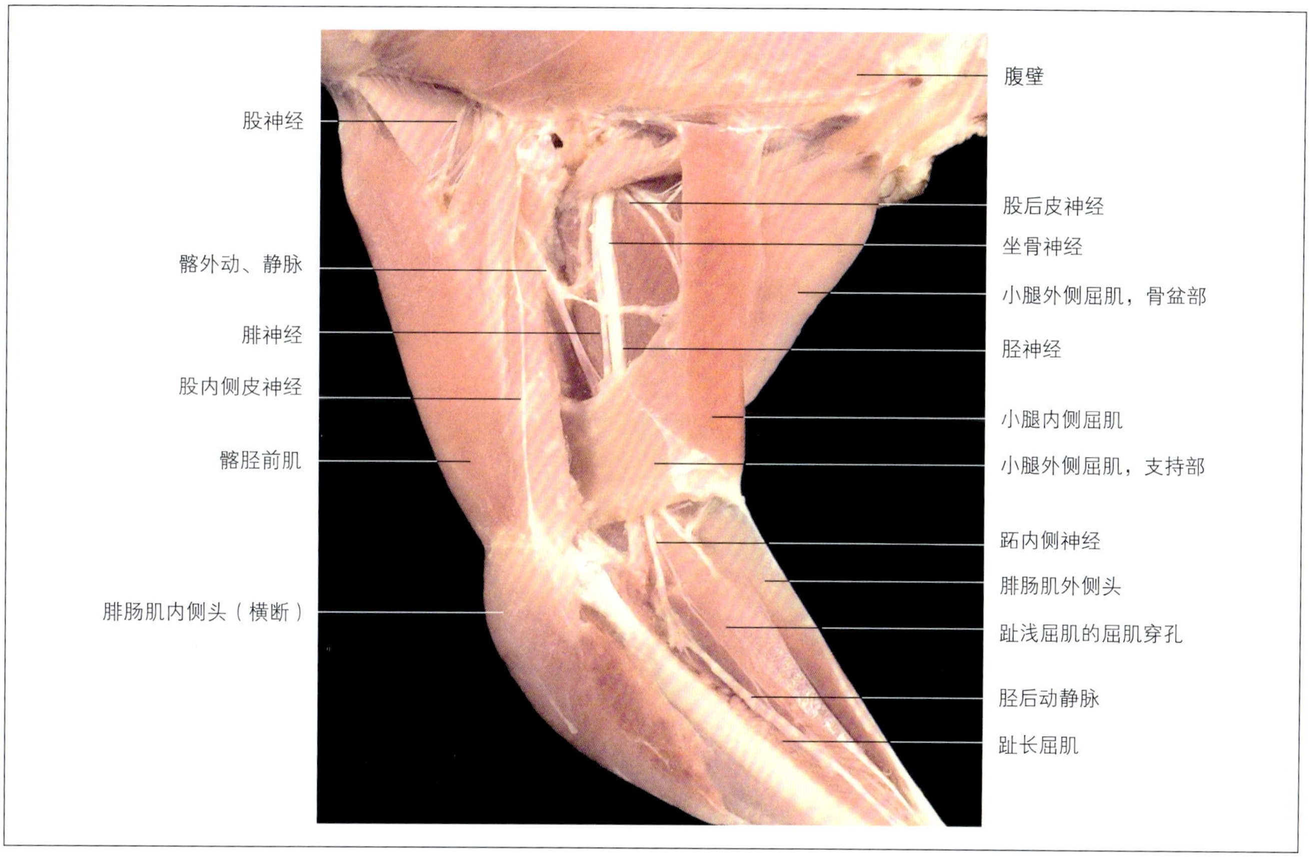

图 21-35 鸡后肢近端肌肉(内侧观,髂腓肌和腓肠肌内侧部部分切除)(引自 König HE,Korbel R,Liebich H-G. 禽类解剖学 . 2 版 . Aufl. Stuttgart：Schattauer;2009)

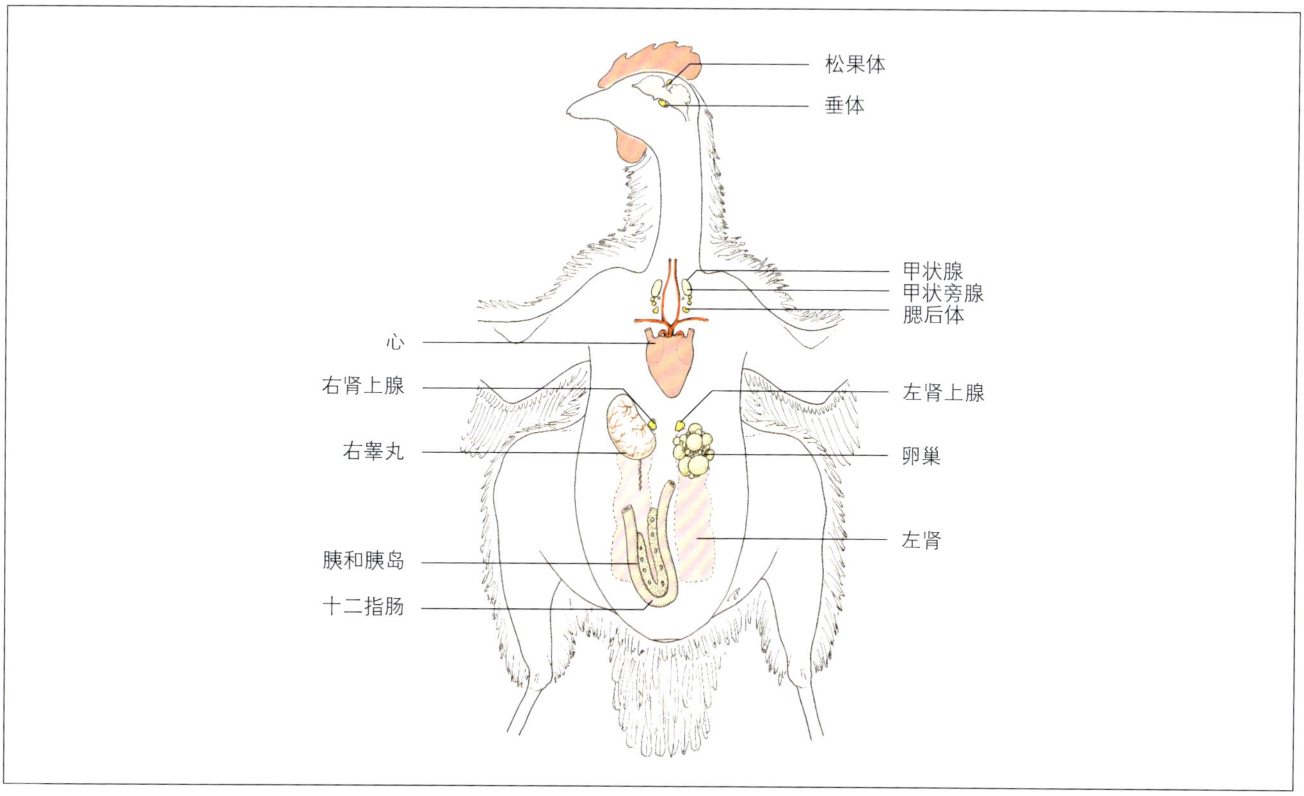

图 21-36 鸡的内分泌腺(示意图,腹侧观)(引自 König HE,Korbel R,Liebich H-G. 禽类解剖学 . 2 版 . Aufl. Stuttgart：Schattauer;2009)

21.14 眼（视器，organum visus）

禽类在很大程度上依赖于视觉，因此，**视觉特别发达**。尽管禽类眼的基本结构与哺乳动物相似，但禽类的眼有几个明显的特征（图 21-37 和图 21-38）。

在大多数禽类，**眼球**（bulbus oculi）占头部质量的比例要大于哺乳动物（人为 1%，鸡为 7%～8.5%，鸽子为 17%～21.5%，猛禽和猫头鹰高达 22%～32%）。禽类的骨质眼眶也相应地较大。

禽类的**眼球**类似于一个旋转的椭圆体，其横径大于纵径。**眼球前部**（bulbus oculi anterior）的曲率半径小于**眼球后部**（bulbus oculi posterior），后者包含了盘状眼底。

眼球的形状因种属而异；有**扁平形的**、**球状的**和**管状的**眼球（图 21-38）。

由于眼球位于头部的外侧，禽类的视野是**单眼视野**。在许多禽类，颈椎的活动使视野得以扩大（在某些情况下可达 360°）。

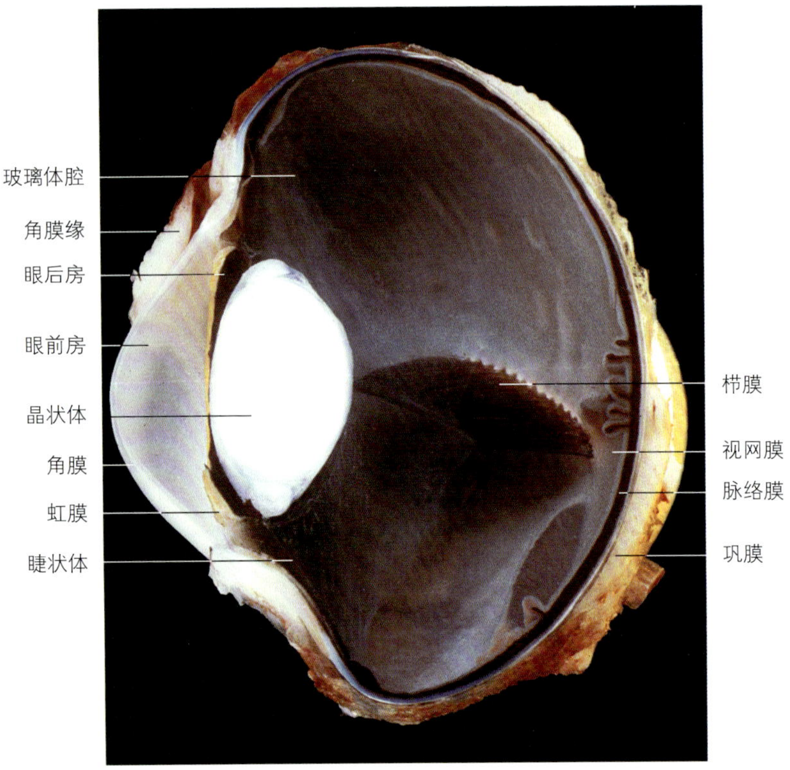

图 21-37　鸡的眼球（正中线部分）（引自 König HE，Korbel R，Liebich H-G. 禽类解剖学 . 2 版 . Aufl. Stuttgart：Schattauer；2009）

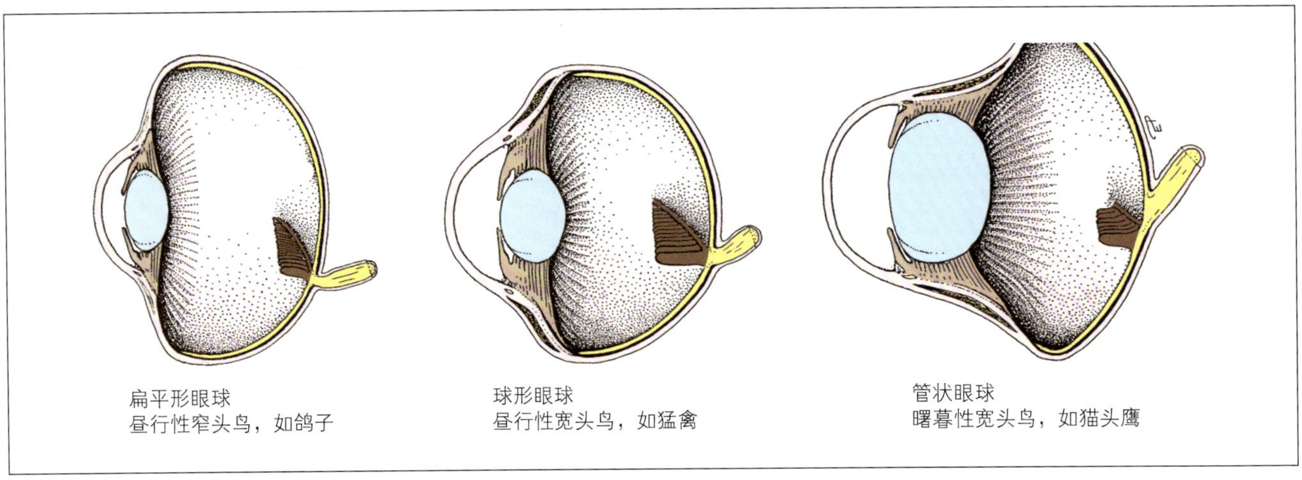

图 21-38　扁平形（左）、球形（中）和管状（右）眼球（正中线部分）以及栉膜的解剖外观（示意图）。数据源自 Walls（1942）（引自 König HE，Korbel R，Liebich H-G. 禽类解剖学 . 2 版 . Aufl. Stuttgart：Schattauer；2009）

21.14.1　巩膜

禽类的巩膜[眼球外膜的白色部分(纤维膜)]包含了一个**骨性巩膜环**(anulus ossicularis sclerae)。由10～18个**单个的巩膜小骨**(ossicula sclerae)组成(图21-39)的**骨性巩膜环**穿过眼球的环形凹区,将眼球的前后部连接起来。该结构在主动压缩晶状体的调节过程中起到支撑作用。巩膜的后部嵌有一层**透明软骨层**(巩膜软骨层)。在视神经入口处,软骨层可能会骨化,形成马蹄形的**视神经骨**。

21.14.2　中间层(tunica media)

与哺乳动物一样,瞳孔的直径受**虹膜括约肌**和**虹膜扩张肌**(mm. sphincter and dilatator pupillae)的调节。在禽类,这些肌肉是**横纹肌**、随意肌,从而**更快地适应光照变化**。进一步与哺乳动物相比较,禽类的**睫状肌**(m. ciliaris)也是横纹肌。睫状肌由**睫状肌前部**(m. ciliaris anterior)和**睫状肌后部**(m. ciliaris posterior)组成。睫状肌前部的收缩主要用于减少角膜的曲率半径(**角膜调节**)。睫状体后部作用于晶状体,以增加其凸度(**晶状体调节**)。

21.14.3　内层(tunica interna bulbi,视网膜)

禽类的视网膜(图21-37)包含几种类型的**视锥细胞**,表现出不同种属特异性的吸收光谱。它们被认为是眼内的彩色滤光片。这种功能可归因于视锥细胞内存在的有色油滴,使禽类具有光的**四色(可能是五色)感知能力**。其余的无色油滴与感知**紫外线**的能力有关。

禽眼的另一个显著特征是视神经在视交叉处为完全交叉。因此,在禽类中**无法观察**到真正**一致的瞳孔光反射**。此外,传出神经纤维从间脑的峡视核进入视网膜。这些均与视敏度和视性能的提高有关。

栉膜(pecten oculi)

栉膜(pecten oculi)是一种从视神经的椭圆孔伸入玻璃体的结构(图21-37),是禽眼非常独有的特征。在许多爬行动物的眼中发现的"**锥状乳头**"与**禽类的栉膜相似**。

栉膜由神经胶质支架组成,其中分布着密集的毛细血管网。在大多数禽类,栉膜是有色的(棕色或黑色)。

栉膜的功能包括**营养**玻璃体(corpus vitreum)和**营养**无血管分布的视网膜,**调节眼内压和温度**。

21.15　耳(前庭耳蜗器官,organum vestibulocochleare)

禽类具有发达的听觉和平衡觉;二者在飞行、游泳和识别(如幼雏)中都具有相当重要的意义(图21-39至图21-41)。

21.15.1　外耳(auris externa)

禽类的**耳廓缺失**。在鸡,**听觉孔**(apertura auris externae)被**红色**或**白色**的**耳垂**包围。在大多数禽类,这一开口被修饰过的**廓羽**所覆盖。**鼓膜**(membrana tympanica)与周围的骨融合,被**耳柱肌**(m. columellae)牵拉。

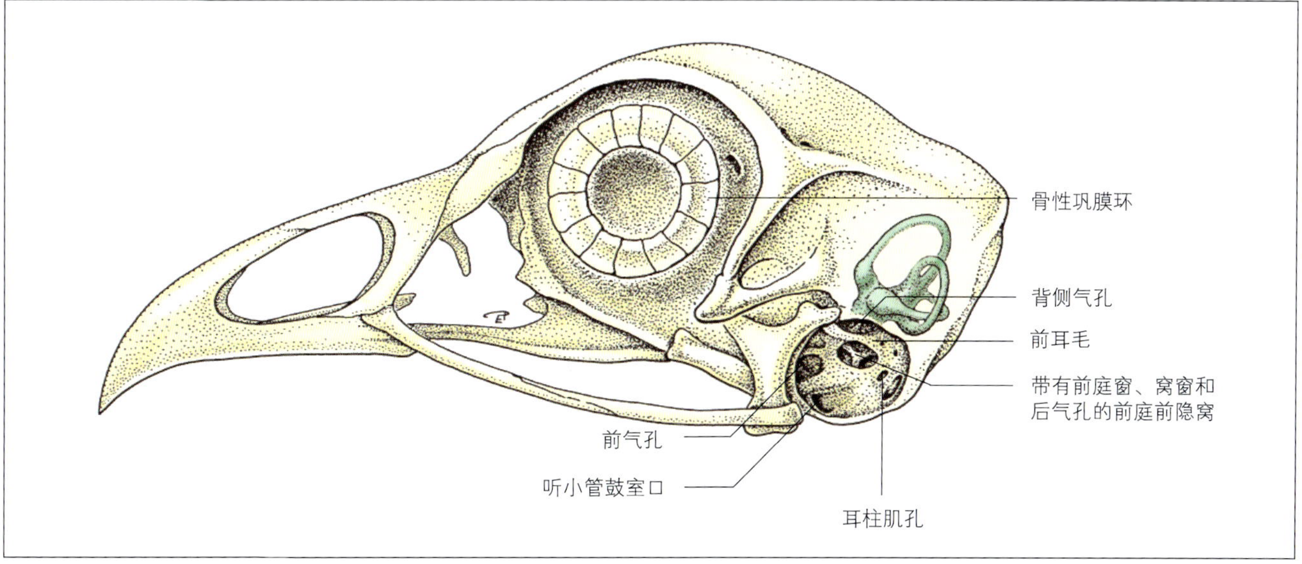

图21-39　鸡前庭耳蜗器的解剖关系(示意图)(引自König HE,Korbel R,Liebich H-G. 禽类解剖学. 2版. Aufl. Stuttgart: Schattauer;2009)

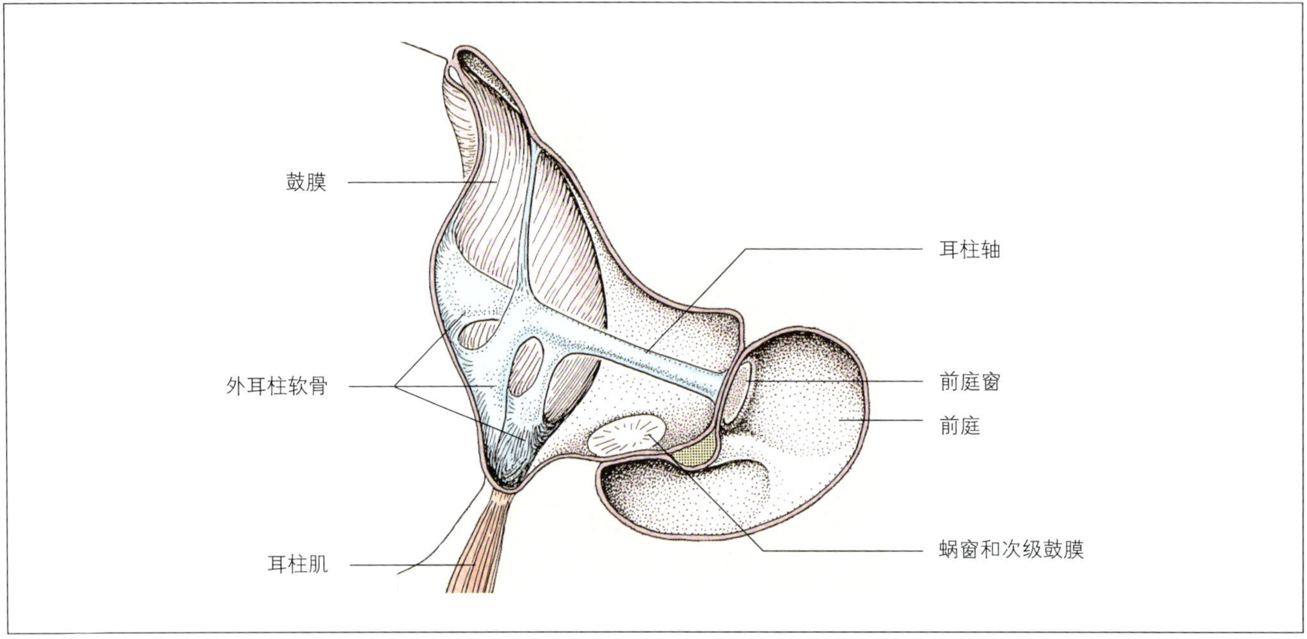

图 21-40　鸡左侧中耳断面(示意图)。数据源自 Schwarze 和 Schröder(1978)(引自 König HE，Korbel R，Liebich H-G. 禽类解剖学 . 2 版 . Aufl. Stuttgart：Schattauer；2009)

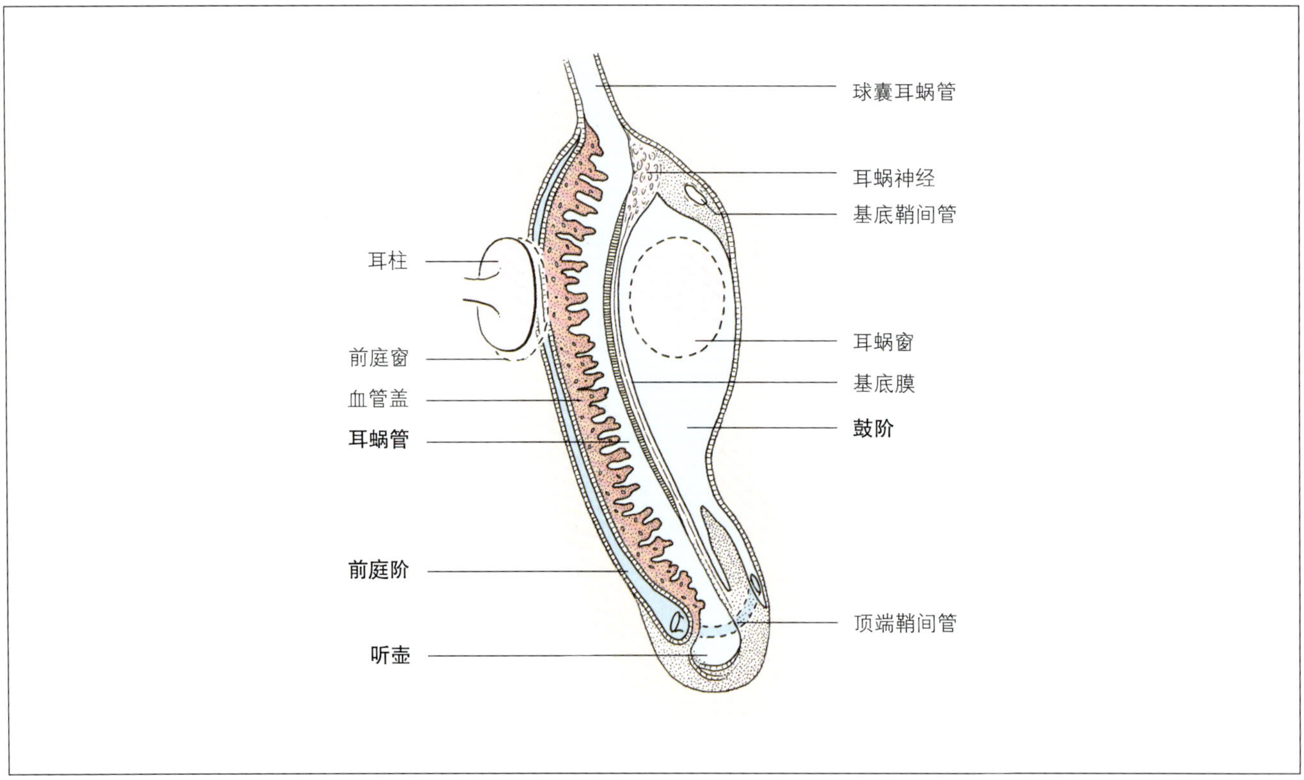

图 21-41　鸡的内耳(示意图)。数据源自 Evans(1982)(引自 König HE，Korbel R，Liebich H-G. 禽类解剖学 . 2 版 . Aufl. Stuttgart：Schattauer；2009)

21.15.2 中耳(auris media)

中耳(图 21-40)包围充满空气的**鼓室腔**(cavitas tympanica),**咽鼓管**(tuba auditiva)由此开口。咽鼓管通过漏斗裂连接鼓室与口咽。单个**听小骨**,即耳柱骨,横跨鼓室。在禽类,(**圆形**)**蜗窗**紧邻(**椭圆形**)**前庭窗**。来自声波的压力由耳柱基部传递给外淋巴。外淋巴受压导致次级鼓膜(membrana tympanica secundaria)膨胀。

21.15.3 内耳(auris interna)

内耳包围整个前庭器官,由参与声波传导的听觉器官组成。禽类内耳的结构与哺乳动物相似。区分禽类内耳的特征主要与蜗管有关(图 21-41)。

蜗管(ductus cochlearis)经球囊耳蜗管(ductus sacculocochlearis)由球囊向腹侧延伸。它是一种**管状结构**,在耳蜗顶端,以**多囊的听壶**结束。蜗管与前后软骨支架接壤。这种排列方式形成狭窄的**前庭阶**和**鼓阶**。在耳蜗顶端,前庭阶和鼓阶在阶间管的顶端(canalis apicalis)相通,该结构相当于哺乳动物的蜗孔。蜗管通过**被盖血管**(对应于哺乳动物的前庭膜)与前庭阶分离。

耳蜗的**感觉细胞**位于**基膜**(membrana basilaris)。**耳蜗神经节**的双极细胞(ganglioncochleare)在感觉细胞的基部形成神经纤维网络。

21.16 被皮(integumentum commune)

禽类的身体大部分都覆盖着**羽毛**(pennae)(图 21-43 和图 21-44)。羽毛使飞行成为可能,并通过其绝缘层来调节体温。它们还可作为防止辐照和机械、热、化学和生物环境损害的屏障。

21.16.1 皮肤和皮肤附属物

在禽类,皮肤和皮肤附属物有:

- 皮肤腺(glandulae cutis)
- 附属结构(appendices integumenti)
- 翅膀的皮肤褶(翼膜,patagia)
- 趾间蹼(telae interdigitales)

皮肤腺

禽类无汗腺。**皮脂腺**仅见于 3 个部位:尾部(**尾脂腺**,glandula uropygialis)(图 21-42)、外耳道(**耳腺**)和泄殖腔(glandulae venti)。泄殖腔腺分泌黏液。

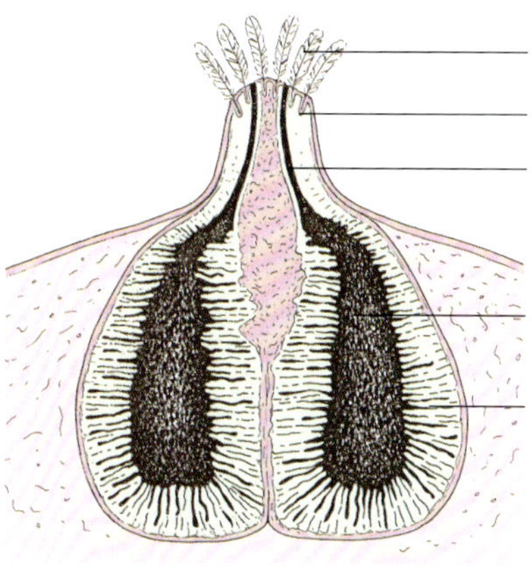

图 21-42 尾脂腺的横断面(示意图)(引自 König HE,Korbel R,Liebich H-G. 禽类解剖学 . 2 版 . Aufl. Stuttgart: Schattauer;2009)

所有鸡和水禽均存在**尾脂腺**。它由**两叶**组成,每一叶都有一个排泄管,开口于非成对的**尾脂腺乳头**(papilla uropygialis),使油性分泌物覆盖于羽毛的脂肪膜上。

附属结构

在禽类的头颈部发现了许多**种属特异性的皮肤附属结构**(appendices integumenti)。

在家禽类,这些结构包括:

- 鸡冠(crista carnosa)
- 肉垂(palea)
- 颊或耳垂(lobus auricularis)
- 额突(processus frontalis)
- 肉阜(carunculae cutaneae)
- 嵴或冠骨(galea,crista ossea)
- 皮肤乳头(papillae cutaneae)

包含纤维黏液样组织的实质性深层真皮层(stratum profundum dermidis)赋予了鸡冠、肉垂和耳垂韧性和弹性。真皮浅层(stratum superficiale dermidis)的窦状毛细血管网使这些结构呈红色。

翼膜

翼膜是横跨翼关节屈肌面的膜质皮肤皱。在肩部,皮肤皱同时存在于关节的伸肌面和屈肌面。嵌入翼膜内的弹性纤维允许翅膀在没有肌肉支撑的情况下靠在身体表面。

趾间蹼

特别是在水鸟,第 2、第 3 和第 4 趾的趾间空隙由有助于游泳的**趾间蹼**(telae interdigitales)连接。在水禽,如鹅和鸭,趾间蹼延伸至趾尖。

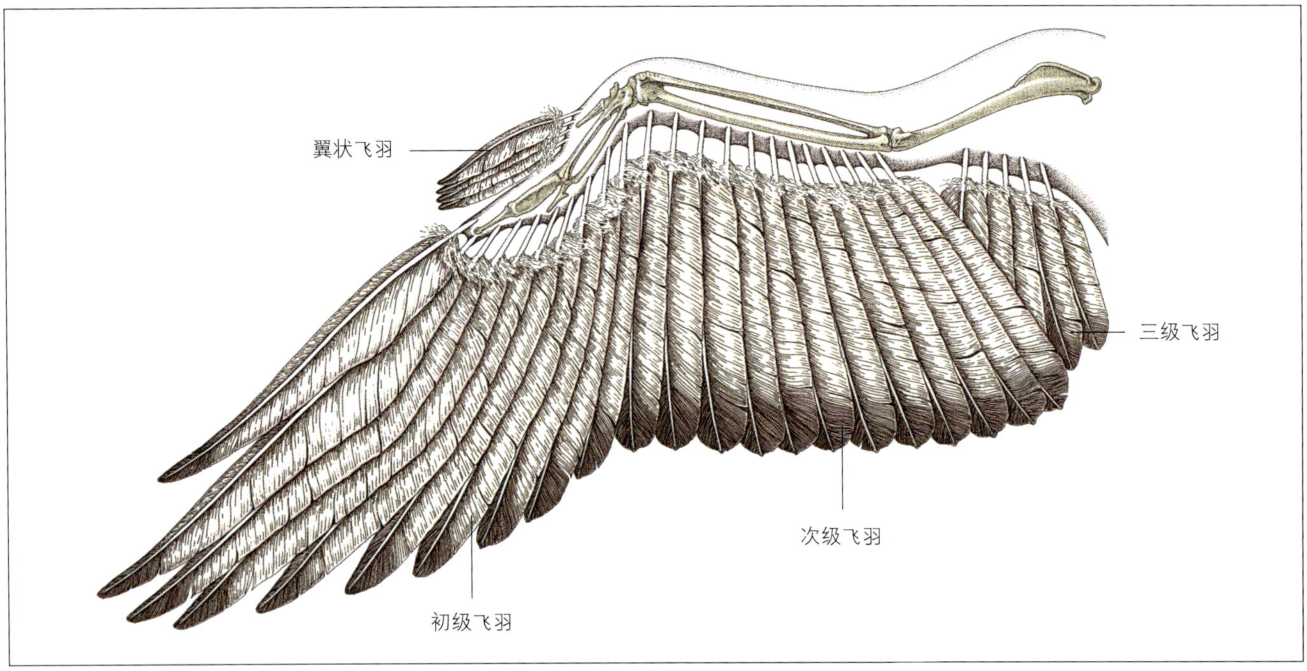

图 21-43 带有骨骼和飞羽的游隼右翅(示意图,腹侧观)(引自 König HE,Korbel R,Liebich H-G. 禽类解剖学 . 2 版 . Aufl. Stuttgart:Schattauer;2009)

21.16.2 无羽区

无羽毛区的表皮较厚,以适应这些区域受到的机械力。这些区域发生的表皮特化包括:

- 角质鞘
- 蜡膜(cera)
- 鳞片(scuta)和小鳞片(scutella)
- 爪垫(pulvini)
- 爪(ungues)
- 距(calcar metatarsale)

角质鞘(rhamphotheca)覆盖于喙的表皮。其硬度随饮食而异。上喙存在柔软、颜色不一的皮肤区域,即**蜡膜**。在功能方面,喙取代了哺乳动物的唇、齿和颊。

新孵化雏鸡的上喙前端有一**卵齿**。卵齿用于孵化时的啄壳。由于**角质鞘**中(喙尖器官)存在**触觉感受器**,喙是一个**高度敏感的感觉器官**。

鳞片(scuta)覆盖于跗跖部和趾的背面;**较小的鳞片**(scutella)通常呈六角形,存在于跖面。鳞片和盾板构成**脚鞘**。

当趾部屈曲时,**跖垫**(pulvinus metatarsalis)和**趾垫**(pulvini digitales)与物体表面(树枝、栖木)紧密贴合。**爪**(ungues)在远节趾骨上形成锥形覆盖物。它们由**背板**(scutum dorsale)和**跖板**(scutum plantare)组成。**翅膀上的爪**(ungues digiti manus)是一种在家鸡和鹅中偶发的返祖现象(图 21-5)。

雄禽的**距**(calcar metatarsale)发达。在雌禽,通常表现为疣样鳞片。距每年生长约 10 mm,因此可用于估算年龄。

21.16.3 羽区

羽毛

羽毛(图 21-43 和图 21-44)是所有禽类的一个显著特征。它们在系统发育上与爬行动物的鳞片有关。由于羽毛具有许多特殊的特性(轻质结构、叶片互锁、柔顺性和适应力),羽毛赋予了禽类飞行的能力。

以下描述中,用一支成熟的廓羽来说明基本的羽毛结构(图 21-44)。廓羽包括:

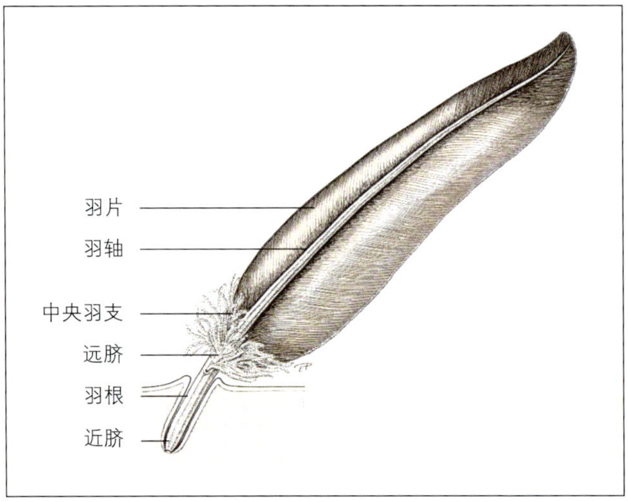

图 21-44 飞羽的羽毛结构(示意图)(引自 König HE,Korbel R,Liebich H-G. 禽类解剖学 . 2 版 . Aufl. Stuttgart:Schattauer;2009)

- 羽梗(scapus)
- 羽根
- 羽轴(rhachis)
- 内、外羽片

羽梗又分为圆形、中空的**羽根**和**羽轴**(rhachis)。一个小的开口,即**远脐**(umbilicus distalis)是这两个节段间的边界。另一个开口,即**近脐**(umbilicus proximalis)存在于羽根的近端。

羽轴的横截面呈**凹凸状**,含有由上皮细胞形成的髓。从羽轴延伸出**两排纤细的羽支**(rami)。每个羽支有**两排羽小钩**(radii,barbulae)。羽小钩相互连接,形成**绒毛**。

羽毛的类型

羽毛的类型可分为:

- 廓羽(pennae contornae)
  - 覆羽(tectrices)
  - 飞羽(remiges)
  - 尾羽(rectrices)
- 绒羽(plumae)
- 半羽(semiplumae)
- 粉状绒羽(pluvipulmae 或 plumae pulveraceae)
- 纤羽(filoplumae)
- 鬃毛(刚毛)

覆羽是数量最多的羽毛,覆盖身体的大部分表面。其大小、形状和颜色因其位置和功能而异。

飞羽位于前臂(**次级飞羽**)、掌部(**初级飞羽**)和**第 1 指(翼状飞羽)**。在一些禽类可观察到三级飞羽或肩羽。种属内的飞羽数量一致。

飞羽具有略弯曲的羽轴和不对称的羽片。位于不同区域的飞羽共同形成一个连续的表面。

尾羽是尾部的羽毛。绒羽的顶端有一大簇角质化的细丝。在水鸟,成年个体的绒羽特别多。短而硬的毛位于头部,排列在喙的基部,形成睫毛。

通常在繁殖季节后,大多数禽类每年更换一次羽毛。这一过程被称为换羽,受甲状腺激素的调节。

22 断层解剖学和成像过程

E. Ludewig, Chr. Mülling, S. Kneissl, M.-C. Sora
和 H. E. König

22.1 塑化科学

古人类提醒我们自己的子孙后代,我们就像人类文明本身一样古老:史前壁画、埃及木乃伊崇拜、古代艺术收藏或历史古迹,直到今天都在为这一传统提供了充足的证据。同样不足为奇的是,在所有文明中,都有一种奢望,即保护自己的身体和亲属的身体不腐烂,或者至少要减缓这一过程。身体不应该因为死亡而突然变成完全短暂的东西。

与此同时,人类,尤其是在现代,更倾向于压制死亡的想法。反过来,想要在死后保护自己身体的意愿也在随之降低。

死者被焚烧、掩埋或进行防腐处理。埋葬后,尸体会腐烂。用福尔马林溶液进行防腐处理,可使尸体腐烂和脱水的时间延迟几个月,在封闭的地窖中甚至可延迟数年。

随着冈瑟·冯·哈根斯(中国大连医科大学解剖学教授)对**塑化技术**的发展,人类尸体保存(以及近年来动物尸体的保存)的新时代已经开始。塑化技术是在20世纪80年代发展起来的,以满足解剖学对断层建模的新要求。今天,塑化工艺的进一步发展可使器官和整个尸体永久性保存,其质量远远优于先前已知的保存方法,如塑料块模塑或蜡浸渍。

塑化是一个非常精细和复杂的过程,需要大量的知识和经验。在这种制备技术过程中,一种高级聚合物在真空中取代了人体自身的组织液,聚合过程最终永久保存了样本中的每一个细胞,从而使人或动物的整个身体都不被降解。

机体的细胞和自然的表面起伏保持了原始的形态,并被保存在微观范围内,塑化后的结构状态与保存前的状态基本相同。

今天,塑化技术已在全世界400多个解剖学、病理学、生物学和动物学研究所得到应用。

国际塑化学会于1986年成立,学会期刊《国际塑化学会杂志》于1987年创刊。

塑化是**一种保存已死亡的人体或动物组织、器官、系统直至全身的过程**,近年来也被以商业目的进行展示。公开展示的解剖标本往往与学术报告相距甚远。这些做法经常遭到来自伦理和法律层面的严厉批评。

然而,塑化工艺更适用于**模型教具的制作**,这在人医和兽医的解剖学练习中具有重要的教学价值。今天有许多工艺技术可以应用于全身塑化到单个器官或器官系统的塑化,以及**断层塑化**。

借助金刚锯,通过切片塑化生产宽度小至0.5 mm的解剖切片,即使是肉眼也可在**空间三维断层**(横断面、矢状面和纵断面)中观察到最精细的解剖结构(图22-1、图22-3、图22-8、图22-18、图22-19、图22-40和图22-42)。

切片塑化也是一种合适的方法,借助现代成像技术,如计算机断层扫描(CT)、磁共振成像(MRI)或超声波超声(US)采集的数据,可以更容易和精确地分析器官和器官系统的解剖学基本结构。此外,还可以从一系列的塑化切片序列中创建三维图像,然后将其作为**解剖模板**来解释CT和MRI图像的**数字化三维重建**。

该技术对教学和临床都有极大的帮助,它为学生和实践工作中的医学专业人员提供了在局部解剖结构图像和数字合成图像之间创建相互关系的可能性。

在断层解剖学中,为了提高学生对断层结构的理解,也用不同的切面示意图来显示解剖结构(图22-5至图22-7、图22-10至图22-17、图22-20至图22-23)。

切片塑化也可用于**科学研究**,其最大的优点是不会改变解剖结构的相对位置。例如,结缔组织的结构及其在骨膜中的位置依然能被保留下来。

结构之间的结缔组织也不会像常规解剖或使用防腐剂那样被破坏。塑化制剂也在很大程度上使单个解剖结构得以保存,并允许更精确地显示局部解剖位置。此外,管腔结构,如血液和淋巴管、中枢神经系统区域的空腔或滑膜腔也可以在塑化前被填充,使其更加明显可见。

目前,已经可以识别出厚度仅有2 mm的透明、不褪色的切片的某些三维结构。良好的塑化切片可以在低光学放大倍率下镜检、直接扫描、拍照、注解和进行统计处理。切片塑化是首选方法,尤其是显示宏观与微观范围内的精细解剖结构。“**介观**”的概念并不是无处不在,而是只为这一范围创造的。

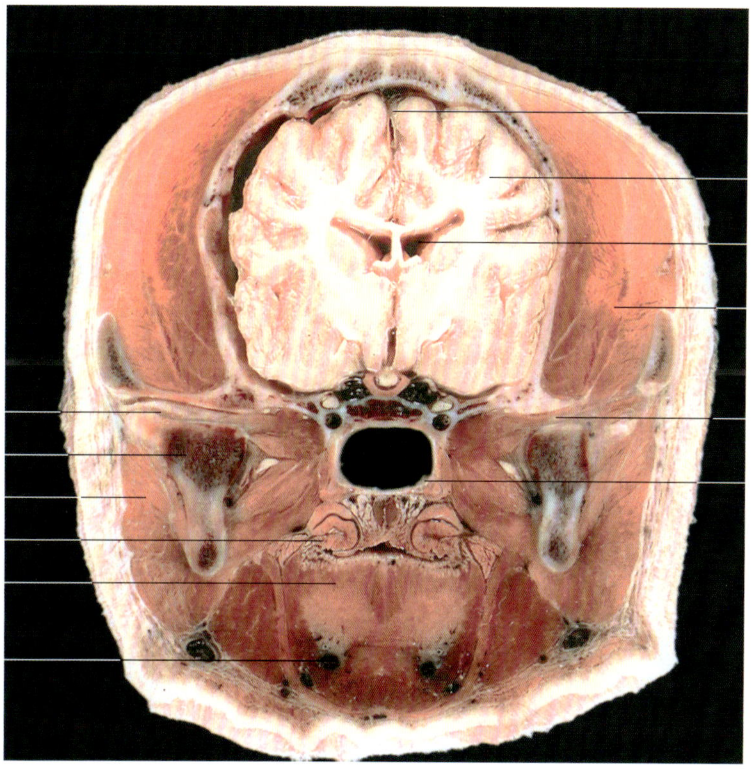

图 22-1 在颞下颌关节水平，犬头部横断面（S-10 塑化切片）（维也纳 W. Künzel 博士、教授制作）

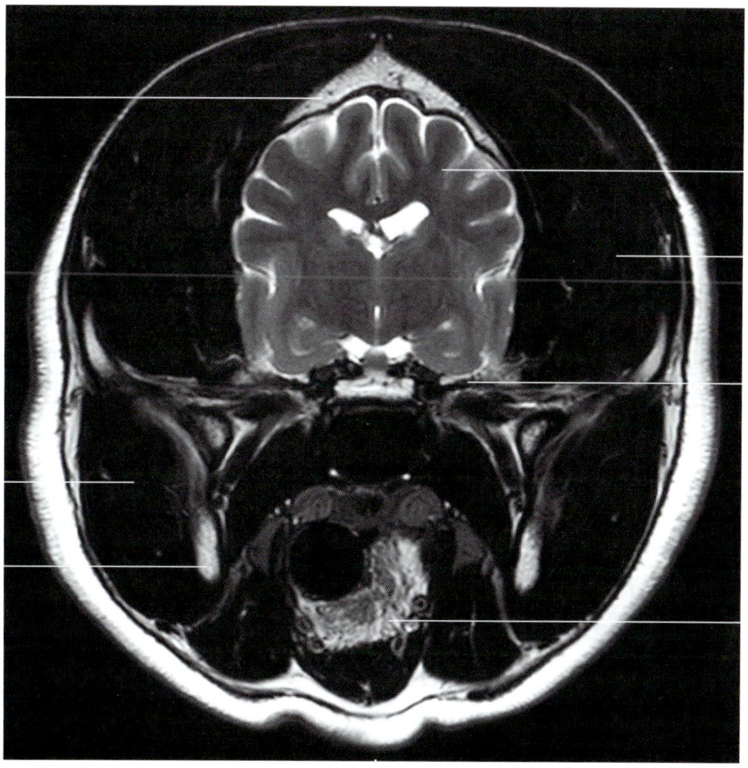

图 22-2 犬头部磁共振成像（MRI）（颞下颌关节水平横断面，T1 加权图像）

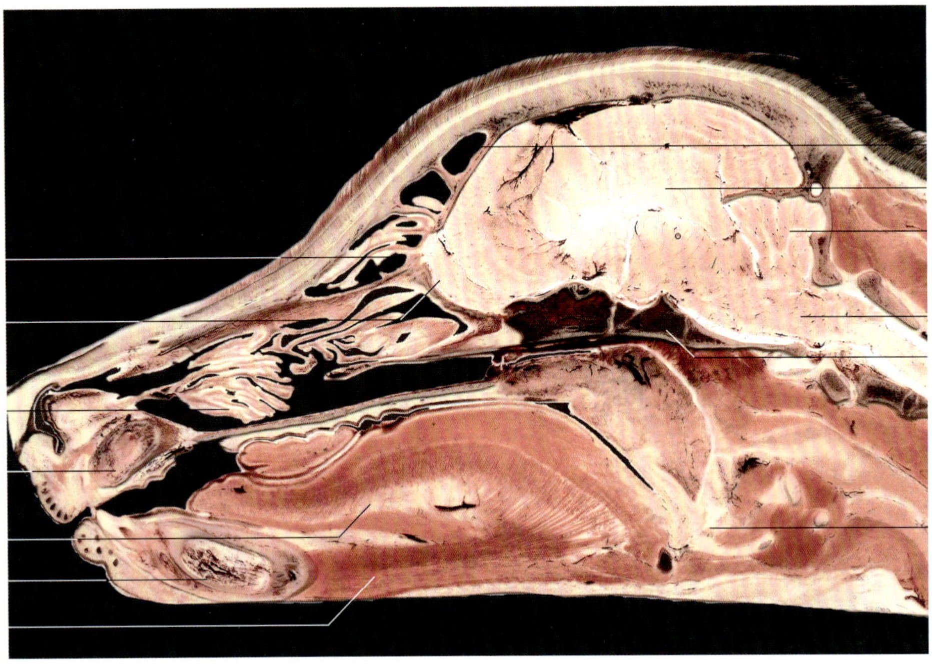

图 22-3　犬头部旁正中面（E-12 塑化切片）

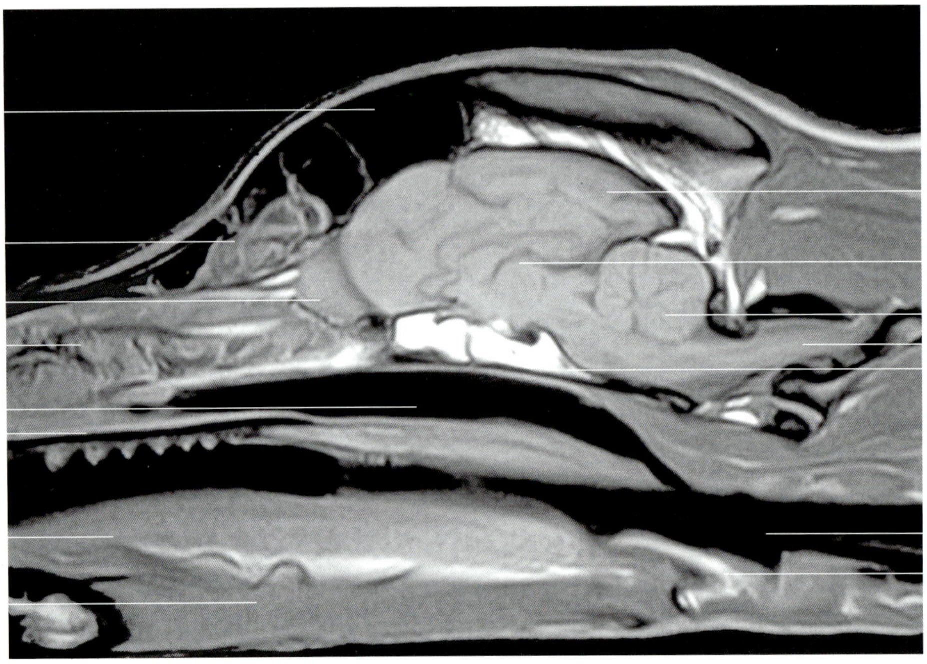

图 22-4　犬头部磁共振成像（MRI）（旁正中面，T1 加权图像）（德国雷根斯堡 Foltinlsa 博士提供）

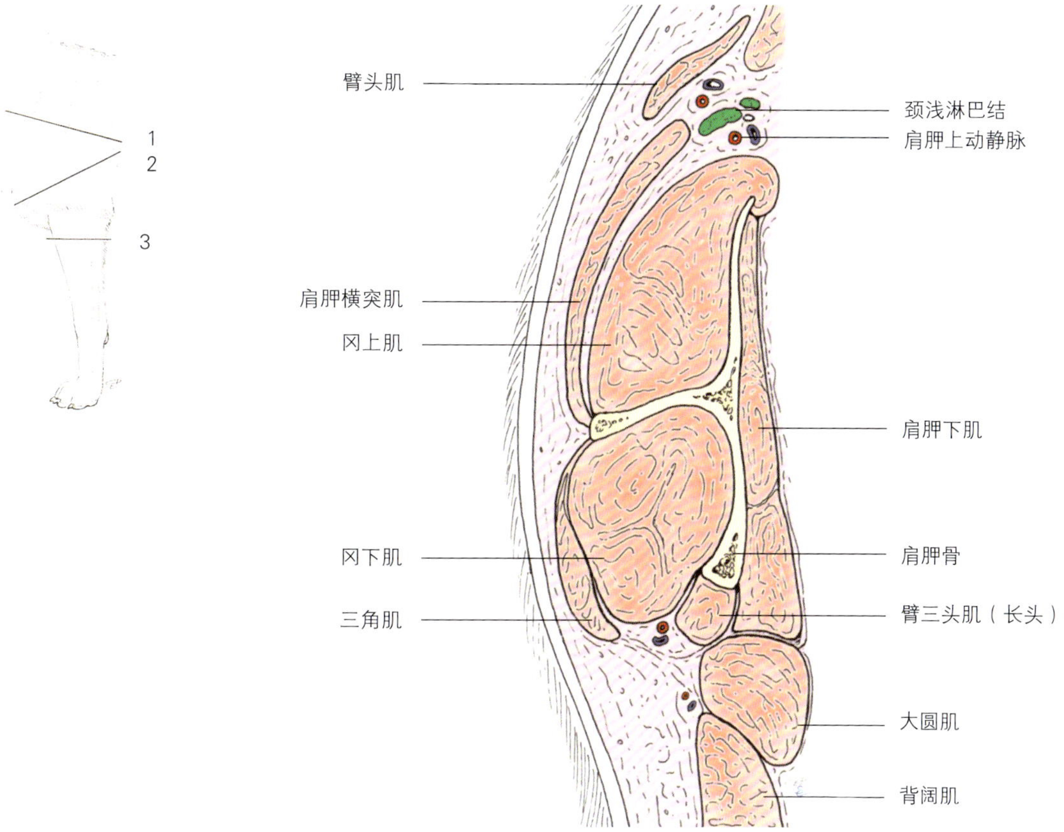

图 22-5 犬左前肢断层解剖（肩部横断面 1，见插图）

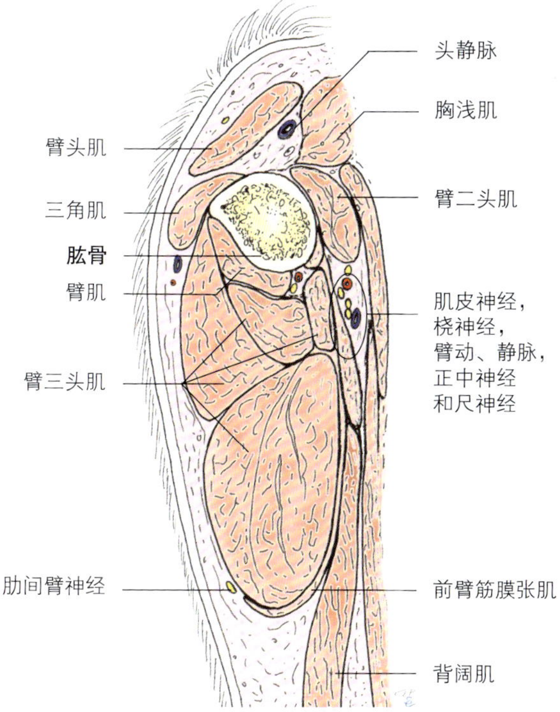

图 22-6 犬左前肢断层解剖（臂部横断面 2，见图 22-5）

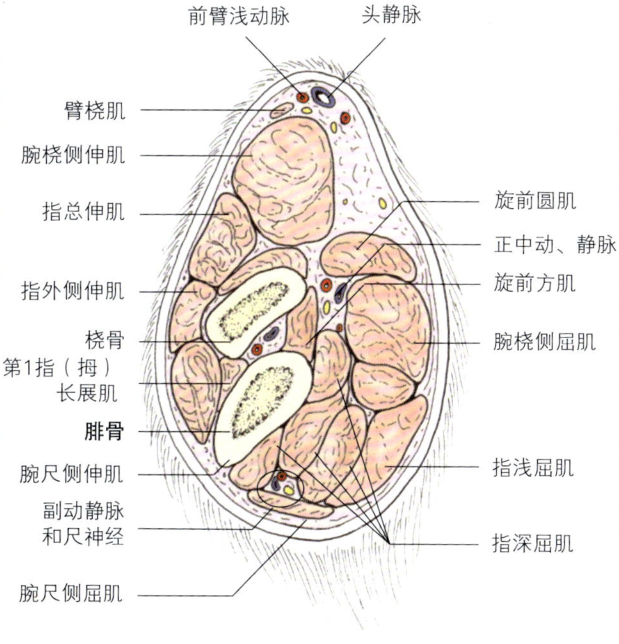

图 22-7 犬左前肢断层解剖（臂部横断面 3，见图 22-5）

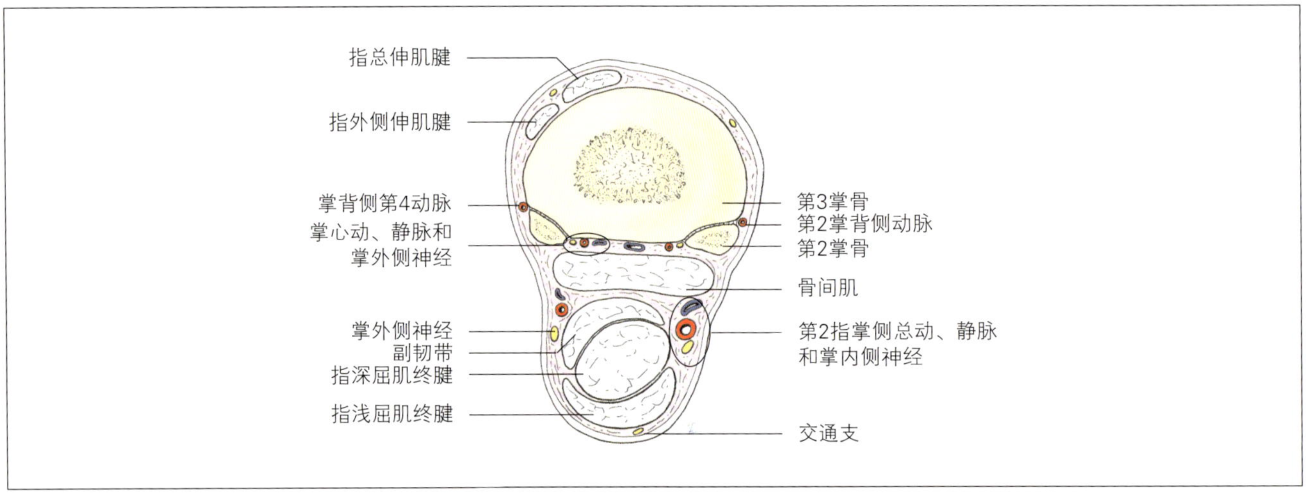

图 22-13　马左前肢断层解剖（掌部横断面 4，见图 22-10）

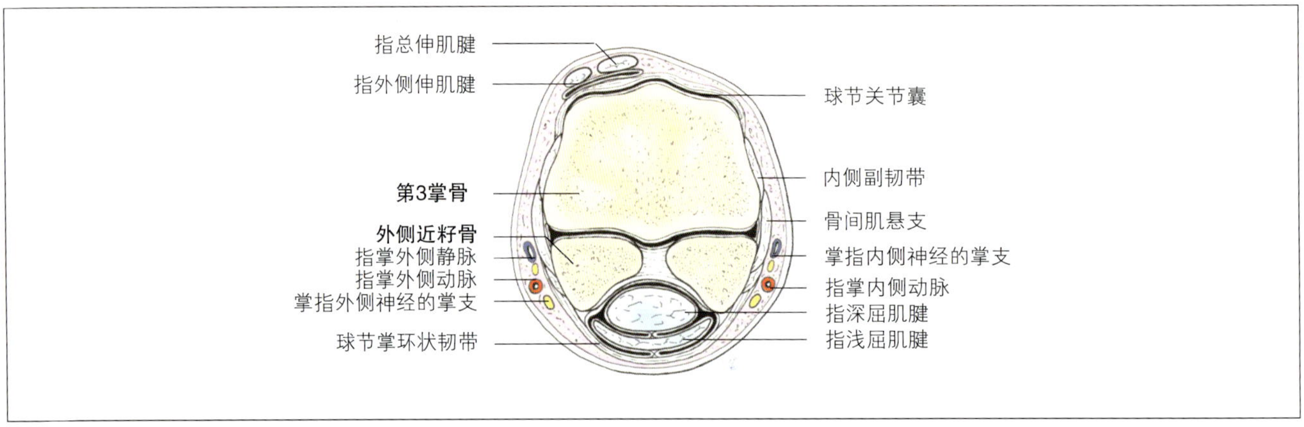

图 22-14　马左前肢断层解剖（指部横断面 5，见图 22-10）

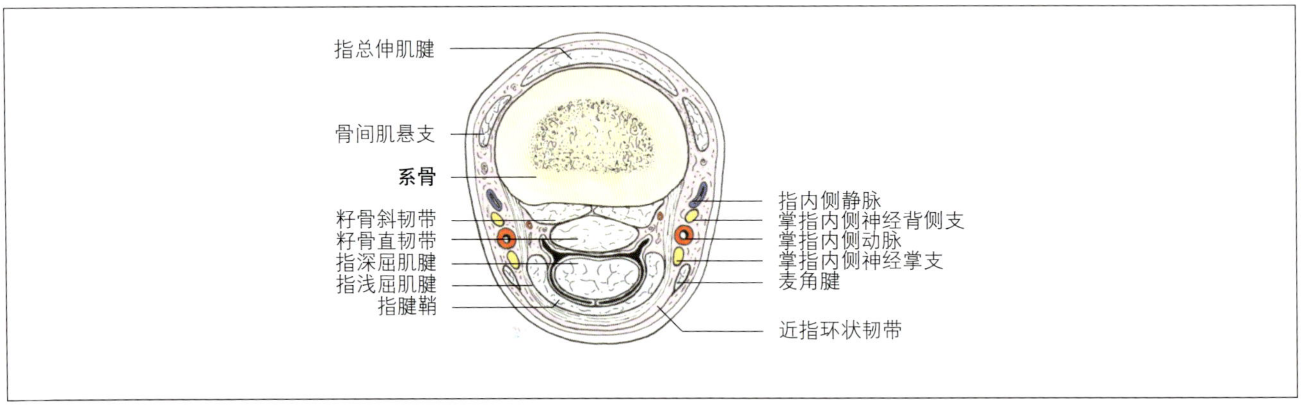

图 22-15　马左前肢断层解剖（指部横断面 6，见图 22-10）

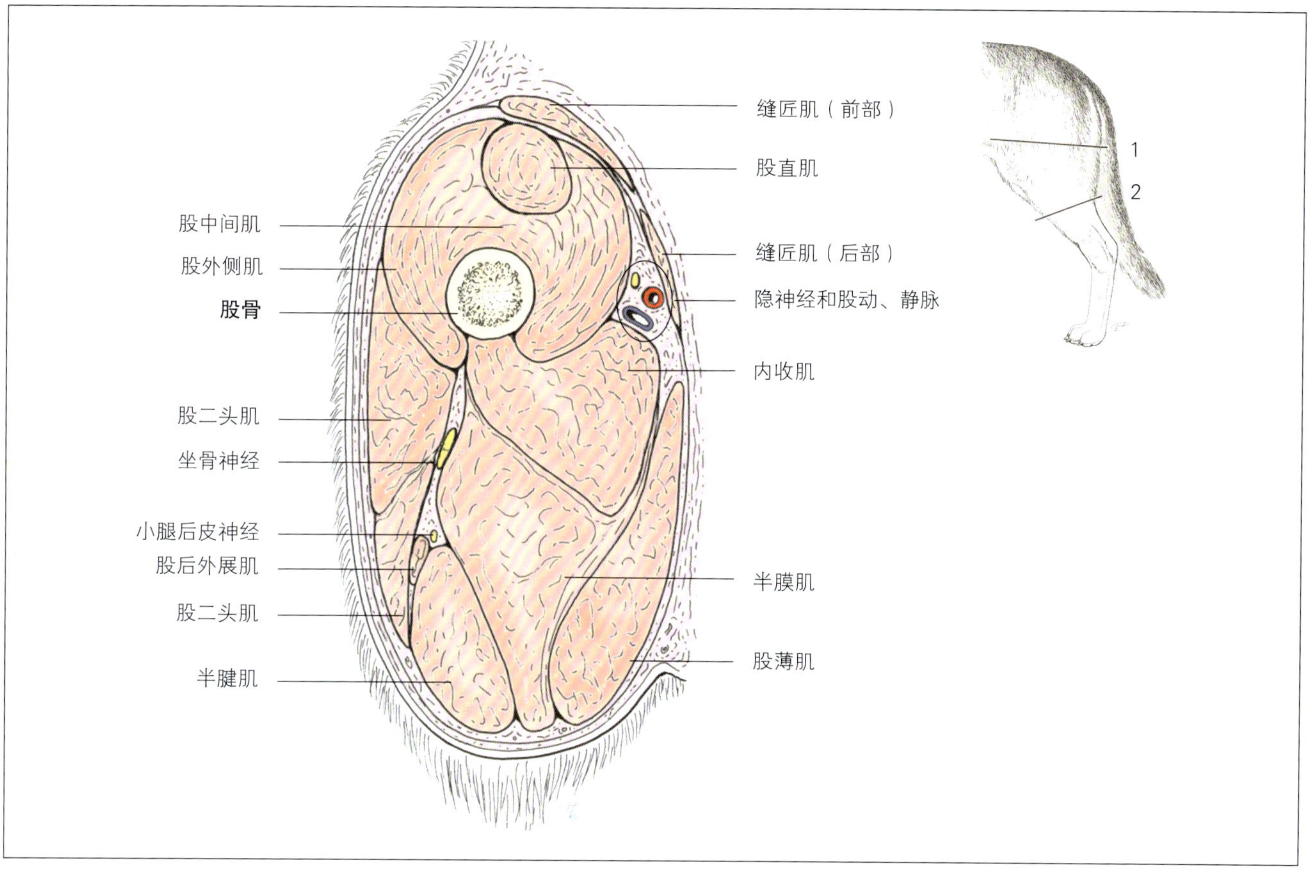

图 22-16　犬左后肢断层解剖（股部横断面 1，见插图）

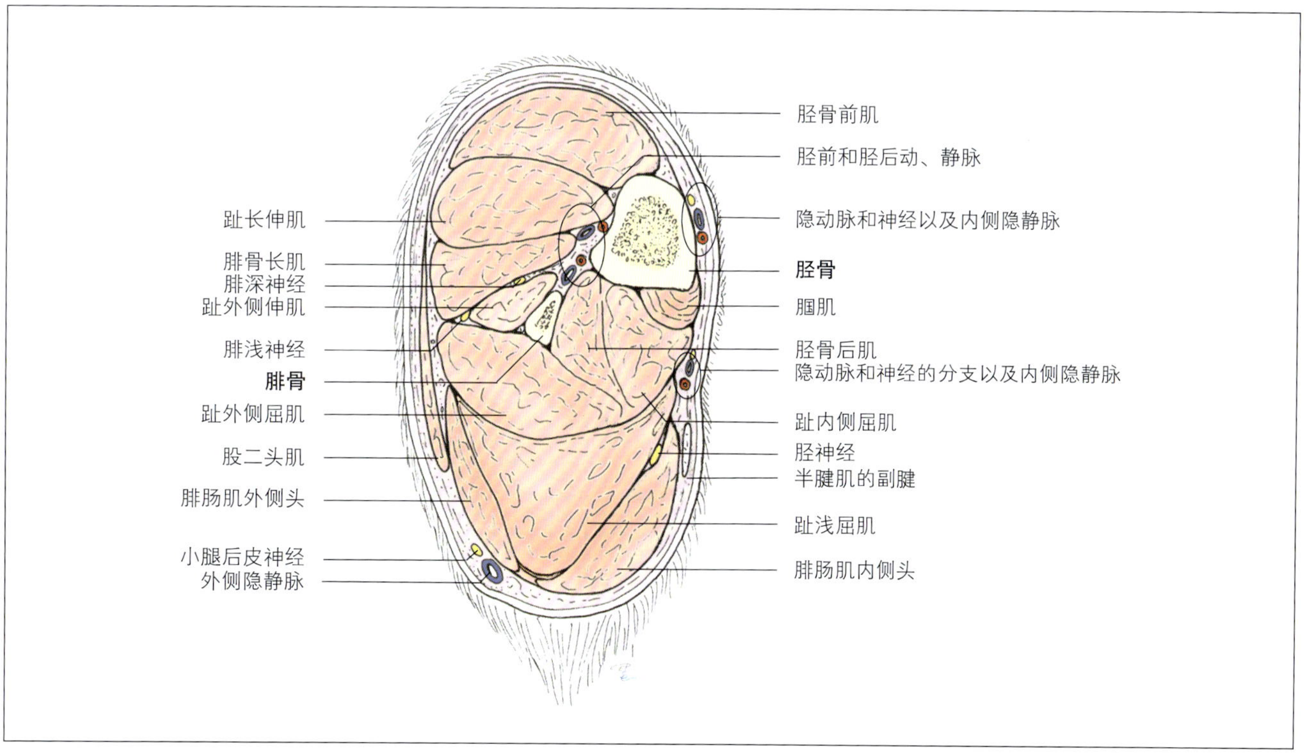

图 22-17　犬左后肢断层解剖（小腿部横断面 2，见图 22-16）

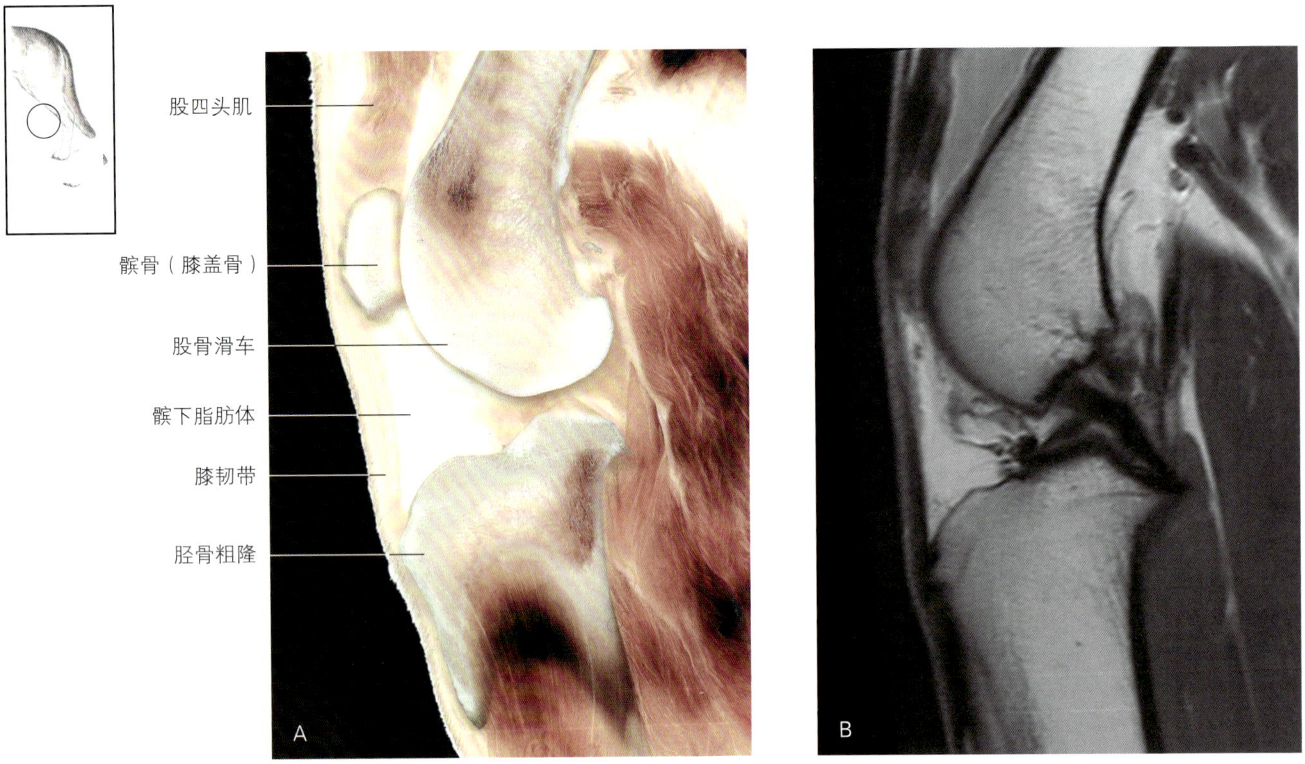

图 22-18　犬膝关节矢状面:(A)E-12 塑化切片和(B)磁共振成像(MRI,质子密度加权图像)

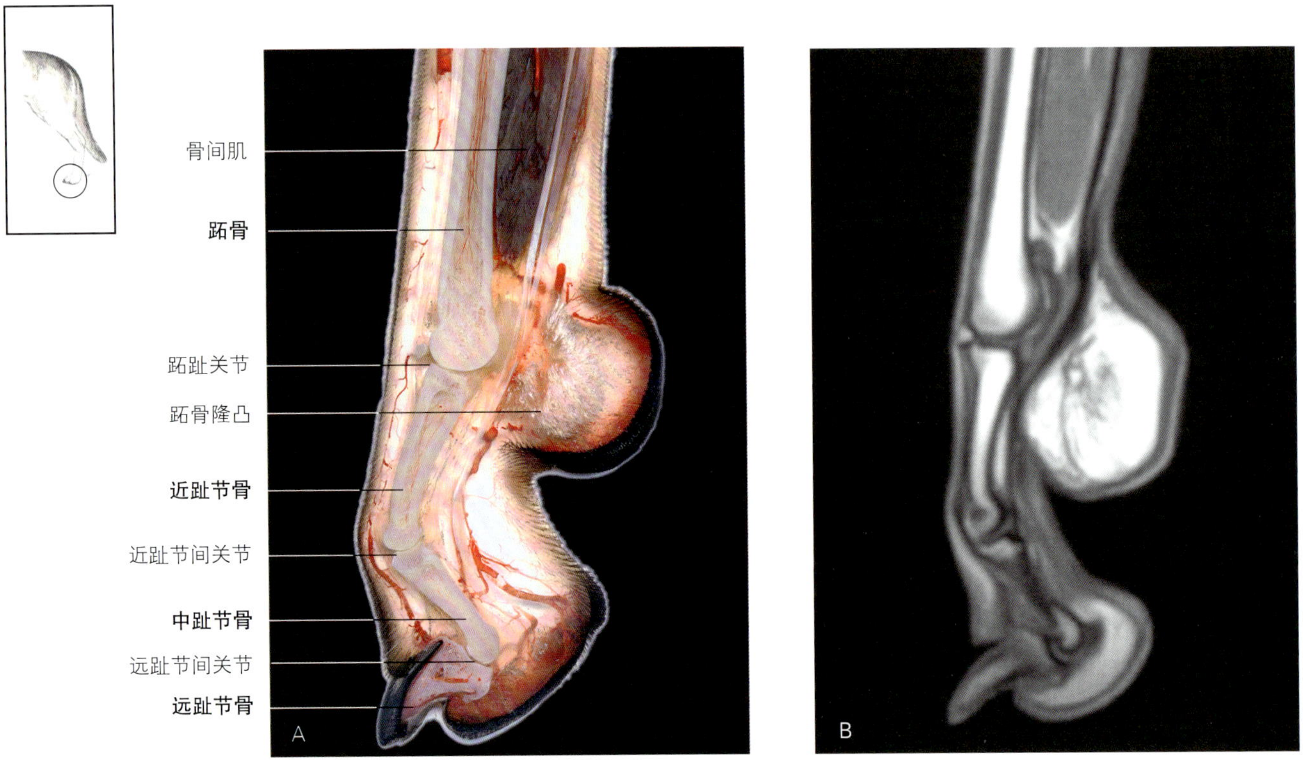

图 22-19　犬趾部矢状面:(A)E-12 塑化切片,慕尼黑 H. Obermayer 制作;(B)磁共振成像(MRI,旁正中面,T1 加权图像)(德国雷根斯堡 Foltin Isa 博士提供)

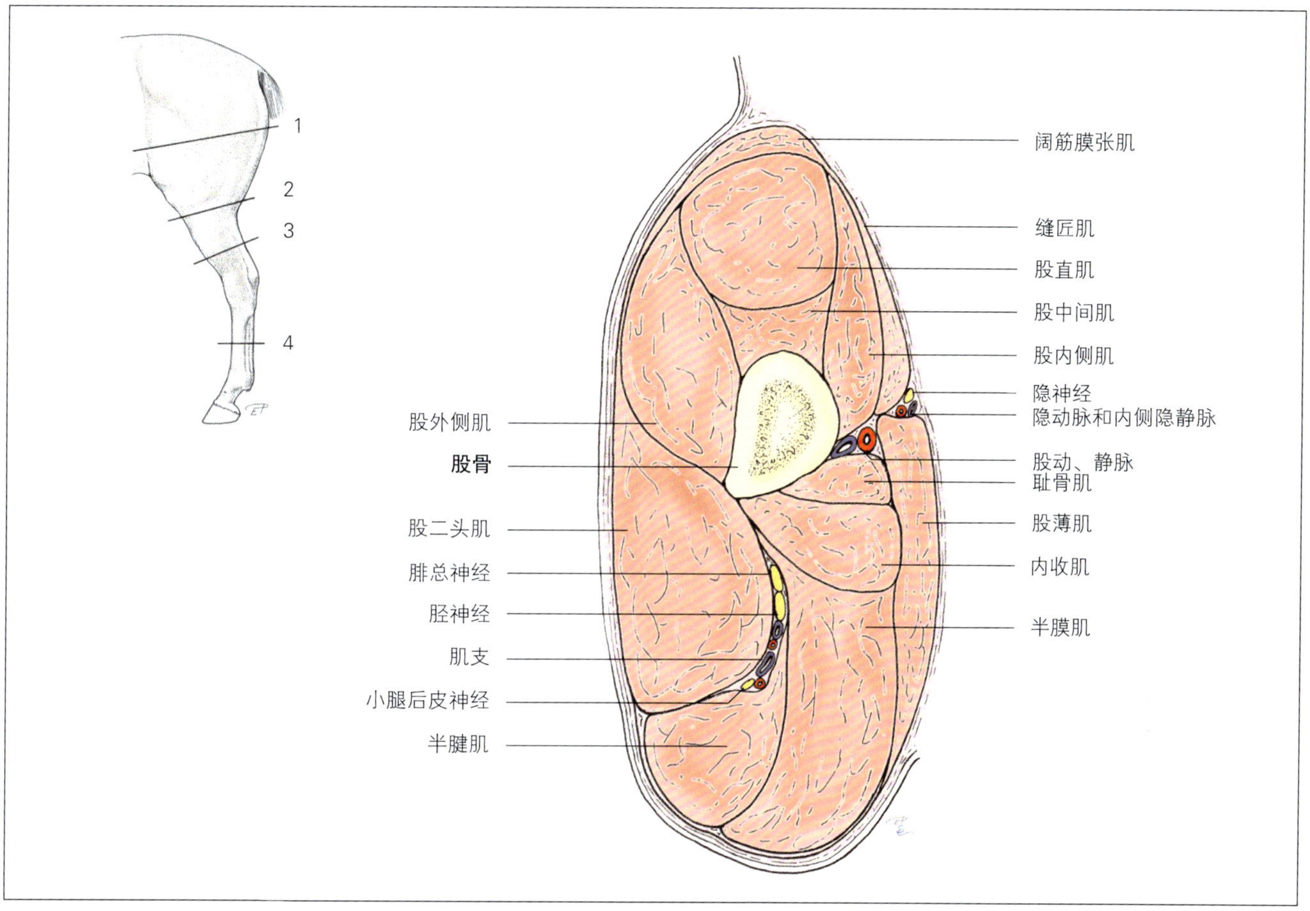

图 22-20　马的左后肢断层解剖(股部横断面 1,见图)

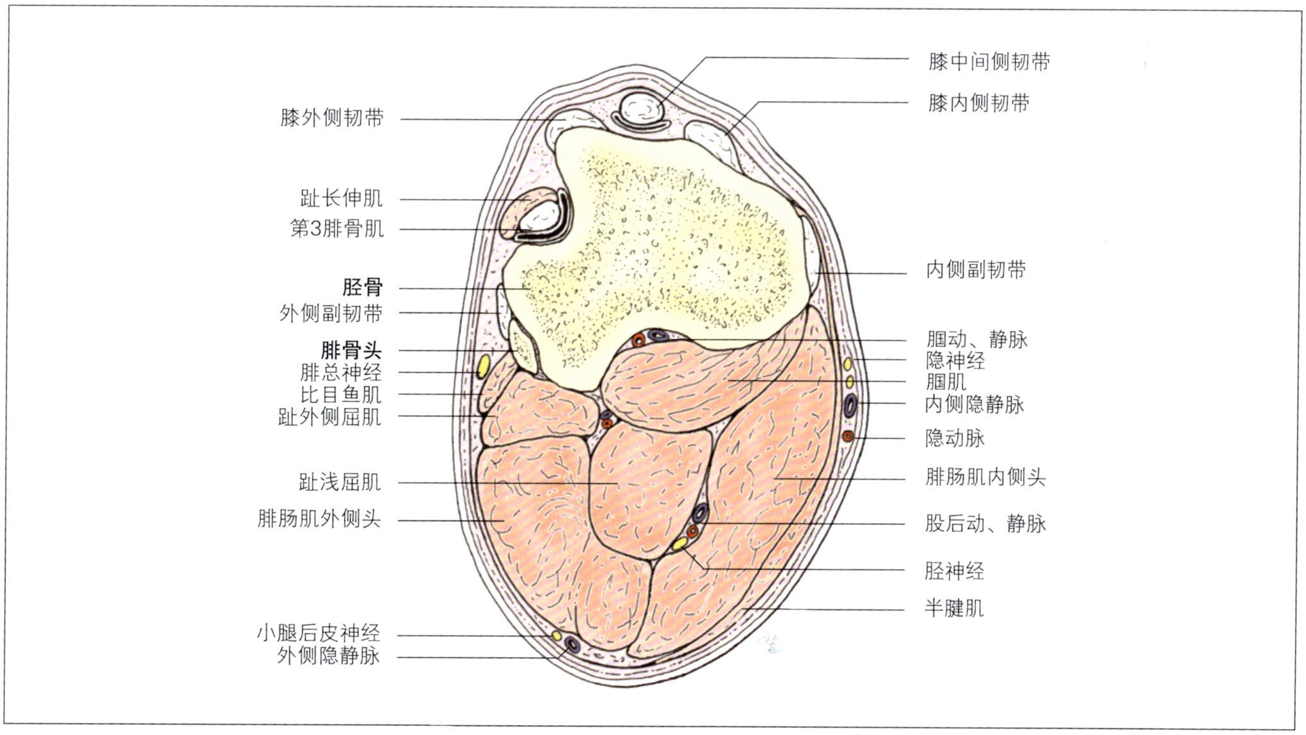

图 22-21　马的左后肢断层解剖(小腿部横断面 2,见图 22-20)

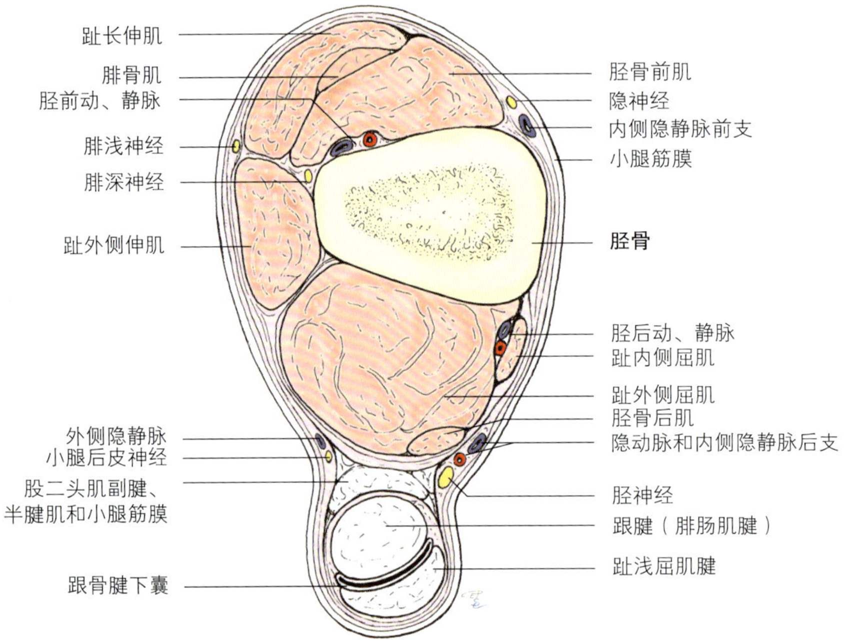

图 22-22 马的左后肢断层解剖（小腿部横断面 3，见图 22-20）

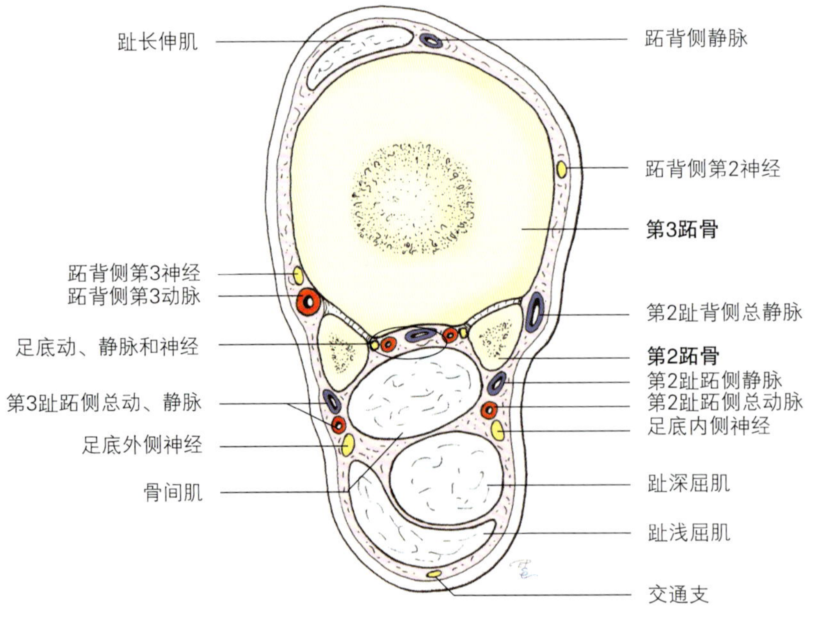

图 22-23 马的左后肢断层解剖（跖部横断面 4，见图 22-20）

对于整体和身体部位结构的大范围观察和详细测量也可以通过横向、纵向或水平切面的塑化标本来制备，这是迄今为止传统方法无法实现的。使用金刚锯不仅可以切割生物材料，而且还可以切割最坚硬的材料（那些随后被掺入的材料，如牙釉质、铁和钢等）。特别是在骨科，对于先前植入的假体及其与邻近组织结构（骨、韧带、肌腱）的断面视图具有重要的科学价值。

有一些很好的例子能够说明塑化是如何帮助**解释临床问题**的。例如，在人医，骶髂韧带、竖脊肌和骶结节韧带之间的重要解剖学关系已经被确认，这能更好地使人们理解“下背痛”的病因。解剖切片的研究表明（同样也适用于人类），寰枕膜与硬脑膜向后融合，而不是如前所述的与寰椎融合。这种情况可能是颈源性头痛发生的一个重要原因。

也可通过将**塑化与经典切片相结合**来改进**手术方法**。例如，通过塑化切片进行三维重建，可以更精确地显示解剖结构。之前的研究已经表明，肛提肌并不包绕尿道前部。由此，必须为尿道括约肌开发新的重建和消融方法。

近年来，塑化作为一种科学的检查方法在**兽医学**中也确立了自己的地位。例如，马蹄介观水平内的结构已被描述，其具有重要的临床意义。目前，**E-12 切片塑化**和**三维重建**能够应用于复杂结构的临床局部检查。它们已经成为更好地理解临床结果的现代方法。

22.2 诊断影像学

了解解剖学的基本原理对于识别结构和功能的畸变至关重要。有助于识别身体内部结构异常的技术在诊断中起着重要作用。1885 年，Wilhelm Conrad Röntgen 发现了 X 射线，并以他的名字命名为 Röntgen 射线。在他发现后不久，X 射线就被引入兽医和人医的诊断工具。尽管近几十年来新模式的发展已经拓宽了诊断范围，100 多年后，放射学仍然是一种重要的诊断成像技术。

22.2.1 成像模式

成像模式，或简称成像，是**包罗万象的名词术语**，指包括用于可视化身体结构的所有**诊断方法**。其中包括传统的 X 射线摄影、超声波、计算机断层扫描、磁共振成像和核医学。广义上，成像模式还包括**内窥镜**和**热成像**等技术。

成像技术创建了一个**可视化实际结构的可测量属性（图像）**。所产生的图像由特定形式（如 X 射线、声波）的“信息载体”与结构的物理特性之间的相互作用所决定。测量值由**灰度值**或**颜色编码值**来表示。一种或几种模式的适用性取决于所提出的诊断问题。

除了再现身体结构的形态学特征（**结构成像**），某些模式（核医学、磁共振成像）也可以对其功能进行评估（**功能成像**）（图 22-49、图 22-51 和图 22-52）。

随着技术的不断改进，诊断成像模式将能够越来越详细地说明结构和功能，从而拓宽其应用范围。

诊断图像在兽医教育中具有重要的临床预科教学价值。断层图像对于说明复杂的解剖关系特别有用。

X 射线摄影

当 X 射线穿过身体时，它们会被不同类型的组织不同程度地吸收。这些差异可以通过 X 光片（胶片或数字）检测到，形成一个**总和图像**。

组织只有在其放射透度（放射密度，radiodensity）不同的地方才能相互区分。这在 X 射线图像中表现为对比度。在具有等效放射密度的相邻结构间没有对比度。X 射线密度有 4 种类型，具体如下（表 22-1）。

表 22-1 4 种 X 射线密度

	X 射线密度	结构
	骨密度	骨、钙化的软骨
	软组织或液体密度	实质器官、肌肉、淋巴组织、神经、体液
	脂肪密度	网膜、内脏脂肪
	气体密度	气管、肺内空气、胃肠道空气

这就排除了具有相似放射密度且密切相关组织的分化，如肝实质、胆管、胆囊和相关血管。同样，这也不能区分心、肾、脾和膀胱等器官的软组织和液体成分。

对于某些结构，可以通过使用**造影剂**来显示内脏器官。静脉注射碘基造影剂可用于血管的影像学评估（**血管造影**，angiography）。造影剂部分经肾排出，可用于检查肾和输尿管的内部结构（**排泄性尿路造影**，excretory urography）。

膀胱的位置和膀胱壁的轮廓可通过灌注**碘基造影剂**或**气体**来检查（**膀胱造影**）。**脊髓造影**是指将碘造影剂注入蛛网膜下腔，用于检查脊髓的完整性和脊髓的位置。碘染料也被用于滑膜关节（**关节造影**）和瘘管（**瘘管造影**）的影像学评估。

硫酸钡混悬液通过口服或直肠给药，用于胃肠道的影像学研究。

超声波

超声波是通过对位于**探头**内的**压电晶体**施加电压而产生的。这些机械波一进入动物机体，就会通过组织传播。声波的传播是由组织的**阻抗**（传输阻力，resistance to transmission）决定的。

在不同阻抗的组织之间的边界处，一定比例的声波被反射。探头探测到反射波形成图像，探头同时记录**信号强**

度和脉冲传输时间。这些参数表明了反射组织的深度，从而可以重建信号的来源（图 22-24 至图 22-31）。

反射声波的强度在监视器上以**灰度**表示。低回声结构在图像上呈黑色，而高回声结构呈白色。液体（如尿液、血液）的回声特别低。骨、气体和其他强反射材料表现出高回声。

灌注模式的超声检查可借助**造影剂**来实现。造影剂中所含有的微小气泡可**增强反射信号**。

用于超声诊断的声波频率为 2 ~ 20 MHz。低频（长波长）波穿透力强，但产生的图像分辨率较低。高频（波长较短）波的分辨率低于 1 mm，但其穿透组织的能力有限。

超声检查是实时进行的，因此可以用于组织活检。这种模式的实时特性也被用于**多普勒超声**来探查血流（方向、速度）。采用 **M 模式**对心脏结构的运动进行定量评估。

由于超声能够提供原位软组织的高分辨率实时评估，**X 射线摄影和超声的结合**有可能成为兽医医学领域中应用最广泛的诊断成像方法。

计算机断层扫描（CT）

与 X 射线摄影一样，计算机断层扫描（CT）是基于 **X 射线吸收差异的可视化成像**。X 射线管围绕患者旋转（现代 CT 机每旋转一圈用时不到 1 s），扇形光束由位于 X 射线管对面的探测器不断测量。这些测量值用于计算每个**单个体积元素（体素，voxel）**的**灰度值（衰减系数，attenuation coefficients）**。所得的断层面图像（切片）描绘了解剖结构间的空间毗邻关系（图 22-32 至图 22-37）。

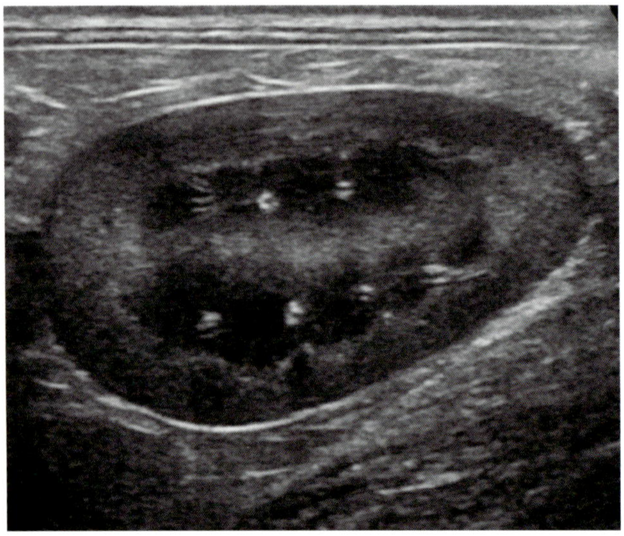

图 22-24　犬腹部超声图，示肾（矢状面）

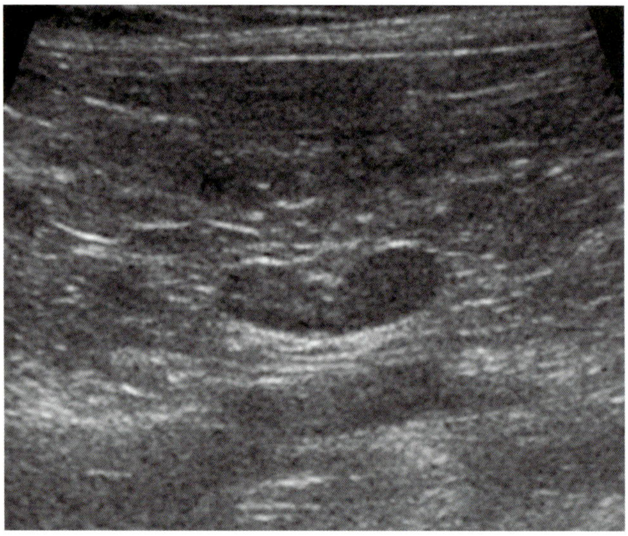

图 22-25　犬的腹部超声图，示肾上腺（矢状面）

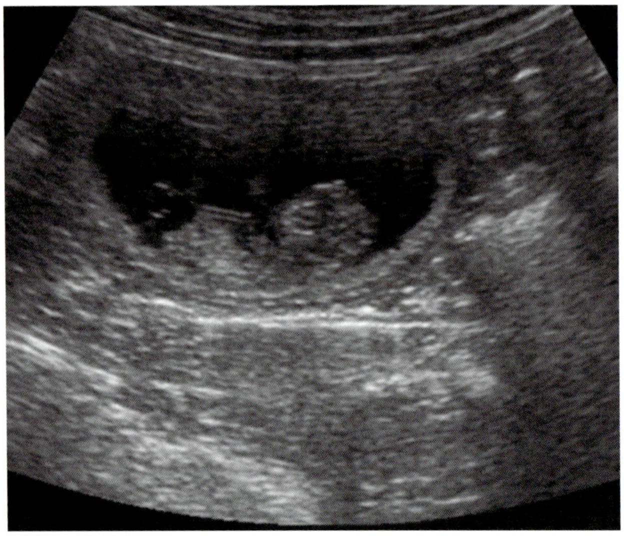

图 22-26　犬腹部超声图，示妊娠子宫（矢状面）

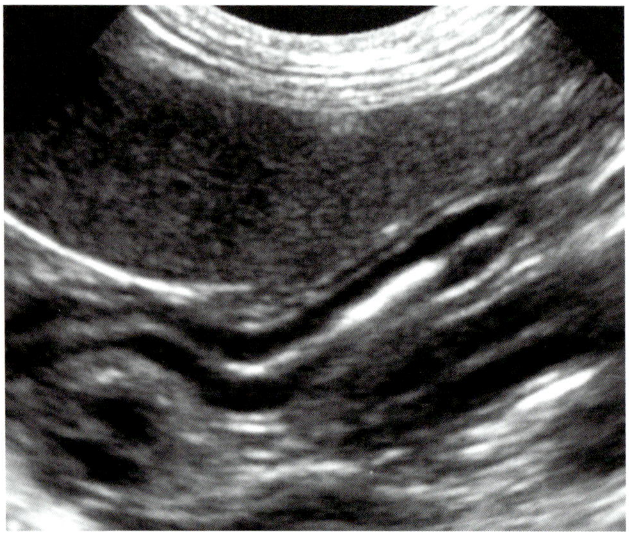

图 22-27　犬腹部超声图，示脾（矢状面）

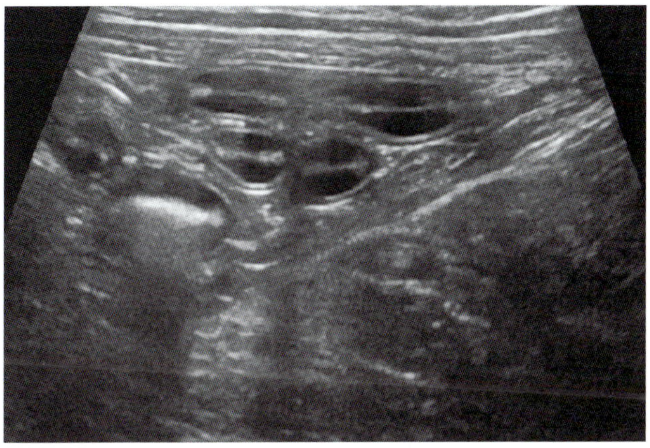

图 22-28 犬腹部超声图，示肠（矢状面）

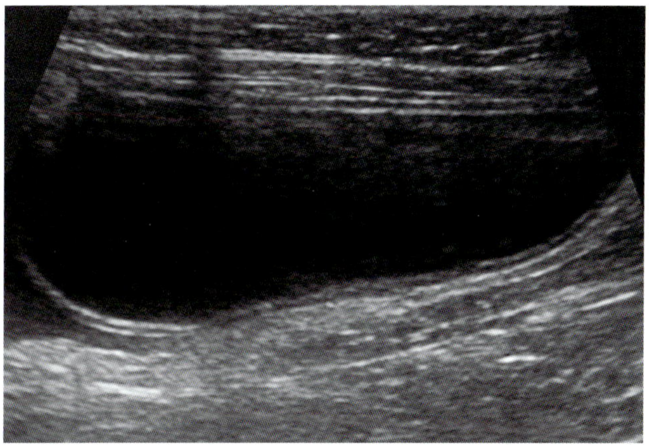

图 22-29 猫腹部超声图，示膀胱（矢状面）

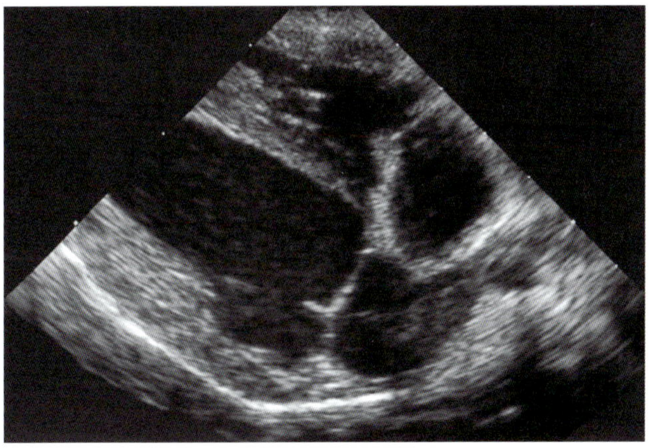

图 22-30 犬心脏超声图（矢状面，四腔图）

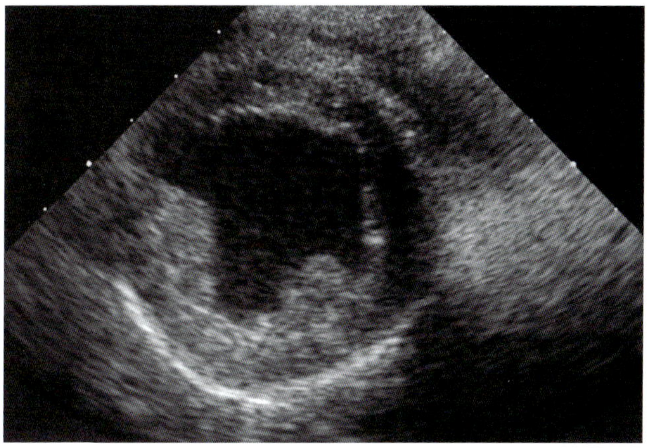

图 22-31 犬心脏超声图（左心室水平横断面）

融合了**螺旋 CT 技术**的当代 CT 机，可以在相对较短的曝光时间内生成高分辨率的人体切片（厚度小于 1 mm）。这极大地提高了空间和时间分辨率。

图像质量由几个因素决定，包括对比度分辨率、空间分辨率、信噪比和是否存在伪影。这些因素受 CT 机器设置的影响，因此根据所研究组织的吸收特性和大小来使用**既定方案**很重要。

有针对性地使用专门的算法可进一步操作 CT 扫描采集的数据集。使用**多平面重构技术**（MPR），横向 CT 图像的数据可用来创建其他断层数据（背侧面、矢状面、斜面、曲面）和 / 或生成三维体积数据集。

最大强度投影（MIP）用于强调具有最高衰减值的结构或材料（通常是骨或造影剂），增加图像内的对比度。因此，该算法有助于描述骨。数据集的**体绘制**和**三维重建**可以实现组织的局部结构显示（图 22-44 至图 22-48）。

CT（Hounsfield 尺度）检测 X 射线束的吸收微小差异的能力比传统的 X 射线摄影更强。虽然吸收光束的物质比其邻近的软组织（如骨、钙化组织、金属、气体）更容易被清晰地描绘出来，但肌肉、皮肤、淋巴结、器官实质和脊髓等软组织只要被脂肪包围，也可在 CT 切片中被区分出来。CT 成像也使用了**造影剂**，以提高组织间边界的清晰度（图 22-33、图 22-36 和图 22-37）。造影剂的使用程序和方法通常与传统 X 射线摄影的使用程序和方法相同。

身体的许多部位都可以用计算机断层扫描进行检查。在组织吸收特性差异较大的部位，诊断潜力最大（图 22-32 至图 22-37）。

总结

CT 的应用范围

- **头部**：耳、鼻咽、齿、骨
- **颈部**：气管、食管（使用造影剂）
- **胸腔**：胸壁、胸膜、气管、支气管、肺、纵隔
- **脊柱**：骨、椎间盘、椎管（使用造影剂）
- **运动器官**：关节、骨
- **腹部**：腹壁、所有脏器（使用造影剂）

这种诊断方式的局限性包括辐射暴露和伪影（如金属或移动）对图像质量的影响。与兽医 X 射线摄影和超声波相比，在使用计算机断层扫描对动物进行检查时，需要对动物进行**全身麻醉**。

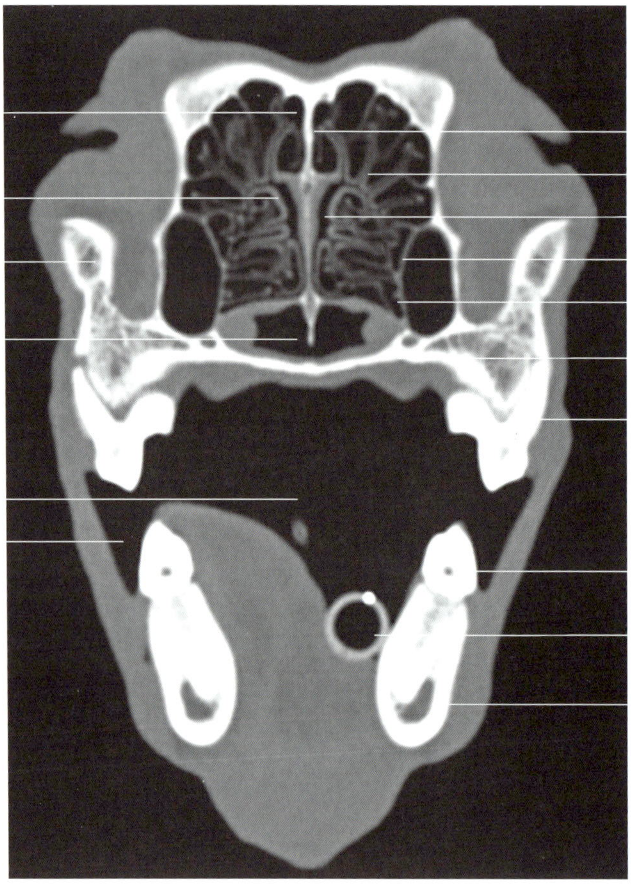

图 22-32 在 M1-M2 水平，犬头部的计算机断层扫描（CT）（横断面，骨窗）

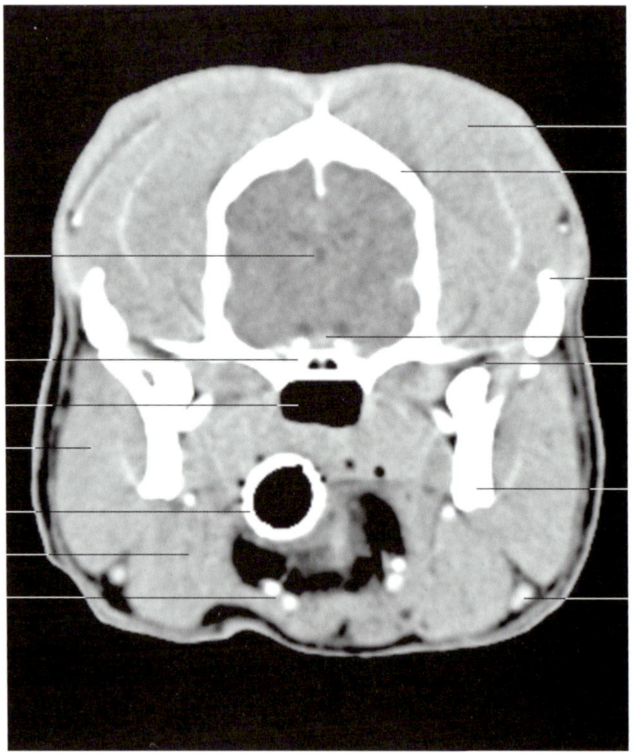

图 22-33 在颞下颌关节水平，犬头部的计算机断层扫描（CT）（横断面，软组织窗）

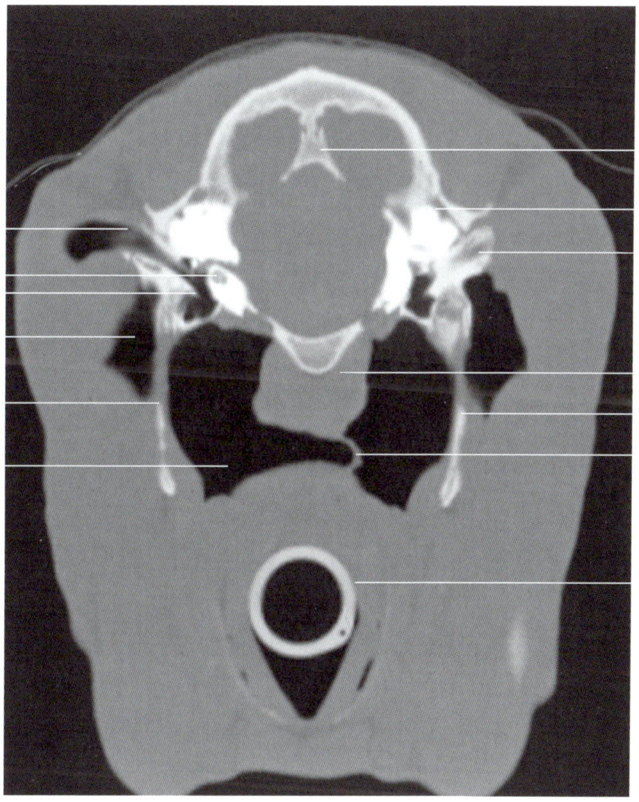

图 22-34 在喉囊水平，马头部的计算机断层扫描（CT）（横断面，骨窗）

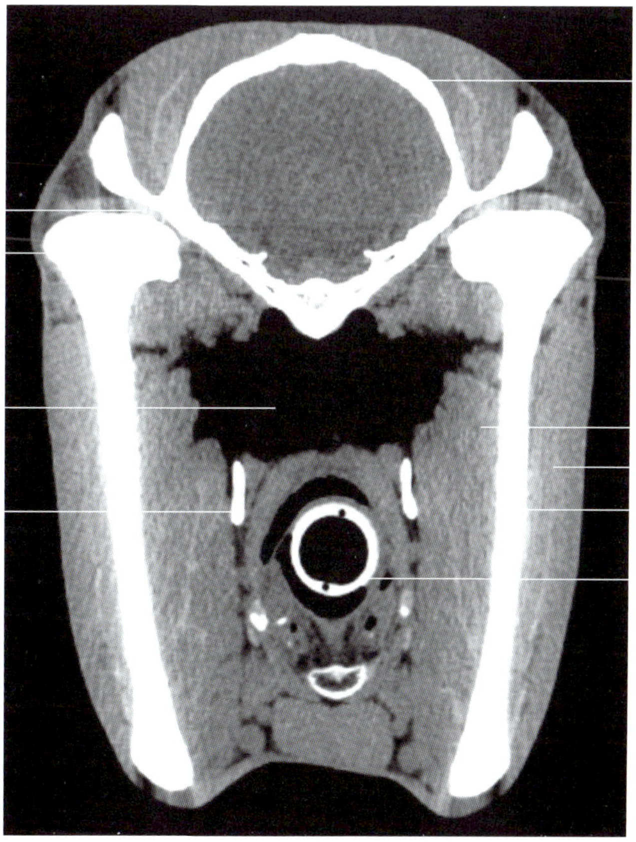

图 22-35 在脑窝水平，马头部计算机断层扫描（CT）（横断面，骨窗）

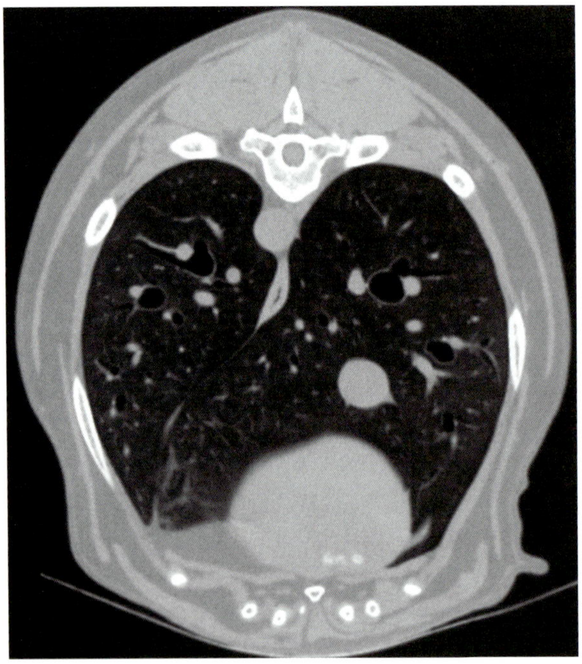

图 22-36 在后纵隔水平，犬胸腔的计算机断层扫描（CT）（横断面，软组织窗）

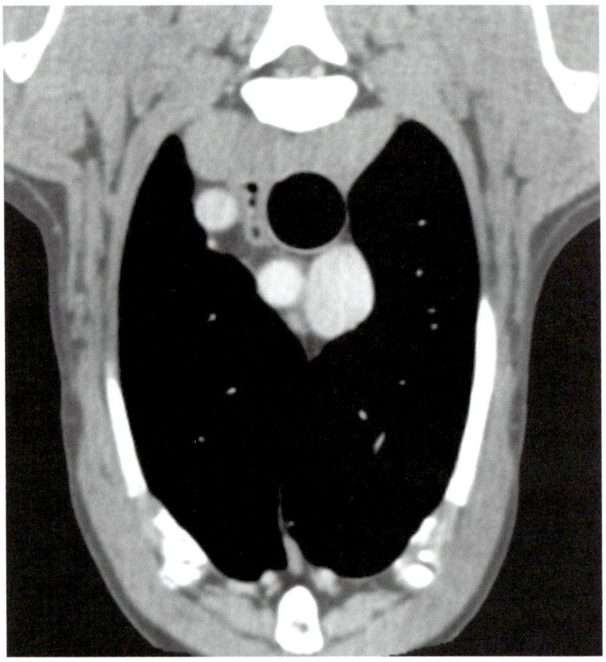

图 22-37 在前纵隔水平，犬胸腔的计算机断层扫描（CT）（血管造影，横断面，软组织窗）

磁共振成像（MRI）

在磁共振成像中，信号是由组织中的**质子**（**氢原子核**）与**强磁场**和**射频**（**RF**）**脉冲**相互作用产生的。所得到的MR图像中的对比度反映了**不同组织的含水量**（“质子成像”）。由于磁共振成像具有非常高的软组织对比分辨率，这种方式特别适合于**软组织病理诊断**。特定的机器设置(序列)用于产生**不同类型的加权图像**：

- T1 加权图像（T1，图 22-38）
- T2 加权图像（T2，图 22-39）
- 质子密度加权图像（PDW）

特定序列也可用于降低某些组织（如脂肪、脑脊液）产生的信号。

成像程序包括在不同平面上展开的**各种脉冲序列**（图 22-40 至图 22-43），从而确定组织的特性（正常、炎症、肿瘤）。

每个序列所需的平均时间为 3～5 min，导致总图像采集时间为 20～45 min/ 部位。

造影剂影响质子在组织中的蓄积情况（如肿瘤），因此可用于区分质子与周围组织。MRI 使用的造影剂中含有**钆**。在磁场的作用下，钆原子形成感应磁场。这使得 T1 加权序列的信号强度更大。

与计算机断层扫描一样，**图像质量**受各种因素的影响（图 22-50）。为了获得最佳图像，成像过程的这些方面必须根据具体情况进行考虑和调整，也要考虑到患者因素，如要检查的部位和预期的病变。

由于 MRI 具有优越的软组织对比度，所以它是诊断**中枢神经系统异常和其他含有高比例软组织成分的身体部位异常**的理想选择（图 22-41、图 22-43 和图 22-49）。

总结

MRI 的应用部位
- **头部**（图 22-2 和图 22-4）：脑、脑神经、眼眶、眼、耳、鼻咽、肌肉
- **胸腔**：胸壁、胸膜、纵隔
- **脊柱**：脊髓、椎管、脊神经、椎间盘
- **运动器官**：关节（图 22-9）、肌肉、肌腱
- **腹部**：腹壁、骨盆腔

骨密质和钙化组织在 MR 图像上呈黑色，因为它们产生的信号很少或没有。金属植入物和患者移动(胸部、腹部)都会产生伪影。MRI 除了应用于结构评估外，还可用于功能方面的研究（图 22-49）。这种成像方式需要**全身麻醉**。

核医疗学

闪烁法是一种成像技术，即给患者使用**放射性标记材料**（**放射性药物**）。放射性物质（放射性核素）在体内的分布由载体的化学结构决定。放射性核素（通常为**锝-99m**）发出 γ 射线。通过外部定位的 γ 射线相机检测给定时间点的发射源的位置，形成一个**总和图像**。在兽医学中，闪烁法主要用于检测**骨代谢紊乱**（图 22-51 和图 22-52）。还可以确定放射性药物活性分布的时间变化，以便识别器官功能的异常（如肾、甲状腺）。

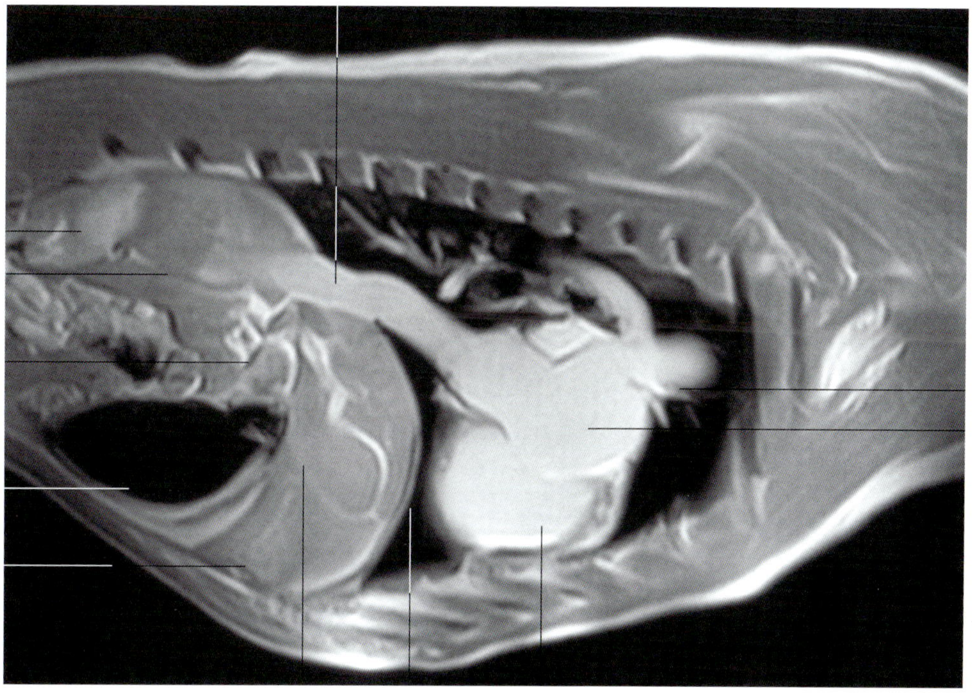

图 22-38 犬胸腔和腹腔前部的磁共振成像(MRI)(矢状面,T1 加权图像)(德国雷根斯堡 FoltinIsa 博士提供)

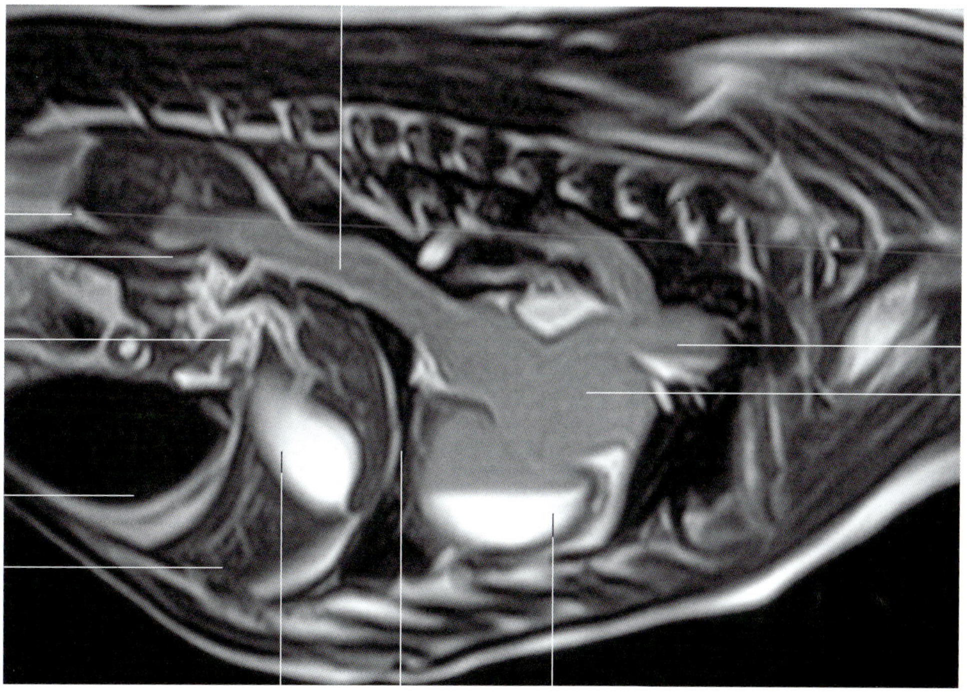

图 22-39 犬胸腔和腹腔前部的磁共振成像(MRI)(矢状面,T2 加权图像)(德国雷根斯堡 FoltinIsa 博士提供)

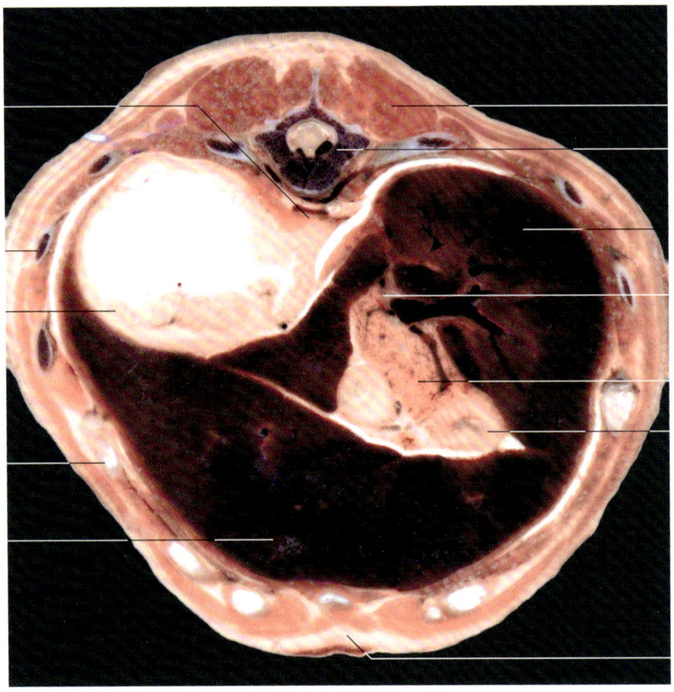

图 22-40　犬腹腔胸廓内的横断面（E-12 塑化切片）

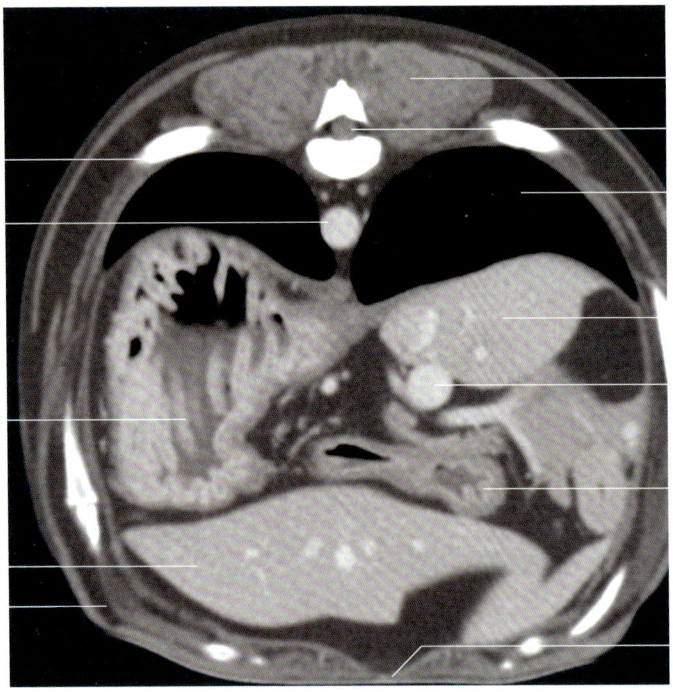

图 22-41　犬腹腔胸廓内的磁共振成像（MRI）（横断面，T1 加权图像）（德国雷根斯堡 FoltinIsa 博士提供）

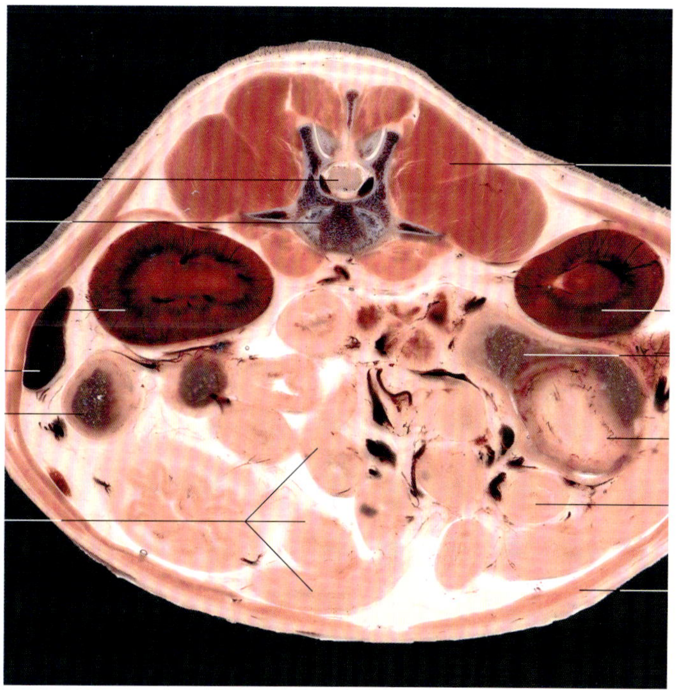

图 22-42 犬肾水平的腹腔横断面(E-12 塑化切片)

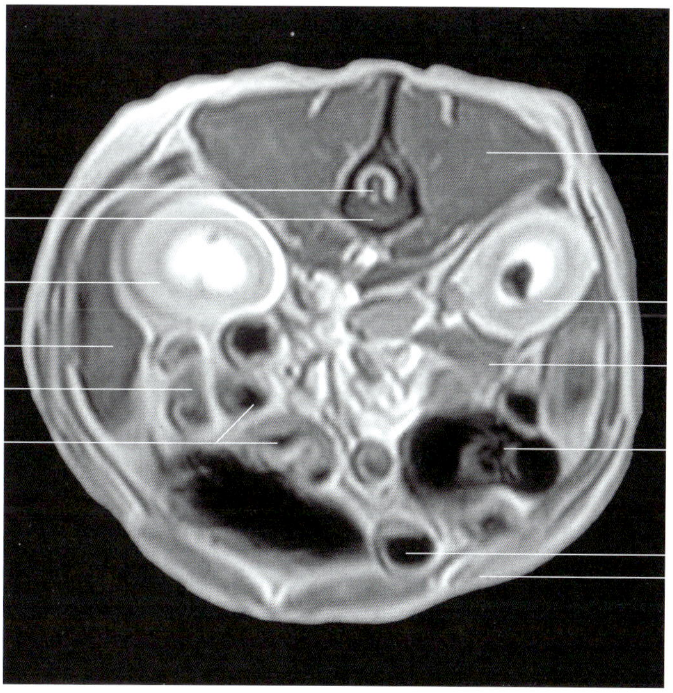

图 22-43 犬肾水平的腹腔磁共振成像(MRI)(横断面,T1 加权图像)(德国雷根斯堡 FoltinIsa 博士提供)

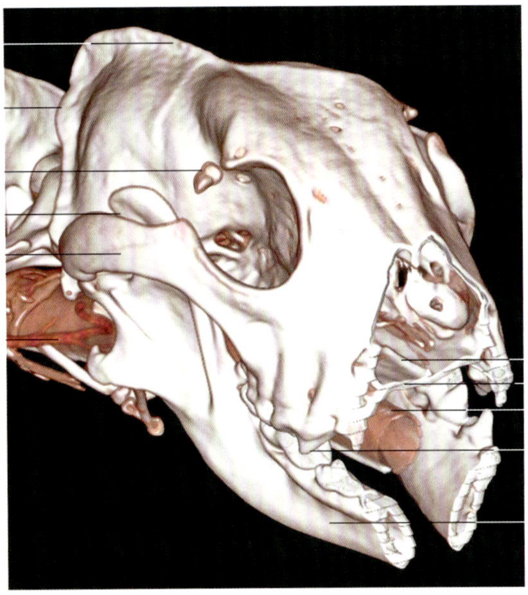

图22-44 德国牧羊犬的头部（三维重建，“Syngo多模态工作区”，P3水平深层骨骼的横断面，使用0.8 mL/s的35 mL造影剂；左前上方观）

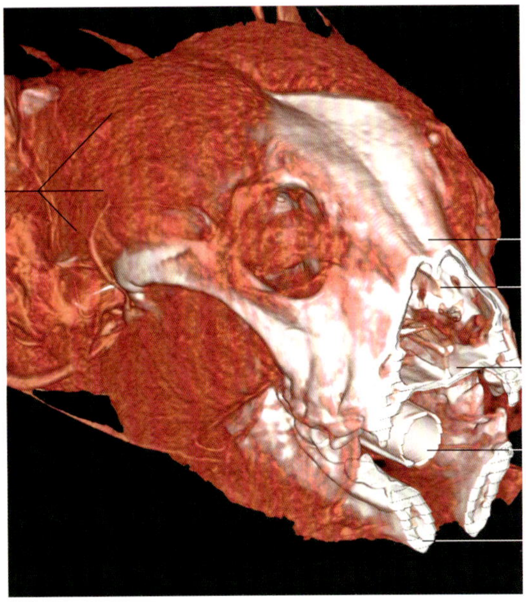

图22-45 德国牧羊犬的头部（三维重建，“Syngo多模态工作区”，P3水平深层骨骼的横断面，使用0.8 mL/s的35 mL造影剂；左前上方观）

断层核医学技术包括**单光子发射计算机断层扫描**（SPECT）和**正电子发射计算机断层扫描**（PET）。因为价格高昂，通常很少应用于兽医领域。

在SPECT检查过程中，单个或双个探测器围绕患者旋转时，可连续收集测量数据。

这种方法比闪烁法更能准确地探测到辐射源。和闪烁法一样，它可检测γ射线。

与SPECT相比，PET利用半衰期较短的放射性核素，通过正电子发射而衰减。正电子离开原子核后，立即与一个电子湮灭。湮灭反应导致两个粒子的毁灭，并形成两个以180°相互远离的γ光子。γ射线撞击位于探测器环内的两个位置相反的元件，由此产生的信号用于确定正电子发射的来源。

与基于X射线的程序（X射线摄影、计算机断层扫描）相比，核医学需要采取更广泛的**辐射防护措施**。人体暴露于辐射的可能性不限于检查程序本身。也会发生在放射性药物的制备和运输过程中，以及在检查后接近动物及其排泄物时，也可能发生暴露。

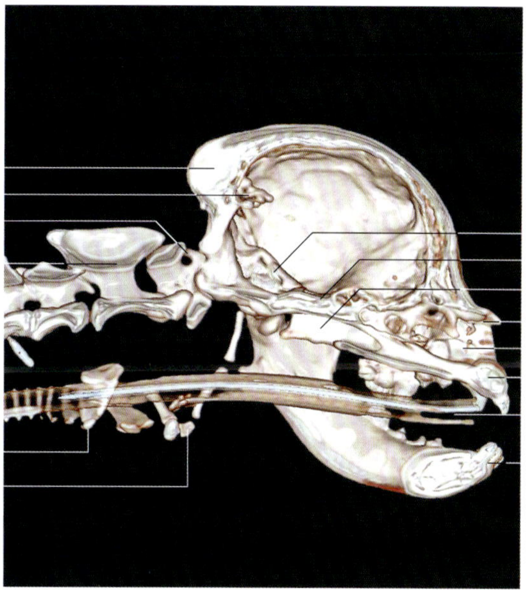

图 22-46 法国斗牛犬的头部，典型的短头犬头骨（三维重建，“Syngo 多模态工作区”，左半部颅骨，P4 水平横断面，使用 0.8 mL/s 的 35 mL 造影剂；右侧前面观）

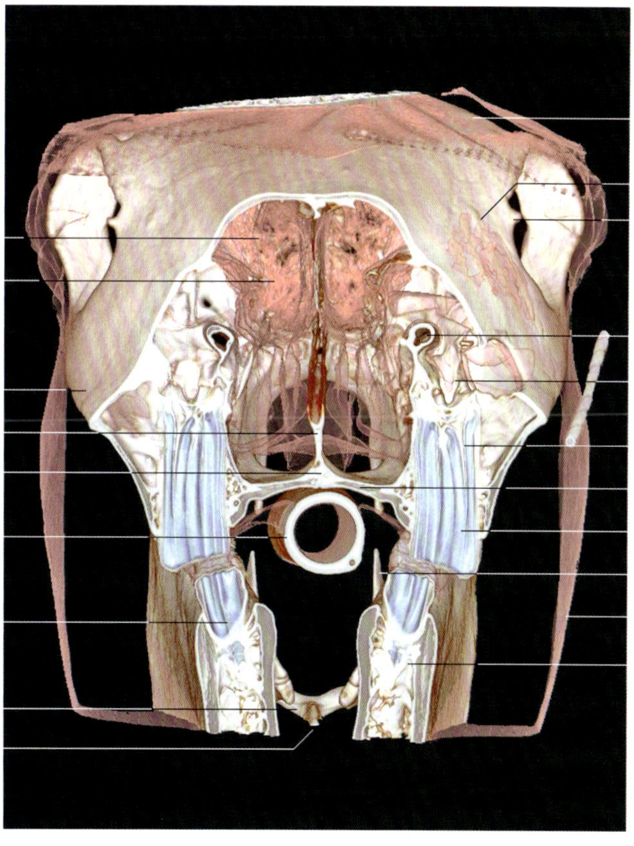

图 22-47 马的头部（三维重建，“Syngo 多模态工作区”，造影剂使用后的 P3 水平横断面，前面观）

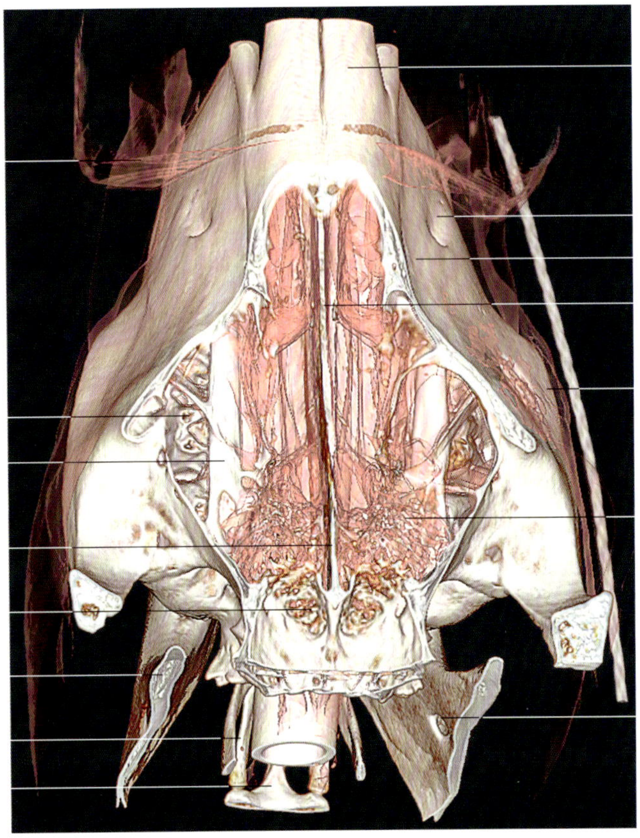

图 22-48 马的头部（三维重建，“Syngo 多模态工作区”，使用造影剂后，耳甲额窦水平的额面；背侧观）

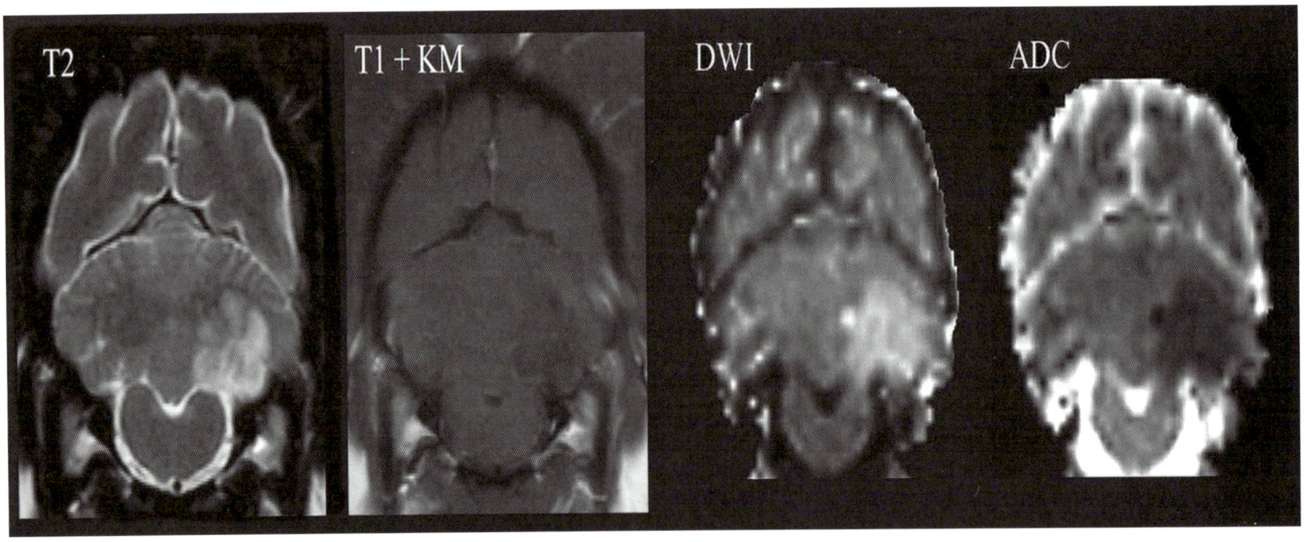

图 22-49 犬小脑水平的磁共振成像（MRI）（横断面，T2 加权图像）

T2 加权图像显示侧位高信号（明亮）病灶。在使用造影剂（T1+KM）后，信号强度未增加。扩散加权成像（DWI）与 T2 加权序列相似，用于测量水分子的扩散。扩散降低被视为图像上的一个亮区。

在本病例中，病变为急性缺血性小脑梗死。由于缺乏能量，离子转运机制在缺血区失效。水进入细胞（细胞毒性水肿），导致水分子扩散受限。由于 DWI 与 T2 加权序列相似，明区可能只表示水的存在。借助表观扩散系数图（ADC-maps）可将其与梗死组织区分开，ADC 图显示 DWI 图像为阴性。

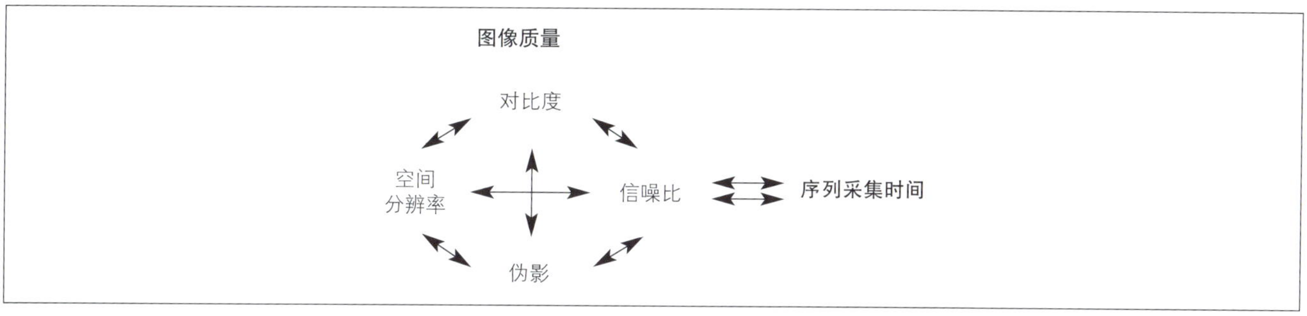

图 22-50 影响 MRI 图像质量的关键因素

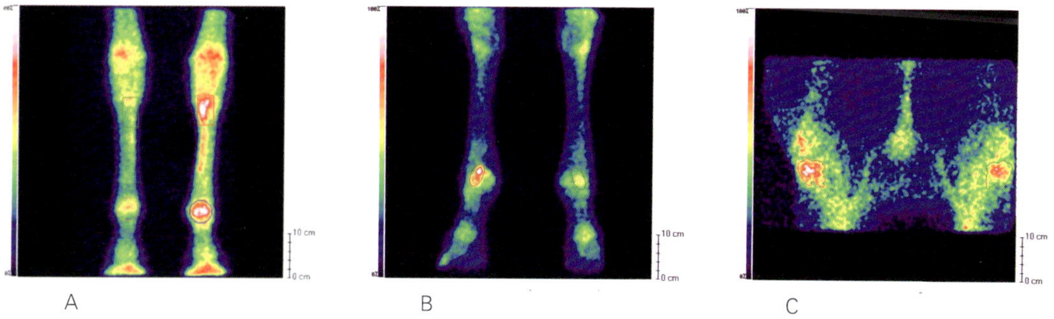

图 22-51 马的前肢(A 和 B)和髂骨(C)的闪烁图。由放射性核素发出的 γ 射线产生的一种按颜色刻度呈现的活动分布总和图像(慕尼黑 Zengerling 博士提供)

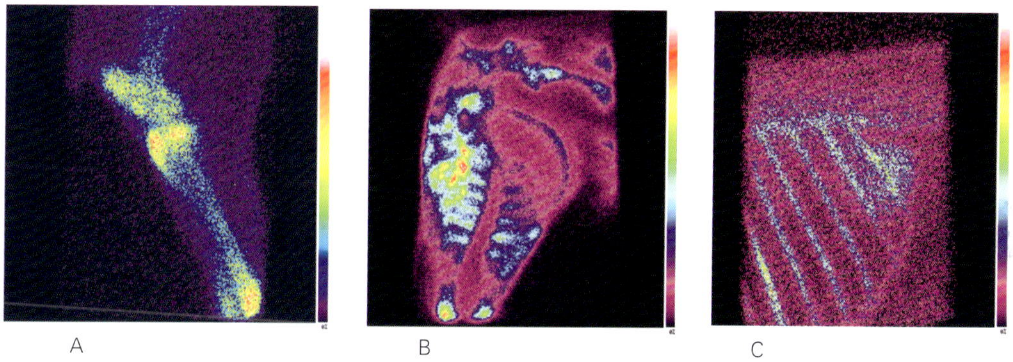

图 22-52 马的后肢(A)、头部(B)和胸部(C)的闪烁图。与蓝色相比,红色表示骨功能障碍的活性显著增加(慕尼黑 Zengerling 博士提供)

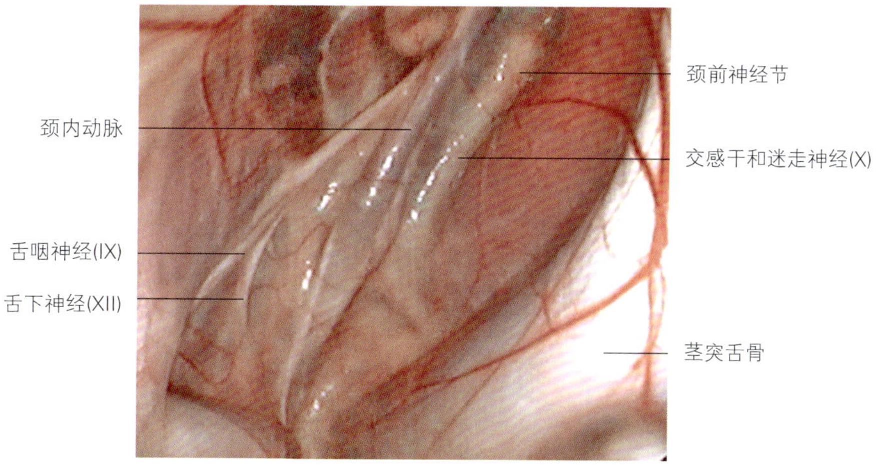

图 22-53 内窥镜下的喉囊内腔

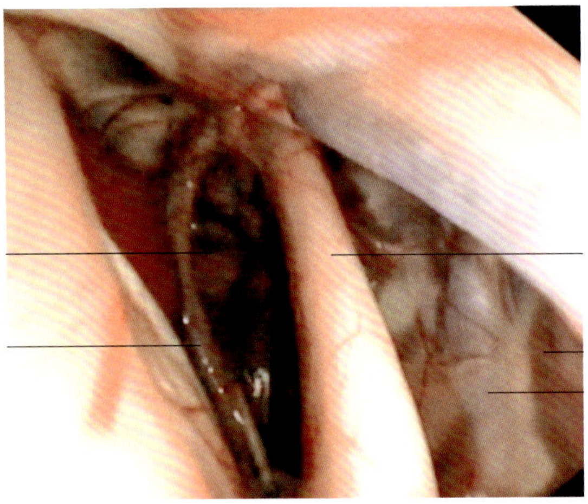

图 22-54 内窥镜下的喉囊

22.2.2 马的内窥镜检查

最早的内窥镜检查可追溯到第一次世界大战之前。当时的内窥镜是硬的,不能用于头部、子宫和膀胱的检查。为了保护患者、检查者和内窥镜设备,需要使用静脉注射水合氯醛进行短期麻醉。

光导纤维内窥镜在 20 世纪 60 年代和 70 年代被引入人医和兽医。这一发展见证了马内科学领域的蓬勃发展。William R. Cook 是马内窥镜的先驱,他首先使用了刚性内窥镜,然后使用了柔性内窥镜。随着技术的进步,Cook 能够使用内窥镜来诊断内耳、鼻腔和咽部的许多疾病。这些结果发表于 1974 年。

1976 年,在英国 Newmarket,Cook 使用长 3.5 m 的人结肠镜对一匹站立的马进行了气管全长和大支气管的首次检查。随着这一发展,肺与鼻腔、筛骨、喉囊、咽、喉、食管近端和气管成为适合于内窥镜检查的结构。除了便于早期诊断外,内窥镜还可用于**活检**,并为外科手术提供了**手术通路**。同时,内窥镜也可对头部的内部结构进行详细检查,如喉囊壁(图 22-53 和图 22-54)和舌骨器,上颌窦引流角的评估及鼻窦炎的诊断。此外,对站立马的食管远端和十二指肠近端异常的检查也成为可能。

CCD 和 CMOS 芯片的发明及其在内窥镜的应用是内窥镜成像技术发展的重要转折点。使用这些芯片,光学信息以数字信号发送至处理器。生成的图像将被传输到监视器进行查看和存储。该方法能够实现高达 200 万像素的分辨率,已经超过了早期的光纤技术。

准确解释内窥镜获得的数字光学信息和对结构异常的识别,是深入理解正常局部解剖学的基础。

23 附录

23.1 文献

A

Aurich C. Reproduktionsmedizin beim Pferd. 2. Aufl. Stuttgart: Parey; 2009

B

Belknap JK. Equine Laminitis. Hoboken, New Jersey (USA): Wiley-Blackwell; 2017

Bilger M. Topographische und klinische Anatomie des Luftsacks beim Pferd [Diplomarbeit]. Budapest: Szent Istvan Universität; 2013

Breit S, Künzel W. Untersuchungen am Ligamentum intercapitale, seinen synovialen Einrichtungen und Beziehungen zum Discus intervertebralis beim Hund. Wien Tierärztl Mschr 1997; 84: 121-128

Budras K-D. Atlas der Anatomie des Hundes. 8. Aufl. Hannover: Schlütersche; 2007

Budras K-D, Hinterhofer C, Hirschberg R, Polsterer E, König HE. Der Hufbeinträger Teil 2: Die klinische Bedeutung des Hufbeinträgers und seiner fächerförmigen Verstärkung bei der Hufrehe mit Hufbein- oder Hufkapselrotation. Pferdeheil kunde 2009; 25: 192-204

Budras K-D, Hirschberg R, Hinterhofer, Polsterer E, König HE. Der Hufbeinträger Teil 1: Die fächerförmige Verstärkung des Hufbeinträgers an der Hufbeinspitze des Pferdes. Pferdeheilkunde 2009; 25: 96-104

D

Donoso S, Sora M-C, Probst A, Budras K-D, König HE. Mesoscopic s tructures of the equine toe demonstrated by using thin slice plastination (E12). Wien Tierärztl Mschr 2009; 96: 1-6

F

Fiedler A, Maierl J, Nuss K. Erkrankungen der Klauen und Zehen des Rindes. Stuttgart: Schattauer; 2004

Floyd MR. The modified Triadan system of nomenclature. J Vet Dent 1991; 8: 18-20

G

Ganzberger K. Anatomische Untersuchungen zum Schultergelenk des Hundes, insbesondere zum Ligamentum glenohumerale mediale [Diss med vet]. Wien:1993

Geburek F, Wissdorf H. Aufklärung der Diskrepanzen in der Nomenklatur von Fesseltrageapparat und Fesselträger an der Vordergliedmaße des Pferdes in Anatomie und Klinik. Pferdeheilkunde 2014; 30: 176-182

H

Hagen J. Biomechanics of the equine distal limb and influences of trimming and corrective shoeing [Habilitationsarbeit]. Leipzig: Vet Med Uni; 2018

Hagen J, Stich S, Muggli L, Anz D. Die F-Balance-ein neues Konzept der Hufzubereitung. Pferdeheilkunde 2012; 28: 148-159

Hartmann FD. Zur topographischen Anatomie des Gleichgewichts-und Gehörorgans der Hauskatze [Diss med vet]. München: 1992

Hartmann FD, König HE. Zur topographischen Anatomie der Bulla tympanica der Katze im Hinblick auf klinische Anwendung. Wien Tierärztl Mschr 1993; 80:311-315

K

Kaessmeyer S, Hünigen H, Al Masri S, Dieckhoefer P, Richardson K, Plendl J. Corpus luteal angiogenesis in a high milk production dairy breed differs from that of cattle with lower milk production levels. Veterinarni Medicina 2016; 61: 497-503

Kaessmeyer S, Sehl J, Khiao In M, Hiebl B, Merle R, Jung F, Franke RP, Plendl J. Organotypic soft-tissue co-cultures: Morphological changes in microvascular endothelial tubes after incubation with iodinated contrast media. Clin Hemorheol Microcirc 2016; 391-402, DOI: 10.3233/CH-168119

Kassianoff I, Wissdorf H. Ergänzungsvorschläge zur Nomenklatur am Strahlbein (Os sesamoideum distale) des Pferdes. Pferdeheilkunde 1992; 8: 157-159

Kneissl S. CT und MRT spezifischer Körperregionen unter besonderer Berücksichtigung der klinischen Fragest-ellung [Habilitationsarbeit]. Wien: Vet Med Uni; 2007

Kneissl S, Weidner S, Probst A. CT sialography in the dog—A cadaver study. Anat Histol Embryol 2011; 40: 397-401

König HE. Wissenschaft und Kunst im Fach Veteri-näranatomie an der Universität. Vet Journal 2016; 69(10): 12-16

König HE. Beitrag zur Blutversorgung des Magens beim Hund-eine korrosionsanatomische und rasterelektron-enmikroskopische Untersuchung. Tierärztl Prax 1992; 20: 429-433

König HE. Anatomie der Katze. Stuttgart: Fischer; 1992

König HE. Gefäßarchitektonische Untersuchungen am Ovarium des Rindes. Prakt Tierarzt 1981; 62: 846-849

König HE. Anatomie und Entwicklung der Blutgefäße in der Schädelhöhle der Hauswiederkäuer (Rind, Schaf und Ziege). Stuttgart: Enke; 1979

König HE, Amselgruber W. Funktionelle Anatomie der Eingeweidearterien in der Bauchhöhle des Pferdes (Überlegungen zur Darmkolik). Tierärztl Prax 1985; 13: 191-198

König HE, Sora M-C. Plastination-Schnittanatomie für Wissenschaft und Praxis. Vet Journal 2016; 69(9): 13-18

König HE, Budras K-D, Seeger J, Fersterra M, Sora M-C. Anatomic and Histological Investigations of the Equine Guttural Pouches (Diverticulum tubae auditivae) Clinical Advisments. Agro-Ciencia 2010; 26: 90-98

König HE, Klawiter-Pommer J, Vollmerhaus B. Korrosionsanatomische Untersuchungen an der Harnröhre und den Penisschwellkörpern des Katers. Kleintierpraxis 1979; 24: 351-362

König HE, Korbel R, Liebich H-G. Avian Anatomy. Sheffield: 5 m Publishing; 2016

König HE, Latorre R, Sora M-C. Plastination—A scientific method of research in anatomical field. Rew Rom Med Vet 2017; 27: 5-10

König HE, Macher R, Polsterer-Heindl E, Hinterhofer Chr. Der tiefe Zehenbeuger des Pferdes im Bereich des Acropodium. Pferdeheilkunde 2003; 19: 476-480

König HE, Mülling C, Hagen J, Macher R, Donoso S, Probst A. Sehnen und Bänder an der Rinderzehe. Wien Tierärztl Mschr 2013; 100: 55-60

König HE, Pérez W, Polsterer E, Pinto Luciano de Morais. Estudios anatómicos de la bolsa gutural del equino mediante diversas técnicas. La especie equina. Rev de la Ass Arg de Vet equina, Buenos Aires 2019; 18 (66): 44-50

König HE, Sora M-C, Seeger J, Donoso S. Anatomía del ovario de la yegua mediante Secciones plastinadas con el metodo E 12. Chilean J Agric Anim Sci 2017; 33: 59-63

König HE, Wissdorf H, Probst A, Macher R, Voß S, Polsterer E. Zur Funktion der mimischen Muskulatur und des Organum vomeronasale beim Flehmen des Pferdes. Pferdeheilkunde 2005; 21: 297-300

L

Langer S. Zur Topographie des Kniegelenks der Katze [Diss med vet]. Wien: 1994

Liebich H-G. Funktionelle Histologie der Haussäugetiere und Vögel. 5 Aufl. Stuttgart: Schattauer; 2010

Liebich H-G, Scharrer E. Entwicklungsbedingte Veränderungen von Struktur und Funktion des Pansenepithels. 2. morphologische Differentierung der Epithelschranke bei Lämmern innerhalb der ersten Lebenswochen. Zbl Vet Med C Anat Histol Embryol 1984; 13: 25-41

M

Macher R. Die Synovialeinrichtungen des M. fibularis longus bei Katze, Hund, Schwein, Rind, Schaf und Ziege. Anat Histol Embryol 1990; 19: 181-191

Maierl J. Zur funktionellen Anatomie und Biomechanik des Ellbogengelenks (Articulatio cubiti) des Hundes (Canis familiaris) [Habilitationsschrift]. München: 2003

Maierl J, Liebich H-G. Investigations on the Postnatal Development of the Macroscopic Proportions and the Topographic Anatomy of the Feline Spinal Cord. Anat Histol Embryol 1998; 27: 375-379

Maierl J, Tiefenthaler J, König HE, Liebich HG. Anatomische Untersuchungen zur postnatalen Entwicklung des Klauenbeins beim Rind. Wien Tierärztl Mschr 1999; 86: 230-236

Mülling C, Pfarrer C, Reese S, Kölle S, Budras K-D (Hrsg). Atlas der Anatomie des Pferdes. 7. Aufl. Hannover: Schlütersche; 2014

N

Nitzsche B, Boltze J, Ludewig E, Flegel T, Schmidt MJ, Seeger J, Barthel H, Brooks OW, Gounis MJ, Stoffel MH, Schulze S. A stereotaxic breed-averaged, symmetric T2w canine brain atlas including detailed morphological and volumetrical data sets. Neuroimage 2019; 187: 93-103. DOI: 10.1016/j.neuroimage.2018.01.066

P

Pakozdy A, Angerer C, Klang A, König HE und Probst A. Gyration of the feline brain: localization, terminology and variability. Anat Histol Embryol 2015; 44(6): 422-427

Peer P. Histomorphologische Untersuchungen der Kniegelenkkapsel von Hunden mit und ohne kongenitaler Patellaluxation unter besonderer Berücksichtigung der Kollagenzusammensetzung [Diss med vet]. Berlin: 2016

Pérez W, Gonzalez F, Paulsen P, König HE. Schlachtkörperzusammensetzung von Corriedalelämmern und von Kreuzungen mit Ostfriesischem Milchschaf und Texel-Schaf. Fleischwirtschaft 2016; 8: 96-98

Probst A, Kneissl S. Computed tomographic anatomy of the canine temporal bone. Anat Histol Embryol 2006; 19-22, DOI: 10.1111/j.1439-0264.2005.00631.x

Probst A, Macher R, Hinterhofer C, Polsterer E, Guarda ICH, König HE. Anatomical Features of the Carpal Flexor Retinaculum of the Horse. Anat Histol Embryol 2008; 37: 415-417

R

Reinicke R. Die fetale Entwicklung des bovinen Vormagen-Magensystems. Eine Literaturstudie ergänzt durch Computertomographie-Studien [Diss med vet]. Berlin: 2016

Rieger J. The Intestinal Mucosal Network in the Pig: A Histological View on Nutrition-Microbiota-Pathogen-Host-Interactions [Diss med vet]. Berlin: Fachbereich Veterinärmedizin, Institut für Veterinär-Anatomie; 2016

Ries R, König HE. Zur aktuellen Situation der Lymphknotenuntersuchung bei Schlachtrindern. Wien Tierärztl Mschr 1995; 82: 192-194

Ruberte J, Sautet J. Atlas de Anatomía del perro y del gato. Vol. 1, 2 y 3. Barcelona: Universitat Autónoma de Barcelona. Ed. Multimedica; 1995-1998

Rümens D, Patan B, Probst A, Polsterer E, Macher R, Stanek C, König HE. Der iliosakrale Übergang-Ein Problembereich des Pferderückens. Pferdeheilkunde 2007; 23: 21-26

Ruthe H, Litzke L-F, Rau B. Der Huf. Lehrbuch des Hufbeschlags. Stuttgart: MVS; 2012

S

Salomon F-V, Geyer H, Gille U. Anatomie für die Tiermedizin. 3. Aufl. Stuttgart: Enke; 2015

Schleip D. Makroskopisch anatomische Untersuchungen zur Topographie der Gehirnnerven der Katze (Felis catus) [Diss med vet]. München: 1992

Schoenberg A, Probst A, Macher R, Polsterer E, Budras K-D, Böck P, König HE. Passive Haltestrukturen am Hufgelenk des Pferdes. Pferdeheilkunde 2005; 21: 212-216

Schoenberg R, Probst A, Hinterhofer C, Sora M-C, Böck P, Budras K-D, König HE. Zur Anatomie der Hufknorpel des Pferdes. Wien Tierärztl Mschr 2007; 94: 145-156

Smulders FJM, Paulsen P. Reform der Fleischuntersuchung und warum? Wien Tierärztl Mschr 1997; 84: 280-287

Sótonyi P. Anatomia canis. I. Extremitatis cranialis, II. Extremitatis caudalis. Kisálláklinika Kft., H-8000 Székesféhervár, Fütöház u. 1, multimedia CD-ROM; 1999

Stiglhuber A. Makroskopische und rasterelektron-enmikroskopische Untersuchungen zur Anatomie des Fesselgelenks beim Pferd [Diss med vet]. Wien: 1995

T

Teufel F. Makroskopisch anatomische und rasterelektronenmikroskopische Untersuchungen am Kniegelenk des Pferdes [Diss med vet]. Wien: 1997

Teufel M. Makroskopisch anatomische und rasterelektronenmikroskopische Untersuchungen am Tarsalgelenk des Pferdes [Diss med vet]. Wien: 1997

Tóth J, Hollerieder J, Sótonyi P (Hrsg). Augenheilkunde beim Pferd. Stuttgart: Schattauer; 2010

Triadan H. Tierzahnheilkunde: Zahnerhaltung (Füllungstherapie mit "Composite materials" und Endodontie) bei Affen und Raubtieren. Schweiz Arch Tierheilk 1972; 114: 292-316

W

Wiebogen T, Weissengruber GE, Forstenpointner G. Otto Krölling (1891–1965): Eine Karriere an der Wiener Tierärztlichen Hochschule im ständestaatlichen und nationalsozialistischen Österreich. Wien Tierärztl Mschr 2015; 102: 155-167

Wiehart C, Wallner B, Röhrer M, Huber C, Plenk H, König HE. Mikrohärtemessungen als alternative Methode zur Altersschätzung an den Zähnen von Deutschen Schäferhunden. Wien Tierärztl Mschr 2012; 99: 91-101

Wissdorf H, Gerhards H, Huskamp B, Deegen E. Anatomie und Propädeutik des Pferdes. 3. Aufl. Hannover: Schaper; 2012

23.2 术语表

A

ab- away from 远,远离
abaxialis away from the axis 远轴侧
Abdomen abdomen 腹(部)
abducens leading away, drawing away (外)展的
Abductor abductor (外)展肌
absorbere to absorb 吸收
accelerans accelerating 加速的
accessorius additional 副的,附加的
Acetabulum acetabulum 髋臼,关节窝
Acinus acinus 腺泡
Acromion acromion, shoulder level 肩峰
Acropodium acropodium, fore and hind digits, outermost end of the limbs 肢端,四肢的末端
acusticus concerning hearing 听
acutus sharp 尖锐的
Adhaesio adhesion 粘连,黏着物
Aditus aperture, inlet 入口,口
adnexus added, connected with 附加的,与……连接
adiposus fatty 脂肪的
afferens feeding 传入的,向心的
Ala wing, or winglike 翼状
albugineus whitish 白的,白膜的
Allantois allantois 尿囊
alveolaris belonging to the alveolus 小槽的,小泡的,小窝的
Alveolus alveolus, small hollow 小槽,小泡,小窝
Alveus belly, excavation 槽,池,囊
Amphiarthrosis tight-flexible joint 微动关节
Ampulla ampulla, club-shaped receptacle 壶腹
amygdaloideus almond-like 杏仁状的
Anastomosis anastomosis, junction 吻合
analis belonging to the anus 肛的,臀的
anconeus belonging to the elbow 肘的
Angulus angle 角
Ansa loop 袢
anserinus anserine, goosefoot-shaped 鹅状的
Antebrachium forearm 前臂
anterior situated before or toward the front 前面的,在(靠近)动物头部的
Antrum antrum, cavern 窦,腔,房
Anulus anulus, small ring 环
Anus anus, ring 肛门
Aorta aorta 主动脉
Apertura aperture 口,孔
Apex apex, tip 顶,尖端
Aponeurosis aponeurosis, flat tendon 腱膜
Apophysis apophysis, outgrowth 隆起,突起,骨突
Appendix appendix 附件,附属,阑尾
Aquaeductus aqueduct, water pipe (导)水管
Arachnoidea arachnoid 蛛网膜
Arbor tree 树(树状结构)
arcuatus curved 弓形的
Arcus arc, arch 弓
Area area 区
Arteria artery 动脉
Arteriola arteriole, small artery 小动脉
Articulatio articulation, joint 关节
ascendens ascending 上行的,升的
asper rough 粗糙的
Asthenia weakness 无力,虚弱,衰弱
Asthma breathlessness 哮喘,气喘
Atlas atlas, carrier 寰椎
Atresia atresia, absence of a natural orifice 闭锁
Atrium atrium 心房
Atrophia atrophy 萎缩
auricularis ear-shaped, belonging to the ear 耳状的,心耳
Auris ear 耳
autochthon formed on the spot 土生,土著
autonomicus independent 自主的
Avis bird 鸟,禽
Axilla axilla 腋
Axis axis, second cervical vertebra 轴,枢椎
Axon axon, axle 轴突,轴索
azygos unpaired 奇的,单的

B

Basis base 基底,底
Basipodium basipodium, tarsus 肢基,跗,踝骨
biceps two-headed 二头的
bifidus divided into two (parts) 二分的,对裂的
Bifurcatio bifurcation 分歧,分叉
bilateralis two-sided 两侧的
biliaris belonging to the bile 胆汁的
bilifer bile-bearing 输胆汁的(小叶管)
Bilis bile 胆汁
Blastema blastema 原基,胚基,胚茎,芽基
Blastos germ 胚(芽)
brachalis belonging to the arm 臂的,肱肌
brevis short 短的
bronchialis belonging to the bronchus 支气管的
Bronchus bronchus 支气管
Bucca cheek 颊

buccalis belonging to the cheek 颊的
Bulbus bulb 球，延髓
Bulla bulla，bubble 泡
Bursa bursa，pouch 囊

C

Calcaneus calcaneus，calcaneum，heel bone，calcaneal bone 跟骨
Calcar spur 距
Calix calyx，calix，calice，goblet 盏
Callus callosity 胼胝，胼胝体
Calvaria roof of skull 颅盖
Camera chamber 房，室
Canaliculus canalicule，small duct 小管，微管，骨小管
Canalis canal，tube 管，道
caninus belonging to the dog 犬的，犬齿肌
Capillus scalp hair 毛，发
Capitulum small head 小头
Capsula capsule，small cap 囊，被膜
Caput head 头
Cardia cardia，part of stomach adjacent to cardiac opening 贲门
Caries caries 龋
carneus fleshy 肉色，肉质的
Carotis carotid 颈动脉
Carpus carpus 腕，腕骨
Cartilago cartilage 软骨
Caruncula caruncle 小阜，肉阜
Cauda tail 尾，后部，尾侧
caudatus tailed 尾状的
cavernosus abounding in caves 海绵状的，多孔的
Cavitas cavity，cave 腔，（空）洞，盂
Cavum cavity 空腔，（空）洞
Cecum c（a）ecum 盲肠
cecus blind 盲的
Cellula cell 细胞，小房
centralis lying in the centre/-er 中心的，中枢的
Centrum centre，center 中心，中枢
cephalicus belonging to the brain 头的，脑的
Cerebellum cerebellum 小脑
Cerebrum cerebrum，brain 大脑
Cerumen ear wax 耵聍，耳垢
cervicalis belonging to the neck 颈的
Cervix neck 颈
Chiasma chiasm，crossing 交叉
Choana choana，funnel 鼻后孔，漏斗
Chole bile 胆汁
choledochus bile-bearing 胆总管
Chondro cartilage 软骨的
Chondrosis chondrification 软骨形成，软骨化
Chorda cord 索，带
choroidea choroid 脉络膜
Chylus chyle 乳糜
Ciliaris belonging to the eyelid 睫状肌，眼睑的
Cilium eyelash 睫毛，纤毛
Cingulum girdle 基嵴（齿），扣带（端脑）
Circulus circle 环，圈
circum- all around 环，周
Circumferentia circumference 周缘，环状面
circumflexus bent 卷曲的，旋绕的
Cisterna water cave 池
Claustrum claustrum，occlusion 屏状核
Clavicula clavicle 锁骨
clinoideus bed-like 床形的，鞍突状的
Clitoris clitoris 阴蒂
Clivus declivity 斜坡
Cloaca cloaca，sewer 泄殖腔
Clunis hindquarter 臀
coccygeus belonging to the coccyx 尾骨的
Cochlea cochlea 耳蜗
colicus belonging to the transverse colon 横结肠的
Collapsus collapse 虚脱，塌陷，断裂，萎陷
collateralis lying at the side 侧的，副的
Colliculus colliculus，a small elevation 丘，小阜
Collum neck 颈
Colon colon 结肠
Colpos sheath 鞘
Columna column 柱
Commissura commissure，connection 连合
communis common 普通的，共同的
compactus compressed 致密的
complexus combined 复合体
compositus composed 复合物
Compressio compression，pressing together 压缩
Concha conch（a） 甲
Condylus condyle 髁
congenitalis congenital 先天性的
Confluens confluence 融合，汇合
conjugatus connected 连接的，结合的
conjunctivus serving the connection 结合的，上颚片
Conjunctiva conjunctiva （眼球）结膜
Connexio connection 连接
Consecutio consequence 结果
contactus touched 接触的
Conus cone 圆锥，椎体
convolutus convoluted 卷曲的，回旋的
Cor heart 心
coracoideus raven（bill）-like 喙状的

Corium corium 真皮
Cornea cornea, horny skin 角膜
Cornu horn 角
Corona coronet, crown 冠
coronoideus like a crown 冠状的
Corpus body 体
Corpusculum corpuscle, small body 小体
Corrugator wrinkler 皱眉肌,皱褶
Cortex cortex, rind, bowl 皮,皮质
corticalis belonging to the cortex 皮质的
Costa rib 肋骨
Coxa hip bone 髋骨
Cranium cranium, skull 颅骨
crassus thick 厚的,粗的
Cremaster loop, hanger, tab 袢,睾提肌
cribrosus sieve-like 筛状的
Cribrum sieve 筛板
cricoideus ringlike 环状的
Crista crest, comb 嵴
cruralis belonging to the thigh 大腿的
Crus (lower) leg, thigh 脚,小腿
Crypta crypt, indentation 隐窝,小囊
Cubitus elbow 肘
Culmen culmen, highest pitch 山顶(小脑)
cuneatus cuneate 楔状的
cuneiformis cuneiform 楔形的
Cunnus pudenda 外阴
Cupula dome 顶,穹隆
Curvatura curvature, curve 弯曲
curvus bent 弯曲的
Cuspis cusp, lancehead 尖,突
cutaneus belonging to the skin 皮肤的
Cuticula cuticle 表皮,角质层
Cutis skin 皮肤
cyclicus circular 环状的
cysticus belonging to the gall (bladder) 囊的,胆囊的,膀胱的
Cystis bladder 囊,膀胱
cyto- cell 细胞

D

Dartos skinned 肉膜
Decidua invalidated skin 蜕膜
Declive declivity, slope 斜坡,山坡
Decussatio decussation, crossing, overlapping 交叉
Defaecatio evacuation of one's bowels 粪便
deferens leading down 输出的,输精管
delabens rolling down 旋出的
deltoideus deltoid, triangular 三角肌
Dendritum dendrite, tree 树突
Dens tooth 齿
Dentin dentin(e) 齿质
Dermis dermis, skin 真皮
descendens descending 下行的,降的
dexter on the right 右侧的
Diameter diameter 直径
Diaphragma diaphragm, septum 膈
Diaphysis shaft of a bone 骨干
Diastema diastema, interspace 间隙
Diastole slackening of the muscle of the (heart) ventricle 心脏舒张,心脏舒张期
Diarthrosis joint (可动)关节
Diencephalon diencephalon, interbrain 间脑
digestorius serving the digestion 消化
digitalis belonging to the finger 指的,趾的
Digitus digit, finger 指,趾
Diplöe diploë, double layer 双倍体,双层
dis- apart 分开
Discus disk, disc 板,盘
disseminatus distributed 分布的
Dorsum back 背
Dromos course, run 走向
Ductus duct, canal 管,导管
Duodenum duodenum, twelve times 十二指肠
durus hart 硬的
dys- faulty 异常的
Dysplasia dysplasia, malformation 发育异常,发育不良
Dyspnoe breathlessness 呼吸困难

E

ecto- outside 外
efferens leading out 传出的,输出的
Ejaculatio throwing out 射精
embryonalis belonging to the embryo 胚胎的
Eminentia eminence, elevation 隆起,隆凸
Emissarium discharge 导出
en- within 在……内
Enamelum enamel (of tooth) 釉质
Encephalon encephalon, brain 脑
endo- inside 内
Enteron entrails 肠,消化道
epi- up, upon 在……上
Epidermis epiderm(is) 表皮
Epididymis epididymis 附睾
Epiglottis epiglottis 会厌
epiploicus belonging to the omentum 网膜的
Epiploon (greater or major) omentum 大网膜

Epistropheus　axis, second cervical vertebra　枢椎(第 2 颈椎)
epithelialis　belonging to the epithelial tissue　上皮组织的
equinus　coming from the horse　马的
esophagus　esophagus　食管,食道
Ethmo　sieve　筛(骨)
Excavatio　hollow, cavity　陷凹
excretorius　secreting　排泄的,分泌的
exo-　outside　外
Exspiratio　exhalation　呼出
Extensor　extensor　伸肌
externus　outside　外的
Extremitas　extremity　肢,端

F

facialis　belonging to the face　面的
Facies　face　面,颜面
falciformis　sickle-shaped　镰刀形的
Falx　falx, sickle　镰
Fascia　fascia, bandage　筋膜
Fasciculus　(small) bundle　小束
Fastigium　gable　顶
femininus　female　雌性,雌性的
femoralis　belonging to the thigh　股的,股间肌
Femur　thigh　股,股骨
Fenestra　window　窗
Fetus　f(o)etus　胎,胎儿
Fibra　fibre　纤维
fibrosus　fibrous　纤维的
Fibula　fibula, grip　腓骨
fibularis　belonging to the fibula　腓骨的,腓侧的
filiformis　filiform　丝状的,纤维状的
Filum　thread　丝
Fimbria　fimbria, fringe　伞,伞部
Fissura　fissure, cleft　裂,裂隙
Fistula　fistula, tube　瘘,管
flavus　yellow　黄色的
Flexor　flexor　屈肌
Flexura　flexure, bend　曲
Flocculus　floccule, small flake　绒球
fluctans　flowing　流动的,平滑的
Folium　leaf　叶
Folliculus　follicle, small sac　滤泡,卵泡
Fonticulus　fontanelle, small spring, source　囟,囟门
Foramen　foramen, small hole　孔
Formatio　formation　结构
Fornix　fornix, arch (of a vault)　穹隆
Fossa　fossa, ditch　窝,沟
Fovea　fovea, pit　凹
Foveola　foveola, fossula　小凹
Frenulum　frenulum, (small) ligament　系带
Frons　forehead　额,前部
frontalis　belonging to the forehead　额的,额肌
fundiformis　catapult-shaped　弹状的
Fundus　fundus, ground　基底,底部,底
fungiformis　fungiform　菌状的
Funiculus　(small) cord　索
fusiformis　spindle-shaped　梭形的

G

Galea　(leathern) galea, helmet　(皮肤)盔瓣,帽,帽状腱膜
Gallus　fowls, cock　公鸡
Ganglion　ganglion　神经节
Gaster　stomach　胃
gemellus　double　孖肌
Genesis　generation　发生,生殖
genitalis　belonging to the genitals　生殖的
Genu　knee, stifle　膝
Gingiva　gum　齿龈
Glabella　small bald head　眉间
Glandula　gland, small glans　腺
Glans　glans　阴茎头
Glia　glue　神经胶质
Globus　globe, sphere　球
Glomerulum　glomerulus, small glomus　小球
Glomus　glomus　血管球
Glossa　tongue　舌
Glutaeus　gluteal muscle　臀肌
glyco-　sweetish　糖的
gracilis　gracile　薄的,股薄肌
Granulatio　granulation　颗粒
granulosus　granular　颗粒状的
Graviditas　pregnancy　妊娠
griseus　grey　灰色,灰色的
gustatorius　serving the taste　味的
Gyrus　convolution　回,脑回

H

Habenula　habenula, rein　缰
Haematoma　h(a)ematoma　血肿
Hallux　big toe　拇趾
hamatus　hooked　钩状的
Hamulus　hamulus, hooklet　钩状突起,钩
Helix　helix, spiral　螺旋结构,耳轮
hem-　blood　血
Hemisphaerium　(cerebral) hemisphere　半球,大脑半球

Hepar　liver　肝
Hernia　hernia　疝气，突出
heteros-　heterogeneous，strange　异，不同
Hiatus　hiatus，gaping hole　裂孔，孔
Hilus　stalk，hilus，small incision　门
Hippocampus　hippocampus，seahorse　海马
homos-　homogenous，equal　同，相同的
horizontalis　horizontal　水平的
hyalos-　transparent　透明的
hydro-　water　水
Hymen　hymen　阴瓣
Hyoid　lower part of the hyoid　舌骨
hyper-　over　上
hypo-　under　下
hypogastricus　lying under the stomach　腹下
hypoglossus　lying under the tongue　舌下
Hystera　uterus　子宫

I

Ikterus　jaundice　黄疸
Ileum　ileum　回肠
Ileus　ileus　肠梗阻
iliacus　belonging to the ileum　髂骨的
impar　dissimiliar　奇数的，不成对的
Impressio　impression　压迹
Incisura　notch　切迹
Incontinentia　incontinence，inability　无力
Incus　anvil　砧骨
infra-　below　在……下面
infraspinatus　lying below the spine of the shoulder blade　冈下肌
Infundibulum　infundibulum，funnel　漏斗
inguen　groin　腹股沟
inguinalis　belonging to the inguen　腹股沟的
Inspiratio　inhalation　吸
Insufficientia　insufficiency，inability　闭锁不全，功能不全
Insula　island　岛，脑岛
insultus　injured　损伤的
Integumentum　integument　被皮
inter-　between　在……之间
intermedius　lying in the middle between others　中间的
internus　inner　内部的
Intersectio　intersection，incision　交叉，划
Interstitium　interstitial space，connective tissue　间质组织，小间隙
intestinalis　belonging to the intestines　肠的
Intestinum　intestine(s)　肠
intimus　innermost　内壁
intra-　within　内部
Intumescentia　intumescence　膨大，隆起
Involutio　involution　退化
Iris　iris　虹膜
ischiadicus　belonging to the ischium　坐骨的
Ischium　ischial bone，ischium　坐骨
Isthmus　isthmus，narrow passage　峡
-itis　ending for the marking of inflammation diseases　（后缀）炎，炎症

J

Jejunus　sober，empty　空的
Jejunum　jejunum　空肠
jugularis　belonging to the front side of the neck　颈前的
Jugum　yoke　轭，隆凸
Junctura　junction　连接
juvenilis　youthful　未成熟，未发育
juxta-　near(to)　近，近的

K

Kneme　calf　腓肠
Kopros　mud　泥，污物
-krinein　cut off　切开
kryptos　hidden　隐窝
-klast(klaein)　break in pieces　碎片
Kyphosis　convex dorsal bending of the vertebral column　脊柱背凸

L

Labialis　belonging to the lip　唇的
Labium　labium，lips in pairs　唇(成对的)
Labrum　lips unpaired，flews　唇(不成对的)，缘
Labyrinthus　labyrinth　迷路
Lac　milk　乳
lacrimalis　belonging to the tears　泪的
lactiferus　milk-bearing　输乳的，乳导管
Lacuna　lacuna，depression　腔隙，陷窝
Lamella　lamella　片，层，叶
Lamina　lamina，plate　板，层
laryngeus　belonging to the larynx　喉的
Larynx　larynx　喉
lateralis　lateral　外侧的
latissimus　very broad　最阔的
Latus　flank　侧面，阔的，腹肋
latus　broad　广，宽
Lemma　cover　膜，鞘
Lemniscus　lemniscus，ribbon　丘系，袢
Lens　lens　透镜，晶状体

lentiformis lentiform 透镜状的,晶状体状的
lepto- thin,soft 薄的
Levator elevator(muscle) 提肌
liber free 游离的
Lien spleen 脾
lienalis belonging to the spleen 脾的
Ligamentum ligament 韧带
Limbus limbus,hem(line) 缘
Linea line 线
Lingua tongue 舌
lingualis belonging to the tongue 舌的
Lingula lingula,small tongue 小舌
Liquor fluid 液
Lobulus lobule 小叶
Lobus lobe 叶
longissimus longest 最长的,最长肌
longitudinalis longitudinally 纵的,纵肌
longus long 长的,长肌
lucidus bright shining 明亮的
lumbalis belonging to the loin 腰的
Lumbus loins 腰部
lumbricalis earthworm-like 蚓状的,蚓状肌
lunatus luniform,curved 月形的
luteus yellow 黄色的
Luxatio luxation 脱臼
Lympha lymph 淋巴
lymphaticus lymphatic 淋巴的
Lymphonodulus lymph(atic)nodule 淋巴小结
Lymphonodus lymph node 淋巴结
Lysis lysis,dissolution (细胞)溶解,溶胞作用
Lyssa rabies,lyssa of tongue 狂犬病,舌中隔

M

macro- macro,small 宏大,小
Macula macula,spot 斑点
magnus great 大的
major major (较)大的
malaris belonging to the cheek 颊的,颧骨的
Malleolus malleolus 踝
Malleus hammer 锤骨
Mamma mamma,mammary gland 乳房,乳腺
mammillaris nipple-like 乳头状的
Mandare masticate,grind or chew 咀嚼
Mandibula mandible 下颌骨
Manubrium handle 柄
Manus hand 前足
Margo margin,edge,border 边缘
masculinus male 雄性
Masseter masticatory muscle 咀嚼肌,咬肌
masticatorius serving the mastication 咀嚼
mastoideus nipple-shaped 乳突的
Mastos udder 乳房
Mater sheath,mother 母质,脑(脊)膜,鞘
maturus mature 发育成熟
Maxilla upper jawbone 上颌骨
maximus greatest 最大的
Meatus passage 道,口
medialis closer to the plane of symmetry 内侧的,近中的
medianus in the middle 正中的
medius lying in the middle 中间的
Medulla medulla 髓质
Membrana membrane,fine skin 膜
membranaceus membranous 膜的,膜状的
Membrum limb 肢,肢体
Meninx meninx 脑(脊)膜
Meniscus meniscus,half moon 半月板
mentalis belonging to the chin 颏的,颏肌
Mentum chin 颏
Meros part,piece 部分
Mesencephalon mesencephalon 中脑
Mesenchym mesenchyme,embryonic connective tissue 间充质组织,间质
Mesenterium mesentery 肠系膜
meso- in the middle,between 在……之间
meta- after,later 在……后面
Metacarpus metacarpus 掌部,掌骨
Metaplasie metaplasia,transformation of tissue 化生,组织转化
Metastasis migration 迁移,移行
Metra uterus 子宫
micro- small,slight 小,微
Mictio urination 排尿
minor smaller 较小的
Miosis contraction of the pupil 瞳孔缩小
mirabilis miraculous 奇迹般的,不可思议的
mobilis mobile 活动的
Modiolus central pillar of cochlea 耳蜗轴
molaris suitable for champing,grinding 适于咀嚼的
mollis mellow 软的
monos- alone 单一的
Mons mount 山,阜,隆凸
Morbus disease 疾病
mortalis mortal 致命的
motoricus motile 能动的
mucosus mucous 黏液的
multi- many 多数,许多
Musculus muscle,little mouse 肌,肌肉

Mydriasis　dilatation of the pupil　瞳孔散大,散瞳症
Myelos-　medulla　骨髓,髓质
myentericus　belonging to the muscles of the intestines　肠肌层的
Mylae-　molars　臼齿
Mylo-　mandible　下颚,下颌骨
Myo-　muscle　肌肉
Myokard　myocardium,cardiac muscle　心肌
Myometrium　myometrium,uterine muscle　子宫肌层

N

Nares　nostrils　鼻孔
nasalis　belonging to the nose　鼻的
Nasus　nose　鼻
natalis　concerning birth　出生,诞生
neo-　new　新的
Necrosis　necrosis　坏死
Nephros　kidney　肾
Nervus　nerve　神经
Neurocranium　cerebral cranium　脑颅
Neuron　nerve cell　神经元
niger　black　黑,黑色的
nodosus　nodular　结节的,结节状的
Nodulus　nodule　结,小结
Nodus　node　节,结节
non-　not　否定,不
Nucha　nape of neck　项,颈背
Nucleus　nucleus　核
nudus　naked　裸露的
nutritius　serving the nutrition　(有)营养的

O

obliquus　oblique　斜的
obliterans　no longer in use　闭塞性
oblongatus　extended　扩展的,展开的
obturatorius　obturating　闭孔的,闭孔肌
obtusus　obtuse,blunt　钝形的
occipitalis　belonging to the occiput　枕部的
Occiput　occiput,back of the head　枕,枕部
occludens　closing　闭合
occlusalis　suitable for closing　咬合的
Oculus　eye　眼
Odus　tooth　齿
Olecranon　olecranon,elbow　鹰嘴
olfactorius　serving the smelling　嗅觉的
oligo　small,little,few　小,少,少许
Oliva　olive　橄榄
Omentum　omentum　网膜
Omos　shoulder　肩,肩胛
Omphalos　umbilicus　脐
ophthalmicus　belonging to the eye　眼的
Ophthalmos-　eye　眼
opponens　comparing,to be opposite　对应的
opticus　serving the vision　视神经
Ora　margin,border　缘,口
oralis　belonging to the mouth　口的
orbicularis　circular　环状的
Orbita　orbit(al cavity)　眼眶
orbitalis　belonging to the orbital cavity　眶的
Orchis　orchides,testicle,testis　睾丸
Organum　organ　器官
Orificium　orifice,mouth　口,管口
Origio　origin　起源
Os　mouth　口
Os　bone　骨
osseus　osseous　骨的,骨状的
Ossificatio　ossification　骨化
Osteogenesis　bone formation　骨生成,骨发生
Osteon　osteon,bone　骨单位
Ostium　orifice,opening,entrance　口,门口
oticus　belonging to the ear　耳的
ovalis　oval　卵圆形的
Ovarium　ovary　卵巢
Ovulation　ovulation　排卵
Ovum　egg　卵,卵子

P

pachy-　thick,strong　厚,硬,肥,粗
Palatum　palate　腭
pallidus　pale　苍白的
Pallium　pallium,mantle　皮质,皮层
Palma　cupped hand　掌
palmaris　belonging to the palm　掌侧的
palpare　palpitate　心悸
Palpebra　eyelid　眼睑
pampiniformis　tendril-shaped　蔓状的
Pancreas　pancreas,salivary gland of the abdomen　胰
pancreaticus　belonging to the pancreas　胰的,胰腺
Panniculus　panniculus,lobule　膜
Papilla　papilla,wart　乳头
papillaris　tubercle-like　乳头状的
para-　alongside　旁
Parasit　parasite　寄生虫
Parasympathicus　parasympathetic part of autonomic nervous system　副交感神经
Parathyroidea　parathyroid gland　甲状旁腺

Paries wall 壁
parietalis belonging to the wall 壁的
Parotis parotid gland 腮腺
Pars part 部
parvus small 小的
Patella knee-cap 膝盖,膝盖骨(髌,髌骨)
Pecten pecten 梳
pectoralis belonging to the pectus 胸的
Pectus chest,breast 胸部,乳房
Pediculus pedicle,peduncle,small foot 脚,根,(肉)茎
Pedunculus stalk 脚
pellucidus transparent 透明的
Pelvis pelvis 骨盆,肾盂
Penis penis 阴茎
pennatus pennate 羽状的,翼状的
perforans penetrating 穿透的
Pericardium pericardium,heart sac 心包
Perineum perineum 会阴
Periosteum periosteum 骨膜
permanens permanent 经常的,永久的
peronaeus belonging to the calf bone 腓骨的
perpendicularis perpendicular 垂直的
persistere remain 保持
Pes foot 足,脚,后足
petrosus rocky 岩石样的
phago- food 吞噬
Phalanx phalanx,finger or toe bone 指(趾)节,指(趾)骨
pharyngeus belonging to the pharynx 咽的
Pharynx pharynx,throat 咽
Philtrum philtrum,labial groove 人中
phlebo- vein 静脉
Phren diaphragm 膈,膈膜
phrenicus belonging to the diaphragm 膈的
Phylogenesis phylogeny of living beings 系统发生
Pilus hair 毛
piriformis pear-shaped 梨状的,梨状肌
pisiformis pea-shaped 豌豆状的
pius soft,tender 软的,温(柔)和的
Placenta placenta 胎盘
Planta sole(of foot) 足底
Planum plane 平面
Platysma plate 颈阔肌,板
Pleura pleura 胸膜
Plexus plexus 丛
Plica fold 皱襞,褶
Pneuma breath,air 气
pneumaticus aeriferous 气动的,含气的
podo- foot 足,脚
Pollex thumb 拇指
Pons pons 桥,脑桥
Poples back of knee 腘,膝的后面
popliteus belonging to the popliteal space 腘窝的
Porta portal 门,肝门
Portio portion 部,分部
Porus pore,passage 孔,门
posterior behind 后
pr(a)e- before 在……前
praeputialis belonging to the prepuce 包皮的
Praeputium prepuce 包皮
primordialis original 最初的,原先的
princeps most important 首要的
principalis first 第一,首要
procerus slender 细的,细长的
Processus process 突
profundus deep 深的
prominens prominent 凸,隆凸
Promontorium promontory,foothills 岬
proprius own 固有的
Prosencephalon forebrain 前脑
Prostata prostate 前列腺
proximalis towards the trunk 近的,邻近的
Psoas loin 腰(部)
pterygoideus wing-shaped 翼形的
Pteryx wing 翼
Ptosis sinking of the(eye)lid 下垂
Pubes pubic region 阴部
pubicus belonging to the pubic region 耻骨部的
pudendus belonging to the genitals 阴部的,外阴部的
Pulmo lung 肺
pulmonalis belonging to the lung 肺的
Pulpa pulp,soft tissue 髓,软组织
pulposus pulp shaped,made of soft tissue 髓样的,髓核
Pulvinar cushion 丘脑枕
Punctum point 点,尖
Pupilla pupil 瞳孔
Putamen putamen,dish 壳
Pyelos renal pelvis 肾盂
pyloricus belonging to the pylorus 幽门的
Pylorus pylorus 幽门,幽门部
Pyramis pyramid 锥体,蚓锥体

Q

Quadratus quadrangular 方的
quadriceps four-headed 四头的
quartus fourth 第四的

R

Radialis belonging to the radius 桡骨的,桡侧的
Radiatio radiation 辐射线
radicularis belonging to the radical 根的
Radius radius,spoke 桡骨
Radix root 根
Ramus ramus,branch 分支,支
Raphe seam 缝
rectalis belonging to the rectum 直肠的
Rectum rectum 直肠
rectus straight 直的
recurrens running back 返的
Regio region,position 区,部位
Ren kidney 肾
renalis belonging to the kidney 肾的
resorbere resorb 再吸收,重吸收
respiratorius serving the respiration 呼吸
Rete network 网
reticularis reticular 网状的
Retina retina 视网膜
Retractor retractor 牵缩肌
retro- back 背,后
Rhis,Rhinos nose 鼻
rhomboideus rhombic 菱形的
Rima cleft,fissure 裂
rostralis rostral 口侧,吻侧
Rotator turner 转子
rotundus round 圆的,圆形的
ruber red 红的,红色的
Ruga wrinkle,ridge 皱,皱褶
Ruptura rupture,crack 破裂

S

Sacculus saccule,small bag 球囊,小囊
Saccus sac 囊
sacer- sacred 囊,液囊
sacralis belonging to the sacrum 荐骨的
Saliva saliva,spittle 唾液,涎
Salpinx uterine tube 输卵管
sanguineus bloody 血的
Saphena saphenous vein 隐静脉
saphenus hidden 隐的
sarko- fleash 肌,肉
Sartor tailor 缝匠
sartorius belonging to taylor,a muscle that crosses the front of the thigh 缝匠肌
Scala scala,stairs 阶,阶梯
scalenus oblique 斜角的
Scapula shoulder-blade 肩胛骨
Scapus shaft 干,体,柄
Sclera clera,hard tunic of the eyeball 巩膜
Scrotum scrotum,bag 阴囊
Scutulum small shield 黄癣痂,(小的)板
sebaceus sebaceous 皮脂的
Sebum sebum 皮脂
segmentalis subdivided 细分的
Segmentum segment,section 节,段
Sella armchair 鞍
Semen semen 精液
semi- half 半,一半
semicircularis semicircular 半圆形的,半环形的
semilunaris semi(-)lunar 半月形的
seminalis connected with the semen 精子
seminifer semen-bearing 曲细精管
sensibilis sensitive 敏感的,过敏的
septalis belonging to the septum 膈的
septicus affected by germs 感染
Septum septum,diaphragm 隔膜,中隔,膈
serratus serrated 锯齿状的
serosus abounding in serum 血清
sesamoideus sesame-like 籽骨的
sexualis sexual 性的,性别的
siccus dry 干燥的
sigmoideus sigma-shaped 乙状的
simplex simple 单的,单纯的
sinister on the left(-hand)side 左侧
Sinus sinus 窦
Situs position 位置
sive,seu or 或者
Skeleton skeleton 骨骼
skolios kyphotic,bent 弯曲的
Skoliosis lateral bending of the vertebral column 脊柱侧弯
solaris sun-like 似太阳的
Solea sole 蹄底
solitarius single 孤立的,单个的
Soma body 体
Spatium space 隙,间隙
Sperma semen 精液
sphaeroideus sphere-like 扁球体的
Sphaira sphere 球
sphenoidalis wedge-shaped 蝶状的
Sphincter sphincter 括约肌
Spina spine 棘,脊柱
spinalis spine-like 棘形的
spinosus thorny 多刺的

spiralis round, winding 螺旋的
splanchnicus belonging to the intestines 内脏的
Splanchnon intestines 内脏
Splanchnocranium visceral cranium 脏颅
Splen spleen 脾
splenicus belonging to the spleen 脾的
splenius paving-shaped 夹肌
Spondylos vertebra 脊椎
spongiosus spongy 海绵状的
Squama squama 鳞片
squamosus squamous 鳞片状的
Stapes stirrup 镫骨
Stasis standstill, stopping 停止,静态
stellatus stellate 星状的
stenos narrow 狭窄的
sterilis sterile 无菌的
sternalis belonging to the sternum 胸骨的
Sternum sternum 胸骨
Stigma sign 迹象,标志
Stoma opening, mouth 口,小孔
Stratum layer 层
striatus striate(d) 纹状的
Struma goitre 甲状腺肿
styloideus styliform 针状的,茎突的
Stylos style 茎突
sub- under 在……下
Subcutis hypoderm(is) 皮下组织
Substantia substance, foundation 物质
sudoriferus containing sweat 发汗的
Sulcus groove 沟
super- over 上,上方
superficialis superficial 浅的,表面的
Sura calf of leg 腓肠,小腿肚
suralis belonging to the calf 腓肠的
suspensorius suitable for suspending 悬韧带
Sustentaculum sustentaculum, prop 支持物,载距突
Sutura suture 缝
Sympathicus thoracolumbar division of autonomic nervous system 交感神经
Symphysis symphysis, fusion 联合
syn- together 结合
Synovia synovial fluid 滑液
synovialis belonging to the synovial fluid 滑液的,滑膜
Synthesis composition 合成
Systole constricting of the cardiac muscle 心脏收缩

T

Tabula tablet 板
Tactus tactile sense 触,触觉
Taenia t(a)enia, stria 带
Talus tibial tarsal bone 距骨
Tarsus hock, ankle 跗,踝骨
Tectum roof 顶盖
Tegmentum tegmentum 被盖
Tela tissue 组织
Telencephalon endbrain 端脑
temporalis belonging to the temple 颞的,颞部的
Tempus temple, time 颞,颞部
tendineus stringy 腱的
tendinosus abounding in tendons 腱(束),(大量的)腱
Tendo tendon 腱
Tensor tensor 张肌
Tentorium tent(orium) 幕
tenuis thin 细的,薄的
teres roundish 圆的
terminalis border marking 终末的
tertius third 第三的
testicularis belonging to the testicle 睾丸的
Testis testis, testicle 睾丸
Tetanie muscle cramp 肌强直
Textus tissue 组织
Thalamus thalamus, inner chamber 丘脑
Theca theca, case 膜,鞘
therapeuein to heal 治疗
thoracalis, thoracicus belonging to the thorax 胸的,胸部的
Thorax thorax 胸
Thrombus blood clot 血栓
thyreoideus scutiform 甲状腺的
Tibia shin-bone 胫骨
Tonsilla tonsil 扁桃体
Torsio torsion 扭转
Torus torus, pad 隆凸,圆枕
Trabecula trabecula 小梁,柱
Trachea trachea 气管
Tractus tract(ion) 道,径,束
trans- through 穿过,横过
transversalis across 横切的
transversus running across 横的,横肌
trapezius trapeziform 斜方肌
Trauma wound 创伤,损伤
tri- three 三
triangularis triangular 三角的
triceps triple-headed 三头肌
trigeminus triple 三叉神经
Trigonum triangle 三角,三角区
Trochlea trochlea, roll 滑车

Trope change 转动
tropho- food 营养
Trochos wheel 轮状
Truncus trunk 躯干
Tuba tube 管
Tuba auditiva auditory tube 咽鼓管
Tuba uterina uterine tube 输卵管
Tuber (pro)tuber(ance) 结节
Tuberculum tubercle, small protuberance 结节
Tubulus tubule, small tube 小管, 细管
Tumor growth, intumescence 肿瘤, 赘生物
Tunica tunic, coat 膜
turbinalis turbinate(d), spiral, conchal 鼻甲, 陀螺状的
tympanicus belonging to the tympanum 鼓室的

U

Ulna ulna 尺骨
ultra- on the other side 超
umbilicalis belonging to the navel 脐的, 脐环
Umbilicus navel 脐
uncinatus hooked 钩状的
Unguicula claw 爪
unguicularis belonging to the claw 爪的
Unguis nail 指甲, 爪, 蹄,
Ungula hoof 蹄
Urachus urachus, urinary duct 脐尿管
Ureter ureter, urinary duct 输尿管
Urethra urethra, urinary duct 尿道
Urina urine 尿
Uterus uterus 子宫
Utriculus utricle 椭圆囊
Uvea (bunch of) grapes 血管膜, 葡萄膜, 色素层
Uvula uvula 腭垂, 悬雍垂, 小舌

V

Vagina sheath 鞘, 阴道
vagus wandering nerve 迷走神经
Valgus knock-kneed 外翻的(足)
vallatus cloaked 隐匿
Valva valve 瓣膜
Valvula valvule, small valve 瓣, 小瓣膜
varus bow-legged 内翻, 弓形腿
Vas vessel 脉, 脉管
vasculosus abounding in vessels 血管丛
vastus vast 股肌的
Velum velum, sail 帆
Vena vein 静脉
Venter belly 腹部
Ventriculus ventricle, big-bellied room 室, 胃
ventricularis belonging to the belly 室肌
Vermis vermis, worm 小脑蚓部
Vertebra vertebra 椎骨, 脊椎
vertebralis belonging to the vertebra 椎骨的, 脊椎的
Vertex crown 顶
verticalis vertical 垂直的
Vesica bladder 囊, 膀胱
Vesicula vesicle 囊, 泡
vesicularis vesicular 泡状的
vestibularis belonging to an anteroom 前庭的
Vestibulum vestibule 前庭
Villus villus 绒毛
Vinculum band 联结
Vita life 活
Vitellus yolk 卵黄
vitreus vitreous 玻璃状的, 玻璃体
Viscera viscera 内脏
Visus vision 视觉, 视力
Vocalis sounding 声, 声带肌
Volvulus torsion 肠扭转, 肠扭结
Vortex vortex 涡旋

X

xiphoideus ensiform, swort shaped 剑状的

Z

Zele rupture 疝
Zona zone 带
Zonula zonule, small zone 小带
zonularis striate(d) 有条纹的
zygomaticus belonging to the cheek-bone 颧骨的

24 索引

A

B

C

D

E

F

G

H

I

J

K

L

M

N

O

P

Q

R

S

T

U

V

W

X

Y

Z